C++20 高级编程

(第 5 版)

(上册)

[比] 马克·格雷戈勒(Marc Gregoire) 著
程序喵大人 惠惠 墨梵 译

清華大學出版社
北 京

图书在版编目(CIP)数据

C++20高级编程：第5版 / (比)马克・格雷戈勒(Marc Gregoire) 著；程序喵大人，惠惠，墨梵译. —北京：清华大学出版社，2022.3（2025.5重印）
书名原文：Professional C++, Fifth Edition
ISBN 978-7-302- 60213-2

Ⅰ. ①C…　Ⅱ. ①马…　②程…　③惠…　④墨…　Ⅲ. ①C++语言—程序设计　Ⅳ. ①TP312.8

中国版本图书馆 CIP 数据核字(2022)第 033304 号

责任编辑：王　军
装帧设计：孔祥峰
责任校对：成凤进
责任印制：宋　林

出版发行：清华大学出版社
网　　址：https://www.tup.com.cn, https://www.wqxuetang.com
地　　址：北京清华大学学研大厦 A 座　　**邮　　编：**100084
社 总 机：010-83470000　　**邮　　购：**010-62786544
投稿与读者服务：010-62776969，c-service@tup.tsinghua.edu.cn
质 量 反 馈：010-62772015，zhiliang@tup.tsinghua.edu.cn
印 装 者：北京同文印刷有限责任公司
经　　销：全国新华书店
开　　本：170mm×240mm　　**印　　张：**63　　**字　　数：**1805 千字
版　　次：2022 年 4 月第 1 版　　**印　　次：**2025 年 5 月第 8 次印刷
定　　价：228.00 元(全二册)

产品编号：091909-01

推 荐 序 一

《C++高级编程》是一本久负盛名的 C++ 教材，很高兴看到它的第 5 版中文版终于面世了。

作为 Wrox 系列图书中的一本，《C++高级编程》是一本程序员写给程序员的教材。它能帮助初、中级的 C++程序员全面提升其 C++专业技能。在《C++20 高级编程(第 5 版)》中，作者提供了完整的到 C++20 为止的 C++语言介绍，从入门语法到高级技巧到软件工程，事无巨细都有所涉及。无论你是想系统地学习 C++，还是要找其中某些语法点的参考资料，《C++20 高级编程(第 5 版)》都能给你提供帮助。

和某些我不想点名的教材不同，《C++20 高级编程(第 5 版)》不是简单地在以前的版本上打个小补丁出来卖钱，而是全面地根据 C++20 重写了。特别明显的，就是模块(module)的引入。作为 C++20 中最具革命性的新特性，你从最基本的 Hello World 程序就能看到与传统的 C++程序的区别；而后面讨论较新特性的时候，也莫不如此，几乎处处都能看到这个新特性的影子。类似地，另外一些较新的 C++新特性(如[[nodiscard]]、string_view 和结构化绑定)，也较早得到介绍，并在书中多次出现。如果你新学 C++的话，这本书可以让你不带历史包袱地看到一门现代的高性能编程语言。如果你之前学过 C++的话，它也可以让你细细品味现代 C++带来的不同，特别是模块引入后对代码组织产生的巨大影响。

本书的英文标题是 *Professional C++*, Fifth Edition，自然，它希望你能够专业地对待 C++编程。它的内容组织也挺有意思：

- 第 I 部分是 3 章简介，以较短的篇幅介绍了 C++的主要语法和功能，让你快速上手 C++。
- 第 II 部分的 3 章不讲语言了，转而讲软件设计。毕竟，我们用 C++是为了设计出好的软件。写程序不是程序员的工作目的。
- 本书的重点是第 III 部分，C++编码。这一部分占了全书的大部分章节和篇幅，具体讲解 C++的各个重要特性和库。绝大部分日常用到的功能都会在这一部分讲到，有语法(如模板和概念)，也有库(如容器、时间、正则表达式)。
- 第 IV 部分较为简短，有 3 章，描述了一些高级技巧。这一部分仍然是 C++的技术内容。
- 第 V 部分中作者又超越了 C++语言本身，而花了整整 7 章讨论 C++项目的软件工程问题，从生命周期、测试、调试、设计模式等各个角度进行了探讨。这一部分的广度大于深度，对于项目经验不多的程序员来说，应该尤其有用。

要说我对本书有什么意见，最主要就是作者对广度的追求。对于某些不推荐的特性，作者仍然有所着墨；而对另外一些内容(如协程)，作者又只是一带而过。要依着我的性子，应该求精而非求全，既然要写，就应该有所深入。不过，这也是作者自己的定位选择吧。对于内容本身，我粗粗浏览下来，目前唯一感觉有强烈意见的，就是作者建议把非 final 类的构造函数以外的方法全部设为 virtual。这个建议，从我对 C++的理解来看，最多算是仅适用某些领域的一家之言——事实上，标准库的类没有一个是 final，并且只有极少数类中用到了 virtual。

无论如何，作为一本中级教材，《C++20 高级编程(第 5 版)》还是相当不错的。作者的绝大部分建议都相当靠谱。相信随着学习程度的加深，读者也都能自己辨别和体会。

好书要有好的翻译。本书的三位译者有两位我都打过交道，都是热心于 C++ 知识传播的年轻伙伴。粗读译稿中的几章，内容相当明白晓畅，对于这么厚重的一本大教材，也是殊为不易了。在此衷心盼望广大 C++ 学习者都能从此书中受益，成为更好的 C++ 程序员。

吴咏炜
Boolan 首席技术咨询师

推 荐 序 二

《C++高级编程》第 1 版是 Nicholas A. Solter 和 Scott J. Kleper 这两位颇具编程实战开发经验，曾在斯坦福大学任教编程课程，并具多年 C++应用开发经验的专家写的，其书特点是总结了面向工程开发，特别是 OOP 技术的全套经验，用足了 C++ STL 标准库，设计模式，以及展示了优秀的代码效率、策略和风格。

《C++高级编程》第 2 版改版正值 C++11 标准推出的大变革前夜，由 Marc Gregoire 接手续写。Marc Gregoire 更是一位 C++大咖，长期跟踪 C++发展前沿，从事 C++应用研究与开发多年，与前二位作者开发经历十分相似，并因其 C++的开发技能而获 2007 年度微软 MVP 称号。

《C++高级编程》第 3 版和第 4 版，是 Marc Gregoire 在综合应用开发技能的基础上，分别总结了 C++14 标准和 C++17 标准的特征而写。

到了《C++高级编程》第 5 版，中文书名直接改为《C++20 高级编程(第 5 版)》，如此更为贴切，总结了 C++20 标准的特征，又视为 C++应用开发方法上的新里程碑。

程序喵大人本就是 C++大咖，他辟有专门的编程公众号，常年发表 C++博文，产出文章颇丰，他与我在 C++开发者俱乐部@IncrediClub 群相识，志趣相投，互相仰慕。

《C++20 高级编程(第 5 版)》由程序喵大人领衔翻译，又是豪迈又是激情，无以言表。看了几个样章，就觉得翻译语词确切而通畅，对于 C++编程爱好者极易产生喜感。

学 C++难，难在学了一些 C++的点点滴滴，却不知如何上手编程应用，不知融会贯通，此书便可通引。看程序喵大人之译作，入其所在 C++开发者群，得其群助而诚可谓众人拾柴火焰高，必将事半而功倍。

钱能
浙江工业大学教授

推 荐 序 三

2011 年对于 C++社区而言是个分水岭，那一年发布的 C++11 标准打破了此前长达十余年的版本沉寂。我在那一年 Bjarne Stroustrup 访华时，在北京采访了他，并从他那边确认 C++的版本发布将进入以三年为周期的“火车发车模式”，即从 2011 年起，每三年必发布新版本，而所有赶不上某一版本的语言特性将延迟至下一版本或更后面的版本再发布。换言之，以 Bjarne 为首的 C++标准委员会对于长期以来“版本等特性”造成的版本发布一再延误以及由此带来的语言市场份额丢失痛定思痛，宁愿以“特性等版本”的做法矫枉过正。也是从那个时候起，C++的发展进入了快车道，也确实每三年发布一个新版本，目前最新的版本是 C++20，而 C++23 也早已开始了关于哪些新特性会进入的热烈讨论，并对这些新特性展开了范围广泛的测试和反馈。而从 C++11 开始的版本，被统称为“现代 C++”，以彰显与旧时代的分道扬镳。

的确，现代 C++带来了太多强大的新特性，这些新特性从核心语法层次深深地改变了这个有着近 40 年历史的语言。通过 auto 和 decltype，C++甚至在撰写第一行代码时也将触及泛型，而 lambda 表达式更是将函数式编程范式引入了语言。接受和适应此前不熟悉的编程范式对于任何程序员来说，都是巨大的挑战。更不用说诸如右值引用带来的观念冲击，以及 constexpr 对于变量生存期和生命周期的重新认识等等。即使是像静态成员变量默认值这样看起来人畜无害者，也能够悄悄地引发关于源码文件组织上不小的策略变动。C++从来就是以复杂厚重为特点，而现代 C++的学习更是急切地需要一本全面、系统、及时更新的教材，才能够满足广大 C++社区成员的普遍需要。靠直接阅读标准文档，对于大多数人来说是不现实的，正如你不可能通过阅读辞典来写出好文章。而目前比较流行的权威教材，如 Bjarne 本人的《C++程序设计语言》和 Stanley Lippman 的《C++ Primer》，都已经久未更新，或未译介成简体中文版至中国大陆地区。所以，在此时此刻，甚至数年之内，Marc Gregoire 的这本《C++20 高级编程(第 5 版)》都会是一本内容全、材料新而又非常权威的 C++理想教材。

我与 Marc 在 CppCon 上见过，并有幸聆听过他关于如何设计和实现与 STL 良好配合的算法与数据结构的演讲。今年的 CppCon 上他的演讲环节更是构成了主旨演讲的重要组成部分，可见他在 C++标准中形成的贡献之巨。而这样一部鸿篇巨著，其翻译也所托得人。我与其中的墨梵同学相识多年于网际，现在他也是使用 C++作为日常工作的开发语言，用以开发自动驾驶底层算法，可以说他的背景与 Marc 的早期开发经历相比甚至更具优势，因而也非常有潜力成为未来的 C++标准委员会成员。通过阅读样章，我也感觉无论是技术准确性还是语言通畅性方面，译者团队都属于一流水准。作为 *Effective Modern C++*的译者，我当然能够感同身受地知道，仔细地译出这样的大部头需要投入怎样巨量的时间和心血。在此，诚挚地向广大 C++社区成员和 C++爱好者们推荐这部质量上乘的优秀作品。

高博，卷积传媒创始人
《Effective Modern C++》《C++覆辙录》译者

推 荐 序 四

C++标准委员会从 2011 年开始，每三年定期发布新标准，稳步增添语言特性，不断扩充标准库。光阴飞纵，C++11 标准发布至今已十年余，而 C++20 也于最近正式面世，语言特性越来越丰富。若 C++使用者有志于技术精进，则持续学习是不二途径。《C++20 高级编程(第 5 版)》恰如称手兵刃，能助读者在研习的征途上披荆斩棘。

《C++高级编程》历经 5 版修订，每一版本都更新相当篇幅，始终紧随技术发展趋势，与业界发展保持高度同步。目前涵盖 C++20 标准的书籍为数不多，本书正是其中之一。在前面 I~IV 部分，先以 C++的核心基础为切入点快速起步，后续章节则对 C++11~20 的新特性施予浓墨重彩，系统全面地逐一展开讲解。书中文字细致平实，解释简明易懂；所举代码范例质量上乘，并且紧密贴合真实世界场景，而非与现实脱节的学院风格，值得认真揣摩仿效。作者还特意编排对比了 C++的传统特性与新特性，譬如内存管理与智能指针、迭代器与范围、函数对象\函数指针与 lambda 等，让读者既能纵观语言全貌又能领会特性精华。更值得称许的是，这些部分并未局限于 C++语言层面，还穿插了编码风格、代码复用和程序设计方法论等议题，引领读者提升编写程序的思维水平。

本书仅凭上述内容便足以领先，又因第 V 部分而更加脱颖超群。作者借 C++为依托，在最后几个章节介绍了编程最佳实践的各种议题，包括软件工程方法、性能调优、测试除错、设计模式和框架开发等。这些领域举足轻重，且与编程开发密不可分，却鲜有编程书籍着墨，而往往以独立专著论述。第 V 部分承接前文对 C++本身的讲解说明，向读者一鼓作气深入揭示代码背后的设计思想和一系列工程方法。我们学习 C++，终究目的是为了编写规范代码，构建高质量软件。倘若拘泥于 C++语言自身，仅仅掌握语法和运用特性，恐怕只能胜任最底层的编程任务；否则，必须提升思想高度，超脱单纯的编程语言，采纳行之有效的设计理念，并运用工程手段。本书正好概括了编程实践经验的精髓，提供了学以致用的最佳指南，为读者开启了更高更宽广的视角，一旦领悟本书阐述的思想，肯定能受益以明显提升工程能力，并且准备充足，为进一步研读相关专著奠定良好基础。

作者 Gregoire 先生长期从事软件开发，经验老到，本书凝聚了他(和以往版本合作者)的学识和经验。另一方面，三位译者都对 C++语言有着巨大热忱，他们当中既有在职 C++程序员，又有计算机专业的在读研究生，前者在实际工作中直接运用新标准的 C++特性，深谙各项技术细节，后者能从学习者的视角考虑译文的表达和遣词造句，三人合作促进了对原书的精准理解，从而保证了高品质翻译，相信读者必能从本书获得相当不错的学习体验。

吴天明
资深软件工程师

推 荐 序 五

在学习使用 C++的这些年里，我注意到 C++的语言、它的应用场景和 C++程序员中有趣的相似和同构。C++这门语言特性丰富、历史包袱/积累厚重，全球 440 万 C++ 开发者使用它，构造了计算机工业的编译器、数据库、操作系统、求解器等基石，也日以继夜地为工业、科学、车船、生物医药等领域提供计算和控制的支撑。编程语言特性的丰富、应用场景的广泛、语言社区的多元等因素相互作用，推动了 C++的演化，出现了 STL 这样的“天成”之作，造就了支持多种编程范式的“现代”C++、也培养了众多如作者 Marc Gregoire 和译者墨梵老师这样的优秀 C++程序员们。

要将 C++这门语言用好，在参考书籍的选择方面值得动一点心思。当然，C++之父的 TCPPPL 和 Scott Meyers 的 Effective 系列属于必读。不过对 C++这样的语言，只选择几本公认的权威经典参考书恐怕还不足以覆盖专业程序员的日常参考需求。本书的英文原名为 *Professional C++*, Fifth Edition，读者如果浏览过本书目录，再随机翻开读上几页，当不难发现，这首先是一本优秀的专业案头参考书，适合放在键盘旁边随时翻阅。Pro，意味着专业和职业。本书从一线编程实践的角度，结合代码实例，全面介绍展示了 C++语言特性。而更有价值的是，作者把 C++的语言特性，包括库和相关的工具和方法论放到软件工程的大背景下，结合语言探讨了建模、测试、设计和发布等诸多话题。说是探讨，可能不大贴切，本书的语言风格平实精炼，更像工作中 C++高手和专家针对某个具体问题给出的简短而确定的意见，点到为止，讲求实效。

作为 C++的同龄人，也作为用 C++谋生和创作的码农，我再次感谢墨梵老师和他的合作者们将这本著作翻译出来，让它能帮助更多的同行写出更多专业而优美的 C++代码。也在此期待 C++23 后本书的再次更新。

杨文波

资深嵌入式软件工程师

专家赞誉

C++ 20 显然是现代 C++发展的里程碑，本书既深入浅出地阐述了 C++20 中很多重要的机制，又带着浓厚的“专业主义”风格对 C++在实践中的设计哲学、工程方法有很多着墨，对一线工程师具有很好的指导性。

——李建忠，Boolan 首席软件专家

随着互联网及互联网+深入蓬勃的发展，经过 40 余年的时间洗礼，C++俨然已成为一门贵族语言，出色的性能使之成为高级语言中的性能王者。虽然 C++的上限非常高，但是分阶段逐步学习是没有问题的。本书列举了常见陷阱的技巧，分享提示、技巧和方案，对帮助提高工作效率和软件性能有极大帮助。

——朱燕民，上海交通大学教授，博士生导师

本书可以帮助 C++程序员从入门到进阶。既有 C++基础知识，帮助你入门 C++并巩固基础。也有 C++软件工程实战知识点分享，帮助你了解到更多实用的 C++开发技术、调试技术、跨平台的解决方案等。本书绝对是对 C++程序员意义非凡的一本经典著作。

——郭龙江，陕西师范大学教授

作为最受欢迎的编程语言之一，C++带给开发者们最大的惊喜便是其强大的特性。本书介绍了 C++的高级新特性，特别是 C++20 新特性，带你了解 C++技术的最前沿信息。还有 C++设计方法论，解读代码设计的重要性。此外，本书在 C++实践经验方面相当丰富，实为 C++爱好者、C++工程师的福音，特此推荐。

——王雷，大连理工大学教授，软件学院副院长

译 者 序

本书经典，且内容丰富，不仅有 C++基础知识，也有很多 C++高级功能，特别是 C++20 的新特性。目前介绍 C++基础知识的书籍很多，但介绍 C++20 新特性的书籍却不多，而既介绍 C++基础知识又介绍 C++20 新特性的书可以说几乎没有。另外本书还重点介绍了很多编程哲学，包括 C++的设计方法论，还从专业角度分析了 C++的编程艺术，并介绍 C++的软件工程和调试技术。可以说本书的出版是 C++开发人员的福音，本书既适合新手学习 C++基础知识，又适合中高级开发者进阶。

近十年来，C++引入了很多新特性，有 C++11 新特性、C++14 新特性、C++17 新特性，近期又更新了 C++20 新特性。作为一名 C++程序员，很有必要了解语言最新的变革。而且 C++20 标准新引入了很多有用的内容，例如模块化、协程、std::format、std::jthread 等。读者在学习本书 C++20 新特性的时候，可以多做一层思考，思考为什么标准委员会要引入此新特性。

要成为资深 C++开发人员，必须扎实理解 C++语言的底层原理，了解不同的编程哲学和软件工程方法论，如何设计和编码，如何测试，如何调试，如何优化等。巧了，这些知识，本书都有介绍。

本书包括 5 部分。第 I 部分是 C++基础速成教程，第 II 部分介绍 C++设计方法论，第 III 部分从专业角度分析 C++编程技术，第 IV 部分讲解如何真正掌握 C++的高级功能，第 V 部分重点介绍 C++软件工程技术。最后，附录 A 阐述了在 C++技术面试中取得成功的指南，附录 B 总结标准的 C++头文件，附录 C 则简要介绍 UML。

对于这本经典之作，译者在翻译过程中力求忠于原文，再现原文风格，但是鉴于译者水平有限，失误在所难免，如有任何意见和建议，请不吝指正。

感谢清华大学出版社编辑的精心组稿、认真审阅和细心修改，感谢妻子和父母家人在各方面的支持和理解。

最后，希望读者通过阅读本书能在 C++领域有更深的造诣，领略 C++语言之美，“精通”C++。

译者

作 者 简 介

Marc Gregoire 是一名软件工程师，毕业于比利时鲁汶大学，拥有计算机科学工程硕士学位。之后，他在鲁汶大学又获得人工智能专业的优等硕士学位。完成学业后，他开始为软件咨询公司 Ordina Belgium 工作。他曾在 Siemens 和 Nokia Siemens Networks 为大型电信运营商提供有关在 Solaris 上运行关键 2G 和 3G 软件的咨询服务。这份工作要求与来自南美、美国、欧洲、中东、非洲和亚洲的国际团队合作。Marc 目前担任 Nikon Metrology(www.nikonmetrology.com)的软件架构师；Nikon Metrology 是 Nikon 的一个部门，是精密光学仪器、X 光机等设备和 X 光、CT 和 3D 扫描解决方案的领先供应商。

Marc 的主要技术专长是 C/C++，特别是 Microsoft VC++和 MFC 框架。他还擅长在 Windows 和 Linux 平台上开发 24×7 运行的 C++程序，例如 KNX/EIB 家庭自动化监控软件。除了 C/C++之外，Marc 还喜欢 C#。

2007 年 4 月，他凭借 Visual C++方面的专业技能，获得了微软年度 MVP 称号。

Marc 还是比利时 C++用户组(www.becpp.org)的创始人，是 *C++ Standard Library Quick Reference* 第 1 版和第 2 版(Apress)的共同作者，以及多家出版社出版的多种书籍的技术编辑，是 C++大会 CppCon 的活跃演讲者。

前　言

作为带有类的 C 的继承者，丹麦计算机科学家 Bjarne Stroustrup 于 1982 年发明了 C++。1985 年，发布了第一版的"C++程序设计语言"。第一个标准化版本的 C++在 1998 年发布，称为 C++98。在 2003 年，C++03 发布并包含了一些小的更新。在那之后，C++沉默了一段时间，但吸引力开始慢慢增强，导致该语言在 2011 年进行了重大更新，称为 C++11。从那以后，C++标准委员会以 3 年的周期发布更新的版本，出现了 C++14、C++17 以及现在的 C++20。总之，2020 年发布了 C++20 之后，C++已经将近 40 年了，并且仍然很强大。在 2020 年的大多数编程语言排名中，C++都排在前四位。它被广泛用于各种硬件，从带有嵌入式微处理器的小型设备一直到超级计算机。除了广泛的硬件支持，C++还可以用来解决几乎任何编程工作，如移动平台上的游戏、对性能要求严格的人工智能(AI)和机器学习(ML)软件、实时三维图形引擎、底层硬件驱动程序、整个操作系统等。C++程序很难与任何其他编程语言相匹配，因此，多年来，C++都是编写性能卓越、功能强大的企业级面向对象程序的事实标准语言。尽管 C++语言已经风靡全球，但这种语言却难以完全掌握。专业 C++程序员使用一些简单但高效的技术，这些技术并未出现在传统教材中；即使是经验丰富的 C++程序员，也未必完全了解 C++中某些很有用的特性。

编程书籍往往重点描述语言的语法，而不是语言在真实世界中的应用。典型的 C++教材在每一章中介绍语言中的大部分知识，讲解语法并列举示例。本书不遵循这种模式。本书并不讲解语言的大量细节并给出少量真实世界的场景，而是教你如何在真实世界中使用 C++。本书还会讲解一些鲜为人知的让编程更简单的特性，以及区分编程新手和专业程序员的编程技术。

读者对象

就算使用 C++已经多年，你也仍可能不熟悉 C++的一些高级特性，或仍不具有使用这门语言的完整能力。也许你编写过实用的 C++代码，但还想学习更多有关 C++中设计和良好编程风格的内容。也许你是 C++新手，想在入门时就掌握"正确"的编程方式。本书能满足上述需求，将你的 C++技能提升到专业水准。

因为本书专注于将你从对 C++具有基本或中等了解水平蜕变为一名专业 C++程序员，所以本书假设你对该语言具有一定程度的认识。第 1 章涵盖 C++的一些基础知识，可以当成复习材料，但是不能替代实际的语言培训和语言使用手册。如果你刚开始接触 C++，但有很丰富的 C、Java 或 C#语言经验，那么应该能从第 1 章获得所需的大部分知识。

不管属于哪种情况，都应该具有很好的编程基础。应该知道循环、函数和变量。应该知道如何组织一个程序，而且应该熟悉基本技术，例如递归。应该了解一些常见的数据结构(例如队列)以及有用的算法(例如排序和搜索)。不需要预先了解有关面向对象编程的知识——这是第 5 章讲解的内容。

你还应该熟悉开发代码时使用的编译器。稍后将简要介绍 Microsoft Visual C++和 GCC 这两种编译器。要了解其他编译器，请参阅编译器自带的指南。

本书主要内容

阅读本书是学习 C++语言的一种方法，通过阅读本书既能提升编码质量，又能提升编程效率。本书贯穿对 C++20 新特性的讨论。这些新的 C++特性并不是独立在某几章中，而是穿插于全书，在有必要的情况下，所有例子都已更新为使用这些新特性。

本书不仅讲解 C++语法和语言特性，还强调编程方法论、可重用的设计模式以及良好的编程风格。本书讲解的方法论覆盖整个软件开发过程——从设计和编码，到调试以及团队协作。这种方法可让你掌握 C++语言及其独有特性，还能在大型软件开发中充分利用 C++语言的强大功能。

想象一下有人学习了 C++的所有语法但没有见过一个 C++例子的情形。他所了解的知识会让他处于非常危险的境地。如果没有示例的引导，他可能会认为所有源代码都要放在程序的 main()函数中，还有可能认为所有变量都应该为全局变量——这些都不是良好的编程实践。

专业的 C++程序员除了理解语法外，还要正确理解语言的使用方式。他们知道良好设计的重要性、面向对象编程的理论以及使用现有库的最佳方式。他们还开发了大量有用的代码并了解可重用的思想。

通过阅读和理解本书的内容，你也能成为一名专业的 C++程序员。你在 C++方面的知识会得到扩充，将接触到鲜为人知和常被误解的语言特性。你还将领略面向对象设计，掌握卓越的调试技能。最重要的或许是，通过阅读本书，你的头脑中有了大量“可重用”思想，可将这些思想贯彻到日常工作中。

有很多好的理由让你努力成为一名专业的 C++程序员，而非只是泛泛了解 C++。了解语言的真正工作原理有助于提升代码质量。了解不同的编程方法论和过程可让你更好地和团队协作。探索可重用的库和常用的设计模式可提升日常工作效率，并帮助你避免白费力气的重复工作。所有这些学习课程都在帮助你成为更优秀的程序员，同时成为更有价值的雇员。

本书结构

本书包括 5 部分。

第 I 部分“专业的 C++简介”是 C++基础速成教程，能确保读者掌握 C++的基础知识。在速成教程后，这部分深入讨论字符串和字符串视图的使用，因为字符串在示例中应用广泛。这部分的最后一章介绍如何编写清晰易读的 C++代码。

第 II 部分“专业的 C++软件设计”介绍 C++设计方法论。你会了解设计的重要性、面向对象方法论和代码重用的重要性。

第 III 部分“C++编码方法”从专业角度概述 C++技术。你将学习在 C++中管理内存的最佳方式，如何创建可重用的类，以及如何利用重要的语言特性，例如继承。你还会学习输入输出技术、错误处理、字符串本地化和正则表达式的使用，学习如何利用模块组织可重用的代码。这部分还会讨论如何实现运算符重载，如何编写模板，如何使用概念限制模板参数，以及如何解锁 lambda 表达式和函数对象的功能。这部分还解释了 C++标准库，包括容器、迭代器、范围和算法。在这部分你还将了解标准中提供的一些附加库，例如用于处理时间、日期、时区、随机数和文件系统的库。

第 IV 部分“掌握 C++的高级特性”讲解如何最大限度地使用 C++。这部分揭示 C++中神秘的部分，并描述如何使用这些更高级的特性。在这部分你将学习如何定制和扩充标准库以满足自己的需求、高级模板编程的细节(包括模板元编程)，以及如何通过多线程编程来充分利用多处理器和多核系统。

第 V 部分“C++软件工程”重点介绍如何编写企业级质量的软件。在这部分你将学习当今编程组织使用的工程实践，如何编写高效的 C++代码，软件测试概念(如单元测试和回归测试)，C++程序的调试技术，如何在自己的代码中融入设计技术、框架和概念性的面向对象设计模式，跨语言和跨平台代码的解决方案等。

本书最后是四个附录。附录 A 列出在 C++技术面试中取得成功的指南，附录 B 总结 C++标准中的头文件，附录 C 简要介绍 UML(Unified Modeling Language，统一建模语言)，附录 D 是带注解的参考文献列表(附录 B~D 通过扫描封底二维码获取)。

本书没有列出 C++中每个类、方法和函数的参考。Peter Van Weert 和 Marc Gregoire 撰写的 *C++17 Standard Library Quick Reference* 是 C++17 标准库提供的所有重要数据结构、算法和函数的浓缩版。附录 D 列出了更多参考资料。下面是两个很好的在线参考资料。

`cppreference.com`

可使用这个在线参考资料，也可下载其离线版本，在没有连接到互联网时使用。

`cplusplus.com/reference/`

本书正文中提到“标准库参考资料”时，就是指上述 C++参考资料。

下面是其他的优质在线资源：

`github.com/isocpp/CppCoreGuidelines`

C++核心指南是由 C++语言发明人 Bjarne Stroustrup 亲自领导的协作工作。它们是许多组织多年讨论和设计的结果。指南的目的是帮助人们有效地使用现代 C++。这些指导方针侧重于相对较高级别的问题，如接口、资源管理、内存管理和并发。

`github.com/Microsoft/GSL`

这是微软的指南支持库(GSL)的一个实现，它包含了 C++核心指南使用的函数和类型。这是一个只有头文件的库。

`isocpp.org/faq`

这是一个频繁被提问的 C++问题的庞大集合。

`stackoverflow.com`

搜索常见编程问题的回答，或者提出你自己的问题。

使用本书的条件

要使用本书，只需要一台带有 C++编译器的计算机。本书只关注 C++中的标准部分，而没有任何编译器厂商相关的扩展。

任何 C++编译器

可使用任意 C++编译器。如果还没有 C++编译器，可下载一个免费的。这有许多选择。例如，对于 Windows，可下载 Microsoft Visual Studio Community Edition，这个版本免费且包含 Visual C++；对于 Linux，可使用 GCC 或 Clang，它们也是免费的。

下面将简要介绍如何使用 Visual C++和 GCC。可参阅相关的编译器文档了解更多信息。

编译器与 C++20 特性支持

本书包含 C++20 标准引入的新特性。在撰写本书时，还没有编译器可以完全支持 C++20 的所有新特性。某些新特性仅由某些编译器支持，而其他编译器不支持，而有些功能尚不受任何编译器支持。编译器厂商正在努力支持所有新特性，我相信不久就会有完全符合 C++20 标准的编译器可用。可以在 en.cppreference.com/w/cpp/compiler_support 上查看哪些编译器支持哪些功能。

编译器与 C++20 模块支持

在撰写本书时，还没有编译器可以完全支持 C++20 的模块。有些编译器提供了实验性支持，但仍然不完整。本书到处都使用模块。我们尽了最大努力确保编译器完全支持模块后，所有示例代码都可以编译，但由于我们无法编译和测试所有示例，因此可能会出现一些错误。当使用支持模块的编译器时，如果遇到任何代码示例的问题，请在 www.wiley.com/go/proc++5e 上仔细检查本书的勘误表，以查看是否存在已知问题。如果你的编译器还不支持模块，可以将模块化代码转换为非模块化代码，第 11 章中有简要说明。

示例：Microsoft Visual C++ 2019

首先需要创建一个项目。启动 Visual C++ 2019，在欢迎界面上，单击 Create A New Project 按钮。如果没有出现欢迎界面，单击 File | New | Project。在 Create A New Project 对话框中，使用 C++、Windows 和 Console 标签，找到 Console App 项目模板，然后单击 Next 按钮。指定项目的名称、保存位置，单击 Create 按钮。

加载新项目后，就会在 Solution Explorer 中看到项目文件列表。如果这个停靠窗口不可见，可选择 View | Solution Explorer。一个新创建的项目会包括一个名为<projectname>.cpp 的文件，可以在该文件中开始编写 C++代码。如果想要编译源代码文件(从封底二维码获取本书源代码压缩文件)，则必须在 Solution Explorer 中选择<projectname>.cpp 文件并将其删除。在 Solution Explorer 中右击项目名，再选择 Add | New Item 或 Add | Existing Item，就可以给项目添加新文件或已有文件。

在撰写本书期间，Visual C++ 2019 尚未自动启用 C++20 特性。要启用 C++20 特性，可在 Solution Explorer 窗口中右击项目，然后单击 Properties。在 Properties 窗口中，选择 Configuration Properties | C/C++ | Language，根据使用的 Visual C++版本，将 C++ Language Standard 选项设置为 ISO C++20 Standard 或 Preview | Features from the Latest C++ Working Draft。仅当项目至少包含一个.cpp 文件时，才能访问这些选项。

最后，使用 Build | Build Solution 编译代码。没有编译错误后，就可以使用 Debug | Start Debugging 运行了。

模块支持

在撰写本书期间，Visual C++ 2019 尚未完全支持模块。编写或使用自己的模块通常没有问题，但是，导入标准库头文件(如以下内容)还不能立即生效：

```
import <iostream>;
```

要使此类导入声明生效，目前需要向项目中添加一个单独的头文件，例如 HeaderUnits.h，其中包含要导入的每个标准库头文件的导入声明。例如：

```
// HeaderUnits.h
```

```
#pragma once
import <iostream>;
import <vector>;
import <optional>;
import <utility>;
// ...
```

接下来，在 Solution Explorer 窗口中右击 HeaderUnits.h 文件，然后单击 Properties。选择 Configuration Properties | General，设置 Item Type 为 C/C++ Compiler，然后单击 Apply 按钮。下一步，选择 Configuration Properties | C/C++ | Advanced，将 Compile As 设置为 Compile as C++ Header Unit(/exportHeader)，然后单击 OK 按钮。

现在重新编译你的项目，在 HeaderUnits.h 文件中具有相应导入声明的所有导入声明都应该可以正常编译。

如果你正在使用模块实现分区(见第 11 章)，也称为内部分区，那么右键单击包含此类实现分区的所有文件，单击 Properties，转到 Configuration Properties | C/C++ | Advanced，将 Compile As 设置为 Compile as C++ Module Internal Partition(/internalPartition)，然后单击 OK 按钮。

示例：GCC

用自己喜欢的任意文本编辑器创建源代码，保存到一个目录下。要编译代码，可打开一个终端，运行如下命令，指定要编译的所有.cpp 文件：

```
gcc -std=c++2a -o <executable_name> <source1.cpp> [source2.cpp ...]
```

-std=c++2a 用于告诉 GCC 启用 C++20 支持。当 GCC 完全兼容 C++20 后，这个选项将会改为-std=C++20。

模块支持

在撰写本书期间，GCC 对模块仅有实验性的支持，通过一个特殊的版本(分支 devel/c++-modules)。当你在使用这个版本的 GCC 时，可以通过-fmodules-ts 开启 module 支持，这个选项未来可能会改成-fmodules。

但是，像下面这样对标准库头文件的导入声明还未被很好地支持：

```
import <iostream>;
```

如果遇到这种情况，将导入声明简单替换为相应的#include 指令即可：

```
#include <iostream>;
```

例如，第 1 章中的 AirlineTicket 示例使用了模块。将标准库头文件的导入替换为#include 指令后，可以通过更改包含代码的目录并运行以下命令来编译 AirlineTicket 示例：

```
g++ -std=c++2a -fmodules-ts -o AirlineTicket AirlineTicket.cppm AirlineTicket.cpp
AirlineTicketTest.cpp
```

当其通过编译后，你可以这样运行它：

```
./AirlineTicket
```

std::format 支持

本书中的许多代码示例都使用了第 1 章介绍的 std::format()。在撰写本书时，还没有支持 std::format()的编译器。但是，只要编译器还不支持 std::format()，就可以使用免费提供的{fmt}库作为替换：

(1) 从 https://fmt.dev/下载{fmt}库的最新版本并解压代码到你的计算机上。

(2) 将 include/fmt 和 src 目录复制到你的项目目录中的 fmt 和 src 子目录，然后将 fmt/core.h、fmt/format.h、fmt/format inl.h 和 src/format.cc 添加到项目中。

(3) 将名为 format(无扩展名)的文件添加到项目的根目录，并向其中添加以下代码：

```
#pragma once
#define FMT_HEADER_ONLY
#include "fmt/format.h"
namespace std
{
    using fmt::format;
    using fmt::format_error;
    using fmt::formatter;
}
```

(4) 最后，添加项目根目录(包含 format 文件的目录)作为项目的附加 include 目录。例如，在 Visual C++中，在 Solution Explorer 窗口中右击你的项目，然后单击 Properties，选择 Configuration Properties | C/C++ | Genaral，将$(ProjectDir);添加到 Additional Include Directories 选项的前面。

注意：
当编译器支持了标准的 std::format()之后，不要忘记取消这些操作。

配套下载文件

读者在学习本书中的示例时，可以手动输入所有代码，也可使用本书附带的源代码文件。然而，我建议手动输入所有代码，这对于学习过程和你的记忆都是有益的。本书使用的所有源代码都可以扫描封底二维码下载。

提示：
由于许多图书的书名都十分类似，因此按 ISBN 搜索是最简单的，本书英文版的 ISBN 是 978-1-119-69540-0。

下载代码后，只需要用自己喜欢的解压缩软件进行解压缩即可。

附录 B~D 和本书习题答案可扫描封底二维码下载。

目　　录

第 II 部分 专业的 C++软件设计

第 III 部分 C++编码方法

第 V 部分　C++软件工程

第VI部分　附录

在线资源(扫描封底二维码下载)

第I部分
专业的 C++简介

第1章

C++和标准库速成

本章内容

- 简要回顾C++语言和标准库(Standard Library)最重要的部分以及语法
- 如何写一个基本的类
- 作用域解析的基本原理
- 什么是统一初始化
- const的用法
- 什么是指针、引用、异常以及类型别名
- 类型推导基础

本章旨在对C++最重要的部分进行简要描述，使你在阅读本书后面的内容之前掌握一定的基础知识。本章不会全面讲述C++编程语言或标准库。一些基本知识(如什么是程序和递归)，以及一些深奥的知识(例如，什么是union和volatile关键字)也会被忽略。此外还忽略了与C++关系不大的C语言部分，这些内容将在后续章节详细讨论。

本章主要讲述日常编程中会遇到的那部分C++知识。如果你刚接触C++，不了解什么是引用变量，那么可通过阅读本章的内容来了解此类变量的用法。本章还将讲述使用标准库中功能的基础知识，例如vector容器、optional值和string对象。本章将简要介绍标准库的这部分内容，这样我们从本书的一开始就可以在例子中使用这些现代特性。

如果你对C++非常熟悉，请快速浏览本章的内容，看看有没有自己需要复习的某些C++语言基本内容。如果你刚开始接触C++，请仔细阅读本章内容并务必理解所有示例。如果需要更多的介绍性信息，请参阅附录B。

1.1 C++速成

C++语言经常被认为是“更好的C语言”或“C语言的超集”，主要被设计为面向对象的C语言，常被称为“包含类的C”。后来，在设计C++时，对C语言中许多使用不便或不够精细的内容进行了处理。由于C++是基于C的，如果你有C语言编程经验，将发现本节介绍的许多语法非常熟悉。当然这两种语言并不一样，例如，C++语言之父Bjarne Stroustrup撰写的*The C++ Programming Language*,

Forth Edition(Addison-Wesley Professional，2013)共有 1368 页，而 Kernighan 和 Ritchie 撰写的 *The C Programming Language*，*Second Edition*(Prentice Hall，1988)只有 274 页。因此，如果你是一位 C 程序员，请关注新的或不熟悉的语法。

1.1.1 小程序“Hello World”

下面的代码可能是你遇到的最简单的 C++程序：

```
// helloworld.cpp
import <iostream>;

int main()
{
    std::cout << "Hello, World!" << std::endl;
    return 0;
}
```

正如预期的那样，这段代码会在屏幕上输出“Hello，World!”这一信息。这是一个非常简单的程序，好像不会赢得任何赞誉，但是这个程序确实展现出与 C++程序格式相关的一些重要概念。

- 注释
- 模块导入
- main()函数
- 输入输出流

下面简要描述这些概念(如果你的编译器还不支持 C++20 的模块，请使用包含头文件的方式替代模块)。

1. 注释

这个程序的第一行是注释，这只是供编程人员阅读的一条消息，编译器会将其忽略。在 C++中，可通过两种方法添加注释。在前面以及下面的示例中，用两条斜杠表明这一行中在它后面的内容都是注释。

```
// helloworld.cpp
```

使用多行注释也可以实现这个行为(也就是说，二者没什么不同)。多行注释以/*开始，以*/结束。下面的代码使用了多行注释。

```
/* This is a multiline comment.
   The compiler will ignore it.
 */
```

第 3 章“编码风格”将详细讲述注释。

C++20

2. 模块导入

C++20 中最重要的新特性之一就是对模块的支持，用来替代之前所谓的头文件机制。如果你想要使用某个模块中的功能，则需要导入这个模块。这是通过一条 import 声明做到的。Hello World 小程序的第一行导入了名为<iostream>的模块，它声明了 C++提供的输入输出机制。

```
import <iostream>;
```

如果此程序没有导入该模块，它就无法实现输出文字这项唯一的功能。

由于本书是关于C++20的书，会经常使用模块。C++标准库提供的所有功能都在定义好的模块中。你自定义的类型和函数也可以通过模块提供，你将在本书中学习如何做到这一点。如果你的编译器还不支持模块，只需要简单地将import声明替换为#include预处理指令，我们将在下一节讨论。

3. 预处理指令

如果你的编译器还不支持C++20的模块，需要编写如下的预处理指令而不是像import<iostream>这样的import声明。

```
#include <iostream>
```

简单来说，生成一个C++程序共有3个步骤。首先，代码经过预处理器，预处理器会识别代码中的元信息。其次，代码被编译或转换为计算机可识别的目标文件。最后，独立的目标文件被连接在一起生成一个应用程序。

预处理指令以#字符开始，前面示例中的#include <iostream>就是如此。在此例中，include指令告诉预处理器：提取<iostream>头文件中的所有内容并提供给当前文件。<iostream>头文件声明了C++提供的输入输出机制。

头文件最常见的用途是声明在其他地方定义的函数。函数声明会通知编译器如何调用这个函数，并声明函数中参数的个数和类型，以及函数的返回类型。函数定义包含了这个函数的实际代码。在C++20引入模块之前，声明通常放在扩展名为.h的文件中，称为头文件，其定义通常包含在扩展名为.cpp的文件中，称为源文件。有了模块，我们不再需要将声明与定义分离，但是之后你将会看到，这样的写法依然是可行的。

注意：

在C中，标准库头文件的名称通常以.h结尾，如<stdio.h>，不使用名称空间。

在C++中，标准库头文件的名称省略了.h后缀，如<iostream>；所有文件都在std名称空间和std的子名称空间中定义。

C中的标准库头文件在C++中依然存在，但使用以下两个版本。

- 不使用.h后缀，改用前缀c；这是推荐使用的版本，这些头文件将所有内容放在std名称空间中(例如<cstdio>)。
- 使用.h后缀，这是旧版本。这些版本不使用名称空间(例如<stdio.h>)。

注意，我们不能保证这些C标准库头文件是可以通过import声明导入的。为安全起见，使用#include <cxyz>而不是import <cxyz>。

表1-1给出了最常用的预处理指令。

表1-1 最常用的预处理指令

预处理指令	功能	常见用法
#include [file]	将指定的文件插入代码中指令所在的位置	几乎总是用来包含头文件，使代码可使用在其他位置定义的功能
#define [id] [value]	每个指定的标识符都被替换为指定的值	在C中，常用来定义常数值或宏。C++提供了常数和大多数宏类型的更好机制。宏的使用具有风险，因此在C++中使用它们要谨慎，更多内容详见第11章“零碎的工作”

(续表)

预处理指令	功能	常见用法
#ifdef [id] #endif #ifndef [id] #endif	ifdef("if defined")块或 ifndef("if not defined")块中的代码被有条件地包含或舍弃，这取决于是否使用#define 定义了特定的标识符	经常用来防止循环包含。每个头文件都以#ifndef 开头，以保证某个标识符还未被定义，然后用一条#define 指令定义该标识符。头文件以#endif 结束，这样这个头文件就不会被多次包含。参见该表之后列举的示例
#pragma [xyz]	xyz 因编译器而异。如果在预处理期间执行到这一指令，通常会显示一条警告或错误信息	参见该表之后列举的示例

下面是使用预处理指令避免重复包含的一个示例：

```
#ifndef MYHEADER_H
#define MYHEADER_H
// ... the contents of this header file
#endif
```

如果编译器支持#pragma once 指令(大多数现代编译器都支持)，可采用以下方法重写上面的代码。

```
#pragma once
// ... the contents of this header file
```

更多内容参见第 11 章。但是，正如我们提到的，本书使用 C++20 的模块而不是旧式风格的头文件。

4. main()函数

main()函数是程序的入口。main()函数返回一个 int 值以指示程序的最终执行状态。在 main()函数中，可以忽略显式的 return 语句，这种情况下会自动返回 0。main()函数要么没有参数，要么具有两个参数，如下所示。

```
int main(int argc, char* argv[])
```

argc 给出了传递给程序的实参数目，argv 包含了这些实参。注意 argv[0]可能是程序的名称，也可能是空字符串，所以不应使用它。相反，应当使用特定于平台的功能检索程序名。重要的是要记住，实际参数从索引 1 开始。

5. 输入输出流

第 13 章将深入介绍输入输出流，但基本的输入输出非常简单。可将输出流想象为针对数据的洗衣滑槽，放入其中的任何内容都可以被正确地输出。std::cout 就是对应于用户控制台或标准输出的滑槽，此外还有其他滑槽，包括用于输出错误信息的 std::cerr。<<运算符将数据放入滑槽，在前面的示例中，引号中的文本字符串被送到标准输出。输出流可在一行代码中连续输出多个不同类型的数据。下面的代码先输出文本，然后是数字，之后是更多文本。

```
std::cout << "There are " << 219 << " ways I love you." << std::endl;
```

从 C++20 开始，推荐的写法是使用 std::format()，它定义在<format>中，用来格式化字符串。format()函数的更多细节会在第 2 章讨论，但是我们可以使用它的基本形式重写之前的代码。

```
std::cout << std::format("There are {} ways I love you.", 219) << std::endl;
```

std::endl 代表序列的结尾。当输出流遇到 std::endl 时，就会将已送入滑槽的所有内容输出并转移到下一行。表明一行结尾的另一种方法是使用\n 字符，\n 字符是一个转义字符(escape character)，这是一个换行符。转义字符可以在任何被引用的文本字符串中使用。表 1-2 列出了最常用的转义字符。

表 1-2　最常用的转义字符

转义字符	含义
\n	换行：将光标移到下一行的开头
\r	回车：将光标移到本行的开头
\t	制表符
\\	反斜杠字符
\"	引号

警告：

请记住 endl 会在流中插入新的一行，并且把当前缓冲区中的所有内容刷出滑槽。不建议过度地使用 endl，例如在循环中使用，因为这会影响程序的性能。另一方面，在流中插入\n 也会插入新的一行，但不会自动刷新缓冲区。

流还可用于接收用户的输入，最简单的方法是在输入流中使用>>运算符。std::cin 输入流接收用户的键盘输入。下面是一个例子：

```
int value;
std::cin >> value;
```

需要慎重对待用户输入，因为永远都不会知道用户会输入什么类型的数据。第 13 章将全面介绍如何使用输入流。

如果你拥有 C 的背景知识但初次接触 C++，你可能想了解过去使用的、可靠的 printf()和 scanf()现在究竟是什么情况。尽管在 C++中仍然可以使用这些函数，但强烈建议你改用 format()和流库，主要原因是 printf()和 scanf()未提供类型安全。

1.1.2　名称空间

名称空间用来处理不同代码段之间的名称冲突问题。例如，你可能编写了一段代码，其中有一个名为 foo()的函数。某天，你决定使用第三方库，其中也有一个 foo()函数。编译器无法判断你的代码要使用哪个版本的 foo()函数。库函数的名称无法改变，而改变自己的函数名称又会感到非常痛苦。

在此类情况下可使用名称空间，从而指定定义名称的环境。为将某段代码加入名称空间，可用 namespace 块将其包含。下面是一个例子：

```
namespace mycode {
    void foo()
    {
        std::cout << "foo() called in the mycode namespace" << std::endl;
    }
}
```

将你编写的 foo()版本放到名称空间 mycode 后，这个函数就与第三方库提供的 foo()函数区分开来。为调用启用了名称空间的 foo()版本，需要使用::在函数名称之前给出名称空间，::称为作用域解析运算符。

```
mycode::foo();   // Calls the "foo" function in the "mycode" namespace
```

mycode 名称空间中的任何代码都可调用该名称空间内的其他代码，而不需要显式说明该名称空间。隐式的名称空间可使代码清晰并易于阅读。可使用 using 指令避免预先指明名称空间。这个指令通知编译器，后面的代码将使用指定名称空间中的名称。下面的代码中就隐含了名称空间：

```
using namespace mycode;

int main()
{
    foo();      // Implies mycode::foo();
}
```

一个源文件中可包含多条 using 指令；这种方法虽然便捷，但注意不要过度使用。极端情况下，如果你使用了已知的所有名称空间，实际上就是完全取消了名称空间。如果使用了两个同名的名称空间，将再次出现名称冲突问题。另外，应该知道代码在哪个名称空间内运行，这样就不会无意中调用错误版本的函数。

前面已经看到了名称空间的语法。在 Hello World 程序中已经使用过名称空间，cout 和 endl 实际上是定义在 std 名称空间中的名称。可使用 using 指令重新编写 Hello World 程序，如下所示。

```
import <iostream>;

using namespace std;

int main()
{
    cout << " Hello, World! " << endl;
}
```

注意：

本书的大多数代码片段都假定已经对 std 名称空间使用了 using 指令，因此可以直接使用 C++标准库中的所有内容而不需要在前边添加 std::。

还可以使用 using 指令引用名称空间内的特定项。例如，如果只想使用 std 名称空间中的 cout，可以使用如下的 using 声明。

```
using std::cout;
```

后面的代码可使用 cout 而不需要预先指明这个名称空间，但仍然需要显式说明 std 名称空间中的其他项。

```
using std::cout;
cout << "Hello, World!" << std::endl;
```

警告：

切勿在全局作用域的头文件中使用 using 指令或 using 声明，否则添加你的头文件的每个人都必须使用它。将其放在较小的作用域，例如名称空间或类作用域中，是可以的，甚至是在文件头部。将 using 指令或 using 声明放在模块接口文件中也是不错的选择，只要你不将它导出。然而，本书总是完全限定了模块接口文件中的所有类型，这样有助于更好地理解接口。

1. 嵌套的名称空间

嵌套的名称空间，即将一个名称空间放在另一个名称空间中。各个名称空间之间由双冒号隔开，例如：

```
namespace MyLibraries::Networking::FTP {
    /* ... */
}
```

这种紧凑的写法是在C++17之后才得到支持的，在C++17之前，必须按如下方式使用嵌套的名称空间。

```
namespace MyLibraries {
    namespace Networking {
        namespace FTP {
            /* ... */
        }
    }
}
```

2. 名称空间别名

可使用名称空间别名，为另一个名称空间指定一个更简短的新名称。例如：

```
namespace MyFTP = MyLibraries::Networking::FTP;
```

1.1.3 字面量

字面量用于在代码中编写数字或字符串。C++支持大量标准字面量。可使用以下字面量指定数字(列出的示例都表示数字 123)。

- 十进制字面量 123
- 八进制字面量 0173
- 十六进制字面量 0x7B
- 二进制字面量 0b1111011

C++中的其他字面量示例包括：

- 浮点值(如 3.14f)
- 双精度浮点值(如 3.14)
- 十六进制浮点字面量(如 0x3.ABCp-10、0Xb.cp12l)
- 单个字符(如'a')
- 以零结尾的字符数组(如"character array")

还可以定义自己的字面量类型，这是一项高级功能，在第 15 章“C++运算符重载”中介绍。

可以在数值字面量中使用数字分隔符。数字分隔符是一个单引号。例如：

- 23'456'789
- 0.123'456f

1.1.4 变量

在 C++中，可在任何位置声明变量，并且可在声明一个变量所在行之后的任意位置使用该变量。声明变量时可不指定值，这些未初始化的变量通常会被赋予一个半随机值，这个值取决于当时内存中的内容(这是许多 bug 的来源)。在 C++中，也可在声明变量时为变量指定初始值。下面的代码给出了两种风格的变量声明方式，使用的都是代表整数值的 int 类型。

```
int uninitializedInt;
int initializedInt { 7 };
cout << format("{} is a random value", uninitializedInt) << endl;
cout << format("{} was assigned an initial value", initializedInt) << endl;
```

注意：

当代码中使用了未初始化的变量时，多数编译器会给出警告或报错信息。当访问未初始化的变量时，某些 C++环境可能会报告运行时错误。

initializedInt 变量使用统一初始化语法进行初始化。也可以使用下面的赋值语法来初始化：

```
initializedInt = 7;
```

统一初始化在 2011 年的 C++11 标准中引入。建议使用统一初始化替代旧的赋值语法，这就是本书使用的语法。1.1.25 节会深入讨论它的好处以及推荐它的原因。

C++中的变量是强类型的；也就是说，它们总是有一个特定的类型。C++自带一个可以开箱即用的内置类型集合。表 1-3 列出了 C++中最常见的变量类型。

表 1-3 最常见的变量类型

类型	说明	用法
(signed) int signed	正整数或负整数，范围取决于编译器(通常是 4 字节)	int i {-7}; signed int i {-6}; signed i {-5};
(signed) short (int)	短整型整数(通常是 2 字节)	short s {13}; short int s {14}; signed short s {15}; signed short int s {16};
(signed) long (int)	长整型整数(通常是 4 字节)	long l {-7L};
(signed) long long (int)	超长整型整数，范围取决于编译器，但不低于长整型(通常是 8 字节)	long long ll {14LL};
unsigned (int) unsigned short (int) unsigned long (int) unsigned long long (int)	对前面的类型加以限制，使其值≥0	unsigned int i {2U}; unsigned j {5U}; unsigned short s {23U}; unsigned long l {5400UL}; unsigned long long ll {140ULL};
float	浮点型数字	float f {7.2f};
double	双精度数字，精度不低于 float	double d {7.2};
long double	长双精度数字，精度不低于 double	long double d {16.98L};
char unsigned char signed char	单个字符	char ch {'m'};
char8_t(从 C++20 开始) char16_t char32_t	单个 *n* 位 UTF-*n* 编码的 Uincode 字符，*n* 可以是 8，16，32	char8_t c8 {u8'm'}; char16_t c16 {u'm'}; char32_t c32 {U'm'};
wchar_t	单个宽字符，大小取决于编译器	wchar_t w {L'm'};
bool	布尔类型，取值为 true 或 false	bool b {true};

char 类型与 signed char 和 unsigned char 类型是不同的类型，它只应该用来表示字符。根据你的编译器不同，它既可能是有符号的，也可能是无符号的，所以不应该用它表示有符号或者无符号字符。

与 char 相关的是，<cstddef>提供了 std::byte 类型用来表示单个字节。在 C++17 之前，char 或 unsigned char 用来表示一个字节，但是那些类型使得像在处理字符。std::byte 却能指明意图，即内存中的单个字节。一个 byte 可以用如下的方式初始化：

```
std::byte b { 42 };
```

注意：

C++没有提供基本的字符串类型。但是作为标准库的一部分提供了字符串的标准实现，本章后面的内容和第 2 章将讲述这一问题。

1. 数值极限

C++提供了一种获取数值极限信息的标准方式，例如在当前的平台上一个整数能表示的最大值。在 C 中，你可以使用各种宏定义，例如 INT_MAX。尽管这些方法在 C++中仍然可以使用，但推荐的做法是使用定义在<limits>中的类模板 std::numeric_limits。后续章节将讨论类模板，但那些细节对于理解如何使用 numeric_limits 来说无关紧要。目前，你只需要知道在使用类模板时需要在一对尖括号内指定需要的类型。

下面是一些例子：

```
cout << "int:\n";
cout << format("Max int value: {}\n", numeric_limits<int>::max());
cout << format("Min int value: {}\n", numeric_limits<int>::min());
cout << format("Lowest int value: {}\n", numeric_limits<int>::lowest());

cout << "\ndouble:\n";
cout << format("Max double value: {}\n", numeric_limits<double>::max());
cout << format("Min double value: {}\n", numeric_limits<double>::min());
cout << format("Lowest double value: {}\n", numeric_limits<double>::lowest());
```

上面的代码段在我的系统上的输出如下：

```
int:
Max int value: 2147483647
Min int value: -2147483648
Lowest int value: -2147483648

double:
Max double value: 1.79769e+308
Min double value: 2.22507e-308
Lowest double value: -1.79769e+308
```

注意 min()和 lowest()之间的区别。对于一个整数，最小值等于最低值。然而对于浮点类型来说，最小值表示该类型能表示的最小正数，最低值表示该类型能表示的最小负数，即−max()。

2. 零初始化

可以用一个{0}的统一初始化器将变量初始化为 0，0 在这里是可选的。一对空的花括号组成的统一初始化器，{}，称为零初始化器。零初始化会将原始的整数类型(例如 char、int 等)初始化为 0，将原始的浮点类型初始化为 0.0，将指针类型初始化为 nullptr，将对象用默认构造函数初始化(稍后讨论)。

下面是 float 和 int 零初始化的例子：

```
float myFloat {};
int myInt {};
```

3. 类型转换

可使用类型转换方式将变量转换为其他类型。例如，可将 float 转换为 int。C++提供了 3 种方法显式地转换变量类型。第一种方法来自 C，并且仍然被广泛使用，但实际上，已经不建议使用这种方法；第二种方法初看上去更自然，但很少使用；第三种方法最复杂，却最整洁，是推荐方法。

```
float myFloat { 3.14f };
int i1 { (int)myFloat };                  // method 1
int i2 { int(myFloat) };                  // method 2
int i3 { static_cast<int>(myFloat) };     // method 3
```

得到的整数是去掉小数部分的浮点数。第 10 章将详细描述这些转换方法之间的区别。在某些环境中，可自动执行类型转换或强制执行类型转换。例如，short 可自动转换为 long，因为 long 代表精度更高的相同数据类型。

```
long someLong { someShort };              // no explicit cast needed
```

当自动转换变量的类型时，应该了解潜在的数据丢失情况。例如，将 float 转换为 int 会丢掉一些信息(数字的小数部分)，并且如果浮点值表示的数字超过了整数可表示的最大值，转换结果有可能是完全错误的。如果将一个 float 赋给一个 int 而不显式执行类型转换，多数编译器会给出警告甚至错误信息。如果确信左边的类型与右边的类型完全兼容，那么隐式转换也完全没有问题。

4. 浮点型数字

处理浮点型数字可能会比处理整型数字复杂。你需要记住几件事情。使用数量级不同的浮点值计算可能会导致错误。此外，计算两个几乎相同的浮点数的差时会导致精度丢失。另外要记住很多十进制数不能精确地表示为浮点数。然而，继续深入讨论使用浮点数的数值问题以及如何编写数值稳定的浮点数程序已经超出了本书的范围，这些话题足以用一整本书讨论了。

这里有几个特殊的浮点数：

- +/-infinity：表示正无穷和负无穷，例如 0 除以非零数得到的结果。
- NaN：非数字的缩写，例如 0 除以 0 的结果，这在数学上是未定义的。

可以用 std::isnan()判断一个给定的浮点数是否为非数字，用 std::isinf()判断是否为无穷，这两个函数都定义在<cmath>中。

可以使用 numeric_limits 获取这些特殊的浮点数，例如 numeric_limits<double>::infinity。

1.1.5 运算符

如果无法改变变量的值，那么变量还有什么用呢？表 1-4 显示了 C++中最常用的运算符以及使用这些运算符的示例代码。注意，在 C++中，运算符可以是二元的(操作两个表达式)、一元的(仅操作一个表达式)甚至是三元的(操作三个表达式)。在 C++中只有一个条件运算符，1.1.9 节将介绍这个运算符。此外，第 15 章将介绍如何将这些运算符用到自定义类型上。

表 1-4　运算符

<table>
<tr><th>运算符</th><th>说明</th><th>用法</th></tr>
<tr><td>=</td><td>二元运算符，将右边的值赋给左边的变量</td><td>int i;
i = 3;
int j;
j = i;</td></tr>
<tr><td>!</td><td>一元运算符，改变变量的真/假(非零/零)状态</td><td>bool b { !true };
bool b2 { !b };</td></tr>
<tr><td>+</td><td>执行加法的二元运算符</td><td>int i { 3 + 2 };
int j { i + 5 };
int k { i + j };</td></tr>
<tr><td>-
*
/</td><td>执行减法、乘法以及除法的二元运算符</td><td>int i { 5-1 };
int j { 5*2 };
int k { j / i };</td></tr>
<tr><td>%</td><td>二元运算符，求除法操作的余数，也称为 mod 运算符。例如 5%2=1</td><td>int rem { 5 % 2 };</td></tr>
<tr><td>++</td><td>一元运算符，使变量值增加 1。如果运算符在变量之后(后增量)，表达式的结果是没有增加的值；如果运算符在变量之前(前增量)，表达式的结果是增加 1 后的新值</td><td>i++;
++i;</td></tr>
<tr><td>--</td><td>一元运算符，使变量值减 1</td><td>i--;
--i;</td></tr>
<tr><td>+=
-=
*=
/=
%=</td><td>i = i+j; 的简写
i = i-j; 的简写
i = i * j; 的简写
i = i / j; 的简写
i = i % j; 的简写</td><td>i += j;
i -= j;
i *= j;
i /= j;
i %= j;</td></tr>
<tr><td>&
&=</td><td>将一个变量的原始位与另一个变量执行按位“与”运算</td><td>i = j & k;
j &= k;</td></tr>
<tr><td>|
|=</td><td>将一个变量的原始位与另一个变量执行按位“或”运算</td><td>i = j | k;
j |= k;</td></tr>
<tr><td><<
>>
<<=
>>=</td><td>对一个变量的原始位执行移位运算，每一位左移(<<)或右移(>>)指定的位数</td><td>i = i << 1;
i = i >> 4;
i <<= 1;
i >>= 4;</td></tr>
<tr><td>^
^=</td><td>执行两个变量之间的按位“异或”运算</td><td>i = i ^ j;
i ^= j;</td></tr>
</table>

下面的程序显示了最常见的变量类型以及运算符的用法。如果还不确定变量以及运算符的使用方式，请试着判断该程序的输出，然后运行该程序来验证自己的答案是否正确。

```
int someInteger { 256 };
short someShort;
long someLong;
```

```
float someFloat;
double someDouble;

someInteger++;
someInteger *= 2;
someShort = static_cast<short>(someInteger);
someLong = someShort * 10000;
someFloat = someLong + 0.785f;
someDouble = static_cast<double>(someFloat) / 100000;
cout << someDouble << endl;
```

关于表达式求值顺序，C++编译器有一套准则。如果某行代码非常复杂，包含多个运算符，其执行顺序可能不会一目了然。因此，最好将复杂表达式分成若干短小的表达式，或使用括号明确地将子表达式分组。例如，除非你记住了C++运算符的优先级表格，否则下面的代码将比较难懂。

```
int i { 34 + 8 * 2 + 21 / 7 % 2 };
```

添加括号可清楚地表明首先执行哪个运算。

```
int i { 34 + (8 * 2) + ( (21 / 7) % 2 ) };
```

如果测试这些代码，这两种方法是等价的，其结果都是i等于51。如果你认为C++按从左到右的顺序对表达式求值，答案将是1。实际上，C++会首先对/、*以及%求值(从左向右)，然后才执行加减运算，最后是位运算。通过使用圆括号，可明确告诉编译器某个运算应该单独求值。

规范地说，运算符的计算顺序是由所谓的优先级决定的。优先级高的运算符要先于优先级低的运算符执行。下面列出了表1-3中出现的运算符的优先级，越靠上的运算符优先级越高，它们也将先执行。

- ++　--(后置)
- !　++　--(前置)
- *　/　%
- +　-
- <<　>>
- &
- ^
- |
- =　+=　-=　*=　/=　%=　&=　|=　^=　<<=　>>=

这仅仅是C++所有运算符中的一部分。第15章将会完整地介绍所有运算符，以及它们的优先级。

1.1.6　枚举类型

整数代表某个数字序列中的值。枚举类型允许你定义自己的序列，这样你就能使用这个序列中的值声明变量。例如，在一个国际象棋程序中，可以用int代表所有棋子，用常量代表棋子的类型，代码如下所示。代表棋子类型的整数用const标记，表明这个值永远不会改变。

```
const int PieceTypeKing { 0 };
const int PieceTypeQueen { 1 };
const int PieceTypeRook { 2 };
const int PieceTypePawn { 3 };
//etc.
int myPiece { PieceTypeKing };
```

这种表示法存在一定的风险。因为棋子只是一个 int，如果另一个程序增加棋子的值，那么会发生什么？加 1 就可让王变成王后，而这实际上没有意义。更糟糕的是，有人可能将某个棋子的值设置为-1，而这个值并没有对应的常量。

强类型的枚举类型通过定义变量的取值范围解决了上述问题。下面的代码声明了一个新类型 PieceType，这个类型具有 4 个可能的值，分别代表 4 种国际象棋棋子：

```
enum class PieceType { King, Queen, Rook, Pawn };
```

这种新的类型可以像下面这样使用：

```
PieceType piece { PieceType::King };
```

事实上，枚举类型只是一个整型值。King、Queen、Rook、Pawn 的实际值分别是 0、1、2、3。还可为枚举成员指定整型值，其语法如下：

```
enum class PieceType
{
    King = 1,
    Queen,
    Rook = 10,
    Pawn
};
```

如果你没有为当前的枚举成员赋值，编译器会将上一个枚举成员的值递增 1，再赋予当前的枚举成员。如果没有给第一个枚举成员赋值，编译器就给它赋予 0。所以，在此例中，PieceTypeKing 具有整型值 1，编译器为 PieceTypeQueen 赋予整型值 2，PieceTypeRook 的值为 10，编译器自动为 PieceTypePawn 赋予值 11。

尽管枚举值内部是由整型值表示的，它却不会自动转换为整数。因此，下面的代码是不合法的：

```
if (PieceType::Queen == 2) {...}
```

默认情况下，枚举值的基本类型是整型，但可采用以下方式加以改变：

```
enum class PieceType : unsigned long
{
    King = 1,
    Queen,
    Rook = 10,
    Pawn
};
```

对于 enum class，枚举值名不会自动超出封闭的作用域，这意味着它们不会与定义在父作用域的其他名字冲突。所以，不同的强类型枚举可以拥有同名的枚举值。例如，以下两个枚举是完全合法的：

```
enum class State { Unknown , Started, Finished };
enum class Error { None, BadInput, DiskFull, Unknown };
```

这个特性的一大好处就是可以给枚举值取较短的名字，例如：Unknown 而不是 UnknownState 或 UnknownError。

然而，这同时意味着必须使用枚举值的全名，或者使用 using enum 或 using 声明，像下文描述的那样。

C++20

从 C++20 开始，可以使用 using enum 声明来避免使用枚举值的全名。这是一个例子：

```
using enum PieceType;
PieceType piece { King };
```

另外，可以用 using 声明避免使用某个特定枚举值的全名。例如，在下面的代码段中，King 可以不用全名就被使用，但是其他枚举值仍需要使用全名。

```
using PieceType::King;
PieceType piece { King };
piece = PieceType::Queen;
```

警告：
即使 C++20 允许不使用枚举值的全名，仍然建议审慎地使用这个特性。至少要使 using 或 using enum 声明的作用域尽量小。如果作用域很大的话，有可能重新引入名称冲突。后续关于 switch 语句的小节会展示使用 using enum 声明时如何合适地限制作用域。

旧式风格枚举类型

新的代码总是应该使用上一节提到的强类型枚举。然而，在遗留代码库中，你可能会遇到旧式风格的枚举：enum 而不是 enum class。这是一个定义为旧式枚举的 PieceType：

```
enum PieceType { PieceTypeKing, PieceTypeQueen, PieceTypeRook, PieceTypePawn };
```

这种枚举类型的值会被导出到外层的作用域。这意味着可以在父作用域不通过全名而直接使用它们。例如：

```
PieceType myPiece { PieceTypeQueen };
```

当然，这同时意味着它们可能会与父作用域中的名称产生冲突，导致编译错误。例如：

```
bool ok { false };
enum Status { error, ok };
```

这段代码不会成功编译，因为名字 ok 首先被定义为一个布尔类型的变量，之后同一个名称又作为枚举值的名称被使用。Visual C++ 2019 会给出如下的错误提示：

```
error C2365: 'ok': redefinition; previous definition was 'data variable'
```

因此，必须确保旧式风格的枚举使用独一无二的枚举值名称，例如 PieceTypeQueen，而不是简单的 Queen。

这些旧式风格的枚举不是强类型的，意味着它们不是类型安全的。它们总是会被解释为整型，因此，你可能会无意中比较来自完全不同枚举类型的枚举值，或者将错误枚举类型的枚举值传递给函数。

警告：
总是使用强类型的 enum class 而不是类型不安全的旧式风格 enum 枚举。

1.1.7　结构体

结构体(struct)允许将一个或多个已有类型封装到一个新类型中。数据库记录是结构体的经典示例，如果想要建立一个人事系统来跟踪雇员的信息，那么需要存储名首字母、姓首字母、雇员编号以及每个雇员的薪水。下面的代码给出了 employee.cppm 模块接口文件中的一个结构体，这个结构体包含所有这些信息。这是本书中第一个由你自己写的模块。模块接口文件通常以.cppm 作为后缀(注释：在撰写本书时，还没有模块接口文件的标准化命名。但是，大多数编译器都支持.cppm 扩展名，因此本书使用了该扩展名。查看你使用的编译器的文档以了解要使用的扩展名)。模块接口文件中的第一行是模块声明，并声明该文件正在定义一个名为 employee 的模块。此外，模块需要明确说明其导出的内容，即，在导入该模块的其他位置时可见的内容。从模块导出类型是通过在 struct 前面使用 export 关键字完成的。

```
export module employee;

export struct Employee {
    char firstInitial;
    char lastInitial;
    int employeeNumber;
    int salary;
};
```

声明为 Employee 类型的变量将拥有全部内建的字段。可使用“.”运算符访问结构体的各个字段。下面的示例创建了一条员工记录，然后将其输出。请注意，导入自定义模块时，不得使用尖括号。

```
import <iostream>;
import <format>;
import employee;
using namespace std;

int main()
{
    // Create and populate an employee.
    Employee anEmployee;
    anEmployee.firstInitial = 'J';
    anEmployee.lastInitial = 'D';
    anEmployee.employeeNumber = 42;
    anEmployee.salary = 80000;
    // Output the values of an employee.
    cout << format("Employee: {}{}", anEmployee.firstInitial,
        anEmployee.lastInitial) << endl;
    cout << format("Number: {}", anEmployee.employeeNumber) << endl;
    cout << format("Salary: ${}", anEmployee.salary) << endl;
}
```

1.1.8　条件语句

条件语句允许根据某件事情的真假来执行代码。在下面介绍的内容中，你可以了解到 C++中有两种主要的条件语句：if/else 语句和 switch 语句。

1. if/else 语句

最常见的条件语句是 if 语句，其中可能伴随着 else 语句。如果 if 语句中给定的条件为 true，就执行对应的代码行或代码块，否则执行 else 语句(如果存在 else 语句)或者执行条件语句之后的代码。下面的代码显示了一种级联的 if 语句，这是一种奇特方式：if 语句伴随着 else 语句，而 else 语句又伴随着另一个 if 语句。

```
if (i > 4) {
    // Do something.
} else if (i > 2) {
    // Do something else.
} else {
    // Do something else.
}
```

if 语句的圆括号中的表达式必须是一个布尔值，或者求值的结果必须是布尔值。零值是 false，非零值则算作 true。例如，if(0)等同于 if(false)。后面将讲到的逻辑条件运算符提供了一种求表达式值的方式，其结果为布尔值 true 或 false。

2. if 语句的初始化器

C++允许在 if 语句中包括一个初始化器，语法如下：

```
if ( <initializer>; <conditional_expression>) {
    <if_body>
} else if (<else_if_expression>) {
    <else_if_body>
} else {
    <else_body>
}
```

<initializer>中引入的任何变量只在<conditional_expression>、<if_body>、<else_if_expression>、<else_if_body>和<else_body>中可用。此类变量在 if 语句以外不可用。

此时还不到列举此功能的有用示例的时候，下面只列出它的形式：

```
if (Employee employee { getEmployee() }; employee.salary > 1000) { ... }
```

在这个示例中，初始化器获得一个雇员，并且判断被检索雇员的薪水是否超出 1000。只有满足条件才执行 if 语句体。本书将穿插列举具体示例。

3. switch 语句

switch 是另一种根据表达式值执行操作的语法。在 C++中，switch 语句的表达式必须是整型、能转换为整型的类型、枚举类型或强类型枚举，必须与一个常量进行比较，每个常量值代表一种“情况(case)”，如果表达式与这种情况匹配，随后的代码行将会被执行，直至遇到 break 语句为止。此外还可提供 default 情况，如果没有其他情况与表达式值匹配，表达式值将与 default 情况匹配。下面的伪代码显示了 switch 语句的常见用法：

```
switch (menuItem) {
    case OpenMenuItem:
        // Code to open a file
        break;
    case SaveMenuItem:
        // Code to save a file
        break;
    default:
        // Code to give an error message
        break;
}
```

switch 语句总是可以转换为 if/else 语句。前面的 switch 语句可以转换为：

```
if (menuItem == OpenMenuItem) {
    // Code to open a file
} else if (menuItem == SaveMenuItem) {
    // Code to save a file
} else {
    // Code to give an error message
}
```

如果你想基于表达式的多个值(而非对表达式进行一些测试)执行操作，通常使用 switch 语句。此时，switch 语句可避免级联使用 if-else 语句。如果只需要检查一个值，则应当使用 if 或 if-else 语句。

一旦找到与 switch 条件匹配的 case 表达式，就执行其后的所有语句，直至遇到 break 语句为止。即使遇到另一个 case 表达式，执行也会继续，这称为 fallthrough。在下面的示例中，对 Mode :: Standard 和 Default 都执行了一组语句。如果 mode 为 Custom，则首先将 value 从 42 更改为 84，然后执行与 Default 和 Standard 相同的语句。换句话说，“Custom”情况跌落进了“Standard/Default”案例。此代码段还显示了一个很好的示例，该示例使用适当范围的 enum 声明来避免为不同的 case 标签编写 Mode::Custom、Mode::Standard 和 Mode::Default。

```
enum class Mode { Default, Custom, Standard };

int value { 42 };
Mode mode { /* ... */ };
switch (mode) {
    using enum Mode;
    case Custom:
        value = 84;
    case Standard:
    case Default:
        // Do something with value ...
    break;
}
```

如果你无意间忘掉了 break 语句，fallthrough 将成为 bug 的来源。因此，如果在 switch 语句中检测到 fallthrough，编译器将生成警告信息，除非 case 为空。在上例中，编译器不会发出 Standard 情况跌落进 Default 情况的警告，但是可能会对 Custom 情况的 fallthrough 生成警告信息。为了阻止编译器发出警告，可以使用[[fallthrough]]特性，告诉编译器某个 fallthrough 是有意为之，如下所示。

```
switch (mode) {
    using enum Mode;

    case Custom:
        value = 84;
        [[fallthrough]];
    case Standard:
    case Default:
        // Do something with value ...
    break;
}
```

4. switch 语句的初始化器

与 if 语句一样，可以在 switch 语句中使用初始化器。语法如下：

```
switch (<initializer>; <expression>) { <body> }
```

<initializer>中引入的任何变量将只在<expression>和<body>中可用。它们在 switch 语句之外不可用。

1.1.9 条件运算符

C++有一个接收 3 个参数的运算符，称为三元运算符。可将其作为“如果[某事发生了]，那么[执行某个操作]，否则[执行其他操作]”的条件表达式的简写。这个条件运算符由一个“?”和一个“:”组成。下面的代码中，如果变量 i 的值大于 2，将输出 yes，否则输出 no。

```
cout << ((i > 2) ? "yes" : "no");
```

i > 2 两边的小括号是可选的，因此与下面的代码行是等效的。

```
cout << (i > 2 ? "yes" : "no");
```

条件运算符的优点是它是一个表达式而不是像 if 或者 switch 那样的语句。因此，条件运算符几乎可在任何环境中使用。在上例中，这个条件运算符在输出语句中执行。记住这个语法的简便方法是将问号前的语句真的当作一个问题。例如，“i 大于 2 吗？如果是真的，结果就是 yes，否则结果就是 no。”

1.1.10　逻辑比较运算符

前面介绍了非正式定义的逻辑比较运算符。>运算符比较两个值的大小，如果左边的值大于右边的值，那么结果为 true。所有逻辑比较运算符都遵循这一模式——其结果都是 true 或 false。

表 1-5 列出了常见的逻辑比较运算符。

表 1-5　逻辑比较运算符

<table>
<tr><th>运算符</th><th>说明</th><th>用法</th></tr>
<tr><td><
<=
>
>=</td><td>判断左边的值是否小于、小于或等于、大于、大于或等于右边的值</td><td>if (i < 0) {
  std::cout << "i is negative";
}</td></tr>
<tr><td>==</td><td>判断左边的值是否等于右边的值，不要将其与赋值运算符=混淆</td><td>if (i == 3) {
  std::cout << "i is 3";
}</td></tr>
<tr><td>!=</td><td>不等于。如果左边的值与右边的值不相等，则语句的结果为 true</td><td>if (i != 3) {
  std::cout << "i is not 3";
}</td></tr>
<tr><td><=></td><td>三向比较运算符，也称为太空飞船运算符，下一节将会详细解释</td><td>result = i <=> 0;</td></tr>
<tr><td>!</td><td>逻辑非。改变布尔表达式的 true/false 状态，这是一个一元运算符</td><td>if (!someBoolean) {
  std::cout << "someBoolean is false";
}</td></tr>
<tr><td>&&</td><td>逻辑与。如果表达式的两边都为 true，其结果为 true</td><td>if (someBoolean && someOtherBoolean) {
  std::cout << "both are true";
}</td></tr>
<tr><td>||</td><td>逻辑或。如果表达式两边的任意一边值为 true，其结果就为 true</td><td>if (someBoolean || someOtherBoolean) {
  std::cout << "at least one is true";
}</td></tr>
</table>

C++对表达式求值时会采用短路逻辑。这意味着一旦最终结果可确定，就不对表达式的剩余部分求值。例如，当执行如下所示的多个布尔表达式的逻辑或操作时，如果发现其中一个表达式的值为 true，立刻可判定其结果为 true，就不再检测剩余部分。

```
bool result { bool1 || bool2 || (i > 7) || (27 / 13 % i + 1) < 2 };
```

在此例中，如果 bool1 的值是 true，整个表达式的值必然为 true，因此不会对其他部分求值。这种方法可阻止代码执行多余操作。然而，如果后面的表达式以某种方式影响程序的状态(例如，调用了一个独立函数)，就会带来难以发现的 bug。下面的代码显示了一条使用了&&的语句，这条语句在第二项之后就会被短路，因为 0 总被当作 false：

```
bool result { bool1 && 0 && (i > 7) && !done };
```

短路做法对性能有好处。在使用逻辑短路时，可将代价更低的测试放在前面，以避免执行代价更高的测试。在指针上下文中，它也可避免指针无效时执行表达式的一部分的情况。本章后面将讨论指针以及包含短路的指针。

C++20

1.1.11　三向比较运算符

三向比较运算符可用于确定两个值的大小顺序。它也被称为太空飞船操作符，因为其符号<=>类似于太空飞船。使用单个表达式，它可以告诉你一个值是否等于、小于或大于另一个值。因为它必须返回的不仅是 true 或 false，所以它不能返回布尔类型。相反，它返回类枚举(enumeration-like)[①]类型，定义在<compare>和 std 名称空间中。如果操作数是整数类型，则结果是所谓的强排序，并且可以是以下之一。

- strong_ordering::less：第一个操作数小于第二个
- strong_ordering::greater：第一个操作数大于第二个
- strong_ordering::equal：第一个操作数等于第二个

如果操作数是浮点类型，结果是一个偏序(partial ordering)。

- partial_ordering::less：第一个操作数小于第二个
- partial_ordering::greater：第一个操作数大于第二个
- partial_ordering::equivalent：第一个操作数等于第二个
- partial_ordering::unordered：如果有一个操作数是非数字或者两个操作数都是非数字

以下是它的用法的示例：

```
int i { 11 };
strong_ordering result { i <=> 0 };
if (result == strong_ordering::less) { cout << "less" << endl; }
if (result == strong_ordering::greater) { cout << "greater" << endl; }
if (result == strong_ordering::equal) { cout << "equal" << endl; }
```

还有一种弱排序，这是可以选择的另一种排序类型，以针对你自己的类型实现三向比较。

- weak_ordering::less：第一个操作数小于第二个
- weak_ordering::greater：第一个操作数大于第二个
- weak_ordering::equivalent：第一个操作数等于第二个

对于原始类型，与仅使用==、<和>运算符进行单个比较相比，使用三向比较运算符不会带来太多收益。但是，它对于比较昂贵的对象很有用。使用三向比较运算符，可以使用单个运算符对此类对

---

① 不是真正的枚举类型。这些排序类型不能用在 switch 语句中，也不能使用 using enum 声明。

象进行排序，而不必潜在地调用两个单独的比较运算符，从而触发两个昂贵的比较。第 9 章将说明如何为自己的类型增加对三向比较的支持。

最后，<compare>提供命名的比较函数来解释排序结果。这些函数是 std::is_eq()、is_neq()、is_lt()、is_lteq()、is_gt()以及 is_gteq()。如果排序分别表示==、!=、<、<=、>或 >=，则返回 true，否则返回 false。以下是一个例子：

```
int i { 11 };
strong_ordering result { i <=> 0 };
if is_lt(result) { cout << "less" << endl; }
if is_gt(result)) { cout << "greater" << endl; }
if is_eq(result) { cout << "equal" << endl; }
```

1.1.12 函数

对于任何大型程序而言，将所有代码都放到 main()中是无法管理的。为使程序便于理解，需要将代码分解为简单明了的函数。

在 C++中，为让其他代码使用某个函数，首先应该声明该函数。如果函数在某个特定的文件内部使用，通常会在源文件中声明并定义这个函数。如果函数是供其他模块或文件使用的，可以从模块接口文件中导出一个函数声明，函数的定义既可以放在同一个模块接口文件中，也可以放在所谓的模块实现文件中。

注意：

函数声明通常称为“函数原型”或“函数头”，以强调这代表函数的访问方式，而不是具体代码。术语“函数签名”指将函数名与形参列表组合在一起，但没有返回类型。

函数的声明如下所示。这个示例的返回值是 void 类型，说明这个函数不会向调用者提供结果。调用者在调用函数时必须提供两个参数—— 一个整数和一个字符。

```
void myFunction(int i, char c);
```

如果没有与函数声明匹配的函数定义，在编译过程的链接阶段会出错，因为使用函数 myFunction()时会调用不存在的代码。下面的函数定义输出了两个参数的值：

```
void myFunction(int i, char c)
{
    cout << format("the value of i is {}", i) << endl;
    cout << format("the value of c is {}", c) << endl;
}
```

在程序的其他位置，可调用 myFunction()，并将实参传递给两个形参。函数调用的几个示例如下：

```
myFunction(8, 'a');
myFunction(someInt, 'b');
myFunction(5, someChar);
```

注意：

与 C 不同，在 C++中没有形参的函数仅需要一个空的参数列表，不需要使用 void 指出此处没有形参。然而，如果没有返回值，仍需要使用 void 指明这一点。

C++函数还向调用者返回一个值。下面的函数将两个数字相加并返回结果：

```
int addNumbers(int number1, int number2)
{
    return number1 + number2;
}
```

这个函数可以这样被调用：

```
int sum { addNumbers(5, 3) };
```

1. 函数返回类型的推断

你可以要求编译器自动推断出函数的返回类型。要使用这个功能，需要把 auto 指定为返回类型：

```
auto addNumbers(int number1, int number2)
{
    return number1 + number2;
}
```

编译器根据函数体中用于 return 语句的表达式推导返回类型。可以有多个 return 语句，但是它们必须全部解析为同一类型。这样的函数甚至可以包括递归调用(对自身的调用)，但是该函数中的第一个 return 语句必须是非递归调用。

2. 当前函数的名称

每个函数都有一个预定义的局部变量__func__，其中包含当前函数的名称。这个变量的一个用途是用于日志记录：

```
int addNumbers(int number1, int number2)
{
    cout << format("Entering function {}", __func__) << endl;
    return number1 + number2;
}
```

3. 函数重载

重载功能意味着要提供多个具有相同名称但具有不同参数集的功能。仅指定不同的返回类型是不够的，参数的数量和/或类型必须不同。例如，以下代码段定义了两个名为 addNumbers()的函数，一个函数为整数定义，另一个函数为 double 定义。

```
int addNumbers(int a, int b) { return a + b; }
double addNumbers(double a, double b) { return a + b; }
```

当调用 addNumbers()时，编译器会根据提供的参数自动选择正确的函数重载版本。

```
cout << addNumbers(1, 2) << endl;      // Calls the integer version
cout << addNumbers(1.11, 2.22);        // Calls the double version
```

1.1.13　属性

属性是一种将可选的和/或特定于编译器厂商的信息添加到源代码中的机制。在 C++对属性进行标准化之前，编译器厂商决定了如何指定此类信息，例如__attribute__和__declspec 等。从 C++ 11 开始，通过使用双方括号语法[[attribute]]对属性进行标准化的支持。

在本章的前面，引入了[[fallthrough]]属性，以防止故意在 switch case 语句中使用 fallthrough 时发出编译器警告。C++标准定义了几个在函数上下文中有用的标准属性。

1. [[nodiscard]]

[[nodiscard]]属性可用于有一个返回值的函数，以使编译器在该函数被调用却没有对返回的值进行任何处理时发出警告，以下是一个例子。

```
[[nodiscard]] int func()
{
    return 42;
}

int main()
{
    func();
}
```

编译器会发出类似以下内容的警告：

```
warning C4834: discarding return value of function with 'nodiscard' attribute
```

例如，此特性可用于返回错误代码的函数。通过将[[nodiscard]]属性添加到此类函数中，错误代码就无法被忽视。

更笼统地说，[[nodiscard]]属性可用于类、函数和枚举。

C++20

从 C++ 20 开始，可以字符串形式为[[nodiscard]]属性提供一个原因，例如：

```
[[nodiscard("Some explanation")]] int func();
```

2. [[maybe_unused]]

[[maybe_unused]]属性可用于禁止编译器在未使用某些内容时发出警告，如下例所示：

```
int func(int param1, int param2)
{
    return 42;
}
```

如果将编译器警告级别设置得足够高，则此函数定义可能会导致两个编译器警告。例如，Microsoft Visual C++给出以下警告：

```
warning C4100: 'param2': unreferenced formal parameter
warning C4100: 'param1': unreferenced formal parameter
```

通过使用[[maybe_unused]]，可以阻止这种警告：

```
int func(int param1, [[maybe_unused]] int param2)
{
    return 42;
}
```

在这种情况下，第二个参数标记有禁止其警告的属性。现在，编译器仅对 param1 发出警告：

```
warning C4100: 'param1': unreferenced formal parameter
```

[[maybe_unused]]属性可用于类和结构体、非静态数据成员、联合、typedef、类型别名、变量、

函数、枚举以及枚举值。你可能尚不知道其中的某些术语，本书稍后将进行讨论。

3. [[noreturn]]

向函数添加[[noreturn]]属性意味着它永远不会将控制权返回给调用点。通常，函数要么导致某种终止(进程终止或线程终止)，要么引发异常。使用此属性，编译器可以避免发出某些警告或错误，因为它现在可以更多地了解该函数的用途。这是一个例子：

```
[[noreturn]] void forceProgramTermination()
{
    std::exit(1); // Defined in <cstdlib>
}

bool isDongleAvailable()
{
    bool isAvailable { false };
    // Check whether a licensing dongle is available...
    return isAvailable;
}

bool isFeatureLicensed(int featureId)
{
    if (!isDongleAvailable()) {
        // No licensing dongle found, abort program execution!
        forceProgramTermination();
    } else {
        bool isLicensed { featureId == 42 };
        // Dongle available, perform license check of the given feature...
        return isLicensed;
    }
}

int main()
{
    bool isLicensed { isFeatureLicensed(42) };
}
```

此代码段可以正常编译，没有任何警告或错误。但是，如果删除[[noreturn]]属性，编译器将生成以下警告(来自 Visual C++的输出)。

```
warning C4715: 'isFeatureLicensed': not all control paths return a value
```

4. [[deprecated]]

[[deprecated]]可用于将某些内容标记为已弃用，这意味着仍可以使用它，但不鼓励使用。此属性接受一个可选参数，该参数可用于解释弃用的原因，如以下示例所示。

```
[[deprecated("Unsafe method, please use xyz")]] void func();
```

如果使用了已弃用的函数，你将会收到编译错误或警告。例如，GCC 会给出如下的警告信息：

```
warning: 'void func()' is deprecated: Unsafe method, please use xyz
```

5. [[likely]]和[[unlikely]]

这些可能性属性可用于帮助编译器优化代码。例如，这些属性可用于根据某个分支被采用的可能性来标记 if 和 switch 语句的分支。请注意，很少需要这些属性。如今，编译器和硬件具有强大的分支预测功能，可以自行解决。但在某些情况下，例如对性能至关重要的代码，可能需要帮助编译器。语法如下：

```
int value { /* ... */ };
if (value > 11) [[unlikely]] { /* Do something ... */ }
else { /* Do something else... */ }

switch (value)
{
[[likely]] case 1:
    // Do something ...
    break;
case 2:
    // Do something...
    break;
[[unlikely]] case 12:
    // Do something...
    break;
}
```

1.1.14 C 风格的数组

数组具有一系列值，所有值的类型相同，每个值都可根据它在数组中的位置进行访问。在 C++中声明数组时，必须声明数组的大小。数组的大小不能用变量表示——必须用常量或常量表达式(constexpr)表示数组大小。常量表达式将在本章稍后讨论。在下面的代码中，首先声明了具有 3 个整数的数组，之后的 3 行语句将每个元素初始化为 0。

```
int myArray[3];
myArray[0] = 0;
myArray[1] = 0;
myArray[2] = 0;
```

警告：

在 C++中，数组的第一个元素始终在位置 0，而非位置 1！数组的最后一个元素的位置始终是数组大小减 1！

下一节将讨论循环，使用循环可初始化每个元素。但不使用循环或前面的初始化机制，也可以使用如下单行代码完成将零初始化的操作。

```
int myArray[3] = { 0 };
```

甚至可以省略 0，如下所示：

```
int myArray[3] = {};
```

最后，等号也是可选的，所以可以写出如下所示的代码：

```
int myArray[3] {};
```

数组也可以用初始化列表初始化，此时编译器可自动推断出数组的大小。例如：

```
int myArray[] { 1, 2, 3, 4 }; // The compiler creates an array of 4 elements.
```

如果指定了数组的大小，而初始化列表包含的元素数量少于给定大小，则将其余元素设置为 0。

例如，以下代码仅将数组中的第一个元素设置为 2，将其他元素设置为 0。

```
int myArray[3] { 2 };
```

要获取基于栈的 C 风格数组的大小，可使用 std::size()函数(需要<array>)。它返回 size_t 类型，这是在<cstddef>中定义的无符号整数类型。这是一个例子：

```
size_t arraySize { std::size(myArray) };
```

获取基于栈的 C 风格数组的大小的一个更老的技巧是使用 sizeof 运算符。sizeof 运算符返回其参数的大小(以字节为单位)。要获取基于栈的数组中的元素数，可以将数组的大小(以字节为单位)除以第一个元素的大小(以字节为单位)。这是一个例子：

```
size_t arraySize { sizeof(myArray) / sizeof(myArray[0]) };
```

前面的代码显示了一个一维数组，可将其当作一行整数，每个数字都具有自己的编号。C++允许使用多维数组，可将二维数组看成棋盘，每个位置都具有 x 坐标值和 y 坐标值。三维数组和更高维的数组更难描绘，也极少使用。下面的代码显示了用于井字游戏棋盘的二维字符数组，然后在位于中央的方块中填充一个 o。

```
char ticTacToeBoard[3][3];
ticTacToeBoard[1][1] = 'o';
```

图 1-1 显示了这个棋盘的图形表示，并给出了每个方块的位置。

ticTacToeBoard[0][0]	ticTacToeBoard[0][1]	ticTacToeBoard[0][2]
ticTacToeBoard[1][0]	ticTacToeBoard[1][1]	ticTacToeBoard[1][2]
ticTacToeBoard[2][0]	ticTacToeBoard[2][1]	ticTacToeBoard[2][2]

图 1-1　棋盘的图形表示

注意：

在 C++中，最好避免使用本节讨论的 C 风格的数组，而改用标准库功能，如 std::array 和 std::vector，如以下两节所述。

1.1.15　std::array

上一节讨论的数组来自 C，仍能在 C++中使用。但 C++有一种固定大小的特殊容器 std::array，这种容器在<array>头文件中定义。它基本上是对 C 风格的数组进行了简单包装。

用 std:array 替代 C 风格的数组会带来很多好处。它总是知道自身大小；不会自动转换为指针，从而避免了某些类型的 bug；具有迭代器，可方便地遍历元素。第 17 章将详细讲述迭代器。

下例演示了 array 容器的用法。在 array<int, 3>中，array 后面的尖括号的用法在第 12 章中讨论。目前，你只需要记住，必须在尖括号中指定两个参数。第一个参数表示数组中元素的类型，第二个参数表示数组的大小。

```
array<int, 3> arr { 9, 8, 7 };
cout << format("Array size = {}", arr.size()) << endl;
cout << format("2nd element = {}", arr[1]) << endl;
```

C++支持所谓的类模板参数推导(CTAD)，如第 12 章详细讨论的那样。目前请记住，这可以避免为某些类模板指定尖括号之间的模板类型。CTAD 仅在初始化时起作用，因为编译器使用此初始化自动推导模板类型。这适用于 std::array，允许你按以下方式定义以前的数组：

```
array arr { 9, 8, 7 };
```

注意：

C 风格的数组和 std:array 都具有固定的大小，在编译期必须知道这一点。在运行时数组不会增大或缩小。

如果希望数组的大小是动态的，推荐使用下一节介绍的 std::vector。在 vector 中添加新元素时，vector 会自动增加其大小。

1.1.16　std::vector

标准库提供了多个不同的非固定大小容器，可用于存储信息。std::vector 就是此类容器的一个示例，它在<vector>中声明，用一种更灵活和安全的机制取代 C 风格数组的概念。用户不需要担心内存的管理，因为 vector 将自动分配足够的内存来存放其元素。vector 是动态的，意味着可在运行时添加和删除元素。第 18 章将详细讨论容器，但 vector 的基本用法很简单。所以本书一开头就介绍它，以便在示例中使用。下面的示例演示了 vector 的基本功能：

```
// Create a vector of integers.
vector<int> myVector { 11, 22 };

// Add some more integers to the vector using push_back().
myVector.push_back(33);
myVector.push_back(44);

// Access elements.
cout << format("1st element: {}", myVector[0]) << endl;
```

myVector 被声明为 vector<int>，尖括号用来指定模板参数，与本章前面的 std::array 一样。vector 是一个泛型容器，几乎可容纳任何类型的对象，但是 vector 中的所有元素必须是同一类型，在尖括号内指定这个类型。模板将在第 12 章和第 26 章详细讨论。

与 std::array 相同，vector 类模板支持 CTAD，允许你按下列方式定义 myVector。

```
vector myVector { 11, 22 };
```

再次说明，需要初始化器才能使 CTAD 正常工作。以下是非法的：

```
vector myVector;
```

为向 vector 中添加元素，可使用 push_back()方法。可使用类似于数组的语法(即 operator[])访问各个元素。

1.1.17　std::pair

std::pair 类模板定义在<utility>中。它将两个可能不同类型的值组合在一起。可通过 first 和 second 公共数据成员访问这些值。这是一个例子：

```
pair<double, int> myPair { 1.23, 5 };
```

```
cout << format("{} {}", myPair.first, myPair.second);
```

pair 也支持 CTAD，所以你可以按下列方式定义 myPair：

```
pair myPair { 1.23, 5 };
```

1.1.18 std::optional

在<optional>中定义的 std::optional 保留特定类型的值，或者不包含任何值。在第 1 章就介绍它，因为在整本书的某些示例中它是一种有用的类型。

基本上，如果想要允许值是可选的，则可以将 optional 用于函数的参数。如果函数可能返回也可能不返回某些内容，则通常也将 optional 用作函数的返回类型。这消除了从函数中返回“特殊”值的需要，例如 nullptr、end()、-1、EOF 之类的。它还消除了将函数编写为返回代表成功或失败的布尔值的需求，同时将函数的实际结果存储在作为输出参数传递给函数的实参中(类型为对非 const 的引用的参数，在本章稍后讨论)。

optional 类型是一个类模板，因此必须在尖括号之间指定所需的实际类型，如 optional<int>。此语法类似于指定存储在 vector 中的类型的方式，例如 vector <int>。

这是一个返回 optional 的函数的例子：

```
optional<int> getData(bool giveIt)
{
    if (giveIt) {
        return 42;
    }
    return nullopt; // or simply return {};
}
```

可以按下列方式调用这个函数：

```
optional<int> data1 { getData(true) };
optional<int> data2 { getData(false) };
```

可以用 has_value()方法判断一个 optional 是否有值，或简单地将 optional 用在 if 语句中。

```
cout << "data1.has_value = " << data1.has_value() << endl;
if (data2) {
    cout << "data2 has a value." << endl;
}
```

如果 optional 有值，可以使用 value()或解引用运算符访问它。

```
cout << "data1.value = " << data1.value() << endl;
cout << "data1.value = " << *data1 << endl;
```

如果你对一个空的 optional 使用 value()，将会抛出 std::bad_optional_access 异常。异常将会在本章稍后介绍。

value_or()可以用来返回 optional 的值，如果 optional 为空，则返回指定的值。

```
cout << "data2.value = " << data2.value_or(0) << endl;
```

请注意，不能将引用(将在本章稍后讨论)保存在 optional 中，所以 optional<T&>是无效的。但是，可以将指针保存在 optional 中。

1.1.19 结构化绑定

结构化绑定允许声明多个变量，这些变量使用数组、结构体、pair 或元组中的元素以初始化。

例如，假设有下面的数组：

```
array values { 11, 22, 33 };
```

可声明 3 个变量 x、y 和 z，像下面这样使用数组中的 3 个值进行初始化。注意，必须为结构化绑定使用 auto 关键字。例如，不能用 int 替代 auto。

```
auto [x, y, z] { values };
```

使用结构化绑定声明的变量数量必须与右侧表达式中的值数量匹配。

如果所有非静态成员都是公有的，也可将结构化绑定用于结构体。例如：

```
struct Point { double m_x, m_y, m_z; };
Point point;
point.m_x = 1.0; point.m_y = 2.0; point.m_z = 3.0;
auto [x, y, z] { point };
```

正如最后一个例子，以下代码段将 pair 中的元素分解为单独的变量：

```
pair myPair { "hello", 5 };
auto [theString, theInt] { myPair }; // Decompose using structured bindings.
cout << format("theString: {}", theString) << endl;
cout << format("theInt: {}", theInt) << endl;
```

通过使用 auto&或 const auto&代替 auto，还可以使用结构化绑定语法创建一组对非 const 的引用或 const 引用。本章稍后将讨论对非 const 的引用和 const 引用。

1.1.20 循环

计算机擅长重复执行类似的任务。C++提供了 4 种循环结构：while 循环、do/while 循环、for 循环和基于范围的 for 循环。

1. while 循环

只要条件表达式的求值结果为 true，while 循环就会重复执行一个代码块。例如，下面的代码会输出"This is silly."5 次。

```
int i { 0 };
while (i < 5) {
    cout << "This is silly." << endl;
    ++i;
}
```

在循环中可使用 break 关键字立刻跳出循环并继续执行程序。关键字 continue 可用来返回到循环顶部并对 while 表达式重新求值。然而，在循环中使用 continue 经常被认为是不良的编码风格，因为它们会使程序的执行产生无规则的跳转，应该慎用。

2. do/while 循环

C++还有一个版本的 while 循环，称为 do/while 循环。其运行方式类似于 while 循环，但会首先执行代码，而判断是否继续执行的条件检测被放在结尾处。如果想让代码块至少执行一次，并且根据某一条件确定是否多次执行，就可以使用这个循环版本。下面的代码尽管条件为 false，但仍会输出"This is silly."一次。

```
int i { 100 };
do {
    cout << "This is silly." << endl;
    ++i;
} while (i < 5);
```

3. for 循环

for 循环提供了另一种循环语法。任何 for 循环都可转换为 while 循环，反之亦然。然而，for 循环的语法一般更简便，因为可看到循环的初始表达式、结束条件以及每次迭代结束后执行的语句。在下面的代码中，i 被初始化为 0；只要 i 小于 5，循环就会继续执行；每次迭代结束时，i 的值会增 1。这段代码的功能与 while 循环示例相同，但这段代码看起来更清晰，因为在一行中显示了初始值、结束条件以及每次迭代结束后执行的语句。

```
for (int i { 0 }; i < 5; ++i) {
     cout << "This is silly." << endl;[1]
}
```

4. 基于范围的 for 循环

基于范围的 for 循环是第 4 种循环，这种循环允许方便地迭代容器中的元素。这种循环类型可用于 C 风格的数组、初始化列表(稍后讨论)，也可用于任何具有返回迭代器的 begin()和 end()方法的类型(见第 17 章)，例如 std::array、vector 以及第 18 章讨论的其他所有标准库容器。

下例首先定义一个包含 4 个整数的数组，此后“基于范围的 for 循环”遍历数组中的每个元素的副本，输出每个值。为在迭代元素时不制作副本，应使用本章后面讨论的引用变量。

```
array arr { 1, 2, 3, 4 };
for (int i : arr) { cout << i << endl; }
```

基于范围的 for 循环的初始化器

C++20

从 C++ 20 开始，可以在基于范围的 for 循环中使用初始化器，与 if 和 switch 语句中的用法相似，语法如下：

```
for (<initializer>; <for-range-declaration> : <for-range-initializer>) { <body> }
```

任何在<initializer>中引入的变量只能被用于<for-range-initializer>和<body>中，不能被用于基于范围的 for 循环之外。下面是一个例子：

```
for (array arr { 1, 2, 3, 4 }; int i : arr) { cout << i << endl; }
```

1.1.21 初始化列表

初始化列表在<initializer_list>头文件中定义；利用初始化列表，可轻松地编写能接收可变数量参数的函数。std::initializer_list 是一个模板，要求在尖括号之间指定列表中的元素类型，这类似于指定 vector 中存储的对象类型。下例演示如何使用初始化列表：

```
import <initializer_list>;
```

```
using namespace std;

int makeSum(initializer_list<int> values)
{
    int total { 0 };
    for (int value : values) {
        total += value;
    }
    return total;
}
```

makeSum()函数接收一个整型类型的初始化列表作为参数。函数体使用“基于范围的 for 循环”累加总数。可按如下方式使用该函数：

```
int a { makeSum({ 1, 2, 3 }) };
int b { makeSum({ 10, 20, 30, 40, 50, 60 }) };
```

初始化列表是类型安全的，列表中所有元素必须为同一类型。对于此处的 makeSum()函数，初始化列表中的所有元素都必须是整数。尝试使用 double 数值进行调用，将导致编译器生成错误或警告，如下所示：

```
int c { makeSum({ 1, 2, 3.0 }) };
```

1.1.22 C++中的字符串

在 C++中使用字符串有两种方法。

- C 风格字符串：用字符数组表示字符串
- C++风格字符串：将 C 风格的表示封装到一种易于使用和更安全的 string 类型中

第 2 章将会有详细论述。现在，只需要知道，C++ 中 std::string 类型在<string>头文件中定义，C++ string 的用法与基本类型几乎相同。下面的示例说明了 string 如何像字符数组那样使用：

```
string myString { "Hello, World" };
cout << format("The value of myString is {}", myString) << endl;
cout << format("The second letter is {}", myString[1]) << endl;
```

1.1.23 作为面向对象语言的 C++

如果你是一位 C 程序员，可能会认为本章讲述的内容到目前为止只是传统 C 语言的补充。顾名思义，C++语言在很多方面只是“更好的 C”。这种观点忽略了一个重点：与 C 不同，C++是一种面向对象的语言。

面向对象程序设计(OOP)是一种完全不同的、更趋自然的编码方式。如果习惯使用过程语言，如 C 或者 Pascal，不要担心。第 5 章讲述将观念转换到面向对象范式所需要的所有背景知识。如果你已经了解 OOP 的理论，下面的内容将帮助你加速了解(或者回顾)基本的 C++对象语法。

1. 定义类

类定义了对象的特征。在 C++中，类通常在模块接口文件(.cppm)中定义和被导出，然而类的方法定义既可以在相同的模块接口文件中，也可以在对应的模块实现文件(.cpp)中。第 11 章将会深入讨论模块。

下面的示例定义了一个基本的机票类。这个类可根据飞行的里程数以及顾客是不是“精英超级奖励计划”的成员计算票价。

这个定义首先声明一个类名，在大括号内声明了类的数据成员(属性)以及方法(行为)。每个数据成员以及方法都具有特定的访问级别：public、protected 或 private。这些标记可按任意顺序出现，也可重复使用。public 成员可在类的外部访问，private 成员不能在类的外部访问，推荐把所有的数据成员都声明为 private，在需要时，可通过 public 或 protected 的获取器(getter)和设置器(setter)访问它们。这样，就很容易改变数据的表达方式，同时使 public/protected 接口保持不变。关于 protected 的用法，将在第 5 章和第 10 章介绍“继承”时讲解。

请记住，当写一个模块接口文件时，不要忘记使用 export module 声明来表明你正在写哪个模块，同时也不要忘记将那些你希望对模块的使用者可用的类型显式地导出。

```
export module airline_ticket;

import <string>;

export class AirlineTicket
{
    public:
        AirlineTicket();
        ~AirlineTicket();

        double calculatePriceInDollars();

        std::string getPassengerName();
        void setPassengerName(std::string name);

        int getNumberOfMiles();
        void setNumberOfMiles(int miles);

        bool hasEliteSuperRewardsStatus();
        void setHasEliteSuperRewardsStatus(bool status);
    private:
        std::string m_passengerName;
        int m_numberOfMiles;
        bool m_hasEliteSuperRewardsStatus;
};
```

本书遵循这样一个约定：在类的每个数据成员之前加上小写字母 m 的前缀，后跟一个下画线，如 m_PassengerName。

与类同名但没有返回类型的方法是构造函数，当创建类的对象时会自动调用构造函数。~之后紧接着类名的方法是析构函数，当销毁对象时会自动调用。

模块接口文件(.cppm)中定义了类，然而在本例中方法的实现在模块实现文件(.cpp)中。源文件以如下的模块声明开头，告诉编译器这是 ariline_ticket 模块的源文件。

```
module airline_ticket;
```

可通过几种方法初始化数据成员。一种方法是使用构造函数初始化器(constructor initializer)，即在构造函数名称之后加上冒号。下面是包含构造函数初始化器的 AirlineTicket 构造函数：

```
AirlineTicket::AirlineTicket()
    : m_passengerName { "Unknown Passenger" }
    , m_numberOfMiles { 0 }
    , m_hasEliteSuperRewardsStatus { false }
{
}
```

第二种方法是将初始化任务放在构造函数体中，如下所示。

```
AirlineTicket::AirlineTicket()
{
    // Initialize data members.
    m_passengerName = "Unknown Passenger";
    m_numberOfMiles = 0;
    m_hasEliteSuperRewardsStatus = false;
}
```

然而，如果构造函数只是初始化数据成员，而不做其他事情，实际上就没必要使用构造函数，因为可在类定义中直接初始化数据成员，也称为类内初始化(in-class initializer)。例如，不编写 AirlineTicket 构造函数，而是修改类定义中数据成员的定义，如下所示。

```
  private:
      std::string m_passengerName { "Unknown Passenger" };
      int m_numberOfMiles { 0 };
      bool m_hasEliteSuperRewardsStatus { false };
```

如果类还需要执行其他一些初始化类型，如打开文件、分配内存等，则需要编写构造函数进行处理。

下面是 AirlineTicket 类的析构函数：

```
AirlineTicket::~AirlineTicket()
{
    // Nothing to do in terms of cleanup
}
```

这个析构函数什么都不做，因此可从类中删除。这里之所以展示它，是为了让你了解析构函数的语法。如果需要执行一些清理，如关闭文件、释放内存等，则需要使用析构函数。第 8 章和第 9 章详细讨论析构函数。

一些 AirlineTicket 类方法的定义如下所示：

```
double AirlineTicket::calculatePriceInDollars()
{
    if (hasEliteSuperRewardsStatus()) {
        // Elite Super Rewards customers fly for free!
        return 0;
    }
    // The cost of the ticket is the number of miles times 0.1.
    // Real airlines probably have a more complicated formula!
    return getNumberOfMiles() * 0.1;
}
string AirlineTicket::getPassengerName() { return m_passengerName; }
void AirlineTicket::setPassengerName(string name) { m_passengerName = name; }
// Other get and set methods have a similar implementation.
```

如本节开头所述，也可以将方法实现直接放在模块接口文件中。语法如下：

```
export class AirlineTicket
{
    public:
        double calculatePriceInDollars()
        {
            if (hasEliteSuperRewardsStatus()) { return 0; }
            return getNumberOfMiles() * 0.1;
```

```
        }

        std::string getPassengerName() { return m_passengerName; }
        void setPassengerName(std::string name) { m_passengerName = name; }

        int getNumberOfMiles() { return m_numberOfMiles; }
        void setNumberOfMiles(int miles) { m_numberOfMiles = miles; }

        bool hasEliteSuperRewardsStatus() { return m_hasEliteSuperRewardsStatus; }
        void setHasEliteSuperRewardsStatus(bool status)
        {
            m_hasEliteSuperRewardsStatus = status;
        }
    private:
        std::string m_passengerName { "Unknown Passenger" };
        int m_numberOfMiles { 0 };
        bool m_hasEliteSuperRewardsStatus { false };
};
```

2. 使用类

为了使用 AirlineTicket 类，需要首先导入它的模块。

```
import airline_ticket;
```

下面的示例程序使用了 AirlineTicket 类。这个示例创建的 AirlineTicket 对象基于栈。

```
AirlineTicket myTicket;
myTicket.setPassengerName("Sherman T. Socketwrench");
myTicket.setNumberOfMiles(700);
double cost { myTicket.calculatePriceInDollars() };
cout << format("This ticket will cost ${}", cost) << endl;
```

上面的示例代码显示了创建和使用类的一般语法。当然，还有许多内容需要学习。第 8~10 章将更深入地讲述 C++定义类的特定机制。

1.1.24 作用域解析

作为 C++程序员，需要熟悉作用域(scope)的概念。程序中的每个名称(包括变量、函数和类名称)都在某个作用域内。可以使用名称空间、函数定义、用花括号分隔的块和类定义来创建作用域。在 for 循环和基于范围的 for 循环的初始化语句中初始化的变量的作用域为 for 循环之内，并且在 for 循环之外不可见。同样，在 if 或 switch 语句中初始化的变量的作用域为 if 或 switch 语句，并且在该语句之外不可见。当你尝试访问一个变量、函数或类时，将首先在最近的封闭作用域内查找名称，然后在下一个作用域内查找，以此类推，直到全局作用域。不在名称空间、函数、用花括号分隔的块或类中的任何名称都被视为在全局作用域内。如果在全局作用域内未找到，则编译器将提示未定义的符号错误。

有时，作用域中的名称会覆盖其他作用域中相同的名称。有时，你所需的作用域不是程序中某特定行的默认作用域。如果你不希望名称使用默认作用域解析，则可以使用作用域解析运算符::限定特定作用域的名称。下面的示例演示了这一点。该示例定义了一个 Demo 类，类中有一个 get()方法，还定义了一个全局作用域下的 get()函数，以及一个 NS 名称空间里的 get()函数。

```
class Demo
{
    public:
```

```
        int get() { return 5; }
};

int get() { return 10; }

namespace NS
{
    int get() { return 20; }
}
```

全局作用域是未命名的，但是你可以单独使用作用域解析运算符(不带名称前缀)来专门访问它。可以按以下方式调用不同的 get()函数。在此示例中，代码本身位于 main()函数中，该函数始终位于全局范围内。

```
int main()
{
    Demo d;
    cout << d.get() << endl;        // prints 5
    cout << NS::get() << endl;      // prints 20
    cout << ::get() << endl;        // prints 10
    cout << get() << endl;          // prints 10
}
```

请注意，如果将名为 NS 的名称空间定义为未命名/匿名的，则以下代码将导致有歧义的名称解析的编译错误，因为你会有一个定义在全局作用域中的 get()，以及一个定义在未命名的名称空间中的 get()。

```
cout << get() << endl;
```

如果你在 main 函数之前使用了如下的 using 命令，也会发生同样的错误。

```
using namespace NS;
```

1.1.25 统一初始化

在 C++11 之前，各类型的初始化并非总是统一的。例如，考虑下面的两个定义，其中一个作为结构体，另一个作为类。

```
struct CircleStruct
{
    int x, y;
    double radius;
};
class CircleClass
{
    public:
        CircleClass(int x, int y, double radius)
            : m_x { x }, m_y { y }, m_radius { radius } {}
    private:
        int m_x, m_y;
        double m_radius;
};
```

在C++11之前，CircleStruct类型变量和CircleClass类型变量的初始化是不同的。

```
CircleStruct myCircle1 = { 10, 10, 2.5 };
CircleClass myCircle2(10, 10, 2.5);
```

对于结构体版本，可使用{...}语法。然而，对于类版本，需要使用函数符号(...)调用构造函数。自C++11以后，允许一律使用{...}语法初始化类型，如下所示。

```
CircleStruct myCircle3 = { 10, 10, 2.5 };
CircleClass myCircle4 = { 10, 10, 2.5 };
```

定义myCircle4时将自动调用CircleClass的构造函数。甚至等号也是可选的，因此下面的代码与前面的代码等价：

```
CircleStruct myCircle5 { 10, 10, 2.5 };
CircleClass myCircle6 { 10, 10, 2.5 };
```

在本章前面“结构体”一节中出现的另一个例子中，一个Employee结构用如下方式初始化。

```
Employee anEmployee;
anEmployee.firstInitial = 'J';
anEmployee.lastInitial = 'D';
anEmployee.employeeNumber = 42;
anEmployee.salary = 80'000;
```

使用统一初始化，可以写成这样：

```
Employee anEmployee { 'J', 'D', 42, 80'000 };
```

使用统一初始化并不局限于结构和类，它还可用于初始化C++中的任何内容。例如，下面的代码把所有4个变量都初始化为3。

```
int a = 3;
int b(3);
int c = { 3 };    // Uniform initialization
int d { 3 };      // Uniform initialization
```

统一初始化还可用于对变量进行零初始化[①]，只需要指定一对空的大括号。例如：

```
int e { };        // Uniform initialization, e will be 0
```

使用统一初始化的一个优点是可以阻止窄化(narrowing)。当使用旧式风格的赋值语法初始化变量时，C++隐式地执行窄化。例如：

```
void func(int i) { /* ... */ }

int main()
{
    int x = 3.14;
    func(3.14);
}
```

在main()的两行代码中，C++在对x赋值或调用func()之前，会自动将3.14截断为3。注意有些编译器可能会针对窄化给出警告信息，而另一些编译器则不会。在任何情况下，窄化转换都不应被忽

① 使用默认构造函数构造对象，将基本整数类型(如char和int等)初始化为0，将浮点类型初始化为0.0，将指针类型初始化为nullptr。

视，因为它们可能会引起细微的错误。使用统一初始化，如果编译器完全支持 C++11 标准，x 的赋值和 func()的调用都会生成编译错误。

```
int x { 3.14 };    // Error because narrowing
func({ 3.14 });    // Error because narrowing
```

如果你需要窄化转换，建议使用准则支持库(GSL)[①]中提供的 gsl::narrow_cast()函数。

统一初始化还可用来初始化动态分配的数组：

```
int* myArray = new int[4] { 0, 1, 2, 3 };
```

从 C++20 开始，可以省略数组的大小 4，像下面这样：

```
int* myArray = new int[] { 0, 1, 2, 3 };
```

统一初始化还可在构造函数初始化器中初始化类成员数组：

```
class MyClass
{
    public:
        MyClass() : m_array { 0, 1, 2, 3 } {}
    private:
        int m_array[4];
};
```

统一初始化还可用于标准库容器，如本章前面提到的 std::vector。

注意：

考虑到所有这些好处，建议使用统一初始化，而不是使用赋值语法初始化变量。因此，本书尽可能使用统一初始化。

指派初始化器

C++20 引入了指派初始化器，以使用它们的名称初始化所谓聚合的数据成员。聚合类型是满足以下限制的数组类型的对象或结构或类的对象：仅 public 数据成员、无用户声明或继承的构造函数、无虚函数和无虚基类、private 或 protected 的基类(请参见第 10 章)。指派初始化器以点开头，后跟数据成员的名称。指派初始化的顺序必须与数据成员的声明顺序相同。不允许混合使用指派初始化器和非指派初始化器。未使用指派初始化器初始化的任何数据成员都将使用其默认值进行初始化，这意味着：

- 拥有类内初始化器的数据成员会得到该值。
- 没有类内初始化器的数据成员会被零初始化。

让我们看一下略微修改的 Employee 结构，这次，salary 数据成员的默认值为 75 000。

```
struct Employee {
    char firstInitial;
    char lastInitial;
    int employeeNumber;
    int salary { 75'000 };
};
```

在本章的前面，这种 Employee 结构是使用如下的统一初始化语法初始化的：

```
Employee anEmployee { 'J', 'D', 42, 80'000 };
```

① GSL 的仅头文件实现可以在 github.com/Microsoft/GSL 中找到。

使用指派初始化器，可以被写成这样：

```
Employee anEmployee {
    .firstInitial = 'J',
    .lastInitial = 'D',
    .employeeNumber = 42,
    .salary = 80'000
};
```

使用指派初始化器的好处是，与使用统一初始化语法相比，它更容易理解指派初始化器正在初始化的内容。

使用指派初始化器，如果对某些成员的默认值感到满意，则可以跳过它们的初始化。例如，在创建员工时，可以跳过初始化 employeeNumber，在这种情况下，employeeNumber 初始化为零，因为它没有类内初始化器。

```
Employee anEmployee {
    .firstInitial = 'J',
    .lastInitial = 'D',
    .salary = 80'000
};
```

如果使用统一初始化语法，这是不可以的，必须像下面这样指定 employeeNumber 为 0。

```
Employee anEmployee { 'J', 'D', 0, 80'000 };
```

如果你像下面这样跳过了初始化 salary 数据成员，它就会得到它的默认值，即它的类内初始化值，75 000。

```
Employee anEmployee {
    .firstInitial = 'J',
    .lastInitial = 'D'
};
```

使用指派初始化器的最后一个好处是，当新成员被添加到数据结构时，使用指派初始化器的现有代码将继续起作用。新的数据成员将使用其默认值进行初始化。

1.1.26　指针和动态内存

动态内存允许所创建的程序具有在编译期大小可变的数据，大多数复杂程序都会以某种方式使用动态内存。

1. 栈和自由存储区

C++程序中的内存分为两部分——栈(stack)和自由存储区(free store)。将栈可视化的一种方法就是将其看作一副纸牌，当前顶部的牌代表程序当前的作用域，通常是当前正在执行的函数。当前函数中声明的所有变量将占用顶部栈帧(也就是最上面的那张牌)的内存。如果当前函数(称为 foo())调用了另一个函数 bar()，一张新牌就会被放在牌堆上面，这样 bar()就会拥有自己的栈帧供其运行。任何从 foo()传递给 bar()的参数都会从 foo()栈帧复制到 bar()栈帧。图 1-2 显示了执行假想的 foo()函数时栈的情形，foo()函数中声明了两个整型值。

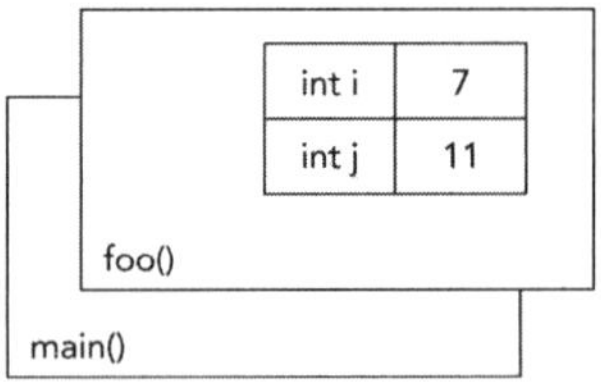

int i	7
int j	11

foo()

main()

图 1-2 foo()函数中声明了两个整型值

栈帧很好，因为它为每个函数提供了独立的内存空间。如果在 foo()栈帧中声明了一个变量，那么除非专门要求，否则调用 bar()函数不会更改该变量。此外，foo()函数执行完毕时，栈帧就会消失，该函数中声明的所有变量都不会再占用内存。在栈上分配内存的变量不需要由程序员释放内存(删除)，这个过程是自动完成的。

自由存储区是与当前函数或栈帧完全独立的内存区域。如果想在函数调用结束之后仍然保存其中声明的变量，可以将变量放到自由存储区中。自由存储区的结构不如栈复杂，可以将它当作一堆位。程序可在任何时候向其中添加新的位或修改已有的位。必须确保释放(删除)在自由存储区上分配的任何内存，这个过程不会自动完成，除非使用了智能指针，智能指针将在第 7 章详细讨论。

> **警告：**
> 这里介绍指针是因为你将会遇到它们，尤其是在遗留代码中。但是，在新代码中，仅在不涉及所有权的情况下，才允许使用此类原始/裸指针。否则，应该使用第 7 章介绍的智能指针之一。

2. 使用指针

可以通过显式分配内存的方式将任何东西放到自由存储区中。例如，要将一个整数放在自由存储区中，需要为其分配内存，但是首先需要声明一个指针：

```
int* myIntegerPointer;
```

int 类型后面的*表示，所声明的变量引用/指向某个整数内存。可将指针看作指向动态分配自由存储区中内存的一个箭头，它还没有指向任何内容，因为你还没有把它指派给任何内容，它是一个未初始化的变量。在任何时候都应避免使用未初始化的变量，尤其是未初始化的指针，因为它们会指向内存中的某个随机位置。使用这种指针很可能使程序崩溃。这就是总是应同时声明和初始化指针的原因。如果不希望立即分配内存，可以把它们初始化为空指针 nullptr(详见后面的“空指针常量”小节)。

```
int* myIntegerPointer { nullptr };
```

空指针是一个特殊的默认值，有效的指针都不含该值，在布尔表达式中使用时会被转换为 false。例如：

```
if (!myIntegerPointer) { /* myIntegerPointer is a null pointer. */ }
```

使用 new 操作符分配内存：

```
myIntegerPointer = new int;
```

在此情况下，指针指向一个整数值的地址。为访问这个值，需要对指针解引用。可将解引用看作沿着指针箭头寻找自由存储区中实际的值。为给自由存储区中新分配的整数赋值，可采用如下代码：

```
*myIntegerPointer = 8;
```

注意，这并非将 myIntegerPointer 的值设置为 8，在此并没有改变指针，而是改变了指针所指的内存。如果真要重新设置指针的值，它将指向内存地址8，这可能是一个随机的无用内存单元，最终会导致程序崩溃。

使用完动态分配的内存后，需要使用delete操作符释放内存。为防止在释放指针指向的内存后再使用指针，建议把指针设置为nullptr。

```
delete myIntegerPointer;
myIntegerPointer = nullptr;
```

警告：
在解引用之前指针必须有效。对null或未初始化的指针解引用会导致未定义的行为。程序可能崩溃，也可能继续运行，却给出奇怪的结果。

指针并非总是指向自由存储区内存，可声明一个指向栈中变量甚至指向其他指针的指针。为让指针指向某个变量，需要使用“取址”运算符&。

```
int i { 8 };
int* myIntegerPointer { &i }; // Points to the variable with the value 8
```

C++使用特殊语法处理指向结构体或类的指针。从技术上讲，如果指针指向某个结构体或类，可以首先用“*”对指针解引用，然后使用普通的“.”语法访问其中的字段，如下面的代码所示，在此假定存在一个名为getEmployee()的函数，它返回一个指向Employee实例的指针。

```
Employee* anEmployee { getEmployee() };
cout << (*anEmployee).salary << endl;
```

此语法有一点混乱。->(箭头)运算符允许同时对指针解引用并访问字段。下面的代码与前面的代码等效，但阅读起来更方便。

```
Employee* anEmployee { getEmployee() };
cout << anEmployee->salary << endl;
```

还记得本章前面介绍的短路逻辑吗？这种做法可与指针一起使用，以免使用无效指针，如下所示。

```
bool isValidSalary { (anEmployee && anEmployee->salary > 0) };
```

或者稍微详细一点：

```
bool isValidSalary { (anEmployee != nullptr && anEmployee->salary > 0) };
```

仅当anEmployee有效时，才对其进行解引用以获取salary。如果它是一个空指针，则逻辑运算短路，不再解引用anEmployee指针。

3. 动态分配的数组

自由存储区也可以用于动态分配数组。使用new[]操作符可给数组分配内存：

```
int arraySize { 8 };
int* myVariableSizedArray { new int[arraySize] };
```

这条语句分配足够的内存，用于存储arraySize个整数。图1-3显示了执行这条语句后栈和自由存储区的情况。可以看到，指针变量仍在栈中，但动态创建的数组在自由存储区中。

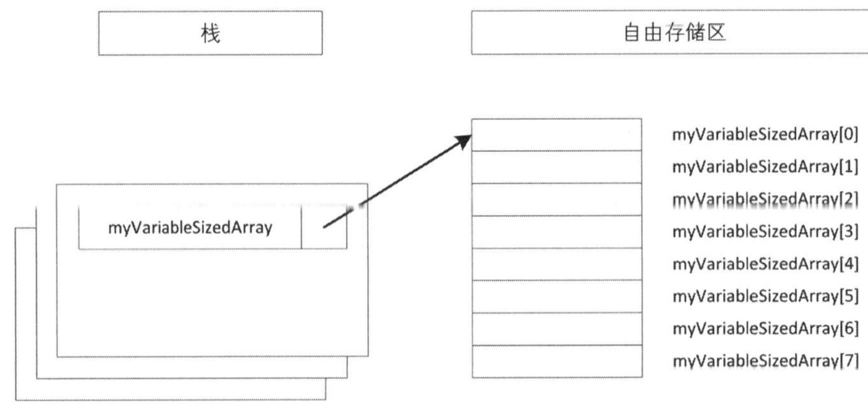

图 1-3 自由存储区

现在已经分配了内存，可将 myVariableSizedArray 当作基于栈的普通数组使用。

```
myVariableSizedArray[3] = 2;
```

使用完这个数组后，应该将其从自由存储区中删除，这样其他变量就可以使用这块内存。在 C++中，可使用 delete[]操作符完成这一任务。

```
delete[] myVariableSizedArray;
myVariableSizedArray = nullptr;
```

delete 后的方括号表明所删除的是一个数组！

注意：
避免使用 C 中的 malloc()和 free()，而使用 new 和 delete，或者使用 new[]和 delete[]。

警告：
在 C++中，每次调用 new 时，都必须相应地调用 delete；每次调用 new[]时，都必须相应地调用 delete[]，以避免内存泄漏。如果未调用 delete 或 delete[]，或调用不匹配，会导致内存泄漏。第 7 章将讨论内存泄漏。

4. 空指针常量

在 C++11 之前，常量 NULL 用于表示空指针。NULL 只是被简单地定义为常量 0，这会导致一些问题。分析下面的例子：

```
void func(int i) { cout << "func(int)" << endl; }

int main()
{
    func(NULL);
}
```

这段代码定义了一个 func()函数，它有一个整型参数。main()函数通过参数 NULL 调用 func()，NULL 被当作一个空指针常量。但是，NULL 不是指针，而等价于整数 0，所以实际调用的是 func(int)。这可能不是预期的行为，因此，有些编译器会给出警告。

可引入真正的空指针常量 nullptr 来解决这个问题。下面的代码使用了真正的空指针，并且导致了编译错误，因为我们没有重载参数为指针的 func()版本。

```
func(nullptr);
```

1.1.27 const 的用法

在 C++中有多种方法使用 const 关键字。所有用法都是相关的，但存在微妙的差别。const 的细微之处造就了绝佳的面试问题。

基本上，关键字 const 是 constant 的缩写，它表示某些内容保持不变。编译器通过将任何试图将其更改的行为标记为错误，用来保证此要求。此外，启用优化后，编译器可以利用此知识生成更好的代码。

1. const 修饰类型

如果已经认为关键字 const 与常量有一定关系，就正确地揭示了它的一种用法。在 C 语言中，程序员经常使用预处理器的#define 机制声明一个符号名称，其值在程序执行时不会变化，例如版本号。在 C++中，鼓励程序员使用 const 取代#define 定义常量。使用 const 定义常量就像定义变量一样，只是编译器保证代码不会改变这个值。下面是几个例子：

```
const int versionNumberMajor { 2 };
const int versionNumberMinor { 1 };
const std::string productName { "Super Hyper Net Modulator" };
const double PI { 3.141592653589793238462 };
```

可以将任何变量标记为 const，包括全局变量和类中的数据成员。

const 与指针

当变量通过指针包含一层或多层间接时，应用 const 将变得更加棘手。考虑以下代码：

```
int* ip;
ip = new int[10];
ip[4] = 5;
```

假设你决定对 ip 使用 const。暂时不要考虑这样做的用处，考虑它意味着什么。你是要阻止 ip 变量本身被更改，还是要阻止其指向的值被更改？也就是说，你要阻止第二行还是第三行？

为了防止指向的值被修改(如第三行所示)，可以用下面这种方式将关键字 const 添加到 ip 的声明中。

```
const int* ip;
ip = new int[10];
ip[4] = 5; // DOES NOT COMPILE!
```

现在，你无法更改 ip 指向的值。一种替代的但在语义上等效的书写方式如下：

```
int const* ip;
ip = new int[10];
ip[4] = 5; // DOES NOT COMPILE!
```

将 const 放在 int 之前还是之后在功能上并没有区别。

如果想将 ip 本身标记为 const，而不是它指向的值，需要这样写：

```
int* const ip { nullptr };
ip = new int[10];    // DOES NOT COMPILE!
```

```
ip[4] = 5;          // Error: dereferencing a null pointer
```

现在，ip 本身无法更改，编译器要求你在声明它时对其进行初始化，可以使用如先前代码中的 nullptr 或如下所示的新分配的内存。

```
int* const ip { new int[10] };
ip[4] = 5;
```

也可以像下面这样，将指针本身和指针所指的值都标记为 const。

```
int const* const ip { nullptr };
```

这是另一种等效的写法：

```
const int* const ip { nullptr };
```

尽管此语法可能看起来令人困惑，但实际上存在一个简单的规则：const 关键字作用于其直接左侧的内容。再次考虑这一行：

```
int const* const ip { nullptr };
```

从左到右，第一个 const 直接位于单词 int 的右侧。因此，它适用于 ip 指向的 int。它指定你不能更改 ip 指向的值。第二个 const 直接位于“*”的右侧。它适用于指向 int 的指针，该指针是 ip 变量。因此，它指定你不能更改 ip(指针)本身。

该规则令人困惑的原因是一个例外。也就是说，第一个 const 可以放在变量之前，如下所示。

```
const int* const ip { nullptr };
```

这种“例外”的语法比其他语法更常遇到。

可以将这个规则扩展到任意级别的间接等级，正如以下示例：

```
const int * const * const * const ip { nullptr };
```

注意：

有另一个易于记忆的规则，可以用于读懂复杂的变量声明：从右向左读。例如，int * const ip 从右到左读取，得到“ip 是指向 int 的 const 指针。”另外，int const * ip 读为“ip 是指向 const int 的指针”，而 const int * ip 读为“ip 是指向 int 常量的指针”。

使用 const 保护参数

在 C++中，可将非 const 变量转换为 const 变量。为什么想这么做呢？这提供了一定程度的保护，防止其他代码修改变量。如果你调用同事编写的一个函数，并且想确保这个函数不会改变传递给它的实参，可以告诉同事让函数采用 const 参数。如果这个函数试图改变参数的值，就不会通过编译。

在下面的代码中，调用 mysteryFunction()时 string*自动转换为 const string*。如果编写 mysteryFunction()的人员试图修改所传递字符串的值，代码将无法编译。有绕过这个限制的方法，但是需要有意识地这么做，C++只是阻止无意识地修改 const 变量。

```
void mysteryFunction(const string* someString)
{
    *someString = "Test"; // Will not compile
}

int main()
{
```

```
    string myString { "The string" };
    mysteryFunction(&myString);
}
```

还可以在原始类型参数上使用 const，以防止在函数体中意外更改它们。例如，以下函数具有 const 整数参数。在函数体中，无法修改整数 param。如果尝试对其进行修改，则编译器将生成错误。

```
void func(const int param) { /* Not allowed to change param... */ }
```

2. const 方法

const 关键字的第二个用途是将类方法标记为 const，以防止它们修改类的数据成员。可以修改前面介绍的 AirlineTicket 类，以将所有只读方法标记为 const。如果任何 const 方法尝试修改 AirlineTicket 数据成员之一，则编译器将提示错误。

```
export class AirlineTicket
{
    public:
        double calculatePriceInDollars() const;

        std::string getPassengerName() const;
        void setPassengerName(std::string name);

        int getNumberOfMiles() const;
        void setNumberOfMiles(int miles);

        bool hasEliteSuperRewardsStatus() const;
        void setHasEliteSuperRewardsStatus(bool status);
    private:
        std::string m_passengerName { "Unknown Passenger" };
        int m_numberOfMiles { 0 };
        bool m_hasEliteSuperRewardsStatus { false };
};
string AirlineTicket::getPassengerName() const
{
    return m_passengerName;
}
// Other methods omitted...
```

注意：
为了遵循 const-correctness 原则，建议将不改变对象的任何数据成员的成员函数声明为 const。与非 const 成员函数也被称为赋值函数(mutator)相对，这些成员函数也称为检查器(inspector)。

1.1.28 constexpr 关键字

C++一直有常量表达式的概念，即在编译器求值的表达式。在某些情况下，必须使用常量表达式。例如，定义数组时，数组的大小需要为常量表达式。由于此限制，以下代码在 C++中无效。

```
const int getArraySize() { return 32; }

int main()
{
    int myArray[getArraySize()]; // Invalid in C++
}
```

使用 constexpr 关键字，getArraySize()函数可以被重定义，允许在常量表达式中调用它。

```
constexpr int getArraySize() { return 32; }

int main()
{
    int myArray[getArraySize()]; // OK
}
```

你甚至可以这样做：

```
int myArray[getArraySize() + 1]; // OK
```

将函数声明为 constexpr 对函数的功能施加了很多限制，因为编译器必须能够在编译期对函数求值。例如，允许 constexpr 函数调用其他 constexpr 函数，但不允许调用任何非 constexpr 函数。这样的函数不允许有任何副作用，也不能引发任何异常。constexpr 函数是 C++的高级功能，因此在本书中不再详细讨论。

通过定义 constexpr 构造函数，可以创建用户自定义类型的常量表达式变量。与 constexpr 函数一样，constexpr 类也有很多限制，这在本书中也不再赘述。但是，为了让你对可能发生的事情有一个了解，下面是一个示例。以下 Rect 类定义了 constexpr 构造函数。它还定义了执行一些计算的 constexpr getArea()方法。

```
class Rect
{
    public:
        constexpr Rect(size_t width, size_t height)
            : m_width { width }, m_height { height } {}

        constexpr size_t getArea() const { return m_width * m_height; }
    private:
        size_t m_width { 0 }, m_height { 0 };
};
```

使用这个类声明 constexpr 对象是非常容易的。

```
constexpr Rect r { 8, 2 };
int myArray[r.getArea()]; // OK
```

C++20 1.1.29 consteval 关键字

上一节中讨论的 constexpr 关键字指定函数可以在编译期执行，但不能保证一定在编译期执行。采用以下 constexpr 函数：

```
constexpr double inchToMm(double inch) { return inch * 25.4; }
```

如果按以下方式调用，则会在需要时在编译期对函数求值。

```
constexpr double const_inch { 6.0 };
constexpr double mm1 { inchToMm(const_inch) }; // at compile time
```

然而，如果按以下方式调用，函数将不会在编译期被求值，而是在运行时！

```
double dynamic_inch { 8.0 };
double mm2 { inchToMm(dynamic_inch) }; // at run time
```

如果确实希望保证始终在编译期对函数进行求值，则需要使用 C++20 的 consteval 关键字将函数转换为所谓的立即函数(immediate function)。可以按照如下方式更改 inchToMm()函数：

```
consteval double inchToMm(double inch) { return inch * 25.4; }
```

现在，对 inchToMm()的第一次调用仍然可以正常编译，并且可以在编译期进行求值。但是，第二个调用现在会导致编译错误，因为无法在编译期对其进行求值。

1.1.30 引用

专业的 C++代码，包括本书中的许多代码，都广泛使用了引用。C++中的引用(reference)是另一个变量的别名。对引用的所有修改都会更改其引用的变量的值。可以将引用视为隐式指针，它省去了获取变量地址和解引用指针的麻烦。另外，可以将引用视为原始变量的另一个名称。可以创建独立的引用变量，在类中使用引用数据成员，接受引用作为函数和方法的参数，并从函数和方法返回引用。

1. 引用变量

引用变量必须在创建时被初始化，例如：

```
int x { 3 };
int& xRef { x };
```

给类型附加一个&，则指示相应的变量是一个引用。它仍然像正常变量一样被使用，但是在幕后，它实际上是指向原始变量的指针。变量 x 和引用变量 xRef 指向同一个值，也就是说，xRef 只是 x 的另一个名称。如果通过其中一个更改值，则也可在另一个中看到更改。例如，以下代码通过 xRef 将 x 设置为 10：

```
xRef = 10;
```

不允许在类定义之外声明一个引用而不对其进行初始化。

```
int& emptyRef; // DOES NOT COMPILE!
```

警告：
引用变量必须总是在创建时被初始化。

修改引用

引用始终指向它初始化时的那个变量，引用一旦创建便无法更改。对于刚开始使用 C++的程序员来说，语法可能会令人困惑。如果在声明引用时将变量赋值给引用，则引用指向该变量。但是，如果之后将变量赋值给引用，则引用所指向的变量会更改为赋值的变量的值。原来的引用不会改为指向新的变量。这是一个代码示例：

```
int x { 3 }, y { 4 };
int& xRef { x };
xRef = y; // Changes value of x to 4. Doesn't make xRef refer to y.
```

可以尝试使用 y 的地址对 xRef 赋值来规避此限制。

```
xRef = &y; // DOES NOT COMPILE!
```

这句代码会编译失败。y 的地址是一个指针，但是 xRef 被声明为一个对 int 的引用，而不是对指针的引用。

一些程序员在绕过引用的目的语义的尝试中走得更远。如果将引用赋值给引用会怎么办？这样会使第一个引用指向第二个引用指向的变量吗？你可能会想尝试以下代码：

```
int x { 3 }, z { 5 };
int& xRef { x };
int& zRef { z };
zRef = xRef; // Assigns values, not references
```

最后一行不会更改 zRef，而是将 z 的值设置为 3，因为 xRef 引用 x，即 3。

警告：
一旦将引用初始化为引用特定变量，就无法将引用更改为引用另一个变量。只能更改引用所指向的变量的值。

const 引用

应用于引用的 const 通常比应用于指针的 const 容易，这有两个原因。首先，引用默认是 const，因为你不能更改它们的指向。因此，不需要显式标记它们为 const。其次，你无法创建对引用的引用，因此通常只有一个间接引用级别。获得多个间接级别的唯一方法是创建对指针的引用。

因此，当 C++程序员提起 const 引用时，他们的意思是这样的：

```
int z;
const int& zRef { z };
zRef = 4; // DOES NOT COMPILE
```

通过将 const 应用于 int&，可以阻止对 zRef 的赋值，如上所示。类似于指针，const int& zRef 等价于 int const& zRef。但是请注意，将 zRef 标记为 const 对 z 无效。仍然可以通过直接更改 z 的值而不是通过引用来更改 z 的值。

不能创建对未命名值的引用，例如整数字面量，除非该引用是 const 值。在下面的示例中，unnamedRef1 会编译失败，因为它是对非 const 的引用，却指向了一个常量。那意味着你可以更改常数 5 的值，这没有任何意义。unnamedRef2 之所以有效，是因为它是 const 引用，因此不能编写例如 unnamedRef2 = 7 这样的代码。

```
int& unnamedRef1 { 5 };          // DOES NOT COMPILE
const int& unnamedRef2 { 5 };    // Works as expected
```

临时对象也是如此。不能为临时对象创建对非 const 的引用，但是 const 引用是可以的。例如，假设具有以下返回 std :: string 对象的函数：

```
string getString() { return "Hello world!"; }
```

可以为 getString()的结果创建一个 const 引用，该引用将使临时 std::string 对象保持生命周期，直到该引用超出作用域。

```
string& string1 { getString() };         // DOES NOT COMPILE
const string& string2 { getString() };   // Works as expected
```

指针的引用和引用的指针

可以创建对任何类型的引用，包括指针类型。这是对指向 int 的指针的引用的示例：

```
int* intP { nullptr };
int*& ptrRef { intP };
ptrRef = new int;
*ptrRef = 5;
```

语法有点奇怪：你可能不习惯看到*和&彼此相邻。但是，语义很简单：ptrRef是对intP的引用，intP是对int的指针。修改ptrRef会更改intP。对指针的引用很少见，但有时可能有用，后面的“引用参数”一节会讨论。

取一个引用的地址与取该引用所指向的变量的地址得到的结果是相同的。这是一个示例：

```
int x { 3 };
int& xRef { x };
int* xPtr { &xRef }; // Address of a reference is pointer to value.
*xPtr = 100;
```

该代码通过取x的引用的地址来将xPtr设置为指向x。将100赋值给*xPtr会将x的值更改为100。由于类型不匹配，xPtr == xRef的比较是无法编译的，xPtr是指向int的指针，而xRef是对int的引用。比较xPtr == &xRef和xPtr == &x都可以正确编译。

最后，请注意，不能声明对引用的引用或对引用的指针。例如，int& &和int&*都是不允许的。

结构化绑定和引用

在本章的前面已经介绍过结构化绑定。给出了一个如下的例子：

```
pair myPair { "hello", 5 };
auto [theString, theInt] { myPair };         // Decompose using structured bindings
```

既然你已经了解了引用和const变量的知识，现在你应该知道它们也可以与结构化绑定一起使用。下面是一个示例：

```
auto& [theString, theInt] { myPair };        // Decompose into references-to-non-const
const auto& [theString, theInt] { myPair };  // Decompose into references-to-const
```

2. 引用数据成员

类的数据成员可以是引用。如前所述，引用不能不指向其他变量而存在，并且不可以更改引用指向的变量。因此，引用数据成员不能在类构造函数的函数体内部进行初始化，必须在所谓的构造函数初始化器中进行初始化。在语法方面，构造函数初始化器紧跟在构造函数的声明之后，并以冒号开头。以下是一个展示构造函数初始化器的简单示例。第9章有更详细的介绍。

```
class MyClass
{
    public:
        MyClass(int& ref) : m_ref { ref } { /* Body of constructor */ }
    private:
        int& m_ref;
};
```

> **警告：**
> 引用必须始终在创建时被初始化。通常，引用是在声明时创建的，但是引用数据成员需要在类的构造函数初始化器中初始化。

3. 引用作为函数参数

C++程序员通常不使用独立的引用变量或引用数据成员，引用的最常见用途是用于函数的参数。默认的参数传递语义是值传递(pass-by-value)：函数接收其参数的副本。修改这些参数后，原始实参将保持不变。栈中变量的指针经常在C语言中使用，以允许函数修改其他栈帧中的变量。通过对指针解引用，函数可以修改表示该变量的内存，即使该变量不在当前的栈帧中。这种方法的问题在于，它将指针复杂的语法带入了原本简单的任务。

相对于向函数传递指针，C++提供了一种更好的机制，称为引用传递(pass-by-reference)，参数是引用而不是指针。以下是addOne()函数的两种实现，第一种对传入的变量没有影响，因为它是值传递的，因此该函数将接收传递给它的值的副本。第二种使用引用，因此更改了原始变量。

```
void addOne(int i)
{
    i++; // Has no real effect because this is a copy of the original
}
void addOne(int& i)
{
    i++; // Actually changes the original variable
}
```

调用具有整型引用参数的addOne()函数的语法与调用具有整型参数的addOne()函数没有区别。

```
int myInt { 7 };
addOne(myInt);
```

> **注意：**
> 两个addOne()函数的实现之间存在微妙区别。使用值传递的版本可以接收字面量而不会出现任何问题，例如addOne(3)是合法的。然而，如果向引用传递的addOne()函数传递字面量，会导致编译错误。可使用下一节介绍的对const引用的参数解决该问题。

这是另一个引用派上用场的例子，这是一个简单的交换函数，用于交换两个int类型的值。

```
void swap(int& first, int& second)
{
    int temp { first };
    first = second;
    second = temp;
}
```

可以像这样调用它：

```
int x { 5 }, y { 6 };
swap(x, y);
```

当使用实参x和y调用swap()时，形参first被初始化为对x的引用，second被初始化为对y的引用。当swap()修改first和second时，实际上更改的是x和y。

当你有一个指针但函数或方法只能接收引用时，就会产生一个常见的难题。在这种情况下，可以通过对指针解引用将其“转换”为引用。该操作提供了指针所指向的值，编译器随后使用该值初始化引用参数。例如，可以像这样调用swap()：

```
int x { 5 }, y { 6 };
int *xp { &x }, *yp { &y };
swap(*xp, *yp);
```

最后，如果函数需要返回一个复制成本高昂的类的对象，函数接收一个对该类的非const引用的输出参数，此后进行修改，而非直接返回对象。开发人员认为这是防止从函数返回对象时创建副本从而导致性能损失的推荐方法。但是，即使在那时，编译器通常也足够聪明，可以避免任何冗余的复制。

因此，我们有以下规则：

警告：
从函数返回对象的推荐方法是通过值返回，而不是使用一个输出参数。

const 引用传递

const 引用的参数的主要目的是效率。当将值传递给函数时，便会生成一个完整副本。传递引用时，实际上只是传递指向原始对象的指针，因此计算机无须生成副本。通过 const 引用传递，可以做到二者兼顾：不生成任何副本，并且无法更改原始变量。当处理对象时，const 引用变得更重要，因为对象可能很大，并且对其进行复制可能会产生有害的副作用。下面的示例演示如何将 std::string 作为 const 引用传递给函数：

```
void printString(const string& myString)
{
    cout << myString << endl;
}

int main()
{
    string someString { "Hello World" };
    printString(someString);
    printString("Hello World"); // Passing literals works.
}
```

值传递和引用传递

当要修改参数并希望那些更改能够作用于传给函数的变量时，需要通过引用传递。但是，不应将引用传递的使用局限于那些情况。引用传递避免将实参复制到函数，从而提供了两个附加好处。

- 效率：复制大型的对象可能花费很长时间，引用传递只是将该对象的一个引用传给了函数
- 支持：不是所有的类都允许值传递

如果你想利用这些好处，但又不想修改原始对象，则应将参数标记为 const，从而可以传递 const 引用。

注意：
引用传递的这些好处意味着，应该只在对于简单的内置类型，例如 int 和 double，且无须修改实参的时候使用值传递。如果需要将对象传递给函数，则更应该使用 const 引用传递而不是值传递。这样可以防止不必要的复制。如果函数需要修改对象，则通过对非 const 的引用将其传递。在引入了移动语义之后，第 9 章对该规则进行了稍微修改，允许在某些情况下对对象使用值传递。

4. 引用作为返回值

函数也可以返回引用。当然，只有在函数终止后返回的引用所指向的变量继续存在的情况下，才可以使用此方法。

警告：
切勿返回作用域为函数内部的局部变量的引用，例如在函数结束时将被销毁的自动分配的栈上变量。

返回引用的主要原因是，能够直接把返回值作为左值(赋值语句的左侧)对其赋值。几个重载的运算符通常会返回引用，例如，运算符=、+=等。第 15 章将详细介绍如何编写自己的此类重载运算符。

5. 在引用与指针之间抉择

C++中的引用可能被认为是多余的：使用引用可以做的所有事情都可以使用指针完成。例如，可以这样编写前面出现的 swap()函数。

```
void swap(int* first, int* second)
{
    int temp { *first };
    *first = *second;
    *second = temp;
}
```

但是，此代码比使用引用的版本更杂乱。引用使程序更简洁，更易于理解。它们也比指针安全，因为没有空引用，并且不需要显式解引用，因此不会遇到与指针相关的任何解引用错误。当然，这些关于引用更安全的争论只有在没有任何指针的情况下才有意义。例如，使用下面的函数，该函数接受对 int 的引用。

```
void refcall(int& t) { ++t; }
```

可以声明一个指针并将其初始化以指向内存中的某个随机位置。然后，可以解引用此指针，并将其作为引用参数传递给 refcall()，如以下代码所示。这段代码可以成功编译，但是并不确定执行后会发生什么。例如，它可能导致程序崩溃。

```
int* ptr { (int*)8 };
refcall(*ptr);
```

大多数时候，可以使用引用而不是指针。与指向对象的指针相同，对对象的引用也支持所谓的多态性，将在第 10 章进行详细介绍。但是，在某些情况下，需要使用指针。一种情况是需要更改其指向的位置时。回顾一下，不能更改引用所指向的变量。例如，当动态分配内存时，需要将指向结果的指针存储在指针而不是引用中。需要使用指针的第二种情况是，指针是 optional 的，即当它可以为 nullptr 时。另一个用例是，如果想将多态类型(将在第 10 章讨论)存储在容器中。

很久以前，在遗留代码中，选择参数和返回类型中使用指针还是引用的一种方法是考虑内存的所有权。如果接收变量的代码成为所有者，并因此负责释放与对象关联的内存，则它必须接收指向该对象的指针。如果接收该变量的代码不必释放内存，那么它应接收一个引用。但是，现在应避免使用原始指针，而使用所谓的智能指针(请参阅第 7 章)，这是转让所有权的推荐方法。

> **注意：**
> 尽量选择引用而不是指针，也就是说，只有在无法使用引用的情况下才选择使用指针。

考虑将一个整数数组分为两个数组的函数：分别存放奇数和偶数。该函数不知道源数组中的偶数或奇数个数，因此它应在检查源数组后为目标数组动态分配内存。它还应该返回两个新数组的大小。总共有 4 项要返回：指向两个新数组的指针以及两个新数组的大小。显然，必须使用引用传递。规范的 C 的写法如下所示：

```
void separateOddsAndEvens(const int arr[], size_t size, int** odds,
    size_t* numOdds, int** evens, size_t* numEvens)
{
    // Count the number of odds and evens.
```

```
    *numOdds = *numEvens = 0;
    for (size_t i = 0; i < size; ++i) {
        if (arr[i] % 2 == 1) {
            ++(*numOdds);
        } else {
            ++(*numEvens);
        }
    }

    // Allocate two new arrays of the appropriate size.
    *odds = new int[*numOdds];
    *evens = new int[*numEvens];

    // Copy the odds and evens to the new arrays.
    size_t oddsPos = 0, evensPos = 0;
    for (size_t i = 0; i < size; ++i) {
        if (arr[i] % 2 == 1) {
            (*odds)[oddsPos++] = arr[i];
        } else {
            (*evens)[evensPos++] = arr[i];
        }
    }
}
```

该函数的最后 4 个参数是“引用”参数。若要更改它们引用的值，separateOddsAndEvens()必须对它们解引用，这会导致函数体内的语法丑陋。此外，当调用 separateOddsAndEvens()时，必须传递两个指针的地址，以便函数可以更改实际的指针，并传递两个 size_t 的地址，以便函数可以更改实际的 size_t。还要注意，调用方要负责删除由 separateOddsAndEvens()创建的两个数组。

```
int unSplit[] { 1, 2, 3, 4, 5, 6, 7, 8, 9, 10 };
int* oddNums { nullptr };
int* evenNums { nullptr };
size_t numOdds { 0 }, numEvens { 0 };

separateOddsAndEvens(unSplit, std::size(unSplit),
    &oddNums, &numOdds, &evenNums, &numEvens);

// Use the arrays...

delete[] oddNums; oddNums = nullptr;
delete[] evenNums; evenNums = nullptr;
```

如果此语法令你烦恼(它也确实如此)，则可以使用引用编写相同的函数，以获得真正的引用传递语义。

```
void separateOddsAndEvens(const int arr[], size_t size, int*& odds,
    size_t& numOdds, int*& evens, size_t& numEvens)
{
    numOdds = numEvens = 0;
    for (size_t i { 0 }; i < size; ++i) {
        if (arr[i] % 2 == 1) {
            ++numOdds;
        } else {
            ++numEvens;
        }
    }
```

```
    odds = new int[numOdds];
    evens = new int[numEvens];

    size_t oddsPos { 0 }, evensPos { 0 };
    for (size_t i { 0 }; i < size; ++i) {
        if (arr[i] % 2 == 1) {
            odds[oddsPos++] = arr[i];
        } else {
            evens[evensPos++] = arr[i];
        }
    }
}
```

在这种情况下，参数 odds 和 evens 是对 int*的引用。separateOddsAndEvens()无须解引用就可以修改函数的实参 int*(引用传递)。相同的逻辑适用于 numOdds 和 numEvens，它们是对 size_ts 的引用。使用此版本的函数，不再需要传递指针或 size_ts 的地址。引用参数会自动为你处理：

```
separateOddsAndEvens(unSplit, std::size(unSplit),
    oddNums, numOdds, evenNums, numEvens);
```

即使使用引用参数已经比使用指针干净得多，但建议避免使用动态分配的数组。例如，通过使用标准库容器 vector，可将 separateOddsAndEvens()函数重写为更安全、更短、更美观并且更具可读性，因为所有内存分配和释放都是自动发生的。

```
void separateOddsAndEvens(const vector<int>& arr,
    vector<int>& odds, vector<int>& evens)
{
    for (int i : arr) {
        if (i % 2 == 1) {
            odds.push_back(i);
        } else {
            evens.push_back(i);
        }
    }
}
```

这个版本可以被这样使用：

```
vector<int> vecUnSplit { 1, 2, 3, 4, 5, 6, 7, 8, 9, 10 };
vector<int> odds, evens;
separateOddsAndEvens(vecUnSplit, odds, evens);
```

请注意，你无须释放 odds 和 evens 容器，vector 类负责此工作。该版本比使用指针或引用的版本更容易使用。

使用向量的版本已经比使用指针或引用的版本好得多，但是正如之前所建议的那样，应尽可能避免使用输出参数。如果一个函数需要返回一些东西，它应该直接返回而不是使用输出参数！如果 object 是局部变量、函数参数或临时值，return object 格式的声明将会触发返回值优化(RVO)。此外，如果对象是局部变量，命名返回值优化(NRVO)将会生效。RVO 和 NRVO 都是复制省略(copy elision)的形式，使从函数中返回对象非常高效。使用复制省略功能，编译器可以避免复制从函数返回的对象，这构成零复制值传递语义。

以下版本的 separateOddsAndEvens()返回一个简单的包含两个 vector 的结构体，而不是接收两个输出向量作为参数。它也使用了 C++ 20 的指派初始化器。

```
struct OddsAndEvens { vector<int> odds, evens; };
```

```
OddsAndEvens separateOddsAndEvens(const vector<int>& arr)
{
    vector<int> odds, evens;
    for (int i : arr) {
        if (i % 2 == 1) {
            odds.push_back(i);
        } else {
            evens.push_back(i);
        }
    }
    return OddsAndEvens { .odds = odds, .evens = evens };
}
```

进行了这些更改之后，用于调用 separateOddsAndEvens()的代码变得紧凑，且易于阅读和理解。

```
vector<int> vecUnSplit { 1, 2, 3, 4, 5, 6, 7, 8, 9, 10 };
auto oddsAndEvens { separateOddsAndEvens(vecUnSplit) };
// Do something with oddsAndEvens.odds and oddsAndEvens.evens...
```

注意：
不要使用输出参数，如果一个函数需要返回某些东西，直接按值返回即可。

1.1.31 const_cast()

在 C++中，每个变量都有特定的类型。在某些情况下，有可能将一种类型的变量转换为另一种类型的变量。为此，C++提供了 5 种类型的转换：const_cast()、static_cast()、reinterpret_cast()、dynamic_cast()和 std::bit_cast()(自 C++20 起)，本节讨论 const_cast()。static_cast()在本章的前面进行了简要介绍，并将在第 10 章进行更详细的讨论。其余的其他类型的转换也将在第 10 章进行讨论。

const_cast()是 5 种不同类型转换中最简单的，可以使用它为变量添加或取消 const 属性，这是 5 种类型转换中唯一可以消除 const 属性的转换。当然，从理论上讲，不需要 const 转换。如果变量是 const，则应保持 const。但在实际中，有时会遇到这样的情况：一个函数指定接收 const 参数，然后这个参数将在接收非 const 参数的函数中使用，并且可以确保后者不会修改其非 const 参数。“正确”的解决方案是使 const 在程序中一直保持，但这并不总是可行的，尤其是在使用第三方库的情况下。因此，有时需要舍弃变量的 const 属性，但是只有在确定所调用的函数不会修改该对象时，才应这样做。否则，除了重构程序外，别无选择。这是一个例子：

```
void ThirdPartyLibraryMethod(char* str);

void f(const char* str)
{
    ThirdPartyLibraryMethod(const_cast<char*>(str));
}
```

此外，标准库提供了一个名为 std::as_const()的辅助方法，该方法定义在<utility>中，该方法接收一个引用参数，返回它的 const 引用版本。基本上，as_const(obj)等价于 const_cast<const T&>(obj)，其中 T 是 obj 的类型。与使用 const_cast()相比，使用 as_const()可以使代码更短，更易读。本书稍后将介绍 as_const()的具体用例，其基本用法如下：

```
string str { "C++" };
const string& constStr { as_const(str) };
```

1.1.32 异常

C++是一种非常灵活的语言，但并不是非常安全。编译器允许编写改变随机内存地址或者尝试除以 0 的代码(计算机无法处理无穷大的数值)。异常(exceptions)就是试图增加一个安全等级的语言特性。

异常是一种预料之外的情形。例如，如果编写一个获取 Web 页面的函数，就有几件事情可能出错，包含页面的 Internet 主机可能被关闭，页面可能是空白的，或者连接可能会丢失。处理这种情况的一种方法是，从函数返回特定的值，如 nullptr 或其他错误代码。异常提供了处理此类问题的更好方法。

异常伴随着一些新术语。当某段代码检测到异常时，就会抛出(throw)一个异常，另一段代码会捕获(catch)这个异常并执行恰当的操作。下例给出一个名为 divideNumbers()的函数，如果调用者传递给分母的值为 0，就会抛出一个异常。使用 std::invalid_argument 时需要<stdexcept>。

```
double divideNumbers(double numerator, double denominator)
{
    if (denominator == 0) {
        throw invalid_argument { "Denominator cannot be 0." };
    }
    return numerator / denominator;
}
```

当执行 throw 行时，函数将立刻结束而不会返回值。如果调用者将函数调用放到 try/catch 块中，就可以捕获异常并进行处理，如下面的代码所示。第 14 章“处理错误”详细介绍了异常处理，但是现在，请记住，建议通过 const 引用捕获异常，例如以下示例中的 const invalid_argument&。还要注意，所有标准库异常类都有一个名为 what()的方法，该方法返回一个字符串，其中包含对该异常的简要说明。

```
try {
    cout << divideNumbers(2.5, 0.5) << endl;
    cout << divideNumbers(2.3, 0) << endl;
    cout << divideNumbers(4.5, 2.5) << endl;
} catch (const invalid_argument& exception) {
    cout << format("Exception caught: {}", exception.what()) << endl;
}
```

第一次调用 divideNumbers()成功执行，结果会输出给用户。第二次调用会抛出一个异常，不会返回值，唯一的输出是捕获异常时输出的错误信息。第三次调用根本不会执行，因为第二次调用抛出了一个异常，导致程序跳转到 catch 块。前面代码块的输出是：

```
5
An exception was caught: Denominator cannot be 0.
```

C++的异常非常灵活，为正确使用异常，需要理解抛出异常时栈变量的行为，必须正确捕获并处理必要的异常。另外，如果需要在异常中包含有关错误的更多信息，则可以编写自己的异常类型。最后，C ++编译器不会强迫你捕获所有可能发生的异常。如果你的代码从不捕获任何异常，但是引发了异常，则该程序将终止。这些异常的棘手方面将在第 14 章详细介绍。

1.1.33 类型别名

类型别名(type alias)为现有的类型声明提供新名称。可以将类型别名视为用于为现有类型声明引入同义词而无须创建新类型的语法。以下为 int *类型声明赋予新名称 IntPtr：

```
using IntPtr = int*;
```

可以互换使用新的类型别名及其本来的名称。例如，以下两行有效。

```
int* p1;
IntPtr p2;
```

使用新类型名称创建的变量与使用原始类型声明创建的变量完全兼容。因此，使用这些定义，编写以下内容是完全正确的，因为它们不仅是兼容的类型，它们是完全相同的类型。

```
p1 = p2;
p2 = p1;
```

类型别名最常见的用途是在原类型声明过于笨拙时提供可方便管理的名称。模板通常会出现这种情况。标准库本身的一个示例是 std::basic_string<T>来表示字符串。这是一个类模板，其中 T 是字符串中每个字符的类型，例如 char。每当要引用模板类型参数时，都必须指定它。为了声明变量，指定函数参数等等，必须要写 basic_string<char>。

```
void processVector(const vector<basic_string<char> >& vec) { /* omitted */ }
int main()
{
    vector<basic_string<char> > myVector;
    processVector(myVector);
}
```

因为 basic_string<char>使用的频率如此之高，标准库便为其提供了一个更短也更有意义的类型别名。

```
using string = basic_string<char>;
```

有了这个类型别名，之前的代码段可以被写得更加优雅。

```
void processVector(const vector<string>& vec) { /* omitted */ }

int main()
{
    vector<string> myVector;
    processVector(myVector);
}
```

1.1.34 类型定义

类型别名是在 C++11 中引入的。在 C++11 之前，必须使用 typedef 完成类似的操作，但是要复杂得多。这里仍将解释这种旧机制，因为你将在遗留代码中看到它。

像类型别名一样，typedef 为现有的类型声明提供新名称。例如，使用以下类型别名：

```
using IntPtr = int*;
```

可以用 typedef 将其改写为如下代码：

```
typedef int* IntPtr;
```

正如你所见，它的可读性降低了。顺序是颠倒的，即使对于专业的 C++开发人员，也会引起很多混乱。除了更加复杂之外，typedef 的行为与类型别名相同。例如，可以按如下方式使用 typedef：

```
IntPtr p;
```

但是，类型别名和 typedef 并不完全等效。与 typedef 相比，类型别名与模板一起使用时功能更强大，但这是第 12 章介绍的主题，因为它需要有关模板的更多详细信息。

警告：
总是优先选择类型别名而不是 typedef。

1.1.35　类型推断

类型推断允许编译器自动推断出表达式的类型。类型推断有两个关键字：auto 和 decltype。

1. 关键字 auto

关键字 auto 有多种不同的用法：

- 推断函数的返回类型，如前所述。
- 结构化绑定，如前所述。
- 推断表达式的类型，如前所述。
- 推断非类型模板参数的类型，见第 12 章。
- 简写函数模板的语法，见第 12 章。
- decltype(auto)，见第 12 章。
- 其他函数语法，见第 12 章。
- 泛型 lambda 表达式，见第 19 章。

auto 可用于告诉编译器，在编译期自动推断变量的类型。下面的代码演示了在这种情况下关键字 auto 最简单的用法：

```
auto x { 123 }; // x is of type int.
```

在这个示例中，输入 auto 和输入 int 的效果没什么区别，但 auto 对较复杂的类型会更有用。假定 getFoo()函数有一个复杂的返回类型。如果希望把调用该函数的结果赋予一个变量，可以输入该复杂类型，也可以简单地使用 auto，让编译器推断出该类型。

```
auto result { getFoo() };
```

这样，可方便地更改函数的返回类型，而不需要更新代码中调用该函数的所有位置。

auto&语法

使用 auto 推断类型时去除了引用和 const 限定符。假设有以下函数：

```
const string message { "Test" };
const string& foo() { return message; }
```

可以调用 foo()，把结果存储在一个变量中，将该变量的类型指定为 auto，如下所示。

```
auto f1 { foo() };
```

因为 auto 去除了引用和 const 限定符，且 f1 是 string 类型，因此会建立一个副本。如果希望 f1 是一个 const 引用，就可以明确将它建立为一个引用，并标记为 const，如下所示。

```
const auto& f2 { foo() };
```

本章前面介绍了工具函数 as_const()，它返回其引用参数的 const 引用版本。将 as_const()与 auto 结合使用时要小心。由于自动去除引用和 const 限定符，因此以下结果变量的类型为 string，而不是

const string&类型，因此将进行复制：

```
string str { "C++" };
auto result { as_const(str) };
```

警告：

始终要记住，auto去除了引用和const限定符，从而会创建副本！如果不需要副本，可使用auto&或const auto&。

auto*语法

auto关键字也可以用于指针，下面是一个例子：

```
int i { 123 };
auto p { &i };
```

p的类型是int*。与上一节中讨论的引用不同，此处不存在意外复制的危险。但是，在使用指针时，建议使用auto*语法，因为它可以更清楚地指出涉及指针。例如：

```
auto* p { &i };
```

此外，使用auto*代替auto确实可以解决将auto、const和指针一起使用时的奇怪行为。假设你编写以下内容：

```
const auto p1 { &i };
```

大多数情况下，不会发生你期待的事情！

通常，当使用const时，你想保护指针所指向的东西。你可能会认为p1的类型为const int*，但实际上，该类型为int* const，因此它是指向非const整数的const指针。按如下所示将const放在auto后面无济于事；类型仍然是int* const。

```
auto const p2 { &i };
```

当将auto*与const结合使用时，它的行为就会与期望的一样。这是一个例子：

```
const auto* p3 { &i };
```

现在p3的类型为const int*。如果你真的需要一个const的指针而不是const的整数，需要将const放在后边。

```
auto* const p4 { &i };
```

最后，使用这个语法可以令指针和整数都是const。

```
const auto* const p5 { &i };
```

p5的类型是const int* const。如果省略了*，将不能得到这个结果。

拷贝列表初始化和直接列表初始化

有两种使用大括号初始化列表的初始化方式：

- 拷贝列表初始化：T obj = {arg1, arg2, ...};
- 直接列表初始化：T obj {arg1, arg2, ...};

与自动类型推断相结合，拷贝列表初始化和C++17引入的直接列表初始化之间就存在重要区别。

从 C++17 之后，你会得到如下结果(需要<initializer_list>)。

```
// Copy list initialization
auto a = { 11 };          // initializer_list<int>
auto b = { 11, 22 };      // initializer_list<int>

// Direct list initialization
auto c { 11 };            // int
auto d { 11, 22 };        // Error, too many elements.
```

请注意，对于拷贝列表初始化，带括号的初始化程序中的所有元素都必须具有相同的类型。例如，以下内容会编译失败。

```
auto b = { 11, 22.33 };  // Compilation error
```

在早期的标准版本(C++11/14)中，拷贝列表和直接列表初始化都将推断出 initializer_list<>。

```
// Copy list initialization
auto a = { 11 };          // initializer_list<int>
auto b = { 11, 22 };      // initializer_list<int>

// Direct list initialization
auto c { 11 };            // initializer_list<int>
auto d { 11, 22 };        // initializer_list<int>
```

2. 关键字 decltype

关键字 decltype 把表达式作为实参，计算出该表达式的类型。例如：

```
int x { 123 };
decltype(x) y { 456 };
```

在这个示例中，编译器推断出 y 的类型是 int，因为这是 x 的类型。

auto 与 decltype 的区别在于，decltype 未去除引用和 const 限定符。再来分析返回 const string 引用的 foo()函数。按如下方式使用 decltype 定义 f2，导致 f2 的类型为 const string&，从而不生成副本。

```
decltype(foo()) f2 { foo() };
```

刚开始不会觉得 decltype 有多大价值。但在模板环境中，decltype 会变得十分强大，详见第 12 和 26 章。

1.1.36 标准库

C++具有标准库，其中包含许多有用的类，在代码中可方便地使用这些类。使用标准库中类的好处是不需要重新创建某些类，也不需要浪费时间去实现系统已经自动实现的内容。另一好处是标准库中的类已经过成千上万用户的严格测试和验证。标准库中的类也经过了性能优化，因此使用这些类在大多数情况下比使用自己的类效率更高。

标准库中可用的功能非常多。第 16~24 章将详细讲述标准库。当开始使用 C++时，最好立刻了解标准库可以做什么。如果你是一位 C 程序员，这一点尤其重要。作为 C 程序员，使用 C++时可能会以 C 的方式解决问题，然而使用 C++的标准库类可以更方便、安全地解决问题。

这就是本章前面介绍标准库中的一些类的原因，例如 std::string、array、vector、pair 和 optional。从本书的开始，在示例中就会使用这些代码，以确保你能够习惯使用标准库类。第 16~24 章将介绍更多的类。

1.2 第一个大型的 C++程序

下面的程序建立一个雇员数据库，在前面讨论结构体时曾将其用作示例。在此，将使用本章前面讲述的许多特性来完成一个功能完整的 C++程序。这个实际的示例使用了类、异常、流、vector、名称空间、引用以及其他语言特性。

1.2.1 雇员记录系统

管理公司雇员记录的程序应该灵活并具有有效的功能。这个程序包含的功能有：

- 添加和解雇雇员
- 雇员晋升和降级
- 查看所有雇员，包括过去以及现在的雇员
- 查看所有当前雇员
- 查看所有以前雇员

程序的代码分为三部分：Employee 类封装了单个雇员的信息，Database 类管理公司的所有雇员，单独的 UserInterface 提供程序的交互接口。

1.2.2 Employee 类

Employee 类维护某个雇员的全部信息，该类的方法提供了查询以及修改信息的途径。Employee 还知道如何在控制台显示自身。此外还存在调整雇员薪水和雇佣状态的方法。

1. Employee.cppm

Employee.cppm 模块接口文件定义了 Employee 类，此文件的各部分分别在随后进行描述。文件的前几行如下：

```
export module employee;
import <string>;
namespace Records {
```

第一行是模块声明，并声明该文件导出一个名为 employee 的模块，然后导入<string>功能。此代码还声明花括号中包含的后续代码位于 Records 名称空间中，为使用特定代码，整个程序都会用到 Records 名称空间。

接下来，在 Records 名称空间内定义以下两个常量。请注意，本书使用约定不以任何特殊字母作为常量的前缀。

```
    const int DefaultStartingSalary { 30'000 };
    export const int DefaultRaiseAndDemeritAmount { 1'000 };
```

第一个常量代表新雇员的默认起薪，这个常量是没有被导出的，因为它不需要被本模块之外的代码访问。employee 模块内的代码可以通过 Records::DefaultStartingSalary 访问它。

第二个常量是用于晋升或降级雇员的默认薪资涨幅或跌幅。此常量是被导出的，因此此模块外部的代码可以操作它。例如，以默认涨薪的两倍将雇员提拔。

接下来，声明了 Employee 类及其 public 方法。

```
    export class Employee
    {
        public:
            Employee(const std::string& firstName,
                const std::string& lastName);

            void promote(int raiseAmount = DefaultRaiseAndDemeritAmount);
            void demote(int demeritAmount = DefaultRaiseAndDemeritAmount);
            void hire();            // Hires or rehires the employee
            void fire();            // Dismisses the employee
            void display() const;   // Outputs employee info to console

            // Getters and setters
            void setFirstName(const std::string& firstName);
            const std::string& getFirstName() const;

            void setLastName(const std::string& lastName);
            const std::string& getLastName() const;

            void setEmployeeNumber(int employeeNumber);
            int getEmployeeNumber() const;

            void setSalary(int newSalary);
            int getSalary() const;

            bool isHired() const;
```

提供了一个接受名字和姓氏的构造函数。promote()和 demote()方法都具有整数参数，其默认值等于 DefaultRaiseAndDemeritAmount。这样，其他代码可以省略该参数，并且将自动使用默认值。还提供了雇用和解雇雇员的方法，以及显示有关雇员信息的方法。许多获取器和设置器提供了更改信息或查询雇员当前信息的功能。

将数据成员声明为 private，这样其他部分的代码将无法直接修改它们。

```
        private:
            std::string m_firstName;
            std::string m_lastName;
            int m_employeeNumber { -1 };
            int m_salary { DefaultStartingSalary };
            bool m_hired { false };
    };
}
```

获取器和设置器提供了修改或查询这些值的唯一 public 途径。数据成员在类定义中(而非构造函数中)进行初始化。默认情况下，新雇员无姓名，雇员编号为-1，起薪为默认值，状态为未受雇。

2. Employee.cpp

模块实现文件的前几行如下：

```
module employee;
import <iostream>;
import <format>;
using namespace std;
```

第一行指定了此源文件的模块，接下来是<iostream>和<format>的导入，以及一条 using 指令。构造函数接收姓和名，只设置相应的数据成员。

```
namespace Records {
    Employee::Employee(const string& firstName, const string& lastName)
        : m_firstName { firstName }, m_lastName { lastName }
    {
    }
```

promote()和 demote()方法只是用一些新值调用 setSalary()方法。注意，整型参数的默认值不显示在源文件中；它们只能出现在函数声明中，不能出现在函数定义中。

```
    void Employee::promote(int raiseAmount)
    {
        setSalary(getSalary() + raiseAmount);
    }

    void Employee::demote(int demeritAmount)
    {
        setSalary(getSalary() - demeritAmount);
    }
```

hire()和 fire()方法正确设置了 m_hired 数据成员。

```
    void Employee::hire() { m_hired = true; }
    void Employee::fire() { m_hired = false; }
```

display()方法使用控制台输出流显示当前雇员的信息。由于这段代码是 Employee 类的一部分，因此可直接访问数据成员(如 m_salary)，而不需要使用 getSalary()获取器。然而，使用获取器和设置器(当存在时)是一种好的风格，甚至在类的内部也是如此。

```
    void Employee::display() const
    {
        cout << format("Employee: {}, {}", getLastName(), getFirstName()) << endl;
        cout << "-------------------------" << endl;
        cout << (isHired() ? "Current Employee" : "Former Employee") << endl;
        cout << format("Employee Number: {}", getEmployeeNumber()) << endl;
        cout << format("Salary: ${}", getSalary()) << endl;
        cout << endl;
    }
```

最后，许多获取器和设置器执行获取值以及设置值的任务。

```
    // Getters and setters
    void Employee::setFirstName(const string& firstName)
    {
        m_firstName = firstName;
    }

    const string& Employee::getFirstName() const
    {
        return m_firstName;
    }
    // ... other getters and setters omitted for brevity
}
```

即使这些方法看起来微不足道，但是使用这些微不足道的获取器和设置器，仍然优于将数据成员设置为 public。例如，将来你可能想在 setSalary()方法中执行边界检查，获取器和设置器也能简化调试，因为可在其中设置断点，在检索或设置值时检查它们。另一个原因是决定修改类中存储数据的方式时，只需要修改这些获取器和设置器，而其他使用该类的代码可以保持不变。

3. EmployeeTest.cpp

当编写一个类时，最好对其进行独立测试。以下代码在 main()函数中针对 Employee 类执行了一些简单操作。当确信 Employee 类可正常运行后，应该删除这个文件，或将这个文件注释掉，这样就不会编译具有多个 main()函数的代码。

```
import <iostream>;
import employee;

using namespace std;
using namespace Records;

int main()
{
    cout << "Testing the Employee class." << endl;
    Employee emp { "Jane", "Doe" };
    emp.setFirstName("John");
    emp.setLastName("Doe");
    emp.setEmployeeNumber(71);
    emp.setSalary(50'000);
    emp.promote();
    emp.promote(50);
    emp.hire();
    emp.display();
}
```

另一种测试各个类的方法是使用单元测试，详见第 30 章。

1.2.3 Database 类

Database 类使用标准库中的 std::vector 类来存储 Employee 对象。

1. database.cppm

下面是模块接口文件 database.cppm 中的前几行：

```
export module database;
import <string>;
import <vector>;
import employee;

namespace Records {
    const int FirstEmployeeNumber { 1'000 };
```

由于数据库会自动给新雇员指定一个雇员号，因此定义一个常量作为编号的开始。

接下来，Database 类被定义和导出。

```
    export class Database
    {
        public:
            Employee& addEmployee(const std::string& firstName,
                                  const std::string& lastName);
            Employee& getEmployee(int employeeNumber);
```

```
            Employee& getEmployee(const std::string& firstName,
                                  const std::string& lastName);
```

数据库可根据提供的姓名方便地添加一个新雇员。为方便起见，这个方法返回一个新雇员的引用。外部代码也可通过调用 getEmployee()方法来获得雇员的引用。为这个方法声明了两个版本，一个允许按雇员号进行检索，另一个要求提供雇员的姓名。

由于数据库是所有雇员记录的中心存储库，因此具有输出所有雇员、当前在职雇员以及已离职雇员的方法。

```
    void displayAll() const;
    void displayCurrent() const;
    void displayFormer() const;
```

最后，private 数据成员被定义如下。

```
    private:
        std::vector<Employee> m_employees;
        int m_nextEmployeeNumber { FirstEmployeeNumber };
  };
}
```

m_employees 数据成员包含 Employee 对象，数据成员 m_nextEmployeeNumber 跟踪新雇员的雇员号，使用 FirstEmployeeNumber 常量进行初始化。

2. Database.cpp

addEmployee()方法的实现如下：

```
module database;
import <stdexcept>;

using namespace std;

namespace Records {
    Employee& Database::addEmployee(const string& firstName,
                                    const string& lastName)
    {
        Employee theEmployee { firstName, lastName };
        theEmployee.setEmployeeNumber(m_nextEmployeeNumber++);
        theEmployee.hire();
        m_employees.push_back(theEmployee);
        return m_employees.back();
    }
```

addEmployee()方法创建一个新的 Employee 对象，在其中填充信息并将其添加到 vector 中。注意当使用了这个方法后，数据成员 m_nextEmployeeNumber 的值会递增，因此下一个雇员将获得新编号。vector 的 back()方法返回 vector 中最后一个元素的引用，即最新添加的雇员。

getEmployee()方法之一的实现如下。第二版本以类似的方式实现，因此未示出。他们都使用基于范围的 for 循环遍历 m_employees 中的所有雇员，并检查 Employee 是否与传递给该方法的信息匹配。如果找不到匹配项，则会引发异常。

```
    Employee& Database::getEmployee(int employeeNumber)
    {
        for (auto& employee : m_employees) {
```

```
            if (employee.getEmployeeNumber() == employeeNumber) {
                return employee;
            }
        }
        throw logic_error { "No employee found." };
    }
```

所有显示方法都采用相似的算法。这些方法遍历所有雇员，如果符合显示标准，就通知雇员将自身显示到控制台中。displayFormer()类似于 displayCurrent()。

```
    void Database::displayAll() const
    {
        for (const auto& employee : m_employees) { employee.display(); }
    }

    void Database::displayCurrent() const
    {
        for (const auto& employee : m_employees) {
        if (employee.isHired()) { employee.display(); }
    }
  }
}
```

3. DatabaseTest.cpp

用于数据库基本功能的简单测试如下所示：

```
import <iostream>;
import database;

using namespace std;
using namespace Records;

int main()
{
    Database myDB;
    Employee& emp1 { myDB.addEmployee("Greg", "Wallis") };
    emp1.fire();

    Employee& emp2 { myDB.addEmployee("Marc", "White") };
    emp2.setSalary(100'000);

    Employee& emp3 { myDB.addEmployee("John", "Doe") };
    emp3.setSalary(10'000);
    emp3.promote();

    cout << "all employees: " << endl << endl;
    myDB.displayAll();

    cout << endl << "current employees: " << endl << endl;
    myDB.displayCurrent();

    cout << endl << "former employees: " << endl << endl;
    myDB.displayFormer();
}
```

1.2.4 用户界面

程序的最后一部分是基于菜单的用户界面，可让用户方便地使用雇员数据库。

main()函数是一个显示菜单的循环，执行被选中的操作，然后重新开始循环。对于大多数的操作都定义了独立的函数。对于显示雇员之类的简单操作，则将实际代码放在对应的情况(case)中。

```
import <iostream>;
import <stdexcept>;
import <exception>;
import <format>;
import <string>;
import database;
import employee;

using namespace std;
using namespace Records;

int displayMenu();
void doHire(Database& db);
void doFire(Database& db);
void doPromote(Database& db);

int main()
{
    Database employeeDB;
    bool done { false };
    while (!done) {
        int selection { displayMenu() };
        switch (selection) {
            case 0:
                done = true;
                break;
            case 1:
                doHire(employeeDB);
                break;
            case 2:
                doFire(employeeDB);
                break;
            case 3:
                doPromote(employeeDB);
                break;
            case 4:
                employeeDB.displayAll();
                break;
            case 5:
                employeeDB.displayCurrent();
                break;
            case 6:
                employeeDB.displayFormer();
                break;
            default:
                cerr << "Unknown command." << endl;
                break;
        }
    }
}
```

displayMenu()函数输出菜单并获取用户输入。在此假定用户能够“正确输入”，当需要一个数字时就会输入一个数字，这一点很重要。在阅读了第 13 章有关 I/O 的内容后，你就会知道如何防止输入错误信息。

```
int displayMenu()
{
    int selection;
    cout << endl;
    cout << "Employee Database" << endl;
    cout << "-----------------" << endl;
    cout << "1) Hire a new employee" << endl;
    cout << "2) Fire an employee" << endl;
    cout << "3) Promote an employee" << endl;
    cout << "4) List all employees" << endl;
    cout << "5) List all current employees" << endl;
    cout << "6) List all former employees" << endl;
    cout << "0) Quit" << endl;
    cout << endl;
    cout << "---> ";
    cin >> selection;
    return selection;
}
```

doHire()函数获取用户输入的新雇员姓名，并通知数据库添加这个雇员。

```
void doHire(Database& db)
{
    string firstName;
    string lastName;

    cout << "First name? ";
    cin >> firstName;

    cout << "Last name? ";
    cin >> lastName;

    auto& employee { db.addEmployee(firstName, lastName) };
    cout << format("Hired employee {} {} with employee number {}.",
        firstName, lastName, employee.getEmployeeNumber()) << endl;
}
```

doFire()和 doPromote()都会要求数据库根据雇员号找到雇员的记录，然后使用 Employee 对象的 public 方法进行修改。

```
void doFire(Database& db)
{
    int employeeNumber;
    cout << "Employee number? ";
    cin >> employeeNumber;

    try {
        auto& emp { db.getEmployee(employeeNumber) };
        emp.fire();
        cout << format("Employee {} terminated.", employeeNumber) << endl;
    } catch (const std::logic_error& exception) {
        cerr << format("Unable to terminate employee: {}",
```

```
            exception.what()) << endl;
        }
    }

    void doPromote(Database& db)
    {
        int employeeNumber;
        cout << "Employee number? ";
        cin >> employeeNumber;

        int raiseAmount;
        cout << "How much of a raise? ";
        cin >> raiseAmount;

        try {
            auto& emp { db.getEmployee(employeeNumber) };
            emp.promote(raiseAmount);
        } catch (const std::logic_error& exception) {
            cerr << format("Unable to promote employee: {}", exception.what()) << endl;
        }
    }
```

1.2.5 评估程序

前面的程序涵盖了许多主题，从最简单的到较复杂的都有。可采用多种方法扩展这个程序。例如，用户界面(UI)没有暴露出 Database 或 Employee 类的全部功能。可修改 UI，以包含这些特性。也可以尝试为这两个类实现一些额外的功能，这是对本章所学内容的绝佳练习。

如果不理解程序的某些部分，可以参考前面的内容以回顾这些主题。如果仍不甚明了，最好的学习方法是编写代码并查看结果。例如，如果不确定如何使用条件运算符，可编写一个简单的 main()函数进行测试。

1.3 本章小结

读完本章关于 C++和标准库的速成内容之后，你已经为成为专业 C++程序员做好了准备。在开始深入学习本书后面的 C++语言知识时，可查阅本章以回顾需要复习的内容。为了回顾那些被遗忘的概念，可能只需要查看本章的一些示例代码。

你编写的每个程序都必须以这样或那样的方式使用字符串。为此，第 2 章将深入讲解如何在 C++中处理字符串。

1.4 练习

通过做以下习题，可以巩固本章涉及的知识点。所有练习的答案都可扫描封底二维码下载。但是，如果你被某些问题难住，请先重新阅读本章的对应内容，以尝试自己找到答案，然后再从网站上查看解决方案。

练习 1-1　修改本章开始的 Employee 结构体，将其放在一个名为 HR 的名称空间中。你必须对 main()中的代码进行哪些修改才能使用此新实现？此外，修改代码以使用 C++ 20 的指派初始化器。

练习 1-2 以练习 1-1 的结果为基础，并向 Employee 添加一个枚举数据成员 title，以指定某个雇员是经理，高级工程师还是工程师。你将使用哪种枚举类型，为什么？无论需要添加什么，都将其添加到 HR 名称空间中。在 main()函数中测试新的 Employee 数据成员。使用 switch 语句为 title 打印出易于理解的字符串。

练习 1-3 使用 std::array 存储练习 1-2 中具有不同数据的 3 个 Employee 实例。然后使用基于范围的 for 循环打印出 array 中的雇员。

练习 1-4 进行与练习 1-3 相同的操作，但使用 std::vector 而不是 array，并使用 push_back()将元素插入 vector 中。

练习 1-5 既然你已经了解了 const 和引用及其用途，请修改本章前面的 AirlineTicket 类，以尽可能地使用引用，并正确使用 const。

练习 1-6 修改练习 1-5 中的 AirlineTicket 类，使其包含一个可选的常旅客号码。表示此可选数据成员的最佳方法是什么？添加一个设置器和获取器来设置和获取常旅客号码。修改 main()函数来测试你的实现。

第2章 使用 string 和 string_view

本章内容

- C 风格字符串和 C++字符串的区别
- C++ std::string 类的细节
- 使用 std::string_view 的原因
- 原始字符串字面量
- 如何格式化字符串

你编写的每个应用程序都会使用某种类型的字符串。使用老式 C 语言时，没有太多选择，只能使用普通的以 null 结尾的字符数组表示字符串。遗憾的是，这种表示方式会导致很多问题，例如会导致安全漏洞的缓冲区溢出。C++标准库包含了一个安全易用的 std::string 类，这个类没有这些缺点。

字符串十分重要，所以作为本书的前面部分，本章将详细讨论字符串。

2.1 动态字符串

在将字符串当成一等对象支持的语言中，字符串有很多吸引人的特性，例如可扩展至任意大小，或能提取或替换子字符串。在其他语言(如 C 语言)中，字符串几乎就如后加入的功能，C 语言中并没有真正好用的 string 数据类型，只有固定的字节数组。“字符串库”只不过是一组非常原始的函数，甚至没有边界检查的功能。C++提供了 string 类型作为一等数据类型。

2.1.1 C 风格字符串

在 C 语言中，字符串表示为字符的数组。字符串中的最后一个字符是 null 字符(\0)，这样，操作字符串的代码就知道字符串在哪里结束。官方将这个 null 字符定义为 NUL，这个拼写中只有一个 L，而不是两个 L。NUL 和 NULL 指针是两回事。尽管 C++提供了更好的字符串抽象，但理解 C 语言中使用的字符串技术非常重要，因为在 C++程序设计中仍可能使用这些技术。最常见的一种情况是 C++程序调用某个第三方库或与操作系统交互时调用基于 C 语言的接口。

目前，程序员使用 C 字符串时最常犯的错误是忘记为\0 字符分配空间。例如，字符串"hello"看上去有 5 个字符长，但在内存中需要 6 个字符的空间才能保存这个字符串的值，如图 2-1 所示。

myString	'h'	'e'	'l'	'l'	'o'	'\0'

图 2-1 6 个字符的空间

C++包含一些来自 C 语言的字符串操作函数，它们在<cstring>头文件中定义。通常，这些函数不直接操作内存分配。例如，strcpy()函数有两个字符串参数。这个函数将第二个字符串复制到第一个字符串，而不考虑第二个字符串能否恰当地填入第一个字符串。下面的代码试图在 strcpy()函数之上构建一个包装器，这个包装器能够分配正确数量的内存并返回结果，而不是接收一个已经分配好的字符串。这个最初的尝试会被证明是错误的，函数通过 strlen()函数获得字符串的长度。调用者负责释放由 copyString()分配的内存：

```
char* copyString(const char* str)
{
    char* result { new char[strlen(str)] }; // BUG! Off by one!
    strcpy(result, str);
    return result;
}
```

copyString()函数的代码这样写是不正确的。strlen()函数返回字符串的长度，而不是保存这个字符串所需的内存量。对于字符串"hello"，strlen()返回的是 5，而不是 6。为字符串分配内存的正确方式是在实际字符所需的空间加 1。一开始看到到处都需要加 1 可能会感到有点奇怪，但这是其工作方式，所以在使用 C 风格的字符串时要记住这一点。正确的实现代码如下：

```
char* copyString(const char* str)
{
    char* result { new char[strlen(str) + 1] };
    strcpy(result, str);
    return result;
}
```

要记住 strlen()只返回字符串中实际字符数目的一种方式是：考虑如果为一个由几个其他字符串构成的字符串分配空间，应该怎么做。例如，如果函数接收 3 个字符串参数，并返回一个由这 3 个字符串串联而成的字符串，那么这个返回的字符串应该有多大？为精确分配足够空间，空间的大小应该是 3 个字符串的长度相加，然后加上 1 留给尾部的\0 字符。如果 strlen()的字符串长度包含\0，那么分配的内存就会过大。下面的代码通过 strcpy()和 strcat()函数执行这个操作。strcat()中的 cat 表示串联(concatenate)：

```
char* appendStrings(const char* str1, const char* str2, const char* str3)
{
    char* result { new char[strlen(str1) + strlen(str2) + strlen(str3) + 1] };
    strcpy(result, str1);
    strcat(result, str2);
    strcat(result, str3);
    return result;
}
```

C 和 C++中的 sizeof()操作符可用于获得给定数据类型或变量的大小。例如，sizeof(char)返回 1，因为字符的大小是 1 字节。但在 C 风格的字符串中，sizeof()和 strlen()是不同的。绝对不要通过 sizeof()获得字符串的大小。它根据 C 风格的字符串的存储方式来返回不同大小。如果 C 风格的字符串存储为 char[]，则 sizeof()返回字符串使用的实际内存，包括\0 字符。例如：

```
char text1[] { "abcdef" };
size_t s1 { sizeof(text1) }; // is 7
size_t s2 { strlen(text1) }; // is 6
```

但是，如果 C 风格的字符串存储为 char*，sizeof()就返回指针的大小！例如：

```
const char* text2 { "abcdef" };
size_t s3 { sizeof(text2) }; // is platform-dependent
size_t s4 { strlen(text2) }; // is 6
```

在 32 位模式下编译期，s3 的值为 4；而在 64 位模式下编译期，s3 的值为 8，因为这返回的是指针 const char*的大小。

可在<cstring>头文件中找到操作字符串的 C 函数的完整列表。

警告：
在 Microsoft Visual Studio 中使用 C 风格的字符串函数时，编译器可能会给出安全相关的警告甚至错误，说明这些函数已经被弃用了。使用其他 C 标准库函数可以避免这些警告，例如 strcpy_s()和 strcat_s()，这些函数是“安全 C 库”(ISO/IEC TR 24731)标准的一部分。然而，最好的解决方案是切换到 C++的 string 类，本章后面的 2.1.3 节“C++ std::string 类”会讨论这个类，但在那之前我们会先讨论字符串字面量。

2.1.2　字符串字面量

注意，C++程序中编写的字符串要用引号包围。例如，下面的代码输出字符串 hello，这段代码包含这个字符串本身，而不是一个包含这个字符串的变量。

```
cout << "hello" << endl;
```

在上面的代码中，"hello"是一个字符串字面量(string literal)，因为这个字符串以值的形式写出，而不是一个变量。字符串字面量实际上存储在内存的只读部分。通过这种方式，编译器可重用相同字符串字面量的引用，从而优化内存的使用。也就是说，即使一个程序使用了 500 次"hello"字符串字面量，编译器也只在内存中创建一个 hello 实例。这种技术称为字面量池(literal pooling)。

字符串字面量可赋值给变量，但因为字符串字面量位于内存的只读部分，且使用了字面量池，所以这样做会产生风险。C++标准正式指出：字符串字面量的类型为“n 个 const char 的数组”，然而为了向后兼容较老的不支持 const 的代码，大部分编译器不会强制程序将字符串字面量赋值给 const char*类型的变量。这些编译器允许将字符串字面量赋值给不带有 const 的 char*，而且整个程序可正常运行，除非试图修改字符串。一般情况下，试图修改字符串字面量的行为是没有定义的。可能会导致程序崩溃；可能使程序继续执行，看起来却有莫名其妙的副作用；可能不加通告地忽略修改行为；可能修改行为是有效的，这完全取决于编译器。例如，下面的代码展示了未定义的行为：

```
char* ptr { "hello" };  // Assign the string literal to a variable.
ptr[1] = 'a';           // Undefined behavior!
```

一种更安全的编码方法是在引用字符串常量时，使用指向 const 字符的指针。下面的代码包含同样的 bug，但由于这段代码将字符串字面量赋值给 const char*，因此编译器会捕获到任何写入只读内存的企图。

```
const char* ptr { "hello" };   // Assign the string literal to a variable.
ptr[1] = 'a';                  // Error! Attempts to write to read-only memory
```

还可将字符串字面量用作字符数组(char[])的初始值。这种情况下，编译器会创建一个足以放下这个字符串的数组，然后将字符串复制到这个数组。因此，编译器不会将字面量放在只读的内存中，也不会进行字面量池的操作。

```
char arr[] { "hello" };        // Compiler takes care of creating appropriate sized
                               // character array arr.
arr[1] = 'a';                  // The contents can be modified.
```

原始字符串字面量

原始字符串字面量(raw string literal)是可横跨多行代码的字符串字面量，不需要转义嵌入的双引号，像\t 和\n 这种转义序列不按照转义序列的方式处理，而是按照普通文本的方式处理。转义字符在第 1 章讨论过了。如果像下面这样编写普通的字符串字面量，那么会收到一个编译器错误，因为字符串包含了未转义的双引号。

```
const char* str { "Hello "World"!" }; // Error!
```

对于普通字符串，必须转义双引号，如下所示。

```
const char* str { "Hello \"World\"!" };
```

对于原始字符串字面量，就不需要转义双引号了。原始字符串字面量以 R"(开头，以)"结尾。

```
const char* str { R"(Hello "World"!)" };
```

如果需要一个包含多行的字符串，不使用原始字符串字面量的话，就需要在字符串中新行的开始位置嵌入\n 转义序列。例如：

```
const char* str { "Line 1\nLine 2" };
```

如果将这个字符串输出到控制台，将看到以下结果。

```
Line 1
Line 2
```

而使用原始字符串字面量，不使用\n 转义序列来开始一个新行，只需要在源代码中按下 Enter 键以开始一个真正的新行。这与前面使用嵌入的\n 的代码片段的效果相同。

```
const char* str { R"(Line 1
Line 2)" };
```

在原始字符串字面量中忽略了转义序列。例如，在下面的原始字符串字面量中，\t 转义序列没有替换为实际的制表符字符，而是按照字面形式保存(即反斜杠后跟字母 t)。

```
const char* str { R"(Is the following a tab character? \t)" };
```

因此，如果将此字符串输出到控制台，将看到以下结果。

```
Is the following a tab character? \t
```

因为原始字符串字面量以)"结尾，所以使用这种语法时，不能在字符串中嵌入)"。例如，下面的字符串是不合法的，因为在这个字符串的中间包含)"。

```
const char* str { R"(Embedded )" characters)" }; // Error!
```

如果需要嵌入)"，则需要使用扩展的原始字符串字面量语法，如下所示。

```
R"d-char-sequence(r-char-sequence)d-char-sequence"
```

r-char-sequence 是实际的原始字符串。d-char-sequence 是可选的分隔符序列，原始字符串首尾的分隔符序列应该一致。分隔符序列最多能有 16 个字符。应选择未出现在原始字符串字面量中的序列作为分隔符序列。

上例可改用唯一的分隔符序列。

```
const char* str { R"-(Embedded )" characters)-" };
```

在操作数据库查询字符串、正则表达式和文件路径时，原始字符串字面量可以令程序的编写更加方便。第 21 章将讨论正则表达式。

2.1.3 C++ std::string 类

C++提供了一个得到极大改善的字符串概念，并作为标准库的一部分提供了这个字符串的实现。在 C++中，std::string 是一个类(实际上是 basic_string 模板类的一个实例)，这个类支持<cstring>中提供的许多功能，还能自动管理内存分配。string 类在 std 名称空间的<string>头文件中定义，在本书中已经多次使用了 string 类。下面深入学习这个类。

1. C 风格的字符串的问题

为理解 C++ string 类的必要性，需要考虑 C 风格字符串的优势和劣势。

优势：

- 很简单，底层使用了基本的字符类型和数组结构。
- 轻量级，如果使用得当，只会占用所需的内存。
- 可按操作原始内存的方式轻松操作和复制字符串。
- 如果你是一名 C 语言程序员——为什么还要学习新事物？

劣势：

- 为了模拟一等数据类型字符串，需要付出很多努力。
- 很容易产生难以找到的内存 bug，且难以解决。
- 没有利用 C++的面向对象特性。
- 要求程序员了解底层的表示方式。

上面的列表是精心准备的，从而可让人思考应该有更好的方式。如后面所述，C++的 string 类解决了 C 风格字符串的所有问题，并且证明了 C 风格字符串相比一等数据类型的那些优势实际上是无关紧要的。

2. 使用 string 类

尽管 string 是一个类，但是几乎总可将 string 当成内建类型使用。事实上，把 string 想象为简单类型更容易发挥 string 的作用。通过运算符重载的神奇作用，C++的 string 使用起来比 C 字符串容易得多。例如，给 string 重新定义+运算符，以表示“字符串串联”。下面的例子会得到 1234：

```
string a { "12" };
string b { "34" };
string c;
c = a + b; // c is "1234"
```

+=运算符也被重载了，通过这个运算符可以轻松地追加一个字符串。

```
a += b; // a is "1234"
```

字符串比较

C 风格字符串的另一个问题是不能通过==运算符进行比较。假设有以下两个字符串。

```
char* a { "12" };
char b[] { "12" };
```

按照下述方式编写的比较操作始终返回 false，因为它比较的是指针的值，而不是字符串的内容。

```
if (a == b) { /* ... */ }
```

注意 C 数组和指针是相关的。可将 C 数组(如示例中的 b 数组)看成指向数组中第一个元素的指针。第 7 章将深入论述数组-指针的对偶性。

要比较 C 字符串，需要编写这样的代码：

```
if (strcmp(a, b) == 0) { /* ... */ }
```

此外，C 字符串也无法通过<、<=、>=或>进行比较，因此需要通过 strcmp()根据字符串的字典顺序返回-1、0 和 1 的值判断。这样会产生非常笨拙且可读性低的代码，还很容易出错。

在 C++的 string 类中，操作符(==、!=和<等)都被重载了，这些运算符可以操作真正的字符串字符。单独的字符可通过方括号运算符[]访问。

C++ string 类另外提供了一个 compare()方法，它的行为类似于 strcmp()并且具有类似的返回类型。下面是一个例子：

```
string a { "12" };
string b { "34" };

auto result { a.compare(b) };
if (result < 0) { cout << "less" << endl; }
if (result > 0) { cout << "greater" << endl; }
if (result == 0) { cout << "equal" << endl; }
```

与 strcmp() 一样，这使用起来很麻烦，你需要记住返回值的确切含义。此外，由于返回值只是一个整数，很容易忘记这个整数的含义，写出以下错误的代码来比较相等性。

```
if (a.compare(b)) { cout << "equal" << endl; }
```

compare()为相等返回 0，为不相等返回任何其他值。所以，这行代码与它的意图相反，也就是说，它对不相等的字符串输出“equal”！如果只想检查两个字符串是否相等，不要使用 compare()，只需要使用==。

C++20 通过第 1 章介绍的三向比较运算符改进了这一切。字符串类完全支持这个运算符，下面是一个例子：

```
auto result { a <=> b };
if (is_lt(result)) { cout << "less" << endl; }
if (is_gt(result)) { cout << "greater" << endl; }
if (is_eq(result)) { cout << "equal" << endl; }
```

内存处理

如下面的代码所示，当 string 操作需要扩展 string 时，string 类能够自动处理内存需求，因此不会再出现内存溢出的情况了。

```
string myString { "hello" };
myString += ", there";
string myOtherString { myString };
if (myString == myOtherString) {
    myOtherString[0] = 'H';
}
cout << myString << endl;
cout << myOtherString << endl;
```

这段代码的输出如下所示。

```
hello, there
Hello, there
```

在这个例子中有几点需要注意。一是要注意即使字符串被分配和调整大小，也不会出现内存泄漏的情况。所有这些 string 对象都创建为栈中的变量。尽管 string 类肯定需要完成大量分配内存和调整大小的工作，但是 string 类的析构函数会在 string 对象离开作用域时清理内存。析构函数工作的细节会在第 8 章详细讨论。

另外需要注意的是，运算符以预期的方式工作。例如，=运算符复制字符串，这是最有可能预期的操作。如果习惯使用基于数组的字符串，那么这种方式有可能带来全新体验，也可能令你迷惑。不用担心，一旦学会信任 string 类能做出正确的行为，那么代码编写会简单得多。

与 C 风格字符串的兼容

为达到兼容的目的，还可应用 string 类的 c_str()方法获得一个表示 C 风格字符串的 const char 指针。不过，一旦 string 执行任何内存重分配或 string 对象被销毁了，返回的这个 const 指针就失效了。应该在使用结果之前调用这个方法，以便它准确反映 string 当前的内容。永远不要从函数中返回在基于栈的 string 上调用 c_str()的结果。

还有一个 data()方法，在 C++14 及更早的版本中，始终与 c_str()一样返回 const char*。从 C++17 开始，在非 const 字符串上调用时，data()返回 char*。

string 上的操作

string 类支持一系列其他的操作，以下是一部分：

- substr(pos, len)：返回从给定位置开始的给定长度的子字符串。
- find(str)：如果找到了给定的子串，返回它的位置；如果没有找到，返回 string::npos。
- replace(pos, len, str)：将字符串的一部分(给定开始位置和长度)替换为另一个字符串。
- C++20 starts_with(str)/ends_with(str)：如果一个字符串以给定的子串开始或者结尾，则返回 true。

这是一个小代码片段，展示了其中的一些操作。

```
string strHello { "Hello!!" };
string strWorld { "The World..." };
auto position { strHello.find("!!") };
if (position != string::npos) {
    // Found the "!!" substring, now replace it.
    strHello.replace(position, 2, strWorld.substr(3, 6));
}
cout << strHello << endl;
```

输出如下：

```
Hello World
```

可参阅标准库参考资源，查看可在 string 对象上执行的所有受支持操作。

> **注意：**
> 从 C++20 开始，std::string 是第 1 章介绍的 constexpr 类。这意味着 string 可用于在编译期执行操作，并可用于 constexpr 函数和类的实现。

3. std::string 字面量

源代码中的字符串字面量通常解释为 const char*。使用用户定义的标准字面量 s 可以把字符串字面量解释为 std::string。例如：

```
auto string1 { "Hello World" };     // string1 is a const char*.
auto string2 { "Hello World"s };    // string2 is an std::string.
```

标准用户定义字面量 s 在 std::literals::string_literals 名称空间中定义。但是，string_literals 和 literals 名称空间都是所谓的内联名称空间。因此，使用以下选项可以使这些字符串字面量可用于你的代码。

```
using namespace std;
using namespace std::literals;
using namespace std::string_literals;
using namespace std::literals::string_literals;
```

基本上，在内联名称空间中声明的所有内容都会自动在父名称空间中可用。要自己定义内联名称空间，可以使用 inline 关键字。例如，string_literals 内联名称空间定义如下：

```
namespace std {
    inline namespace literals {
        inline namespace string_literals {
            // ...
        }
    }
}
```

4. std::vector 和字符串的 CTAD

第 1 章解释了 std::vector 支持类模板参数推导 (CTAD)，允许编译器根据初始化列表自动推导 vector 的类型，对字符串 vector 使用 CTAD 时必须小心。以 vector 的以下声明为例：

```
vector names { "John", "Sam", "Joe" };
```

推导出的类型将是 vector<const char*>，而不是 vector<string>！这是一个很容易犯的错误，可能会导致代码出现一些奇怪的行为，甚至崩溃。这取决于之后对 vector 的处理方式。

如果你需要一个 vector<string>，可以使用上一节提到的 std::string 字面量。注意下例中每个字符串字面量后面的 s：

```
vector names { "John"s, "Sam"s, "Joe"s };
```

2.1.4 数值转换

C++标准模板库同时提供了高级数值转换函数和低级数值转换函数，下面一节将详细解释。

1. 高级数值转换函数

std 名称空间包含很多辅助函数，以便完成数值和字符串之间的转换，它们定义在<string>中。它们可使数值与字符串之间的相互转换更加容易。

数值转换为字符串

下面的函数可用于将数值转换为字符串，*T* 可以是(unsigned) int、(unsigned) long、(unsigned) long long、float、double 以及 long double。所有这些函数都负责内存分配，它们会创建一个新的 string 对象并返回。

```
string to_string( T val);
```

这些函数的使用非常简单直观。例如，下面的代码将 long double 值转换为字符串。

```
long double d { 3.14L };
string s { to_string(d) };
```

字符串转换为数值

通过下面这组同样在 std 名称空间中定义的函数，可以将字符串转换为数值。在这些函数原型中，str 表示要转换的字符串，idx 是一个指针，这个指针接收第一个未转换的字符的索引，base 表示转换过程中使用的进制。idx 指针可以是空指针，如果是空指针，则被忽略。如果不能执行任何转换，这些函数会抛出 invalid_argument 异常。如果转换的值超出返回类型的范围，则抛出 out_of_range 异常。

- int stoi(const string& str, size_t *idx=0, int base=10);
- long stol(const string& str, size_t *idx=0, int base=10);
- unsigned long stoul(const string& str, size_t *idx=0, int base=10);
- long long stoll(const string& str, size_t *idx=0, int base=10);
- unsigned long long stoull(const string& str, size_t *idx=0, int base=10);
- float stof(const string& str, size_t *idx=0);
- double stod(const string& str, size_t *idx=0);
- long double stold(const string& str, size_t *idx=0);

下面是一个示例：

```
const string toParse { "   123USD" };
size_t index { 0 };
int value { stoi(toParse, &index) };
cout << format("Parsed value: {}", value) << endl;
cout << format("First non-parsed character: '{}'", toParse[index]) << endl;
```

输出如下所示：

```
Parsed value: 123
First non-parsed character: 'U'
```

stoi()、stol()、stoul()、stoll()和 stoull()接收整数值并且有一个名为 base 的参数，表明了给定的数值应该用什么进制来表示。base 的默认值为 10，采用数字为 0~9 的十进制，base 为 16 表示采用十六进制。如果 base 被设为 0，函数会按照以下规则自动计算给定数字的进制。

- 如果数字以 0x 或者 0X 开头，则被解析为十六进制数字。
- 如果数字以 0 开头，则被解析为八进制数字。
- 其他情况下，被解析为十进制数字。

2. 低级数值转换

C++也提供了许多低级数值转换函数，这些都在<charconv>头文件中定义。这些函数不执行内存分配，也不直接使用 std::string，而使用由调用者分配的缓存区。此外，它们还针对性能进行了优化，并且与语言环境无关(有关本地化的详细信息，请参见第 21 章)。最终的结果是，这些函数可以比其他高级数值转换函数快几个数量级。这些函数也是为所谓的完美往返而设计的，这意味着将数值序列化为字符串表示，然后将结果字符串反序列化为数值，结果与原始值完全相同。

如果希望实现高性能、完美往返、独立于语言环境的转换，则应当使用这些函数。例如，在数值数据与人类可读格式(如 JSON、XML 等)之间进行序列化/反序列化。

数值转换为字符串

要将整数转换为字符，可使用下面一组函数。

```
to_chars_result to_chars(char* first, char* last, IntegerT value, int base = 10);
```

这里，IntegerT 可以是任何有符号或无符号的整数类型或 char 类型。结果是 to_chars_result 类型，类型定义如下所示。

```
struct to_chars_result {
    char* ptr;
    errc ec;
};
```

如果转换成功，ptr 成员将等于所写入字符尾后一位置的指针。如果转换失败(即 ec ==errc::value_too_large)，则它等于 last。

下面是一个使用示例：

```
const size_t BufferSize { 50 };
string out(BufferSize, ' '); // A string of BufferSize space characters.
auto result { to_chars(out.data(), out.data() + out.size(), 12345) };
if (result.ec == errc{}) { cout << out << endl; /* Conversion successful. */ }
```

使用第 1 章介绍的结构化绑定，可以将其写成：

```
string out(BufferSize, ' '); // A string of BufferSize space characters.
auto [ptr, error] { to_chars(out.data(), out.data() + out.size(), 12345) };
if (error == errc{}) { cout << out << endl; /* Conversion successful. */ }
```

类似地，下面的一组转换函数可用于浮点类型。

```
to_chars_result to_chars(char* first, char* last, FloatT value);
to_chars_result to_chars(char* first, char* last, FloatT value,
                         chars_format format);
to_chars_result to_chars(char* first, char* last, FloatT value,
                         chars_format format, int precision);
```

这里，*FloatT* 可以是 float、double 或 long double。可使用 chars_format 标志的组合指定格式：

```
enum class chars_format {
    scientific,                   // Style: (-)d.ddde±dd
    fixed,                        // Style: (-)ddd.ddd
    hex,                          // Style: (-)h.hhhp±d (Note: no 0x!)
    general = fixed | scientific  // See next paragraph.
};
```

默认格式是 chars_format::general，这将导致 to_chars()将浮点值转换为(-)ddd.ddd 形式的十进制表示形式，或(-)d.ddde±dd 形式的十进制指数表示形式，得到最短的表示形式，小数点前至少有一位数字(如果存在)。如果指定了格式，但未指定精度，将为给定格式自动确定最简短的表示形式，最大精度为 6 个数字。例如：

```
double value { 0.314 };
string out(BufferSize, ' '); // A string of BufferSize space characters.
auto [ptr, error] { to_chars(out.data(), out.data() + out.size(), value) };
if (error == errc{}) { cout << out << endl; /* Conversion successful. */ }
```

字符串转换为数值

对于相反的转换，即将字符串转换为数值，可使用下面的一组函数。

```
from_chars_result from_chars(const char* first, const char* last,
                             IntegerT& value, int base = 10);
from_chars_result from_chars(const char* first, const char* last,
                             FloatT& value,
                             chars_format format = chars_format::general);
```

from_chars_result 的类型定义如下：

```
struct from_chars_result {
    const char* ptr;
    errc ec;
};
```

结果类型的 ptr 成员是指向第一个未转换字符的指针，如果所有字符都成功转换，则它等于 last。如果所有字符都未转换，则 ptr 等于 first，错误代码的值将为 errc::invalid_argument。如果解析后的值过大，无法由给定类型表示，则错误代码的值将是 errc::result_out_of_range。注意，from_chars()不会忽略任何前导空白。

to_chars()和 form_chars()的完美往返特性可以表示如下：

```
double value1 { 0.314 };
string out(BufferSize, ' '); // A string of BufferSize space characters.
auto [ptr1, error1] { to_chars(out.data(), out.data() + out.size(), value1) };
if (error1 == errc{}) { cout << out << endl; /* Conversion successful. */ }

double value2;
auto [ptr2, error2] { from_chars(out.data(), out.data() + out.size(), value2) };
if (error2 == errc{}) {
    if (value1 == value2) {
        cout << "Perfect roundtrip" << endl;
    } else {
        cout << "No perfect roundtrip?!?" << endl;
    }
}
```

2.1.5 std::string_view 类

在 C++17 之前，为接收只读字符串的函数选择形参类型一直是一件进退两难的事情。它应当是 const char*吗？那样的话，如果客户使用 std::string，则必须调用其上的 c_str()或 data()来获取 const char*。更糟糕的是，函数将失去 std::string 良好的面向对象的方面及其良好的辅助方法。或许，形参应改用 const std::string&？这种情况下，始终需要 std::string。例如，如果传递一个字符串字面量，编译器将默认创建一个临时字符串对象(其中包含字符串字面量的副本)，并将该对象传递给函数，因此会增加一点开销。有时，人们会编写同一函数的多个重载版本，一个接收 const char*，另一个接收 const string&，但显然，这并不是一个优雅的解决方案。

在 C++17 中，通过引入 std::string_view 类解决了所有这些问题，std::string_view 类是 std::basic_string_view 类模板的实例化，在<string_view>中定义。string_view 基本上就是 const string& 的简单替代品，但不会产生开销。它从不复制字符串，string_view 支持与 std::string 类似的接口。一个例外是缺少 c_str()，但 data()是可用的。另外，string_view 添加了 remove_prefix(size_t)和 remove_suffix(size_t)方法，前者将起始指针前移给定的偏移量来收缩字符串，后者则将结尾指针倒退给定的偏移量来收缩字符串。

如果知道如何使用 std::string，那么使用 string_view 将变得十分简单，如下面的代码片段所示。extractExtension()函数提取给定文件名的扩展名(包括点号)并返回。注意，通常按值传递 string_views，因为它们的复制成本极低。它们只包含指向字符串的指针以及字符串的长度。

```
string_view extractExtension(string_view filename)
{
    return filename.substr(filename.rfind('.'));
}
```

该函数可用于所有类型的不同字符串：

```
string filename { R"(c:\temp\my file.ext)" };
cout << format("C++ string: {}", extractExtension(filename)) << endl;

const char* cString { R"(c:\temp\my file.ext)" };
cout << format("C string: {}", extractExtension(cString)) << endl;

cout << format("Literal: {}", extractExtension(R"(c:\temp\my file.ext)")) << endl;
```

在对 extractExtension()的所有这些调用中，没有进行一次复制。extractExtension()函数的 fileName 参数只是指针和长度，该函数的返回类型也是如此。这都十分高效。

还有一个 string_view 构造函数，它接收任意原始缓冲区和长度。这可用于从字符串缓冲区(并非以 NUL 终止)构建 string_view。如果确实有一个以 NUL 终止的字符串缓冲区，但你已经知道字符串的长度，构造函数不必再次统计字符数目，这也是有用的。

```
const char* raw { /* ... */ };
size_t length { /* ... */ };
cout << format("Raw: {}", extractExtension({ raw, length } )) << endl;
```

最后一行代码也可以写成这样：

```
cout << format("Raw: {}", extractExtension(string_view { raw, length } )) << endl;
```

注意：
在每当函数需要将只读字符串作为一个参数时，可使用 std::string_view 替代 const std::string&或 const char。*

无法从 string_view 隐式构建一个 string。要么使用一个显式的 string 构造函数，要么使用 string_view::data()成员。例如，假设有以下接收 const string&的函数。

```
void handleExtension(const string& extension) { /* ... */ }
```

不能采用如下方式调用该函数：

```
handleExtension(extractExtension("my file.ext"));
```

下面是两个可供使用的选项：

```
handleExtension(extractExtension("my file.ext").data());       // data() method
handleExtension( string { extractExtension("my file.ext") }); // explicit ctor
```

由于同样的原因，无法连接一个 string 和一个 string_view。下面的代码将无法编译：

```
string str { "Hello" };
string_view sv { " world" };
auto result { str + sv };
```

你可以对 string_view 使用 data()方法，如下所示：

```
auto result1 { str + sv.data() };
```

或者你可以使用 append()：

```
string result2 { str };
result2.append(sv.data(), sv.size());
```

警告：
返回字符串的函数应返回 const std::string&或 string，但不应返回 string_view。返回 string_view 会带来使返回的 string_view 无效的风险，例如当它指向的字符串需要重新分配时。

警告：
将 const string&或 string_view 存储为类的数据成员需要确保它们指向的字符串在对象的生命周期内保持有效状态。存储 std::string 更安全。

1. std::string_view 和临时字符串

string_view 不应该用于保存一个临时字符串的视图，考虑以下示例：

```
string s { "Hello" };
string_view sv { s + " World!" };
cout << sv;
```

此代码段具有未定义的行为，即运行此代码时发生的情况取决于编译器和编译器设置。它可能会崩溃，它可能会打印“ello World!”(没有字母 H)，等等。为什么这是未定义的行为？字符串视图 sv 的初始化表达式将生成一个临时字符串，其中包含“Hello World!”。然后，string_view 存储指向此临时字符串的指针。在第二行代码的末尾，这个临时字符串被销毁，留下一个悬空指针的 string_view。

警告：
永远不要使用 string_view 保存临时字符串的视图。

2. std::string_view 字面量

可使用标准的用户定义的字面量 sv，将字符串字面量解释为 std::string_view。例如：

```
auto sv { "My string_view"sv };
```

标准的用户定义的字面量 sv 需要以下几条 using 命令之一：

```
using namespace std::literals::string_view_literals;
using namespace std::string_view_literals;
```

```
using namespace std::literals;
using namespace std;
```

2.1.6 非标准字符串

许多 C++程序员都不使用 C++风格的字符串，这有几个原因。一些程序员只是不知道有 string 类型，因为它并不总是 C++规范的一部分。其他程序员发现，C++ string 没有提供他们需要的行为，或他们不喜欢 std::string 对字符编码不感知这一事实，所以开发了自己的字符串类型。第 21 章将回到字符编码的主题。

也许最常见的原因是，开发框架和操作系统有自己的表达字符串的方式，例如 Microsoft MFC 中的 CString 类。它常用于向后兼容或解决遗留的问题。在 C++中启动新项目时，提前确定团队如何表示字符串是非常重要的。务必注意以下几点：

- 不应当选择 C 风格的字符串表示。
- 可对自己所使用框架中可用的字符串功能进行标准化，如 MFC、QT 内置的字符串功能。
- 如果为字符串使用 std::string，应当使用 std::string_view 将只读字符串作为参数传递给函数，否则，看一下你的框架是否支持类似于 string_view 的类。

2.2 字符串格式化

C++20

直到 C++20 之前，字符串的格式化一般是通过 printf()之类的 C 风格函数或是 C++的 I/O 流完成的。

- C 风格函数：
  - 不推荐，因为它们不是类型安全的，并且无法扩展支持自定义类型。
  - 因为字符串和参数是分开的，所以可读性高，且容易翻译成不同语言。
    例如：

    ```
    printf("x has value %d and y has value %d.\n", x, y);
    ```

- C++ I/O 流：
  - 推荐(C++20 之前)，因为类型安全且可扩展。
  - 因为字符串和参数交织在一起，所以可读性差，且难以翻译成不同语言。
    例如：

    ```
    cout << "x has value " << x << " and y has value " << y << endl;
    ```

C++20 引入了 std::format()，用来格式化字符串，它定义在<format>中。它基本上结合了 C 风格函数和 C++的 I/O 流的所有优点，是一种类型安全且可扩展的机制。其基本形式在前一章介绍，并已在示例中使用。现在是时候看看 format()的强大之处了。

format()的第一个参数是待格式化的字符串，后续参数是用于填充待格式化字符串中占位符的值。到目前为止，使用 format()时的占位符一般都是一对花括号：{}。在这些花括号内可以是格式为[index][:specifier]的字符串。可以省略所有占位符中的 index，也可以为所有占位符指定从零开始的索引，以指明应用于此占位符的第二个和后续参数。如果省略 index，则 format()的第二个和后续参数传递的值将按给定顺序用于所有占位符。specifier 是一种格式说明符，用于更改值在输出中格式化的方式，将在下一节详细说明。如果需要输出{or}字符，则需要将其转义为{{or}}。

先来看看如何使用 index 部分。以下对 format()的调用省略了占位符中的显式索引：

```
auto s1 { format("Read {} bytes from {}", n, "file1.txt") };
```

可以按以下方式手动指定索引：

```
auto s2 { format("Read {0} bytes from {1} ", n, "file1.txt") };
```

不允许混合使用手动和自动索引。下例使用了一个无效的字符串格式化：

```
auto s2 { format("Read {0} bytes from {} ", n, "file1.txt") };
```

可以更改输出字符串中格式化值的顺序，而不需要更改传递到 format()的实参的实际顺序。如果要在软件中翻译字符串，这是一个有用的功能。某些语言在句子中有不同的顺序。例如，前面的格式化字符串可以翻译成中文，如下所示。在中文中，句子中占位符的顺序是颠倒的，但由于格式化字符串中的占位符是有索引的，forma()函数的参数顺序保持不变。(注意，有关 L 前缀的用法可参见第 21 章)。

```
auto s3 { format(L" 从{1}中读取{0}个字节。", n, L"file1.txt") };
```

下一节将深入探讨如何使用格式说明符控制输出。

2.2.1 格式说明符

格式说明符用于控制值在输出中的格式，前缀为冒号。格式说明符的一般形式如下所示(注释：严格来说，在精度和类型之间可以有一个可选的 L。这与地区特定格式有关，本处不作进一步讨论)：

```
[[fill]align][sign][#][0][width][.precision][type]
```

方括号里的所有说明符都是可选的。下一小节将详细讨论各个说明符。

1. width

width 指定待格式化的值所占字段的最小宽度，例如 5。width 也可以是另一组花括号，称为动态宽度。如果在花括号中指定了索引，例如{3}，则动态宽度的 width 取自给定的索引对应的 format()的实参。如果未指定索引，例如{}，则 width 取自 format()的实参列表中的下一个参数。

示例如下：

```
int i { 42 };
cout << format("|{:5}|", i) << endl;      // |   42|
cout << format("|{:{}}|", i, 7) << endl;  // |     42|
```

2. [fill]align

[fill]align 也是可选的，说明使用哪个字符作为填充字符，然后是值在其字段中的对齐方式：

- <表示左对齐(非整数和非浮点数的默认对齐方式)。
- >表示右对齐(整数和浮点数的默认对齐方式)。
- ^表示居中对齐。

fill 字符会被插入输出中，以确保输出中的字段达到说明符的[width]指定的最小宽度。如果未指定[width]，则[fill]align 无效。

示例如下：

```
int i { 42 };
cout << format("|{:7}|", i) << endl;    // |     42|
cout << format("|{:<7}|", i) << endl;   // |42     |
```

```
cout << format("|{:_>7}|", i) << endl;    // |_____42|
cout << format("|{:_^7}|", i) << endl;    // |__42___|
```

3. sign

sign 可以是下列三项之一：

- -表示只显示负数的符号(默认方式)。
- +表示显示正数和负数的符号。
- space 表示对于负数使用负号，对于正数使用空格。

示例如下：

```
int i { 42 };
cout << format("|{:<5}|", i) << endl;     // |42   |
cout << format("|{:<+5}|", i) << endl;    // |+42  |
cout << format("|{:< 5}|", i) << endl;    // | 42  |
cout << format("|{:< 5}|", -i) << endl;   // |-42  |
```

4.

#启用所谓的备用格式(alternate formatting)规则。如果为整型启用，并且还指定了十六进制、二进制或八进制数字格式，则备用格式会在格式化数字前面插入 0x、0X、0b、0B 或 0。如果为浮点类型启用，则备用格式将始终输出十进制分隔符，即使后面没有数字。

以下两节给出了备用格式的示例。

5. type

type 指定了给定值要被格式化的类型，以下是几个选项。

- 整型：b(二进制)，B(二进制，当指定#时，使用 0B 而不是 0b)，d(十进制)，o(八进制)，x(小写字母 a,b,c,d,e 的十六进制)，X(大写字母 A,B,C,D,E 的十六进制，当指定#时，使用 0X 而不是 0x)。如果 type 未指定，整型默认使用 d。
- 浮点型：支持以下浮点格式。科学、固定、通用和十六进制格式的结果与本章前面讨论的 std::chars_format::scientific，fixed，general 和 hex 相同。
  - e,E：以小写 e 或大写 E 表示指数的科学表示法，按照给定精度或 6(如果未指定精度)格式化。
  - f,F：固定表示法，按照给定精度或 6(如果未指定精度)格式化。
  - g,G：以小写 e 或大写 E 表示指数的通用表示法，按照给定精度或 6(如果未指定精度)格式化。
  - a,A：带有小写字母(a)或大写字母(A)的十六进制表示法。
  - 如果 type 未指定，浮点型默认使用 g。
- 布尔型：s(以文本形式输出 true 或 false)，b，B，c，d，o，x，X(以整型输出 1 或 0)。如果 type 未指定，布尔型默认使用 s。
- 字符型：c(输出字符副本)，b，B，d，o，x，X(整数表示)。如果 type 未指定，字符型默认使用 c。
- 字符串：s(输出字符串副本)。如果 type 未指定，字符串默认使用 s。
- 指针：p(0x 为前缀的十六进制表示法)。如果 type 未指定，指针默认使用 p。

整型的示例如下：

```
int i { 42 };
cout << format("|{:10d}|", i) << endl;     // |        42|
cout << format("|{:10b}|", i) << endl;     // |    101010|
cout << format("|{:#10b}|", i) << endl;    // |  0b101010|
```

```
cout << format("|{:10X}|", i) << endl;     // |        2A|
cout << format("|{:#10X}|", i) << endl;    // |      0X2A|
```

字符串的示例如下：

```
string s { "ProCpp" };
cout << format("|{:_^10}|", s) << endl;    //  |__ProCpp__|
```

浮点型的示例将在下一小节给出。

6. precision

precision 只能用于浮点和字符串类型。它的格式为一个点后跟浮点类型要输出的小数位数，或字符串要输出的字符数。就像 width 一样，这也可以是另一组花括号，在这种情况下，它被称为动态精度。precision 取自 format()的实参列表中的下一个实参或具有给定索引的实参。

浮点型的示例如下：

```
double d { 3.1415 / 2.3 };
cout << format("|{:12g}|", d) << endl;                          // |    1.365870|
cout << format("|{:12.2}|", d) << endl;                         // |        1.37|
cout << format("|{:12e}|", d) << endl;                          // |1.365870e+00|

int width { 12 };
int precision { 3 };
cout << format("|{2:{0}.{1}f}|", width, precision, d) << endl;  // |       1.366|
```

7. 0

0 表示，对于数值，将 0 插入格式化结果中，以达到 [width]指定的最小宽度(请参阅前面的内容)。这些 0 插入在数值的前面，但在符号以及任何 0x、0X、0b 或 0B 前缀之后。如果指定了对齐，则将忽略本选项。

示例如下：

```
int i { 42 };
cout << format("|{:06d}|", i) << endl;     // |000042|
cout << format("|{:+06d}|", i) << endl;    // |+00042|
cout << format("|{:06X}|", i) << endl;     // |00002A|
cout << format("|{:#06X}|", i) << endl;    // |0X002A|
```

2.2.2 格式说明符错误

如前所述，格式说明符需要遵循严格的规则。如果格式说明符包含错误，将抛出 std::format_error 异常。

```
try {
    cout << format("An integer: {:.}", 5);
} catch (const format_error& caught_exception) {
    cout << caught_exception.what(); // "missing precision specifier"
}
```

2.2.3 支持自定义类型

可以扩展 C++20 格式库以添加对自定义类型的支持。这涉及编写 std::formatter 类模板的特化版本，该模板包含两个方法模板：parse()和 format()。模板特化和方法模板将在第 12 章进行解释。不过，为了完整起见，我们来看看掌握模板特化的情况下将如何实现自定义 formatter。在读到此处时，你还不能理解这个例子中的所有语法，因为你需要等到第 12 章，但它让你知道当你在书中进一步深入时可能发生的事情，到那时，你可以回头温习这个例子。

假设有一个用来存储键值对的类：

```
class KeyValue
{
    public:
        KeyValue(string_view key, int value) : m_key { key }, m_value { value } {}

        const string& getKey() const { return m_key; }
        int getValue() const { return m_value; }
    private:
        string m_key;
        int m_value;
};
```

可以通过编写以下类模板特化来实现 KeyValue 对象的自定义 formatter。此自定义格式化器还支持自定义格式说明符：{:a}只输出键，{:b}只输出值，{:c}和{}同时输出键和值。

```
template<>
class formatter<KeyValue>
{
    public:
        constexpr auto parse(auto& context)
        {
            auto iter { context.begin() };
            const auto end { context.end() };
            if (iter == end || *iter == '}') { // {} format specifier
                m_outputType = OutputType::KeyAndValue;
                return iter;
            }

            switch (*iter) {
                case 'a': // {:a} format specifier
                    m_outputType = OutputType::KeyOnly;
                    break;
                case 'b': // {:b} format specifier
                    m_outputType = OutputType::ValueOnly;
                    break;
                case 'c': // {:c} format specifier
                    m_outputType = OutputType::KeyAndValue;
                    break;
                default:
                    throw format_error { "Invalid KeyValue format specifier." };
            }

            ++iter;
            if (iter != end && *iter != '}') {
            throw format_error { "Invalid KeyValue format specifier." };
            }
            return iter;
        }
```

```
        auto format(const KeyValue& kv, auto& context)
        {
            switch (m_outputType) {
                using enum OutputType;

                case KeyOnly:
                    return format_to(context.out(), "{}", kv.getKey());
                case ValueOnly:
                    return format_to(context.out(), "{}", kv.getValue());
                default:
                    return format_to(context.out(), "{} - {}",
                        kv.getKey(), kv.getValue());
            }
        }
    private:
        enum class OutputType
        {
            KeyOnly,
            ValueOnly,
            KeyAndValue
        };
        OutputType m_outputType { OutputType::KeyAndValue };
};
```

parse()方法负责解析范围[context.begin(), context.end())内的格式说明符。它应该将解析格式说明符的结果存储在 formatter 类的数据成员中，并且应该返回一个迭代器，该迭代器指向解析格式说明符字符串结束后的下一个字符。

format()方法根据 parse()解析的格式规范格式化第一个实参，将结果写入 context.out()，并返回一个指向输出末尾的迭代器。在本例中，通过将工作转发到 std::format_to()来执行实际的格式化。format_to()函数接收预先分配的缓冲区作为第一个参数，并将结果字符串写入其中，而 format()则创建一个新的字符串对象以返回。

可以这样测试自定义 formatter：

```
KeyValue keyValue { "Key1", 11 };
cout << format("{}", keyValue) << endl;
cout << format("{:a}", keyValue) << endl;
cout << format("{:b}", keyValue) << endl;
cout << format("{:c}", keyValue) << endl;
try { cout << format("{:cd}", keyValue) << endl; }
catch (const format_error& caught_exception) { cout << caught_exception.what(); }
```

输出如下：

```
Key1 - 11
Key1
11
Key1 - 11
Invalid KeyValue format specifier.
```

作为练习，你可以在键和值之间添加对自定义分隔符的支持。有了自定义格式化器，可能性是无穷的，而且一切都是类型安全的！

2.3 本章小结

本章讨论了 C++的 string 和 string_view 类，并讨论了为什么应该用这两个类替换旧式的 C 风格字符数组。还讲解了一些辅助函数，这些函数可以简化数值和字符串之间的双向转换过程，还介绍了原始字符串字面量的概念。

本章最后讨论了 C++20 字符串格式式库，本书中的所有示例都使用了该库。它是一种强大的机制，可以通过细粒度的控制对字符串进行格式化。

第 3 章将讨论良好编码风格的指导原则，包括代码文档、分解、命名约定和代码格式等提示。

2.4 练习

通过完成以下习题，可以巩固本章涉及的知识点。所有练习的答案都可扫描封底二维码下载。但是，如果你被某些问题难住，请先重新阅读本章的对应内容，以尝试自己找到答案，然后再从网站上查看解决方案。

练习 2-1　编写一个程序，要求用户输入两个字符串，然后使用三向比较运算符将其按字母表顺序打印出来。为了获取一个字符串，可以使用 std::cin 流，曾在第 1 章对其简要介绍，第 13 章，将详细解释输入和输出。但是现在，只需要知道如何从控制台中读取字符串。要终止该行，只需要按 Enter 键。

```
std::string s;
getline(cin, s1);
```

练习 2-2　编写一个程序，要求用户提供源字符串(=haystack)、要在源字符串中查找的字符串(=needle)以及替换字符串。编写一个包含 3 个参数的函数：haystack、needle 和 replacement string，该函数返回一个 haystack 的副本，其中所有的 needle 都被替换为 replacement string。要求使用 std::string，不使用 string_view。你将使用哪种类型的参数，为什么？在 main()中调用此函数并打印所有字符串以进行验证。

练习 2-3　修改练习 2-2 中的程序，并尽可能多地使用 std::string_veiw。

练习 2-4　编写一个程序，要求用户输入未知数量的浮点数，并将所有数字存储在 vector 中。键入每个数字之后都应按 Enter 键。当用户输入数字 0 时，停止输入更多数字。要从控制台读取浮点数，请使用 cin，方法与第 1 章中输入整数值的方法相同。使用一个两列的表来格式化所有数字，其中每列以不同的方式格式化数字。表中的每一行对应一个输入的数字。

第3章 编码风格

本章内容

- 编写代码文档的重要性以及可以使用的注释风格
- 分解(decomposition)的含义及用法
- 什么是命名约定
- 什么是格式规则

如果你每天花费数小时使用键盘编写代码，你应该为你的工作感到骄傲。编写可以完成任务的代码只是程序员全部工作的一部分而已，任何人都可以学习编写基本的代码，编写具有风格的代码才算真正掌握了编码。

本章讲述如何编写优秀的代码，还将展示几种 C++风格。简单地改变代码的风格可以令其看起来变化极大。例如，Windows 程序员编写的 C++代码通常具有自己的风格，使用了 Windows 的约定。macOS 程序员编写的 C++代码与之相比几乎是完全不同的语言。如果打开的 C++源代码一点都不像你了解的 C++，接触几种不同的风格有助于避免你陷入迷惘。

3.1 良好外观的重要性

编写风格上“良好”的代码很费时间。你或许在几小时内就可以匆匆写出解析 XML 文件的程序。而编写功能分离、注释充分、结构清晰的相同程序可能要花费更长时间。这么做值得吗？

3.1.1 事先考虑

如果一名新程序员在一年之后不得不使用你的代码，你对代码有多少信心？本书作者的一个朋友面对日益混乱的网络应用程序代码，让他的团队假想一名一年后加入的实习生。如果没有文档而函数有好几页长，这名可怜的实习生如何才能赶上代码的进度？编写代码时，可以假定某个新人甚至是你自己在将来不得不维护这些代码。你还记得代码如何运行吗？如果你不能提供帮助会怎么样？良好的代码由于便于阅读和理解，因此不存在这些问题。

3.1.2 良好风格的元素

很难列举“风格良好”的代码具有的特征。随着时间的推移，你会发现自己喜欢的风格，并从他人编写的代码中找到有用的技巧。或许更重要的是，你遇到的糟糕代码可以教会你应该避免什么样的风格。当然，良好的代码有一些共同的原则，本章将就此进行讨论。

- 文档
- 分解
- 命名
- 语言的使用
- 格式

3.2 为代码编写文档

在编程环境下，文档通常指源文件中的注释。当编写相关代码时，注释用来说明你当时的想法。注释给出的信息并不能通过阅读代码轻易地获取。

3.2.1 使用注释的原因

很明显，使用注释是一个好主意，但为什么代码需要注释？有时程序员意识到注释的重要性，但没有完全理解为什么注释如此重要。使用注释有几个原因，本章将一一解释它们。

1. 说明用途的注释

使用注释的原因之一是说明客户如何与代码交互。通常而言，开发人员应当能够根据函数名、返回值的类型以及参数的类型和名称来推断函数的功能。但是，代码本身不能解释一切。函数的前置条件、后置条件(注释：前置条件指客户代码调用函数前必须满足的条件，后置条件指函数执行完毕后必须满足的条件)以及函数可能抛出的异常，都是可以在注释中解释的内容。在笔者看来，只有当注释能提供有用的信息时才添加注释，例如前置和后置条件以及异常，否则，忽略注释也是可以接受的。经验丰富的程序员能可靠地确定这一点，但经验不足的开发人员则未必能做出正确的决策。因此，一些公司制定规则，要求模块或头文件中每个公有访问的函数或方法都应该带有注释，明确列出每个方法的目的、参数、返回值以及可能抛出的异常。

通过注释，可用自然语言陈述在代码中无法陈述的内容。例如，在 C++中无法说明：数据库对象的 saveRecord()方法只能在 openDatabase()方法之后调用，否则将抛出异常。但可以使用注释提示这一限制，如下所示：

```
// Throws:
// DatabaseNotOpenedException if the openDatabase() method has not
// been called yet.
int saveRecord(Record& record);
```

saveRecord()方法接收一个对 Record 对象的非 const 引用，用户可能想知道为什么不是 const 引用，所以这是需要在注释中解释的内容：

```
// Parameters:
// record: If the given record does not yet have a database ID, then the method
// modifies the record object to store the ID assigned by the database.
// Throws:
```

```
// DatabaseNotOpenedException if the openDatabase() method has not
// been called yet.
int saveRecord(Record& record);
```

C++语言强制要求指定方法的返回类型，但是无法说明返回值实际代表了什么。例如，saveRecord()方法的声明可能指出这个方法返回 int 类型(这是一种不良的设计决策，见下一节的讨论)，但是阅读这个声明的客户不知道 int 的含义。注释可解释其含义：

```
// Saves the given record to the database.
//
// Parameters:
// record: If the given record does not yet have a database ID, then the method
// modifies the record object to store the ID assigned by the database.
// Returns: int
// An integer representing the ID of the saved record.
// Throws:
// DatabaseNotOpenedException if the openDatabase() method has not
// been called yet.
int saveRecord(Record& record);
```

前面的注释以正式的方式记录了有关 saveRecord()方法的所有内容，包括描述该方法功能的句子。一些公司需要这样正式和详细的文档，但是，我不建议一直使用这种注释方式。例如，第一行是相当无用的，因为函数名的意义是不言自明的。参数的描述和关于异常的注释一样重要，所以这些肯定应该保留。

说明这个版本的 saveRecord()的返回类型到底代表什么是必要的，因为它返回一个通用的 int。但是，更好的设计是返回 RecordID 而不是普通的 int，这样就不需要为返回类型添加任何注释。RecordID 可以是一个具有单个 int 数据成员的简单类，但它传达了更多信息，并且允许在将来根据需要添加更多数据成员。因此，以下是对 saveRecord()方法的建议：

```
// Parameters:
// record: If the given record does not yet have a database ID, then the method
// modifies the record object to store the ID assigned by the database.
// Throws:
// DatabaseNotOpenedException if the openDatabase() method has not
// been called yet.
RecordID saveRecord(Record& record);
```

注意：
如果你的公司并未强制要求为函数编写正式的注释，那么在编写注释时，要遵循常识。那些可通过函数名、返回值类型以及形参的类型和名称明显看出的信息，就不必添加到注释中。

有时函数的参数和返回值是泛型，可用来传递任何类型的信息。在此情况下应该清楚地用文档说明所传递的确切类型。例如，Windows 的消息处理程序接收两个参数 LPARAM 和 WPARAM，返回 LRESULT。这些参数和返回值可以传递任何内容，但是不能改变它们的类型。使用类型转换，可以用它们传递简单的整数，或者传递指向某个对象的指针。文档应该是这样的：

```
// Parameters:
// WPARAM wParam: (WPARAM)(int): An integer representing...
// LPARAM lParam: (LPARAM)(string*): A string pointer representing...
// Returns: (LRESULT)(Record*)
// nullptr in case of an error, otherwise a pointer to a Record object
// representing...
LRESULT handleMessage(WPARAM wParam, LPARAM lParam);
```

公开文档应该描述代码的行为，而不是实现。行为包括输入、输出、错误条件和处理、预期用途和性能保证。例如，描述生成单个随机数的调用的公开文档应指定它不带参数，返回先前指定范围内的整数，并应列出出现问题时可能抛出的所有异常。此公开文档不应解释用于实际生成数字的线性同余算法的详细信息。在针对代码用户的注释中提供过多的实现细节可能是编写注释时最常见的一个错误。

2. 用来说明复杂代码的注释

在实际源代码中，好的注释同样重要。在一个处理用户输入并将结果输出到控制台的简单程序中，阅读并理解所有代码可能很容易。然而，在专业领域，经常需要编写算法复杂或过于深奥而无法通过简单阅读来理解的代码。

考虑下面的代码。这段代码写得很好，但是可能无法一眼就看出其作用。如果以前见过这个算法，你可能会认出它来，但是新人可能无法理解代码的运行方式。

```
void sort(int data[], size_t size)
{
    for (int i { 1 }; i < size; ++i) {
        int element { data[i] };
        int j { i };
        while (j > 0 && data[j - 1] > element) {
            data[j] = data[j - 1];
            j--;
        }
        data[j] = element;
    }
}
```

较好的做法是使用注释描述所使用的算法，并说明(循环的)不变量。不变量(invariant)是执行一段代码的过程中必须为真的条件，例如循环的迭代条件。下面是改良后的函数，顶部的注释在较高层次说明了这个算法，行内的注释解释了可能令人感到疑惑的特定行。

```
// Implements the "insertion sort" algorithm. The algorithm separates the
// array into two parts--the sorted part and the unsorted part. Each
// element, starting at position 1, is examined. Everything earlier in the
// array is in the sorted part, so the algorithm shifts each element over
// until the correct position is found to insert the current element. When
// the algorithm finishes with the last element, the entire array is sorted.
void sort(int data[], size_t size)
{
    // Start at position 1 and examine each element.
    for (int i { 1 }; i < size; ++i) {
        // Loop invariant:
        // All elements in the range 0 to i-1 (inclusive) are sorted.

        int element { data[i] };
        // j marks the position in the sorted part where element will be inserted.
        int j { i };
        // As long as the value in the slot before the current slot in the sorted
        // array is higher than element, shift values to the right to make room
        // for inserting element (hence the name, "insertion sort") in the correct
        // position.

        while (j > 0 && data[j - 1] > element) {
            // invariant: elements in the range j+1 to i are > element.
```

```
            data[j] = data[j - 1];
            // invariant: elements in the range j to i are > element.
            j--;
        }
        // At this point the current position in the sorted array
        // is *not* greater than the element, so this is its new position.
        data[j] = element;
    }
}
```

新代码的长度有所增加，但通过注释，不熟悉排序算法的读者就能理解这个算法。

3. 传递元信息的注释

使用注释的另一个原因是在高于代码的层次提供信息。元信息提供创建代码的详细信息，但是不涉及代码的特定行为。例如，某组织可能想使用元信息跟踪每个方法的原始作者。还可以使用元信息引用外部文档或其他代码。

下例给出了元信息的几个实例，包括文件的作者、创建日期、提供的特性。此外还包括表示元数据的行内注释，例如对应某行代码的bug编号，以及提醒以后重新访问时代码中某个可能的问题。

```
// Author: marcg
// Date: 110412
// Feature: PRD version 3, Feature 5.10
RecordID saveRecord(Record& record)
{
    if (!m_databaseOpen) { throw DatabaseNotOpenedException { }; }
    RecordID id { getDB()->saveRecord(record) };
    if (id == -1) return -1; // Added to address bug #142 - jsmith 110428
    record.setId(id);
    // TODO: What if setId() throws an exception? - akshayr 110501
    return id;
}
```

每个文件的开头还可包含修改日志。下面给出一个修改日志的示例。

```
// Date     | Change
//----------+--------------------------------------------------
// 110413   | REQ #005: <marcg> Do not normalize values.
// 110417   | REQ #006: <marcg> use nullptr instead of NULL.
```

警告：

使用第 28 章讲述的源代码控制方案(也应当使用该方案)，前几个示例中就不必使用所有元信息(TODO 注释除外)。源代码控制方案提供了带注释的修改历史，包括修改日期、修改人、对每个修改的注释(如果使用得当)，包括对修改请求和bug报告的引用。应当使用描述性注释，分别签入(check-in)、提交每个修改请求或bug修复。使用这样的系统，你不必手动跟踪元信息。

另一种元信息类型是版权声明。有些公司要求在每个源文件的开头添加此类版权信息。

注释很容易走向极端。最好与团队成员讨论哪种类型的注释最有用，并制定约定。例如，如果团队的某个成员使用 TODO 注释表明代码仍然需要加工，但是其他人不知道这个约定，需要注意的代码就可能被忽略。

3.2.2　注释的风格

每个组织注释代码的方法都不同。在某些环境中，为了让代码文档具有统一标准，需要使用特定的风格。在其他环境中，注释的数量和风格由程序员决定。下例给出了注释代码的几种方法。

1. 每行都加入注释

避免缺少文档的方法之一是在每行都包含一条注释。每行都加入注释，可以保证已编写的所有内容都有特定的理由。但在实际中，如果代码非常多，过多的注释会非常笨拙、凌乱和乏味。例如，下面的注释没有意义：

```
int result;                      // Declare an integer to hold the result.
result = doodad.getResult();     // Get the doodad's result.
if (result % 2 == 0) {           // If the result modulo 2 is 0 ...
   logError();                   // then log an error,
} else {                         // otherwise ...
   logSuccess();                 // log success.
}                                // End if/else
return result;                   // Return the result
```

代码中的注释好像把每行代码当成容易阅读的故事来讲述。如果读者掌握基本的 C++技能，这完全没有用。这些注释没有给代码引入任何附加信息。例如下面这行：

```
if (result % 2 == 0) {           // If the result modulo 2 is 0 ...
```

这行代码中的注释只是将代码翻译成自然语言，并没有说明为什么程序员用 2 对结果求模。较好的注释应该是：

```
if (result % 2 == 0) {           // If the result is even ...
```

修改后的注释给出了代码的附加信息，尽管对于大多数程序员而言这非常明显。用 2 对结果求模是因为代码需要检测结果是不是偶数。

更好的是，如果某个表达式做了一些可能不是对每个人来说都很明显的事情，建议将其转换为具有精心选择的名称的函数。这使代码自文档化，不需要在使用函数的地方编写注释，并生成一段可重用的代码。例如，可以定义一个函数 isEven()，如下：

```
bool isEven(int value) { return value % 2 == 0; }
```

然后就可以这样使用它，不需要任何注释：

```
if (isEven(result)) {
```

尽管注释太多，会使代码冗长、多余，但当代码很难理解时，这样做还是有必要的。下面的代码也是每行都有注释，但是这些注释确实有用。

```
// Calculate the doodad. The start, end, and offset values come from the
// table on page 96 of the "Doodad API v1.6".
result = doodad.calculate(kStart, kEnd, kOffset);
// To determine success or failure, we need to bitwise AND the result with
// the processor-specific mask (see "Doodad API v1.6", page 201).
result &= getProcessorMask();
// Set the user field value based on the "Marigold Formula."
// (see "Doodad API v1.6", page 136)
setUserField((result + kMarigoldOffset) / MarigoldConstant + MarigoldConstant);
```

这段代码的环境不明，但注释说明了每行代码的作用。如果没有注释，就很难解释与&相关的计算和神秘的“Marigold Formula”。

注意：

通常没必要给每行代码都添加注释，但当代码非常复杂，需要这样做时，不要只是将代码翻译成自然语言，而要解释代码实际上在做什么。

2. 前置注释

团队可能决定所有的源文件都以标准的注释开头。可以在该位置记录程序和特定文件的重要信息。在每个文件顶部加入的说明信息有：

- 版权信息
- 文件或类的简要说明
- 最近的修改日期*
- 原始作者*
- 前面所讲的修改日志*
- 文件实现的特性 ID*
- 未完成的特性**
- 已知的 bug**

对于标有单星号的条目，通常由源代码控制解决方案自动处理(见第 28 章)。

对于标有双星号的条目，通常由 bug 和特性追踪系统处理(见第 30 章)。

开发环境可能允许创建模板，以自动建立具有前置注释的新文件。某些源代码控制系统(例如 Subversion(SVN))甚至可以帮助填写元数据。例如，如果注释包含了字符串Id，SVN 可以自动扩展注释，包含作者、文件名、版本和日期。

下面给出了一个前置注释示例：

```
// $Id: Watermelon.cpp,123 2004/03/10 12:52:33 marcg $
//
// Implements the basic functionality of a watermelon. All units are expressed
// in terms of seeds per cubic centimeter. Watermelon theory is based on the
// white paper "Algorithms for Watermelon Processing."
//
// The following code is (c) copyright 2017, FruitSoft, Inc. ALL RIGHTS RESERVED
```

3. 固定格式的注释

以标准格式编写可被外部文档生成器解析的注释是一种日益流行的编程方法。在 Java 语言中，程序员可用标准格式编写注释，允许 JavaDoc 工具自动为项目创建超链接文档。对于 C++而言，免费工具 Doxygen (doxygen.org)可解析注释，自动生成 HTML 文档、类图、UNIX man 页面和其他有用的文档。Doxygen 甚至可辨别并解析 C++程序中 JavaDoc 格式的注释。下面的代码给出 Doxygen 可以识别的 JavaDoc 格式的注释。

```
/**
 * Implements the basic functionality of a watermelon
 * TODO: Implement updated algorithms!
 */
export class Watermelon
{
```

```
    public:
        /**
         * @param initialSeeds The starting number of seeds, must be > 5.
         * @throws invalid_argument if initialSeeds <= 5.
         */
        Watermelon(size_t initialSeeds);
        /**
         * Computes the seed ratio, using the Marigold algorithm.
         * @param slow Whether or not to use long (slow) calculations.
         * @return The marigold ratio.
         */
        double calculateSeedRatio(bool slow);
};
```

Doxygen 可识别 C++语法和特定的注释指令，例如@param 和@return，并生成定制的输出。图 3-1 给出了 Doxygen 生成的 HTML 类参考的示例。

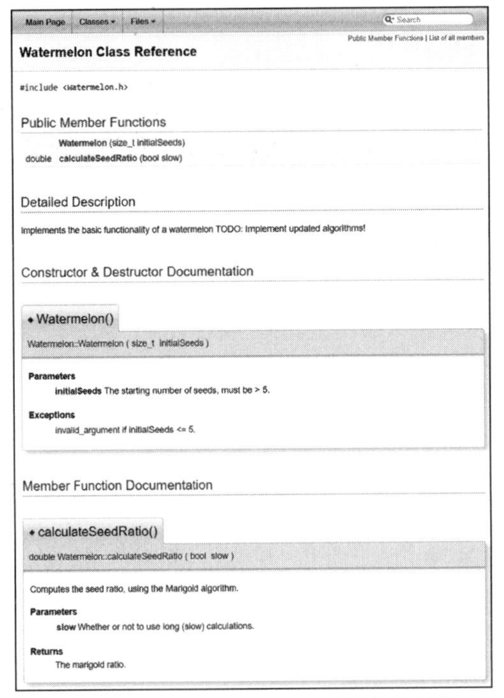

图 3-1　Doxygen 生成的 HTML 类参考的示例

注意，你仍然应当避免编写无用的注释，在使用工具自动生成文档时同样如此。分析一下前面代码中的 Watermelon 构造函数。它的注释忽略了说明信息，只描述参数和异常。在下例中，添加说明信息是多余的。

```
/**
 * The Watermelon constructor.
 * @param initialSeeds The starting number of seeds, must be > 5.
 * @throws invalid_argument if initialSeeds <= 5.
 */
Watermelon(size_t initialSeeds);
```

自动生成如图 3-1 所示的文档在开发时很有用，因为这些文档允许开发人员浏览类和类之间关系的高层描述。团队可以方便地定制类似 Doxygen 的工具，以处理所采用的注释格式。理想情况下，团队应该专门布置一台计算机来编写日常文档。

4. 特殊注释

通常应根据需要编写注释，下面是在代码内使用注释的一些指导方针：

- 在添加注释前，首先考虑能否通过修订代码来避免使用注释。例如，重命名变量、函数和类，重新排列代码步骤的顺序，引入完好命名的中间变量等。
- 假想某人正在阅读你的代码。如果有一些不太明显的微妙之处，就应当加上注释。
- 不要在代码中加入自己姓名的缩写。源代码控制解决方案会自动跟踪这类信息。
- 如果处理不太明显的 API，应在解释 API 的地方包含对 API 文档的引用。
- 更新代码时记得更新注释。如果代码的文档中充斥着错误信息，会让人非常困惑。
- 如果使用注释将某个函数分为多节，考虑这个函数能否分解为多个更小的函数。
- 尽量避免使用冒犯性或令人反感的语言，因为你不知道将来谁会查看代码。
- 开一些内部的玩笑通常没有问题，但应该让经理检查是否合适。

5. 自文档化代码

编写良好的代码并非总是需要充裕的注释，优秀的代码本身就容易阅读。如果给每行代码都加入注释，考虑是否可重写这些代码，以更好地匹配注释中所讲的内容。例如给函数、参数、变量、类等使用描述性名称。合理使用 const，也就是说，如果不准备修改变量，就将其标记为 const。重新排列函数中步骤的顺序，使人更容易理解其作用。引入命名良好的中间变量，使算法更易懂。记住 C++ 是一门语言，其主要目的是告诉计算机做什么，但语言的语义也可以向读者解释其含义。

编写自文档化(self-documenting)代码的另一种方法是将代码分解为小段。后面将详细介绍分解。

> **注意：**
> 优秀的代码本身就容易阅读，注释只需要提供有用的附加信息。

3.3 分解

分解(decomposition)指将代码分为小段。如果打开一个源代码文件，发现一个有 300 行的函数，其中有大量嵌套的代码块，在编程的世界里没有什么比这更令人恐惧了。理想状况下，每个函数或方法都应该只完成一个任务。任何非常复杂的子任务都应该分解为独立的函数或方法。例如，如果有人问你某个方法做什么，你回答“首先做 A，然后做 B，最后，如果满足条件 C，那么做 D，否则做 E”，就应该将该方法分割为辅助方法 A、B、C、D、E。

这种分解并不精密。某些程序员认为，函数的长度不该超过一页，这或许是一个很好的经验法则，但有时，某个只有 1/4 页的代码段也需要分解。另一个经验法则是只查看代码的格式，而不阅读其实际内容，代码在任何区域都不应该显得太拥挤。例如，图 3-2 和图 3-3 被故意弄模糊了，看不清内容。但显然，图 3-3 中代码的分解优于图 3-2。

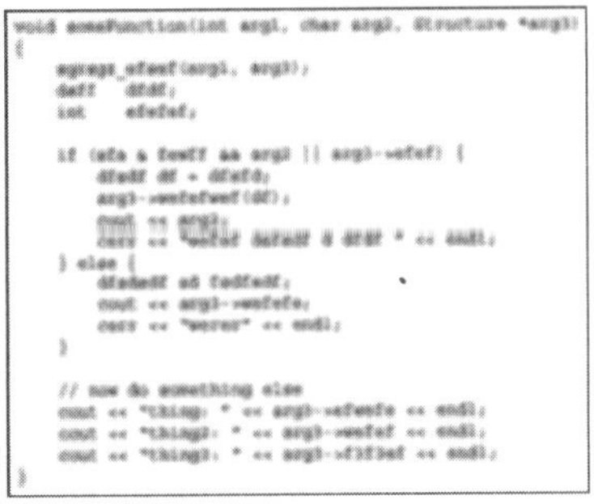

图 3-2 代码的分解(1)

图 3-3 代码的分解(2)

3.3.1 通过重构分解

喝口咖啡，进入编程状态，开始飞快地编写代码，代码的行为确实符合预期，但远远谈不上优雅。每个程序员都常常这么做。在某个项目中，有时会在短时间内编写大量代码，此时效率最高。在修改代码的过程中，也会得到大量代码。当有新的要求或者修订 bug 时，会对现有的代码进行少量改动。计算机术语 cruft 就是指逐渐累积少量的代码，最终把曾经优雅的代码变成一堆补丁和特例。

重构(refactoring)指重新构建代码的结构。下面给出了一些可用来重构代码的技术，更全面的内容请参考附录 B 列出的重构书籍。

- 增强抽象的技术
  - **封装字段**：将字段设置为私有，使用获取器方法和设置器方法访问它们。
  - **使类型通用**：创建更通用的类型，以更好地共享代码。
- 分割代码以使其更合理的技术
  - **提取方法**：将较大方法的一部分转换成便于理解的新方法。
  - **提取类**：将现有类的部分代码转移到新类中。
- 改善代码名称和位置的技巧
  - **移动方法或字段**：移到更合适的类或源文件中。
  - **重命名方法或字段**：改为更能体现其作用的名称。
  - **上移(pull up)**：在 OOP 中，移到基类中。
  - **下移(push down)**：在 OOP 中，移到派生类中。

无论代码一开始就是一堆难以理解的稠密代码还是逐渐变成这样的，都需要重构，以定期清理堆积的代码。通过重构，再次访问已有的代码，重写代码，使代码更容易阅读和维护。重构是重新考虑代码分解的一次机会，如果代码的目的已经改变，或代码在一开始就没有分解，当重构代码时，应扫描一下代码，判断是否需要将其分解为更小的部分。

重构代码时，必须依靠测试框架来捕获可能引入的缺陷。第 30 章讨论的单元测试十分适于帮助在重构期间捕获错误。

3.3.2 通过设计分解

如果使用模块分解，并通过考虑哪些部分可以推迟到以后来处理每个模块、方法或函数，程序通常不会像把全部功能放在一起的代码那样密集，结构也更合理。

当然，仍然应该在编写代码之前设计程序。

3.3.3 本书中的分解

本书有很多分解示例。许多情况下，方法都没有给出实现代码，因为实现代码与示例无关，并且占用太多篇幅。

3.4 命名

C++编译器有几个命名规则：

- 名称不能以数字开头(例如 9to5)。
- 包含两个下画线的名称(例如 my__name)是保留名称，不应当使用。
- 以下画线开头跟着大写字母的名称(例如_Name)是保留名称，不应当使用。
- 全局名称空间中以下画线开头的名称(例如_name)是保留的，不应当使用。

除了这些规则之外，名称的存在只是为了帮助你和同事处理程序的各个元素。考虑此目的，程序员使用不明确或不适当的名称的频率之高令人惊讶。

3.4.1 选择恰当的名称

变量、方法、函数、参数、类或名称空间的名称应能精确描述其目的。名称还可表达额外的信息，例如类型或者特定用法。当然，真正的考验是其他程序员是否理解你试图通过某个名称传达的意思。

命名并没有固定的规则，但组织可能制定命名规则。然而，有些名称通常是不恰当的。表 3-1 显示了一些适当的名称和不当的名称。

表 3-1 适当的和不当的名称

适当的名称	不当的名称
sourceName、destinationName 区别两个对象	thing1、thing2 太笼统
g_Settings 表明全局身份	globalUserSpecificSettingsAndPreferences 太长
m_nameCounter 表明了数据成员身份	mNC 太简单，太模糊
calculateMarigoldOffset() 简单，明确	doAction() 太宽泛，不准确
mTypeString 赏心悦目	typeSTR256 只有计算机才会喜欢的名称
	mIHateLarry 不恰当的内部玩笑

(续表)

适当的名称	不当的名称
errorMessage 描述性名称	String 非描述性名称
sourceFile、destinationFile 无缩写	srcFile、dstFile 缩写

3.4.2　命名约定

选择名称通常不需要太多的思考和创造力。许多情况下，可使用标准的命名技术。下面给出可使用标准名称的数据类型。

1. 计数器

以前编程时，代码可能把变量“i”用作计数器。程序员习惯把 i 和 j 分别用作计数器和内部循环计数器。然而要小心嵌套循环。当想表示“第 j 个”元素时，经常会错误地使用“第 i 个”元素。使用二维数据时，与使用 i 和 j 相比，将 row 和 column 用作索引会更容易。有些程序员更喜欢使用 outerLoopIndex 和 innerLoopIndex 等计数器，一些程序员甚至不赞成将 i 和 j 用作循环计数器。

2. 前缀

许多程序员在变量名称的开头用一个字母提供与变量的类型或用法有关的信息。然而，许多程序员并不赞成使用前缀，因为这会使相关代码在将来难以维护。例如，如果某个成员变量从静态变为非静态，这意味着所有用到这个名称的地方都要修改。如果你没有修改它们的名称，名称会继续表达语义，实际上这个语义是错误的。

当然，通常别无选择，只能遵循公司的约定。表 3-2 显示了一些可用的前缀。

表 3-2　可用的前缀

前缀	示例名称	前缀的字面意思	用法
m m_	mData m_data	“成员”	类的数据成员
s ms ms_	sLookupTable msLookupTable ms_lookupTable	“静态”	静态变量或数据成员
k	kMaximumLength	“konstant”，德语表示的常量	常量值。有些程序员使用全大写字母的名称(不使用前缀)来表示常量
b is	bCompleted isCompleted	“布尔值”	表示布尔值

3. 匈牙利表示法

匈牙利表示法是关于变量和数据成员的命名约定，在 Microsoft Windows 程序员中很流行。其基本思想是使用更详细的前缀而不是一个字母(例如 m)表示附加信息。下面这行代码显示了匈牙利表示法的用法：

```
char* pszName; // psz means "pointer to string, zero-terminated"
```

术语“匈牙利表示法”源于其发明者 Charles Simonyi 是匈牙利人。也有人认为这准确地反映了一个事实：使用匈牙利表示法的程序好像是用外语编写的。为此，一些程序员不喜欢匈牙利表示法。本书使用前缀，而不使用匈牙利表示法。合理命名的变量不需要前缀以外的附加上下文信息，例如，用 m_name 命名数据成员就足够了。

注意：
好的名称会传递与用途有关的信息，而不会使代码难以阅读。

4. 获取器和设置器

如果类包含了数据成员，例如 m_status，习惯上会通过获取器 getStatus()和设置器 setStatus()访问这个成员。要访问布尔数据成员，通常将 is(而非 get)用作前缀，例如 isRunning()。C++语言并未指定如何命名这些方法，但组织可能会采用这种命名形式或类似的形式。

5. 大写

在代码中大写名称有多种不同的方法。与编码风格的大多数元素类似，最重要的是团队采用一个标准的访谈法，且所有成员都采用这种方法。如果某些程序员用全小写字母命名类，并用下画线表示空格(priority_queue)，而另一些程序员将每个单词的首字母大写(PriorityQueue)，代码将乱成一团。变量和数据成员几乎总以小写字母开头，并用下画线(my_queue)或大写字母(myQueue)分隔单词。在 C++中，函数和方法通常将首字母大写。但是，正如你所见，本书采用小写风格的函数和方法，把它们与类名区别开来。大写字母可用于为类和数据成员名指明单词的边界。

6. 把常量放到名称空间中

假定编写一个带图形用户界面的程序。这个程序有几个菜单，包括 File、Edit 和 Help。用常量代表每个菜单的 ID。Help 是代表 Help 菜单 ID 的一个好名字。

名称 Help 一直运行良好，直到有一天在主窗口上添加了一个 Help 按钮。还需要一个常量来代表 Help 按钮的 ID，但是 Help 已经被使用了。

在此情况下，建议将常量放到不同的名称空间中，名称空间参见第 1 章。可以创建两个名称空间：Menu 和 Button。每个名称空间中都有一个 Help 常量，其用法为 Menu::Help 和 Button::Help。另一个更推荐的方法是使用枚举类型，参见第 1 章。

3.5 使用具有风格的语言特性

C++语言允许执行各种非常难以读懂的操作。看看下面的古怪代码：

```
i++ + ++i;
```

这行代码很难懂，但更重要的是，C++标准没有定义它的行为。问题在于 i++使用了 i 的值，还递增了 i 的值。C++标准没有说明什么时候递增其值，这个副作用(递增)只有在“;”之后才能看到，但是编译器执行到这一行时，可以在任意点执行递增。无法知道哪个 i 值会用于++i 部分，在不同的编译器和平台上执行这行代码，会得到不同的值。

如下的示例表达式：

```
a[i] = ++i;;
```

在 C++17 中，它的行为是确定的，在对赋值运算的左侧求值之前会保证完成对右侧的所有操作的求值。所以，在本例中，i 首先递增，然后在 a[i]中用作索引。即使如此，为了清楚起见，仍然建议避免使用此类表达式。

在使用 C++语言提供的强大功能时，一定要考虑如何以良好的(而不是丑陋的)风格使用语言特性。

3.5.1 使用常量

不良代码经常乱用“魔法数字”。在一些函数中，代码可能使用 2.718 28、24 或 3600 等。为什么呢？这些值有什么含义？具有数学背景的人会发现，这代表 e 的近似值，但多数人不知道这一点。C++语言提供了常量，可以把一个符号名称赋予某个不变的值，例如 2.718 28、24、3600 等，下面是几个示例：

```
const double ApproximationForE { 2.71828182845904523536 };
const int HoursPerDay { 24 };
const int SecondsPerHour { 3'600 };
```

注意：

从 C++20 开始，标准库包含一组预定义的数学常量，所有这些常量都定义在 std::numbers 名称空间的 <numbers>中。例如，它定义了 std::numbers::e、pi、sqrt2、phi 等。

3.5.2 使用引用代替指针

以前，C++程序员通常开始学的是 C。在 C 中，指针是按引用传递的唯一机制，多年来一直运行良好。在某些情况下仍然需要指针，但在许多情况下可以用引用代替指针。如果开始学习的是 C，可能认为引用实际上没有给 C++语言增加新的功能，只是引入了一种新的语法，其功能已经由指针提供。

用引用替换指针有许多好处。首先，引用比指针安全，因为引用不会直接处理内存地址，也不会是 nullptr。其次，引用在风格上比指针好，因为引用使用与栈上变量相同的语法，没有使用*和&等符号。引用易于使用，因此将引用加入编码风格库中没有任何问题。遗憾的是，某些程序员认为，如果在函数调用中看到&，被调用的函数将改变对象；如果没有看到&，对象一定是按值传递。而使用引用，就无法判断函数是否将改变对象，除非看到函数原型。这种思维方式是错误的。用指针传递未必意味着对象将改变，因为参数可能是 const T*。传递指针或引用是否会修改对象，都取决于函数原型是否使用了 const T*、T*、const T&或 T&。因此，只有查看函数原型，才能判断函数是否改变对象。

使用引用的另一个好处是它明确了内存的所有权。如果你编写了一个方法，另一个程序员传递给它一个对象的引用，很明显可以读取并修改这个对象，但是无法轻易地释放对象的内存。如果传递的是一个指针，就不那么明显。需要删除对象来清理内存吗？还是调用者需要这样做？在现代 C++中，处理内存所有权和转让所有权的较好方法是使用第 7 章介绍的智能指针。

3.5.3 使用自定义异常

C++可以很方便地忽略异常。这一语言的语法没有强制处理异常，理论上，可以很方便地用传统的机制，例如返回特殊值(如-1 或 nullptr)，或者设置错误标志，来编写容错程序。当返回特殊值来处理错误时，可以使用第 1 章介绍的[[nodiscard]]属性强迫函数的调用者处理返回值。

异常提供了更丰富的错误处理机制，自定义异常允许根据需要进行使用。例如，Web 浏览器的自定义异常类型可以包括指定包含错误的网页、发生错误时的网络状态以及其他上下文信息的字段。

第14章将详细讲述C++中的异常。

注意：
语言特性是用来帮助程序员的，应该理解并使用有助于形成良好编程风格的特性。

3.6 格式

对于编码格式的争论使许多编程团队四分五裂，友谊荡然无存。在大学时，笔者的一个朋友与同行就if语句中的空格使用进行了辩论，辩论十分激烈，人们不得不停下手中的工作以确保一切正常。

如果组织有编码格式标准，你就是幸运的。你或许不喜欢这个标准，但至少不需要讨论这个问题。

如果没有现成的编码格式标准，建议你的组织制定这样的标准。标准化的编码指导原则确保团队中的所有编程人员都遵循相同的命名约定、格式规则等；这样，代码将更趋统一，更容易理解。

有一些可用的自动化工具可以在将代码提交到源代码控制系统之前根据某些规则格式化代码。一些 IDE 内置了此类工具，例如，可以在保存文件时自动格式化代码。

如果团队中的每个人都以自己的方式编写代码，要尽量容忍。你将知道，一些做法只是品味问题，但是另一些做法会难以进行团队合作。

3.6.1 关于大括号对齐的争论

或许被议论最多的是在哪里使用界定代码块的大括号。大括号的使用有多种格式，在本书中，除了类、函数和方法名之外，大括号与起始语句放在同一行。下面的代码显示了这种格式(整本书都是如此)：

```
void someFunction()
{
    if (condition()) {
        cout << "condition was true" << endl;
    } else {
        cout << "condition was false" << endl;
    }
}
```

这种格式节省了垂直空间，同时仍然通过缩进显示代码块。有些程序员认为，节省垂直空间与现实世界的编码无关。下面显示了一段冗长的代码：

```
void someFunction()
{
    if (condition())
    {
        cout << "condition was true" << endl;
    }
    else
    {
        cout << "condition was false" << endl;
    }
}
```

有些程序员更自由地使用水平空间，编写的代码如下：

```
void someFunction()
{
```

```
    if (condition())
        {
            cout << "condition was true" << endl;
        }
    else
        {
            cout << "condition was false" << endl;
        }
}
```

另一个争论点在于，是否在一条语句周围放置大括号，例如：

```
void someFunction()
{
    if (condition())
        cout << "condition was true" << endl;
    else
        cout << "condition was false" << endl;
}
```

当然，我们不会推荐任何特定的格式。就笔者个人而言，我总是使用大括号，即使是单个语句，因为它可以避免某些写得不好的C风格的宏带来的危害(参见第 11 章)，并且在将来添加语句时更安全。

注意：
当选择表示代码块的风格时，最重要的事情是应该能够让读者一眼就看出某个代码块对应的条件。

3.6.2 关于空格和圆括号的争论

单行代码的格式也能够引起争论。再次说明，我同样不支持任何特定的方法，但给出可能遇到的几种格式。

本书在任何关键字之后都会使用空格，在运算符前后都会使用空格，在参数列表或函数调用中的每个逗号之后都会使用空格，并使用圆括号表明操作顺序，如下所示：

```
if (i == 2) {
    j = i + (k / m);
}
```

另一种格式将if当作函数，在关键字和左括号之间没有空格，如下所示。另外，if语句内用于明确操作顺序的圆括号也被省略了，因为它们没有语义相关性。

```
if( i == 2 ) {
    j = i + k / m;
}
```

区别十分微妙，请读者自行判断哪种方法更好，然而在此必须指出，if不是函数。

3.6.3 空格、制表符、换行符

空格和制表符的使用并不只是风格上的偏好。如果团队没有使用空格和制表符的约定，当程序员一起工作时会出大问题。最明显的问题是：Alice使用4个空格的制表符缩进代码，而Bob使用5个空格的制表符。当他们使用同一文件时，将无法正确显示代码。如果 Bob 用制表符重新整理代码格式，同时 Alice 编辑同样的代码，情况更糟糕，许多源代码控制系统不能合并 Alice 所做的修改。

大多数(但不是全部)编辑器可设置空格和制表符。某些环境甚至在读取代码时会调整代码的格式，或者即使编写代码时用的是制表符，保存时也总是使用空格。如果环境比较灵活，使用他人的代码会更容易。记住，制表符和空格是不同的，因为制表符的长度不定，而空格始终是空格。

最后，并非所有平台都以相同的方式表示换行，例如，Windows 使用\r\n 作为换行符，而基于 Linux 的平台通常使用\n。如果你在公司中使用多个平台，那么需要就使用哪种换行样式达成一致。同样，IDE 很可能被配置为使用需要的换行符样式，或者可以使用自动化工具来自动修复换行符，例如，在将代码提交到源代码控制系统时。

3.7 风格的挑战

许多程序员在项目开始时都保证他们将做好每件事。只要变量或参数永远不变，就将其标记为 const。所有变量都具有清楚的、简明的、容易阅读的名称。每个开发人员都将左大括号放在后续行，采用标准文本编辑器，并遵循关于制表符和空格的约定。

维持这种层次的格式一致非常困难，原因有很多。当涉及 const 时，有些程序员不知道如何用它。总会遇到不支持 const 的旧代码或库函数。例如，假设你正在编写一个接收 const 参数的函数，并且需要调用一个接收非 const 参数的遗留函数。如果你无法修改遗留代码使其兼容 const，可能是因为它是第三方库，并且你绝对确定遗留函数不会修改其非 const 参数，经验丰富的程序员会使用 const_cast(见第 1 章)暂时取消变量的 const 属性，但缺少经验的程序员会取消来自调用函数的 const 属性，导致程序从不使用 const。

有时，标准化的格式会与程序员的个人口味和偏好发生冲突。或许团队文化无法强制使用严格的风格准则。此类情况下，必须判断哪些元素需要标准化(例如变量名称和制表符)，哪些元素可以由个人决定其风格(或许空格和注释格式可以这样)。甚至可以获取或编写脚本，自动纠正格式“bug”，或将格式问题与代码错误一起标记。一些开发环境，例如 Microsoft Visual C++，支持根据指定的规则自动格式化代码，这样就很容易编写出始终遵循指定规则的代码。

3.8 本章小结

C++语言提供了许多格式工具，但没有正式说明如何使用这些工具。从根本上讲，风格约定取决于其应用范围和对代码可读性的贡献。如果你是编程团队的一员，在讨论使用什么语言和工具时就应该意识到这个问题。

应该承认，风格是编程的一个重要方面。把代码交给其他人之前，应该检查代码的风格。了解好的编码风格，并采用自己和组织认为有用的约定。

本章是本书第 I 部分的最后一章，第 II 部分将在较高层次上讨论软件设计。

3.9 练习

通过完成以下习题，可以巩固本章涉及的知识点。所有练习的答案都可扫描封底二维码下载。但是，如果你被某些问题难住，请先重新阅读本章的对应内容，以尝试自己找到答案，然后再从网站上查看解决方案。

代码注释和编码风格是主观的。以下练习没有一个完美的答案。网站上的解答为练习提供了许多可能的正确答案之一。

练习 3-1 第 1 章讨论了一个雇员记录系统的示例。该系统有一个数据库，该数据库的方法之一是 displayCurrent()。这是该方法的实现，并带有一些注释：

```
void Database::displayCurrent() const              // The displayCurrent() method
{
    for (const auto& employee : m_employees) {     // For each employee...
        if (employee.isHired()) {                  // If the employee is hired
            employee.display();                    // Then display that employee
        }
    }
}
```

你发现注释中的错误了吗？为什么？你能写出更好的注释吗？

练习 3-2 第 1 章的雇员记录系统包含一个 Database 类。以下是该类的片段，只有 3 个方法。向此代码片段添加适当的 JavaDoc 风格注释。请参阅第 1 章以了解这些方法的具体作用。

```
class Database
{
    public:
        Employee& addEmployee(const std::string& firstName,
            const std::string& lastName);
        Employee& getEmployee(int employeeNumber);
        Employee& getEmployee(const std::string& firstName,
            const std::string& lastName);
        // Remainder omitted...
};
```

练习 3-3 下面的类有许多命名问题，你能找出它们并提出更好的名字吗？

```
class xrayController
{
    public:
        // Gets the active X-ray current in μA.
        double getCurrent() const;

        // Sets the current of the X-rays to the given current in μA.
        void setIt(double Val);

        // Sets the current to 0 μA.
        void 0Current();

        // Gets the X-ray source type.
        const std::string& getSourceType() const;

        // Sets the X-ray source type.
        void setSourceType(std::string_view _Type);

    private:
        double d;                   // The X-ray current in μA.
        std::string m_src__type;    // The type of the X-ray source.
};
```

练习 3-4 给定以下代码片段，格式化代码片段3次：首先将大括号单独写为一行，然后缩进每个大括号，最后删除单语句代码块的大括号。本练习让你了解不同的格式样式以及它们对代码可读性的影响。

```
Employee& Database::getEmployee(int employeeNumber)
{
    for (auto& employee : m_employees) {
        if (employee.getEmployeeNumber() == employeeNumber) {
            return employee;
        }
    }
    throw logic_error { "No employee found." };
}
```

第II部分

专业的 C++软件设计

第4章 设计专业的C++程序

本章内容

- 程序设计的定义
- 程序设计的重要性
- C++程序设计的特点
- 高效C++程序设计的两个基本主题：抽象和重用
- 不同类型的重用代码
- 代码重用的优缺点
- 选择重用代码库的指导原则
- 开放源代码库
- C++标准库

在编写应用程序代码之前，应该设计程序。使用什么数据结构？编写哪些类？在团队中编程时，规划尤其重要。设想这样的情形：你坐下来编写程序，却不知道还有哪些同事在编写同一程序，这就需要规划！本章将学习如何利用专业的C++方法进行C++设计。

尽管设计很重要，但它可能是受误解最多的、最没有被充分利用的软件工程过程。程序员经常没有清晰地规划好，就一头扎入应用程序：他们一边编写代码，一边设计。这种方法可能导致令人费解的、极度复杂的设计，开发、调试和维护任务也更加困难。

尽管这似乎违反直觉，但在项目开始时投入额外的时间来正确设计实际上可以在项目的整个生命周期中节省时间。

4.1 程序设计概述

在启动新程序(或已有程序的新功能)时，第一步是分析需求，包括与利益相关方(stakeholder)进行商讨。分析阶段的重要输出是“功能需求”文档，描述新代码段到底要做什么，但它不解释如何做。需求分析后，也会得到“非功能需求”文档，其中描述最终系统是什么样的，而非应该做什么。非功能需求的例子有：系统必须是安全的、可扩展的，还能满足特定性能标准等。

收集了所有需求后，将可以启动项目的设计阶段。程序设计(或软件设计)是为了满足程序的所有功能和非功能需求而实现的结构规范。非正式地讲，设计就是规划如何编写程序。通常应该以设计文档的形式写出设计。尽管每个公司或项目都有自己的设计文档格式，但大多数设计文档的常见布局基本类似，包括两个主要部分：

(1) 将程序粗略地分为子系统，包括子系统之间的接口和依赖关系、子系统之间的数据流、每个子系统的输入输出和通用线程模型。

(2) 每个子系统的详情，包括类的细分、类的层次结构、数据结构、算法、具体的线程模型和错误处理的细节。

设计文档通常包括图和表格，以显示子系统交互关系和类层次结构。统一建模语言(UML)是图的行业标准，用于绘制此类图以及后续章节中介绍的图(可参见附录D来简单了解UML语法)。也就是说，设计文档的精确格式不如设计思考过程重要。

注意：
设计的关键是在编写程序之前进行思考。

通常在编写代码之前，应该尽可能使设计趋于完善。设计应该提供一个方案图，任何理智的程序员都能够遵循它，实现应用程序。当然，一旦开始编写代码，如果遇到以前没有想到的问题，修改原有设计是不可避免的。软件工程过程可灵活地进行这种修改。敏捷软件开发方法Scrum是此类迭代过程的一个示例，根据这个方法以循环方式(称为sprint)开发应用程序。在每个sprint中，都可以修改设计，并考虑新需求。第28章将详细讲述各种软件工程过程模型。

4.2 程序设计的重要性

为尽快开始编程，很容易忽略分析和设计阶段，或者只是草率地进行设计。这一点儿也不像看着代码编译并运行时那种工作取得了进展的感觉。当或多或少地了解如何构建程序时，完成正式的设计或写下功能需求似乎是在浪费时间。此外，编写设计文档并不像编写代码那么有趣。如果打算整天编写文档，就好像不是当程序员！笔者自己也是程序员，我理解在一开始就编写代码的诱惑，有时也会这么做。但是，这种做法极可能出问题，除非项目非常简单。如果在实现之前没有进行设计，能否成功取决于编程经验、对常用设计模式的精通程度，还取决于对C++、问题域和需求的理解程度。

如果你所在团队的每个成员都处理项目的不同部分，那么必须编写一个所有团队成员都遵循的设计文档。设计文档可以帮助新手快速了解项目的设计。

一些公司有专门的功能分析师来编写功能需求和专门的软件架构师来制定软件设计。在这些公司中，开发人员通常可以只专注于项目的编程方面。在其他公司，开发人员必须自己进行需求收集和设计。有些公司介于这两个极端之间，也许他们的软件架构师负责做出更大的架构决策，而开发人员自己做更小的设计。

为理解程序设计的重要性，请想象要在一小块土地上修建一栋住宅。施工人员来了后，你要求看设计图，“什么设计图？”他回答，“我知道我在做什么，我不需要提前规划每个细节。两层的住宅？没问题——我几个月前刚建了一栋一层的住宅——我就用这个模型开始工作。”

假定你放下心头的疑惑，允许施工人员开始修建。几个月后，你发现管道露在墙外，而不是在里面。你向施工人员询问这一异常现象时，他说，“噢，我忘了在墙体中给管道预留位置了。使用新的石膏板技术让我太激动，我忘了这回事。但是管道在外面也能正常工作，功能才是最重要的。”你开始怀疑他的做法，但是仍然允许他继续修建，而不是做出更好的决定。

当你第一次查看已竣工的建筑时，发现厨房少了一个水池。施工人员道歉说：“当厨房完工三分之二时，我们意识到没有地方放水池了，我们在隔壁添加了一间独立水池房，而不是从头开始，这个水池也能用，对吧？”

如果将施工人员的借口放到软件行业，听着熟悉吗？就像将管道放到住宅外面一样，你在解决问题时使用过“丑陋”方案吗？例如，你忘了对多个线程共享的队列数据结构加锁。当意识到这个问题时，你决定在用到队列的所有地方手动加锁。你觉得：“虽然这很丑陋，但并不影响运行。”确实如此，但是某个新加入项目的员工可能假定这个数据结构内建有锁，没有确保在访问共享数据时实现互斥，导致竞态条件错误，三个星期之后才找到这个问题。当然，加锁问题只是丑陋解决方法的一个示例。显然，专业的 C++程序员永远不会在每个队列访问中手动加锁，而是在队列类中直接加锁，或者让队列类在不使用锁的情况下以线程安全方式运行。

在编写代码之前进行规范的设计，有助于判断如何令所有内容互相适应。住宅的设计图可以显示房间之间的关系和结合方式，以满足住宅的要求，与此类似，程序的设计也显示了程序子系统之间的关系和配合方式，以满足软件的需求。如果没有设计规划，可能会漏掉子系统之间的联系、重用或共享信息，以及失去用最简单的方法完成任务的可能性。如果没有“设计宏图”，可能会在某个实现细节上钻牛角尖，以至于忘记整体结构和目标。此外，设计可提供编写好的文档，供所有项目成员参考。如果使用敏捷 Scrum 方法这样的迭代流程，则需要确保在流程的每个周期中使设计文档保持最新，只要这样做有价值。敏捷方法的支柱之一是更喜欢“软件开发胜过详细文档”。至少应该维护关于项目较大部分如何协同工作的设计文档，而在我看来，维护有关项目较小方面的设计文档是否对未来有任何价值取决于团队。如果没有，请确保删除此类文档或将其标记为过期。

如果前面的类比还没有让你下决心在编写代码前进行设计，这里有一个直接编写代码，导致优化失败的示例。假定编写一个国际象棋程序，你不想在编程前设计整个程序，而是决定从最简单的部分开始，缓慢过渡到较难的部分。按照面向对象的方法(参见第 1 章，详见第 5 章)，你决定用类建立棋子模型。兵是最小的棋子，因此选择从这里开始。在考虑兵的特性和行为之后，编写了一个具有一些属性和方法的类，图 4-1 显示了 UML 类图。

在这个设计中，m_color 特性指定了棋子是黑色还是白色。在到达对方棋盘时执行 promote()方法。

当然你不会绘制这个类图，而是直接实现这个类。这个类编写得很轻松，然后开始编写下一个非常容易的棋子：象。在考虑它的特性和功能后，编写了一个具有一些属性和方法的类，如图 4-2 所示。

Pawn
-m_locationOnBoard : Location -m_color : Color -m_isCaptured : bool
+move() : void +isMoveLegal() : bool +draw() : void +promote() : void

图 4-1　UML 类图

Bishop
-m_locationOnBoard : Location -m_color : Color -m_isCaptured : bool
+move() : void +isMoveLegal() : bool +draw() : void

图 4-2　棋子象

由于直接编写代码，因此没有生成类图。然而，此时你开始怀疑是不是做错了什么。象和兵有些相似，实际上，它们的属性完全相同，并且有很多共同的行为。尽管象和兵的移动行为有不同的实现方式，但两个棋子都需要移动。如果在编写代码之前进行了设计，就会意识到不同的棋子实际上非常相似，并找到一次性编写通用功能的方法。第 5 章讲述与此相关的面向对象设计技术。

此外，象棋棋子的某些特征取决于程序的其他子系统。例如，如果不知道棋盘的模型，在棋子类中就无法准确表示棋子的位置。另外也可能这样设计程序，让棋盘以某种方式管理棋子，这样棋子就不需要知道自身的位置。无论是哪种情况，在设计棋盘之前就在棋子类中编写位置代码都会出问题。

此外，如果不给出程序的用户界面，如何编写棋子的绘制方法？是使用图形还是基于文本呢？棋盘应该是什么样子的？问题在于，程序的子系统并不是孤立存在的—— 子系统彼此有联系。大部分设计工作都用来判断和定义这些联系。

4.3　C++设计

在使用C++进行设计时，需要考虑C++语言的一些性质：

- C++具有庞大的功能集。它几乎是C语言的完整超集，此外还有类、对象、运算符重载、异常、模板和其他功能。由于该语言非常庞大，使设计成为一项令人生畏的任务。
- C++是一门面向对象语言。这意味着设计应该包含类层次结构、类接口和对象交互。这种设计类型与传统的C和其他过程式语言的设计完全不同。第5章重点介绍C++面向对象设计。
- C++有许多通用设计的、可重用代码的功能。除了基本的类和继承之外，还可以使用其他语言功能进行高效的设计，如模板和运算符重载。第6章将详细讨论可重用代码的设计技术。
- C++提供了一个有用的标准库，包含字符串类、I/O工具、许多常见的数据结构和算法。所有这些都便于C++代码的编写。
- C++语言提供了许多设计模式或解决问题的通用方法。

考虑到以上问题，完成C++程序的设计并非易事。笔者曾经花费数天时间在纸上勾画设计想法，然后把它们擦掉，写出更多想法，又擦掉，如此反复。有时这个过程是有效的，几天或几星期后会得到整洁高效的设计。有时这个过程令人沮丧，得不到任何结果，但不是一无所获。如果必须再次实现已经出错的设计，很可能浪费更多的时间。重要的是清楚地认识到是否取得真正意义上的进展。如果发现无法继续，可采用以下方法：

- **寻求帮助**。请教同事、顾问，或者查阅书本、新闻组或Web页面。
- **做一会儿别的事情**。稍后回来进行设计。
- **做出决定并继续前进**。即使这并非理想方案，也要做出决定并用来工作。不适当的选择会很快表现出来。然而，它可能变成一个可以接受的方法，因为或许没有清晰的方法能完成想要的设计。如果某个方案是唯一满足要求的可行策略，有时不得不接受这个“丑陋的”方案。无论做了什么决定，都应该用文档记录这个决定，这样自己或其他人在以后就可以知道为什么做这样的决定。这包括记录被拒绝的设计，并记录拒绝的原因。

注意：

记住，优秀的设计难能可贵，获取这样的设计需要实践。不要期望一夜之间成长为专家，当你发现掌握C++设计比C++编码更难时，不要惊讶。

4.4　C++设计的两个原则

C++设计有两个基本的原则：抽象和重用。这些指导方针非常重要，甚至可以认为是本书的主题。这两个原则贯穿全书，贯穿于高效C++程序设计的所有领域。

4.4.1　抽象

与现实事物进行类比，将最便于理解“抽象”原则。电视是一种大多数家庭都有的简单科技产品。读者很熟悉其功能：可将其打开或关闭、调换频道、调节音量，还可以添加附属组件，如扬声器、数字视频录像机和蓝光播放器。然而，你能解释这个黑盒子的工作原理吗？也就是说，知道电视机如何从空中或电缆中接收信号、转换信号并在屏幕上显示吗？大多数人肯定解释不了电视机的工作原理，但可以使用它。这是由于电视机明确地将内部的实现与外部的接口分离开来。我们通过接口与电视机进行交互：开关、频道变换器和音量控制器。我们不知道也不关心电视机的工作原理，我们不关心它是使用了阴极射线管技术还是其他技术在屏幕上生成图像，这无关紧要，因为不会影响接口。

1. 抽象的作用

在软件中也有类似的抽象原则。可使用代码而不必了解底层的实现。在此有一个简单示例，程序可调用在<cmath>头文件中声明的 sqrt()函数，而不需要知道这个函数使用什么算法求平方根。实际上，平方根计算的底层实现可能因库版本而异；但只要接口不变，函数调用就可以照常运行。抽象原则也可以扩展到类。第 1 章已经介绍过，可使用 ostream 类的 cout 对象将数据传输到标准输出：

```
cout << "This call will display this line of text" << endl;
```

在这行代码中，使用 cout 插入运算符(<<)的已经编写好的接口输出了一个字符数组。然而，不需要知道 cout 如何将文本输出到用户屏幕，只需要了解公有接口。cout 的底层实现可随意改动，只要公开的行为和接口保持不变即可。

2. 在设计中使用抽象

应该设计函数和类，使自己和其他程序员可以使用它们，而不需要知道(或依赖)底层的实现。为说明暴露在实现之外和隐藏在接口之后设计的不同，再次考虑前面的国际象棋程序。假定使用一个指向 ChessPiece 对象的二维指针数组实现象棋的棋盘。可以这样声明并使用棋盘：

```
ChessPiece* chessBoard[8][8]{}; // Zero-initialized array.
...
chessBoard[0][0] = new Rook{};
```

然而，这种方法没有用到抽象概念。每个使用象棋棋盘的程序员都知道这是一个二维数组。将该实现转换为其他类型(如一维矢量数组，大小为 64)比较难，因为需要改变整个程序中每一处用到棋盘的代码。棋盘的每个使用者也必须恰当地管理内存。在此没有将实现与接口分开。

更好的方法是将象棋棋盘建立为类。这样就可以暴露接口，并隐藏底层的实现细节。下面给出 ChessBoard 类的示例：

```
class ChessBoard
{
    public:
        void setPieceAt(size_t x, size_t y, ChessPiece* piece);
        ChessPiece* getPieceAt(size_t x, size_t y) const;
        bool isEmpty(size_t x, size_t y) const;
    private:
        // Private implementation details...
};
```

注意，该接口并不决定底层实现方式。ChessBoard 可以是一个二维数组，但是接口对此并没有要求。改变实现并不需要改变接口。此外，这个实现还可提供更多功能，如边界检测。

从这个示例可以了解到，抽象是 C++程序设计中的重要技术。第 5 章将详细讲述面向对象设计，第 6 章将深入讨论抽象原则，第 8、9、10 章讲述与编写自己的类有关的所有细节。

4.4.2　重用

C++设计的第二个基本原则是重用。用现实世界做类比同样有助于理解这个概念。假定你放弃了编程生涯，而选择自己更喜欢的面包师工作。第一天，面包师主管让你烤饼干。为完成任务，你找到了巧克力饼干的配方，混合原料，在饼干盘上把饼干成型，并将盘子放入烤箱。面包房主管对结果感到十分满意。

现在，很明显，你没有自己做一个烤箱来烘烤饼干，也没有亲自制作黄油、磨制面粉、制作巧克力片。你可能觉得这匪夷所思："这还用做？"如果你真的是一位厨师，当然是这样；但如果你是一位编写烘焙模拟游戏的程序员，又会怎样？在此情况下，你不希望编写程序的全部组件，从巧克力片到烤箱；而是查找可重用的代码以节约时间，或许同事编写了一个烹饪模拟程序，其中有很好的烤箱代码。或许这些代码并不能完成你需要的所有操作，但你可以修改这些代码，并添加必要的功能。

另一件你认为理所当然的事情是，你采用饼干的某个配方而不是自己做一个配方，这也是不言而喻的。然而，在 C++编程中并非如此。尽管在 C++中不断涌现处理问题的标准方法，但许多程序员仍然在每个设计中无谓地重造这些策略。

使用已有代码的思想并非首次出现。使用 cout 输出，就已经在重用代码了。你并没有编写将数据输出到屏幕的代码，而使用已有的 cout 实现完成这项任务。

遗憾的是，并非所有程序员都利用已有的代码。设计时应该考虑已有的代码，并在适当时重用它们。

1. 编写可重用的代码

重用的设计思想适用于自己编写和使用的代码。应该设计程序，以重用类、算法和数据结构。自己和同事应能在当前项目和今后的项目中重用这些组件。通常，应该避免设计只适用于当前情况的特定代码。

在 C++中，模板是一种编写多用途代码的语言技术。考虑编写一个可用于任何类型的二维棋盘游戏(例如国际象棋或西洋跳棋)的泛型 GameBoard 类模板，而不像前面那样编写一个存储 ChessPiece 的特定 ChessBoard 类。只需要修改类的声明，在接口中将棋子当作模板参数 PieceType 而不是固定类型。这个模板如下所示，如果在此之前没有见过这种语法，不要着急！第 12 章将深入讲解这一语法。

```
template <typename PieceType>
class GameBoard
{
    public:
        void setPieceAt(size_t x, size_t y, PieceType* piece);
        PieceType* getPieceAt(size_t x, size_t y) const;
        bool isEmpty(size_t x, size_t y) const;
    private:
         // Private implementation details...
};
```

在接口中完成如上简单修改后，现在有了一个可用于任何二维棋盘游戏的泛型游戏棋盘类。尽管代码的变动很简单，但在设计阶段做这样的决定非常重要，以便能有效且高效地实现代码。

第 6 章将讲述设计可重用代码的更多细节。

2. 重用设计

学习 C++语言与成为优秀的 C++程序员是两码事。如果你坐下来，阅读 C++标准，记住每个事实，那么你对 C++的了解程度将与其他人差不多。但只有分析代码，并编写自己的程序，积累了一定经验后，才可能成为优秀的程序员。原因在于，C++语法以原始形式定义了该语言的作用，但并未指定每项功能的使用方式。

如面包师示例所示，重新发明每道菜的配方是可笑的。然而，程序员在设计期间却常犯类似的错误。他们不是使用已有的“配方”或模式，而是在每次设计程序时都重造这些技术。

随着 C++语言使用经验的增加，C++程序员自己总结出使用该语言功能的方式。C++社区通常已经构建起利用该语言的标准方式，一些方式是正规的，一些则不正规。本书将指出该语言的可重用模式，称为设计技术或设计模式。另外，第 32 章和第 33 章将专门讲解设计技术和模式。你可能已经熟悉其中的一些模式，这些只是平日里司空见惯的解决方案的正式化产物。其他方案描述你在过去遇到的问题的新解决方案。还有一些则以全新方式思考程序的结构。

例如，假定要设计一个国际象棋程序：使用一个 ErrorLogger 对象将不同组件发生的所有错误都按顺序写入一个日志文件。当试着设计 ErrorLogger 类时，你意识到只想在一个程序中有一个 ErrorLogger 实例。还要使程序的多个组件都能使用这个 ErrorLogger 实例，即所有组件都想要使用同一个 ErrorLogger 服务。实现此类服务机制的一个标准策略是使用依赖注入(dependency injection)。使用依赖注入时，为每个服务创建一个接口，并将组件需要的接口注入组件。因此，此时良好的设计应当使用“依赖注入”模式。

你必须熟悉这些模式和技术，根据特定设计问题选择正确的解决方案。在 C++中，还可以使用更多技术和模式。详细讲述设计模式和技术超出了本书的范围，如果读者想要一本关于更多不同设计模式的参考书籍，可以参阅附录 B 给出的建议。

4.5 重用现有代码

经验丰富的 C++程序员绝不会完全从零开始启动一个项目。他们会利用各种资源提供的代码，如标准模板库、开放源代码库、他们公司拥有的专用代码和以前项目的代码。应该在项目中自由地重用代码。为了充分利用这条规则，本节首先解释可以重用的不同类型的代码，然后是重用现有代码和自己编写代码之间的权衡。一旦你决定不自己编写代码而是重用现有代码，本节的最后一部分将讨论一些选择要重用的库的指南。

> **注意：**
> 重用代码并不意味着复制和粘贴现有代码！事实上，它的意思恰恰相反：重用代码而不复制它。

4.5.1 关于术语的说明

在分析代码重用的优缺点之前，有必要指出涉及的术语，并将重用代码分类。有 3 种可以重用的代码：

- 过去编写的代码
- 同事编写的代码
- 当前组织或公司以外的第三方编写的代码

所重用的代码可通过以下几种方式构建：

- **独立的函数或类** 当重用自己或同事的代码时，通常会遇到这种类型。
- **库** 库是用于完成特定任务(例如解析 XML)或者针对特定领域(如密码系统)的代码集合。在库中经常可以找到其他许多功能，如线程和同步支持、网络和图像。

- **框架(Framework)** 框架是代码的集合，围绕框架设计程序。例如，微软基础类(Microsoft Foundation Classes，MFC)提供了在 Microsoft Windows 中创建图形用户界面应用程序的框架。框架通常指定了程序的结构。

> **注意：**
> 程序使用库，但会适应框架。库提供了特定功能，而框架是程序设计和结构的基础。

应用程序编程接口(API)是另一个经常出现的术语。API 是库或代码为特定目的提供的接口。例如，程序员经常会提到套接字 API，这指的是套接字联网库的公开接口，而不是库本身。

> **注意：**
> 尽管人们将库以及 API 互换使用，但二者并不是等价的。库指的是“实现”，而 API 指的是“库的公开接口”。

为简洁起见，本章剩余部分用术语“库”表示任何可重用的代码，它实际上可能是库、框架、完整的应用程序，或是同事编写的函数的随机集合。

4.5.2 决定是否重用代码

重用代码的原则在抽象上很容易理解。但当涉及细节时，这一原则就会有些模糊。什么时候适合重用代码？重用哪些代码？要根据具体情况做出决定，并要权衡利弊。当然，重用代码的利弊还是有一般性规律的。

1. 重用代码的优点

重用代码可以给程序员和项目带来极大好处：

- 你可能不知道如何编写所需的代码，或者抽不出时间来编写代码。的确要编写处理格式化输入输出的代码吗？当然不需要，这正是使用标准 C++ I/O 流的原因。
- 重用的应用程序组件不需要设计，从而简化了设计。
- 重用的代码通常不需要调试。一般可以认为库代码是没有 bug 的，因为它们已通过测试，并得到广泛使用。
- 相对于初次编写的代码，库可以处理更多的错误情况。在项目开始时或许会忘记隐藏的错误或边缘情况，以后则要花时间修正这些问题。重用的库代码通常经过广泛的测试，之前已经被许多程序员使用过，因此可认为它能正确处理大多数错误。
- 库通常在具有不同硬件、不同操作系统和操作系统版本、不同显卡等的各种平台上进行过测试，比自己可以用来测试的平台要多得多。有时，库包含使它们在特定平台上工作的变通方法。
- 库通常可以检测用户的错误输入。如果发现对于当前状况无效或不适当的请求，通常会给出正确的错误提示。例如，如果请求查找数据库中不存在的记录，或者在没有打开的数据库中读取记录，库都会采取得当的措施。
- 由某个领域的专家编写的重用代码比自己为这个领域编写的代码安全。例如，如果不是安全领域的专家，就不应该试着编写安全代码。如果程序需要安全代码或加密代码，就应该使用库。这种性质的代码中的许多看似次要的细节可能会危及整个程序的安全性，甚至会影响整个系统。

- 库代码会持续改进。如果重用这些代码，不需要自己动手就可以享受这些改进带来的好处。实际上，如果库的作者恰当地将接口和实现分开，通过升级库版本就可以享受到这些好处，并不需要改变与库的交互方式。良好的更新会修改底层的实现，而不会修改接口。

2. 重用代码的缺点

遗憾的是，重用代码也有一些缺点：

- 当只使用自己编写的代码时，能完全理解代码的运行方式。当使用并非由自己编写的库时，在使用之前必须花时间理解接口和正确的用法。在项目开始时，这些额外的时间会拖延初始的设计和编码。
- 当编写自己的代码时，代码的功能正是所需要的。库代码提供的功能与需要的功能未必完全吻合。
- 即使库代码提供的功能正是所需要的，其性能也未必符合要求。一般来说，库代码的性能可能不太好，不太适用于特定场合，甚至所有场合。
- 使用库代码就像打开支持问题的潘多拉魔盒。如果发现库中存在 bug，该怎么办？通常无法获取源代码，因此即使想修正这个问题也没办法。如果已经花费大量的时间学习这个库的接口并使用这个库，可能不想放弃，但很难说服库的开发人员按你的时间安排修正这个 bug。此外，如果使用第三方的库，但库的开发人员停止对这个库的支持，而产品依赖这个库，该怎么办？在决定使用某个无法获取源代码的库之前，应该仔细考虑这个问题。
- 除支持问题外，库还涉及许可协议问题，涉及的问题包括公开源代码、再分发费用(通常称为二进制许可协议费用)、版权归属和开发许可协议。在使用任何库之前都应该仔细检查许可协议问题。例如，某些开源库要求你也公开源代码。
- 重用代码要求可靠的供应者，必须信赖编写代码的人，认为他的工作非常出色。某些人喜欢控制项目的方方面面，包括每一行源代码。
- 库版本的升级可能会引发问题。升级可能引入 bug，让产品出现致命问题。与性能有关的升级在某些情况下可能会优化性能，但是在特定的情况下可能会使性能恶化。
- 使用纯粹的二进制库时，将编译器升级为新版本会导致问题。只有当库供应者提供与你的新编译器版本兼容的二进制库时，你才能升级编译器。

3. 综合考虑做出决定

熟悉了重用代码的术语和优缺点后，就可以决定是否重用代码。通常，这个决定是显而易见的。例如，如果想要用 C++在 Microsoft Windows 上编写图形用户界面(GUI)，应该使用 MFC(Microsoft Foundation Class)或 Qt 等框架。你可能不知道如何在 Windows 上编写创建 GUI 的底层代码，更重要的是不想浪费时间去学习。在此情况下使用框架可以节省数人年的时间。

然而，有时情况并不明显。例如，如果不熟悉某个库或框架，并且只需要其中某个简单的数据结构，那就不值得花时间去学习整个框架来重用某个只需要花费数天就能编写出来的组件。

总之，这个决定是根据特定的需求做出的选择。通常是在自己编写代码所花的时间和查找库并了解如何使用库来解决问题所使用时间之间的权衡。应该针对具体情况，仔细考虑前面列出的优缺点，并判断哪些因素是最重要的。最后，可随时改变想法，如果正确处理了抽象，这并不需要太多工作量。

4.5.3 重用代码的指导原则

当使用库、框架以及同事或自己的代码时，应该记住一些指导方针。

1. 理解功能和限制因素

花点时间熟悉代码，对于理解其功能和限制因素而言都很重要。可从文档、公开的接口或 API 开始，理想情况下，这样做足以理解代码的使用方式。然而，如果库未将接口和实现明确分离，可能还要研究源代码。此外，还可与其他使用过这些代码或能解释这些代码的程序员交流。首先应该理解基本功能。如果是库，那么该库可提供哪些行为？如果是框架，代码如何适应这个框架？应该编写哪些类的子类？需要亲自编写哪些代码？还应该根据代码的类型考虑特定的问题。

下面是选择库时应记住的一些要点：

- 对于多线程程序而言，代码安全吗？
- 库是否要求使用它的代码进行特定的编译器设置？如有必要，项目可以接受吗？
- 库依赖于其他哪些库？

此外，对于特定的库，你可能需要做一些更详细的研究：

- 需要什么样的初始化和清理调用？
- 如果从某个类继承，应该调用哪个构造函数？应该重写哪些虚方法？
- 如果某个调用返回内存指针，调用者还是库负责内存的释放？如果库对此负责，什么时候释放内存？强烈建议查看是否可使用智能指针(见第 7 章)来管理由库分配的内存。
- 某个调用的全部返回值(按值或按引用)有哪些？
- 所有可能抛出的异常有哪些？
- 库调用检查哪些错误情况？此时做出了什么假定？如何处理错误？如何提醒客户端程序发生了错误？应该避免使用弹出消息框、将消息传递到 stderr/cerr 或 stdout/cout 以及终止程序的库。

2. 理解学习成本

学习成本是开发人员学习如何使用库所花费的时间。这不仅仅是开始使用库时的初始成本，而是随着时间的推移而产生的经常性成本。每当新的团队成员加入项目时，都需要学习如何使用该库。

对于某些库而言，此成本可能很高。因此，如果在知名库中找到所需的功能，我建议使用该库，而不是一些奇特的、鲜为人知的库。例如，如果标准库提供了需要的数据结构或算法，请使用标准库而不是另一个库。

3. 理解性能

了解库或其他代码提供的性能保障很重要。即使某个程序对性能不敏感，也应该确保使用的代码在具体的使用中性能不会太糟。

大 *O* 表示法

程序员经常使用大 *O* 表示法(Big-O Notation)讨论并记录算法和库的性能。本节阐述算法复杂度分析的一般概念和大 *O* 表示法，而不涉及不必要的数学知识。如果已经熟悉这些概念，可跳过本节。

大 *O* 表示法表示相对性能而不是绝对性能。例如，大 *O* 表示法不会指出某个算法运行需要的时间(如 300 毫秒)，而是指出当输入规模增加时算法如何执行。排序算法需要排序的项数、执行键查找时哈希表中的元素数目、磁盘之间复制文件的大小都是输入规模的例子。

> **注意：**
> 注意大 *O* 表示法仅适用于速度依赖于输入的算法，不适用于没有输入或者运行时间随机的算法。实际上，大多数算法的运行时间都取决于输入，因此这个限制并不重要。

更正式的提法：大 O 表示法将算法的运行时间表示为输入规模(也就是算法的复杂度)的函数。实际上并没有这么复杂，例如，假定某个排序算法对 400 个元素排序需要 2 毫秒，对 800 个元素排序需要 4 毫秒。由于元素数量增加一倍时，排序时间也增加一倍，因此其性能是输入的线性函数，如图 4-3 所示。也就是说，可用直线表示输入规模与性能的关系。

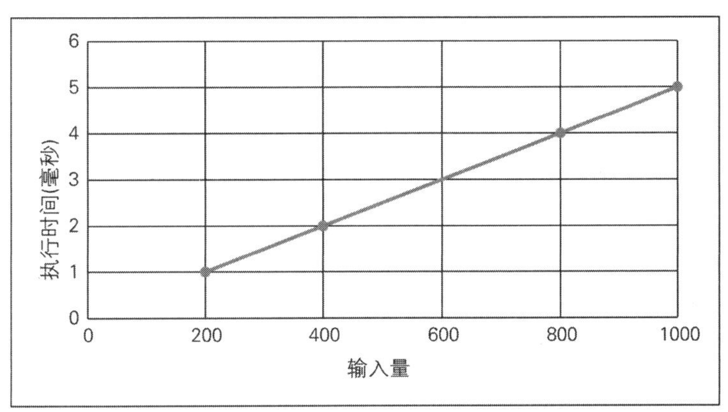

图 4-3 输入规模与性能的关系

大 O 表示法用 $O(n)$表示这个排序算法的性能。O 意味着使用大 O 表示法，n 表示输入规模。$O(n)$表示排序算法的速度是输入规模的直接线性函数。

当然，并非所有算法的性能与输入规模的关系都是线性的。表 4-1 总结了常见的函数类型，按照性能从好到差的顺序排列。

表 4-1 函数类型的性能排序

算法复杂度	大 O 表示法	说明	示例算法
常数	$O(1)$	运行时间与输入规模无关	访问数组中的某个元素
对数	$O(\log n)$	运行时间是输入规模以 2 为底的对数的函数	使用二分法查找有序列表中的元素
线性	$O(n)$	运行时间与输入规模成正比	在未排序列表中查找元素
线性对数	$O(n \log n)$	运行时间是输入规模的对数函数的线性倍数函数	归并排序
二次方	$O(n^2)$	运行时间是输入规模的平方函数	较慢的排序算法，如选择排序法
指数	$O(2^n)$	运行时间是输入规模的指数函数	优化的旅行商问题

用输入规模的函数(而不是绝对数字)表示性能有两个好处：

(1) 这是独立于平台的。在某台计算机上运行一段代码需要 200 毫秒，在另一台计算机上未必就是这个速度。如果不在同一台计算机上加载完全相同的负荷，很难比较两个不同算法。另一方面，将性能表示为输入规模的函数适用于任何平台。

(2) 用输入规模的函数表示性能时，可用一种方法表示算法所有可能的输入。如果用毫秒表示算法所需的特定时间，那么这个时间只针对某个特定的输入，对另一种输入而言毫无意义。

理解性能的几点提示

熟悉了大 O 表示法，就可以理解大多数性能记录。C++标准库特意用大 O 表示法描述算法和数据结构的性能。然而，大 O 表示法有时表达不充分，甚至引起误解。当使用大 O 表示法表示性能时，要考虑以下问题：

- 当数据量加倍时，算法所需要的时间也加倍，这根本就没有体现需要多长时间！如果某个糟糕的算法具有较好的复杂度，这仍然不符合你的要求。例如，如果算法进行了不必要的磁盘访问，可能不会影响大 O 表示法，但性能非常糟糕。
- 按照这一思路，很难比较两个具有相同大 O 运行时间的算法。例如，两个不同的排序算法都声称 $O(n \log n)$，如果不进行测试，很难说哪个算法实际上更快些。
- 大 O 表示法描述了算法的渐进时间复杂度，因为输入规模会无限增大。对于小规模输入，大 O 时间很容易引起误解。当输入规模不大时，$O(n^2)$算法的实际执行性能可能要优于 $O(\log\ n)$ 算法。在做出决定之前应该考虑可能的输入规模。

除了考虑算法的大 O 特性外，还需要考虑算法性能的其他方面。应该记住下面的指导方针：

- 应该考虑某段特定库代码的使用频率。有人发现了“90/10”法则：大多数程序 90%的运行时间都花费在 10%的代码上。如果打算使用的库代码是那 10%的常用代码，就应该仔细分析代码的性能。相反，如果是运行时间常可忽略不计的剩余 90%的代码，就不需要花费太多的时间分析性能，因为这对程序整体性能的提高不会有太大帮助。第 29 章将介绍有助于查找代码中的性能瓶颈的分析器和工具。
- 不要信任文档。一定要运行性能测试，以判断库代码是否提供了可接受的性能。

4. 理解平台限制

在开始使用库代码之前，一定要理解运行库的平台。如果想编写跨平台应用程序，请确保选择的库也是跨平台可移植的。这看上去是显而易见的，但即使是那些号称跨平台的库，在不同的平台上也会有微妙差别。

此外，平台不仅包括不同的操作系统，还包括同一操作系统的不同版本。如果想编写一个在 Solaris 8/9/10 上运行的应用程序，就要确保所使用的任何库都支持以上版本。不能假定操作系统的不同版本会向前兼容或向后兼容。也就是说，某个库能在 Solaris 9 上运行，并不意味着可在 Solaris 10 上运行，反之亦然。

5. 理解许可协议

使用第三方的库常会带来复杂的许可协议问题。为使用第三方供应商提供的库，有时必须支付许可协议费用。还可能有其他的许可协议限制，包括出口限制。此外，开源库有时会要求与其有关的任何代码都公开源代码。本章后面会讨论开源库常用的许多许可协议。

> **警告：**
> 如果打算分发或销售自己开发的代码，一定要理解所用的任何第三方库的许可协议限制。有疑问时，应该请教知识产权方面的法律专家。

6. 了解支持以及在哪里寻求帮助

使用第三方库还带来了支持问题。在使用某个库之前，一定要理解提交 bug 的过程，并了解修正 bug 所需的时间。如果可能，判断这个库会被支持多长时间，这样就可以相应地制定计划。

有趣的是，即使使用组织内部的库也会带来支持问题。与公司其他部门的同事交流以修正库中 bug 的难度，跟与其他公司的陌生人交流以解决同样问题的难度差不多。实际上可能会更难，因为你并非花了钱的顾客。在使用内部库之前，一定要理解组织内部的政策和组织性问题。

为了重用整个应用程序，支持问题甚至可能变得更加复杂。如果客户遇到捆绑 Web 服务器的问题，他们应该联系你还是 Web 服务器供应商？确保在发布软件之前解决此问题。

开始使用库或框架时可能令人畏惧。幸运的是，可用的支持方法很多。首先参考库自带的文档。如果库被广泛使用，如标准库或 MFC，就应该能找到与此主题相关的优秀书籍。实际上，本书的第 16~25 章都讲述标准库。如果某个特定问题在手册或产品文档中没有提及，可搜索 Web。在选择的搜索引擎中输入问题来寻找讨论这个库的 Web 页面。例如，当查找短语 “introduction to C++ Standard Library” 时，会找到与 C++和标准库有关的数百个站点。此外，许多站点包含关于特定主题的新闻组或论坛，可注册并寻找答案。

> **警告：**
> 不要盲目相信在 Web 上看到的所有内容。Web 页面没有像出版书籍和文档那样的审查程序，因此可能包含错误。

7. 原型

当首次使用某个新库或框架时，最好编写一个快速原型。测试代码是熟悉库功能的最好方法。应该考虑在程序设计之前测试库，这样就可以熟悉库的功能和限制。这种实际检验还可判断库的性能特征。

即使原型应用程序与最终应用程序没有任何相似之处，花费在原型上的时间也不会浪费。不要觉得编写实际应用程序的原型很难，可编写一个虚拟程序来测试想使用的库功能，这样做是为了让自己熟悉库。

> **警告：**
> 由于时间限制，程序员有时会发现他们的原型逐渐变成了最终产品。如果原型不够成熟，不能作为最终产品的基础，那么切勿使用这种方法。

8. 开源库

开放源代码库是一种日益流行的可重用代码类型。开放源代码(open-source)通常意味着任何人都可以查看源代码。关于分发软件时包含源代码，有正式的定义和法规，但最重要的是，任何人(包括你)都能查看开放源代码软件的源代码。注意开放源代码不仅适用于库，实际上最著名的开放源代码产品可能是 Android 操作系统。Linux 操作系统是另一个著名的开放源代码操作系统。Google Chrome 和 Mozilla Firefox 是两个开放源代码的著名 Web 浏览器。

开源运动

遗憾的是，开源社区中的术语有些混乱。首先，这个运动有两个互相竞争的名称(有些人说这是两个独立但相似的运动)。Richard Stallman 和 GNU 项目使用术语 “自由软件” (free software)。注意术语 “自由” 并不意味着最终产品必须是免费的。开发人员可以自由决定价格，术语 “自由” 指可自由查看源代码、修改源代码并重新分发软件。应该将自由(free)理解为 “言论自由” 中的自由，而不是 “啤酒免费” 中的免费。可在 www.gnu.org 上阅读与 Richard Stallman 和 GNU 项目有关的更多内容。

开放源代码促进会(Open Source Initiative)使用术语开放源代码软件(open-source software)描述必须公开源代码的软件。与自由软件一样，开放源代码软件并不要求产品或库免费。但开放源代码软件和自由软件之间的区别是，开放源代码软件不需要提供使用、修改和重新分发的自由。在 www.opensource.org 上可找到关于开放源代码促进会的更多内容。

关于开放源代码项目有多种许可协议供选择。其中之一是 GPL(GNU Public License)，然而使用 GPL 下的库要求产品也公开源代码。此外，开源项目可使用的许可协议还有 Boost Software License、BSD(Berkeley Software Distribution)、MIT 许可协议、Apache 许可协议等，这些许可协议允许在闭源产品中使用开源库。一些许可协议有着不用的版本，例如，BSD 许可协议实际上有 4 种版本。开源项目的另一个选择是使用知识共享 (CC) 许可协议的 6 种风格之一。

某些许可协议要求在最终产品中包含库的许可协议。使用库时，某些许可协议需要署名。最重要的是，所有许可协议都带有微妙之处，如果在闭源项目中使用库，了解这些细节很重要。opensource.org/licenses 网站全面概述了已批准的开源许可协议。

由于“开放源代码”比“自由软件”的意义更明确，本书使用“开放源代码”说明可获取源代码的产品和库。这一名称的选择并不意味着开放源代码体系优于自由软件体系：这只是为了便于理解。

寻找并使用开源库

抛开术语，可从开放源代码软件获得巨大好处。最主要的好处是功能，在此有众多的面向各种任务的开放源代码 C++库：从 XML 解析、跨平台的错误日志到使用人工神经网络进行深度学习以及数据挖掘。

尽管并不要求开源库提供免费分发和免费许可协议，仍可免费得到许多开源库。使用开源库通常能够节约许可协议费用。

最后，常常(但并不总是)可以自由修改开放源代码库，以满足特定的需求。

大多数开放源代码库都可在网上找到。例如，查找 open-source C++ library XML parsing 会得到一个用 C 或 C++编写的 XML 库链接列表。还可从以下站点寻找开放源代码资源，包括：

- www.boost.org
- www.gnu.org
- github.com/open-source
- www.sourceforge.net

使用开源库的指导方针

开放源代码库带来的问题比较特殊，需要采用新策略。首先，开源库通常是人们在“业余”时间编写的。任何想要添加补丁、继续开发或修正 bug 的程序员都可访问源代码。作为一名编程世界的好公民，如果从开放源代码库获取了利益，那么应该试着对开放源代码项目做出贡献。如果在公司工作，经理或许会反对这种想法，因为这样做不能让公司直接受益。然而，或许可以用非直接的利益(例如提升公司的知名度)说服经理，并从公司获取对开源运动的支持，从而继续从事这项活动。

其次，由于分布式开发的特性和缺少单独的所有权，开源库通常存在支持问题。如果迫切希望修正库中的某个 bug，自己修正通常会比等待其他人修正效率更高。如果真的修正了 bug，一定要把这个修正放到开放源代码库中。有些许可协议甚至要求你必须这么做。即使没有修正 bug，也一定要报告发现的问题，这样其他程序员就不会因为遇到同样的问题而白白浪费时间。

9. C++标准库

C++程序员使用的最重要的库就是 C++标准库。顾名思义，这个库是 C++标准的一部分，因此任何符合标准的编译器都应该包含这个库。标准库并不是整体式的：它分为几个完全不同的组件，前面已经用过其中的一些。你甚至可能以为这是语言核心的一部分，第 16~25 章将详细讲述标准库。

C 标准库

由于 C++是 C 的超集，因此整个 C 库仍然有效。其功能包括数学函数，例如 abs()、sqrt()和 pow()，以及错误处理辅助程序，例如 assert()和 errno。此外，C 标准库的一些工具在 C++中仍然有效，例如将字符数组作为字符串操作的 strlen()、strcpy()，以及 C 风格的 I/O 函数，例如 printf()和 scanf()。

> **注意：**
> C++提供了比 C 更好的字符串以及 I/O 支持。尽管 C 风格的字符串和 I/O 例程在 C++中仍然有效，但应该避免使用它们，而使用 C++字符串(详见第 2 章)和 I/O 流(详见第 13 章)。

第 1 章解释了 C 的头文件名称与 C++不同。应该使用 C++的名称而不是 C 库名称，因为 C++的名称不容易出现名称冲突。例如，如果你需要在 C++中使用 C 头文件<stdio.h>中的功能，推荐使用 include <cstdio>而不是<stdio.h>。有关 C 库的详情以及标准库参考资料，可参阅附录 B。

判断是否使用标准库

设计标准库时优先考虑的是功能、性能和正交性(orthogonality)。使用标准库可获得巨大好处。可回顾在链表或平衡二叉树实现中跟踪指针错误，或者调试不能正确排序的排序算法，如果能够正确使用标准库，几乎不需要再编写这类代码。另一个好处是大多数 C++开发人员知道如何使用标准库提供的功能。因此，与使用可能需要大量学习成本的第三方库相比，在项目中使用标准库时，新团队成员将更快地上手。第 16~25 章提供了有关标准库功能的深入信息。

4.6　设计一个国际象棋程序

本节通过一个简单的国际象棋程序系统介绍 C++程序的设计方法。为提供完整示例，某些步骤用到了后面几章讲述的概念。为了解设计过程的概况，可现在就阅读这个示例，也可以在学完后续章节后返回来学习。

4.6.1　需求

在开始设计前，应该弄清楚对于程序功能和性能的需求。理想情况下，这些需求应该是以需求规范(requirements specification)形式给出的文档。国际象棋程序的需求应该包含下列类型的规范，当然实际的需求规范应该比下面的内容更详细，条目更多：

- 程序支持标准的国际象棋规则。
- 程序支持两个玩家。程序不提供具有人工智能的计算机玩家。
- 程序提供基于文本的界面。
  - 程序以纯文本形式提供棋盘和棋子。
  - 玩家通过输入代表位置的数字在棋盘上移动棋子。

需求可保证设计的程序能按用户的期望运行。

4.6.2　设计步骤

应按系统的方法设计程序，从一般到特殊。下面的步骤并不一定适用于所有程序，但提供了通用指导方针。在需要时设计应该包含图示和表格。制作图示的行业标准称为 UML(统一建模语言)。有关 UML 的简述，请参阅附录 D。UML 定义了一组标准图示，可用于说明软件设计(如类图、序列图等)。建议使用 UML，至少也要尽量使用类似 UML 的图示。但不一定要严格遵循 UML 语法，因为图示清晰、易于理解，要比语法正确更重要。

1. 将程序分割为子系统

设计的第一步是将程序分割为通用功能子系统，并指明子系统之间的接口和交互关系。此时不需要考虑特定的数据结构和算法，甚至不需要考虑类。只是试着感受程序不同部分和它们之间的交互关系。可将子系统列在一张表格中，从而表示子系统的高层行为和功能、子系统展现给其他子系统的接口和这个子系统使用的其他子系统接口。建议国际象棋程序使用模型-视图-控制(MVC)模式将数据存储和数据显示明确分离，MVC 模式建立了如下理念：许多应用程序经常要处理一组数据，处理这些数据上的一个或多个视图，并操作这些数据。在 MVC 中，这组数据称为模型，视图是模型的一个特定界面，控制器修改模型，以响应某个事件的代码。MVC 的 3 个组件在反馈循环中交互操作；动作由控制器处理，控制器会调整模型，把修改返回到视图中。控制器也可以直接修改视图，例如 UI 元素。图 4-4 表示了这种关系。使用这种范式，不同的组件被清楚地分开，允许修改一个组件而不必修改其他组件。例如，不必接触底层数据模型或逻辑，可以轻松地在基于文本的界面和图形用户界面之间切换，或者在桌面 PC 上运行的界面和作为手机应用程序运行的界面之间切换。

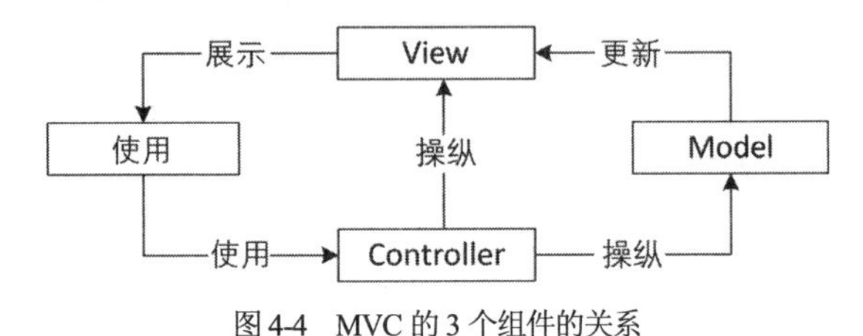

图 4-4　MVC 的 3 个组件的关系

表 4-2 是关于国际象棋游戏子系统的表格。

表 4-2　国际象棋游戏子系统

子系统	实例数	功能	公开的接口	使用的接口
GamePlay	1	开始游戏 控制游戏进度 控制绘图 判断胜方 结束游戏	游戏结束	轮流(Player 提供) 绘图(ChessBoardView 提供)
ChessBoard	1	存储棋子 检测平局和将死	获取棋子 设置棋子	游戏结束(GamePlay 提供)
ChessBoardView	1	绘制相关的棋盘	绘制	绘制(ChessPieceView 提供)
ChessPiece	32	移动自身 检测合法移动	移动 检测移动	获取棋子(ChessBoard 提供) 设置棋子(ChessBoard 提供)
ChessPieceView	32	绘制相关的棋子	绘制	无
Player	2	与用户交互：提醒用户移动，获取用户的移动信息，移动棋子	轮流	获取棋子(ChessBoard 提供) 移动(ChessPiece 提供) 检测移动(ChessPiece 提供)
ErrorLogger	1	将错误信息写入日志文件	记录错误	无

如表 4-2 所示，国际象棋游戏的功能子系统包括：GamePlay、ChessBoard、ChessBoardView、

ChessPiece、ChessPieceView、Player 和 ErrorLogger。然而，这并不是唯一合理的方式。软件设计与编程本身一样，达到同一个目标有多种不同的方法。并不是所有的方法都是等价的：有些方法比另一些方法好。然而，经常有几种同样有效的方法。

划分良好的子系统将程序分割为基本功能单元。例如，Player 就是与 ChessBoard、ChessPiece 和 GamePlay 明显不同的子系统。将 Player 混合在 GamePlay 子系统中没有任何意义，因为在逻辑上它们是独立的子系统。但其他选择未必这么明显。

在 MVC 设计中，ChessBoard 和 ChessPiece 子系统是模型部分。ChessBoardView 和 ChessPieceView 是视图部分，Player 是控制器部分。

由于表格无法形象地表示子系统之间的关系，通常会使用图示表明程序的子系统，在此箭头表示一个子系统对另一子系统的调用。图 4-5 用 UML 通信图可视化了国际象棋游戏的各个子系统。

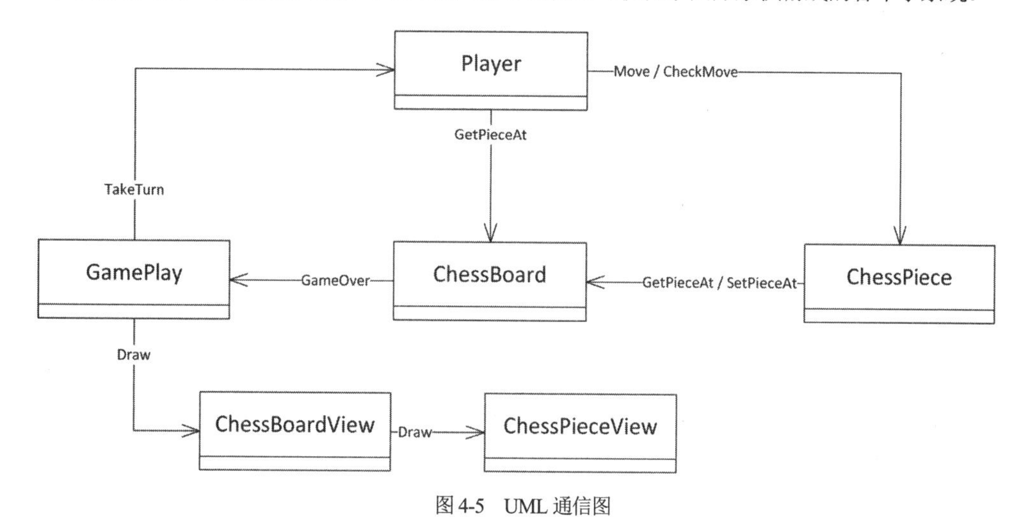

图 4-5　UML 通信图

2. 选择线程模型

在设计阶段，考虑如何在要编写的算法中将特定的循环编写为多线程显得太早了。但在这个阶段，可以选择程序中高级线程的数目并指定线程的交互方式。高级线程的示例有 UI 线程、音频播放线程、网络通信线程等。

在多线程设计中，应该尽可能避免共享数据，这样可使程序更简单、更安全。如果无法避免共享数据，应该指定加锁需求。

如果不熟悉多线程程序，或者平台不支持多线程，那么程序应该是单线程的。然而，如果程序有多个不同的任务，每个任务都并行运行，多线程或许是个不错的选择。例如，图形用户界面程序经常让一个线程执行主程序，其他线程等待用户按下按钮或者选择菜单项。多线程程序将在第 27 章讲述。

国际象棋程序只需要一个线程来控制游戏流程。

3. 指定每个子系统的类层次结构

在这个步骤中决定程序中要编写的类层次结构。国际象棋程序需要一个类层次结构来代表棋子，这个类层次结构如图 4-6 所示。在这个类层次结构中，ChessPiece 泛型类作为抽象基类。ChessPieceView 类也有类似的类层次结构。

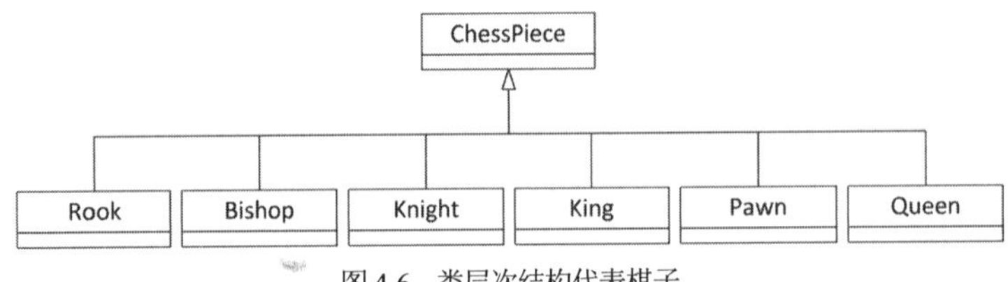

图 4-6 类层次结构代表棋子

另一个类层次结构用于 ChessBoardView 类，以实现游戏的文本界面或用户图形界面。图 4-7 给出了这个类层次结构，可以在控制台以文本方式显示棋盘，也可以用 2D 或 3D 图形显示棋盘。ChessPieceView 类体系中的各个类也需要类似的类层次结构。

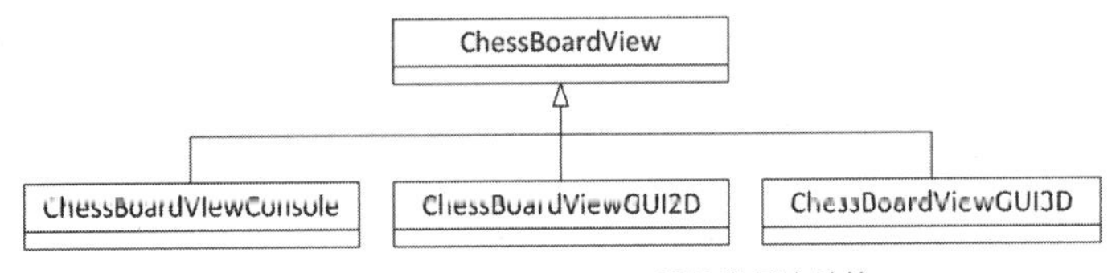

图 4-7 用于 ChessBoardView 类的类层次结构

第 5 章将讲述设计类和类层次结构的细节。

4. 指定每个子系统的类、数据结构、算法和模式

在这个步骤中，需要更大限度地考虑细节，并指定每个子系统的细节，包括指定为每个子系统编写的特定类。可能最后模型中的每个子系统本身都会成为一个类。这些信息也可以用表 4-3 总结。

表 4-3 子系统和类

子系统	类	数据结构	算法	模式
GamePlay	GamePlay 类	GamePlay 对象包含一个 ChessBoard 对象和两个 Player 对象	让每个玩家轮流移动	无
ChessBoard	ChessBoard 类	ChessBoard 对象存储 32 个棋子的二维表示	在每次移动之后检测“胜”或“和”	无
ChessBoardView	抽象超类：ChessBoardView 具体子类： ChessBoardViewConsole、 ChessBoardViewGUI2D ...	存储与如何绘制棋盘有关的信息	绘制棋盘	观察者 (Observer)
ChessPiece	抽象超类：ChessPiece 子类： Rook、Bishop、Knight、 King、Pawn 和 Queen	每个棋子存储它在棋盘上的位置	在棋盘的不同位置查询棋子，判断棋子的移动是否合法	无
ChessPieceView	抽象基类：ChessPieceView 子类：RookView、BishopView ... 具体子类： RookViewConsole、 RookViewGUI2D ...	存储如何绘制棋子的信息	绘制棋子	观察者 (Observer)

(续表)

子系统	类	数据结构	算法	模式
Player	抽象超类：Player 具体子类： PlayerConsole、PlayerGUI2D	无	提示用户移动，检测移动是否合法，移动棋子	仲裁者(Mediator)
ErrorLogger	ErrorLogger 类	要记录的消息队列	缓存消息，并将消息写入日志文件	依赖注入

这样的表格已经给出了软件设计中不同类的一些信息，但并没有清楚地描述它们之间的交互。UML 序列图可用于对此类交互进行建模。图 4-8 显示了这样一个图，将表 4-3 中的一些类的交互可视化。

图 4-8 中的图表仅显示了一次迭代，从 GamePlay 到 Player 的单个 TakeTurn 调用，因此，它只是一个部分序列图。在 TakeTurn 调用完成后，GamePlay 对象应该要求 ChessBoardView 绘制自己，而后者又应该要求不同的 ChessPieceView 绘制自己。此外，应该扩展序列图以可视化棋子如何取走对手的棋子，并包括对王车易位的支持，这种移动涉及玩家的国王和玩家的一个车。王车易位是唯一需要同时移动两个棋子的行动。

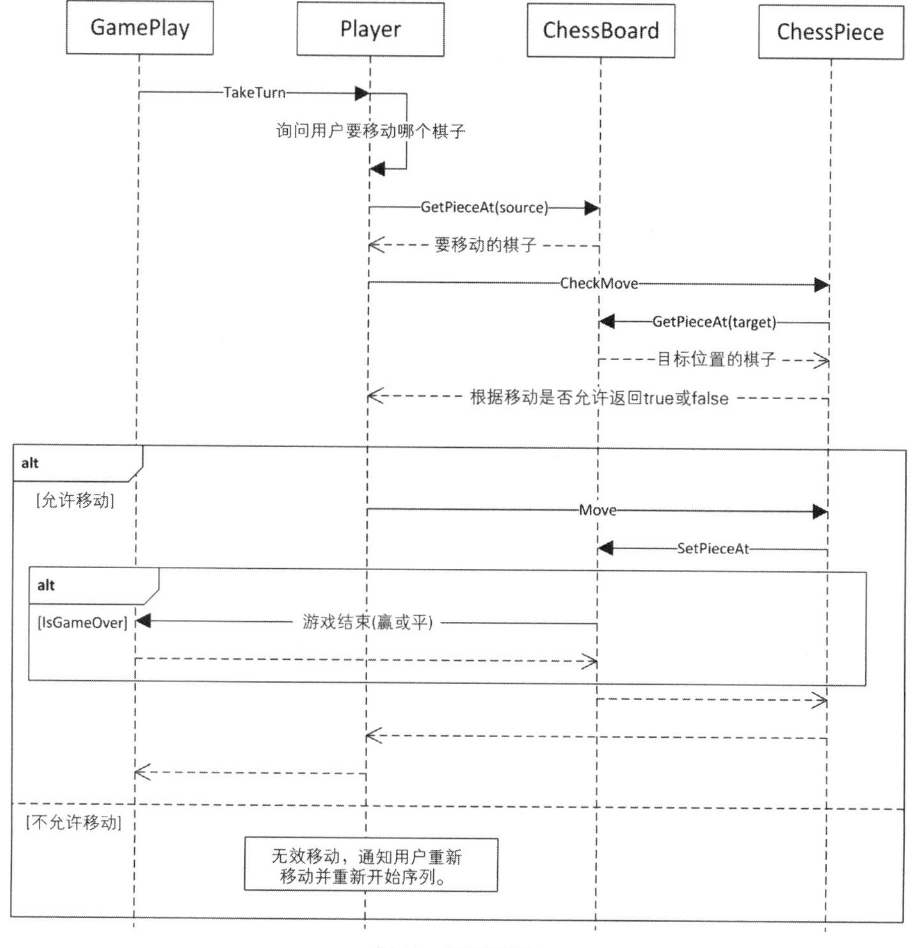

图 4-8 部分序列图

设计文档的这部分内容通常提供每个类的实际接口，但这个示例略去了该层次的细节。

设计类和选择数据结构、算法和模式都很灵活。应该牢牢记住本章前面讲过的抽象和重用法则。对于抽象而言，关键是将接口与实现分开。首先，从用户的观点确定接口，决定想让组件做什么，然后决定如何选择数据结构和算法，让组件做到这一点。对于重用而言，应该熟悉标准数据结构、算法和模式。此外，一定要熟悉 C++标准库代码和公司拥有的专用代码。

5. 为每个子系统指定错误处理

在这个设计步骤中，描述每个子系统的错误处理。错误处理应该同时包括系统错误(如网络连接失败)和用户错误(如无效输入)，应该确定是否每个子系统都要使用异常。可使用表 4-4 总结这些信息。

表 4-4 错误总结

子系统	处理系统错误	处理用户错误
GamePlay	如果无法为 ChessBoard 或 Player 分配内存，用 ErrorLogger 记录错误，向用户显示一条消息，并按正常步骤关闭程序	不适用(不是直接的用户界面)
ChessBoard ChessPiece	如果无法分配内存，用 ErrorLogger 记录错误并抛出异常	不适用(不是直接的用户界面)
ChessBoardView ChessPieceView	如果在绘制时出现错误，用 ErrorLogger 记录错误并抛出异常	不适用(不是直接的用户界面)
Player	如果无法分配内存，用 ErrorLogger 记录错误并抛出异常	全面检测用户的移动输入，以确保用户没有离开棋盘；提示用户输入其他信息；在移动棋子之前检测移动的合法性；如果不合法，提示用户重新移动
ErrorLogger	如果无法分配内存，尝试记录错误，通知用户并按正常步骤关闭程序	不适用(不是直接的用户界面)

错误处理的通用法则是处理一切。努力想象所有可能的错误情况，如果忘掉了某种可能性，就可能在程序中形成 bug！不要将任何事情都当作“意外”错误。要考虑到所有可能性：内存分配失败、无效用户输入、磁盘错误和网络错误，以上只是给出了一些示例。然而，正如国际象棋游戏显示的那样，应将内部错误和用户错误区别对待。例如，用户输入无效移动时不应该使程序终止。第 14 章将深入介绍错误处理。

4.7 本章小结

本章介绍了专业的 C++设计方法。软件设计是任何编程项目中重要的第一步。你还学习了使得设计变得困难的一些 C++特性，包括 C++关注的面向对象、庞大的功能集和标准库、编写通用代码的功能。这些信息可让程序员更好地处理 C++设计。

本章介绍了两个设计主题：抽象和重用。抽象(或将接口与实现分离)的概念贯穿全书，所有的设计工作都应该以此为指导方针。

第二个主题，重用的概念(无论是代码还是设计)在实际项目和本书中经常会出现。C++设计应该包含代码的重用(以库或框架的形式)以及思想和设计的重用(以技术和模式的形式)。应该尽可能编写可重用的代码。此外还要记住权衡重用的优缺点和重用代码的特定方针，包括理解功能和限制、性能、许可协议、支持模式、平台限制、原型和帮助资源。你还学习了性能分析和大 *O* 表示法。现在你已经理解了设计的重要性和基本的设计主题，并做好了学习本书第 II 部分其余章节的准备。第 5 章将讲述在设计中使用 C++面向对象特性的策略。

4.8 练习

通过完成以下习题，可以巩固本章涉及的知识点。所有练习的答案都可扫描封底二维码下载。但是，如果你被某些问题难住，请先重新阅读本章的对应内容，以尝试自己找到答案，然后再从网站上查看解决方案。

练习 4-1　在 C++中做自己的设计时，最基本的两条设计原则是什么？

练习 4-2　假设你有如下的 Card 类。该类只支持一副牌中的普通牌，不需要支持所谓的大小王。

```
class Card
{
    public:
        enum class Number { Ace, Two, Three, Four, Five, Six, Seven, Eight,
            Nine, Ten, Jack, Queen, King };
        enum class Figure { Diamond, Heart, Spade, Club };

        Card() {};
        Card(Number number, Figure figure)
            : m_number { number }, m_figure { figure } {}
    private:
        Number m_number { Number::Ace };
        Figure m_figure { Figure::Diamond };
};
```

如何看待以下使用 Card 类表示一副纸牌的做法？你能想到哪些改进之处？

```
int main()
{
    Card deck[52];
    // ...
}
```

练习 4-3　假设你与朋友一起想出了一个为移动设备制作 3D 游戏的好主意。你有一部 Android 设备，而你的朋友有一部 Apple iPhone，当然你希望游戏能在两种设备上都玩。高层次地解释你将如何处理这两个不同的移动平台，以及如何准备开始游戏开发。

练习 4-4　给定以下几个大 *O* 复杂度：$O(n)$, $O(n^2)$, $O(\log n)$, $O(1)$。你能按照递增的复杂度来对它们排序吗？它们的名字是什么？你能想到更差的复杂度吗？

第5章 面向对象设计

本章内容

- 什么是面向对象的程序设计
- 什么是类、对象、属性和行为
- 如何定义不同对象之间的关系

第4章引导你正确认识良好的软件设计，现在可将对象的概念和良好设计的概念组合在一起。在代码中使用对象的程序员与真正掌握面向对象编程的程序员是不同的，后者能更完美地管理对象相互联系的方式和程序的总体设计。

本章首先介绍过程式编程(C风格)，之后详述面向对象编程(Object Oriented Programming，OOP)。即使有多年使用对象的经验，也仍然应该阅读本章，了解关于对象的新思想。本章讨论对象之间的不同关系，包括创建面向对象程序时可能遇到的陷阱。

思考过程式编程或面向对象编程时，要记住的最重要的一点是，它们只是代表了对程序中发生的事情的不同理解方式。程序员在完全理解什么是对象之前，经常困惑于新的语法和OOP术语。本章轻代码，重概念和思想。第8~10章将更深入地介绍C++对象语法。

5.1 过程化的思考方式

过程语言(例如C)将代码分割为小块，每个小块(理论上)完成单一的任务。如果在C中没有过程，所有代码都会集中在main()中。代码将难以阅读，同事会恼火，这还是最轻的。

计算机并不关心代码是位于main()中还是被分割成具有描述性名称和注释的小块。过程是一种抽象，它的存在是为了帮助程序员和阅读或维护代码的人。这个概念建立在一个与程序相关的基本问题之上——程序做了什么事情？用自然语言回答这个问题，就是过程化思考。例如，以下面的答案为起点设计一个股票选择程序：首先从Internet获取股价，然后根据特定的指标对数据排序，之后分析已经排序的数据，最后输出建议购买和出售的列表。当开始编写代码时，可能会将脑海中的模型直接转换为C函数：retrieveQuotes()、sortQuotes()、analyzeQuotes()和outputRecommendations()。

注意：
尽管C将过程表示为“函数”，但C并非一门函数式语言。术语“函数式(functional)”与“过程式(procedural)”有很大的不同，函数式语言指的是类似于Lisp的语言，Lisp使用完全不同的抽象。

当程序遵循特定的步骤序列时，过程方法运行良好。然而，在现代的大型应用程序中，很少有线性的事件序列，通常用户可在任何时候执行任何命令。此外，过程思想对于数据的表示没有任何说明，在前面的示例中，并没有讨论股价实际上是什么。

如果过程模型听起来像是你处理程序的方法，不要担心。一旦你意识到OOP只是一种替代方法，一种更灵活的对软件的思考方法，面向对象编程就会变得十分自然。

5.2　面向对象思想

与基于“程序做什么”问题的面向过程方法不同，面向对象方法提出另一个问题：对哪些实际对象进行建模？OOP 的基本观念是不应该将程序分割为若干任务，而是将其分为自然对象的模型。乍看上去这有些抽象，但用类、组件、属性和行为等术语考虑实际对象时，这一思想就会变得更清晰。

5.2.1　类

类将对象与其定义区分开来。以橘子为例，一般作为美味水果的长在树上的橘子和某个特定橘子(例如，现在笔者的键盘旁就放着一个往外渗汁的橘子)有所不同。

当回答“什么是橘子”时，就是在谈论“橘子”这种东西的类。所有橘子都是水果，所有橘子都长在树上，所有橘子的颜色都是某种程度的橙色，所有橘子都有特定的味道。类只是封装了用来定义对象类别的信息。

当描述某个特定橘子时，就是在讨论一个对象。所有对象都属于某个特定的类。由于笔者桌子上的对象是一个橘子，因此它属于橘子(Orange)类。因此，它是长在树上的一种水果，它的颜色是中等程度的橙色，并且味道不错。对象是类的一个实例(instance)——它拥有一些特征，从而与同一类型的其他事物区分开来。

上面的股票选择程序是一个更具体的示例。在OOP中，“股价”是一个类，因为它定义了报价这个抽象概念。某个特定的报价(例如“当前Microsoft股价”)是一个对象，因为它是这个类的特定实例。

具有C背景的程序员，可将类和对象类比为类型和变量。实际上，第1章提到过，类的语法与C的结构体类似。

5.2.2　组件

如果考虑一个复杂的实际对象，例如飞机，很容易看到它由许多小组件(component)组成。其中包括机身、控制装置、起落架、引擎和其他很多部件。对于OOP而言，将对象分解为更小组件是一项必备能力，就像将复杂任务分解为较小过程是过程式编程的基础一样。

本质上，组件与类相似，但组件更小、更具体。优秀的面向对象程序可能有Airplane类，但是，如果要充分描述飞机，这个类将过于庞大。因此，Airplane类只处理许多更容易管理的小组件。每个组件可能还有更小的组件，例如，起落架是飞机的一个组件，车轮是起落架的一个组件。

5.2.3　属性

属性将一个对象与其他对象区分开来。回到橘子(Orange)类，所有橘子都定义为橙色的，并具有特定口味，这两个特征就是属性。所有橘子都具有相同的属性，但属性的值不同。一个橘子可能“美味可口”，但另一个橘子可能“苦涩难吃”。

也可在类的层次上思考属性。如前所述，所有橘子都是水果，都长在树上。这是水果类的属性，而特定程度的橙色是由特定的水果对象决定的。类属性由所有的类成员共享，而类的所有对象都有对象属性，但具有不同的值。

在股票选择示例中，股价有几个对象属性，包括公司名称、股票代码、当前股价和其他统计数据。

属性用来描述对象的特征，回答“为什么这个对象与众不同”的问题。

5.2.4 行为

行为回答两个问题：“对象做什么”和“能对对象做什么”。在橘子示例中，橘子本身不会做什么，但是我们可对橘子做一些事情。橘子的行为之一是可供食用。与属性类似，可在类或对象层次上思考行为。几乎所有橘子都会以相同的方式被吃掉，但其他行为未必如此，例如被扔到斜坡上向下滚动，圆橘子与扁圆橘子的行为明显不同。

前面的股票选择示例提供了一些更实际的行为。以过程方式思考，该程序的功能之一就是分析股价。以 OOP 的方式思考，股价对象可以自我分析，分析变成股价对象的一个行为。

在面向对象编程中，许多功能性的代码从过程转移到类。通过建立具有某些行为的对象并定义对象的交互方式，OOP 以更丰富的机制将代码和代码操作的数据联系起来。类的行为由类方法实现。

5.2.5 综合考虑

通过这些概念，可回头分析股票选择程序，并以面向对象的方式重新设计这个程序。

前面说过，“股价”类是一个不错的开始。为获取报价表，程序需要股价组的概念，通常称为集合。因此，较好的设计可能使用一个类代表“股价的集合”，这个类由代表单个“股价”的小组件组成。

再来说说属性，这个集合类至少有一个属性——实际接收到的报价表。它可能还有其他附加属性，例如大多数最新检索的确切日期和时间。至于行为，“股价的集合”将从服务器那里获取报价，并提供有序的报价表。这就是“股价检索”和“股价排序”行为。

股价类具有前面讨论的一些属性——名称、代码、当前价格等，此外还具有分析行为。还可能考虑其他行为，如买入和卖出股票。

图示通常有助于呈现组件之间的关系。图 5-1 使用 UML 类图语法(附录 D 介绍 UML 语法)说明一个 StockQuoteCollection 包含零个或多个 StockQuote 对象，StockQuote 对象属于单个 StockQuoteCollection。

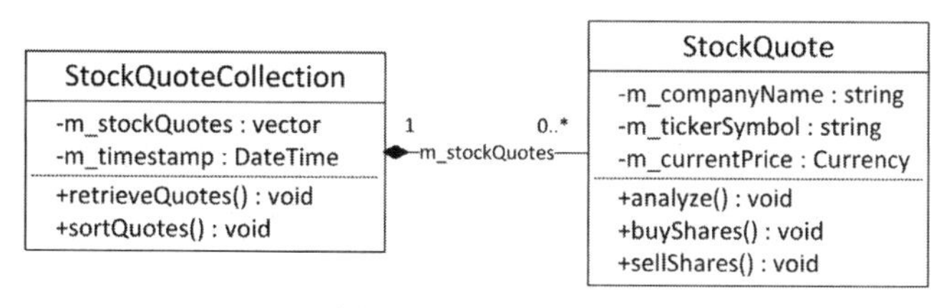

图 5-1 UML 类图语法

图 5-2 显示了 Orange 类可能的 UML 类图。

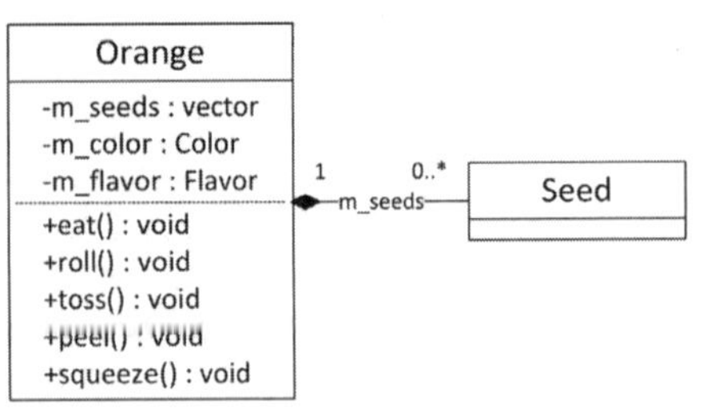

图 5-2　Orange 类可能的 UML 类图

5.3　生活在类的世界里

当程序员的思想从面向过程转换到面向对象模式时，对于将属性和行为结合到类，通常会有一种恍然大悟的感觉。某些程序员重新审视项目的设计，并要将某些部分作为类重写。其他程序员可能试着抛开所有代码并重新开始这个项目，将其作为完全的面向对象应用程序。

使用类开发软件主要有两种方法。对于某些人来说，类只是代表数据和功能的良好封装，这些程序员在程序中大量使用类，使代码更容易阅读和维护。采用这种方法的程序员将独立的代码段切除，用类替换它们，就像外科医生给病人植入心脏起搏器一样。这种方法当然没有错，这些人将对象当作在许多情况下有益的工具。程序的某些部分(例如股价)只是“感觉像类”。这些部分可被分离开来，并用实际术语描述。

另一些程序员彻底采用 OOP 范式，将一切都转换为类。在他们的心目中，某些类对应于实际事物，例如橘子或股价，而另一些类封装了更抽象的概念，例如 sorter 或 undo 对象。

理想方法或许介于这两个极端之间。第一个面向对象程序可能实际上只在传统的过程式程序中使用几个类；以后可能全力以赴将一切都作为类，从表示 int 的类到表示主应用程序的类。随着时间的推移，一定会找到合理的折中方法。

5.3.1　过度使用类

设计一个富于创造性的面向对象系统，将所有细小的事情都转换为类，常常会惹恼团队中的所有其他人。弗洛伊德曾经说过，有时变量就只是变量。下面就解释这句话的含义。

假定设计一款将会畅销的井字棋游戏，打算完全采用 OOP 方法，因此你坐了下来，喝一杯咖啡，在笔记本上勾画出所需的类和对象。在此类游戏中，通常有一个对象监视游戏的进度，并裁定胜方。为了表示游戏棋盘，需要用 Grid 对象跟踪标记和它们的位置。实际上，表示 X 或 O 的 Piece 类是 Grid 的一个组件。

等一下，退回去！这种设计打算用一个类代表 X 或 O。这就是过度使用类的一个例子。用 char 不能代表 X 或 O 吗？另外，用一个枚举类型的二维数组表示 Gird 不是更好吗？Piece 对象只会使代码更复杂。看看表 5-1 建议的 Piece(棋子)类。

表 5-1　Piece(棋子)类

类	相关组件	属性	行为
Piece	无	X 或 O	无

这个表格有点稀疏，这有力地表明此处的内容太细粒度了，并不能成为一个完整的类。

另一方面，深谋远虑的程序员可能认为，尽管当前 Piece 类很小，但使用对象可在将来扩展时不受影响。或许发展下去这会成为一个图形应用程序，用 Piece 类支持绘图行为可能是有用的。其他属性可能是棋子的颜色或者一些判定，用于判断 Piece 是不是最近移动的那枚棋子。

另一种方案是考虑方格(Grid)的状态而不是使用棋子。方格的状态可能是空、X 或 O。为了使设计能够经得起未来的考验，可设计一个抽象基类 State，其能够派生出子类 StateEmpty、StateX 和 StateO。通过这种设计，将来可以向基类或子类添加额外的属性。

显然在此不存在唯一正确的答案，关键是在设计应用程序时应该考虑这些问题。记住类是用来帮助程序员管理代码的，如果使用类只是为使代码“更加面向对象”，就错了。

5.3.2 过于通用的类

相对于将不应该确定为对象的事物当作类，过于通用的类可能更糟糕。所有的 OOP 学生都以“橘子”示例开始—— 这确实是类，没有疑问。在实际编码中，类可以非常抽象。许多 OOP 程序都有一个“应用程序对象”，尽管应用程序并不能以物质的形式表现，但用类表示应用程序仍然是有意义的，因为应用程序本身具有一些属性和行为。

过于通用的类根本无法代表具体的事物。程序员的本意可能是建立一个灵活或可重用的类，但最终得到一个令人迷惑的类。例如，考虑一个组织和显示媒体的程序。这个程序可将照片分类，组织数字音乐唱片和电影收藏，还可作为个人日志。将所有事物都当作 media 对象，并创建一个可容纳所有格式的类，就是一种过分的做法。这个类可能有一个 data 属性，这个属性包含图像、歌曲或日志项的原始位，具体取决于媒体类型，该类还可能有一个 perform 行为，可正确地绘制图像、播放歌曲或编辑日志项。

这个类过于通用的原因在于属性和行为的名称。单词 data 本身几乎没有意义——在此必须使用一个通用词语，因为这个类被过度地扩展到 3 种完全不同的情况。同理，perform 会在 3 种不同的情况下执行差别极大的操作。总之，这个类想做的事情太多了。

然而，当设计一个程序来组织媒体时，你的应用程序中肯定会有一个 Media 类。此 Media 类将包含所有类型媒体的通用属性，例如名称、预览、指向相应媒体文件的链接等。但此 Media 类不应包含有关处理特定媒体的详细信息。它不应该包含显示图像、播放歌曲或电影的代码。相反，在设计中应该有其他类，例如 Picture 类和 Movie 类。然后，这些特定类包含实际的特定于媒体的功能，例如显示图片或播放电影。显然，这些特定于媒体的类在某种程度上与 Media 类相关，这正是下一节的主题——如何表达类之间关系。

5.4 类之间的关系

作为程序员，必然会遇到这样的情况：不同的类具有共同的特征，至少看起来彼此有联系。面向对象的语言提供了许多机制来处理类之间的这种关系。最棘手的问题是理解这些关系的实质。类之间的关系主要有两类—— “有一个”(has a)关系和“是一个”(is a)关系。

5.4.1 “有一个”关系

“有一个”关系模式是 A 有一个 B，或者 A 包含一个 B。在此类关系中，可认为某个类是另一个类的一部分。前面定义的组件通常代表“有一个”关系，因为组件表示组成其他类的类。

动物园和猴子就是这种关系的一个示例。可以说动物园里有一只猴子，或者说动物园包含一只猴子。在代码中用Zoo对象模拟动物园，这个对象有一个Monkey组件。

考虑用户界面通常有助于理解类之间的关系。尽管并非所有的UI都是(虽然现在大多数都是)以OOP方式实现的，屏幕上的视觉元素也能很好地转换为类。UI关于“有一个”关系的类比就是窗口中包含一个按钮。按钮和窗口是两个明显不同的类，但又明显有某种联系。由于按钮在窗口中，因此说窗口中有一个按钮。

图5-3显示了实际的“有一个”关系和用户界面的“有一个”关系。

“有一个”关系有如下两种类型。

- 聚合：通过聚合，当聚合器被销毁时，聚合对象(组件)可以继续存在。例如，假设动物园对象包含一组动物对象。当动物园对象因为破产而被销毁时，动物对象(理想情况下)不会被销毁，他们被转移到另一个动物园。
- 组合：对于组合，如果由其他对象组成的对象被销毁，那么这些其他对象也会被销毁。例如，如果包含按钮的窗口对象被销毁，则这些按钮对象也将被销毁。

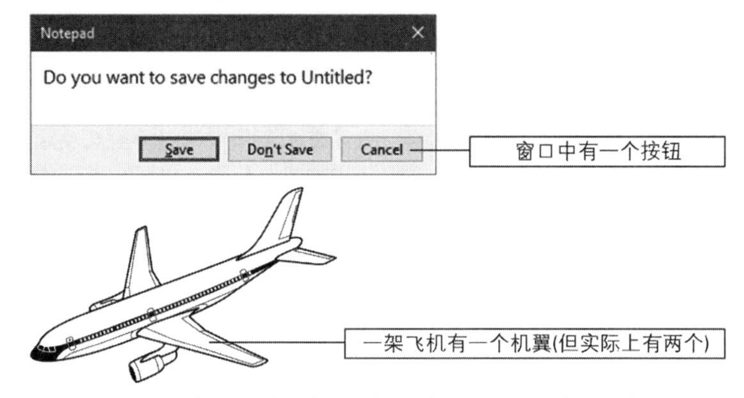

图5-3 实际的“有一个”关系和用户界面的“有一个”关系

5.4.2 “是一个”关系(继承)

“是一个”关系是面向对象编程中非常基本的概念，因此有许多名称，包括派生(deriving)、子类(subclass)、扩展(extending)和继承(inheriting)。类模拟了现实世界包含具有属性和行为的对象这一事实，继承模拟了这些对象通常以层次方式来组织这一事实。“是一个”说明了这种层次关系。

基本上，继承的模式是：A是一个B，或者A实际上与B非常相似——这可能比较棘手。再次以简单的动物园为例，但假定动物园里除了猴子之外还有其他动物。这句话本身已经建立了关系——猴子是一种动物。同样，长颈鹿也是一种动物，袋鼠是一种动物，企鹅也是一种动物。那又怎么样？意识到猴子、长颈鹿、袋鼠和企鹅具有某种共性时，继承的魔力就开始显现了。这些共性就是动物的一般特征。

对于程序员的启示就是，可定义Animal类，用以封装所有动物都有的属性(大小、生活区域、食物等)和行为(走动、进食、睡觉)。特定的动物(例如猴子)成为Animal的子类，因为猴子包含动物的所有特征。记住，猴子是动物，并且它还有与众不同的其他特征。图5-4显示了动物的继承图示。箭头表明“是一个”关系的方向。

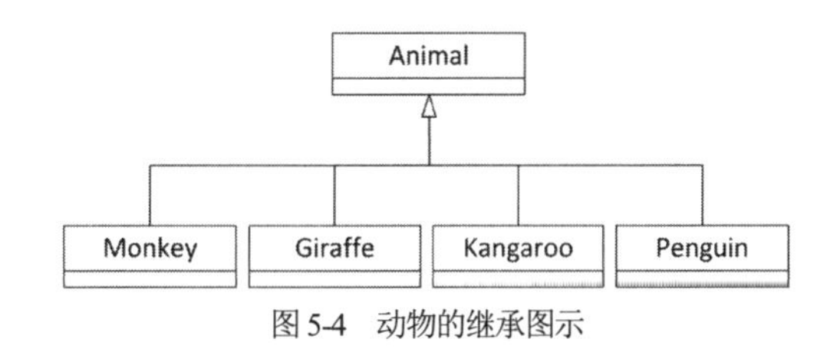

图 5-4　动物的继承图示

就像猴子与长颈鹿是不同类型的动物一样，用户界面中通常也有不同类型的按钮。例如，复选框是一个按钮，按钮只是一个可被单击并执行操作的 UI 元素，Checkbox 类通过添加状态(相应的框是否被选中)扩展了 Button 类。

当类之间具有“是一个”关系时，目标之一就是将通用功能放入基类(base class)，其他类可扩展基类。如果所有子类都有相似或完全相同的代码，就应该考虑将一些代码或全部代码放入基类。这样，可在一个地方完成所需的改动，将来的子类可“免费”获取这些共享的功能。

1. 继承技术

前面的示例非正式地讲述了继承中使用的一些技术。当生成子类时，程序员有多种方法将某个类与其父类(也称为基类或超类)区分开。可使用多种方法生成子类，生成子类实际上就是完成语句 A is a B that...的过程。

添加功能

派生类可在基类的基础上添加功能。例如，猴子是一种可以在树间荡秋千的动物。除了具有动物的所有行为以外，Monkey 类还有 swingFromTrees()方法，这个行为只存在于 Monkey 类中。

替换功能

派生类可完全替换或重写父类的行为。例如，大多数动物都步行，因此 Animal 类可能拥有模拟步行的 move 行为。但袋鼠是一种通过跳跃而不是步行移动的动物，Animal 基类的其他属性和行为仍然适用，Kangaroo 派生类只需要改变 move 行为的运行方式。当然，如果对基类的所有功能都进行替换，就可能意味着采用继承的方式根本就不正确，除非基类是一个抽象基类。抽象基类会强制每个子类实现未在抽象基类中实现的所有方法。无法为抽象基类创建实例，第 10 章将介绍抽象类。

添加属性

除了从基类继承属性以外，派生类还可添加新属性。企鹅具有动物的所有属性，此外还有 beak size(鸟喙大小)属性。

替换属性

与重写方法类似，C++提供了重写属性的方法。然而，这么做通常是不合适的，因为这会隐藏基类的属性。也就是说，基类可为具有特定名称的属性指定一个值，而派生类可用同一个名字为另一个属性指定另一个值。有关“隐藏”的内容，详见第 10 章。不要把替换属性的概念与子类具有不同属性值的概念混淆。例如，所有动物都具有表明它们吃什么的 diet 属性，猴子吃香蕉，企鹅吃鱼，二者都没有替换 diet 属性——只是赋给属性的值不同而已。

2. 多态性

多态性(Polymorphism)指遵循一套标准属性和方法的对象可互换使用。类定义就像对象和与之交互的代码之间的契约。根据定义，任意一个 Monkey 对象必须支持 Monkey 类的属性和行为。

这个概念也可推广到基类。由于所有猴子都是动物，因此所有 Monkey 对象都支持 Animal 类的属性和行为。

多态性是面向对象编程的亮点，因为多态性真正利用了继承所提供的能力。在模拟动物园时，可通过编程遍历动物园中的所有动物，让每个动物都移动一次。由于所有动物都是 Animal 类的成员，因此它们都知道如何移动。某些动物重写了移动行为，但这正是亮点所在——代码只是告诉每个动物移动，而不知道也不关心是哪种动物，所有动物都按自己的方式移动。

5.4.3 "有一个"与"是一个"的区别

在现实中，区分对象之间的"有一个"与"是一个"关系相当容易。没人会说橘子有一个水果——橘子是一种水果。在代码中，有时并不会这么明显。

考虑一个代表关联数组的假想类，关联数组是高效地将键映射到值的一种数据结构。例如，保险公司使用 AssociativeArray 类将成员 ID 映射到名称，从而给定一个 ID 就可以方便地找到对应的成员名称。成员 ID 是键，成员名称是值。

在关联数组的标准实现中，每个键都有一个值。如果 ID 14534 映射到名称"Kleper, Scott"，就不能再映射到成员名称"Kleper, Marni"。在大多数实现中，如果对一个已经有值的键添加第二个值，第一个值就会消失。换句话说，如果 ID 14534 映射到"Kleper, Scott"，然后又将 ID 14534 分配给"Kleper, Marni"，那么 Scott 将被遗弃。下面的序列调用了两次假想的 insert()方法，并给出了每次调用结束后关联数组的内容。

```
myArray.insert(14534, "Kleper, Scott");
```

键	值
14534	"Kleper, Scott" [字符串]

```
myArray.insert(14534, "Kleper, Marni");
```

键	值
14534	"Kleper, Marni" [字符串]

不难想象类似于关联数组但允许一个键有多个值的数据结构的用处。在保险公司示例中，一个家庭可能有多个名称对应于同一个 ID。由于这种数据结构非常类似于关联数组，因此可用某种方式使用关联数组的功能。关联数组的键只能有一个值，但是这个值可以是任意类型。除字符串外，这个值还可以是一个包含多个值的集合(例如 vector)。当向已有 ID 添加新的成员时，可将名称加入集合中。运行方式如下所示：

```
Collection collection;                 // Make a new collection.
collection.insert("Kleper, Scott");    // Add a new element to the collection.
myArray.insert(14534, collection);     // Insert the collection into the array.
```

键	值
14534	{"Kleper, Scott"}[集合]

```
Collection collection { myArray.get(14534) };  // Retrieve the existing collection.
collection.insert("Kleper, Marni");            // Add a new element to the collection.
myArray.insert(14534, collection);   // Replace the collection with the updated one.
```

键	值
14534	{"Kleper, Scott", "Kleper, Marni"} [集合]

使用集合而不是字符串有些繁杂，需要大量重复代码。最好在一个单独的类中封装多值功能，可将这个类称为 MultiAssociativeArray。MultiAssociativeArray 类的运行与 AssociativeArray 类似，只是背后将每个值存储为字符串的集合，而不是单个字符串。很明显，MultiAssociativeArray 与 AssociativeArray 有某种联系，因为它仍然使用关联数组存储数据。不明显的是，这是“是一个”关系还是“有一个”关系？

先考虑“是一个”关系。假定 MultiAssociativeArray 是 AssociativeArray 的派生类，它必须重写在表中添加项的行为，从而既可创建集合并添加新元素，又可检索已有集合并添加新元素。此外必须重写检索值的行为。但是有一个复杂的问题：被重写的 get()方法应该返回一个值，而不是一个集合。MultiAssociationArray 应该返回哪个值？一个选项是返回与给定键关联的第一个值。可以添加一个额外的 getAll()方法来检索与键关联的所有值，这似乎是一个非常合理的设计。即使它重写了基类的所有方法，它仍然可以通过使用派生类中的新方法来使用基类的方法。这种方法的 UML 类图如图 5-5 所示。

现在考虑“有一个”关系。MultiAssociativeArray 属于自己的类，但是包含了 AssociativeArray 对象。这个类的接口可能与 AssociativeArray 非常相似，但并不需要相同。在底层，当用户向 MultiAssociativeArray 添加项时，会将这个项封装到一个集合并送入 AssociativeArray 对象。这也很合理，如图 5-6 所示。

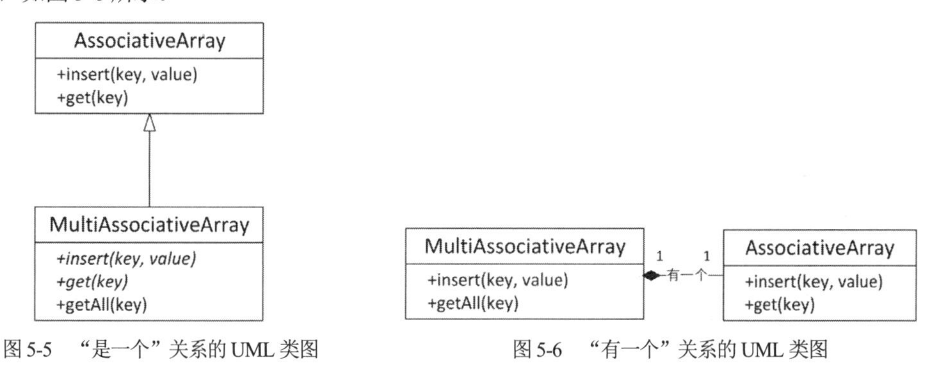

图 5-5 “是一个”关系的 UML 类图　　图 5-6 “有一个”关系的 UML 类图

那么，哪个方案是正确的？没有明确的答案，笔者的一个朋友认为这是“有一个”关系，他编写了一个 MultiAssociativeArray 类以供使用。主要原因是允许修改公开的接口，而不必考虑维护关联数组的功能。例如，将图 5-6 中的 get()方法改成 getAll()，以清楚表明将获取 MultiAssociativeArray 中某个特定键的所有值。此外，在“有一个”关系中，不需要担心关联数组的功能会渗透。例如，如果关联数组类提供了获取值的总数的方法，只要 MultiAssociativeArray 不重写这个方法，就可以用这个方法报告集合的总数。

这就是说，MultiAssociativeArray 实际上是一个具有新功能的 AssociativeArray，这一说法能让人信服，所以应该是“是一个”关系。但关键在于有时这两种关系之间的差别很小，需要考虑使用类的方式，还需要考虑所创建的类只是利用了其他类的一些功能，还是在其他类的基础上修改或添加了新功能。

表 5-2 给出了关于 MultiAssociativeArray 的两种方法的支持和反对意见。

表5-2 支持和反对意见

	是一个	有一个
支持的原因	● 基本上，这是具有不同特征的同一抽象 ● 这个类的方法与AssociativeArray (几乎)相同	● MultiAssociativeArray可以拥有任何有用的方法，而不需要考虑AssociativeArray拥有什么方法 ● 可在不改变公开的方法的前提下，不采用AssociativeArray的实现方式
反对的原因	● 根据定义，关联数组的一个键对应一个值，将MultiAssociativeArray当作关联数组是错误的 ● MultiAssociativeArray将关联数组的两个方法全部重写，这有力地说明这种设计是错误的 ● AssociativeArray未知的或不正确的属性和方法会"渗透"到MultiAssociativeArray	● 在某种意义上，MultiAssociativeArray通过提出新方法导致了重复工作 ● AssociativeArray的一些其他属性和方法可能是有用的

反对"是一个"关系的理由在这种情况下非常有力。LSP(Liskov Substitution Principle，里氏替换原则)可帮助从"是一个"和"有一个"关系中选择。这个原则指出，你应当能在不改变行为的情况下，用派生类替代基类。将这个原则应用于本例，则表明应当是"有一个"关系，因为你无法在以前使用AssociativeArray的地方使用MultiAssociativeArray。否则，行为就会改变。例如，AssociativeArray的insert()方法会删除映射中同一个键的旧值，而MultiAssociativeArray不会删除此类值。

本节详细介绍的两种解决方案实际上并不是仅有的两种可能的解决方案。其他选项可以是AssociateArray从MultiAssociateArray继承，AssociateArray可以包含MultiAssociateArray，AssociateArray和MultiAssociateArray都从公共基类继承等。对于某个设计，通常有多种解决方案。

实际上，根据笔者多年的经验，如果确实需要选择，建议采用"有一个"关系，而不是"是一个"关系。

注意，这里使用AssociateArray和MultiAssociateArray说明了"有一个"和"是一个"关系的不同之处。在代码中，建议使用标准关联数组类，而不是自己写一个。C++标准库中提供了map类，用来代替AssociateArray，此外还提供了multimap类，用来代替MultiAssociateArray类。第18章将讨论这两个标准类。

5.4.4 not-a关系

当考虑类之间的关系时，应该考虑类之间是否真的存在关系。不要把对面向对象设计的热情全部转换为许多不必要的类/子类关系。

当实际事物之间存在明显关系，而代码中没有实际关系时，问题就出现了。OO(面向对象)层次结构需要模拟功能关系，而不是人为制造关系。图5-7显示的关系作为概念集或层次结构是有意义的，但在代码中并不能代表有意义的关系。

避免不必要继承的最好方法是首先给出大概的设计。为每个类和派生类写出计划设置的属性和方法。如果发现某个类没有自己特定的属性或方法，或者某个类的所有属性和方法都被派生类重写，只要这个类不是前面提到的抽象基类，就应该重新考虑设计。

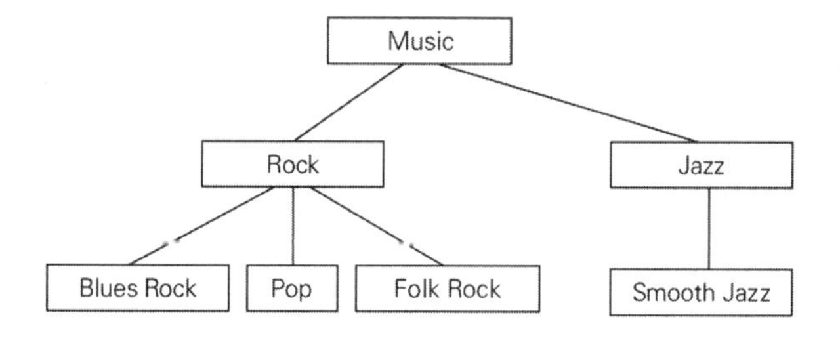

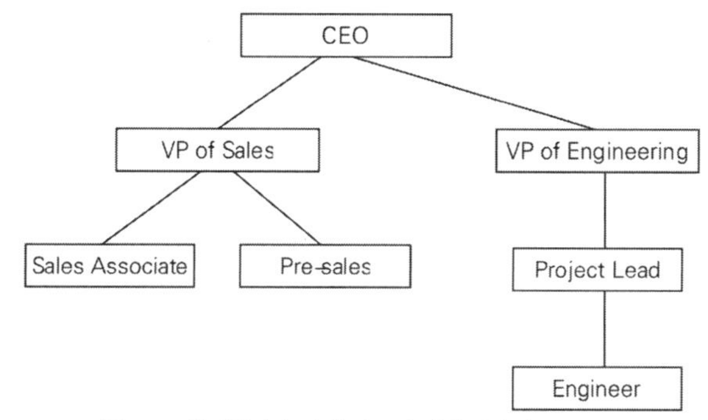

图 5-7 关系作为概念集或层次结构是有意义的

5.4.5 层次结构

正如类 A 可以是类 B 的基类一样，B 也可以是 C 的基类。面向对象层次结构可模拟类似的多层关系。一个具有多种动物的动物园模拟程序，可能会将每种动物作为 Animal 类的子类，如图 5-8 所示。

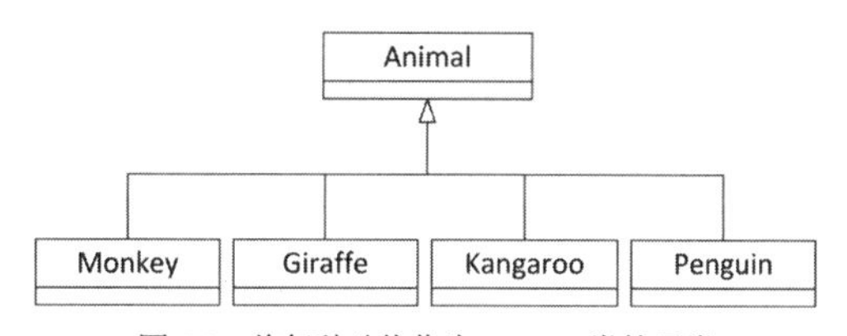

图 5-8 将每种动物作为 Animal 类的子类

当编写每个派生类的代码时，许多代码可能是相似的。此时，应该考虑让它们拥有共同的父类。Lion 和 Panther 的移动方式和食物相同，说明可使用 BigCat 类。还可进一步将 Animal 类细分，以包括 WaterAnimal 和 Marsupial。图 5-9 显示了利用这种共性的更趋层次化的设计。

生物学家看到这个层次结构可能会失望——海豚(Dolphin)和企鹅(Penguin)并不属于同一科。然而，这强调了一个要点——在代码中，需要平衡现实关系和共享功能关系。即使现实中两种事物紧密联系，在代码中也可能没有任何关系，因为它们没有共享功能。可简单地把动物分为哺乳动物和鱼类，但是这会使基类没有任何共同因素。

另一个要点是可用其他方法创建这个层次结构。前面的设计基本上是根据动物的移动方式创建的。如果根据动物常吃的食物或身高创建，层次结构可能会大不相同。总之，关键在于如何使用类，需求决定对象层次结构的设计。

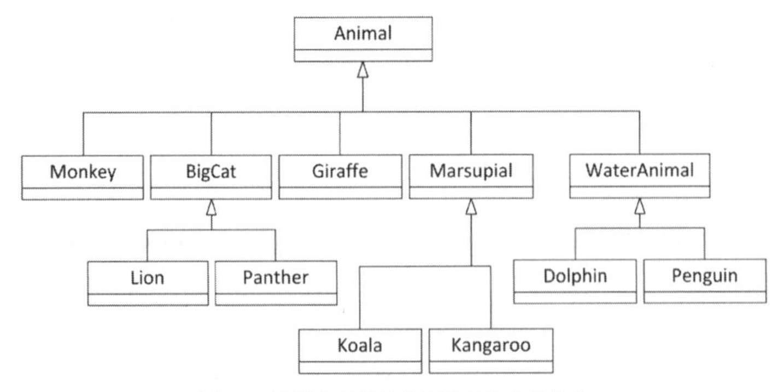

图 5-9 利用这种共性的更趋层次化的设计

优秀的面向对象层次结构能做到以下几点：

- 使类之间存在有意义的功能联系。
- 将共同的功能放入基类，从而支持代码重用。
- 避免子类过多地重写父类的功能，除非父类是一个抽象类。

5.4.6 多重继承

到目前为止，所有示例都只有单一的继承链。换句话说，给定的类最多只有一个直接的父类。事实并非一直如此，在多重继承中，一个类可以有多个基类。

图 5-10 给出了一种多重继承设计。在此仍然有一个基类 Animal，根据大小对这个类进行细分。此外根据食物划分了一个独立的层次类别，根据移动方式又划分了一个层次类别；所有类型的动物都是这三个类的子类。

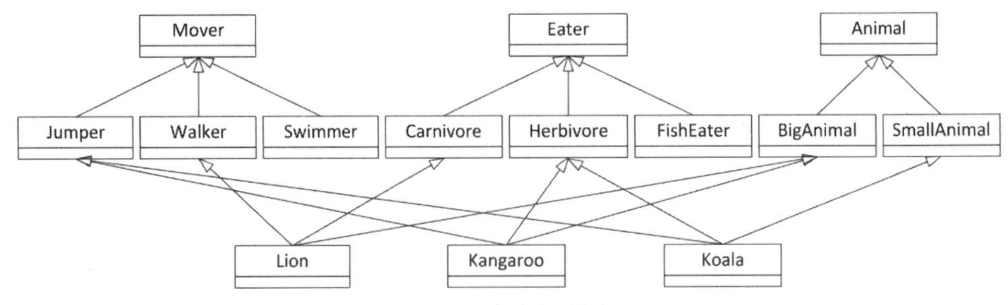

图 5-10 多重继承设计

考虑用户界面环境，假定用户可单击某张图片。这个对象好像既是按钮又是图片，因此其实现同时继承了 Image 类和 Button 类，如图 5-11 所示。

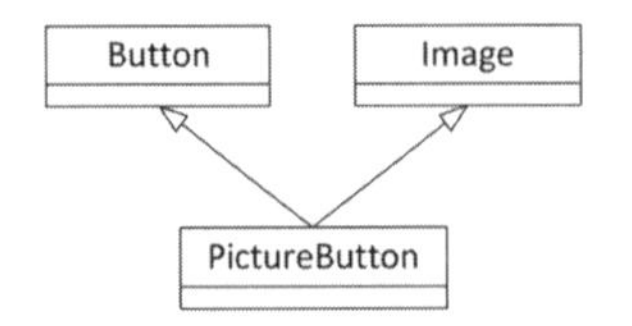

图 5-11 同时继承 Image 类和 Button 类

某些情况下多重继承可能很有用，但必须记住它也有很多缺点。许多程序员不喜欢多重继承，C++明确支持这种关系，而 Java 语言根本不予支持，除非通过多个接口来继承(抽象基类)。多重继承的批评者一般有以下几个原因。

首先，用图形表示多重继承十分复杂。如图 5-10 所示，当存在多重继承和交叉线时，即使简单的类图也会变得非常复杂。类层次结构旨在让程序员更方便地理解代码之间的关系。而在多重继承中，类可有多个彼此没有关系的父类。将这么多类加入对象的代码中，能跟踪发生了什么吗？

其次，多重继承会破坏清晰的层次结构。在动物示例中，使用多重继承方法意味着 Animal 基类的作用降低，因为描述动物的代码现在分成三个独立的层次。尽管图 5-10 中的设计显示了三个清晰的层次，但不难想象它们会变得如何凌乱。例如，如果发现所有的 Jumper 不仅以同样的方式移动，还吃同样的食物，该怎么办？由于层次是独立的，因此无法在不添加其他派生类的情况下加入移动和食物的概念。

最后，多重继承的实现很复杂。如果两个基类以不同方式实现了相同的行为，该怎么办？两个基类本身是同一个基类的子类，可以这样吗？这种可能让实现变得复杂，因为在代码中建立这样错综复杂的关系会给作者和读者带来挑战。

其他语言取消多重继承的原因是，通常可以避免使用多重继承。在设计某个项目时，重新考虑层次结构，通常可避免引入多重继承。

5.4.7　混入类

混入(mixin)类代表类之间的另一种关系。在 C++中，混入类的语法类似于多重继承，但语义完全不同。混入类回答“这个类还可以做什么”这个问题，答案经常以“-able”结尾。使用混入类，可向类中添加功能，而不需要保证是完全的“是一个”关系。可将它当作一种分享(share-with)关系。

回到动物园示例，假定想引入某些动物可以“被抚摸”这一概念。也就是说，动物园的游客可以抚摸一些动物，大概率不会被咬伤或伤害。所有可以被抚摸的动物支持“被抚摸”行为。由于可以被抚摸的动物没有其他的共性，且不想破坏已经设计好的层次结构，因此 Pettable 就是很好的混入类。

混入类经常在用户界面中使用。可以说 Image 能够点击(Clickable)，而不需要说 PictureButton 类既是 Image 又是 Button。桌面上的文件夹图标可以是一张可拖动(Draggable)、可点击(Clickable)的图片(Image)。软件开发人员总是喜欢弄一大堆有趣的形容词。

混入类和基类之间的区别更多地取决于对类的看法，而不是代码的区别。因为范围有限，混入类通常比多重层次结构容易理解。Pettable 混入类只是在已有类中添加了一个行为，Clickable 混入类或许仅添加了“按下鼠标”和“释放鼠标”行为。此外，混入类很少会有庞大的层次结构，因此不会出现功能的交叉混乱。第 32 章将详细介绍混入类。

5.5　本章小结

本章讲述了面向对象程序的设计，没有给出太多代码。本章的概念几乎适用于全部的面向对象语言。有些内容你可能已经知道，有些内容是用新的方法阐述熟悉的概念。或许你会找到解决旧问题的新方法，或者对于你一直在团队中宣讲的概念，本章提供了有利的新论据。即使读者从来没有用过或者只是少量用过对象，现在对设计面向对象程序相关知识的了解也不比很多经验丰富的 C++程序员少。

要重点关注对象之间的关系，因为组织良好的对象不仅有助于代码重用并减少混乱，而且因为你可能在团队中工作。以有意义的方式联系在一起的类易于阅读和维护。当设计程序时，可以参阅 5.4 节。

下一章继续讨论设计主题，介绍如何设计可重用代码。

5.6 练习

通过完成以下习题，可以巩固本章涉及的知识点。所有练习的答案都可扫描封底二维码下载。但是，如果你被某些问题难住，请先重新阅读本章的对应内容，以尝试自己找到答案，然后再从网站上查看解决方案。

练习 5-1　假设你想写一个赛车游戏。你需要对某种汽车建模，在本练习假设中只有一种类型的汽车。该车的每个实例都需要多个属性，例如发动机的当前功率输出、当前燃油使用量、轮胎压力、驾驶灯是否打开、挡风玻璃雨刮器是否启动等。游戏应该允许玩家配置不同的引擎、不同的轮胎、定制的驾驶灯和挡风玻璃雨刷等。你会如何对这样一辆车进行建模，为什么？

练习 5-2　继续练习 5-1 中的赛车游戏，你当然希望能够支持人工驾驶汽车，但也希望包含对人工智能(AI)驱动汽车的支持。你将如何在游戏中对此进行建模？

练习 5-3　假设一个人力资源(HR)应用程序的一部分具有以下 3 个类。

- Employee：关注雇员 ID、薪水、入职日期等
- Person：关注姓名和地址
- Manager：关注团队中有哪些雇员

你认为图 5-12 中的类图怎么样？你能对它进行一些改动吗？该图没有显示不同类的任何属性或行为，因为这是练习 5-4 的主题。

练习 5-4　从练习 5-3 的最终类图开始，在类图中添加一些行为和属性。最后，对经理管理员工团队这一事实进行建模。

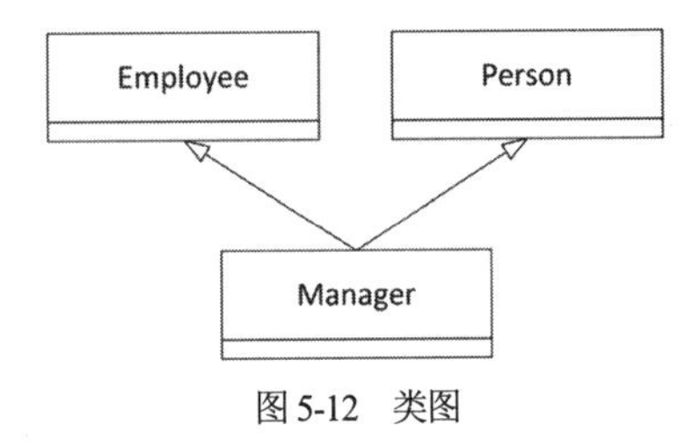

图 5-12　类图

第6章 设计可重用代码

本章内容

- 重用哲学：为什么要设计可重用代码
- 如何设计可重用代码
- 如何使用抽象
- 构建可重用代码的策略
- 设计可用接口的六大策略
- 如何权衡通用性和易用性
- SOLID 原则

正如第 4 章提到的，在程序中，重用库和其他代码是一项重要的设计策略。然而，这只是重用策略的一半，另一半是设计并编写在程序中可重用的代码。你可能已经发现，设计良好的库和设计不当的库之间存在显著差别。设计良好的库用起来很舒服，而设计糟糕的库可能会促使你厌恶地放弃，并自己编写代码。无论是编写供其他程序员使用的库，还是仅仅设计某个类层次结构，在设计代码时都应该考虑重用。你永远不知道后续项目什么时候会用到相似的功能段。

第 4 章介绍了重用的设计主题，并阐述了如何通过在设计中整合库和其他代码来应用这个主题，但没有解释如何设计可重用的代码，这是本章的主题。这一内容建立在第 5 章介绍的面向对象设计原则基础之上。

6.1 重用哲学

应该设计自己和其他程序员都可以重用的代码。这条规则不仅适用于专供其他程序员使用的库和框架，还适用于程序中用到的任何类、子系统和组件。你应该牢记以下格言：

- 编写一次，经常使用
- 不惜一切代价避免代码重复
- DRY(Don’t Repeat Yourself，不要重写自己写过的代码)

这有几个原因：

- **代码不大可能只在一个程序中使用**。代码总会以某种方式重用，因此一开始就应该正确设计。

- **重用设计可节约时间和金钱**。如果设计代码时以某种方式妨碍了将来的使用，当遇到相似的功能需求时，你或你的伙伴必然会花时间重复工作。
- **团队中的其他程序员必须能够使用你编写的代码**。你可能并非独自完成某个项目。同事将感谢你提供设计良好、功能集中的库和代码段供他们使用。重用设计也可以称为协作编程。
- **缺乏重用性会导致代码重复，代码重复会导致维护困难**。如果在重复的代码中发现 bug，则必须在所有使用的位置进行修改。如果发现自己在复制和粘贴一段代码，至少要考虑把它们移入一个辅助函数或类。
- **你自己是主要受益人**。经验丰富的程序员永远不会扔掉代码。随着时间的推移，他们会创建一个不断发展的个人工具库。你永远不会事先知道在什么时候会用到类似的功能段。

警告：
公司员工设计或编写代码时，通常拥有知识产权的是公司而不是员工本人。当员工终止劳动合同时，保留设计或代码的副本通常是违法的。如果你是为客户工作的个体户，上述规则同样成立。

6.2　如何设计可重用代码

可重用代码有两个主要目标：

- 首先，代码必须通用，可用于稍有不同的目的或不同的应用程序领域。涉及特定应用程序细节的组件很难被其他程序重用。
- 其次，可重用代码还应该易于使用，不需要花费大量时间去理解它们的接口或功能。程序员必须能够方便地将这些代码整合到他们的应用程序中。

将库“递交”给客户的方法也很重要。可以源代码形式递交，这样客户只需要将源代码整合到他们的项目中。另一种选择是递交一个静态库，客户将该库链接到他们的应用程序；也可以给 Windows 客户递交一个动态链接库(DLL)，给 Linux 客户递交一个共享对象(.so)。这些递交方式会对编写库的方式施加额外限制。

注意：
本章用术语“客户”代表使用接口的程序员。不要将客户与使用程序的“用户”混淆。本章还使用了短语“客户代码”，这代表使用你的接口的那部分代码。

对于设计可重用代码而言，最重要的策略是抽象。

6.2.1　使用抽象

抽象的关键是有效地将接口与实现分离。实现是用来完成任务的代码，接口是其他用户使用代码的方式。在 C 语言中，描述所编写库中函数的头文件是一个接口。在面向对象编程中，类的接口是可公开访问的方法和属性的集合。然而，一个好的接口应该只包含公共方法。类的属性永远不应该公开，但是可以通过公有方法公开，这些方法也称为获取器和设置器。

第 4 章介绍了抽象的原则，并给出了一个电视的真实类比，你可以通过它的接口使用它，而不需要了解它内部是如何工作的。同样，在设计代码时，应该将接口与实现明确分开。这种分离使代码更易于使用，主要是因为客户不需要了解内部实现细节就可以使用该功能。

使用抽象对于自己和使用代码的客户都有好处。客户会获得好处，因为他们不需要担心实现细节，他们可利用你提供的功能，而不必理解代码的实际运行方式。你会获得好处，是因为可修改底层的代码，而不需要改变接口。这样就可升级和修订代码，而不需要客户改变他们的用法。如果使用动态链接库，客户甚至不需要重新生成可执行程序。总之，都获得了好处是因为作为库的编写者，可在接口中明确指定希望的交互方式和支持的功能。第 3 章讨论了如何编写文档。接口与实现的明确分离可杜绝用户以你不希望的方式使用库，而这些方式可能导致意想不到的行为和 bug。

警告：
当设计接口时，不要向客户公开实现细节。

有时为将某个接口返回的信息传递给其他接口，库要求客户代码保存这些信息。这一信息有时称为句柄(handle)，经常用来跟踪某些特定的实例，这些实例调用时的状态需要被记住。如果库的设计需要句柄，不要公开句柄的内部情况。可将句柄放入某个不透明类，程序员不能直接访问这个类的内部数据成员，也不能通过公有的获取器或设置器来访问。不要要求客户代码修改此句柄内的变量。一个不良设计的示例是，一个库为了启用错误日志，要求设置某个结构的特定成员，而这个结构所在的句柄本来应该是不透明的。

注意：
遗憾的是，编写类时，C++对于抽象原则并不友善，其语法要求将 public 接口和非公有(private 或 protected)数据成员以及方法集中到类定义中，从而向客户公开类的一些内部实现细节。第 9 章将讲述与此有关的处理技巧，以提供清晰的接口。

抽象非常重要，应该贯穿于整个设计。在做出任何决定时，都应该确保满足抽象原则。将自己摆在客户的位置，判断是否需要接口的内部实现知识。这样将很少(甚至永远不)违背这个原则。

当使用抽象设计可重用代码时，你需要注意以下两点：

- 首先，你必须适当地构造代码。要使用怎样的类层次结构？应该使用模板吗？应该如何将代码划分为子系统？
- 其次，必须设计接口，这些接口是访问你提供的功能的库的“入场券”。

这两个主题将在接下来的小节中讨论。

6.2.2 构建理想的重用代码

在开始设计时就应该考虑重用，在所有级别上都要考虑，从单个函数、类乃至整个库或框架。在下文中，所有这些不同的级别称为组件。下面的策略有助于恰当地组织代码，注意所有这些策略都关注代码的通用性。设计可重用代码的另一方面是提供易用性，这与接口设计有紧密的联系，本章后面将讨论这些内容。

1. 避免组合不相干的概念或者逻辑上独立的概念

当设计组件时，应该关注单个任务或一组任务，即“高内聚”，也称为 SRP (Single Responsibility Principle，单一责任原则)。不要将无关概念组合在一起，例如随机数生成器和 XML 解析器。

即使设计的代码并不是专门用来重用的，也应该记住这一策略。完整的程序本身很少会被重用，但是程序的片段或子系统可直接组合到其他应用程序中，也可以在稍作变动后用于大致相同的环境。因此，设计程序时，应将逻辑独立的功能放到不同的组件中，以便在其他程序中使用。其中的每个组件都应当有明确定义的责任。

这个编程策略模拟了现实中可互换的独立部分的设计原则。例如，可编写一个 Car 类，在其中放入引擎的所有属性和行为。但引擎是独立组件，未与小汽车的其他部分绑定。可将引擎从一辆小汽车卸下，安装在另一辆小汽车中。合理的设计是添加一个 Engine 类，其中包含与引擎相关的所有功能。此后，Car 实例将包含 Engine 实例。

将程序分为逻辑子系统

将子系统设计为可单独重用的分立组件，即"低耦合"。例如，如果设计一款网络游戏，应该将网络和图形用户界面放在独立的子系统中，这样就可以重用一个组件，而不会涉及另一个组件。例如，假定要编写一款单机游戏，就可以重用图形界面子系统，但是不需要网络功能。与此类似，可以设计一个 P2P 文件共享程序，在此情况下可重用网络子系统，但是不需要图形用户界面功能。

每个子系统都应该遵循抽象原则。将每个子系统当作微型库，必须为其提供清晰的、便于使用的接口。即使你是使用这个微型库的唯一程序员，设计良好的接口和从逻辑上分离不同功能的实现也是有益的。

用类层次结构分离逻辑概念

除了将程序分为逻辑子系统以外，在类级别上应该避免将无关概念组合在一起。例如，假定要为自动驾驶汽车编写类。你决定首先编写小汽车的基本类，然后在其中直接加入所有自动驾驶逻辑。但是，如果程序中只需要非自动驾驶汽车，该怎么办？此时，与自动驾驶相关的所有逻辑都会失效，而程序必须与本可避开的库(如 vision 库和 LIDAR 库)链接。解决方案是创建一个类层次结构(见第 5 章)，将自动驾驶汽车作为普通汽车的一个派生类。这样，如果不需要自动驾驶功能，就可在程序中使用 Car 基类，从而避免无谓地增加算法成本。图 6-1 显示了这个类层次结构。

如果有两个逻辑概念，如自驾和小汽车，这个策略效果不错。如果有 3 个或更多个逻辑概念，将变得更复杂。例如，假设要提供卡车和小汽车，每种都有自动驾驶和非自动驾驶之分。从逻辑上讲，Car 和 Truck 都是 Vehicle 的特例，因此应当是 Vehicle 类的派生类，如图 6-2 所示。

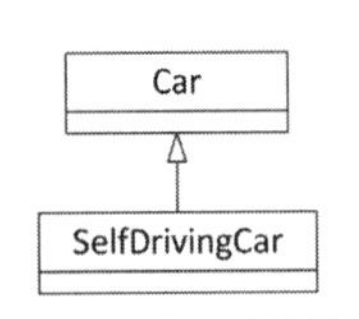

图 6-1　类层次结构

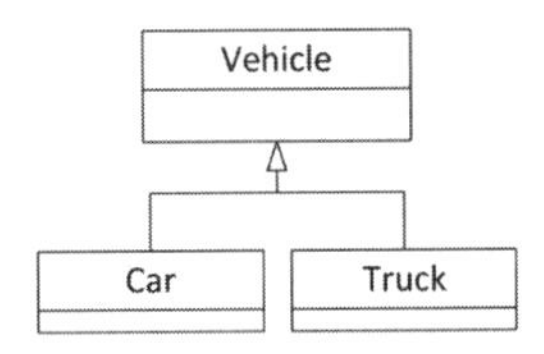

图 6-2　Vehicle 类的派生类

与此类似，可将自动驾驶类作为非自动驾驶类的派生类。无法使用线性层次结构进行分离。一种可能的做法是使自动驾驶功能成为混入类。前一章展示了一种使用多重继承在 C++中实现混入类的方法。例如，PictureButton 可以继承自 Image 类和 Clickable 混入类。然而，对于自动驾驶设计，最好使用不同类型的混入类实现，这种实现使用类模板。基本上，SelfDrivable 混入类可以定义如下。这个例子在类模板语法方面有点超前，语法将在第 12 章详细讨论，但这些细节对于后面的讨论并不重要。

```
template <typename T>
class SelfDrivable : public T
{
};
```

这个 SelfDrivable 混入类提供了实现自动驾驶功能所需的所有算法。一旦有了这个 SelfDrivable 混入类模板，就可以按如下方式实例化一个用于汽车的模板和一个用于卡车的模板：

```
SelfDrivable<Car> selfDrivingCar;
SelfDrivable<Truck> selfDrivingTruck;
```

这两行代码的结果是，编译器将使用 SelfDrivable 混入类模板创建一个实例，其中类模板中的所有 T 都由 Car 替换，因此由 Car 派生。另一个实例中，T 由 Truck 替换，因此由 Truck 派生。第 32 章将详细介绍混入类。

这个解决方案需要你编写 4 个不同的类，但为了明确分离功能，这是值得的。

与类级别一样，还应避免在任何设计级别组合不相关的概念，也就是说，要追求高内聚。例如，在方法级别，一个方法不应当执行逻辑上无关的事项，不应当将修改(设置)和查看(获取)混合，等等。

用聚合分离逻辑概念

第 5 章讨论的聚合(Aggregation)模拟了“有一个”关系：为完成特定功能，对象会包含其他对象。当不适合使用继承方法时，可以使用聚合分离没有关系的功能或者有关系但独立的功能。

例如，假定要编写一个 Family 类来存储家庭成员。显然，树数据结构是存储这些信息的理想结构。不应该把树数据结构的代码整合到 Family 类中，而是应该编写一个单独的 Tree 类。然后 Family 类可以包含并使用 Tree 实例。用面向对象的术语来说，Family 有一个 Tree。通过这种方法，可以在其他程序中方便地重用树数据结构。

消除用户界面依赖

如果是一个操作数据的库，就需要将数据操作与用户界面分离开来。这意味着对于这些类型的库，不应该假定哪种类型的用户界面会使用库，因此不应该使用任何标准输入输出流，例如 cout、cerr 和 cin，因为如果在图形用户界面的环境下使用库，这些概念将没有意义。例如，基于 Windows GUI 的应用程序通常不会有任何形式的控制台 I/O。即使库只用于基于 GUI 的程序，也不应该向终端用户弹出任何类型的消息窗口或者其他类型的提示，这是客户代码需要做的事情。这种类型的依赖不仅降低了重用性，还阻止了客户代码正确响应错误，例如在后台将错误处理掉。

第 4 章介绍的 Model-View-Controller(MVC)范式是一种将数据存储和数据显示分开的著名设计模式。在这种范式中，模型可放在库中，客户代码可提供视图和控制器。

2. 对泛型数据结构和算法使用模板

C++模板的概念允许以类型或类的形式创建泛型结构。例如，假定为整型数组编写了代码。如果以后要使用 double 数组，就需要重写并复制所有代码。模板的概念就是将类型变成一个需要指定的参数，这样就可以创建一个适用于任何类型的代码体。模板允许编写适用于任何类型的数据结构和算法。

最简单的示例是第 1 章介绍的 std::vector 类，这个类是 C++标准库的一部分。为创建整型的 vector，可编写 std::vector<int>，为创建 double 类型的 vector，可编写 std::vector<double>。模板编程通常功能强大，但非常复杂。幸运的是，可以创建相对简单的、使用类型作为参数的模板用例。第 12 和 26 章讲述编写自定义模板的技巧，本节讨论模板的一些重要设计特征。

只要有可能，就应该设计泛型(而不是局限于某个特定程序的)数据结构和算法。不要编写只存储 book 对象的平衡二叉树结构，要使用泛型，这样就可以存储任何类型的对象。通过这种方法，可将其用于书店、音乐商店、操作系统或需要平衡二叉树的任何地方。这个策略是标准库的基础，标准库提供可用于任何类型的泛型数据结构和算法。

模板优于其他泛型程序设计技术的原因

模板不是编写泛型数据结构的唯一机制。在 C 和 C++中，可通过存储 void*指针而不是特定类型的指针来编写泛型数据结构。通过将类型转换为 void*，客户可用这个结构存储他们想要的任何类型。然而，这种方法的主要问题在于这不是类型安全的：容器无法检测或强制指定所存储元素的类型。可将任何类型转换为 void*，存储在这个结构中。当从这个数据结构中删除指针时，必须将它们转换为对应的类型。由于没有类型检测，结果可能是灾难性的。考虑这样一种情况，某个程序员在一个数据结构中存储了指向 int 的指针(通过将其转换为 void*的方法)，但另一个程序员认为这是指向 Process 对象的指针。第二个程序员愉快地将 void*指针转换为 Process*指针，并试图将其当作 Process*对象使用指针。不必多说，这个程序不会像预期的那样运行。

从 C++17 开始，可以使用 std::any 类而不是 void*指针来实现不基于模板的泛型数据结构。any 类将在第 24 章讨论，但现在知道在 any 类的实例中可以存储任意类型的对象就已经足够了。std::any 的底层实现中的确在某些情况下使用了 void*指针，但它也跟踪存储的类型，因此所有内容都保持类型安全。

另一种方法是为特定的类编写数据结构。通过多态性，这个类的所有子类都可存储在这个结构中。Java 将这种方法发挥到极致，指定所有的类都从 Object 类直接或间接派生。早期 Java 版本的容器存储 Object，因此可以存储任何类型的对象。然而，这种方法也不是真正类型安全的。从容器中删除某个对象时，必须记得其真实的类型，并向下转换(down-cast)为合适的类型。向下转换意味着转换为类层次结构中更具体的类，即沿着类层次结构“向下”转换。

另一方面，只要使用正确，模板就是类型安全的。模板的每个实例都只存储一种类型，如果试图在同一个模板实例中存储不同的类型，程序将无法编译。此外，模板允许编译器为每个模板实例生成高度优化的代码。与 void*和 std::any 相比，模板还避免了在自由存储区中的内存分配，从而获得了更好的性能。与 C++模板一样，较新的 Java 版本支持类型安全的泛型概念。

模板的问题

模板并不是完美的。首先，其语法令人迷惑，对于没有用过模板的人而言更是如此。其次，模板要求相同类型的数据结构，在一个结构中只能存储相同类型的对象。也就是说，如果编写了一个平衡二叉树的类模板，可以创建一个树对象来存储 Process 对象，创建另一个树对象来存储 int。不能在同一棵树中同时存储 int 和 Process。这个限制是由模板的类型安全性质决定的。从 C++17 开始，可以采用一种标准方式来绕过这种“相同类型”限制。可编写数据结构来存储 std::variant 或 std::any 对象。std::any 对象可存储任意类型的值，std::variant 对象可存储所选类型的值。第 24 章将详细介绍 any 和 variant 类。

模板的另一个可能的缺点是所谓的代码膨胀：最终二进制代码的大小增加。每个模板实例化的代码比稍慢一点的泛型代码需要更多的大小。然而，如今代码膨胀通常不是什么大问题。

模板与继承

程序员有时发现，难以决定使用模板还是继承。在此有一些提示，有助于做出决定。

如果打算为不同的类型提供相同的功能，则使用模板。例如，如果要编写一个适用于任何类型的泛型排序算法，应该使用模板。如果要创建一个可以存储任何类型的容器，应该使用模板。关键的概念在于模板化的类或算法会以相同方式处理所有类型。但是，如有必要，可针对特定的类型对模板进行特化，以区别对待这些类型。模板特化参见第 12 章。

当需要提供相关类型的不同行为时，应该使用继承。例如，在图形绘制程序中，使用继承来支持不同的图形，例如圆、正方形、直线等。然后，特定形状派生自一个基类，例如 Shape 类。

现在可以把二者结合起来。可以编写一个模板基类，此后从中派生一个模板类。第 12 章将详细讲述模板语法。

3. 提供适当的检测和安全措施

编写安全代码有两种截然不同的方法。最优的编程方法可能是适当地混合使用这两种方法。第一种方法是按契约设计，这表示函数或类的文档是契约，详细描述客户代码的作用以及你的函数或类的作用。按契约设计有 3 个重要方面：前置条件(precondition)、后置条件(postcondition)和不变量(invariant)。前置条件列出为调用函数或方法客户代码必须满足的条件。后置条件列出完成执行后，函数或方法必须满足的条件。最后，不变量列出在函数或方法执行期间必须一直满足的条件。

这种方法常用于标准库。例如，std::vector 定义了一个契约，以使用数组标记获取 vector 中的某个元素。契约指定，vector 不进行边界检查，这是客户代码的责任。也就是说，使用数组标记从 vector 获取元素的前置条件是给定索引是有效的。这样可提高客户代码的性能，因为客户代码知道其索引在指定范围内。

第二种方法是以尽可能安全的方式设计函数和类。这个指导方针的最主要特征就是在代码中执行错误检测。例如，如果随机数生成器需要一个处于指定范围的种子，不要相信用户一定会正确地传递一个有效的种子。应该检测传递过来的值，如果无效，就拒绝调用。例如，除了按契约设计的数组标记可以获取元素之外，vector 还定义了一个 at()方法，用来获取进行边界检查的特定元素。如果用户提供的索引无效，该方法将引发异常。因此，客户代码可以选择是使用不带边界检查的数组标记，还是使用带边界检查的 at()方法。vector 还定义了 at()方法，所以客户代码可以选择是使用不带边界检查的数组标记，还是使用带有边界检查的 at()方法。

可以用准备所得税申报的会计师做类比。在美国，雇用一位会计师，给他提供当年所有财务信息，会计师用这些信息填写 IRS 表单。然而，会计师并不是盲目地将这些信息填写在表单上，而是要确认所填的信息有意义。例如，如果你有一栋房子，但忘了说明支付的房产税，会计师将提醒你提供这一信息。同样，如果说支付了$12 000 的按揭利息，但你的收入只有$15 000，会计师就会问你是否提供了正确的数字(或者至少会建议你更换负担得起的房子)。

可将会计师当作“程序”，财务信息就是输入，所得税申报表就是输出。然而，会计师的价值不仅是填写表单，选择雇用会计师的另一个原因是他可以提供检测和安全措施。在编程中也与此类似，在实现中应该尽可能提供检测和安全措施。

有些技巧和语言特征有助于编写安全代码，有助于在程序中加入检测和安全措施。为了向客户代码报告错误，可返回错误代码或特定的值，例如 false、nullptr 或第 1 章介绍的 std::optional。此外，还可以抛出异常，以提醒客户代码发生了错误，第 14 章将详细讲述异常。

4. 扩展性

设计的类应当具有扩展性，可通过从这些类派生其他类来扩展它们。不过，设计好的类应当不再修改，也就是说，其行为应当是可扩展的，而不必修改其实现。这称为开放/关闭原则(Open/Closed Principle，OCP)。

例如，假设开始实现绘图应用程序。第一个版本只支持绘制正方形，设计中包含两个类：Square 和 Renderer。前者包含正方形的定义，如边长；后者负责绘制正方形。得到的代码如下：

```
class Square { /* Details not important for this example. */ };
class Renderer
{
    public:
        void render(const vector<Square>& squares)
        {
            for (auto& square : squares) { /* Render this square object... */ }
        }
};
```

接下来添加对绘制圆的支持，因此创建 Circle 类：

```
class Circle { /* Details not important for this example. */ };
```

为绘制圆，必须修改 Renderer 类的 render()方法。你决定将其改为：

```
void Renderer::render(const vector<Square>& squares,
                      const vector<Circle>& circles)
{
    for (auto& square : squares) { /* Render this square object... */ }
    for (auto& circle : circles) { /* Render this circle object... */ }
}
```

此时，你会感觉哪里有些不对，你的感觉是对的！为了扩展这个功能使其支持绘制圆，必须修改现有的 render()方法的实现，即没有关闭修改。

在这种情况下，你应该使用继承。这个示例对继承语法的使用稍微超前，第 10 章将讨论继承，不过，对于这个示例而言，重点并不在于理解语法细节。此时，只需要知道，以下语法指定 Square 从 Shape 类派生而来：

```
class Square : public Shape {};
```

下面是使用了继承语法的设计：

```
class Shape
{
    public:
        virtual void render() = 0;
};

class Square : public Shape
{
    public:
        void render() override { /* Render square... */ }
    // Other members not important for this example.
};

class Circle : public Shape
{
    public:
        void render() override { /* Render circle... */ }
    // Other members not important for this example.
};

class Renderer
{
    public:
    void render(const vector<Shape*>& objects)
    {
        for (auto* object : objects) { object->render(); }
    }
};
```

在这种设计中，如果想要添加对新类型形状的支持，只需要编写一个新类，该类从 Shape 类派生而来，并且实现了 render()方法。不需要对 Renderer 类做任何修改。因此，可在不修改现有代码的前提下扩展设计，即它对扩展是“开放”的，对修改是“关闭”的。

6.2.3 设计有用的接口

除了正确地抽象和构建代码之外，重用设计要求关注与程序员交互的接口。如果实现非常优秀、高效，但接口很糟糕，库就不能算是良好的。

即使不想把程序中的每个组件都应用到多个程序中，也应该让它们具有良好的接口。首先，不知道什么时候会重用其中的一些内容。其次，即使只使用一次，良好的接口也很重要，特别是在团队中编程，并且其他程序员必须使用你设计和编写的代码时。

在C++中，类的属性和方法可以是公有的(public)、受保护的(protected)和私有的(private)。将属性或行为设置为public意味着其他代码可以访问它们。protected意味着其他代码不能访问这个属性或行为，但子类可以访问。private是最严格的控制，意味着不仅其他代码不能访问这个属性或行为，子类也不能访问。注意，访问修饰符在类级别而非对象级别发挥作用。例如，这意味着类的方法可访问同一个类的其他对象的private属性或private方法。

设计公开的接口就是选择哪些应该成为public，应该将设计公开接口看作一个过程。接口的主要目的是使代码易于使用，但是一些接口技术也可以使其遵循通用性的原则。

1. 考虑用户

设计公开接口的第一步是考虑为谁设计。用户是团队中的其他成员吗？这个接口只是个人使用吗？公司外面的程序员会使用接口吗？是某个用户还是国外的承包商？除了判断谁会用到接口以外，还应该注意设计目标。

如果接口供自己使用，那么设计起来会更灵活，为满足自己的需要可加以改变。然而，应该记住团队中的角色会改变，很有可能在某一天，其他人也会用这个接口。

设计供公司内其他程序员使用的接口有一点不同之处。某种意义上，接口变成你与他们之间的契约。例如，如果你实现程序的数据存储组件，其他人依靠这个接口支持某些操作。你应该找出团队中其他成员需要你的类完成的所有工作。他们需要版本控制吗？可以存储什么类型的数据？作为契约，接口应该看成几乎不可改变的。如果在开始编码之前就接口达成一致，而你在开始编码之后改变了接口，就会听到许多抱怨。

如果用户是外部客户，那么理想情况下，目标客户会参与指定接口公开的功能，正如为公司内部用户设计接口一样。你应该同时考虑用户需要的特定功能和他们将来可能需要的功能。接口中使用的术语必须是客户熟悉的，并且编写文档时必须考虑到用户。设计中不应该出现内部的笑话、代号和程序员的俚语。

接口的用户也会影响你在设计上投入的时间。例如，如果正在设计一个只包含几个方法的接口，而这些方法只被少数用户在少数几个地方使用，那么以后修改该接口是可以接受的。但是，如果正在设计一个复杂的接口或一个将被许多用户使用的接口，那么应该在设计上花费更多的时间，并尽最大努力避免在用户开始使用之后再对其进行修改。

2. 考虑目的

编写接口有很多理由。在编写代码前，甚至在决定要公开的功能之前，必须理解接口的目的。

应用程序编程接口

应用程序编程接口(API)是一种外部可见机制，用于扩展产品或者在其他环境中使用其功能。如果说内部的接口是契约，那么API更接近于不可更改的法律。当甚至不是公司员工的用户开始使用你的API时，他们不希望API发生改变，除非加入帮助他们的新功能。在交给用户使用之前，应该关心 API 的设计，并与用户讨论。

设计 API 时主要考虑易用性和灵活性。由于接口的目标用户并不熟悉产品内部的运行方式，因此学习使用 API 是一个循序渐进的过程。毕竟，公司向用户公开这些 API 的目的是想让用户使用 API。如果使用难度太大，API 就是失败的。灵活性常与此对立，产品可能有许多不同的用途，我们希望用户能使用产品提供的所有功能。然而，如果一个 API 让用户使用产品支持的任何功能，那么它肯定会过于复杂。

正如一句编程格言所说，“好的API使普通的情况变得容易，使高级的/不大可能的情况变得可能”。也就是说，API 应该很容易使用，支持大多数程序员想要做的事情。然而，API 应该允许更高级的用法，因此在罕见的复杂情况和常见的简单情况之间做出折中是可以接受的。本章后面的“设计易用的接口”一节将详细讨论此策略，并为设计提供一些具体提示。

工具类或库

通常，程序员的任务是设计某些特定的功能，供应用程序中的其他部分使用，例如一个日志类。在此情况下接口比较容易确定，因为要公开大多数功能或全部功能，理想情况下不应该给出太多与实现有关的内容。通用性是需要考虑的重要问题，由于类或库是通用的，因此在设计中应该考虑设置可能的用例集合。

子系统接口

你可能设计程序中两个主要子系统之间的接口，例如访问数据库的机制。在此情况下，将接口与实现分离很重要，原因如下。

最重要的原因之一是可模拟性。在测试场景中，你希望用接口的一个实现替换接口的另一个实现。例如，在为数据库接口编写测试代码时，你可能不希望访问真实的数据库。可以将访问真实数据库的接口实现替换为模拟所有数据库访问的接口实现。

另一个原因是灵活性。即使在测试场景之外，你也可能希望提供某些接口的几种不同实现，这些实现可以互换使用。例如，你可能希望将使用 MySQL 服务器数据库的数据库接口实现替换为使用 SQL 服务器数据库的实现。你甚至可能希望在运行时在不同的实现之间切换。

还有另一个不那么重要的原因，通过先完成接口，其他程序员可以在你的实现完成之前针对接口开始编程。

在处理子系统时，首先考虑它的主要用途。一旦确定了子系统负责的主要任务，就要考虑具体的用途以及应该如何将其呈现给代码的其他部分。试着设身处地为他们着想，不要陷入实施细节的泥潭。

组件接口

我们定义的大多数接口可能都比子系统接口或 API 更小。这些将是你在编写其他代码时使用的类。这些情况下，当接口逐渐增大，变得难以控制时，就可能会出现问题。哪怕这些接口是供自己使用的，也要当成不是。与子系统接口类似，此时应该考虑每个类的主要目的，不要公开对这个目的没有贡献的功能。

3. 设计易用的接口

接口应该易于使用。这并不意味着接口是微不足道的，而是说接口应该在功能允许的情况下尽量简洁明了。不能要求库的客户为了使用简单的数据结构就去查找数页源代码，或者改动他们的代码，以获得所需的功能。本小节给出了 4 个具体策略，来帮助设计易于使用的接口。

采用熟悉的处理方式

开发易用的接口的最佳策略是遵循标准的、熟悉的做事方法。当人们遇到的接口与他们过去用过的接口类似时，就能更好地理解这个接口，更容易采用这个接口，出错的可能也更低。

例如，假定设计汽车的操纵机构。这有多种可能：一个操纵杆，左移和右移两个按钮，一个滑动水平杠杆，或者一个古老的方向盘。哪个接口最容易使用？采用哪种接口的汽车销量最好？客户熟悉方向盘，因此，这两个问题的答案都是方向盘。即使开发出另一种性能更好、更安全的操纵机构，也需要花费大量的时间去销售产品，还要教会人们如何使用。当需要在遵循标准接口模型和扩展新方向之间做出选择时，通常最好坚持使用人们熟悉的接口。

创新当然很重要，但应该在底层实现中创新，而不是在接口上。例如，消费者对某些车型的创新型全电动发动机感到兴奋。这些车之所以卖得很好，部分原因是使用它们的接口与配备标准汽油发动机的汽车相同。

回到C++，这个策略表明，开发的接口应该遵循C++程序员熟悉的标准。例如，C++程序员希望构造函数初始化对象，析构函数清理对象(详见第8章)。如果需要“重新初始化”现有对象，标准方法是使用一个新构造的对象为其赋值。当设计类时，应该遵循这个标准。如果要求程序员调用initialize()方法初始化对象，调用cleanup()方法清理对象，而不是将这些功能放在构造函数和析构函数中，就会让使用你的类的所有用户感到迷惑。因为这个类与其他C++类的行为不同，程序员需要花费更长的时间学习如何使用这个类，并可能由于忘记调用initialize()或cleanup()方法而出错。

注意：
要一直从使用者的角度考虑接口。这些接口有意义吗？这是你想要的接口吗？

C++提供了一种称为运算符重载的语言特性，帮助为对象开发易于使用的接口。运算符重载允许所编写的类使用标准运算符，就像内建的int和double类型一样。例如，可编写一个Fraction类，这个类可以执行加、减和流操作，如下所示：

```
Fraction f1 { 3, 4 };
Fraction f2 { 1, 2 };
Fraction sum { f1 + f2 };
Fraction diff { f1 - f2 };
cout << f1 << " " << f2 << endl;
```

与之对应的方法调用如下所示：

```
Fraction f1 { 3, 4 };
Fraction f2 { 1, 2 };
Fraction sum { f1.add(f2) };
Fraction diff { f1.subtract(f2) };
f1.print(cout);
cout << " ";
f2.print(cout);
cout << endl;
```

可以看出，运算符重载可为类提供容易使用的接口，但也不要滥用运算符重载。虽然可以重载+运算符以实现减法运算，重载－运算符以实现乘法运算，但此类实现违反常理。当然，这并不意味着每个运算符一定要实现与之前完全一样的行为。例如，string类用+运算符连接字符串，直觉上这个接口就是用于连接字符串的。第9和15章将详细讨论运算符重载。

不要忽略必需的功能

在设计接口时，应该考虑将来的需求。你会在这个设计上花费数年时间吗？如果是这样，就可能需要使用插件架构，从而留出扩展空间。能够确定人们使用接口的目的与当初设计的目的相同吗？与他们交流，以更好地理解他们的使用情况。否则以后就要重写接口，或者更糟糕的是，以后可能需要不时地添加新功能，使接口变得凌乱不堪。然而要小心！如果将来的用途不清楚，不要设计意图解决一切问题的日志类，因为这样做会不必要地将设计、实现和公有接口复杂化。

该策略分为两部分。首先，接口应该包括用户可能用到的所有行为。这乍看上去好像是显而易见的。回到汽车示例，汽车绝不会没有供司机查看速度的里程表！与此类似，Fraction 类绝不会没有让客户访问分子值和分母值的机制。

然而，其他行为可能就比较模糊。该策略要求预见客户使用代码的所有方法，如果以某种特定的方式思考接口，当客户以不同方式使用时，就可能遗漏他们所需的功能。例如，假定要设计一个游戏棋盘类，可能只想到了典型的游戏，例如国际象棋或西洋跳棋，于是决定棋盘上的一个位置最多放一个棋子。然而，如果后来要编写一个西洋双陆棋游戏(棋盘上允许多个棋子占据一个位置)，该怎么办？由于排除了这种可能性，该棋盘就无法作为西洋双陆棋的棋盘。

显然，预见库所有可能的用法是很困难的，甚至无法做到。不要强迫自己为了将来的潜在用途而设计一个完美接口。只需要对此给予考虑，并尽力去做即可。

这个策略的第二部分是在实现中包含尽可能多的功能。不能要求客户代码指定在实现中已经知道或可以知道的信息(假设以不同的方式设计)。例如，如果库需要一个临时文件，不要让库的用户指定路径。他们不关心库使用什么文件，应该用其他方法决定合适的临时文件路径。

此外，不能要求库的用户完成不必要的任务以合并结果。如果随机数库采用了独立计算随机数低序位和高序位的算法，在传递给用户之前，应该将这些数字合并。

提供整洁的接口

为避免在接口中遗漏功能，某些程序员走向另一个极端：包含可以想到的所有功能。使用这个接口的程序员永远不会没有完成任务的方法。遗憾的是，这个接口可能非常混乱，以至于无法实现。

不要在接口中提供多余的功能，保持接口的简洁。乍看上去，这个指导方针与前面避免遗漏必要功能的策略相背。为避免遗漏功能而包含所有想象到的接口尽管是一个策略，但并不是一个健全的策略。应该包含必要的功能，并忽略不必要甚至起反作用的接口。

回顾汽车示例。开车只需要使用几个组件：方向盘、刹车、油门踏板、换挡、后视镜、里程计和仪表板上的一些其他仪表。现在想象一下，如果汽车的仪表板与飞机的驾驶员座舱类似，具有上百个仪表、控制杆、监控器和按钮，这没法用！开汽车比开飞机容易多了，接口也比较简单，不需要关心海拔高度、与控制塔通话或控制飞机中众多的组件(例如机翼、发动机和起落架)。

此外，从发展的观点看，较小的库容易维护。如果试图让每个人都很愉快，就应该留出更多空间来容纳错误，如果实现非常复杂以至于纠缠不清，哪怕一个错误也能导致库失效。

遗憾的是，设计简洁接口的思想看起来很好，实践起来非常难。这个规则基本上是主观的：由你决定什么是必需的，什么不是。当然，当这个判断出错时，客户一定会通知你。

提供文档

无论接口多么便于使用，都应该提供使用文档。如果不告诉程序员如何使用，不能期望他们会正确使用库。应该将库或代码看作供其他程序员使用的产品。产品应该带有说明其正确用法的文档。

提供接口文档有两种方法：接口自身内部的注释和外部的文档。应该尽量提供这两种文档。大多数公开的 API 只提供外部文档：许多标准 UNIX 和 Windows 头文件中都缺少注释。在 UNIX 中，文档形式通常是名为 man pages 的在线手册。在 Windows 中，文档通常附带在集成开发环境中或互联网上。

虽然多数 API 和库都取消了接口本身的注释，但笔者认为，这种形式的文档才是最重要的。绝不应该给出一个只包含代码的“裸”模块或头文件。即使注释与外部文档完全相同，具有友好注释的头文件也比只有代码的模块或头文件看上去舒服，即使最优秀的程序员也希望经常看到书面语言。

第 3 章给出了关于注释要包括什么以及如何写注释的具体技巧，并且提到了基于接口内注释的外部文档自动生成工具。

4. 设计通用接口

接口应该通用，这样就可用于各种任务。如果在原本通用的接口中编写了针对某个程序的代码，就无法将其用作他用。这里给出一些需要记住的指导方针。

提供执行相同功能的多种方法

为让所有“顾客”都满意，有时可提供执行相同功能的多种方法。然而，应该慎用这种方法，因为过多的应用很容易让接口变得混乱不堪。

再次考虑汽车示例。现在大多数新车都提供遥控开锁系统，可按下钥匙扣上的一个按钮开锁。然而，这些车始终提供标准钥匙，当钥匙扣上的电池没电时可用标准钥匙开锁。尽管多了一种方法，但是大多数消费者喜欢拥有两种选择。

有时在程序接口的设计中也是如此。例如，std::vector 提供了两种方法来访问特定索引处的元素。可使用 at()方法，该方法执行边界检查；也可使用数组标记方法，该方法不执行边界检查。如果知道索引是有效的，那么使用数组标记方法更合适，这样可省去使用 at()方法时的边界检查开销。

注意，这一策略应该当作接口设计中“整洁”规则的例外。有些情况下这个例外是恰当的，但大多数情况下应该遵循“整洁”规则。

提供定制

为增强接口的灵活性，可提供定制。定制可以很简单，如允许用户打开或关闭错误日志。定制的基本前提是向每个客户提供相同的基本功能，但给予用户稍加调整的能力。

实现此目的的一种方法是通过使用接口来反转依赖关系，也称为依赖倒置原则 (DIP)。依赖注入是这一原则的一种实现。第 4 章“设计专业的 C++程序”简要提到了 ErrorLogger 服务的一个示例。应该定义一个 ErrorLogger 接口，并使用依赖注入将这个接口注入每个想要使用 ErrorLogger 服务的组件中。

通过回调和模板参数，可提供更强大的定制能力。例如，可允许客户设置自己的错误处理例程。第 19 章将详细讨论回调。

标准库将定制策略发挥到极致，允许客户为容器指定自己的内存分配器。如果要使用这些特性，就必须编写一个遵循标准库指导方针和符合接口要求的内存分配器对象。标准库中的每个容器都将分配器作为模板参数，第 25 章将详细讲述。

5. 协调通用性和易用性

易用和通用这两个目标有时相互冲突。通常通用性会使接口变得复杂，例如，假定在一个地图程序中需要一个图结构来存储 city。为了通用性，可能会使用模板编写一个适用于任何类型(而不只是 city)的通用图结构。如果在下一个程序中需要编写一个网络模拟器，就可以使用这个图结构存储网络中的路由器。遗憾的是，由于使用了模板，这个接口会有点笨拙，不太容易使用，当潜在客户不熟悉模板时尤其如此。

然而，通用性和易用性之间并不是互斥的。尽管有时增强通用性会降低易用性，但设计既有通用性又有易用性的接口还是有可能的。

为在提供足够功能的同时降低复杂性，可提供两个独立接口。这称为接口隔离原则(Interface Segregation Principle，ISP)。例如，编写的通用网络库可以具有两个独立方向：一个为游戏提供网络接口，另一个为超文本传输协议(HTTP，一种网络浏览协议)提供网络接口。提供多个接口还可使常用功能易于使用，同时仍提供高级功能选项。回到地图程序，可能要为地图的客户提供独立的接口，用不同的语言指定城市的名称。英语是主流语言，因此可作为默认语言。这样大多数客户不需要担心语言的设置，但有需要的用户可以设置语言。

6.2.4 设计成功的抽象

经验和重复是良好抽象的基础。只有经历过多年编写代码和使用抽象，才能真正地设计良好的接口。也可通过标准设计模式，重用已有的、设计优秀的抽象代码，利用他人多年编写和使用抽象的经验。当遇到其他抽象时，试着记住什么可行，什么不可行。你发现上周使用的 Windows 文件系统 API 有什么缺陷？如果你编写一个网络包装器，与同事编写的有什么不同？最好的接口往往并不是一次就能得到的，需要反复尝试。把你的设计交给同行，征求他们的反馈。如果公司有代码评审，可以将检查接口规范作为评审代码的开始，此后再开始实现。在开始编码后，也不要惧怕修改抽象，哪怕这样做意味着强制其他程序员进行改动，他们会意识到良好的抽象可让每个人长期受益。

有时与其他程序员交流自己的设计时，应该传播点儿好消息。或许团队的其他成员没有意识到前面设计的问题，或者他们觉得按照你的方法工作量太大。在此类情况下，要准备好保护所做的工作，并适时与他们沟通。

良好的抽象意味着接口只有公有方法而且足够稳定，不会改变。与此对应的技术称为私有实现习语或 pimpl idiom，详见第 9 章。

小心单一类的抽象。如果编写的代码非常深奥，应该考虑用其他类配合主接口。例如，如果公开一个完成数据处理的接口，那么还要考虑编写一个结果对象，从而提供一种简单的方法来查看并说明结果。

始终将属性转换为方法。换句话说，不要让外部代码直接操作类的数据。不要让一些粗心或怀有恶意的程序员把兔子对象的高度设置为负数，为此可对“设置高度”方法进行边界检查。

值得重申的是迭代，因为这非常重要。应该查找并回应设计中的缺陷，在必要时进行修改，并从错误中吸取教训。

6.2.5 SOLID 原则

本章和上一章讨论了很多面向对象设计的基本原则。经常使用易记的首字母缩写词 SOLID 来指代它们。表 6-1 汇总了 SOLID 原则。其中的大多数原则都在本章讨论过；对于本章未讨论的原则，则指明相关的章号。

表 6-1 SOLID 原则汇总

S	SRP(Single Responsibility Principle，单一责任原则) 单个组件应当具有单独、明确定义的责任，不应当与无关的功能组合在一起
O	OCP(Open/Closed Principle，开放/关闭原则) 一个类对扩展应当是“开放的”(允许派生新类)，但对修改是“关闭的”

(续表)

L	LSP(Liskov Substitution Principle，里氏替换原则) 对于一个对象而言，应当能用该对象的子类型替代该对象的实例，详见 5.4.3 节 用一个示例解释了该原则，AssociativeArray 和 MultiAssociativeArray 之间是“是一个”关系还是“有一个”关系
I	ISP(Interface Segregation Principle，接口隔离原则) 接口应当简单清楚。不要使用过于宽泛的通用接口，最好使用多个较小的、明确定义的、责任单一的接口
D	DIP(Dependency Inversion Principle，依赖倒置原则) 使用接口倒置依赖关系。依赖注入是支持依赖倒置原则的一种方式，在本章的前面提到过，在第 33 章还会提到

6.3 本章小结

通过阅读本章，你学习了设计可重用代码的方法，学习了重用的哲学(总结为“编写一次，经常使用”)，还知道了可重用代码应该既有通用性，又有易用性。为设计可重用代码，需要使用抽象、选择合理的代码结构并设计良好的接口。

本章给出了创建代码的具体提示：避免组合无关或逻辑独立的概念，对泛型数据结构和算法使用模板提供适当的检测和安全措施，注重扩展性。

关于设计接口，本章给出了 6 个策略：采用熟悉的处理方式，不要忽略必需的功能，提供整洁的接口，提供文档，提供执行相同功能的多种方法，提供定制。还讨论了如何协调经常发生冲突的通用性和易用性要求。

最后介绍 SOLID 原则，SOLID 是一个易记的首字母缩写词，描述本章和后续章节讨论的最重要设计原则。

本章结束了本书的第 II 部分：从较高层次讨论设计主题。下一部分将深入探讨软件工程过程的实现阶段和 C++编码细节。

6.4 练习

通过完成以下习题，可以巩固本章涉及的知识点。所有练习的答案都可扫描封底二维码下载。但是，如果你被某些问题难住，请先重新阅读本章的对应内容，以尝试自己找到答案，然后再从网站上查看解决方案。

练习 6-1 使普通情况变得容易并使不太可能的情况成为可能意味着什么？

练习 6-2 设计可重用代码的第一策略是什么？

练习 6-3 假设你正在编写一个需要处理人员信息的应用程序。应用程序的一部分需要保留一份客户列表，例如包含最近的订单、会员卡号等数据的列表。应用程序的另一部分需要跟踪公司员工的 ID、职位等。因此，设计了一个名为 Person 的类，其中包含他们的姓名、电话号码、地址、最近订单列表、会员卡号、薪水、员工 ID、职位(如工程师、高级工程师等)。你觉得这样的类怎么样？你能够如何改进它？

练习 6-4 不回看之前的内容，解释 SOLID 的含义。

第III部分

C++编码方法

第7章 内存管理

本章内容

- 使用和管理内存的不同方式
- 数组和指针之间的复杂关系
- 从底层看内存的使用
- 常见内存陷阱
- 智能指针及其用法

从很多方面看，用C++编程就像没有道路的驾驶。当然，你可以去任何想去的地方，但没有任何限制或交通灯来保护你免受伤害。和C语言一样，C++语言对程序员采取的是不干预的策略。这个语言假设你知道自己在干什么。C++允许你采取一些可能会产生问题的做法，因为C++极度灵活，为了性能而牺牲了安全性。

内存的分配和管理是C++编程中特别容易出错的一个领域。为写出高质量的C++程序，专业的C++程序员需要了解内存幕后的工作原理。作为第III部分的首章，本章探讨内存管理的来龙去脉，学习动态内存的陷阱，以及避免和消除它们的一些技术。

本章讨论底层内存处理，因为专业的C++程序员将遇到此类代码。但在现代C++中，应尽可能避免底层内存操作。例如，不应使用动态分配内存的C风格数组，而应使用标准库容器，例如vector，它会自动处理所有内存分配操作。不应使用原始指针，而应使用智能指针，例如unique_ptr和shared_ptr，它们会自动释放不再需要的底层资源，例如内存。基本上，应尝试避免在代码中调用内存分配例程，例如new/new[]和delete/delete[]。当然，这并不总是可行的，并且在现有的代码中，很可能并非如此，所以专业C++程序员仍需要了解内存在幕后的工作原理。

> **警告：**
> 在现代C++中，应尽可能避免底层内存操作，而使用现代结构，如容器和智能指针。

7.1 使用动态内存

内存是计算机的底层组件，但是，即使在C++这样的高级语言中也仍要面对内存的问题。扎实理解C++动态内存的工作原理对于成为一名专业的C++程序员至关重要。

7.1.1 如何描绘内存

如果了解对象在内存中的表现形式，对动态内存的理解就会容易得多。在本书中，内存单元表示为一个旁边带有标签的框。该标签表示这个内存对应的变量名。方框内的数据显示内存当前的值。

例如，图 7-1 显示了执行以下代码后的内存状态。这行代码在一个函数内，因此 i 是一个局部变量：

```
int i { 7 };
```

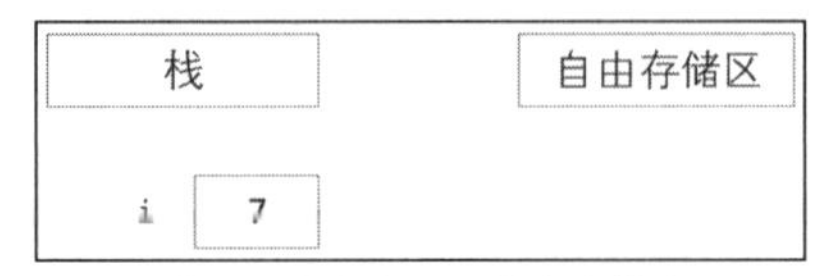

图 7-1 执行代码后的内存状态

i 是在栈上分配的自动变量。当程序流离开作用域(变量在这个作用域中声明)时，会自动释放 i。

使用 new 关键字时，内存分配在自由存储区中。下面的代码在栈上创建了一个变量 ptr，然后在自由存储区上分配内存，ptr 指向这块内存。

```
int* ptr { nullptr };
ptr = new int;
```

也可缩减为一行：

```
int* ptr { new int };
```

图 7-2 显示了执行该代码后内存的状态。注意，变量 ptr 仍在栈上，即使它指向的是自由存储区中的内存。指针只是一个变量，可在栈或自由存储区中，但人们很容易忘记这一点。然而，动态内存总是在自由存储区上分配。

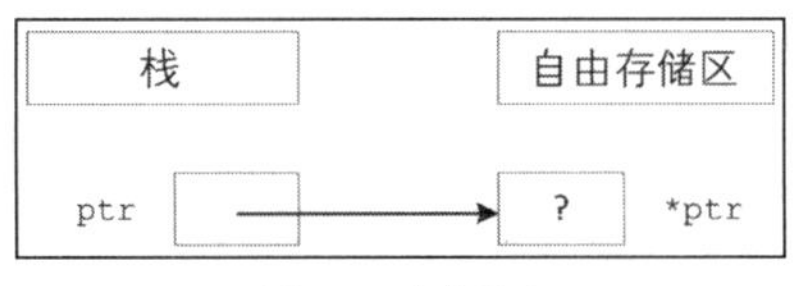

图 7-2 内存状态

警告：

作为经验法则，每次声明一个指针变量时，务必立即用适当的指针或 nullptr 进行初始化！不要令其处于未初始化状态。

下一个例子展示了指针既可在栈中，也可在自由存储区中。

```
int** handle { nullptr };
handle = new int*;
*handle = new int;
```

上面的代码首先声明一个指向整数指针的指针变量 handle。然后，动态分配足够的内存来保存一个指向整数的指针，并将指向这个新内存的指针保存在 handle 中。接下来，将另一块足以保存整数的动态内存的指针保存在*handle 的内存位置。图 7-3 展示了这个两级指针，其中一个指针保存在栈中(handle)，另一个指针保存在自由存储区中(*handle)。

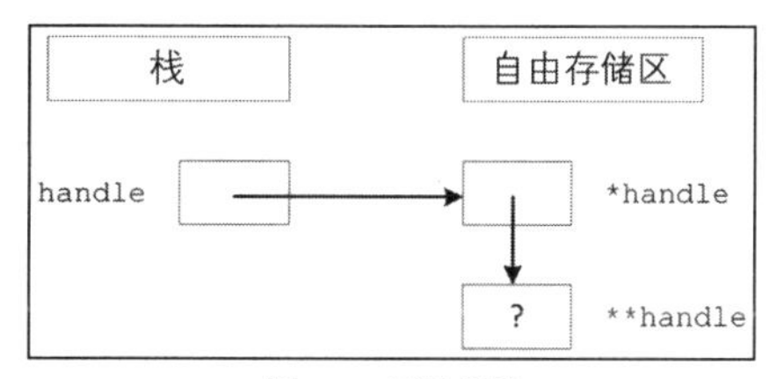

图 7-3　两级指针

7.1.2　分配和释放

要为变量创建空间，可使用 new 关键字。要释放这个空间给程序中的其他部分使用，可使用 delete 关键字。当然，如果 new 和 delete 这类简单的概念没有一些变化和复杂性，就不是 C++语言了。

1. 使用 new 和 delete 关键字

要分配一块内存，可调用 new 关键字，并提供需要空间的变量的类型。new 关键字返回指向那个内存的指针，但程序员应将这个指针保存在变量中。如果忽略了 new 关键字的返回值，或这个指针变量离开了作用域，那么这块内存就变成了被遗弃的，因为无法再访问这块内存。这也称为内存泄漏。

例如，下面的代码遗弃了一块足以保存 int 的内存。图 7-4 显示了代码执行后的内存状态。当自由存储区中有数据块无法从栈中直接或间接访问时，这块内存就被遗弃(或泄漏)了。

```
void leaky()
{
    new int;   // BUG! Orphans/leaks memory!
    cout << "I just leaked an int!" << endl;
}
```

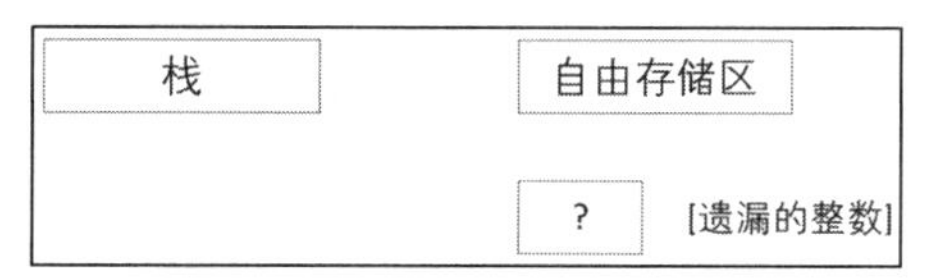

图 7-4　代码执行后的内存状态

除非计算机能提供无限制的高速内存，否则就需要告诉编译器，对象关联的内存什么时候可以释放，用作他用。为释放自由存储区中的内存，需要使用 delete 关键字，并提供指向那块内存的指针，如下所示。

```
int* ptr { new int };
    delete ptr;
    ptr = nullptr;
```

警告：

作为经验法则，每写一行通过 new 关键字分配内存的代码，并使用原始指针，而不是把指针存储在智能指针中，就应该有一行用 delete 关键字释放同一块内存的对应代码。

注意：

建议在释放指针的内存后，将指针重新设置为 nullptr。这样就不会在无意中使用一个指向已释放内存的指针。还可以在 nullptr 指针上调用 delete 关键字，它根本不会做任何事情。

2. 关于malloc()函数

如果你是一位C程序员，你可能想知道malloc()函数存在什么问题。在C语言中，通过malloc()分配给定字节数的内存。大多数情况下，使用malloc()简单明了。尽管在C++中仍然存在malloc()，但应避免使用它。new关键字相比malloc()的主要好处在于，new关键字不仅分配内存，还构造对象。

例如，考虑下面两行代码，这段代码使用了一个名为Foo的假想类：

```
Foo* myFoo { (Foo*)malloc(sizeof(Foo)) };
Foo* myOtherFoo { new Foo() };
```

执行这些代码行后，myFoo和myOtherFoo将指向自由存储区中足以保存Foo对象的内存区域。通过这两个指针可访问Foo的数据成员和方法。不同之处在于，myFoo指向的Foo对象不是一个正常的对象，因为这个对象从未被构造。malloc()函数只负责留出一块一定大小的内存。它不知道或关心对象本身。相反，调用new关键字不仅会分配正确大小的内存，还会调用相应的构造函数以构建对象。

类似的差异存在于free()函数和delete运算符之间。使用free()时，不会调用对象的析构函数。使用delete时，将调用析构函数来恰当地清理对象。

> **警告：**
> 在C++中不应该使用malloc()和free()函数，只应使用new和delete。

3. 当内存分配失败时

很多程序员会假设new总是会成功。他们的理由是，如果new失败了，则意味着内存量非常低，情况就非常糟糕了。这是一个无法预知的状态，因为不知道程序在这种情况下可能做什么。

默认情况下，如果new失败了，会抛出一个异常，例如没有足以满足请求的内存时。如果没有捕获到这个异常，程序会被终止。在许多程序中，这种行为是可以接受的。第14章将讲解如何在内存不足的情况下优雅地恢复。

也有不抛出异常的new版本。相反，它会返回nullptr，这类似于C语言中malloc()的行为。使用这个版本的语法如下所示：

```
int* ptr { new(nothrow) int };
```

这个语法有点奇怪，你需要写nothrow，就像它是new的参数一样(它的确是)。

当然，仍然要面对与抛出异常的版本同样的问题——如果结果是nullptr，怎么办？编译器不要求检查结果，因此new的nothrow版本可能导致除了抛出异常的版本遇到的bug之外的其他bug。因此，建议使用标准版本的new。如果内存不足的恢复对程序非常重要，请参阅第14章，该章给出了需要的所有工具。

7.1.3 数组

数组将多个同一类型的变量封装在一个通过索引访问的变量中。编程新手很快会熟悉数组的使用，因为很容易想象将值放在编了号的槽中。数组在内存中的表示和这种想法差不多。

1. 基本类型的数组

当程序为数组分配内存时，分配的是连续的内存块，每一块的大小足以容纳数组的单个元素。例如，在栈上分配5个int型数字的局部数组的声明如下所示：

```
int myArray[5];
```

这种基本类型数组的单个元素未初始化，也就是说，它们包含内存中该位置的任意内容。图 7-5 显示了创建数组后的内存状态。在栈上创建数组时，数组的大小必须是编译期已知的常量值。

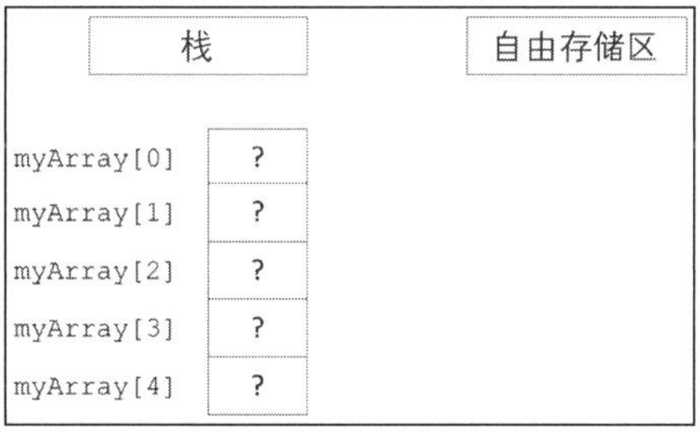

栈　自由存储区

myArray[0] ?
myArray[1] ?
myArray[2] ?
myArray[3] ?
myArray[4] ?

图 7-5　创建数组后的内存状态

警告：

有些编译器允许栈上存在可变大小的数组。这不是 C++的标准功能，所以建议谨慎一些，尽量避免这种用法。

在栈上创建数组时，可以使用初始化列表提供初始元素：

```
int myArray[5] { 1, 2, 3, 4, 5 };
```

如果初始化列表包含的元素数量小于数组的大小，则数组的其余元素将初始化为 0。例如：

```
int myArray[5] { 1, 2 };    // 1, 2, 0, 0, 0
```

这个特性可以用来快速初始化一个所有元素全为 0 的数组：

```
int myArray[5] { 0 };       // 0, 0, 0, 0, 0
```

在这种情况下，0 可以被省略。下面的代码对所有元素进行了零初始化(见第 1 章)：

```
int myArray[5] { };         // 0, 0, 0, 0, 0
```

当使用初始化列表时，编译器可以自动推断元素的数量，不必显式声明数组的大小。例如：

```
int myArray[] { 1, 2, 3, 4, 5 };
```

在自由存储区上声明数组没什么不同，只是需要通过一个指针指向数组的位置。下面的代码为包含 5 个未初始化的 int 值的数组分配内存，并将指向这块内存的指针保存在变量 myArrayPtr 中。

```
int* myArrayPtr { new int[5] };
```

如图 7-6 所示，自由存储区中的数组和栈中的数组类似，只是位置不同而已。myArrayPtr 变量指向数组的第 0 个元素。

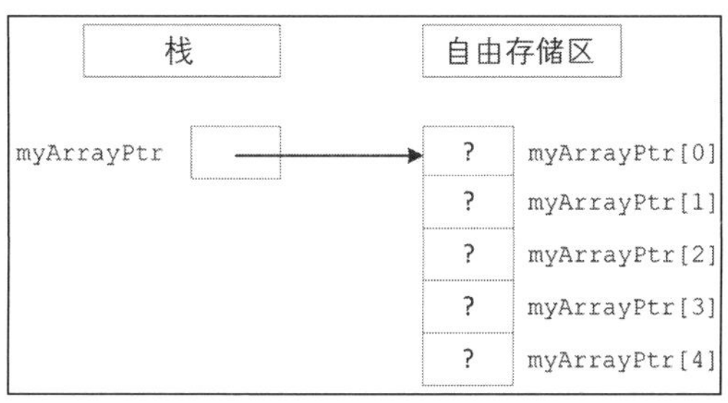

图 7-6　myArrayPtr 变量指向数组的第 0 个元素

与 new 运算符一样，接收 nothrow 参数的 new[]在分配失败时返回 nullptr，而不是抛出异常。例如：

```
int* myArrayPtr { new(nothrow) int[5] };
```

在自由存储区上动态创建的数组也可以使用初始化列表进行初始化。例如：

```
int* myArrayPtr { new int[] { 1, 2, 3, 4, 5 } };
```

对 new[]的每次调用都应与 delete[]调用配对，以清理内存。例如：

```
delete[] myArrayPtr;
myArrayPtr = nullptr;
```

把数组放在自由存储区中的好处在于可在运行时通过动态内存指定数组的大小。例如，下面的代码片段从一个假想的函数 askUserForNumberOfDocuments()中接收所需的文档数量，并利用这个结果创建 Document 对象的数组。

```
Document* createDocArray()
{
    size_t numDocs { askUserForNumberOfDocuments() };
    Document* docArray { new Document[numDocs] };
    return docArray;
}
```

对 new[]的每次调用都应与 delete[]调用配对，所以在本例中，createDocArray()的调用者必须使用 delete[]清理返回的内存。另一个问题是 C 风格的数组不知道其大小，因此 createDocArray()的调用者不知道返回的数组有多少个元素。

在前面的函数中，docArray 是一个动态分配的数组。不要把它和动态数组混为一谈。数组本身不是动态的，因为一旦被分配，数组的大小就不会改变。动态内存允许在运行时指定分配的内存块的大小，但它不会自动调整其大小以容纳数据。

> **注意：**
> 一些数据结构能够动态调整大小，它们也知道实际大小，例如标准库容器。建议使用这些标准库容器而不是 C 风格的数组，因为这些容器用起来更安全。

在 C++中有一个继承自 C 语言的函数 realloc()。不要使用它！在 C 中，realloc()用于改变数组的大小，采取的方法是分配新大小的新内存块，然后将所有旧数据复制到新位置，再删除旧内存块。在 C++中这种做法是极其危险的，因为用户定义的对象不能很好地适应按位复制。

> **警告：**
> 不要在 C++中使用 realloc()。这个函数很危险。

2. 对象的数组

对象的数组和简单类型的数组没有区别，除了它们初始化元素的方式不同之外。通过 new[N]分配 N 个对象的数组时，实际上分配了 N 个连续的内存块，每一块足以容纳单个对象。使用 new[]时，虽然默认的基本类型数组是未初始化的，但每个对象元素的无参构造函数(=default)会自动调用。这样，通过 new[]分配对象数组时，会返回一个指向数组的指针，这个数组中的所有对象都被初始化了。

例如，考虑下面的类：

```
class Simple
```

```
{
    public:
        Simple() { cout << "Simple constructor called!" << endl; }
        ~Simple() { cout << "Simple destructor called!" << endl; }
};
```

如果要分配包含 4 个 Simple 对象的数组，那么 Simple 构造函数会被调用 4 次。

```
Simple* mySimpleArray { new Simple[4] };
```

这个数组的内存图如图 7-7 所示。从中可以看出，这个数组和基本类型的数组没什么不同。

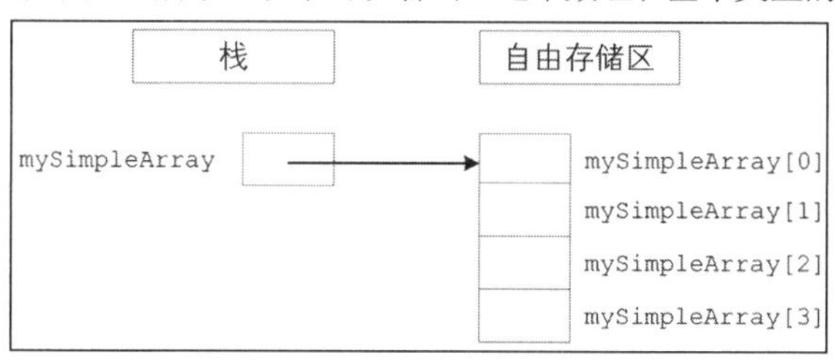

图 7-7　数组的内存图

3. 删除数组

如前所述，通过数组版本的 new(new[])分配内存时，必须通过数组版本的 delete(delete[])释放相应的内存。这个版本的 delete 会自动析构数组中的对象，并释放这些对象的内存。

```
Simple* mySimpleArray { new Simple[4] };
// Use mySimpleArray...
delete [] mySimpleArray;
mySimpleArray = nullptr;
```

如果不使用数组版本的 delete，程序就可能出现异常行为。在一些编译器中，可能只会调用数组中第 1 个元素的析构函数，因为编译器只知道要删除指向一个对象的指针，而数组中的其他所有元素都变成了孤立对象。在其他编译器中，可能出现内存崩溃的情况，因为 new 和 new[]可能采用完全不同的内存分配方案。

> **警告：**
> 总是通过 delete 释放通过 new 分配的内存，总是使用 delete[]释放通过 new[]分配的内存。

当然，只有在数组元素是对象时才会调用析构函数。如果有一个指针数组，那么还需要逐个释放每个指针指向的对象，就像逐个分配对象一样，如以下代码所示。

```
const size_t size { 4 };
Simple** mySimplePtrArray { new Simple*[size] };

// Allocate an object for each pointer.
for (size_t i { 0 }; i < size; i++) { mySimplePtrArray[i] = new Simple{}; }

// Use mySimplePtrArray...

// Delete each allocated object.
for (size_t i { 0 }; i < size; i++) {
    delete mySimplePtrArray[i];
```

```
        mySimplePtrArray[i] = nullptr;
    }

    // Delete the array itself.
    delete [] mySimplePtrArray;
    mySimplePtrArray = nullptr;
```

注意：

在现代 C++中，应避免使用 C 风格的原始指针。因此，不要在 C 风格的数组中保存旧式的普通指针，而应在现代的标准库容器中保存智能指针，例如 std::vector。智能指针会在适当时候自动释放与其关联的内存，本章将在后边讨论智能指针。

4. 多维数组

多维数组将索引值的表示方式扩展到多索引。例如，井字棋(Tic-Tac-Toe)游戏可能会使用二维数组来表示 3×3 的网格。下例在栈上声明了这样一个数组，初始化为零，并通过一些测试代码访问它：

```
char board[3][3] {};
// Test code
board[0][0] = 'X';   // X puts marker in position (0,0).
board[2][1] = 'O';   // O puts marker in position (2,1).
```

二维数组的第一个下标是 x 坐标还是 y 坐标？事实上这不重要，只要按一致的方式使用即可。4×7 的网格可声明为 char board[4][7]，也可以声明为 char board[7][4]。对于大多数应用程序，最容易想到的是将第一个下标用作 x 轴，将第二个下标用作 y 轴。

栈上的多维数组

在内存中，栈中的 3×3 的二维数组 board 如图 7-8 所示。由于内存中不存在两个数轴(地址只是顺序排列的)，计算机将二维数组以一维数组的方式表示。所不同的是数组的大小和访问时采用的方法。

多维数组的大小是其所有维度的乘积，再乘以这个数组中单个元素的大小。在图 7-8 中，假设一个字符是 1 字节，那么 3×3 的棋盘大小为 3×3×1 = 9 字节。对于 4×7 的字符棋盘，数组大小为 4×7×1 = 28 字节。

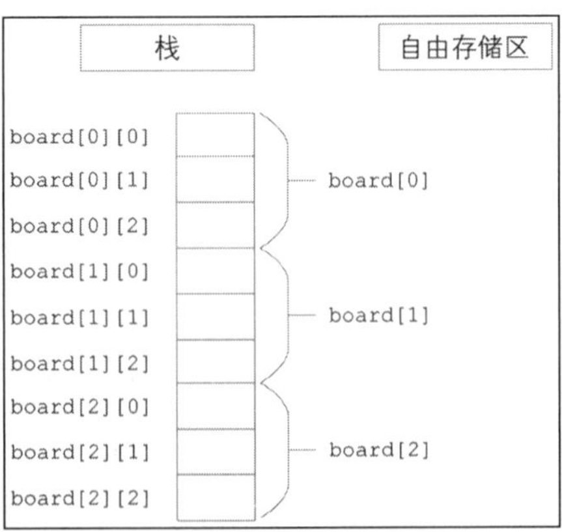

图 7-8 3×3 的棋盘大小为 9 字节

要访问多维数组中的值，计算机将每个下标当作多维数组中的另一个子数组。例如，在 3×3 的网格中，表达式 board[0]实际上指图 7-9 中突出显示的子数组。添加第二个下标，如 board[0][2]时，计算机通过子数组中的第二个下标访问子数组，从而访问正确的元素，如图 7-10 所示。

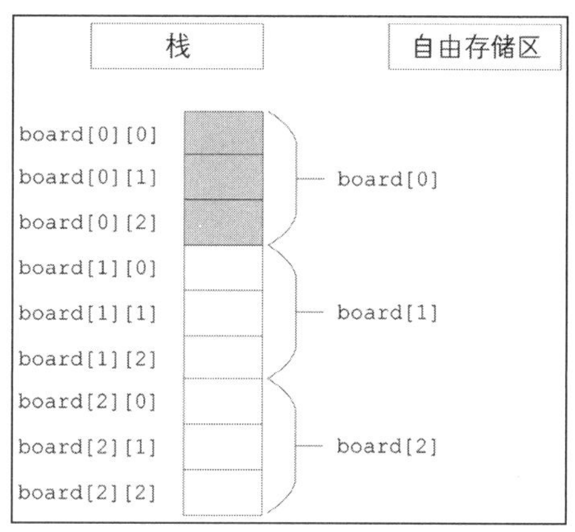

图 7-9　子数组

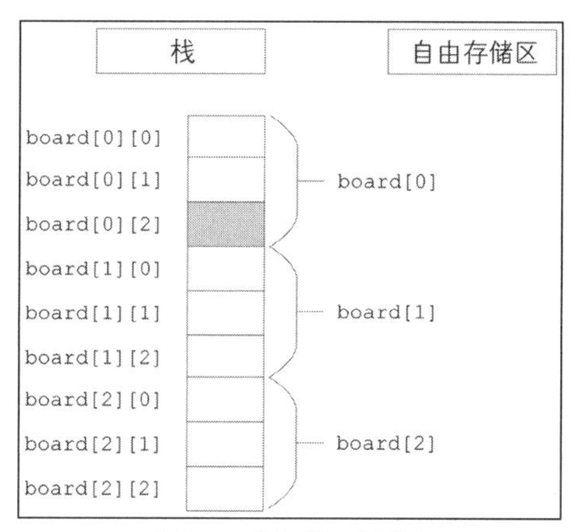

图 7-10　添加第二个下标

这些技术可扩展至 N 维数组，不过高于三维的数组很难概念化，因此在日常应用程序中极少使用。

自由存储区中的多维数组

如果需要在运行时确定多维数组的维数，可以使用基于自由存储区的数组。正如动态分配的一维数组是通过指针访问一样，动态分配的多维数组也通过指针访问。唯一的区别在于，在二维数组中，需要使用指针的指针，在 N 维数组中，需要使用 N 级指针。下面这种声明并动态分配多维数组的方式初看上去是正确的：

```
char** board { new char[i][j] }; // BUG! Doesn't compile
```

这段代码无法成功编译，因为自由存储区上的数组和栈上的数组的工作方式不一样。多维数组的内存布局是不连续的，可以首先为自由存储区数组的第一个下标分配一个连续的数组。该数组的每个元素实际上是指向另一个数组的指针，另一个数组保存的是第二个下标维度的元素。这种 2×2 动态分配的棋盘布局如图 7-11 所示。

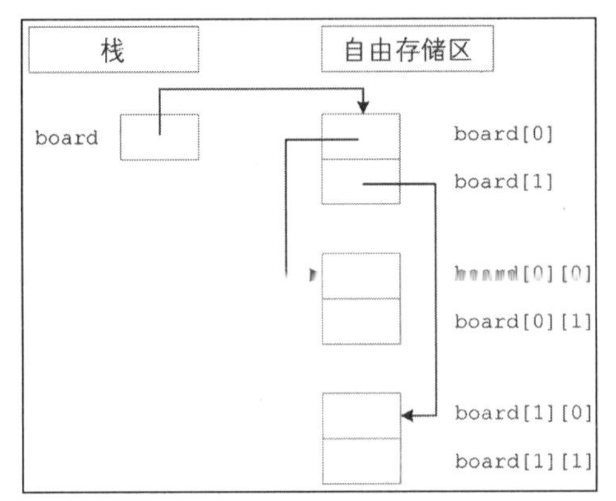

图 7-11 2×2 动态分配的棋盘布局

遗憾的是，编译器并不自动分配子数组的内存。可像分配一维自由存储区数组那样分配第一个维度的数组，但是必须显式地分配每一个子数组。下面的函数正确分配了二维数组的内存：

```
char** allocateCharacterBoard(size_t xDimension, size_t yDimension)
{
    char** myArray { new char*[xDimension] };    // Allocate first dimension
    for (size_t i { 0 }; i < xDimension; i++) {
        myArray[i] = new char[yDimension];       // Allocate ith subarray
    }
    return myArray;
}
```

要释放多维自由存储区数组的内存，数组版本的 delete[]语法也不能自动清理子数组。释放数组的代码应该类似于分配数组的代码，如以下函数所示。

```
void releaseCharacterBoard(char**& myArray, size_t xDimension)
{
    for (size_t i { 0 }; i < xDimension; i++) {
        delete [] myArray[i];      // Delete ith subarray
        myArray[i] = nullptr;
    }
    delete [] myArray;             // Delete first dimension
    myArray = nullptr;
}
```

注意：

这个分配多维数组的示例并不是最有效的解决方案。它首先为第一维分配内存，然后为每个子数组分配内存。这导致内存块分散在内存中，这将对处理此类数据结构的算法的性能产生影响。如果能够使用连续内存，算法运行速度会快得多。解决方案是分配一个大内存块，其大小等于 xDimension*yDimension*elementSize，并使用 x*yDimension+y 等公式访问元素。

知道了使用数组的所有细节后，建议尽可能不要使用旧式的 C 风格数组，因为这种数组没有提供任何内存安全性。这里解释它们，是因为可能在遗留代码中遇到它们。在新代码中，应改用 C++ 标准库容器，例如 std::array 和 vector。例如，用 vector<T>表示一维动态数组，用 vector<vector<T>>表示二维动态数组等。当然，直接使用诸如 vector<vector<T>>的数据结构仍然是繁杂的，构造时尤其如此，这种方式同样存在着“注意”中提到的内存分散的问题。如果应用程序中需要 N 维动态数组，建议编写辅助类，以方便使用接口。例如，要使用行长相等的二维数据，应当考虑编写(也可以重用)Matrix<T>或 Table<T>类模板，该模板对用户隐藏了内存分配与释放、成员获取的细节。有关编写类模板的信息，请参阅第 12 章。

> **警告：**
> 不要使用旧式的 C 风格数组，应改用 C++标准库容器，如 std::array、vector。

7.1.4 使用指针

因为指针很容易被滥用，所以名声不佳。因为指针只是一个内存地址，所以理论上可以手动修改那个地址，甚至像下面这行代码一样做一些很可怕的事情。

```
char* scaryPointer { (char*)7 };
```

这行代码构建了一个指向内存地址 7 的指针，而这个位置可能是内存中随机的垃圾，或其他应用程序使用的内存。如果开始使用未通过 new 分配的内存区域，那么最终将损坏与对象关联的内存，或者破坏自由存储区管理相关的内存，使程序无法正常工作。这种故障可体现在几个方面。例如，可表现为无效结果，因为数据已损坏，或因为访问不存在的内存或写入受保护的内存而引发硬件异常。轻则得到错误结果，重则出现严重错误，导致操作系统或 C++运行时库终止程序。

1. 大脑中的指针模型

思考指针的方式有两种。更有数学头脑的读者可能会把指针看作地址。这种观点使指针的算术运算更容易理解，本章后面讲解了指针算术。指针不是进入内存的秘密通道，而是表示内存位置的数字。图 7-12 展示了如何从地址的角度看待 2×2 的网格。

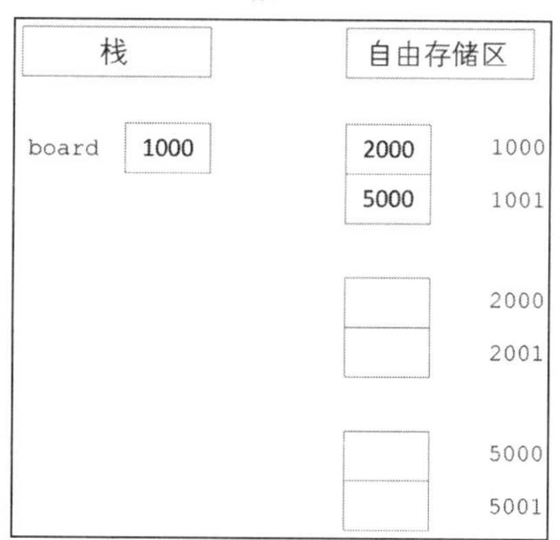

图 7-12 2×2 的网格

> **注意：**
> 图 7-12 中的地址只是用于演示。实际系统中的地址高度依赖于硬件和操作系统。

更熟悉空间表示法的读者应该更喜欢指针的“箭头”意义。指针仅仅是一个间接层，它告诉程序：“看那个地方。”从这个角度看，多层指针只不过是到达数据的路径中的各个步骤。图 7-11 展示了内存中指针的图形表示。

当通过*运算符解除对一个指针的引用时，实际上会让程序在内存中更深入一步。从地址的角度看指针时，把解引用想象为跳到与那个指针表示的地址对应的内存。使用图形表示时，每次解除引用都对应从箭尾到箭头的过程。

当通过&运算符取一个位置的地址时，在内存中添加了一个间接层。从地址的角度看，程序只不过是表示那个位置的地址的数值，这个数值可保存为指针形式。在图形视图中，&运算符创建了一个新箭头，其头部终止于表达式表示的位置，其尾部可以保存为一个指针。

2. 指针的类型转换

由于指针是内存地址(或指向某处的箭头)，因此指针的类型比较弱。指向 XML 文档的指针和指向整数的指针的大小相同。编译器允许通过 C 风格的类型转换将任意指针类型方便地转换为其他任意指针类型。

```
Document* documentPtr { getDocument() };
char* myCharPtr { (char*)documentPtr };
```

静态类型转换的安全性更高。编译器将拒绝执行不同数据类型的指针的静态类型转换：

```
Document* documentPtr = getDocument();
char* myCharPtr { static_cast<char*>(documentPtr) };   // BUG! Won't compile
```

如果要转换的两个指针指向的对象有继承关系，那么编译器允许静态类型转换。然而，在继承层次中完成转换的更安全方式是动态类型转换。有关继承以及不同 C++风格的类型转换的详细介绍见第 10 章。

7.2 数组-指针的对偶性

前面提到，指针和数组之间有一些重叠。在自由存储区上分配的数组通过指向该数组中第一个元素的指针来引用。基于栈的数组通过数组语法([])和普通的变量声明来引用。然而根据下面要学习的内容，数组和指针之间的关系不止如此。指针和数组之间存在复杂的关系。

7.2.1 数组就是指针

通过指针不仅能指向基于自由存储区的数组，也可以通过指针语法来访问基于栈的数组的元素。数组的地址就是第 1 个元素(索引 0)的地址。编译器知道，通过变量名使用整个数组时，实际上使用的是第 1 个元素的地址。从这个角度看，指针用起来就像基于自由存储区的数组。下面的代码创建了一个栈上的数组，数组元素初始化为 0，但通过一个指针访问这个数组。

```
int myIntArray[10] {};
int* myIntPtr { myIntArray };
// Access the array through the pointer.
myIntPtr[4] = 5;
```

向函数传递数组时，通过指针使用基于栈的数组的能力非常有用。下面的函数以指针的方式接收一个整数数组。请注意，调用者需要显式地传入数组的大小，因为指针没有包含任何与大小有关的信息。事实上，任何形式的 C++数组，不论是不是指针，都没有内含大小信息。这是应使用现代容器(例如标准库提供的容器)的另一个原因。

```
void doubleInts(int* theArray, size_t size)
{
    for (size_t i { 0 }; i < size; i++) { theArray[i] *= 2; }
}
```

这个函数的调用者可以传入基于栈或自由存储区的数组。在传入基于自由存储区的数组时，指针已经存在了，且按值传入函数。在传入基于栈的数组时，调用者可以传入一个数组变量，编译器会自动把这个数组变量当作指向数组的指针处理，还可以显式地传入第一个元素的地址。这里展示了所有三种形式：

```
size_t arrSize { 4 };
int* freeStoreArray { new int[arrSize]{ 1, 5, 3, 4 } };
doubleInts(freeStoreArray, arrSize);
delete[] freeStoreArray;
freeStoreArray = nullptr;

int stackArray[] { 5, 7, 9, 11 };
arrSize = std::size(stackArray); // Since C++17, requires <array>
//arrSize = sizeof(stackArray) / sizeof(stackArray[0]); // Pre-C++17, see Ch1
doubleInts(stackArray, arrSize);
doubleInts(&stackArray[0], arrSize);
```

数组参数传递的语义和指针参数传递的语义十分相似，因为当把数组传递给函数时，编译器将数组视为指针。函数如果接收数组作为参数，并修改数组中元素的值，实际上修改的是原始数组而不是副本。与指针一样，传递数组实际上模仿的是按引用传递的功能，因为真正传入函数的是原始数组的地址而不是副本。以下 doubleInts()的实现修改了原始数组，即使参数是数组而不是指针，也同样如此：

```
void doubleInts(int theArray[], size_t size)
{
    for (size_t i { 0 }; i < size; i++) { theArray[i] *= 2; }
}
```

在函数原型中，theArray 后面方括号中的数字被忽略了。下面的 3 个版本是等价的：

```
void doubleInts(int* theArray, size_t size);
void doubleInts(int theArray[], size_t size);
void doubleInts(int theArray[2], size_t size);
```

为什么要以这种方式工作？为什么在函数定义中使用数组语法时编译器不复制数组？这样做是为了提高效率——复制数组中的元素需要时间，而且数组可能占用大量的内存。总是传递指针，编译器就不需要包括复制数组的代码。

可“按引用”给函数传递长度已知的基于栈的数组，但其语法并不直观。它不适用于基于自由存储区的数组。例如，下面的 doubleIntsStack()仅接收大小为 4 的基于栈的数组：

```
void doubleIntsStack(int (&theArray)[4]);
```

可以使用函数模板(详见第 12 章)，让编译器自动推断基于栈的数组的大小：

```
template<size_t N>
void doubleIntsStack(int (&theArray)[N])
{
    for (size_t i { 0 }; i < N; i++) { theArray[i] *= 2; }
}
```

总之，通过数组语法声明的数组可通过指针访问。当把数组传递给函数时，这个数组总是作为指针传递。

7.2.2　并非所有指针都是数组

由于编译器允许在需要指针时传入数组，就像前面的doubleInts()函数那样，你可能会认为指针和数组是相同的，事实上它们有一些微妙但很重要的区别。指针和数组共享许多属性，有时可以互换使用(如前面所示)，但它们是不一样的。

指针本身是没有意义的。它可能指向随机内存、对象或数组。始终可使用指针的数组语法，但这样做并不总是正确的，因为指针并不总是数组。例如，考虑下面的代码：

```
int* ptr { new int };
```

ptr 是一个有效的指针，但不是一个数组。可通过数组语法(ptr[0])访问这个指针指向的值，但是这样做的风格很可疑，而且没有什么真正的好处。事实上，对于非数组指针使用数组语法可能导致bug。ptr[1]处的内存可以是任意内容！

> **警告：**
> 数组可以自动使用指针表示，但并非所有指针都是数组。

7.3　底层内存操作

C++相比 C 的一个巨大优势就是不必过分担心内存问题。如果代码使用了对象，只需要确保每个类都妥善管理自己的内存。通过构造和析构，编译器可提示什么时候管理内存。将内存管理隐藏在类中可以极大地改善可用性，标准库类就是一个例子。然而在一些应用程序或旧代码中，可能需要在底层操作内存。不论是为了遗留代码、效率、调试，还是为了满足好奇心，了解一些和底层字节相关的技术总是有帮助的。

7.3.1　指针运算

C++编译器通过声明类型的指针允许执行指针运算。如果声明一个指向 int 的指针，然后将这个指针递增 1，那么这个指针在内存中向前移动 1 个 int 的大小，而不是 1 字节。此类操作对数组最有用，因为数组在内存中包含同构的数据序列。例如，假设在自由存储区中声明一个整数数组：

```
int* myArray { new int[8] };
```

下面的语法给该数组中位置 2 的元素设置值：

```
myArray[2] = 33;
```

使用指针运算可等价地使用下面的语法，这个语法获得 myArray 数组中“向前 2 个 int”位置的内存地址，然后解除引用来设置值：

```
*(myArray + 2) = 33;
```

作为访问单个元素的替代语法，指针运算似乎没有太大吸引力。其真正的作用在于以下事实：像myArray + 2 这样的表达式仍是一个指向 int 的指针，因而可以表示一个更小的整数数组。

来看一个使用宽字符串的示例，宽字符串将在第 21 章讨论，此时不必了解其细节。此处只需要了解宽字符串支持 Unicode 字符来扩大表示范围(如表示日语字符串)。wchar_t 类型是字符类型，可容纳此类 Unicode 字符，而且通常比 char(1 字节)更大。要告知编译器一个字符串字面量是宽字符串字面量，可加上前缀 L。假设有以下宽字符串：

```
const wchar_t* myString { L"Hello, World" };
```

假设还有一个函数，这个函数接收一个宽字符串，然后返回一个新字符串，新字符串是输入字符串的大写版本(注释：回想第 2 章的内容，C 风格的字符串是以 0 结尾的。也就是说，它们的最后一个元素是\0。因此，不需要添加一个表示大小的参数来指定输入字符串的长度。这个函数会遍历整个字符串直至遇到\0)：

```
wchar_t* toCaps(const wchar_t* text);
```

将 myString 传入这个函数，可将 myString 大写化。不过，如果只想大写化 myString 的一部分，可以通过指针运算引用这个字符串后面的一部分。下面的代码给指针加 7，对宽字符串中的“World”部分调用 toCaps()，即使 wchar_t 通常超过 1 字节。

```
toCaps(myString + 7);
```

指针运算的另一个有用应用是减法运算。将一个指针减去另一个同类型的指针，得到的是两个指针之间指针指向的类型的元素个数，而不是两个指针之间字节数的绝对值。

7.3.2 自定义内存管理

在 99%的情况下(有人可能会说在 100%的情况下)，C++中内置的内存分配设施是足够使用的。new 和 delete 在后台完成了所有相关工作：分配正确大小的内存块、管理可用的内存区域链表以及释放内存时将内存块释放回可用内存链表。

资源非常紧张时，或在非常特殊的情况下，例如管理共享内存时，实现自定义的内存管理是一个可行的方案。不必担心——实际没有听起来那样可怕。基本上，自己管理内存通常意味着编写一些分配大块内存，并在需要的情况下发放大块内存中的片段。

为什么这种方法更好？自行管理内存可能减少开销。当使用 new 分配内存时，程序还需要预留少量的空间来记录分配了多少内存。这样，当调用 delete 时，可以释放正确数量的内存。对于大多数对象，这个开销比实际分配的内存小得多，所以差别不大。然而，对于很小的对象或分配了大量对象的程序来说，这个开销的影响可能会很大。

当自行管理内存时，可事先了解每个对象的大小，因此可避免每个对象的开销。对于大量小对象而言，这个差别可能会很大。自定义内存管理需要重载 new 和 delete 运算符，这是第 15 章“C++运算符重载”的主题。

7.3.3 垃圾回收

在支持垃圾回收的环境中，程序员几乎不必显式地释放与对象关联的内存。运行时库会在某时刻自动清理没有任何引用的对象。

与 C#和 Java 不一样，在 C++语言中没有内建垃圾回收。在现代 C++中，使用智能指针管理内存，在遗留代码中，则在对象层次通过 new 和 delete 管理内存。诸如 shared_ptr 的智能指针(稍后讨论)提供类似于内存垃圾回收后的功能。也就是说，销毁某资源的最后一个 shared_ptr 实例时，会同时销毁资源。在 C++中实现真正的垃圾回收是可能的，但不容易，而将自己从释放内存的任务中解放出来可能引入新麻烦。

标记(mark)和清扫(sweep)是一种垃圾回收的方法。使用这种方法的垃圾回收器定期检查程序中的每个指针，并将指针引用的内存标记为仍在使用。在每一轮周期结束时，未标记的内存视为没有在使用，因而被释放。在 C++中实现这样的算法并不容易，如果做得不对，它可能比使用 delete 更容易出错！

人们已经尝试在C++中实现安全简单的垃圾回收机制，但是就算C++中出现了完美的垃圾回收机制，也不一定适用于所有应用程序。垃圾回收存在以下缺点：

- 当垃圾回收器正在运行时，程序可能停止响应。
- 使用垃圾回收器时，析构函数具有不确定性。由于对象在被垃圾回收之前不会销毁，因此对象离开作用域时不会立即执行析构函数。这意味着，由析构函数完成的资源清理操作(如关闭文件、释放锁等)要在将来某个不确定的时刻进行。

编写一个垃圾回收机制是很难的。你无疑会犯错，因为它容易出错，而且很可能会降低运行速度。因此，如果想要在应用程序中使用垃圾回收，强烈建议研究可供重用的现有专用垃圾回收库。

7.3.4 对象池

垃圾回收就像买了一堆盘子用来野餐，然后把所有用过的盘子留在院子里，等着什么时候有人把这些盘子捡起来并丢掉。当然，必须有一种更符合生态规律的内存管理方法。

对象池是回收的代名词。购买合理数量的盘子，在使用一个盘子后，就清理它供以后重新使用。使用对象池的理想情况是：在一段时间里，需要使用大量同类型的对象，而且创建每个对象都会有开销。

第29章“编写高效的C++程序”将进一步讲解如何使用对象池提高性能。

7.4 常见的内存陷阱

使用new、delete、new[]、delete[]和底层内存操作来处理动态内存十分容易出错。很难准确指出在哪些情况下会导致内存相关的bug。每个内存泄漏或错误指针都有微妙的差别。没有解决所有内存问题的灵丹妙药，本节讨论一些常见类型的问题，以及可以检测和解决这些问题的工具。

7.4.1 数据缓冲区分配不足以及内存访问越界

分配不足是与C风格字符串相关的常见问题，大多数情况下，都是因为程序员没有额外分配尾部的'\0'终止字符。当程序员假设某个固定的最大大小时，也会发生字符串分配不足的情况。基本的内置C风格字符串函数不会针对固定的大小操作——而是有多少写多少，如果超出字符串的末尾，就写入未分配的内存。

以下代码演示了分配不足的情况。它从网络连接读取数据，然后将其写入一个C风格的字符串。这个过程在一个循环中完成，因为网络连接一次只接收少量的数据。在每个循环中调用getMoreData()函数，这个函数返回一个指向动态分配内存的指针。当getMoreData()返回nullptr时，表示已收到所有数据。strcat()是一个C函数，它把第二个参数的C风格字符串连接到第一个参数的C风格字符串的尾部。它要求目标缓冲区足够大。

```
char buffer[1024] {0};                // Allocate a whole bunch of memory.
while (true) {
    char* nextChunk { getMoreData() };
    if (nextChunk == nullptr) {
        break;
    } else {
        strcat(buffer, nextChunk);    // BUG! No guarantees against buffer overrun!
        delete [] nextChunk;
    }
}
```

有3种方法用于解决可能的分配不足问题。按照优先级降序排列，这3种方法为：

(1) 使用C++风格的字符串，它可自动处理与连接字符串相关联的内存。

(2) 不要将缓冲区分配为全局变量或分配在栈上，而是分配在自由存储区上。当剩余空间不足时，分配一个新缓冲区，它大到至少能保存当前内容加上新内存块的内容，将原来缓冲区的内容复制到新缓冲区，将新内容追加到后面，然后删除原来的缓冲区。

(3) 创建另一个版本的getMoreData()，这个版本接收一个最大字符数(包括'\0'字符)，返回的字符数不多于这个值，然后跟踪剩余的空间数以及缓冲区中当前的位置。

数据缓冲区分配不足通常会导致内存访问越界。例如，如果要用数据填充内存缓冲区，当认为缓冲区大于实际大小时，可能会开始在分配的数据缓冲区之外写入数据。内存的重要部分被改写和程序崩溃只是时间问题。想想如果程序中与对象相关的内存突然被改写可能会发生什么，这很糟糕！

在处理由于某种原因丢失了'\0'终止字符的C风格的字符串时，也可能发生内存访问越界。例如，如果一个不正确终止的字符串被传给了下面这个函数，它试图将字符串填满m字符，但实际上可能会继续在字符串后面填充m，改写了字符串边界外的内存。

```
void fillWithM(char* text)
{
    int i { 0 };
    while (text[i] != '\0') {
        text[i] = 'm';
        i++;
    }
}
```

写入数组尾部后面的内存产生的bug称为缓冲区溢出错误。这种bug已经被一些高危的恶意程序使用，例如病毒和蠕虫。狡猾的黑客可利用改写部分内存的能力，将代码注入正在运行的程序中。

警告：

避免使用旧的C风格字符串和数组，它们没有提供任何保护；而要改用像C++ string和vector这样安全的现代结构，它们能够自动管理内存。

7.4.2 内存泄漏

C和C++编程中遇到的另一个令人沮丧的问题是找到和修复内存泄漏。程序终于开始工作，看上去能给出正确结果。然后，随着程序的运行，吞掉的内存越来越多。这是因为程序有内存泄漏。

分配了内存，但没有释放，就会发生内存泄漏。起初，这听上去好像是粗心编程的结果，应该很容易避免。毕竟，如果在编写的每个类中，每个new都对应一个delete，那么应该不会出现内存泄漏，对不对？实际上并不总是如此。在下面的代码中，Simple类编写正确，释放了每一处分配的内存。然而，当调用doSomething()函数时，outSimplePtr指针修改为指向另一个Simple对象，但是没有释放原来的Simple对象。为了演示内存泄漏，doSomething()函数故意没有释放旧的对象。一旦失去对象的指针，就几乎不可能删除它了。

```
class Simple
{
    public:
        Simple() { m_intPtr = new int{}; }
        ~Simple() { delete m_intPtr; }
        void setValue(int value) { *m_intPtr = value; }
    private:
```

```
        int* m_intPtr;
};

void doSomething(Simple*& outSimplePtr)
{
    outSimplePtr = new Simple{};          // BUG! Doesn't delete the original.
}

int main()
{
    Simple* simplePtr { new Simple{} };   // Allocate a Simple object.
    doSomething(simplePtr);
    delete simplePtr;                     // Only cleans up the second object.
}
```

> **警告：**
> 记住，上述代码仅用于演示目的！在生产环境的代码中，m_IntPtr 和 simplePtr 都不应该是原始指针，而应该是本章之后将要提到的智能指针。

在上例中，内存泄漏可能来自程序员之间的沟通不畅或糟糕的代码文档。doSomething()的调用者可能没有意识到，该变量是通过引用传递的，因此，没有理由期望该指针会重新赋值。如果你注意到这个参数是一个指针的非 const 引用，就可能怀疑会发生奇怪的事情，但是 doSomething()周围并没有说明这个行为的注释。

1. 通过 Visual C++在 Windows 中查找和修复内存泄漏

内存泄漏很难追查，因为不能轻松地在内存中查看哪些对象在使用，以及最初把对象分配到了内存的哪里。然而有些程序可自动完成这项工作。有很多内存泄漏检测工具，从昂贵的专业软件包到可免费下载的工具。如果使用的是 Microsoft Visual C++(注释：有一个免费的 Microsoft Visual C++版本，称为 Community Edition)，其调试库内建了对内存泄漏检测的支持。这个内存泄漏检测功能默认情况下没有启用，除非创建的是 MFC 项目。要在其他项目中启用它，需要在代码开头添加以下 3 行代码：

```
#define _CRTDBG_MAP_ALLOC
#include <cstdlib>
#include <crtdbg.h>
```

这几行应该和以上顺序完全一致。接下来，需要重新定义 new 运算符，如下所示。

```
#ifdef _DEBUG
   #ifndef DBG_NEW
      #define DBG_NEW new ( _NORMAL_BLOCK , __FILE__ , __LINE__ )
      #define new DBG_NEW
   #endif
#endif // _DEBUG
```

请注意新定义的 new 运算符在“#ifdef _DEBUG”语句中，所以只有在编译调试版的应用程序时，才会使用新的 new。这通常就是所需要的。由于性能原因，发行版通常不会执行对内存泄漏的任何检测。

最后，需要在 main()函数的第一行中添加下面这行代码：

```
_CrtSetDbgFlag(_CRTDBG_ALLOC_MEM_DF | _CRTDBG_LEAK_CHECK_DF);
```

这行代码告诉 Visual C++ CRT(C 运行时)库，在应用程序退出时，将所有检测到的内存泄漏写入调试输出控制台。对于前面那个存在内存泄漏的程序，调试控制台应该会包含类似以下的输出：

```
Detected memory leaks!
Dumping objects ->
c:\leaky\leaky.cpp(15) : {147} normal block at 0x014FABF8, 4 bytes long.
 Data: <    > 00 00 00 00
c:\leaky\leaky.cpp(33) : {146} normal block at 0x014F5048, 4 bytes long.
 Data: <Pa  > 50 61 20 01
Object dump complete.
```

上述输出清楚地表明在哪个文件的哪一行分配了内存但没有释放。文件名后面括号中的数字就是行号。大括号之间的数字是内存分配的计数器。例如，{147}表示这是程序开始之后进行的第 147 次分配。可使用 VC++的_CrtSetBreakAlloc()函数告诉 Visual C++调试运行时，进行特定分配时进入调试器。例如，把下面这行代码添加到 main()函数的开头，使调试器在第 147 次分配时中断。

```
_CrtSetBreakAlloc(147);
```

在这个存在内存泄漏的程序中，有两处泄漏——第一个 Simple 对象没有释放(第 33 行)，这个对象在自由存储区中创建的整数也没有释放(第 15 行)。在 Visual C++的调试器输出窗口中，只需要双击某个内存泄漏，就可以自动跳到代码中的那一行。

当然，本节讲解的 Visual C++和下一节讲解的 Valgrind 这类程序都不能实际修复内存泄漏——否则还有什么乐趣？通过这些工具提供的信息，可找到实际问题。通常情况下，需要逐步跟踪代码，找到指向某个对象的指针在哪里改写了，而原始对象却没有释放。大多数调试器都提供了“观察点(watch point)”功能，用于在发生这类事件时中断程序的执行。

2. 通过 Valgrind 在 Linux 中查找和修复内存泄漏

Valgrind 是一个免费的开源 Linux 工具，这个工具可在代码中精确地定位分配泄漏对象的那行代码。

下面的输出是对前面存在内存泄漏的程序运行 Valgrind 的结果，这个结果精确地指出了分配了内存但未释放的地方。Valgrind 发现两个和之前一样的内存泄漏——第一个 Simple 对象没有释放，这个对象在自由存储区中创建的整数也没有释放。

```
==15606== ERROR SUMMARY: 0 errors from 0 contexts (suppressed: 0 from 0)
==15606== malloc/free: in use at exit: 8 bytes in 2 blocks.
==15606== malloc/free: 4 allocs, 2 frees, 16 bytes allocated.
==15606== For counts of detected errors, rerun with: -v
==15606== searching for pointers to 2 not-freed blocks.
==15606== checked 4455600 bytes.
==15606==
==15606== 4 bytes in 1 blocks are still reachable in loss record 1 of 2
==15606==    at 0x4002978F: __builtin_new (vg_replace_malloc.c:172)
==15606==    by 0x400297E6: operator new(unsigned) (vg_replace_malloc.c:185)
==15606==    by 0x804875B: Simple::Simple() (leaky.cpp:4)
==15606==    by 0x8048648: main (leaky.cpp:24)
==15606==
==15606==
==15606== 4 bytes in 1 blocks are definitely lost in loss record 2 of 2
==15606==    at 0x4002978F: __builtin_new (vg_replace_malloc.c:172)
==15606==    by 0x400297E6: operator new(unsigned) (vg_replace_malloc.c:185)
==15606==    by 0x8048633: main (leaky.cpp:20)
==15606==    by 0x4031FA46: __libc_start_main (in /lib/libc-2.3.2.so)
==15606==
```

```
==15606== LEAK SUMMARY:
==15606==    definitely lost: 4 bytes in 1 blocks.
==15606==    possibly lost: 0 bytes in 0 blocks.
==15606==    still reachable: 4 bytes in 1 blocks.
==15606==         suppressed: 0 bytes in 0 blocks.
```

警告：

强烈建议尽可能使用 std::vector、array、string 和本章稍后将会提到的智能指针等现代 C++工具，以避免内存泄漏。

7.4.3 双重释放和无效指针

通过 delete 释放某个指针关联的内存时，这个内存就可以由程序的其他部分使用了。然而，无法禁止再次使用这个指针，这个指针成为悬空指针(dangling pointer)。双重释放也是一个问题。如果第二次在同一个指针上执行 delete 操作，程序可能会释放重新分配给另一个对象的内存。

双重释放和使用已释放的内存都是很难追查的问题，因为症状可能不会立即显现。如果双重释放在较短的时间内发生，程序可能产生未定义的行为，因为关联的内存可能不会那么快被重用。同样，如果已被释放的对象在被释放后立即被使用，这个对象很有可能仍然完好无缺。

当然，无法保证这种行为一定会发生。一旦释放对象，内存分配器就没有义务保存任何对象。即使程序能正常工作，使用已释放的对象也是极糟糕的编程风格。

在释放指针关联的内存后，将指针设置为 nullptr，这样能防止不小心两次释放同一个指针和使用无效的指针。

很多内存泄漏检测程序也会检测双重释放和已释放对象的使用。

7.5 智能指针

如前所述，内存管理是 C++中常见的错误和 bug 来源。许多这类 bug 都来自动态内存分配和指针的使用。在程序中广泛使用动态内存分配，在对象间传递多个指针时，很容易忘记每个指针都要在合适的时间执行恰好一次 delete 操作。出错的后果很严重：当多次释放动态分配的内存时或使用指向已被释放的内存的指针时，可能会导致内存损坏或致命的运行时错误；当忘记释放动态分配的内存时，会导致内存泄漏。

智能指针可帮助管理动态分配的内存，这是避免内存泄漏建议采用的技术。这样，智能指针可保存动态分配的资源，如内存。当智能指针离开作用域或被重置时，会自动释放所占用的资源。智能指针可用于管理在函数作用域内(或作为类的数据成员)动态分配的资源。也可通过函数实参来传递动态分配的资源的所有权。

C++提供的一些语言特性使智能指针具有吸引力。首先，可通过模板为任何指针类型编写类型安全的智能指针类(见第 12 章)。其次，可使用运算符重载为智能指针对象提供一个接口，使智能指针对象的使用和普通指针一样(见第 15 章)。确切地讲，可重载*、->和[]运算符，使客户代码解除对智能指针对象的引用的方式和解除对普通指针的引用相同。

智能指针有多种类型。最简单的智能指针类型对资源有唯一的所有权。当智能指针离开作用域或被重置时，会自动释放所指向的内存。标准库提供了 std::unique_ptr，这是一个具有“唯一所有权”语义的智能指针。

稍微高级一点的智能指针允许共享所有权，也就是说，多个智能指针可以指向同一个资源。当这样的智能指针离开作用域或被重置时，仅当它是指向该资源的最后一个智能指针时，才应释放指向的资源。标准库提供了 std::shared_ptr，它支持共享所有权。

下面将详细讨论标准智能指针 unique_ptr 和 shared_ptr，使用它们时，需要添加<memory>头文件。

注意：
应将 unique_ptr 用作默认智能指针。仅当真正需要共享资源时，才使用 shared_ptr。

警告：
永远不要将资源分配结果赋值给原始指针。无论使用哪种资源分配方法，都应当立即将资源指针存储在智能指针 unique_ptr 或 shared_ptr 中，或使用其他 RAII 类。RAII 代表 Resource Acquisition Is Initialization(资源获取即初始化)。RAII 类获取某个资源的所有权，并在适当的时候进行释放。第 32 章将讨论这种设计技术。

7.5.1 unique_ptr

unique_ptr 拥有资源的唯一所有权。当 unique_ptr 被销毁或重置时，资源将自动释放。unique_ptr 的一个优点是，内存和资源总会被释放，即使在执行 return 语句或抛出异常时也是如此。例如，当函数有多个返回语句时，这简化了编码，因为不必记住在每个 return 语句之前释放资源。

作为经验法则，总是应该将动态分配的有唯一所有者的资源保存在 unique_ptr 的实例中。

1. 创建 unique_ptr

考虑下面的函数，这个函数在自由存储区上分配了一个 Simple 对象，但是不释放这个对象，故意产生内存泄漏。

```
void leaky()
{
    Simple* mySimplePtr { new Simple{} }; // BUG! Memory is never released!
    mySimplePtr->go();
}
```

有时你可能认为，代码正确地释放了动态分配的内存。遗憾的是，这种想法几乎总是不正确的。看看下面的函数：

```
void couldBeLeaky()
{
    Simple* mySimplePtr { new Simple{} };
    mySimplePtr->go();
    delete mySimplePtr;
}
```

上面的函数动态分配一个 Simple 对象，使用该对象，然后正确地调用 delete。但是，这个例子仍然可能会产生内存泄漏！如果 go()方法抛出一个异常，将永远不会调用 delete，导致内存泄漏。

应该使用 unique_ptr，它可通过 std::make_unique()辅助函数创建。unique_ptr 是一个泛型的智能指针，可以指向任何类型的内存。因此它是一个类模板，std::make_unique()是一个函数模板。两者都需要尖括号<>之间的模板参数，指定 unique_ptr 需要指向的内存类型。第 12 章将详细讨论模板，但这些细节对于理解如何使用智能指针并不重要。

下面的函数使用了 unique_ptr，而不是原始指针。Simple 对象不会显式释放，但 unique_ptr 实例离开作用域时(在函数的末尾，或者因为抛出了异常)，就会在其析构函数中自动释放 Simple 对象：

```
void notLeaky()
{
    auto mySimpleSmartPtr { make_unique<Simple>() };
    mySimpleSmartPtr->go();
}
```

这段代码使用 make_unique()和 auto 关键字，所以只需要指定指针的类型，本例中是 Simple。如果 Simple 构造函数需要参数，就把它们放在 make_unique()调用的圆括号中。

make_unique()使用值初始化，例如，基本类型被初始化为零，对象被默认构造。如果不需要此值初始化，例如在对性能有严格要求的代码中，可以使用 C++20 中引入的 make_unique_for_overwrite()函数，该函数使用默认初始化。对于基本类型，这意味着它们根本没有初始化，包含它们所在内存中的任何内容，而对象仍然是默认构造的。

也可以通过调用构造函数来直接创建一个 unique_ptr，如下所示，注意 Simple 必须写两次。

```
unique_ptr<Simple> mySimpleSmartPtr { new Simple{} };
```

正如本书前面所讨论的，类模板参数推断(CTAD)通常可用于让编译器根据传递给类模板构造函数的参数推断类模板的模板类型。例如，它允许编写 vector v{1,2}，而不是 vector<int> v{1,2}。CTAD 不适用于 unique_ptr，因此不能忽略模板类型。

在 C++17 之前，必须使用 make_unique()，一是因为只能将类型指定一次，二是出于安全考虑！考虑下面对 foo()函数的调用：

```
foo(unique_ptr<Simple> { new Simple{} }, unique_ptr<Bar> { new Bar { data() } });
```

如果 Simple、Bar 的构造函数或 data()函数抛出异常，具体取决于编译器的优化，很可能导致 Simple 或 Bar 对象出现内存泄漏。而使用 make_unique()，则不会发生内存泄漏。

```
foo(make_unique<Simple>(), make_unique<Bar>(data()))
```

在 C++17 之后，对 foo()的两个调用都是安全的，但仍然建议使用 make_unique()，这样代码的可读性更好。

> **注意：**
> 始终使用 make_unique()创建 unique_ptr。

2. 使用 unique_ptr

这个标准智能指针最大的一个亮点是：用户不需要学习大量的新语法，就可以获得巨大好处。像标准指针一样，仍可以使用*或->对智能指针进行解引用。例如，在前面的例子中，使用->运算符调用 go()方法：

```
mySimpleSmartPtr->go();
```

与标准指针一样，也可将其写作：

```
(*mySimpleSmartPtr).go();
```

get()方法可用于直接获得底层指针。这可将指针传递给需要普通指针的函数。例如，假设具有以下函数：

```
void processData(Simple* simple) { /* Use the simple pointer... */ }
```

可采用如下方式进行调用：

```
processData(mySimpleSmartPtr.get());
```

使用reset()，可释放unique_ptr的底层指针，并根据需要将其改成另一个指针。例如：

```
mySimpleSmartPtr.reset();                // Free resource and set to nullptr
mySimpleSmartPtr.reset(new Simple{});    // Free resource and set to a new
                                         // Simple instance
```

可使用release()断开unique_ptr与底层指针的连接。release()方法返回资源的底层指针，然后将智能指针设置为nullptr。实际上，智能指针失去对资源的所有权，你需要负责在用完资源时释放资源。例如：

```
Simple* simple { mySimpleSmartPtr.release() }; // Release ownership
// Use the simple pointer...
delete simple;
simple = nullptr;
```

由于unique_ptr代表唯一拥有权，因此无法复制它！但是，可使用移动语义将一个unique_ptr移到另一个(详见第9章)。std::move()工具函数可以用于显式移动unique_ptr的所有权，如下所示。现在不要担心语法，第9章将会详细介绍。

```
class Foo
{
    public:
        Foo(unique_ptr<int> data) : m_data { move(data) } { }
    private:
        unique_ptr<int> m_data;
};

auto myIntSmartPtr { make_unique<int>(42) };
Foo f { move(myIntSmartPtr) };
```

3. unique_ptr和C风格数组

unique_ptr适用于存储动态分配的旧式C风格数组。下例创建了一个unique_ptr来保存动态分配的、包含10个整数的C风格数组：

```
auto myVariableSizedArray { make_unique<int[]>(10) };
```

myVariableSizedArray的类型是unique_ptr<int[]>，并支持使用数组标记访问其元素。如下所示：

```
myVariableSizedArray[1] = 123;
```

与非数组情况一样，make_unique()对数组的所有元素使用值初始化，类似于std::vector。对于基本类型，这意味着初始化为零。自C++20以来，可以使用make_unique_for_overwrite()函数创建具有默认初始化值的数组，这意味着未初始化基本类型。但是，请记住，应该尽可能避免未初始化的数据，所以要明智地使用它。

即使可使用unique_ptr存储动态分配的C风格数组，也建议改用标准库容器，例如std::array和vector。

4. 自定义deleter

默认情况下，unique_ptr使用标准的new和delete运算符来分配和释放内存。你可以将其改为自己的分配和释放函数。例如：

```
int* my_alloc(int value) { return new int { value }; }
void my_free(int* p) { delete p; }

int main()
{
    unique_ptr<int, decltype(&my_free)> myIntSmartPtr { my_alloc(42), my_free };
}
```

这段代码使用 my_malloc()给整数分配内存，unique_ptr 调用 my_free()函数来释放内存。unique_ptr 的这项特性很有用，因为还可管理其他类型的资源而不仅是内存。例如，当 unique_ptr 离开作用域时，可自动关闭文件或网络套接字以及其他资源。

但是，unique_ptr 的自定义 deleter 的语法有些费解。需要将自定义 deleter 的类型指定为模板类型参数，这是一个接收一个指针参数并且返回 void 的函数指针类型。在本例中，decltype(&my_free)用于返回 my_free()的函数指针类型。使用 shared_ptr 的自定义 deleter 就容易多了。下面讨论 shared_ptr 的小节将演示如何使用 shared_ptr，在 shared_ptr 离开作用域时自动关闭文件。

7.5.2 shared_ptr

有时，多个对象或代码段需要同一指针的副本。由于 unique_ptr 无法复制，因此不能用于此类情况。相反，std::shared_ptr 是一个可复制的支持共享所有权的智能指针。但是，如果有多个 shared_ptr 实例引用同一资源，它们如何知道何时实际释放资源？这可以通过所谓的引用计数来解决，这正是“引用计数的必要性”一节的主题。但首先，让我们看看如何构造和使用 shared_ptr。

1. 创建并使用 shared_ptr

shared_ptr 的用法与 unique_ptr 类似。要创建 shared_ptr，可使用 make_shared()，它比直接创建 shared_ptr 更高效。例如：

```
auto mySimpleSmartPtr { make_shared<Simple>() };
```

警告：
总是使用 make_shared()创建 shared_ptr。

请注意，与 unique_ptr 一样，类模板参数推断也不适用于 shared_ptr，所以必须指定模板类型。

与 unique_ptr 类似，make_shared()使用了值初始化。如果你不需要的话，可以使用 C++20 的 make_shared_for_overwrite()实现默认初始化，与 make_unique_for_overwrite()用法类似。

从 C++17 开始，shared_ptr 就可以像 unique_ptr 一样可用于存储动态分配的 C 风格数组的指针。另外，从 C++20 开始，你可以使用 make_shared()来做这件事，正如你可以使用 make_unique()一样。但是，尽管这是可能的，仍建议使用标准库容器而非 C 风格数组。

与 unique_ptr 一样，shared_ptr 也支持 get()和 reset()方法。唯一的区别在于，当调用 reset()时，仅在最后的 shared_ptr 销毁或重置时，才释放底层资源。注意，shared_ptr 不支持 release()。可使用 use_count()方法检索共享同一资源的 shared_ptr 实例数量。

与 unique_ptr 类似，默认情况下，当存储 C 风格数组时，shared_ptr 使用标准的 new 和 delete 运算符或使用 new[]和 delete[]分配和释放内存，可更改此行为，如下所示：

```
// Implementation of malloc_int() as before.
shared_ptr<int> myIntSmartPtr { malloc_int(42), my_free };
```

可以看到，不必将自定义 deleter 的类型指定为模板类型参数，这比 unique_ptr 的自定义 deleter

更简便。

下面的示例使用 shared_ptr 存储文件指针。当 shared_ptr 被销毁时(此处为脱离作用域时)，会调用 close()自动关闭文件指针。C++中有可以操作文件的面向对象的类(参见第 13 章)，这些类在离开作用域时会自动关闭文件。这个例子使用了旧式 C 语言的 fopen()和 fclose()函数，只是为了演示 shared_ptr 除了管理纯粹的内存之外还可以用于其他目的。例如，如果必须使用没有 C++替代的 C 风格库，并且具有类似的功能来打开和关闭资源，则可以使用它。可以使用 shared_ptr 包装它们，如本例所示。

```
void close(FILE* filePtr)
{
    if (filePtr == nullptr) { return; }
    fclose(filePtr);
    cout << "File closed." << endl;
}
int main()
{
    FILE* f { fopen("data.txt", "w") };
    shared_ptr<FILE> filePtr { f, close };
    if (filePtr == nullptr) {
        cerr << "Error opening file." << endl;
    } else {
        cout << "File opened." << endl;
        // Use filePtr
    }
}
```

2. 引用计数的必要性

如前所述，当具有共享所有权的智能指针(如 shared_ptr)超出作用域或被重置时，只有当其是引用资源的最后一个智能指针时，才应该释放引用的资源。这是如何实现的？标准库智能指针 shared_ptr 使用的一种解决方案是引用计数。

作为一般概念，引用计数(reference counting)用于跟踪正在使用的某个类的实例或特定对象的个数。引用计数的智能指针跟踪为引用一个真实指针(或某个对象)而建立的智能指针的数目。每次复制这样一个引用计数的智能指针时，都会创建一个指向同一资源的新实例，并且引用计数会增加。当此类智能指针实例超出作用域或被重置时，引用计数将减少。当引用计数降至零时，资源不再有其他所有者，因此智能指针将释放资源。

引用计数的智能指针解决了很多内存管理的问题，例如双重释放。例如，假设你有如下两个指向同一内存的原始指针。考虑前面引入的 Simple 类，这个类只是打印出创建或销毁一个对象的消息。

```
Simple* mySimple1 { new Simple{} };
Simple* mySimple2 { mySimple1 }; // Make a copy of the pointer.
```

释放两个原始指针会导致双重释放。

```
delete mySimple2;
delete mySimple1;
```

当然，你(理想情况下)永远不会看到这样的代码，但当涉及多层函数调用时，可能会发生这种情况，一个函数在另一个函数已经释放了内存之后尝试释放内存。

通过使用引用计数的智能指针 shared_ptr，可以避免这种问题。

```
auto smartPtr1 { make_shared<Simple>() };
auto smartPtr2 { smartPtr1 }; // Make a copy of the pointer.
```

这种情况下，只有两个智能指针都离开作用域或被重置时，Simple 实例会被释放恰好一次。

所有这些只有在没有原始指针的情况下才能正常工作！例如，假设你使用 new 分配了一些内存，然后创建了两个指向原始指针的 shared_ptr 实例：

```
Simple* mySimple { new Simple{} };
shared_ptr<Simple> smartPtr1 { mySimple };
shared_ptr<Simple> smartPtr2 { mySimple };
```

当被销毁时，两个智能指针都会试图释放同一个对象。取决于你的编译器，这段代码可能会崩溃！如果得到了输出，则输出为：

```
Simple constructor called!
Simple destructor called!
Simple destructor called!
```

糟糕！只调用一次构造函数，却调用两次析构函数？使用 unique_ptr 也会出现同样的问题。你可能会惊讶连引用计数的 shared_ptr 类也会以这种方式工作。然而，根据 C++标准，这是正确的行为。唯一安全得到多个指向同一内存的 shared_ptr 实例的方法是创建 shared_ptr 的副本。

3. 强制转换 shared_ptr

正如某种类型的原始指针可以转换为另一种类型的指针一样，存储某种类型的 shared_ptr 也可以转换为另一种类型的 shared_ptr。当然，对什么类型可以强制转换为什么类型有限制，并非所有强制转换都有效。可用于强制转换 shared_ptr 的函数有 const_pointer_cast()、dynamic_pointer_cast()、static_pointer_cast()和 reinterpret_pointer_cast()。它们的行为和工作方式类似于非智能指针转换函数 const_cast()、dynamic_cast()、static_cast()和 reinterpret_cast()，第 10 章将详细讨论这些方法。

4. 别名

shared_ptr 支持所谓的别名。这允许一个 shared_ptr 与另一个 shared_ptr 共享一个指针(拥有的指针)，但指向不同的对象(存储的指针)。例如，这可用于使用一个 shared_ptr 拥有一个对象本身的同时，指向该对象的成员。例如：

```
class Foo
{
    public:
        Foo(int value) : m_data { value } { }
        int m_data;
};

auto foo { make_shared<Foo>(42) };
auto aliasing { shared_ptr<int> { foo, &foo->m_data } };
```

仅当两个 shared_ptr(foo 和 aliasing)都销毁时，才销毁 Foo 对象。

“拥有的指针”用于引用计数，对指针解引用或调用它的 get()时，将返回“存储的指针”。

> **警告：**
> 在现代 C++代码中，只有在没有涉及所有权时才允许使用原始指针！如果涉及所有权，默认情况下使用 unique_ptr；如果需要共享所有权，则使用 shared_ptr。此外，使用 make_unique()和 make_shared()创建这些智能指针。这样，几乎不需要直接调用 new 运算符，也不需要调用 delete。

7.5.3 weak_ptr

在C++中还有一个类与shared_ptr有关，那就是weak_ptr。weak_ptr可包含由shared_ptr管理的资源的引用。weak_ptr不拥有这个资源，所以不能阻止shared_ptr释放资源。weak_ptr销毁时(例如离开作用域时)不会销毁它指向的资源，然而，它可用于判断资源是否已经被关联的shared_ptr释放了。weak_ptr的构造函数要求将一个shared_ptr或另一个weak_ptr作为参数。为了访问weak_ptr中保存的指针，需要将weak_ptr转换为shared_ptr。这有两种方法：

- 使用weak_ptr实例的lock()方法，这个方法返回一个shared_ptr。如果同时释放了与weak_ptr关联的shared_ptr，返回的shared_ptr是nullptr。
- 创建一个新的shared_ptr实例，将weak_ptr作为shared_ptr构造函数的参数。如果释放了与weak_ptr关联的shared_ptr，将抛出std::bad_weak_ptr异常。

下例演示了weak_ptr的用法：

```
void useResource(weak_ptr<Simple>& weakSimple)
{
    auto resource { weakSimple.lock() };
    if (resource) {
        cout << "Resource still alive." << endl;
    } else {
        cout << "Resource has been freed!" << endl;
    }
}

int main()
{
    auto sharedSimple { make_shared<Simple>() };
    weak_ptr<Simple> weakSimple { sharedSimple };

    // Try to use the weak_ptr.
    useResource(weakSimple);

    // Reset the shared_ptr.
    // Since there is only 1 shared_ptr to the Simple resource, this will
    // free the resource, even though there is still a weak_ptr alive.
    sharedSimple.reset();

    // Try to use the weak_ptr a second time.
    useResource(weakSimple);
}
```

上述代码的输出如下：

```
Simple constructor called!
Resource still alive.
Simple destructor called!
Resource has been freed!
```

从C++17开始，weak_ptr可以像shared_ptr一样支持C风格的数组。

7.5.4 向函数传递参数

仅当涉及所有权转移或所有权共享时，接受指针作为其参数之一的函数才应接受智能指针。要共享shared_ptr的所有权，只需要接受按值传递的shared_ptr作为参数。类似地，要转移unique_ptr的所有权，只需要接受按值传递的 unique_ptr 作为参数。后者需要使用移动语义，第 9 章将详细讨论。

如果既不涉及所有权转移也不涉及所有权共享，那么函数应该简单地使用 non-const 的引用或 const 引用作为参数；或者如果 nullptr 是参数的有效值，则应该使用原始指针作为参数。拥有诸如 const shared_ptr<T>&或 const unique_ptr<T>&的参数类型没有多大意义。

7.5.5 从函数中返回

由于在第 1 章中讨论的(命名的)返回值优化和在第 9 章中讨论的移动语义，标准智能指针 shared_ptr、unique_ptr 和 weak_ptr 可以简单有效地从函数中按值返回。移动语义的详细信息目前并不重要，重要的是，所有这些都意味着从函数返回智能指针是高效的。例如，可以编写以下 create()函数，并在 main()中使用它。

```
unique_ptr<Simple> create()
{
    auto ptr { make_unique<Simple>() };
    // Do something with ptr...
    return ptr;
}
int main()
{
    unique_ptr<Simple> mySmartPtr1 { create() };
    auto mySmartPtr2 { create() };
}
```

7.5.6 enable_shared_from_this

std::enable_shared_from_this 派生的类允许对象调用方法，以安全地返回指向自己的 shared_ptr 或 weak_ptr。如果没有这个基类，返回有效的 shared_ptr 或 weak_ptr 的一种方法是将 weak_ptr 作为成员添加到类中，并返回它的副本或返回由它构造的 shared_ptr。enable_shared_from_this 类给派生类添加了以下两个方法：

- shared_from_this()——返回一个 shared_ptr，它共享对象的所有权。
- weak_from_this()——返回一个 weak_ptr，它跟踪对象的所有权。

这是一项高级功能，此处不做详述，下面的代码简单演示了它的用法。shared_from_this()和 weak_from_this()都是 public 方法。但是，你可能会觉得 public 接口中的 from_this 部分令人困惑，因此作为演示，下面的 Foo 类定义了自己的方法 getPointer()。

```
class Foo : public enable_shared_from_this<Foo>
{
    public:
        shared_ptr<Foo> getPointer() {
            return shared_from_this();
        }
};

int main()
{
    auto ptr1 { make_shared<Foo>() };
    auto ptr2 { ptr1->getPointer() };
}
```

注意，仅当对象的指针已经存储在 shared_ptr 时，才能使用对象上的 shared_from_this()。否则，将会抛出 bad_weak_ptr 异常。在本例中，在 main()中使用 make_shared()创建一个名为 ptr1 的 shared_ptr(其中包含 Foo 实例)。创建这个 shared_ptr 后，将允许它调用 Foo 实例上的 shared_from_this()。另一方面，调用 weak_from_this()总是允许的，但当对象的指针还未存储在 shared_ptr 时，将会返回一个空的 weak_ptr。

下面的 getPointer()方法的实现是完全错误的：

```
class Foo
{
    public:
        shared_ptr<Foo> getPointer() {
            return shared_ptr<Foo>(this);
        }
};
```

如果像前面那样为 main()使用相同的代码，Foo 的该实现将导致双重释放。有两个完全独立的 shared_ptr (ptr1 和 ptr2)指向同一对象，在离开作用域时，它们都会尝试释放该对象。

7.5.7 过时的、移除的 auto_ptr

在 C++11 之前，老的标准库包含了一个智能指针的简单实现，称为 auto_ptr。遗憾的是，auto_ptr 存在一些严重缺点。缺点之一是在标准库容器(例如 vector)中使用时，auto_ptr 不能正常工作。C++11 和 C++14 正式弃用了 auto_ptr，C++17 则完全在标准库中移除了 auto_ptr。auto_ptr 已被 shared_ptr 和 unique_ptr 取代。这里提到 auto_ptr 是为了确保你知道这个智能指针，并且绝不要使用它。

> **警告：**
> 不要再使用旧的 auto_ptr 智能指针，而使用 unique_ptr 或 shared_ptr！

7.6 本章小结

本章介绍了动态内存的方方面面。除了使用内存检查工具和认真编写代码之外，关于避免动态内存相关的问题还有两个关键点。

首先，需要了解在后台指针是如何工作的。在阅读有关大脑中指针的两种不同模型时，你应该对编译器处理内存的方式胸有成竹。

其次，当涉及所有权时，应该避免使用原始指针，避免使用旧式的 C 风格数据结构和函数。而应该使用安全的 C++替代品，例如 C++ string 类、vector 容器和智能指针等可以自动管理其内存的对象。

7.7 练习

通过做以下习题，可以巩固本章涉及的知识点。所有练习的答案都可扫描封底二维码下载。但是，如果你被某些问题难住，请先重新阅读本章的对应内容，以尝试自己找到答案，然后再从网站上查看解决方案。

练习 7-1 分析以下代码片段。你能列出你在其中发现的问题吗？在本练习中你不需要修复这些问题，那是练习 7-2 的事情。

```
const size_t numberOfElements { 10 };
int* values { new int[numberOfElements] };
// Set values to their index value.
for (int index { 0 }; index < numberOfElements; ++index) {
    values[index] = index;
}
// Set last value to 99.
values[10] = 99;
// Print all values.
for (int index { 0 }; index <= numberOfElements; ++index) {
    cout << values[index] << " ";
}
```

练习 7-2 使用安全的现代 C++工具，重写上题中的代码片段。

练习 7-3 编写一个基本类来存储具有 x、y 和 z 坐标的三维点。包括接收 x、y 和 z 参数的构造函数。编写一个接收三维点并使用 std::format()打印其坐标的函数。在 main()函数中，动态分配类的实例，然后调用函数。

练习 7-4 在本章前面，以下函数出现在内存访问越界的部分。你能用安全的 C++替代品升级这个函数吗？在 main()函数中测试你的解决方案。

```
void fillWithM(char* text)
{
    int i { 0 };
    while (text[i] != '\0') {
        text[i] = 'm';
        i++;
    }
}
```

第8章 熟悉类和对象

本章内容

- 如何编写具有方法和数据成员的类
- 如何控制方法和数据成员的访问
- 如何在栈和自由存储区中使用对象
- 什么是对象的生命周期
- 如何编写在创建或销毁对象时执行的代码
- 如何编写复制对象或者给对象赋值的代码

作为面向对象语言，C++提供了使用对象和编写对象蓝图的工具，称为类。当然，可编写没有类和对象的 C++程序，但是这样做就没有利用这门语言的最基本、最有用的特性。编写没有类的 C++程序就像去巴黎吃麦当劳一样。为有效地使用类和对象，必须理解其语法和功能。

第 1 章回顾了类定义的基本语法，第 5 章介绍了 C++中的面向对象编程方法，并给出了类与对象的具体设计策略。

本章讲述与类和对象的使用有关的基本概念，包括编写类定义、定义方法、在栈和自由存储区中使用对象，以及编写构造函数、默认构造函数、编译器生成的构造函数、构造函数初始化器(称为 ctor-initializer)、拷贝构造函数、初始化列表构造函数、析构函数和赋值运算符。即使已经熟悉了类和对象，也应该大致了解本章的内容，因为本章包含了各种细节信息，其中一些你可能并不熟悉。

8.1 电子表格示例介绍

本章和第 9 章将展示一个可运行的、简单的电子表格示例。电子表格是一种二维的“单元格”网格，每个单元格包含一个数字或字符串。专业的电子表格(例如 Microsoft Excel)提供了执行数学计算的功能，例如，对一组单元格的值求和。这里的电子表格示例并不想抢占 Microsoft 的市场，只是用来说明类和对象。

这个电子表格使用了两个基本类：Spreadsheet 和 SpreadsheetCell。每个 Spreadsheet 对象都包含了若干 SpreadsheetCell 对象。此外，SpreadsheetApplication 类管理 Spreadsheet 集合。本章重点介绍 SpreadsheetCell 类，第 9 章开发 Spreadsheet 和 SpreadsheetApplication 类。

注意：

为循序渐进地讲解概念，本章显示了几个不同版本的SpreadsheetCell类。因此，本章关于类的各种尝试并非总是说明编写类的"最佳"方法。特别是早期的示例省略了一些通常会包含但还没有介绍的重要特性。可下载这个类的最终版本，下载方法见本章开头的说明。

8.2　编写类

编写类时，需要指定行为或方法(应用于类的对象)，还需要指定属性或数据成员(每个对象都会包含)。

编写类有两个要素：定义类本身和定义类的方法。

8.2.1　类定义

下面开始尝试编写一个简单的SpreadsheetCell类，定义在spreadsheet_cell模块中，其中每个单元格只能存储一个数字：

```
export module spreadsheet_cell;

export class SpreadsheetCell
{
    public:
         void setValue(double value);
         double getValue() const;
    private:
         double m_value;
};
```

如第1章所述，第一行表明了这是一个名为spreadsheet_cell的模块的定义。每个类定义都以关键字class和类名开始。如果该类是在模块中定义的，并且该类应该对导入该模块的客户可见，则class关键字要加上export的前缀。类定义是一个声明，以分号结尾。

如果类定义结束时不使用分号，编译器将给出几个错误，这些错误十分模糊，似乎与缺少分号毫不相干。

类定义通常放在以类命名的文件中。例如，SpreadsheetCell类定义可放在SpreadsheetCell.cppm文件中。有些编译器需要使用特定的扩展名，其他允许使用任何扩展名。

1. 类的成员

类可有许多成员。成员可以是成员函数(方法、构造函数或析构函数)，也可以是成员变量(也称为数据成员)、成员枚举、类型别名和嵌套类等。

下面两行声明了类支持的方法，这有点像函数原型：

```
void setValue(double value);
double getValue() const;
```

第1章指出过，最好将不改变对象的成员函数声明为const。

下面这行声明了类的数据成员，看上去有点像变量的声明。

```
double m_value;
```

类定义了成员函数和数据成员，但它们只应用于类的特定实例，也就是对象。这条规则的唯一例外是静态成员，参见第 9 章。类定义概念，对象包含实际的内容。因此，每个对象都会包含自己的 m_value 数据成员。成员函数的实现被所有对象共享，类可以包含任意数量的成员函数和数据成员。成员函数和数据成员不能同名。

2. 访问控制

类中的每个方法和成员都可用三种访问说明符(access specifiers)之一来说明：public、protected 或 private。protected 访问说明符将在第 10 章提到继承时详细说明。访问说明符将应用于其后声明的所有成员，直到遇到另一个访问说明符。在 SpreadsheetCell 类中，setValue()和 getValue()方法是 public 访问，而 m_value 数据成员是 private 访问。

类的默认访问说明符是 private：在第一个访问说明符之前声明的所有成员的访问都是 private 的。例如，将 public 访问说明符移到 setValue()方法声明的下方，setValue()方法就会成为 private 访问而不是 public 访问。

```
export class SpreadsheetCell
{
        void setValue(double value); // now has private access
    public:
        double getValue() const;
    private:
        double m_value;
};
```

与类相似，C++中的结构体(struct)也可以拥有方法。实际上，唯一的区别就是结构体的默认访问说明符是 public，而类默认是 private。(注释：严格来说，第二个区别是，结构体的默认基类访问也是 public 的，而类的默认基类访问是 private 的，但是基类访问是第 10 章的主题)

例如，SpreadsheetCell 类可以用结构体重写，如下所示：

```
export struct SpreadsheetCell
{
        void setValue(double value);
        double getValue() const;
    private:
        double m_value;
};
```

如果只需要一组可供公共访问的数据成员，没有方法或方法数量极少，习惯上用结构体替代类。这是一个简单的用于存储二维点坐标的结构体示例：

```
export struct Point
{
    double x;
    double y;
};
```

3. 声明的顺序

可使用任何顺序声明成员和访问控制说明符：C++没有施加任何限制，例如成员函数在数据成员之前，或者 public 在 private 之前。此外，可重复使用访问说明符。例如，可这样定义 SpreadsheetCell 类：

```
export class SpreadsheetCell
{
```

```
    public:
        void setValue(double value);
    private:
        double m_value;
    public:
        double getValue() const;
};
```

当然，为清晰起见，最好将 public、protected 和 private 声明分组，并在这些声明内将成员函数和数据成员分组。

4. 类内成员初始化器

可直接在类定义中初始化成员变量。例如，默认情况下，可在 SpreadsheetCell 类定义中直接将 m_value 初始化为 0，如下所示。

```
export class SpreadsheetCell
{
    // Remainder of the class definition omitted for brevity
    private:
        double m_value { 0 };
};
```

> **注意：**
> 建议总是初始化类内的数据成员。

8.2.2 定义方法

前面 SpreadsheetCell 类的定义足以创建类的对象。然而，如果试图调用 setValue()或 getValue()方法，链接器将发出警告，指出方法没有定义。这是因为类定义指明了方法的原型，但是没有定义方法的实现。通常类定义在模块接口文件中，对于方法定义，则有两个选择：既可以在模块接口文件中，也可以在模块实现文件中。

下面是带有类中方法实现的 SpreadsheetCell 类：

```
export module spreadsheet_cell;

export class SpreadsheetCell
{
    public:
        void setValue(double value) { m_value = value; }
        double getValue() const { return m_value; }
    private:
        double m_value { 0 };
};
```

与头文件不同，对于 C++20 模块，将方法定义放入模块接口文件中不会有任何危险。这将在第 11 章中进行更详细的讨论。然而，为了保持模块接口文件整洁且没有任何实现细节，本书通常将方法定义放在模块实现文件中。

模块实现文件的第一行指定实现的方法用于哪个模块。以下是 spreadsheet_cell 模块中 SpreadsheetCell 类的两个方法的定义：

```
module spreadsheet_cell;
```

```
void SpreadsheetCell::setValue(double value)
{
    m_value = value;
}
double SpreadsheetCell::getValue() const
{
    return m_value;
}
```

注意，每个方法名之前都出现了类名和两个冒号。

```
void SpreadsheetCell::setValue(double value)
```

::称为作用域解析运算符(scope resolution operator)。在此处，这个语法告诉编译器，要定义的setValue()方法是 SpreadsheetCell 类的一部分。此外还要注意，定义方法时，不要重复使用访问说明符。

1. 访问数据成员

类的非静态方法，例如 setValue()和 getValue()，总是在类的特定对象上执行。在类的方法体中，可以访问对象所属类的所有数据成员。在前面的 setValue()定义中，无论哪个对象调用这个方法，下面这行代码都会改变 m_value 变量的值。

```
m_value = value;
```

如果两个不同的对象调用 setValue()，这行代码(对每个对象执行一次)会改变两个不同对象内的变量值。

2. 调用其他方法

内部的某个方法可调用其他方法。例如，考虑扩展后的 SpreadsheetCell 类，它允许在单元格中保存文本数据和数字。试图将文本单元格解释为数字时，电子表格会试着将文本转换为数字。如果这个文本不能代表一个有效的值，单元格的值会被忽略。在这个程序中，非数字的字符串会生成值为 0 的单元格。为让 SpreadsheetCell 支持文本数据，将类定义为如下：

```
export module spreadsheet_cell;
import <string>;
import <string_view>;
export class SpreadsheetCell
{
    public:
        void setValue(double value);
        double getValue() const;

        void setString(std::string_view value);
        std::string getString() const;
    private:
        std::string doubleToString(double value) const;
        double stringToDouble(std::string_view value) const;
        double m_value { 0 };
};
```

这个类版本只能存储 double 数据。如果客户将数据设置为 string，数据就会转换为 double。如果文本不是有效数字，就将 double 值设置为 0。这个类定义显示了两个设置并获取单元格文本表示的新方法，还有两个新的用于将 double 转换为 string、将 string 转换为 double 的 private 辅助方法。下面是这些方法的实现。

```
module spreadsheet_cell;
import <charconv>;
using namespace std;

void SpreadsheetCell::setValue(double value)
{
    m_value = value;
}

double SpreadsheetCell::getValue() const
{
    return m_value;
}

void SpreadsheetCell::setString(string_view value)
{
    m_value = stringToDouble(value);
}

string SpreadsheetCell::getString() const
{
    return doubleToString(m_value);
}

string SpreadsheetCell::doubleToString(double value) const
{
    return to_string(value);
}

double SpreadsheetCell::stringToDouble(string_view value) const
{
    double number { 0 };
    from_chars(value.data(), value.data() + value.size(), number);
    return number;
}
```

std::to_string()和 from_chars()函数在第 2 章“使用字符串和字符串视图”中介绍过。

注意 doubleToString()方法的这种实现方式，例如，值 6.1 会被转换为 6.100000。但由于这是一个 private 辅助方法，因此不必修改任何客户代码即可修改该实现。

3. this 指针

每个普通的方法调用都会传递一个指向对象的指针，这就是称为“隐藏”参数的 this 指针。使用这个指针可访问数据成员或者调用方法，也可将其传递给其他方法或函数。有时还用它消除名称的歧义。例如，可使用 value 而不是 m_value 作为 SpreadsheetCell 类的数据成员。在此情况下，setValue()如下所示。

```
void SpreadsheetCell::setValue(double value)
{
    value = value; // Confusing!
}
```

加粗显示的代码行令人困惑。是哪个 value 呢？是作为参数传递的 value，还是对象的成员 value？

注意：

使用某些编译器或某些编译器设置时，前面的歧义行会编译成功，不会有任何警告或错误消息，但得到的结果并不是你所期望的。

为避免名称的歧义，可使用 this 指针：

```
void SpreadsheetCell::setValue(double value)
{
    this->value = value;
}
```

然而，如果使用第 3 章讲述的命名约定，永远不会遇到这类名称冲突问题。

如果对象的某个方法调用了某个函数(或方法)，而这个函数采用指向对象的指针作为参数，就可使用 this 指针调用这个函数。例如，假定编写了一个独立的 printCell()函数(不是方法)，如下所示。

```
void printCell(const SpreadsheetCell& cell)
{
    cout << cell.getString() << endl;
}
```

如果想用 setValue()方法调用 printCell()，就必须将*this 作为参数，用来将 setValue()操作的 SpreadsheetCell 对象的引用传递给 printCell()。

```
void SpreadsheetCell::setValue(double value)
{
   this->value = value;
   printCell(*this);
}
```

注意：

重载<<运算符(将在第 15 章讲述)比编写 printCell()函数更方便，重载<<后，即可使用下面的代码输出 SpreadsheetCell。

```
cout << *this << endl;
```

8.2.3　使用对象

前面的 SpreadsheetCell 类定义包含 1 个数据成员、4 个公有方法和 2 个私有方法。然而，类定义实际上并没有创建任何 SpreadsheetCell，而只是指定单元格的属性和行为。在某种意义上，类就像建筑蓝图。蓝图指定了房子的样子，但是绘制蓝图并没有构建任何房子，房子必须根据蓝图在后面建造。

与此类似，在 C++中通过声明 SpreadsheetCell 类型的变量，可根据 SpreadsheetCell 类的定义构建一个 SpreadsheetCell “对象”。就像施工人员可以根据给定的蓝图建造多个房子一样，程序员可以根据 SpreadsheetCell 类创建多个 SpreadsheetCell 对象。可采用两种方法创建和使用对象：在栈中或者在自由存储区中。

1. 栈中的对象

下面的代码在栈中创建并使用 SpreadsheetCell 对象。

```
SpreadsheetCell myCell, anotherCell;
myCell.setValue(6);
```

```
anotherCell.setString("3.2");
cout << "cell 1: " << myCell.getValue() << endl;
cout << "cell 2: " << anotherCell.getValue() << endl;
```

创建对象类似于声明简单变量，区别在于变量类型是类名。“myCell.setValue(6);”中的.称为“点”运算符，这个运算符允许调用对象的方法。如果对象中有公有数据成员，也可以用点运算符访问。注意不推荐使用公有数据成员。

程序的输出如下：

```
cell 1: 6
cell 2: 3.2
```

2. 自由存储区中的对象

还可使用 new 动态分配对象：

```
SpreadsheetCell* myCellp { new SpreadsheetCell { } };
myCellp->setValue(3.7);
cout << "cell 1: " << myCellp->getValue() <<
      " " << myCellp->getString() << endl;
delete myCellp;
myCellp = nullptr;
```

在自由存储区中创建对象时，通过“箭头”运算符访问其成员。箭头运算符组合了解引用运算符(*)和成员访问运算符(.)。可用这两个运算符替换箭头，但这么做在形式上很笨拙。

```
SpreadsheetCell* myCellp { new SpreadsheetCell { } };
(*myCellp).setValue(3.7);
cout << "cell 1: " << (*myCellp).getValue() <<
      " " << (*myCellp).getString() << endl;
delete myCellp;
myCellp = nullptr;
```

就如同必须释放自由存储区中分配的其他内存一样，也必须在对象上调用 delete，释放自由存储区中为对象分配的内存。为了保证安全性，避免发生内存错误，强烈建议使用智能指针。例如：

```
auto myCellp { make_unique<SpreadsheetCell>() };
// Equivalent to:
// unique_ptr<SpreadsheetCell> myCellp { new SpreadsheetCell { } };
myCellp->setValue(3.7);
cout << "cell 1: " << myCellp->getValue() <<
      " " << myCellp->getString() << endl;
```

使用智能指针时，不需要手动释放内存，内存会自动释放。

> **警告：**
> 如果用 new 为某个对象分配内存，那么使用完对象后，要用 delete 释放对象，或者使用智能指针自动管理内存。

> **注意：**
> 如果没有使用智能指针，当释放指针所指的对象时，最好将指针重置为 nullptr。这并非强制要求，但这样做可以防止在删除对象后意外使用这个指针，以便于调试。

8.3 对象的生命周期

对象的生命周期涉及 3 个活动：创建、销毁和赋值。理解对象什么时候以及如何被创建、销毁、赋值，并且知道如何定制这些行为很重要。

8.3.1 创建对象

在声明对象(如果是在栈中)或使用 new、new[]或智能指针显式分配空间时，就会创建对象。当创建对象时，内嵌的对象也会被创建。例如：

```
import <string>;

class MyClass
{
    private:
        std::string m_name;
};

int main()
{
    MyClass obj;
}
```

在 main()函数中创建 MyClass 对象时，同时创建内嵌的 string 对象。当包含它的对象被销毁时，string 也被销毁。

在声明变量时最好给它们赋初始值。例如：

```
int x { 0 };
```

与此类似，也应该初始化对象。声明并编写一个名为构造函数的方法，可以提供这一功能，在构造函数中可以执行对象的初始化任务。无论什么时候创建对象，都会执行其构造函数。

> **注意：**
> C++程序员有时将构造函数称为 ctor。

1. 编写构造函数

从语法上讲，构造函数是与类同名的方法。构造函数没有返回类型，可以有也可以没有参数，没有参数的构造函数称为默认构造函数。可以是无参构造函数，也可以让所有参数都使用默认值。有些情况下，必须提供默认构造函数。如果不提供，就会导致编译器错误，默认构造函数将在稍后讨论。

下面试着在 SpreadsheetCell 类中添加一个构造函数：

```
export class SpreadsheetCell
{
    public:
        SpreadsheetCell(double initialValue);
        // Remainder of the class definition omitted for brevity
};
```

就像必须提供普通方法的实现一样，也必须提供构造函数的实现。

```
SpreadsheetCell::SpreadsheetCell(double initialValue)
{
    setValue(initialValue);
}
```

SpreadsheetCell 构造函数是 SpreadsheetCell 类的一个成员，因此 C++在构造函数的名称之前要求正常的 SpreadsheetCell::作用域解析。由于构造函数本身的名称也是 SpreadsheetCell，因此代码的 SpreadsheetCell::SpreadsheetCell 看上去有点好笑。这个实现只是简单地调用了 sctValuc()方法。

2. 使用构造函数

构造函数用来创建对象并初始化其值。在基于栈和自由存储区进行分配时都可以使用构造函数。

在栈中使用构造函数

在栈中分配 SpreadsheetCell 对象时，可这样使用构造函数：

```
SpreadsheetCell myCell(5), anotherCell(4);
cout << "cell 1: " << myCell.getValue() << endl;
cout << "cell 2: " << anotherCell.getValue() << endl;
```

或者，可以使用统一初始化语法：

```
SpreadsheetCell myCell { 5 }, anotherCell { 4 };
```

注意，不要显式地调用 SpreadsheetCell 构造函数。例如，不要采用下面的做法：

```
SpreadsheetCell myCell.SpreadsheetCell(5); // WILL NOT COMPILE!
```

同样，之后也不能调用构造函数。下面的代码也是不正确的：

```
SpreadsheetCell myCell;
myCell.SpreadsheetCell(5); // WILL NOT COMPILE!
```

在自由存储区中使用构造函数

当动态分配 SpreadsheetCell 对象时，可这样使用构造函数：

```
auto smartCellp { make_unique<SpreadsheetCell>(4) };
// ... do something with the cell, no need to delete the smart pointer

// Or with raw pointers, without smart pointers (not recommended)
SpreadsheetCell* myCellp { new SpreadsheetCell { 5 } };
// Or
// SpreadsheetCell* myCellp{ new SpreadsheetCell(5) };
SpreadsheetCell* anotherCellp { nullptr };
anotherCellp = new SpreadsheetCell { 4 };
// ... do something with the cells
delete myCellp; myCellp = nullptr;
delete anotherCellp; anotherCellp = nullptr;
```

注意可以声明一个指向 SpreadsheetCell 对象的指针，而不立即调用构造函数。与此不同的是，栈中的对象在声明时会调用构造函数。

请记住，总是应该初始化指针，可以使用合适的指针，也可以使用 nullptr。

3. 提供多个构造函数

在一个类中可提供多个构造函数。所有构造函数的名称相同(类名)，但不同的构造函数具有不同数量的参数或者不同的参数类型。在 C++中，如果多个函数具有相同的名称，那么当调用时编译器会选择参数类型匹配的那个函数。这称为重载，第 9 章将详细讨论。

在 SpreadsheetCell 类中，编写两个构造函数是有益的：一个采用 double 初始值，另一个采用 string 初始值。这是新的类定义：

```
export class SpreadsheetCell
{
    public:
        SpreadsheetCell(double initialValue);
        SpreadsheetCell(std::string_view initialValue);
        // Remainder of the class definition omitted for brevity
};
```

下面是第二个构造函数的实现：

```
SpreadsheetCell::SpreadsheetCell(string_view initialValue)
{
   setString(initialValue);
}
```

下面是使用两个不同构造函数的代码：

```
SpreadsheetCell aThirdCell { "test" };                          // Uses string-arg ctor
SpreadsheetCell aFourthCell { 4.4 };                            // Uses double-arg ctor
auto aFifthCellp { make_unique<SpreadsheetCell>("5.5") };      // string-arg ctor
cout << "aThirdCell: " << aThirdCell.getValue() << endl;
cout << "aFourthCell: " << aFourthCell.getValue() << endl;
cout << "aFifthCellp: " << aFifthCellp->getValue() << endl;
```

当具有多个构造函数时，在一个构造函数中执行另一个构造函数的想法很诱人。例如，以下面的方式让 string 构造函数调用 double 构造函数。

```
SpreadsheetCell::SpreadsheetCell(string_view initialValue)
{
   SpreadsheetCell(stringToDouble(initialValue));
}
```

这看上去是合理的。因为可在类的一个方法中调用另一个方法。这段代码可以编译、链接并运行，但结果并非预期的那样。显式调用 SpreadsheetCell 构造函数实际上新建了一个 SpreadsheetCell 类型的临时未命名对象，而并不是像预期的那样调用构造函数以初始化对象。

然而，C++支持委托构造函数(delegating constructors)，允许构造函数初始化器调用同一个类的其他构造函数。这一内容将在本章后面讨论。

4. 默认构造函数

默认构造函数没有参数，也称为无参构造函数。

什么时候需要默认构造函数

考虑一下对象数组。创建对象数组需要完成两个任务：为所有对象分配内存连续的空间，为每个对象调用默认构造函数。C++没有提供任何语法，使创建数组的代码直接调用不同的构造函数。例如，如果没有定义 SpreadsheetCell 类的默认构造函数，下面的代码将无法编译。

```
SpreadsheetCell cells[3]; // FAILS compilation without default constructor
SpreadsheetCell* myCellp { new SpreadsheetCell[10] }; // Also FAILS
```

可使用下面的初始化器绕过这个限制：

```
SpreadsheetCell cells[3] { SpreadsheetCell { 0 }, SpreadsheetCell { 23 },
    SpreadsheetCell { 41 } };
```

然而，如果想创建某个类的对象数组，最好还是定义类的默认构造函数。如果没有定义自己的构造函数，编译器会自动创建默认构造函数。编译器生成的构造函数在下一节讨论。

如何编写默认构造函数

下面是具有默认构造函数的SpreadsheetCell类的部分定义：

```
export class SpreadsheetCell
{
   public:
      SpreadsheetCell();
      // Remainder of the class definition omitted for brevity
};
```

下面的代码首次实现了默认构造函数：

```
export SpreadsheetCell::SpreadsheetCell()
{
   m_value = 0;
}
```

如果为m_value使用类内成员初始化方式，则可以省略这个默认构造函数中的一条语句。

```
SpreadsheetCell::SpreadsheetCell()
{
}
```

可在栈中使用默认构造函数，如下所示：

```
SpreadsheetCell myCell;
myCell.setValue(6);
cout << "cell 1: " << myCell.getValue() << endl;
```

前面的代码创建了一个名为myCell的新SpreadsheetCell，设置并输出其值。与基于栈的对象的其他构造函数不同，调用默认构造函数不需要使用函数调用的语法。根据其他构造函数的语法，用户或许会试着这样调用默认构造函数：

```
SpreadsheetCell myCell();  // WRONG, but will compile.
myCell.setValue(6);         // However, this line will not compile.
cout << "cell 1: " << myCell.getValue() << endl;
```

但是，试图调用默认构造函数的行可以编译，但是后面的代码无法编译。问题在于常说的最头疼的解析(most vexing parse)，编译器实际上将第一行当作函数声明，函数名为myCell，没有参数，返回值为SpreadsheetCell对象。当编译第二行时，编译器认为用户将函数名用作对象！

当然，可以使用统一初始化语法，而不是使用函数调用样式的括号，如下所示。

```
SpreadsheetCell myCell { }; // Calls the default constructor.
```

警告：
在栈中创建对象时，可以使用花括号作为统一初始化语法，也可以省略任何括号。

对于自由存储区中的对象，可以这样使用默认构造函数：

```
auto smartCellp { make_unique<SpreadsheetCell>() };
// Or with a raw pointer (not recommended)
SpreadsheetCell* myCellp { new SpreadsheetCell { } };
// Or
// SpreadsheetCell* myCellp { new SpreadsheetCell };
// Or
// SpreadsheetCell* myCellp{ new SpreadsheetCell() };
// ... use myCellp
delete myCellp; myCellp = nullptr;
```

编译器生成的默认构造函数

本章的第一个 SpreadsheetCell 类定义如下所示：

```
export class SpreadsheetCell
{
    public:
        void setValue(double value);
        double getValue() const;
    private:
        double m_value;
};
```

这个类定义没有声明任何默认构造函数，但以下代码仍然可以正常运行：

```
SpreadsheetCell myCell;
myCell.setValue(6);
```

下面的定义与前面的定义相同，只是添加了一个显式的构造函数，用一个 double 值作为参数。这个定义仍然没有显式声明默认构造函数：

```
export class SpreadsheetCell
{
    public:
        SpreadsheetCell(double initialValue); // No default constructor
        // Remainder of the class definition omitted for brevity
};
```

使用这个定义，下面的代码将无法编译：

```
SpreadsheetCell myCell;
myCell.setValue(6);
```

为什么会这样？原因在于如果没有指定任何构造函数，编译器将自动生成无参构造函数。类所有的对象成员都可以调用编译器生成的默认构造函数，但不会初始化语言的基本类型，例如 int 和 double。尽管如此，也可用它创建类的对象。然而，如果声明了任何构造函数，编译器就不会再自动生成默认构造函数。

注意：

默认构造函数与无参构造函数是一回事。术语“默认构造函数”并不仅仅是说如果没有声明任何构造函数，就会自动生成一个构造函数；而且指如果不需要参数，构造函数即为默认构造函数。

显式默认的默认构造函数

在 C++11 前，如果类需要一些接收参数的显式构造函数，还需要一个什么都不做的默认构造函数，就必须显式地编写空的默认构造函数，如前所述。

为了避免手动编写空的默认构造函数，C++现在支持显式默认的默认构造函数(explicitly defaulted default constructor)。可按如下方法编写类的定义，而不需要在实现文件中实现默认构造函数：

```
export class SpreadsheetCell
{
    public:
        SpreadsheetCell() = default;
        SpreadsheetCell(double initialValue);
        SpreadsheetCell(std::string_view initialValue);
        // Remainder of the class definition omitted for brevity
};
```

SpreadsheetCell 定义了两个定制的构造函数。然而，由于使用了 default 关键字，编译器仍然会生成一个标准的由编译器生成的默认构造函数。

注意，既可以将=default 直接放在类定义中，也可以放在实现文件中。

显式删除的默认构造函数

C++还支持显式删除的默认构造函数(explicitly deleted default constructor)。例如，可定义一个只有静态方法的类(见第 9 章)，这个类没有任何构造函数，也不想让编译器生成默认构造函数。在此情况下可以显式删除默认构造函数：

```
export class MyClass
{
    public:
        MyClass() = delete;
};
```

注意：

如果类的数据成员具有删除的默认构造函数，则该类的默认构造函数也会自动删除。

5. 构造函数初始化器

本章到现在为止，都是在构造函数体内初始化数据成员，例如：

```
SpreadsheetCell::SpreadsheetCell(double initialValue)
{
    setValue(initialValue);
}
```

C++提供了另一种在构造函数中初始化数据成员的方法，称为构造函数初始化器或成员初始化列表，也可称为 ctor-initializer。下面的代码使用构造函数初始化器语法重写了 SpreadsheetCell 构造函数：

```
SpreadsheetCell::SpreadsheetCell(double initialValue)
    : m_value { initialValue }
{
}
```

可以看出，构造函数初始化器出现在构造函数参数列表和构造函数体的左大括号之间。这个列表以冒号开始，由逗号分隔。列表中的每个元素都使用函数符号、统一初始化语法、调用基类构造函数(见第 10 章)，或者调用委托构造函数(参见后面的内容)以初始化某个数据成员。

使用构造函数初始化器与在构造函数体内初始化数据成员不同。当 C++创建某个对象时，必须在调用构造函数前创建对象的所有数据成员。如果数据成员本身就是对象，那么在创建这些数据成员时，必须为其调用构造函数。在构造函数体内给某个对象赋值时，并没有真正创建这个对象，而只是改变对象的值。构造函数初始化器允许在创建数据成员时赋初值，这样做比在后面赋值效率高。

如果类的数据成员是具有默认构造函数的类的对象，则不必在构造函数初始化器中显式初始化对象。例如，如果有一个 std::string 数据成员，其默认构造函数将字符串初始化为空字符串，那么在构造函数初始化器中将其初始化为" "是多余的。

而如果类的数据成员是没有默认构造函数的类的对象，则必须在构造函数初始化器中显式初始化对象。例如，考虑下面的 SpreadsheetCell 类：

```
export class SpreadsheetCell
{
   public:
      SpreadsheetCell(double d);
};
```

这个类只有一个采用 double 值作为参数的显式构造函数，而没有默认构造函数。可在另一个类中将这个类用作数据成员，如下所示：

```
export class SomeClass
{
   public:
      SomeClass();
   private:
      SpreadsheetCell m_cell;
};
```

SomeClass 构造函数的实现如下：

```
SomeClass::SomeClass() { }
```

然而，使用这个实现将无法成功编译。编译器不知道如何初始化 SomeClass 类的 m_cell 数据成员，因为这个类没有默认构造函数。

解决方案是在构造函数初始化器中初始化 m_cell 数据成员，如下所示。

```
SomeClass::SomeClass() : m_cell { 1.0 } { }
```

注意：
构造函数初始化器允许在创建数据成员时执行初始化。

某些程序员喜欢在构造函数体内提供初始值(即使这么做效率不高)。然而，某些数据类型必须在构造函数初始化器中或使用类内初始化器进行初始化。表 8-1 对此进行了总结。

表 8-1 数据类型

数据类型	说明
const 数据成员	const 变量创建后无法对其正确赋值，必须在创建时提供初始值
引用数据成员	如果不指向什么，引用将无法存在，且一旦创建，引用不得改变指向目标
没有默认构造函数的对象数据成员	C++尝试用默认构造函数初始化成员对象。如果不存在默认构造函数，就无法初始化该对象，必须显式调用它的某个构造函数
没有默认构造函数的基类	在第 10 章讲述

关于构造函数初始化器要特别注意，数据成员的初始化顺序如下：按照它们在类定义中出现的顺序，而不是在构造函数初始化器中的顺序。考虑下面的 Foo 类定义。它的构造函数只是存储 double 值，并将该值显示在控制台上。

```
class Foo
{
    public:
        Foo(double value);
    private:
        double m_value { 0 };
};

Foo::Foo(double value) : m_value { value }
{
    cout << "Foo::m_value = " << m_value << endl;
}
```

假定有另一个类 MyClass，它将 Foo 对象作为自己的一个数据成员。

```
class MyClass
{
    public:
        MyClass(double value);
    private:
        double m_value { 0 };
        Foo m_foo;
};
```

其构造函数的实现方式如下：

```
MyClass::MyClass(double value) : m_value { value }, m_foo { m_value }
{
    cout << "MyClass::m_value = " << m_value << endl;
}
```

构造函数初始化器首先在 m_value 中存储给定的值，然后将 m_value 作为实参调用 Foo 构造函数。可以创建 MyClass 的实例，如下所示：

```
MyClass instance { 1.2 };
```

输出如下所示：

```
Foo::m_value = 1.2
MyClass::m_value = 1.2
```

看上去一切都不错。现在对 MyClass 定义稍加修改，只是调换 m_value 和 m_foo 数据成员的顺序，其他保持不变。

```
class MyClass
{
    public:
        MyClass(double value);
    private:
        Foo m_foo;
        double m_value { 0 };
};
```

现在，程序的输出取决于系统。可能的示例输出如下：

```
Foo::m_value = -9.25596e+61
MyClass::m_value = 1.2
```

这与我们的期望相去甚远。你可能认为，基于构造函数初始化器，先初始化 m_value，再在调用 Foo 构造函数时使用 m_value。但 C++并不是这么运行的。按照数据成员在类定义中的顺序(而非构造函数初始化器中的顺序)对数据成员进行初始化。因此，这里首先使用未初始化的 m_value 调用 Foo 构造函数。

注意，如果类定义中的顺序与构造函数初始化器中的顺序不匹配，一些编译器会发出警告。

对于本例，有一个简单的修复方法。不要将 m_value 传递给 Foo 构造函数，只需要传递 value 参数。

```
MyClass::MyClass(double value) : m_value { value }, m_foo { value }
{
    cout << "MyClass::m_value = " << m_value << endl;
}
```

警告：

使用构造函数初始化器初始化数据成员的顺序如下：按照类定义中声明的顺序而不是构造函数初始化器列表中的顺序。

6. 拷贝构造函数

C++中有一种特殊的构造函数，称为拷贝构造函数(copy constructor)，允许所创建的对象是另一个对象的副本。下面是 SpreadsheetCell 类中拷贝构造函数的声明：

```
export class SpreadsheetCell
{
   public:
      SpreadsheetCell(const SpreadsheetCell& src);
      // Remainder of the class definition omitted for brevity
};
```

拷贝构造函数采用源对象的 const 引用作为参数。与其他构造函数类似，它也没有返回值。在拷贝构造函数内部，应该复制源对象的所有数据成员。当然，严格来说，可在拷贝构造函数内完成任何操作，但最好按照预期的行为将新对象初始化为已有对象的副本。下面是 SpreadsheetCell 拷贝构造函数的示例实现，注意构造函数初始化器的用法。

```
SpreadsheetCell::SpreadsheetCell(const SpreadsheetCell& src)
    : m_value { src.m_value }
{
}
```

如果没有编写拷贝构造函数，C++会自动生成一个，用源对象中相应数据成员的值初始化新对象的每个数据成员。如果数据成员是对象，初始化意味着调用它们的拷贝构造函数。假定有一组成员变量，名为m1、m2、…、mn，编译器生成的拷贝构造函数为：

```
classname::classname(const classname& src)
    : m1 { src.m1 }, m2 { src.m2 }, ... mn { src.mn } { }
```

因此，多数情况下，不需要亲自编写拷贝构造函数！

注意：
此处显示 SpreadsheetCell 拷贝构造函数只是为了演示目的。实际上，这种情况下，由于默认的由编译器生成的构造函数已经足以满足要求，因此可以省去拷贝构造函数。然而在某些情况下，默认拷贝构造函数的功能不足。第 9 章将讲述这些情况。

何时调用拷贝构造函数

C++中传递函数参数的默认方式是值传递，这意味着函数或方法接收某个值或对象的副本。因此，无论何时给函数或方法传递一个对象，编译器都会调用新对象的拷贝构造函数进行初始化。例如，假设以下 printString()函数接收一个按值传递的 string 参数：

```
void printString(string value)
{
    cout << value << endl;
}
```

回顾一下，C++字符串实际上是一个类，而不是内置类型。当调用 setString()并传递一个 string 参数时，这个 string 参数 value 会调用拷贝构造函数进行初始化。传递给拷贝构造函数的参数是传递给 printString()的字符串。在下例中，为初始化 printString()中的 value 对象，会调用 string 拷贝构造函数，其参数为 name。

```
string name { "heading one" };
printString(name); // Copies name
```

当 printString()方法结束时，value 被销毁，因为它只是 name 的一个副本，所以 name 完好无缺。当然，可通过将参数作为 const 的引用来传递，从而避免拷贝构造函数的开销。

当函数按值返回对象时，也会调用拷贝构造函数，见本章 8.3.5 节的“1.按值返回对象”。

显式调用拷贝构造函数

也可显式地使用拷贝构造函数，从而将某个对象作为另一个对象的精确副本。例如，可这样创建 SpreadsheetCell 对象的副本：

```
SpreadsheetCell myCell1 { 4 };
SpreadsheetCell myCell2 { myCell1 }; // myCell2 has the same values as myCell1
```

按引用传递对象

向函数或方法传递对象时，为避免复制对象，可让函数或方法采用对象的引用作为参数。按引用传递对象通常比按值传递对象的效率更高，因为只需要复制对象的地址，而不需要复制对象的全部内容。此外，按引用传递可避免对象动态内存分配的问题，这些内容将在第 9 章讲述。

按引用传递某个对象时，使用对象引用的函数或方法可修改原始对象。如果只是为了提高效率才按引用传递，可将对象声明为 const 以排除这种可能。这称为按 const 的引用传递对象，本书中的多个示例一直是这么做的。

注意：

为了提高性能，最好按 const 引用而不是按值传递对象。在引入移动语义之后，第 9 章稍微修改了这个规则，允许在某些情况下传递对象的值。

注意，SpreadsheetCell 类有多个接收 std::string_view 参数的方法。如第 2 章所述，string_view 基本上就是指针和长度。因此，复制成本很低，通常按值传递。

另外，诸如 int 和 double 等基本类型应当按值传递。按 const 引用传递这些类型什么好处也得不到。

SpreadsheetCell 类的 doubleToString()方法总是按值返回字符串，因为该方法的实现创建了一个局部字符串对象，在方法的最后返回给调用者。返回这个字符串的引用是无效的，因为它引用的字符串在函数退出时会被销毁。

显式默认或显式删除的拷贝构造函数

正如可以将编译器生成的默认构造函数设置为显式默认或显式删除，同样可以将编译器生成的拷贝构造函数设置为默认或者将其删除。

```
SpreadsheetCell(const SpreadsheetCell& src) = default;
```

或者

```
SpreadsheetCell(const SpreadsheetCell& src) = delete;
```

通过删除拷贝构造函数，对象将无法被复制。这可用于禁止按值传递对象，如第 9 章所述。

注意：

如果类的数据成员具有删除的拷贝构造函数，则该类的拷贝构造函数也会自动删除。

7. 初始化列表构造函数

初始化列表构造函数(initializer-list constructor)将 std::initializer_list<T>作为第一个参数，并且没有任何其他参数(或者其他参数具有默认值)。std::initializer_list<T>类模板定义在<initializer_list>中。下面的类演示了这种用法。该类只接收一个 initializer_list<double>参数，且初始化列表中的元素个数应为偶数，否则将抛出异常。异常在第 1 章介绍过。

```
class EvenSequence
{
    public:
        EvenSequence(initializer_list<double> args)
        {
            if (args.size() % 2 != 0) {
                throw invalid_argument { "initializer_list should "
                    "contain even number of elements." };
            }
            m_sequence.reserve(args.size());
            for (const auto& value : args) {
                m_sequence.push_back(value);
            }
        }

        void dump() const
        {
            for (const auto& value : m_sequence) {
                cout << value << ", ";
            }
```

```
            cout << endl;
        }
    private:
        vector<double> m_sequence;
};
```

在初始化列表构造函数的内部，可使用基于范围的 for 循环来访问初始化列表的元素。使用 size()方法可获取初始化列表中元素的数目。

EvenSequence 初始化列表构造函数使用基于区间的 for 循环来复制给定 initializer_list<T>中的元素。也可以使用 vector 的 assign()方法。vector 的 assign()等方法详见第 18 章。为帮助你了解 vector 的功能，下面给出一个使用 assign()的初始化列表构造函数。

```
EvenSequence(initializer_list<double> args)
{
    if (args.size() % 2 != 0) {
        throw invalid_argument { "initializer_list should "
        "contain even number of elements." };
    }
    m_sequence.assign(args);
}
```

可按以下方式创建 EvenSequence 对象：

```
EvenSequence p1 { 1.0, 2.0, 3.0, 4.0, 5.0, 6.0 };
p1.dump();

try {
    EvenSequence p2 { 1.0, 2.0, 3.0 };
} catch (const invalid_argument& e) {
    cout << e.what() << endl;
}
```

创建 p2 时会抛出异常，因为初始化列表中元素的数目为奇数。

标准库完全支持初始化列表构造函数。例如，可使用初始化列表初始化 std::vector 容器。

```
vector<string> myVec { "String 1", "String 2", "String 3" };
```

如果不使用初始化列表构造函数，可通过一些 push_back()调用来初始化 vector。

```
vector< string> myVec;
myVec.push_back("String 1");
myVec.push_back("String 2");
myVec.push_back("String 3");
```

初始化列表并不限于构造函数，还可以用于普通函数，如第 1 章所述。

8. 委托构造函数

委托构造函数(delegating constructor)允许构造函数调用同一个类的其他构造函数。然而，这个调用不能放在构造函数体内，而必须放在构造函数初始化器中，且必须是列表中唯一的成员初始化器。下面给出了一个示例：

```
SpreadsheetCell::SpreadsheetCell(string_view initialValue)
    : SpreadsheetCell { stringToDouble(initialValue) }
{
}
```

当调用这个 string_view 构造函数(委托构造函数)时，首先将调用委托给目标构造函数，也就是 double 构造函数。当目标构造函数返回时，再执行委托构造函数。

当使用委托构造函数时，要注意避免出现构造函数的递归。例如：

```
class MyClass
{
    MyClass(char c) : MyClass { 1.2 } { }
    MyClass(double d) : MyClass { 'm' } { }
};
```

第一个构造函数委托第二个构造函数，第二个构造函数又委托第一个构造函数。C++标准没有定义此类代码的行为，这取决于编译器。

9. 转换构造函数和显式构造函数

目前，SpreadsheetCell 类的构造函数集合如下所示。

```
export class SpreadsheetCell
{
    public:
        SpreadsheetCell() = default;
        SpreadsheetCell(double initialValue);
        SpreadsheetCell(std::string_view initialValue);
        SpreadsheetCell(const SpreadsheetCell& src);
      // Remainder omitted for brevity
};
```

单参数 double 和 string_view 构造函数可用于将 double 或 string_view 转换为 SpreadsheetCell。这种构造函数称为转换构造函数。编译器可以使用这些构造函数执行隐式转换。例如：

```
SpreadsheetCell myCell { 4 };
myCell = 5;
myCell = "6"sv; // A string_view literal (see Chapter 2).
```

这可能并不总是想要的行为。通过将构造函数标记为 explicit，可以防止编译器执行此类隐式转换。explicit 关键字只在类定义中出现。例如：

```
export class SpreadsheetCell
{
    public:
        SpreadsheetCell() = default;
        SpreadsheetCell(double initialValue);
        explicit SpreadsheetCell(std::string_view initialValue);
        SpreadsheetCell(const SpreadsheetCell& src);
    // Remainder omitted for brevity
};
```

改写之后，如下所示的代码将无法编译。

```
myCell = "6"sv; // A string_view literal (see Chapter 2).
```

注意：
建议将任何可以使用单个参数调用的构造函数标记为 explicit，以避免意外的隐式转换，除非此类转换是有用的。

在 C++11 之前，转换构造函数只能有一个参数，如 SpreadsheetCell 示例中所示。自 C++11 以来，由于支持列表初始化，转换构造函数可以有多个参数。让我们看一个例子，假设有以下类：

```
class MyClass
{
    public:
    MyClass(int) { }
    MyClass(int, int) { }
};
```

这个类有两个构造函数，从 C++11 开始，它们都是转换构造函数。以下示例展示了编译器使用这些转换构造函数自动将给定参数 1、{1}和{1,2}转换为 MyClass 的实例：

```
void process(const MyClass& c) { }

int main()
{
    process(1);
    process({ 1 });
    process({ 1, 2 });
}
```

为了避免编译器执行此类隐式转换，两个转换构造函数都可以标记为 explicit。

```
class MyClass
{
    public:
        explicit MyClass(int) { }
        explicit MyClass(int, int) { }
};
```

有了这个变更，必须显式地执行这些转换，例如：

```
process(MyClass{ 1 });
process(MyClass{ 1, 2 });
```

C++20

从 C++20 开始，可以将布尔参数传递给 explicit，以将其转换为条件 explicit。语法如下：

```
explicit(true) MyClass(int);
```

当然，仅仅编写 explicit(true)就等价于 explicit，但它在使用所谓类型萃取的泛型模板代码中更加有用。使用类型萃取，可以查询给定类型的某些属性，例如某个类型是否可转换为另一个类型。类型萃取的结果可以用作 explicit()的参数。类型萃取允许编写高级泛型代码，在第 26 章“高级模板”中讨论。

总结编译器生成的构造函数

编译器为每个类自动生成默认构造函数和拷贝构造函数。然而，编译器自动生成的构造函数取决于你自己定义的构造函数，对应的规则如表 8-2 所示。

表 8-2　对应的规则

如果定义了	那么编译器会生成	然后可以创建一个对象
没有定义构造函数	一个无参构造函数以及一个拷贝构造函数	使用无参构造函数： SpreadsheetCell a; 作为另一个对象的副本： SpreadsheetCell b{a};

(续表)

如果定义了	那么编译器会生成	然后可以创建一个对象
只定义了默认构造函数	一个拷贝构造函数	使用无参构造函数: SpreadsheetCell a; 作为另一个对象的副本: SpreadsheetCell b{a};
只定义了拷贝构造函数	不会生成构造函数	理论上可复制其他对象，但由于缺少拷贝构造函数以外的构造函数，实际上无法创建任何对象
只定义了一个构造函数(不是拷贝构造函数)，该构造函数具有一个或多个参数	一个拷贝构造函数	使用带参数的构造函数: SpreadsheetCell a{6}; 作为另一个对象的副本: SpreadsheetCell b{a};
定义了一个默认构造函数以及一个具有单个或多个参数的构造函数(不是拷贝构造函数)	一个拷贝构造函数	使用无参构造函数: SpreadsheetCell a; 使用带参数的构造函数: SpreadsheetCell b{5}; 作为另一个对象的副本: SpreadsheetCell c{a};

注意默认构造函数和拷贝构造函数之间缺乏对称性。只要没有显式定义拷贝构造函数，编译器就会自动生成一个。另一方面，只要定义了任何构造函数，编译器就不会生成默认构造函数。

本章前面提到过，可通过将构造函数定义为显式默认或显式删除来影响自动生成的默认构造函数和默认拷贝构造函数。

注意：
构造函数的最后一种类型是移动构造函数，用于实现移动语义。移动语义可用于在某些情况下提高性能，详见第 9 章。

8.3.2　销毁对象

当销毁对象时，会发生两件事：调用对象的析构函数，释放对象占用的内存。在析构函数中可以执行对象的清理，例如释放动态分配的内存或者关闭文件句柄。如果没有声明析构函数，编译器将自动生成一个，析构函数会逐一销毁成员，然后允许释放对象。类的析构函数是一个方法，其名称为类的名称，前缀为波浪号(~)，并且不返回任何内容。下面是一个析构函数示例，它只将某些内容写入标准输出：

```
export class SpreadsheetCell
{
    public:
        ~SpreadsheetCell(); // Destructor.
        // Remainder of the class definition omitted for brevity
};

SpreadsheetCell::~SpreadsheetCell()
```

```
{
    cout << "Destructor called." << endl;
}
```

当栈中的对象超出作用域时，即当前的函数、方法或其他执行的代码块结束，对象会被销毁。换句话说，当代码遇到结束大括号时，这个大括号中所有创建在栈中的对象都会被销毁。下面的程序显示了这一行为：

```
int main()
{
    SpreadsheetCell myCell { 5 };
    if (myCell.getValue() == 5) {
        SpreadsheetCell anotherCell { 6 };
    }    // anotherCell is destroyed as this block ends.

    cout << "myCell: " << myCell.getValue() << endl;
}    // myCell is destroyed as this block ends.
```

栈中对象的销毁顺序与声明顺序(和构建顺序)相反。例如，在下面的代码片段中，myCell2 在 anotherCell2 之前分配，因此 anotherCell2 在 myCell2 之前销毁(注意在程序中，可以使用左大括号在任意点开始新的代码块)。

```
{
    SpreadsheetCell myCell2 { 4 };
    SpreadsheetCell anotherCell2 { 5 }; // myCell2 constructed before anotherCell2
} // anotherCell2 destroyed before myCell2
```

如果某个对象是其他对象的数据成员，这一顺序也适用。数据成员的初始化顺序是它们在类中声明的顺序。因此，按对象的销毁顺序与创建顺序相反这一规则，数据成员对象的销毁顺序与其在类中声明的顺序相反。

没有智能指针的帮助，在自由存储区中分配的对象不会自动销毁。必须对对象指针使用 delete，从而调用析构函数并释放内存。下面的程序显示了这一行为：

```
int main()
{
    SpreadsheetCell* cellPtr1 { new SpreadsheetCell { 5 } };
    SpreadsheetCell* cellPtr2 { new SpreadsheetCell { 6 } };
    cout << "cellPtr1: " << cellPtr1->getValue() << endl;
    delete cellPtr1; // Destroys cellPtr1
    cellPtr1 = nullptr;
} // cellPtr2 is NOT destroyed because delete was not called on it.
```

警告：

不要编写与上例类似的程序，因为 cellPtr2 没有释放。一定要根据分配内存时使用的是 new 还是 new[]，相应地使用 delete 或 delete[]释放动态分配的内存。更好的方式是使用前面讲过的智能指针。

8.3.3　对象赋值

就像可将一个 int 变量的值赋给另一个 int 变量一样，在 C++中也可将一个对象的值赋给另一个对象。例如，下面的代码将 myCell 的值赋给 anotherCell：

```
SpreadsheetCell myCell { 5 }, anotherCell;
anotherCell = myCell;
```

myCell 似乎被“复制”给了 anotherCell。然而在 C++中，“复制”只在初始化对象时发生。如果一个已经具有值的对象被改写，更精确的术语是“赋值”。注意 C++提供的复制工具是拷贝构造函数。因为这是一个构造函数，所以只能用在创建对象时，而不能用于对象的赋值。

因此，C++为所有的类提供了执行赋值的方法。这个方法称为赋值运算符(assignment operator)，名称是 operator=，因为实际上是为类重载了=运算符，在上例中，调用了 anotherCell 的赋值运算符，参数为 myCell。

注意：
本节所讲的赋值运算符有时也称为拷贝赋值运算符(copy assignment operator)，因为在赋值后，左边和右边的对象都继续存在。第 9 章将讨论移动赋值运算符(move assignment operator)，为提高性能，当赋值结束后右边的对象会被销毁。

如果没有编写自己的赋值运算符，C++将自动生成一个，从而允许将对象赋给另一个对象。默认的 C++赋值行为几乎与默认的复制行为相同：以递归方式用源对象的每个数据成员并赋值给目标对象。

1. 声明赋值运算符

下面是 SpreadsheetCell 类的赋值运算符：

```
export class SpreadsheetCell
{
    public:
        SpreadsheetCell& operator=(const SpreadsheetCell& rhs);
        // Remainder of the class definition omitted for brevity
};
```

赋值运算符与拷贝构造函数类似，采用了源对象的 const 引用。在此情况下，将源对象称为 rhs，代表等号的“右边”(可为其指定其他任何名称)，调用赋值运算符的对象在等号的左边。

与拷贝构造函数不同的是，赋值运算符返回 SpreadsheetCell 对象的引用。原因是赋值可以连接在一起，如下所示：

```
myCell = anotherCell = aThirdCell;
```

执行这一行时，首先对 anotherCell 调用赋值运算符，aThirdCell 是“右边”的参数。随后对 myCell 调用赋值运算符。然而，此时 anotherCell 并不是参数，右边的值是将 aThirdCell 赋值给 anotherCell 时赋值运算符的返回值。如果赋值运算符不返回结果，myCell 将无法赋值。等号实际上是方法调用的缩写，看看下面包含完整函数语法的代码时，就会发现问题。

```
myCell.operator=(anotherCell.operator=(aThirdCell));
```

现在可以看到，anotherCell 调用的 operator=必须返回一个值，这个值会传递给 myCell 调用的 operator=。正确的返回值是 anotherCell 本身，这样它就可以赋值给 myCell 的源对象。

警告：
实际上可使赋值运算符返回任意类型，包括 void。然而应该返回被调用对象的引用，因为客户希望这样。

2. 定义赋值运算符

赋值运算符的实现与拷贝构造函数类似，但存在一些重要的区别。首先，拷贝构造函数只有在初始化时才调用，此时目标对象还没有有效的值。赋值运算符可以改写对象的当前值。在对象中拥有动态分配的资源(例如内存)之前，可以不考虑这个问题，第 9 章将详细讨论这个主题。

其次，在 C++中允许将对象的值赋给自身。例如，下面的代码可以编译并运行：

```
SpreadsheetCell cell { 4 };
cell = cell; // Self-assignment
```

赋值运算符不应该阻止自我赋值。在 SpreadsheetCell 类中，这并不重要，因为它的唯一数据成员是基本类型 double。但当类具有动态分配的内存或其他资源时，必须将自我赋值考虑在内，第 9 章将详细讨论。为阻止在此类情况下发生问题，赋值运算符通常在方法开始时检测自我赋值，如果发现自我赋值，则立刻返回。

下面是 SpreadsheetCell 类的赋值运算符的定义的开始：

```
SpreadsheetCell& SpreadsheetCell::operator=(const SpreadsheetCell& rhs)
{
    if (this == &rhs) {
```

第一行检测自我赋值，但有一个神秘之处。当等号的左边和右边相同时，就是自我赋值。判断两个对象是否相同的方法之一是检查它们在内存中的位置是否相同——更明确地说，是检查指向它们的指针是否相等。回顾一下，调用对象上的任何方法时，都会使用指向这个对象的 this 指针。因此，this 是一个指向左边对象的指针。与此类似，&rhs 是一个指向右边对象的指针。如果这两个指针相等，赋值必然是自我赋值。但由于返回类型是 SpreadsheetCell&，因此必须返回一个正确的值。所有赋值运算符都返回*this，自我赋值情况也不例外。

```
        return *this;
    }
```

this 指针指向执行方法的对象，因此*this 就是对象本身。编译器将返回一个对象的引用，从而与声明的返回值匹配。如果不是自我赋值，就必须对每个成员赋值。

```
    m_value = rhs.m_value;
    return *this;
}
```

这个方法复制了成员的值，最后返回*this，前面已经对此做过解释。

> **注意：**
> 此处显示 SpreadsheetCell 赋值运算符只是为了演示目的。实际上，这种情况下，由于默认的由编译器生成的运算符已经足以满足要求，本可以省去这里的赋值运算符；它只是对所有数据成员进行逐个成员的赋值。然而在某些情况下，默认赋值运算符的功能不足。第 9 章将讲述这些情况。

3. 显式默认或显式删除的赋值运算符

可显式地默认或删除编译器生成的赋值运算符，如下所示。

```
SpreadsheetCell& operator=(const SpreadsheetCell& rhs) = default;
```

或者

```
SpreadsheetCell& operator=(const SpreadsheetCell& rhs) = delete;
```

8.3.4　编译器生成的拷贝构造函数和拷贝赋值运算符

在 C++11 中，如果类具有用户声明的拷贝赋值运算符或析构函数，编译器将不会生成拷贝构造函数。如果仍然需要编译器生成的拷贝构造函数，则可以显式指定 default。

```
MyClass(const MyClass& src) = default;
```

同样，在 C++11 中，如果类具有用户声明的拷贝构造函数或析构函数，编译器也不会生成拷贝赋值运算符。如果在此类情况下仍然需要编译器生成的拷贝赋值运算符，可以显式指定 default：

```
MyClass& operator=(const MyClass& rhs) = default;
```

8.3.5　复制和赋值的区别

有时很难区分对象何时用拷贝构造函数初始化，何时用赋值运算符赋值。基本上，声明时会使用拷贝构造函数，赋值语句会使用赋值运算符。考虑下面的代码：

```
SpreadsheetCell myCell { 5 };
SpreadsheetCell anotherCell { myCell };
```

anotherCell 由拷贝构造函数创建。现在考虑这行代码：

```
SpreadsheetCell aThirdCell = myCell;
```

aThirdCell 也是由拷贝构造函数创建的，因为这条语句是一个声明。这行代码不会调用 operator=，这只是编写 SpreadsheetCell aThirdCell(myCell);的另一种语法。不过，考虑以下代码：

```
anotherCell = myCell; // Calls operator= for anotherCell
```

此处，anotherCell 已经构建，因此编译器会调用 operator=。

1. 按值返回对象

当函数或方法返回对象时，有时很难看出究竟执行了什么样的复制和赋值。例如，SpreadsheetCell::getString()的实现如下所示：

```
string SpreadsheetCell::getString() const
{
   return doubleToString(m_value);
}
```

现在考虑下面的代码：

```
SpreadsheetCell myCell2 { 5 };
string s1;
s1 = myCell2.getString();
```

当 getString()返回 mString 时，编译器实际上调用 string 拷贝构造函数，创建一个未命名的临时 string 对象。将结果赋给 s1 时，会调用 s1 的赋值运算符，将这个临时字符串作为参数。然后，这个临时的字符串对象被销毁。因此，这行简单的代码调用了拷贝构造函数和赋值运算符(针对两个不同的对象)。然而，编译器可实现(有时需要实现)返回值优化(Return Value Optimization，RVO)，利用复制省略(copy elision)在返回值时优化掉成本高昂的拷贝构造函数。

了解上面的内容后，考虑下面的代码：

```
SpreadsheetCell myCell3 { 5 };
string s2 = myCell3.getString();
```

在此情况下，getString()返回时创建了一个临时的未命名 string 对象。但现在 s2 调用的是拷贝构造函数，而不是赋值运算符。

通过移动语义(move semantics)，编译器可使用移动构造函数而不是拷贝构造函数，从 getString()返回该字符串，这样做效率更高。第 9 章将讨论移动语义。

如果忘记了这些事情发生的顺序，或忘记调用了哪个构造函数或运算符，只要在代码中临时添加辅助输出或者用调试器逐步调试代码，就能很容易地找到答案。

2. 拷贝构造函数和对象成员

还应注意构造函数中赋值和调用拷贝构造函数的不同之处。如果某个对象包含其他对象，编译器生成的拷贝构造函数会递归调用每个被包含对象的拷贝构造函数。当编写自己的拷贝构造函数时，可使用前面所示的构造函数初始化器提供相同的语义。如果在构造函数初始化器中省略某个数据成员，在执行构造函数体内的代码之前，编译器将对该成员执行默认的初始化(为对象调用默认构造函数)。这样，在执行构造函数体时，所有数据成员都已经初始化。

例如，可这样编写拷贝构造函数：

```
SpreadsheetCell::SpreadsheetCell(const SpreadsheetCell& src)
{
    m_value = src.m_value;
}
```

然而，在拷贝构造函数的函数体内对数据成员赋值时，使用的是赋值运算符而不是拷贝构造函数，因为它们已经初始化，就像前面讲述的那样。

如果编写如下拷贝构造函数，则使用拷贝构造函数初始化 m_value。

```
SpreadsheetCell::SpreadsheetCell(const SpreadsheetCell& src)
    : m_value { src.m_value }
{
}
```

8.4 本章小结

本章讲述了 C++为面向对象编程提供的基本工具：类和对象。首先回顾编写类和使用对象的基本语法，包括访问控制。然后讲述对象的生命周期：何时构建、销毁和赋值，这些操作会调用哪些方法。本章包含构造函数的语法细节，包括构造函数初始化器和初始化列表构造函数，此外还介绍了拷贝赋值运算符的概念。本章还明确指出在什么情况下编译器会自动生成什么样的构造函数，并解释了默认构造函数不需要任何参数。

对于某些人来说，本章基本上只是回顾。对于另一些人来说，通过本章可更好地了解 C++中的面向对象编程世界。无论如何，现在你已经了解了对象和类，可阅读第 9 章，学习与类和对象有关的更多技巧。

8.5 练习

通过做以下习题，可以巩固本章涉及的知识点。所有练习的答案都可扫描封底二维码下载。但是，如果你被某些问题难住，请先重新阅读本章的对应内容，以尝试自己找到答案，然后再从网站上查看解决方案。

练习 8-1 实现一个 Person 类，将名字和姓氏存储为数据成员。添加一个接收两个参数(名字和姓氏)的构造函数，提供适当的获取器和设置器。编写一个小的 main()函数，通过在栈和自由存储区中创建 Person 对象来测试你的实现。

练习 8-2 使用练习 8-1 中实现的一组成员函数，以下代码行无法编译：

```
Person phoneBook[3];
```

你能解释原因吗？修改你的 Person 类的实现使其可以成功编译。

练习 8-3 将以下方法添加到 Person 类的实现中：拷贝构造函数、赋值运算符和析构函数。在所有这些方法中，实现你认为必要的内容，另外，向控制台输出一行文本，以便跟踪它们的执行时间。修改 main()函数以测试这些新方法。注意：严格来说，这些新方法对于这个 Person 类不是严格要求的，因为编译器生成的版本已经足够好了，但是这个练习是为了练习编写它们。

练习 8-4 从 Person 类中删除拷贝构造函数、赋值运算符和析构函数，因为编译器生成的默认版本正是这个简单类所需要的。接下来，添加一个新的数据成员来存储一个人的姓名首字母，并提供获取器和设置器。添加一个新的构造函数，它接收 3 个参数，一个名字和姓氏，以及一个人的首字母。修改原始的双参数构造函数，以自动生成给定名字和姓氏的首字母缩写，并将实际构造工作委托给新的三参数构造函数。

第9章 精通类和对象

本章内容

- 如何使类成为其他类的友元
- 如何在对象中使用动态内存分配
- “复制和交换”惯用方法
- 右值和右值引用的含义
- 移动语义如何提高性能
- “零规则”的含义
- 可使用的数据成员类型(static、const 和引用)
- 可实现的方法类型(static、const 和 inline)
- 方法重载的细节
- 如何使用默认参数
- 如何使用嵌套类
- 什么是运算符重载
- 如何将类的接口与实现分离

第 8 章讨论了类和对象。现在应掌握其微妙之处，以充分利用类和对象。阅读本章，你将学会如何操纵并利用 C++语言中最强大的特性，以编写安全、高效、有用的类。

本章的许多概念会出现在 C++高级编程，特别是标准库中。让我们从友元的概念开始介绍吧。

9.1 友元

C++允许某个类将其他类、其他类的成员函数或非成员函数声明为友元(friend)，友元可以访问类的 protected、private 数据成员和方法。例如，假设有两个类 Foo 和 Bar。可将 Bar 类指定为 Foo 类的友元，如下所示：

```
class Foo
{
   friend class Bar;
   // ...
};
```

现在，Bar 类的所有成员可访问 Foo 类的 private、protected 数据成员和方法。

也可将 Bar 类的一个特定方法作为友元。假设 Bar 类拥有一个 processFoo(const Foo&)方法，下面的语法将使该方法成为 Foo 类的友元。

```
class Foo
{
    friend void Bar::processFoo(const Foo&);
    // ...
};
```

独立函数也可成为类的友元。例如，假设要编写一个函数，将 Foo 对象的所有数据打印到控制台。你可能希望将这个函数放在 Foo 类之外，因为打印并不是 Foo 类的核心功能，但该函数应当可以访问 Foo 对象的内部数据成员，以对其进行打印。下面是 Foo 类定义和 printFoo()友元函数：

```
class Foo
{
    friend void printFoo(const Foo&);
    // ...
};
```

类中的 friend 声明用作函数的原型。不需要在别处编写原型(当然，如果你那样做，也无害处)。下面是函数定义：

```
void printFoo(const Foo& foo)
{
    // Print all data of foo to the console, including
    // private and protected data members.
}
```

你编写的函数与其他函数相似，只是可以用这个函数直接访问 Foo 类的 private 和 protected 数据成员。在函数定义中不需要重复使用 friend 关键字。

注意，类需要知道其他哪些类、方法或函数希望成为它的友元，类、方法或函数不能将自身声明为其他类的友元并访问这些类的非公有成员。

friend 类和方法很容易被滥用，友元可以违反封装的原则，将类的内部暴露给其他类或函数。因此，只有在特定的情况下才应该使用它们，本章将穿插介绍一些用例。

9.2 对象中的动态内存分配

有时在程序实际运行前，并不知道需要多少内存。如第 7 章所述，解决这一问题的方法是根据程序执行的需要动态分配足够大的空间。类也不例外，编写类时，有时并不知道某个对象需要占用多少内存。在此情况下，应该为这个对象动态分配内存。对象中的动态内存分配提出了一些挑战，包括释放内存、处理对象复制和对象赋值。

9.2.1 Spreadsheet 类

第 8 章介绍了 SpreadsheetCell 类，本章继续编写 Spreadsheet 类。与 SpreadsheetCell 类相似，Spreadsheet 类将在本章逐步改进。因此，不同的尝试并非总是为了说明编写类的最佳方法。最初的 Spreadsheet 类只是一个 SpreadsheetCell 类型的二维数组，其中具有设置和获取 Spreadsheet 中特定位置单元格的方法。尽管大多数电子表格应用程序为了指定单元格，会在一个方向上使用字母，而在另一个方向上使用数字，但此处的 Spreadsheet 类在两个方向上都使用数字。

Spreadsheet 类使用 size_t 类型，该类型在名为<cstddef>的 C 头文件中定义。正如第 1 章所说的，C 头文件不能保证是可导入的，最好包含它们。这些应该包含在所谓的全局模块部分。通过 Spreadsheet.cppm 文件的前几行，可完成此操作。

```
module;
#include <cstddef>
```

接下来，定义本模块的名字：

```
export module spreadsheet;
```

Spreadsheet 类需要访问 SpreadsheetCell 类，因此需要导入 spreadsheet_cell 模块。此外，为了保持 spreadsheet 模块用户对 SpreadsheetCell 类的可见性，将使用以下有趣的语法导入和导出 spreadsheet_cell 模块。

```
export import spreadsheet_cell;
```

最终，下面是 Spreadsheet 类的第一个定义：

```
export class Spreadsheet
{
    public:
        Spreadsheet(size_t width, size_t height);
        void setCellAt(size_t x, size_t y, const SpreadsheetCell& cell);
        SpreadsheetCell& getCellAt(size_t x, size_t y);
    private:
        bool inRange(size_t value, size_t upper) const;
        size_t m_width { 0 };
        size_t m_height { 0 };
        SpreadsheetCell** m_cells { nullptr };
};
```

注意：

Spreadsheet 类中，m_cell 数组使用的是普通指针。这种做法贯穿整个第 9 章，目的是说明因果关系，并解释如何在类中处理资源(例如动态内存分配)。在产品代码中，应该使用标准 C++容器，例如 std::vector 可极大地简化 Spreadsheet 类的实现，但目前还没有学习如何使用原始指针正确地处理动态内存。在现代 C++中，涉及所有权语义时，绝对不应使用原始指针，但可能在旧代码中遇到它，此时就需要知道如何处理它。

注意，Spreadsheet 类并没有包含一个 SpreadsheetCell 类型的标准二维数组，而是包含一个 SpreadsheetCell**。原因是不同 Spreadsheet 对象的维度可能不同，因此类的构造函数必须根据客户指定的宽度和高度动态分配二维数组。为动态分配二维数组，可编写如下代码。注意在 C++中与 Java 不同，不能只编写 new SpreadsheetCell[m_width][m_height]。

```
Spreadsheet::Spreadsheet(size_t width, size_t height)
    : m_width { width }, m_height { height }
{
    m_cells = new SpreadsheetCell*[m_width];
    for (size_t i { 0 }; i < m_width; i++) {
        m_cells[i] = new SpreadsheetCell[m_height];
    }
}
```

名为 s1 的 Spreadsheet 对象分配的内存如图 9-1 所示，宽度为 4，高度为 3。

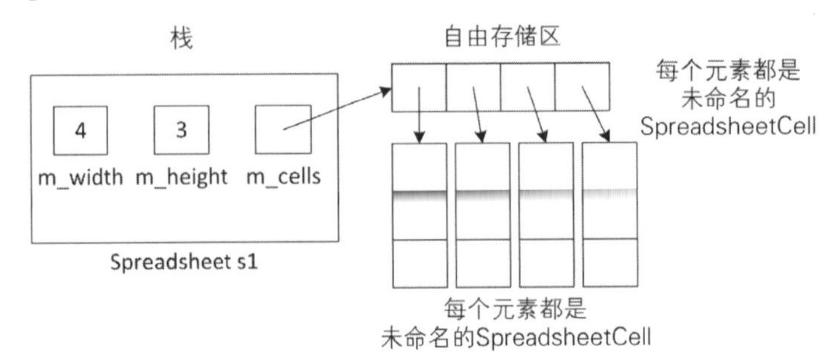

图 9-1　名为 s1 的 Spreadsheet 对象分配的内存

设置和获取方法的实现简洁明了：

```
void Spreadsheet::setCellAt(size_t x, size_t y, const SpreadsheetCell& cell)
{
    if (!inRange(x, m_width)) {
        throw out_of_range { format("{} must be less than {}.", x, m_width) };
    }
    if (!inRange(y, m_height)) {
        throw out_of_range { format("{} must be less than {}.", y, m_height) };
    }
    m_cells[x][y] = cell;
}

SpreadsheetCell& Spreadsheet::getCellAt(size_t x, size_t y)
{
    if (!inRange(x, m_width)) {
        throw out_of_range { format("{} must be less than {}.", x, m_width) };
    }
    if (!inRange(y, m_height)) {
        throw out_of_range { format("{} must be less than {}.", y, m_height) };
    }
    return m_cells[x][y];
}
```

注意这两个方法使用辅助方法 inRange()检测电子表格中的 x 和 y 坐标是否有效。试图访问索引范围外的数组元素将导致程序故障。这个示例使用了异常，异常曾在第 1 章提到并将在第 14 章详细讲述。

如果查看 setCellAt()和 getCellAt()方法，会发现明显有一些代码是重复的。第 6 章介绍过，要不惜一切代价避免代码重复。按照这个原则，不再使用辅助方法 inRange()，而是为该类定义以下 verifyCoordinate()方法。

```
void verifyCoordinate(size_t x, size_t y) const;
```

实现类检查给定的坐标，如果坐标无效，将抛出异常。

```
void Spreadsheet::verifyCoordinate(size_t x, size_t y) const
{
    if (x >= m_width) {
        throw out_of_range { format("{} must be less than {}.", x, m_width) };
    }
    if (y >= m_height) {
```

```
        throw out_of_range { format("{} must be less than {}.", y, m_height) };
    }
}
```

现在，可简化 setCellAt()和 getCellAt()方法。

```
void Spreadsheet::setCellAt(size_t x, size_t y, const SpreadsheetCell& cell)
{
    verifyCoordinate(x, y);
    m_cells[x][y] = cell;
}

SpreadsheetCell& Spreadsheet::getCellAt(size_t x, size_t y)
{
    verifyCoordinate(x, y);
    return m_cells[x][y];
}
```

9.2.2 使用析构函数释放内存

如果不再需要动态分配的内存，就必须释放它们。如果在对象中动态分配了内存，就在析构函数中释放内存。当对象被销毁时，编译器确保调用析构函数。下面是带有析构函数的 Spreadsheet 类定义。

```
export class Spreadsheet
{
   public:
      Spreadsheet(size_t width, size_t height);
      ~Spreadsheet();
      // Code omitted for brevity
};
```

析构函数与类(和构造函数)同名，名称的前面有一个波浪号(~)。析构函数没有参数，并且只能有一个析构函数。析构函数永远不应抛出异常，原因将在第 14 章解释。

下面是 Spreadsheet 类析构函数的实现：

```
Spreadsheet::~Spreadsheet()
{
    for (size_t i { 0 }; i < m_width; i++) {
        delete [] m_cells[i];
    }
    delete [] m_cells;
    m_cells = nullptr;
}
```

析构函数释放在构造函数中分配的内存。当然，并没有规则要求在析构函数中释放内存。在析构函数中可以编写任何代码，但最好让析构函数只负责释放内存或者清理其他资源。

9.2.3 处理复制和赋值

回顾第 8 章，如果没有自行编写拷贝构造函数或赋值运算符，C++将自动生成。编译器生成的方法递归调用对象数据成员的拷贝构造函数或赋值运算符。然而对于基本类型，如 int、double 和指针，只是提供表层(或按位)复制或赋值：只是将数据成员从源对象直接复制或赋值到目标对象。当在对象内动态分配内存时，这样做会引发问题。例如，当 s1 被传递给函数 printSpreadsheet()时，下面的代码复制了 s1 以初始化 s。

```
import spreadsheet;

void printSpreadsheet(Spreadsheet s) { /* Code omitted for brevity. */ }

int main()
{
    Spreadsheet s1 { 4, 3 };
    printSpreadsheet(s1);
}
```

Spreadsheet 包含一个指针变量：m_cells。Spreadsheet 的浅复制向目标对象提供了一个 m_cells 指针的副本，但没有复制底层数据。最终结果是 s 和 s1 都有一个指向同一数据的指针，如图 9-2 所示。

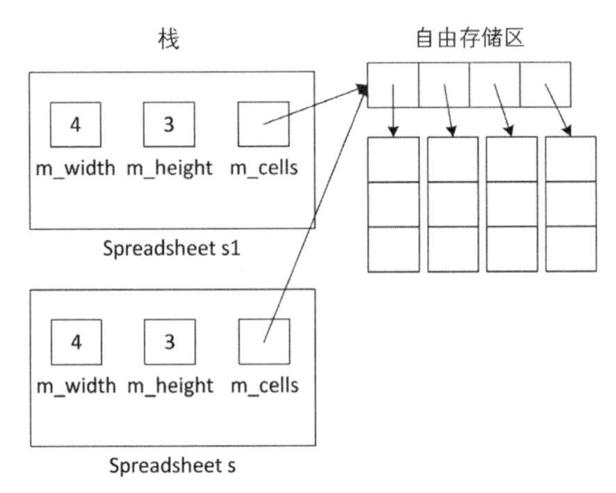

图 9-2 s 和 s1 都有一个指向同一数据的指针

如果 s 修改了 m_cells 所指的内容，这一改动也会在 s1 中表现出来。更糟糕的是，当函数 printSpreadsheet()退出时，会调用 s 的析构函数，释放 m_cells 所指的内存。图 9-3 显示了这一状况。

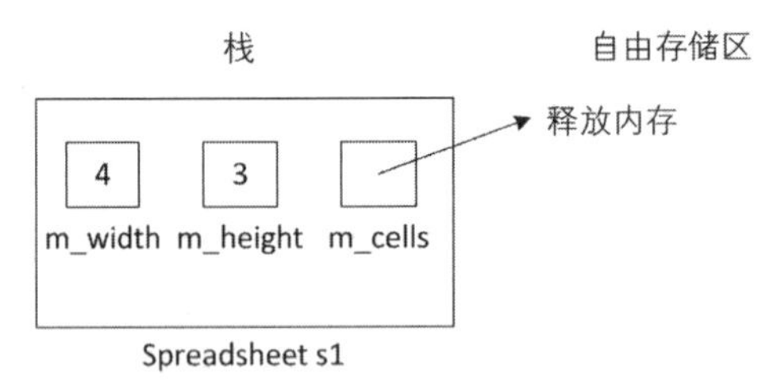

图 9-3 释放 m_cells 所指的内存

现在 s1 拥有的指针所指的内存不再有效，这称为悬空指针(dangling pointer)。令人难以置信的是，当使用赋值时，情况会变得更糟。假定编写了下面的代码：

```
Spreadsheet s1 { 2, 2 }, s2 { 4, 3 };
s1 = s2;
```

在第一行之后，当构建两个对象时，内存的布局如图 9-4 所示。

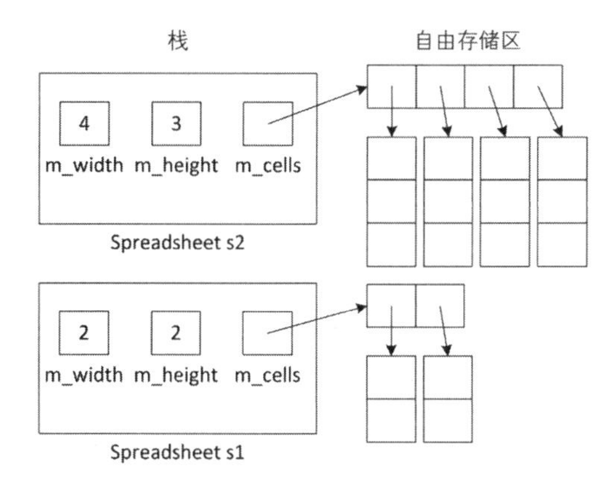

图 9-4 当构建两个对象时，内存的布局

当执行赋值语句后，内存的布局如图 9-5 所示。

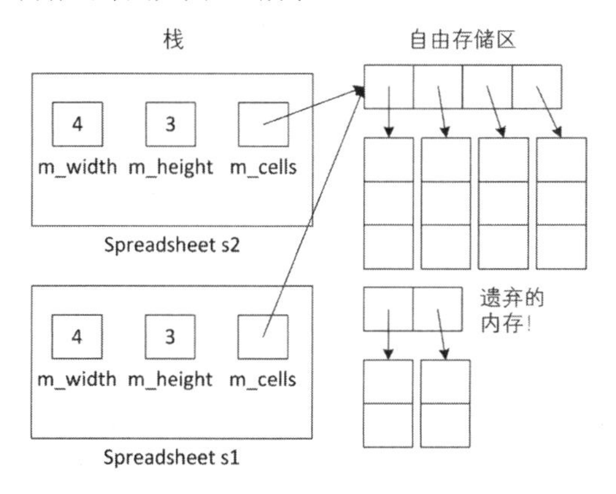

图 9-5 当执行赋值语句后，内存的布局

现在，不仅 s1 和 s2 中的 m_cells 指针指向同一内存，而且 s1 前面所指的内存被遗弃，这称为内存泄漏。

现在应该明白，拷贝构造函数和赋值运算符中必须进行深层复制。也就是说，它们不能只复制指针数据成员，必须复制指针所指向的实际数据。

可以看出，依赖 C++默认的拷贝构造函数或赋值运算符并不总是正确的。

警告：
无论什么时候，在类中动态分配内存后，都应该编写自己的拷贝构造函数和赋值运算符，以提供深层的内存复制。

1. Spreadsheet 类的拷贝构造函数

下面是 Spreadsheet 类中拷贝构造函数的声明：

```
export class Spreadsheet
{
    public:
        Spreadsheet(const Spreadsheet& src);
        // Code omitted for brevity
```

```
};
```

下面是拷贝构造函数的定义：

```
Spreadsheet::Spreadsheet(const Spreadsheet& src)
    : Spreadsheet { src.m_width, src.m_height }
{
    for (size_t i { 0 }; i < m_width; i++) {
        for (size_t j { 0 }; j < m_height; j++) {
            m_cells[i][j] = src.m_cells[i][j];
        }
    }
}
```

注意使用了委托构造函数。把这个拷贝构造函数的初始化器首先委托给非拷贝构造函数，以分配适当的内存量。之后，拷贝构造函数体复制实际值。两个步骤合到一起，对 m_cells 动态分配的二维数组进行了深层复制。

在此不需要删除已有的 m_cells，因为这是一个拷贝构造函数，在 this 对象中尚不存在 m_cells。

2. Spreadsheet 类的赋值运算符

下面是包含赋值运算符的 Spreadsheet 类定义：

```
export class Spreadsheet
{
    public:
        Spreadsheet& operator=(const Spreadsheet& rhs);
        // Code omitted for brevity
};
```

下面是一个不成熟的实现：

```
Spreadsheet& Spreadsheet::operator=(const Spreadsheet& rhs)
{
    // Check for self-assignment
    if (this == &rhs) {
        return *this;
    }

    // Free the old memory
    for (size_t i { 0 }; i < m_width; i++) {
        delete[] m_cells[i];
    }
    delete[] m_cells;
    m_cells = nullptr;

    // Allocate new memory
    m_width = rhs.m_width;
    m_height = rhs.m_height;

    m_cells = new SpreadsheetCell*[m_width];
    for (size_t i { 0 }; i < m_width; i++) {
        m_cells[i] = new SpreadsheetCell[m_height];
    }

    // Copy the data
    for (size_t i { 0 }; i < m_width; i++) {
```

```
        for (size_t j { 0 }; j < m_height; j++) {
            m_cells[i][j] = rhs.m_cells[i][j];
        }
    }

    return *this;
}
```

代码首先检查自我赋值，然后释放 this 对象的当前内存，此后分配新内存，最后复制各个元素。这个方法存有不少问题，有不少地方会出错。this 对象可能进入无效状态。

例如，假设成功释放了内存，合理设置了 m_width 和 m_height，但分配内存的循环抛出了异常。如果发生这种情况，将不再执行该方法的剩余部分，而是从该方法中退出。此时，Spreadsheet 实例受损，它的 m_width 和 m_height 数据成员声明了指定大小，但 m_cells 数据成员不指向正确数量的内存。根本上说，该代码不能安全地处理异常！

我们需要一种全有或全无的机制：要么全部成功，要么该对象保持不变。为实现这样一个能安全处理异常的赋值运算符，要使用"复制和交换"惯用方法。可以给 Spreadsheet 类添加 swap()方法。但是，建议你提供一个非成员函数的 swap()版本，这样一来，各种标准库算法都可使用它。下面是包含赋值运算符、swap()方法以及非成员函数的 Spreadsheet 类的定义：

```
export class Spreadsheet
{
    public:
        Spreadsheet& operator=(const Spreadsheet& rhs);
        void swap(Spreadsheet& other) noexcept;
        // Code omitted for brevity
};
export void swap(Spreadsheet& first, Spreadsheet& second) noexcept;
```

要实现能安全处理异常的"复制和交换"惯用方法，要求 swap()函数永不抛出异常，因此将其标记为 noexcept。

注意：

可使用 noexcept 关键字标记函数，指示不会抛出异常。例如：

```
void myNonThrowingFunction() noexcept { /* ... */ }
```

如果 noexcept 函数真的抛出了异常，程序将终止。有关 noexcept 的更多信息，请参阅第 14 章，但知道这些细节对本章的内容并不重要。

交换每个数据成员的 swap()方法的实现使用标准库中提供的<utility>中的 std::swap()工具函数，std::swap()可以高效地交换两个值。

```
void Spreadsheet::swap(Spreadsheet& other) noexcept
{
    std::swap(m_width, other.m_width);
    std::swap(m_height, other.m_height);
    std::swap(m_cells, other.m_cells);
}
```

非成员的 swap()函数只是简单地调用了 swap()方法：

```
void swap(Spreadsheet& first, Spreadsheet& second) noexcept
{
    first.swap(second);
}
```

现在就有了能安全处理异常的swap()函数，它可用来实现赋值运算符。

```
Spreadsheet& Spreadsheet::operator=(const Spreadsheet& rhs)
{
    Spreadsheet temp { rhs };   // Do all the work in a temporary instance
    swap(temp);                 // Commit the work with only non-throwing operations
    return *this;
}
```

该实现使用“复制和交换”惯用方法。首先，先创建一份右边的副本，名为 temp。然后用当前对象与这个副本交换。这个模式是实现赋值运算符的推荐方法，因为它保证强大的异常安全性。这意味着如果发生任何异常，当前的 Spreadsheet 对象保持不变。这通过 3 个阶段来实现：

- 第一阶段创建一个临时副本。这不修改当前 Spreadsheet 对象的状态，因此，如果在这个阶段发生异常，不会出现问题。
- 第二阶段使用 swap()函数，将创建的临时副本与当前对象交换。swap()永远不会抛出异常。
- 第三阶段销毁临时对象(由于发生了交换，现在包含原始对象)以清理内存。

如果不使用“复制和交换”惯用方法实现赋值运算符，那么为了提高效率，有时也为了确保正确性，赋值运算符中的第一行代码通常会检查自我赋值。例如：

```
Spreadsheet& Spreadsheet::operator=(const Spreadsheet& rhs)
{
    // Check for self-assignment
    if (this == &rhs) { return *this; }
    // ...
    return *this;
}
```

使用“复制和交换”惯用方法的情况下，就不再需要自我赋值的检查了。

警告：
当实现赋值运算符时，使用“复制和交换”惯用方法，既可以避免代码重复，又能保证强大的异常安全性。

注意：
“复制和交换”惯用方法不仅仅适用于赋值运算符。它可以用于任何需要多个步骤的操作，并且你希望将其转换为全有或全无操作。

3. 禁止赋值和按值传递

在类中动态分配内存时，如果只想禁止其他人复制对象或者为对象赋值，只需要显式地将 operator=和拷贝构造函数标记为 delete。通过这种方法，当其他任何人按值传递对象时、从函数或方法返回对象时，或者为对象赋值时，编译器都会报错。下面的 Spreadsheet 类定义禁止赋值和按值传递：

```
export class Spreadsheet
{
    public:
        Spreadsheet(size_t width, size_t height);
        Spreadsheet(const Spreadsheet& src) = delete;
```

```
    ~Spreadsheet();
    Spreadsheet& operator=(const Spreadsheet& rhs) = delete;
    // Code omitted for brevity
};
```

不需要提供=delete 方法的实现，链接器永远不会查看它们，因为编译器不允许代码调用它们。当代码复制 Spreadsheet 对象或者对 Spreadsheet 对象赋值时，编译器将给出如下消息：

```
'Spreadsheet &Spreadsheet::operator =(const Spreadsheet &)' : attempting to
reference a deleted function
```

9.2.4　使用移动语义处理移动

对象的移动语义(move semantics)需要实现移动构造函数(move constructor)和移动赋值运算符(move assignment operator)。如果源对象是操作结束后会被销毁的临时对象，或显式使用 std::move()时，编译器就会使用这两个方法。移动将内存和其他资源的所有权从一个对象移动到另一个对象。这两个方法基本上只对成员变量进行浅复制(shallow copy)，然后转换已分配内存和其他资源的所有权，从而阻止悬空指针和内存泄漏。

移动构造函数和移动赋值运算符将数据成员从源对象移动到新对象，然后使源对象处于有效但不确定的状态。通常，源对象的数据成员被重置为空值，但这不是必需的。为了安全起见，不要使用任何已被移走的对象，因为这会触发未定义的行为。std:: unique_ptr 和 shared_ptr 是例外情况。标准库明确规定，这些智能指针在移动时必须将其内部指针重置为 nullptr，这使得从智能指针移动后可以安全地重用这些智能指针。

在实现移动语义前，需要学习右值(rvalue)和右值引用(rvalue reference)。

1. 右值引用

在 C++中，左值(lvalue)是可获取其地址的一个量，例如一个有名称的变量。由于经常出现在赋值语句的左边，因此将其称作左值。另外，所有不是左值的量都是右值(rvalue)，例如字面量、临时对象或临时值。通常右值位于赋值运算符的右边。例如，考虑下面的语句：

```
int a { 4 * 2 };
```

在这条语句中，a 是左值，它具有名称，它的地址为&a。右侧表达式 4 * 2 的结果是右值。它是一个临时值，将在语句执行完毕时销毁。在本例中，将这个临时值的副本存储在变量 a 中。

右值引用是一个对右值(rvalue)的引用。特别地，这是一个当右值是临时对象或使用 std::move()显式移动时才适用的概念。右值引用的目的是在涉及右值时提供可选用的特定重载函数。通过右值引用，某些涉及复制大量值的操作可通过简单地复制指向这些值的指针来实现。

函数可将&&作为参数说明的一部分(例如 type&& name)，以指定右值引用参数。通常，临时对象被当作 const type&，但当函数重载使用了右值引用时，可以解析临时对象，用于该函数重载。下面的示例说明了这一点。代码首先定义了两个 handleMessage()函数，一个接收左值引用，另一个接收右值引用。

```
void handleMessage(string& message) // lvalue reference parameter
{
    cout << format("handleMessage with lvalue reference: {}", message) << endl;
}

void handleMessage(string&& message) // rvalue reference parameter
```

```
{
    cout << format("handleMessage with rvalue reference: {}", message) << endl;
}
```

可使用命名变量作为实参调用 handleMessage()函数：

```
string a { "Hello" };
handleMessage(a); // Calls handleMessage(string& value)
```

由于 a 是一个命名变量，接收左值引用的 handleMessage()函数被调用。handleMessage()函数通过其引用参数所执行的任何更改都会更改 a。

还可用表达式作为实参来调用 handleMessage()函数：

```
string b { "World" };
handleMessage(a); // Calls handleMessage(string&& value)
```

此时无法使用接收左值引用作为参数的 handleMessage()函数，因为表达式 a+b 的结果是临时的，这不是一个左值。在此情况下，会调用右值引用版本。由于参数是一个临时值，handleMessage()函数调用结束后，会丢失通过引用参数所做的任何更改。

字面量也可作为 handleMessage()调用的参数，此时同样会调用右值引用版本，因为字面量不能作为左值(但字面量可作为 const 引用形参的对应实参传递)。

```
handleMessage("Hello World"); // Calls handleMessage(string&& value)
```

如果删除接收左值引用的 handleMessage()函数，使用有名称的变量调用 handleMessage()函数(例如 handleMessage(b))，会导致编译错误，因为右值引用参数(string&&)永远不会与左值(b)绑定。可使用 std::move()强迫编译器调用 handleMessage()函数的右值引用版本。move()做的唯一的事就是将左值转换为右值，也就是说，它不做任何实际的移动。但是，通过返回右值引用，它可以使编译器找到接受右值引用的 handleMessage()重载，然后执行移动。下面是使用 move()的示例：

```
handleMessage(std::move(b));  // Calls handleMessage(string&& value)
```

重申一次，有名称的变量是左值。因此，在 handleMessage()函数中，右值引用参数 message 本身是一个左值，原因是它具有名称！如果希望将这个右值引用参数作为右值传递给另一个函数，则需要使用 std::move()，将左值转换为右值。例如，假设要添加以下函数，使用右值引用参数：

```
void helper(std::string&& message) { }
```

如果按如下方式调用，则无法编译：

```
void handleMessage(std::string&& message) { helper(message); }
```

helper()函数需要右值引用，而 handleMessage()函数传递 message，message 具有名称，因此是左值，导致编译错误。正确的方式是使用 std::move()：

```
void handleMessage(std::string&& message) { helper(std::move(message)); }
```

警告：
有名称的右值引用，如右值引用参数，本身就是左值，因为它具有名称！

右值引用并不局限于函数的参数。可以声明右值引用类型的变量，并对其赋值，尽管这一用法并不常见。考虑下面的代码，在 C++中这是不合法的：

```
int& i { 2 };          // Invalid: reference to a constant
```

```
int a { 2 }, b { 3 };
int& j { a + b };      // Invalid: reference to a temporary
```

使用右值引用后，下面的代码完全合法：

```
int&& i { 2 };
int a { 2 }, b { 3 };
int&& j { a + b };
```

前面示例中单独使用右值引用的情况很少见。

注意：
如果将临时值赋值给右值引用，则只要右值引用在作用域内，临时值的生命周期就会延长。

2. 实现移动语义

移动语义是通过右值引用实现的。为了对类增加移动语义，需要实现移动构造函数和移动赋值运算符。移动构造函数和移动赋值运算符应使用 noexcept 限定符标记，这告诉编译器，它们不会抛出任何异常。这对于与标准库兼容非常重要，因为如果实现了移动语义，标准库容器会移动存储的对象，且确保不抛出异常。下面的 Spreadsheet 类定义包含一个移动构造函数和一个移动赋值运算符。也引入了两个辅助方法 cleanup()和 moveFrom()。前者在析构函数和移动赋值运算符中调用。后者用于把成员变量从源对象移动到目标对象，接着重置源对象。

```
export class Spreadsheet
{
    public:
        Spreadsheet(Spreadsheet&& src) noexcept;               // Move constructor
        Spreadsheet& operator=(Spreadsheet&& rhs) noexcept;    // Move assign
        // Remaining code omitted for brevity
    private:
        void cleanup() noexcept;
        void moveFrom(Spreadsheet& src) noexcept;
        // Remaining code omitted for brevity
};
```

实现代码如下所示：

```
void Spreadsheet::cleanup() noexcept
{
    for (size_t i { 0 }; i < m_width; i++) {
         delete[] m_cells[i];
    }
    delete[] m_cells;
    m_cells = nullptr;
    m_width = m_height = 0;
}

void Spreadsheet::moveFrom(Spreadsheet& src) noexcept
{
    // Shallow copy of data
    m_width = src.m_width;
    m_height = src.m_height;
    m_cells = src.m_cells;

    // Reset the source object, because ownership has been moved!
    src.m_width = 0;
```

```
    src.m_height = 0;
    src.m_cells = nullptr;
}

// Move constructor
Spreadsheet::Spreadsheet(Spreadsheet&& src) noexcept
{
    moveFrom(src);
}

// Move assignment operator
Spreadsheet& Spreadsheet::operator=(Spreadsheet&& rhs) noexcept
{
    // Check for self-assignment
    if (this == &rhs) {
        return *this;
    }

    // Free the old memory and move ownership
    cleanup();
    moveFrom(rhs);
    return *this;
}
```

移动构造函数和移动赋值运算符都将 m_cells 的内存所有权从源对象移动到新对象，它们将源对象的 m_cells 指针设置为空指针，将源对象的 m_width 和 m_height 设置为 0，以防源对象的析构函数释放这块内存，因为新的对象现在拥有了这块内存。

很明显，只有你知道源对象不会再被使用时，移动语义才有用。

注意，此实现在移动赋值运算符中包含一个自我赋值检查。取决于你的类以及将类的一个实例移动到另一个实例的方法，此自我赋值检查可能并不总是必要的。但是，我总是将其包括在内，以确保以下代码在运行时不会导致崩溃。

```
sheet1 = std::move(sheet1);
```

例如，就像普通的构造函数或拷贝赋值运算符一样，可显式将移动构造函数和移动赋值运算符设置为默认或将其删除，如第 8 章所述。

仅当类没有用户声明的拷贝构造函数、拷贝赋值运算符、移动赋值运算符或析构函数时，编译器才会为类自动生成默认的移动构造函数。仅当类没有用户声明的拷贝构造函数、移动构造函数、拷贝赋值运算符或析构函数时，才会为类生成默认的移动赋值运算符。

注意：
当你声明了一个或多个特殊成员函数(析构函数、拷贝构造函数、移动构造函数、拷贝赋值运算符和移动赋值运算符)时，通常需要声明所有这些函数，这称为“5 规则”(Rule of Five)。可以为它们提供显式实现，也可以显式默认(=default)或删除(=delete)它们。

使用 std::exchange

定义在<utility>中的 std::exchange()，可以用一个新的值替换原来的值，并返回原来的值。例如：

```
int a { 11 };
int b { 22 };
cout << format("Before exchange(): a = {}, b = {}", a, b) << endl;
int returnedValue { exchange(a, b) };
```

```
cout << format("After exchange(): a = {}, b = {}", a, b) << endl;
cout << format("exchange() returned: {}", returnedValue) << endl;
```

输出如下：

```
Before exchange(): a = 11, b = 22
After exchange(): a = 22, b = 22
exchange() returned: 11
```

在实现移动赋值运算符时，exchange()十分有用。移动赋值运算符需要将数据从源对象移动到目标对象，之后源对象中的数据通常为空。在上一节中，这是按如下方式完成的：

```
void Spreadsheet::moveFrom(Spreadsheet& src) noexcept
{
  // Shallow copy of data
  m_width = src.m_width;
  m_height = src.m_height;
  m_cells = src.m_cells;

  // Reset the source object, because ownership has been moved!
  src.m_width = 0;
  src.m_height = 0;
  src.m_cells = nullptr;
}
```

此方法从源对象复制数据成员 m_width、m_height 和 m_cells，然后将其设置为 0 或 nullptr，因为所有权已被移动。使用 exchange()可以更简洁地编写，如下所示。

```
void Spreadsheet::moveFrom(Spreadsheet& src) noexcept
{
    m_width = exchange(src.m_width, 0);
    m_height = exchange(src.m_height, 0);
    m_cells = exchange(src.m_cells, nullptr);
}
```

移动对象数据成员

moveFrom()方法对 3 个数据成员直接赋值，因为这些成员都是基本类型。如果对象还将其他对象作为数据成员，则应当使用 std::move()移动这些对象。假设 Spreadsheet 类有一个名为 m_name 的 std::string 数据成员。接着采用以下方式实现 moveFrom()方法：

```
void Spreadsheet::moveFrom(Spreadsheet& src) noexcept
{
    // Move object data members
    m_name = std::move(src.m_name);

    // Move primitives:
    m_width = exchange(src.m_width, 0);
    m_height = exchange(src.m_height, 0);
    m_cells = exchange(src.m_cells, nullptr);
}
```

用交换方式实现移动构造函数和移动赋值运算符

前面的移动构造函数和移动赋值运算符的实现都使用了 moveFrom()辅助方法，该辅助方法通过执行浅复制来移动所有数据成员。在此实现中，如果给 Spreadsheet 类添加新的数据成员，则必须修改 swap()函数和 moveFrom()方法。如果忘了更新其中的一个，则会引入 bug。为避免此类 bug，可使用 swap()函数，编写移动构造函数和移动赋值运算符。

首先删除 cleanup()和 moveFrom()辅助方法，将 cleanup()方法中的代码移入析构函数。此后，可按如下方式实现移动构造函数和移动赋值运算符。

```
Spreadsheet::Spreadsheet(Spreadsheet&& src) noexcept
{
    swap(*this, src);
}

Spreadsheet& Spreadsheet::operator=(Spreadsheet&& rhs) noexcept
{
    swap(*this, rhs);
    return *this;
}
```

移动构造函数只是简单地将默认构造的*this 与给定的源对象进行交换。同样，移动赋值运算符将*this 与给定的 rhs 对象进行交换。

注意：
用 swap()实现移动构造函数和移动赋值运算符所需的代码更少。当加入新的数据成员时出现 bug 的可能性也更低，因为你只需要升级 swap()函数，使其包括新的数据成员。

3. 测试 Spreadsheet 移动操作

可使用如下代码测试 Spreadsheet 移动构造函数和移动赋值运算符：

```
Spreadsheet createObject()
{
    return Spreadsheet { 3, 2 };
}

int main()
{
    vector<Spreadsheet> vec;
    for (size_t i { 0 }; i < 2; ++i) {
        cout << "Iteration " << i << endl;
        vec.push_back(Spreadsheet { 100, 100 });
        cout << endl;
    }
    Spreadsheet s { 2, 3 };
    s = createObject();

    Spreadsheet s2 { 5, 6 };
    s2 = s;
}
```

第 1 章介绍了 vector。vector 的大小会动态增长以容纳新对象。为此，可分配较大的内存块，然后将对象从旧的 vector 复制到(或移动到)较大的、新的 vector。如果编译器发现了 noexcept 的移动构造函数，就会移动(而非复制)对象。由于移动了对象，因此不需要深度复制，从而提高了效率。

对于 Spreadsheet 类的所有构造函数和赋值运算符添加输出语句后，前面测试程序的输出如下所示。这个输出结果和下面的讨论基于 Microsoft Visual C++ 2019 编译器，代码采用发行版本。C++标准未指定 vector 的初始容量和增长策略，因此，在不同的编译器上，输出是不同的。

```
Iteration 0
Normal constructor                  (1)
Move constructor                    (2)

Iteration 1
Normal constructor                  (3)
Move constructor                    (4)
Move constructor                    (5)

Normal constructor                  (6)
Normal constructor                  (7)
Move assignment operator            (8)
Normal constructor                  (9)
Copy assignment operator           (10)
Normal constructor                 (11)
Copy constructor                   (12)
```

在该循环的第一个迭代中，vector 仍然为空。分析循环中的以下一行：

```
vec.push_back(Spreadsheet { 100, 100 });
```

这一行调用一个普通构造函数(1)，创建了一个新的 Spreadsheet 对象。vector 将改变自身的大小，为容纳新对象提供空间。随后调用移动构造函数(2)，把创建的 Spreadsheet 对象移动到 vector 中。

循环第二次迭代时，会使用普通构造函数(3)创建第二个 Spreadsheet 对象。此时，vector 只能保存一个元素，因此再次调整大小，为第二个对象提供空间。在调整 vector 大小时，前面添加的元素需要从旧的 vector 移动到新的、较大的 vector，因此会为前面添加的每个元素调用移动构造函数。目前 vector 中只有一个元素，所以移动构造函数(4)会被调用一次。然后，新的 Spreadsheet 对象使用移动构造函数(5)移动到 vector。

接着使用普通构造函数(6)创建了一个 Spreadsheet 对象。createObject()函数使用普通构造函数(7)创建了一个临时 Spreadsheet 对象，这个对象此后由函数返回，然后赋给变量 s。由于 createObject()返回的临时对象在赋值结束后会终止并退出，编译器将调用移动赋值运算符(8)而不是普通的拷贝赋值运算符。使用普通的构造函数(9)创建另一个 Spreadsheet 对象 s2。赋值语句 s2=s 将调用拷贝赋值运算符(10)，因为右边的对象不是临时对象，而是一个有名字的对象。这个拷贝赋值运算符使用了“复制和交换”惯用方法，创建一个临时副本，这将触发对拷贝构造函数的调用，此时，首先委托给普通构造函数(11 和 12)。

如果 Spreadsheet 类未实现移动语义，对移动构造函数和移动赋值运算符的所有调用将被替换为对拷贝构造函数和拷贝赋值运算符的调用。在前面的示例中，循环中的 Spreadsheet 对象拥有 10 000(100×100)个元素。Spreadsheet 移动构造函数和移动赋值运算符的实现不需要任何内存分配，而拷贝构造函数和拷贝赋值运算符各需要 101 次分配。因此，某些情况下使用移动语义可以大幅提高性能。

4. 使用移动语义实现交换函数

考虑交换两个对象的 swap()函数模板，这是另一个使用移动语义提高性能的示例。下面的 swapCopy()实现没有使用移动语义：

```
template <typename T>
void swapCopy(T& a, T& b)
{
    T temp { a };
```

```
    a = b;
    b = temp;
}
```

这一实现首先将 a 复制到 temp，其次将 b 复制到 a，最后将 temp 复制到 b。如果类型 T 的复制开销很大，这个交换实现将严重影响性能。使用移动语义，swap()函数可避免所有复制。

```
template <typename T>
void swapMove(T& a, T& b)
{
    T temp { std::move(a) };
    a = std::move(b);
    b = std::move(temp);
}
```

这正是标准库的 std::swap()的实现方式。

5. 在返回语句中使用 std::move()

对于 return object;形式的语句，如果 object 是局部变量、函数的参数或临时值，则它们被视为右值表达式，并触发返回值优化(RVO)。此外，若 object 是一个局部变量，则会启动命名返回值优化(NRVO)。RVO 和 NRVO 都是复制省略的形式，使得从函数返回对象非常有效。使用复制省略，编译器可以避免复制和移动函数返回的对象。这导致了所谓的零拷贝值传递语义。

现在，使用 std::move()返回对象时会发生什么？不管是写 return object;，还是 return std::move(object);，在这两种情况下，编译器都将其视为右值表达式。

但是，通过使用 std::move()，编译器无法再应用 RVO 或 NRVO，因为这只适用于形式为 return object;的语句。由于 RVO 和 NRVO 不再适用，编译器的下一个选择是在对象支持的情况下使用移动语义。如果不支持，则使用复制语义，这会对性能产生很大影响！因此，请记住以下规则。

> **注意：**
> 当从函数中返回一个局部变量或参数时，只要写 return object;就可以了，不要使用 std::move()。

请记住，(N)RVO 仅适用于局部变量或函数参数。因此，返回对象的数据成员不会触发(N)RVO。此外，请注意以下表达式：

```
return condition ? object1 : object2;
```

这不是 return object;的形式，所以编译器不会应用(N)RVO，而是使用拷贝构造函数返回 object1 或 object2。你可以重写返回语句，使编译器可以使用(N)RVO：

```
if (condition) {
    return object1;
} else {
    return object2;
}
```

如果确实想使用条件运算符，可以编写以下语句。但请记住，这不会触发(N)RVO 并强制使用移动或复制语义：

```
return condition ? std::move(object1) : std::move(object2);
```

6. 向函数传递参数的最佳方法

到目前为止，建议对非基本类型的函数参数使用 const 引用参数，以避免对传递给函数的实参进行不必要的昂贵复制。但是，如果混合使用右值，情况会略有变化。假设一个函数复制了作为其参数之一传递的实参(这种情况经常在类方法中出现)。下面是一个简单的例子：

```
class DataHolder
{
  public:
      void setData(const std::vector<int>& data) { m_data = data; }
  private:
      std::vector<int> m_data;
};
```

setData()方法生成一份传入数据的副本。既然你对右值和右值引用都很熟悉，那么你可能需要添加一个重载来优化 setData()方法，以避免右值情况下的任何复制。例如：

```
class DataHolder
{
    public:
        void setData(const std::vector<int>& data) { m_data = data; }
        void setData(std::vector<int>&& data) { m_data = std::move(data); }
    private:
        std::vector<int> m_data;
};
```

当以临时值调用 setData()时，不会产生任何复制，数据会被移动。

以下代码段中的代码触发对 setData()的 const 引用重载版本的调用，从而生成数据的副本。

```
DataHolder wrapper;
std::vector myData { 11, 22, 33 };
wrapper.setData(myData);
```

另一方面，下面的代码段使用临时变量调用 setData()，这会触发对 setData()的右值引用重载版本的调用。随后将移动数据，而不是复制数据。

```
wrapper.setData({ 22, 33, 44 });
```

但是，这种为左值和右值优化 setData()的方法需要实现两个重载。幸运的是，对于单个方法来说有一种更好的方法。是的，值传递！到目前为止，建议始终使用 const 引用参数来传递对象，以避免任何不必要的复制，但现在我们建议使用值传递。让我们澄清一下，对于不被复制的参数，通过 const 引用传递仍然是应使用的方法，值传递建议仅适用于函数无论如何都要复制的参数。在这种情况下，通过使用值传递语义，代码对于左值和右值都是最优的。如果传入一个左值，它只复制一次，就像 const 引用参数一样。如果传入一个右值，则不会进行复制，就像右值引用参数一样。让我们看一些代码：

```
class DataHolder
{
    public:
        void setData(std::vector<int> data) { m_data = std::move(data); }
    private:
        std::vector<int> m_data;
};
```

如果将左值传递给 setData()，则会将其复制到 data 参数中，然后移动到 m_data。如果将右值传递给 setData()，则会将其移动到 data 参数中，然后再次移动到 m_data 中。

注意：
对于函数本身将复制的参数，更倾向于值传递，但仅当该参数属于支持移动语义的类型时。否则，请使用 const 引用参数。

9.2.5 零规则

前面介绍过 5 规则(rule of five)。前面的讨论一直在解释如何编写以下 5 个特殊的成员函数：析构函数、拷贝构造函数、移动构造函数、拷贝赋值运算符和移动赋值运算符。但在现代 C++中，你需要接受零规则(rule of zero)。

“零规则”指出，在设计类时，应当使其不需要上述 5 个特殊成员函数。如何做到这一点？基本上，应当避免拥有任何旧式的、动态分配的内存。而改用现代结构，如标准库容器。例如，在 Spreadsheet 类中，用 vector<vector<SpreadsheetCell>>替代 SpreadsheetCell**数据成员。vector 自动处理内存，因此不需要上述 5 个特殊成员函数。

警告：
在现代 C++中，要应用零规则！

5 规则应限于自定义资源获取即初始化(Resource Acquisition Is Initialization，RAII)类。RAII 类获取资源的所有权，并在正确的时间处理其释放。例如，vector 和 unique_ptr 使用了这种设计技术，并将在第 32 章进一步讨论。

9.3 与方法有关的更多内容

C++为方法提供了许多选择，本节详细介绍这些棘手的细节。

9.3.1 static 方法

与数据成员类似，方法有时会应用于全部类对象而不是单个对象。可以编写 static 方法和数据成员。以第 8 章的 SpreadsheetCell 类为例，这个类有两个辅助方法：stringToDouble()和 doubleToString()。这两个方法没有访问特定对象的信息，因此可以是 static 的。下面的类定义将这些方法设置为 static：

```
export class SpreadsheetCell
{
    // Omitted for brevity
    private:
        static std::string doubleToString(double value);
        static double stringToDouble(std::string_view value);
        // Omitted for brevity
};
```

这两个方法的实现与前面的实现相同，在方法定义前不需要重复 static 关键字。然而，注意 static 方法不属于特定对象，因此没有 this 指针。当用某个特定对象调用 static 方法时，static 方法不会访问这个对象的非 static 数据成员。实际上，static 方法就像普通函数，唯一区别在于它可以访问类的 private 和 protected 的 static 成员。如果同一类型的其他对象对于 static 方法可见(例如传递了对象的指针或引用作为参数)，那么 static 方法也可访问其他对象的 private 和 protected 的非 static 数据成员。

类中的任何方法都可像调用普通函数那样调用静态方法，因此 SpreadsheetCell 类中所有方法的实现都没有改变。

如果要在类的外面调用静态方法，需要用类名和作用域解析运算符来限定方法的名称(就像静态数据成员那样)，静态方法的访问控制与普通方法一样。例如，类 Foo 中有一个名为 bar()的 public 的 static 方法，此时，可在任意位置这样调用这 bar()：

```
Foo::bar();
```

9.3.2 const 方法

const 对象的值不能改变。如果使用 const 对象、const 对象的引用和指向 const 对象的指针，编译器将不允许调用对象的任何方法，除非这些方法保证不改变任何数据成员。为了保证方法不改变数据成员，可以用 const 关键字标记方法本身。在 SpreadsheetCell 类的开发过程中，第 8 章已经完成了这项工作。为了使你回想起来，下面的 SpreadsheetCell 类包含了用 const 标记的不改变任何数据成员的方法。

```
export class SpreadsheetCell
{
    public:
        double getValue() const;
        std::string getString() const;
        // Omitted for brevity
};
```

const 说明符是方法原型的一部分，必须放在方法的定义中。

```
double SpreadsheetCell::getValue() const
{
    return m_value;
}

std::string SpreadsheetCell::getString() const
{
    return doubleToString(m_value);
}
```

将方法标记为 const，就是与客户代码立下了契约，承诺不会在方法内改变对象内部的值。如果将实际上修改了数据成员的方法声明为 const，编译器将会报错。const 的工作原理是将方法内用到的数据成员都标记为 const 引用，因此如果试图修改数据成员，编译器会报错。

不能将 static 方法声明为 const，因为这是多余的。静态方法没有类的实例，因此不可能改变内部的值。

非 const 对象可调用 const 方法和非 const 方法。然而，const 对象只能调用 const 方法，下面是一些示例：

```
SpreadsheetCell myCell { 5 };
cout << myCell.getValue() << endl;            // OK
myCell.setString("6");                        // OK

const SpreadsheetCell& myCellConstRef { myCell };
cout << myCellConstRef.getValue() << endl;    // OK
myCellConstRef.setString("6");                // Compilation Error!
```

应该养成习惯，将不修改对象的所有方法声明为const，这样就可在程序中使用const对象的引用。

注意const对象也会被销毁，它们的析构函数也会被调用，因此不应该将析构函数标记为const。

mutable数据成员

有时编写的方法“逻辑上”是const方法，但是碰巧改变了对象的数据成员。这个改动对于用户可见的数据没有任何影响，但严格来说确实做了改动，因此编译器不允许将这个方法声明为const。例如，假定电子表格应用程序要获取数据的读取频率。完成这个任务的笨拙办法是在SpreadsheetCell类中加入一个计数器，计算getValue()和getString()调用的次数。遗憾的是，这样做使编译器认为这些方法是非const的，这并非你的本意。解决方法是将计数器变量设置为mutable，告诉编译器在const()方法中允许改变这个值。下面是新的SpreadsheetCell类定义：

```
export class SpreadsheetCell
{
    // Omitted for brevity
    private:
        double m_value { 0 };
        mutable size_t m_numAccesses { 0 };
};
```

下面是getValue()和getString()的定义：

```
double SpreadsheetCell::getValue() const
{
    m_numAccesses++;
    return m_value;
}

std::string SpreadsheetCell::getString() const
{
    m_numAccesses++;
    return doubleToString(m_value);
}
```

9.3.3 方法重载

在类中可编写多个构造函数，所有这些构造函数的名称都相同。这些构造函数只是参数数量或类型不同。在C++中，可对任何方法或函数做同样的事情。具体来讲，可重载函数或方法，具体做法是将函数或方法的名称用于多个函数，但是参数的类型或数目不同。例如在SpreadsheetCell类中，可将setString()和setValue()全部重命名为set()。类定义如下所示：

```
export class SpreadsheetCell
{
    public:
        void set(double value);
        void set(std::string_view value);
        // Omitted for brevity
};
```

set()方法的实现保持不变。当编写调用set()方法的代码时，编译器根据传递的参数判断调用哪个实例：如果传递了string_view，则编译器调用string_view实例；如果传递了double，则编译器调用double实例。这称为重载解析(overload resolution)。

对getValue()和getString()执行同样的操作：将它们重命名为get()。然而，这样的代码将无法编译。

C++不允许仅根据方法的返回类型重载方法名称，因为在许多情况下，编译器不可能判断调用哪个方法实例。例如，如果任何地方都没有使用方法的返回值，编译器将无从判断要使用哪个方法实例。

1. 基于 const 的重载

还要注意，可根据 const 重载方法。也就是说，可以编写两个名称相同、参数也相同的方法，其中一个是 const，另一个不是。如果是 const 对象，就调用 const 方法；如果是非 const 对象，就调用非 const 方法。

通常情况下，const 版本和非 const 版本的实现是一样的。为避免代码重复，可使用 Scott Meyer 的 const_cast()模式。例如，Spreadsheet 类有一个 getCellAt()方法，该方法返回 SpreadsheetCell 的非 const 引用。可添加 const 重载版本，它返回 SpreadsheetCell 的 const 引用。

```
export class Spreadsheet
{
    public:
        SpreadsheetCell& getCellAt(size_t x, size_t y);
        const SpreadsheetCell& getCellAt(size_t x, size_t y) const;
        // Code omitted for brevity.
};
```

对于 Scott Meyer 的 const_cast()模式，你可像往常一样实现 const 版本，此后通过适当转换，传递对 const 版本的调用，以实现非 const 版本。如下所示：

```
const SpreadsheetCell& Spreadsheet::getCellAt(size_t x, size_t y) const
{
    verifyCoordinate(x, y);
    return m_cells[x][y];
}

SpreadsheetCell& Spreadsheet::getCellAt(size_t x, size_t y)
{
    return const_cast<SpreadsheetCell&>(as_const(*this).getCellAt(x, y));
}
```

基本上，你使用 std::as_const()(在<utility>中定义)将*this 转换为 const Spreadsheet&，调用 getCellAt()的 const 版本，它返回 const SpreadsheetCell&，然后使用 const_cast()，将其转换为非 const 的 SpreadsheetCell&。

有了这两个重载的 getCellAt()，现在可在 const 和非 const 的 Spreadsheet 对象上调用 getCellAt()。

```
Spreadsheet sheet1 { 5, 6 };
SpreadsheetCell& cell1 { sheet1.getCellAt(1, 1) };

const Spreadsheet sheet2 { 5, 6 };
const SpreadsheetCell& cell2 { sheet2.getCellAt(1, 1) };
```

这里，getCellAt()的 const 版本做的事情不多，因此使用 const_cast()模式的优势不明显。但可以想一下，如果 getCellAt()的 const 版本能做更多工作，那么通过将非 const 版本传递给 const 版本，可省去很多代码。

2. 显式删除重载

重载方法可被显式删除，可以用这种方法禁止调用具有特定参数的成员函数。例如，

SpreadsheetCell 类有一个方法 setValue(double)，可按如下方式调用：

```
SpreadsheetCell cell;
cell.setValue(1.23);
cell.setValue(123);
```

在第三行，编译器将整型值(123)转换为 double，然后调用 setValue(double)。如果出于某些原因，你不希望以整型调用 setValue()，可以显式删除 setValue()的整型重载版本。

```
export class SpreadsheetCell
{
    public:
        void setValue(double value);
        void setValue(int) = delete;
};
```

通过这一改动，以整型为参数调用 setValue()时，编译器会给出错误提示。

3. 引用限定方法

可以对类的非临时和临时实例调用普通类方法。假设有以下类：

```
class TextHolder
{
    public:
        TextHolder(string text) : m_text { move(text) } {}
        const string& getText() const { return m_text; }
    private:
        string m_text;
};
```

毫无疑问，可以在 TextHolder 的非临时实例上调用 getText()方法。例如：

```
TextHolder textHolder { "Hello world!" };
cout << textHolder.getText() << endl;
```

然而，getText()也可被临时实例调用。

```
cout << TextHolder{ "Hello world!" }.getText() << endl;
cout << move(textHolder).getText() << endl;
```

可以显式指定能够调用某个方法的实例类型，无论是临时实例还是非临时实例。这是通过向方法添加一个所谓的引用限定符(ref-qualifier)来实现的。如果只应在非临时实例上调用方法，则在方法头之后添加一个&限定符。类似地，如果只应在临时实例上调用方法，则要添加一个&&限定符。

下面修改的 TextHolder 类通过将对返回 m_text 的 const 引用来实现&限定的 getText()。另一方面，&&限定的 getText()返回对 m_text 的右值引用，以便可以将 m_text 移出 TextHolder。例如，如果你希望从临时 TextHolder 实例检索文本，则这可能更有效。

```
class TextHolder
{
    public:
        TextHolder(string text) : m_text { move(text) } {}
        const string& getText() const & { return m_text; }
        string&& getText() && { return move(m_text); }
    private:
        string m_text;
};
```

假设你有以下调用：

```
TextHolder textHolder { "Hello world!" };
cout << textHolder.getText() << endl;
cout << TextHolder{ "Hello world!" }.getText() << endl;
cout << move(textHolder).getText() << endl;
```

第一个对 getText()的调用使用了&限定符重载，第二个和第三个使用了&&限定符重载。

9.3.4 内联方法

C++提供了这样一种能力：可以建议函数或方法的调用不在生成的代码中实现，就像调用独立的代码块那样。相反，编译器应将方法体直接插入调用方法的位置。这个过程称为内联(inline)，具有这一行为的方法称为内联方法。

可在方法或函数定义的名称之前使用 inline 关键字，将某个方法或函数指定为内联的。例如，要让 SpreadsheetCell 类的访问方法成为内联的，可以这样定义：

```
inline double SpreadsheetCell::getValue() const
{
    m_numAccesses++;
    return m_value;
}

inline std::string SpreadsheetCell::getString() const
{
    m_numAccesses++;
    return doubleToString(m_value);
}
```

这提示编译器，用实际的方法体替换对 getValue()和 getString()的调用，而不是生成代码进行函数调用。注意，inline 关键字只是提示编译器。如果编译器认为这会降低性能，就会忽略该关键字。

需要注意，在所有调用了内联函数或内联方法的源文件中，内联方法或内联函数的定义必须有效。考虑这个问题：如果没有看到函数的定义，编译器如何替换函数体？因此，如果编写了内联方法，应该将方法定义与其所在的类的定义放在同一文件中。

注意：
高级 C++编译器不要求把内联方法的定义和类定义放在同个文件中。例如，Microsoft Visual C++支持链接时代码生成(Link-Time Code Generation，LTCG)，会自动将较小的函数内联，哪怕这些函数没有声明为内联的或者没有在头文件中定义，也同样如此。GCC 和 Clang 具有类似的功能。

在 C++20 模块之外，如果方法的定义直接放在类定义中，则该方法会隐式标记为 inline，即使不使用 inline 关键字。对于从 C++20 中的模块导出的类，情况不再如此。如果希望这些方法是内联的，则需要使用 inline 关键字标记它们。例如：

```
export class SpreadsheetCell
{
    public:
        inline double getValue() const { m_numAccesses++; return m_value; }

        inline std::string getString() const
        {
            m_numAccesses++;
            return doubleToString(m_value);
```

```
        }
        // Omitted for brevity
};
```

> **注意：**
> 如果使用调试器单步调试内联函数的调用，某些高级的C++调试器会跳到内联函数实际的源代码处，就会造成函数调用的假象，但实际上代码是内联的。

许多C++程序员了解inline方法的语法并使用这种语法，但不理解把方法标记为内联的结果。把方法或函数标记为inline，仅提示编译器要内联函数或方法。编译器只会内联最简单的方法和函数，如果将编译器不想内联的方法定义为内联方法，编译器会自动忽略这个指令。现代编译器在内联方法或函数之前，会考虑代码膨胀等指标，因此不会内联任何没有效益的方法。

9.3.5 默认参数

C++中，默认参数(default arguments)与方法重载类似。在原型中可为函数或方法的参数指定默认值。如果用户指定了这些参数，默认值会被忽略；如果用户忽略了这些参数，将会使用默认值。但是存在一个限制：只能从最右边的参数开始提供连续的默认参数列表，否则编译器将无法用默认参数匹配缺失的参数。默认参数可用于函数、方法和构造函数。例如，可在Spreadsheet构造函数中设置宽度和高度的默认值。

```
export class Spreadsheet
{
    public:
        Spreadsheet(size_t width = 100, size_t height = 100);
        // Omitted for brevity
};
```

Spreadsheet构造函数的实现不变。注意只在方法声明中指定了默认参数，在定义中没有这么做。现在可以用0、1或2个参数调用Spreadsheet构造函数，尽管只有一个非拷贝构造函数。

```
Spreadsheet s1;
Spreadsheet s2 { 5 };
Spreadsheet s3 { 5, 6 }
```

所有参数都有默认值的构造函数等同于默认构造函数。也就是说，可构建类的对象而不指定任何参数。如果试图同时声明默认构造函数，以及具有多个参数并且所有参数都有默认值的构造函数，编译器会报错。因为如果不指定任何参数，编译器不知道该调用哪个构造函数。

注意，任何默认参数能做到的事情，都可以用方法重载做到。可编写3个不同的构造函数，每个都具有不同数量的参数。然而，默认参数允许在一个构造函数中使用3个不同数量的参数。应该使用最得心应手的机制。

9.4 不同的数据成员类型

C++为数据成员提供了多种选择。除了在类中简单地声明数据成员外，还可创建static数据成员(类的所有对象共享)、const数据成员、引用数据成员、const引用数据成员和其他成员。本节解释这些不同类型的数据成员。

9.4.1　静态数据成员

有时让类的所有对象都包含某个变量的副本是没必要的。数据成员可能只对类有意义，而每个对象都拥有其副本是不合适的。例如，每个电子表格或许需要一个唯一的数字 ID，这需要一个从 0 开始的计数器，每个对象都可以从这个计数器得到自身的 ID。电子表格的计数器确实属于 Spreadsheet 类，但没必要使每个 Spreadsheet 对象都包含这个计数器的副本，因为必须让所有的计数器都保持同步。C++用 static 数据成员解决了这个问题。static 数据成员属于类但不是对象的数据成员，可将 static 数据成员当作类的全局变量。下面是 Spreadsheet 类的定义，其中包含了新的 static 数据成员。

```
export class Spreadsheet
{
    // Omitted for brevity
    private:
        static size_t ms_counter;
};
```

不仅要在类定义中列出 static 类成员，还需要在源文件中为其分配内存，通常是定义类方法的那个源文件。在此还可初始化 static 成员，但注意与普通的变量和数据成员不同，默认情况下它们会初始化为 0。static 指针会初始化为 nullptr。下面是为 ms_counter 分配空间并初始化为 0 的代码：

```
size_t Spreadsheet::ms_counter;
```

静态数据成员默认情况下初始化为 0，但如果需要，可将它们显式地初始化为 0，如下所示。

```
size_t Spreadsheet::ms_counter { 0 };
```

这行代码在函数或方法外部，与声明全局变量非常类似，只是使用作用域解析运算符 Spreadsheet::指出这是 Spreadsheet 类的一部分。

1. 内联变量

从 C++17 开始，可将静态数据成员声明为 inline。这样做的好处是不必在源文件中为它们分配空间。下面是一个示例：

```
export class Spreadsheet
{
    // Omitted for brevity
    private:
        static inline size_t ms_counter { 0 };
};
```

注意其中的 inline 关键字。有了这个类定义，可从源文件中删除下面的代码行。

```
size_t Spreadsheet::ms_counter;
```

2. 在类方法内访问静态数据成员

在类方法内部，可以像使用普通数据成员那样使用静态数据成员。例如，为 Spreadsheet 类创建一个 m_id 成员，并在 Spreadsheet 构造函数中用 ms_counter 成员初始化它。下面是包含了 m_id 成员的 Spreadsheet 类定义。

```
export class Spreadsheet
{
    public:
```

```
        // Omitted for brevity
        size_t getId() const;
    private:
        // Omitted for brevity
        static inline size_t ms_counter { 0 };
        size_t m_id { 0 };
};
```

下面是 Spreadsheet 构造函数的实现，在此赋予初始 ID。

```
Spreadsheet::Spreadsheet(size_t width, size_t height)
    : m_id { ms_counter++ }, m_width { width }, m_height { height }
{
    // Omitted for brevity
}
```

可以看出，构造函数可访问 ms_counter，就像这是一个普通成员。在拷贝构造函数中，也要指定新的 ID。由于 Spreadsheet 拷贝构造函数委托给非拷贝构造函数(会自动创建新的 ID)，因此这可以自动进行处理。

对于本例，可以假设一旦给某个对象指定 ID，就不应该再改变。所以，在拷贝赋值运算符中不应该复制 ID。因此，建议把 m_id 设置为 const 数据成员。

```
export class Spreadsheet
{
    private:
        // Omitted for brevity
        const size_t m_id { 0 };
};
```

由于 const 数据成员一经创建就无法更改，例如，无法在构造函数体内初始化它们。此类数据成员必须直接在类定义内部或构造函数初始化器中初始化，这也意味着不能在赋值运算符中为此类数据成员赋值。这对于 m_id 来说不是问题，因为一旦电子表格有了 ID，它就永远不会改变。但是，取决于实际情况，如果这使类变得不可赋值，则通常会显式删除赋值运算符。

3. 在方法外访问静态数据成员

访问控制限定符适用于 static 数据成员：ms_counter 是 private 的，因此不能在类方法之外访问。如果 ms_counter 是 public 的，就可在类方法外访问，具体方法是用::作用域解析运算符指出这个变量是 Spreadsheet 类的一部分。

```
int c { Spreadsheet::ms_counter };
```

然而，建议不要使用 public 数据成员(下一节讨论的 const static 数据成员属于例外)。应该提供 public 的 get/set 方法来授予访问权限。如果要访问 static 数据成员，可以实现 static 的 get/set 方法。

9.4.2 const static 数据成员

类中的数据成员可声明为 const，意味着在创建并初始化后，数据成员的值不能再改变。如果某个常量只适用于类，应该使用 static const(或 const static)数据成员，也称为类常量，而不是全局常量。可在类定义中定义和初始化整型和枚举类型的 static const 数据成员，而不需要将其指定为内联变量。例如，你可能想指定电子表格的最大高度和宽度。如果用户想要创建的电子表格的高度或宽度大于最大值，就改用最大值。可将最大高度和宽度设置为 Spreadsheet 类的 static const 成员：

```
export class Spreadsheet
{
    public:
        // Omitted for brevity
        static const size_t MaxHeight { 100 };
        static const size_t MaxWidth { 100 };
};
```

可在构造函数中使用这些新常量，如下面的代码片段所示。

```
Spreadsheet::Spreadsheet(size_t width, size_t height)
    : m_id { ms_counter++ }
    , m_width { min(width, MaxWidth) } // std::min() requires <algorithm>
    , m_height { min(height, MaxHeight) }
{
    // Omitted for brevity
}
```

注意：

当高度或宽度超出最大值时，除了自动使用最大高度或宽度外，也可以抛出异常。然而，在构造函数中抛出异常时，不会调用析构函数，因此需要谨慎处理。第 14 章将对此进行详细解释。

这些常量也可用作构造函数参数的默认值。记住，只能为一组连续的参数(从最右面的参数开始)指定默认值。例如：

```
export class Spreadsheet
{
    public:
        Spreadsheet(size_t width = MaxWidth, size_t height = MaxHeight);
        // Omitted for brevity
};
```

9.4.3　引用数据成员

Spreadsheet 和 SpreadsheetCell 很好，但这两个类本身并不能组成非常有用的应用程序。为了用代码控制整个电子表格程序，可将这两个类一起放入 SpreadsheetApplication 类。假设将来需要在每一个 Spreadsheet 类中存储一个应用程序对象的引用。SpreadsheetApplication 类的实现在此并不重要，所以下面的代码简单地将其定义为空类。Spreadsheet 类被修改了，以容纳一个名为 m_theApp 的新的引用数据类型。

```
export class SpreadsheetApplication { };

export class Spreadsheet
{
    public:
        Spreadsheet(size_t width, size_t height,
            SpreadsheetApplication& theApp);
        // Code omitted for brevity.
    private:
        // Code omitted for brevity.
        SpreadsheetApplication& m_theApp;
};
```

这个定义将一个 SpreadsheetApplication 引用作为数据成员添加进来。在此情况下建议使用引用而不是指针，因为 Spreadsheet 总会指向一个 SpreadsheetApplication，而指针则无法保证这一点。

请注意，存储对应用程序的引用，仅是为了演示把引用作为数据成员的用法。不建议以这种方式把 Spreadsheet 和 SpreadsheetApplication 类组合在一起，而应改用 MVC(模型-视图-控制器)范式(见第 4 章)。

在构造函数中，每个 Spreadsheet 都得到了一个应用程序引用。如果不指向某些事物，引用将无法存在，因此在构造函数的初始化器中必须给 m_theApp 指定一个值。

```
Spreadsheet::Spreadsheet(size_t width, size_t height,
    SpreadsheetApplication& theApp)
    : m_id { ms_counter++ }
    , m_width { std::min(width, MaxWidth) }
    , m_height { std::min(height, MaxHeight) }
    , m_theApp { theApp }
{
    // Code omitted for brevity.
}
```

在拷贝构造函数中也必须初始化这个引用成员。由于 Spreadsheet 拷贝构造函数委托给非拷贝构造函数(初始化引用成员)，因此这将自动处理。

记住，在初始化一个引用后，不能改变它指向的对象，因此无法在赋值运算符中对引用赋值。这意味着根据使用情形，可能无法为具有引用数据成员的类提供赋值运算符。如果属于这种情况，通常将赋值运算符标记为删除。

最后，引用数据成员也可被标记为 const。例如，你可能决定让 Spreadsheet 只包含应用程序对象的 const 引用，只需要在类定义中将 m_theApp 声明为 const 引用。

```
export class Spreadsheet
{
    public:
        Spreadsheet(size_t width, size_t height,
            const SpreadsheetApplication& theApp);
        // Code omitted for brevity.
    private:
        // Code omitted for brevity.
        const SpreadsheetApplication& m_theApp;
};
```

9.5 嵌套类

类定义不仅可包含成员函数和数据成员，还可编写嵌套类和嵌套结构体、声明类型别名或者创建枚举类型。类中声明的一切内容都具有类作用域。如果声明的内容是 public 的，那么可在类外使用 ClassName::作用域解析语法访问。

可在类的定义中提供另一个类定义。例如，假定 SpreadsheetCell 类实际上是 Spreadsheet 类的一部分，因此不妨将 SpreadsheetCell 重命名为 Cell。可将二者定义为：

```
export class Spreadsheet
{
    public:
        class Cell
        {
            public:
                Cell() = default;
```

```
            Cell(double initialValue);
            // Omitted for brevity
    };

    Spreadsheet(size_t width, size_t height,
        const SpreadsheetApplication& theApp);
    // Remainder of Spreadsheet declarations omitted for brevity
};
```

现在 Cell 类定义位于 Spreadsheet 类内部，因此在 Spreadsheet 类外引用 Cell 必须用 Spreadsheet:: 作用域限定名称，即使在方法定义时也是如此。例如，Cell 的 double 构造函数应如下所示：

```
Spreadsheet::Cell::Cell(double initialValue)
    : m_value { initialValue }
{
}
```

甚至在 Spreadsheet 类中方法的返回类型(不是参数)也必须使用这一语法：

```
Spreadsheet::Cell& Spreadsheet::getCellAt(size_t x, size_t y)
{
    verifyCoordinate(x, y);
    return m_cells[x][y];
}
```

如果在 Spreadsheet 类中直接完整定义嵌套的 Cell 类，将使 Spreadsheet 类的定义略显臃肿。为缓解这一点，只需要在 Spreadsheet 中为 Cell 添加前置声明，然后独立地定义 Cell 类，如下所示。

```
export class Spreadsheet
{
    public:
        class Cell;

        Spreadsheet(size_t width, size_t height,
            const SpreadsheetApplication& theApp);
        // Remainder of Spreadsheet declarations omitted for brevity
};
class Spreadsheet::Cell
{
    public:
        Cell() = default;
        Cell(double initialValue);
        // Omitted for brevity
};
```

普通的访问控制也适用于嵌套类定义。如果声明了一个 private 或 protected 嵌套类，这个类只能在外围类(outer class，即包含它的类)中使用。嵌套的类有权访问外围类中的所有 private 或 protected 成员，而外围类却只能访问嵌套类中的 public 成员。

9.6 类内的枚举类型

枚举类型也可以作为类的数据成员。例如，可在 SpreadsheetCell 类中支持单元格颜色，如下所示。

```
export class SpreadsheetCell
{
```

```
    public:
        // Omitted for brevity
        enum class Color { Red = 1, Green, Blue, Yellow };
        void setColor(Color color);
        Color getColor() const;
    private:
        // Omitted for brevity
        Color m_color { Color::Red };
};
```

setColor()和 getColor()方法的实现简单明了：

```
void SpreadsheetCell::setColor(Color color) { m_color = color; }
SpreadsheetCell::Color SpreadsheetCell::getColor() const { return m_color; }
```

可通过下面的方式使用这些新方法：

```
SpreadsheetCell myCell { 5 };
myCell.setColor(SpreadsheetCell::Color::Blue);
auto color { myCell.getColor() };
```

9.7 运算符重载

经常需要在对象上执行操作，例如相加、比较、将对象输入文件或者从文件读取。对电子表格而言，只有能执行算术运算(例如将整行单元格相加)才算真正有用。

9.7.1 示例：为 SpreadsheetCell 实现加法

在真正的面向对象风格中，SpreadsheetCell 对象应该能与其他 SpreadsheetCell 对象相加。将一个单元格与另一个单元格相加，结果放在第 3 个单元格中，不会改变原始单元格。将 SpreadsheetCell 对象相加的意义是单元格值的相加。

1. 首次尝试：add 方法

可像下面这样声明并定义 SpreadsheetCell 类的 add()方法：

```
export class SpreadsheetCell
{
    public:
        SpreadsheetCell add(const SpreadsheetCell& cell) const;
        // Omitted for brevity
};
```

这个方法将两个单元格相加，返回第三个新的单元格，其值为前两个单元格的和。将这个方法声明为 const，并把 const SpreadsheetCell 的引用作为参数，原因是 add()不改变任意一个原始单元格。下面是这个方法的实现：

```
SpreadsheetCell SpreadsheetCell::add(const SpreadsheetCell& cell) const
{
    return SpreadsheetCell { getValue() + cell.getValue() };
}
```

可以这样使用 add()方法：

```
SpreadsheetCell myCell { 4 }, anotherCell { 5 };
```

```
SpreadsheetCell aThirdCell { myCell.add(anotherCell) };
auto aFourthCell { aThirdCell.add(anotherCell) };
```

这样做可行，但是有一点笨拙。还可以做得更好。

2. 第二次尝试：将operator+作为方法重载

用加号相加两个单元格会比较方便，就像相加两个int或double值那样，如下所示。

```
SpreadsheetCell myCell { 4 }, anotherCell { 5 };
SpreadsheetCell aThirdCell { myCell + anotherCell };
auto aFourthCell { aThirdCell + anotherCell };
```

C++允许编写自己的加号版本，以正确地处理类，称为加运算符。为此可编写一个名为operator+的方法，如下所示。

```
export class SpreadsheetCell
{
    public:
        SpreadsheetCell operator+(const SpreadsheetCell& cell) const;
        // Omitted for brevity
};
```

注意：

在operator和加号之间可以使用空格。例如，可用operator +替代operator+。本书采用没有空格的格式。

该方法的实现与add()方法的实现一样：

```
SpreadsheetCell SpreadsheetCell::operator+(const SpreadsheetCell& cell) const
{
    return SpreadsheetCell { getValue() + cell.getValue() };
}
```

现在可使用加号将两个单元格相加，就像前面做的那样。

这种语法需要花点工夫去适应。不要过于担心这个奇怪的方法名称operator+——这只是一个名称，就像foo或add一样。理解此处实际发生的事情有助于理解其余的语法。当C++编译器分析一个程序，遇到运算符(例如，+、-、=或<<)时，就会试着查找名为operator+、operator-、operator=或operator<<，且具有适当参数的函数或方法。例如，当编译器看到下面这行时，就会试着查找SpreadsheetCell类中名为operator+并将另一个SpreadsheetCell对象作为参数的方法，或者查找用两个SpreadsheetCell对象作为参数、名为operator+的全局函数。

```
SpreadsheetCell aThirdCell { myCell + anotherCell };
```

如果SpreadsheetCell类包含operator+方法，上述代码就会转换为：

```
SpreadsheetCell aThirdCell { myCell.operator+(anotherCell) };
```

注意，用作operator+参数的对象类型并不一定要与编写operator+的类相同。可为SpreadsheetCell编写operator+，将Spreadsheet与SpreadsheetCell相加。对于这个程序而言这样做没有意义，但是编译器允许这样做。

此外还要注意，可任意指定operator+的返回值类型。但你应该遵循最不使人诧异的原则，也就是说，operator+的返回值通常应该是用户期望的。

隐式转换

令人惊讶的是，一旦编写前面所示的 operator+，不仅可将两个单元格相加，还可将单元格与 string_view、double 或 int 值相加。

```
SpreadsheetCell myCell { 4 }, aThirdCell;
string str { "hello" };
aThirdCell = myCell + string_view{ str };
aThirdCell = myCell + 5.6;
aThirdCell = myCell + 4;
```

上面的代码之所以可运行，是因为编译器会试着查找合适的operator+，而不是只查找指定类型的那个operator+。为找到operator+，编译器还试图查找合适的类型转换。SpreadsheetCell 类拥有转换构造函数(见第 8 章)，可以将 double 或 string_view 转换为 SpreadsheetCell。在上例中，当编译器看到 SpreadsheetCell 试图与 double 值相加时，发现了用 double 值作为参数的 SpreadsheetCell 构造函数，就会构建一个临时的 SpreadsheetCell 对象，传递给 operator+。与此类似，当编译器看到试图将 SpreadsheetCell 与 string_view 相加的代码时，会调用把 string_view 作为参数的 SpreadsheetCell 构造函数，创建一个临时 SpreadsheetCell 对象，传递给 operator+。

由于必须创建临时对象，隐式使用构造函数的效率不高。为避免与 double 值相加时隐式地使用构造函数，可编写第二个 operator+，如下所示。

```
SpreadsheetCell SpreadsheetCell::operator+(double rhs) const
{
    return SpreadsheetCell { getValue() + rhs };
}
```

3. 第三次尝试：全局 operator+

隐式转换允许使用 operator+方法将 SpreadsheetCell 对象与 int 和 double 值相加。然而，这个运算符不具有互换性，如下所示。

```
aThirdCell = myCell + 5.6;     // Works fine.
aThirdCell = myCell + 4;       // Works fine.
aThirdCell = 5.6 + myCell;     // FAILS TO COMPILE!
aThirdCell = 4 + myCell;       // FAILS TO COMPILE!
```

当 SpreadsheetCell 对象在运算符的左边时，隐式转换正常运行，但在右边时无法运行。加法是可交换的，因此这里存在错误。问题在于必须在 SpreadsheetCell 对象上调用 operator+方法，对象必须在 operator+的左边。这是 C++语言定义的方式，因此使用 operator+方法无法让上面的代码运行。

然而，如果用不局限于某个特定对象的全局 operator+函数替换类内的 operator+方法，上面的代码就可以运行，函数如下所示。

```
SpreadsheetCell operator+(const SpreadsheetCell& lhs,
    const SpreadsheetCell& rhs)
{
    return SpreadsheetCell { lhs.getValue() + rhs.getValue() };
}
```

需要在模块接口文件中声明运算符并将其导出：

```
export class SpreadsheetCell { /* Omitted for brevity */ };

export SpreadsheetCell operator+(const SpreadsheetCell& lhs,
```

```
    const SpreadsheetCell& rhs);
```

这样，下面的 4 个加法运算都可按预期运行：

```
aThirdCell = myCell + 5.6;    // Works fine.
aThirdCell = myCell + 4;      // Works fine.
aThirdCell = 5.6 + myCell;    // Works fine.
aThirdCell = 4 + myCell;      // Works fine.
```

那么，如果编写以下代码，会发生什么情况呢？

```
aThirdCell = 4.5 + 5.5;
```

这段代码可编译并运行，但并没有调用前面编写的 operator+。这段代码将普通的 double 型数值 4.5 和 5.5 相加，得到了下面所示的中间语句。

```
aThirdCell = 10;
```

为了让赋值操作继续，运算符右边应该是 SpreadsheetCell 对象。编译器找到非 explicit 的由用户定义的用 double 值作为参数的构造函数，然后用这个构造函数隐式地将 double 值转换为一个临时 SpreadsheetCell 对象，最后调用赋值运算符。

注意：
在 C++中，不能更改运算符的优先级。例如，*和/始终在+和-之前计算。对于用户定义的运算符，唯一能做的只是在确定运算的优先级后指定其实现。C++也不允许发明新的运算符号，不允许更改运算符的实参个数。

9.7.2 重载算术运算符

现在，你理解了如何编写 operator+，剩余的基本算术运算符就变得简单了。下面是+、-、*和/的声明(必须用+、-、*和/替代<*op*>，最终得到 4 个函数)。还可重载%，但这对于存储在 SpreadsheetCell 中的 double 值而言没有意义。

```
export class SpreadsheetCell { /* Omitted for brevity */ };

export SpreadsheetCell operator<op>(const SpreadsheetCell& lhs,
    const SpreadsheetCell& rhs);
```

operator-和 operator*的实现与 operator+十分类似，因此这里未显示。对于 operator/而言，唯一棘手之处是记着检查除数是否为 0。如果检测到除数为 0，该实现将抛出异常。

```
SpreadsheetCell operator/(const SpreadsheetCell& lhs,
    const SpreadsheetCell& rhs)
{
    if (rhs.getValue() == 0) {
        throw invalid_argument { "Divide by zero." };
    }
    return SpreadsheetCell { lhs.getValue() / rhs.getValue() };
}
```

C++并没有真正要求在 operator*中实现乘法，在 operator/中实现除法。可在 operator/中实现乘法，在 operator+中实现除法，以此类推。然而这样做会让人非常迷惑，也没理由这么去做。在实现中应该尽量使用常用的运算符含义。

重载简写算术运算符

除基本算术运算符外，C++还提供了简写运算符，例如+=和-=。你或许认为编写类的 operator+ 时也就提供了 operator+=。不是这么简单，必须显式地重载简写算术运算符(Arithmetic Shorthand Operators)。这些运算符与基本算术运算符不同，它们会改变运算符左边的对象，而不是创建一个新对象。此外还有一个微妙差别，它们生成的结果是对被修改对象的引用，这一点与赋值运算符类似。

简写算术运算符的左边总要有一个对象，因此应该将其作为方法而不是全局函数。下面是 SpreadsheetCell 类的声明：

```
export class SpreadsheetCell
{
    public:
        SpreadsheetCell& operator+=(const SpreadsheetCell& rhs);
        SpreadsheetCell& operator-=(const SpreadsheetCell& rhs);
        SpreadsheetCell& operator*=(const SpreadsheetCell& rhs);
        SpreadsheetCell& operator/=(const SpreadsheetCell& rhs);
        // Omitted for brevity
};
```

下面是 operator+=的实现，其他的与此类似。

```
SpreadsheetCell& SpreadsheetCell::operator+=(const SpreadsheetCell& rhs)
{
    set(getValue() + rhs.getValue());
    return *this;
}
```

简写算术运算符是对基本算术运算符和赋值运算符的结合。根据上面的定义，可编写如下代码：

```
SpreadsheetCell myCell { 4 }, aThirdCell { 2 };
aThirdCell -= myCell;
aThirdCell += 5.4;
```

然而不能编写这样的代码(这是好事一桩！)：

```
5.4 += aThirdCell;
```

如果既有某个运算符的普通版本，又有简写版本，建议你基于简写版本实现普通版本，以避免代码重复。例如：

```
SpreadsheetCell operator+(const SpreadsheetCell& lhs, const SpreadsheetCell& rhs)
{
    auto result { lhs };    // Local copy
    result += rhs;          // Forward to +=()
    return result;
}
```

9.7.3 重载比较运算符

比较运算符(例如>、<、<=、>=、==和!=)是另一组对类有用的运算符。C++20 标准为这些操作符带来了很多变化，并添加了三向比较运算符，也称为宇宙飞船运算符，<=>，第 1 章曾介绍过。为了让你更了解 C++20 提供的功能，让我们首先看看在 C++20 之前必须做什么，或者说，只要编译器还不支持三向比较运算符，你还需要做什么。

与基本算术运算符一样，6 个 C++20 之前的比较运算符应该是全局函数，这样就可以在运算符的左侧和右侧参数上使用隐式转换。比较运算符都返回 bool，当然，也可以更改返回类型，但不建议这样做。

下面是比较运算符的声明；必须用==、<、>、!=、<=和>=替换<*op*>，得到 6 个函数。

```
export class SpreadsheetCell { /* Omitted for brevity */ };

export bool operator<op>(const SpreadsheetCell& lhs, const SpreadsheetCell& rhs);
```

下面是 operator==的定义，其他的与此类似：

```
bool operator==(const SpreadsheetCell& lhs, const SpreadsheetCell& rhs)
{
    return (lhs.getValue() == rhs.getValue());
}
```

注意：

前面重载的比较运算符使用了 double 值。大多数时候，最好不要对浮点数执行相等或不相等测试。应该使用 ε 测试(epsilon test)，但这一内容超出了本书的讨论范围。

当类中的数据成员较多时，比较每个数据成员可能比较痛苦。然而，当实现了==和<之后，可以根据这两个运算符编写其他比较运算符。例如，下面的 operator>=定义使用了 operator<。

```
bool operator>=(const SpreadsheetCell& lhs, const SpreadsheetCell& rhs)
{
    return !(lhs < rhs);
}
```

可使用这些运算符将某个 SpreadsheetCell 与其他 SpreadsheetCell 进行比较，也可与 double 和 int 值进行比较。

```
if (myCell > aThirdCell || myCell < 10) {
   cout << myCell.getValue() << endl;
}
```

如你所见，需要编写 6 个单独的函数来支持 6 个比较运算符，这只是为了相互比较两个 SpreadsheelCell。使用当前实现的 6 个比较函数，可以将 SpreadsheetCell 与 double 进行比较，因为 double 参数隐式转换为 SpreadsheetCell。如前所述，这种隐式转换可能效率低下，因为必须创建临时对象。与前面的 operator+一样，可以通过显式实现与 double 进行比较的函数来避免这种情况。对于每个操作符<*op*>，将需要以下 3 个重载。

```
bool operator<op>(const SpreadsheetCell& lhs, const SpreadsheetCell& rhs);
bool operator<op>(double lhs, const SpreadsheetCell& rhs);
bool operator<op>(const SpreadsheetCell& lhs, double rhs);
```

如果你需要支持所有的比较运算符，需要写很多重复的代码！

现在让我们切换一下，看看 C++20 带来了什么。C++20 简化了向类中添加对比较运算符的支持。首先，对于 C++20，实际上建议将 operator==实现为类的成员函数，而不是全局函数。还要注意，添加[[nodiscard]]属性是一个好主意，这样操作符的结果就不能被忽略。例如：

```
[[nodiscard]] bool operator==(const SpreadsheetCell& rhs) const;
```

在 C++20 中，单个的 operator==重载就可以使下面的比较生效。

```
if (myCell == 10) { cout << "myCell == 10\n"; }
if (10 == myCell) { cout << "10 == myCell\n"; }
```

诸如 10==myCell 的表达式由 C++20 编译器重写为 myCell==10，可以为其调用 operator==成员函数。此外，通过实现 operator==，C++20 会自动添加对!=的支持。

接下来，要实现对全套比较运算符的支持，在 C++20 中，只需要实现一个额外的重载运算符，operator<=>。一旦类有运算符==和<=>的重载，C++20 就会自动为所有 6 个比较运算符提供支持！对于 SpreadsheetCell 类，运算符<=>如下所示。

```
[[nodiscard]] std::partial_ordering operator<=>(const SpreadsheetCell& rhs) const;
```

注意：

C++20 编译器不会根据<=>重写==或!=。这样做是为了避免性能问题，因为 operator==的显式实现通常比使用<=>更高效。

存储在 SpreadsheetCell 中的值是 double 类型的。请记住，第 1 章提到过，浮点类型只有偏序，这就是重载返回 std::partial_ordering 的原因。实现非常简单：

```
partial_ordering SpreadsheetCell::operator<=>(const SpreadsheetCell& rhs) const
{
    return getValue() <=> rhs.getValue();
}
```

通过实现 operator<=>，C++20 可以自动提供对>、<、<=和>=的支持，通过将使用这些运算符的表达式重写为使用<=>的。例如，诸如 myCell<aThirdCell 的表达式会自动重写为与 std::is_lt(myCell<=>aThirdCell)等价的内容，其中 is_lt()是一个命名的比较函数，见第 1 章。

所以，只需要实现 operator==和 operator<=>，SpreadsheetCell 类就可以支持所有的比较运算符。

```
if (myCell < aThirdCell) { cout << "myCell < aThirdCell\n"; }
if (aThirdCell < myCell) { cout << "aThirdCell < myCell\n"; }

if (myCell <= aThirdCell) { cout << "myCell <= aThirdCell\n"; }
if (aThirdCell <= myCell) { cout << "aThirdCell <= myCell\n"; }

if (myCell > aThirdCell) { cout << "myCell > aThirdCell\n"; }
if (aThirdCell > myCell) { cout << "aThirdCell > myCell\n"; }

if (myCell >= aThirdCell) { cout << "myCell >= aThirdCell\n"; }
if (aThirdCell >= myCell) { cout << "aThirdCell >= myCell\n"; }

if (myCell == aThirdCell) { cout << "myCell == aThirdCell\n"; }
if (aThirdCell == myCell) { cout << "aThirdCell == myCell\n"; }

if (myCell != aThirdCell) { cout << "myCell != aThirdCell\n"; }
if (aThirdCell != myCell) { cout << "aThirdCell != myCell\n"; }
```

由于 SpreadsheetCell 类支持从 double 到 SpreadsheetCell 的隐式转换，因此也支持以下比较：

```
if (myCell < 10) { cout << "myCell < 10\n"; }
if (10 < myCell) { cout << "10 < myCell\n"; }
if (10 != myCell) { cout << "10 != myCell\n"; }
```

与比较两个 SpreadsheetCell 对象一样，编译器根据运算符==和<=>重写此类表达式，并可选地交换参数的顺序。例如，10<myCell 首先被重写为与 is_lt(10<=>myCell)等价的内容，这将不起作用，因为只有一个作为成员的<=>重载，这意味着左侧参数必须是 SpreadsheetCell。注意到这一点后，编译器尝试将表达式重写为与 is_gt(myCell<=>10)等价的内容，结果可以正常运行。

与前面一样，如果希望避免隐式转换对性能的轻微影响，可以为 doublc 提供特定的重载。对于现在，有了 C++20，甚至没有太多的工作。只需要提供以下两个额外的重载运算符作为方法：

```
[[nodiscard]] bool operator==(double rhs) const;
[[nodiscard]] std::partial_ordering operator<=>(double rhs) const;
```

它们的实现如下：

```
bool SpreadsheetCell::operator==(double rhs) const
{
    return getValue() == rhs;
}
std::partial_ordering SpreadsheetCell::operator<=>(double rhs) const
{
    return getValue() <=> rhs;
}
```

编译器生成的比较运算符

注意 SpreadsheetCell 的 operator==和<=>的实现，它们只是简单比较所有数据成员。在这种情况下，可以进一步减少需要编写的代码行数，因为 C++20 可以为我们编写这些代码。例如，拷贝构造函数可以显式设置为默认，operator==和<=>也可以默认，在这种情况下，编译器会为你编写它们，并通过依次比较每个数据成员来实现它们。此外，如果只是显式地使用默认 operator<=>，编译器也会自动包含一个默认 operator==。因此，对于 SpreadsheetCell 类，如果没有显式的 double 版本的 operator==和<=>，只需要编写以下单行代码，即可添加对所有 6 个比较运算符的完全支持，以比较两个 SpreadsheetCell。

```
[[nodiscard]] std::partial_ordering operator<=>(
    const SpreadsheetCell&) const = default;
```

此外，还可以使用 auto 作为 operator<=>的返回类型，在这种情况下，编译器将根据数据成员的<=>运算符的返回类型推断返回类型。如果类的数据成员不支持 operator<=>，则返回类型推断将不起作用，需要显式指定返回类型为 strong_ordering、partial_ordering 或 weak_ordering。为了使编译器能够编写默认的<=>运算符，类的所有数据成员需要要么支持 operator<=>，在这种情况下返回类型可以是 auto；要么支持 operator<和==，在这种情况下返回类型不能是 auto。由于 SpreadsheetCell 只有一个 double 数据成员，编译器将返回类型推断为 partial_ordering。

```
[[nodiscard]] auto operator<=>(const SpreadsheetCell&) const = default;
```

本节开始时，曾提到这个显式默认的 operator<=>适用于没有显式的 double 版本的 operator==和<=>的 SpreadsheetCell。如果确实添加了这些显式 double 版本，则添加的是用户声明的 operator==(double)。因此，编译器将不再自动生成 operator==(const SpreadsheetCell&)，因此必须将其显式默认，如下所示。

```
export class SpreadsheetCell
{
    public:
```

```
        // Omitted for brevity
        [[nodiscard]] auto operator<=>(const SpreadsheetCell&) const = default;
        [[nodiscard]] bool operator==(const SpreadsheetCell&) const = default;

        [[nodiscard]] bool operator==(double rhs) const;
        [[nodiscard]] std::partial_ordering operator<=>(double rhs) const;
        // Omitted for brevity
};
```

如果可以显式地将 operator<=>设置为默认，我建议这样做，而不是自己实现它。通过让编译器为你编写，它将与新添加或修改的数据成员保持同步。如果自己实现运算符，则无论何时添加数据成员或更改现有数据成员，都需要记住更新 operator<=>的实现。如果编译器没有自动生成 operator==，则以上内容对其也适用。

只有当 operator==和<=>使用定义操作符的类类型的 const 引用作为参数时，才可能显式将 operator==和<=>设置为默认。例如，以下操作不起作用：

```
[[nodiscard]] auto operator<=>(double) const = default; // Does not work!
```

注意：
在 C++20 中为了添加对所有 6 个比较运算符的支持：

- 如果一个默认的 operator<=>适用于你的类，那么只需要一行代码来显式地将默认运算符<=>作为一个方法。在某些情况下，你可能还需要显式地将 operator==设置为默认。
- 否则，需要作为方法重载 operator==和<=>的实现。

不需要手动实现其他的比较运算符。

9.7.4 创建具有运算符重载的类型

许多人觉得运算符重载的语法深奥难懂，至少刚看上去是这样的。让事情变得简单好像是一句反话，对于编写类的人来说这并不简单，但是对于使用类的人来说确实简单。关键在于使新类尽量类似于内建类型(例如 int 和 double)。在执行两个对象的加法时，使用+比记住应该调用 add()还是 sum()更简单。

注意：
提供运算符重载，将其作为向类的客户提供的服务。

应该重载哪些运算符？答案是“几乎全部运算符都可以重载——甚至是从来没有听说过的那些”。实际上，你刚刚触及了表面：在 8.3 节“对象的生命周期”中看到的赋值运算符、基本算术运算符、简写算术运算符和比较运算符。重载流插入和提取操作符也很有用。此外，还有一些棘手但有趣的事情，可以通过运算符重载来完成，而这些事情在一开始可能是预料不到的。标准库广泛使用了运算符重载。第 15 章“重载 C++运算符”解释了如何以及何时重载其余的运算符。第 16~24 章介绍了标准库。

9.8 创建稳定的接口

理解了在 C++中编写类的所有语法后，回顾第 5 章和第 6 章的设计原则会对此有所帮助。在 C++中，类是主要的抽象单元，应将抽象原则应用到类，尽可能分离接口和实现。确切地讲，应该将所有数据成员设置为 private，并提供相应的获取器和设置器方法。这就是 SpreadsheetCell 类的实现方式：将 m_value 设置为 private，用 public 的 set()设置这个值，用 getValue()和 getString()获取这些值。

使用接口类和实现类

即使提前进行估算并采用最佳设计原则，C++语言本质上对抽象原则也不友好。其语法要求将 public 接口和 private(或 protected)数据成员及方法放在一个类定义中，从而将类的某些内部实现细节向客户公开。这种做法的缺点在于，如果不得不在类中加入新的非 public 方法或数据成员，所有的客户代码都必须重新编译，对于较大项目而言这是负担。

有个好消息：可创建清晰的接口，并隐藏所有实现细节，从而得到稳定的接口。还有个坏消息：这样做有点繁杂。基本原则是为想编写的每个类都定义两个类：接口类和实现类。实现类与不采用这种方法编写的类相同，接口类给出了与实现类一样的 public 方法，但只有一个数据成员：指向实现类对象的一个指针。这称为 pimpl idiom(private implementation idiom，私有实现惯用方法)或 bridge 模式，接口类方法的实现只是调用实现类对象的等价方法。这样做的结果是无论实现如何改变，都不会影响 public 接口类，从而降低了重新编译的可能。当有且只有实现改变时，使用接口类的客户不需要重新编译。注意只有在单个数据成员是实现类的指针时，这个方法才有效。如果它是按值传递的数据成员，在实现类的定义改变时，客户代码必须重新编译。

为将这种方法应用到 Spreadsheet 类，需要定义如下 public 接口类 Spreadsheet。重要的部分以高亮表示。

```
module;
#include <cstddef>

export module spreadsheet;

export import spreadsheet_cell;
import <memory>;

export class SpreadsheetApplication { };

export class Spreadsheet
{
    public:
        Spreadsheet(const SpreadsheetApplication& theApp,
            size_t width = MaxWidth, size_t height = MaxHeight);
        Spreadsheet(const Spreadsheet& src);
        Spreadsheet(Spreadsheet&&) noexcept;
        ~Spreadsheet();

        Spreadsheet& operator=(const Spreadsheet& rhs);
        Spreadsheet& operator=(Spreadsheet&&) noexcept;

        void setCellAt(size_t x, size_t y, const SpreadsheetCell& cell);
        SpreadsheetCell& getCellAt(size_t x, size_t y);

        size_t getId() const;

        static const size_t MaxHeight { 100 };
        static const size_t MaxWidth { 100 };

        void swap(Spreadsheet& other) noexcept;
```

```
    private:
        class Impl;
        std::unique_ptr<Impl> m_impl;
};
export void swap(Spreadsheet& first, Spreadsheet& second) noexcept;
```

实现类 Impl 是一个 private 嵌套类，因为只有 Spreadsheet 需要用到这个实现类。Spreadsheet 现在只包含一个数据成员：指向 Impl 实例的指针。public 方法与原来的 Spreadsheet 相同。

嵌套的 Spreadsheet::Impl 类定义在 spreadsheet 模块实现文件中。Impl 类不应被导出，因为它应该对用户隐藏起来。Spreadsheet.cpp 模块实现文件的开头如下所示：

```
module;
#include <cstddef>

module spreadsheet;

import <utility>;
import <stdexcept>;
import <format>;
import <algorithm>;

using namespace std;

// Spreadsheet::Impl class definition.
class Spreadsheet::Impl { /* Omitted for brevity */ };

// Spreadsheet::Impl method definitions.
Spreadsheet::Impl::Impl(const SpreadsheetApplication& theApp,
    size_t width, size_t height)
    : m_id { ms_counter++ }
    , m_width { min(width, Spreadsheet::MaxWidth) }
    , m_height { min(height, Spreadsheet::MaxHeight) }
    , m_theApp { theApp }
{
    m_cells = new SpreadsheetCell*[m_width];
    for (size_t i{ 0 }; i < m_width; i++) {
        m_cells[i] = new SpreadsheetCell[m_height];
    }
}
// Other method definitions omitted for brevity.
```

Impl 类具有与 Spreadsheet 类几乎相同的接口。对于方法实现，需要记住 Impl 是一个嵌套类，因此，需要将作用域指定为 Spreadsheet::Impl。因此，对于构造函数，它变成了 Spreadsheet::Impl::Impl(...)。

现在，Spreadsheet 类有一个指向实现类的 unique_ptr，Spreadsheet 类需要一个用户声明的析构函数。我们不需要对这个析构函数进行任何处理，可在文件中设置=default，如下所示。

```
Spreadsheet::~Spreadsheet() = default;
```

事实上，它必须在实现文件中而不是直接在类定义中默认。原因是 Impl 类仅在 Spreadsheet 类定义中提前声明，也就是说，编译器知道某个地方将有一个 Spreadsheet::Impl 类，但此时它还不知道定义。因此，不能在类定义中设置默认析构函数，因为这样编译器将尝试使用尚未定义的 Impl 类的析构函数。在这种情况下，将其他方法设置为默认时也是如此，例如移动构造函数和移动赋值运算符。

Spreadsheet 方法(例如 setCellAt()和 getCellAt())的实现只是将请求传递给底层的 Impl 对象：

```
void Spreadsheet::setCellAt(size_t x, size_t y, const SpreadsheetCell& cell)
{
    m_impl->setCellAt(x, y, cell);
}

SpreadsheetCell& Spreadsheet::getCellAt(size_t x, size_t y)
{
    return m_impl->getCellAt(x, y);
}
```

Spreadsheet 的构造函数必须创建一个新的 Impl 实例来完成这个任务。

```
Spreadsheet::Spreadsheet(const SpreadsheetApplication& theApp,
    size_t width, size_t height)
{
    m_impl = make_unique<Impl>(theApp, width, height);
}

Spreadsheet::Spreadsheet(const Spreadsheet& src)
{
    m_impl = make_unique<Impl>(*src.m_impl);
}
```

拷贝构造函数看上去有点奇怪，因为需要从源 Spreadsheet 复制底层的 Impl。由于拷贝构造函数采用一个指向 Impl 的引用而不是指针，因此为了获取对象本身，必须对 m_Impl 指针解除引用，以得到它的对象。

Spreadsheet 赋值运算符必须采用类似方式传递到底层的 Impl 的赋值：

```
Spreadsheet& Spreadsheet::operator=(const Spreadsheet& rhs)
{
    *m_impl = *rhs.m_impl;
    return *this;
}
```

赋值运算符的第一行看上去有点奇怪。Spreadsheet 赋值运算符需要传递对 Impl 赋值运算符的调用，而这个运算符只有在复制直接对象时才会执行。通过对 m_impl 指针解除引用，会强制使用直接对象赋值，从而调用 Impl 的赋值运算符。

swap()函数用于交换单独的数据成员：

```
void Spreadsheet::swap(Spreadsheet& other) noexcept
{
    std::swap(m_impl, other.m_impl);
}
```

真正将接口和实现分离的技术功能强大。尽管开始时有点笨拙，但是一旦适应这种技术，就会觉得这么做很自然。然而，在多数工作环境中这并不是常规做法，因此这么做会遇到来自同事的一些阻力。支持这种方法最有力的论据不是将接口分离的美感，而是类的实现改变后大幅缩短构建时间。一个类不使用 pimpl idiom 时，对实现类的更改将导致漫长的构建过程。例如，给类定义增加数据成员时，将触发使用这个类的其他所有源文件的重新构建。而使用 pimpl idiom，可以修改实现类的定义，只要公共接口类保持不变，就不会触发长时间的构建过程。

注意：
使用稳定接口类，可缩短构建时间。

为将实现与接口分离，另一种方法是使用抽象接口以及实现该接口的实现类，抽象接口是只有纯虚方法(pure virtual method)的接口。第 10 章将讨论抽象接口。

9.9 本章小结

利用本章和第 8 章介绍的工具，可编写稳定的、设计良好的类，并且有效地使用对象。

对象的动态内存分配遇到了新挑战：需要实现析构函数、拷贝构造函数、拷贝赋值运算符、移动构造函数和移动赋值运算符，它们能够合理地复制、移动和释放内存。为阻止赋值和按值传递，可显式地删除拷贝构造函数和赋值运算符。可以使用“复制和交换”惯用方法实现拷贝赋值运算符，你还学习了零规则。

本章介绍了不同类型的数据成员，包括 static 数据成员、const 数据成员、const 引用数据成员和 mutable 成员。还讨论了 static、inline 和 const 方法，以及方法重载和默认参数。本章随后讲解了嵌套类的定义、友元类、友元函数和友元方法。

本章接下来讲述了运算符重载，介绍如何重载算术运算符和比较运算符，这些重载的运算符都可作为全局友元函数，也可作为类方法。你还学习了如何在自己的类中添加对 C++20 的三向比较运算符的支持。

最后，学习了如何分离接口类和实现类，从而将抽象发挥到极致。

熟悉了面向对象编程语言后，就可以考虑使用继承，第 10 章将讲述这一内容。

9.10 练习

通过做以下习题，可以巩固本章涉及的知识点。所有练习的答案都可扫描封底二维码下载。但是，如果你被某些问题难住，请先重新阅读本章的对应内容，以尝试自己找到答案，然后再从网站上查看解决方案。

练习 9-1 以练习 8-3 中 Person 类的实现为例，对其进行调整，以你所能想到的最佳方式传递字符串。此外，向其添加移动构造函数和移动赋值运算符。在这两种方法中，向控制台写入消息，以便跟踪它们何时被调用。为了实现移动方法以及改进其他方法的实现从而避免代码重复，添加所需的任何方法。修改 main()以测试你的方法。

练习 9-2 基于练习 8-4 中的 Person 类，添加对所有 6 个比较运算符的支持，以比较两个 Person 对象。尝试用最少的代码实现此支持。通过在 main()中执行各种比较来测试你的实现。Person 是如何排序的？是基于名字，还是基于姓氏，还是基于名字和姓氏的组合？

练习 9-3 在 C++20 之前，添加对所有 6 个比较运算符的支持需要更多的代码行。从练习 9-2 中的 Person 类开始，删除 operator<=>，并添加必要的代码，以实现所有比较操作符来比较两个 Person 对象，而不使用<=>。执行与练习 9-2 相同的测试集。

练习 9-4 在本练习中，你将练习编写稳定的接口。将练习 8-4 中的 Person 类拆分为一个稳定的公共接口类和一个单独的实现类。

第10章 揭秘继承技术

本章内容

- 如何通过继承扩展类
- 如何使用继承重用代码
- 基类和派生类如何交互
- 如何使用继承实现多态性
- 如何使用多重继承
- 如何处理继承中的罕见问题
- 如何将一种类型强制转换为另一种类型

如果没有继承，类只是具有一些相关行为的数据结构。这只是对过程语言的一大改进，而继承则开辟了完全不同的新天地。通过继承，可在已有类的基础上创建新类。这样，类就成为可重用和可扩展的组件。本章将介绍各种利用继承功能的方法。通过学习继承的语法，并最大限度地利用一些继承的复杂技术。

本章中多态性相关的部分大量借鉴了第 8 章“熟悉类和对象”和第 9 章“精通类与对象”中讲述的电子表格示例。本章还涉及第 5 章介绍的面向对象的方法论，如果没有阅读这一章，不熟悉继承的理论，应该在学习本章内容之前回顾第 5 章的内容。

10.1 使用继承构建类

第 5 章提到，“是一个”关系是实际对象在继承层次中的存在模式。在编程时，如果要基于某个类编写另一个类，或者对某个类进行少量修改，都会涉及这个模式。完成这一目标的方法之一是将代码从一个类复制出来，然后粘贴到另一个类中。之后修改新类中相关部分的代码，就可以创建一个与原始类稍有不同的新类。但是这种方法会让 OOP 程序员感到不快，原因如下：

- 修订原始类的 bug 不会影响新类，因为两个类包含完全独立的代码。
- 编译器不知道这两个类之间的关系，因此不具备多态性(请参阅第 5 章)—— 这两个类不是同一事物的不同变种。

- 这种方法没有建立真正的“是一个”关系。新类与原始类非常相似的原因是因为共享了代码，而不是因为它们是同一类对象。
- 原始代码可能无法获得。其可能存在于预编译的二进制格式的文件中，因此不可能复制和粘贴这些代码。

不要惊讶，C++为定义真正的“是一个”关系提供了内建支持。C++中“是一个”关系的特征将在下面介绍

10.1.1 扩展类

当使用C++编写类定义时，可以告诉编译器，该类继承、派生或扩展了一个已有的类。通过这种方式，该类将自动包含原始类的数据成员和方法；原始类称为父类(parent class)、基类或超类(superclass)。扩展已有类可以使该类(现在称为派生类或子类)只描述与父类不同的那部分内容。

在C++中，为扩展一个类，可在定义类时指定要扩展的类。为说明继承的语法，此处使用了名为Base和Derived的两个类。不要担心——后面还有许多更有趣的示例。首先考虑Base类的定义：

```
class Base
{
    public:
        void someMethod() {}
    protected:
        int m_protectedInt { 0 };
    private:
        int m_privateInt { 0 };
};
```

如果要构建一个从Base类继承的新类Derived，应该使用下面的语法：

```
class Derived : public Base
{
    public:
        void someOtherMethod() {}
};
```

Derived 本身就是一个完整的类，这个类只是刚好共享了 Base 类的特性而已。现在不用担心public关键字——本章后面将解释其含义。图10-1显示了Derived类与Base类之间的简单关系。可以像声明其他对象那样声明Derived类型的对象，甚至可以定义Derived的派生类作为第三个类，从而形成类的链条，如图10-2所示。

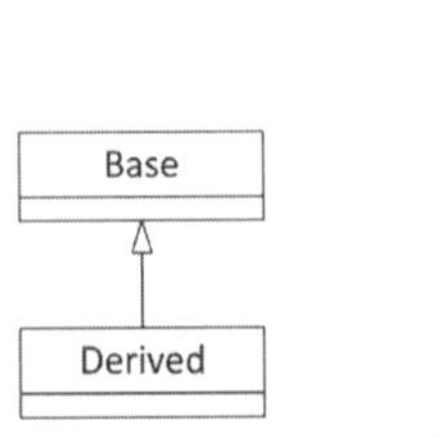

图10-1 Derived类与Base类之间的简单关系

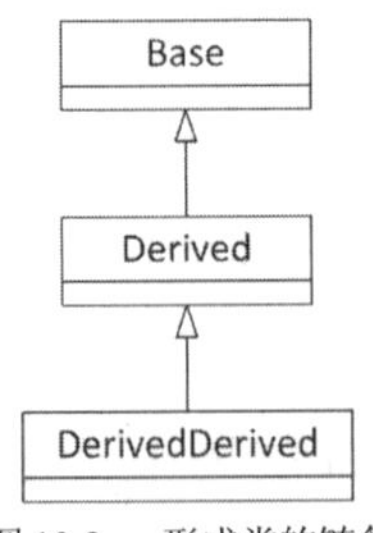

图10-2 形成类的链条

Derived不一定是Base唯一的派生类。其他类也可以是Base的派生类，这些类是Derived的同级类(sibling)，如图10-3所示。

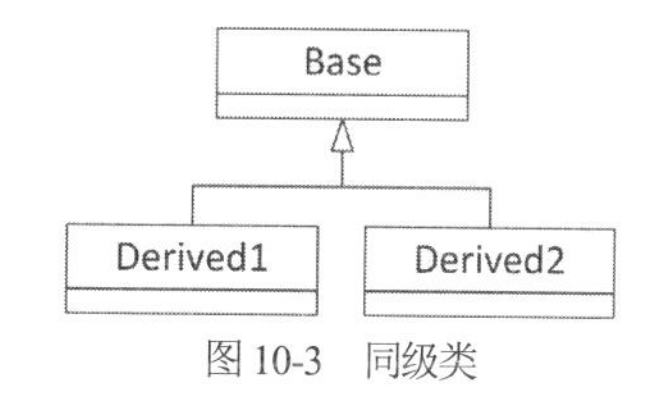

图 10-3 同级类

1. 客户对继承的看法

对于客户或代码的其他部分而言，Derived 类型的对象仍然是 Base 对象，因为 Derived 类继承自 Base 类。这意味着 Base 类中所有 public 方法和数据成员，以及 Derived 类中所有 public 方法和数据成员都是可用的。

在调用某个方法时，使用派生类的代码不需要知道是继承链中的哪个类定义了这个方法。例如，下面的代码调用了 Derived 对象中的两个方法，而其中一个方法是在 Base 类中定义的。

```
Derived myDerived;
myDerived.someMethod();
myDerived.someOtherMethod();
```

要知道继承的运行方式是单向的，这一点很重要。Derived 类与 Base 类具有明确的关系，但是 Base 类并不知道 Derived 类的任何信息。这意味着 Base 类型的对象不支持 Derived 类的 public 方法和数据成员，因为 Base 类不是 Derived 类。

下面的代码将无法编译，因为 Base 类不包含名为 someOtherMethod()的 public 方法。

```
Base myBase;
myBase.someOtherMethod();  // Error! Base doesn't have a someOtherMethod().
```

注意：
从其他代码的观点看，一个对象既属于定义它的类，又属于所有的基类。

指向某个对象的指针或引用可以指向声明类的对象，也可以指向其任意派生类的对象。本章后面将详细介绍这一复杂的主题。此时需要理解的概念是，指向 Base 对象的指针可以指向 Derived 对象，对于引用也是如此。客户仍然只能访问 Base 类的方法和数据成员，但是通过这种机制，任何操作 Base 对象的代码都可以操作 Derived 对象。

例如，下面的代码可以正常编译并运行，尽管看上去好像类型并不匹配。

```
Base* base { new Derived{} }; // Create Derived, store it in Base pointer.
```

然而，不能通过 Base 类型的指针调用 Derived 类的方法。下面的代码无法运行：

```
base->someOtherMethod();
```

编译器会报错，因为尽管对象是 Derived 类型，并且定义了 someOtherMethod()方法，但编译器只是将它看成 Base 类型，而 Base 类中没有定义 someOtherMethod()方法。

2. 从派生类的角度分析继承

对于派生类自身而言，其编写方式或行为并没有改变。仍然可以在派生类中定义方法和数据成员，就像这是一个普通的类。前面 Derived 类的定义中声明了一个名为 someOtherMethod()的方法。

因此 Derived 类增加了一个额外的方法，从而扩展了 Base 类。

派生类可访问基类中声明的 public、protected 方法和数据成员，就好像这些方法和数据成员是派生类自己的，因为严格来讲，它们属于派生类。例如，Derived 类中 someOtherMethod()的实现可以使用在 Base 类中声明的数据成员 m_protectedInt。下面的代码显示了这一实现，访问基类的数据成员或方法与访问派生类中的数据成员和方法并无不同之处。

```
void Derived::someOtherMethod()
{
    cout << "I can access base class data member m_protectedInt." << endl;
    cout << "Its value is " << m_protectedInt << endl;
}
```

如果类将数据成员或方法声明为 protected，派生类就可以访问它们；如果声明为 private，派生类就不能访问。下面的 someOtherMethod()实现将无法编译，因为派生类试图访问基类的 private 数据成员。

```
void Derived::someOtherMethod()
{
    cout << "I can access base class data member m_protectedInt." << endl;
    cout << "Its value is " << m_protectedInt << endl;
    cout << "The value of m_privateInt is " << m_privateInt << endl; // Error!
}
```

private 访问说明符可以控制派生类与基类的交互方式。建议将所有数据成员都默认声明为 private，如果希望任何代码都可以访问这些数据成员，可以提供 public 的 getter 和 setter。如果仅希望派生类访问它们，就可以提供 protected 的 getter 和 setter。把数据成员默认设置为 private 的原因是，这会提供最高级别的封装，这意味着可以改变数据的表示方式，而保持 public 或 protected 的接口不变。另外，不直接访问数据成员，也可以在 public 或 protected 的 setter 中方便地添加对输入数据的检查。方法也应默认设置为 private，只有需要公开的方法才设置为 public，只有派生类需要访问的方法才设置为 protected。

注意：
从派生类的观点看，基类的所有 public、protected 数据成员和方法都是可用的。

表 10-1 总结了所有 3 个访问说明符的含义。

表 10-1 访问说明符的含义

访问说明符	含义	使用时机
public	任何代码都可以调用对象的 public 的成员函数或访问该对象的 public 的数据成员	希望客户使用的行为(方法)。 private 和 protected 的成员的访问方法(getter 和 setter)
protected	类的任何成员函数都可以调用 protected 的成员函数和访问 protected 的数据成员。 派生类的成员函数可以访问基类的 protected 的成员	不希望客户使用的“帮助”方法
private	只有类的成员函数才能调用 private 的成员函数和访问 private 的数据成员。 派生类中的成员函数不能访问基类的 private 的成员	默认情况下，所有内容都应该是 private，特别是数据成员。 如果只允许派生类访问它们，则可以提供受保护的 getter 和 setter 方法；如果希望客户访问它们，则可以提供 public 的 getter 和 setter 方法

3. 禁用继承

C++允许将类标记为 final，这意味着继承这个类会导致编译错误。将类标记为 final 的方法是直接在类名的后面使用 final 关键字。比如，如果一个类试图从下面的 Foo 类继承，这会导致编译错误。

```
class Foo final { };
```

10.1.2　重写方法

从某个类继承的主要原因是为了添加或替换功能。Derived 类定义在父类的基础上添加了功能，提供了额外的 someOtherMethod()方法。另一个方法 someMethod()从 Base 类继承而来，这个方法在派生类中的行为与在基类中的相同。在许多情况下，可能需要替换或重写某个方法来修改类的行为。

1. 关键字 virtual

在 C++中，重写(override)方法有一点别扭，因为必须使用关键字 virtual。只有基类中声明为 virtual 的方法才能被派生类正确地重写。关键字 virtual 出现在方法声明的开头，下面显示了 Base 类的修改版本。

```
class Base
{
   public:
      virtual void someMethod() {}
   protected:
      int m_protectedInt { 0 };
   private:
      int m_privateInt { 0 };
};
```

派生类也是如此。如果想进一步在派生类中重写它们，相应的方法也应该标记为 virtual。

```
class Derived : public Base
{
   public:
      virtual void someOtherMethod();
};
```

2. 重写方法的语法

为了重写某个方法，需要在派生类的定义中重新声明这个方法，就像在基类中声明的那样，但是需要添加关键字 override，并从派生类中删除关键字 virtual。

比如，Base 类包含了一个 someMethod()方法，someMethod()方法的定义如下：

```
void Base::someMethod()
{
   cout << "This is Base's version of someMethod()." << endl;
}
```

注意，在方法定义中，不需要在方法名前重复使用关键字 virtual。

如果希望在 Derived 类中提供 someMethod()的新定义，首先应该在 Derived 类的定义中添加这个方法，示例如下。注意，缺失的关键字 virtual 和新增的关键字 override：

```
class Derived : public Base
{
   public:
```

```
        void someMethod() override; // Overrides Base's someMethod()
        virtual void someOtherMethod();
};
```

someMethod()方法的新定义与 Derived 类的其他方法一并给出：

```
void Derived::someMethod()
{
    cout << "This is Derived's version of someMethod()." << endl;
}
```

如果需要的话，可以在重写方法的前面添加关键字 virtual，但这样做是多余的。示例如下：

```
class Derived : public Base
{
    public:
        virtual void someMethod() override; // Overrides Base's someMethod()
};
```

一旦将方法或析构函数标记为 virtual，它们在所有派生类中就一直是 virtual，即使在派生类中删除了 virtual 关键字，也同样如此。

3. 客户对重写方法的看法

经过前面的改动后，其他代码仍可用先前的方法调用 someMethod()。和之前一样，可以用 Base 或 Derived 类的对象调用这个方法。然而，现在 someMethod()的行为将根据对象所属类的不同而变化。

比如，下面的代码与先前一样可以运行，调用 Base 版本的 someMethod()。

```
Base myBase;
myBase.someMethod();  // Calls Base's version of someMethod().
```

代码的输出为：

```
This is Base's version of someMethod().
```

如果声明一个 Derived 类对象，将自动调用派生类版本的 someMethod()：

```
Derived myDerived;
myDerived.someMethod();   // Calls Derived's version of someMethod()
```

代码的输出为：

```
This is Derived's version of someMethod().
```

Derived 类对象的其他方面维持不变。从 Base 类继承的其他方法仍然保持 Base 类提供的定义，除非在 Derived 类中显式地重写这些方法。

如前所述，指针或引用可指向某个类或其派生类的对象。对象本身“知道”自己所属的类，因此只要这个方法声明为 virtual，就会自动调用对应的方法。比如，如果一个对 Base 对象的引用实际引用的是 Derived 对象，调用 someMethod()实际上会调用派生类版本，示例如下。如果在基类中省略了 virtual 关键字，重写功能将无法正确运行。

```
Derived myDerived;
Base& ref { myDerived };
ref.someMethod();  // Calls Derived's version of someMethod()
```

记住，即使基类的引用或指针知道这实际上是一个派生类，也无法访问没有在基类中定义的，定义在派生类中的方法或成员。下面的代码无法编译，因为 Base 引用了在基类中没有定义的

someOtherMethod()方法。

```
Derived myDerived;
Base& ref { myDerived };
myDerived.someOtherMethod(); // This is fine.
ref.someOtherMethod();       // Error
```

非指针或非引用对象无法正确处理派生类的特征信息。可将 Derived 对象转换为 Base 对象，或将 Derived 对象赋值给 Base 对象，因为 Derived 对象也是 Base 对象。然而，此时这个对象将丢失派生类的所有信息。

```
Derived myDerived;
Base assignedObject { myDerived }; // Assigns a Derived to a Base.
assignedObject.someMethod();       // Calls Base's version of someMethod()
```

为记住这个看上去有点奇怪的行为，可考虑对象在内存中的状态。将 Base 对象当作占据了一块内存的盒子。Derived 对象是稍微大一点的盒子，因为它拥有 Base 对象的一切，还添加了一点内容。对于指向 Derived 对象的引用或指针，这个盒子并没有变—— 只是可以用新的方法访问它。然而，如果将 Derived 对象转换为 Base 对象，就会为了适应较小的盒子而扔掉 Derived 类中全部的"独有特征"。

注意：
当基类的指针或引用指向派生类对象时，派生类保留其数据成员和重写的方法。但是通过类型转换将派生类对象转换为基类对象时，就会丢失其独有特征。重写方法和派生类数据的丢失称为截断(slicing)。

4. override 关键字

override 关键字的使用是可选的，但强烈推荐使用。如果没有 override 关键字，可能会偶然创建一个新的虚方法，而不是重写基类的方法。考虑下面的 Base 和 Derived 类，其中 Derived 类正确重写了 someMethod()，但没有使用 override 关键字。

```
class Base
{
   public:
      virtual void someMethod(double d);
};

class Derived : public Base
{
   public:
      virtual void someMethod(double d);
};
```

可通过引用调用 someMethod()，如下所示。

```
Derived myDerived;
Base& ref { myDerived };
ref.someMethod(1.1);  // Calls Derived's version of someMethod()
```

上述代码能正确地调用 Derived 类重写的 someMethod()。现在假定重写 someMethod()时，使用整数(而不是双精度数)作为参数，如下所示。

```
class Derived : public Base
{
```

```
    public:
        virtual void someMethod(int i);
};
```

这段代码没有重写Base类的someMethod()，而是创建了一个新的虚方法。如果试图像下面的代码这样通过引用调用someMethod()，将会调用Base类的someMethod()而不是Derived类中定义的那个方法。

```
Derived myDerived;
Base& ref { myDerived };
ref.someMethod(1.1);   // Calls Base's version of someMethod()
```

如果只修改了Base类，但却忘记更新所有派生类，就会发生这类问题。比如，或许Base类的第一个版本中有一个以整数作为参数的someMethod()方法。然后在Derived派生类中重写了someMethod()方法，仍然以整数作为参数。后来发现Base类中的someMethod()方法需要一个double而不是整数，因此更新了Base类中的someMethod()。极有可能的是，此时你可能忘记更新派生类中的someMethod()，让它们接收double而不是整数。由于忘记了这一点，实际上就是创建了一个新的虚方法，而不是正确地重写基类的这个方法。

可以使用override关键字避免这种情况，如下所示。

```
class Derived : public Base
{
    public:
        void someMethod(int i) override;
};
```

Derived类的定义将导致编译错误，因为Derived类中的override关键字表明，将重写Base类的someMethod()方法，但Base类中的someMethod()方法只接收双精度数，而不接收整数。

重命名基类中的某个方法，但忘记重命名派生类中的重写方法时，就会出现上述“不小心创建了新方法，而不是正确重写方法”的问题。

注意：
要想重写基类方法，始终在方法上使用override关键字。

5. virtual的真相

如果方法不是virtual，也可以试着重写这个方法，但是这样做会导致微妙的错误。

隐藏而不是重写

下面的代码显示了一个基类和一个派生类，每个类都有一个方法。派生类试图重写基类的方法，但是在基类中没有将这个方法声明为virtual。

```
class Base
{
    public:
        void go() { cout << "go() called on Base" << endl; }
};

class Derived : public Base
{
    public:
        void go() { cout << "go() called on Derived" << endl; }
};
```

试着用 Derived 对象调用 go()方法好像没有问题。

```
Derived myDerived;
myDerived.go();
```

正如预期的那样，这个调用的结果是“go() called on Derived”。然而，由于这个方法不是 virtual，因此实际上没有被重写。相反，Derived 类创建了一个新的方法，名称也是 go()，这个方法与 Base 类的 go()方法完全没有关系。为证实这一点，只需要用 Base 指针或引用调用这个方法。

```
Derived myDerived;
Base& ref { myDerived };
ref.go();
```

你可能希望输出是“go() called on Derived”，但实际上，输出是“go() called on Base”。这是因为 ref 变量是一个 Base 类型的引用，因为此处省略了 virtual 关键字。当调用 go()方法时，只是执行了 Base 类中的 go()方法。由于不是虚方法，因此不需要考虑派生类是否重写了这个方法。

警告：
试图重写非虚方法将会“隐藏”基类定义的方法，并且重写的这个方法只能在派生类环境中使用。

如何实现 virtual

为理解如何避免隐藏方法，需要了解 virtual 关键字的真正作用。C++在编译类时，会创建一个包含类中所有方法的二进制对象。在非虚情况下，将控制交给正确方法的代码是硬编码，此时会根据编译期的类型调用对应的方法。这称为静态绑定(static binding)，也称为早绑定(early binding)。

如果方法声明为 virtual，会使用名为虚表(vtable)的特定内存区域来调用正确的实现。每个具有一个或多个虚方法的类都有一张虚表，这种类的每个对象都包含指向虚表的指针，这个虚表包含指向虚方法实现的指针。通过这种方法，当使用某个对象调用方法时，指针也进入虚表，然后根据实际的对象类型在运行时执行正确版本的方法。这称为动态绑定(dynamic binding)或晚绑定(late binding)。

为更好地理解虚表是如何实现方法的重写的，考虑下面的 Base 和 Derived 类。

```
class Base
{
   public:
      virtual void func1();
      virtual void func2();
      void nonVirtualFunc();
};

class Derived : public Base
{
   public:
      void func2() override;
      void nonVirtualFunc();
};
```

对于这个示例，考虑下面的两个实例：

```
Base myBase;
Derived myDerived;
```

图 10-4 显示了这两个实例虚表的高级视图。myBase 对象包含了指向虚表的一个指针，虚表有两项，一项是 func1()，另一项是 func2()。这两项指向 Base::func1()和 Base::func2()的实现。

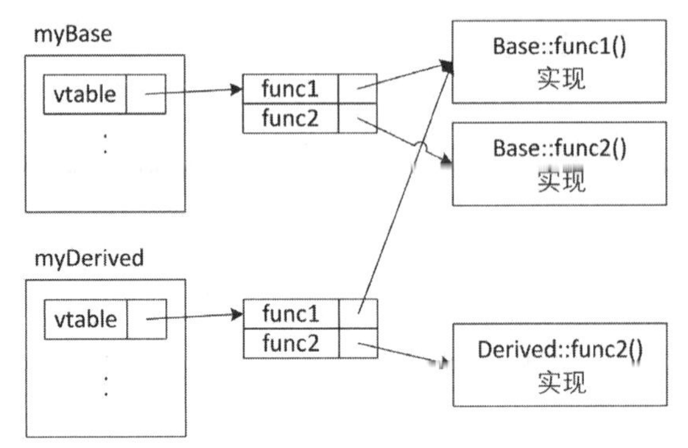

图 10-4　两个实例虚表的高级视图

myDerived 也包含指向虚表的一个指针，这个虚表也包含两项，一项是 func1()，另一项是 func2()。myDerived 虚表的 func1()项指向 Base::func1()，因为 Derived 类没有重写 func1()；但是 myDerived 虚表的 func2()项指向 Derived::func2()。

注意两个虚表都不包含用于 nonVirtualFunc()方法的项，因为该方法没有设置为 virtual。

使用 virtual 的理由

在一些语言中(比如 Java)，所有的方法都默认声明为 virtual，因此，这些方法可以被正确的重写。但 C++并不是这么做的。有关无所不在地使用 virtual 的争论，以及首先创建该关键字的原因，都与虚表的开销有关。要调用虚方法，程序需要执行一项附加操作，即对指向要执行的适当代码的指针解除引用。在多数情况下，这样做会轻微地影响性能，但是 C++的设计者认为，最好让程序员决定是否有必要影响性能。如果方法永远不会重写，就没必要将其声明为 virtual，从而影响性能。然而对于当今的 CPU 而言，对性能的影响可以用十亿分之一秒来度量，将来的 CPU 会使时间进一步缩短。在多数应用程序中，很难能察觉到使用虚方法和不使用虚方法所带来的性能上的差别。

但在某些情况下，性能开销确实不小，需要避免。比如，假设 Point 类有一个虚方法。如果另一个数据结构存储着数百万个甚至数十亿个 Point 对象，在每个 Point 对象上调用虚方法将带来极大的开销。此时，最好避免在 Point 类中使用虚方法。

virtual 对于每个对象的内存使用也有轻微影响。除了方法的实现之外，每个对象还需要一个指向虚表的指针，这个指针会占用一点空间。绝大多数情况下，这都不是问题。但有时并非如此。再看一下 Point 类以及存储数十亿个 Point 对象的容器。此时，附带的内存开销将会很大。

虚析构函数的需求

析构函数应该都声明为 virtual。原因是，如果析构函数未声明为 virtual，很容易在销毁对象时不释放内存。唯一允许不把析构函数声明为 virtual 的例外情况是，类被标记为 final。

例如，派生类使用的内存在构造函数中动态分配，在析构函数中释放。如果不调用析构函数，这块内存将无法释放。类似地，如果派生类具有一些成员，这些成员在类的实例销毁时自动删除，如 std::unique_ptr，那么如果从未调用析构函数，将不会删除这些成员。

如下面的代码所示，如果析构函数不是 virtual，很容易欺骗编译器忽略析构函数的调用。

```
class Base
{
   public:
```

```
        Base() {}
        ~Base() {}
};

class Derived : public Base
{
    public:
        Derived()
        {
            m_string = new char[30];
            cout << "m_string allocated" << endl;
        }

        ~Derived()
        {
            delete[] m_string;
            cout << " m_string deallocated" << endl;
        }
    private:
        char* m_string;
};

int main()
{
    Base* ptr { new Derived() };   // m_string is allocated here.
    delete ptr; // ~Base is called, but not ~Derived because the destructor
                // is not virtual!
}
```

从输出可以看到，从未调用 Derived 对象的析构函数：

```
m_string allocated
```

实际上，在上面的代码中，delete 调用的行为未在标准中定义。在这样的不明确情形中，C++编译器会随意做事，但大多数编译器只是调用基类中的析构函数，而非派生类中的析构函数。

注意：

如果在析构函数中什么都不做，只想把它设置为 virtual，可显式地设置“= default”，例如：

```
class Base
{
    public:
        virtual ~Base() = default;
};
```

注意从 C++11 开始，如果类具有用户声明的析构函数，就不会生成拷贝构造函数和拷贝赋值运算符。基本上，一旦有了用户声明的析构函数，C++的 5 法则就会开始执行。在此类情况下，如果仍然需要编译器生成的拷贝构造函数、拷贝赋值运算符、移动构造函数和移动赋值运算符，可将它们显式设置为默认(= default)。为保持简洁，本章的这个示例没有这么做。

警告：

除非有特别原因，或者类被标记为 final，否则强烈建议将所有方法(包括析构函数，构造函数除外)声明为 virtual。构造函数不需要，也无法声明为 virtual，因为在创建对象时，总会明确地指定类。

6. 禁用重写

除了将实体类标记为final，C++还允许将方法标记为final。这意味着无法在派生类中重写这个方法。比如，在派生类中试图重写someMethod()方法将导致编译错误。

```
class Base
{
    public:
        virtual ~Base() = default;
        virtual void someMethod();
};
class Derived : public Base
{
    public:
        void someMethod() override final;
};
class DerivedDerived : public Derived
{
    public:
        void someMethod() override;    // Compilation error.
};
```

10.2 使用继承重用代码

熟悉了继承的基本语法后，下面解释为什么继承是C++语言中的重要特性。继承是利用已有代码来避免重复造轮子，本节给出了使用继承重用代码的实际程序。

10.2.1 WeatherPrediction 类

假定要编写一个简单的天气预报程序，同时给出华氏温度和摄氏温度。天气预报可能超出了作为程序员的研究领域，因此可以使用一个第三方的类库，这个类库根据当前温度和火星与木星之间的距离(这荒谬吗？不，是有点道理的)预测天气。为保护天气预报算法的知识产权，将第三方的包作为已编译的库分布，但还是可以看到类的定义。WeatherPrediction 类的定义如下：

```
// Predicts the weather using proven new-age techniques given the current
// temperature and the distance from Jupiter to Mars. If these values are
// not provided, a guess is still given but it's only 99% accurate.
export class WeatherPrediction
{
    public:
        // Virtual destructor
        virtual ~WeatherPrediction();
        // Sets the current temperature in Fahrenheit
        virtual void setCurrentTempFahrenheit(int temp);
        // Sets the current distance between Jupiter and Mars
        virtual void setPositionOfJupiter(int distanceFromMars);
        // Gets the prediction for tomorrow's temperature
        virtual int getTomorrowTempFahrenheit() const;
        // Gets the probability of rain tomorrow. 1 means
        // definite rain. 0 means no chance of rain.
        virtual double getChanceOfRain() const;
        // Displays the result to the user in this format:
        // Result: x.xx chance. Temp. xx
```

```
        virtual void showResult() const;
        // Returns a string representation of the temperature
        virtual std::string getTemperature() const;
    private:
        int m_currentTempFahrenheit { 0 };
        int m_distanceFromMars { 0 };
};
```

注意这个类将所有方法标记为 virtual，因为这个类假定这些方法可能在派生类中重写。

这个类解决了大部分问题。然而与多数情况一样，它与实际的需求并不完全吻合。首先，所有的温度都以华氏温度给出，程序还需要处理摄氏温度。其次，showResult()方法显示结果的方式可能并不是想要的。

10.2.2 在派生类中添加功能

第 5 章讲述继承时，首先描述的技巧就是添加功能。基本上该程序需要一个类似于 WeatherPrediction 的类，但还需要添加一些附加功能。使用继承重用代码听起来是个好主意。首先定义一个新类 MyWeatherPrediction，这个类从 WeatherPrediction 类继承。

```
import weather_prediction;

export class MyWeatherPrediction : public WeatherPrediction
{
};
```

前面的类定义可以成功编译。MyWeatherPrediction 类已经可以替代 WeatherPrediction 类。这个类可提供相同的功能，但没有新功能。开始修改时，要在类中添加摄氏温度的信息。这里有点小问题，因为不知道这个类的内部在做什么。如果所有的内部计算都使用华氏温度，如何添加对摄氏温度的支持呢？方法之一是采用派生类作为用户(可以使用两种温度)和基类(只理解华氏温度)之间的中间接口。

支持摄氏温度的第一步是添加新方法，允许客户用摄氏温度(而不是华氏温度)设置当前的温度，从而获取明天以摄氏温度(而不是华氏温度)表示的天气预报。还需要包含在摄氏温度和华氏温度之间转换的私有辅助方法。这些方法可以是静态方法，因为它们对于类的所有实例都相同。

```
export class MyWeatherPrediction : public WeatherPrediction
{
    public:
        virtual void setCurrentTempCelsius(int temp);
        virtual int getTomorrowTempCelsius() const;
    private:
        static int convertCelsiusToFahrenheit(int celsius);
        static int convertFahrenheitToCelsius(int fahrenheit);
};
```

新方法遵循与父类相同的命名约定。记住，从其他代码的角度看，MyWeatherPrediction 对象具有 MyWeatherPrediction 和 WeatherPrediction 类定义的所有功能。采用父类的命名约定可以提供前后一致的接口。

我们把摄氏温度/华氏温度转换方法的实现作为练习留给读者——这是一种乐趣。另外两个方法更有趣。为了用摄氏温度设置当前温度，首先需要转换温度，其次将其以父类可以理解的单位传递给父类。

```
void MyWeatherPrediction::setCurrentTempCelsius(int temp)
{
    int fahrenheitTemp { convertCelsiusToFahrenheit(temp) };
    setCurrentTempFahrenheit(fahrenheitTemp);
}
```

可以看出，执行温度转换后，这个方法调用了基类中的已有功能。同样，getTomorrowTempCelsius()的实现使用了父类的已有功能，获取华氏温度，但是在返回结果之前将其转换为摄氏温度。

```
int MyWeatherPrediction::getTomorrowTempCelsius() const
{
    int fahrenheitTemp { getTomorrowTempFahrenheit() };
    return convertFahrenheitToCelsius(fahrenheitTemp);
}
```

这两个新方法都有效地重用了父类，因为它们以某种方式“封装”了类已有的功能，并提供了使用这些功能的新接口。

还可添加与父类已有功能无关的全新功能。比如，可以添加一个方法，从 Internet 获取其他天气预报，或添加一个方法，根据天气预报给出建议的活动。

10.2.3 在派生类中替换功能

与派生类相关的另一个主要技巧是替换已有的功能。WeatherPrediction 类中的 showResult()方法急需修改。MyWeatherPrediction 类可以重写这个方法，以替换原始实现中的行为。

新的 MyWeatherPrediction 类定义如下所示：

```
export class MyWeatherPrediction : public WeatherPrediction
{
    public:
        virtual void setCurrentTempCelsius(int temp);
        virtual int getTomorrowTempCelsius() const;
        void showResult() const override;
    private:
        static int convertCelsiusToFahrenheit(int celsius);
        static int convertFahrenheitToCelsius(int fahrenheit);
};
```

下面给出了一个对用户友好的新实现：

```
void MyWeatherPrediction::showResult() const
{
    cout << format("Tomorrow's temperature will be {} degrees Celsius ({} degrees Fahrenheit)",
        getTomorrowTempCelsius(), getTomorrowTempFahrenheit()) << endl;
    cout << format("Chance of rain is {}%", getChanceOfRain() * 100) << endl;
    if (getChanceOfRain() > 0.5) { cout << "Bring an umbrella!" << endl; }
}
```

对于使用这个类的客户而言，就像旧版本的 showResult()不曾存在一样。只要对象是一个 MyWeatherPrediction 对象，就会调用新版本的方法。这些改动的结果是，MyWeatherPrediction 表现得像一个新类，具有适应更具体目标的新功能。另外，由于利用了基类的已有功能，因此这个类不需要太多代码。

10.3 利用父类

编写派生类时，需要知道父类和派生类之间的交互方式。创建顺序、构造函数链和类型转换都是潜在的 bug 来源。

10.3.1 父类构造函数

对象并不是突然建立起来的，创建对象时必须同时创建父类和包含于其中的对象。C++定义了如下的创建顺序：

(1) 如果某个类具有基类，则执行基类的默认构造函数。除非在 ctor-initializer 中调用了基类构造函数，此时调用这个构造函数而不是默认构造函数。

(2) 类的非静态数据成员按照声明的顺序创建。

(3) 执行该类的构造函数。

可递归使用这些规则。如果类有祖父类，祖父类就在父类之前初始化，以此类推。下面的代码显示了创建顺序。代码正确执行时输出结果为 123。

```
class Something
{
    public:
        Something() { cout << "2"; }
};

class Base
{
    public:
        Base() { cout << "1"; }
};

class Derived : public Base
{
    public:
        Derived() { cout << "3"; }
    private:
        Something m_dataMember;
};

int main()
{
    Derived myDerived;
}
```

创建 myDerived 对象时，首先调用 Base 类的构造函数，输出字符串"1"。随后，初始化 m_dataMember，调用 Something 类的构造函数，输出字符串"2"。最后，调用 Derived 类的构造函数，输出字符串"3"。

注意，Base 类的构造函数是自动调用的。C++将自动调用父类的默认构造函数(如果存在的话)。如果父类的默认构造函数不存在，或者存在默认构造函数但希望使用其他构造函数，可在构造函数初始化器(constructor initializer)中像初始化数据成员那样链接(chain)构造函数。比如，下面的代码显示了没有默认构造函数的 Base 版本。相关版本的 Derived 必须显式地告诉编译器如何调用 Base 构造函数，否则代码将无法编译。

```
class Base
{
   public:
      Base(int i){}
};

class Derived : public Base
{
   public:
      Derived() : Base { 7 } { /* Other Derived's other initialization … */}
};
```

在前面的代码中，Derived构造函数向Base构造函数传递了固定值(7)。当然，如果Derived构造函数也可以传递一个变量：

```
Derived::Derived(int i) : Base { i } {}
```

从派生类向基类传递构造函数的参数很正常，毫无问题，但是无法传递数据成员。如果这么做，代码可以编译，但是记住在调用基类构造函数之后才会初始化数据成员。如果将数据成员作为参数传递给父类构造函数，数据成员不会初始化。

警告：
虚方法的行为在构造函数中是不同的，如果派生类重写了基类中的虚方法，从基类构造函数中调用虚方法，就会调用虚方法的基类实现而不是派生类中的重写版本。

10.3.2 父类的析构函数

由于析构函数没有参数，因此始终可自动调用父类的析构函数。析构函数的调用顺序刚好与构造函数相反：

(1) 调用类的析构函数。

(2) 销毁类的数据成员，销毁顺序与创建的顺序相反。

(3) 如果有父类，调用父类的析构函数。

也可递归使用这些规则。链的最底层成员总是第一个被销毁。下面的代码是在前面的示例中加入了析构函数。所有析构函数都声明为virtual，这一点非常重要！代码执行时将输出"123321"。

```
class Something
{
   public:
      Something() { cout << "2"; }
      virtual ~Something() { cout << "2"; }
};

class Base
{
   public:
      Base() { cout << "1"; }
      virtual ~Base() { cout << "1"; }
};

class Derived : public Base
{
   public:
      Derived() { cout << "3"; }
```

```
        virtual ~Derived() { cout << "3"; }
    private:
        Something m_dataMember;
};
```

即使前面的析构函数没有声明为 virtual，代码也可以继续运行。然而，如果代码使用 delete 删除一个实际指向派生类的基类指针，析构函数调用链将被破坏。比如，如果从前面的所有析构函数中移除 virtual 关键字，当使用指向 Base 对象的指针访问 Derived 对象，并 delete 对象时，就会出问题。

```
Base* ptr { new Derived{} };
delete ptr;
```

代码的输出很短，是"1231"。当删除 ptr 变量时，只调用了 Base 类的析构函数，因为析构函数没有声明为 virtual。结果是不会调用 Derived 类的析构函数，也不会调用 Derived 类中数据成员的析构函数！

从技术角度看，将 Base 类的析构函数声明为 virtual，可修正上面的问题。派生类将自动"虚化"。然而，建议显式地将所有析构函数声明为 virtual，这样就再也不必担心这个问题了。

警告：
将所有析构函数声明为 virtual！编译器生成的默认析构函数不是 virtual，因此应该定义自己(或显式设置为默认)的虚析构函数，至少在父类中应该这么做。

警告：
与构造函数一样，在析构函数中调用虚方法时，虚方法的行为将有所不同。如果派生类重写了基类中的虚方法，在基类的析构函数中调用该方法，会执行该方法的基类实现，而不是派生类的重写版本。

10.3.3　使用父类方法

在派生类中重写方法时，将有效地替换原始方法。然而，方法的父类版本仍然存在，仍然可以使用这些方法。比如，某个重写方法可能除了完成父类实现完成的任务之外，还会完成一些其他任务。考虑 WeatherPrediction 类中的 getTemperature()方法，这个方法返回当前温度的字符串表示：

```
export class WeatherPrediction
{
    public:
        virtual std::string getTemperature() const;
        // Omitted for brevity
};
```

在 MyWeatherPrediction 类中，可按如下方式重写这个方法：

```
export class MyWeatherPrediction : public WeatherPrediction
{
    public:
        std::string getTemperature() const override;
        // Omitted for brevity
};
```

假定派生类要先调用基类的 getTemperature()方法，然后将°F 添加到 string。为此，编写如下代码：

```
string MyWeatherPrediction::getTemperature() const
{
   // Note: \u00B0 is the ISO/IEC 10646 representation of the degree symbol.
   return getTemperature() + "\u00B0F";  // BUG
}
```

然而，上述代码无法运行。根据 C++的名称解析规则，首先解析的是局部作用域，然后是类作用域，根据这个顺序，函数中调用的是 MyWeatherPrediction::getTemperature()。其结果是无限递归，直到耗尽栈空间(某些编译器在编译期，会发现这种错误并报错)。

为让代码运行，需要使用作用域解析运算符，如下所示：

```
string MyWeatherPrediction::getTemperature() const
{
   // Note: \u00B0 is the ISO/IEC 10646 representation of the degree symbol.
   return WeatherPrediction::getTemperature() + "\u00B0F";
}
```

注意：

Microsoft Visual C++支持非标准__super 关键字(两条下画线)。这个关键字允许编写如下代码：

```
return __super::getTemperature() + "\u00B0F";
```

在 C++中，调用当前方法的父类版本是一种常见操作。如果存在派生类链，每个派生类都可能想执行基类中已经定义的操作，同时添加自己的附加功能。

另一个示例是书本类型的类层次结构。图 10-5 显示了这个层次结构。

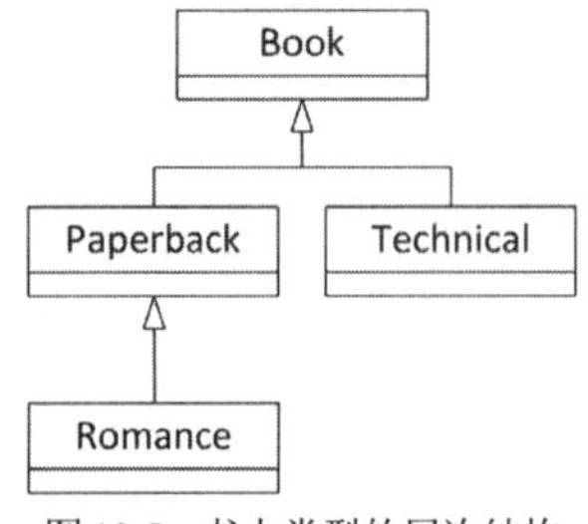

图 10-5 书本类型的层次结构

由于层次结构底层的类更具体地指出了书本的类型，获取书本描述信息的方法实际上需要考虑层次结构中的所有层次。为此，可连续调用父类方法，下面的代码演示了这一模式：

```
class Book
{
   public:
      virtual ~Book() = default;
      virtual string getDescription() const { return "Book"; }
      virtual int getHeight() const { return 120; }
};

class Paperback : public Book
{
   public:
      string getDescription() const override {
         return "Paperback " + Book::getDescription();
```

```
        }
};

class Romance : public Paperback
{
    public:
        string getDescription() const override {
            return "Romance " + Paperback::getDescription();
        }
        int getHeight() const override { return Paperback::getHeight() / 2; }
};

class Technical : public Book
{
    public:
        string getDescription() const override {
            return "Technical " + Book::getDescription();
        }
};

int main()
{
    Romance novel;
    Book book;
    cout << novel.getDescription() << endl;     // Outputs "Romance Paperback Book"
    cout << book.getDescription() << endl;      // Outputs "Book"
    cout << novel.getHeight() << endl;          // Outputs "60"
    cout << book.getHeight() << endl;           // Outputs "120"
}
```

Book 基类有两个虚方法：getDescription()和 getHeight()。所有派生类都重写了 getDescription()，只有 Romance 类通过调用父类(Paperback)的 getHeight()，然后将结果除以 2，由此重写了 getHeight()。Paperback 类没有重写 getHeight()，因此 C++会沿着类层次结构向上寻找实现了 getHeight()的类。在本例中，Paperback::getHeight()将解析为 Book::getHeight()。

10.3.4　向上转型和向下转型

如前所述，对象可转换为父类对象，或者赋值给父类。示例如下：

```
Base myBase { myDerived };  // Slicing!
```

这种情况下会导致截断，因为赋值结果是 Base 类的对象，而 Base 类的对象缺少 Derived 类中定义的附加功能。然而，如果用派生类对基类的指针或引用赋值，则不会产生截断：

```
Base& myBase { myDerived }; // No slicing!
```

这是通过基类使用派生类的正确途径，也称为向上转型(upcasting)。这也是让方法和函数使用类的引用而不是直接使用类对象的原因。通过使用引用，派生类在传递时没有发生截断。

> **警告：**
> 当向上转型时，使用基类指针或引用以避免截断。

将基类转换为其派生类也称为向下转型(downcasting)，专业的 C++程序员通常不赞成这种转换，因为无法保证对象实际上属于派生类，也因为向下转型是不好的设计。比如，考虑下面的代码：

```
void presumptuous(Base* base)
{
    Derived* myDerived { static_cast<Derived*>(base) };
    // Proceed to access Derived methods on myDerived.
}
```

如果 presumptuous()的作者还编写了调用 presumptuous()的代码，那么可能一切正常，因为作者知道这个函数需要 Derived*类型的参数。然而，如果其他程序员调用 presumptuous()，他们可能传递 Base*。编译期的检测无法强制参数类型，因此函数盲目地假定参数 base 实际上是一个指向 Derived 对象的指针。

向下转型有时是必需的，在可控环境中可充分利用这种转换。然而，如果打算进行向下转型，应该使用 dynamic_cast()，以使用对象内建的类型信息，拒绝没有意义的类型转换。这种内建信息通常驻留在虚表中，这意味着 dynamic_cast()只能用于具有虚表的对象，即至少有一个虚成员的对象。如果针对某个指针的 dynamic_cast()失败，这个指针的值就是 nullptr，而不是指向某个无意义的数据。如果针对对象引用的 dynamic_cast()失败，将抛出 std::bad_cast 异常。本章的最后一节将会详细讨论类型转换。

前面的示例可以这样编写：

```
void lessPresumptuous(Base* base)
{
    Derived* myDerived { dynamic_cast<Derived*>(base) };
    if (myDerived != nullptr) {
        // Proceed to access Derived methods on myDerived.
    }
}
```

请记住，向下转型通常是设计不良的标志。为避免使用向下转型，应当反思，并修改设计。比如，lessPresumptuous()函数实际上只能用于 Derived 类的对象，因此不应当接收 Base 类的指针，而应接收 Derived 类的指针。这样就不需要进行向下转型了。如果函数用于从 Base 类继承的不同派生类，则应考虑使用多态性的解决方案，如下所述。

> **警告：**
> 仅在必要的情况下才使用向下转型，一定要使用 dynamic_cast()。

10.4 继承与多态性

在理解了派生类与父类的关系后，就可以用最有力的方式使用继承——多态性(polymorphism)。第 5 章说过，多态性可以互换地使用具有共同父类的对象，并用对象替换父类对象。

10.4.1 回到电子表格

第 8 章和第 9 章使用电子表格程序作为示例来说明面向对象设计。SpreadsheetCell 代表一个数据元素。到目前为止，这个元素始终存储的是单个 double 值。下面给出了简化的 SpreadsheetCell 类定义。注意单元格里的数据类型可以是 double 或 string_view，但通常总是 double。示例中单元格的当前值总以字符串的形式返回。

```
class SpreadsheetCell
{
```

```
    public:
        virtual void set(double value);
        virtual void set(std::string_view value);
        virtual std::string getString() const;
    private:
        static std::string doubleToString(double value);
        static double stringToDouble(std::string_value);
        double m_value;
};
```

在实际的电子表格应用程序中，单元格可以存储不同的数据类型，有时单元格是双精度值，有时是文本。如果单元格需要其他类型，例如公式单元格或日期单元格，该怎么办?

10.4.2　设计多态性的电子表格单元格

SpreadsheetCell 类急需改变层次结构。一种合理方法是让 SpreadsheetCell 只包含字符串，从而限制其范围，在此过程中或许将其重命名为 StringSpreadsheetCell。为处理双精度值，可使用第二个类 DoubleSpreadsheetCell，这个类从 StringSpreadsheetCell 继承，并以自己的方式提供功能。图 10-6 演示了这一设计，这一方法想通过继承重用代码，因为 DoubleSpreadsheetCell 是 StringSpreadsheetCell 的唯一派生类，并利用了 StringSpreadsheetCell 内建的一些功能。

如果实现了图 10-6 所示的设计，就会发现派生类将重写基类的大多数(但不是全部)功能。因为双精度值与字符串的处理方式几乎完全不同，这个关系似乎与最初的理解差别很大。当然，包含字符串的单元格与包含双精度值的单元格存在明显的关系。图 10-6 使用的模型在某种意义上暗示 DoubleSpreadsheetCell“是一个”StringSpreadsheetCell。在此有一种更好的设计，让这两个类的地位等同，并有共同的父类 SpreadsheetCell，如图 10-7 所示。

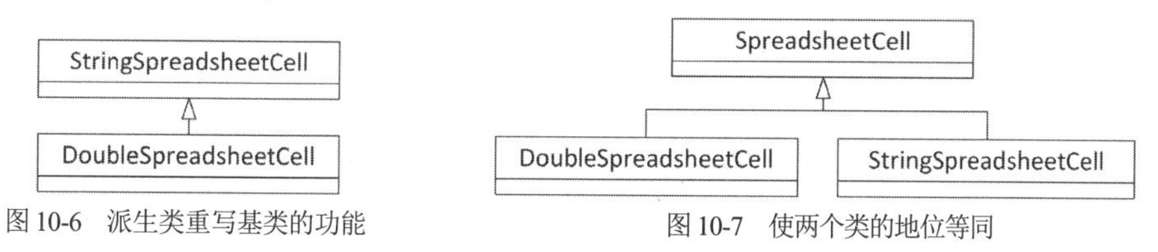

图 10-6　派生类重写基类的功能

图 10-7　使两个类的地位等同

图 10-7 所示的设计显示了让 SpreadsheetCell 层次结构具有多态性的方法。由于 DoubleSpreadsheetCell 和 StringSpreadsheetCell 都从同一个父类 SpreadsheetCell 继承，从其他代码的角度看，它们是可以互换的。实际上这意味着：

- 两个派生类都支持由基类定义的同一接口(方法集)。
- 使用 SpreadsheetCell 对象的代码可调用接口中的任何方法，而不需要知道这个单元格是 StringSpreadsheetCell 还是 DoubleSpreadsheetCell。
- 由于虚方法的特殊能力，会根据对象所属的类调用接口中每个方法的正确实例。
- 其他数据结构(比如第 9 章讲述的 Spreadsheet 类)可通过引用父类类型，包含一组多类型的单元格。

10.4.3　SpreadsheetCell 基类

由于所有电子表格单元格都是 SpreadsheetCell 基类的派生类，因此最好先编写这个类。当设计基类时，应该考虑派生类之间的关系。根据这些信息，可提取共有特性并将其放到父类中。比如，字符串单元格和双精度值单元格的共同点在于都包含单个数据块。由于数据来自用户，并最终显示给用户。

可以把这个值设置为字符串，并作为字符串来获取。这些行为就是用来组成基类的共享功能。

1. 初次尝试

SpreadsheetCell 基类负责定义所有派生类支持的行为。在本例中，所有单元格都需要将值设置为字符串。此外，所有单元格都需要将当前值返回为字符串。基类定义中声明了这些方法，以及显式设置为默认的虚析构函数，但没有数据成员。SpreadsheetCell 定义在 spreadsheet_cell 模块中。

```
export module spreadsheet_cell;
import <string>;
import <string_view>;

export class SpreadsheetCell
{
    public:
        virtual ~SpreadsheetCell() = default;
        virtual void set(std::string_view value);
        virtual std::string getString() const;
};
```

当开始编写这个类的.cpp 文件时，很快就会遇到问题。由于电子表格单元格的基类既不包含 double 也不包含 string 类型的数据成员，如何实现这个类呢？更宽泛地讲，如何定义这样一个父类，这个父类声明了派生类支持的行为，但是并不定义这些行为的实现。

可能的方法之一是为这些行为实现“什么都不做”的功能。比如，调用 SpreadsheetCell 基类的 set()方法将没有任何效果，因为基类没有任何成员需要设置。然而这种方法仍然存在问题。理想情况下，基类不应该有实例。调用 set()方法应该总是有效，因为总是会基于 DoubleSpreadsheetCell 或 StringSpreadsheetCell 调用这个方法。好的解决方案应该强制执行这一限制。

2. 纯虚方法和抽象基类

纯虚方法(pure virtual methods)在类定义中显式说明该方法不需要定义。如果将某个方法设置为纯虚方法，就是告诉编译器当前类中不存在这个方法的定义。具有至少一个纯虚方法的类称为抽象类，因为这个类不能被实例化。编译器会强制接受这个事实：如果某个类包含一个或多个纯虚方法，就无法构建这种类型的对象。

采用专门的语法指定纯虚方法：方法声明后紧接着=0。不需要编写任何代码。

```
export class SpreadsheetCell
{
    public:
        virtual ~SpreadsheetCell() = default;
        virtual void set(std::string_view inString) = 0;
        virtual std::string getString() const = 0;
};
```

现在基类成了抽象类，无法创建 SpreadsheetCell 对象，下面的代码将无法编译，并给出诸如“'SpreadsheetCell':cannot instantiate abstract class”的错误。

```
SpreadsheetCell cell; // Error! Attempts creating abstract class instance
```

然而，一旦实现了 StringSpreadsheetCell 类，下面的代码就可成功编译，原因在于实例化了抽象基类的派生类。

```
unique_ptr<SpreadsheetCell> cell { new StringSpreadsheetCell{} };
```

> **注意：**
> 抽象类提供了一种禁止其他代码直接实例化对象的方法，而它的派生类可以实例化对象。

注意，不需要实现 SpreadsheetCell 类。所有方法都是纯虚方法，析构函数显式地设置为默认。

10.4.4 独立的派生类

编写 StringSpreadsheetCell 和 DoubleSpreadsheetCell 类只需要实现父类中定义的功能。由于想让客户实现并使用字符串单元格和双精度值单元格，因此单元格不可以是抽象的——必须实现从父类继承的所有纯虚方法。如果派生类没有实现从父类继承的所有纯虚方法，那么派生类也是抽象的，客户就不能实例化派生类的对象。

1. StringSpreadsheetCell 类的定义

StringSpreadsheetCell 类定义在名为 string_spreadsheet_cell 的自身模块中。

编写 StringSpreadsheetCell 类定义的第一步是从 SpreadsheetCell 类继承。为此，string_spreadsheet_cell 模块需要被导入。

第二步是重写继承的纯虚方法，此次不将其设置为 0。

最后一步是为字符串单元格添加一个私有数据成员 m_value，在其中存储实际单元格数据。这个数据成员是本书第 1 章中介绍的 std::optional。通过使用 optional 类型，可以确认是否没有设置单元格的值或单元格的值设为空字符串。

```
export module string_spreadsheet_cell;
import spreadsheet_cell;
import <string>;
import <string_view>;
import <optional>;

export class StringSpreadsheetCell : public SpreadsheetCell
{
   public:
      void set(std::string_view value) override;
      std::string getString() const override;
   private:
      std::optional<std::string> m_value;
};
```

2. StringSpreadsheetCell 的实现

set()方法十分简单，因为内部表示已经是一个字符串。getString()方法必须考虑到 m_value 的类型是 optional，可能不具有值。如果 m_value 不具有值，getString()将返回一个默认字符串，本例中是空字符串。可以使用 std::optional 的 value_or()方法对此进行简化。使用 m_value.value_or(" ")，如果 m_value 包含实际的值，将返回相应的值，否则将返回空值。

```
void set(std::string_view value) override { m_value = value; }
std::string getString() const override { return m_value.value_or(""); }
```

3. DoubleSpreadsheetCell 类的定义和实现

双精度版本遵循类似的模式，但具有不同的逻辑。除了基类的 set()方法以 string_view 作为参数之外，还提供了新的 set()方法以允许用户使用双精度值设置其值。两个新的 private static 方法用于字符串和双精度值的互相转换，反之亦然。与 StringSpreadsheetCell 相同，这个类也有一个 m_value 数据成员，此时这个成员的类型是 optional<double>。

```
export module double_spreadsheet_cell;
import spreadsheet_cell;
import <string>;
import <string_view>;
import <optional>;

export class DoubleSpreadsheetCell : public SpreadsheetCell
{
   public:
      virtual void set(double value);
      void set(std::string_view value) override;
      std::string getString() const override;
   private:
      static std::string doubleToString(double value);
      static double stringToDouble(std::string_view value);
      std::optional<double> m_value;
};
```

以双精度值作为参数的 set()方法简单明了。string_view 版本使用 private static 方法 stringToDouble()。getString()方法返回存储的双精度值作为字符串；如果未存储任何值，则返回一个空字符串。它使用 std::optional 的 has_value()方法来查询 optional 是否具有实际值。如果具有值，则使用 value()方法获取。

```
virtual void set(double value) { m_value = value; }
void set(string_view value) override { m_value = stringToDouble(value); }

std::string getString() const override
{
   return (m_value.has_value() ? doubleToString(m_value.value()) : "");
}
```

可以看到，在层次结构中实现电子表格单元格的主要优点是代码更加简单。每个对象都以自我为中心，只执行各自的功能。

注意在此省略了 doubleToString()和 stringToDouble()方法的实现，因为与第 8 章的实现相同。

10.4.5 利用多态性

现在 SpreadsheetCell 层次结构具有多态性，客户代码可利用多态性提供的种种好处。下面的测试程序显示了这些功能。

为演示多态性，测试程序声明了一个具有 3 个 SpreadsheetCell 指针的 vector，记住由于 SpreadsheetCell 是一个抽象类，因此不能创建这种类型的对象。然而，仍然可以使用 SpreadsheetCell 的指针或引用，因为它实际上指向的是其中一个派生类。由于是父类型 SpreadsheetCell 的 vector，因此可以任意存储两个派生类。这意味着 vector 元素可以是 StringSpreadsheetCell 或 DoubleSpreadsheetCell。

```
vector<unique_ptr<SpreadsheetCell>> cellArray;
```

矢量的前两个元素指向新建的 StringSpreadsheetCell，第三个元素指向一个新的 DoubleSpreadsheetCell。

```
cellArray.push_back(make_unique<StringSpreadsheetCell>());
cellArray.push_back(make_unique<StringSpreadsheetCell>());
```

```
cellArray.push_back(make_unique<DoubleSpreadsheetCell>());
```

现在 vector 包含了多类型数据，基类声明的任何方法都可以应用到矢量中的对象。代码只是使用了 SpreadsheetCell 指针—— 编译器在编译期不知道对象的实际类型是什么。然而，由于这两个类是 SpreadsheetCell 的派生类，因此必须支持 SpreadsheetCell 的方法。

```
cellArray[0]->set("hello");
cellArray[1]->set("10");
cellArray[2]->set("18");
```

当调用 getString()方法时，每个对象都会正确地返回值的字符串表示。重要的(某种意义上令人惊讶的)是，不同的对象以不同的方式完成这一任务。StringSpreadsheetCell 返回它存储的值，或返回空字符串。如果包含值，DoubleSpreadsheetCell 首先执行转换；否则返回一个空字符串。程序员不需要知道对象如何做到这一点—— 只需要知道因为对象是一个 SpreadsheetCell，所以可以执行此行为。

```
cout << format("Vector: [{},{},{}]", cellArray[0]->getString(),
                                     cellArray[1]->getString(),
                                     cellArray[2]->getString()) << endl;
```

10.4.6 考虑将来

SpreadsheetCell 层次结构的新实现从面向对象设计的观点来看当然是一个进步。但是，对于实际的电子表格程序来说，这个类层次结构还不够充分，主要有以下几个原因。

首先，即使不考虑改进设计，现在仍然缺少一个功能：将某个单元格类型转换为其他类型。由于将单元格分为两类，单元格对象的结合变得更松散。为提供将 DoubleSpreadsheetCell 转换为 StringSpreadsheetCell 的功能，应添加一个转换构造函数(或类型构造函数)，这个构造函数类似于拷贝构造函数，但参数不是对同类对象的引用，而是对同级类对象的引用。另外注意，现在必须声明一个默认构造函数，可将其显式设置为默认，因为一旦自行声明任何构造函数，编译器将停止生成。

```
export class StringSpreadsheetCell : public SpreadsheetCell
{
   public:
       StringSpreadsheetCell() = default;
       StringSpreadsheetCell(const DoubleSpreadsheetCell& cell)
           : m_value { cell.getString() }
       { }
       // Omitted for brevity
};
```

通过转换构造函数，可以很方便地用 DoubleSpreadsheetCell 创建 StringSpreadsheetCell。然而不要将其与指针或引用的类型转换混淆。类型转换无法将一个指针或引用转换为同级的另一个指针或引用，除非按照第 15 章讲述的方法重载类型转换运算符。

警告：

在层次结构中，总可以向上转型，有时也可以向下转型。通过改变类型转换运算符的行为，或者使用 reinterpret_cast<>(不推荐采用这些方法)，就可以在层次结构中进行类型转换。

其次，如何为单元格实现运算符重载是一个很有趣的问题，在此有几种可能的解决方案。其中一种方案是：针对每个单元格组合，实现每个运算符的重载版本。由于只有两个派生类，因此这样做并不难。可编写一个 operator+函数，将两个双精度单元格相加，将两个字符串单元格相加，将双精度单元格与字符串单元格相加。另一种方案是给出一种通用表示，前面的实现已将字符串作为标准化的通用类型表示。通过这种通用表示，一个 operator+函数就可以处理所有情况。假定两个单元格相加的结果始终是字符串单元格，那么一个在 string_spreadsheet_cell 模块中的可能的实现如下所示。

```
export StringSpreadsheetCell operator+(const StringSpreadsheetCell& lhs,
                                        const StringSpreadsheetCell& rhs)
{
    StringSpreadsheetCell newCell;
    newCell.set(lhs.getString() + rhs.getString());
    return newCell;
}
```

只要编译器可将特定的单元格转换为 StringSpreadsheetCell，这个运算符就可以运行。考虑前面的示例，StringSpreadsheetCell 构造函数采用 DoubleSpreadsheetCell 作为参数，如果这是 operator+运行的唯一方法，那么编译器将自动执行转换。这意味着下面的代码可以运行，尽管 operator+被显式地用于 StringSpreadsheetCell。

```
DoubleSpreadsheetCell myDbl;
myDbl.set(8.4);
StringSpreadsheetCell result { myDbl + myDbl };
```

当然，相加的结果实际上并不是将数字相加，而是将双精度单元格转换为字符串单元格，然后将字符串相加，结果是一个值为 8.4000008.400000 的 StringSpreadsheetCell。

如果对多态性还不确定，可运行这个示例的代码并获取答案。如果只是为了体验这个类的各种特性，前面示例中的 main()函数是一个很好的起点。

10.5 多重继承

第 5 章已经讲过，多重继承通常被认为是面向对象编程中一种复杂且不必要的部分。请判断多重继承是否有用，本节将阐述 C++中多重继承的机制。

10.5.1 从多个类继承

从语法角度看，定义具有多个父类的类很简单。为此，只需要在声明类名时分别列出基类。

```
class Baz : public Foo, public Bar { /* Etc. */};
```

由于列出了多个父类，Baz 对象具有如下特性：

- Baz 对象支持 Foo 和 Bar 类的 public 方法，并且包含这两个类的数据成员。
- Baz 类的方法有权访问 Foo 和 Bar 类的 protected 数据成员和方法。
- Baz 对象可以向上转型为 Foo 或 Bar 对象。
- 创建新的 Baz 对象将自动调用 Foo 和 Bar 类的默认构造函数，并按照类定义中列出的类顺序进行。
- 删除 Baz 对象将自动调用 Foo 和 Bar 类的析构函数，调用顺序与类在类定义中的顺序正好相反。

下例显示了一个 DogBird 类，它有两个父类——Dog 类和 Bird 类，如图 10-8 所示。这是一个荒谬的示例，但是不应该认为多重继承本身是荒谬的，请自行判断。

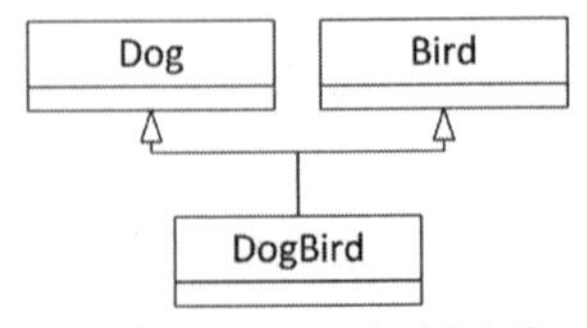

图 10-8 DogBird 有两个父类

```
class Dog
{
   public:
      virtual void bark() { cout << "Woof!" << endl; }
};

class Bird
{
   public:
      virtual void chirp() { cout << "Chirp!" << endl; }
};

class DogBird : public Dog, public Bird
{
};
```

使用具有多个父类的类对象与使用具有单个父类的类对象没什么不同。实际上，客户代码甚至不需要知道这个类有两个父类。需要关心的只是这个类支持的属性和行为。在此情况下，DogBird 对象支持 Dog 和 Bird 类的所有 public 方法。

```
DogBird myConfusedAnimal;
myConfusedAnimal.bark();
myConfusedAnimal.chirp();
```

程序的输出如下：

```
Woof!
Chirp!
```

10.5.2 名称冲突和歧义基类

多重继承崩溃的场景并不难想象，下面的示例显示了一些必须要考虑的边缘情况。

1. 名称歧义

如果 Dog 类和 Bird 类都有一个 eat()方法，会发生什么？由于 Dog 类和 Bird 类毫不相干，eat()方法的一个版本无法重写另一个版本—— 在派生类 DogBird 中这两个方法都存在。

只要客户代码不调用 eat()方法，就不会出现问题。尽管有两个版本的 eat()方法，但 DogBird 类仍然可以正确编译。然而，如果客户代码试图调用 DogBird 类的 eat()方法，编译器将报错，指出对 eat()方法的调用有歧义。编译器不知道该调用哪个版本。下面的代码存在歧义错误：

```
class Dog
{
   public:
      virtual void bark() { cout << "Woof!" << endl; }
      virtual void eat() { cout << "The dog ate." << endl; }
};

class Bird
{
   public:
      virtual void chirp() { cout << "Chirp!" << endl; }
      virtual void eat() { cout << "The bird ate." << endl; }
};
```

```
class DogBird : public Dog, public Bird
{
};

int main()
{
    DogBird myConfusedAnimal;
    myConfusedAnimal.eat();   // Error! Ambiguous call to method eat()
}
```

为了消除歧义，可使用 dynamic_cast()显式地将对象向上转型(本质上是向编译器隐藏多余的方法版本)，也可以使用歧义消除语法。下面的代码显示了调用 eat()方法的 Dog 版本的两种方案：

```
dynamic_cast<Dog&>(myConfusedAnimal).eat(); // Calls Dog::eat()
myConfusedAnimal.Dog::eat();                // Calls Dog::eat()
```

使用与访问父类方法相同的语法(::运算符)，派生类的方法本身可以显式地为同名的不同方法消除歧义。比如，DogBird 类可以定义自己的 eat()方法，从而消除其他代码中的歧义错误。在方法内部，可以判断调用哪个父类版本：

```
class DogBird : public Dog, public Bird
{
    public:
        void eat() override
        {
            Dog::eat();           // Explicitly call Dog's version of eat()
        }
};
```

另一种防止歧义错误的方式是使用 using 语句显式指定，在 DogBird 类中应继承哪个版本的 eat()方法，如下面的 DogBird 类定义所示。

```
class DogBird : public Dog, public Bird
{
    public:
        using Dog::eat;  // Explicitly inherit Dog's version of eat()
};
```

2. 歧义基类

另一种引起歧义的情况是从同一个类继承两次。例如，如果出于某种原因 Bird 类从 Dog 类继承，DogBird 类的代码将无法编译，因为 Dog 变成了歧义基类。

```
class Dog {};
class Bird : public Dog {};
class DogBird : public Bird, public Dog {}; // Error!
```

多数歧义基类的情况或者是由人为的“what-if”示例(如前面的示例)引起的，或者是由于类层次结构的混乱引起的。图 10-9 显示了前面示例中的类图，并指出了歧义。

数据成员也可以引起歧义。如果 Dog 和 Bird 类具有同名的数据成员，当客户代码试图访问这个成员时，就会发生歧义错误。

多个父类本身也可能有共同的父类。例如，Bird 和 Dog 类可能都是 Animal 类的派生类，如图 10-10 所示。

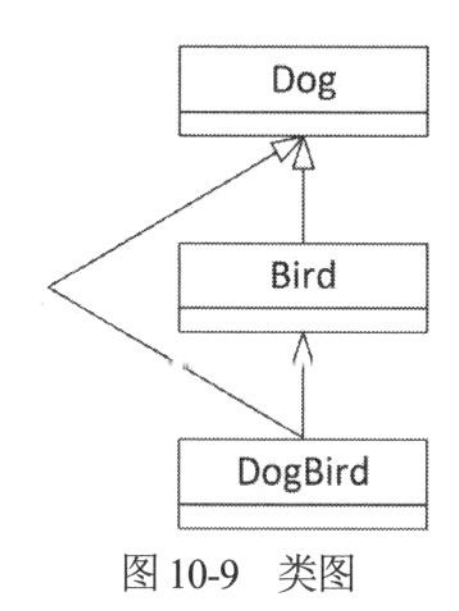

图10-9　类图

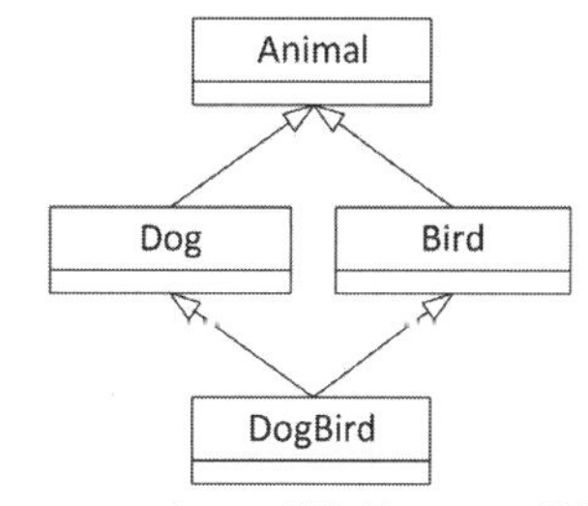

图10-10　Dog和Bird类都是Animal类的派生类

C++允许这种类型的类层次结构，尽管仍然存在着名称歧义。例如，如果Animal类有一个公有方法sleep()，DogBird对象无法调用这个方法，因为编译器不知道该调用Dog类继承的版本还是Bird类继承的版本。

使用"菱形"类层次结构的最佳方法是将最顶部的类设置为抽象类，将所有方法都设置为纯虚方法。由于类只声明方法而不提供定义，在基类中没有方法可以调用，因此在这个层次上就没有歧义。

下例实现了菱形类层次结构，其中有一个每个派生类都必须定义的纯虚方法eat()。DogBird类仍然必须显式说明使用哪个父类的eat()方法，但是Dog和Bird类引起歧义的原因是它们具有相同的方法，而不是因为从同一个类继承。

```
class Animal
{
    public:
        virtual void eat() = 0;
};

class Dog : public Animal
{
    public:
        virtual void bark() { cout << "Woof!" << endl; }
        void eat() override { cout << "The dog ate." << endl; }
};

class Bird : public Animal
{
    public:
        virtual void chirp() { cout << "Chirp!" << endl; }
        void eat() override { cout << "The bird ate." << endl; }
};

class DogBird : public Dog, public Bird
{
    public:
        using Dog::eat;
};
```

虚基类是处理菱形类层次结构中顶部类的更好方法，将在本章最后讲述。

3. 多重继承的用途

为什么程序员要在代码中使用多重继承？多重继承最直接的用例就是定义一个既"是一个"事物，又"是一个"其他事物的类对象。第5章已经说过，遵循这个模式的实际对象很难恰当地转换为代码。

多重继承最简单有力的用途就是实现混入(mix-in)类。混入类的介绍请参阅第5章，更多详情请参阅第 32 章“整合设计技术和框架”。

使用多重继承的另一个原因是给基于组件的类建模。第 5 章给出了飞机模拟示例，Airplane 类有引擎、机身、控制系统和其他组件。尽管 Airplane 类的典型实现是将这些组件当作独立的数据成员，但也可以使用多重继承。飞机类可从引擎、机身、控制系统继承，从而有效地获得这些组件的行为和属性。建议不要使用这种类型的代码，这将“有一个”关系与继承混淆了，而继承用于“是一个”关系。推荐的解决方案是让 Airplane 类包含 Engine、Fuselage 和 Controls 类型的数据成员。

10.6 有趣而晦涩的继承问题

扩展类引发了多种问题。类的哪些特征可以改变，哪些不能改变？什么是非公共继承？什么是虚基类？下面将回答这些问题。

10.6.1 修改重写方法的返回类型

重写某个方法的主要原因是为了修改方法的实现。然而，有时是为了修改方法的其他特征，比如返回类型。

根据经验，重写方法要使用与基类一致的方法声明(或方法原型)。实现可以改变，但原型保持不变。

然而事实未必总是如此，在 C++中，如果原始的返回类型是某个类的指针或引用，重写的方法可将返回类型改为派生类的指针或引用。这种类型称为协变返回类型(covariant return types)。如果基类和派生类处于平行层次结构(parallel hierarchy)中，使用这个特性可以带来便利。平行层次结构是指，一个类层次结构与另一个类层次结构没有相交，但是存在联系。

例如，考虑樱桃果园的模拟程序。可使用两个类层次结构模拟不同但明显相关的实际对象。第一个是 Cherry 类层次结构，Cherry 基类有一个名为 BingCherry 的派生类。与此类似，另一个类层次结构的基类为 CherryTree，派生类为 BingCherryTree。图 10-11 显示了这两个类层次结构。

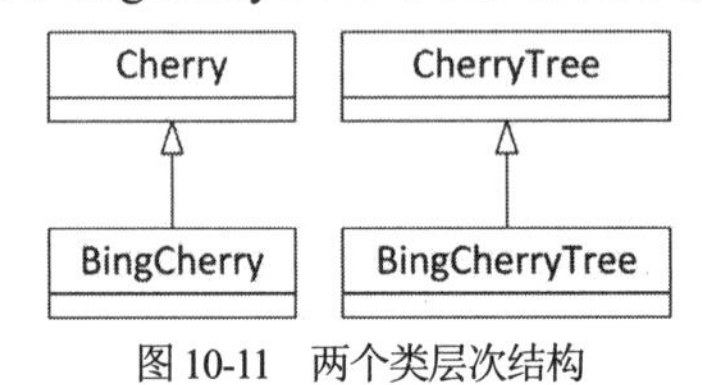

图 10-11 两个类层次结构

现在假定 CherryTree 类有一个虚方法 pick()，这个虚方法从樱桃树上获取一个樱桃：

```
Cherry* CherryTree::pick() { return new Cherry{}; }
```

> **注意：**
> 为了演示如何更改返回类型，本例未返回智能指针，而是返回普通指针。本节末尾将解释其中的原因。当然，调用者应当在智能指针(而非普通指针)中立即存储结果。

在 BingCherryTree 派生类中，要重写这个方法。或许 BingCherry 在摘下来时需要擦拭(请允许我们这么说)。由于 BingCherry 也是 Cherry，在下例中，方法的原型保持不变，而方法却被重写。BingCherry 指针被自动转换为 Cherry 指针。注意，这个实现使用 unique_ptr 确保当 polish()抛出异常时，没有泄漏内存。

```
Cherry* BingCherryTree::pick()
```

```
{
   auto theCherry { make_unique<BingCherry>() };
   theCherry->polish();
   return theCherry.release();
}
```

上面的实现非常好。然而，由于 BingCherryTree 类始终返回 BingCherry 对象，因此可通过修改返回类型，向这个类的潜在用户指明这一点，如下所示。

```
BingCherry* BingCherryTree::pick()
{
   auto theCherry { make_unique<BingCherry>() };
   theCherry->polish();
   return theCherry.release();
}
```

下面的示例显示了 BingCherryTree::pick()方法的用法。printType()是基类 Cherry 的虚方法，由 BingCherryTree 派生类重写，用于输出 cherry 的类型。

```
BingCherryTree theTree;
unique_ptr<Cherry> theCherry { theTree.pick() };
theCherry->printType();
```

为判断能否修改重写方法的返回类型，可以考虑已有代码是否能够继续运行，这称为里氏替换原则(Liskov Substitution Principle，LSP)。在上例中，修改返回类型没有问题，因为假定 pick()方法总是返回 Cherry*的代码仍然可以成功编译并正常运行。由于 BingCherry 也是 Cherry，因此根据 CherryTree 版本的 pick()返回值调用的任何方法，仍然可以基于 BingCherryTree 版本的 pick()返回值进行调用。

不能将返回类型修改为完全不相关的类型，例如 void*。下面的代码无法编译：

```
void* BingCherryTree::pick() { /*...*/ } // Error!
```

这段代码会导致编译错误，如下所示：

```
'BingCherryTree::pick': overriding virtual function return type differs and is not covariant
from 'CherryTree::pick'.
```

如前所述，这个示例正用普通指针替代智能指针。将 unique_ptr 用作返回类型时，这不能用于本例。假设 CherryTree::pick()方法返回 unique_ptr<Cherry>，如下所示：

```
unique_ptr<Cherry> CherryTree::pick() { return make_unique<Cherry>(); }
```

此时，无法将 BingCherryTree::pick()方法的返回类型改成 unique_ptr<BingCherry>。下面的代码无法编译：

```
unique_ptr<BingCherry> BingCherry::pick() override { /*...*/ }
```

原因在于 unique_ptr 是类模板。创建了 unique_ptr 类模板的两个实例 unique_ptr<Cherry>和 unique_ptr<BingCherry>。这两个实例是完全不同的类型，完全无关。无法更改重写方法的返回类型来返回完全不同的类型。

10.6.2　派生类中添加虚基类方法的重载

可以向派生类中添加虚基类方法的新重载。也就是说，可以使用新原型在派生类中添加虚方法的重载，但继续继承基类版本。该技术使用 using 声明将方法的基类定义显式包含在派生类中。示例如下：

```
class Base
{
   public:
      virtual void someMethod();
};

class Derived : public Base
{
   public:
       using Base::someMethod;          // Explicitly inherit the Base version
       virtual void someMethod(int i); // Add a new overload of someMethod().
       virtual void someOtherMethod();
};
```

注意：
对于派生类和基类同名的方法，具有不同参数列表的情况很少见。

10.6.3 继承的构造函数

上一节提到，可在派生类中使用 using 关键字显式地包含基类中定义的方法。这适用于普通类方法，也适用于构造函数，允许在派生类中继承基类的构造函数。考虑以下 Base 和 Derived 类定义：

```
class Base
{
   public:
      virtual ~Base() = default;
      Base() = default;
      Base(std::string_view str);
};

class Derived : public Base
{
   public:
      Derived(int i);
};
```

只能用提供的 Base 构造函数构建 Base 对象，要么是默认构造函数，要么是包含 string_view 参数的构造函数。另外，只能用 Derived 构造函数创建 Derived 对象，这个构造函数需要一个整数作为参数。不能使用 Base 类中接收 string_view 的构造函数构建 Derived 对象。例如：

```
Base base { "Hello" };          // OK, calls string_view Base ctor.
Derived derived1 { 1 };         // OK, calls integer Derived ctor.
Derived derived2 { "Hello" };  // Error, Derived does not inherit string_view ctor.
Derived derived3;              // Error, Derived does not have a default ctor.
```

如果喜欢使用基于 string_view 的 Base 构造函数构建 Derived 对象，可在 Derived 类中显式地继承 Base 构造函数，如下所示。

```
class Derived : public Base
{
   public:
      using Base::Base;
      Derived(int i);
};
```

using 语句从父类继承除默认构造函数外的其他所有构造函数，现在可通过下面两种方法构建 Derived 对象。

```
Derived derived1 { 1 };          // OK, calls integer Derived ctor.
Derived derived2 { "Hello" };    // OK, calls inherited string_view Base ctor.
Derived derived3;                // OK, calls inherited default Base ctor.
```

当然，Derived 类可以从所有 Base 类中继承构造函数，而不定义任何构造函数。示例如下：

```
class Base
{
   public:
      virtual ~Base() = default;
      Base() = default;
      Base(std::string_view str);
      Base(float f);
};

class Derived : public Base
{
   public:
      using Base::Base;
};
```

可以如下创建 Derived 类的实例：

```
Derived derived1("Hello");     // OK, calls inherited string_view Base ctor.
Derived derived2(1.23f);       // OK, calls inherited float Base ctor.
Derived derived3;              // OK, calls inherited default Base ctor.
```

1. 隐藏继承的构造函数

定义的构造函数可与从 Base 类继承的构造函数有相同的参数列表。与所有的重写一样，此时 Derived 类的构造函数的优先级高于继承的构造函数。在下例中，Derived 类使用 using 关键字，继承了 Base 类中除默认构造函数外的其他所有构造函数。然而，由于 Derived 类定义了一个使用浮点数作为参数的构造函数，从 Base 类继承的使用浮点数作为参数的构造函数被重写。

```
class Base
{
   public:
      virtual ~Base() = default;
      Base() = default;
      Base(std::string_view str);
      Base(float f);
};

class Derived : public Base
{
   public:
      using Base::Base;
      Derived(float f);    // Hides inherited float Base ctor.
};
```

根据这个定义，可用下面的代码创建 Derived 对象：

```
Derived derived1 { "Hello" };     // OK, calls inherited string_view Base ctor.
```

```
Derived derived2 { 1.23f };        // OK, calls float Derived ctor.
Derived derived3;                  // OK, calls inherited Base ctor.
```

使用 using 声明从基类继承构造函数有一些限制。

- 当从基类继承构造函数时，会继承除默认构造函数外的其他全部构造函数，不能只是继承基类构造函数的一个子集。
- 当继承构造函数时，无论 using 声明位于哪个访问规范下，都将使用与基类中相同的访问规范来继承。

2. 继承的构造函数和多重继承

第二个限制与多重继承有关。如果一个基类的某个构造函数与另一个基类的构造函数具有相同的参数列表，就不可能从基类继承构造函数，因为那样会导致歧义。为解决这个问题，Derived 类必须显式地定义冲突的构造函数。例如，下面的 Derived 类试图继承 Base1 和 Base2 基类的所有构造函数，这会产生编译错误，因为使用浮点数作为参数的构造函数存在歧义。

```
class Base1
{
   public:
      virtual ~Base1() = default;
      Base1() = default;
      Base1(float f);
};

class Base2
{
   public:
      virtual ~Base2() = default;
      Base2() = default;
      Base2(std::string_view str);
      Base2(float f);
};

class Derived : public Base1, public Base2
{
   public:
      using Base1::Base1;
      using Base2::Base2;
      Derived(char c);
};

int main()
{
    Derived d { 1.2f; }; // Error, ambiguity.
}
```

Derived 类定义中的第一条 using 语句继承了 Base1 类的构造函数。这意味着 Derived 类具有如下构造函数：

```
Derived(float f);   // Inherited from Base1
```

Derived 类定义中的第二条 using 子句试图继承 Base2 类的全部构造函数。然而，这会导致编译错误，因为这意味着 Derived 类拥有第二个 Derived(float f)构造函数。为解决这个问题，可在 Derived 类中显式声明冲突的构造函数，如下所示。

```
class Derived : public Base1, public Base2
{
    public:
        using Base1::Base1;
        using Base2::Base2;
        Derived(char c);
        Derived(float f);
};
```

现在，Derived 类显式地声明了一个采用浮点数作为参数的构造函数，从而解决了歧义问题。如果愿意，在 Derived 类中显式声明的使用浮点数作为参数的构造函数仍然可以在 ctor-initializer 中调用 Base1 和 Base2 构造函数，如下所示。

```
Derived::Derived(float f) : Base1 { f }, Base2 { f } {}
```

3. 数据成员的初始化

当使用继承的构造函数时，要确保所有成员变量都正确地初始化。比如，考虑下面 Base 和 Derived 类的新定义。这个示例没有正确地初始化 m_int 数据成员，在任何情况下这都是一个严重错误。

```
class Base
{
    public:
        virtual ~Base() = default;
        Base(std::string_view str) : m_str { str } {}
    private:
        std::string m_str;
};

class Derived : public Base
{
    public:
        using Base::Base;
        Derived(int i) : Base { "" }, m_int { i } {}
    private:
        int m_int;
};
```

可采用如下方法创建一个 Derived 对象：

```
Derived s1 { 2 };
```

这条语句将调用 Derived(int i)构造函数，这个构造函数将初始化 Derived 类的 m_int 数据成员，并调用 Base 构造函数，用空字符串初始化 m_str 数据成员。

由于 Derived 类继承了 Base 构造函数，还可按下面的方式创建一个 Derived 对象：

```
Derived s2 { "Hello World" };
```

这条语句调用从 Base 类继承的构造函数。然而，从 Base 类继承的构造函数只初始化了 Base 类的 m_str 成员变量，没有初始化 Derived 类的 m_int 成员变量，m_int 处于未初始化状态。通常不建议这么做。

解决方法是使用类内成员初始化器，第 8 章已讨论过这个特性。以下代码使用类内成员初始化器将 m_int 初始化为 0。Derived(int i)构造函数仍可修改这一初始化行为，将 m_int 初始化为参数 i 的值。

```
class Derived : public Base
{
   public:
      using Base::Base;
      Derived(int i) : Base { "" }, m_int { i } {}
   private:
      int m_int { 0 };
};
```

10.6.4 重写方法时的特殊情况

当重写方法时，需要注意几种特殊情况。本节将列出可能遇到的一些情况。

1. 静态基类方法

在C++中，不能重写静态方法。对于多数情况而言，知道这一点就足够了。然而，在此需要了解一些推论。

首先，方法不可能既是静态的又是虚的。出于这个原因，试图重写一个静态方法并不能得到预期的结果。如果派生类中存在的静态方法与基类中的静态方法同名，实际上这是两个独立的方法。

下面的代码显示了两个类，这两个类都有一个名为beStatic()的静态方法。这两个方法毫无关系。

```
class BaseStatic
{
   public:
      static void beStatic() {
         cout << "BaseStatic being static." << endl; }
};

class DerivedStatic : public BaseStatic
{
   public:
      static void beStatic() {
         cout << "DerivedStatic keepin' it static." << endl; }
};
```

由于静态方法属于类，因此调用两个类的同名方法时，将调用各自的方法。

```
BaseStatic::beStatic();
DerivedStatic::beStatic();
```

输出为：

```
BaseStatic being static.
DerivedStatic keepin' it static.
```

用类名访问这些方法时一切都很正常。当涉及对象时，这一行为就不是那么明显。在C++中，可以使用对象调用静态方法，但由于方法是静态的，因此没有this指针，也无法访问对象本身，使用对象调用静态方法，等价于使用classname::method()调用静态方法。回到前面的示例，可以编写如下代码，但是结果令人惊讶。

```
DerivedStatic myDerivedStatic;
BaseStatic& ref { myDerivedStatic };
myDerivedStatic.beStatic();
ref.beStatic();
```

对 beStatic()的第一次调用显然调用了 DerivedStatic 版本，因为调用它的对象被显式地声明为 DerivedStatic 对象。第二次调用的运行方式可能并非预期的那样。这个对象是一个 BaseStatic 引用，但指向的是一个 DerivedStatic 对象。在此情况下，会调用 BaseStatic 版本的 beStatic()。原因是当调用静态方法时，C++不关心对象实际上是什么，只关心编译期的类型。在此情况下，该类型为指向 BaseStatic 对象的引用。

前面示例的输出如下：

```
DerivedStatic keepin' it static.
BaseStatic being static.
```

注意：

静态方法属于定义它的类，而不属于特定的对象。当类中的方法调用静态方法时，所调用的版本是通过正常的名称解析来决定的。当使用对象调用时，对象实际上并不涉及调用，只是用来判断编译期的类型。

2. 重载基类方法

当指定名称和一组参数以重写某个方法时，编译器隐式地隐藏基类中同名方法的所有其他实例。想法为：如果重写了给定名称的某个方法，可能是想重写所有的同名方法，只是忘记这么做了，因此应该作为错误处理。这是有意义的，可以这么考虑——为什么要修改方法的某些版本而不修改其他版本呢？考虑下面的 Derived 类，它重写了一个方法，而没有重写相关的同级重载方法。

```
class Base
{
   public:
      virtual ~Base() = default;
      virtual void overload() { cout << "Base's overload()" << endl; }
      virtual void overload(int i) {
         cout << "Base's overload(int i)" << endl; }
};

class Derived : public Base
{
   public:
      void overload() override {
         cout << "Derived's overload()" << endl; }
};
```

如果试图用 Derived 对象调用以 int 值作为参数的 overload()版本，代码将无法编译，因为没有显式地重写这个方法。

```
Derived myDerived;
myDerived.overload(2); // Error! No matching method for overload(int).
```

然而，使用 Derived 对象访问该版本的方法是可行的。只需要使用指向 Base 对象的指针或引用：

```
Derived myDerived;
Base& ref { myDerived };
ref.overload(7);
```

在 C++中，隐藏未实现的重载方法只是表象。显式声明为子类型实例的对象无法使用这些方法，但可将其转换为基类类型，以使用这些方法。

如果只想改变一个方法，可以使用 using 关键字避免重载该方法的所有版本。在下面的代码中，Derived 类定义中使用了从 Base 类继承的一个 overload()版本，并显式地重写了另一个版本。

```
class Derived : public Base
{
   public:
      using Base::overload;
      void overload() override {
         cout << "Derived's overload()" << endl; }
};
```

using 子句存在一定风险。假定在 Base 类中添加了第三个 overload()方法，本来应该在 Derived 类中重写这个方法。但由于使用了 using 子句，在派生类中没有重写这个方法不会被当作错误，Derived 类显式地说明“接收父类其他所有的重载方法。”

> **警告：**
> *为了避免歧义 bug，应该重写所有版本的重载方法。*

3. 基类的 private 方法

重写 private 方法当然没有问题。记住方法的访问说明符会判断谁可以调用这些方法。派生类无法调用父类的 private 方法，并不意味着无法重写这个方法。实际上，在 C++中，重写 private 方法是一种常见模式。这种模式允许派生类定义自身的“独特性”，在基类中会引用这种独特性。注意 Java 和 C#允许重写 public 和 protected 方法，但不能重写 private 方法。

例如，下面的类是汽车模拟程序的一部分，根据汽油消耗量和剩余的燃料计算汽车可以行驶的里程。getMilesLeft()是所谓的模板方法。通常，模板方法都不是虚方法。模板方法通过在基类中定义一些算法的骨架，并调用虚方法来完成相关信息的查询。在子类中，可以重写这些虚方法，并修改相关算法而不会真正修改基类中已定义的算法。

```
export class MilesEstimator
{
   public:
      virtual ~MilesEstimator() = default;
      int getMilesLeft() const { return getMilesPerGallon() * getGallonsLeft(); }
      virtual void setGallonsLeft(int gallons) { m_gallonsLeft = gallons; }
      virtual int getGallonsLeft() const { return m_gallonsLeft ; }
   private:
      int m_gallonsLeft { 0 };
      virtual int getMilesPerGallon() const { return 20; }
};
```

getMilesLeft()方法根据两个方法的返回结果执行计算。下面的代码使用 MilesEstimator 计算两加仑汽油可以行驶的里程：

```
MilesEstimator myMilesEstimator;
myMilesEstimator.setGallonsLeft(2);
cout << format("Normal estimator can go {} more miles.",
    myMilesEstimator.getMilesLeft()) << endl;
```

代码的输出如下：

```
Normal estimator can go 40 more miles.
```

为让这个模拟程序更有趣，可引入不同类型的车辆，或许是效率更高的汽车。现有的MilesEstimator假定所有的汽车燃烧一加仑的汽油可以跑20公里，这个值是从一个单独的方法返回的，因此派生类可以重写这个方法。下面就是这样一个派生类：

```
export class EfficientCarMilesEstimator : public MilesEstimator
{
   private:
       int getMilesPerGallon() const override { return 35; }
};
```

通过重写这个 private 方法，新类完全修改了没有更改的现有 public 方法的行为。基类中的getMilesLeft()方法将自动调用 private getMilesPerGallon()方法的重写版本。下面是一个使用新类的示例：

```
EfficientCarMilesEstimator myEstimator;
myEstimator.setGallonsLeft(2);
cout << format("Efficient estimator can go {} more miles.",
        myEstimator.getMilesLeft()) << endl;
```

此时的输出表明了重写的功能：

```
Efficient estimator can go 70 more miles.
```

注意：
重写 private 或 protected 方法可在不做重大改动的情况下改变类的某些特性。

4. 基类方法具有默认参数

派生类与基类可以具有不同的默认参数，但使用的参数取决于声明的变量类型，而不是底层的对象。下面是一个简单的派生类示例，派生类在重写的方法中提供了不同的默认参数。

```
class Base
{
   public:
       virtual ~Base() = default;
       virtual void go(int i = 2) {
           cout << "Base's go with i=" << i << endl; }
};

class Derived : public Base
{
   public:
       void go(int i = 7) override {
           cout << "Derived's go with i=" << i << endl; }
};
```

如果调用 Derived 对象的 go()，将执行 Derived 版本的 go()，默认参数为 7。如果调用 Base 对象的 go()，将执行 Base 版本的 go()，默认参数为 2。然而(有些怪异)，如果使用实际指向 Derived 对象的 Base 指针或 Base 引用调用 go()，将调用 Derived 版本的 go()，但实际使用 Base 版本的默认参数 2。下面的示例显示了这种行为：

```
Base myBase;
Derived myDerived;
Base& myBaseReferenceToDerived { myDerived };
```

```
myBase.go();
myDerived.go();
myBaseReferenceToDerived.go();
```

代码的输出如下所示：

```
Base's go with i=2
Derived's go with i=7
Derived's go with i=2
```

产生这种行为的原因是C++根据表达式的编译期类型(而非运行时类型)绑定默认参数。在C++中，默认参数不会被“继承”。如果上面的 Derived 类没有像父类那样提供默认参数，就用新的非零参数版本重载 go()方法。

注意：
当重写具有默认参数的方法时，也应该提供默认参数，这个参数的值应该与基类版本相同。建议使用命名的常量作为默认值，这样可在派生类中使用同一个命名的常量。

5. 基类方法具有不同的访问级别

可以采用两种方法修改方法的访问级别——可以加强限制，也可放宽限制。在C++中，这两种方法的意义都不大，但是这么做也是有合理原因的。

为加强某个方法(或数据成员)的限制，有两种方法。一种方法是修改整个基类的访问说明符，本章后面将讲述这种方法。另一种方法是在派生类中重新定义访问限制，下面的Shy类演示了这种方法：

```
class Gregarious
{
   public:
      virtual void talk() {
          cout << "Gregarious says hi!" << endl; }
};

class Shy : public Gregarious
{
   protected:
       void talk() override {
           cout << "Shy reluctantly says hello." << endl; }
};
```

Shy 类中 protected 版本的 talk()方法适当地重写 Gregarious::talk()方法。任何客户代码试图使用 Shy 对象调用 talk()都会导致编译错误。

```
Shy myShy;
myShy.talk();  // Error! Attempt to access protected method.
```

然而，这个方法并不是完全受保护的。可使用 Gregarious 引用或指针访问 protected 方法。

```
Shy myShy;
Gregarious& ref { myShy };
ref.talk();
```

上面代码的输出如下：

```
Shy reluctantly says hello.
```

这说明在派生类中将方法设置为 protected 实际上是重写了这个方法(因为可以正确地调用这个方

法的派生类版本)，此外还证明如果基类将方法设置为public，就无法完整地强制访问protected方法。

注意：
无法(也没有很好的理由)限制访问基类的public方法。

注意：
上例重新定义了派生类中的方法，因为它希望显示另一条消息。如果不希望修改实现，只想改变方法的访问级别，首选方法是在具有所需访问级别的派生类定义中添加using语句。

在派生类中放宽访问限制就比较容易(也更有意义)。最简单的方法是提供一个public方法来调用基类的protected方法，如下所示。

```
class Secret
{
   protected:
       virtual void dontTell() { cout << "I'll never tell." << endl; }
};

class Blabber : public Secret
{
    public:
       virtual void tell() { dontTell(); }
};
```

调用Blabber对象的public方法tell()的客户代码可有效地访问Secret类的protected方法。当然，这并未真正改变dontTell()的访问级别，只是提供了访问这个方法的公共方式。

也可在Blabber派生类中显式地重写dontTell()，并将这个方法设置为public。这样做比降低访问级别更有意义，因为当使用基类指针或引用时，可以清楚地表明发生的事情。例如，假定Blabber类实际上将dontTell()方法设置为public：

```
class Blabber : public Secret
{
   public:
       void dontTell() override { cout << "I'll tell all!" << endl; }
};
```

现在调用Blabber对象的dontTell()方法：

```
myBlabber.dontTell(); // Outputs "I'll tell all!"
```

如果不想更改重写方法的实现，只想更改访问级别，可使用using子句。例如：

```
class Blabber : public Secret
{
   public:
      using Secret::dontTell;
};
```

这也允许调用Blabber对象的dontTell()方法，但这一次，输出将会是“I'll never tell”。

```
myBlabber.dontTell(); // Outputs "I'll never tell."
```

然而，在上述情况下，基类中的protected方法仍然是受保护的，因为使用Secret指针或引用调用Secret类的dontTell()方法将无法通过编译。

```
Blabber myBlabber;
Secret& ref { myBlabber };
Secret* ptr { &myBlabber };
ref.dontTell(); // Error! Attempt to access protected method.
ptr->dontTell(); // Error! Attempt to access protected method.
```

注意：
修改方法访问级别的唯一真正有用的方式是对 protected 方法提供较宽松的访问限制。

10.6.5 派生类中的拷贝构造函数和赋值运算符

第 9 章讲过，在类中使用动态内存分配时，提供拷贝构造函数和赋值运算符是良好的编程习惯。当定义派生类时，必须注意拷贝构造函数和 operator=。

如果派生类没有任何需要使用非默认拷贝构造函数或 operator=的特殊数据(通常是指针)，无论基类是否有这类数据，都不需要它们。如果派生类省略了拷贝构造函数或 operator=，派生类中指定的数据成员就使用默认的拷贝构造函数或 operator=，基类中的数据成员使用基类的拷贝构造函数或 operator=。

另外，如果在派生类中指定了拷贝构造函数，就需要显式地链接到父类的拷贝构造函数，下面的代码演示了这一内容。如果不这么做，将使用默认构造函数(不是拷贝构造函数！)初始化对象的父类部分。

```
class Base
{
   public:
      virtual ~Base() = default;
      Base() = default;
      Base(const Base& src) { }
};

class Derived : public Base
{
   public:
      Derived() = default;
      Derived(const Derived& src) : Base { src } {}
};
```

与此类似，如果派生类重写了 operator=，则几乎总是需要调用父类版本的 operator=。唯一的例外是因为某些奇怪的原因，在赋值时只想给对象的一部分赋值。下面的代码显示了如何在派生类中调用父类的赋值运算符。

```
Derived& Derived::operator=(const Derived& rhs)
{
   if (&rhs == this) {
      return *this;
   }
   Base::operator=(rhs); // Calls parent's operator=.
   // Do necessary assignments for derived class.
   return *this;
}
```

警告：

如果派生类不指定自己的拷贝构造函数或 operator=，基类的功能将继续运行。否则，就需要显式引用基类版本。

注意：

如果在继承层次结构中需要复制功能，专业 C++开发人员惯用的做法是实现多态 clone()方法，因为不能完全依靠标准拷贝构造函数和拷贝赋值运算符来满足需要。第 12 章“使用模板编写泛型代码”将讨论多态的 clone()方法。

10.6.6 运行时类型工具

相对于其他面向对象语言，C++以编译期为主。如前所述，重写方法是可行的，这是由于方法和实现之间的间隔，而不是由于对象有关于自身所属类的内建信息。

然而在 C++中，有些特性提供了对象的运行时视角。这些特性通常归属于一个名为运行时类型信息(Run Time Type Information，RTTI)的特性集。RTTI 提供了许多有用的特性，用于判断对象所属的类。其中一个特性是本章前面说过的 dynamic_cast()，可以在 OO 层次结构中进行安全的类型转换。本章前面讨论过这一点。如果使用类上的 dynamic_cast()，但没有虚表，即没有虚方法，将导致编译错误。

RTTI 的第二个特性是 typeid 运算符，这个运算符可在运行时查询对象，从而判别对象的类型。大多数情况下，不应该使用 typeid，因为最好用虚方法处理基于对象类型运行的代码。下面的代码使用了 typeid，根据对象的类型输出消息。

```
import <typeinfo>;

class Animal { public: virtual ~Animal() = default; };
class Dog : public Animal {};
class Bird : public Animal {};

void speak(const Animal& animal)
{
    if (typeid(animal) == typeid(Dog)) {
        cout << "Woof!" << endl;
    } else if (typeid(animal) == typeid(Bird)) {
        cout << "Chirp!" << endl;
    }
}
```

一旦看到这样的代码，就应该立即考虑用虚方法重新实现该功能。在此情况下，更好的实现是在 Animal 类中声明一个 speak()虚方法。Dog 类会重写这个方法，输出"Woof！"；Bird 类也会重写这个方法，输出"Chirp！"。这种方式更适合面向对象程序，会将与对象有关的功能给予这些对象。

警告：

类至少有一个虚方法(即类具有一张虚函数表)，typeid 运算符才能正常运行。另外，typeid 运算符也会从实参中去除引用和 const 限定符。

typeid 运算符的主要价值之一在于日志记录和调试。下面的代码将 typeid 用于日志记录。logObject()函数将“可记录”对象作为参数。设计是这样的：任何可记录的对象都从 Loggable 类中继承，都支持 getLogMessage()方法。

```
class Loggable
{
    public:
        virtual ~Loggable() = default;
        virtual std::string getLogMessage() const = 0;
};

class Foo : public Loggable
{
    public:
        std::string getLogMessage() const override { return "Hello logger."; }
};

void logObject(const Loggable& loggableObject)
{
     cout << typeid(loggableObject).name() << ": ";
     cout << loggableObject.getLogMessage() << endl;
}
```

logObject()函数首先将对象所属类的名称写到输出流，随后是日志信息。这样以后阅读日志时，就可以看出文件每一行涉及的对象。使用 Foo 实例调用 logObject()函数时，Microsoft Visual C++ 2017 生成的输出如下所示。

```
class Foo: Hello logger.
```

可以看到，typeid 运算符返回的名称是 class Foo。但这个名称因编译器而异。比如，若用 GCC 编译相同的代码，输出如下所示：

```
3Foo: Hello logger.
```

> **注意：**
> 如果不是为了日志记录或调试而使用 typeid，应该考虑用虚方法替代 typeid。

10.6.7 非 public 继承

在前面的所有示例中，总是用 public 关键字列出父类。父类是否可以是 private 或 protected？实际上可以这样做，尽管二者并不像 public 那样普遍。如果没有为父类指定任何访问说明符，就说明是类的 private 继承、结构的 public 继承。

将父类的关系声明为 protected，意味着在派生类中，基类的所有 public 方法和数据成员都成为受保护的。与此类似，指定 private 继承意味着基类的所有 public、protected 方法和数据成员在派生类中都成为私有的。

使用这种方法统一降低父类的访问级别有许多原因，但多数原因都是层次结构的设计缺陷。有些程序员滥用这一语言特性，经常与多重继承一起实现类的“组件”。不是让 Airplane 类包含引擎数据成员和机身数据成员，而将 Airplane 类作为 protected 引擎和 protected 机身。这样，对于客户代码来说，Airplane 对象看上去并不像引擎或机身(因为一切都是受保护的)，但在内部可以使用引擎和机身的功能。

> **注意：**
> 非 public 继承很少见，建议慎用这一特性，因为多数程序员并不熟悉它。

10.6.8 虚基类

本章前面学习了歧义父类，当多个基类拥有公共父类时，就会发生这种情况，如图10-12所示。建议的解决方案是让共享的父类本身没有任何自有功能，这样就永远无法调用这个类的方法，因此也就不存在歧义。

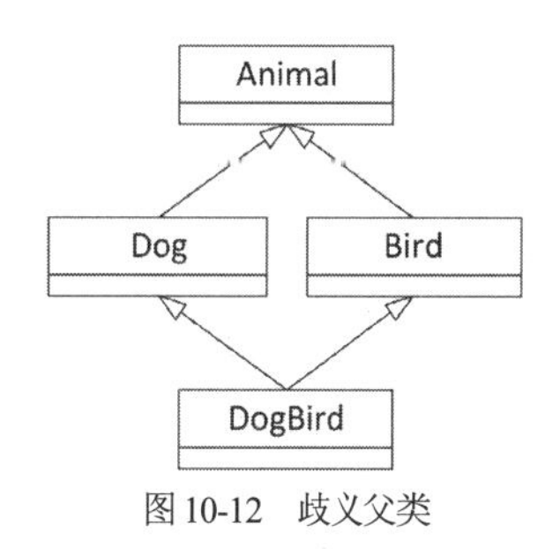

图10-12 歧义父类

如果希望被共享的父类拥有自己的功能，C++提供了另一种机制来解决这个问题。如果被共享的基类是一个虚基类(virtual base class)，就不存在歧义。以下代码在Animal基类中添加了sleep()方法，并修改了Dog和Bird类，从而将Animal作为虚基类继承。如果不使用virtual关键字，用DogBird对象调用sleep()会产生歧义，从而导致编译错误。因为DogBird对象有Animal类的两个子对象，一个来自Dog类，另一个来自Bird类。然而，如果Animal被作为虚基类，DogBird对象就只有Animal类的一个子对象，因此调用sleep()也就不存在歧义。

```
class Animal
{
   public:
      virtual void eat() = 0;
      virtual void sleep() { cout << "zzzzz...." << endl; }
};

class Dog : public virtual Animal
{
   public:
      virtual void bark() { cout << "Woof!" << endl; }
      void eat() override { cout << "The dog ate." << endl; }
};

class Bird : public virtual Animal
{
   public:
      virtual void chirp() { cout << "Chirp!" << endl; }
      void eat() override { cout << "The bird ate." << endl; }
};

class DogBird : public Dog, public Bird
{
   public:
      void eat() override { Dog::eat(); }
};

int main()
{
   DogBird myConfusedAnimal;
   myConfusedAnimal.sleep();  // Not ambiguous because of virtual base class
}
```

注意：

虚基类是在类层次结构中避免歧义的好办法。唯一的缺点是许多C++程序员不熟悉这个概念。

10.7 类型转换

第1章介绍了C ++中的基本类型，而第8~10章介绍了如何使用类编写自定义的类型。本节将探讨如何将一种类型转换为另一种类型。

C++提供了5种特定的强制类型转换：const_cast()、static_cast()、reinterpret_cast()、dynamic_cast()和std:: bit_cast()(从C++20开始)。const_cast()在第1章进行了讨论。第1章还介绍了static_cast()，用于在某些基本类型之间进行转换，但在继承的上下文中，还有更多内容要介绍。鉴于已经能够熟练地编写类并了解类的继承，现在仔细研究这些强制类型转换。

注意，旧的C风格的强制类型转换(如(int)myFloat)仍可以在C++中使用，并且仍在现有代码库中广泛使用。C风格的强制类型转换涵盖了所有4种C++强制类型转换，因此它们更容易出错，因为要实现的目标并不总是很明显，并且最终可能会带来意想不到的结果。强烈建议仅在新代码中使用C++风格的强制转换，因为它们更安全，并且在代码中在语法上更加突出。

10.7.1 static_cast()

可以使用static_cast()执行语言直接支持的显式转换。比如，如果编写一个算术表达式，需要将int转换为double以避免整数除法，则可以使用static_cast()。在本示例中，只对i使用static_cast()就足够了，因为这会使两个操作数中的一个变成双精度，从而确保C++执行浮点数除法。

```
int i { 3 };
int j { 4 };
double result { static_cast<double>(i) / j };
```

还可以使用static_cast()执行显式转换，这是用户定义的构造函数或转换例程允许的。比如，如果类A有一个接受类B对象的构造函数，则可以使用static_cast()将B对象转换为A对象。但是，在大多数情况下，需要这种行为时，编译器会自动执行转换。

static_cast()的另一个用途是在继承层次结构中执行向下强制转换，示例如下：

```
class Base
{
    public:
        virtual ~Base()= default;
};

class Derived : public Base
{
    public:
        virtual ~ Derived() = default;
};

int main()
{
    Base* b { nullptr };
    Derived* d { new Derived{} };
    b = d;                           // Don't need a cast to go up the inheritance hierarchy.
    d = static_cast<Derived*>(b);    // Need a cast to go down the hierarchy.

    Base base;
    Derived derived;
    Base& br { derived };
```

```
    Derived& dr { static_cast<Derived&>(br) };
};
```

这些强制类型转换既可以使用指针也可以使用引用。它们不使用对象。

注意，使用 static_cast()的强制类型转换不会执行运行时类型检查。它们允许将任何 Base 指针转换为 Derived 指针，或是将 Base 引用转换为 Derived 引用。即使在运行时，Base 实际上不是 Derived 也是如此。比如，编译并执行以下代码，但使用指针 d 可能会导致潜在的灾难性故障，包括在对象边界之外进行内存覆盖。

```
Base* b { new Base{} };
Derived* d { static_cast<Derived*>(b) };
```

要在运行时类型检查时安全地执行转换，请使用 dynamic_cast()，本章稍后将对此进行说明。

static_cast()不是万能的。不能将一种类型的指针 static_cast()转换为另一种不相关类型的指针；如果没有可用的转换构造函数，则无法将一种类型的对象直接 static_cast()转换为另一种类型的对象；不能将常量类型的 static_cast()转换为非常量类型；不能将指针 static_cast()转换为整数。基本上，根据 C++的类型规则，不能做任何没有意义的事情。

10.7.2 reinterpret_cast()

与 static_cast()相比，reinterpret_cast()的功能更强大，同时安全性也更低。可以使用它执行 C++类型规则中在技术上不允许的某些强制转换，但在某些情况下，这对程序员来说可能是有意义的。比如，即使类型不相关，也可以将一种类型的引用强制转换对另一种类型的引用。同样，可以将指针类型强制转换为任何其他指针类型，即使它们与继承层次结构无关。这通常用于将指针强制转换为 void*类型的指针。这可以隐式完成，因此不需要显式强制转换。但是，将 void*强制转换回正确类型的指针需要 reinterpret_cast()。void*类型的指针只是指向内存中的某个位置。没有类型信息与 void *类型的指针相关联。示例如下：

```
class X {};
class Y {};

int main()
{
    X x;
    Y y;
    X* xp { &x };
    Y* yp { &y };
    // Need reinterpret_cast for pointer conversion from unrelated classes
    // static_cast doesn't work.
    xp = reinterpret_cast<X*>(yp);
      // No cast required for conversion from pointer to void*
    void* p { xp };
    // Need reinterpret_cast for pointer conversion from void*
    xp = reinterpret_cast<X*>(p);
    // Need reinterpret_cast for reference conversion from unrelated classes
    // static_cast doesn't work.
    X& xr { x };
    Y& yr { reinterpret_cast<Y&>(x) };
};
```

reinterpret_cast()并非万能；它对什么可以转化至什么有很多的限制。这些限制在本书不会进一步讨论，因为建议谨慎使用这些类型的强制类型转换。

通常，应谨慎使用 reinterpret_cast()，因为它允许在不执行任何类型检查的情况下进行转换。

警告：

还可以使用 reinterpret_cast()将指针转换为整数类型并返回。但是，只能将指针转换为足够容纳它的整数类型。比如，如果使用 reinterpret_cast()将 64 位指针强制转换为 32 位整数，会导致编译错误。

C++20

10.7.3　std::bit_cast()

C++ 20 引入了 std::bit_cast()，它定义在<bit>中。这是标准库中唯一的强制类型转换；其他强制转换是 C++语言本身的一部分。bit_cast()与 reinterpret_cast()类似，但它会创建一个指定目标类型的新对象，并按位从源对象复制到此新对象。它有效地将源对象的位解释为目标对象的位。bit_cast()要求源对象和目标对象的大小相同，并且两者都是可复制的。示例如下：

```
float asFloat { 1.23f };
auto asUint { bit_cast<unsigned int>(asFloat) };
if (bit_cast<float>(asUint) == asFloat) { cout << "Roundtrip success." << endl; }
```

注意：

普通可复制类型是，组成对象的底层字节可以复制到一个数组中(比如 char)。如果数组的数据随后被复制回对象，则该对象将保持其原始值。

bit_cast()的一个用例是普通可复制类型的二进制 I/O。比如，可以将此类型的各个字节写入文件。当文件读回到内存时，可以使用 bit_cast()正确地解释从文件中读取的字节。

10.7.4　dynamic_cast()

dynamic_cast()提供了对继承层次结构中的强制转换的运行时检查。可以使用它强制转换指针或引用。dynamic_cast()在运行时检查底层对象的运行时类型信息。如果强制转换无效，dynamic_cast()将返回空指针(对于指针)，或者抛出 std::bad_cast 异常(对于引用)。

比如，假设具有以下类层次结构：

```
class Base
{
    public:
        virtual ~Base() = default;
};

class Derived : public Base
{
    public:
        virtual ~Derived() = default;
};
```

下面的示例演示了 dynamic_cats()的正确使用：

```
Base* b;
Derived* d { new Derived{} };
b = d;
d = dynamic_cast<Derived*>(b);
```

下面对于引用的 dynamic_cats()将抛出异常：

```
Base base;
Derived derived;
Base& br { base };
try {
    Derived& dr { dynamic_cast<Derived&>(br) };
} catch (const bad_cast&) {
    cout << "Bad cast!" << endl;
}
```

注意，可以使用 static_cast()或 reinterpret_cast()在继承层次结构上执行相同的强制转换。与 dynamic_cast()的区别在于：dynamic_cast()执行运行时(动态)类型检查，而 static_cast()和 reinterpret_cast()则执行强制转换，即使转换的类型是错误的。

请记住，运行时的类型信息存储在对象的 vtable 中。因此，要使用 dynamic_cast()，类中必须至少具有一个虚方法。如果类没有 vtable，尝试使用 dynamic_cast()会导致编译错误。比如，Microsoft Visual C++会出现以下的错误：

```
error C2683: 'dynamic_cast' : 'MyClass' is not a polymorphic type.
```

10.7.5　类型转换小结

表 10-2 总结了在不同情况下应使用的强制类型转换。

表 10-2　强制类型转换

场景	类型转换
移除 const 属性	const_cast()
语言支持的显式强制转换(比如，将 int 转换为 double，将 int 转换为 bool)	static_cast()
用户定义的构造函数或转换函数支持的显式强制转换	static_cast()
一个类的对象转换为另一个(无关的)类的对象	bit_cast()
在同一继承层次结构中，一个类的指针转换为另一个类的指针	建议 dynamic_cast()，或 static_cast()
在同一继承层次结构中，一个类的引用转换为另一个类的引用	建议 dynamic_cast()，或 static_cast()
指向一种类型的指针转换为指向其他不相关类型的指针	reinterpret_cast()
一种类型的引用转换为其他不相关的类型的引用	reinterpret_cast()
指向函数的指针转换为指向函数的指针	reinterpret_cast()

10.8　本章小结

本章讲述了许多与继承有关的细节。学习了许多与继承有关的应用，包括代码重用和多态性。了解了许多不恰当的继承用法，其中包括设计不当的多重继承。在本章还看到了许多需要特别注意的情况。

继承是一个功能强大的语言特性，需要花费许多时间去熟悉。在学习了本章的示例，并亲自体验之后，希望在面向对象设计中，继承会成为其中可供选择的工具。

10.9　练习

通过完成以下习题，可以巩固本章讨论的知识点。所有练习的答案都可扫描封底二维码下载。然而，如果你困在一个练习中，在网站上查看答案之前，请先重新阅读本章的内容，试着自己找到答案。

练习 10-1　从练习 9-2 中获取 Person 类，并添加一个名为 Employee 的派生类。可以省略练习 9-2 中的运算符<=>的重载。向 Employee 类添加一个数据成员，即 employee ID。提供适当的构造函数。再从 Employee 类派生另外两个类，称为 Manager 类和 Director 类。

将所有的类(包括 Person 类)放置在名为 HR 的名称空间中。注意，可以按以下方式导出名称空间中的所有内容。

```
export namespace HR { /* ... */ }
```

练习 10-2　继续练习 10-1 中的解决方案，向 Person 类添加 toString()方法，返回人员的字符串表示。在 Employee、Manager 和 Director 类中重写此方法，通过将其部分工作委托给父类，以此构建完整的字符串表示。

练习 10-3　从练习 10-2 开始，练习“人”层次结构中类的多态行为。定义一个 vector 用来存储员工、经理和主管的混合，并用一些测试数据填充它。最后，使用一个基于范围的 for 循环，对 vector 中的所有元素调用 toString()。

练习 10-4　在真实的公司中，员工可以晋升为经理或主管。在练习 10-3 的类层次结构中，是否可以添加对此功能的支持？

第11章 零碎的工作

本章内容

- 什么是模块，以及如何编写和使用模块
- 头文件的细节
- static 关键字的不同用法
- C 风格的变长参数列表和预处理器宏

本章讨论了 C++语言的一些特性，这些特性不适合在其他章节中讨论。本章首先详细讨论如何使用模块编写可重用组件，并将其与旧式头文件进行了对比。还讨论了 static 和 extern 关键字的不同用法。本章的最后一部分讨论了一些 C 风格的实用工具：变长参数列表和预处理器宏。

C++20

11.1 模块

模块，在第 1 章中介绍过。在前面的章节中，已经编写并使用了简单的模块。然而，关于模块还有很多事情要讲。在 C++ 20 中引入模块之前，头文件(本章稍后将讨论)是用来为可重用代码段提供接口的。但是头文件确实有很多问题，比如避免多次包含同一个头文件，以及确保头文件以正确的顺序包含。此外，只需要简单的#include(比如#include <iostream>)，就会新增数万行编译器必须处理的代码。如果多个源文件都包含#include <iostream>，那么所有的这些编译单元就会变得更大。这还仅仅只是包含了一个头文件。想象一下，如果需要包含<iostream>、<vector>、<format>等的情形。

模块解决了所有这些问题，甚至更多。模块导入的顺序并不重要。模块只需要编译一次，而不是像头文件那样需要反复编译；因此，可以大大缩短编译时间。模块中的某些修改(比如在模块接口文件中修改一个导出函数的实现)，不会触发该模块的用户重新编译(在本章后面将详细讨论)。模块不受任何外部定义的宏的影响，并且在模块内部定义的任何宏对模块外部的任何代码都不可见。

具有这些优点，如果编译器支持模块，那么新编写的代码应该使用模块。

注意：

如何编译模块取决于编译器。请查阅编译器相关文档，了解如何使用特定编译器编译模块。

> **注意：**
> 在撰写本书时，还没有完全支持模块的编译器。在一些编译器中有实验性的支持，但仍然不完整。本书在所有地方都使用模块。本书尽了最大努力确保一旦编译器完全支持模块，所有示例代码都可以编译，但由于无法编译和测试所有示例，因此可能会出现一些错误。当使用支持模块的编译器时，如果遇到任何代码示例的问题，请仔细检查本书在 www.wiley.com/go/proc++5e 上的勘误表，确认是否为已知问题。如果编译器还不支持模块，则可以将模块化代码转换为非模块化代码，如下所述。

如果想用一个尚不支持模块的编译器来编译本书中的代码示例，可以按如下方式对代码进行非模块化。

- 重命名.cppm 的模块接口文件为.h 的头文件。
- 在每个.h 头文件的顶部添加#pragma once。
- 移除 export module xyz 的声明。
- 使用#include 替换 module xyz 的声明，以包含相应的头文件。
- 使用适当的#include 指令替换 import 和 export import 的声明。
- 移除任何 export 关键字。
- 移除所有出现的 module;，它表示一个全局模块片段的开始。
- 如果函数定义或变量定义出现在.h 的头文件中，则在它前面添加 inline 关键字。

11.1.1 模块接口文件

模块接口文件，是为模块提供的功能定义的接口。模块接口文件通常以.cppm 作为扩展名。模块接口以声明开头，声明该文件正在定义一个具有特定名称的模块。这称为模块声明。模块的名称可以是任何有效的 C++标识符。名称中可以包含点(.)，但不能以点(.)开头或结尾，也不能在一行中包含多个点(.)。有效名称的示例有 datamodel、mycompany.datamodel、mycompany.datamodel.core、datamodel_core 等。

> **注意：**
> 目前，模块接口文件还没有标准化的扩展名。然而，大多数编译器都支持.cppm(C++模块)扩展，所以本书使用的就是这个扩展。请查阅编译器的相关文档，了解需要使用哪个扩展。

模块需要显式地声明要导出的内容，即当用户代码导入模块时，哪些内容应该是可见的。使用 export 关键字从模块中导出实体(比如类、函数、常量、其他模块等)。任何没有从模块中导出的内容，只在该模块中可见。所有导出实体的集合称为模块接口。

下面是一个名为 Person.cppm 的模块接口文件的示例，它定义了 person 模块，并导出了 person 类。注意，它导入了<string>提供的功能。

```
export module person;  // Module declaration

import <string>;       // Import declaration

export class Person    // Export declaration
{
    public:
        Person(std::string firstName, std::string lastName)
            : m_firstName { std::move(firstName) }
            , m_lastName { std::move(lastName) } { }
        const std::string& getFirstName() const { return m_firstName; }
```

```
        const std::string& getLastName() const { return m_lastName; }
    private:
        std::string m_firstName;
        std::string m_lastName;
};
```

可以通过以下方式导入 Person 模块，来使用 Person 类(test.cpp):

```
import person;      // Import declaration for person module
import <iostream>;
import <string>;    // For operator<< for std::string

using namespace std;

int main()
{
    Person person { "Kole", "Webb" };
    cout << person.getLastName() << ", " << person.getFirstName() << endl;
}
```

所有的 C++头文件(比如<iostream>、<vector>、<string>等)，都是所谓的可导入头文件，可以通过 import 声明导入。正如第 1 章介绍的，C++中可用的 C 的头文件不能保证是可导入的。为了安全起见，在 C 的头文件中使用#include 替换 import 声明。这样的#include 指令应该放在所谓的全局模块片段中，它必须出现在任何命名模块的声明之前，以匿名模块的声明开始。全局模块片段只能包含预处理指令，比如#include。这样的全局模块片段和注释是唯一允许出现在命名模块声明之前的内容。比如，如果需要使用 C 的头文件<cstddef>中的功能，可以如下所示：

```
module;                  // Start of the global module fragment
#include <cstddef>       // Include legacy header files

export module person;    // Named module declaration

import <string>;

export class Person { /* ... */ };
```

在标准术语中，从已命名模块声明到文件末尾的所有内容称为模块主体(module purview)。

几乎所有内容都可以从模块导出，只要它有一个名称。比如类定义、函数原型、类枚举类型、using 声明和指令、名称空间等。如果使用 export 关键字显式导出名称空间，则该名称空间中的所有内容也将自动导出。比如，下面的代码片段导出整个 DataModel 名称空间；因此，没有必要显式地导出单个类和类型别名：

```
export module datamodel;
import <vector>;
export namespace DataModel
{
    class Person { /* ... */ };
    class Address { /* ... */ };
    using Persons = std::vector<Person>;
}
```

还可以使用导出块(export block)导出整个声明块。示例如下:

```
export
{
```

```
    namespace DataModel
    {
        class Person { /* ... */ };
        class Address { /* ... */ };
        using Persons = std::vector<Person>;
    }
}
```

11.1.2 模块实现文件

一个模块可以被拆分为一个模块接口文件和一个或多个模块实现文件。模块实现文件通常以.cpp作为扩展名。可以自由决定将哪些实现移到模块实现文件中，以及将哪些实现留在模块接口文件中。一种选择是将所有函数和方法实现移到模块实现文件中，只在模块接口文件中保留函数原型、类定义等。另一种选择是将小函数和方法的实现留在接口文件中，而将其他函数和方法的实现移到实现文件中。这里有很大的灵活性。

模块实现文件中同样包含一个已命名模块的声明，用于指定实现所针对的模块，但没有 export 关键字。比如，可以将前面的 person 模块拆分为接口和实现文件，如下所示。下面是模块接口文件:

```
export module person;   // Module declaration

import <string>;

export class Person
{
    public:
        Person(std::string firstName, std::string lastName);
        const std::string& getFirstName() const;
        const std::string& getLastName() const;
    private:
        std::string m_firstName;
        std::string m_lastName;
};
```

实现现在位于模块实现文件 Person.cpp 中：

```
module person;  // Module declaration, but without the export keyword

using namespace std;

Person::Person(string firstName, string lastName)
    : m_firstName { move(firstName) }, m_lastName { move(lastName) }
{
}

const string& Person::getFirstName() const { return m_firstName; }
const string& Person::getLastName() const { return m_lastName; }
```

注意，实现文件没有 person 模块的导入声明。module person 的声明隐式包含 import person 的声明。还要注意的是，实现文件中没有<string>的导入声明，即使它在方法的实现中使用了 std::string。正是由于隐式的 import person，并且因为这个实现文件是同一个 person 模块的一部分，所以它隐式地从模块接口文件中继承了<string>的导入声明。与之相反，向 test.cpp 文件添加 import person 的声明并不会隐式地继承<string>的导入声明，因为 test.cpp 不是 person 模块的一部分。关于这一点还有很多展开的，这是即将到来的“可见性与可访问性”章节的主题。

> **注意：**
> 模块接口和模块实现文件中的所有导入声明都必须位于文件的顶部，在已命名模块声明之后，但需要在任何其他声明之前。

类似于模块接口文件，如果需要在模块实现文件中，使用#include 指令导入已有的头文件，则应该将它们放在全局模块片段中，并使用与模块接口文件相同的语法。

> **警告：**
> 模块实现文件不能导出任何内容；只有模块接口文件可以。

11.1.3　从实现中分离接口

当使用头文件而不是模块时，强烈建议只把声明放在头文件(.h)中，并将所有实现移到源文件(.cpp)中。原因之一是可以缩短编译时间。如果将实现放在头文件中，任何的代码变更，哪怕只是修改注释，都需要重新编译包含该头文件的所有其他源文件。对于某些头文件，这可能会影响整个代码库，导致整个程序完全重新编译。将实现放到源文件中，在不涉及头文件的情况下，对这些实现进行更改，这样只需要重新编译单个源文件。

模块的工作方式是不同的。模块接口(module interface)仅由类定义、函数原型等组成，虽然这些实现在模块接口文件中，但模块接口中不包含任何函数或方法的实现。因此，只要变更不涉及模块接口的部分，变更模块接口文件中的函数/方法的实现是不需要重新编译该模块的，比如函数头(函数名、参数列表和返回类型)。但有两个例外，使用 inline 关键字标记的函数或方法和模板的定义。对于这两者，编译器需要在编译使用它们的用户代码时知道其完整实现。因此，内联函数/方法或模板定义的任何变更都可能引发用户代码的重新编译。

> **注意：**
> 当头文件中的类定义中包含方法的实现，那么这些方法是隐式的内联，尽管没有使用 inline 关键字标识它们。对于在模块接口文件中的类定义里的方法实现来说，却又不一样了。如果要变成内联方法，就需要使用 inline 关键字显式标识它们。

尽管从技术上讲，不再需要将接口从实现中分离，但在某些情况下，我仍建议这么做。其主要目的是创建整洁和易读的接口。只要不会模糊接口和不会增加用户快速掌握公共接口提供的内容的难度，函数的实现就可以保留在接口中。例如，如果一个模块有一个规模很大的公共接口，那么最好不要使用模糊的接口实现，这样可以更好地了解所提供的内容。尽管如此，规模小的 getter 和 setter 函数仍然可以保留在接口中，因为不会影响接口的可读性。

将接口从实现中分离可以通过几种方式实现。一种是将模块拆分为接口文件和实现文件，如上一节所讨论的。另一种是在单个模块的接口文件中拆分接口和实现。例如，下面是定义在单个模块接口文件(person.cppm)中的 Person 类，但该类的实现是从接口中分离的。

```
export module person;
import <string>;
// Class definition
export class Person
{
   public:
```

```
        Person(std::string firstName, std::string lastName);
        const std::string& getFirstName() const;
        const std::string& getLastName() const;
    private:
        std::string m_firstName;
        std::string m_lastName;
};
// implementations
Person::Person(std::string firstName, std::string lastName)
    : m_firstName { std::move(firstName) }, m_lastName { std::move(lastName) } { }
const std::string& Person::getFirstName() const { return m_firstName; }
const std::string& Person::getLastName() const { return m_lastName; }
```

11.1.4　可见性和可访问性

正如前面介绍的，当在不属于 person 模块的另一个源文件(比如 test.cpp 文件)中导入 person 模块时，不会隐式地从 person 模块的接口文件中继承<string>的导入声明。因此，如果在 test.cpp 中没有显式导入<string>，那么 std::string 是不可见的，这意味着以下高亮的代码将无法正常编译。

```
import person;
int main()
{
    std::string str;
    Person person { "Kole", "Webb" };
    const std::string& lastName { person.getLastName() };
}
```

尽管如此，即使在 test.cpp 中没有显式导入<string>，下面的代码也可以正常工作。

```
const auto& lastName { person.getLastName() };
auto length { lastName.length() };
```

为什么会这样呢？在 C++中，实体的可见性(visibility)和可访问性(reachability)是有区别的。通过导入 person 模块，<string>中的功能变得可访问，但并不可见；可访问类的成员函数自动变得可见。所有这些都意味着可以使用<string>中的某些功能，比如使用自动类型推断(auto type deduction)和调用 length()等方法，将 getLastName()的结果存储在变量中。

为了使 std::string 名称在 test.cpp 中可见，需要显式导入<string>。当想要使用(比如下面代码中的运算符<<)时，这样的显式导入是必要的。这是因为运算符<<不是 std::string 的方法，而是只有通过导入<string>才可见的非成员函数。

```
cout << person.getLastName() << endl;
```

11.1.5　子模块

C++标准中并没有描述子模块(submodule)；但是，标准允许在模块名中使用符号点(.)，这就可以用任何的层次结构来组织模块。比如，之前的章节给出的名称空间 DataModel 示例如下：

```
export module datamodel;
import <vector>;
export namespace DataModel
{
    class Person { /* ... */ };
    class Address { /* ... */ };
```

```
    using Persons = std::vector<Person>;
}
```

类Person和类Address都位于名称空间DataModel和模块datamodel中。这可以通过定义两个子模块来重新进行构造：datamodel.person和datamodel.address。子模块datamodel.person的模块接口文件如下：

```
export module datamodel.person; // datamodel.person submodule
export namespace DataModel { class Person { /* ... */ }; }
```

下面是子模块datamodel.address的模块接口文件：

```
export module datamodel.address; // datamodel.address submodule
export namespace DataModel { class Address { /* ... */ }; }
```

最后，模块datamodel的定义如下。它导入并立即导出两个子模块。

```
export module datamodel;           // datamodel module
export import datamodel.person;    // Import and export person submodule
export import datamodel.address;   // Import and export address submodule
import <vector>;
export namespace DataModel { using Persons = std::vector<Person>; }
```

当然，子模块中类的方法实现也可以放入模块实现文件中。比如，假设类Address有一个默认构造函数，它只打印一条语句到标准输出流中；这个实现可以放在文件datamodel.address.cpp中：

```
module datamodel.address;  // datamodel.address submodule
import <iostream>;
using namespace std;
DataModel::Address::Address() { cout << "Address::Address()" << endl; }
```

使用子模块构造代码的好处是：用户可以一次导入他们想要使用的模块特定部分或全部内容。例如，如果用户只对类Address的使用感兴趣，那么下面的import声明就足够了。

```
import datamodel.address;
```

另一方面，如果客户端代码需要访问模块datamodel中的所有内容，那么下面的导入声明是最简单的。

```
import datamodel;
```

11.1.6 模块划分

另一种构建模块的方法是将它们拆分到单独的分区中。子模块和分区之间的区别是：子模块的构造对模块的用户来说是可见的，允许用户有选择地只导入想要使用的子模块。另一方面，分区用于在内部构造模块。分区不对模块的用户公开。在模块接口分区文件(module interface partition file)中声明的所有分区，最终必须由主模块接口文件导出。一个模块通常只有一个这样的主模块接口文件，那就是包含导出模块名称声明的接口文件。

模块分区名创建时使用冒号将模块名和分区名分隔开。分区名可以是任何合法的标识符。例如，前一节中的DataModel模块可以使用分区而不是子模块来重新构造。下面是在模块接口分区文件datamodel.person.cppm的person分区：

```
export module datamodel:person; // datamodel:person partition
export namespace DataModel { class Person { /* ... */ }; }
```

下面是包含默认构造函数的address分区：

```
export module datamodel:address;  // datamodel:address partition
export namespace DataModel
{
    class Address
    {
    public:
        Address();
        /* ... */
    };
}
```

但是，将实现文件与分区结合使用时需要注意：每个特定分区名称只能用于唯一的文件。因此，以下声明开头的实现文件的格式是不正确的。

```
module datamodel:address;
```

相反，可以将address分区的实现放在datamodel模块的实现文件中，示例如下：

```
module datamodel; // Not datamodel:address!
import <iostream>;
using namespace std;
DataModel::Address::Address() { cout << "Address::Address()" << endl; }
```

警告：

在初始化引用之后无法改变引用所指的变量，而只能改变该变量的值。

多个文件不能具有相同的分区名称。因此，具有多个相同分区名的模块接口分区文件是非法的，并且对于模块接口分区文件中声明的实现，也不能出现在具有相同分区名的实现文件中。只需要将这些实现放在模块的实现文件中即可。

需要记住的重点是，在编写分区结构中的模块时，每个模块接口的分区最终都必须由主模块接口文件直接或间接导出。要导入分区，只需要指定(以冒号作为前缀)分区名称，比如import:person。而import datamodel:person这样的则是非法的。记住，分区不会对模块的用户公开。分区只能在内部构造模块。因此，用户不能导入特定的分区；只能导入整个模块。分区只能在模块内部导入，因此在冒号之前指定模块名称是多余的(也是非法的)。下面是datamodel模块的主模块接口文件：

```
export module datamodel;   // datamodel module (primary module interface file)
export import :person;     // Import and export person partition
export import :address;    // Import and export address partition
import <vector>;
export namespace DataModel { using Persons = std::vector<Person>; }
```

这个分区结构的datamodel模块可以按以下方式使用：

```
import datamodel;
int main() { DataModel::Address a; }
```

注意：

分区用于在内部构造模块。分区在模块外部不可见。因此，模块的用户无法导入特定的分区；只能导入整个模块。

前面已经解释过模块名称声明中隐式包括导入名称声明，但分区不是这样的。

比如 datamodel:person 分区没有隐式导入 datamodel 的声明。在本例中，甚至不允许在 datamodel:person 接口分区文件中显式导入 datamodel。因为这样做将导致循环依赖：datamodel 接口文件中包含 import:person 的声明，而 datamodel:person 接口分区文件中包含 import datamodel 声明。

要打破这种循环依赖关系，可以将 datamodel:person 分区需要的功能从 datamodel 接口文件中转移至另一个分区，随后 datamodel:person 接口分区文件和 datamodel 接口文件便都可以导入该分区。

实现分区

分区并不需要在模块的接口文件中声明，也可以在模块的实现分区文件(扩展名为.cpp 的常规源码文件)中声明。这种情况下，它是实现分区，有时也称为内部分区。主模块的接口文件不会导出这样的分区。

例如，假设具有以下 math 主模块的接口文件(math.cppm)：

```
export module math; // math module declaration
export namespace Math
{
    double superLog(double z, double b);
    double lerchZeta(double lambda, double alpha, double s);
}
```

进一步假设，math 函数的实现需要一些辅助函数，这些辅助函数不能被模块导出。实现分区是放置此类辅助函数的理想场所。下面在名为 math_helpers.cpp 的文件中定义了这类实现分区：

```
module math:details; // math:details implementation partition
double someHelperFunction(double a) { return /* ... */ ; }
```

其他的 math 模块实现文件可以通过导入此实现分区来访问这些辅助函数。比如，math 模块的实现文件(math.cpp)可能如下所示：

```
module math;
import :details;
double Math::superLog(double z, double b) { return /* ... */; }
double Math::lerchZeta(double lambda, double alpha, double s) { return /* ... */; }
```

当然，只有当多个其他源文件都使用这些辅助函数的情况下，将实现分区与辅助函数一起使用才会有效果。

11.1.7　头文件单元

导入模块时，可以使用导入声明，示例如下：

```
import person;
```

如果有遗留代码，比如定义 Person 类的 person.h 头文件，则可以通过将其转换为适当的模块(person.cppm)进行模块化，并导入声明使其对用户代码可用。但是，有时不能模块化这类头文件。也许对于还不支持模块的编译器，Person 类应该保持可用。或者 person.h 头文件是不能修改的第三方库的一部分。在这种情况下，可以如下所示，直接导入头文件：

```
import "person.h";  // Can also include a relative or absolute path.
```

有了这样的声明，person.h 头文件中的所有内容都将隐式导出。此外，头文件中定义的宏对于用户代码可见，但实际模块中却并非如此。

相比#include 头文件，导入头文件可以提高构建效率，因为 person.h 头文件将隐式转换为模块，因此只需要编译一次，而不是在源文件中#include 头文件时每次都进行编译。因此，它可以作为支持所谓的预编译头文件的标准化方式，而不是使用依赖于编译器的预编译头文件的支持。

对于每个命名头文件的导入声明，编译器必须创建一个模块，该模块具有类似于头文件定义的导出接口。这称为头文件单元。此过程取决于编译器，因此请参阅编译器的文档，了解如何使用头文件单元。

11.2 头文件

在介绍 C++20 的模块之前，头文件被用作一种为子系统或代码段提供接口的机制。第 1 章简要介绍了头文件。基本上，头文件最常见的用法是用于声明在其他地方定义的函数。函数声明告诉编译器如何调用函数，声明形参的数量和类型，以及函数的返回类型。定义则包含该函数的实际代码。在 C++中，声明通常放入头文件中，扩展名为.h，而定义通常放入源文件中，扩展名为.cpp。本书在任何地方都将使用 C++ 20 的模块，但本节将会简要讨论使用头文件时一些复杂的情况，比如避免重复定义和循环依赖，因为在系统遗留代码中可能会遇到这些问题。

11.2.1 重复定义

假设 A.h 包含 Logger.h 头文件，Logger.h 头文件中定义了 Logger 类；B.h 也包含 Logger.h。如果具有一个名为 App.cpp 的源文件，其中同时包含 A.h 和 B.h，将会得到 Logger 类的重复定义，因为 Logger.h 头文件包含在 A.h 和 B.h 中。

这种重复定义的问题可以通过一种称为包含保护(也称为头文件保护)的机制来避免。下面的代码段显示了具有包含保护的 Logger.h 头文件。在每个头文件的开头，#ifndef 指令检查是否有某个标识符没有被定义。如果标识符已定义，那么编译器将会跳转至匹配的#endif(通常将其放置在文件的末尾)。如果没有定义标识符，将会继续定义该标识符，以便跳过同一文件的后续包含。

```
#ifndef LOGGER_H
#define LOGGER_H

class Logger { /* ... */ };

#endif // LOGGER_H
```

另外，现在几乎所有的编译器都支持#pragma once 指令，它取代了 include 保护指令。在头文件的开头放置#pragma once，可以确保它只会被导入一次，从而避免了由于多次包含头而导致的重复定义。示例如下：

```
#pragma once

class Logger { /* ... */ };
```

11.2.2 循环依赖

避免头文件问题的另一个工具是前向声明(forward declaration)。如果需要引用一个类，但不能包含它的头文件(比如，它严重依赖于正在编写的类)，则可以(通过前向声明)告诉编译器该类存在，而不需要通过#include 提供正式的定义。当然，不能在代码中实际使用该类，因为编译器对它还一无所知，只知道已命名的类将在所有内容链接在一起后存在于内存中。但仍然可以在代码中，通过指针和引用来引用前向声明的类。还可以声明按值返回的此类前向声明的类，或者声明一个函数，该函数的参数按值传递，类型为前向声明的类。当然，对于定义了函数的代码和调用该函数的任何代码，都需要包含正确定义了前向声明的类的头文件。

比如，假设 Logger 类使用另一个名为 Preferences 的类来跟踪用户的设置。Preferences 类可能反过来使用 Logger 类，因此会具有循环依赖关系，而且不能通过包含保护来解决。在这种情况下，需要使用前向声明。在下面的代码中，Logger.h 头文件使用了 Preferences 类的前向声明，因此可以在不包括其头文件的情况下，引用 Preferences 类。

```
#pragma once

#include <string_view>

class Preferences;  // forward declaration

class Logger
{
    public:
        void setPreferences(const Preferences& prefs);
        void logError(std::string_view error);
};
```

建议尽可能在头文件中使用前向声明，而不是包含其他头文件。这么做可以减少编译和重新编译的时间，因为它打破了当前头文件对其他头文件的依赖。当然，实现文件还是需要包含正确的头文件，即已前向声明的类型头文件；否则，它将无法通过编译。

11.2.3　查询头文件是否存在

若要查询某个头文件是否存在，请使用__has_include("filename")或__has_include(<filename>)预处理器常量表达式。如果头文件已经存在，则返回值为 1，否则为 0。例如，在 C++17 完全批准使用<optional>头文件之前，某些编译器已经在<experimental/optional>中具有初步版本。可以使用__has_include()检查这两个头文件中哪一个在系统中可用：

```
#if __has_include(<optional>)
    #include <optional>
#elif __has_include(<experimental/optional>)
    #include <experimental/optional>
#endif
```

11.3　核心语言特性的特性测试宏

C++20 新增了特性测试宏(feature test macros)，用于检测编译器支持哪些核心语言特性。所有这些宏都以__cpp_或__has_cpp_开头。示例如下：

- __cpp_range_based_for
- __cpp_binary_literals
- __cpp_char8_t
- __cpp_generic_lambdas
- __cpp_consteval

- __cpp_coroutines
- __has_cpp_attribute(fallthrough)
- ...

这些宏的值是一个数字，表示添加或更新特定特性的月份和年份。日期格式为 YYYYMM。比如，__has_cpp_attribute(nodiscard)的值可以是 201603，即 2016 年 3 月，这是[[nodiscard]]属性首次引入的日期，或者可以是 201907，即 2019 年 7 月，这是根据属性指定的理由(比如[[nodiscard("Reason")]])，更新日期。

在第 16 章“C++标准库概述”中，对于标准库特性，也有类似的特性测试宏。

> **注意：**
> 除非正在编写非常通用的跨平台和跨编译器库，否则几乎不需要这些特性测试宏。在第 34 章“开发跨平台和跨语言应用程序”中，将会讨论跨平台开发。

11.4 STATIC 关键字

在 C++中，static 关键字有多种用法，这些用法之间好像没有关系。“重载”关键字的部分原因是为了避免在语言中引入新的关键字。

11.4.1 静态数据成员和方法

可以声明类的静态数据成员和方法。与非静态数据成员不同，静态数据成员不是对象的一部分。相反，这个数据成员只有一个副本，这个副本存在于类的任何对象之外。

静态方法与此类似，位于类层次(而不是对象层次)。静态方法不会在某个特定对象的上下文中执行；因此，它没有隐式的 this 指针。但这也意味着静态方法不能标记为 const。

在第 9 章“掌握类和对象”中，提供了静态数据成员和静态方法的示例。

11.4.2 静态链接

在介绍用于链接的 static 关键字之前，首先需要理解 C++中的链接概念。C++的每个源文件都是单独编译的，编译得到的目标文件会彼此链接。C++源文件中的每个名称(包括函数和全局变量)都具有外部或内部的链接。外部链接意味着这个名称在其他源文件中也有效。内部链接(也称为静态链接)意味着在其他源文件中无效。默认情况下，函数和全局变量都具有外部链接。但是，可以在声明前面加上 static 关键字来指定内部(或静态)链接。比如，假设有两个源文件：FirstFile.cpp 和 AnotherFile.cpp。下面的代码是 FirstFile.cpp：

```
void f();

int main()
{
    f();
}
```

注意，这个文件提供了函数 f()的原型，但没有显式给出定义。下面的代码是 AnotherFile.cpp：

```
import <iostream>;

void f();
```

```
void f()
{
    std::cout << "f\n";
}
```

这个文件提供函数 f()的原型和定义。注意，在两个不同的文件中为同一个函数编写原型是合法的。如果将原型放在头文件中，并且每个源文件中都用#include 包含这个头文件，那么预处理器就会自动在每个源文件中给出函数原型。在下面的示例中，不使用头文件。过去使用头文件的原因是，它是更易于维护(并保持同步)原型的一个副本，但是从 C++20 开始，使用模块时建议不要使用头文件。

这些源文件中都可以成功编译，并且程序链接也没有问题：因为 f()具有外部链接，main()可以从其他文件调用它。

但是，假设对 AnotherFile.cpp 中的函数 f()的原型应用了 static 关键字。注意，不需要在函数 f()的定义前重复 static 关键字。只要它位于函数名称的第一个实例之前，就不需要重复它。

```
import <iostream>;

static void f();

void f()
{
    std::cout << "f\n";
}
```

现在，每个源文件都可以正确编译，但是链接时却失败了，这是因为函数 f()具有内部(静态)链接，从而使得 FirstFile.cpp 中无法使用这个函数。如果在源文件中定义了静态方法但是没有使用它，有些编译器会给出警告(指出这些方法不应该是静态的，因为其他文件可能会用到它们)。

将 static 用于内部链接的另一种方式是使用匿名的名称空间。将变量或函数封装到一个没有名字的名称空间中，而不是使用 static 关键字，示例如下：

```
import <iostream>;

namespace
{
    void f();

    void f()
    {
        std::cout << "f\n";
    }
}
```

在同一源文件中，可在声明匿名名称空间之后的任何位置访问名称空间中的项，但不能在其他源文件中访问。这一语义与 static 关键字相同。

> **警告：**
> 要获得内部链接，建议使用匿名的名称空间，而不要使用 static 关键字。

extern 关键字

extern 关键字好像是 static 关键字的反义词，将它后面的名称指定为外部链接，在某些情况下可以使用这种方法。例如，默认情况下，const 和 typedef 具有内部链接，可以使用 extern 使其变为外部链接。但是，extern 有一点复杂。当指定某个名称为 extern 时，编译器会将这条语句当作声明，而不是定义。对于变量，这意味着编译器不会为其分配空间。必须为这个变量提供单独的，而不是使用 extern 关键字的定义行。例如，下面是 AnotherFile.cpp 中的内容：

```
extern int x;
int x { 3 };
```

或者，可以在 extern 语句中初始化 x，然后将其作为声明和定义。

```
extern int x { 3 };
```

在这种情况下，extern 不是非常有用，因为默认情况下，x 具有外部链接。当另一个源文件 FirstFile.cpp 使用 x 时，才会真正用到 extern：

```
import <iostream>;

extern int x;

int main()
{
    std::cout << x << std::endl;
}
```

本例中 FirstFile.cpp 使用了 extern 声明，因此可以使用 x。编译器需要知道 x 的声明之后，才能在 main()中使用它。然而，如果在声明 x 时没有使用 extern 关键字，编译器会认为这是一个定义，并为 x 分配空间，从而导致链接失败(因为有两个全局作用域的 x 变量)。使用 extern 关键字，就可以在多个源文件中全局访问这个变量。

警告：
不建议使用全局变量。全局变量令人困惑且容易出错，尤其是在大型程序中。请明智地使用它们！

11.4.3 函数中的静态变量

在 C++中，static 关键字的最终目的是创建离开和进入作用域时都可保留值的局部变量。函数中的静态变量就像只能在函数内部访问的全局变量。静态变量最常见的用法是“记住”某个函数是否执行了特定的初始化操作。比如，下面的代码就使用了这一技术：

```
void performTask()
{
    static bool initialized { false };
    if (!initialized) {
        cout << "initializing" << endl;
        // Perform initialization.
        initialized = true;
    }
    // Perform the desired task.
}
```

但是，静态变量容易让人迷惑，在构建代码时通常有更好的方法，以避免使用静态变量。在这种情况下，可以编写一个类，用构造函数执行所需的初始化操作。

注意：
避免使用单独的静态变量，为了维持状态可以改用对象。

但有时，它们十分有用。一个示例是实现 Meyer 的单例设计模式，详情请参阅第 33 章“应用设计模式”。

注意：
performTask()的实现不是线程安全的；它包含一个竞态条件。在多线程环境中，需要使用原子或其他机制来同步多个线程。关于多线程的详细讨论，请参阅第 27 章“使用 C++进行多线程编程”。

11.4.4 非局部变量的初始化顺序

在结束静态数据成员和全局变量的主题之前，请考虑这些变量的初始化顺序。在 main()开始之前，将初始化程序中的所有全局变量和静态类数据成员。对于给定源文件中的变量，将按照它们在源文件中出现的顺序进行初始化。例如，在下面的示例中，Demo::x 一定会在 y 之前初始化。

```
class Demo
{
    public:
        static int x;
};
int Demo::x { 3 };
int y { 4 };
```

然而，C++没有提供规范，用以说明在不同源文件中初始化非局部变量的顺序。如果在某个源文件中有一个全局变量 x，在另一个源文件中有一个全局变量 y，无法知道哪个全局变量将首先初始化。通常，不需要关注这一规范的缺失，但如果某个全局变量或静态变量依赖于另一个变量，就可能引发问题。对象的初始化意味着调用构造函数，全局对象的构造函数可能会访问另一个全局对象，并假定另一个全局对象已经构建。如果这两个全局对象在不同的源文件中声明，就不能指望一个全局对象在另一个全局对象之前构建，也无法控制它们的初始化顺序。不同编译器可能有不同的初始化顺序，即使同一编译器的不同版本也可能如此，甚至在项目中添加另一个源文件也可能影响初始化顺序。

警告：
在不同源文件中，非局部变量的初始化顺序是不确定的。

11.4.5 非局部变量的销毁顺序

非局部变量的销毁顺序与其初始化顺序相反。对于不同源文件中的非局部变量，初始化的顺序是不确定的，这意味着其销毁的顺序也是不确定的。

11.5 C 的实用工具

一些晦涩的 C 特性在 C++中也可以用。本节研究其中的两个特性：变长参数列表(variable-length argument lists)和预处理器宏(preprocessor macros)。

11.5.1 变长参数列表

本节将介绍旧的 C 风格的变长参数列表。需要知道它们是如何工作的，因为可能会在遗留代码中看到它们。然而，在新的代码中，应该通过变参模板使用类型安全的变长参数列表，变参模板将在第 26 章“高级模板”中进行介绍。对于<cstdio>中的 C 函数 printf()，可以使用任意数量的参数来调用它

```
printf("int %d\n", 5);
printf("String %s and int %d\n", "hello", 5);
printf("Many ints: %d, %d, %d, %d, %d\n", 1, 2, 3, 4, 5);
```

C/C++提供了语法和一些实用宏，用于编写具有可变数量的函数。这些函数通常看起来很像 printf()。尽管并非经常需要，但偶尔需要这个特性。例如，假设想编写一个快速调试的函数，如果设置了调试标记，这个函数向 stderr 输出字符串，但如果没有设置调试标记，就什么都不做。与 printf() 一样，这个函数应该能接收任意数目和任意类型的参数并输出字符串。这个函数的简单实现如下所示：

```
#include <cstdio>
#include <cstdarg>

bool debug { false };

void debugOut(const char* str, ...)
{
    va_list ap;
    if (debug) {
        va_start(ap, str);
        vfprintf(stderr, str, ap);
        va_end(ap);
    }
}
```

首先，注意 debugOut()函数的原型包含一个具有类型和名称的参数 str，之后是省略号(...)，这代表任意数目和类型的参数。如果要访问这些参数，必须使用<cstdarg>中定义的宏。声明一个 va_list 类型的变量，并调用 va_start()对其进行初始化。va_start()的第二个参数必须是参数列表中最右边的已命名变量。所有具有变长参数列表的函数都至少需要一个已命名的参数。debugOut()函数只是将列表传递给 vfprintf()(<cstdio>中的标准函数)。vfprintf()的调用返回时，debugOut()调用 va_end()来终止对变长参数列表的访问。在调用 va_start()之后，必须总是调用 va_end()，以确保函数结束后，栈处于稳定的状态。

函数 debugOut()的用法如下：

```
debug = true;
debugOut("int %d\n", 5);
debugOut("String %s and int %d\n", "hello", 5);
debugOut("Many ints: %d, %d, %d, %d, %d\n", 1, 2, 3, 4, 5);
```

1. 访问参数

如果想要访问实际参数，那么可以使用 va_arg()；它接收 va_list 作为第一个参数，以及需要解析的参数的类型作为第二个参数。但是，如果不提供显示的方法，就无法知道参数列表的结尾是什么。例如，可以将第一个参数作为参数个数的计数。或者，当参数是一组指针时，可以要求最后一个指针是 nullptr。方法很多，但对于程序员来说，所有方法都很麻烦。

下面的示例演示了这种技术，其中调用者在第一个已命名参数中指定了所提供参数的数目。函数接收任意数目的 int 参数，并将其输出。

```
void printInts(size_t num, ...)
{
    va_list ap;
    va_start(ap, num);
    for (size_t i { 0 }; i < num; ++i) {
        int temp { va_arg(ap, int) };
        cout << temp << " ";
    }
    va_end(ap);
    cout << endl;
}
```

可以按以下方式调用 printInts()。注意，第一个参数将指定后面整数的数目。

```
printInts(5, 5, 4, 3, 2, 1);
```

2. 为什么不应该使用 C 风格的变长参数列表

访问 C 风格的变长参数列表并不十分安全。从 printInts()函数可以看出，这种方法存在以下风险：

- **不知道参数的数目。**在 printInts()中，必须信任调用者传递了与第一个参数指定的数目相等的参数。在 debugOut()中，必须相信调用者在字符数组之后传递的参数数目与字符数组中的格式代码一致。
- **不知道参数的类型。**va_arg()接收一种类型，用来解释当前的值。然而，可让 va_arg()将这个值解释为任意类型，无法验证正确的类型。

> **警告：**
> 避免使用 C 风格的变长参数列表。使用第 1 章介绍的初始化列表时，最好传入 std::array 或者值矢量；对于类型安全的变长参数列表，可以使用变参模板，这一主题将在第 22 章讲述。

11.5.2 预处理器宏

可使用 C++预处理器编写宏，这与函数有点相似。下面是一个示例：

```
#define SQUARE(x) ((x) * (x)) // No semicolon after the macro definition!

int main()
{
    cout << SQUARE(5) << endl;
    return 0;
}
```

宏是 C 遗留下来的特性，非常类似于内联函数，但不执行类型检测。在调用宏时，预处理器会自动使用扩展式替换。预处理器并不会真正地应用函数调用语义，这一行为可能导致无法预测的结果。例如，如果用 2+3 而不是 5 调用 SQUARE 宏，考虑一下会发生什么，如下所示。

```
cout << SQUARE(2 + 3) << endl;
```

SQUARE 宏的计算结果应为 25，结果确实如此。然而，如果在宏定义中省略部分圆括号，这个宏看上去是这样的：

```
#define SQUARE(x) (x * x)
```

现在，调用 SQUARE(2 + 3)的结果是 11，而不是 25！注意宏只是自动扩展，而不考虑函数调用语义。这意味着在宏中，x 被替换为 2+3，扩展式是：

```
cout << (2 + 3 * 2 + 3) << endl;
```

按照正确的操作顺序，这行代码首先执行乘法，然后是加法，结果是 11 而不是 25。

宏还会影响性能，假定按如下方式调用 SQUARE 宏：

```
cout << SQUARE(veryExpensiveFunctionCallToComputeNumber()) << endl;
```

预处理器把它替换为：

```
cout << ((veryExpensiveFunctionCallToComputeNumber()) *
        (veryExpensiveFunctionCallToComputeNumber())) << endl;
```

现在，这个开销很大的函数调用了两次。这是避免使用宏的另一个原因。

宏还会导致调试问题，因为编写的代码并非编译器看到的代码或者调试工具中显示的代码(因为预处理器的查找和替换功能)。为此，应该全部用内联函数替代宏。在这里详细讲述宏，只是因为相当多的 C++代码使用了宏，为了阅读并维护这些代码，应该理解宏。

> **注意：**
> 大多数编译器可将经过预处理器处理的源代码输出到某个文件。使用这个文件可以观察预处理器是如何处理文件的。例如，使用 Microsoft VC++时需要使用/P 选项，使用 GCC 时，可以使用-E 选项。

11.6 本章小结

本章从编写和使用 C++20 模块的细节开始，然后是使用旧式头文件的一些棘手的方面。还介绍了 static 和 extern 关键字的不同用法。

本章最后讨论了如何编写 C 风格的变长参数列表以及如何编写预处理器宏。理解这两个主题都很重要，因为可能会在遗留代码中看到它们。但是，在任何新编写的代码中都应避免使用它们。

下一章将开始讨论如何编写通用代码的模板。

11.7 练习

通过完成以下习题，可以巩固本章讨论的知识点。所有练习的答案都可扫描封底二维码下载。然而，如果你困在一个练习中，在网站上查看答案之前，请先重新阅读本章的内容，试着自己找到答案。

练习 11-1 在 Simulator 名称空间中编写一个名为 Simulator 的单文件模块，其中包含两个类 CarSimulator 和 BikeSimulator。课程的内容对于这些练习并不重要。只需要提供一个将消息输出到标准输出的默认构造函数。在 main()函数中测试编写的代码。

练习 11-2 练习 11-1 中的解决方案将模块分成几个文件：一个没有任何实现的主模块接口文件和两个模块实现文件，一个用于 CarSimulator 类，一个用于 BikeSimulator 类。

练习 11-3 将练习 11-2 中的解决方案转换为使用一个主模块接口文件和两个模块接口分区文件，一个用于包含 CarSimulator 类的模拟器：car 分区；另一个用于包含 BikeSimulator 类的模拟器：bike 分区。

练习 11-4　对于练习 11-3 中的解决方案，添加一个名为 internals 的实现分区，该分区在 Simulator 名称空间中包含一个名为 convertMilesToKm(double miles)的辅助方法。一英里等于 1.6 公里。在 CarSimulator 类和 BikeSimulator 类中都添加一个名为 setOdometer(double miles)的方法，这个方法使用辅助方法将给定的英里转换为公里，然后将其输出到标准输出中。在 main()函数中确认 setOdometer()对这两个类都有效。还要确认 main()函数不能调用 convertMilesToKm()。

第12章 利用模板编写泛型代码

本章内容

- 如何编写类模板
- 编译器处理模板的方式
- 组织模板源代码
- 使用非类型模板参数
- 编写单独类方法模板
- 为特定类型自定义类模板
- 模板和继承的结合
- 如何编写别名模板
- 如何编写函数模板
- 将函数模板设置为类模板的友元
- 使用缩写函数模板语法
- 使用变量模板
- 使用概念指定模板参数的要求

C++不仅支持面向对象编程，还支持泛型编程(generic programming)。根据第6章“设计可重用代码”的讨论，泛型编程的目的是编写可重用的代码。在C++中，泛型编程的基本工具是模板。尽管从严格意义上说，模板并不是一个面向对象的特性，但模板可与面向对象编程结合使用，从而产生强大的作用。很多程序员认为模板是C++中难度最高的一部分，因此尽量避免使用模板。但是，作为一名专业的C++程序员，应该对模板有所了解。

本章列出了满足第6章讨论的一般性设计原则所需的编码细节，第22章“高级模板”将讨论一些高级模板特性。

12.1 模板概述

面向过程编程范式中主要的编程单元是过程或函数。主要使用的是函数，因为函数可用于编写不依赖特定值的算法，从而被很多不同的值重用。例如，C++中的 sqrt()函数计算调用者指定的值的平方根。只能计算一个数字(例如 4)的平方根的函数没有什么实际用途。sqrt()函数是基于参数编写的，参数实际上是一个占位符，可表示调用者传入的任何数值。用计算机科学家的话说，就是用函数参数化值。

面向对象编程范式中加入了对象的概念，对象将相关的数据和行为组织起来，但它并没有改变函数和方法参数化值的方式。

模板将参数化的概念推进了一步，不仅允许参数化值，还允许参数化类型。C++中的类型不仅包括基本类型，例如 int 和 double，还包括用户定义的类，例如 SpreadsheetCell 和 CherryTree。使用模板，不仅可编写不依赖特定值的代码，还能编写不依赖那些值类型的代码。例如，不需要为保存 int、Car 和 SpreadsheetCell 而编写不同的栈类，但可以编写一个栈的类定义，这个类定义可用于任何类型

尽管模板是一个令人惊叹的语言特性，但由于 C++模板的语法令人费解，很多程序员会选择忽略或避免使用模板。不过，每个程序员至少需要知道如何使用模板，因为程序库(例如 C++标准库)中广泛使用了模板。

这一章讲解 C++中的模板支持，重点讲述模板在标准库中的使用。在学习过程中，可以学会一些有用的细微特性，除了标准库之外，还可以在程序中使用这些特性。

12.2 类模板

类模板定义了一个类，其中，将一些变量的类型、方法的返回类型和/或方法的参数类型指定为参数。类模板主要用于容器，或用于保存对象的数据结构。本节使用一个 Grid 容器作为示例。为了让这些例子长度合理，且足够简单地演示特定的知识点，本章不同的小节会向 Grid 容器添加一些特性，这些特性在接下来的几个章节中将不会被用到。

12.2.1 编写类模板

假设想要一个通用的棋盘类，可将其用作象棋棋盘、跳棋棋盘、井字游戏棋盘或其他任何二维的棋盘。为让这个棋盘通用，这个棋盘应该能保存象棋棋子、跳棋棋子、井字游戏棋子或其他任何游戏类型的棋子。

1. 编写不使用模板的代码

如果不使用模板，编写通用棋盘最好的方法是采用多态技术，保存通用的 GamePiece 对象。然后，可让每种游戏的棋子继承 GamePiece 类。例如，在象棋游戏中，ChessPiece 可以是 GamePiece 的派生类。通过多态技术，既能保存 GamePiece 的 GameBoard，也能保存 ChessPiece。GameBoard 可以复制，所以 GameBoard 需要能复制 GamePiece。这个实现利用了多态技术，因此一种解决方案是给 GamePiece 基类添加纯虚方法 clone()，它的派生类必须实现 clone()，并返回一个具体的 GamePiece 的副本。GamePiece 基类如下：

```
export class GamePiece
{
    public:
        virtual ~GamePiece() = default;
        virtual std::unique_ptr<GamePiece> clone() const = 0;
};
```

GamePiece 是一个抽象基类。ChessPiece 等具体类派生于它，并实现了 clone()方法。

```
class ChessPiece : public GamePiece
{
    public:
        std::unique_ptr<GamePiece> clone() const override
        {
            // Call the copy constructor to copy this instance
            return std::make_unique<ChessPiece>(*this);
        }
};
```

GameBoard 的实现使用 unique_ptr 的 vector 的 vector 来存储 GamePiece。

```
export class GameBoard
{
    public:
        explicit GameBoard(size_t width = DefaultWidth,
            size_t height = DefaultHeight);
        GameBoard(const GameBoard& src);  // copy constructor
        virtual ~GameBoard() = default;   // virtual defaulted destructor
        GameBoard& operator=(const GameBoard& rhs); // assignment operator

        // Explicitly default a move constructor and assignment operator.
        GameBoard(GameBoard&& src) = default;
        GameBoard& operator=(GameBoard&& src) = default;

        std::unique_ptr<GamePiece>& at(size_t x, size_t y);
        const std::unique_ptr<GamePiece>& at(size_t x, size_t y) const;

        size_t getHeight() const { return m_height; }
        size_t getWidth() const { return m_width; }

        static const size_t DefaultWidth { 10 };
        static const size_t DefaultHeight { 10 };

        void swap(GameBoard& other) noexcept;

    private:
        void verifyCoordinate(size_t x, size_t y) const;

        std::vector<std::vector<std::unique_ptr<GamePiece>>> m_cells;
        size_t m_width { 0 }, m_height { 0 };
};
export void swap(GameBoard& first, GameBoard& second) noexcept;
```

在这个实现中，at()返回指定位置的棋子的引用，而不是返回棋子的副本。GameBoard 作为一个二维数组的抽象，它应给出实际对象的索引，而不是给出对象的副本，以提供数组访问语义。客户代码不应存储这个引用供将来使用，因为它可能是无效的；相反，应该在使用返回的引用之前调用 at()。这遵循了标准库中 std::vector 类的设计原理。

注意：

GameBoard 类的这个实现提供了 at()的两个版本，一个版本返回引用，另一个版本返回 const 引用。

下面是方法的定义。注意，这个实现为赋值运算符使用了“复制和交换”惯用语法，还使用 Scott Meyer 的 const_cast()模式来避免代码重复，第 9 章“精通类与对象”讨论了这些主题。

```
GameBoard::GameBoard(size_t width, size_t height)
   : m_width { width }, m_height { height }
{
   m_cells.resize(m_width);
   for (auto& column : m_cells) {
      column.resize(m_height);
   }
}

GameBoard::GameBoard(const GameBoard& src)
   : GameBoard { src.m_width, src.m_height }
{
   // The ctor-initializer of this constructor delegates first to the
   // non-copy constructor to allocate the proper amount of memory.

   // The next step is to copy the data.
   for (size_t i { 0 }; i < m_width; i++) {
      for (size_t j { 0 }; j < m_height; j++) {
         if (src.m_cells[i][j])
            m_cells[i][j] = src.m_cells[i][j]->clone();
      }
   }
}

void verifyCoordinate(size_t x, size_t y) const
{
   if (x >= m_width) {
      throw out_of_range { format("{} must be less than {}.", x, m_width) };
   }
   if (y >= m_height) {
      throw out_of_range { format("{} must be less than {}.", y, m_height) };
   }
}

void GameBoard::swap(GameBoard& other) noexcept
{
   std::swap(m_width, other.m_width);
   std::swap(m_height, other.m_height);
   std::swap(m_cellst, other.m_cellst);
}


void swap(GameBoard& first, GameBoard& second) noexcept
{
   first.swap(second);
}

GameBoard& GameBoard::operator=(const GameBoard& rhs)
{
   // Copy-and-swap idiom
   GameBoard temp { rhs }; // Do all the work in a temporary instance
   swap(temp);             // Commit the work with only non-throwing operations
   return *this;
```

```
}

const unique_ptr<GamePiece>& GameBoard::at(size_t x, size_t y) const
{
   verifyCoordinate(x, y);
   return m_cells[x][y];
}

unique_ptr<GamePiece>& GameBoard::at(size_t x, size_t y)
{
   return const_cast<unique_ptr<GamePiece>&>(as_const(*this).at(x, y));
}
```

这个GameBoard类可以很好地完成任务。

```
GameBoard chessboard { 8, 8 };
auto pawn { std::make_unique<ChessPiece>() };
chessBoard.at(0, 0) = std::move(pawn);
chessBoard.at(0, 1) = std::make_unique<ChessPiece>();
chessBoard.at(0, 1) = nullptr;
```

2. 模板Grid类

前面定义的GameBoard类很好，但不够完善。第一个问题是无法使用GameBoard按值存储元素，它总是存储指针。另一个更重要的问题与类型安全相关。GameBoard中的每个网格都存储unique_ptr<GamePiece>。即使存储ChessPiece，当使用at()请求某个网格时，也会得到unique_ptr<GamePiece>。这意味着，只有将检索到的GamePiece向下转型为ChessPiece，才能使用ChessPiece的特定功能。GameBoard的另一个缺点是不能用来存储基本类型，如int或double，因为存储在网格中的类型必须派生自类GamePiece。

因此，最好编写一个通用的Grid类，该类可用于存储ChessPiece、SpreadsheetCell、int和double等。在C++中，可通过编写类模板来实现这一点，编写类模板可避免编写需要指定一种或多种类型的类。客户通过指定要使用的类型对模板进行实例化。这称为泛型编程，其最大的优点是类型安全。类及其方法中使用的类型是具体的类型，而不是多态方案中的抽象基类类型。例如，假设不仅有派生类ChessPiece，还有派生类TicTacToePiece。

```
class TicTacToePiece : public GamePiece
{
   public:

      std::unique_ptr<GamePiece> clone() const override
      {
         // Call the copy constructor to copy this instance
         return std::make_unique<TicTacToePiece>(*this);
      }
};
```

使用前面介绍的多态解决方案，显然可以在同一棋盘中存储象棋棋子和井字游戏棋子。

```
GameBoard chessboard { 8, 8 };
chessBoard.at(0, 0) = std::make_unique<ChessPiece>();
chessBoard.at(0, 1) = std::make_unique<TicTacToePiece>();
```

最大的问题在于，在一定程度上，只有记住网格中存储的内容，才能在调用at()时正确地向下转型。

Grid 类定义

为理解类模板，最好首先看一下类模板的语法。下例展示了如何修改 GameBoard 类，得到模板化的 Grid 类。代码之后会对所有语法进行解释。注意，类名从 GameBoard 变为 Grid。这个 Grid 类还应该可以用于基本类型，如 int 和 double。因此，这里选用不带多态性的值语义来实现这个解决方案，而 GameBoard 实现中使用了多态指针语义。m_cells 容器中存储的是真实的对象，而不是指针。与指针语义相比，使用值语义的缺点在于不能拥有真正的空网格，也就是说，网格始终要包含一些值。而使用指针语义，在空网格中可以存储 nullptr。幸运的是，第 1 章介绍的 std::optional(在<optional>中定义)可弥补这一点。它允许使用值语义，并且同时允许表示空网格。

```
export template <typename T>
class Grid
{
    public:
        explicit Grid(size_t width = DefaultWidth,
            size_t height = DefaultHeight);
        virtual ~Grid() = default;

        // Explicitly default a copy constructor and assignment operator.
        Grid(const Grid& src) = default;
        Grid& operator=(const Grid& rhs) = default;

        // Explicitly default a move constructor and assignment operator.
        Grid(Grid&& src) = default;
        Grid& operator=(Grid&& rhs) = default;

        std::optional<T>& at(size_t x, size_t y);
        const std::optional<T>& at(size_t x, size_t y) const;

        size_t getHeight() const { return m_height; }
        size_t getWidth() const { return m_width; }

        static const size_t DefaultWidth { 10 };
        static const size_t DefaultHeight { 10 };

    private:
        void verifyCoordinate(size_t x, size_t y) const;

        std::vector<std::vector<std::optional<T>>> m_cells;
        size_t m_width { 0 }, m_height { 0 };
};
```

现在已展示了完整的类定义，下面逐行分析这些代码：

```
export template <typename T>
```

第一行表示，下面的类定义是基于一种类型(T)的模板，该类型从模块中导出。template 和 typename 都是 C++中的关键字。如前所述，模板“参数化”类型的方式与函数“参数化”值的方式相同。就像在函数中通过参数名表示调用者要传入的参数一样，在模板中使用模板类型参数名称(例如 T)表示调用者传入的作为模板类型实参的类型。名称 T 没有什么特别之处，可以使用任何名称。按照惯例，只使用一种类型时，将这种类型称为 T，但这只是一项历史约定，就像把索引数组的整数命名为 i 或 j 一样。这个模板说明符应用于整个语句，在这里是整个类定义。

注意：

基于历史原因，指定模板类型参数时，可用关键字 class 替代 typename。因此，很多书籍和现有的程序使用了这样的语法：template <class T>。不过，在这个上下文中使用 class 这个词会产生一些误解，因为这个词暗示这种类型必须是一个类，而实际上并不要求这样。这种类型可以是类、struct、union、语言的基本类型(例如 int 或 double 等)。

在前面的 GameBoard 类中，m_cells 数据成员是指针的 vector 的 vector，这需要特定的复制代码，因此需要拷贝构造函数和赋值运算符。在 Grid 类中，m_cells 是可选值的 vector 的 vector，所以编译器生成的拷贝构造函数和赋值运算符可以运行得很好。但如第 8 章“熟悉类和对象”所述，一旦有了用户声明的析构函数，建议不要使用编译器隐式生成拷贝构造函数或赋值运算符，因此 Grid 类模板将其显式设置为 default，并且将移动构造函数和赋值运算符显式设置为 default。下面将拷贝赋值运算符显式设置为 default：

```
Grid<T>& operator=(const Grid& rhs) = default;
```

从中可以看出，rhs 参数的类型不再是 const GameBoard&了，而是 const Grid&。在类定义中，编译器根据需要将 Grid 解释为 Grid<T>，但可以根据需要，显式地使用 Grid<T>。

```
Grid<T>& operator=(const Grid<T>& rhs) = default;
```

但在类定义之外，必须使用 Grid<T>。在编写类模板时，以前的类名(Grid)现在实际上是模板名称。讨论实际的 Grid 类或类型时，需要使用模板 ID(如：Grid<T>)，它是 Grid 类模板对某种类型实例化的结果，例如 int、SpreadsheetCell 或 ChessPiece。

m_cells 不再存储指针，而是存储可选值。at()方法现在返回 optional<T>&，而不是返回 unique_ptr。也就是说，optional 中可以包含 T 类型的值或者为空。

```
std::optional<T>& at(size_t x, size_t y);
const std::optional<T>& at(size_t x, size_t y) const;
```

Grid 类的方法定义

template <typename T>访问说明符必须在 Grid 模板的每一个方法定义的前面。构造函数如下所示：

```
template <typename T>
Grid<T>::Grid(size_t width, size_t height)
   : m_width { width }, m_height { height }
{
   m_cells.resize(m_width);
   for (auto& column : m_cells) {
      column.resize(m_height);
   }
}
```

注意：

类模板中方法的定义需要对所有使用该模板的客户代码可见。这对放置方法定义的位置有一些限制。通常，它们只是与类模板定义本身放在相同的文件中。本章稍后将讨论绕过这个限制的一些方法。

注意：::之前的类名是 Grid<T>，而不是 Grid。必须在所有的方法和静态数据成员定义中将 Grid<T>指定为类名。构造函数的函数体类似于 GameBoard 构造函数。

其他方法定义也类似于 GameBoard 类中对应的方法定义，只是适当地改变了模板和 Grid<T>的语法。

```
template <typename T>
void Grid<T>::verifyCoordinate(size_t x, size_t y) const
{
    if (x >= m_width) {
        throw std::out_of_range {
            std::format("{} must be less than {}.", x, m_width) };
    }
    if (y >= m_height) {
        throw std::out_of_range {
            std::format("{} must be less than {}.", y, m_height) };
    }
}

template <typename T>
const std::optional<T>& Grid<T>::at(size_t x, size_t y) const
{
    verifyCoordinate(x, y);
    return m_cells[x][y];
}

template <typename T>
std::optional<T>& Grid<T>::at(size_t x, size_t y)
{
    return const_cast<std::optional<T>&>(std::as_const(*this).at(x, y));
}
```

注意：
如果类模板方法的实现需要特定模板类型参数(例如 T)的默认值，可使用 T{}语法。如果 T 是类类型，T{}调用对象的默认构造函数，或者如果 T 是基本类型，则生成 0。这称为“零初始化”语法。最好为类型尚不确定的变量提供合理的默认值。

3. 使用 Grid 模板

创建网格对象时，不能单独使用 Grid 作为类型；必须指定这个网格保存的元素类型。为某种类型创建一个模板类对象的过程称为模板的实例化。下面举一个示例：

```
Grid<int> myIntGrid;                     // declares a grid that stores ints,
                                         // using default arguments for the constructor
Grid<double> myDoubleGrid { 11, 11 };    // declares an 11x11 Grid of doubles

myIntGrid.at(0, 0) = 10;
int x { myIntGrid.at(0, 0).value_or(0) };

Grid<int> grid2 { myIntGrid };           // Copy constructor
Grid<int> anotherIntGrid;
anotherIntGrid = grid2;                  // Assignment operator
```

注意 myIntGrid、grid2 和 anotherIntGrid 的类型为 Grid<int>。不能将 SpreadsheetCell 或 ChessPiece 保存在这些网格中，否则编译器会生成错误消息。

另外，这里使用了 value_or()。at()方法返回 std::optional 引用。Optional 可以包含值，也可以不包含值。如果 optional 包含值，value_or()方法返回这个值；否则返回给 value_or()提供的实参。

类型规范非常重要，下面两行代码都无法编译：

```
Grid test;    // WILL NOT COMPILE
Grid<> test;  // WILL NOT COMPILE
```

编译器对第一行代码会给出如下错误："使用类模板要求提供模板参数列表。"编译器对第二行代码会给出如下错误："模板参数太少。"

如果要声明一个接收 Grid 对象的函数或方法，必须在 Grid 类型中指定保存在网格中的元素类型。

```
void processIntGrid(Grid<int>& grid) { /* Body omitted for brevity */ }
```

另外，可使用将在本章后面介绍的函数模板，基于网格中的元素类型编写函数模板。

注意：

为避免每次都编写完整的 Grid 类型名称，例如 Grid<int>，可通过类型别名指定一个更简单的名称。

```
using IntGrid = Grid<int>;
```

现在可编写以下代码：

```
void processIntGrid(IntGrid& grid) { }
```

Grid 类模板能保存的数据类型不只是 int。例如，可实例化一个保存 SpreadsheetCell 的网格：

```
Grid<SpreadsheetCell> mySpreadsheet;
SpreadsheetCell myCell { 1.234 };
mySpreadsheet.at(3, 4) = myCell;
```

还可保存指针类型：

```
Grid<const char*> myStringGrid;
myStringGrid.at(2, 2) = "hello";
```

指定的类型甚至可以是另一个模板类型：

```
Grid<vector<int>> gridOfVectors;
vector<int> myVector { 1, 2, 3, 4 };
gridOfVectors.at(5, 6) = myVector;
```

还可在自由存储区上动态分配 Grid 模板实例：

```
auto myGridOnHeap { make_unique<Grid<int>>(2, 2) }; // 2x2 Grid on the heap
myGridOnHeap->at(0, 0) = 10;
int x { myGridOnHeap->at(0, 0).value_or(0) };
```

12.2.2 编译器处理模板的原理

为理解模板的复杂性，必须学习编译器处理模板代码的原理。编译器遇到模板方法定义时，会进行语法检查，但是并不编译模板。编译器无法编译模板定义，因为它不知道要使用什么类型。如果不知道 x 和 y 的类型，那么编译器就无法为 x = y 这样的语句生成代码。

编译器遇到一个实例化的模板时，例如 Grid<int>，就会将模板类定义中的每一个 T 替换为 int，从而生成 Grid 模板的 int 版本代码。当编译器遇到这个模板的另一个实例时，例如 Grid<SpreadsheetCell>，就会为 SpreadsheetCell 生成另一个版本的 Grid 类。编译器生成代码的方式就好像语言不支持模板时程序员编写代码的方式：为每种元素类型编写一个不同的类。这里没有什么神奇之处，模板只是自动完成了一个令人厌烦的过程。如果在程序中没有将类模板实例化为任何类型，就不会编译类方法的定义。

这个实例化的过程也解释了为什么需要在定义中的多个地方使用 Grid<T>语法。当编译器为某种特定类型实例化模板时，例如 int，就将 T 替换为 int，变成 Grid<int>类型。

1. 选择性实例化

类模板的隐式实例化如下所示：

```
Grid<int> myIntGrid;
```

编译器总是为类模板的所有虚方法生成代码。但对于非虚方法，编译器只会为那些实际为某种类型调用的非虚方法生成代码。例如，给定前面定义的 Grid 类模板，假设在 main()中编写这段代码(而且只有这段代码)：

```
Grid<int> myIntGrid;
myIntGrid.at(0, 0) = 10;
```

编译器只会为 int 版本的 Grid 类生成无参构造函数、析构函数和非 const at()方法的代码。它不会为其他方法生成代码，例如拷贝构造函数、赋值运算符或 getHeight()。编译器的以上行为称为选择性实例化(selective instantiation)。

存在这样的危险：在一些类模板方法中存在编译错误，而这些错误会被忽略。类模板中未使用的方法可能包含语法错误，因为这些错误不会被编译。这使得很难检测所有代码中的语法错误。通过显式的模板实例化，可以强制编译器为所有的方法生成代码，包括虚方法和非虚方法。示例如下：

```
template class Grid<int>;
```

> **注意：**
> 显式的模板实例化有助于发现错误，因为它会强制编译所有的类模板方法，甚至在未使用的时候也是如此。

当使用显式的模板实例化时，不要只尝试使用基本类型(如 int)来实例化类模板，而应该尝试使用更复杂的类型(如 string)来实例化类模板。

2. 模板对类型的要求

在编写与类型无关的代码时，必须对这些类型有一些假设。例如，在 Grid 类模板中，假设元素类型(用 T 表示)是可析构的、可复制/移动构造的、可复制/移动赋值的。

如果在程序中试图用一种不支持模板使用的所有操作的类型对模板进行实例化，那么这段代码无法编译，而且错误消息几乎总是晦涩难懂。然而，就算要使用的类型不支持所有模板代码所需的操作，也仍然可以利用选择性实例化使用某些方法，而避免使用另一些方法。

C++20 引入了概念(concept)，允许编写编译器可以解释和验证的模板参数需求。如果传递给实例化模板的模板实参不满足这些要求，编译器会生成更多可读的错误。相关概念将在本章后面讨论。

12.2.3 将模板代码分布到多个文件中

对于类模板，编译器必须可以从使用它们的任何源文件中获取类模板定义和方法定义。有几种机制可以实现这一点。

1. 将方法的定义与模板的定义放在相同文件中

可以将方法的定义直接放在定义类模板的相同模块接口文件中。当使用模板的另一个源文件中导入此模块时，编译器将能够访问所需的所有代码。这个机制可以用于之前的 Grid 实现。

2. 将方法的定义放在单独的文件中

或者，可以将类模板方法的定义放在单独的模块接口分区文件中。然后，还需要将类模板的定义放在它自己的分区中。例如，Grid 类模板的基本模块接口文件看起来像下面这样：

```
export import grid;

export import :definition;
export import :implementation;
```

这里导入和导出两个模块分区：definition 和 implementation。类模板定义在 definition 分区中：

```
export module grid:definition;

import <vector>;
import <optional>;

export template <tyname T> class Grid { … };
```

如果方法的实现在 implementation 分区中，那么 implementation 分区也需要导入 definition 分区，因为它需要 Grid 类模板的定义：

```
export module grid:implementation;

import :definition;
import <vector>;
…
export template <tyname T>
Grid<T>::Grid(size_t width, size_t height) : m_width { width }, m_height { height }
{ … };
```

12.2.4 模板参数

在 Grid 示例中，Grid 模板包含一个模板参数：保存在网格中的元素的类型。在编写这个类模板时，需要在尖括号中指定参数列表，示例如下：

```
template <typename T>
```

这个参数列表类似于函数或方法中的参数列表。与函数或方法一样，可使用任意多个模板参数来编写类。此外，这些参数可以不是类型，并且可以具有默认值。

1. 非类型的模板参数

非类型的模板参数是“普通”参数，例如 int 和指针：函数和方法中你十分熟悉的那种参数。然而，非类型的模板参数只能是整数类型(char、int、long 等)、枚举类型、指针、引用、std::nullptr_t、auto、auto&和 auto*。此外，从 C++20 开始，可允许浮点型(甚至类类型)的非类型的模板参数。然而，后者有很多限制，本文不再进一步讨论。

在 Grid 类模板中，可通过非类型模板参数指定网格的高度和宽度，而不是在构造函数中指定它们。在模板列表中指定非类型参数而不是在构造函数中指定的主要好处是：在编译代码之前就已经知道这些参数的值了。前面提到，编译器为模板化的方法生成代码的方式是通过在编译之前替换模板参数。因此，在这个实现中，可使用普通的二维数组而不是动态分配大小的 vector 的 vector。下面是突出显示的新的类定义：

```
export template <typename T, size_t WIDTH, size_t HEIGHT>
class Grid
{
    public:
        Grid() = default;
        virtual ~Grid() = default;

        // Explicitly default a copy constructor and assignment operator.
        Grid(const Grid& src) = default;
        Grid& operator=(const Grid& rhs) = default;

        std::optional<T>& at(size_t x, size_t y);
        const std::optional<T>& at(size_t x, size_t y) const;

        size_t getHeight() const { return HEIGHT; }
        size_t getWidth() const { return WIDTH; }

    private:
        void verifyCoordinate(size_t x, size_t y) const;

        std::optional<T> m_cells[WIDTH][HEIGHT];
};
```

这个类没有显式地将移动构造函数和移动赋值运算符设置为默认，原因是 C 风格的数组不支持移动语义。可以将实现对移动语义的支持作为练习。

注意，模板参数列表需要 3 个参数：网格中保存的对象类型以及网格的宽度和高度。宽度和高度用于创建保存对象的二维数组。下面是类方法定义：

```
template <typename T, size_t WIDTH, size_t HEIGHT>
void Grid<T, WIDTH, HEIGHT>::verifyCoordinate(size_t x, size_t y) const
{
    if (x >= WIDTH) {
        throw std::out_of_range {
            std::format("{} must be less than {}.", x, WIDTH) };
    }
    if (y >= HEIGHT) {
        throw std::out_of_range {
            std::format("{} must be less than {}.", y, HEIGHT) };
    }
}

template <typename T, size_t WIDTH, size_t HEIGHT>
const std::optional<T>& Grid<T, WIDTH, HEIGHT>::at(size_t x, size_t y) const
{
    verifyCoordinate(x, y);
    return m_cells[x][y];
}

template <typename T, size_t WIDTH, size_t HEIGHT>
std::optional<T>& Grid<T, WIDTH, HEIGHT>::at(size_t x, size_t y)
{
    return const_cast<std::optional<T>&>(std::as_const(*this).at(x, y));
}
```

注意之前所有指定 Grid<T>的地方，现在都必须指定 Grid<T, WIDTH, HEIGHT>来表示这 3 个模板参数。

可通过以下方式实例化这个模板：

```
Grid<int, 10, 10> myGrid;
Grid<int, 10, 10> anotherGrid;
myGrid.at(2, 3) = 42;
anotherGrid = myGrid;
cout << anotherGrid.at(2, 3).value_or(0);
```

这段代码看上去很棒。但遗憾的是，实际中的限制比想象中的要多。首先，不能通过非常量的整数指定高度或宽度。下面的代码无法编译：

```
size_t height { 10 };
Grid<int, 10, height> testGrid; // DOES NOT COMPILE
```

然而，如果把 height 声明为 const，这段代码可以编译通过。

```
const size_t height { 10 };
Grid<int, 10, height> testGrid; // Compiles and works
```

带有正确返回类型的 constexpr 函数也可以编译。例如，如果有一个返回 size_t 的 constexpr 函数，那么可以使用它初始化 height 模板参数。

```
constexpr size_t getHeight() { return 10; }
...
Grid<double, 2, getHeight()> myDoubleGrid;
```

另一个限制可能更明显。既然宽度和高度都是模板参数，那么它们也是每种网格类型的一部分。这意味着 Grid<int, 10, 10>和 Grid<int, 10, 11>是两种不同类型。不能将一种类型的对象赋给另一种类型的对象，而且一种类型的变量不能传递给接收另一种类型的变量的函数或方法。

> **注意：**
> 非类型模板参数是实例化的对象的类型规范中的一部分。

2. 类型参数的默认值

如果继续采用将高度和宽度作为模板参数的方式，就可能需要为高度和宽度(它们是非类型模板参数)提供默认值，就像之前 Grid<T>类的构造函数一样。C++允许使用类似的语法向模板参数提供默认值。在这里也可以给 T 类型参数提供默认值。下面是类定义：

```
export template <typename T = int, size_t WIDTH = 10, size_t HEIGHT = 10>
class Grid
{
    // Remainder is identical to the previous version
};
```

不需要在方法定义的模板规范中指定 T、WIDTH 和 HEIGHT 的默认值。例如，下面是 at()方法的实现：

```
template <typename T, size_t WIDTH, size_t HEIGHT>
const std::optional<T>& Grid<T, WIDTH, HEIGHT>::at(size_t x, size_t y) const
{
    verifyCoordinate(x, y);
    return m_cells[x][y];
}
```

现在，实例化 Grid 时，可以不指定模板参数，只指定元素类型，或者指定元素类型和宽度，或者指定元素类型、宽度和高度。

```
Grid<> myIntGrid;
Grid<int> myGrid;
Grid<int, 5> anotherGrid;
Grid<int, 5, 5> aFourthGrid;
```

注意，如果未指定任何类模板参数，那么仍需要指定一组空尖括号。例如，以下代码无法编译！

```
Grid myIntGrid;
```

模板参数列表中默认参数的规则与函数或方法是一样的。可以从右向左提供参数的默认值。

3. 类模板的实参推导

通过类模板实参推导，编译器可以自动从传递给类模板构造函数的实参推导出模板参数。

例如，标准库有一个名为 std::pair 的类模板，定义在<utility>中，在前面第 1 章中介绍过。一个 pair 存储两种不同类型的两个值，必须将其指定为模板参数。示例如下：

```
pair<int, double> pair1 { 1, 2.3 };
```

为避免编写模板参数，可以使用一个辅助的函数模板 std::make_pair()。本章后面将详细讨论函数模板。函数模板始终支持基于传递给函数模板的实参自动推导模板参数。因此，make_pair()能根据传递给它的值自动推导模板类型参数。例如，编译器为以下调用推导出 pair<int, double>：

```
auto pair2 { make_pair(1, 2.3) };
```

使用类模板实参推导(CTAD)，这样的辅助函数模板就不再需要了。现在，编译器可以根据传递给构造函数的实参自动推导模板类型参数。对于 pair 类模板，只需要编写以下代码：

```
pair pair3 { 1, 2.3 };   // pairs has type pair<int, double>
```

当然，推导的前提是类模板的所有模板参数要么有默认值，要么用作构造函数中的参数。

注意，CTAD 需要一个初始化式才能工作。以下是非法的：

```
pair pair4;
```

许多标准库类都支持 CTAD，例如，vector、array 等。

> **注意：**
> std::unique_ptr 和 shared_ptr 会禁用类型推导。给它们的构造函数传递 T*，这意味着，编译器必须选择推导<T>还是<T[]>，这是一个可能出错的危险选择。因此只需要记住，对于 unique_ptr 和 shared_ptr，需要继续使用 make_unique()和 make_shared()。

用户定义的推导原则

可以编写自己的推导原则(即，用户定义的推导原则)来帮助编译器。它允许编写如何推导模板参数的规则。这是一个高级主题，这里不对其进行详细讨论，但会举一个例子来演示其功能。

假设具有以下 SpreadsheetCell 类模板：

```
template<typename T>
class SpreadsheetCell
{
   public:
      SpreadsheetCell(const T& t) : m_content(t) { }
```

```
        const T& getContent() const { return m_content; }
    private:
        T m_content;
};
```

通过自动推导模板参数，可使用 std::string 类型创建 SpreadsheetCell：

```
string myString { "Hello World!" };
SpreadsheetCell cell { myString };
```

但是，如果给 SpreadsheetCell 构造函数传递 const char*，那么会将类型 T 推导为 const char*，这不是需要的结果。可以创建以下用户定义的推导原则，在将 const char*作为实参传递给构造函数时，将 T 推导为 std::string。

```
SpreadsheetCell(const char*) -> SpreadsheetCell<std::string>;
```

在与 SpreadsheetCell 类相同的名称空间中，在类定义之外定义该原则。

通用语法如下。explicit 关键字是可选的，它的行为与构造函数的 explicit 相同。通常，这些推导规则也是模板。

```
explicit TemplateName(Parameters) -> DeducedTemplate;
```

12.2.5　方法模板

C++允许模板化类中的单个方法。这些方法称为方法模板(method template)，它们可以在类模板中，也可以在非模板化的类中。在编写方法模板时，实际上是在为很多不同的类型编写很多不同版本的方法。在类模板中，方法模板对赋值运算符和拷贝构造函数非常有用。

> **警告：**
> 不能用方法模板编写虚方法和析构函数。

考虑最早只有一个模板参数(即，元素类型)的 Grid 模板。可实例化很多不同类型的网格，例如 int 网格和 double 网格。

```
Grid<int> myIntGrid;
Grid<double> myDoubleGrid;
```

然而，Grid<int>和 Grid<double>是两种不同的类型。如果编写的函数接收类型为 Grid<double>的对象，就不能传入 Grid<int>。即使 int 网格中的元素可以复制到 double 网格中(因为 int 可以强制转换为 double)，也不能将类型为 Grid<int>的对象赋给类型为 Grid<double>的对象，也不能从 Grid<int>构造 Grid<double>。下面两行代码都无法编译：

```
myDoubleGrid = myIntGrid;                  // DOES NOT COMPILE
Grid<double> newDoubleGrid { myIntGrid }; // DOES NOT COMPILE
```

问题在于 Grid 模板的拷贝构造函数和赋值运算符如下所示：

```
Grid(const Grid& src);
Grid& operator=(const Grid& rhs);
```

它们等同于：

```
Grid(const Grid<T>& src);
Grid<T>& operator=(const Grid<T>& rhs);
```

Grid 拷贝构造函数和 operator=都会接收 const Grid<T>的引用作为参数。当实例化 Grid<double>，并试图调用拷贝构造函数和 operator=时，编译器通过这些原型生成方法：

```
Grid(const Grid<double>& src);
Grid<double>& operator=(const Grid<double>& rhs);
```

注意，在生成的 Grid<double>类中，构造函数或 operator=都不会接收 Grid<int>作为参数。

幸运的是，在 Grid 类中添加模板化的拷贝构造函数和赋值运算符，可生成一种网格类型转换为另一种网格类型的方法，从而修复这个疏漏。下面是新的 Grid 类定义：

```
export template <typename T>
class Grid
{
    public:
        template <typename E>
        Grid(const Grid<E>& src);

        template <typename E>
        Grid<T>& operator=(const Grid<E>& rhs);

        void swap(Grid& other) noexcept;

        // Omitted for brevity
};
```

不能删除原始拷贝构造函数和拷贝赋值运算符。如果 E 等于 T，那么编译器将不会调用这些新的模板化拷贝构造函数和模板化拷贝赋值运算符。

首先检查新的模板化的拷贝构造函数：

```
template <typename E>
Grid(const Grid<E>& src);
```

可看到另一个具有不同类型名称 E(即，element 的简写)的模板声明。这个类在类型 T 上被模板化，这个新的拷贝构造函数又在另一个不同的类型 E 上被模板化。通过这种双重模板化可将一种类型的网格复制到另一种类型的网格。下面是新的拷贝构造函数的定义：

```
template <typename T>
template <typename E>
Grid<T>::Grid(const Grid<E>& src)
    : Grid { src.getWidth(), src.getHeight() }
{
    // The ctor-initializer of this constructor delegates first to the
    // non-copy constructor to allocate the proper amount of memory.

    // The next step is to copy the data.
    for (size_t i { 0 }; i < m_width; i++) {
        for (size_t j { 0 }; j < m_height; j++) {
            m_cells[i][j] = src.at(i, j);
        }
    }
}
```

可以看出，必须将声明类模板的那一行(带有 T 参数)放在成员模板的那一行声明(带有 E 参数)的前面。不能像下面这样合并两者：

```
template <typename T, typename E> // Wrong for nested template constructor!
Grid<T>::Grid(const Grid<E>& src)
```

除了构造函数定义之前的额外模板参数行之外，注意必须通过公共的访问方法 getWidth()、getHeight()和 at()访问 src 中的元素。这是因为复制目标对象的类型为 Grid<T>，而复制来源对象的类型为 Grid<E>。这两者不是同一类型，因此必须使用公共方法。

swap()方法的实现如下所示：

```
template <typename T>
void Grid<T>::swap(Grid& other) noexcept
{
    std::swap(m_width, other.m_width);
    std::swap(m_height, other.m_height);
    std::swap(m_cells, other.m_cells);
}
```

模板化的赋值运算符接收 const Grid<E>&作为参数，但返回 Grid<T>&。

```
template <typename T>
template <typename E>
Grid<T>& Grid<T>::operator=(const Grid<E>& rhs)
{
    // Copy-and-swap idiom
    Grid<T> temp { rhs }; // Do all the work in a temporary instance.
    swap(temp); // Commit the work with only non-throwing operations.
    return *this;
}
```

这个赋值运算符的实现使用第 9 章介绍的“复制和交换”惯用语法。swap()方法只能交换同类网格，但这是可行的，因为模板化的赋值运算符首先使用模板化的拷贝构造函数，将给定的 Grid<E>转换为 Grid<T>(称为 temp)。此后，它使用 swap()方法，将 this(也是 Grid<T>类型)替换临时的 Grid<T>。

带有非类型参数的方法模板

在之前用于 HEIGHT 和 WIDTH 整数模板参数的例子中，一个主要问题是高度和宽度成为类型的一部分。因为存在这个限制，所以不能将一个拥有某种高度和宽度的网格赋值给另一个拥有不同高度和宽度的网格。不一定要把源对象完美地复制到目标对象，可从源数组中只复制那些能够放在目标数组中的元素；如果源数组在任何一个维度上都比目标数组小，那么可以用默认值填充目标数组。有了赋值运算符和拷贝构造函数的方法模板后，完全可实现这个操作，从而允许对不同大小的网格进行赋值和复制。下面是类定义：

```
export template <typename T, size_t WIDTH = 10, size_t HEIGHT = 10>
class Grid
{
    public:
        Grid() = default;
        virtual ~Grid() = default;

        // Explicitly default a copy constructor and assignment operator.
        Grid(const Grid& src) = default;
```

```
        Grid& operator=(const Grid& rhs) = default;

        template <typename E, size_t WIDTH2, size_t HEIGHT2>
        Grid(const Grid<E, WIDTH2, HEIGHT2>& src);

        template <typename E, size_t WIDTH2, size_t HEIGHT2>
        Grid& operator=(const Grid<E, WIDTH2, HEIGHT2>& rhs);

        void swap(Grid& other) noexcept;

        std::optional<T>& at(size_t x, size_t y);
        const std::optional<T>& at(size_t x, size_t y) const;

        size_t getHeight() const { return HEIGHT; }
        size_t getWidth() const { return WIDTH; }

    private:
        void verifyCoordinate(size_t x, size_t y) const;

        std::optional<T> m_cells[WIDTH][HEIGHT];
};
```

这个新定义包含拷贝构造函数和赋值运算符的方法模板，还包含辅助方法 swap()。注意，将非模板化的拷贝构造函数和赋值运算符显式设置为默认(原因在于用户声明的析构函数)。这些方法只是将 m_cells 从源对象复制或赋值到目标对象，语义和两个一样大小的网格的语义完全一致。

下面是模板化的拷贝构造函数：

```
template <typename T, size_t WIDTH, size_t HEIGHT>
template <typename E, size_t WIDTH2, size_t HEIGHT2>
Grid<T, WIDTH, HEIGHT>::Grid(const Grid<E, WIDTH2, HEIGHT2>& src)
{
    for (size_t i { 0 }; i < WIDTH; i++) {
        for (size_t j { 0 }; j < HEIGHT; j++) {
            if (i < WIDTH2 && j < HEIGHT2) {
                m_cells[i][j] = src.at(i, j);
            } else {
                m_cells[i][j].reset();
            }
        }
    }
}
```

注意，该拷贝构造函数只从 src 在 x 维度和 y 维度上分别复制 WIDTH 和 HEIGHT 个元素，即使 src 比 WIDTH 和 HEIGHT 指定的大小要大，也是如此。如果 src 在任何一个维度上都比这个指定值小，那么可以使用 reset()方法重置附加点中的 std::optional 对象。

下面是 swap()和 operator=的实现：

```
template <typename T, size_t WIDTH, size_t HEIGHT>
void Grid<T, WIDTH, HEIGHT>::swap(Grid& other) noexcept
{
    std::swap(m_cells, other.m_cells);
}

template <typename T, size_t WIDTH, size_t HEIGHT>
template <typename E, size_t WIDTH2, size_t HEIGHT2>
```

```
Grid<T, WIDTH, HEIGHT>& Grid<T, WIDTH, HEIGHT>::operator=(
    const Grid<E, WIDTH2, HEIGHT2>& rhs)
{
    // Copy-and-swap idiom
    Grid<T, WIDTH, HEIGHT> temp { rhs }; // Do all the work in a temp instance.
    swap(temp); // Commit the work with only non-throwing operations.
    return *this;
}
```

12.2.6 类模板的特化

对于特定类型，可以给类模板提供不同的实现。例如，Grid 的行为对 const char*(C 风格的字符串)来说没有意义。Grid<const char*>将在 vector<vector<optional<const char*>>>中存储其元素。拷贝构造函数和赋值运算符执行这种 const char*指针类型的浅层复制(shallow copy)。对于 const char*来说，对字符串进行深层复制(deep copy)才有意义。最简单的解决方法是专门给 const char*编写另一个实现，把 C 风格的字符串转换为 C++字符串，并且将字符串存储在 vector<vector<optional<string>>>中。

模板的另一个实现称为模板特化(template specialization)。模板特化的语法也有点奇怪。编写一个类模板的特化时，必须指明这是一个模板，以及正在为哪种特定的类型编写这个模板。下面是为 const char*特化的 Grid 的语法。对于这个实现，原始的 Grid 类模板被移动到一个名为 main 的模块接口分区中，并且特化在一个名为 string 的模块接口分区中。

```
export module grid:string;
// When the template specialization is used, the original template must be
// visible too.
import :main;

export template <>
class Grid<const char*>
{
    public:
        explicit Grid(size_t width = DefaultWidth,
            size_t height = DefaultHeight);
        virtual ~Grid() = default;

        // Explicitly default a copy constructor and assignment operator.
        Grid(const Grid& src) = default;
        Grid& operator=(const Grid& rhs) = default;

        // Explicitly default a move constructor and assignment operator.
        Grid(Grid&& src) = default;
        Grid& operator=(Grid&& rhs) = default;

        std::optional<std::string>& at(size_t x, size_t y);
        const std::optional<std::string>& at(size_t x, size_t y) const;

        size_t getHeight() const { return m_height; }
        size_t getWidth() const { return m_width; }

        static const size_t DefaultWidth { 10 };
        static const size_t DefaultHeight { 10 };

    private:
        void verifyCoordinate(size_t x, size_t y) const;
```

```
        std::vector<std::vector<std::optional<std::string>>> m_cells;
        size_t m_width { 0 }, m_height { 0 };
};
```

注意，在这个特化中不要指定任何类型变量(例如T)，而是直接处理const char*和string。现在有个明显的问题是：为什么这个类仍然是一个模板。也就是说，下面这种语法有什么意义？

```
template <>
class Grid<const char*>
```

上述语法告诉编译器，这个类是Grid类的const char*特化版本。假设没有使用这种语法的经验，那么尝试编写下面这样的代码：

```
class Grid
```

编译器不允许这样做，因为已经有一个名为Grid的类(原始的类模板)。只能通过特化重用这个名称。特化的主要好处就是可以对用户隐藏。当用户创建int类型或SpreadsheetCell类型的Grid时，编译器从原始的Grid模板生成代码。当用户创建const char*类型的Grid时，编译器会使用const char*的特化版本。这些全部在后台自动完成。

基本模块接口文件简单地导入和导出两个模块的接口分区：

```
export module grid;

export import :main;
export import :string;
```

特化的测试方法如下：

```
Grid<int> myIntGrid;                        // Uses original Grid template
Grid<const char*> stringGrid1 { 2, 2 };  // Uses const char* specialization

const char* dummy { "dummy" };
stringGrid1.at(0, 0) = "hello";
stringGrid1.at(0, 1) = dummy;
stringGrid1.at(1, 0) = dummy;
stringGrid1.at(1, 1) = "there";

Grid<const char*> stringGrid2 { stringGrid1 };
```

特化一个模板时，并没有"继承"任何代码；特化和派生不同。必须重新编写类的整个实现。不要求提供具有相同的名称或行为的方法。例如，Grid的const char*特化在实现at()方法时，返回的是optional<string>，而非optional<const char*>。事实上，可以编写一个和原来的类无关的、完全不同的类。当然，这样做会滥用模板特化的功能，如果没有正当理由，不应该这样做。下面是const char*特化版本的方法的实现。与模板定义不同，不必在每个方法定义之前重复template<>语法：

```
Grid<const char*>::Grid(size_t width, size_t height)
    : m_width { width }, m_height { height }
{
    m_cells.resize(m_width);
    for (auto& column : m_cells) {
        column.resize(m_height);
    }
}
```

```
void Grid<const char*>::verifyCoordinate(size_t x, size_t y) const
{
    if (x >= m_width) {
        throw std::out_of_range {
            std::format("{} must be less than {}.", x, m_width) };
    }
    if (y >= m_height) {
        throw std::out_of_range {
            std::format("{} must be less than {}.", y, m_height) };
    }
}

const std::optional<std::string>& Grid<const char*>::at(
    size_t x, size_t y) const
{
    verifyCoordinate(x, y);
    return m_cells[x][y];
}

std::optional<std::string>& Grid<const char*>::at(size_t x, size_t y)
{
    return const_cast<std::optional<std::string>&>(
        std::as_const(*this).at(x, y));
}
```

本节讨论了如何使用类模板特化。通过这项特性，当模板类型被特定类型替换时，可以为模板编写特殊的实现。第 26 章“高级模板”将继续讨论特化，讨论的是一项称为偏特化(partial specialization)的更高级特性。

12.2.7 从类模板派生

可从类模板中派生。如果一个派生类从模板本身继承，那么这个派生类也必须是模板。此外，还可从类模板派生某个特定实例，这种情况下，这个派生类不需要是模板。下面针对前一种情况举一个例子，假设 Grid 类没有提供足够的棋盘功能。确切地讲，要给棋盘添加 move()方法，允许棋盘上的棋子从一个位置移动到另一个位置。下面是这个 GameBoard 模板的类定义：

```
import grid;

export template <typename T>
class GameBoard : public Grid<T>
{
    public:
        explicit GameBoard(size_t width = Grid<T>::DefaultWidth,
            size_t height = Grid<T>::DefaultHeight);
        void move(size_t xSrc, size_t ySrc, size_t xDest, size_t yDest);
};
```

这个 GameBoard 模板派生自 Grid 模板，因此继承了 Grid 模板的所有功能。不需要重写 at()、getHeight()以及其他任何方法。也不需要添加拷贝构造函数、operator=或析构函数，因为在 GameBoard 中没有任何动态分配的内存。

继承的语法和普通继承一样，区别在于基类是 Grid<T>，而不是 Grid。设计这种语法的原因是 GameBoard 模板并没有真正地派生自通用的 Grid 模板。相反，GameBoard 模板对特定类型的每个实例化都派生自 Grid 对那种类型的实例化。例如，如果使用 ChessPiece 类型实例化 GameBoard，那么编译器也会生成 Grid<ChessPiece>的代码。": public Grid<T>"语法表明，这个类继承了 Grid 实例化对类型参数 T 有意义的所有内容。注意，虽然某些编译器并不强制它，但 C++名称查找的规则要求使用 this 指针或 Grid<T>::来指涉基类模板中的数据成员和方法。因此，使用 Grid<T>::DefaultWidth 替换 DefaultWidth。

下面是构造函数和 move()方法的实现：

```
template <typename T>
GameBoard<T>::GameBoard(size_t width, size_t height)
    : Grid<T> { width, height }
{
}

template <typename T>
void GameBoard<T>::move(size_t xSrc, size_t ySrc, size_t xDest, size_t yDest)
{
    Grid<T>::at(xDest, yDest) = std::move(Grid<T>::at(xSrc, ySrc));
    Grid<T>::at(xSrc, ySrc).reset();  // Reset source cell
    // Or:
    // this->at(xDest, yDest) = std::move(this->at(xSrc, ySrc));
    // this->at(xSrc, ySrc).reset();
}
```

可使用如下 GameBoard 模板：

```
GameBoard<ChessPiece> chessboard { 8, 8 };
ChessPiece pawn;
chessBoard.at(0, 0) = pawn;
chessBoard.move(0, 0, 0, 1);
```

注意：

当然，如果你想重载来自 Grid 的方法，则必须在 Grid 类模板中将它们标记为虚方法。

12.2.8 继承还是特化

有些程序员感觉模板继承和模板特化之间的区别很难理解。表 12-1 总结了两者的区别。

表 12-1 模板继承和模板特化之间的区别

	继承	特化
是否重用代码	是：派生类包含基类的所有成员和方法	否：必须在特化中重写需要的所有代码
是否重用名称	否：派生类名必须和基类名不同	是：特化的名称必须和原始名称一致
是否支持多态	是：派生类的对象可以代替基类的对象	否：模板对一种类型的每个实例化都是不同类型

注意：

通过继承扩展实现和使用多态。通过特化自定义特定类型的实现。

12.2.9 模板别名

第 1 章介绍了类型别名和 typedef 的概念。通过 typedef 可给特定类型赋予另一个名称。例如可以编写以下类型别名，给类型 int 指定另一个名称。

```
using MyInt = int;
```

类似地，可使用类型别名给模板化的类赋予另一个名称。假定有如下类模板：

```
template<typename T1, typename T2>
class MyTemplateClass { /* ... */ };
```

可以定义如下类型别名，给定两个类模板的类型参数。

```
using OtherName = MyTemplateClass<int, double>;
```

也可以用 typedef 替代类型别名。

还可以仅指定一些类型，其他类型则保持为模板类型参数，这称为别名模板(alias template)。例如：

```
template<typename T1>
using OtherName = MyTemplateClass<T1, double>;
```

这无法用 typedef 完成。

12.3 函数模板

还可以为独立函数编写模板。例如，可以编写一个通用函数，该函数在数组中查找一个值并返回这个值的索引：

```
static const size_t NOT_FOUND = static_cast<size_t>(-1);

template <typename T>
size_t Find(const T& value, const T* arr, size_t size)
{
   for (size_t i = 0; i < size; i++) {
      if (arr[i] == value) {
         return i; // Found it; return the index
      }
   }
   return NOT_FOUND; // Failed to find it; return NOT_FOUND
}
```

注意：
当然，如果找不到元素，可以不返回一些哨兵值(例如 NOT_FOUND)，可重写代码，返回 std::optional<size_t>而非 size_t。这将会是使用 std::optional 的有趣练习。

这个 Find()函数可用于任何类型的数组。例如，可通过这个函数在 int 数组中查找一个 int 值的索引，还可在 SpreadsheetCell 数组中查找一个 SpreadsheetCell 值的索引。

可通过两种方式调用这个函数：一种是通过尖括号显式地指定类型；另一种是忽略类型，让编译器根据实参自动推导类型。下面列举一些例子：

```
int myInt = 3, intArray[] = {1, 2, 3, 4};
const size_t sizeIntArray = std::size(intArray);

size_t res;
res = Find(myInt, intArray, sizeIntArray);      // calls Find<int> by deduction
res = Find<int>(myInt, intArray, sizeIntArray); // calls Find<int> explicitly
if (res != NOT_FOUND)
   cout << res << endl;
else
```

```
        cout << "Not found" << endl;

    double myDouble = 5.6, doubleArray[] = {1.2, 3.4, 5.7, 7.5};
    const size_t sizeDoubleArray = std::size(doubleArray);

    // calls Find<double> by deduction
    res = Find(myDouble, doubleArray, sizeDoubleArray);
    // calls Find<double> explicitly
    res = Find<double>(myDouble, doubleArray, sizeDoubleArray);
    if (res != NOT_FOUND)
        cout << res << endl;
    else
        cout << "Not found" << endl;

    //res = Find(myInt, doubleArray, sizeDoubleArray); // DOES NOT COMPILE!
                                                  // Arguments are different types
    // calls Find<double> explicitly, even with myInt
    res = Find<double>(myInt, doubleArray, sizeDoubleArray);

    SpreadsheetCell cell1(10), cellArray[] =
          {SpreadsheetCell(4), SpreadsheetCell(10)};
    const size_t sizeCellArray = std::size(cellArray);

    res = Find(cell1, cellArray, sizeCellArray);
    res = Find<SpreadsheetCell>(cell1, cellArray, sizeCellArray);
```

前面 Find()函数的实现需要把数组的大小作为一个参数。有时编译器知道数组的确切大小，例如，基于栈的数组。用这种数组调用 Find()函数，就不需要传递数组的大小。为此，可添加如下函数模板。该实现仅把调用传递给前面的 Find()函数模板。这也说明函数模板可接收非类型的参数，与类模板一样。

```
template <typename T, size_t N>
size_t Find(const T& value, const T(&arr)[N])
{
    return Find(value, arr, N);
}
```

这个版本的 Find()函数语法有些特殊，但其用法相当直接，如下所示。

```
int myInt { 3 }, intArray[] {1, 2, 3, 4};
size_t res { Find(myInt, intArray) };
```

与类模板方法定义一样，函数模板定义(不仅是原型)必须对所有使用它们的源文件可用。因此，如果多个源文件使用函数模板，或使用本章前面讨论的显式实例化，就应把其定义放在头文件中。

函数模板的模板参数可以具有默认值，这与类模板一样。

注意：
C++标准库提供了功能比这里的 Find()函数模板更强大的模板化函数 std::find()。详情请参阅第 18 章。

12.3.1　函数模板的重载

理论上，C++语言允许编写函数模板特化，就像编写类模板特化一样。但是，很少会想要这样做，由于这样的函数模板特化不参与重载解析，因此可能会出现意外的行为。

相反，可以使用非模板函数来重载函数模板。例如，假如想为 const char* 类型的 C 风格的字符串编写一个 Find()重载，以便与 strcmp()(参见第 2 章“处理字符串和字符串视图”)进行比较，而不是使用 operator==，因为==只会比较指针(地址)，而不是实际的字符串。下面是一个这样的重载：

```
size_t Find(const char* value, const char** arr, size_t size)
{
    for (size_t i { 0 }; i < size; i++) {
        if (strcmp(arr[i], value) == 0) {
            return i; // Found it; return the index
        }
    }
    return NOT_FOUND; // Failed to find it; return NOT_FOUND
}
```

这个函数重载的使用示例如下：

```
const char* word { "two" };
const char* words[] { "one", "two", "three", "four" };
const size_t sizeWords { std::size(words) };
size_t res { Find(word, words, sizeWords); }; // Calls non-template function!
```

如果确实像下面这样显式地指定模板类型参数，那么函数模板将被 T=const char*调用，而不是 const char*的重载。

```
res = Find<const char*>(word, words, sizeWords);
```

12.3.2 类模板的友元函数模板

如果需要在类模板中重载运算符，函数模板会非常有用。例如，可以通过重载 Grid 类模板的加法运算符(operator+)，把两个网格加在一起。这样得到的网格大小与两个操作数中较小的网格相同。只有在两个网格都包含实际值时，才会将相应的网格相加。假设希望将 operator+设置为独立的函数模板。它的定义应该放在 Grid.cppm 模块接口文件中，如下所示。这个实现使用<algorithm>中定义的 std::min()返回两个给定实参中的最小值：

```
export template <typename T>
Grid<T> operator+(const Grid<T>& lhs, const Grid<T>& rhs)
{
    size_t minWidth { std::min(lhs.getWidth(), rhs.getWidth()) };
    size_t minHeight { std::min(lhs.getHeight(), rhs.getHeight()) };

    Grid<T> result { minWidth, minHeight };
    for (size_t y { 0 }; y < minHeight; ++y) {
        for (size_t x { 0 }; x < minWidth; ++x) {
            const auto& leftElement { lhs.m_cells[x][y] };
            const auto& rightElement { rhs.m_cells[x][y] };
            if (leftElement.has_value() && rightElement.has_value()) {
                result.at(x, y) = leftElement.value() + rightElement.value();
            }
        }
    }
    return result;
}
```

要查询 std::optional 是否包含实际值，可使用 has_value()方法，同时使用 value()方法检索这个值。

这个函数模板可用于任何网格，只要网格中的元素支持相加运算符即可。这个实现的唯一问题是operator+访问了Grid类的私有成员m_cells。显然，解决方法是使用公有的at()方法，下面看看如何把函数模板作为类模板的友元。对于这个示例，可将该运算符作为Grid类的友元。然而，Grid类和operator+都是模板。实际上需要以下效果：operator+对每一种特定类型T的实例化都是Grid模板对这种类型实例化的友元。语法如下所示：

```
// Forward declare Grid template.
export template <typename T> class Grid;

// Prototype for templatized operator+.
export template<typename T>
Grid<T> operator+(const Grid<T>& lhs, const Grid<T>& rhs);

export template <typename T>
class Grid
{
    public:
        friend Grid<T> operator+<T>(const Grid& lhs, const Grid& rhs);
        // Omitted for brevity
};
```

友元声明比较棘手：上述语法表明，对于这个模板对类型T的实例，operator+对类型T的实例是这个模板实例的友元。换句话说，类实例和函数实例之间存在一对一的友元映射关系。特别要注意operator+中显式的模板规范<T>(operator+后面的空格是可选的)。这一语法告诉编译器，operator+本身也是模板。

12.3.3 对模板参数推导的更多介绍

编译器根据传递给函数模板的实参来推导模板参数的类型；而对于无法推导的模板参数，则需要显式指定。例如，如下add()函数模板需要3个模板参数：返回值的类型以及两个操作数的类型。

```
template<typename RetType, typename T1, typename T2>
RetType add(const T1& t1, const T2& t2) { return t1 + t2; }
```

调用这个函数模板时，可指定如下所有3个参数。

```
auto result { add<long long, int, int>(1, 2) };
```

但由于模板参数T1和T2是函数的参数，编译器可以推导这两个参数，因此调用add()时可仅指定返回值的类型。

```
auto result { add<long long>(1, 2) };
```

当然，仅在要推导的参数位于参数列表的最后时，这才可行。假设以如下方式定义函数模板：

```
template<typename T1, typename RetType, typename T2>
RetType add(const T1& t1, const T2& t2) { return t1 + t2; }
```

必须指定RetType，因为编译器无法推导该类型。但由于RetType是第2个参数，因此必须显式指定T1。

```
auto result { add<int, long long>(1, 2) };
```

也可提供返回类型模板参数的默认值，这样调用 add()时可不指定任何类型。

```
template<typename RetType = long long, typename T1, typename T2>
RetType add(const T1& t1, const T2& t2) { return t1 + t2; }
...
auto result { add(1, 2) };
```

12.3.4　函数模板的返回类型

继续分析 add()函数模板的示例，使编译器推导返回值的类型岂不更好？确实是好，但返回类型取决于模板类型参数，如何才能做到这一点？例如，考虑如下模板函数：

```
template<typename T1, typename T2>
RetType add(const T1& t1, const T2& t2) { return t1 + t2; }
```

在这个示例中，RetType 应当是表达式 t1+t2 的类型，但由于不知道 T1 和 T2 是什么类型，因此并不知道这一点。

如第 1 章所述，从 C++14 开始，可要求编译器自动推导函数的返回类型。因此，只需要编写如下 add()函数模板：

```
template<typename T1, typename T2>
auto add(const T1& t1, const T2& t2) { return t1 + t2; }
```

但是，使用 auto 推导表达式类型时去掉了引用和 const 限定符；但是 decltype 没有去除这些限定符。这种剥离对于 add()函数模板来说是合适的，因为 operator+通常会返回一个新对象，但这种剥离对于某些其他函数模板可能并不理想，所以需要考虑如何避免这种剥离。但是，在继续函数模板示例之前，首先使用一个非模板示例，来看看 auto 和 decltype 之间的区别。假设具有以下功能：

```
const std::string message { "Test" };

const std::string& getString() { return message; }
```

可以调用 getString()，并且将结果存储在 auto 类型的变量中，如下所示。

```
auto s1 { getString() };
```

由于 auto 会去掉引用和 const 限定符，因此 s1 的类型是 string，并制作一个副本。如果需要一个 const 引用，可将其显式地设置为引用，并标记为 const，如下所示。

```
const auto& s2 { getString() };
```

另一个解决方案是使用 decltype，decltype 不会去掉引用和 const 限定符。

```
decltype(getString()) s3 { getString() };
```

这里，s3 的类型是 const string&，但存在代码冗余，因为需要指定 getString()两次。如果 getString()是更复杂的表达式，这就会很麻烦。

为解决这个问题，可以使用 decltype(auto)：

```
decltype(auto) s4 { getString() };
```

s4 的类型也是 const string&。

了解到这些后，可使用 decltype(auto)编写 add()函数，以避免去掉任何 const 和引用限定符。

```
template<typename T1, typename T2>
decltype(auto) add(const T1& t1, const T2& t2) { return t1 + t2; }
```

在 C++14 之前，不支持推导函数的返回类型和 decltype(auto)。C++11 引入的 decltype(expression)解决了这个问题。例如，或许会编写如下代码：

```
template<typename T1, typename T2>
decltype(t1+t2) add(const T1& t1, const T2& t2) { return t1 + t2; }
```

但这是错误的。在原型行的开头使用了 t1 和 t2，但这些尚且不知。在语义分析器到达参数列表的末尾时，才能知道 t1 和 t2。

通常使用替换函数语法(alternative function syntax)解决这个问题。注意，在这种语法中，auto 被用于原型行的开头，而实际返回类型是在参数列表之后指定的(后置返回类型)；因此，在解析时参数的名称(以及参数的类型，因此也包括类型 t1+t2)是已知的。

```
template<typename T1, typename T2>
auto add(const T1& t1, const T2& t2) -> decltype(t1+t2)
{
   return t1 + t2;
}
```

注意：
现在，既然 C++支持自动返回类型推导和 decltype(auto)，建议使用其中的一种机制，而不是替换函数语法。

12.3.5 简化函数模板的语法

C++20 引入了一个简化函数模板的语法。再回顾前一节中的 add()函数模板。下面是推荐的版本：

```
template<typename T1, typename T2>
decltype(auto) add(const T1& t1, const T2& t2) { return t1 + t2; }
```

在这里，指定一个简单的函数模板是一种相当冗长的语法。使用简化函数模板的语法，可以更优雅地编写如下代码：

```
decltype(auto) add(const auto& t1, const auto& t2) { return t1 + t2; }
```

使用这种语法，不再有 template<>规范来指定模板参数。相反，以前的实现使用 T1 和 T2 作为函数参数的类型，现在将它们指定为 auto。这种简化的语法只是语法糖；编译器会自动将这个简化的实现转换为更长的原始代码。基本上，每个被指定为 auto 的函数参数都成为模板类型参数。

但必须牢记两个注意事项。首先，每个指定为 auto 的参数都会成为不同的模板类型参数。假设有一个这样的函数模板：

```
template<typename T>
decltype(auto) add(const T& t1, const T& t2) { return t1 + t2; }
```

这个版本只有一个模板类型参数，函数的 2 个参数 t1 和 t2 都是 const T&类型。对于这样的函数模板，不能使用简化的语法，因为这将转换为具有 2 个不同模板类型参数的函数模板。

第 2 个问题是，不能在函数模板的实现中显式地使用导出的类型，因为这些自动导出的类型没有名称。如果需要这样做，那么可以继续使用普通的函数模板语法，或者使用 decltype()确定其类型。

12.4 变量模板

除了类模板、类方法模板和函数模板外，C++还支持变量模板。语法如下：

```
template <typename T>
constexpr T pi { T { 3.141592653589793238462643383279502884 } };
```

这是 pi 值的可变模板。为了在某种类型中获得 pi 值，可以使用如下语法：

```
float piFloat { pi<float> };
auto piLongDouble { pi<long double> };
```

这样总会得到在所请求的类型中可表示的 pi 近似值。与其他类型的模板一样，变量模板也可以特化。

> **注意：**
> C++20 引入了<numbers>，它定义了一组常用的数学常量，包括 pi: std::numbers::pi。

C++20

12.5 概念

C++20 引入了概念(concept)，一种用来约束类模板和函数模板的模板类型和非类型参数的命名要求。这些是作为谓词编写的，在编译期计算这些谓词，以验证传递给模板的模板参数。概念的主要目标是使与模板相关的编译器错误更具有可读性。每个人都遇到过这样的情况：当为类或函数模板提供了错误的参数时，编译器会抛出数百行的错误信息。但要找出那些编译器错误的根本原因并不总是那么容易。

概念允许编译器在不满足某些类型约束时输出可读的错误消息。因此，为了得到有意义的语义错误，建议编写代码时使用概念来建模语义需求。避免只验证没有任何语义意义的语法方面的概念，例如只检查类型是否支持 operator+的概念。这样的概念将只检查语法，而不是语义。std::string 支持 operator+，但很明显，它与整数的 operator+具有完全不同的含义。另一方面，诸如可排序和可交换的概念是使用概念对某些语义进行建模的好例子。

> **注意：**
> 编写概念时，请确保它们是在为语义建模，而不仅仅是语法建模。

接下来介绍编写概念的语法。

12.5.1 语法

概念定义的泛型语法如下：

```
template <parameter-list>
concept concept-name = constraints-expression;
```

这里从熟悉的模板<>说明符开始，但与类模板和函数模板不同，概念从不会被实例化。接下来，使用一个新的关键字 concept，然后是概念的名称。名称可以是任意的。constraints-expression 可以是任意的常量表达式(即，可以在编译期计算的任何表达式)。约束表达式必须要产生一个布尔值；但约束永远不会在运行时计算。下一节将详细讨论约束表达式。

概念表达式的语法如下：

```
concept-name<argument-list>
```

概念表达式的计算结果为真或假。如果它的计算结果为真，那么表示使用给定的模板实参为概念建模。

12.5.2　约束表达式

计算结果为布尔值的常量表达式可以直接用作概念定义的约束。但它的结果必须精确计算为一个布尔值，并且没有任何类型转换。下面是一个示例：

```
template <typename T>
concept C = sizeof(T) == 4;
```

随着概念的引入，还引入了一种新的常量表达式类型，称为 require 表达式，接下来对此进行解释。

1. require 表达式

require 表达式具有如下的语法：

```
requires (parameter-list) { requirements; }
```

parameter-list 为可选参数。每个 requirement 必须以分号作为结尾。

有4种类型的requirement：简单requirement、类型requirement、复合requirement和嵌套requirement，所有这些都将在接下来的部分中讨论。

简单 requirement

一个简单的 requirement 是一个任意的表达式语句，而不是以 requires 开头。不允许使用变量声明、循环、条件语句等。并且这个表达式语句永远不会被计算；编译器也只是用于验证它是否已通过编译。

例如，下面的概念定义指定某种类型 T 必须是可递增的；也就是说，类型 T 必须支持后缀和前缀++运算符：

```
template <typename T>
concept Incrementable = requires(T x) { x++; ++x; };
```

require 表达式的参数列表用于引入位于 require 表达式主体中的命名变量。并且 require 表达式的主体不能有常规变量的声明。

类型 requirement

类型 requirement 用于验证特定类型是否有效。例如，下面的概念要求特定类型 T 有 value_type 成员：

```
template <typename T>
concept C = requires { typename T::value_type; };
```

类型 requirement 可以用来验证某个模板是否可以使用给定的类型进行实例化。下面是一个示例：

```
template <typename T>
concept C = requires { typename SomeTemplate<T>; };
```

复合 requirement

复合 requirement 可以用于验证某些东西不会抛出任何异常和/或验证某个方法是否返回某个类型。语法如下：

```
{ expression } noexcept -> type-constraint;
```

noexcept 和-> type-constraint 都是可选的。例如，下面的概念验证给定类型是否具有标记为 noexcept 的 swap()方法：

```
template <typename T>
concept C = requires (T x, T y) {
    { x.swap(y) } noexcept;
};
```

type-constraint 可以是任何所谓的类型约束。类型约束(type constraint)只是一个概念的名称，它包含 0 个或多个模板类型参数。箭头左边表达式的类型自动作为类型约束的第一个模板类型参数进行传递。因此，类型约束的实参总是比对应概念定义的模板类型参数的数目少一个。例如，具有单一模板类型的概念定义的类型约束不需要任何模板实参;可以指定空方括号<>，或者省略它们。这听起来可能有点棘手，但通过一个示例就可以清楚地说明这一点。以下概念验证了给定类型具有一个名为 size()的方法，该方法返回的类型可转换为 size_t 的类型。

```
template <typename T>
concept C = requires (const T x) {
    { x.size() } -> convertible_to<size_t>;
};
```

std::convertible_to<From, To>是标准库在<concepts>中预定义的概念，它有两个模板类型参数。箭头左边的表达式的类型自动作为第一个模板类型参数传递给 convertible_to 的类型约束。因此，在这种情况下，只需要指定 To 模板类型实参(本例中为 size_t)。

一个 require 表达式可以有多个参数，并且可以由一系列需求组成。例如，下面的概念要求类型 T 的实例是可比较的。

```
template <typename T>
concept Comparable = requires(const T a, const T b) {
    { a == b } -> convertible_to<bool>;
    { a < b } -> convertible_to<bool>;
    // ... similar for the other comparison operators ...
};
```

嵌套 requirement

require 表达式可以有嵌套的需求。例如，这里有一个概念，要求类型的大小为 4 个字节，并且该类型支持前缀和后缀的自增和自减操作。

```
template <typename T>
concept C = requires (T t) {
    requires sizeof(t) == 4;
    ++t; --t; t++; t--;
};
```

2. 组合概念表达式

现有的概念表达式可以使用合取(&&)和析取(||)进行组合。例如，假设有一个递减的概念，类似

于递增的概念；下面的示例演示了一个概念，它要求一个类型既是可以自增，也是可以自减。

```
template <typename T>
concept IncrementableAndDecrementable = Incrementable<T> && Decrementable<T>;
```

12.5.3 预定义的标准概念

标准库定义了一系列预定义的概念，分为若干类别。下面的列表给出了每个类别的一些示例概念，它们都定义在<concepts>和 std 名称空间中。

- 核心语言概念：same_as、derived_from、convertible_to、integral、floating_point、copy_constructible 等
- 比较概念：equality_comparable、totaly_ordered 等
- 对象概念：movable、copyable 等
- 可调用的概念：invocable、predicate 等

此外，<iterator>定义了与迭代器相关的概念，如 random_access_iterator、forward_iterator 等。它还定义了算法需求，比如可合并、可排序、可置换等。C++20 范围程序库还提供了许多标准概念。第 17 章“理解迭代器和范围程序库”详细讨论了迭代器和范围程序库，而第 20 章更深入地讨论了标准库提供的算法。请参阅最喜欢的标准库参考资料，以获得可用标准概念的完整列表。

如果需要这些标准概念中的任何一个，那么可以直接使用它们，而不必实现自己的。例如，下面的概念要求类型 T 派生自类 Foo。

```
template <typename T>
concept IsDerivedFromFoo = derived_from<T, Foo>;
```

下面的概念要求 T 类型可以转换为 bool 类型：

```
template <typename T>
concept IsConvertibleToBool = convertible_to<T, bool>;
```

接下来的部分将提供更具体的示例。

当然，这些标准概念也可以组合成更具体的概念。例如，下面的概念要求类型 T 既是可以默认构造也是可以拷贝构造的。

```
template <typename T>
concept DefaultAndCopyConstructible =
default_initializable<T> && copy_constructible<T>;
```

注意：
编写完整且正确的概念并不总是那么容易的。如果可能，尝试使用可用的标准概念或它们的组合来约束类型。

12.5.4 类型约束的 auto

类型约束可用于约束用自动类型推导定义的变量，在使用函数返回类型推导时约束其返回类型，约束在简化函数模板和泛型 lambda 表达式中的参数，等等。

例如，下面的代码可以成功编译，因为类型被推导为 int，它满足了 Incrementable 概念。

```
Incrementable auto value1 { 1 };
```

但是，下面的操作会导致编译错误。该类型被推导为 std::string(注意使用 s 标准的用户定义的字面量)，并且 string 不满足 Incrementable。

```
Incrementable auto value { "abc"s };
```

12.5.5　类型约束和函数模板

在函数模板中使用类型约束有几种不同的语法方式。第 1 种是简单地使用熟悉的 template<>语法，但不是使用 typename(或 class)，而是使用类型约束。示例如下：

```
template <convertible_to<bool> T>
void handle(const T& t);

template <Incrementable T>
void process(const T& t);
```

使用整型参数调用 process()可以按预期工作。例如，用 std::string 调用它会导致一个错误，编译器会抱怨不满足约束。例如，Clang 编译器会产生以下错误。乍一看，它可能仍然有点冗长，但实际上具有惊人的可读性。

```
<source>:17:2: error: no matching function for call to 'process'
        process(str);
        ^~~~~~~
<source>:9:6: note: candidate template ignored: constraints not satisfied [with T =
std::__cxx11::basic_string<char, std::char_traits<char>, std::allocator<char>>]
void process(const T& t)
     ^
<source>:8:11: note: because 'std::__cxx11::basic_string<char, std::char_traits<char>,
std::allocator<char>>' does not satisfy 'Incrementable'
template <Incrementable T>
          ^
<source>:6:42: note: because 'x++' would be invalid: cannot increment value of type
'std::__cxx11::basic_string<char, std::char_traits<char>, std::allocator<char>>'
concept Incrementable = requires(T x) { x++; ++x; };
                                         ^
```

另一种语法是使用 requires 子句，示例如下。

```
template <typename T> requires constant_expression
void process(const T& t);
```

constant_expression 可以是任何产生布尔类型的常量表达式。例如，常量表达式可以是一个概念表达式：

```
template <typename T> requires Incrementable<T>
void process(const T& t);
```

或者一个预定义的标准概念：

```
template <typename T> requires convertible_to<T, bool>
void process(const T& t);
```

或者一个 requires 表达式(注意 2 个 require 关键字)：

```
template <typename T> requires requires(T x) { x++; ++x; }
void process(const T& t);
```

或者任何产生布尔值的常量表达式：

```
template <typename T> requires (sizeof(T) == 4)
void process(const T& t);
```

或者是合取和析取的组合：

```
template <typename T> requires Incrementable<T> && Decrementable<T>
void process(const T& t);
```

或者类型萃取(详情请参阅第 26 章)：

```
template <typename T> requires is_arithmetic_v<T>
void process(const T& t);
```

也可以在函数头之后指定 requires 子句，即所谓的后置 requires 子句。

```
template <typename T>
void process(const T& t) requires Incrementable<T>;
```

使用类型约束的一种优雅的方式是将本章前面讨论过的简化函数模板的语法和类型约束结合起来，从而产生以下漂亮而紧凑的语法。请注意，即使没有模板<>说明符，也不要被愚弄了：process()仍然是一个函数模板。

```
void process(const Incrementable auto& t);
```

注意：

随着类型约束的引入，函数模板和类模板中不受约束的模板类型参数应该成为过去。对于每个模板类型，都不可避免地需要满足实现中与该类型直接相关的某些约束。因此，应该对其施加类型约束，以便编译器在编译期对它进行验证。

约束包含

可以使用不同的类型约束重载函数模板。编译器总是使用具有最具体约束的模板；更具体的约束包含/暗示较少的约束。下面是一个示例：

```
template <typename T> requires integral<T>
void process(const T& t) { cout << "integral<T>" << endl; }

template <typename T> requires (integral<T> && sizeof(T) == 4)
void process(const T& t) { cout << "integral<T> && sizeof(T) == 4" << endl; }
```

假设对 process()有以下调用：

```
process(int { 1 });
process(short { 2 });
```

在一个典型的系统中，其中 int 有 32 位，short 有 16 位，输出如下所示：

```
integral<T> && sizeof(T) == 4
integral<T>
```

编译器首先通过规范化约束表达式来解析任何包容。在约束表达式的规范化过程中，所有概念表达式都会被递归地扩展它们的定义，直到结果是一个由常量布尔表达式的合取和析取组成的常量表达式。如果编译器可以证明一个规范化的约束表达式包含另一个约束表达式，那么它就包含另一个约束表达式。只考虑使用合取和析取来证明任何包容，而不是否定。

这种包容推理只在语法层面上完成，而不是语义层面。例如，sizeof(T)>4 在语义上比 sizeof(T)>=4 更具体，但在语法上前者并不会包含后者。

但是，需要注意的是，类型萃取(比如前面使用的 std::is_arithmetic 特征)在规范化期间不会被扩展。因此，如果有一个预定义的概念和一个类型萃取可用，那么应该使用这个概念而不是这个萃取。例如，使用 std::integral 概念来代替 std::is_integral 类型萃取。

12.5.6 类型约束和类模板

到目前为止，所有类型约束的示例都使用函数模板。然而，类型约束也可以与类模板一起使用，并使用类似的语法。举个例子，回顾一下本章前面提到的 GameBoard 类模板。下面是它的新定义，要求它的模板类型参数是 GamePiece 的派生类。

```
template <std::derived_from<GamePiece> T>
class GameBoard : public Grid<T>
{
    public:
        explicit GameBoard(size_t width = Grid<T>::DefaultWidth,
            size_t height = Grid<T>::DefaultHeight);
        void move(size_t xSrc, size_t ySrc, size_t xDest, size_t yDest);
};
```

相关方法的实现也需要更新。示例如下：

```
template <std::derived_from<GamePiece> T>
void GameBoard<T>::move(size_t xSrc, size_t ySrc, size_t xDest, size_t
yDest) { ... }
```

或者，也可以使用 requires 子句，示例如下。

```
template <typename T> requires std::derived_from<T, GamePiece>
class GameBoard : public Grid<T> { ... };
```

12.5.7 类型约束和类方法

也可以对类模板的特定方法添加额外的约束。例如，可以进一步限制 GameBoard 类模板的 move() 方法，要求类型 T 是可移动的。

```
template <std::derived_from<GamePiece> T>
class GameBoard : public Grid<T>
{
    public:
        explicit GameBoard(size_t width = Grid<T>::DefaultWidth,
            size_t height = Grid<T>::DefaultHeight);
        void move(size_t xSrc, size_t ySrc, size_t xDest, size_t yDest)
            requires std::movable<T>;
};
```

这样的 requires 子句也需要在方法定义上重复：

```
template <std::derived_from<GamePiece> T>
void GameBoard<T>::move(size_t xSrc, size_t ySrc, size_t xDest, size_t yDest)
    requires std::movable<T>
{ ... }
```

请记住，基于本章前面讨论的选择性实例化，仍然可以使用非移动类型的 GameBoard 类模板，只要不调用它的 move()方法。

12.5.8　类型约束和模板特化

如本章前面所述，可以为类模板编写特化，为函数模板编写重载，从而为特定类型编写不同的实现。也可以为满足特定约束的类型的集合编写特化。

这里回顾一下本章前面提到的 Find()函数模板。刷新一下记忆：

```
template <typename T>
size_t Find(const T& value, const T* arr, size_t size)
{
    for (size_t i { 0 }; i < size; i++) {
        if (arr[i] == value) {
            return i;     // Found it; return the index.
        }
    }
    return NOT_FOUND;   // Failed to find it; return NOT_FOUND.
}
```

该实现使用==运算符比较值。通常不建议使用==比较浮点类型是否相等，而是使用所谓的 epsilon 检测。下面针对浮点类型的 Find()特化使用了在 AreEqual()辅助函数中实现的 epsilon 检测，而不是 operator==。

```
template <std::floating_point T>
size_t Find(const T& value, const T* arr, size_t size)
{
    for (size_t i { 0 }; i < size; i++) {
        if (AreEqual(arr[i], value)) {
            return i;     // Found it; return the index.
        }
    }
    return NOT_FOUND;   // Failed to find it; return NOT_FOUND.
}
```

AreEqual()的定义如下，同样也使用类型约束。关于 epsilon 检测逻辑背后的数学的讨论超出了这本书的范围，并且对于本次讨论并不重要。

```
template <std::floating_point T>
bool AreEqual(T x, T y, int precision = 2)
{
    // Scale the machine epsilon to the magnitude of the given values and multiply
    // by the required precision.
    return fabs(x - y) <= numeric_limits<T>::epsilon() * fabs(x + y) * precision
        || fabs(x - y) < numeric_limits<T>::min(); // The result is subnormal.
}
```

12.6　本章小结

本章开始讨论如何使用模板进行泛型编程。内容包括：关于如何编写模板的语法，以及模板真正有用的示例。它解释了如何编写类模板、如何使用模板参数，以及如何将类的方法模板化。并进一步讨论了如何使用类模板特化来编写模板的特殊实现，其中模板参数被特定实参替换。

还学习了变量模板、函数模板和优雅的新 C++20 简化函数模板的语法。本章最后解释了 C++20 的另一个特性：概念，它允许你对模板参数进行约束。

第 26 章将继续讨论模板以及一些更高级的特性，如类模板部分特化、变参模板和元编程。

12.7 练习

通过完成以下习题，可以巩固本章讨论的知识点。所有练习的答案都可扫描封底二维码下载。然而，如果你困在一个练习中，在网站上查看答案之前，请先重新阅读本章的内容，试着自己找到答案。

练习 12-1　编写一个 KeyValuePair 类模板，其中包含两个模板类型参数：键和值。该类应该有两个私有数据成员来存储一个键和一个值。提供一个接收键和值的构造函数，并添加适当的 getter 和 setter。通过在 main()函数中创建几个实例来测试新编写的类，并尝试类模板参数推断。

练习 12-2　练习 12-1 中的 KeyValuePair 类模板支持其键和值模板类型参数的所有类型的数据类型。例如，下面的示例使用 std::string 作为键和值的类型来实例化类模板：

```
KeyValuePair<std::string, std::string> kv { "John Doe", "New York" };
```

然而，使用 const char*作为类型将会导致 const char*类型的数据成员，但这不是期望的结果。为 const char*键和值编写类模板特化，将给定字符串转换为 std::string。

练习 12-3　从练习 12-1 中获取解决方案，进行适当的更改，只允许整数类型作为键的类型，并且只允许浮点类型作为值的类型。

练习 12-4　编写一个函数模板 concat()，它带有两个模板类型参数和两个函数参数 t1 和 t2。该函数首先将 t1 和 t2 转换为一个字符串，然后返回这两个字符串的连接。对于这个练习，只关注数字的输入，比如支持 std::to_string()的整数和浮点数。创建并使用正确的概念，以确保函数模板的用户不会试图将其用于不支持的类型。尝试在不使用 template 关键字的情况下编写函数模板。

练习 12-5　练习 12-4 中的 concat()函数模板只支持数值类型。在本练习中，请修改 12-4 中的解决方案，使其在 2 个参数都是字符串、1 个参数是数值类型，而另 1 个参数是字符串类型时都能工作。

练习 12-6　使用本章前面的原始 Find()函数模板，并在类型 T 上添加一个适当的约束。

第13章 C++ I/O 揭秘

本章内容

- 流的含义
- 如何使用流输入输出数据
- 标准库中提供的标准流
- 如何使用文件系统支持程序库

程序的基本任务是接收输入和生成输出。不能生成任何类型输出的程序不会太有用。所有语言都提供了某种 I/O 机制，这种机制既有可能内建在语言中，也有可能通过操作系统特定的 API。优秀的 I/O 系统应该兼具灵活性和易用性。灵活的 I/O 系统支持通过不同设备进行输入输出，例如文件和用户控制台，还支持读写不同类型的数据。I/O 很容易出错，因为来自用户的数据可能是不正确的，或者底层的文件系统或其他数据源有可能无法访问。因此，优秀的 I/O 系统还应当能处理错误情形。

如果已经熟悉了 C 语言，就肯定用过 printf()和 scanf()。作为 I/O 机制，printf()和 scanf()确实很灵活。通过转义代码和变量占位符(类似于 std::format()的格式说明符和占位符，这些函数可定制为读取特定格式的数据，或输出格式化代码允许的任何值，此类值仅局限于整数/字符值、浮点值和字符串。然而，printf()和 scanf()在优秀 I/O 系统的其他指标方面表现落后。这些函数不能很好地处理错误，处理自定义数据类型不够灵活，也不是类型安全的，在 C++这样的面向对象语言中，它们根本不是面向对象的！

C++通过一种称为流(stream)的机制提供了更精良的输入输出方法。流是一种灵活且面向对象的 I/O 方法。本章将会介绍如何将流用于数据的输入输出。并学习如何通过流机制从不同的来源读取数据，以及向不同的目的地写出数据，例如用户控制台、文件甚至字符串。本章将讲解最常用的 I/O 特性。

本章的最后一部分讨论了 C++标准库提供的文件系统支持库。这个程序库允许处理路径、目录和文件，它很好地补充了流提供的 I/O 机制。

13.1 使用流

需要花一些工夫才能习惯流的隐喻。初看上去，流似乎比传统的 C 风格 I/O(例如 printf())要复杂。事实上，流初看上去更复杂的原因是相比于 printf()，流背后的隐喻更深刻。不过不必担心，看过一些示例后，就再也不会想用旧式的 I/O 了。

13.1.1 流的含义

第 1 章将 cout 流比喻为数据的洗衣滑槽。把一些变量丢到流中，这些变量就会被写到用户屏幕上，即控制台。更一般地，所有的流都可以看成数据滑槽。流的方向不同，关联的来源和目的地也不同。例如，你已经熟悉的 cout 流是一个输出流，因此它的方向是“流出”。这个流将数据写入控制台，因此它关联的目的地是“控制台”。cout 中的 c 并不代表所期望的“控制台”，而是代表“字符”，因为它是基于字符的流。还有一个称为 cin 的标准流，它接收来自用户的输入。这个流的方向为“流入”，关联的来源为“控制台”。和 cout 一样，cin 中的 c 也是代表“字符”。cout 和 cin 都是 C++在 std 名称空间中预定义的流实例。表 13-1 简要描述了定义在<iostream>中的所有预定义的流。

缓冲流和未缓冲流之间的区别是缓冲流不会立即将数据发送到目的地。相反，它会缓冲(即，收集)传入的数据，然后以块的形式分块发送。另一方面，非缓冲流会立即将数据发送到目的地。缓冲通常是为了提高性能，因为某些目的地(如文件)在一次写入更大的块时性能更好。请注意，总是可以通过使用 flush()方法刷新缓冲流的缓冲区，强制缓冲流将当前缓冲的所有数据发送到目的地。缓冲和刷新将在本章后面更详细地讨论。

表 13-1 预定义的流

流	说明
cin	输入流，从“输入控制台”读取数据
cout	缓冲的输出流，向“输出控制台”写入数据
cerr	非缓冲的输出流，向“错误控制台”写入数据，“错误控制台”通常等同于“输出控制台”
clog	cerr 的缓冲版本

缓冲的流和非缓冲的流的区别在于，前者不是立即将数据发送到目的地，而是缓冲输入的数据，然后以块方式发送；而非缓冲的流则立即将数据发送到目的地。缓冲的目的通常是提高性能，对于某些目的地(如文件)而言，一次性写入较大的块时速度更快。注意，始终可使用 flush()方法刷新缓冲区，强制要求缓冲的流将其当前所有的缓冲数据发送到目的地。

这些流还存在宽字符版本，以字符 w 开头：wcin、wcout、wcerr 和 wclog。宽字符可以用于字符数多于英语的语言，例如中文。第 21 章“字符串的本地化与正则表达式”将讨论宽字符。

注意：
所有输入流都有一个关联的来源，所有输出流都有一个关联的目的地。

有关流的另一个要点是：流不仅包含普通数据，还包含称为当前位置(current position)的特殊数据。当前位置指的是流将要进行下一次读写操作的位置。

注意：
图形用户界面应用程序通常没有控制台。换言之，如果向 cout 写入一些数据，用户无法看到。如果编写的是程序库，那么绝对不要假定存在 cout、cin、cerr 或 clog，因为不可能知道库会应用到控制台应用程序还是 GUI 应用程序。

13.1.2　流的来源和目的地

流这个概念可应用于任何接收数据或生成数据的对象。因此可编写基于流的网络类，还可编写MIDI 设备的流式访问类。在 C++中，流可使用 3 个公共的来源和目的地：控制台、文件和字符串。

前面的章节已经介绍了很多用户(或控制台)流的例子。控制台输入流允许程序在运行时从用户那里获得输入，使程序具有交互性。控制台输出流向用户提供反馈和输出结果。

文件流，顾名思义，它从文件系统中读取数据并向文件系统写入数据。文件输入流适用于读取配置数据、读取保存的文件，也适用于批处理基于文件的数据等任务。文件输出流适用于保存状态数据和提供输出等任务。如果熟悉 C 风格的输入和输出，那么会发现文件流包含 C 语言输出函数 fprintf()、fwrite()和 fputs()的功能，以及输入函数 fscanf()、fread()和 fgets()的功能。这些 C 风格的函数并不推荐在 C++中使用，因此本书不作进一步的讨论。

字符串流是将流隐喻应用于字符串类型的例子。使用字符串流时，可像处理其他任何流一样处理字符数据。就字符串流的大部分功能而言，只不过是为 string 类的很多方法能够完成的功能提供了便利的语法。然而，使用流式语法为优化提供了机会，而且比直接使用 string 类方便得多。字符串流包含 sprintf()、sprintf_s()和 sscanf()的功能，以及很多 C 语言字符串格式化函数的功能，这些都不是本书讨论的范畴。

本节接下来主要讲解控制台流(cin 和 cout)。本章后面还会列举文件流和字符串流的例子。其他类型的流，例如打印输出和网络 I/O 等往往与平台相关，因此这些流也不是本书讨论的范畴。

13.1.3　流式输出

第 1 章介绍了流式输出，在本书中，几乎每一章都使用了流式输出。本节首先简单回顾一些基本概念，然后介绍一些更高级的内容。

1. 输出的基本概念

输出流定义在<iostream>头文件中。大部分程序员都会在程序中包含<iostream>头文件，这个头文件又包含输入流和输出流的头文件。<iostream>头文件还声明了所有预定义的流实例：cout、cin、cerr、clog 以及对应的宽字符版本。

使用输出流的最简单方法是使用<<运算符。通过<<可输出 C++的基本类型，如 int、指针、double和字符。此外，C++的 string 类也兼容<<，C 风格的字符串也能正确输出。下面列举一些使用<<的示例：

```
int i { 7 };
cout << i << endl;

char ch { 'a' };
cout << ch << endl;

string myString { "Hello World." };
cout << myString << endl;
```

输出如下所示：

```
7
a
Hello World.
```

cout 流是写入控制台的内建流，控制台也称为标准输出(standard output)。可将<<的使用串联起来，从而输出多个数据段。这是由于<<运算符返回一个流的引用，因此可以立即对同一个流再次应用<<运算符。示例如下：

```
int j { 11 };
cout << "The value of j is " << j << "!" << endl;
```

输出如下所示：

```
The value of j is 11!
```

C++流可正确解析 C 风格的转义字符，例如包含\n 的字符串，也可使用 std::endl 开始一个新行。\n 和 endl 的区别是：\n 仅开始一个新行，而 endl 还会刷新缓冲区。使用 endl 时要小心，因为过多的缓冲区刷新会降低性能。接下来的示例使用 endl 输出，通过一行代码输出多行文本：

```
cout << "Line 1" << endl << "Line 2" << endl << "Line 3" << endl;
```

输出如下所示：

```
Line 1
Line 2
Line 3
```

警告：
endl 会刷新目标缓冲区，因此在性能关键的代码中要审慎地使用它，比如紧密的循环中。

2. 输出流的方法

毫无疑问，<<运算符是输出流最有用的部分。然而，你还需要了解一些额外功能。如果看一下<ostream>头文件，就会发现重载<<运算符定义的很多代码行(支持输出各种不同的数据类型)，还可看到一些有用的公有方法。

put()和 write()

put()和 write()是原始的输出方法。这两个方法接收的不是定义了输出行为的对象或变量，put()接收单个字符，write()接收一个字符数组。传给这些方法的数据按照原本的形式输出，没有做任何特殊的格式化和处理操作。例如，下面的代码段接收一个 C 风格的字符串，并将它输出到控制台，这个函数没有使用<<运算符。

```
const char* test { "hello there\n" };
cout.write(test, strlen(test));
```

下面的代码段通过 put()方法，将 C 风格字符串的给定索引输出到控制台：

```
cout.put('a');
```

flush()

当向输出流写入数据时，流不一定会将数据立即写入目的地。大部分输出流都会进行缓冲，也就是积累数据，而不是立即将得到的数据写出去。缓冲的目的通常是提高性能，对于某些目的地(如文件)而言，与逐字符写入相比，一次性写入较大的块时速度更快。在以下任意一种条件下，流将刷新(或写出)积累的数据：

- 遇到 endl 操作算子时。
- 流离开作用域被析构时。

- 流缓冲区满时。
- 显式地要求流刷新缓冲区时。
- 要求从对应的输入流输入数据时(即，要求从 cin 输入时，cout 会刷新)。在有关文件流的章节中，将学习如何建立这种连接。

显式要求流刷新缓冲区的方法是调用流的 flush()方法，如下所示：

```
cout << "abc";
cout.flush();    // abc is written to the console.
cout << "def";
cout << endl;    // def is written to the console.
```

注意：
不是所有的输出流都会缓存。例如，cerr 流就不会缓存其输出。

3. 处理输出错误

输出错误可能会在多种情况下出现。例如，你有可能试图打开一个不存在的文件；有可能因为磁盘错误导致写入操作失败，例如磁盘已满。到目前为止，前面使用流的代码都没有考虑这些可能性，主要是为了使代码简洁。然而，处理任何可能发生的错误是非常重要的。

当一个流处于正常的可用状态时，称这个流是“好的”。调用流的 good()方法可以判断这个流当前是否处于正常状态。

```
if (cout.good()) {
   cout << "All good" << endl;
}
```

通过 good()方法可方便地获得流的基本验证信息，但不能提供流不可用的原因。还有一个 bad()方法提供了稍多信息。如果 bad()方法返回 true，那么意味着发生了致命错误(相对于非致命错误，例如到达文件结尾 eof())。另一个方法 fail()在最近一次操作失败时返回 true，但没有说明下一次操作是否也会失败。例如，在对输出流调用 flush()后，可以通过调用 fail()来确保刷新成功。

```
cout.flush();
if (cout.fail()) {
   cerr << "Unable to flush to standard out" << endl;
}
```

流具有可转换为 bool 类型的转换运算符。转换运算符与调用!fail()时返回的结果相同。因此，可将前面的代码段重写为：

```
cout.flush();
if (!cout) {
   cerr << "Unable to flush to standard out" << endl;
}
```

有一点需要指出：遇到文件结束标记时，good()和 fail()都会返回 false。关系如下：good() == (!fail() && !eof())。

还可要求流在发生故障时抛出异常。然后编写一个 catch 处理程序来捕获 ios_base::failure 异常，然后对这个异常调用 what()方法，来获得错误的描述信息；调用 code()方法获得错误代码。但是，是否能获得有用信息取决于所使用的标准库实现。

```
cout.exceptions(ios::failbit | ios::badbit | ios::eofbit);
```

```
try {
   cout << "Hello World." << endl;
} catch (const ios_base::failure& ex) {
   cerr << "Caught exception: " << ex.what()
        << ", error code = " << ex.code() << endl;
}
```

可以通过 clear()方法重置流的错误状态：

```
cout.clear();
```

控制台输出流的错误检查不如文件输入输出流的错误检查频繁。这里讨论的方法也适用于其他类型的流，后面讨论每一种类型时都会回顾这些方法。

4. 输出操作算子

流的一项独特特性是，放入数据滑槽的内容并非仅限于数据。C++流还能识别操作算子(manipulator)，操作算子是能修改流行为的对象，而不是(或额外提供)流能够操作的数据。

endl 就是一个操作算子。endl 操作算子封装了数据和行为。它要求流输出一个行结束序列，并且刷新缓冲区。下面列出了其他有用的操作算子，大部分定义在<ios>和<iomanip>标准头文件中。列表后的例子展示了如何使用这些操作算子：

- boolalpha 和 noboolalpha：要求流将布尔值输出为 true 和 false(boolalpha)或 1 和 0(noboolalpha)。默认行为是 noboolalpha。
- hex、oct 和 dec：分别以十六进制、八进制和十进制输出数字。
- setprecision：设置输出小数时的小数位数。这是一个参数化的操作算子(也就是说，这个操作算子接收一个参数)。
- setw：设置输出数值数据的字段宽度。这是一个参数化的操作算子。
- setfill：将一个字符设置为流的新的填充字符。填充字符根据 setw 设置的宽度填充输出。这是一个参数化的操作算子。
- showpoint 和 noshowpoint：对于不带小数部分的浮点数，强制流总是显示或不显示小数点。
- put_money：一个参数化的操作算子，向流写入一个格式化的货币值。
- put_time：一个参数化的操作算子，向流写入一个格式化的时间值。
- quoted：一个参数化的操作算子，把给定的字符串封装在引号中，并转义嵌入的引号。

上述操作算子对后续输出到流中的内容有效，直到重置操作算子为止，但 setw 仅对下一个输出有效。下面的示例通过这些操作算子自定义输出：

```
// Boolean values
bool myBool { true };
cout << "This is the default: " << myBool << endl;
cout << "This should be true: " << boolalpha << myBool << endl;
cout << "This should be 1: " << noboolalpha << myBool << endl;

// Simulate "%6d" with streams
int i { 123 };
printf("This should be '   123': %6d\n", i);
cout << "This should be '   123': " << setw(6) << i << endl;

// Simulate "%06d" with streams
printf("This should be '000123': %06d\n", i);
cout << "This should be '000123': " << setfill('0') << setw(6) << i << endl;
```

```
// Fill with *
cout << "This should be '***123': " << setfill('*') << setw(6) << i << endl;
// Reset fill character
cout << setfill(' ');

// Floating point values
double dbl { 1.452 };
double dbl2 { 5 };
cout << "This should be ' 5': " << setw(2) << noshowpoint << dbl2 << endl;
cout << "This should be @@1.452: " << setw(7) << setfill('@') << dbl << endl;
// Reset fill character
cout << setfill(' ');

// Instructs cout to start formatting numbers according to your location.
// Chapter 19 explains the details of the imbue call and the locale object.
cout.imbue(locale { "" });

// Format numbers according to your location
cout << "This is 1234567 formatted according to your location: " << 1234567
     << endl;

// Monetary value. What exactly a monetary value means depends on your
// location. For example, in the USA, a monetary value of 120000 means 120000
// dollar cents, which is 1200.00 dollars.
cout << "This should be a monetary value of 120000, "
     << "formatted according to your location: "
     << put_money("120000") << endl;

// Date and time
time_t t_t { time(nullptr) };  // Get current system time
tm* t { localtime(&t_t) };     // Convert to local time
cout << "This should be the current date and time "
     << "formatted according to your location: "
     << put_time(t, "%c") << endl;

// Quoted string
cout << "This should be: \"Quoted string with \\\"embedded quotes\\\".\": "
     << quoted("Quoted string with \"embedded quotes\".") << endl;
```

注意：

这个示例在localtime()调用中可能会输出与安全相关的错误或警告。在Microsoft Visual Studio中，可以使用安全版本localtime_s()；在Linux中，可以使用localtime_r()。

如果不关心操作算子的概念，通常也能应付过去。流通过precision()这类方法提供了大部分相同的功能。以如下代码为例：

```
cout << "This should be '1.2346': " << setprecision(5) << 1.23456789 << endl;
```

这行代码可转换为方法调用。该方法的优点是，它们返回前面的值以便恢复：

```
cout.precision(5);
cout << "This should be '1.2346': " << 1.23456789 << endl;
```

流方法和操作算子的详细信息请参阅Standard Library Reference。

13.1.4 流式输入

输入流为结构化数据和非结构化数据的读入提供了简单方法。本节以 cin 为例讨论输入技术，cin 即控制台输入流。

1. 输入的基本概念

通过输入流，可采用两种简单方法来读取数据。第一种方法类似于<<运算符，<<向输出流输出数据。读入数据对应的运算符是>>。通过>>从输入流读入数据时，代码提供的变量保存接收的值。例如，以下程序从用户那里读入一个单词，并保存在一个字符串中。然后将这个字符串输出到控制台：

```
string userInput;
cin >> userInput;
cout << "User input was " << userInput << endl;
```

默认情况下，>>运算符根据空白字符对输入值进行标志化。例如，如果用户运行以上程序，并键入"hello there"作为输入，那么只有第一个空白字符(在这个例子中为空格符)之前的字符才会存储在 userInput 变量中。输出如下所示：

```
User input was hello
```

在输入中包含空白字符的一种方法是使用 get()，本章后面将会讨论这个方法。

注意：
C++中的空白字符包括空格(' ')、换行('\f')、换行('\n')、回车('\r')、水平制表符('\t')和垂直制表符('\v')。

>>运算符可用于不同的变量类型，就像<<运算符一样。例如，要读取一个整数，代码仅在变量类型上区别：

```
int userInput;
cin >> userInput;
cout << "User input was " << userInput << endl;
```

通过输入流可以读入多个值，并且可根据需要混合和匹配类型。例如，下面这个函数摘自一个餐馆预订系统，它要求用户输入姓氏和聚会就餐的人数。

```
void getReservationData()
{
    string guestName;
    int partySize;
    cout << "Name and number of guests: ";
    cin >> guestName >> partySize;
    cout << "Thank you, " << guestName << "." << endl;
    if (partySize > 10) {
        cout << "An extra gratuity will apply." << endl;
    }
}
```

注意，>>运算符会根据空白字符进行标志化，因此 getReservationData()函数不允许输入带有空白字符的姓名。一种解决方法是使用本章后面讲解的 unget()方法。注意，尽管这里首次使用 cout 时，没有通过 endl 或 flush()显式地刷新缓冲区，但仍可将文本写入控制台，因为使用 cin 会立即刷新 cout 缓冲区；cin 和 cout 通过这种方式连接在一起。

注意：

如果分不清<<和>>的作用，只要联想箭头的方向指向它们的目的地即可。在输出流中，<<指向流本身，因为数据被发送至流。在输入流中，>>指向变量，因为数据被保存。

2. 处理输入错误

输入流提供了一些方法用于检测异常情形。大部分和输入流有关的错误条件都发生在无数据可读时。例如，可能到达流尾(称为文件末尾 eof，即使不是文件流)。查询输入流状态的最常见方法是在条件语句中访问输入流。例如，只要 cin 保持在“良好”状态，下面的循环就继续进行。这种模式利用了这样一个事实：只有当流没有处于任何错误状态时，在条件上下文中计算输入流时才会返回 true。遇到错误会导致流的计算结果为 false。实现这种行为所需的转换操作的底层细节将在第 15 章“C++运算符重载”中进行解释。

```
while (cin) { ... }
```

同时可以输入数据：

```
while (cin >> ch) { ... }
```

还可在输入流上调用 good()、bad()和 fail()方法，就像输出流那样。还有一个 eof()方法，如果流到达尾部，就返回 true。与输出流类似，遇到文件结束标记时，good()和 fail()都会返回 false。关系如下：good() == (!fail() && !eof())。

还应该养成读取数据后就检查流状态的习惯，这样可从异常输入中恢复。

下面的程序展示了从流中读取数据并处理错误的常用模式。这个程序从标准输入中读取数字，到达文件末尾时显示这些数字的总和。注意在命令行环境中，需要用户键入一个特殊的字符来表示文件结束。在 UNIX 和 Linux 中，这个特殊字符是 Control+D；在 Windows 中，这个特殊字符是 Control+Z。具体的字符与操作系统相关，因此需要了解操作系统要求的字符。

```
cout << "Enter numbers on separate lines to add. "
     << "Use Control+D to followed by Enter to finish (Control+Z in Windows).\n";
int sum = 0;

if (!cin.good()) {
   cerr << "Standard input is in a bad state!" << endl;
   return 1;
}

while (!cin.bad()) {
   int number;
   cin >> number;
   if (cin.good()) {
      sum += number;
   } else if (cin.eof()) {
      break; // Reached end of file
   } else if (cin.fail()) {
      // Failure!
      cin.clear(); // Clear the failure state.
      string badToken;
      cin >> badToken; // Consume the bad input.
      cerr << "WARNING: Bad input encountered: " << badToken << endl;
   }
}
cout << "The sum is " << sum << endl;
```

下面是这个程序的一些示例输出。当按下 Control+Z 时，输出中的^Z 字符出现：

```
Enter numbers on separate lines to add.
Use Control+D followed by Enter to finish (Control+Z in Windows).
1
2
test
WARNING: Bad input encountered: test
3
^Z
The sum is 6
```

3. 输入方法

与输出流一样，输入流也提供了一些方法，它们可获得相比普通>>运算符更底层的访问功能。

get()

get()方法允许从流中读入原始输入数据。get()的最简单版本返回流中的下一个字符，其他版本一次读入多个字符。get()常用于避免>>运算符的自动标志化。例如，下面这个函数从输入流中读入一个由多个单词构成的名字，一直读到流尾。

```
string readName(istream& stream)
{
    string name;
    while (stream) {                      // Or: while (!stream.fail()) {
        int next = stream.get();
        if (!stream || next == std::char_traits<char>::eof())
            break;
        name += static_cast<char>(next); // Append character.
    }
    return name;
}
```

在这个 readName()函数中，有一些有趣的发现：

- 这个函数的参数是一个对 istream 的非 const 引用，而不是一个 const 引用。从流中读入数据的方法会改变实际的流(主要改变当前位置)，因为它们都不是 const 方法。因此，不能对 const 引用调用这些方法。
- get()的返回值保存在 int 变量而不是 char 变量中，由于 get()会返回一些特殊的非字符值，例如 std::char_traits<char>::eof()(文件结束)，因此使用 int。

readName()有一点奇怪，因为可采用两种方式跳出循环。一种方式是流进入“不好的”状态，另一种方式是到达流尾。从流中读入数据的更常用方法是使用另一个版本的 get()，这个版本接收一个字符的引用，并返回一个流的引用。只有当输入流没有处于任何错误状态时，在条件环境中对一个输入流求值时才会得到 true。同一个函数的下面这个版本稍微简洁一些：

```
string readName(istream& stream)
{
    string name;
    char next;
    while (stream.get(next)) {
        name += next;
    }
    return name;
}
```

unget()

对于大多数场合来说，理解输入流的正确方式是将输入流理解为单方向的滑槽。数据被丢入滑槽，然后进入变量。unget()方法打破了这个模型，允许将数据塞回滑槽。

调用unget()会导致流回退一个位置，将读入的前一个字符放回流中。调用fail()方法可查看unget()是否成功。例如，如果当前位置就是流的起始位置，那么unget()会失败。

本章前面出现的 getReservationData()函数不允许输入带有空白字符的名字。下面的代码使用了unget()，允许名字中出现空白字符。将这段代码逐字符读入，并检查字符是否为数字。如果字符不是数字，就将字符添加到guestName。如果字符是数字，就通过unget()将这个字符放回到流中，循环停止，然后通过>>运算符输入一个整数partySize。noskipws输入操作算子告知流不要跳过空白字符，就像读取其他任何字符一样读取空白字符。

```
void getReservationData()
{
    string guestName;
    int partySize { 0 };
    // Read characters until we find a digit
    char ch;
    cin >> noskipws;
    while (cin >> ch) {
        if (isdigit(ch)) {
            cin.unget();
            if (cin.fail())
                cout << "unget() failed" << endl;
            break;
        }
        guestName += ch;
    }
    // Read partysize, if the stream is not in error state
    if (cin)
        cin >> partySize;

    if (!cin) {
        cerr << "Error getting party size." << endl;
        return;
    }

    cout << format("Thank you '{}', party of {}",
         guestName, partySize) << endl;
    if (partySize > 10) {
        cout << "An extra gratuity will apply." << endl;
    }
}
```

putback()

putback()和unget()一样，允许在输入流中反向移动一个字符。区别在于putback()方法将放回流中的字符接收为参数，示例如下：

```
char c;
cin >> c;
cout << format("Retrieved {} before putback('e').", c) << endl;

cin. putback('e'); // 'e' will be the next character read off the stream.
```

```
cin >> c;
cout << format("Retrieved {} after putback('e').", c) << endl;
```

结果输入如下：

```
w
Retrieved w before putback('e').
Retrieved e after putback('e').
```

peek()

通过 peek()方法可预览调用 get()后返回的下一个值。再次以滑槽为例，可想象为查看一下滑槽，但是不把值取出来。

peek()非常适合于在读取前需要预先查看一个值的场合。例如下面的代码实现了 getReservationData()函数，这个函数允许名字中出现空白字符，但使用的是 peek()而不是 unget()。

```
void getReservationData()
{
   string guestName;
   int partySize { 0 };
   // Read characters until we find a digit
   char ch;
   cin >> noskipws;
   while (true) {
      // 'peek' at next character
      ch { static_cast<char>(cin.peek()) };
      if (!cin)
         break;
      if (isdigit(ch)) {
         // next character will be a digit, so stop the loop
         break;
      }
      // next character will be a non-digit, so read it
      cin >> ch;
      if (!cin)
         break;
      guestName += ch;
   }
   // Read partysize, if the stream is not in error state
   if (cin)
      cin >> partySize;
   if (!cin) {
      cerr << "Error getting party size." << endl;
      return;
   }

   cout << format("Thank you '{}', party of {}",
      guestName, partySize) << endl;
   if (partySize > 10) {
      cout << "An extra gratuity will apply." << endl;
   }
}
```

getline()

从输入流中获得一行数据是一种非常常见的需求，有一个方法能完成这个任务。getline()方法用一行数据填充字符缓冲区，数据量最多至指定大小。指定的大小中包括\0 字符。因此，下面的代码最多从 cin 中读取 kBufferSize-1 个字符，或者读到行尾为止。

```
char buffer[kBufferSize] { 0 };
cin.getline(buffer, kBufferSize);
```

调用 getline()时，从输入流中读取一行，读到行尾为止。不过，行尾字符不会出现在字符串中。注意，行尾序列和平台相关。例如，行尾序列可以是\r\n、\n 或\n\r。

有个版本的 get()函数执行的操作和 getline()一样，区别在于 get()把换行序列留在输入流中。

还有一个用于 C++字符串的 std::getline()函数。这个函数定义在<string>头文件和 std 名称空间中。它接收一个流引用、一个字符串引用。使用这个版本的 getline()函数的优点是不需要指定缓冲区的大小。

```
string myString;
getline(cin, myString);
```

getline()方法和 std::getline()函数都接收一个可选的分隔符作为最后一个参数。默认分隔符是\n。通过更改此分隔符，可以使用这些函数读取多行文本，直到达到给定的分隔符。例如，下面的代码读取多行文本，直到读取一个@字符。

```
cout << "Enter multiple lines of text. "
     << "Use an @ character to signal the end of the text.\n> ";
string myString;
getline(cin, myString, '@');
cout << format("Read text: \"{}\"", myString) << endl;
```

下面是可能的输出结果：

```
Enter multiple lines of text. Use an @ character to signal the end of the text.
> This is some
text on multiple
lines.@
Read text: "This is some
text on multiple
lines."
```

4. 输入操作算子

下面列出了内建的输入操作算子，它们可发送到输入流中，以自定义数据读入的方式。

- boolalpha 和 noboolalpha：如果使用了 boolalpha，字符串 false 会被解析为布尔值 false；其他任何字符串都会被解析为布尔值 true。如果设置了 noboolalpha，0 会被解析为 false，其他任何值都被解析为 true。默认为 noboolalpha。
- dec、hex 和 oct：分别读取以 10 为基数的十进制、十六进制或八进制记数法的数字。例如，以 10 为基数的十进制数 207 用十六进制表示为 cf，用八进制表示是 317。
- skipws 和 noskipws：告诉输入流在标记化时跳过空白字符，或者读入空白字符作为标记。默认为 skipws。
- ws：一个简便的操作算子，表示跳过流中当前位置的一串空白字符。
- get_money：一个参数化的操作算子，从流中读入一个格式化的货币值。
- get_time：一个参数化的操作算子，从流中读入一个格式化的时间值。
- quoted：一个参数化的操作算子，读取封装在引号中的字符串，并转义嵌入的引号。

输入支持本地化。例如，下面的代码将为 cin 启用本地化。第 19 章将讨论本地化：

```
cin.imbue(locale { "" });
int i;
cin >> i;
```

如果系统被本地化为U.S. English，那么输入1,000会被解析为1000，输入1.000会被解析为1。如果系统被本地化为Dutch Belgium，那么输入1.000会被解析为1000，而输入1,000会被解析为1。在这两种情形中，如果输入不带数字分隔符的1000，会得到值1000。

13.1.5 对象的输入输出

即使不是基本类型，也可以通过<<运算符输出C++字符串。在C++中，对象可描述其输入输出方式。为此，需要重载<<和>>运算符，以理解新的类型或类。

为什么要重载这些运算符？如果熟悉C语言中的printf()函数，就会知道printf()在这方面并不灵活。尽管printf()知道多种数据类型，但是无法让其知道更多的知识。例如，考虑下面这个简单的类：

```
class Muffin
{
   public:
      virtual ~Muffin() = default;

      const string& getDescription() const { return m_description; }
      void setDescription(string_description)
      {
         m_description = description;
      }

      int getSize() const { return m_size; }
      void setSize(int size) { m_size = size; }

      bool hasChocolateChips() const { return m_hasChocolateChips; }
      void setHasChocolateChips(bool hasChips)
      {
         m_hasChocolateChips = hasChips;
      }
   private:
      string m_description;
      int m_size { 0 };
      bool m_hasChocolateChips { false };
};
```

为了使用printf()输出Muffin类的对象，最好将其指定为实参，可能需要使用%m作为占位符。

```
printf("Muffin: %m\n", myMuffin); // BUG! printf doesn't understand Muffin.
```

但是，printf()函数完全不了解Muffin类型，因此无法输出Muffin类型的对象。更糟糕的是，由于printf()函数的声明方式，这样的代码会导致运行时错误而不是编译期错误(不过优秀的编译器会给出警告消息)。

如果想要使用printf()，那么最好在Muffin类中添加新的output()方法：

```
class Muffin
{
   public:
      void output() const
      {
```

```
            printf("%s, Size is %d, %s\n", getDescription().data(), getSize(),
                (hasChocolateChips() ? "has chips" : "no chips"));
        }
        // Omitted for brevity
};
```

不过，使用这种机制显得非常笨拙。如果要在另一行文本的中间输出 Muffin，那么需要将这一行分解为两个调用，并在两个调用之间插入一个 Muffin::output()调用，如下所示。

```
printf("The muffin is ");
myMuffin.output();
printf(" -- yummy!\n");
```

通过重载<<运算符，使得输出 Muffin 就像输出字符串一样简单——只要将其作为<<的实参即可。第 15 章将讲解运算符<<和>>的重载。

13.1.6 自定义的操作算子

标准库提供了许多内置的流操作算子，但如果需要，可以编写自定义的操作算子。这涉及使用 ios_base 公开的功能，例如 xalloc()、iword()、pword()和 register_callback()。由于很少需要自定义操作算子，因此，本文不再进一步讨论这个主题。如果感兴趣，请参阅最喜欢的标准库参考资料。

13.2 字符串流

可通过字符串流将流语义用于字符串。通过这种方式，可得到一个内存中的流(in memory stream)来表示文本数据。例如，在 GUI 应用程序中，可能需要用流构建文本数据，但不是将文本输出到控制台或文件中，而是把结果显示在 GUI 元素中，例如消息框和编辑框。另一个例子是，要将一个字符串流作为参数传给不同函数，同时维护当前的读取位置，这样每个函数都可以处理流的下一部分。字符串流也非常适合于解析文本，因为流内建了标记化的功能。

std::ostringstream 类用于将数据写入字符串，std::istringstream 类用于从字符串读出数据。ostringstream 中的 o 代表输出，而 istringstream 中的 i 代表输入。这两个类都定义在<sstream>头文件中。由于 ostringstream 和 istringstream 把同样的行为分别继承为 ostream 和 istream，因此这两个类的使用也非常类似。

下面的程序从用户那里请求单词，然后输出到一个 ostringstream 中，通过制表符将单词分开。在程序的最后，整个流通过 str()方法转换为字符串对象，并写入控制台。输入标记“done”，可停止标记的输入，按下 Control+D(UNIX)或 Control+Z(Windows)可关闭输入流。

```
cout << "Enter tokens. "
     << "Control+D (Unix) or Control+Z (Windows) followed by Enter to end."
     << endl;
ostringstream outStream;
while (cin) {
    string nextToken;
    cout << "Next token: ";
    cin >> nextToken;
    if (!cin || nextToken == "done")
        break;
    outStream << nextToken << "\t";
}
cout << "The end result is: " << outStream.str();
```

从字符串流中读入数据非常类似。下面的函数创建一个 Muffin 对象，并填充字符串输入流中的数据(参见此前的例子)。流数据的格式固定，因此这个函数可轻松地将数据值转换为对 Muffin 类的设置方法的调用。

```
Muffin createMuffin(istringstream& stream)
{
    Muffin muffin;
    // Assume data is properly formatted:
    // Description size chips

    string description;
    int size;
    bool hasChips;

    // Read all three values. Note that chips is represented
    // by the strings "true" and "false"
    stream >> description >> size >> boolalpha >> hasChips;
    if (stream) { // Reading was successful.
        muffin.setSize(size);
        muffin.setDescription(description);
        muffin.setHasChocolateChips(hasChips);
    }
    return muffin;
}
```

注意：
将对象转换为“扁平”类型(例如字符串类型)的过程通常称为编组(marshall)。将对象保存至磁盘或通过网络发送时，编组操作非常有用。

相对于标准 C++字符串，字符串流的主要优点是除了数据之外，这个对象还知道从哪里进行下一次读或写操作，这个位置也称为当前位置。

与字符串相比，字符串流的另一个优势是支持操作算子和本地化，格式化功能更加强大。

最后，如果需要通过连接几个较小的字符串来构建一个字符串，那么与直接连接字符串对象相比，使用字符串流会更高效。

13.3　文件流

文件本身非常符合流的抽象，因为读写文件时，除数据外，还涉及读写的位置。在 C++中，std::ofstream 和 std::ifstream 类提供了文件的输入输出功能。这两个类在<fstream>头文件中定义。

在处理文件系统时，错误情形的检测和处理非常重要。比如，当前处理的文件可能在一个刚下线的网络存储中，或者可能写入已满磁盘上的一个文件，以及也许试图打开一个用户没有访问权限的文件。可以通过前面描述的标准错误处理机制检测错误情形。

输出文件流和其他输出流的唯一主要区别在于：文件流的构造函数可以接收文件名以及打开文件的模式作为参数。默认模式是写文件(ios_base::out)，这种模式从文件开头写文件，改写任何已有的数据。给文件流构造函数的第 2 个参数指定常量 ios_base::app，还可按追加模式打开输出文件流。表 13-2 列出了可供使用的不同常量。

表 13-2 可供使用的常量

常量	说明
ios_base::app	打开文件，在每一次写操作之前，移到文件末尾
ios_base::ate	打开文件，打开之后立即移到文件末尾
ios_base::binary	以二进制模式执行输入输出操作(相对于文本模式)
ios_base::in	打开文件，从开头开始读取
ios_base::out	打开文件，从开头开始写入，覆盖已有的数据
ios_base::trunc	打开文件，并删除(截断)任何已有数据

注意，可组合模式。例如，如果要打开文件用于输出(以二进制模式)，同时截断现有数据，可采用如下方式指定打开模式。

```
ios_base::out | ios_base::binary | ios_base::trunc
```

ifstream 自动包含 ios_base::in 模式，ofstream 自动包含 ios_base::out 模式，即使不显式地将 in 或 out 指定为模式，也同样如此。

下面的程序打开文件 test.txt，并写入程序的实参。ifstream 和 ofstream 析构函数会自动关闭底层文件，因此不需要显式调用 close()：

```
int main(int argc, char* argv[])
{
    ofstream outFile { "test.txt", ios_base::trunc };
    if (!outFile.good()) {
        cerr << "Error while opening output file!" << endl;
        return -1;
    }
    outFile << "There were " << argc << " arguments to this program." << endl;
    outFile << "They are: " << endl;
    for (int i { 0 }; i < argc; i++) {
        outFile << argv[i] << endl;
    }
}
```

13.3.1 文本模式与二进制模式

默认情况下，文件流在文本模式中打开。如果指定 ios_base::binary 标志，将在二进制模式中打开文件。

在二进制模式中，要求把流处理的字节写入文件。读取时，将完全按文件中的形式返回字节。

在文本模式中，会执行一些隐式转换，写入文件或从文件中读取的每一行都以\n 结束。但是，行结束符在文件中的编码方式与操作系统相关。例如，在 Windows 上，行结束符是\r\n，而不是单个字符\n。因此，如果文件以文本模式打开，那么写入的行以\n 结尾，并且在写入文件前，底层实现会自动将\n 转换为\r\n。同样，从文件读取行时，从文件读取的\r\n 会自动转换回\n。

13.3.2 通过 seek()和 tell()在文件中转移

所有的输入流和输出流都有 seekx()和 tellx()方法。seekx()方法允许在输入流或输出流中移动到任意位置。seek()有好几种形式。对于输入流，这个方法实际上称为 seekg()(g 表示 get)；对于输出流，这个方法实际上称为seekp()(p表示put)。为什么同时存在seekg()和seekp()方法，而不是seek()方法？原因是有的流既可以输入又可以输出，例如文件流。在这种情况下，流需要记住读位置和独立的写位置。这也称为双向I/O(bidirectional I/O)，具体细节将在本章后面讨论。

seekg()和seekp()有两个重载版本。其中一个重载版本接收一个实参：绝对位置。这个重载版本将定位到这个绝对位置。另一个重载版本接收一个偏移量和一个位置，这个重载版本将定位到距离给定位置一定偏移量的位置。位置的类型为std::streampos，偏移量的类型为std::streamoff，这两种类型都以字节计数。预定义的3个位置如表13-3所示。

表13-3 预定义的3个位置

位置	说明
ios_base::beg	表示流的开头
ios_base::end	表示流的结尾
ios_base::cur	表示流的当前位置

例如，要定位到输出流中的一个绝对位置，可使用接收一个参数的seekp()版本，如下所示，这个示例通过ios_base::beg常量定位到流的开头。

```
outStream.seekp(ios_base::beg);
```

在输入流中，定位方法完全一样，只不过用的是seekg()方法。

```
inStream.seekg(ios_base::beg);
```

接收两个实参的版本可定位到流中的相对位置。第1个实参表示要移动的位置数，第2个实参表示起始点。要相对文件的起始位置移动，使用ios_base::beg常量。要相对文件的末尾位置移动，使用ios_base::end常量。要相对文件的当前位置移动，使用ios_base::cur常量。例如，下面这行代码从流的起始位置移动到第2个字节。注意，整数被隐式地转换为streampos和streamoff类型：

```
outStream.seekp(2, ios_base::beg);
```

下例转移到输入流中的倒数第3个字节：

```
inStream.seekg(-3, ios_base::end);
```

可以通过tellx()方法查询流的当前位置，这个方法返回一个表示当前位置的streampos值。利用这个结果，可在执行seekx()之前记住当前标记的位置，还可查询是否在某个特定位置。和seekx()一样，输入流和输出流也有不同版本的tellx()。输入流使用的是tellg()，而输出流使用的是tellp()。

下面的代码检查输入流的当前位置，并判断是否在起始位置。

```
std::streampos curPos { inStream.tellg() };
if (ios_base::beg == curPos) {
    cout << "We're at the beginning." << endl;
}
```

下面是一个整合了所有内容的示例程序。这个程序写入test.out文件，并执行下面的测试：

(1) 将字符串54321输出至文件。

(2) 验证标记在流中的位置5。

(3) 转移到输出流的位置2。

(4) 在位置2输出0，并关闭输出流。

(5) 在文件test.out上打开输入流。

(6) 将第一个标记以整数的形式读入。

(7) 确认这个值是否为54021。

```
ofstream fout { "test.out" };
if (!fout) {
    cerr << "Error opening test.out for writing" << endl;
    return 1;
}

// 1. Output the string "54321".
fout << "54321";

// 2. Verify that the marker is at position 5.
streampos curPos { fout.tellp() };
if (curPos == 5) {
    cout << "Test passed: Currently at position 5" << endl;
} else {
    cout << "Test failed: Not at position 5" << endl;
}

// 3. Move to position 2 in the output stream.
fout.seekp(2, ios_base::beg);

// 4. Output a 0 in position 2 and close the output stream.
fout << 0;
fout.close();

// 5. Open an input stream on test.out.
ifstream fin { "test.out" };
if (!fin) {
    cerr << "Error opening test.out for reading" << endl;
    return 1;
}

// 6. Read the first token as an integer.
int testVal;
fin >> testVal;
if (!fin) {
    cerr << "Error reading from file" << endl;
    return 1;
}

// 7. Confirm that the value is 54021.
const int expected { 54021 };
if (testVal == expected) {
    cout << format("Test passed: Value is {}", expected) << endl;
} else {
    cout << format("Test failed: Value is not {} (it was {})" ,
        expected, testVal) << endl;
}
```

13.3.3 将流链接在一起

任何输入流和输出流之间都可以建立链接，从而实现“访问时刷新(flush-on-access)”的行为。换句话说，当从输入流请求数据时，链接的输出流会自动刷新。这种行为可用于所有流，但对于可能互相依赖的文件流来说特别有用。

通过 tie()方法完成流的链接。要将输出流链接至输入流，对输入流调用 tie()方法，并传入输出流的地址。要解除链接，需要传入 nullptr。

下面的程序将一个文件的输入流链接至一个完全不同的文件的输出流。也可链接至同一个文件的输出流，但是双向 I/O(详见稍后的描述)可能是实现同时读写同一个文件的更优雅方式。

```
ifstream inFile { "input.txt" };  // Note: input.txt must exist.
ofstream outFile { "output.txt" };
// Set up a link between inFile and outFile.
inFile.tie(&outFile);
// Output some text to outFile. Normally, this would
// not flush because std::endl is not sent.
outFile << "Hello there!";
// outFile has NOT been flushed.
// Read some text from inFile. This will trigger flush()
// on outFile.
string nextToken;
inFile >> nextToken;
// outFile HAS been flushed.
```

flush()方法在 ostream 基类上定义，因此可将一个输出流链接至另一个输出流。示例如下：

```
outFile.tie(&anotherOutputFile);
```

这种关系意味着：每次写入一个文件时，发送给另一个文件的缓存数据会被刷新。可通过这种机制保持两个相关文件的同步。

这种流链接的一个例子是 cout 和 cin 之间的链接。每当从 cin 输入数据时，都会自动刷新 cout。cerr 和 cout 之间也存在链接，这意味着到 cerr 的任何输出都会导致刷新 cout，而 clog 未链接到 cout。这些流的宽字符版本也具有类似的链接。

13.4 双向 I/O

目前，本章把输入流和输出流当作独立但又关联的类来讨论。事实上，有一种流可同时执行输入和输出：bidirectional stream。

双向流是 iostream 的子类，而 iostream 是 istream 和 ostream 的子类，因此这是一个多重继承示例。显然，双向流支持>>和<<运算符，还支持输入流和输出流的方法。

fstream 类提供了双向文件流。fstream 特别适用于需要替换文件中数据的应用程序，因为可通过读取文件找到正确的位置，然后立即切换为写入文件。例如，假设程序保存了 ID 号和电话号码之间的映射表。它可能使用以下格式的数据文件：

```
123 408-555-0394
124 415-555-3422
263 585-555-3490
100 650-555-3434
```

一种合理方案是当这个程序打开文件时读取整个数据文件，然后在程序结束时，将所有的变化重新写入这个文件。然而，如果数据集庞大，可能无法把所有数据都保存在内存中。如果使用 iostream，则不需要这样做。可轻松扫描文件，找到记录，然后以追加模式打开输出文件，从而添加新的记录。如果要修改已有记录，可使用双向流，例如在下面的函数中，可替换指定 ID 的电话号码：

```
bool changeNumberForID(string_view filename, int id, string_view newNumber)
{
    fstream ioData { filename.data() };
    if (!ioData) {
        cerr << "Error while opening file " << filename << endl;
        return false;
    }

    // Loop until the end of file
    while (ioData) {
        int idRead;
        // Read the next ID.
        ioData >> idRead;
        if (!ioData)
            break;

        // Check to see if the current record is the one being changed.
        if (idRead == id) {
            // Seek the write position to the current read position.
            ioData.seekp(ioData.tellg());
            // Output a space, then the new number.
            ioData << " " << newNumber;
            break;
        }

        // Read the current number to advance the stream.
        String number;
        ioData >> number;
    }
    return true;
}
```

当然，只有在数据大小固定时，这种方法才能正常工作。当以上程序从读取切换到写入时，输出数据会改写文件中的其他数据。为保持文件的格式，并避免写入下一条记录，数据大小必须相同。

还可通过 stringstream 类双向访问字符串流。

注意：
双向流用不同的指针保存读位置和写位置。在读取和写入之间切换时，需要定位到正确的位置。

13.5 文件系统支持库

C++标准库包含一个文件系统支持库，定义在<filesystem>头文件中，并且位于 std::filesystem 名称空间中。它允许编写可移植的代码来处理文件系统。可以使用这个程序库来查询某个内容是目录还是文件、遍历目录的内容、操作路径，以及检索有关文件的信息，如文件的大小、扩展名、创建时间等。程序库的最重要的两个部分(路径和目录条目)将在下面介绍。

13.5.1 路径

程序库的基本组成部分是路径。路径可以是绝对的，也可以是相对的，并且可以选择包含文件名。例如，下面的代码定义了几个路径。注意第2章介绍的原始字符串文字的使用，以避免转义反斜杠：

```
path p1 { R"(D:\Foo\Bar)" };
```

```
path p2 { "D:/Foo/Bar" };
path p3 { "D:/Foo/Bar/MyFile.txt" };
path p4 { R"(..\SomeFolder)" };
path p5 { "/usr/lib/X11" };
```

通过调用 c_str()或 native()或将路径插入流，可以将路径转换为代码所运行的系统的本机格式。示例如下：

```
path p1 { R"(D:\Foo\Bar)" };
path p2 { "D:/Foo/Bar" };
cout << p1 << endl;
cout << p2 << endl;
```

在支持正反斜杠的 Windows 上，输出如下：

```
"D:\\Foo\\Bar"
"D:/Foo/Bar"
```

可以使用 append()方法或 operator/=将组件附加到路径中。平台相关的路径分隔符会自动插入。示例如下：

```
path p { "D:\\Foo" };
p.append("Bar");
p /= "Bar";
cout << p << endl;
```

Windows 上的输出是"D:\\Foo\\Bar\\Bar"。

可以使用 concat()或 operator+=将字符串连接到现有路径。这不会插入任何路径分隔符！示例如下：

```
path p { "D:\\Foo" };
p.concat("Bar");
p += "Bar";
cout << p << endl;
```

现在在 Windows 上的输出是"D:\\FooBarBar"。

> **警告：**
> append()和 operator/=会自动插入一个平台相关的路径分隔符，而 concat()和 operator+=却不会。

基于范围的 for 循环可用于遍历路径的不同组件。示例如下：

```
path p { R"(C:\Foo\Bar)" };
for (const auto& component : p) {
    cout << component << endl;
}
```

Windows 上的输出如下：

```
"C:"
"\\"
"Foo"
"Bar"
```

path 接口支持 remove_filename()、replace_filename()、replace_extension()、root_name()、parent_path()、extension()、stem()、filename()、has_extension()、is_absolute()、is_relative()等操作。下面的代码片段演

示了其中的一些：

```
path p { R"(C:\Foo\Bar\file.txt)" };
cout << p.root_name() << endl;
cout << p.filename() << endl;
cout << p.stem() << endl;
cout << p.extension() << endl;
```

这段代码在 Windows 上产生以下结果：

```
"C:"
"file.txt"
"file"
".txt"
```

有关所有可用功能的完整列表，请参阅最喜欢的标准库参考。

13.5.2　目录条目

路径仅表示文件系统中的目录或文件。路径可能会指向不存在的目录或文件。如果要查询文件系统上的实际目录或文件，需要从路径构造一个 directory_entry。directory_entry 接口支持 exists()、is_directory()、is_regular_file()、file_size()、last_write_time()等操作。

下面的示例从路径构造了一个 directory_entry 来查询文件的大小：

```
path myPath { "c:/windows/win.ini" };
directory_entry dirEntry { myPath };
if (dirEntry.exists() && dirEntry.is_regular_file()) {
   cout << "File size: " << dirEntry.file_size() << endl;
}
```

13.5.3　辅助函数

还有一个完整的辅助函数集合。例如，可以使用 copy()复制文件或目录；create_directory()在文件系统上创建一个新目录；exists()用来查询给定目录或文件是否存在；file_size()获取一个文件的大小；last_write_time()获取文件最后修改的时间；remove()用来删除一个文件；temp_directory_path()获取适合存储临时文件的目录；space()用于查询文件系统上的可用空间等。有关完整列表，请参阅标准库参考。

下面的示例打印了文件系统的容量和剩余空间的大小：

```
space_info s { space("c:\\") };
cout << "Capacity: " << s.capacity << endl;
cout << "Free: " << s.free << endl;
```

在下面的目录遍历部分中，可以找到关于这些辅助函数的更多示例。

13.5.4　目录遍历

如果希望递归地遍历给定目录中的所有文件和子目录，可以使用 recursive_directory_iterator。如果要开始迭代过程，那么需要一个指向第一个 directory_entry 的迭代器。如果要知道何时停止迭代，那么需要一个结束迭代器。如果要创建起始迭代器，那么需要构造一个 recursive_directory_iterator，并将要遍历目录的路径作为参数传递。如果要构造结束迭代器，那么需要默认构造一个 recursive_directory_iterator。如果要访问迭代器所引用的 directory_entry，请使用解引用操作符*。遍历集合中的所有元素只需要使用++运算符对迭代器递增，直到到达结束迭代器即可完成。注意，结束迭代器不再是集合的一部分，因此不再引用有效的 directory_entry，并且不能被解引用。

```
void printDirectoryStructure(const path& p)
{
   if (!exists(p)) {
      return;
   }

   recursive_directory_iterator begin { p };
   recursive_directory_iterator end { };
   for (auto iter { begin }; iter != end; ++iter) {
      const string spacer(iter.depth() * 2, ' ');

      auto& entry { *iter }; // Dereference iter to access directory_entry.

      if (is_regular_file(entry)) {
         cout << format("{}File: {} ({} bytes)",
            spacer, entry.path().string(), file_size(entry)) << endl;
      } else if (is_directory(entry)) {
         cout << format("{}Dir: {}", spacer, entry.path().string()) << endl;
      }
   }
}
```

这个函数可以调用如下：

```
path p { R"(D:\Foo\Bar)" };
printDirectoryStructure(p);
```

还可以使用 directory_iterator 迭代目录的内容，并实现递归。下面的示例与前面的示例做了相同的事情，但是使用了 directory_iterator，而不是 recursive_directory_iterator。

```
void printDirectoryStructure(const path& p, size_t level = 0)
{
   if (!exists(p)) {
      return;
   }

   const string spacer(level * 2, ' ');

   if (is_regular_file(p)) {
   cout << format("{}File: {} ({} bytes)",
      spacer, p.string(), file_size(p)) << endl;
   } else if (is_directory(p)) {
      cout << format("{}Dir: {}", spacer, p.string()) << endl;
      for (auto& entry : directory_iterator { p }) {
         printDirectoryStructure(entry, level + 1);
      }
   }
}
```

13.6 本章小结

流为输入输出提供了一种灵活且面向对象的方式。本章中最重要的内容是流的概念，这个概念甚至比流的使用还重要。一些操作系统可能有自己的文件访问和I/O工具，但掌握流和类似流的库的工作方式，是使用任何类型现代I/O系统的关键。

本章最后介绍了文件系统支持库，可以使用它以平台无关的方式处理文件和目录。

13.7 练习

通过完成以下习题，可以巩固本章讨论的知识点。所有练习的答案都可扫描封底二维码下载。然而，如果你困在一个练习中，在网站上查看答案之前，请先重新阅读本章的内容，试着自己找到答案。

练习 13-1 请回顾一下在前面章节的练习中开发的Person类。从练习9-2中获取实现，并添加一个output()方法，该方法将一个人的详细信息写入标准输出控制台。

练习 13-2 上一个练习中的output()方法总是将一个人的详细信息写入标准输出控制台。请更改output()方法，使其具有一个输出流作为参数，并将一个人的详细信息写入该流。通过将一个人写入标准输出控制台、一个字符串流和一个文件，在main()中测试新的实现。请注意，如何通过使用流的单一方法将一个人输出到各种不同的目标(输出控制台、字符串流、文件等)。

练习 13-3 开发一个名为Database的类，在std::vector中存储Persons(来自练习13-2)。提供一个add()方法来将一个人添加到数据库中，还提供一个save()方法，接收一个文件的名称，它将数据库中的所有人保存到该文件中，并且文件中的任何现有内容都将被删除。添加一个load()方法，接收一个文件的名称，并且数据库从中加载所有人的信息。提供clear()方法，以便从数据库中删除所有人员。最后，添加一个outputAll()方法，对数据库中的所有人员调用output()。即使一个人的名字或姓氏中有空格，也要确保该实现可以工作。

练习 13-4 练习13-3中的数据库将所有人存储在一个文件中。为了练习文件系统支持库，将其更改为将每个人存储在其自己的文件中。修改save()和load()方法以接收一个目录作为参数，文件应该存储在这个目录中或从该目录加载。save()方法将数据库中的每个人保存到其自己的文件中，以该人的姓名首字母作为名称，并使用.person作为扩展名。如果这个文件已经存在，那么将会被覆盖。load()方法遍历给定目录中的所有.person文件，并加载所有这些文件。

第14章 错误处理

本章内容

- 如何处理C++中的错误，异常有哪些优缺点
- 异常的语法
- 异常类层次结构和多态性
- 栈的释放和清理
- 常见的错误处理情况

C++程序不可避免地会遇到错误。例如，程序可能无法打开某个文件，网络连接可能断开，或者用户可能输入不正确的值。C++语言提供了一个名为“异常”的特性，用来处理这些不正常的但能预料的情况。

为简单起见，本书大部分代码到目前为止都忽略了出错的情况。这一章讲述如何在一开始就将错误处理整合到程序中，以改正这种简化状况。本章重点介绍C++异常(包括语法的细节)，并讲述如何有效地利用异常创建设计良好的错误处理程序。

14.1 错误与异常

程序不是孤立存在的；它们都依赖于外部工具，例如操作系统接口、网络和文件系统、外部代码(如第三方库)和用户输入。所有这些领域都可能出现这样的状况：需要响应所遇到的错误。这些潜在问题就是异常情况(exceptional situations)，这是一个常见术语。即使编写的代码比较完美，也会遇到错误和异常。因此，任何程序开发者都必须拥有错误处理的能力。某些语言(例如C)没有包含太多用于错误处理的特定语言工具，使用这种语言的程序员通常依赖于函数的返回值和其他专门方法。其他语言(例如Java)强迫使用名为“异常”的语言特性作为错误处理机制。C++介于这两个极端之间，提供了对异常的语言支持，但不要求使用异常。然而，在C++中无法完全忽略异常，因为一些基本工具(例如内存分配例程)会用到它们。

14.1.1 异常的含义

异常是这样一种机制：一段代码提醒另一段代码存在“异常”情况或错误情况，所采用的路径与正常的代码路径不同。遇到错误的代码抛出异常，处理异常的代码捕获异常。异常不遵循你所熟悉的

逐步执行的规则，当某段代码抛出异常时，程序控制立刻停止逐步执行，并转向异常处理程序(exception handler)，异常处理程序可在任何地方，可位于同一函数中的下一行，也可在栈中相隔好几个函数调用。如果用体育运动做类比，将抛出异常的代码当作棒球的外场手将棒球抛回内场，离球最近的内场手(最近的异常处理程序)会捕获棒球。图 14-1 显示了假想栈中的 3 个函数调用。函数 A()具有异常处理程序，A()调用函数 B()，B()调用函数 C()，C()抛出异常。

图 14-2 显示了捕获异常的处理程序。C()和 B()的栈帧被删除，只留下 A()。

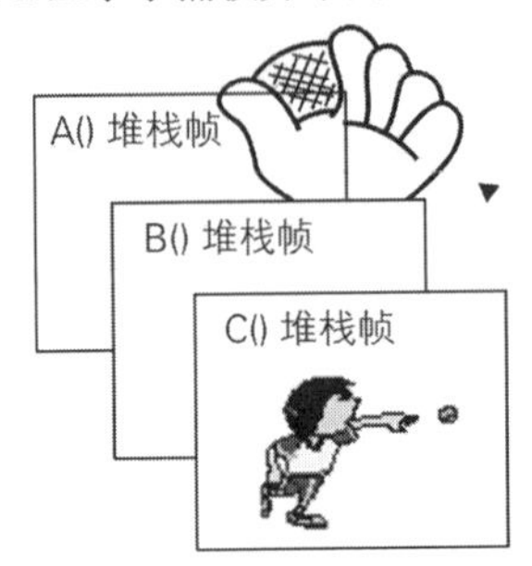

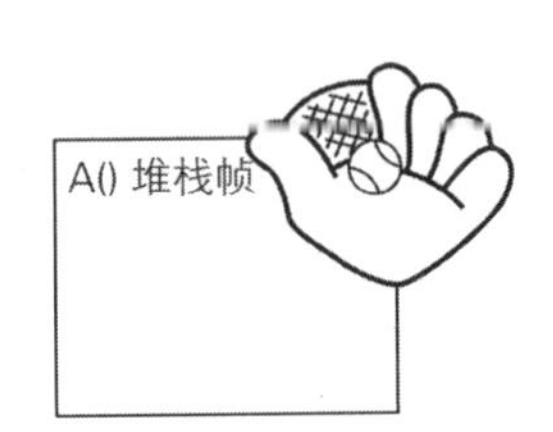

图 14-1 假想栈中的 3 个函数调用　　　　图 14-2 捕获异常的处理程序

大多数现代编程语言，例如 C#和 Java，都支持异常，C++也全面支持异常。使用 C 的一些程序员可能没有见过异常，但是，一旦习惯使用异常，就离不开它们了。

14.1.2 C++中异常的优点

如前所述，程序运行时错误是不可避免的。尽管如此，多数 C 和 C++程序中的错误处理比较混乱，不能普遍适用。事实上，C 错误处理标准使用函数返回的整数代码和 errno 宏表示错误，许多 C++程序也采用了这种方法。每个线程都有自己的 errno 值。errno 用作线程局部整数变量(thread-local integer variable)，被调用函数使用这个变量将发生的错误告诉调用函数。

遗憾的是，整数返回代码和 errno 的使用并不一致。有些函数可能用返回值 0 表示成功，用-1 表示错误。如果函数返回-1，还会将 errno 设置为某个错误代码。另一些函数用返回值 0 表示成功，用非 0 值表示错误，实际的返回值表示错误代码，这些函数没有使用 errno。还有一些函数将返回值 0 当作错误而不是成功，这大概是因为在 C 和 C++中，0 的求值结果为 false。

这些不一致性可能会引起问题，因为程序员在遇到新函数时，会假定它的返回代码与其他类似函数相同，这一假定并非总是正确的。在 Solaris 9 中，有两个不同的同步对象库：POSIX 版本和 Solaris 版本。在 POSIX 版本中初始化信号量的函数是 sem_init()，而在 Solaris 版本中初始化信号量的函数是 sema_init()。不仅如此，这两个函数处理错误代码的方式也不同！sem_init()返回-1 并根据错误设置 errno，而 sema_init()直接将错误代码作为正整数返回，并未设置 errno。

另一个问题是，C++中函数的返回类型只能有一种。因此，如果需要返回一个错误和一个值，就必须寻找其他机制。解决方案之一是返回 std::pair 或 std::tuple，这两个对象可用来存储两种或多种类型。在第 1 章中已经介绍过 pair 类，将在第 16 章中介绍 tuple 类。另一个选择是定义自己的结构或类，使其包含多个值，然后让函数返回结构或类的实例。还有一个选择是使用引用参数返回值或错误，或将错误代码作为返回类型的一个可能值，例如 nullptr 指针。所有这些情况都要求调用者负责显式地检测函数返回的所有错误，如果函数没有处理错误，就应该将错误提交给调用者。遗憾的是，这样做经常导致遗失与错误有关的重要细节。

C 程序员可能很熟悉 setjmp()/longjmp()机制，这一机制在 C++中无法正确使用，因为会绕开栈中的作用域析构函数。应尽力避免使用这一机制，在 C 程序中也是如此；因此本书不解释这一机制的使用细节。

异常提供了方便、一致、安全的错误处理机制。相对于 C 和 C++中的专门方法，异常具有许多优点。

- 将返回代码作为报告错误的机制时，调用者可能会忽略返回的代码，不进行局部处理或不将错误代码向上提交。第 1 章介绍的[[nodiscard]]特性提供了可行的解决方案，以防止返回代码被忽略，但这并非周全的方案。异常不能被忽略：如果没有捕获异常，程序会终止。
- 返回的整数代码通常不会包含足够的信息。使用异常时，可将任何信息从发现错误的代码传递到处理错误的代码。除错误信息外，异常还可用来传递其他信息，尽管许多程序员(包括我自己)认为这样做是滥用异常机制。
- 异常处理可跳过调用栈的层次。也就是说，某个函数可处理沿着栈进行数次函数调用后发生的错误，而中间函数不需要有错误处理程序。返回代码要求栈中每一层调用的函数都必须在前一层之后显式地执行清理，并且要显式地传播错误码。

在某些编译器中(现在这种编译器越来越少)，异常处理让所有具有异常处理程序的函数都多了一点儿开销。在现代编译器中，不抛出异常时几乎没有这个开销，实际抛出异常时这一开销也非常小。这并不是坏事，因为抛出异常应是例外情况。

在 C++中，并不强制异常处理。在 Java 中是强制的，没有给出可能抛出异常列表的函数不允许抛出任何异常。在 C++中恰好相反，函数可抛出它想要抛出的任何异常，除非指定不会抛出任何异常(使用 noexcept 关键字)。

14.1.3 建议

异常是一种有用的错误处理机制，异常提供的结构和错误处理形式的优点大于缺点。因此，本章剩余的部分将重点讨论异常。此外，许多流行的库(例如标准库和 Boost)都使用了异常，因此应该准备好处理这些异常。

14.2 异常机制

在文件的输入输出中经常发生异常情况。下面的函数打开一个文件，从这个文件中读取整数列表，然后将整数存储在 std::vector 数据结构中。其中缺少错误处理代码：

```
vector<int> readIntegerFile(string_view filename)
{
    ifstream inputStream { filename.data() };
    // Read the integers one-by-one and add them to a vector.
    vector<int> integers;
    int temp;
    while (inputStream >> temp) {
        integers.push_back(temp);
    }
    return integers;
}
```

下面的代码行从 ifstream 持续地读取值，一直到文件的结尾或发生错误为止。

```
while (inputStream >> temp) {
```

如果>>运算符遇到错误，就会设置 ifstream 对象的错误位。在此情况下，bool()转换运算符将返回 false，while 循环将终止。有关流的内容已在第 13 章“揭秘 C++ I/O”详细讨论。

可这样使用 readIntegerFile()：

```
const string filename { "IntegerFile.txt" };
vector<int> myInts { readIntegerFile(filename) };
for (const auto& element : myInts) {
    cout << element << " ";
}
cout << endl;
```

本节的其余内容将说明如何使用异常进行错误处理，但首先需要深入理解如何抛出和捕获异常。

14.2.1 抛出和捕获异常

为了使用异常，要在程序中包括两部分：处理异常的 try/catch 结构和抛出异常的 throw 语句。二者都必须以某种形式出现，以进行异常处理。然而在许多情况下，throw 在一些库的深处(包括 C++运行时)发生，程序员无法看到这一点，但仍然不得不用 try/catch 结构处理抛出的异常。

try/catch 结构如下所示：

```
try {
   // ... code which may result in an exception being thrown
} catch (exception-type1 exception-name) {
   // ... code which responds to the exception of type 1
} catch (exception-type2 exception-name) {
   // ... code which responds to the exception of type 2
}
// ... remaining code
```

导致抛出异常的代码可能直接包含 throw 语句，也可能调用一个函数，这个函数可能直接抛出异常，也可能经过多层调用后抛出，每层调用一个抛出异常的函数。

如果没有抛出异常，catch 块中的代码不会执行，其后“剩余的代码”将在 try 块最后执行的语句之后执行。

如果抛出了异常，throw 语句之后或者在抛出异常的函数后的代码不会执行，根据抛出的异常的类型，控制会立刻转移到对应的 catch 块。

如果 catch 块没有执行控制转移(例如从函数中返回，抛出新的异常或者重新抛出异常)，那么会执行 catch 块最后语句之后的“剩余代码”。

演示异常处理的最简单示例是避免除以 0。这个示例抛出一个 std::invalid_argument 类型的异常，它定义在<stdexcept>中。

```
double SafeDivide(double num, double den)
{
   if (den == 0)
      throw invalid_argument { "Divide by zero" };
   return num / den;
}

int main()
{
   try {
      cout << SafeDivide(5, 2) << endl;
      cout << SafeDivide(10, 0) << endl;
```

```
        cout << SafeDivide(3, 3) << endl;
    } catch (const invalid_argument& e) {
        cout << "Caught exception: " << e.what() << endl;
    }
    return 0;
}
```

输出如下所示：

```
2.5
Caught exception: Divide by zero
```

throw 是 C++中的关键字，这是抛出异常的唯一方法。在前面的代码片段中，抛出了一个 invalid_argument 的新对象。这是 C++标准库提供的标准异常。标准库中的所有异常构成了一个层次结构，详见本章后面的内容。该层次结构中的每个类都支持 what()方法，该方法返回一个描述异常的 const char*字符串。该字符串在异常的构造函数中提供。

注意：
虽然 what()的返回类型是 const char*，但如果使用 UTF-8 编码，异常可支持 Unicode 字符串。有关 Unicode 字符串的详情，可参阅第 21 章“字符串的本地化和正则表达式”。

回到 readIntegerFile()函数，最容易发生的问题就是打开文件失败。这正是需要抛出异常的情况，代码抛出一个 std::exception 类型的异常，这种异常类型定义在<exception>中。如果文件打开失败：

```
vector<int> readIntegerFile(string_view filename)
{
    ifstream inputStream { filename.data() };
    if (inputStream.fail()) {
        // We failed to open the file: throw an exception.
        throw exception {};
    }

    // Read the integers one-by-one and add them to a vector.
    vector<int> integers;
    int temp;
    while (inputStream >> temp) {
        integers.push_back(temp);
    }
    return integers;
}
```

注意：
始终在代码文档中记录函数可能抛出的异常，因为函数的用户需要了解可能抛出哪些异常，从而加以适当处理。

如果函数打开文件失败并执行了 throw exception();语句，那么函数的其余部分将被跳过，把控制转交给最近的异常处理程序。

如果还编写了处理异常的代码，这种情况下抛出异常效果最好。异常处理是这样一种方法：“尝试”执行一块代码，并用另一块代码响应可能发生的任何错误。在下面的 main()函数中，catch 语句响应任何被 try 块抛出的 exception 类型异常，并输出错误消息。如果 try 块结束时没有抛出异常，catch 块将被忽略。可将 try/catch 块当作 if 语句。如果在 try 块中抛出异常，就会执行 catch 块，否则忽略 catch 块。

```
int main()
{
    const string filename { "IntegerFile.txt" };
    vector<int> myInts;
    try {
        myInts = readIntegerFile(filename);
    } catch (const exception& e) {
        cerr << "Unable to open file " << filename << endl;
        return 1;
    }
    for (const auto& element : myInts) {
        cout << element << " ";
    }
    cout << endl;
}
```

注意：

尽管默认情况下，流不会抛出异常，但是针对错误情况，仍然可以调用 exceptions()方法通知流抛出异常。但是，大多数编译器都会在抛出的流异常中给出无用信息。对于这些编译器，最好直接处理流状态而不是使用异常。本书不使用流异常。

14.2.2 异常类型

可抛出任何类型的异常。可以抛出一个 std::exception 类型的对象，但异常未必是对象。也可以抛出一个简单的 int 值，如下所示：

```
vector<int> readIntegerFile(string_view filename)
{
   ifstream inputStream { filename.data() };
   if (inputStream.fail()) {
      // We failed to open the file: throw an exception
      throw 5;
   }
   // Omitted for brevity
}
```

此后必须修改 catch 语句：

```
try {
     myInts = readIntegerFile(filename);
} catch (int e) {
     cerr << format("Unable to open file {} (Error Code {})", filename, e) << endl;
     return 1;
}
```

另外，也可抛出一个 C 风格的 const char*字符串。这项技术有时有用，因为字符串可包含与异常相关的信息。

```
vector<int> readIntegerFile(string_view filename)
{
     ifstream inputStream { filename.data() };
     if (inputStream.fail()) {
          // We failed to open the file: throw an exception.
          throw "Unable to open file";
     }
```

```
    // Omitted for brevity
}
```

当捕获 const char*异常时，可输出结果：

```
try {
    myInts = readIntegerFile(filename);
} catch (const char* e) {
    cerr << e << endl;
    return 1;
}
```

尽管前面有这样的示例，但通常应将对象作为异常抛出，原因有以下两点：

- 对象的类名可传递信息。
- 对象可存储信息，包括描述异常的字符串。

C++标准库在类层次结构中定义了许多预定义的异常类，也可编写自己的异常类，并将它们放入标准层次结构中。本章后面将就此详细讨论。

14.2.3 按 const 引用捕获异常对象

在前面的示例中，readIntegerFile()抛出一个 exception 类型的对象。catch 处理如下所示：

```
} catch (const exception& e) {
```

然而，在此并没有要求按 const 引用捕获对象。可按值捕获对象，如下所示：

```
} catch (exception e) {
```

此外，也可按非 const 引用捕获对象：

```
} catch (exception& e) {
```

另外，如 const char*示例所示，只要指向异常的指针被抛出，就可以捕获它。

> **注意：**
> 建议按 const 引用捕获异常，这可避免按值捕获异常时可能出现的对象截断(可参阅第 10 章“揭秘继承技术”)。

14.2.4 抛出并捕获多个异常

打开文件失败并不是 readIntegerFile()遇到的唯一问题。如果格式不正确，读取文件中的数据也会导致错误。下面是 readIntegerFile()的一个实现，如果无法打开文件，或者无法正确读取数据，就会抛出异常。这里使用从 exception 派生的 runtime_error，它允许你在构造函数中指定描述字符串。我们在<stdexcept>中定义 runtime_error 异常。

```
vector<int> readIntegerFile(string_view filename)
{
    ifstream inputStream { filename.data() };
    if (inputStream.fail()) {
        // We failed to open the file: throw an exception
        throw runtime_error("Unable to open the file.");
    }

    // Read the integers one-by-one and add them to a vector
    vector<int> integers;
```

```
    int temp;
    while (inputStream >> temp) {
        integers.push_back(temp);
    }

    if (!inputStream.eof()) {
        // We did not reach the end-of-file.
        // This means that some error occurred while reading the file.
        // Throw an exception.
        throw runtime_error("Error reading the file.");
    }

    return integers;
}
```

main()中的代码不需要改变，因为已可捕获 exception 类型的异常，runtime_error 派生于 exception。然而，现在可在两种不同情况下抛出该异常，可以通过 what()方法获得被捕获异常适当的描述。

```
try {
    myInts = readIntegerFile(filename);
} catch (const exception& e) {
    cerr << e.what() << endl;
    return 1;
}
```

另外，也可让 readIntegerFile()抛出两种不同类型的异常。下面是 readIntegerFile()的实现，如果不能打开文件，就抛出 invalid_argument 类对象；如果无法读取整数，就抛出 runtime_error 类对象。invalid_argument 和 runtime_error 都是定义在<stdexcept>中的类，这是 C++标准库的一部分。

```
vector<int> readIntegerFile(string_view fileName)
{
    ifstream inputStream { fileName.data() };
    if (inputStream.fail()) {
        // We failed to open the file: throw an exception
        throw invalid_argument { "Unable to open the file." };
    }

    // Read the integers one-by-one and add them to a vector
    vector<int> integers;
    int temp;
    while (inputStream >> temp) {
        integers.push_back(temp);
    }

    if (!inputStream.eof()) {
        // We did not reach the end-of-file.
        // This means that some error occurred while reading the file.
        // Throw an exception.
        throw runtime_error("Error reading the file.");
    }

    return integers;
}
```

invalid_argument 和 runtime_error 类没有公有的默认构造函数，只有以字符串作为参数的构造函数。

现在main()可用两个catch语句捕获invalid_argument和runtime_error异常：

```
try {
   myInts = readIntegerFile(fileName);
} catch (const invalid_argument& e) {
   cerr << e.what() << endl;
   return 1;
} catch (const runtime_error& e) {
   cerr << e.what() << endl;
   return 2;
}
```

如果异常在try块内部抛出，编译器将使用恰当的catch处理程序与异常类型匹配。因此，如果readIntegerFile()无法打开文件并抛出invalid_argument异常，第一个catch语句将捕获这个异常。如果readIntegerFile()无法正确读取文件并抛出runtime_error异常，第二个catch语句将捕获这个异常。

1. 匹配和const

对于想要捕获的异常类型而言，增加const属性不会影响匹配的目的。也就是说，这一行可以与runtime_error类型的任何异常匹配。

```
} catch (const runtime_error& e) {
```

下面这行也可与runtime_error类型的任何异常匹配：

```
} catch (runtime_error& e) {
```

2. 匹配所有异常

可用特定语法编写与所有异常匹配的catch语句，如下所示：

```
try {
   myInts = readIntegerFile(fileName);
} catch (...) {
   cerr << "Error reading or opening file " << fileName << endl;
   return 1;
}
```

三个点并非排版错误，而是与所有异常类型匹配的通配符。当调用缺乏文档的代码时，可以用这一技术确保捕获所有可能的异常。然而，如果有被抛出的一组异常的完整信息，这种技术并不理想，因为它将所有异常都同等对待。更好的做法是显式地匹配异常类型，并采取恰当的针对性操作。

与所有异常匹配的catch块可以用作默认的catch处理程序。当异常抛出时，会按在代码中的显示顺序查找catch处理程序。下例用catch处理程序显式地处理invalid_argument和runtime_error异常，并用默认的catch处理程序处理其他所有异常。

```
try {
   // Code that can throw exceptions
} catch (const invalid_argument& e) {
   // Handle invalid_argument exception
} catch (const runtime_error& e) {
   // Handle runtime_error exception
} catch (...) {
   // Handle all other exceptions
}
```

14.2.5 未捕获的异常

如果程序抛出的异常没有捕获，程序将终止。可对 main()函数使用 try/catch 结构，以捕获所有未经处理的异常，如下所示。

```
try {
   main(argc, argv);
} catch (...) {
   // issue error message and terminate program
}
// Normal termination code
```

然而，这一行为通常并非我们希望的。异常的作用在于给程序一个机会，以处理和修正不希望看到的或不曾预期的情况。

> **警告：**
> 捕获并处理程序中可能抛出的所有异常。

如果存在未捕获的异常，程序行为也可能发生变化。当程序遇到未捕获的异常时，会调用内建的 terminate()函数，这个函数调用<cstdlib>中的 abort()来终止程序。可调用 set_terminate()函数设置自己的 terminate_handler()，这个函数采用指向回调函数(既没有参数，也没有返回值)的指针作为参数。terminate()、set_terminate()和 terminate_handler()都在<exception>中声明。下面的代码高度概括了其运行原理：

```
try {
   main(argc, argv);
} catch (...) {
   if (terminate_handler != nullptr) {
      terminate_handler();
   } else {
      terminate();
   }
}
// Normal termination code
```

不要为这一特性激动，因为回调函数必须终止程序(使用 abort()函数或者_Exit()函数)。错误是无法忽略的。abort()函数和_Exit()函数定义在<cstdlib>中，会在不清理资源的情况下终止程序。例如对象的析构函数不会被调用。_Exit()函数接收一个返回给操作系统的整型参数，用于确定进程如何退出。值为 0 或者 EXIT_SUCCESS 表示程序没有任何错误的退出，否则程序异常终止。abort()函数不接收任何参数。还有个 exit()函数，它也接收返回给操作系统的参数，并调用析构函数来清理资源，但不建议在 terminate_hander 中调用 exit()函数。

在退出之前可以使用 terminate_handler 打印有用的错误消息。下例中，main()函数没有捕获 readIntegerFile()抛出的异常，而将 terminate_handler()设置为自定义回调。这个回调打印错误消息并调用_Exit()终止进程。

```
[[noreturn]] void myTerminate()
{
   cout << "Uncaught exception!" << endl;
   _Exit(1);
}
```

```
int main()
{
   set_terminate(myTerminate);

   const string filename { "IntegerFile.txt" };
   vector<int> myInts { readIntegerFile(filename) };

   for (const auto& element : myInts) {
      cout << element << " ";
   }
   cout << endl;
}
```

当设置新的terminate_handler()时，set_terminate()会返回旧的terminate_handler()。terminate_handler()被应用于整个程序，因此当需要新terminate_handler()的代码结束后，最好保存旧的terminate_handler()。上面的示例中，整个程序都需要新的terminate_handler()，因此不需要重新保存。

尽管有必要了解 set_terminate()，但这并不是一种非常有效的处理异常的方法。建议分别捕获并处理每个异常，以提供更精确的错误处理。

> **注意：**
> 在专门编写的软件中，通常会设置terminate_handler()，在进程结束前创建崩溃转储。崩溃转储通常包含未捕获的异常被抛出时的调用栈和局部变量等信息。此后将崩溃转储上传给调试器，进而确定未捕获的异常是什么，起因是什么。但是，崩溃转储的编写方式与平台相关，因此本书不予进一步讨论。

14.2.6 noexcept说明符

默认情况下函数可抛出任何异常。但可使用noexcept关键字标记函数，指出它不抛出任何异常。例如，为下面的函数标记了noexcept，即不允许它抛出任何异常：

```
void printValues(const vector<int>& values) noexcept;
```

> **注意：**
> 带有noexcept标记的函数不应抛出任何异常。

如果一个函数带有noexcept标记，却以某种方式抛出了异常，C++将调用terminate()来终止应用程序。

在派生类中重写虚方法时，可将重写的虚方法标记为noexcept(即使基类中的版本不是noexcept)。反过来不行。

14.2.7 noexcept(expression)说明符

当且仅当给定的表达式返回true时，noexcept(expression)说明符才会将函数标记为noexcpet。换句话说，noexcept等同于noexcept(true)，而noexcept(false)则相反。也就是说，标记为noexcept(false)的方法可以抛出任何异常。

14.2.8 noexcept(expression)运算符

如果给定的表达式标记为 noexcept，那么 noexcept(expression)运算符会返回 true，要么使用

noexcept 说明符，要么使用 noexcept(expression)说明符。这会在编译期求值。

看下例：

```
void f1() noexcept {}
void f2() noexcept(false) {}
void f3() noexcept(noexcept(f1())) {}
void f4() noexcept(noexcept(f2())) {}
int main()
{
    std::cout << noexcept(f1())
              << noexcept(f2())
              << noexcept(f3())
              << noexcept(f4());
}
```

代码片段的输出为 1010。

- noexcept(f1())值为 true：因为 f1()被 noexcept 说明符显式地标记。
- noexcept(f2())值为 false：因为 f2()被 noexcept(expression)说明符标记。
- noexcept(f3())值为 true：因为只在 f1()被标记为 noexcept 时，f3()才被标记为 noexcept。
- noexcept(f4())值为 false：因为只在 f2()被标记为 noexcept 时，f4()才被标记为 noexcept，而 f2()没有被标记为 noexecpt。

14.2.9 抛出列表

C++的旧版本允许指定函数或方法可抛出的异常，这种规范称为抛出列表(throw list)或异常规范(exception specification)。

警告：

自 C++11 之后，已经移除了对异常规范的支持；自 C++17 之后，已不再支持异常规范。但 noexcept 和 throw()除外，throw()与 noexcept 等效。C++20 则完全不支持 throw()。

由于 C++17 已正式取消对异常规范的支持，本书将不再讨论它们。

14.3 异常与多态性

如前所述，可抛出任何类型的异常。然而，类是最有用的异常类型。实际上异常类通常具有层次结构，因此在捕获异常时可使用多态性。

14.3.1 标准异常层次结构

前面介绍了 C++标准异常层次结构中的一些异常：exception、runtime_error 和 invalid_argument。图 14-3 显示了完整的层次结构。为完整起见，图 14-3 中显示了所有标准异常，包括标准库抛出的标准异常；后续章节将介绍这些异常。

C++标准库中抛出的所有异常都是这个层次结构中类的对象。这个层次结构中的每个类都支持 what()方法，这个方法返回一个描述异常的 const char*字符串。可在错误信息中使用这个字符串。

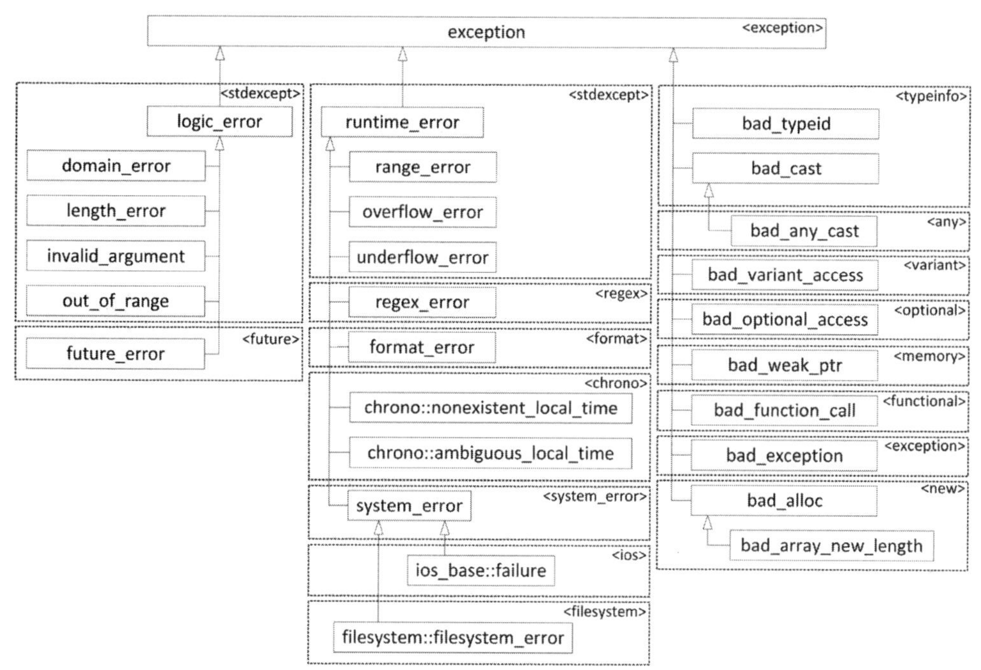

图 14-3 完整的异常层次结构

有些异常类要求在构造函数中设置 what()返回的字符串。这就是必须在 runtime_error 和 invalid_argument 构造函数中指定字符串的原因。本章的示例都是这么做的。下面是 readIntegerFile()的另一个版本，它也在错误消息中包含文件名。

```
vector<int> readIntegerFile(string_view filename)
{
    ifstream inputStream { filename.data() };
    if (inputStream.fail()) {
        // We failed to open the file: throw an exception
        const string error { format("Unable to open file {}.", filename.data()) };
        throw invalid_argument { error };
    }

    // Read the integers one-by-one and add them to a vector
    vector<int> integers;
    int temp;
    while (inputStream >> temp) {
        integers.push_back(temp);
    }

    if (!inputStream.eof()) {
        // We did not reach the end-of-file.
        // This means that some error occurred while reading the file.
        // Throw an exception.
        const string error { format("Unable to open file {}.", filename.data()) };
        throw runtime_error { error };
    }

    return integers;
}
```

14.3.2 在类层次结构中捕获异常

异常层次结构的一个特性是可利用多态性捕获异常。例如，如果观察下面这两条 catch 语句，就可以发现这两条语句除了处理的异常类不同之外没有区别。

```
try {
    myInts = readIntegerFile(filename);
} catch (const invalid_argument& e) {
    cerr << e.what() << endl;
    return 1;
} catch (const runtime_error& e) {
    cerr << e.what() << endl;
    return 1;
}
```

invalid_argument 和 runtime_error 都是 exception 的派生类，因此可使用 exception 类的一条 catch 语句替换这两条 catch 语句。

```
try {
    myInts = readIntegerFile(filename);
} catch (const exception& e) {
    cerr << e.what() << endl;
    return 1;
}
```

exception 引用的 catch 语句可与 exception 的任何派生类匹配，包括 invalid_argument 和 runtime_error。注意捕获的异常在异常层次结构中的层次越高，错误处理就越不具有针对性。通常应该尽可能有针对性地捕获异常。

警告：
当利用多态性捕获异常时，一定要按引用捕获。如果按值捕获异常，就可能发生截断，在此情况下将丢失对象的信息。关于截断请参阅第 10 章。

当使用了多条 catch 子句时，会按在代码中出现的顺序匹配 catch 子句，第一条匹配的 catch 子句将被执行。如果某条 catch 子句比后面的 catch 子句范围更广，那么这条 catch 子句首先被匹配，而后面限制更多的 catch 子句根本不会被执行。因此，catch 子句应按限制最多到限制最少的顺序出现。例如，假定要显式捕获 readIntegerFile()的 invalid_argument，就应该让一般的异常与其他类型的异常匹配。正确做法如下所示：

```
try {
    myInts = readIntegerFile(filename);
} catch (const invalid_argument& e) { // List the derived class first.
    // Take some special action for invalid filenames.
} catch (const exception& e) { // Now list exception
    cerr << e.what() << endl;
    return 1;
}
```

第一条 catch 子句捕获 invalid_argument 异常，第二条 catch 子句捕获任何类型的其他异常。然而，如果将 catch 子句的顺序弄反，就不会得到同样的结果。

```
try {
    myInts = readIntegerFile(filename);
} catch (const exception& e) { // BUG: catching base class first!
```

```
        cerr << e.what() << endl;
        return 1;
    } catch (const invalid_argument& e) {
        // Take some special action for invalid filenames.
    }
```

使用这一顺序，第一条 catch 子句会捕获任何派生类类型的异常，第二条 catch 子句永远无法执行。某些编译器在此情况下会给出警告，但是不应该指望编译器。

14.3.3 编写自己的异常类

编写自己的异常类有两个好处：

(1) C++标准库中的异常数目有限，可在程序中为特定错误创建更有意义的类名，而不是使用具有通用名称的异常类，例如 runtime_error。

(2) 可在异常中加入自己的信息，而标准层次结构中的大多数异常只允许设置错误字符串，例如可能想在异常中传递不同信息。

建议自己编写的异常类从标准的 exception 类直接或间接继承。如果项目中的所有人都遵循这条规则，就可确定程序中的所有异常都是 exception 类的派生类(假定不会使用第三方库破坏这条规则)。这一指导方针更便于用多态性处理异常。

例如，在 readIntegerFile()中，invalid_argument 和 runtime_error 不能很好地捕获文件打开和读取错误。可为文件错误定义自己的错误层次结构，从通用类 FileError 开始。

```
class FileError : public exception
{
    public:
        FileError(string filename) : m_filename { move(filename) } {}
        const char* what() const noexcept override { return m_message.c_str(); }
        virtual const string& getFilename() const noexcept { return m_filename; }
    protected:
        virtual void setMessage(string message) { m_message = move(message); }
    private:
        string m_filename;
        string m_message;
};
```

作为一名优秀的程序员，可将 FileError 作为标准异常层次结构的一部分。将其作为 exception 的子类是恰当的。编写 exception 的派生类时，需要重写 what()方法，这个方法的原型已经出现过，其返回值为一个在对象销毁之前一直有效的 const char*字符串。在 FileError 中，这个字符串来自 m_message 数据成员。FileError 的派生类可使用受保护的 setMessage()方法设置消息。通用类 FileError 还包含文件名以及文件名的公共访问器。

readIntegerFile()中的第一种异常情况是无法打开文件。因此，下面编写 FileError 的派生类 FileOpenError：

```
class FileOpenError : public FileError
{
    public:
        FileOpenError(string filename) : FileError { move(filename) }
        {
            setMessage(format("Unable to open {}.", getFilename()));
        }
};
```

FileOpenError 异常修改 m_message 字符串，令其表示文件打开错误。

readIntegerFile()中的第二种异常情况是无法正确读取文件。对于这一异常，或许应该包含文件中发生错误的行号，以及 what()返回的错误信息字符串中的文件名。下面是 FileError 的派生类 FileReadError：

```
class FileReadError : public FileError
{
    public:
        FileReadError(string filename, size_t lineNumber)
            : FileError { move(filename) }, m_lineNumber { lineNumber }
        {
            setMessage(format("Error reading {}, line {}.",
                getFilename(), lineNumber));
        }

        virtual size_t getLineNumber() const noexcept { return m_lineNumber; }

    private:
        size_t m_lineNumber { 0 };
};
```

当然，为正确地设置行号，需要修改 readIntegerFile()函数，以跟踪读取的行号，而不只是直接读取整数。下面是使用了新异常的 readIntegerFile()函数：

```
vector<int> readIntegerFile(string_view filename)
{
    ifstream inputStream { filename.data() };
    if (inputStream.fail()) {
        // We failed to open the file: throw an exception
        throw FileOpenError { filename };
    }

    vector<int> integers;
    size_t lineNumber { 0 };
    while (!inputStream.eof()) {
        // Read one line from the file
        string line;
        getline(inputStream, line);
        ++lineNumber;

        // Create a string stream out of the line
        istringstream lineStream { line };

        // Read the integers one-by-one and add them to a vector
        int temp;
        while (lineStream >> temp) {
            integers.push_back(temp);
        }

        if (!lineStream.eof()) {
            // We did not reach the end of the string stream.
            // This means that some error occurred while reading this line.
            // Throw an exception.
            throw FileReadError { filename, lineNumber };
        }
    }
```

```
    return integers;
}
```

现在，调用 readIntegerFile()的代码可使用多态性捕获 FileError 类型的异常，如下所示。

```
try {
    myInts = readIntegerFile(filename);
} catch (const FileError& e) {
    cerr << e.what() << endl;
    return 1;
}
```

在编写将其对象用作异常的类时，有一个诀窍。当某段代码抛出一个异常时，使用移动构造函数或拷贝构造函数，移动或复制被抛出的值或对象。因此，如果编写的类的对象将作为异常抛出，对象必须复制和/或移动。这意味着如果动态分配了内存，就必须编写析构函数、拷贝构造函数、拷贝赋值运算符和/或移动构造函数与移动赋值运算符，参见第 9 章“精通类和对象”。

警告：
作为异常抛出的对象至少要复制或移动一次。

异常可能被复制多次，但只有按值(而不是按引用)捕获异常才会如此。

注意：
按引用(最好是 const 引用)捕获异常对象可避免不必要的复制。

14.3.4 源码位置

在 C++20 之前，可以使用以下预处理宏获取源代码中的位置信息，如表 14-1 所示。

表 14-1 预处理宏

宏	描述
__FILE__	用当前源代码文件名替换
__LINE__	用当前源代码的行号替换

此外，每个函数都有一个局部定义的静态字符数组__func__，它包含函数的名字。

C++20 在<source_location>中，以 std::source_location 类的形式，为__func__和这些 C 风格的预处理器宏引入了一个适当的面向对象方式的替代品。如表 14-2 所示，source_location 的实例有下面这些公有访问器(公有方法)。

表 14-2 访问器

访问器	描述
file_name()	包含当前源代码文件名
function_name()	如果当前位置在函数中，则包含当前函数名
line()	包含当前源代码中的当前行号
column()	包含当前源代码中的当前列号

使用静态方法 current()可以在方法被调用的源代码位置上创建 source_location 实例。

14.3.5 日志记录的源码位置

source_location 类对于日志记录很有用。以前，日志记录通常会涉及写一些 C 风格的宏，用来自动收集当前文件名、函数名和行号，以便将它们包括到日志输出中。现在使用 source_location，可以编写一个纯 C++的函数来记录日志并自动收集所需要的位置数据。如下，一个很好的技巧是定义一个 logMessage 函数。这次，代码以行号作为前缀，以便更好地理解代码。

```
8. void logMessage(string_view message,
9.     const source_location& location = source_location::current())
10. {
11.     cout << format("{}({}): {}: {}", location.file_name(),
12.         location.line(), location.function_name(), message) << endl;
13. }
14.
15. void foo()
16. {
17.     logMessage("Starting execution of foo().");
18. }
19.
20. int main()
21. {
22.     foo();
23. }
```

logMessage 的第二个参数是一个 source_location，静态方法 current()的结果作为默认参数值。这里的技巧是，对 current()的调用不会发生在第 9 行，实际是在 logMessage()被调用的位置，也就是第 17 行，这恰恰也是感兴趣的位置。

当执行这个程序时，输出如下所示：

```
./01_Logging.cpp(17): foo: Starting exceution of foo().
```

第 17 行确实对应于调用 logMessage()的那一行。

14.3.6 异常的源码位置

source_location 另一个有趣的例子是在自己的异常类中存储抛出异常的位置，如下所示：

```
class MyException : public exception
{
   public:
      MyException(string message,
         source_location location = source_location::current())
         : m_message { move(message) }
         : m_location { move(location) }
      {}

      const char* what() const noexcept override { return m_message.c_str(); }
      virtual const source_location& where() const noexcept { return m_location; }
   private:
      string m_message;
      source_location m_location;
};
```

```
void doSomething()
{
    throw MyException { "Throwing MyException." };
}

int main()
{
   try {
      doSomething();
   }
   catch (const MyException& e) {
      const auto& location { e.where() };
      cerr << format("Caught: '{}' at line {} in {}.",
         e.what(), location.line(), location.function_name()) << endl;
   }
}
```

输出如下：

```
Caught: 'Throwing MyException.' at line 30 in doSomething.
```

14.3.7 嵌套异常

当处理第一个异常时，可能触发第二个异常，从而要求抛出第二个异常。遗憾的是，当抛出第二个异常时，正在处理的第一个异常的所有信息都会丢失。C++用嵌套异常(nested exception)提供了解决这一问题的方案，嵌套异常允许将捕获的异常嵌套到新的异常环境。如果调用第三方库中抛出某类异常(A)的函数，但代码中需要另一类异常(B)，这也十分有用。此时，从库捕获所有异常，并将它们嵌入类型 B 的异常中。

使用 std::throw_with_nested()抛出一个异常时，这个异常中嵌套着另一个异常。第二个异常的 catch 处理程序可使用 dynamic_cast()访问代表第一个异常的 nested_exception。下例演示了嵌套异常的用法。这个示例定义了一个从 exception 类派生的 MyException 类，其构造函数接收一个字符串。

```
class MyException : public std::exception
{
   public:
      MyException(string message) : m_message { move(message) } {}
      virtual const char* what() const noexcept override { return m_message.c_str(); }
   private:
      string m_message;
};
```

下面的 doSomething()函数抛出一个 runtime_error 异常，这个异常立即被 catch 处理程序捕获。catch 处理程序编写了一条消息，然后使用 throw_with_nested()函数抛出第二个异常，第一个异常嵌套在其中。注意嵌套异常是自动实现的：

```
void doSomething()
{
   try {
      throw runtime_error { "Throwing a runtime_error exception" };
   } catch (const runtime_error& e) {
      cout << format("{} caught a runtime_error", __func__) << endl;
      cout << format("{} throwing MyException", __func__) << endl;
```

```
        throw_with_nested(
            MyException { "MyException with nested runtime_error" });
    }
}
```

throw_with_nested()工作方式是抛出一个未命名的编译器生成的新类型，这个类型是由nested_exception和例子中的MyException派生而来。因此它是C++中有用的多重继承的另一个示例。nested_exception基类的另一个默认构造函数通过调用std::current_exception()自动捕获正在处理的异常，并将其存储在std::exception_ptr中。exception_ptr是一种类似指针的类型，可以存储空指针或用current_exception()抛出和捕获的异常对象的指针。exception_ptr的实例可以通过不同的线程传递给函数(通常是通过值传递)。

最后，下面的代码片段演示了如何处理具有嵌套异常的异常。这段代码调用了doSomething()函数，还有一个处理MyException类型异常的catch处理程序。当捕获到这类异常时，会编写一条消息，然后使用dynamic_cast()访问嵌套的异常。如果内部没有嵌套异常，结果为空指针。如果有嵌套异常，会调用nested_exception的rethrow_nested()方法。这样会再次抛出嵌套异常，这一异常可在另一个try/catch块中捕获。

```
try {
    doSomething();
} catch (const MyException& e) {
    cout << format("{} caught MyException: {}", __func__, e.what()) << endl;

    const auto* nested { dynamic_cast<const nested_exception*>(&e) };
    if (nested) {
        try {
            nested->rethrow_nested();
        } catch (const runtime_error& e) {
            // Handle nested exception
            cout << format(" Nested exception: {}", e.what()) << endl;
        }
    }
}
```

输出如下所示：

```
doSomething caught a runtime_error
doSomething throwing MyException
main caught MyException: MyException with nested runtime_error
  Nested exception: Throwing a runtime_error exception
```

代码使用dynamic_cast()检测嵌套异常。如果想要检测嵌套异常，就不得不经常执行dynamic_cast()，因此标准库提供了一个名为std::rethrow_if_nested()的辅助函数，其用法如下所示。

```
try {
    doSomething();
} catch (const MyException& e) {
    cout << format("{} caught MyException: {}", __func__, e.what()) << endl;
    try {
        rethrow_if_nested(e);
    } catch (const runtime_error& e) {
        // Handle nested exception
        cout << format(" Nested exception: {}", e.what()) << endl;
    }
}
```

throw_with_nested()、nested_exception、rethrow_if_nested()、current_exception()和 exception_ptr 都定义在<exception>中。

14.4 重新抛出异常

可使用 throw 关键字重新抛出当前异常，如下例所示：

```
void g() { throw invalid_argument { "Some exception" }; }

void f()
{
    try {
        g();
    } catch (const invalid_argument& e) {
        cout << "caught in f: " << e.what() << endl;
        throw; // rethrow
    }
}

int main()
{
    try {
        f();
    } catch (const invalid_argument& e) {
        cout << "caught in main: " << e.what() << endl;
    }
}
```

该例生成以下输出：

```
caught in f: Some exception
caught in main: Some exception
```

你或许认为，可使用 throw e;重新抛出异常，但事实并非如此，因为那样会截断异常对象。例如，假如修改 f()以捕获 std::exception 异常，修改 main()以捕获 exception 和 invalid_argument 异常：

```
void g() { throw invalid_argument { "Some exception" }; }

void f()
{
    try {
        g();
    } catch (const exception& e) {
        cout << "caught in f: " << e.what() << endl;
        throw; // rethrow
    }
}

int main()
{
    try {
        f();
    } catch (const invalid_argument& e) {
        cout << "invalid_argument caught in main: " << e.what() << endl;
    } catch (const exception& e) {
```

```
        cout << "exception caught in main: " << e.what() << endl;
    }
}
```

记住，invalid_argument 从 exception 派生而来。上述代码的输出与我们的预期相符：

```
caught in f: Some exception
invalid_argument caught in main: Some exception
```

现在尝试用以下代码替换 f()中的 throw e;语句，输出如下所示：

```
caught in f: Some exception
exception caught in main: Some exception
```

main()似乎在捕获 exception 对象而非 invalid_argument 对象。这是由于 throw e;语句会执行截断操作，将 invalid_argument 缩减为 exception。

> **警告：**
> 始终使用 throw;重新抛出异常。永远不要试图用 throw e;重新抛出 e!

14.5 栈的释放与清理

当某段代码抛出一个异常时，会在栈中寻找 catch 处理程序。catch 处理程序可以是在栈上执行的 0 个或多个函数调用。当发现一个 catch 处理程序时，栈会释放所有中间栈帧，直接跳到定义 catch 处理程序的栈层。栈释放(stack unwinding)意味着调用所有具有局部作用域的名称的析构函数，并忽略在当前执行点之前的每个函数中的所有代码。

然而当释放栈时，并不释放指针变量，也不会执行其他清理工作。这一行为会引发问题，下面的代码演示了这一点：

```
void funcOne();
void funcTwo();

int main()
{
    try {
        funcOne();
    } catch (const exception& e) {
        cerr << "Exception caught!" << endl;
        return 1;
    }
}

void funcOne()
{
    string str1;
    string* str2 { new string {} };
    funcTwo();
    delete str2;
}

void funcTwo()
{
    ifstream fileStream;
    fileStream.open("filename");
```

```
    throw exception ();
    fileStream.close();
}
```

当 funcTwo()抛出一个异常时，最近的异常处理程序在 main()中。控制立刻从 funcTwo()的这一行：

```
throw exception ();
```

跳转到 main()的这一行：

```
cerr << "Exception caught!" << endl;
```

在 funcTwo()中，控制依然在抛出异常的那一行，因此后面的行永远没机会执行。

```
fileStream.close();
```

然而幸运的是，因为 fileStream 是栈中的局部变量，所以会调用 ifstream 析构函数。ifstream 析构函数会自动关闭文件，因此在此不会泄漏资源。如果动态分配了 fileStream，那么这个指针不会销毁，文件也不会关闭。

在 funcOne()中，控制在 funcTwo()的调用中，因此后面的行永远没机会执行。

```
delete str2;
```

在此情况下，确实会发生内存泄漏。栈释放不会自动调用 str2 上的 delete，然而会正确地销毁 str1，因为 str1 是栈中的局部变量。栈释放会正确地销毁所有局部变量。

> **警告：**
> 粗心的异常处理会导致内存和资源的泄漏。

不应将旧的 C 分配模式(即便使用了 new，看起来也像 C++模式)混入类似于异常的现代编程方法中，这就是原因之一。在 C++中，应该用基于栈的内存分配或者下面将要讨论的技术处理这种情况。

14.5.1 使用智能指针

如果基于栈的内存分配不可用，就应使用智能指针。在处理异常时，智能指针可使编写的代码自动防止内存或资源的泄漏。无论什么时候销毁智能指针对象，都会释放底层资源。下面使用智能指针 unique_ptr(在<memory>中定义，如第 7 章“内存管理”章节所述)重写了前面的 funcOne()函数：

```
void funcOne()
{
    string str1;
    auto str2 { make_unique<string>("hello") };
    funcTwo();
}
```

当从 funcOne()返回或抛出异常时，将自动删除 str2 指针。

当然，只在确有必要时，才进行动态分配。例如，在前面的 funcOne()函数中，没必要使 str2 成为动态分配的字符串。它应当只是一个基于栈的字符串变量。这里只将其作为一个仿造的例子，演示抛出异常的结果。

> **注意：**
> 使用智能指针或其他 RAII 对象时，永远不必考虑释放底层的资源：RAII 对象的析构函数会自动完成这一操作，无论是正常退出函数，还是抛出异常退出函数，都是如此。这项技术会在第 32 章“设计技术与框架的组合”介绍。

14.5.2 捕获、清理并重新抛出

避免内存和资源泄漏的另一种技术是针对每个函数，捕获可能抛出的所有异常，执行必要的清理，并重新抛出异常，供栈中更高层的函数处理。下面是使用这一技术修改后的funcOne()函数：

```
void funcOne()
{
    string str1;
    string* str2 { new string() };
    try {
        funcTwo();
    } catch (...) {
        delete str2;
        throw; // Rethrow the exception.
    }
    delete str2;
}
```

这个函数用异常处理程序封装对funcTwo()函数的调用，处理程序执行清理(在str2上调用delete)并重新抛出异常。关键字throw本身会重新抛出最近捕获的任何异常。注意catch语句使用...语法捕获所有异常。

这一方法运行良好，但有点繁杂容易出错。需要特别注意，现在有两行完全相同的代码在str2上调用delete：一行用来处理异常，另一行在函数正常退出的情况下执行。

> **警告：**
> 智能指针或其他RAII类是比捕获、清理和重新抛出技术更好的解决方案。

14.6 常见的错误处理问题

是否在程序中使用异常取决于程序员及其同事。然而无论是否使用异常，我们都强烈建议为程序提供正式的错误处理计划。如果使用异常，通常会比较容易地想出统一的错误处理计划，但不使用异常，也可能得到这样的计划。良好设计的最重要特征是所有程序模块的错误处理都是一致的。参与项目的所有程序员都应该理解并遵循这条错误处理规则。

本章讨论使用异常时最常见的错误处理问题，但不使用异常的程序也会涉及这些问题。

14.6.1 内存分配错误

尽管本书到目前为止的所有示例都忽略了这种可能，但内存分配确实可能失败。在当前的64位平台上，这几乎从不发生，但在移动或传统系统中，内存分配可能失败。在此类系统中，必须考虑内存分配失败的情形。C++提供了处理内存错误的多种不同方式。

如果无法分配内存，new和new[]的默认行为是抛出bad_alloc类型的异常，这种异常类型在<new>中定义。代码应该捕获并正确地处理这些异常。

不可能把对new和new[]的调用都放在try/catch块中，但至少在分配大块内存时应这么做。下例演示了如何捕获内存分配异常：

```
int* ptr { nullptr };
size_t integerCount { numeric_limits<size_t>::max() };
cout << format("Trying to allocate memory for {} integers.", integerCount) << endl;
```

```
try {
    ptr = new int[integerCount];
} catch (const bad_alloc& e) {
    auto location { source_location::current() };
    cerr << format("{} ({}): Unable to allocate memory: {}",
        location.file_name(), location.line(), e.what()) << endl;
    // Handle memory allocation failure.
    return;
}
// Proceed with function that assumes memory has been allocated.
```

注意上面的代码使用了 source_location 将文件名和当前行号包含在错误信息中，从而使调试更容易。

当然，可用一个 try/catch 块在程序的高层批量处理许多可能的新错误，如果这样做对程序有效的话。

另一个考虑是记录错误时可能尝试分配内存。如果 new 执行失败，可能没有记录错误消息的足够内存。

1. 不抛出异常的 new

如果不喜欢异常，可回到旧的 C 模式；在这种模式下，如果无法分配内存，内存分配例程将返回一个空指针。C++提供了 new 和 new[]的 nothrow 版本，如果内存分配失败，将返回 nullptr，而不是抛出异常。使用语法 new(nothrow)而不是 new 可做到这一点，如下所示。

```
int* ptr { new(nothrow) int[integerCount] };
if (ptr == nullptr) {
    auto location { source_location::current() };
    cerr << format("{}({}): Unable to allocate memory!",
        location.file_name(), location.line()) << endl;
    // Handle memory allocation failure.
    return;
}
// Proceed with function that assumes memory has been allocated.
```

注意：
不建议使用不抛出异常的 new，而建议使用带有异常的默认的 new。分配失败时抛出的异常不能被忽略，而使用不抛出异常的 new 则很容易忘记对 nullptr 的检查。

2. 定制内存分配失败的行为

C++允许指定 new handler 回调函数。默认情况下不存在 new handler，因此 new 和 new[]只是抛出 bad_alloc 异常。然而如果存在 new handler，当内存分配失败时，内存分配例程会调用 new handler 而不是抛出异常。如果 new handler 返回，内存分配例程试着再次分配内存；如果失败，会再次调用 new handler。这个循环变成无限循环，除非 new handler 用下面的 3 个选项之一改变这种情况。下面列出这些选项，并给出了注释。

- **提供更多的可用内存** 提供空间的技巧之一是在程序启动时分配一大块内存，然后在 new handler 中释放这块内存。一个实际示例是，当遇到内存分配错误时，需要保存用户状态，这样就不会有工作丢失。关键在于，在程序启动时，分配一块足以完整保存文档的内存。当触发 new handler 时，可释放这块内存、保存文档、重启应用程序并重新加载保存的文档。

- **抛出异常**　C++标准指出，如果 new handler 抛出异常，那么必须是 bad_alloc 异常或者派生于 bad_alloc 的异常。
  - **编写和抛出** document_recovery_alloc **异常**，这种异常从 bad_alloc **继承**而来。可在应用程序的某个地方捕获这种异常，然后触发文档保存操作，并重启应用程序。
  - **编写和抛出派生于** bad_alloc 的 please_terminate_me 异常。在顶层函数中，例如 main()，可捕获这种异常，并通过从顶层函数返回来对其进行处理。建议不要调用 exit()，而应从顶层函数返回以终止程序。
  - **设置不同的** new handler。从理论上讲，可使用一系列 new handler，每个都试图分配内存，并在失败时设置一个不同的 new handler。然而，这种情形通常过于复杂，并不实用。

如果在 new handler 中没有这么做，任何内存分配失败都会导致无限循环。

如果有一些内存分配会失败，但又不想调用 new handler，那么在调用 new 之前，只需要临时将新的 new handler 重新设置为默认值 nullptr。

调用在<new>中声明的 set_new_handler()，从而设置 new handler。下面是一个记录错误消息并抛出异常的 new handler 示例：

```
class please_terminate_me : public bad_alloc { };

void myNewHandler()
{
    cerr << "Unable to allocate memory." << endl;
    throw please_terminate_me();
}
```

new handler 不能有参数，也不能返回值。如前面列表中所述，new handler 抛出 please_terminate_me 异常。可采用以下方式设置 new handler：

```
int main()
{
    try {
        // Set the new new_handler and save the old one.
        new_handler oldHandler { set_new_handler(myNewHandler) };

        // Generate allocation error
        size_t numInts { numeric_limits<size_t>::max() };
        int* ptr { new int[numInts] };

        // Reset the old new_handler
        set_new_handler(oldHandler);
    } catch (const please_terminate_me&) {
        auto location { source_location::current() };
        cerr << format("{}({}): Terminating program.",
            location.file_name(), location.line()) << endl;
        return 1;
    }
}
```

new_handler 是函数指针类型的类型别名，set_new_handler()会将其作为参数。

14.6.2 构造函数中的错误

在异常出现之前，C++程序员经常受到错误处理和构造函数的困扰。如果构造函数没有正确地创建对象，会发生什么？构造函数没有返回值，因此在异常出现之前，标准的错误处理机制无法运行。如果不使用异常，最多可在对象中设置一个标记，指明对象没有正确构建。可提供一个类似于checkConstructionStatus()的方法，返回这个标志的值，并期望用户记得在构建对象之后调用这个方法。

异常提供了更好的解决方案。虽然无法在构造函数中返回值，但是可以抛出异常。通过异常可很方便地告诉客户是否成功创建了对象。然而在此有一个重要问题：如果异常离开构造函数，对象的析构函数将无法调用。因此在异常离开构造函数前，必须在构造函数中仔细清理所有资源，并释放分配的所有内存。其他函数也会遇到这个问题，但在构造函数中更微妙，因为我们习惯于让析构函数处理内存分配和释放资源。

本节以 Matrix 类作为示例，这个类的构造函数可正确处理异常。注意这个示例使用裸指针 m_matrix 来演示问题。在生产级代码中，应避免使用裸指针，而使用标准库容器！Matrix 类模板的定义如下所示：

```
export template <typename T>
class Matrix
{
   public:
      Matrix(size_t width, size_t height);
      virtual ~Matrix();
   private:
      void cleanup();

      size_t m_width { 0 };
      size_t m_height { 0 };
      T** m_matrix { nullptr };
};
```

Matrix 类的实现如下所示。注意对 new 的第一个调用并没有用 try/catch 块保护。第一个 new 抛出异常也没有关系，因为构造函数此时还没有分配任何需要释放的内存。如果后面的 new 抛出异常，构造函数必须清理所有已经分配的内存。然而，由于不知道 T 构造函数本身会抛出什么异常，因此通过“...”捕获所有异常，并将捕获的异常嵌套在 bad_alloc 异常中。注意，使用{}语法，通过首次调用 new 分配的数组执行零初始化，即每个元素都是 nullptr。这简化了 cleanup()方法，因为允许它在 nullptr 上调用 delete。

```
template <typename T>
Matrix<T>::Matrix(size_t width, size_t height)
{
   m_matrix = new T*[width] {};    // Array is zero-initialized!

   // Don't initialize the mWidth and mHeight members in the ctor-
   // initializer. These should only be initialized when the above
   // mMatrix allocation succeeds!
   m_width = width;
   m_height = height;

   try {
      for (size_t i { 0 }; i < width; ++i) {
         m_matrix[i] = new T[height];
      }
   } catch (...) {
      std::cerr << "Exception caught in constructor, cleaning up..."
         << std::endl;
      cleanup();
```

```
        // Nest any caught exception inside a bad_alloc exception.
        std::throw_with_nested(std::bad_alloc());
    }
}

template <typename T>
Matrix<T>::~Matrix()
{
    cleanup();
}

template <typename T>
void Matrix<T>::cleanup()
{
    for (size_t i { 0 }; i < m_width; ++i)
        delete[] m_matrix[i];
    delete[] m_matrix;
    m_matrix = nullptr;
    m_width = m_height = 0;
}
```

警告：
记住，如果异常离开了构造函数，将永远不会调用对象的析构函数！

可采用如下方式测试 Matrix 类模板：

```
class Element
{
    // Kept to a bare minimum, but in practice, this Element class
    // could throw exceptions in its constructor.
    private:
        int m_value;
};

int main()
{
    Matrix<Element> m { 10, 10 };
}
```

如果使用了继承，会发生什么情况？那样的话，基类的构造函数在派生类的构造函数之前运行，如果派生类的构造函数抛出一个异常，那么 C++会运行任何构建完整的基类的析构函数。

注意：
C++保证会运行任何构建完整的“子对象”的析构函数。因此，任何没有发生异常的构造函数所对应的析构函数都会运行。

14.6.3 构造函数的 function-try-blocks

本章到目前为止讨论的异常机制可完美处理函数内的异常。然而，如果在构造函数的 ctor-initializer 中抛出异常，该如何处理呢？本节介绍能捕获这类异常的 function-try-blocks。function-try-blocks 用于普通函数和构造函数。本节重点介绍 function-try-blocks 如何用于构造函数。大多数 C++程序员，甚至包括经验丰富的 C++程序员，都不了解这一特性的存在，尽管这一特性已经问世很多年了。

下面的伪代码显示了构造函数的 function-try-blocks 的基本语法：

```
MyClass::MyClass()
try
   : <ctor-initializer>
{
   /* ... constructor body ... */
}
catch (const exception& e)
{
   /* ... */
}
```

可以看出，try 关键字应该刚好在 ctor-intializer 之前。catch 语句应该在构造函数的右花括号之后，实际上是将 catch 语句放在构造函数体的外部。当使用构造函数的 function-try-blocks 时，要记住如下限制和指导方针：

- catch 语句将捕获任何异常，无论是构造函数体还是 ctor-intializer 直接或间接抛出的异常，都是如此。
- catch 语句必须重新抛出当前异常或抛出一个新异常。如果 catch 语句没有这么做，运行时将自动重新抛出当前异常。
- catch 语句可访问传递给构造函数的参数。
- 当 catch 语句捕获 function-try-blocks 内的异常时，构造函数已构建的所有对象都会在执行 catch 语句之前销毁。
- 在 catch 语句中，不应访问对象成员变量，因为它们在执行 catch 语句前就销毁了(参见上一条)。但是，如果对象包含非类数据成员，例如裸指针，并且它们在抛出异常之前初始化，就可以访问它们。如果有这样的裸资源，就必须在 catch 语句中释放它们。
- 对于 function-try-blocks 中的 catch 语句而言，其中包含的函数不能使用 return 关键字返回值。构造函数与此无关，因为构造函数没有返回值。

由于有以上限制，构造函数的 function-try-blocks 只在少数情况下有用：

- 将 ctor-intializer 抛出的异常转换为其他异常。
- 将消息记录到日志文件。
- 释放在抛出异常之前就在 ctor-intializer 中分配了内存的裸资源。

下例演示 function-try-blocks 的用法。下面的代码定义了一个 SubObject 类，这个类只有一个构造函数，这个构造函数抛出一个 runtime_error 类型的异常。

```
class SubObject
{
   public:
      SubObject(int i) { throw std::runtime_error { "Exception by SubObject ctor" }; }
};
```

接下来，MyClass 类有一个 int*类型的成员变量以及一个 SubObject 类型的成员变量：

```
class MyClass
{
   public:
      MyClass();
   private:
```

```
        int* m_data { nullptr };
        SubObject m_subObject;
};
```

SubObject 类没有默认构造函数。这意味着需要在 MyClass 类的 ctor-intializer 中初始化 m_subObject。MyClass 类的构造函数将使用 function-try-block 捕获 ctor-intializer 中抛出的异常。

```
MyClass::MyClass()
try
    : m_data { new int[42]{ 1, 2, 3 } }, m_subObject { 42 }
{
    /* ... constructor body ... */
}
catch (const exception& e)
{
    // Cleanup memory.
    delete[] m_data;
    m_data = nullptr;
    cout << format("function-try-block caught: '{}'", e.what()) << endl;
}
```

记住，构造函数的 function-try-block 中的 catch 语句必须重新抛出当前异常，或者抛出新异常。前面的 catch 语句没有抛出任何异常，因此 C++运行时将自动重新抛出当前异常。下面的简单函数使用了 MyClass 类：

```
int main()
{
    try {
        MyClass m;
    } catch (const std::exception& e) {
        cout << format("main() caught: '{}'", e.what()) << endl;
    }
}
```

输出如下所示：

```
function-try-block caught: 'Exception by SubObject ctor'
main() caught: 'Exception by SubObject ctor'
```

注意，该例中的代码很容易出错，而且不推荐使用。更合适的方案是为 m_data 成员使用智能指针(如 std::unique_ptr)以删除 function-try-block。

警告：
避免使用 function-try-block！
通常，仅将裸资源作为数据成员时，才有必要使用 function-try-block。可使用诸如 std::unique_ptr 的 RAII 类来避免使用裸资源。第 32 章将讨论 RAII 类。

function-try-block 并不局限于构造函数，也可用于普通函数。然而，对于普通函数而言，没理由使用 function-try-block，因为可方便地将 function-try-block 转换为函数体内部的简单 try/catch 块。与构造函数相比，对普通函数使用 function-try-block 的明显不同在于，catch 语句不需要重新抛出当前异常或新异常，C++运行时也不会自动重新抛出异常。

14.6.4 析构函数中的错误

必须在析构函数内部处理析构函数引起的所有错误。不应该让析构函数抛出任何异常，原因如下：

(1) 析构函数会被隐式标记为noexcept，除非添加了noexcept(false)标记，或者类具有子对象，而子对象的析构函数是noexcept(false)。如果带noexcept标记的析构函数抛出一个异常，C++运行时会调用std::terminate()来终止应用程序。本书不详细讨论noexcept(expression)说明符。只需要知道noexcept等同于noexcept(true)，而noexcept(false)与noexcept(true)相反；也就是说，标记了noexcept(false)的方法可抛出任何需要的异常。

(2) 在栈释放过程中，在处理另一个异常时，析构函数可以运行。如果在栈释放期间从析构函数抛出一个异常，C++运行时会调用std::terminate()来终止应用程序。C++确实为勇敢而好奇的人提供了一种功能，用于判断析构函数是因为正常的函数退出或调用了delete而执行，还是因为栈释放而执行。<exception>中声明了一个函数uncaught_exception()，该函数可返回未捕获异常的数量；所谓未捕获异常，是指已经抛出但尚未到达匹配catch的异常。如果uncaught_exceptions()的结果大于0，则说明正在执行栈释放。但这个函数用起来十分复杂，应避免使用。注意在C++17之前，该函数名为uncaught_exception()，即exception之后不带s，如果正在执行栈释放，该函数返回布尔值true。这个单一版本在C++17中被废弃，并在C++20中被移除。

(3) 客户应该采取什么措施？客户不会显式调用析构函数：客户调用delete，delete调用析构函数。如果在析构函数中抛出一个异常，让客户怎么办？客户无法在此使用对象调用delete，也不能显式地调用析构函数。客户无法采取合理行动，因此这里没理由让代码处理异常。

(4) 析构函数是释放对象使用的内存和资源的一个机会。如果因为异常而提前退出这个函数，就会浪费这个机会，将永远无法回头释放内存或资源。

> **警告：**
> 小心不要让任何异常逃离出析构函数。

14.7 本章小结

本章讲述了C++程序中与错误处理相关的主题，并强调在设计和编写程序时必须有错误处理方案。通过阅读本章，可详细了解C++异常语法和行为。本章还讲述了错误处理扮演着重要角色的一些领域，包括I/O流、内存分配、构造函数和析构函数。

14.8 练习

通过完成下面的习题，可以巩固本章所讨论的知识点。所有习题的答案都可扫描封底二维码下载。然而如果你受困于某个习题，可以在看网站上的答案之前，先重新阅读本章的部分内容，尝试着自己找到答案。

练习 14-1 在不编译和执行的情况下，找到并纠正下面代码中的错误。

```
// Throws a logic_error exception if the number of elements
// in the given dataset is not even.
void verifyDataSize(const vector<int>& data)
{
    if (data.size() % 2 != 0)
```

```
            throw logic_error { "Number of data points must be even." };
    }

    // Throws a logic_error exception if the number of elements
    // in the given dataset is not even.
    // Throws a domain_error exception if one of the datapoints is negative.
    void processData(const vector<int>& data)
    {
        // Verify the size of the given dataset.
        try {
            verifyDataSize(data);
        } catch (const logic_error& caughtException) {
            // Write message on standard error output.
            cerr << "Invalid number of data points in dataset. Aborting." << endl;
            // And rethrow the exception.
            throw caughtException;
        }
        // Verify for negative datapoints.
        for (auto& value : data) {
            if (value < 0)
                throw domain_error { "Negative datapoints not allowed." };
        }
        // Process data ...
    }

    int main()
    {
    try {
            vector data { 1, 2, 3, -5, 6, 9 };
            processData(data);
        } catch (const logic_error& caughtException) {
            cerr << "logic_error: " << caughtException.what() << endl;
        } catch (const domain_error& caughtException) {
            cerr << "domain_error: " << caughtException.what() << endl;
        }
    }
```

练习 14-2 拿到第 13 章中双向 I/O 例子中的代码(可在源代码文件中的 c13_code\19_Bidirectional 目录中找到)。示例中实现了 changeNumberForID()函数。修改代码，以便在合适的地方使用异常。一旦代码使用了异常，是否可以对 changeNumberForID()函数的头文件进行更改?

练习 14-3 将使用异常的正确错误处理添加到练习 13-3 的个人数据库解决方案中。

练习 14-4 请看第 9 章中 SpreadSheet 的示例代码(可在源代码文件中的 c09_code\07_SpreadsheetMoveSemanticsWithSwap 目录中找到)，该示例使用 swap()支持移动语义。在代码中添加适当的错误处理，包括内存分配失败的处理。为类添加最大宽高，并添加恰当的验证检查。编写自己的异常类 InvalidCoordinate，存储无效坐标和有效坐标的范围，在 verifyCoordinate()方法中使用。在 main()方法中写两个测试程序来测试各种错误条件。

第15章 C++运算符重载

本章内容

- 运算符重载的含义
- 运算符重载的合理性
- 运算符重载的限制、注意事项和选择
- 可以重载、不可以重载和不应该重载的运算符小结
- 如何重载一元加运算符、一元减运算符、递增和递减运算符
- 如何重载 I/O 流运算符(operator<<和 operator>>运算符)
- 如何重载下标(数组索引)运算符
- 如何重载函数调用运算符
- 如何重载解除引用运算符(*和->)
- 如何编写转换运算符
- 如何重载内存分配和释放运算符
- 如何定义自己的用户定义的字面量运算符
- 可用的标准用户定义的字面量运算符

C++允许为自己的类重定义运算符(如+、-和=)的含义。由于很多面向对象的语言没有提供这种能力，因此你可能会低估这种特性在 C++中的作用。然而，能让自己的类具有类似内建类型(例如 int 和 double)的行为是有益的，甚至可编写看上去类似于数组、函数或指针的类。

第 5 章“面向对象设计”和第 6 章“设计可重用代码”分别介绍了面向对象的设计和运算符重载。第 8 章“熟悉类和对象”和第 9 章“精通类和对象”介绍了对象和基本运算符重载的语法细节。本章讲解第 9 章没有涉及的有关运算符重载的内容。

15.1 运算符重载概述

根据第 1 章的描述，C++中的运算符是一些类似于+、<、*和<<的符号。这些运算符可应用于内建类型，例如 int 和 double，从而实现算术操作、逻辑操作和其他操作。还有->和*运算符可对指针进行解除引用操作。C++中运算符的概念十分广泛，甚至包含[](数组索引)、()(函数调用)、类型转换以

及内存分配和内存释放例程。可通过运算符重载来改变语言运算符对自定义类的行为。然而，使用这项功能时需要符合规则，满足限制条件，还需要做出选择。

15.1.1 重载运算符的原因

在学习重载运算符前，首先需要了解为什么需要重载运算符。不同的运算符有不同的理由，但是基本指导原则是为了让自定义类的行为和内建类型一样。自定义类的行为越接近内建类型，就越便于这些类的客户使用。例如，如果要编写一个表示分数的类，最好定义+、-、*和/运算符在应用于这个类的对象时的意义。

重载运算符的另一个原因是为了获得对程序行为更大的控制权。例如，可对自定义类重载内存分配和内存释放例程，以精确控制每个新对象的内存分配和内存回收。

需要强调的一点是，运算符重载未必能给类的开发者带来便利；主要用途是给类的使用者带来便利。

15.1.2 运算符重载的限制

下面列出了重载运算符时不能做的事情：

- 不能添加新的运算符。只能重定义语言中已经存在的运算符的意义。表 15-1 列出了所有可重载的运算符。
- 有少数运算符不能重载，例如.和.*(对象成员访问运算符)、::(作用域解析运算符)和?:(条件运算符)以及其他几个运算符。表 15-1 列出了所有可重载的运算符。不能重载的运算符通常是不需要重载的，因此这些限制应该不会令人感到受限。
- arity 描述了运算符关联的参数或操作数的数量。只能修改函数调用、new 和 delete 运算符的 arity。其他运算符的 arity 不能修改。一元运算符，例如++，只能用于一个操作数。二元运算符，例如/，只能用于两个操作数。这条限制会带来麻烦的主要情形是[](数组索引)的重载，详见本章后面的讨论。
- 不能修改运算符的优先级和结合性。优先级用于决定哪些操作符需要在其他操作符之前执行，而结合性可以是从左到右或从右到左，并指定具有相同优先级的运算符的执行顺序。同样，这条限制对于大多数程序来说不是问题，因为改变求值顺序并不会带来什么好处。
- 不能对内建类型重定义运算符。运算符必须是类中的一个方法，或者全局重载运算符函数至少有一个参数必须是一种用户定义的类型(例如一个类)。这意味着不允许做一些荒唐的事情，例如将 int 类型的+运算符重定义为减法(尽管自定义的类可以这么做)。这条限制有一个例外，那就是内存分配和内存释放运算符；可替换程序中所有内存分配使用的全局运算符。

有些运算符已经有两种不同的含义。例如，-运算符可用作二元运算符，例如 x = y-z，还可用作一元运算符，如 x =-y。*运算符可用作乘法操作，也可以用于解除指针的引用。根据上下文的不同，<<可以是流插入运算符，也可以是左移运算符。对于这种具有两个意义的运算符，可以重载所有的意义。

15.1.3 运算符重载的选择

重载运算符时，需要编写名为 operatorX 的函数或方法，X 是表示这个运算符的符号，可以在 operator 和 X 之间添加空白字符。例如，第 9 章声明了 SpreadsheetCell 对象的 operator+运算符，如下所示：

```
SpreadsheetCell operator+(const SpreadsheetCell& lhs, const SpreadsheetCell& rhs);
```

下面描述了编写每个重载运算符函数或方法时需要做出的选择。

1. 方法还是全局函数

首先，要决定运算符应该实现为类的方法还是全局函数(通常是类的友元)。如何做出选择？你需要理解这两个选择之间的区别。当运算符是类的方法时，运算符表达式的左侧必须是这个类的对象。当编写全局函数时，运算符表达式的左侧可以是不同类型的对象。

有 3 种不同类型的运算符，如下所示。

- **必须为方法的运算符**：C++语言要求一些运算符必须是类中的方法，因为这些运算符在类的外部没有意义。例如，operator=和类绑定得非常紧密，不能出现在其他地方。表 15-1 列出了所有必须为方法的运算符。大部分运算符都没有施加这种要求。
- **必须为全局函数的运算符**：如果允许运算符左侧的变量是除了自定义的类之外的任何类型，那么必须将这个运算符定义为全局函数。确切地讲，这条规则适用于 operator<<和 operator>>，这两个运算符的左侧是 iostream 对象，而不是自定义类的对象。此外，可交换的运算符(例如二元的+和-)允许运算符左侧的变量不是自定义类的对象。第 9 章曾提及这个问题。
- **既可为方法又可为全局函数的运算符**：有关编写方法重载运算符更好还是编写全局函数重载运算符更好的问题在 C++社区中有一些争议。不过建议遵循如下规则：把所有运算符都定义为方法，除非根据以上描述必须定义为全局函数。这条规则的一个主要优点是，方法可以是虚方法，但全局函数不能是虚函数。因此，如果准备在继承树中编写重载的运算符，应尽可能将这些运算符定义为方法。

将重载的运算符定义为方法时，如果这个运算符不修改对象，应将整个方法标记为 const。这样，就可对 const 对象调用这个方法。

将重载的运算符定义为全局函数时，将其放在同样包含编写运算符的类的名称空间中。

2. 选择参数类型

参数类型的选择有一些限制，因为如前所述，大多数运算符不能修改参数数量。例如，operator/在作为全局函数的情况下必须总是接收两个参数；在作为类方法的情况下必须总是接收一个参数。如果不遵循这条规则，编译器会生成错误。从这个角度看，运算符函数和普通函数有区别，普通函数可使用任意数量的参数重载。此外，尽管可编写接收任何类型参数的运算符，但可选范围通常都受这个运算符所在的类的限制。例如，如果要为类 T 实现加法操作，就不能编写接收两个字符串的 operator+。真正需要选择的地方在于判断是按值还是按引用接收参数，以及是否需要把参数标记为 const。

按值传递还是按引用传递的决策很简单：除非函数需要传入对象的一份拷贝，否则应按引用接收每一个非基本类型的参数，详见第 9 章。

const 决策也很简单：除非要真正修改参数，否则将每个参数都设置为 const。表 15-1 列出了所有运算符的示例原型，并根据需要将参数标记为 const 和引用。

3. 选择返回类型

C++不根据返回类型来解析重载。因此，在编写重载运算符时，可指定任意返回类型。然而，可做某件事并不意味着应该做这件事。这种灵活性可能导致令人迷惑的代码，例如比较运算符返回指针，算术运算符返回 bool 类型。不应该编写这样的代码。实际上，在编写重载运算符时，应该让运算符返回的类型和运算符对内建类型操作时返回的类型一样。如果编写比较运算符，那么应该返回 bool 类型。如果编写算术运算符，那么应该返回表示运算结果的对象。有时，返回类型初看上去并不明显。例如根据第 8 章的描述，operator=应该返回一个对调用这个运算符的对象的引用，以支持嵌套的赋值。其他运算符也有类似的不容易理解的返回类型，所有这些内容都在表 15-1 中列出。

引用和 const 决策也适用于返回类型。不过对返回值来说，这些决策要更困难一些。值还是引用的一般原则是：如果可以，就返回一个引用，否则返回一个值。如何判断何时能返回引用？这个决策只能应用于返回对象的运算符：对于返回布尔值的比较运算符、没有返回类型的转换运算符和函数调用运算符(可能返回所需的任何类型)来说，这个决策没有意义。如果运算符构造了一个新对象，那么必须按值返回这个新对象。如果不构造新对象，可返回对调用这个运算符的对象的引用，或返回对其中一个参数的引用。表 15-1 给出了示例。

可作为左值(赋值表达式左侧的部分)修改的返回值必须是非 const。否则，这个值应该是 const。大部分很容易想到的运算符都要求返回左值，包括所有赋值运算符(operator=、operator+=和 operator-=等)。

4. 选择行为

在重载的运算符中，可提供任意需要的实现。例如，可编写一个启动 Scrabble 拼字游戏的 operator+。然而根据第 6 章的描述，通常情况下，应将实现约束为客户期待的行为。编写 operator+时，使这个运算符能执行加法或其他类似加法的操作，例如字符串串联。

这一章讲解应该如何实现重载的运算符。在特殊情况下，可以不采用这些建议，但一般情况下都应该遵循这些标准模式。

15.1.4 不应重载的运算符

有些运算符即使允许重载，也不应该重载。具体来说，取地址运算符(operator&)的重载一般没什么特别的用途，如果重载会导致混乱，因为这样做会以可能异常的方式修改基础语言的行为(获得变量的地址)。整个标准库大量使用了运算符重载，但从没有重载取地址运算符。

此外，还要避免重载二元布尔运算符 operator&&和 operator||，因为这样会使 C++的短路求值规则失效。

最后，不要重载逗号运算符。没错，C++中确实有一个逗号运算符，也称为序列运算符(sequencing operator)，用于分隔一条语句中的两个表达式，确保求值顺序从左至右。下面的代码片段演示了逗号运算符：

```
int x { 1 };
cout << (++x, 2 * x); // Sets x to 2, and prints 4.
```

几乎没有什么正当理由需要重载这个运算符。

15.1.5 可重载运算符小结

表 15-1 列出了所有可重载的运算符，标明了运算符应该是类的方法还是全局函数，总结了什么时候应该(或不应该)重载，并提供了示例原型，展示了正确的返回值。某些不能重载的运算符，例如.运算符、.*运算符、::运算符和?:运算符，不在此列表内。

如果需要编写重载运算符，表 15-1 是很好的参考资源。你肯定会忘了应该使用哪种返回类型，以及应该使用函数还是方法。

在表 15-1 中，T 表示要编写重载运算符的类名，E 是一种不同的类型。注意给出的示例原型并不全面，给定的运算符常常可能有 T 和 E 的其他组合。

表 15-1　可重载的运算符

运算符	名称或类别	方法还是全局函数	何时重载	示例原型
operator+ operator− operator* operator/ operator%	二元算术运算符	建议使用全局函数	类需要提供这些操作时	T operator+(const T&, const T&); T operator+(const T&, const E&);
operator− operator+ operator~	一元算术运算符和按位运算符	建议使用方法	类需要提供这些操作时	T operator−() const;
operator++ operator−−	前缀递增运算符和前缀递减运算符	建议使用方法	重载了+=和−=时(使用算术参数，如 int 和 long)	T& operator++();
operator++ operator−−	后缀递增运算符和后缀递减运算符	建议使用方法	重载了+=和−=时(使用算术参数，如 int 和 long)	T operator++(int);
operator=	赋值运算符	必须使用方法	在类中动态分配了内存或资源，或者成员是引用时	T& operator=(const T&);
operator+= operator−= operator*/ operator/= operator%=	算术运算符赋值的简写	建议使用方法	重载了二元算术运算符，并且类没有设计为不可变时	T& operator+=(const T&); T& operator+=(const E&);
operator<< operator>> operator& operator| operator^	二元按位运算符	建议使用全局函数	需要提供这些操作时	T operator<<(const T&, const T&); T operator<<(const T&, const E&);
operator<<= operator>>= operator&= operator|= operator^=	按位运算符赋值的简写	建议使用方法	重载了二元按位运算符，并且类没有设计为不可变时	T& operator<<=(const T&); T& operator<<=(const E&);
operator<=>	三向比较运算符	建议使用方法	需要为类提供比较操作时	auto operator<=>(const T&) const; partial_ordering operator<=> (const E&)　const;
operator==	二元相等运算符	C++20：建议使用方法 C++20 前：建议使用全局函数	需要为类提供比较操作时	bool operator== (const T&) const; bool operator== (const E&) const; bool operator== (const T&, const T&); bool operator== (const T&, const E&);

(续表)

运算符	名称或类别	方法还是全局函数	何时重载	示例原型
operator!=	二元不等运算符	C++20：建议使用方法 C++20 前：建议使用全局函数	C++20：当提供了==运算符且不需要编译器自动提供!=运算符时 C++20 前：需要为类提供比较操作时	bool operator!= (const T&) const; bool operator!= (const E&) const; bool operator!= (const T&, const T&); bool operator!= (const T&, const E&);
operator< operator> operator<= operator>=	二元比较运算符	建议使用全局函数	需要提供这些操作时	bool operator<(const T&, const T&); bool operator<(const T&, const E&);
operator<< operator>>	I/O 流运算符(插入操作和提取操作)	建议使用全局函数	需要提供这些操作时	ostream& operator<<(ostream&, const T&); istream& operator>>(istream&, T&);
operator!	布尔非运算符	建议使用方法	很少重载；应该改用 bool 或 void*类型转换	bool operator!() const;
operator&& operator||	二元布尔运算符	建议使用全局函数	很少重载，否则会失去短路能力。更好的做法是重载&和|，因为它们从不出现短路	bool operator&&(const T&, const T&);
operator[]	下标(数组索引)运算符	必须使用方法	需要支持下标访问时	E& operator[] (size_t); const E& operator[] (size_t) const;
operator()	函数调用运算符	必须使用方法	需要让对象的行为和函数指针一致时；或者是多维数组访问，因为[]只能有一个索引	返回类型和参数可以多种多样，参见本章的示例
operator type()	转换(或强制类型转换)运算符(每种类型有不同的运算符)	必须使用方法	需要将自己编写的类转换为其他类型时	operator type() const;
operator ""_x	用户定义字面量运算符	必须使用全局函数	需要支持用户定义的字面量时	T operator""_i(long double d);
operator new operator new[]	内存分配例程	建议使用方法	需要控制类的内存分配时(很少见)	void* operator new(size_t size); void* operator new[](size_t size);

(续表)

运算符	名称或类别	方法还是全局函数	何时重载	示例原型
operator delete operator delete[]	内存释放例程	建议使用方法	重载了内存分配例程时(很少见)	void operator delete(void* ptr) noexcept; void operator delete[](void* ptr) noexcept;
operator* operator->	解除引用运算符	对于 operator*，建议使用方法；对于 operator->，必须使用方法	适用于智能指针	E& operator*() const; E* operator->() const;
operator&	取地址运算符	不可用	永远不要	不可用
operator->*	解除引用成员指针	不可用	永远不要	不可用
operator,	逗号运算符	不可用	永远不要	不可用

15.1.6　右值引用

第 9 章讨论了移动语义和右值引用。通过定义移动赋值运算符演示了这些概念，当源对象是一个将会在赋值操作后销毁的临时对象，或是一个使用了 std::move()显式移动的对象时，编译器会使用移动赋值运算符。表 15-1 列出的普通赋值运算符的原型如下所示：

```
T& operator=(const T&);
```

移动赋值运算符的原型几乎一致，但使用了右值引用。这个运算符会修改参数，因此不能传递 const 参数。第 9 章详细讨论了这些内容：

```
T& operator=(T&&);
```

表 15-1 没有包含右值引用语义的示例原型。然而，对于大部分运算符来说，编写一个使用普通左值引用的版本以及一个使用右值引用的版本都是有意义的，但是否真正有意义取决于类的实现细节。operator=是第 9 章的一个例子。另一个例子是通过 operator+避免不必要的内存分配。例如标准库中的 std::string 类利用右值引用实现了 operator+，如下所示(已简化)：

```
string operator+(string&& lhs, string&& rhs);
```

这个运算符的实现会重用其中一个参数的内存，因为这些参数是以右值引用传递的。也就是说，这两个参数表示的都是 operator+完成之后销毁的临时对象。上述 operator+的实现具有以下效果(具体取决于两个操作数的大小和容量)：

```
return move(lhs.append(rhs));
```

或

```
return move(rhs.insert(0, lhs));
```

事实上，string 定义了几个 operator+重载，接收两个 string 作为参数，带有不同的左值和右值引用的组合，如下(已经简化)：

```
string operator+(const string& lhs, const string& rhs); // No memory reuse.
string operator+(string&& lhs, const string& rhs);      // Can reuse memory of lhs.
string operator+(const string& lhs, string&& rhs);      // Can reuse memory of rhs.
string operator+(string&& lhs, string&& rhs);           // Can reuse memory of lhs or rhs.
```

重用其中一个右值引用参数的内存的实现方式和第 9 章中讲解的移动赋值运算符一致。

15.1.7 优先级和结合性

在包含多个运算符的语句中，运算符的优先级用于决定哪个运算需要在其他运算之前执行。例如，*和/运算总是在+和-运算前执行。

结合性可以是从左到右或从右到左，可指定具有相同优先级的运算符的执行顺序。

表 15-2 列出了所有可用的 C++运算符，包括不能重载的运算符，并列出了它们的优先级和结合性。低优先级的运算在较高优先级的运算之前执行。在表 15-2 中，T 表示类型，x、y、z 表示对象。

表 15-2 可用的 C++运算符

优先级	运算符	结合性
1	::	从左到右
2	x++ x-- x() x[] T() T{} . ->	从左到右
3	++x --x +x -x ! ~ *x &x (T) sizeof co_await new delete new[] delete[]	从右到左
4	.* ->*	从左到右
5	x*y x/y x%y	从左到右
6	x+y x-y	从左到右
7	<< >>	从左到右
8	<=>	从左到右
9	< <= > >=	从左到右
10	== !=	从左到右
11	&	从左到右
12	^	从左到右
13	|	从左到右
14	&&	从左到右
15	||	从左到右
16	x ? y : z throw co_yield = += -= *= /= %= <<= >>= &= ^= |=	从右到左
17	,	从左到右

15.1.8 关系运算符

在 std::rel_ops 名称空间的<utility>中，有下面关系运算符的函数模板定义：

```
template<class T> bool operator!=(const T& a, const T& b);// Needs operator==
template<class T> bool operator>(const T& a, const T& b); // Needs operator<
template<class T> bool operator<=(const T& a, const T& b);// Needs operator<
template<class T> bool operator>=(const T& a, const T& b);// Needs operator<
```

这些函数模板根据==和<运算符给任意类定义了运算符!=、>、<=和>=。如果在类中实现 operator==和 operator<，就会通过这些模板自动获得其他关系运算符。

然而这项技术存在大量问题。第一个问题是，这些运算符可能是为关系运算中使用的所有类创建的，而不仅仅是自己的类。

另一个问题是诸如 std::greater<T>的实用工具模板不能用于这些自动生成的关系运算符，实用工具模板见第 19 章的讨论。

还有一个问题是隐式转换不可行。

最后，有了 C++20 的三向比较运算符和 C++20 已经弃用了的 std::rel_ops 名称空间，就再也没有理由继续使用它了。通过一行代码显式地默认使用三向比较运算符<=>，类自动得到所有 6 个比较运算符的支持。详见第 9 章。

> **警告：**
> *不要使用 std::rel_ops，相反只需要显式地为类声明默认或实现<=>运算符。*

15.2　重载算术运算符

第 9 章讲解了如何编写二元算术运算符和简写的算术赋值运算符，但没有讲解如何重载其他算术运算符。

15.2.1　重载一元负号和一元正号运算符

C++有几个一元算术运算符。一元负号和一元正号运算符是其中的两个。下面列出一些使用整数的运算符示例：

```
int i, j { 4 };
i = -j;      // Unary minus
i = +i;      // Unary plus
j = +(-i);   // Apply unary plus to the result of applying unary minus to i.
j = -(-i);   // Apply unary minus to the result of applying unary minus to i.
```

一元负号运算符对其操作数取反，而一元正号运算符直接返回操作数。注意，可以对一元正号或一元负号运算符生成的结果应用一元正号或一元负号运算符。这些运算符不改变调用它们的对象，所以应把它们标记为 const。

下例将一元 operator-运算符重载为 SpreadsheetCell 类的成员函数。一元正号运算符通常执行恒等运算，因此这个类没有重载这个运算符。

```
SpreadsheetCell SpreadsheetCell::operator-() const
{
    return SpreadsheetCell { -getValue() };
}
```

operator-没有修改操作数，因此这个方法必须构造一个新的带有相反值的 SpreadsheetCell 对象，并返回这个对象的副本。因此，这个运算符不能返回引用。可按以下方式使用这个运算符：

```
SpreadsheetCell c1 { 4 };
SpreadsheetCell c3 { -c1 };
```

15.2.2　重载递增和递减运算符

可采用 4 种方法给变量加 1：

```
i = i + 1;
i += 1;
++i;
i++;
```

后两种称为递增运算符。第一种形式是前缀递增，这个操作将变量增加 1，然后返回增加后的新值，供表达式的其他部分使用。第二种形式是后缀递增，它也给变量加 1，但返回旧值(非自增的值)，供表达式的其他部分使用。递减运算符的功能类似。

operator++和 operator--的双重意义(前缀和后缀)给重载带来了问题。例如，编写重载的 operator++时，怎样表示重载的是前缀版本还是后缀版本？C++引入了一种方法来区分：前缀版本的 operator++和 operator--不接收参数，而后缀版本的接收一个不使用的 int 类型参数。

如果要为 SpreadsheetCell 类重载这些运算符，原型如下所示：

```
SpreadsheetCell& operator++();      // Prefix
SpreadsheetCell operator++(int);    // Postfix
SpreadsheetCell& operator--();      // Prefix
SpreadsheetCell operator--(int);    // Postfix
```

前缀形式的结果值和操作数的最终值一致，因此前缀递增和前缀递减返回被调用对象的引用。然而后缀版本的递增操作和递减操作返回的结果值和操作数的最终值不同，因此不能返回引用。

下面是 operator++运算符的实现：

```
SpreadsheetCell& SpreadsheetCell::operator++()
{
   set(getValue() + 1);
   return *this;
}

SpreadsheetCell SpreadsheetCell::operator++(int)
{
   auto oldCell(*this);    // Save current value
   ++(*this);              // Increment using prefix ++
   return oldCell;         // Return the old value
}
```

operator--的实现与此几乎相同。现在可随意递增和递减 SpreadsheetCell 对象了：

```
SpreadsheetCell c1 { 4 };
SpreadsheetCell c2 { 4 };
c1++;
++c2;
```

递增和递减还能应用于指针。当编写的类是智能指针或迭代器时，可重载operator++和operator--，以提供指针的递增和递减操作。

15.3　重载按位运算符和二元逻辑运算符

按位运算符和算术运算符类似，简写的按位赋值运算符也和简写的算术赋值运算符类似。不过由于这些运算符明显少见得多，因此这里不提供示例了。表 15-1 展示了示例原型，如有必要，应该可以很容易地实现这些运算符。

逻辑运算符要困难一些。建议不要重载&&和||。这些运算符并不应用于单个类型，而是整合布尔表达式的结果。此外，重载这些运算符时，会失去短路求值，原因是在将运算符左侧和右侧的值绑定至重载的&&和||运算符之前，必须对运算符的左侧和右侧进行求值。因此，一般对特定类型重载这些运算符都没有意义。

15.4　重载插入运算符和提取运算符

在 C++中，不仅算术操作需要使用运算符，从流中读写数据都可使用运算符。例如，向 cout 写入整数和字符串时使用插入运算符<<:

```
int number { 10 };
cout << "The number is " << number << endl;
```

从流中读取数据时，使用提取运算符>>:

```
int number;
string str;
cin >> number >> str;
```

还可为自定义的类编写合适的插入和提取运算符，从而可按以下方式进行读写:

```
SpreadsheetCell myCell, anotherCell, aThirdCell;
cin >> myCell >> anotherCell >> aThirdCell;
cout << myCell << " " << anotherCell << " " << aThirdCell << endl;
```

在编写插入和提取运算符前，需要决定如何将自定义的类向流输出，以及如何从流中提取自定义的类。在这个例子中，SpreadsheetCell 将读取和写入 double 值。

插入和提取运算符左侧的对象是 istream 或 ostream(例如 cin 和 cout)，而不是 SpreadsheetCell 对象。由于不能向 istream 类或 ostream 类添加方法，因此应将插入和提取运算符写为 SpreadsheetCell 类的全局函数。这些函数在 SpreadsheetCell 类中的声明如下所示:

```
export std::ostream& operator<<(std::ostream& ostr, const SpreadsheetCell& cell);
export std::istream& operator>>(std::istream& istr, SpreadsheetCell& cell);
```

将插入运算符的第一个参数设置为 ostream 的引用，这个运算符就能应用于文件输出流、字符串输出流、cout、cerr 和 clog 等。详情参阅第 13 章“C++ I/O 揭秘”。与此类似，将提取运算符的参数设置为 istream 的引用，这个运算符就能应用于文件输入流、字符串输入流和 cin。

operator<<和 operator>>的第二个参数是对要写入或读取的 SpreadsheetCell 对象的引用。插入运算符不会修改写入的 SpreadsheetCell 对象，因此这个引用可以是 const 引用。然而提取运算符会修改 SpreadsheetCell 对象，因此要求这个参数为非 const 引用。

这两个运算符返回的都是第一个参数传入的流的引用，所以这两个运算符的调用可以嵌套。记住，运算符的语法实际上是显式调用全局 operator>>函数或 operator<<函数的简写形式。例如下面这行代码:

```
cin >> myCell >> anotherCell >> aThirdCell;
```

实际上是如下代码行的简写形式:

```
operator>>(operator>>(operator>>(cin, myCell), anotherCell), aThirdCell);
```

从中可以看出，第一次调用 operator>>的返回值被用作下一次调用的输入值。因此必须返回流的引用，结果才能用于下一次嵌套的调用，否则嵌套调用无法编译。

下面是 SpreadsheetCell 类的 operator<<和 operator>>运算符的实现：

```
ostream& operator<<(ostream& ostr, const SpreadsheetCell& cell)
{
    ostr << cell.getValue();
    return ostr;
}

istream& operator>>(istream& istr, SpreadsheetCell& cell)
{
    double value;
    istr >> value;
    cell.set(value);
    return istr;
}
```

15.5 重载下标运算符

现在暂时假设你从未听说过标准库中的 vector 或 array 类模板，因此决定自行实现一个动态分配的数组类。这个类允许设置和获取指定索引位置的元素，并会自动完成所有的内存分配操作。一个动态分配的数组类的定义可能是这样的：

```
export template <typename T>
class Array
{
    public:
        // Creates an array with a default size that will grow as needed.
        Array();
        virtual ~Array();

        // Disallow assignment and pass-by-value.
        Array& operator=(const Array& rhs) = delete;
        Array(const Array& src) = delete;

        // Move constructor and move assignment operator.
        Array(Array&& src) noexcept;
        Array& operator=(Array&& rhs) noexcept;

        // Returns the value at index x. Throws an exception of type
        // out_of_range if index x does not exist in the array.
        const T& getElementAt(size_t x) const;

        // Sets the value at index x. If index x is out of range,
        // allocates more space to make it in range.
        void setElementAt(size_t x, const T& value);

        // Returns the number of elements in the array.
        size_t getSize() const noexcept;
    private:
        static const size_t AllocSize { 4 };
        void resize(size_t newSize);
        T* m_elements { nullptr };
```

```
        size_t m_size { 0 };
};
```

这个接口支持设置和访问元素。它为随机访问提供了保证：客户可创建数组，并设置元素 1、100 和 1000，而不必考虑内存管理问题。

下面是这些方法的实现：

```
template <typename T> Array<T>::Array()
{
    m_size = kAllocSize;
    m_elements = new T[m_size] {}; // Elements are zero-initialized!
}

template <typename T> Array<T>::~Array()
{
    delete [] m_elements;
    m_elements = nullptr;
}

template <typename T> Array<T>::Array(Array&& src) noexcept
    : m_elements { std::exchange(src.m_elements, nullptr) }
    , m_size { std::exchange(src.m_size, 0) }
{
}

template <typename T> Array<T>& Array<T>::operator=(Array<T>&& rhs) noexcept
{
    if (this == &rhs) { return *this; }
    delete[] m_elements;
    m_elements = std::exchange(rhs.m_elements, nullptr);
    m_size = std::exchange(rhs.m_size, 0);
    return *this;
}

template <typename T> void Array<T>::resize(size_t newSize)
{
    // Create new bigger array with zero-initialized elements.
    auto newArray { std::make_unique<T[]>(newSize) };

    // The new size is always bigger than the old size (mSize)
    for (size_t i { 0 }; i < m_size; i++) {
        // Copy the elements from the old array to the new one
        newArray[i] = m_elements[i];
    }

    // Delete the old array, and set the new array
    delete[] m_elements;
    M_size = newSize;
    M_elements = newArray.release();
}

template <typename T> const T& Array<T>::getElementAt(size_t x) const
{
    if (x >= m_size) { throw std::out_of_range { "" }; }
    return m_elements[x];
}
```

```
template <typename T> void Array<T>::setElementAt(size_t x, const T& val)
{
    if (x >= m_size) {
        // Allocate kAllocSize past the element the client wants
        resize(x + kAllocSize);
    }
    m_elements[x] = val;
}

template <typename T> size_t Array<T>::getSize() const noexcept
{
    return m_size;
}
```

注意resize()方法的异常安全实现。首先，它创建一个适当大小的新数组，将其存储在unique_ptr中。然后，将所有元素从旧数组复制到新数组。如果在复制值时任何地方出错，unique_ptr会自动清理新分配的内存。最后，在成功分配新数组和复制所有元素后，即未抛出异常，我们才删除旧的m_elements数组，并为其指定新数组。最后一行必须使用release()来释放unique_ptr的新数组的所有权，否则，在调用unique_ptr的析构函数时，将销毁这个数组。

下面是使用这个类的简短示例：

```
Array<int> myArray;
for (size_t i { 0 }; i < 10; i++) {
    myArray.setElementAt(i, 100);
}
for (size_t i { 0 }; i < 10; i++) {
    cout << myArray.getElementAt(i) << " ";
}
```

从中可以看出，永远都不需要告诉数组需要多少空间。数组会分配保存给定元素所需要的足够空间。

注意：

这不是高效的内存实现方式。如果创建一个数组且只给索引为4000的元素赋值，那么它将为4000个元素分配内存，除了索引为4000的元素，其他元素都初始化为0。

然而，总是使用setElementAt()和getElementAt()方法并不方便。此外，这两种方法的实现方式对于多维数组的处理会很麻烦。

这里应该使用重载的下标运算符。通过以下方式给类添加operator[]:

```
template <typename T> T& Array<T>::operator[](size_t x)
{
    if (x >= m_size) {
        // Allocate AllocSize past the element the client wants.
        resize(x + AllocSize);
    }
    return m_elements[x];
}
```

有了这层变化，就可以使用传统的数组索引表示法，如下：

```
Array<int> myArray;
for (size_t i { 0 }; i < 10; i++) {
```

```
        myArray[i] = 100;
    }
    for (size_t i { 0 }; i < 10; i++) {
        cout << myArray[i] << " ";
    }
```

operator[]既可以用于设置元素，也可以用于获取元素，因为它返回的是对位置 x 的元素的引用。此引用可用于赋值给该元素。当 operator[]在赋值语句左侧使用时，赋值实际改变了 m_elements 数组中位置 x 的值。

有了 operator[]的支持，多维数组的处理现在也很容易，看下例：

```
Array<Array<int>> a;
a[2][4] = 24;
cout << a[2][4] << endl;
```

15.5.1　通过 operator[]提供只读访问

尽管有时 operator[]返回可作为左值的元素会很方便，但并非总是需要这种行为。最好还能返回 const 引用，提供对数组中元素的只读访问。理想情况下，可提供两个 operator[]：一个返回非 const 引用，另一个返回 const 引用。为此，编写下面这样的代码：

```
T& operator[](size_t x);
const T& operator[](size_t x) const;
```

记住，不能仅基于返回类型重载方法或运算符，因此第二个重载返回 const 引用并被标记为 const。

下面是 const operator[]的实现：如果索引超出了范围，这个运算符不会分配新空间，而是抛出异常。如果只是读取元素值，那么分配新的空间就没有意义了：

```
template <typename T> const T& Array<T>::operator[](size_t x) const
{
    if (x >= m_size) { throw std::out_of_range { "" }; }
    return m_elements[x];
}
```

下面的代码演示了这两种形式的 operator[]：

```
void printArray(const Array<int>& arr)
{
    for (size_t i { 0 }; i < arr.getSize(); i++) {
        cout << arr[i] << " "; // Calls the const operator[] because arr is
                               // a const object.
    }
    cout << endl;
}

int main()
{
    Array<int> myArray;
    for (size_t i { 0 }; i < 10; i++) {
        myArray[i] = 100; // Calls the non-const operator[] because
                          // myArray is a non-const object.
    }
    printArray(myArray);
}
```

注意，仅因为arr是const，所以printArray()中调用的是const operator[]。如果arr不是const，那么调用的是非const的operator[]，尽管事实上并没有修改结果。

因为调用const operator[]的是const对象，所以无法增加数组大小。当给定索引越界时，当前实现抛出异常。另一种做法是返回而非抛出零初始化元素。代码如下：

```
template <typename T> const T& Array<T>::operator[](size_t x) const
{
    if (x >= m_size) {
        static T nullValue { T() };
        return nullValue;
    }
    return m_elements[x];
}
```

使用零初始化语法T{}初始化静态变量nullValue。可根据具体情况自行选用抛出版本或返回null值的版本。

注意：

零初始化，是指使用默认构造函数构造对象，将基本的整数类型(如char和int等)初始化为0，将基本的浮点类型初始化为0.0，将指针类型初始化为nullptr。

15.5.2 非整数数组索引

这是通过提供某种类型的键，对集合进行“索引”的范型的自然延伸；vector(或更广义的任何线性数组)是一种特例，其中的“键”只是数组中的位置。将operator[]的参数看成提供的两个域之间的映射：键域到值域的映射。因此，可编写一个将任意类型作为索引的operator[]。这种类型未必是整数类型。标准库的关联容器就是这么做的，例如第18章“标准库容器”讨论的std::map。

例如，可创建一个关联数组，在其中使用字符串而不是整数作为键。这种类的operator[]将接收string或者更好的string_view作为参数。这样的类实现是本章节最后的练习题。

注意：

不能重载下标运算符以便接收多个参数。如果要提供接收多个索引的下标访问功能，可使用15.6节介绍的函数调用运算符。

15.6 重载函数调用运算符

C++允许重载函数调用运算符，写作operator()。如果在自定义的类中编写了一个operator()，那么这个类的对象就可以当成函数指针使用。包含函数调用运算符的类对象称为函数对象，或简称为仿函数(functor)。只能将这个运算符重载为类中的非静态方法。下例是一个简单的类，它带有一个重载的operator()以及一个具有相同行为的类方法。

```
class FunctionObject
{
    public:
        int operator() (int param);  // Function call operator
        int doSquare(int param);     // Normal method
};

// Implementation of overloaded function call operator
```

```
int FunctionObject::operator() (int param)
{
   return doSquare(param);
}

// Implementation of normal method
int FunctionObject::doSquare(int param)
{
   return param * param;
}
```

下面是使用函数调用运算符的代码示例，注意和类的普通方法调用进行比较：

```
int x { 3 }, xSquared, xSquaredAgain;
FunctionObject square;
xSquared = square(x);               // Call the function call operator
xSquaredAgain = square.doSquare(x); // Call the normal method
```

一开始，函数调用运算符可能看上去有点怪。为什么要为类编写一个特殊方法，使这个类的对象看上去像函数指针？为什么不直接编写一个函数或标准的类方法？

相比标准的对象方法，函数对象的好处很简单：这些对象有时可以伪装成函数指针，可将这些函数对象当成回调函数传给其他函数。第 19 章将详细讨论这些内容。

相比全局函数，函数对象的好处较为复杂。有两个主要好处：

- 对象可在对其函数调用运算符的重复调用之间，在数据成员中保存信息。例如，函数对象可用于记录每次通过函数调用运算符调用采集到的数字连续总和。
- 可通过设置数据成员来自定义函数对象的行为。例如，可编写一个函数对象，比较函数调用运算符的参数和数据成员的值。这个数据成员是可配置的，因此这个对象可自定义为执行任何比较操作。

当然，通过全局变量或静态变量都可实现上述任何好处。然而，函数对象提供了一种更简洁的方式，此外，应该避免使用全局变量或静态变量，这可能会在多线程程序中产生问题。第 20 章“掌握标准库算法”通过标准库展示了函数对象的真正好处。

通过遵循一般的方法重载规则，可为类编写任意数量的 operator()。例如，可向 FunctionObject 类添加一个带 std::string_view 参数的 operator()。

```
int operator() (int param);
void operator() (std::string_view str);
```

函数调用运算符还可用于提供多维数组的下标。只要编写一个行为类似于 operator[]，但接收多个索引的 operator()即可。这项技术的唯一问题是需要使用()而不是[]进行索引，例如 myArray(3, 4) = 6。

15.7　重载解除引用运算符

可重载 3 个解除引用运算符：*、->和->*。目前暂不考虑->*(之后详述)，只考虑*和->的原始意义。*解除对指针的引用，允许直接访问这个指针指向的值，->是使用*解除引用之后再执行.成员选择操作的简写。以下代码验证了这两者的一致性：

```
SpreadsheetCell* cell { new SpreadsheetCell };
(*cell).set(5);  // Dereference plus member selection
cell->set(5);    // Shorthand arrow dereference and member selection together
```

为了使类的对象行为和指针一致，可以在类中重载解除引用运算符。这种功能的主要用途是实现智能指针，参见第7章“内存管理”。还能用于标准库广泛使用的迭代器，参见第17章“理解迭代器和范围库”。本章通过一个简单的智能指针类模板，讲解重载相关运算符的基本机制。

警告：

C++有两个标准的智能指针：std::shared_ptr和std::unique_ptr。应该使用这些标准的智能指针类而不是自己编写。这里列举的例子只是为了演示如何编写解除引用运算符。

下面是这个智能指针类模板的定义，其中尚未填入解除引用运算符：

```
export template <typename T> class Pointer
{
    public:
        Pointer(T* ptr) : m_ptr { ptr } {}
        virtual ~Pointer() {
            delete m_ptr;
            m_ptr = nullptr;
        }

        // Prevent assignment and pass by value.
        Pointer(const Pointer& src) = delete;
        Pointer<T>& operator=(const Pointer& rhs) = delete;

        // Dereferencing operators will go here.
    private:
        T* m_ptr { nullptr };
};
```

这个智能指针就像看上去那么简单。它只是保存了一个普通的原始指针，在这个智能指针被销毁时，将删除它指向的存储空间。这个实现同样十分简单：构造函数接收一个原始指针，将该指针保存为类中仅有的数据成员。析构函数释放这个指针引用的存储空间。

可采用以下方式使用这个智能指针类模板：

```
Pointer<int> smartInt { new int };
*smartInt = 5; // Dereference the smart pointer.
cout << *smartInt << endl;

Pointer<SpreadsheetCell> smartCell { new SpreadsheetCell };
smartCell->set(5); // Dereference and member select the set method.
cout << smartCell->getValue() << endl;
```

从这个例子可看出，必须提供operator*和operator->的实现。

警告：

一般情况下，不要只实现operator*和operator->运算符中的一个。几乎总是应该同时实现这两个运算符。如果未同时提供这两个运算符的实现，类的用户可能会感到困惑。

15.7.1 实现operator*

当解除对指针的引用时，经常希望能访问这个指针指向的内存。如果那块内存包含一种简单类型，例如int，那么应该可直接修改这个值。如果内存中包含更复杂的类型，例如对象，那么应该能通过运算符访问对象的数据成员或方法。

为提供这些语义，operator*应该返回一个引用。在 Pointer 类中，执行下面的操作：

```
export template <typename T> class Pointer
{
   public:
      // Omitted for brevity
      T& operator*() { return *m_ptr; }
      const T& operator*() const { return *m_ptr; }
      // Omitted for brevity
};
```

从这个例子可看出，operator*返回的是底层普通指针指向的对象或变量的引用。与重载下标运算符一样，同时提供方法的 const 版本和非 const 版本也很有用，这两个版本分别返回 const 引用和非 const 引用。

15.7.2 实现 operator->

箭头运算符稍微复杂一些。应用箭头运算符的结果应该是对象的成员或方法。然而，要实现这一点，应该能够实现 operator*和 operator.；而 C++有充足的理由不允许重载 operator.：不可能编写单个原型来捕获任何可能选择的成员或方法。因此，C++将 operator->当成一种特例。例如下面这行代码：

```
smartCell->set(5);
```

C++将这行代码解释为：

```
(smartCell.operator->())->set(5);
```

从中可看出，C++给重载的 operator->返回的任何结果应用了另一个 operator->。因此，必须返回一个指向对象的指针，如下所示：

```
export template <typename T> class Pointer
{
   public:
      // Omitted for brevity
      T* operator->() { return m_ptr; }
      const T* operator->() const { return m_ptr; }
      // Omitted for brevity
};
```

operator*和 operator->是不对称的，这可能有点令人费解，但见过几次之后就会习惯了。

15.7.3 operator.*和 operator ->*的含义

在 C++中，获得类的数据成员和方法的地址，以获得指向这些数据成员和方法的指针是完全合法的。然而，不能在没有对象的情况下访问非静态数据成员或调用非静态方法。类的数据成员和方法的重点在于它们依附于对象。因此，通过指针调用方法或访问数据成员时，必须在对象的上下文中解除对指针的引用。operator.*和 operator->*的语法细节会在第 19 章才介绍，因为它依赖如何定义函数指针的知识点。

C++不允许重载 operator.*(就像不允许重载 operator.一样)，但可以重载 operator->*。然而这个运算符的重载非常复杂，大部分 C++程序员甚至不知道可通过指针访问方法和数据成员，因此不值得这么麻烦进行重载。例如，标准库中的 shared_ptr 智能指针就没有重载 operator->*。

15.8 编写转换运算符

回到 SpreadsheetCell 示例，考虑下面两行代码：

```
SpreadsheetCell cell { 1.23 };
double d1 { cell }; // DOES NOT COMPILE!
```

SpreadsheetCell 包含 double 的表示方式，因此将 SpreadsheetCell 赋值给 double 变量看上去是符合逻辑的。但不能这么做。编译器会表示不知道如何将 SpreadsheetCell 转换为 double 类型。你可能会通过下述方式迫使编译器进行这种转换：

```
double d1 { (double)cell }; // STILL DOES NOT COMPILE!
```

首先，上述代码依然无法编译，因为编译器还是不知道如何将 SpreadsheetCell 转换为 double 类型。从这行代码中编译器已知你想让编译器做这种转换，所以编译器如果知道如何转换，就会进行转换。其次，一般情况下，最好不要在程序中添加这种无理由的类型转换。

如果想允许这类赋值，就必须告诉编译器具体如何执行。确切地讲，可编写一个将 SpreadsheetCell 转换为 double 类型的转换运算符。原型如下所示：

```
operator double() const;
```

函数名为 operator double。它没有返回类型，因为返回类型是通过运算符的名称确定的：double。这个函数是 const，因为这个函数不会修改被调用的对象。实现如下所示：

```
SpreadsheetCell::operator double() const
{
    return getValue();
}
```

这就完成了从 SpreadsheetCell 到 double 类型的转换运算符的编写。现在编译器可接受下面这行代码，并且在运行时执行正确的操作。

```
SpreadsheetCell cell { 1.23 };
double d1 { cell }; // Works as expected
```

可用同样的语法编写任何类型的转换运算符。例如，下面是从 SpreadsheetCell 到 std::string 的转换运算符：

```
SpreadsheetCell::operator std::string() const
{
    return doubleToString(getValue());
}
```

现在可将 SpreadsheetCell 转换为 string，但由于 string 提供了构造函数，下面的方法不起作用：

```
string str { cell };
```

相反，可以使用普通的赋值语法来替代统一的初始化，或者使用下面的显式转换 static_cast()：

```
string str = cell;
string str2 { static_cast<string>(cell) };
```

15.8.1 auto 运算符

可以指定 auto 并让编译器推导类型而不是显式指定转换运算符返回的类型，例如 SpreadsheetCell

的 double 转换运算符可以这样写：

```
operator auto() const { return getValue(); }
```

有个警告，具有 auto 返回类型推导的方法实现必须对类的用户可见。因此，本例将实现直接放在类的定义中。

记得第 1 章提到过 auto 会移除引用和 const 限定符。因此如果 operator auto 返回类型 T 的引用，则推导出的类型将通过值方式返回 T，从而生成一份拷贝。如果需要，可以显式地添加引用和 const 限定符，例子如下：

```
operator const auto&() const { /* ... */ }
```

15.8.2 使用显式转换运算符解决多义性问题

为 SpreadsheetCell 对象编写 double 转换运算符时会引入多义性问题。例如下面这行加粗代码：

```
SpreadsheetCell cell { 6.6 };
double d2 { cell + 3.3 }; // DOES NOT COMPILE IF YOU DEFINE operator double()
```

现在这行代码无法成功编译。在编写 operator double()前，这行代码可编译，那么现在出了什么问题？问题在于，编译器不知道应该通过 operator double()将 cell 对象转换为 double 类型，再执行 double 加法，还是通过 double 构造函数将 3.3 转换为 SpreadsheetCell，再执行 SpreadsheetCell 加法。在编写 operator double()前，编译器只有一个选择：通过 double 构造函数将 3.3 转换为 SpreadsheetCell，再执行 SpreadsheetCell 加法。然而，现在编译器可执行两种操作。编译器不想做出让人不喜欢的决定，因此拒绝做出任何决定。

在 C++11 之前，通常解决这个难题的方法是将构造函数标记为 explicit，以避免使用这个构造函数进行自动转换(见第 8 章)。然而，我们不想把这个构造函数标记为 explicit，因为通常希望进行从 double 到 SpreadsheetCell 的自动类型转换。自 C++11 以后，可将 double 类型转换运算符标记为 explicit 以解决这个问题：

```
explicit operator double() const;
```

如此修改后，下面这行代码会正常编译：

```
double d1 { cell + 3.3 }; // 9.9
```

15.8.3 用于布尔表达式的转换

有时，能将对象用在布尔表达式中会非常有用。例如，程序员经常在条件语句中这样使用指针：

```
if (ptr != nullptr) { /* Perform some dereferencing action. */ }
```

有时程序员会编写这样的简写条件：

```
if (ptr) { /* Perform some dereferencing action. */ }
```

有时还能看到这样的代码：

```
if (!ptr) { /* Do something. */ }
```

目前，上述任何表达式都不能和此前定义的 Pointer 智能指针类模板一起编译。然而，可给类添加一个转换运算符，将它转换为指针类型。然后，对这种类型和 nullptr 所做的比较操作，以及单个对象在 if 语句中的形式都会触发这个对象向指针类型的转换。转换运算符常用的指针类型为 void*，因为这种指针类型除了在布尔表达式中测试外，不能执行其他操作。

```
operator void*() const { return m_ptr; }
```

现在下面的代码可成功编译，并能完成预期的任务：

```
void process(Pointer<SpreadsheetCell>& p)
{
    if (p != nullptr) { cout << "not nullptr" << endl; }
    if (p != NULL) { cout << "not NULL" << endl; }
    if (p) { cout << "not nullptr" << endl; }
    if (!p) { cout << "nullptr" << endl; }
}

int main()
{
    Pointer<SpreadsheetCell> smartCell { nullptr };
    process(smartCell);
    cout << endl;

    Pointer<SpreadsheetCell> anotherSmartCell { new SpreadsheetCell { 5.0 } };
    process(anotherSmartCell);
}
```

输出如下所示：

```
nullptr

not nullptr
not NULL
not nullptr
```

另一种方法是重载 operator bool()而非 operator void*()。毕竟是在布尔表达式中使用对象，为什么不直接转换为 bool 类型呢？

```
operator bool() const { return m_ptr != nullptr; }
```

下面的比较仍可以运行：

```
if (p != NULL) { cout << "not NULL" << endl; }
if (p) { cout << "not nullptr" << endl; }
if (!p) { cout << "nullptr" << endl; }
```

然而，使用 operator bool()时，下面和 nullptr 的比较会导致编译错误：

```
if (p != nullptr) { cout << "not nullptr" << endl; }  // Error
```

因为 nullptr 有自己的类型 nullptr_t，这种类型没有自动转换为整数 0 (false)。编译器找不到接收 Pointer 对象和 nullptr_t 对象的 operator!=。可将这样的 operator!=实现为 Pointer 类的友元：

```
export template <typename T>
class Pointer
{
    public:
        // Omitted for brevity
        template <typename T>
        friend bool operator!=(const Pointer<T>& lhs, std::nullptr_t rhs);
        // Omitted for brevity
```

```
};

export template <typename T>
bool operator!=(const Pointer<T>& lhs, std::nullptr_t rhs)
{
   return lhs.m_ptr != rhs;
}
```

然而，实现这个 operator!=后，下面的比较会无法工作，因为编译器不知道该用哪个 operator!=：

```
if (p != NULL) { cout << "not NULL" << endl; }
```

通过这个例子，可能得出以下结论：operator bool()从技术上看只适用于不表示指针的对象，以及转换为指针类型并没有意义的对象。遗憾的是，添加转换至 bool 类型的转换运算符会产生其他一些无法预知的后果。当条件允许时，C++会使用“类型提升”规则将 bool 类型自动转换为 int 类型。因此，采用 operator bool()时，下面的代码可编译运行：

```
Pointer<SpreadsheetCell> anotherSmartCell { new SpreadsheetCell { 5.0 } };
int i { anotherSmartCell }; // Converts Pointer to bool to int.
```

这通常并不是期望或需要的行为。为阻止此类赋值，通常会显式删除到 int、long 和 long long 等类型的转换运算符。但这显得十分凌乱。因此，很多程序员更偏爱使用 operator void*()而不是 operator bool()。

从中可以看出，重载运算符时需要考虑设计因素。哪些运算符需要重载的决策会直接影响到客户对类的使用方式。

15.9　重载内存分配和内存释放运算符

C++允许重定义程序中内存的分配和释放方式。既可在全局层次也可在类层次进行这种自定义。这种功能在可能产生内存碎片的情况下最有用，当分配和释放大量小对象时会产生内存碎片。例如，每次需要内存时，不使用默认的 C++内存分配，而是编写一个内存池分配器，以重用固定大小的内存块。本节详细讲解内存分配和内存释放例程，以及如何定制化它们。有了这些工具，就可以根据需求编写自己的分配器。

> **警告：**
> 除非十分了解内存分配的策略，否则尝试重载内存分配例程通常都不值得。不要仅因为看上去不错，就重载它们。只有在真正需要且掌握足够的知识后才这么做。

15.9.1　new 和 delete 的工作原理

C++最复杂的地方之一就是 new 和 delete 的细节。考虑下面这行代码：

```
SpreadsheetCell* cell { new SpreadsheetCell() };
```

new SpreadsheetCell()这部分称为 new 表达式。它完成了两件事情。首先，通过调用 operator new 为 SpreadsheetCell 对象分配了空间。然后，为这个对象调用构造函数。只有这个构造函数完成才返回指针。

delete 的工作方式与此类似。考虑下面这行代码：

```
delete cell;
```

这一行称为 delete 表达式。它首先调用 cell 的析构函数，然后调用 operator delete 释放内存。

可重载 operator new 和 operator delete 来控制内存的分配和释放，但不能重载 new 表达式和 delete 表达式。因此，可自定义实际的内存分配和释放，但不能自定义构造函数和析构函数的调用。

1. new 表达式和 operator new

有 6 种不同形式的 new 表达式，每种形式都有对应的 operator new。前面的章节已经展示了 4 种 new 表达式：new、new[]、new(nothrow)和 new(nothrow)[]。下面列出了<new>中对应的 4 种 operator new 的重载：

```
void* operator new(size_t size);
void* operator new[](size_t size);
void* operator new(size_t size, const std::nothrow_t&) noexcept;
void* operator new[](size_t size, const std::nothrow_t&) noexcept;
```

有两种特殊的 new 表达式，它们不进行内存分配，而在已经分配的内存片段上调用构造函数。这种操作称为 placement new 运算符(包括单对象和数组形式)。它们在已有的内存中构造对象，如下所示：

```
void* ptr { allocateMemorySomehow() };
SpreadsheetCell* cell { new (ptr) SpreadsheetCell() };
```

对应的两个 operator new 重载如下所示，然而，C++标准禁止重载它们：

```
void* operator new(size_t size, void* p) noexcept;
void* operator new[](size_t size, void* p) noexcept;
```

这个特性有点偏门，但知道这项特性的存在非常重要。如果需要实现内存池，以便在不释放内存的情况下重用内存，这项特性就非常方便。这样可以构造和销毁对象的实例而不需要为每个新实例分配内存。第 29 章“编写高效的 C++代码”有内存池实现的示例。

2. delete 表达式和 operator delete

只可调用两种不同形式的 delete 表达式：delete 和 delete[]，没有 nothrow 和 placement 形式。然而，operator delete 有 6 种重载。为什么有这种不对称性？nothrow 和 placement 形式只有在构造函数抛出异常时才会使用。这种情况下，匹配调用构造函数之前分配内存时使用的 operator new 的 operator delete 会被调用。然而，如果正常地删除指针，delete 会调用 operator delete 或 operator delete[](绝不会调用 nothrow 或 placement 形式)。在实际中，这并没有关系：C++标准指出，从 delete(例如 delete 调用的析构函数)抛出异常的行为是未定义的。也就是说，delete 永远都不应该抛出异常。因此 nothrow 版本的 operator delete 是多余的；而 placement 版本的 delete 应该是一个空操作，因为在 placement new 中并没有分配内存，因此也不需要释放内存。

下面是对应于 operator new 重载的 6 个 operator delete 重载的原型：

```
void operator delete(void* ptr) noexcept;
void operator delete[](void* ptr) noexcept;
void operator delete(void* ptr, const std::nothrow_t&) noexcept;
void operator delete[](void* ptr, const std::nothrow_t&) noexcept;
void operator delete(void* p, void*) noexcept;
void operator delete[](void* p, void*) noexcept;
```

15.9.2 重载 operator new 和 operator delete

如有必要，可替换全局的 operator new 和 operator delete 例程。这些函数会被程序中的每个 new 表达式和 delete 表达式调用，除非在类中有更特别的版本。然而，引用 Bjarne Stroustrup 的一句话："用......替换全局的 operator new 和 operator delete 是需要胆量的。" 我们不建议替换。

警告：
如果没有听取我们的建议并决定替换全局的 operator new，一定要注意在这个运算符的代码中不要对 new 进行任何调用，否则会产生无限循环。例如，不能通过 cout 向控制台写入消息。

更有用的技术是重载特定类的 operator new 和 operator delete。仅当分配或释放特定类的对象时，才会调用这些重载的运算符。下面这个类重载了 4 个非 placement 形式的 operator new 和 operator delete：

```
export class MemoryDemo
{
   public:
      virtual ~MemoryDemo() = default;

      void* operator new(size_t size);
      void operator delete(void* ptr) noexcept;

      void* operator new[](size_t size);
      void operator delete[](void* ptr) noexcept;

      void* operator new(size_t size, const std::nothrow_t&) noexcept;
      void operator delete(void* ptr, const std::nothrow_t&) noexcept;

      void* operator new[](size_t size, const std::nothrow_t&) noexcept;
      void operator delete[](void* ptr, const std::nothrow_t&) noexcept;
};
```

下面是这些运算符的简单实现，它们简单地将消息写到标准输出中，并将参数传递给这些运算符全局版本的调用。注意 nothrow 实际上是一个 nothrow_t 类型的变量：

```
void* MemoryDemo::operator new(size_t size)
{
   cout << "operator new" << endl;
   return ::operator new(size);
}
void MemoryDemo::operator delete(void* ptr) noexcept
{
   cout << "operator delete" << endl;
   ::operator delete(ptr);
}
void* MemoryDemo::operator new[](size_t size)
{
   cout << "operator new[]" << endl;
   return ::operator new[](size);
}
void MemoryDemo::operator delete[](void* ptr) noexcept
{
   cout << "operator delete[]" << endl;
   ::operator delete[](ptr);
```

```
}
void* MemoryDemo::operator new(size_t size, const nothrow_t&) noexcept
{
    cout << "operator new nothrow" << endl;
    return ::operator new(size, nothrow);
}
void MemoryDemo::operator delete(void* ptr, const nothrow_t&) noexcept
{
    cout << "operator delete nothrow" << endl;
    ::operator delete(ptr, nothrow);
}
void* MemoryDemo::operator new[](size_t size, const nothrow_t&) noexcept
{
    cout << "operator new[] nothrow" << endl;
    return ::operator new[](size, nothrow);
}
void MemoryDemo::operator delete[](void* ptr, const nothrow_t&) noexcept
{
    cout << "operator delete[] nothrow" << endl;
    ::operator delete[](ptr, nothrow);
}
```

下面的代码以不同方式分配和释放这个类的对象：

```
MemoryDemo* mem { new MemoryDemo{} };
delete mem;
mem = new MemoryDemo[10];
delete [] mem;
mem = new (nothrow) MemoryDemo{};
delete mem;
mem = new (nothrow) MemoryDemo[10];
delete [] mem;
```

下面是运行这个程序后得到的输出：

```
operator new
operator delete
operator new[]
operator delete[]
operator new nothrow
operator delete
operator new[] nothrow
operator delete[]
```

operator new 和 operator delete 的这些实现非常简单，但作用不大。它们旨在呈现语法形式，以便在实现真正版本时参考。

警告：
当重载 operator new 时，要重载对应形式的 operator delete。否则，内存会根据指定的方式分配，但是根据内建的语义释放，这两者可能不兼容。

重载所有不同形式的 operator new 看上去有点过分。但一般情况下最好这么做，从而避免内存分配的不一致。如果不想提供任何实现，可使用=delete 显式地删除函数，以避免别人使用。

警告：

重载所有形式的 operator new，或显式删除不想使用的形式，以免内存分配中出现不一致的情形。

15.9.3　显式地删除/默认化 operator new 和 operator delete

第 8 章展示了如何删除或默认化构造函数或赋值运算符。显式地删除或默认化并不局限于构造函数和赋值运算符。例如，下面的类删除了 operator new 和 new[]。也就是说，这个类不能通过 new 或 new[]动态创建：

```
class MyClass
{
   public:
      void* operator new(size_t size) = delete;
      void* operator new[](size_t size) = delete;
};
```

按以下方式使用这个类会生成编译错误：

```
MyClass* p1 { new MyClass };
MyClass* pArray { new MyClass[2] };
```

15.9.4　重载带有额外参数的 operator new 和 operator delete

除了重载标准形式的 operator new 外，还可编写带额外参数的版本。这些额外参数可用于向内存分配例程传递各种标志或计数器。例如，一些运行时库在调试模式中使用这种形式，在分配对象的内存时提供文件名和行号，这样在发生内存泄漏时，便可识别出发生问题的分配内存的那行代码。

下面是 MemoryDemo 类中带有额外整数参数的 operator new 和 operator delete 原型：

```
void* operator new(size_t size, int extra);
void operator delete(void* ptr, int extra) noexcept;
```

实现如下所示：

```
void* MemoryDemo::operator new(size_t size, int extra)
{
   cout << "operator new with extra int: " << extra << endl;
   return ::operator new(size);
}
void MemoryDemo::operator delete(void* ptr, int extra) noexcept
{
   cout << "operator delete with extra int: " << extra << endl;
   return ::operator delete(ptr);
}
```

编写带有额外参数的重载 operator new 时，编译器会自动允许编写对应的 new 表达式。new 的额外参数以函数调用的语法传递(和 nothrow new 一样)。因此，可编写这样的代码：

```
MemoryDemo* memp { new(5) MemoryDemo() };
delete memp;
```

输出如下所示：

```
operator new with extra int: 5
operator delete
```

定义带有额外参数的 operator new 时，还应该定义带有额外参数的对应 operator delete。然而不能自己调用这个带有额外参数的 operator delete，只有在使用了带有额外参数的 operator new 且对象的构造函数抛出异常时，才调用这个 operator delete。

15.9.5 重载带有内存大小参数的 operator delete

另一种形式的 operator delete 提供了要释放的内存大小和指针。只需要声明带有额外大小参数的 operator delete 原型。

> **警告：**
> 如果类声明了两个一样版本的 operator delete，只不过一个接收大小参数，另一个不接收，那么不接收大小参数的版本总是会被调用。如果需要使用带有大小参数的版本，请只编写那个版本。

可独立地将任何版本的 operator delete 替换为接收大小参数的 operator delete 版本。下面是 MemoryDemo 类的定义，将其中的第一个 operator delete 改为接收要释放的内存大小作为参数：

```
export class MemoryDemo
{
   public:
      // Omitted for brevity
      void* operator new(size_t size);
      void operator delete(void* ptr, size_t size) noexcept;
      // Omitted for brevity
};
```

这个 operator delete 的实现调用没有大小参数的全局 operator delete，因为并不存在接收这个大小参数的全局 operator delete。

```
void MemoryDemo::operator delete(void* ptr, size_t size) noexcept
{
   cout << "operator delete with size " << size << endl;
   ::operator delete(ptr);
}
```

只有在需要为自定义类编写复杂的内存分配和释放方案时，才使用这个功能。

15.9.6 重载用户定义的字面量运算符

C++有大量的可在代码中使用的标准字面量，示例如下。

- 'a': 字符
- "character array": 0 终止的字符数组，C 风格的字符串
- 3.14f: 单精度浮点数值
- 0xabc: 十六进制数值

然而，C++也允许定义自己的字面量。用户定义的字面量应该以下画线开头，下画线后的第一个字符必须是小写字母，例如_i、_s、_km、_miles 等。

用户定义的字面量通过编写字面量运算符来实现。字面量运算符可以 raw 模式和 cooked 模式工作。在 raw 模式下，字面量运算符接收字符序列，在 cooked 模式下，字面量运算符接收特定的解释类型。以 C++字面量 123 为例，raw 模式字面量运算符当作'1'，'2'，'3'的字符序列来接收，cooked 模式字面量运算符当作整数 123 来接收。0x23 字面量被 raw 运算符接收为字符'0'，'x'，'2'，'3'，而 cooked 运算符接收为整数 35。像 3.14 这样的字面量被 raw 运算符接收为字符'3'，'.'，'1'，'4'，而 cooked 运算

符接收的是浮点数 3.14。

15.9.7　cooked 模式字面量运算符

cooked 模式的字面量运算符应该具有以下任意一种：

- 处理数值：unsigned long long、long double、char、wchar_t、char8_t、char16_t 或 char32_t 的类型参数。
- 处理字符串：两个参数，第一个是字符数组，第二个是字符数组的长度，例如(const char* str, size_t len)。

下例为用户定义的字面量运算符_i 实现了 cooked 字面量运算符，来定义复数字面量：

```
complex<long double> operator"" _i(long double d)
{
   Return complex<long double> { 0, d };
}
```

_i 字面量运算符可以像下面这样使用：

```
complex<long double> c1 { 9.634_i };
auto c2 { 1.23_i }; // c2 has as type complex<long double>
```

下例为用户定义的字面量运算符_s 实现了 cooked 字面量运算符，来定义 std::string 字面量：

```
string operator"" _s(const char* str, size_t len)
{
   return string(str, len);
}
```

字面量运算符可以像下面这样使用：

```
string str1 { "Hello World"_s };
auto str2 { "Hello World"_s }; // str2 has as type string
```

如果没有_s 字面量运算符，auto 类型推导会推导出 const char*：

```
auto str3 { "Hello World" }; // str3 has as type const char*
```

15.9.8　raw 模式字面量运算符

raw 模式的字面量运算符需要一个 const char*类型的参数，即以 0 为终止符的 C 风格的字符串参数，下例讲字面量运算符定义为 raw 模式的字面量运算符：

```
Complex<long double> operator"" _i(const char* p)
{
   // Implementation omitted; it requires parsing the C-style
   // string and converting it to a complex number.
}
```

使用 raw 模式字面量运算符的方式与 cooked 版本相同。

注意：

raw 模式字面量运算符只能处理非字符串字面量。例如，1.23_i 可以用 raw 模式的字面量运算符来实现，但是"1.23"_i 却不能。后者需要带有两个参数的 cooked 字面量运算符：以零结束的字符串和它的长度。

15.9.9 标准用户定义的字面量

C++定义了表 15-3 所示的标准用户定义的字面量，注意这些标准用户定义的字面量不以下画线开头。

表 15-3 标准用户定义的字面量

字面量	创建……类型的实例	例子	需要的名称空间
s	string	auto myString { "Hello"s };	string_literals
sv	string_view	auto myStringView { "Hello"sv };	string_view_literals
h, min, s, ms, us, ns	chrono::duration 在第 22 章讨论	auto myDuration { 42min };	chrono_literals
y, d	chrono::year 和 chrono::day 在第 22 章讨论	auto thisYear { 2020y };	chrono_literals
i, il, if	complex<T>，T 分别等于 double、long double 和 float 类型	auto myComplexNumber { 1.3i };	complex_literals

从技术上讲，这些都是在 std::literals 的子名称空间中定义，例如 std::literals::string_literals。但是 string_literals 和 literals 都是内联名称空间，它们会自动使其内容在父名称空间中可用。因此如果想使用 s 字符串字面量，可以使用以下任何一个 using 指令：

```
using namespace std;
using namespace std::literals;
using namespace std::string_literals;
using namespace std::literals::string_literals;
```

15.10 本章小结

本章总结了运算符重载的原因，并对不同类别的运算符提供了重载示例和讲解。希望通过这一章，读者能意识到运算符重载的能力。贯穿本书，运算符重载都用于提供抽象和易用的类接口。

接下来该研究 C++标准库了。下一章首先概述 C++标准库提供的功能，之后的各章将深入探讨 C++标准库的特殊功能。

15.11 练习

通过完成下面的习题，可以巩固本章所讨论的知识点。所有习题的答案都可扫描封底二维码下载。然而如果你受困于某个习题，可以在看网站上的答案之前，先重新阅读本章的部分内容，尝试着自己找到答案。

练习 15-1 实现 AssociativeArray 类，类应该在 vector 中存储大量元素，每个元素由键和值组成。键总是字符串，而值的类型可以使用模板类型参数指定。提供重载的下标运算符，以便可以根据元素的键检索元素，并在 main()函数中测试实现。注意，这个习题只是为了练习使用非整数下标实现下标运算符。在实践中，应该只使用标准库提供的 std::map 类模板，第 18 章将讨论这样的关联数组。

练习 15-2　从练习 13-2 中获取 Person 类的实现，向其添加插入和提取运算符的实现，确保提取运算符可以读回插入运算符所写的内容。

练习 15-3　将字符串转换运算符添加到练习 15-2 的答案中，该运算符简单地返回一个根据人的名字和姓氏构造的字符串。

练习 15-4　基于练习 15-3 的答案，添加用户定义的字面量运算符_p，根据字符串字面量构造Person。它应该在姓氏中支持空格，但在名字中不支持。例如"Peter Van Weert"_p 应该生成一个名为 Peter 姓为 Van Weert 的 Person 对象。

第16章 C++标准库概述

本章内容

- 贯穿标准库的编码原则
- 标准库提供的功能概述

作为一名 C++程序员，使用的最重要的库就是 C++标准库。顾名思义，这个库是 C++标准的一部分，因此任何符合标准的编译器都应该带有这个库。标准库并不是一体性库，而是包含一些完全不同的组件，有些组件可能已经正在使用，甚至可能会认为那些部分就是核心语言的一部分。所有标准库类和函数都在 std 名称空间或其子名称空间中声明。

C++标准库的核心是泛型容器和泛型算法。该库中的这个子集通常称为标准模板库(Standard Template Library，STL)，因为它最初基于第三方库“标准模板库”，该库大量使用了模板。但 STL 并非由 C++标准本身定义的术语，因此本书不会使用这个术语。标准库的威力在于提供了泛型容器和泛型算法，使大部分算法可用于大部分容器，无论容器中保存的数据类型是什么。性能是标准库中非常重要的一部分。标准库的目标是要让标准库容器和算法与手工编写的代码速度相当甚至更快。

C++标准库也包含了 C11 标准的大多数 C 头文件，但使用了新名称。例如，可以通过包含<cstdio>(全部在 std 名称空间中)，可以访问 C 中<stdio.h>头文件的功能。前者将所有内容都放在全局名称空间中，而后者将所有内容都放在 std 名称空间中。但是，从技术上讲，前者也可以将内容放入 std 名称空间中，而后者则可以将内容都放入全局名称空间中。C11 头文件<stdatomic.h><stdnoreturn.h><threads.h>，以及对应的<c...>不包含在 C++标准中。另外，C++17 已经弃用，并且 C++ 20 已经删除了下面的 C 头文件。

- <ccomplex>和<ctgmath>：使用<complex>和/或<cmath>替换它们的使用。
- <ciso646><cstdalign>和<cstdbool>：这些头文件在 C++中是没有作用的，因为它们是空的或这些定义作为 C++关键字的宏。

C 头文件不能保证是可导入的。可以使用#include 代替 import 来访问它们定义的功能。

> **注意：**
> 优先使用 C++功能，尽量不要使用 C 头文件中包含的功能。

渴望成为语言专家的C++程序员应当熟悉标准模板库。如果在自己的程序中整合使用标准库容器和算法，而不是编写和调试自己的容器和算法，那么节省的时间是不可估量的。下面开始深入介绍标准库。

这是介绍标准库的第 1 章，对可用功能进行了概述。此后的几章将更深入地讲解标准库的几个方面，包括容器、迭代器、泛型算法、预定义的函数对象类、正则表达式、文件系统支持和随机数生成等。另外，第 25 章“自定义和扩展标准库”专门介绍自定义和扩展标准库。

尽管这一章和此后几章中的内容深度都不浅，但标准库实在太大，本书不可能全部覆盖。不过应该可以通过本章和随后几章了解标准库，但要记住，这几章并没有囊括标准库中各种类提供的所有方法和数据成员，也没有展示所有算法的原型。附录 C 概述了标准库中的所有头文件。有关所有可用功能的完整列表，请参阅最喜欢的标准库参考。

16.1 编码原则

标准库大量使用了 C++的模板功能(templates)和运算符重载功能(operator overloading)。

16.1.1 使用模板

模板用于实现泛型编程(generic programming)。通过模板，才能编写适用于所有类型对象的代码，模板甚至可用于编写代码时未知的对象。编写模板代码的程序员负责指定定义这些对象的类的需求，例如，这些类要有用于比较的运算符，或者要有拷贝构造函数，或者要满足其他任何必要条件，然后要确保编写的代码只使用必需的功能。创建对象的程序员负责提供模板编写者要求的那些运算符和方法。

遗憾的是，很多程序员认为模板是 C++中最难的部分，因此试图避免使用模板。不过，即使永远也不会编写自己的模板，也需要了解模板的语法和功能，以使用标准库。模板详情请参阅第 12 章“利用模板编写泛型代码”。如果跳过了该章，也不熟悉模板，建议先阅读第 12 章，然后再继续学习标准库。

16.1.2 使用运算符重载

C++标准库大量使用了运算符重载。第 9 章的 9.7 节专门介绍了运算符重载。在阅读这一章和后续各章时一定要首先阅读那一节的内容。此外，第 15 章讲解了运算符重载的更多细节。

运算符重载是 C++标准库广泛使用的另一个特性。第 9 章“精通类与对象”有一整节专门讨论运算符重载。在继续阅读本章和后续章节之前，确保已经阅读了那一部分，并理解了它。此外，第 15 章“C++运算符重载”提供了有关运算符重载主题的细节，但这些细节对于理解接下来的章节来说不是必需的。

16.2 C++标准库概述

本节从设计角度介绍标准库中的几个组件，学习有哪些可供使用的工具，但不会学习编码细节。这些细节将在其他章节中介绍。

16.2.1 字符串

C++在<string>头文件中提供了内建的 string 类。尽管仍可以使用 C 风格的字符数组字符串，但 C++的 string 类几乎在每个方面都比字符数组好。string 类处理内存管理；提供一些边界检查、赋值语义以及比较操作；还支持一些操作，例如串联、子字符串提取以及子字符串或字符的替换。

注意：

严格来讲，std::string 是对 std::basic_string 类模板进行 char 实例化的类型别名。但是，不需要关注这些细节；只要像非模板类那样使用 string 类即可。

标准库还提供在<string_view>中定义的 string_view 类。这是各类字符串表示的只读视图，可用于简单替换 const string&，而且不会带来开销。它从不复制字符串！

C++支持 Unicode 和本地化。Unicode 允许编写使用不同语言(如阿拉伯语、汉语、日语等)的程序。在<locale>头文件中定义的 Locale 允许根据某个国家或地区的规则格式化数据，例如数字和日期等数据。

C++20 包括一个强大的类型安全的字符串格式化库，可以通过定义在<format>头文件中的 std::format()进行访问。这个库是可扩展的，允许添加对自定义类型的支持。

提示一下，第 2 章“使用 string 和 string_view”详细介绍了 string 和 string_view 类以及字符串格式化库的所有细节。而第 21 章“字符串的本地化与正则表达式”将讨论 Unicode 和本地化。

16.2.2　正则表达式

<regex>头文件提供了正则表达式。正则表达式简化了文本处理中常用的模式匹配任务。通过模式匹配可在字符串中搜索特定的模式，还能将搜索到的模式替换为新模式。第 21 章将讨论正则表达式。

16.2.3　I/O 流

C++引入了一种新的使用流的输入输出模型。C++库提供了能在文件、控制台/键盘和字符串中读写内建类型的例程。C++提供的工具还可编写读写自定义对象的例程。大多数的 I/O 功能在如下几个头文件中定义：<fstream>、<iomanip>、<ios>、<iosfwd>、<iostream>、<istream>、<ostream>、<sstream>、<streambuf>和<strstream>。第 1 章“C++和标准库速成”概述了基本 I/O 流。第 13 章“C++ I/O 揭秘”详细讨论了流的细节。

16.2.4　智能指针

编写健壮程序时需要面对的一个问题就是要知道何时删除对象。有几种可能发生的故障。第 1 个问题是根本没有删除对象(没有释放内存)。这称为内存泄漏(memory leaks)，发生这种问题时对象越积越多，占用了空间，并且这些空间不再被使用。另一个问题是一段代码删除了内存，而另一段代码仍然引用了这个内存，导致指向那个内存的指针不再可用或已重新分配作他用。这称为悬空指针(dangling pointer)。还有一个问题是一段代码释放了一块内存，而另一段代码试图释放同一块内存。这称为双重释放(double deletion)。所有这些问题都会导致程序发生某种故障。有些故障很容易检测出来，而有些故障会导致程序产生错误的结果。这些错误大多很难发现和修复。

C++用智能指针 unique_ptr、shared_ptr 和 week_ptr 解决了这些问题。shared_ptr 和 week_ptr 是线程安全的，它们都在<memory>头文件中定义。这些智能指针将在第 7 章“内存管理”中详细讨论。

16.2.5　异常

C++语言支持异常，函数和方法能通过异常将不同类型的错误向上传递至调用的函数或方法。C++

标准库提供了异常的类层次结构，在程序中可使用这些类，也可通过继承方式创建自己的异常类型。大多数异常支持在下面几个头文件中定义：<exception>、<stdexcept>和<system_error>。第 14 章“错误处理”中详细讨论了异常和标准异常类。

16.2.6 数学工具

C++标准库提供了一些数学工具类和函数。

有一组完整且常见的数学函数可供使用，如 abs()、remainder()、fma()、exp()、log()、pow()、sqrt()、sin()、atan2()、sinh()、erf()、tgamma()、ceil()和 floor()等。C++17 增加了大量的特殊数学函数，以处理勒让德多项式、β 函数、椭圆积分、贝塞尔函数、柱函数和诺伊曼函数等。这些特殊的函数具有既定的名称和符号，常用于数学分析、泛函分析、几何、物理和其他应用。C++20 添加了一个 lerp()函数来计算线性插值或外插：lerp(*a*,*b*,*t*)用于计算 *a*+*t*(*b*−*a*)。线性插值计算给定数据点之间的某个值，而外插计算低于或高于最小或最大数据点的值。所有这些函数都在<cmath>头文件中定义。

<numeric>定义了 gcd()和 lcm()，它们分别计算两种整数类型的最大公约数和最小公倍数。C++20 添加了 midpoint() 来计算两个值(整数、浮点数或指针)的中点。

标准库在<complex>头文件中提供了一个复数类，名为 complex，这个类提供了对包含实部和虚部的复数的操作抽象。

编译期有理数运算库在<ratio>头文件中提供了 ratio 类模板。这个 ratio 类模板可精确表示任何由分子和分母定义的有限有理数。这个程序库将在第 22 章“日期和时间工具”中进行讨论。

标准库还在<valarray>头文件中包含一个 valarray 类，这个类和 vector 类相似，但对高性能数值应用做了特别优化。这个库提供了一些表示矢量切片概念的相关类。通过这些构件，可构建执行矩阵数学运算的类。没有内建的矩阵类，但是像 Boost 这样的第三方库提供了矩阵的支持。本书不会详细讨论 valarray 类。

C++20 包含了一组数学常量，它们都定义在<numbers>头文件中的 std::numbers 名称空间中。表 16-1 显示了一些可用的常量：

表 16-1 可用的常量

常量	描述	近似值
pi	pi (π) 的值	3.141593
inv_pi	π 的倒数	0.318310
sqrt2	2 的平方根	1.414214
e	欧拉数 e	2.718282
phi	黄金比例	1.618034

C++20 添加了如表 16-2 所示的函数来处理位，它们都定义在<bit>头文件中。所有这些函数都需要无符号整型作为第一个参数：

表 16-2 函数

函数	描述
has_single_bit()	如果给定值只包含一位，即是 2 的整数次幂，则返回 true
bit_ceil()	返回大于或等于给定值的 2 的最小整数次幂
bit_floor()	返回小于或等于给定值的 2 的最大整数次幂
bit_width()	返回存储给定值所需的位数

(续表)

函数	描述
rotl() rotr()	将给定值的位分别在给定数量的位置上向左或向右旋转
countl_zero countl_one	从左边开始，即从最高位开始，分别返回给定值中连续的 0 位或 1 位的个数
countr_zero countr_one	从右边开始，即从最低有效位开始，返回给定值中从右开始的连续 0 位或 1 位的个数
popcount()	返回给定值中 1 位的个数

示例如下：

```
cout << popcount(0b10101010u) << endl;              // 4

uint8_t value { 0b11101011u };
cout << countl_one(value) << endl;                  // 3
cout << countr_one(value) << endl;                  // 2

value = 0b10001000u;
cout << format("{:08b}", rotl(value, 2)) << endl;  // 00100010

value = 0b00001011u;
cout << format("bit_ceil({0:08b} = {0}) = {1:08b} = {1}",
    value, bit_ceil(value)) << endl;   // bit_ceil(00001011 = 11) = 00010000 = 16
cout << format("bit_floor({0:08b} = {0}) = {1:08b} = {1}",
    value, bit_floor(value)) << endl;  // bit_floor(00001011 = 11) = 00001000 = 8
```

C++20 C++20 还添加了以下比较函数：std::cmp_equal()、cmp_not_equal()、cmp_less()、cmp_less_equal()、cmp_greater()和 cmp_greater_equal()，所有这些函数都在<utility>中定义。它们可以对两个整数进行适当的比较，并且可以安全地用于有符号数和无符号数的混合比较。

例如，下面的代码比较有符号数-1 和无符号数 0u。输出的结果是 1 (= true)，因为-1 首先会被转换为一个无符号整数，因此-1 将变成一个大数字，例如 4 294 967 295，它肯定大于 0：

```
cout << (-1 > 0u) << endl;              // 1 (= true)
```

使用 cmp_greater() 获得正确的输出：

```
cout << cmp_greater(-1, 0u) << endl;  // 0 (= false)
```

16.2.7 时间和日期工具

C++在<chrono>头文件中包含了 chrono 库。这个程序库简化了与时间相关的操作，例如特定时间间隔的定时操作或定时相关的操作。C++20 添加了对时区的支持，包括在不同时区之间转换时间的功能，并添加了日历的概念来处理日期。<ctime> 头文件提供了许多 C 风格的时间和日期实用程序。

第 22 章将详细讨论时间和日期工具。

16.2.8 随机数

C++很久以前就支持使用 srand()和 rand()函数生成随机数，但这些函数只提供非常初级的随机数。例如，无法修改生成的随机数的分布。

自 C++11 以后，在标准库中添加了一个完善的随机数库，这个新库在<random>头文件中定义，带有随机数引擎、随机数引擎适配器以及随机数分布。通过这些组件可以生成更适合特定问题域的随机数，如正态分布、负指数分布等。

第 23 章“随机数工具”将详细讨论这个新库。

16.2.9 初始化列表

初始化列表在<initializer_list>头文件中定义，它们便于编写参数数目可变的函数，相关讨论请参阅第 1 章。示例如下：

```
int makeSum(initializer_list<int> values)
{
    int total { 0 };
    for (int value : values) { total += value; }
    return total;
}
int a { makeSum({ 1, 2, 3 }) };
int b { makeSum({ 10, 20, 30, 40, 50, 60 }) };
```

16.2.10 Pair 和 Tuple

<utility>头文件定义了 pair 类模板，用于存储两种不同类型的元素。这称为存储异构元素。本章后面讨论的所有标准库容器都只能存储同构元素。也就是说，容器中的所有元素都必须具有相同的类型。pair 允许在一个对象中保存类型毫不相关的元素。Pair 类模板在第 1 章中介绍过。

<tuple>中定义的 tuple 是 pair 的一种泛化，它是固定大小的序列，元组的元素可以是异构的，tuple 实例化的元素数目和类型在编译期是固定不变的。关于 tuple 的讨论请参阅第 20 章。

16.2.11 词汇类型

C++支持下面所谓的词汇类型(vocabulary type)：

- optional，在<optional>中定义，要么存储指定类型的值，要么什么都不存储。如果允许值是可选的，那么它可用于类数据成员、函数的参数和函数的返回类型。Optional 在第 1 章中介绍过。
- variant，在<variant>中定义，可存储单个值(属于一组给定类型中的一种类型)。相关讨论，请参阅第 24 章“其他库工具”。
- any，在<any>中定义，可包含单个值，值可以是任何类型。相关讨论，请参阅第 24 章。

16.2.12 函数对象

实现函数调用运算符的类称为函数对象(function object)。函数对象可用作某些标准库算法的谓词。<functional>头文件定义了一些预定义的函数对象，并支持根据已有的函数对象创建新的函数对象。

函数对象请参阅第 19 章“函数指针、函数对象和 lambda 表达式”。

16.2.13 文件系统

文件系统支持库的所有内容都在<filesystem>头文件中定义，位于 std::filesystem 名称空间。它允许编写可用于文件系统的可移植代码。可以使用它确定是目录还是文件，迭代目录内容，操纵路径，以及检索有关文件的信息(如文件大小、扩展名和创建时间等)。第 13 章将讨论文件系统支持库。

16.2.14　多线程

所有主流 CPU 经销商都销售多核处理器，它们用于从服务器到用户计算机等所有设备，甚至还用于智能手机。如果希望软件利用所有这些核，就需要编写多线程代码。标准库提供了几个基本的构件块来编写这种代码。单个线程可以用<thread>头文件中的 thread 类创建。C++20 将 jthread 添加到程序库中，这是一个可以被取消的线程，当它被销毁时，它会自动执行所谓的联结(join)操作。

在多线程代码中，需要考虑如下问题：几个线程不能同时读写同一份数据，因为那将会引发所谓的数据竞争(data race)。为避免这种情形发生，可使用<atomic>头文件中定义的原子性，它提供了对数据的线程安全的原子访问。<condition_variable>和<mutex>提供了其他线程同步机制。

C++20 增加了对其他同步原语的支持：信号量(<semaphore>)、锁存(<latch>)和屏障(<barrier>)。

如果只需要计算某个数据(可能在不同线程上)，得到结果，并具有相应的异常处理，可使用<future>头文件中定义的 async 和 future，这些比直接使用 thread 类更容易。

更多有关编写多线程代码的内容，请参阅第 27 章“C++多线程编程”。

16.2.15　类型萃取

类型萃取在<type_traits>头文件中定义，提供了编译期间的类型信息。编写高级模板时可使用它，关于类型萃取的讨论，请参阅第 26 章“高级模板”。

16.2.16　标准整数类型

<cstdint>头文件定义了大量标准整数类型，如 int8_t 和 int64_t 等，还包含多个宏(指定这些类型的最小值和最大值)。在第 34 章“开发跨平台和跨语言应用程序”中编写跨平台代码时，将讨论这些整数类型。

C++20 16.2.17　标准库特性测试宏

从 C++20 开始，所谓的特性测试宏可以用于标准库特性。它们用于验证标准库实现是否支持某个特性。所有这些宏都以__cpp_lib_开头。下面是一些示例：

- __cpp_lib_concepts
- __cpp_lib_ranges
- __cpp_lib_scoped_lock
- __cpp_lib_atomic_float
- __cpp_lib_constexpr_vector
- __cpp_lib_constexpr_tuple
- __cpp_lib_filesystem
- __cpp_lib_three_way_comparison
- …

这种宏的值是一个数字，表示添加或更新特定特性的月份和年份。日期格式为 YYYYMM。例如，__cpp_lib_filesystem 的值为 201703，即 2017 年 3 月。

> **注意：**
> 很少需要这些特性测试宏，除非正在编写非常通用的跨平台和交叉编译器库。

C++20 16.2.18 <version>

<version>可用于查询正在使用的 C++标准库的相关实现信息。<version>头文件提供的具体内容取决于库实现。下面的内容可能会被公开：

- 版本号
- 发布日期
- 版权声明

此外，<version>头文件还公开了上一节讨论的所有标准库特性测试宏。

C++20 16.2.19 源位置

C++20 添加了一个名为 std::source_location 的类，定义在<source_location>头文件中。它可以用来查询有关源代码的信息，例如文件名、函数名、行号和列号，并可用于替换旧的 C 风格宏__FILE__和__LINE__。示例中的用例是在记录消息或抛出异常时提供源代码信息。第 14 章给出了这两种用例的示例。

16.2.20 容器

标准库提供了常用数据结构(例如链表和队列)的实现。当使用 C++时，不需要自己编写这类数据结构。数据结构的实现使用了一个称为容器的概念，容器中保存的信息称为元素，保存信息的方式能够正确地实现数据结构(链表和队列等)。不同数据结构有不同的插入、删除和访问行为，性能特性也不同。重要的是要熟悉可用的数据结构，这样才能在面对特定任务时选择最合适的数据结构。

标准库中的所有容器都是类模板，因此可通过这些容器保存任意类型的数据，从内建的 int 和 double 等类型到自定义的类。每个容器实例都只能保存一种类型的对象，也就是说，这些容器都是同构集合(homogeneous collection)。如果需要大小可变的异构集合(heterogeneous collection)，可将每个元素包装在 std::any 实例中，并将这些实例存储在容器中。另外，可在容器中存储 std::variant 实例。如果所需的不同类型的数量受限，并且是在编译期已知，那么可以使用 variant。any 和 variant 都是在 C++17 中引入的，详情请参阅第 24 章。如果需要 C++17 之前的异构集合，可创建具有多个派生类的类，每个派生类可包装所需类型的对象。

> **注意：**
> C++标准库容器是同构的：在每个容器中只允许一种类型的元素。

注意，C++标准定义了每个容器和算法的接口(interface)，但没有定义实现。因此，不同的供应商可以自由提供不同的实现。然而，作为接口的一部分，标准还定义了性能需求，实现必须满足性能需求。

下面概述了标准库中可用的几个容器。

1. vector

<vector>头文件定义了 vector，vector 保存了元素序列，提供对这些元素的随机访问。可将 vector 想象为一个元素的数组，当插入元素时，这个数组会动态增长，还提供了一些边界检查功能。与数组一样，vector 中的元素保存在连续内存中。

> **注意：**
> C++中的 vector 相当于动态数组：这个数组会随着所保存元素数目的变化自动增长或收缩。

vector 能够在 vector 尾部快速地插入和删除元素(摊还常量时间，amortized constant time)。摊还常量时间指的是大部分插入操作都是在常量时间内完成的(*O*(1)，第 4 章解释了大 *O* 表示法)。然而，有时 vector 需要增长大小以容纳新元素，此时的复杂度为 *O*(*N*)。这个结果的平均复杂度为 *O*(1)，或称为摊还常量时间。第 18 章“标准库容器”将讨论相关细节。vector 其他部位的插入和删除操作比较慢(线性时间)，因为这种操作必须将所有元素向上或向下挪动一个位置，为新元素腾出空间，或填充删除元素后留下的空间。与数组一样，vector 提供对任意元素的快速访问(常量时间)。

虽然在 vector 中插入和删除元素需要上下移动其他元素，但应将 vector 用作默认容器！即使在中部插入和删除元素，vector 也比链表等更快。原因在于，vector 在内存中连续存储，而链表却分散在内存中。计算机可极快地处理连续数据，这样，vector 操作的速度更快。仅当性能分析器的结果显示链表比 vector 更快时，才应当使用链表。

> **注意：**
> 应将 vector 用作默认容器。

对于在 vector 中保存布尔值有一个模板特化 vector<bool>。这个模板特化特别对布尔元素进行空间分配的优化，但是，标准并未规定 vector<bool>的实现应该如何优化空间。vector<bool>的特化和本章后面要讨论的 bitset 之间的区别在于，bitset 容器的大小是固定的，而 vector<bool>的大小可以根据需要自动增大或缩小。

2. list

标准库 list 是一种双向链表数据结构，在<list>头文件中定义。与数组和 vector 一样，list 保存了元素的序列。然而，与数组或 vector 的不同之处在于，list 中的元素不一定保存在连续内存中。相反，list 中的每个元素都指定了如何在 list 中找到前一个和后一个元素(通常是通过指针)，所以得名双向链表。

list 的性能特征和 vector 完全相反。list 提供较慢的元素查找和访问(线性时间)，而找到相应的位置之后，元素的插入和删除却很快(常量时间)。然而，vector 通常比 list 更快。使用性能分析器(相关讨论请参阅第 29 章)可以确认这一点。

3. forward_list

<forward_list>头文件中定义的 forward_list 是一种单向链表，而 list 容器是双向链表。forward_list 只支持前向迭代，需要的内存比 list 少。与 list 类似，一旦找到相关位置，forward_list 允许在任何位置执行快速插入和删除操作(常量时间)；与 list 一样，不能快速地随机访问元素。

4. deque

deque 是双端队列(double-ended queue)的简称。deque 在<deque>头文件中定义，它能实现元素的快速访问(常量时间)。在序列的两端还实现了快速插入和删除(常量时间)，但在序列中间插入和删除的速度较慢(线性时间)。deque 中的元素在内存中的存储不连续，速度可能比 vector 慢。

如果需要在序列两端快速插入或删除元素，还要求快速访问所有元素，那么应该使用 deque 而不是 vector。然而，很多编程问题并不满足这个要求，因此在大部分情况下，建议使用 vector。

5. array

<array>头文件定义了 array，这是标准 C 风格数组的替代品。有时可事先知道容器中元素的确切数量，因此不需要 vector 或 list 提供的灵活性，vector 和 list 能动态增长以容纳新元素。array 特别适用于大小固定的集合，而且没有 vector 的开销；array 实际上是对 C 风格数组的简单包装。使用 array(而不是标准的 C 风格数组)有几点好处：array 总能知道自己的大小；不会自动转换为指针类型，从而避免了某些类型的 bug。array 没有提供插入和删除操作，但大小固定。大小固定的优点是，允许 array 在栈上分配内存，而不是像 vector 那样总是访问自由存储区。与 vector 一样，对元素的访问速度极快(常量时间)。

> **注意：**
> vector、list、forward_list、deque 和 array 容器都称为顺序容器(sequential container)，因为它们保存的是元素的序列。

C++20

6. span

C++20 中引入了 span，并定义在<span>头文件中，span 可以用于表示连续数据序列的视图。它可以是只读视图，也可以是对底层元素具有读/写访问权限的视图。span 允许编写单个函数，该函数可以处理来自 vector、数组、C 风格数组等的数据。第 18 章更详细地讨论了 span。

> **注意：**
> 例如，在编写一个接收参数类型为 const vector<T>&的函数时，考虑替换为接收 span<const T>类型的参数，这样该函数就可以处理来自 vector、array、C 风格数组等的数据序列的视图和子视图。

7. queue

queue 的含义是一队人或一列对象。queue 容器在<queue>头文件中定义，提供标准的先入先出(First In First Out，FIFO)语义。在使用 queue 容器时，从一端插入元素，从另一端取出元素。插入元素(摊还常量时间)和删除元素(常量时间)的操作都很快。

当需要建模真实世界中的“先入先出”语义时，应该使用 queue 结构。以银行为例，随着顾客到达银行，顾客在队伍中等待。当柜员可提供服务时，柜员首先服务队伍中的下一位顾客，因此这是一种“先来先服务”的行为。在 queue 中保存 Customer 对象可实现对银行的模拟。随着顾客到达银行，将顾客添加到 queue 的尾部。当柜员服务顾客时，首先从队列头部的顾客开始服务。

8. priority_queue

priority_queue 也在<queue>头文件中定义，提供与 queue 相同的功能，但其中的每个元素都有优先级。元素按优先顺序从队列中移除。在优先级相同的情况下，删除元素的顺序没有定义。对 priority_queue 的插入和删除一般比简单的队列插入和删除要慢，因为只有对元素重排序，才能支持优先级。

通过 priority_queue 可建模“带有意外的队列”。例如，在前面的银行模拟中，假设带有企业账号的顾客比普通顾客的优先级高。很多银行都通过两个独立队列来实现这个行为：一个队列用于企业账号顾客，另一个队列用于其他所有顾客。企业账号队列中的任何顾客都优先于其他队列中的顾客。不过，银行也提供单队列的行为，在这种行为中，企业顾客可转移到队列中所有非企业顾客前面的位置。在程序中，可使用 priority_queue，其中顾客具有两种优先级中的一种：企业顾客和普通顾客。所有的企业顾客在所有普通顾客之前得到服务。

9. stack

<stack>头文件定义了 stack，它提供标准的先入后出(First-In Last-Out，FILO)语义，这种语义也称为后入先出(Last-In First-Out，LIFO)语义。和 queue 一样，在容器中插入和删除元素。然而，在栈中，最新插入的元素第一个被移除。向栈中添加对象元素时，这个元素下面的所有对象都被遮住了。

stack 容器实现了元素的快速插入和删除(常量时间)。如果需要使用 FILO 语义，则应该使用 stack 结构。例如，错误处理工具可将错误保存在栈中，这样管理员可直接读到最新的一条错误。按 FILO 的顺序处理错误通常更有用，因为更新的错误可能会消除较早的错误。

> **注意：**
> 从技术角度看，queue、priority_queue 和 stack 容器都是容器适配器(adapter)。它们只是构建在某种标准顺序容器(vector、list 或 deque)上的简单接口。

10. set 和 multiset

set 类模板在<set>头文件中定义。顾名思义，标准库中的 set 保存的是元素的集合，和数学概念中的集合比较类似：每个元素都是唯一的，在集合中每个元素最多只有一个实例。标准库中的 set 和数学中集合的概念有一点区别：在标准库中，元素按照一定的顺序保存。排序的原因是当客户枚举元素时，元素能够以这种类型的 operator<或用户自定义的比较器得到的顺序出现。set 提供对数时间的插入、删除和查找操作。这意味着插入和删除操作比 vector 快，但比 list 慢。查找操作比 list 块，但比 vector 慢。与前面所讲的一样，在实际运用中，可使用性能分析器确定哪种容器更快。

当需要保证元素顺序，使插入/删除操作数目和查找操作数目接近，并且尽可能优化这两种操作的性能时，应该使用 set。例如，一家繁忙书店的库存跟踪程序可使用 set 保存图书。库存的图书列表必须在有图书进货或售出时更新，因此插入和删除操作应该快速。客户还需要能查找某本书，因此这个程序还应该提供快速查找功能。

不能修改集合中的元素，因为这会使得元素的顺序无效。如果需要更改一个元素，请首先删除该元素，然后再插入一个具有新值的新元素。

> **注意：**
> 如果需要保持顺序，并且要求插入、删除和查找操作的性能接近，那么应当优先使用 set 而不是 vector 或 list。如果严禁出现重复元素，也应当使用 set。

注意，set 不允许重复元素。也就是说，set 中的每个元素都必须唯一。如果想要存储重复元素，那么必须使用<set>头文件中定义的 multiset。

11. map 和 multimap

<map>头文件定义了 map 类模板，这是一个关联数组(associative array)。可将其用作数组，其中的索引可以是任意类型，如 string。map 保存的是键/值对。map 按顺序保存元素，排序的依据是键值而非对象值。map 还提供了 operator[]，而 set 并未提供 operator[]。在其他大多数方面，map 和 set 都是一致的。如果需要关联键和值，就应该使用 map。例如，在前面的书店例子中，可能需要将图书保存在 map 中，其中键是图书的 ISBN 号，而值是 Book 对象，Book 对象包含那本书的详细信息。

multimap 也在<map>头文件中定义，它和 map 的关系等同于 multiset 和 set 的关系。确切地讲，multimap 是允许重复键的 map。

注意：

set 和 map 容器都是关联容器，因为它们关联了键和值。将 set 称为关联容器可能会难以理解，因为在 set 中，键本身就是值。这些容器会对元素进行排序，因此将这些容器称为排序或有序关联容器。

12. 无序关联容器/哈希表

标准库支持哈希表(hash table)，哈希表也称为无序关联容器(unordered associative container)。有 4 个无序关联容器：

- unordered_map/unordered_multimap
- unordered_set/unordered_multiset

前两个容器在<unordered_map>中定义，后两个容器在<unordered_set>中定义。更贴切的名字应该是 hash_map 和 hash_set 等。遗憾的是，在 C++11 之前，哈希表并不属于 C++标准库的一部分，因此导致很多第三方库在实现哈希表时都使用 hash 作为前缀，例如 hash_map。因此，C++标准委员会决定使用 unordered 而不是 hash 作为前缀，以避免名称冲突。

这些无序关联容器在行为上和对应的有序关联容器是类似的。unordered_map 和标准的 map 类似，只不过标准的 map 会对元素排序，而 unordered_map 不会对元素排序。

这些无序关联容器的插入、删除和查找操作能以平均常量时间完成。最坏情况是线性时间。在无序的容器中查找元素的速度比普通 map 或 set 中的查找速度快得多，在容器中元素数量特别大的情况下尤其如此。

第 18 章将介绍这些无序关联容器的工作原理，还将介绍哈希表名称的来历。

13. bitset

C 和 C++程序员经常将一组标志位保存在单个 int 或 long 中，每个位对应一个标志。程序员通过按位运算符&、|、^、~、<<和>>设置和访问这些位。C++标准库提供了 bitset 类，这个类抽象了这些位操作，因此再也不需要使用这些位运算符了。

<bitset>头文件定义了 bitset 容器，但是这个容器不是常规意义的容器，因为这个容器没有实现某种特定的可插入或删除元素的数据结构；bitset 有固定大小。可将 bitset 想象为可以读写的布尔值序列。然而，和 C 语言中常规的布尔值读写方法不同，bitset 不局限于 int 或其他基本数据类型的大小。因此，能操作 40 位的 bitset，也能操作 213 位的 bitset。bitset 的实现会使用实现 *N* 个位所需的足够存储空间，通过 bitset<*N*>声明 bitset 时指定 *N*。

14. 标准库容器小结

表 16-3 总结了标准库提供的容器。表中使用第 4 章介绍的大 *O* 表示法来表示含 *N* 个元素的容器的性能特性。N/A 表示这个容器的语义中不存在这个操作。

表 16-3　标准库提供的容器

容器名	容器类型	插入性能	删除性能	查找性能
vector	顺序	尾端摊还性能 $O(1)$，在其他位置为 $O(N)$	尾端摊还性能 $O(1)$，在其他位置为 $O(N)$	$O(1)$
	适用情形： 这应当是默认容器。只有通过性能分析器确认，其他容器比 vector 更快时，才使用其他容器			

(续表)

容器名	容器类型	插入性能	删除性能	查找性能
list	顺序	在开头和结尾，以及处于要插入元素的位置时为 $O(1)$	在开头和结尾，以及处于要删除元素的位置时为 $O(1)$	访问第一个和最后一个元素时为 $O(1)$，其他情况下为 $O(N)$
	适用情形：极少使用。除非性能分析器确认在具体使用情形中 list 更快，否则使用 vector			
forward_list	顺序	在开头，以及处于要插入元素的位置时为 $O(1)$	在开头，以及处于要删除元素的位置时为 $O(1)$	访问第一个元素时为 $O(1)$，其他情况下为 $O(N)$
	适用情形：极少使用。除非性能分析器确认在具体使用情形中 forward_list 更快，否则使用 vector			
deque	顺序	在开头和结尾为 $O(1)$，其他情况下为 $O(N)$	在开头和结尾为 $O(1)$，其他情况下为 $O(N)$	$O(1)$
	适用情形：通常较少使用，而是改用 vector			
array	顺序	N/A	N/A	$O(1)$
	适用情形：需要使用固定大小的数组来替换标准 C 风格数组时			
queue	容器适配器	取决于底层容器，底层容器是 list 和 deque 时为 $O(1)$	取决于底层容器，底层容器是 list 和 deque 时为 $O(1)$	N/A
	适用情形：需要使用 FIFO 结构时			
priority_queue	容器适配器	取决于底层容器，底层容器是 vector 时为摊还性能 $O(\log(N))$，底层容器是 deque 时为 $O(\log(N))$	取决于底层容器，底层容器是 vector 和 deque 时为 $O(\log(N))$	N/A
	适用情形：需要使用带优先级的 queue 时			
stack	容器适配器	取决于底层容器，底层容器是 list 和 deque 时为 $O(1)$，底层容器是 vector 时为摊还性能 $O(1)$	取决于底层容器，底层容器是 list、vector 和 deque 时为 $O(1)$	N/A
	适用情形：需要使用 FILO/LIFO 结构时			
set multiset	排序关联	$O(\log(N))$	$O(\log(N))$	$O(\log(N))$
	适用情形：需要对元素排序的集合，并且查找、插入和删除性能等同时。需要不含重复元素的集合时使用 set			
map multimap	排序关联	$O(\log(N))$	$O(\log(N))$	$O(\log(N))$
	适用情形：需要有序集合将值关联到键(即关联数组)，并且查找、插入和删除性能等同时			
unordered_map unordered_multimap	无序关联/哈希表	平均情况 $O(1)$，最坏情况 $O(N)$	平均情况 $O(1)$，最坏情况 $O(N)$	平均情况 $O(1)$，最坏情况 $O(N)$
	适用情形：需要关联值和键，查找、插入和删除时间相同，但不要求对元素排序时。性能可能比普通的 map 要好，但具体取决于元素本身			
unordered_set unordered_multiset	无序关联/哈希表	平均情况 $O(1)$，最坏情况 $O(N)$	平均情况 $O(1)$，最坏情况 $O(N)$	平均情况 $O(1)$，最坏情况 $O(N)$
	适用情形：要求元素集合的查找、插入和删除时间相同，但不要求对元素排序时。性能可能会比普通的 set 要好，但这取决于元素本身			
bitset	特殊	N/A	N/A	$O(1)$
	适用情形：需要标志集合时			

注意，从技术角度看字符串也是容器。因此，下面要描述的一些算法也能用于字符串。

注意：

vector 应是默认使用的容器！实际上，vector 中的插入和删除常常快于 list 或 forward_list。这是因为现代 CPU 上内存和缓存的工作方式，而 list 或 forward_list 需要先移动到要插入或删除元素的位置。list 或 forward_list 的内存可能是碎片化的，所以迭代慢于 vector。

16.2.21 算法

除容器外，标准库还提供了很多泛型算法的实现。算法指的是执行某项任务时采取的策略，例如排序任务和搜索任务。这些算法也是用函数模板实现的，因此可用于大部分不同类型的容器。注意，算法一般不属于容器的一部分。标准库采取了一种分离数据(容器)和功能(算法)的方式。尽管这种方式看上去违背了面向对象编程的思想，但为了在标准库中支持泛型编程，有必要这么做。正交性(orthogonality)指导原则使算法和容器分离开，(几乎)所有算法都可以用于(几乎)所有容器。

注意：

尽管算法和容器在理论上是无关的，但有些容器以类方法的形式提供了某些算法，因为泛型算法在这些特定类型的容器上表现不佳。例如，set 提供了自己的 find()算法，这个算法比泛型的 find()算法要快。如果提供的话，应该使用容器特定的方法形式的算法，因为通常情况下这些算法更高效或更适合当前容器。

注意，泛型算法并不直接对容器进行操作。泛型算法要么使用迭代器(iterator)，要么使用范围，这两者都将在第 17 章“理解迭代器和范围库”进行讨论。

本节概述了标准库中可用的算法，但没有给出所有细节。第 20 章“掌握标准库算法”通过列举一些编码示例来演示如何选择算法。要了解所有可用算法的准确原型，请参阅标准库参考资源。

标准库中大约有 100 种算法，下面将这些算法分为不同的类别。除非特别说明，否则这些算法都在<algorithm>中定义。注意当将以下算法用于元素“序列”时，这个序列是通过迭代器向算法呈现的。

注意：

在查看算法列表时，要记住标准库在设计时考虑了一般性情况，这些一般性情况可能永远也用不到，但是一旦需要，就会非常重要。也许不需要每个算法，也不用担心那些比较迷糊的参数，因为那些参数是为了满足可能发生的一般性情况。重要的是了解哪些算法是可用的，以备不时之需。

1. 非修改顺序算法

非修改类的算法查找元素的序列，返回一些有关元素的信息。因为是非修改类的算法，所以这些算法不会改变序列中元素的值或顺序。这类算法包含 3 种算法。表 16-4 列出了对不同非修改类算法的概述。有了这些算法后，几乎不再需要编写 for 循环以迭代值序列了。

搜索算法

如表 16-4 所示的算法不需要元素是有序的。*N* 是搜索的序列的大小，*M* 是要查找的模式的大小。

表 16-4　搜索算法

算法名称	算法概要	复杂度
adjacent_find()	查找有两个连续元素相等或匹配谓词的第一个实例	$O(N)$
find() find_if()	查找第一个匹配值或使谓词返回 true 的元素	$O(N)$
find_first_of()	与 find()类似，只是同时搜索多个元素中的某个元素	$O(N*M)$
find_if_not()	查找第一个使谓词返回 false 的元素	$O(N)$
find_end()	在序列中查找最后一个匹配另一个序列的子序列，这个子序列的元素和谓词指定的一致	$O(M*(N-M))$
search()	在序列中查找第一个匹配另一个序列的子序列，这个子序列的元素和谓词指定的一致*	$O(N*M)$ *
search_n()	查找前 *n* 个等于某个给定值或根据某个谓词和那个值相关的连续元素	$O(N)$

*从 C++17 开始，search()接收一个可选的附加参数，以指定要使用的搜索算法(default_searcher、boyer_moore_searcher 或 boyer_moore_horspool_searcher)。使用 boyer_moore 搜索算法，最坏情况下，模式未找到时的复杂度是 $O(N+M)$，模式找到时的复杂度为 $O(N*M)$。

比较算法

标准库提供了表 16-5 中列出的比较算法。这些算法都不要求排序源序列。所有算法的最差复杂度都为线性复杂度。

表 16-5　比较算法

算法名称	算法概要
equal()	检查相应元素是否相等或匹配谓词，以判断两个序列是否相等
mismatch()	返回每个序列中第一个出现的和其他序列中同一位置元素不匹配的元素
lexicographical_compare()	比较两个序列，判断这两个序列的“词典顺序”。将第一个序列中的每一个元素和第二个序列中对应的元素进行比较。如果一个元素小于另一个元素，那么这个序列按照词典顺序在前面。如果两个元素相等，则按顺序比较下一个元素
 lexicographical_compare_three_way()	使用 C++20 的三向比较来比较两个序列，判断这两个序列的“字典序顺序”，并返回一个比较类别类型(strong_ordering、weak_ordering 或 partial_ordering)。

计数算法

计数算法如表 16-6 所示。

表 16-6　计数算法

算法名称	算法概要
all_of()	如果谓词对序列中的所有元素都返回 true，或者序列为空，则返回 true；否则返回 false
any_of()	如果谓词对序列中的至少一个元素返回 true，则返回 true；否则返回 false
none_of()	如果谓词对序列中的所有元素都返回 false，或者序列为空，则返回 true；否则返回 false
count() count_if()	计算匹配某个值或使谓词返回 true 的元素个数

2. 修改序列算法

修改算法会修改序列中的一些元素或所有元素。有些修改算法在原位置修改元素，因此原始序列会发生变化。另一些修改算法将结果复制到另一个不同的序列，所以原始序列没有变化。所有这些修改算法的最坏复杂度都为线性复杂度。表 16-7 汇总了这些修改算法。

表 16-7 修改序列算法

算法名称	算法概要
copy() copy_backward()	将一个序列的元素复制到另一个序列
copy_if()	将一个序列中谓词返回 true 的元素复制到另一个序列
copy_n()	从一个序列中复制 *n* 个元素到另一个序列
fill()	将一个序列中的所有元素设置为一个新值
fill_n()	将一个序列中的前 *n* 个元素设置为一个新值
generate()	调用指定函数，为一个序列中的每个元素生成一个新值
generate_n()	调用指定函数，为一个序列中的前 *n* 个元素生成一个新值
move() move_backward()	将一个序列的元素移到另一个序列。这两个算法使用了高效移动语义(请参阅第 9 章)
remove() remove_if() remove_copy() remove_copy_if()	删除所有匹配给定值或使谓词返回 true 的元素，就地删除或将结果复制到另一个不同的序列
replace() replace_if() replace_copy() replace_copy_if()	将匹配给定值或导致谓词返回 true 的所有元素替换为新元素，在原位置替换或将结果复制到新序列
reverse() reverse_copy()	反转序列中元素的顺序，在原位置操作或将结果复制到另一个不同的序列
rotate() rotate_copy()	交换序列的前半部分和后半部分，在原位置操作或将结果复制到另一个不同的序列。两个要交换的子序列不一定要一样大
sample()	从序列中选择 *n* 个随机元素
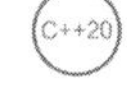 shift_left() shift_right()	将序列中的元素按向左或向右移动给定数量的位置。元素被移动到它们的新位置。位于序列两端的 s 元素将被删除。shift_left()返回到新序列末尾的迭代器；shift_right()返回一个指向新序列开头的迭代器
shuffle() random_shuffle()	随机重排元素，打乱元素的顺序。可以指定用于打乱元素顺序的随机数生成器的属性。random_shuffle()在 C++14 之后已经不赞成使用，在 C++17 中被删除
transform()	对序列中的每个元素调用一元函数，或对两个队列中的对应元素调用二元函数。这属于原位置转换 如果源序列和目标序列相同，那么就在原位置进行转换
unique() unique_copy()	从序列中删除连续出现的重复元素，在原位置删除或将结果复制到另一个不同的序列

3. 操作算法

操作算法在单独的元素序列上执行函数。C++标准库提供了两种操作算法，如表 16-8 所示。它们的复杂度都是线性复杂度，不要求对原始序列进行排序。

表 16-8　操作算法

算法名称	算法概要
for_each()	对序列中的每个元素执行函数。使用首尾迭代器指定该序列
for_each_n()	与 for_each()类似，但仅处理序列中的前 *n* 个元素。用开始迭代器以及元素个数(*n*)指定该序列。

4. 交换算法

C++标准库提供如表 16-9 所示的交换算法。

表 16-9　交换算法

算法名称	算法概要
iter_swap() swap_ranges()	交换两个元素或两个元素的序列

5. 分区算法

如果谓词返回 true 的所有元素都在谓词返回 false 的所有元素之前，则序列将根据某个谓词对序列进行分区。序列中不满足谓词的第一个元素称为分区点(partition point)。C++标准库提供如表 16-10 所示的分区算法。

表 16-10　分区算法

算法名称	算法概要	复杂度
is_partitioned()	如果谓词返回 true 的所有元素都在谓词返回 false 的所有元素的前面，那么就返回 true	线性复杂度
partition()	对序列进行排序，使谓词返回 true 的所有元素在谓词返回 false 的所有元素之前，不会保留之前元素在每个分区中的顺序	线性复杂度
stable_partition()	对序列进行排序，使谓词返回 true 的所有元素在谓词返回 false 的所有元素之前，同时保留之前元素在每个分区中的顺序	线性对数复杂度
partition_copy()	将一个序列中的元素复制到两个不同的序列中。目标序列的选择依据是谓词返回的结果，即 true 和 false	线性复杂度
partition_point()	返回一个迭代器，使谓词对所有在这个迭代器之前的元素都返回 true，对所有在这个迭代器之后的元素都返回 false	对数复杂度

6. 排序算法

C++标准库提供了一些不同的排序算法，不同的排序算法有不同的性能保证，如表 16-11 所示。

表 16-11　排序算法

算法名称	算法概要	复杂度
is_sorted() is_sorted_until()	检查一个序列是否已经排序，或检查哪个子序列已经排序	线性复杂度
nth_element()	重定位序列中的第 *n* 个元素，使第 *n* 个位置的元素就是排好序之后第 *n* 个位置的元素。该算法会重新安排所有元素，使第 *n* 个元素前面的所有元素都小于新的第 *n* 个元素，使第 *n* 个元素之后的所有元素都大于新的第 *n* 个元素	线性复杂度
partial_sort() partial_sort_copy()	只排序序列中的一部分元素：只有前 *n* 个元素(由迭代器指定)排序，其余元素不排序。在原位置排序，或者复制到新的序列	线性对数复杂度
stable_sort() sort()	在原位置排序，保留重复元素的顺序或者不保留	线性对数复杂度

7. 二分树搜索算法

二分树搜索算法通常用于已排序的序列。从技术角度看，它们仅要求至少根据要搜索的元素进行分区。这可使用 std::partition()来完成。排好的序列也满足这个要求。所有这些算法都具有对数复杂度，如表 16-12 所示。

表 16-12　二叉树搜索算法

算法名称	算法概要
lower_bound()	查找序列中不小于(即大于或等于)给定值的第一个元素
upper_bound()	查找序列中大于给定值的第一个元素
equal_range()	返回 pair，其中包含 lower_bound()和 upper_bound()的结果
binary_search()	如果在序列中找到给定值，则返回 true；否则返回 false

8. 集合算法

集合算法是特殊的修改算法，对序列执行集合操作，如表 16-13 所示。这些算法最适合操作 set 容器的序列，但也能操作大部分容器的排序后序列。

表 16-13　集合算法

算法名称	算法概要	复杂度
inplace_merge()	在原位置将两个排好的序列合并	线性对数复杂度
merge()	合并两个排好的序列，将两个序列复制到一个新的序列	线性复杂度
includes()	确定一个序列中的每个元素是否都在另一个序列中	线性复杂度
set_union() set_intersection() set_difference() set_symmetric_difference()	在两个排好的序列上执行特定的集合操作，将结果复制到第三个排好的序列中	线性复杂度

9. 堆算法

堆(heap)是一种标准的数据结构，数组或序列中的元素在其中以半排序的方式排序，因此能够快速找到“顶部”元素。例如，堆数据结构通常用于实现 priority_queue。通过使用 6 种算法可以对序列进行堆排序，如表 16-14 所示。

表 16-14　堆算法

算法名称	算法概要	复杂度
is_heap()	检查某个范围内的元素是不是堆	线性复杂度
is_heap_until()	在给定范围的元素堆中查找最大的子范围	线性复杂度
make_heap()	从某个范围的元素中创建堆	线性复杂度
push_heap() pop_heap()	在堆中添加或删除元素	对数复杂度
sort_heap()	把堆转换到升序排列的元素范围内	线性对数复杂度

10. 最小/最大算法

表 16-15 中的算法提供了寻找最小和最大元素，或者限制值。

表 16-15　最小/最大算法

算法名称	算法概要
clamp()	确保一个值(v)在给定的最小值(lo)和最大值(hi)之间。如果 v < lo，则返回对 lo 的引用；如果 v > hi，则返回对 hi 的引用；否则返回对 v 的引用
min() max()	返回两个或多个值中的最小值或最大值
minmax()	以 pair 方式返回两个或多个值中的最小值和最大值
min_element() max_element()	返回序列中的最小或最大元素
minmax_element()	找到序列中的最小和最大元素，把结果返回为 pair

11. 数值处理算法

<numeric>头文件提供了下述数值处理算法。这些算法都不要求排序原始序列。所有算法的复杂度都为线性复杂度，如表 16-16 所示。

表 16-16　数值处理算法

算法名称	算法概要
iota()	用连续递增的值(以给定值开头)填充序列
adjacent_difference()	生成一个新的序列，其中每一个元素都是原始序列中相邻元素对的后一个与前一个之差(或其他二元操作)
partial_sum()	生成一个新的序列，这个序列中的每个元素是对应元素和原始序列中之前的所有元素的和(或其他二元操作)
exclusive_scan() inclusive_scan()	类似于 partial_sum()。如果给定的求和操作具有关联性，则 inclusive 扫描与 partial 扫描相同。但是，inclusive_scan()以不确定的顺序求和，而 partial_sum()从左到右求和，因此对于非关联求和操作，前者的结果不是确定的。exclusive_scan()算法也以不确定顺序求和。 对于 inclusive_scan()，第 i 个元素包含在第 i 个和值中，与 partial_sum()相同。对于 exclusive_scan()，第 i 个元素未包含在第 i 个和值中

(续表)

算法名称	算法概要
transform_exclusive_scan() transform_inclusive_scan()	对序列中的每个元素应用转换，然后执行 exclusive/inclusive 扫描
accumulate()	“累加”一个序列中所有元素的值。默认行为是计算元素的和，但调用者可以提供不同的二元函数
inner_product()	与 accumulate()类似，但对两个序列操作。对序列中的并行元素调用二元函数(默认做乘法)，通过另一个二元函数(默认做加法)累加结果值。如果序列表示数学矢量，那么这个算法计算矢量的点积
reduce()	与 accumulate()类似，但支持并行执行。reduce()的计算顺序是不确定的，而 accumulate()是从左到右计算。这意味着如果给定的二元操作是非关联的或不可交换的，则前者的行为是不确定的
transform_reduce()	对序列中的每个元素应用转换，然后执行 reduce()

12. 置换算法

序列的置换包含相同的元素，但顺序变了。表 16-17 列出了用于置换的算法。

表 16-17 置换算法

算法名称	算法概要	复杂度
is_permutation()	如果某个范围内的元素是另一个范围内元素的转换，就返回 true	二次复杂度
next_permutation() prev_permutation()	修改序列，将序列转换为下一个或前一个排列。如果从正确排序的序列开始，则连续调用其中一个或另一个可以获得元素的所有可能的排列。如果没有更多排列，则返回 false	线性复杂度

13. 选择算法

一下子出现这么多种不同功能的算法可能让人难以接受。一开始可能还很难知道如何应用这些算法。不过，既然已经了解有哪些选择，就应该能更好地处理程序设计了。后续章节将详细讲解如何在代码中使用这些算法。

16.2.22 范围库

C++20 引入了范围(ranges)库，这使得处理元素序列变得更加简单和优雅。前面几节讨论的大多数算法都有对应的范围算法，而不是迭代器算法。范围提供了更好、更容易阅读的语法，并消除了不匹配的开始/结束迭代器的可能性。此外，范围适配器允许你惰性地转换和过滤底层序列，并提供范围工厂来构建范围。

范围库在<ranges>头文件中定义，并位于 std::ranges 名称空间中。第 17 章将讨论范围库。

16.2.23 标准库中还缺什么

尽管标准库非常强大，但并不完美。下面列出了标准库缺乏的内容和不支持的功能：

- 在通过多线程同时访问容器时，标准库不能保证任何线程安全。

- 标准库没有提供任何泛型的树结构或图结构。尽管 map 和 set 通常都实现为平衡二叉树，但标准库没有在接口中公开该实现。如果在任务中需要树结构或图结构，例如编写解析器，就需要自己实现或寻找其他库的实现。

记住，标准库是可扩展的。可以编写适用于现有算法和容器的容器及算法。因此，如果标准库没有提供需要的内容，可考虑编写兼容标准库的代码。第 25 章将介绍通过定义算法和自定义容器来自定义和扩展标准库的相关主题。

16.3　本章小结

这一章概述了 C++标准库，标准库是要在代码中使用的最重要的库。标准库包含了 C 库，还包含了其他很多工具，用于字符串、I/O、错误处理和其他任务。标准库还包含泛型容器和泛型算法。后续章节会更详细地讲解标准库。

16.4　练习

通过完成以下习题，可以巩固本章讨论的知识点。所有习题的答案都可扫描封底二维码下载。然而，如果你困在一个练习中，在网站上查看答案之前，请先重新阅读本章的内容，试着自己找到答案。

练习 16-1　C++标准库提供了一整套容器供选择。应该选择哪一种容器，为什么？

练习 16-2　map 和 unordered_map 之间有什么区别？

练习 16-3　C++标准库提供的所谓词汇类型有哪些，它们的区别是什么？

练习 16-4　自助餐厅通常有一个装有盘子的弹簧装置。作为客户，从顶部拿走一个盘子。当盘子被清洗干净并准备再次使用时，它们被放置在装置中任何剩余的盘子的顶部。如何在 C++中为这样的系统建模？

练习 16-5　什么是分区？

C++20 高级编程

(第 5 版)

(下册)

[比] 马克・格雷戈勒(Marc Gregoire)　著
程序喵大人　惠惠　墨梵　译

清華大學出版社
北　京

图书在版编目(CIP)数据

C++20高级编程：第5版 / (比)马克 • 格雷戈勒(Marc Gregoire) 著；程序喵大人，惠惠，墨梵译. —北京：清华大学出版社，2022.3（2025.5重印）

书名原文：Professional C++, Fifth Edition

ISBN 978-7-302- 60213-2

Ⅰ. ①C…　Ⅱ. ①马…　②程…　③惠…　④墨…　Ⅲ. ①C++语言—程序设计　Ⅳ. ①TP312.8

中国版本图书馆 CIP 数据核字(2022)第 033304 号

责任编辑：王　军
装帧设计：孔祥峰
责任校对：成凤进
责任印制：宋　林

出版发行：清华大学出版社
网　　址：https://www.tup.com.cn, https://www.wqxuetang.com
地　　址：北京清华大学学研大厦 A 座　　邮　　编：100084
社 总 机：010-83470000　　邮　　购：010-62786544
投稿与读者服务：010-62776969，c-service@tup.tsinghua.edu.cn
质 量 反 馈：010-62772015，zhiliang@tup.tsinghua.edu.cn
印 装 者：北京同文印刷有限责任公司
经　　销：全国新华书店
开　　本：170mm×240mm　　印　　张：63　　字　　数：1805 千字
版　　次：2022 年 4 月第 1 版　　印　　次：2025 年 5 月第 8 次印刷
定　　价：228.00 元(全二册)

产品编号：091909-01

第17章 理解迭代器与范围库

本章内容

- 迭代器的概念
- 如何使用流迭代器
- 迭代器适配器的定义，以及如何使用标准迭代器适配器
- 范围库的强大功能包括：范围、基于范围的算法、投影、视图和工厂

第 16 章“C++标准库概述”介绍了标准库，描述了标准库的基本原理，并对各种不同的容器和算法做了概述。本章通过介绍标准库中广泛使用的迭代器背后的思想，开始深入讲解标准库容器。本章还讨论可用的流迭代器和迭代器适配器。本章的第二部分讨论了 C++20 范围库，这是标准库的一个功能强大的新添加的库，它允许更多的函数式编程(functional-style programming)：可以编写代码来指定想要完成的任务。

17.1 迭代器

标准库通过迭代器模式提供了访问容器元素使用的通用抽象。每个容器都提供了容器特定的迭代器，迭代器实际上是增强版的智能指针，这种指针知道如何遍历特定容器的元素，也就是说，迭代器支持遍历容器的元素。所有不同容器的迭代器都遵循 C++标准中定义的特定接口。因此，即使容器提供不同的功能，访问容器元素的代码也可以使用迭代器的统一接口。

可将迭代器想象为指向容器中特定元素的指针。与指向数组元素的指针一样，迭代器可以通过 operator++移到下一个元素。与此类似，通常还可在迭代器上使用 operator*和 operator->来访问实际元素或元素中的字段。一些迭代器支持通过 operator==和 operator!=进行比较，还支持通过 operator--转移到前一个元素。

所有迭代器都必须是可以拷贝构造和拷贝赋值的，并且是可以析构的。迭代器的左值必须是可以交换的。不同容器提供的迭代器具有略微不同的功能。C++标准定义了 6 大类迭代器，如表 17-1 所示。

表 17-1 迭代器

迭代器类别	要求的操作	注释
输入迭代器(也称为“读”迭代器)	operator++ operator* operator-> 拷贝构造函数 operator= operator== operator!=	提供只读访问，只能前向访问(没有 operator--提供的反向访问功能)。 这个迭代器可以赋值和复制，可以比较判等
输出迭代器(也称为“写”迭代器)	operator++ operator* 拷贝构造函数 operator=	提供只写访问，只能前向访问 这个迭代器只赋值，不能比较判等 输出迭代器的特有操作是*iter = value 注意此类迭代器缺少 operator-> 提供前缀和后缀 operator++
前向迭代器	输入迭代器的功能加上默认构造函数	提供读访问，只能前向访问 这个迭代器可以赋值、复制和比较判等
双向迭代器	前向迭代器的功能加上 operator--	提供前向迭代器的一切功能 迭代器还可以回退到前一个元素 提供前缀和后缀 operator--
随机访问迭代器	双向迭代器的功能加上： operator+ operator- operator+= operator-= operator< operator> operator<= operator>= operator[]	等同于普通指针：此类迭代器支持指针运算、数组索引语法以及所有形式的比较
连续迭代器	随机访问功能和逻辑上相邻的容器元素必须在内存中物理上相邻	例如 std::array、vector(非 vector<bool>)、string 和 string_view 的迭代器

根据表 17-1，有 6 种类型的迭代器：输入、输出、前向、双向、随机访问和连续迭代器。这些迭代器没有正式的类层次结构。但是，可以根据需要提供的功能推断出层次结构。具体来说，每个连续迭代器也是随机访问的，每个随机访问迭代器也是双向的，每个双向迭代器也是前向的，每个前向迭代器也是输入的。另外满足输出迭代器要求的迭代器称为可变迭代器；否则它们被称为常量迭代器。图 17-1 显示了这样的层次结构。使用虚线是因为该图所示不是一个真正的类层次结构。

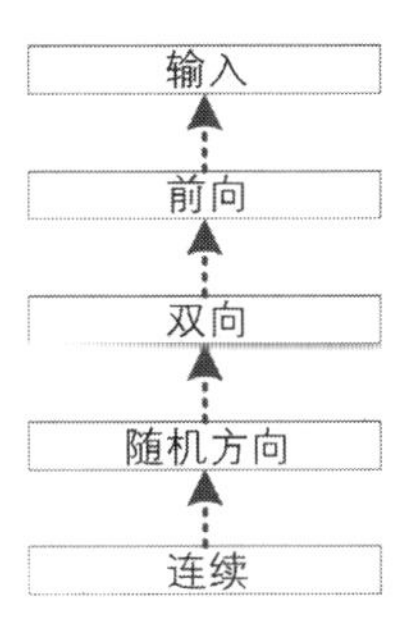

图 17-1　层次结构

第 20 章中讨论的算法指定需要哪种类型的迭代器的标准方法是对迭代器模板类型参数使用以下的名称：InputIterator、OutputIterator、ForwardIterator、BidirectionalIterator、RandomAccessIterator 和 ContiguousIterator。这些名称只是名称，它们不提供绑定类型检查。因此，例如，可以尝试通过传递一个双向迭代器来调用一个需要随机访问迭代器的算法。模板无法进行类型检查，因此它将允许这个实例化。但是，函数中使用随机访问迭代器功能的代码将无法在双向迭代器的参数上编译通过。因此，该要求是强制执行的，并不是原先以为的那样。因此，错误消息可能会有些混乱。例如，试图在只提供双向迭代器的列表上使用泛型 sort()算法，它需要一个随机访问迭代器，但这可能会导致一个晦涩的错误。以下是 Visual C++ 2019 生成的错误信息：

```
...\VC\Tools\MSVC\14.27.29109\include\algorithm(4138,45): error C2676:
binary '-': 'const std::_List_unchecked_iterator<std::_List_val<std::_List_simple_
types<_Ty>>>' does not define this operator or a conversion to a type acceptable
to the predefined operator
        with
        [
            _Ty=int
        ]
```

在本章的后面将介绍 C++20 的范围库，它与大多数标准库算法的基于范围的版本一起提供。这些基于范围的算法对它们的模板类型参数具有适当的类型约束(参见第 12 章“利用模板编写泛型代码”)。因此，如果试图在提供错误迭代器类型的容器上执行这样的算法，编译器可以提供更清晰的错误消息。

注意：

迭代器是算法和容器之间的中介。它提供了一个标准接口来依次遍历容器中的元素，这样任何算法都可以在任何容器上工作，只要容器提供了算法所需的迭代器类别。

迭代器的实现类似于智能指针类，因为它重载了特定的运算符。运算符重载详见第 15 章“C++运算符重载”。

基本的迭代器操作类似于原始指针(raw pointer)支持的操作，因此原始指针可以用作特定容器的迭代器。事实上，从技术上讲，vector 迭代器可以实现为一个简单的原始指针。然而，作为容器的客户，不用担心实现的细节；只需要简单地使用迭代器的抽象就可以了。

注意：

迭代器在内部可能不是实现为指针，因此本书在讨论通过迭代器访问元素时，使用的是“引用”而不是“指向”。

17.1.1 获取容器的迭代器

标准库中每个支持迭代器的容器类都为其迭代器类型提供了公共类型别名，名为iterator和const_iterator。例如，int类型的vector的const迭代器类型是std::vector<int>::const_iterator。允许反向迭代元素的容器还提供了名为reverse_iterator和const_reverse_iterator的公共类型别名。通过这种方式，客户使用容器迭代器时不需要关心实际类型。

> **注意：**
> const_iterator 和 const_reverse_iterator 提供对容器元素的只读访问。

容器还提供了 begin()和 end()方法。begin()方法返回引用容器中第一个元素的迭代器，end()方法返回的迭代器等于在引用序列中最后一个元素的迭代器上执行 operator++后的结果。begin()和 end()一起提供了一个半开区间(half-open range)，包含第一个元素但不包含最后一个元素。采用这种看似复杂方式的原因是为了支持空区间(不包含任何元素的容器)，此时 begin()等于 end()。由 begin()和 end()限定的半开区间常写成数学形式：[begin, end)。

此外，还可以使用以下方法：

- 返回 const 迭代器的 cbegin()和 cend()方法
- 返回反向迭代器的 rbegin()和 rend()方法
- 返回 const 反向迭代器的 crbegin()和 crend()方法

<iterator>头文件中还提供了如表 17-2 所示的全局非成员函数来查找容器中的特定迭代器。

表 17-2 全局非成员函数

函数名称	函数概要
begin() end()	返回一个非常量迭代器，指向序列中的第一个元素和最后一个元素的下一个元素
cbegin() cend()	返回一个常量迭代器，指向序列中的第一个元素和最后一个元素的下一个元素
rbegin() rend()	返回一个非常量反向迭代器，指向序列中最后一个元素和第一个元素前一个的元素
crbegin() crend()	返回一个常量反向迭代器，指向序列中最后一个元素和第一个元素前一个的元素

> **注意：**
> 建议使用这些非成员函数而不是其成员版本。

这些非成员函数在 std 名称空间中定义；但是，特别是在为类和函数模板编写泛型代码时，建议使用下面的这些非成员函数：

```
using std::begin;
begin(...);
```

请注意，调用 begin()时没有使用 std::限定，因为这会启用所谓的参数相关查找(ADL)。当为自定义的类型特化这些非成员函数之一时，可以将这些特化放在 std 名称空间中，或者将它们放在与特化它们的类型相同的名称空间中。建议使用后者，因为这就可以启用 ADL。这意味着不需要使用任何名称空间就可以调用特化，因为编译器可以根据传递给特化函数模板的类型在你的名称空间中找到正确的特化。该标准要求编译器首先使用 ADL 在其参数类型的名称空间中查找正确的重载。如果编译器无法使用 ADL 找到重载，由于 using std::begin 声明，因此它应该尝试在 std 名称空间中查找合适的重载。在没有 using 声明的情况下，调用 begin()只会通过 ADL 调用用户定义的重载；而只调用 std::begin()的情况下，则只会在 std 名称空间中查找。

注意：
通常不允许向 std 名称空间添加任何内容；但是，将标准库模板的特化放在 std 名称空间中是合法的。

还可使用 std::distance()计算容器的两个迭代器之间的距离。

17.1.2　迭代器萃取

一些算法实现需要关于迭代器的附加信息。例如，可能需要知道迭代器为存储临时值所引用的元素的类型，或者可能想知道迭代器是双向访问，还是随机访问。

C++提供了一个名为 iterator_traits 的类模板，定义在<iterator.h>头文件中，它允许用户查找这些信息。可以使用感兴趣的迭代器类型来实例化 iterator_traits 类模板，并访问 5 个类型别名中的一个。

- value_type：引用的元素类型
- difference_type：一种能够表示距离的类型，例如，两个迭代器之间的元素的数量
- iterator_category：迭代器的类型是 input_iterator_tag、output_iterator_tag、forward_iterator_tag、bidirectional_iterator_tag、random_access_iterator_tag 或 contiguous_iterator_tag (C++20)
- pointer：指向元素的指针类型
- reference：元素引用的类型

例如，下面的函数模板声明了一个临时变量，该变量的类型与 IteratorType 类型的迭代器所指向的类型相同。注意，在 iterator_traits 行前面使用了 typename 关键字。每当访问基于一个或多个模板类型参数的类型时，必须显式指定 typename。在这种情况下，模板类型参数 IteratorType 用于访问 value_type 类型。

```
template <typename IteratorType>
void iteratorTraitsTest(IteratorType it)
{
    typename iterator_traits<IteratorType>::value_type temp;
    temp = *it;
    cout << temp << endl;
}
```

这个函数可以使用下面的代码测试：

```
vector v { 5 };
iteratorTraitsTest(cbegin(v));
```

在这段代码中，iteratorTraitsTest()中的变量 temp 的类型是 int。输出结果为 5。
当然，在本例中，可以使用 auto 关键字简化代码，但这样就没办法展示如何使用 iterator_traits。

17.1.3　示例

第一个示例简单地使用 for 循环和迭代器迭代 vector 中的每个元素，并将它们打印到标准输出。

```
vector values { 1, 2, 3, 4, 5, 6, 7, 8, 9, 10 };
for (auto iter { cbegin(values) }; iter != cend(values); ++iter) {
   cout << *iter << " ";
}
```

可能会尝试使用运算符<测试范围的结束，如 iter<cend(values)。然而，不建议这样做。测试范围结束的规范方法是使用!=，比如 iter!=cend(values)。原因是运算符!=适用于所有类型的迭代器，但是双向和前向迭代器并不支持<操作符。

可以实现一个辅助方法，它接受一个给定的元素范围作为 begin 和 end 迭代器，并将该范围内的所有元素打印到标准输出。

```
template <typename Iter>
void myPrint(Iter begin, Iter end)
{
   for (auto iter { begin }; iter != end; ++iter) { cout << *iter << " "; }
}
```

这个辅助函数可以按下面的方式使用：

```
myPrint(cbegin(values), cend(values));
```

第 2 个示例是 myFind()函数模板，它在给定范围内查找给定值。如果没有找到该值，那么返回给定范围的 end 迭代器。注意 value 参数的特殊类型。它使用 iterator_traits 获取给定迭代器所指向的值的类型。

```
template <typename Iter>
auto myFind(Iter begin, Iter end,
const typename iterator_traits<Iter>::value_type& value)
{
   for (auto iter { begin }; iter != end; ++iter) {
      if (*iter == value) { return iter; }
   }
   return end;
}
```

这个函数模板可以按照如下方式使用：

```
vector values { 11, 22, 33, 44 };
auto result { myFind(cbegin(values), cend(values), 22) };
if (result != cend(values)) {
   cout << format("Found value at position {}", distance(cbegin(values), result));
}
```

本章和后续章节提供了更多使用迭代器的示例。

17.2 流迭代器

标准库提供了 4 个流迭代器。这些都是类似迭代器的类模板，允许将输入和输出流视为输入和输出迭代器。使用这些流迭代器，可以调整输入流和输出流，以便它们可以分别作为各种标准库算法的源和目标。下面是可用的流迭代器：

- ostream_iterator：输出流迭代器
- istream_iterator：输入流迭代器

还有一个 ostreambuf_iterator 和 istreambuf_iterator，但它们很少使用，在本书中也没有进一步展开讨论。

17.2.1 输出流迭代器

ostream_iterator 是一个输出流迭代器。它是一个接受元素类型作为模板类型参数的类模板。构造函数接受一个输出流和一个分隔符字符串，用于写入每个元素后面的流。ostream_iterator 类使用操作符<<写入元素。

示例如下。假设有以下 myCopy()函数模板，它将 begin 和 end 迭代器给出的范围复制到 begin 迭代器给出的目标范围：

```
template <typename InputIter, typename OutputIter>
void myCopy(InputIter begin, InputIter end, OutputIter target)
{
   for (auto iter { begin }; iter != end; ++iter, ++target) { *target = *iter; }
}
```

使用 myCopy()函数模板将一个 vector 的元素复制到另一个 vector 是很简单的。myCopy()的前两个参数是要复制范围的 begin 和 end 迭代器，第三个参数指向目标范围的迭代器。必须确保目标范围足够大才行。

```
vector myVector { 1, 2, 3, 4, 5, 6, 7, 8, 9, 10 };
// Use myCopy() to copy myVector to vectorCopy.
vector<int> vectorCopy(myVector.size());
myCopy(cbegin(myVector), cend(myVector), begin(vectorCopy));
```

现在，通过使用 ostream_iterator，myCopy()函数模板也可以只用一行代码就可以打印容器的元素。下面的代码片段打印 myVector 和 vectorCopy 的内容：

```
// Use the same myCopy() to print the contents of both vectors.
myCopy(cbegin(myVector), cend(myVector), ostream_iterator<int> { cout, " " });
cout << endl;
myCopy(cbegin(vectorCopy), cend(vectorCopy), ostream_iterator<int> { cout, " " });
cout << endl;
```

输出结果如下：

```
1 2 3 4 5 6 7 8 9 10
1 2 3 4 5 6 7 8 9 10
```

17.2.2 输入流迭代器

可以使用输入流迭代器 istream_iterator，通过迭代器抽象从输入流中读取值。它是一个接受元素类型作为模板类型参数的类模板。使用运算符>>读取元素。可以使用 istream_iterator 作为算法和容器方法的来源。

假设有以下 sum()函数模板，它计算给定范围内所有元素的和：

```
template <typename InputIter>
auto sum(InputIter begin, InputIter end)
{
   auto sum { *begin };
   for (auto iter { ++begin }; iter != end; ++iter) { sum += *iter; }
   return sum;
}
```

现在，可以使用 istream_iterator 从控制台读取整数，直到到达流的末尾。在 Windows 上，在按 Ctrl+Z 组合键后再按 Enter 键时，就会发生这种情况，而在 Linux 上按 Enter 键后再按 Ctrl+D 组合键就会发生这种情况。函数的作用是：计算所有整数的和。注意，istream_iterator 的默认构造函数创建了一个 end 迭代器。

```
cout << "Enter numbers separated by whitespace." << endl;
cout << "Press Ctrl+Z followed by Enter to stop." << endl;
istream_iterator<int> numbersIter { cin };
istream_iterator<int> endIter;
int result { sum(numbersIter, endIter) };
cout << "Sum: " << result << endl;
```

花点时间思考这段代码。如果删除了所有输出语句和变量声明，那么就只剩下对 sum()的调用。多亏了迭代器和输入流迭代器，这一行代码从控制台读取任意数量的整数，并将它们相加，而不使用任何显式的循环。

17.3 迭代器适配器

标准库提供了 5 个迭代器适配器(iterator adapter)，它们是特殊的迭代器，都在<iterator>头文件中定义。它们被分成两组。第一组适配器从容器中创建，通常作为输出迭代器。

- back_insert_iterator：使用 push_back()将元素插入容器中。
- front_insert_iterator：使用 push_front()将元素插入容器中。
- insert_iterator：使用 insert()将元素插入容器中。

最后两个适配器是通过另一个迭代器创建的，不是容器，通常作为输入迭代器。

- reverse_iterator：反转另一个迭代器的迭代顺序。
- move_iterator：move_iterator 的解引用运算符自动将左值转换为右值引用，因此可以将其移动到新目标。

也可以编写自定义的迭代器适配器，但这不在本书讨论范围。请参阅附录 B 中列出的标准库中的参考资料。

17.3.1 插入迭代器

本章前面实现的 myCopy()函数模板不将元素插入容器中；它只是用新元素替换范围内的旧元素。为了使这些算法更有用，标准库提供了 3 种插入迭代器适配器(insert iterator adapter)，它们实际上将元素插入容器中：insert_iterator、back_insert_iterator 和 front_insert_iterator。它们都是在容器类型上进行模板化，并在其构造函数中接受实际的容器引用。因为它们提供了必要的迭代器接口，所以可以将这些适配器用作 myCopy()等算法的目标迭代器。但是，它们并不是替换容器中的元素，而是调用它们的容器来实际插入新元素。

基本的 insert_iterator 调用容器上的 insert(position,element)，back_insert_iterator 调用 push_back(element)，front_insert_iterator 调用 push_front(element)。

下面的示例使用带有 myCopy()的 back_insert_iterator，将 vectorOne 中所有元素的副本填充到 vectorTwo。注意，vectorTwo 不会首先调整大小以获得足够的元素，这是因为插入迭代器负责正确插入新元素。

```
vector vectorOne { 1, 2, 3, 4, 5, 6, 7, 8, 9, 10 };
vector<int> vectorTwo;
```

```
back_insert_iterator<vector<int>> inserter { vectorTwo };
myCopy(cbegin(vectorOne), cend(vectorOne), inserter);

myCopy(cbegin(vectorTwo), cend(vectorTwo), ostream_iterator<int> { cout, " " });
```

正如所见，当使用插入迭代器时，不需要提前调整目标容器的大小。

还可以使用 std::back_inserter()实用函数创建 back_insert_iterator。在前面的示例中，可以删除定义 inserter 变量的行，并按照下面的方式重写 myCopy()调用。其结果与前面的实现相同：

```
myCopy(cbegin(vectorOne), cend(vectorOne), back_inserter(vectorTwo));
```

使用类模板参数推断(CTAD)，也可以这样写：

```
myCopy(cbegin(vectorOne), cend(vectorOne), back_insert_iterator { vectorTwo });
```

front_insert_iterator 和 insert_iterator 的工作方式类似，不同之处在于 insert_iterator 在其构造函数中也有一个初始迭代器的位置，它将该位置传递给对 insert(position,element)的第一次调用。后续迭代器的位置提示是根据每次 insert()调用的返回值生成的。

使用 insert_iterator 的一个好处是：它允许使用关联容器作为修改算法的目标。第 20 章解释了关联容器的问题在于，不允许修改要迭代的元素。通过使用 insert_iterator，可以改为插入元素。关联容器有一个 insert()方法，该方法接受一个迭代器位置，并使用该位置作为“提示”，可以忽略这个“提示”。在关联容器上使用 insert_iterator 时，可以传递容器的 begin()或 end()迭代器作为提示。insert_iterator 在每次调用 insert()之后修改传递给 insert()的迭代器提示，以便位置是位于刚刚插入的元素的下一位置。

下面是前面修改后的示例，目标容器是 set 容器而不是 vector 容器：

```
vector vectorOne { 1, 2, 3, 4, 5, 6, 7, 8, 9, 10 };
set<int> setOne;

insert_iterator<set<int>> inserter { setOne, begin(setOne) };
myCopy(cbegin(vectorOne), cend(vectorOne), inserter);

myCopy(cbegin(setOne), cend(setOne), ostream_iterator<int> { cout, " " });
```

类似于 back_insert_iterator 的示例，可以使用 std::inserter()实用函数创建 insert_iterator：

```
myCopy(cbegin(vectorOne), cend(vectorOne), inserter(setOne, begin(setOne)));
```

或者，使用类模板的实参推导：

```
myCopy(cbegin(vectorOne), cend(vectorOne),
insert_iterator { setOne, begin(setOne) });
```

17.3.2 逆向迭代器

标准库提供了一个 std::reverse_iterator 类模板，它以相反的方向遍历双向或随机访问迭代器。标准库中的每个可逆容器(恰好是标准库中除了 forward_list 和无序关联容器外的所有容器)都提供了一个 reverse_iterator 的类型别名、名为 rbegin()和 rend()的方法。这些 reverse_iterator 类型别名的类型是 std::reverse_iterator<T>，其中 T 等于容器的迭代器类型别名。方法 rbegin()返回指向容器最后一个元素的 reverse_iterator，而 rend()返回指向容器第一个元素之前的元素的 reverse_iterator。将 operator++应用到 reverse_iterator 将调用底层容器迭代器上的 operator--，反之亦然。例如，可以按照如下方式从头到尾迭代一个集合：

```
for (auto iter { begin(collection) }; iter != end(collection); ++iter) {}
```

std::reverse_iterator 主要用于标准库中的算法或自定义函数中没有以相反顺序工作的等价物。本章前面介绍的 myFind()函数将搜索序列中的第一个元素。如果想找到序列中的最后一个元素，可以使用 reverse_iterator。注意，当使用 reverse_iterator 调用诸如 myFind()的算法时，它也会返回一个 reverse_iterator。总是可以通过调用其 base()方法从 reverse_iterator 获取底层迭代器。然而，由于 reverse_iterator 的实现方式，从 base()返回的迭代器总是指向一个元素，这个元素是 reverse_iterator 所指向的元素的前一个元素。为了得到相同的元素，必须减去 1。

下面是一个带有 reverse_iterator 的 myFind()示例：

```
vector myVector { 11, 22, 33, 22, 11 };
auto it1 { myFind(begin(myVector), end(myVector), 22) };
auto it2 { myFind(rbegin(myVector), rend(myVector), 22) };
if (it1 != end(myVector) && it2 != rend(myVector)) {
   cout << format("Found at position {} going forward.",
                  distance(begin(myVector), it1)) << endl;
   cout << format("Found at position {} going backward.",
                  distance(begin(myVector), --it2.base())) << endl;
} else {
   cout << "Failed to find." << endl;
}
```

程序的输出结果如下：

```
Found at position 1 going forward.
Found at position 3 going backward.
```

17.3.3 移动迭代器

第 9 章讨论了移动语义，在源对象将在赋值操作或拷贝构造后被销毁的情况下，或者在使用 std::move()时，可以使用移动语义防止不必要的复制。标准库提供了一个名为 std::move_iterator 的迭代器适配器。move_iterator 的解引用运算符自动将左值转换为右值引用，这意味着可以将左值移动到新的目标，而不必复制开销。在使用 move 语义之前，需要确保对象支持它。下面的 MoveableClass 支持移动语义。要了解更多细节，请参阅第 9 章。

```
class MoveableClass
{
   public:
      MoveableClass() {
         cout << "Default constructor" << endl;
   }
   MoveableClass(const MoveableClass& src) {
         cout << "Copy constructor" << endl;
   }
   MoveableClass(MoveableClass&& src) noexcept {
         cout << "Move constructor" << endl;
   }
   MoveableClass& operator=(const MoveableClass& rhs) {
         cout << "Copy assignment operator" << endl;
         return *this;
   }
   MoveableClass& operator=(MoveableClass&& rhs) noexcept {
```

```
            cout << "Move assignment operator" << endl;
            return *this;
        }
};
```

构造函数和赋值运算符在这里没有做任何有用的事情，除了打印一条消息，以方便查看正在调用哪个函数。现在有了这个类，可以自定义一个 vector，并在其中存储一些 MoveableClass 的实例，示例如下：

```
vector<MoveableClass> vecSource;
MoveableClass mc;
vecSource.push_back(mc);
vecSource.push_back(mc);
```

输出结果如下：

```
Default constructor // [1]
Copy constructor    // [2]
Copy constructor    // [3]
Move constructor    // [4]
```

代码的第 2 行通过默认构造函数[1]创建一个 MoveableClass 实例。第一个 push_back()的调用触发拷贝构造函数[2]，将 mc 复制到 vector 中。在这个操作之后，vector 有空间容纳一个元素，即 mc 的第一个副本。注意，这个讨论是基于 Microsoft Visual C++ 2019 实现的向量的增长策略和初始大小。C++标准没有指定 vector 的初始容量或增长策略，因此不同编译器的输出可能不同。

第 2 个 push_back()调用触发 vector 调整自身大小，为第 2 个元素分配空间。这个大小调整会导致调用移动构造函数[4]将每个元素从旧 vector 移动到调整大小后的新 vector。触发拷贝构造函数[3]将 mc 第二次复制到 vector 中。移动和复制的顺序未定义，因此[3]和[4]可以颠倒。

可以创建一个名为 vecOne 的新 vector，它包含 vecSource 中元素的副本，如下所示。

```
vector<MoveableClass> vecOne { cbegin(vecSource), cend(vecSource) };
```

在不使用 move_iterators 的情况下，这段代码会触发 2 次拷贝构造函数，对 vecSource 中的每个元素触发 1 次：

```
Copy constructor
Copy constructor
```

通过使用 std::make_move_iterator()创建 move_iterator, MoveableClass 的移动构造函数被调用，而不是拷贝构造函数：

```
vector<MoveableClass> vecTwo { make_move_iterator(begin(vecSource)),
                               make_move_iterator(end(vecSource)) };
```

这将生成以下输出：

```
Move constructor
Move constructor
```

还可以在 move_iterator 中使用类模板实参推导(CTAD)：

```
vector<MoveableClass> vecTwo { move_iterator { begin(vecSource) },
                               move_iterator { end(vecSource) } };
```

> **警告：**
> 记住，一旦一个对象被移动到另一个对象，就不应该再使用它了。

17.4 范围

C++标准库的迭代器支持允许算法独立于实际容器工作，因为它们抽象了在容器元素中导航的机制。正如迄今为止在所有迭代器示例中所看到的，大多数算法都需要一个迭代器对，该迭代器对由指向序列中第一个元素的 begin 迭代器和指向序列中最后一个元素后一个元素的 end 迭代器组成。这使得算法可以在所有类型的容器上工作，但总是必须提供两个迭代器来指定元素序列并确保只提供匹配的迭代器，这有点麻烦。范围库提供的范围是迭代器之上的抽象层，消除了不匹配的迭代器错误，并添加了额外的功能，例如允许范围适配器延迟过滤和转换底层元素序列。在<ranges>头文件中定义的范围库由以下主要组件组成。

- 范围：范围是一个概念(请参阅第 12 章)，它定义了允许元素迭代的类型的要求。任何支持 begin()和 end()的数据结构都是有效的范围。例如，std::array、vector、string_view、span、固定大小的 C 风格数组等，这些都是有效的范围。
- 基于范围的算法：第 16 章和第 20 章讨论了接受迭代器对来执行工作的标准库算法。这些算法中的大多数都有接受范围而不是迭代器的等价物。
- 投影：很多基于范围的算法都接受所谓的投影回调。这个回调函数会为范围中的每个元素所调用，并且可以在元素传递给算法之前将其转换为其他值。
- 视图：视图可以用来转换或过滤底层范围的元素。视图可以组合在一起，形成所谓的操作管道，以应用于一个范围。
- 工厂：范围工厂被用来构建一个按需生成值的视图。

可以使用迭代器对范围内的元素进行迭代，这些迭代器可以通过诸如 ranges::begin()、end()、rbegin()等访问器进行检索。范围库还支持 ranges::empty()、data()、cdata()和 size()。后者返回范围内的元素数量，但只有在可以在常量时间内检索大小时才有效。否则，可以使用 std::distance()计算范围的 begin 迭代器和 end 迭代器之间的元素数目。所有这些访问器都不是成员函数，而是独立的自由函数，都需要一个范围作为参数。

17.4.1 基于范围的算法

std::sort()算法就是一个示例，它需要指定一个元素序列作为 begin 迭代器和 end 迭代器。算法在第 16 章介绍，相关细节会在第 20 章进行详细讨论。sort()算法使用起来很简单。例如，下面的代码对向量中的所有元素进行排序：

```
vector data { 33, 11, 22 };
sort(begin(data), end(data));
```

这段代码对数据容器中的所有元素进行排序，但必须将序列指定为 begin/end 迭代器对。在代码中更准确地描述真正想要做的事情不是更好吗？这就是范围库中基于范围的算法(范围库的一部分)的用武之地。这些算法位于 std::ranges 名称空间中，并与相应的非基于范围的版本在相同的头文件中定义。有了这些，可以简单地编写下面的示例：

```
ranges::sort(data);
```

这段代码清楚地描述了意图，即对数据容器中的所有元素进行排序。由于没有指定迭代器，这些基于范围的算法消除了意外提供不匹配的 begin 和 end 迭代器的可能性。基于范围的算法对其模板类型参数有适当的类型约束(请参阅第 12 章)。这允许编译器提供更清晰的错误消息，以避免为基于范围的算法提供容器，而该算法不提供所需的迭代器类型。例如，在 std::list 上调用 ranges::sort()算法将更清楚地说明 sort()需要一个随机访问范围，但 list 不具备。与迭代器类似，有输入、输出、前向、双向、随机访问和连续范围，以及相应的概念，例如 ranges::continuous_range、ranges::random_access_range 等等。

注意：
大多数标准库算法已在第 16 章介绍，相关细节将会在第 20 章进行详细讨论，在 std::ranges 名称空间中都有基于范围的等价物。

投影

许多基于范围的算法都有一个所谓的投影参数，即一个回调函数，用于在将每个元素移交给算法之前对其进行转换。先来看一个示例。假设有一个简单的类表示一个人：

```
class Person
{
   public:
      Person(string first, string last)
         : m_firstName { move(first) }, m_lastName { move(last) } { }
      const string& getFirstName() const { return m_firstName; }
      const string& getLastName() const { return m_lastName; }
   private:
      string m_firstName;
      string m_lastName;
};
```

下面的代码在 vector 中存储了几个 Person 对象：

```
vector persons { Person {"John", "White"}, Person {"Chris", "Blue"} };
```

因为 Person 类没有实现 operator<，所以不能使用普通的 std::sort()算法对这个 vector 进行排序，因为它使用了 operator<来比较元素。因此，下面的代码将无法编译：

```
sort(begin(persons), end(persons)); // Error: does not compile.
```

乍一看，切换到基于范围的 ranges::sort()算法并没有多大帮助。下面的代码仍然无法编译，因为算法仍然不知道如何比较范围内的元素：

```
ranges::sort(persons); // Error: does not compile.
```

但是，如果希望根据人名进行排序，则可以为排序算法指定一个投影函数，将每个人投影到他们的名字上。投影参数是第 3 个参数，所以还必须指定第 2 个参数，即需要是要使用的比较器，默认情况下是 std::ranges::less。在下面的调用中，投影函数被指定为 lambda 表达式，请参阅后续的介绍。

```
ranges::sort(persons, {},
   [](const Person& person) { return person.getFirstName(); });
```

或者甚至更短的示例如下：

```
ranges::sort(persons, {}, &Person::getFirstName);
```

注意：

本章中关于范围的讨论使用了一些简单的lambda表达式。lambda表达式将在第19章“函数指针、函数对象和lambda表达式”中详细讨论，但所有这些细节对于当前的讨论都不重要。现在，只需要知道基本的用法就足够了。本章中使用的lambda表达式具有以下语法：

```
[](const Person& person) { return person.getFirstName(); }
```

[]表示lambda表达式的开始。接下来是一个逗号分隔的参数列表，就像函数一样。最后，lambda表达式的主体位于一组大括号之间。

基本上，lambda表达式允许在需要的地方编写小的、未命名的内联函数。前面的lambda表达式可以用下面的独立函数替换：

```
auto getFirstName(const Person& person) {
    return person.getFirstName(); }
```

lambda表达式参数的类型也可以是auto。示例如下：

```
[](const auto& person) { return person.getFirstName(); }
```

17.4.2 视图

视图允许对基础范围的元素执行操作。视图可以被链接/组合在一起，形成一个管道，对一个范围的元素执行多个操作。组合视图很容易，只需要使用按位OR运算符、operator| 组合不同的操作。例如，可以轻松地首先过滤范围中的元素，然后再转换其余的元素。相反，如果想做类似的事情，先过滤再转换，使用非基于范围的算法，代码可读性和性能可能会差很多，因为将不得不创建临时容器来存储中间结果。

视图具有以下重要属性：

- 惰性求值——仅仅构建一个视图还不能对底层范围执行任何操作。视图的操作仅在迭代视图的元素和解引用这样的迭代器时应用。
- 非占有——视图不拥有任何元素。顾名思义，它是一个可以存储在某个容器中的范围元素的视图，并且该容器是数据的所有者。视图只允许以不同的方式查看数据。因此，视图中元素的数量不会影响复制、移动或销毁视图的成本。这类似于第2章讨论的std::string_view和第18章讨论的std::span。
- 非变异——视图永远不会修改底层范围中的数据。

视图本身也是一个范围，但并非每个范围都是一个视图。容器是一个范围而不是一个视图，因为它拥有元素。

可以使用范围适配器创建视图。范围适配器接收一个范围(可以是另一个视图)和一些可选参数，并返回一个新视图。表17-3列出了标准库提供的最重要的范围适配器。

表17-3 范围适配器

范围适配器	描述
views::all	创建一个包含范围内所有元素的视图
filter_view views::filter	根据给定谓词过滤范围中的元素。如果谓词返回true，则保留该元素，否则跳过该元素
transform_view views::transform	对范围中的每个元素应用回调，以便将元素转换为其他值(可能是不同类型的值)

(续表)

范围适配器	描述
take_view views::take	创建范围的前 N 个元素的视图
take_while_view views::take_while	创建范围的初始元素的视图，直到到达给定谓词返回 false 的元素为止
drop_view views::drop	通过删除范围的前 N 个元素创建视图
drop_while_view views::drop_while	通过删除范围的所有初始元素创建视图，直到到达给定谓词返回 false 的元素
reverse_view views::reverse	创建一个视图，该视图以相反的顺序迭代范围中的元素。这个范围必须是双向范围
elements_view views::elements	需要一组类似 tuple 的元素，创建一个类似 tuple 元素的第 N 个元素的视图
keys_view views::keys	需要一组类似 pair 的元素，创建每个 pair 的第 1 个元素的视图
values_view views::values	需要一组类似 pair 的元素，创建每个 pair 的第 2 个元素的视图
common_view views::common	根据范围的类型，begin()和 end()可能会返回不同的类型，例如 begin 迭代器和所谓的哨兵。这意味着，不能将这样的迭代器对传递给期望它们具有相同类型的函数。common_view 可用于将这样一个范围转换为一个普通范围，即 begin()和 end()返回相同类型的范围。在其中一个练习中，将会使用这个范围适配器

表 17-3 中第 1 列中的范围适配器既显示了 std::ranges 名称空间中的类名，也显示了来自 std::ranges::views 名称空间中的所谓范围适配器对象(range adapter object)。标准库还提供了一个名为 std::views 的名称空间别名，它等于 std::ranges::views。

每个范围适配器都可以通过调用其构造函数并传递任何必需的参数来构造。第 1 个参数总是要操作的范围，后面跟着 0 个或多个附加参数，如下所示：

```
std::ranges::operation_view { range, arguments... }
```

通常，不会使用它们的构造函数创建这些范围适配器，而是使用 std::ranges::views 名称空间中的范围适配器对象，并结合按位 OR 运算符|，如下所示：

```
range | std::ranges::views::operation(arguments...)
```

一起来看看这些范围适配器的运行情况。下面的示例首先定义了一个名为 printRange()的简化函数模板，用于打印一条消息，后面跟着给定范围内的所有元素。接下来，main()函数首先创建一个整数向量，1……10，然后对它应用多个范围适配器，每次对结果调用 printRange()，以便可以跟踪正在发生的事情。

```
void printRange(string_view message, auto& range)
{
    cout << message;
    for (const auto& value : range) { cout << value << " "; }
    cout << endl;
```

```
}

int main()
{
    vector values { 1, 2, 3, 4, 5, 6, 7, 8, 9, 10 };
    printRange("Original sequence: ", values);

    // Filter out all odd values, leaving only the even values.
    auto result1 { values
        | views::filter([](const auto& value) { return value % 2 == 0; }) };
    printRange("Only even values: ", result1);

    // Transform all values to their double value.
    auto result2 { result1
        | views::transform([](const auto& value) { return value * 2.0; }) };
    printRange("Values doubled: ", result2);

    // Drop the first 2 elements.
    auto result3 { result2 | views::drop(2) };
    printRange("First two dropped: ", result3);

    // Reverse the view.
    auto result4 { result3 | views::reverse };
    printRange("Sequence reversed: ", result4);
}
```

程序的输出结果如下：

```
Original sequence: 1 2 3 4 5 6 7 8 9 10
Only even values: 2 4 6 8 10
Values doubled: 4 8 12 16 20
First two dropped: 12 16 20
Sequence reversed: 20 16 12
```

值得重申的是，视图是惰性求值的。在本例中，result1 视图的构建没有执行任何实际的过滤。过滤发生在 printRange()函数迭代 result1 的元素时。

代码片段使用 std::ranges::views 中的范围适配器对象。还可以使用范围适配器的构造函数来构造范围适配器。例如，result1 视图可以构造如下：

```
auto result1 { ranges::filter_view { values,
    [](const auto& value) { return value % 2 == 0; } } };
```

这个示例创建了几个中间视图，以便能够输出它们的元素，这样可以更容易地了解每个步骤中发生的事情。如果不需要这些中间视图，可以将它们全部链接在一个管道中，如下所示：

```
vector values { 1, 2, 3, 4, 5, 6, 7, 8, 9, 10 };
printRange("Original sequence: ", values);

auto result { values
    | views::filter([](const auto& value) { return value % 2 == 0; })
    | views::transform([](const auto& value) { return value * 2.0; })
    | views::drop(2)
    | views::reverse };
printRange("Final sequence: ", result);
```

输出结果如下所示。最后一行显示了最终序列与前面的 result4 视图相同。

```
Original sequence: 1 2 3 4 5 6 7 8 9 10
Final sequence: 20 16 12
```

通过视图修改元素

只要该范围不是只读的，就可以修改范围的元素。例如，views::transform 的结果是一个只读视图，因为它返回一个包含已转换元素的视图，但不转换底层范围中的实际值。

下面的示例再次构造了一个包含 10 个元素的 vector。然后，它在偶数上创建了一个视图，删除了前 2 个偶数，最后再反转元素。然后，基于范围的 for 循环将结果视图中的元素乘以 10。最后一行输出 values vector 中的元素，以确认某些元素已通过视图更改。

```
vector values { 1, 2, 3, 4, 5, 6, 7, 8, 9, 10 };
printRange("Original sequence: ", values);

// Filter out all odd values, leaving only the even values.
auto result1 { values
   | views::filter([](const auto& value) { return value % 2 == 0; }) };
printRange("Only even values: ", result1);

// Drop the first 2 elements.
auto result2 { result1 | views::drop(2) };
printRange("First two dropped: ", result2);

// Reverse the view.
auto result3 { result2 | views::reverse };
printRange("Sequence reversed: ", result3);

// Modify the elements using a range-based for loop.
for (auto& value : result3) { value *= 10; }
printRange("After modifying elements through a view, vector contains: ", values);
```

输出结果如下：

```
Original sequence: 1 2 3 4 5 6 7 8 9 10
Only even values: 2 4 6 8 10
First two dropped: 6 8 10
Sequence reversed: 10 8 6
After modifying elements through a view, vector contains: 1 2 3 4 5 60 7 80 9 100
```

映射元素

转换范围的元素并不需要产生具有相同类型元素的范围。相反，可以将元素映射到另一种类型。下面的例子从一个整数范围开始，过滤掉所有的奇数，只保留前 3 个偶数，并使用 std::format()和一个原始字符串字面量将它们转换为带引号的字符串(请参阅第 2 章)：

```
vector values { 1, 2, 3, 4, 5, 6, 7, 8, 9, 10 };
printRange("Original sequence: ", values);

auto result { values
   | views::filter([](const auto& value) { return value % 2 == 0; })
   | views::take(3)
   | views::transform([](const auto& v) { return format(R"("{}")", v); }) };
printRange("Result: ", result);
```

输出结果如下：

```
Original sequence: 1 2 3 4 5 6 7 8 9 10
Result: "2" "4" "6"
```

17.4.3 范围工厂

范围库提供了表 17-4 的范围工厂（range factory)来构建视图，这些视图可以根据需要惰性地生成元素。

表 17-4 范围工厂

范围工厂	描述
empty_view	创建一个空视图
single_view	创建具有单个给定元素的视图
iota_view	创建一个无限或有界的视图，其中包含以初始值开始的元素，每个后续元素的值等于前一个元素的值加 1
basic_istream_view istream_view	创建一个视图，其中包含通过调用底层输入流上的调用提取运算符(运算符>>)检索到的元素

与上一节的范围适配器一样，范围工厂表中的名称是位于 std::ranges 名称空间中的类名称，可以使用它们的构造函数直接创建它们。或者，也可以使用 std::ranges:views 名称空间中提供的工厂函数。例如，下面的两个语句是等价的，它们用元素 10、11、12……创建了一个无限视图。

```
std::ranges::iota_view { 10 }
std::ranges::views::iota(10)
```

来看一个实际中的范围工厂。下面的示例基于前面的示例，但这段代码并没有构造一个包含 10 个元素的 vector，而是使用 iota 范围工厂创建了一个从 10 开始的惰性无限数字序列。然后它删除了所有奇数，将其余元素加倍，最后只保留前 10 个元素，随后使用 printRange()输出到控制台。

```
// Create an infinite sequence of the numbers 10, 11, 12, ...
auto values { views::iota(10) };
// Filter out all odd values, leaving only the even values.
auto result1 { values
    | views::filter([](const auto& value) { return value % 2 == 0; }) };
// Transform all values to their double value.
auto result2 { result1
    | views::transform([](const auto& value) { return value * 2.0; }) };
// Take only the first ten elements.
auto result3 { result2 | views::take(10) };
printRange("Result: ", result3);
```

输出结果如下：

```
Result: 20 24 28 32 36 40 44 48 52 56
```

值范围表示无限的范围，随后对其进行过滤和转换。使用无限范围是可能的，因为所有这些操作只有在 printRange()迭代视图中的元素时才会被延迟计算。这也意味着在这个示例中，不能调用 printRange()来输出 values、result1 或 result2 的内容，因为这将导致 printRange()中的 for 循环永远循环，因为它们是无限范围。

当然，也可以去掉这些中间视图，简单地构建一个大的管道。

```
auto result { views::iota(10)
    | views::filter([](const auto& value) { return value % 2 == 0; })
    | views::transform([](const auto& value) { return value * 2.0; })
    | views::take(10) };
printRange("Result: ", result);
```

输入流作为视图

basic_istream_view/istream_view 范围工厂可用于构建从输入流(例如标准输入)读取的元素的视图。使用运算符>>读取元素。

例如，下面的代码片段继续从标准输入读取整数。对于每个小于 5 的读取数字，将该数字加倍，然后打印在标准输出中。一旦输入 5 或者更大的数字，循环停止。

```
for (auto value : ranges::istream_view<int>(cin)
    | views::take_while([](const auto& v) { return v < 5; })
    | views::transform([](const auto& v) { return v * 2; })) {
    cout << format("> {}\n", value);
}
cout << "Terminating..." << endl;
```

以下是可能的输出序列：

```
1
> 2
3
> 6
4
> 8
5
Terminating...
```

17.5　本章小结

本章解释了迭代器背后的思想，迭代器是一种抽象概念，允许在不需要了解容器结构的情况下导航容器的元素。输出流迭代器可以使用标准输出作为基于迭代器的算法的目标，类似地，输入流迭代器可以使用标准输入作为算法的数据来源。本章还讨论了可用于适配其他迭代器的插入、反向和移动迭代器适配器。

本章的最后一部分讨论了范围库，它是 C++20 标准库的一部分。通过指定想要完成什么，而不是如何完成，它允许编写更多的函数式代码。它可以构造由应用于范围元素的操作组合组成的管道。这样的管道是惰性求值的；也就是说，在迭代结果视图之前，它们不会执行任何操作。

17.6　练习

通过完成以下习题，可以巩固本章讨论的知识点。所有习题的答案都可扫描封底二维码下载。然而，如果你困在一个练习中，在网站上查看答案之前，请先重新阅读本章的内容，试着自己找到答案。

练习 17-1　编写一个程序，惰性构造 10～100 的元素序列，然后对每个数进行平方计算，再删除所有可被 5 整除的数，最后使用 std::to_string()将剩余的数转换为字符串。

练习 17-2 编写一个程序，创建一个 pair 的 vector，其中每一对包含本章前面介绍的 Person 类的一个实例，以及他们的年龄。接下来，使用范围库构建一个单一的管道，从向量中提取所有人的年龄，并删除所有年龄在 12 岁以下和 65 岁以上的人。最后，使用本章前面的 sum()算法计算剩余人的年龄平均值。当将一个范围传递给 sum()算法时，必须使用一个普通范围。

练习 17-3 进一步构建练习 17-2 的解决方案，为 Person 类添加 operator<< 的实现。

接下来，创建一个管道，从 pair 的 vector 中提取每对的 Person，并且只保留前 4 个 Person。使用本章前面介绍的 myCopy()算法将这 4 个人的名字打印到标准输出；每行显示一个名称。

最后，创建一个类似的管道，并将所有过滤的 Person 投影到他们的姓氏。再次使用 myCopy()将这些姓氏打印到标准输出。

练习 17-4 编写一个程序，使用基于范围的 for 循环和 range::istream_view()从标准输入读取整数，直到输入-1。将读取的整数存储到一个 vector 中，并使用本章前面介绍的 myCopy()算法来验证向量是否包含正确的值。

附加练习 能否找到一些方法来改变练习 17-4 的解决方案，避免使用任何循环？提示：也许一种选择是使用 std::ranges::copy()算法将范围从源复制到目标。它可以用一个范围作为第 1 个参数，输出迭代器作为第 2 个参数来调用。

第18章 标准库容器

本章内容

- 容器概述：元素的需求、一般错误处理
- 顺序容器：vector、deque、list、forward_list 和 array
- 如何使用 span 类
- 容器适配器：queue、priority_queue 和 stack
- 关联容器：pair 实用工具、map、multimap、set 和 multiset
- 无序关联容器/哈希表：unordered_map、unordered_multimap、unordered_set 和 unordered_multiset
- 其他容器：标准 C 风格数组、string、流和 bitset

本章深入讲解标准库可用的容器。介绍了不同的容器、它们的类别以及它们之间的权衡。相比其他一些容器，对某些容器的讨论要详细得多。一旦知道如何使用每个类别的容器，那么使用同一类别的任何其他容器就都不会有问题。有关所有容器的所有方法的完整参考资源，请参阅最喜欢的标准库参考。

18.1 容器概述

标准库中的容器是泛型数据结构，特别适合保存数据集合。使用标准库时，几乎不需要使用标准 C 风格数组、编写链表或者设计栈。容器被实现为类模板，因此可利用任何满足以下基本条件的类型进行实例化。除 array 和 bitset 外，大部分标准库容器的大小灵活多变，都能自动增长或收缩，以容纳更多或更少的元素。和固定大小的旧的标准 C 风格数组相比，这有着巨大优势。由于本质上标准 C 风格数组的大小是固定的，因此容易受到溢出的破坏。如果数据溢出，轻则导致程序崩溃(因为数据被破坏了)，重则导致某些类型的安全攻击。使用标准库容器，程序遇到这种问题的可能性就会小得多。

第 16 章“C++标准库概述”对标准库提供的不同容器进行了高级概述。标准库提供了 16 个容器，分为 4 大类。

- 顺序容器
  - vector(动态数组)

  - deque
  - list
  - forward_list
  - array
- 关联容器
  - map
  - multimap
  - set
  - multiset
- 无序关联容器或哈希表
  - unordered_map
  - unordered_multimap
  - unordered_set
  - unordered_multiset
- 容器适配器
  - queue
  - priority_queue
  - stack

此外，C++的 string 和流也可在某种程度上用作标准库容器，bitset 可以用于存储固定数目的位。

标准库中的所有内容都在 std 名称空间中。本书中的例子通常都在源文件中使用 using namespace std;语句覆盖所有范围(千万不要在头文件中使用！)，也可以在自己的程序中更有选择性地选择使用 std 中的哪些符号。

18.1.1 对元素的要求

标准库容器对元素使用值语义(value semantic)。也就是说，在输入元素时保存元素的一份副本，通过赋值运算符给元素赋值，通过析构函数销毁元素。因此，编写要用于标准库的类时，一定要保证它们是可以复制的。请求容器中的元素时，会返回所存副本的引用。

如果喜欢引用语义，可存储元素的指针而非元素本身。当容器复制指针时，结果仍然指向同一元素。另一种方式是在容器中存储 std::reference_wrapper。可使用 std::ref()或 std::cref()创建 reference_wrapper，使引用变得可以复制。reference_wrapper 类模板以及 ref()和 cref()函数模板在<functional>头文件中定义。在本章后面的“在 vector 中存储引用”一节中给出了一个示例。

在容器中，可存储“仅移动”类型，这是非可复制类型，但这么做时，容器上的一些操作可能无法通过编译。“仅移动”类型的一个例子是 std::unique_ptr。

> **警告：**
> 如果要在容器中保存指针，应该使用 unique_ptr，使容器成为指针所指对象的拥有者，或者使用 shared_ptr，使容器与其他拥有者共享拥有权。不要在容器中使用旧的和已删除的 auto_ptr 类，因为这个类没有正确实现复制操作(就标准库而言)。

标准库容器的一个模板类型参数是所谓的分配器(allocator)。标准库容器可使用分配器为元素分配或释放内存。分配器类型参数具有默认值，因此几乎总是可以忽略它。例如，vector 类模板如下所示：

```
template <class T, class Allocator = std::allocator<T>> class vector;
```

某些容器(例如map)也允许将比较器(comparator)作为模板类型参数。比较器用于排序元素，具有默认值，通常不需要指定。例如，map类模板如下所示：

```
template <class Key, class T, class Compare = std::less<Key>,
   class Allocator = std::allocator<std::pair<const Key, T>>> class map;
```

有关使用默认内存分配器和比较器的容器中元素的特别需求在表18-1中列出。

表18-1 特别需求

方法	说明	注意
拷贝构造函数	创建一个“等于”旧元素的新元素，但这个新元素可以安全地析构，而不会影响旧元素	每次插入元素时使用，但使用稍后介绍的emplace方法时除外
移动构造函数	创建一个新元素，将源元素中的所有内容转移到新元素中	当源元素是右值，并且在构建新元素后要销毁源元素时使用；或者在vector增加其容量时使用。移动构造函数应当标记noexcept，否则无法使用
赋值运算符	用源元素的副本替换一个元素的内容	每次修改元素时使用
移动赋值运算符	通过移动源元素的所有内容替换一个元素的内容	当源元素是右值，并且在执行赋值操作后要销毁源元素时使用。移动赋值运算符应当标记noexcept，否则无法使用
析构函数	清理一个元素	每次删除元素时使用；或者vector增加其容量，并且元素不能noexcept移动时使用
默认构造函数	构建一个元素时不接收任何参数	只有特定的操作才需要，例如带一个参数的vector::resize()方法和map::operator[]访问
operator==	比较两个元素是否相等	无序容器中的键需要；还有在执行特定操作时需要，例如对两个容器应用operator==时
operator<	判断一个元素是否比另一个元素小	关联容器中的键需要，还有在执行某些操作时需要，例如对两个容器应用operator<时

第9章“精通类与对象”讲解了如何编写这些方法。

警告：

标准库容器经常移动或复制元素。因此，为了获得最佳性能，请确保容器中存储的对象类型支持移动语义，详情请参阅第9章。如果无法使用移动语义，请确保拷贝构造函数和拷贝赋值运算符尽可能高效。

18.1.2 异常和错误检查

标准库容器提供非常有限的错误检查功能。客户应确保使用正确。然而，一些容器方法和函数会在特定条件下抛出异常，例如越界索引。当然，不可能全面包罗这些方法抛出的异常，因为这些方法操作的用户自定义类型没有已知的异常特征。本章在恰当的地方提到了异常。可参阅标准库资料，以便了解每个方法可能抛出的异常列表。

18.2 顺序容器

vector、deque、list、forward_list 和 array 都称为顺序容器(sequential container)，因为它们存储了一个元素序列。学习顺序容器的最好方法是学习一个 vector 示例，vector 是默认容器。本节首先详细描述 vector，然后简要描述 deque、list、forward_list 和 array。熟悉了顺序容器后，就可以很方便地在其中进行切换。

18.2.1 vector

标准库容器 vector 类似于标准 C 风格数组：元素保存在连续的内存空间中，每个元素都有自己的"槽"。可以在 vector 中建立索引，还可以在尾部或任何位置插入新的元素。向 vector 插入元素或从 vector 删除元素通常需要线性时间，当这些操作在 vector 尾部执行时，实际运行时间为摊还常量时间。随机访问单个元素的复杂度为常量时间。

1. vector 概述

vector 在<vector>头文件中被定义为一个带有 2 个类型参数的类模板：一个参数为要保存的元素类型，另一个参数为分配器(allocator)类型。

```
template <class T, class Allocator = allocator<T>> class vector;
```

Allocator 参数指定了内存分配器对象的类型，客户可设置内存分配器，以便使用自定义的内存分配器。这个模板参数具有默认值。

> **注意：**
> Allocator 类型参数的默认值足够大部分应用程序使用。本章假定总是使用默认分配器。第 25 章"自定义和扩展标准库"将提供更多感兴趣的细节。

从 C++20 开始，std::vector 是 constexpr，就像 std::string 一样。这意味着 vector 可用于在编译期执行操作，并可用于 constexpr 函数和类的实现。目前，vector 和 string 是唯一的 constexpr 的标准库容器。

固定长度的 vector

使用 vector 的最简单方式是将其用作固定长度的数组。vector 提供了一个可以指定元素数量的构造函数，还提供了一个重载的 operator[]以便访问和修改这些元素。通过 operator[]访问 vector 边界之外的元素时，得到的结果是未定义的。也就是说，编译器可以自行决定如何处理这种情况。例如，Microsoft Visual C++的默认行为是：在调试模式下编译程序时，会给出运行时错误消息；在发布模式下，出于性能原因这些边界检查都被禁用了。可以修改这些默认行为。

> **警告：**
> 与真正的数组索引一样，vector 上的 operator[]没有提供边界检查功能。

除使用 operator[]运算符外，还可通过 at()、front()和 back()访问 vector 中的元素。at()方法等同于 operator[]运算符，区别在于 at()会执行边界检查，如果索引超出边界，at()会抛出 out_of_range 异常。front()和 back()分别返回 vector 的第 1 个元素和最后 1 个元素的引用。在空的容器上调用 front()和 back()会引发未定义的行为。

警告：
所有 vector 元素访问操作的复杂度都是常量时间。

下面是一个用于“标准化”考试分数的小程序，经过标准化后，最高分设置为100，其他所有分数都依此进行调整。这个程序创建了一个带有10个double值的vector，然后从用户那里读入10个值，将每个值除以最高分(再乘以100)，最后打印出新值。为简单起见，这个程序略去了错误检查部分。

```
vector<double> doubleVector(10); // Create a vector of 10 doubles

// Initialize max to smallest number
double max { -numeric_limits<double>::infinity() };

for (size_t i { 0 }; i < doubleVector.size(); i++) {
   cout << format("Enter score {}: ", i + 1);
   cin >> doubleVector[i];
   if (doubleVector[i] > max) {
      max = doubleVector[i];
   }
}

max /= 100.0;
for (auto& element : doubleVector) {
   element /= max;
   cout << element << " ";
}
```

从这个例子可以看出，可以像使用标准C风格数组一样使用vector。注意第一个for循环使用size()方法来确定容器中的元素个数。本例还演示了如何给vector使用基于范围的for循环。在本例中，基于范围的for循环使用的是auto&而不是auto，因为这里需要一个引用，才能在每次迭代时修改元素。

注意：
对 vector 应用 operator[]运算符通常会返回一个对元素的引用，可将这个引用放在赋值语句的左侧。如果对 const vector 对象应用 operator[]运算符，就会返回一个对 const 元素的引用，这个引用不能用作赋值的目标。第15章“C++运算符重载”将详细讲解这个技巧的实现细节。

动态长度的 vector

vector的真正强大之处在于动态增长的能力。例如，考虑前面的测试分数标准化程序，对这个程序再添加一项要求：处理任意数量的测试分数。下面是这个程序的新版本：

```
vector<double> doubleVector; // Create a vector with zero elements.

// Initialize max to smallest number
double max { -numeric_limits<double>::infinity() };

for (size_t i { 1 }; true; i++) {
   double temp;
   cout << format("Enter score {} (-1 to stop): ", i);
   cin >> temp;
   if (temp == -1) {
      break;
   }
   doubleVector.push_back(temp);
```

```
        if (temp > max) {
            max = temp;
        }
    }

    max /= 100.0;
    for (auto& element : doubleVector) {
        element /= max;
        cout << element << " ";
    }
```

这个新版本的程序使用默认的构造函数创建了一个不包含元素的 vector。每读取一个分数，便通过 push_back()方法将分数添加到 vector 中，push_back()方法能为新元素分配范围。基于范围的 for 循环不需要任何修改。

2. vector 详解

前面初步介绍了 vector，下面将深入讲解 vector 的细节。

构造函数和析构函数

默认的构造函数创建一个不包含元素的 vector。

```
vector<int> intVector; // Creates a vector of ints with zero elements
```

可指定元素个数，还可指定这些元素的值，如下所示：

```
vector<int> intVector(10, 100); // Creates vector of 10 ints with value 100
```

如果没有提供默认值，那么对新对象进行 0 初始化。0 初始化通过默认构造函数构建对象，将基本的整数类型(例如 char 和 int 等)初始化为 0，将基本的浮点类型初始化为 0.0，将指针类型初始化为 nullptr。

还可创建内建类的 vector，如下所示：

```
vector<string> stringVector(10, "hello");
```

用户自定义的类也可以用作 vector 元素：

```
class Element
{
    public:
        Element() {}
        virtual ~Element() = default;
};
...
vector<Element> elementVector;
```

可以使用包含初始元素的 initializer_list 构建 vector：

```
vector<int> intVector({ 1, 2, 3, 4, 5, 6 });
```

第 1 章提到的统一初始化(uniform initialization)可用于包括 vector 在内的大部分标准库容器。例如：

```
vector<int> intVector1 = { 1, 2, 3, 4, 5, 6 };
vector<int> intVector2{ 1, 2, 3, 4, 5, 6 };
```

多亏了类模板实参推导(CTAD)，可以省略模板类型参数。示例如下：

```
vector<int> intVector { 1, 2, 3, 4, 5, 6 };
```

不过，请谨慎使用统一初始化；通常，在调用对象的构造函数时，可以使用统一的初始化语法。示例如下：

```
string text { "Hello World." };
```

对于 vector 的使用也需要小心。例如，下面的代码调用 vector 构造函数来创建一个包含 10 个整数，且值为 100 的 vector：

```
vector<int> intVector(10, 100); // Creates vector of 10 ints with value 100
```

如下使用统一初始化不是创建一个包含 10 个整数的 vector，而是一个只有 2 个元素的 vector，初始化为 10 和 100：

```
vector<int> intVector { 10, 100 }; // Creates vector of two elements: 10 and 100
```

还可以在自由存储区上分配 vector：

```
auto elementVector { make_unique<vector<Element>>(10) };
```

vector 的复制和赋值

vector 存储对象的副本，其析构函数调用每个对象的析构函数。vector 类的拷贝构造函数和赋值运算符对 vector 中的所有元素执行深度复制。因此，出于效率方面的考虑，应该通过非 const 引用或 const 引用而不是通过传值向函数传递 vector。

除普通的复制和赋值外，vector 还提供了 assign()方法，这个方法删除了所有现有的元素，并添加任意数目的新元素。这个方法特别适合于 vector 的重用。下面是一个简单的例子。intVector 包含 10 个默认值为 0 的元素。然后通过 assign()删除所有 10 个元素，并填充以 5 个值为 100 的元素代之。

```
vector<int> intVector(10);
. . .
intVector.assign(5, 100);
```

如下所示，assign()还可接收 initializer_list。intVector 现在有 4 个具有给定值的元素：

```
intVector.assign({ 1, 2, 3, 4 });
```

vector 还提供了 swap()方法，这个方法可交换两个 vector 的内容，并且具有常量时间复杂度。下面是一个简单的示例：

```
vector<int> vectorOne(10);
vector<int> vectorTwo(5, 100);
vectorOne.swap(vectorTwo);
// vectorOne now has 5 elements with the value 100.
// vectorTwo now has 10 elements with the value 0.
```

vector 的比较

标准库在 vector 中提供了 6 个重载的比较运算符：==、!=、<、>、<=和>=。如果两个 vector 的元素数量相等，而且对应元素都相等，那么这两个 vector 相等。两个 vector 的比较采用字典顺序：如果第一个 vector 中从 0 到 i-1 的所有元素都等于第二个 vector 中从 0 到 i-1 的所有元素，但第一个 vector 中的元素 i 小于第二个 vector 中的元素 i，其中 i 在 0 到 *n* 之间，且 *n* 必须小于 size()，那么第一个 vector “小于”第二个 vector；其中的 size()是指两个 vector 中较小者的大小。

注意：

通过 operator==和 operator!=比较两个 vector 时，要求每个元素都能通过 operator==运算符进行比较。通过 operator<、operator>、operator<=或 operator>=比较两个 vector 时，要求每个元素都能通过 operator<运算符进行比较。如果要在 vector 中保存自定义类的对象，务必编写这些运算符。

下面是一个比较元素类型为 int 的两个 vector 的简单程序：

```
vector<int> vectorOne(10);
vector<int> vectorTwo(10);

if (vectorOne == vectorTwo) {
    cout << "equal!" << endl;
} else {
    cout << "not equal!" << endl;
}

vectorOne[3] = 50;

if (vectorOne < vectorTwo) {
    cout << "vectorOne is less than vectorTwo" << endl;
} else {
    cout << "vectorOne is not less than vectorTwo" << endl;
}
```

这个程序的输出为：

```
equal!
vectorOne is not less than vectorTwo
```

vector 迭代器

第 17 章"理解迭代器与范围库"讲解了容器迭代器的基础知识。该讨论比较抽象，因此看一下代码示例会有所帮助。下面是之前使用迭代器替换基于范围的 for 循环的测试分数标准化程序的最后一个 for 循环：

```
for (vector<double>::iterator iter { begin(doubleVector) };
    iter != end(doubleVector); ++iter) {
    *iter /= max;
    cout << *iter << " ";
}
```

首先，看一下 for 循环的初始化语句：

```
vector<double>::iterator iter { begin(doubleVector) };
```

前面提到，每个容器都定义了一种名为 iterator 的类型，以表示那种容器类型的迭代器。begin()返回引用容器中第一个元素的相应类型的迭代器。因此，这条初始化语句在 iter 变量中获取了引用 doubleVector 中第一个元素的迭代器。下面看一下 for 循环的比较语句：

```
iter != end(doubleVector);
```

这条语句检查迭代器是否超越了 vector 中元素序列的尾部。当到达这一点时，循环终止。递增语句++iter 递增迭代器，以便引用 vector 中的下一个元素。

注意：

只要可能，尽量使用前递增而不要使用后递增，因为前递增至少效率不会差，一般更高效。iter++必须返回一个新的迭代器对象，而++iter 只是返回对 iter 的引用。关于 operator++运算符的实现详情，请参阅第 15 章“C++运算符重载”。

for 循环体包含以下两行：

```
*iter /= max;
cout << *iter << " ";
```

从中可以看出，这段代码可以访问和修改所迭代的元素。第一行通过*解引用 iter，从而获得 iter 所引用的元素，然后给这个元素赋值。第二行再次解引用 iter，但这次只是将元素流式输出到 cout。

上述使用迭代器的 for 循环可通过 auto 关键字进行简化：

```
for (auto iter { begin(doubleVector) };
    iter != end(doubleVector); ++iter) {
    *iter /= max;
    cout << *iter << " ";
}
```

有了 auto，编译器会根据初始化语句右侧的内容自动推导变量 iter 的类型，在本例中，初始化语句右侧的内容是调用 begin()得到的结果。

vector 支持以下功能：

- (c)begin()和(c)end()返回指向第一个元素和最后一个元素的后一个元素的(const)迭代器。
- (c)rbegin()和(c)rend()返回指向第一个元素的前一个元素和最后一个元素的反向迭代器。

访问对象元素中的字段

如果容器中的元素是对象，那么可对迭代器使用->运算符，调用对象的方法或访问对象的成员。例如，下面的程序创建了包含 10 个字符串的 vector，然后迭代所有字符串，并给每个字符串追加一个新的字符串：

```
vector<string> stringVector(10, "hello");
for (auto it { begin(stringVector) }; it != end(stringVector); ++it) {
    it->append(" there");
}
```

使用基于范围的 for 循环，这段代码可以重写为：

```
for (auto& str : stringVector) {
    str.append(" there");
}
```

const_iterator

普通的迭代器支持读和写。然而，如果对 const 对象调用 begin()和 end()，或调用 cbegin()和 cend()，将得到 const_iterator。const_iterator 是只读的，不能通过 const_iterator 修改它引用的元素。iterator 始终可以转换为 const_iterator，因此下面这种写法是安全的：

```
vector<type>::const_iterator it { begin(myVector) };
```

然而，const_iterator 不能转换为 iterator。如果 myVector 是 const 修饰的，那么下面这行代码无法通过编译：

```
vector<type>::iterator it { begin(myVector) };
```

> **注意：**
> 如果不需要修改 vector 中的元素，那么应该使用 const_iterator。遵循这条原则，将更容易保证代码的正确性，还允许编译器执行特定的优化。

在使用 auto 关键字时，const_iterator 的使用看上去有一点区别。假设有以下代码：

```
vector<string> stringVector(10, "hello");
for (auto iter { begin(stringVector) }; iter != end(stringVector); ++iter) {
    cout << *iter << endl;
}
```

由于使用了 auto 关键字，编译器会自动推导 iter 变量的类型，然后将其设置为普通的 iterator，因为 stringVector 不是 const 修饰的。如果需要结合 auto 使用只读的 const_iterator，那么需要使用 cbegin()和 cend()，而不是 begin()和 end()，如下所示：

```
for (auto iter { cbegin(stringVector) }; iter != cend(stringVector); ++iter) {
    cout << *iter << endl;
}
```

现在编译器会将 iter 变量的类型设置为 const_iterator，因为 cbegin()返回的就是 const_iterator。

基于范围的 for 循环也可用于强制使用 const iterator，如下所示：

```
for (const auto& element : stringVector) {
    cout << element << endl;
}
```

迭代器的安全性

通常情况下，迭代器的安全性和指针接近：非常不安全。例如，可以编写如下代码：

```
vector<int> intVector;
auto iter { end(intVector) };
*iter = 10; // BUG! iter doesn't refer to a valid element.
```

此前提到过，end()返回的迭代器越过了 vector 尾部。不是引用最后一个元素的迭代器！试图解引用这个迭代器会产生不确定的行为。然而，并没有要求迭代器本身执行任何验证操作。

如果使用了不匹配的迭代器，则会引发另一个问题。例如，下面的 for 循环初始化 vectorTwo 的一个迭代器，然后试图和 vectorOne 的 end 迭代器进行比较。毫无疑问，这个循环不会按照预想的行为执行，可能永远都不会终止。在循环中解除引用迭代器可能产生不确定的后果。

```
vector<int> vectorOne(10);
vector<int> vectorTwo(10);

// Fill in the vectors.

// BUG! Possible infinite loop
for (auto iter { begin(vectorTwo) }; iter != end(vectorOne); ++iter) {
    // Loop body
}
```

> **注意：**
> Microsoft Visual C++在运行程序的调试版本时，如果遇到前面的两个问题，会给出断言错误。默认情况下，不对发布版本执行任何迭代器验证操作。也可以给发布版本启用迭代器验证功能，但这会降低性能。

其他迭代器操作

vector 迭代器是随机访问的，因此可以向前或向后移动，还可以随意跳跃。例如，下面的代码最终将 vector 中第 5 个元素(索引为 4)的值改为 4：

```
vector<int> intVector(10);
auto it { begin(intVector) };
it += 5;
--it;
*it = 4;
```

迭代器还是索引

既然可以编写 for 循环，使用简单索引变量和 size()方法迭代 vector 中的元素，为什么还要使用迭代器？这个问题提得好，主要有 3 个原因：

- 使用迭代器可在容器的任意位置插入、删除元素或元素序列。详见后面的“添加和删除元素”部分。
- 使用迭代器可使用标准库算法，详情请参阅第 20 章“掌握标准库算法”的讨论。
- 通过迭代器顺序访问元素，通常比编制容器索引以单独检索每个元素的效率要高。这种特性不适用于 vector，但适用于 list、map 和 set。

在 vector 中存储引用

如本章开头所述，可在诸如 vector 的容器中存储引用。为此，可以在容器中存储 std::reference_wrapper。std::ref()和 cref()函数模板用于创建非 const 和 const reference_wrapper 实例。get()方法用于访问由 reference_wrapper 包装的对象。但是需要包含<functional>头文件。示例如下：

```
string str1 { "Hello" };
string str2 { "World" };

// Create a vector of references to strings.
vector<reference_wrapper<string>> vec{ ref(str1) };
vec.push_back(ref(str2));  // push_back() works as well.

// Modify the string referred to by the second reference in the vector.
vec[1].get() += "!";

// The end result is that str2 is actually modified.
cout << str1 << " " << str2 << endl;
```

添加和删除元素

根据前面的描述，通过 push_back()方法可向 vector 追加元素。vector 还提供了删除元素的对应方法：pop_back()。

> **警告：**
> pop_back()不会返回已删除的元素。如果要访问这个元素，必须首先通过 back()获得这个元素。

通过 insert()方法可在 vector 中的任意位置插入元素，这个方法在迭代器指定的位置添加 1 个或多个元素，并将所有后续元素向后移动，给新元素腾出空间。insert()有 5 种不同的重载形式：

- 插入单个元素。
- 插入单个元素的 *n* 份副本。

- 从某个迭代器范围插入元素。回顾一下，迭代器范围是半开区间，因此包含起始迭代器所指的元素，但不包含末尾迭代器所指的元素。
- 使用移动语义，将给定元素转移到 vector 中，插入一个元素。
- 向 vector 中插入一列元素，这列元素是通过 initializer_list 指定的。

注意：

push_back()和 insert()还有把左值或右值作为参数的版本。两个版本都根据需要分配内存，以存储新元素。左值版本保存新元素的副本。右值版本使用移动语义，将给定元素的所有权转移到 vector，而不是复制它们。

通过 erase()可在 vector 中的任意位置删除元素，通过 clear()可删除所有元素。erase()有两种形式：一种接收单个迭代器，删除单个元素；另一种接收两个迭代器，删除迭代器指定的元素范围。

下面的程序演示了添加和删除元素的方法。它使用一个辅助函数模板 printVector()，将 vector 的内容打印到 cout。第 12 章"利用模板编写泛型代码"详细讲解了如何编写函数模板。

```
template<typename T>
void printVector(const vector<T>& v)
{
    for (auto& element : v) { cout << element << " "; }
    cout << endl;
}
```

这个示例还演示了 erase()的双参数版本和 insert()的以下版本：

- insert(const_iterator pos, const T& x)：将值 x 插入位置 pos。
- insert(const_iterator pos, size_type n, const T& x)：将值 x 在位置 pos 插入 *n* 次。
- insert(const_iterator pos, InputIterator first, InputIterator last)：将范围[first, last)内的元素插入位置 pos。

该例的代码如下：

```
vector<int> vectorOne { 1, 2, 3, 5 };
vector<int> vectorTwo;

// Oops, we forgot to add 4. Insert it in the correct place
vectorOne.insert(cbegin(vectorOne) + 3, 4);

// Add elements 6 through 10 to vectorTwo
for (int i { 6 }; i <= 10; i++) {
    vectorTwo.push_back(i);
}
printVector(vectorOne);
printVector(vectorTwo);

// Add all the elements from vectorTwo to the end of vectorOne
vectorOne.insert(cend(vectorOne), cbegin(vectorTwo), cend(vectorTwo));
printVector(vectorOne);

// Now erase the numbers 2 through 5 in vectorOne
vectorOne.erase(cbegin(vectorOne) + 1, cbegin(vectorOne) + 5);
printVector(vectorOne);

// Clear vectorTwo entirely
vectorTwo.clear();
```

```
// And add 10 copies of the value 100
vectorTwo.insert(cbegin(vectorTwo), 10, 100);

// Decide we only want 9 elements
vectorTwo.pop_back();
printVector(vectorTwo);
```

这个程序的输出如下：

```
1 2 3 4 5
6 7 8 9 10
1 2 3 4 5 6 7 8 9 10
1 6 7 8 9 10
100 100 100 100 100 100 100 100 100
```

回顾一下，迭代器对表示的是半开区间，而 insert()将元素添加在迭代器位置引用的元素之前。因此，可按以下方法将 vectorTwo 的完整内容插入 vectorOne 尾部，如下所示：

```
vectorOne.insert(cend(vectorOne), cbegin(vectorTwo), cend(vectorTwo));
```

警告：

把 vector 范围作为参数的 insert()和 erase()等方法做了如下假定：头尾迭代器引用的是同一个容器中的元素，尾迭代器引用头迭代器所在的元素或其后面的元素。如果这些前提条件不满足，这些方法就不能正常工作。

如果想要删除所有满足条件的元素，一种解决方案是编写一个循环，遍历所有元素，并删除所有符合条件的元素。但是，该解决方案具有 O(n^2)复杂度，这对性能不利。这种复杂度可以通过使用 remove-erase-idiom 来避免，它具有线性复杂度。remove-erase-idiom 将在第 20 章讨论。

C++20

然而，从 C++20 开始，有一个更优雅的解决方案，它的形式是非成员函数 std::erase()和 std::erase_if()，这是为所有标准库容器定义的。下面的代码片段演示了前者：

```
vector values { 1, 2, 3, 2, 1, 2, 4, 5 };
printVector(values);

erase(values, 2); // Removes all values equal to 2.
printVector(values);
```

输出结果如下：

```
1 2 3 2 1 2 4 5
1 3 1 4 5
```

erase_if()的工作原理类似，但不是将值作为第 2 个参数传递，而是传递一个谓词，该谓词对于应该删除的元素返回 true，对于应该保留的元素返回 false。谓词可以采用函数指针、函数对象或 lambda 表达式的形式，所有这些都将在第 19 章“函数指针、函数对象和 lambda 表达式”中详细讨论。

移动语义

在某些情况下，向 vector 添加元素时可以利用移动语义提高性能。例如，假设有一个类型为字符串的 vector，如下所示：

```
vector<string> vec;
```

向这个 vector 添加元素，如下所示：

```
string myElement(5, 'a'); // Constructs the string "aaaaa"
vec.push_back(myElement);
```

但是，因为 myElement 不是临时对象，所以 push_back()会生成 myElement 的副本，并存入 vector。

vector 类还定义了 push_back(T&& val)，这是 push_back(const T& val)的移动版本。如果按照下列方式调用 push_back()方法，那么就可以避免这种复制：

```
vec.push_back(move(myElement));
```

现在可以明确地说，myElement 应移入 vector。注意，在执行这个调用后，myElement 处于有效但不确定的状态。不应再使用 myElement，除非通过调用 clear()等使其重返确定状态。还可以这样调用 push_back()：

```
vec.push_back(string(5, 'a'));
```

上述 vec.push_back()调用会触发移动版本的调用，因为调用 string 构造函数后生成的是一个临时 string 对象。push_back()方法将这个临时 string 对象移到 vector 中，从而避免了复制。

emplace 操作

C++在大部分标准库容器(包括 vector)中添加了对 emplace 操作的支持。emplace 的意思是“放置到位”。emplace 操作的一个示例是 vector 对象上的 emplace_back()，这个方法不会复制或移动任何数据，而是在容器中分配空间，然后就地构建对象。例如：

```
vec.emplace_back(5, 'a');
```

emplace 操作以变参模板的形式接收可变数目的参数。第 26 章“高级模板”将讨论可变参数模板(variadic template)，但理解如何使用 emplace_back()不需要这些细节。基本上，传递给 emplace_back()的参数被转发给存储在 vector 中的类型的构造函数。emplace_back()和使用移动语义的 push_back()之间的性能差异取决于特定编译器实现这些操作的方式。大部分情况下，可根据自己喜好的语法来选择。

```
vec.push_back(string(5, 'a'));
// Or
vec.emplace_back(5, 'a');
```

从 C++17 开始，emplace_back()方法返回已插入元素的引用。在 C++17 之前，emplace_back()的返回类型是 void。

还有一个 emplace()方法，可在 vector 的指定位置就地构建对象，并返回所插入元素的迭代器。

算法复杂度和迭代器失效

在 vector 中插入或删除元素，会导致后面的所有元素向后移动(给插入的元素腾出空间)或向前移动(将删除元素后空出来的空间填满)。因此，这些操作都服从线性复杂度。此外，引用插入点、删除点或随后位置的所有迭代器在操作之后都失效了。迭代器并不会自动移动，以便与 vector 中向前或向后移动的元素保持一致；这项工作需要由你完成。

还要记住，vector 内部的重分配可能导致引用 vector 中元素的所有迭代器失效，而不只是那些引用插入点或删除点之后的元素的迭代器。相关详情，请参阅下一节。

vector 内存分配方案

vector 会自动分配内存来保存插入的元素。回顾一下，vector 要求元素必须放在连续的内存中，这与标准 C 风格数组类似。由于不可能请求在当前内存块的尾部添加内存，因此每次 vector 申请更多内存时，都一定要在另一个位置分配一块新的更大的内存块，然后将所有元素复制/移动到新的内存块。这个过程非常耗时，因此 vector 的实现在执行重分配时，会分配比所需内存更多的内存，以尽量避免这个复制转移过程。通过这种方式，vector 可避免在每次插入元素时都重新分配内存。

现在，一个明显的问题是，作为 vector 的客户，为什么要关心 vector 内部是如何管理内存的。也许会认为，抽象的原则应该允许不用考虑 vector 内部的内存分配方案。遗憾的是，必须理解 vector 内部的内存工作原理有 2 个原因：

(1) **效率**。vector 分配方案能保证元素插入采用摊还常量时间复杂度：也就是说，大部分操作都采用常量时间，但是也会有线性时间(需要重新分配内存时)。如果关注运行效率，那么可控制 vector 执行内存重分配的时机。

(2) **迭代器失效**。重分配会使引用 vector 内元素的所有迭代器失效。

因此，vector 接口允许查询和控制 vector 的重分配，这 2 项将在后面的小节中解释。如果不显式地控制重分配，那么应该假定每次插入都会导致重分配以及所有迭代器失效。

警告：
如果不显式地控制重分配，那么应该假定每次插入都会导致重分配，从而使所有迭代器失效。

大小和容量

vector 提供了两个可获得大小信息的方法：size()和 capacity()。size()方法返回 vector 中元素的个数，而 capacity()返回的是 vector 在重分配之前可以保存的元素个数。因此，在重分配之前还能插入的元素个数为 capacity()−size()。

注意：
通过 empty()方法可以查询 vector 是否为空。vector 可以为空，但容量不能为 0。

还有非成员 std::ssize()和 std::empty()全局函数，它们可以用于所有容器。它们还可以用于静态分配的 C 风格数组(不通过指针访问)以及 initializer_list。下面是一个将它们用于 vector 的例子：

```
vector<int> vec { 1,2,3 };
cout << size(vec) << endl;
cout << empty(vec) << endl;
```

C++20

此外，C++20 引入 std::ssize()作为全局非成员辅助函数，以有符号整型的形式返回 size。示例如下：

```
auto s1 { size(vec) };   // Type is size_t (unsigned)
auto s2 { ssize(vec) };  // Type is long long (signed)
```

预留容量

如果不关心效率和迭代器失效，那么也不需要显式地控制 vector 的内存分配。然而，如果希望程序尽可能高效，或要确保迭代器不会失效，就可以强迫 vector 预先分配足够的空间，以保存所有元素。当然，需要知道 vector 将保存多少元素，但有时这是无法预测的。

一种预分配空间的方式是调用 reserve()。这个方法负责分配保存指定数目元素的足够空间。接下来的时间片轮转类示例展示了 reserve()方法的实际使用。

警告：
为元素预留空间改变的是容量而非大小。也就是说，这个过程不会创建真正的元素。不要越过 vector 大小访问元素。

另一种预分配空间的方法是在构造函数中，或者通过 resize()或 assign()方法指定 vector 要保存的元素数目。这种方法会创建指定大小的 vector(容量也可能就是这么大)。

内存回收

如果需要，vector 会自动分配更多的内存；然而，它永远不会释放任何内存，除非 vector 被销毁。从 vector 中删除元素会减少 vector 的大小，但不会减少其容量。那如何回收它占用的内存呢？回收 vector 占用的所有内存的一个技巧是将它与空的 vector 交换。下面的代码片段展示了如何用一条语句回收名为 values 的 vector 的内存。第 3 行代码构造一个与 values 类型相同的临时空默认构造 vector，并将其与 values 进行交换。为 values 分配的所有内存现在都属于这个临时向量，在语句结束时将自动销毁，释放其所有内存。最终的结果是：为 values 分配的所有内存都被回收，values 的容量变为 0。

```
vector<int> values;
// Populate values ...
vector<int>().swap(values);
```

直接访问数据

vector 在内存中连续存储数据，可使用 data()方法获取指向这块内存的指针。

非成员的 std::data()全局函数可以用来获取数据的指针。它可用于 array、vector 容器、字符串、静态分配的 C 风格数组(不通过指针访问)和 initializer_list。下面是一个用于 vector 的示例：

```
vector<int> vec { 1,2,3 };
int* data1 { vec.data() };
int* data2 { data(vec) };
```

另一种访问 vector 内存块的方法是取第 1 个元素的地址，例如：&vec[0]。在遗留代码库中可能会发现这类代码，但这对空的 vector 来说并不安全；因此，建议不要使用它，而是使用 data()。

3. 移动语义

所有标准库容器都通过包含移动构造函数和移动赋值运算符来支持移动语义。有关移动语义的详细信息，请参阅第 9 章。这样做的一个好处是，可以很容易地从函数中按值返回标准库容器，而不会降低性能。示例如下：

```
vector<int> createVectorOfSize(size_t size)
{
    vector<int> vec(size);
    for (int contents { 0 }; auto& i : vec) { i = contents++; }
    return vec;
}
...
vector<int> myVector;
myVector = createVectorOfSize(123);
```

如果没有移动语义，将 createVectorOfSize()的结果赋值给 myVector，这可能会调用拷贝赋值运算符。通过标准库容器中的移动语义支持，可以避免对 vector 的复制。相反，对 myVector 赋值会触发对移动赋值运算符的调用。

但是请记住，为了让移动语义在标准库容器中正常工作，容器中存储的类型的移动构造函数和移动赋值运算符必须标记为 noexcept！为什么这些移动方法不允许抛出任何异常？假设允许它们抛出异常。现在，当向 vector 添加新元素时，可能是 vector 的容量不够，需要分配更大的内存块。随后，vector 必须将所有数据从原始内存块复制或移动到新内存块。如果使用可能引发异常的移动方法来完成这一操作，那么当部分数据已经被移动到新的内存块时，可能会引发异常。但实际上能做的并不多。为了避免这些问题，标准库容器仅在保证不抛出任何异常的情况下才使用移动方法。如果它们没有被标记为 noexcept，则将使用复制方法保证异常安全。

在实现自定义的类似标准库的容器时，有一个有用的辅助函数 std::move_if_noexcept()，在<utility>头文件中定义。这可用于调用移动构造函数或拷贝构造函数，具体取决于移动构造函数是否为 noexcept。就本身而言，move_if_noexcept()并没有做太多的事情。它接收一个引用作为参数，如果移动构造函数为 noexcept，那么将其转换为右值引用，否则转换为对 const 的引用，但通过这个简单的技巧可以一次就调用到正确的构造函数。

标准库没有提供类似的辅助函数，根据前者是否为 noexcept 来调用移动赋值运算符或拷贝赋值运算符。虽然自己实现一个并不会太复杂，但是需要一些模板元编程技术和所谓的类型萃取来检查类型的属性。这两个主题将在第 26 章讨论，该章还提供了一个实现自定义的 move_assign_if_noexcept()的示例。

4. vector 示例：一个时间片轮转类

计算机科学中的一个常见问题是在有限的资源列表中分配请求。例如，一个简单的操作系统可能保存了一个进程列表，然后给每个进程分配一个时间片(例如 100ms)，进程在自己的时间片内完成一些工作。当时间片用完时，操作系统挂起当前进程，然后把时间片给予列表中的下一个进程，让那个进程执行一些操作。这个问题的一种最简单解决方法是时间片轮转调度(round-robin)。当最后一个进程的时间片用完时，调度器返回并开始执行第一个进程。例如，在一个 3 进程的例子中，将第 1 个时间片分配给第 1 个进程，将第 2 个时间片分配给第 2 个进程，将第 3 个时间片分配给第 3 个进程，第 4 个时间片则又回到第 1 个进程。这个循环按照这种方式无限继续下去。

假设编写一个通用的时间片轮转调度类，可以用于任何类型的资源。这个类应该支持添加和删除资源，还要支持循环遍历资源，以便获得下一资源。尽管可以直接使用 vector，但是通常最好编写一个包装类，以更直接地提供特定应用所需的功能。下例展示了一个 RoundRobin 类模板，其中带有解释代码的注释。首先给出类定义(从模块 round_robin 中导出)：

```
module;
#include <cstddef>
export module round_robin;
import <stdexcept>;
import <vector>;

// Class template RoundRobin
// Provides simple round-robin semantics for a list of elements.
export template <typename T>
class RoundRobin
{
    public:
        // Client can give a hint as to the number of expected elements for
        // increased efficiency.
        explicit RoundRobin(size_t numExpected = 0);
        virtual ~RoundRobin() = default;
        // Prevent assignment and pass-by-value
        RoundRobin(const RoundRobin& src) = delete;
        RoundRobin& operator=(const RoundRobin& rhs) = delete;
        // Explicitly default a move constructor and move assignment operator
        RoundRobin(RoundRobin&& src) noexcept = default;
        RoundRobin& operator=(RoundRobin&& rhs) noexcept = default;
```

```
        // Appends element to the end of the list. May be called
        // between calls to getNext().
        void add(const T& element);
        // Removes the first (and only the first) element
        // in the list that is equal (with operator==) to element.
        // May be called between calls to getNext().
        void remove(const T& element);
        // Returns the next element in the list, starting with the first,
        // and cycling back to the first when the end of the list is
        // reached, taking into account elements that are added or removed.
        T& getNext();
    private:
        std::vector<T> m_elements;
        typename std::vector<T>::iterator m_nextElement;
};
```

从中可以看出，这个公共接口非常简单明了：只有3个方法，再加上构造函数和析构函数。资源都保存在名为m_elements的vector中。迭代器m_nextElement总是指向下次调用getNext()返回的元素。如果还没有调用getNext()，m_nextElement就等于begin(m_elements)。注意，声明m_nextElement那一行前面的typename关键字。目前，该关键字只用于指定模板类型参数，但它还有另一个用途。当访问基于一个或多个模板参数的类型时，必须显式地指定typename。在这个示例中，模板参数T用于访问迭代器类型。因此，必须指定typename。这是神秘C++语法的另一个示例。

因为m_nextElement数据成员的存在，这个类还避免了赋值和按值传递操作。为了让赋值和按值传递操作能正常工作，必须要实现赋值运算符和拷贝构造函数，并确保m_nextElement在目标对象中是可用的。

下面是RoundRobin类的实现代码，其中带有代码的注释。注意构造函数中reserve()的使用，以及add()、remove()和getNext()中迭代器的大量使用。最有技巧的部分是在add()和remove()方法中处理m_nextElement。

```
template <typename T> RoundRobin<T>::RoundRobin(size_t numExpected)
{
    // If the client gave a guideline, reserve that much space.
    m_elements.reserve(numExpected);

    // Initialize m_nextElement even though it isn't used until
    // there's at least one element.
    m_nextElement = begin(m_elements);
}

// Always add the new element at the end
template <typename T> void RoundRobin<T>::add(const T& element)
{
    // Even though we add the element at the end, the vector could
    // reallocate and invalidate the m_nextElement iterator with
    // the push_back() call. Take advantage of the random-access
    // iterator features to save our spot.
    // Note: ptrdiff_t is a type capable of storing the difference
    // between two random-access iterators.
    ptrdiff_t pos { m_nextElement - begin(m_elements) };

    // Add the element.
    m_elements.push_back(element);
```

```
    // Reset our iterator to make sure it is valid.
    m_nextElement = begin(m_elements) + pos;
}

template <typename T> void RoundRobin<T>::remove(const T& element)
{
    for (auto it { begin(m_elements) }; it != end(m_elements); ++it) {
        if (*it == element) {
            // Removing an element invalidates the m_nextElement iterator
            // if it refers to an element past the point of the removal.
            // Take advantage of the random-access features of the iterator
            // to track the position of the current element after removal.
            ptrdiff_t newPos;

            if (m_nextElement == end(m_elements) - 1 &&
                m_nextElement == it) {
                // m_nextElement refers to the last element in the list,
                // and we are removing that last element, so wrap back to
                // the beginning.
                newPos = 0;
            } else if (m_nextElement <= it) {
                // Otherwise, if m_nextElement is before or at the one
                // we're removing, the new position is the same as before.
                newPos = m_nextElement - begin(m_elements);
            } else {
                // Otherwise, it's one less than before.
                newPos = m_nextElement - begin(m_elements) - 1;
            }

            // Erase the element (and ignore the return value).
            m_elements.erase(it);

            // Now reset our iterator to make sure it is valid.
            m_nextElement = begin(m_elements) + newPos;

            return;
        }
    }
}

template <typename T> T& RoundRobin<T>::getNext()
{
    // First, make sure there are elements.
    if (m_elements.empty()) {
        throw std::out_of_range("No elements in the list");
    }

    // Store the current element which we need to return.
    auto& toReturn { *m_nextElement };

    // Increment the iterator modulo the number of elements.
    ++m_nextElement;
    if (m_nextElement == end(m_elements)) { m_nextElement = begin(m_elements); }

    // Return a reference to the element.
    return toReturn;
```

```
}
```

下面是使用这个 RoundRobin 类模板的调度器的简单实现，其中包含代码的注释。

```
// Basic Process class.
class Process final
{
    public:
        // Constructor accepting the name of the process.
        explicit Process(string_view name) : m_name { move(name) } {}

        // Lets a process perform its work for the duration of a time slice.
        void doWorkDuringTimeSlice() {
            cout << "Process " << m_name
                << " performing work during time slice." << endl;
            // Actual implementation omitted.
        }

        // Needed for the RoundRobin::remove() method to work.
        bool operator==(const Process&) const = default; // = default since C++20.
    private:
        string m_name;
};

// Basic round-robin based process scheduler.
class Scheduler final
{
    public:
        // Constructor takes a vector of processes.
        explicit Scheduler(const vector<Process>& processes)
        {
            // Add the processes
            for (auto& process : processes) { m_processes.add(process); }
        }

        // Selects the next process using a round-robin scheduling algorithm
        // and allows it to perform some work during this time slice.
        void scheduleTimeSlice()
        {
            try {
                m_processes.getNext().doWorkDuringTimeSlice();
            } catch (const out_of_range&) {
                cerr << "No more processes to schedule." << endl;
            }
        }

        // Removes the given process from the list of processes.
        void removeProcess(const Process& process);
        {
            m_processes.remove(process);
        }
    private:
        RoundRobin<Process> m_processes;
};

int main()
{
```

```
    vector processes { Process { "1" }, Process { "2" }, Process { "3" } };

    Scheduler scheduler { processes };
    for (int i { 0 }; i < 4; ++i) { scheduler.scheduleTimeSlice(); }

    scheduler.removeProcess(processes[1]);
    cout << "Removed second process" << endl;

    for (int i { 0 }; i < 4; ++i) { scheduler.scheduleTimeSlice(); }
}
```

输出如下所示：

```
Process 1 performing work during time slice.
Process 2 performing work during time slice.
Process 3 performing work during time slice.
Process 1 performing work during time slice.
Removed second process
Process 3 performing work during time slice.
Process 1 performing work during time slice.
Process 3 performing work during time slice.
Process 1 performing work during time slice.
```

18.2.2 vector<bool>特化

C++标准要求对布尔值的vector进行部分特化，目的是通过“打包”布尔值的方式来优化空间分配。布尔值要么是true，要么是false，因此可以通过一个位来表示，一个位正好可以表示两个值。C++没有正好保存一个位的原始类型。一些编译器使用和char大小相同的类型来表示布尔值。其他一些编译器使用int类型。vector<bool>特化应该是使用1位存储“布尔数组”，从而节省空间。

注意：
可将vector<bool>表示为位字段(bit-field)而不是vector。本章后面介绍的bitset容器是比vector<bool>功能更全面的位字段实现。然而，vector<bool>的优势在于可以动态改变大小。

作为向vector<bool>提供一些位字段例程的非专门性尝试，有一个额外的方法flip()可以对位进行补充。这个方法可在容器上调用，此时对容器中的所有元素取反；还可在operator[]或类似方法返回的单个引用上调用，此时对单个元素取反。

那么，可以对布尔值的引用调用方法吗？答案是不可以。vector<bool>特化实际上定义了一个名为reference的类，用作底层布尔(或位)值的代理。当调用operator[]、at()或类似方法时，vector<bool>返回reference对象，这个对象是实际布尔值的代理。

警告：
由于vector<bool>返回的引用实际上是代理，因此不能取地址以获得指向容器中实际元素的指针。

在实际应用中，通过包装布尔值而节省一点空间似乎得不偿失。更糟糕的是，访问和修改vector<bool>中的元素比访问vector<int>中的元素慢得多。很多C++专家建议，应该避免使用vector<bool>，而是使用bitset。如果确实需要动态大小的位字段，建议使用vector<std::int_fast8_t>或vector<unsigned char>。std::int_fast8_t类型在<cstdint>头文件中定义。这是一种有符号的整数类型，编译器必须为其使用最快的整数类型(至少8位)。

18.2.3　deque

deque(double-ended queue 的简称)几乎和 vector 是等同的，但用得更少。deque 定义在<deque>头文件中。主要区别如下所示。

- 不要求元素保存在连续内存中。
- deque 支持首尾两端常量时间的元素插入和删除操作(vector 只支持尾端的摊还常量时间)。
- deque 提供了 vector 中忽略的以下方法：
  - push_front()：在开头插入一个元素。
  - pop_front()：删除第一个元素。
  - emplace_front()：在开始时，就地创建一个新元素。从 C++17 开始，emplace_front()返回已插入元素的引用而非 void。
- 在开头和末尾插入元素时，deque 未使迭代器失效。
- deque 没有通过 reserve()和 capacity()公开内存管理方案。

与 vector 相比，deque 用得非常少。因此，这里不作详细讨论。要了解更多支持的方法，请参阅标准库参考资源。

18.2.4　list

标准库 list 类模板定义在<list>头文件中，是一种标准的双链表。list 支持链表中任意位置常量时间的元素插入和删除操作，但访问单独元素的速度较慢(线性时间)。事实上，list 根本没有提供诸如 operator[]的随机访问操作。只有通过迭代器才能访问单个元素。

list 的大部分操作都和 vector 的操作一致，包括构造函数、析构函数、复制操作、赋值操作和比较操作。本节重点介绍那些和 vector 不同的方法。

1. 访问元素

list 提供的访问元素的方法仅有 front()和 back()，这两个方法的复杂度都是常量时间。这两个方法返回链表中第一个元素和最后一个元素的引用。对所有其他元素的访问都必须通过迭代器进行。

与 vector 类似，list 还支持 cbegin()、cend()、rbegin()、rend()、crbegin()和 crend()。

> **警告：**
> list 不支持元素的随机访问。

2. 迭代器

list 迭代器是双向的，不像 vector 迭代器那样提供随机访问。这意味着 list 迭代器之间不能进行加减操作和其他指针运算。例如，如果 p 是一个 list 迭代器，那么可以通过++p 或--p 遍历链表元素，但是不能使用加减运算符，p+n 和 p-n 都是不可以的。

3. 添加和删除元素

和 vector 一样，list 也支持添加和删除元素的方法，包括 push_back()、pop_back()、emplace()、emplace_back()、5 种形式的 insert()以及 2 种形式的 erase()和 clear()。和 deque 一样，list 还提供了 push_front()、emplace_front()和 pop_front()。只要找到正确的操作位置，所有这些方法(clear()除外)的复杂度都是常量时间。因此，list 适用于要在数据结构上执行很多插入和删除操作，但不需要基于索引快速访问元素的应用程序。尽管如此，vector 可能还是要更快一些。具体可以使用性能分析器进行确定。

4. list 大小

与 deque 一样，但和 vector 不同，list 不暴露底层的内存模型。因此，list 支持 size()、empty()和 resize()，但不支持 reserve()和 capacity()。注意，list 的 size()方法具有常量时间复杂度。

5. list 特殊操作

list 提供了一些特殊操作，以利用其元素插入和删除很快这一特性。下面对这些操作进行概述并举一些例子。标准库参考资源提供了所有方法的全面参考。

串联

由于 list 类的本质是链表，因此可在另一个 list 的任意位置串联(splice)或插入整个 list，其复杂度是常量时间。使用的 splice()方法的最简单版本如下：

```
// Store the a words in the main dictionary.
list<string> dictionary { "aardvark", "ambulance" };
// Store the b words.
list<string> bWords { "bathos", "balderdash" };
// Add the c words to the main dictionary.
dictionary.push_back("canticle");
dictionary.push_back("consumerism");
// Splice the b words into the main dictionary.
if (!bWords.empty()) {
    // Get an iterator to the last b word.
    auto iterLastB { --(cend(bWords)) };
    // Iterate up to the spot where we want to insert b words.
    auto it { cbegin(dictionary) };
    for (; it != cend(dictionary); ++it) {
        if (*it > *iterLastB)
            break;
    }
    // Add in the b words. This action removes the elements from bWords.
    dictionary.splice(it, bWords);
}
// Print out the dictionary.
for (const auto& word : dictionary) {
    cout << word << endl;
}
```

运行这个程序的结果如下所示：

```
aardvark
ambulance
bathos
balderdash
canticle
consumerism
```

splice()还有其他两种形式：一种是插入其他 list 中的某个元素，另一种是插入其他 list 中的某个范围。另外，splice()方法的所有形式都可以使用指向源 list 的普通引用或右值引用。

> **警告：**
> 串联操作对作为参数传入的 list 来说是破坏性的：从一个 list 中删除要插入另一个 list 的元素。

更高效的算法版本

除 splice()外，list 类还提供了一些泛型标准库算法的特殊实现。第 20 章将描述泛型算法。这里只讨论 list 提供的特殊版本。

> **注意：**
> 如果可以选择，请使用 list 方法而不是泛型标准库算法，因为前者更高效。有时不必选择，必须使用 list 特定方法。例如，泛型算法 std::sort()需要使用 list 没有提供的 RandomAccessIterator。

表 18-2 总结了 list 以方法形式提供特殊实现的算法。相关算法详情，请参阅第 20 章。

表 18-2 list 以方法形式提供特殊实现的算法

方法	说明
remove() remove_if()	从 list 中删除特定元素。从 C++20 开始，这些方法以 size_t 的形式返回已移除元素的数量，而在此之前，它们不返回任何内容
unique()	根据 operator==运算符或用户提供的二元谓词，从 list 中删除连续重复元素。从 C++20 开始，unique()以 size_t 的形式返回已删除元素的数量，而在此之前，它不返回任何内容
merge()	合并两个 list。在开始前，两个 list 都必须根据 operator<运算符或用户定义的比较器排序。与 splice()类似，merge()对作为参数传入的 list 也具有破坏性
sort()	对 list 中的元素执行稳定排序操作
reverse()	翻转 list 中元素的顺序

6. list 示例：确定注册情况

假设要为一所大学编写一个计算机注册系统。要提供的一项功能是：从每个班的学生列表中生成大学录取学生的完整列表。在这个示例中，假定只编写一个方法，这个方法接收以学生姓名(用字符串表示)的 list 为元素的 vector，以及因为没有支付学费而退学的学生 list。这个方法应该生成所有课程中所有学生的完整 list，其中没有重复的学生，也没有退学的学生。注意，学生可能选择一门以上的课程。

下面是这个方法的代码，带有代码注释。由于标准库 list 的巨大威力，这个方法本身比描述信息还要短！注意，在标准库中允许容器嵌套：在本例中，使用了元素为 list 的 vector。

```
// courseStudents is a vector of lists, one for each course. The lists
// contain the students enrolled in those courses. They are not sorted.
//
// droppedStudents is a list of students who failed to pay their
// tuition and so were dropped from their courses.
//
// The function returns a list of every enrolled (non-dropped) student in
// all the courses.
list<string> getTotalEnrollment(const vector<list<string>>& courseStudents,
                                const list<string>& droppedStudents)
{
    list<string> allStudents;

    // Concatenate all the course lists onto the master list
    for (auto& lst : courseStudents) {
        allStudents.insert(cend(allStudents), cbegin(lst), cend(lst));
    }
```

```
    // Sort the master list
    allStudents.sort();

    // Remove duplicate student names (those who are in multiple courses).
    allStudents.unique();

    // Remove students who are on the dropped list.
    // Iterate through the dropped list, calling remove on the
    // master list for each student in the dropped list.
    for (auto& str : droppedStudents) {
        allStudents.remove(str);
    }

    // done!
    return allStudents;
}
```

注意：

这个示例演示了 list 特定算法的使用。如前所述，vector 通常比 list 更快。因此，对于学生注册问题，建议只使用 vector，并将这些与泛型标准库算法结合在一起，但这些将在第 20 章讨论。

18.2.5 forward_list

forward_list 在<forward_list>头文件中定义，与 list 类似，区别在于 forward_list 是单链表，而 list 是双链表。这意味着 forward_list 只支持前向迭代，因此，范围的定义和 list 有所不同。如果需要修改任何链表，首先需要访问第一个元素之前的那个元素。由于 forward_list 没有提供反向遍历的迭代器，因此没有简单的方法可以访问前一个元素。所以，要修改的范围(例如提供给 erase()和 splice()的范围)必须是前开的。前面展示的 begin()函数返回第一个元素的迭代器，因此只能用于构建前闭的范围。forward_list 类定义了一个 before_begin()方法，它返回一个指向链表开头元素之前的假想元素的迭代器。当这个迭代器指向非法数据时，不能对这个迭代器解引用。然而，将这个迭代器递增 1 可得到与 begin()返回的迭代器同样的效果；因此，这个方法可以用于构建前开的范围。

list 和 forward_list 之间的构造函数和赋值运算符类似。C++标准要求 forward_list 最小化其内存使用。这就是没有 size()方法的原因，因为不提供它，就不需要存储列表的大小。表 18-3 总结了 list 和 forward_list 之间的区别。

表 18-3　list 和 forward_list 之间的区别

操作	list	forward_list
assign()	支持	支持
back()	支持	不支持
before_begin()	不支持	支持
begin()	支持	支持
cbefore_begin()	不支持	支持
cbegin()	支持	支持
cend()	支持	支持
clear()	支持	支持
crbegin()	支持	不支持

(续表)

操作	list	forward_list
crend()	支持	不支持
emplace()	支持	不支持
emplace_after()	不支持	支持
emplace_back()	支持	不支持
emplace_front()	支持	支持
empty()	支持	支持
end()	支持	支持
erase()	支持	不支持
erase_after()	不支持	支持
front()	支持	支持
insert()	支持	不支持
insert_after()	不支持	支持
iterator/const_iterator	支持	支持
max_size	支持	支持
merge()	支持	支持
pop_back()	支持	不支持
pop_front()	支持	支持
push_back()	支持	不支持
push_front()	支持	支持
rbegin()	支持	不支持
remove()	支持	支持
remove_if()	支持	支持
rend()	支持	不支持
resize()	支持	支持
reverse()	支持	支持
reverse_iterator/const_reverse_iterator	支持	不支持
size()	支持	不支持
sort()	支持	支持
splice()	支持	不支持
splice_after()	不支持	支持
swap()	支持	支持
unique()	支持	支持

下例展示了 forward_list 的用法:

```
// Create 3 forward lists using an initializer_list
// to initialize their elements (uniform initialization).
forward_list<int> list1 { 5, 6 };
forward_list list2 { 1, 2, 3, 4 };   // CTAD is supported.
forward_list list3 { 7, 8, 9 };
```

```
// Insert list2 at the front of list1 using splice.
list1.splice_after(list1.before_begin(), list2);

// Add number 0 at the beginning of the list1.
list1.push_front(0);

// Insert list3 at the end of list1.
// For this, we first need an iterator to the last element.
auto iter { list1.before_begin() };
auto iterTemp { iter };
while (++iterTemp != end(list1)) { ++iter; }
list1.insert_after(iter, cbegin(list3), cend(list3));

// Output the contents of list1.
for (auto& i : list1) { cout << i << ' '; }
```

要插入list3，需要一个指向链表中最后一个元素的迭代器。然而，由于这是一个forward_list，因此不能使用--end(list1)，需要从头开始遍历这个链表，直到最后一个元素为止。这个示例的输出结果如下所示：

```
0 1 2 3 4 5 6 7 8 9
```

18.2.6 array

array类定义在<array>头文件中，和vector类似，区别在于array的大小是固定的，不能增加或收缩。这个类的目的是让array能分配在栈上，而不是像vector那样总是需要访问自由存储区。

对于包含基本类型(整数、浮点数、字符、布尔值等)的array，初始化元素的方式与vector、list等容器的初始化方式不同。如果在创建array时没有给初始化值，那么array的元素将是未初始化的，即包含垃圾。对于其他容器，例如vector和list，元素总是初始化的，要么使用给定值，要么使用零初始化。因此，array的行为实际上与C风格数组相同。

和vector一样，array支持随机访问迭代器，元素都保存在连续内存中。array支持front()、back()、at()和operator[]，还支持使用fill()方法通过特定元素将array填满。由于array大小固定，因此不支持push_back()、pop_back()、insert()、erase()、clear()、resize()、reserve()和capacity()。与vector相比，array的缺点是，array的swap()方法具有线性时间复杂度，而vector的swap()方法具有常量时间复杂度。array的移动不是常量时间，而vector是。array有size()方法，这显然是优于C风格数组的。下面的示例展示了如何使用array类。注意array声明需要两个模板参数：第1个参数指定元素类型，第2个参数指定array中元素的固定数量。

```
// Create an array of 3 integers and initialize them
// with the given initializer_list using uniform initialization.
array<int, 3> arr { 9, 8, 7 };
// Output the size of the array.
cout << "Array size = " << arr.size() << endl; // or std::size(arr);
// Output the contents using a range-based for loop.
for (const auto& i : arr) {
   cout << i << endl;
}

cout << "Performing arr.fill(3)..." << endl;
// Use the fill method to change the contents of the array.
```

```
arr.fill(3);
// Output the contents of the array using iterators.
for (auto iter { cbegin(arr) }; iter != cend(arr); ++iter) {
    cout << *iter << endl;
}
```

运行这段代码的输出结果如下：

```
Array size = 3
9
8
7
Performing arr.fill(3)...
3
3
3
```

可使用 std::get<n>()函数模板，从 std::array 检索位于索引位置 *n* 的元素。索引必须是常量表达式，不能是循环变量等。使用 std::get<n>()的优势在于编译器在编译期会检查给定索引是有效的，否则将导致编译错误，如下所示。

```
array<int, 3> myArray{ 11, 22, 33 };
cout << std::get<1>(myArray) << endl;
cout << std::get<10>(myArray) << endl;  // BUG! Compilation error!
```

C++20 引入了一个新的非成员函数 std::to_array()，它在<array>头文件中定义，它使用元素的复制初始化将给定的 C 风格数组转换为 std::array。该函数仅适用于一维数组。下面是一个简单的示例：

```
auto arr1 { to_array({ 11, 22, 33 }) }; // Type is array<int, 3>

double carray[] { 9, 8, 7, 6 };
auto arr2 { to_array(carray) };         // Type is array<double, 4>
```

18.2.7 span

假设使用这个函数打印一个 vector 中的内容：

```
void print(const vector<int>& values)
{
    for (const auto& value : values) { cout << value << " "; }
    cout << endl;
}
```

假设还想打印 C 风格数组的内容，一种选择是重载 print()函数，以接受指向数组第一个元素的指针，以及要打印的元素数量。

```
void print(const int values[], size_t count)
{
    for (size_t i { 0 }; i < count; ++i) { cout << values[i] << " "; }
    cout << endl;
}
```

如果还想打印 std::arrays，那么可以提供第 3 个重载，但是函数的参数类型是什么？对于 std::array，必须指定 array 中的元素类型和数量作为模板参数。事情似乎变得越来越复杂了。

std::span 在 C++20 中引入并在<span>头文件中定义，它在这里的作用至关重要，因为它允许编写单个函数来处理 vector、C 风格数组和任意大小的 std:: array。下面是使用 span 的 print()函数的实现:

```
void print(span<int> values)
{
    for (const auto& value : values) { cout << value << " "; }
    cout << endl;
}
```

注意，就像第 2 章中的 string_view 一样，span 的复制成本很低；它基本上只包含一个指向序列第 1 个元素的指针和一些元素。span 永远不会复制数据！因此，它通常是通过按值传递的。

有几个用于创建 span 的构造函数。例如，可以创建一个包含给定 vector、std::array 或 C 风格数组的所有元素的数组。还可以通过传递第 1 个元素的地址和想要在 span 中包含的元素的数量，来创建一个只包含部分容器元素的 span。

可以使用 subspan()方法从现有的 span 创建子视图。它的第 1 个参数是 span 中的偏移量，第 2 个参数是包含在子视图中的元素数量。还有两个名为 first()和 last()的附加方法，分别返回包含前 *n* 个元素或后 *n* 个元素的 span 的子视图。

span 有两个类似于 vector 和 array 的方法: begin()、end()、rbegin()、rend()、front()、back()、operator[]、data()、size()和 empty()。

下面的代码片段演示了调用 print(span)函数的几种方法:

```
vector v { 11, 22, 33, 44, 55, 66 };
// Pass the whole vector, implicitly converted to a span.
print(v);
// Pass an explicitly created span.
span mySpan { v };
print(mySpan);
// Create a subview and pass that.
span subspan { mySpan.subspan(2, 3) };
print(subspan);
// Pass a subview created in-line.
print({ v.data() + 2, 3 });

// Pass an std::array.
array<int, 5> arr { 5, 4, 3, 2, 1 };
print(arr);
print({ arr.data() + 2, 3 });

// Pass a C-style array.
int carr[] { 9, 8, 7, 6, 5 };
print(carr); // The entire C-style array.
print({ carr + 2, 3 }); // A subview of the C-style array.
```

输出结果如下:

```
11 22 33 44 55 66
11 22 33 44 55 66
33 44 55
33 44 55
5 4 3 2 1
3 2 1
9 8 7 6 5
7 6 5
```

与提供字符串只读视图的 string_view 不同，span 可以提供对底层元素的读/写访问。记住，span

只包含一个指向序列中第 1 个元素的指针和元素的数量；也就是说，span 永远不会复制数据！因此，修改 span 中的元素实际上是修改底层序列中的元素。如果不需要，可以创建一个包含 const 元素的 span。例如，print()函数没有理由修改指定 span 中的任何元素。可以通过以下方式防止修改：

```
void print(span<const int> values)
{
    for (const auto& value : values) { cout << value << " "; }
    cout << endl;
}
```

注意：
在编写接收 const vector<T>&的函数时，请考虑使用 span<const T>作为替换。这样函数就可以处理来自 vector、array、C 风格数组等的数据序列的视图和子视图。

18.3 容器适配器

除标准的顺序容器外，标准库还提供了 3 种容器适配器：queue、priority_queue 和 stack。每种容器适配器都是对一种顺序容器的包装。它们允许交换底层容器，不必修改其他代码。容器适配器的作用是简化接口，只提供那些 stack 和 queue 抽象所需的功能。例如，容器适配器没有提供迭代器，也没有提供同时插入或删除多个元素的功能。

18.3.1 queue

queue 容器适配器定义在<queue>头文件中，queue 提供了标准的“先入先出”语义。与通常情况一样，queue 也写为类模板形式，如下所示。

```
template <class T, class Container = deque<T>> class queue;
```

T 模板参数指定要保存在 queue 中的类型。另一个模板参数指定 queue 适配的底层容器。不过，由于 queue 要求顺序容器同时支持 push_back()和 pop_front()两个操作，因此只有两个内建的选项：deque 和 list。大部分情况下，只使用默认的选项 deque 即可。

1. queue 操作

queue 接口非常简单：只有 8 个方法，再加上构造函数和普通的比较运算符。push()和 emplace()方法在 queue 的尾部添加一个新元素，pop()从 queue 的头部移除元素。通过 front()和 back()可以分别获得第 1 个元素和最后 1 个元素的引用，而不会删除元素。与其他容器一样，在调用 const 对象时，front()和 back()返回的是 const 引用；调用非 const 对象时，这些方法返回的是非 const 引用(可读写)。

警告：
pop()不会返回弹出的元素。如果需要获得一份元素的副本，必须首先通过 front()获得这个元素。

queue 还支持 size()、empty()和 swap()。

2. queue 示例：网络数据包缓冲

当两台计算机通过网络通信时，互相发送的信息被分割为离散的块，称为数据包(packet)。计算机操作系统的网络层必须捕获数据包，并在数据包到达时将数据包保存起来。然而，计算机可能没有足够的带宽同时处理所有数据包。因此，网络层通常会将数据包缓存或保存起来，直到更高的层有机会处理它们。数据包应该按照到达的顺序处理，因此这个问题特别适用于 queue 结构。下面是一个简单的 PacketBuffer 类，其中附带代码的注释，这个类将收到的数据包保存在 queue 中，直到数据包被处理。这是一个类模板，因此网络层中的不同层可以使用它处理不同类型的数据包，例如 IP 包或 TCP 包。这个类允许客户指定最大大小，因为操作系统为避免使用过多内存，通常会限制可保存的数据包的数目。当缓冲区变满时，后续到达的数据包都被丢弃了。

```
export template <typename T>
class PacketBuffer
{
   public:
      // If maxSize is 0, the size is unlimited, because creating
      // a buffer of size 0 makes little sense. Otherwise only
      // maxSize packets are allowed in the buffer at any one time.
      explicit PacketBuffer(size_t maxSize = 0);

      virtual ~PacketBuffer() = default;

      // Stores a packet in the buffer.
      // Returns false if the packet has been discarded because
      // there is no more space in the buffer, true otherwise.
      bool bufferPacket(const T& packet);

      // Returns the next packet. Throws out_of_range
      // if the buffer is empty.
      [[nodiscard]] T getNextPacket();
   private:
      std::queue<T> m_packets;
      size_t m_maxSize;
};

template <typename T> PacketBuffer<T>::PacketBuffer(size_t maxSize/*= 0*/)
   : m_maxSize { maxSize }
{
}

template <typename T> bool PacketBuffer<T>::bufferPacket(const T& packet)
{
   if (m_maxSize > 0 && m_packets.size() == m_maxSize) {
      // No more space. Drop the packet.
      return false;
   }
   m_packets.push(packet);
   return true;
}

template <typename T> T PacketBuffer<T>::getNextPacket()
{
   if (m_packets.empty()) {
      throw std::out_of_range { "Buffer is empty" };
   }
   // Retrieve the head element
   T temp { m_packets.front() };
   // Pop the head element
   m_packets.pop();
```

```
    // Return the head element
    return temp;
}
```

这个类的实际应用需要使用多线程。C++提供了一些同步类，允许对共享对象的线程进行安全访问。如果没有提供显式的同步，那么当至少一个线程修改标准库对象时，任何标准库对象都无法安全地用于多线程环境。第 27 章“C++多线程编程”将讨论同步。本例的关注点是 queue 类，所以这是一个使用了 PacketBuffer 的单线程示例：

```
class IPPacket final
{
    public:
        explicit IPPacket(int id) : m_id { id } {}
        int getID() const { return m_id; }
    private:
        int m_id;
};

int main()
{
    PacketBuffer<IPPacket> ipPackets { 3 };

    // Add 4 packets
    for (int i { 1 }; i <= 4; ++i) {
        if (!ipPackets.bufferPacket(IPPacket { i })) {
            cout << "Packet " << i << " dropped (queue is full)." << endl;
        }
    }

    while (true) {
        try {
            IPPacket packet { ipPackets.getNextPacket() };
            cout << "Processing packet " << packet.getID() << endl;
        } catch (const out_of_range&) {
            cout << "Queue is empty." << endl;
            break;
        }
    }
}
```

程序的输出结果如下所示：

```
Packet 4 dropped (queue is full).
Processing packet 1
Processing packet 2
Processing packet 3
Queue is empty.
```

18.3.2 priority_queue

优先队列(priority queue)是一种按顺序保存元素的队列。优先队列不保证严格的 FIFO 顺序，而是保证在队列头部的元素任何时刻都具有最高优先级。这个元素可能是队列中最老的那个元素，也可能是最新的那个元素。如果两个元素的优先级相等，那么它们在队列中的相对顺序是未确定的。

priority_queue 容器适配器也定义在<queue>头文件中。其模板定义如下(稍有简化)：

```
template <class T, class Container = vector<T>,
         class Compare = less<T>>;
```

这个类没有看上去这么复杂。之前看到了前两个参数：T 是 priority_queue 中保存的元素类型；Container 是 priority_queue 适配的底层容器。priority_queue 默认使用 vector，但是也可以使用 deque。这里不能使用 list，因为 priority_queue 要求随机访问元素。第 3 个参数 Compare 复杂一些。正如第 19 章将要介绍的，less 是一个类模板，支持两个类型为 T 的元素通过 operator<运算符进行比较。也就是说，要根据 operator<确定队列中元素的优先级，可以自定义这里使用的比较操作，但这是第 19 章的内容。目前，只要保证为保存在 priority_queue 中的类型正确定义了 operator<即可。

注意：
priority_queue 的头元素是优先级最高的元素，默认情况下优先级是通过 operator<运算符来判断的，比其他元素“小”的元素的优先级要比其他元素低。

1. priority_queue 提供的操作

priority_queue 提供的操作比 queue 还要少。push()和 emplace()可以插入元素，pop()可以删除元素，top()可以返回头元素的 const 引用。

警告：
在非 const 对象上调用 top()，top()返回的也是 const 引用，因为修改元素可能会改变元素的顺序，所以不允许修改元素。priority_queue 没有提供获得尾元素的机制。

警告：
pop()不返回弹出的元素。如果需要获得一份副本，必须首先通过 top()获得这个元素。

与 queue 一样，priority_queue 支持 size()、empty()和 swap()。然而，priority_queue 没有提供任何比较运算符。

2. priority_queue 示例：错误相关器

系统上的单个故障通常会导致不同组件生成多个错误。优秀的错误处理系统通过错误相关性(error correlation)首先处理最重要的错误。通过 priority_queue 可以编写一个非常简单的错误相关器(error correlator)。假设所有的错误事件都编码了自己的优先级。下面这个类根据优先级对错误事件进行排序，因此优先级最高的错误总是最先处理。这个类的定义如下：

```
// Sample Error class with just a priority and a string error description.
export class Error final
{
   public:
      Error(int priority, std::string errorString)
          : m_priority { priority }, m_errorString { std::move(errorString) } {}
      int getPriority() const { return m_priority; }
      const std::string& getErrorString() const { return m_errorString; }
      // Compare Errors according to their priority. (C++20 operator<=>)
      auto operator<=>(const Error& rhs) const {
         return getPriority() <=> rhs.getPriority(); }
   private:
      int m_priority;
```

```
        std::string m_errorString;
};

// Sream insertion overload for Errors.
export std::ostream& operator<<(std::ostream& os, const Error& err)
{
    os << std::format("{} (priority {})", err.getErrorString(), err.getPriority());
    return os;
}

// Simple ErrorCorrelator class that returns highest priority errors first.
export class ErrorCorrelator final
{
    public:
        // Add an error to be correlated.
        void addError(const Error& error) { m_errors.push(error); }
        // Retrieve the next error to be processed.
        [[nodiscard]] Error getError()
        {
            // If there are no more errors, throw an exception.
            if (m_errors.empty()) {
                throw out_of_range { "No more errors." };
            }
            // Save the top element.
            Error top { m_errors.top() };
            // Remove the top element.
            m_errors.pop();
            // Return the saved element.
            return top;
        }
    private:
        std::priority_queue<Error> m_errors;
};
```

下面这个简单的单元测试展示了 ErrorCorrelator 的用法。实际需要使用多线程，以便一个线程添加错误，另一个线程处理错误。正如之前的 queue 示例中提到的，这需要显式地同步，相关讨论，请参阅第 27 章。

```
ErrorCorrelator ec;
ec.addError(Error { 3, "Unable to read file" });
ec.addError(Error { 1, "Incorrect entry from user" });
ec.addError(Error { 10, "Unable to allocate memory!" });

while (true) {
    try {
        Error e { ec.getError() };
        cout << e << endl;
    } catch (const out_of_range&) {
        cout << "Finished processing errors" << endl;
        break;
    }
}
```

这个程序的输出如下所示：

```
Unable to allocate memory! (priority 10)
Unable to read file (priority 3)
```

```
Incorrect entry from user (priority 1)
Finished processing errors
```

18.3.3 stack

stack 和 queue 几乎相同，区别在于 stack 提供先入后出(FILO)的语义，这种语义也称为后入先出，以区别于 FIFO。stack 定义在<stack>头文件中。模板定义如下所示：

```
template <class T, class Container = deque<T>> class stack;
```

可将 vector、list 或 deque 用作 stack 的底层容器。

1. stack 操作

与 queue 类似，stack 提供了 push()、emplace()和 pop()方法。区别在于：push()在 stack 顶部添加一个新元素，将之前插入的所有元素都“向下推”；而 pop()从 stack 顶部删除一个元素，这个元素是最近插入的元素。如果在 const 对象上调用，top()方法返回顶部元素的 const 引用；如果在非 const 对象上调用，top()方法返回非 const 引用。

> **警告：**
> pop()不返回弹出的元素。如果需要获得一份副本，必须首先通过 top()获得这个元素。

stack 支持 empty()、size()、swap()和标准的比较运算符。

2. stack 示例：修改后的错误相关器

可以重写之前的 ErrorCorrelator 类，使其给出最新错误而不是最高优先级的错误。唯一要修改的是将 priority_queue 的 m_errors 替换为 stack，根据现在这个变更，错误以 LIFO 顺序而不是优先级顺序分发。方法定义不需要做任何修改，因为 priority_queue 和 stack 中都有 push()、pop()、top()和 empty()方法。

18.4 有序关联容器

与顺序容器不同，有序关联容器不采用线性方式保存元素。相反，有序关联容器将键映射到值。通常情况下，有序关联容器的插入、删除和查找时间是相等的。

标准库提供的 4 个有序关联容器分别为：map、multimap、set 和 multiset。每种有序关联容器都将元素保存在类似于树的有序数据结构中。还有 4 个无序关联容器：unordered_map、unordered_multimap、unordered_set 和 unordered_multiset。它们将在本章后面进行讨论。

18.4.1 pair 工具类

在学习有序关联容器之前，首先要熟悉第 1 章介绍过的 pair 类模板，它在<utility>头文件中定义，并将两个可能属于不同类型的值组合起来。可以通过 first 和 second 公共数据成员访问这两个值。所有比较运算符都支持对 first 值和 second 值进行比较。下面给出了一些示例：

```
// Two-argument constructor and default constructor
pair<string, int> myPair { "hello", 5 };
pair<string, int> myOtherPair;
```

```
// Can assign directly to first and second
myOtherPair.first = "hello";
myOtherPair.second = 6;

// Copy constructor
pair<string, int> myThirdPair { myOtherPair };

// operator<
if (myPair < myOtherPair) {
    cout << "myPair is less than myOtherPair" << endl;
} else {
    cout << "myPair is greater than or equal to myOtherPair" << endl;
}

// operator==
if (myOtherPair == myThirdPair) {
    cout << "myOtherPair is equal to myThirdPair" << endl;
} else {
    cout << "myOtherPair is not equal to myThirdPair" << endl;
}
```

输出结果如下所示：

```
myPair is less than myOtherPair
myOtherPair is equal to myThirdPair
```

通过使用类模板参数推导，可以省略模板类型参数，并简单地编写如下代码。注意，使用了标准的用户自定义的字符串字面量 s。

```
pair myPair { "hello"s, 5 }; // Type is pair<string, int>.
```

在 C++17 引入对 CTAD 的支持之前，可以使用 std::make_pair()工具函数模板，从两个值构造一个 pair。下面是构造一个 pair(两个值类型分别为 int 型和 double 型)的 3 种方法：

```
pair<int, double> aPair = make_pair(5, 10.10);
auto pair2 { make_pair(5, 10.10) };
pair pair3 { 5, 10.10 }; // CTAD
```

18.4.2 map

map 定义在<map>头文件中，它保存的是键/值对，而不是只保存值。插入、查找和删除操作都是基于键的，值只不过是附属品。从概念上讲，map 这个术语源于容器将键“映射”到值。

map 根据键对元素排序存储，因此插入、删除和查找的复杂度都是对数时间。由于排好了序，因此枚举元素时，元素按类型的 operator<或用户自定义的比较器确定的顺序出现。通常情况下，map 实现为某种形式的平衡树，例如红黑树。不过，树的结构并没有向用户公开。

当需要根据键保存和获取元素时，以及需要按特定顺序保存元素时，应该使用 map。

1. 构建 map

map 类模板接收 4 种类型：键类型、值类型、比较类型以及分配器类型。和以往一样，本章不考虑分配器。比较类型和之前描述的 priority_queue 中的比较类型类似，允许提供与默认不同的比较类。本章只使用默认的 less 比较。使用默认的比较类型时，要确保键都支持 operator<运算符。如果对更多细节感兴趣，第 19 章将介绍如何编写自己的比较类。

如果忽略比较参数和分配器参数，那么map的构建和vector或list的构建是一样的，区别在于，在模板实例化中需要分别指定键和值的类型。例如，下面的代码构建了一个map，它使用int值作为键，Data类的对象作为值：

```
class Data final
{
    public:
        explicit Data(int value = 0) : mValue { value } { }
        int getValue() const { return mValue; }
        void setValue(int value) { mValue = value; }

    private:
        int mValue;
};
...
map<int, Data> dataMap;
```

在内部，dataMap为map中的每个元素存储一个pair<int, Data>。

map还支持统一初始化机制。下面的map在内部存储了一个pair<string, int>的实例：

```
map<string, int> m {
    { "Marc G.", 123 },
    { "Warren B.", 456 },
    { "Peter V.W.", 789 }
};
```

类模板参数推导不能像往常一样工作。例如，下面的代码将不能通过编译：

```
map m {
    { "Marc G.", 123 },
    { "Warren B.", 456 },
    { "Peter V.W.", 789 }
};
```

这不起作用，因为编译器不能从{"Marc G"，123}推导出pair<string, int>。如果需要，那么可以这样编写代码(注意字符串字面量s后缀！)：

```
map m {
     pair { "Marc G."s, 123 },
     pair { "Warren B."s, 456 },
     pair { "Peter V.W."s, 789 }
};
```

2. 插入元素

向顺序容器(例如vector和list)插入元素时，总是需要指定要插入元素的位置，而map不一样，它和其他关联容器都不需要指定插入位置。map的内部实现会决定需要保存新元素的位置，只需要提供键和值即可。

> **注意：**
> map和其他有序关联容器提供了接收迭代器位置作为参数的insert()方法。然而，这个位置只是容器找到正确位置的一种“提示”。不强制容器在那个位置插入元素。

在插入元素时，一定要记住map需要“唯一键”：map中的每个元素都要有不同的键。如果需要支持多个带有同一键的元素，有两个选择：可使用map，把另一个容器(如vector或array)用作键的值，也可以使用后面描述的multimap。

insert()方法

可使用insert()方法向map添加元素，它有一个好处：允许判断键是否已经存在。insert()方法的一个问题是必须将键/值对指定为pair对象或initializer_list。insert()的基本形式的返回类型是迭代器和布尔值组成的pair。返回类型这么复杂的原因是，如果指定的键已经存在，那么insert()不会改写元素值。返回的pair中的bool元素指出，insert()是否真的插入了新的键/值对。迭代器引用的是map中带有指定键的元素(根据插入成功与否，这个键对应的值可能是新值或旧值)。map迭代器将在下一节中更详细地讨论。继续上一节的map示例，可以采用下面的方式使用insert()：

```
map<int, Data> dataMap;

auto ret { dataMap.insert({ 1, Data { 4 } }) };   // Using an initializer_list
if (ret.second) {
   cout << "Insert succeeded!" << endl;
} else {
   cout << "Insert failed!" << endl;
}

ret = dataMap.insert(make_pair(1, Data { 6 })); // Using a pair object
if (ret.second) {
   cout << "Insert succeeded!" << endl;
} else {
   cout << "Insert failed!" << endl;
}
```

ret变量的类型是pair，如下所示：

```
pair<map<int, Data>::iterator, bool> ret;
```

pair的第1个元素是map迭代器，用于键为int类型、值为Data类型的map。pair的第2个元素是布尔值。

程序的输出结果如下：

```
Insert succeeded!
Insert failed!
```

使用if语句的初始化器(从C++17开始)，只使用一条语句，即可将数据插入map并检查结果，示例如下：

```
if (auto result { dataMap.insert({ 1, Data { 4 } }) }; result.second) {
   cout << "Insert succeeded!" << endl;
} else {
   cout << "Insert failed!" << endl;
}
```

这甚至可以与C++17的结构化绑定结合使用：

```
if (auto [iter, success] { dataMap.insert({ 1, Data { 4 } }) }; success) {
   cout << "Insert succeeded!" << endl;
} else {
   cout << "Insert failed!" << endl;
}
```

insert_or_assign()方法

insert_or_assign()与insert()的返回类型类似。但是，如果已经存在具有给定键的元素，insert_or_assign()将用新值改写旧值，而insert()在这种情况下不会改写旧值。与insert()的另一个区别在于，insert_or_assign()有两个独立的参数：键和值。下面是一个示例：

```
ret = dataMap.insert_or_assign(1, Data { 7 });
if (ret.second) {
   cout << "Inserted." << endl;
} else {
   cout << "Overwritten." << endl;
}
```

operator[]

向 map 插入元素的另一种方法是通过重载的 operator[]。这种方法的区别主要在于语法：键和值是分别指定的。此外，operator[]总是成功的。如果给定键没有对应的元素值，那么就会创建带有对应键值的新元素。如果具有给定键的元素已经存在，operator[]会将元素值替换为新指定的值。下面是前面使用操作符[]代替 insert()的部分示例：

```
map<int, Data> dataMap;
dataMap[1] = Data { 4 };
dataMap[1] = Data { 6 }; // Replaces the element with key 1
```

不过，operator[]有一点要注意：它总会构建一个新的值对象，即使并不需要使用这个值对象，也同样如此。因此，需要为元素值提供一个默认的构造函数，这样可能会比 insert()的效率低。

如果请求的元素不存在，那么 operator[]会在 map 中创建一个新元素，所以这个运算符没有被标记为 const。尽管这很明显，但有时可能会看上去违背常理。例如，假设有下面这个函数：

```
void func(const map<int, int>& m)
{
   cout << m[1] << endl;  // Error
}
```

这段代码无法成功编译，尽管看上去只是想读取 m[1]的值。这段代码编译失败的原因是：变量 m 是对 map 的 const 引用，而 operator[]没有被标记为 const。相反，应该使用“查找元素”一节中描述的 find()方法。

emplace 方法

map 支持 emplace()和 emplace_hint()，从而在原位置构建元素，这与 vector 的 emplace 方法类似。还有一个 try_emplace()方法，如果给定的键还不存在，那么它将在原位置插入元素；如果 map 中已经存在相应的键，则什么也不做。

3. map 迭代器

map 迭代器的工作方式类似于顺序容器的迭代器。主要区别在于迭代器引用的是键值对，而不只是值。如果要访问值，那么必须通过 pair 对象的 second 字段来访问。下面展示了如何遍历前一个示例中的 map：

```
for (auto iter { cbegin(dataMap) }; iter != cend(dataMap); ++iter) {
   cout << iter->second.getValue() << endl;
}
```

再来看一下用于访问值的表达式：

```
iter->second.getValue()
```

iter 引用了一个键值对，因此可通过->运算符访问这个 pair 的 second 字段，这个字段是一个 Data

对象。然后可以调用 Data 对象的 getValue()方法。

注意，下面的代码功能等效：

```
(*iter).second.getValue()
```

使用基于范围的 for 循环，可按如下可读性更高的方法编写代码：

```
for (const auto& p : dataMap) {
    cout << p.second.getValue() << endl;
}
```

结合使用基于范围的 for 循环和结构化绑定，实现的方式会更优雅：

```
for (const auto& [key, data] : dataMap) {
    cout << data.getValue() << endl;
}
```

> **警告：**
> 可以通过非 const 迭代器修改元素值，但如果试图修改元素的键(即使通过非 const 迭代器来修改)，编译器会生成错误，因为修改键会破坏 map 中元素的排序。

4. 查找元素

map 可根据指定的键查找元素，时间复杂度为指数时间。如果已经知道指定键的元素存在于 map 中，那么查找它的最简单方法就是通过 operator[]，只需要在非 const map 或 map 的非 const 引用上调用它。operator[]的好处在于返回可直接使用和修改的元素引用，而不必考虑从 pair 对象中获得值。下面是对之前示例的扩展，这里对键为 1 的 Data 对象值调用了 setValue()方法。

```
map<int, Data> dataMap;
dataMap[1] = Data { 4 };
dataMap[1] = Data { 6 };
dataMap[1].setValue(100);
```

然而，如果不知道元素是否存在，就不能使用 operator[]。因为如果元素不存在，这个运算符会插入一个包含相应键的新元素。作为替换方案，map 提供了 find()方法。如果元素在 map 中存在，那么这个方法会返回指向具有指定键的元素的迭代器；如果元素在 map 中不存在，则返回 end()迭代器。下面的示例通过 find()方法对键为 1 的 Data 对象执行同样的修改操作：

```
auto it { dataMap.find(1) };
if (it != end(dataMap)) {
    it->second.setValue(100);
}
```

从以上代码可以看出，使用 find()有点笨拙，但有时这是必要的。

如果只想知道在 map 中是否存在具有给定键的元素，那么可以使用 count()成员函数。这个函数返回 map 中给定键的元素个数。对于 map 来说，这个函数返回的结果不是 0 就是 1，因为 map 中不允许有具有重复键的元素。

C++20

从 C++20 开始，所有关联容器(有序和无序)都有一个名为 contains()的方法。如果容器中存在给定的键，那么返回 true，否则返回 false。这样，就不再需要使用 count()来确定某个键是否在关联容器中。示例如下：

```
auto isKeyInMap { dataMap.contains(1) };
```

5. 删除元素

map 允许在指定的迭代器位置删除一个元素或删除指定迭代器范围内的所有元素，这两种操作的复杂度分别为摊还常量时间和对数时间。从用户的角度看，用于执行上述操作的两个 erase()方法等同于顺序容器中的 erase()方法。然而，map 的一个重要特性是，它还提供了另一个版本的 erase()，用来删除匹配键的元素。示例如下：

```
map<int, Data> dataMap;
dataMap[1] = Data { 4 };
cout << format("There are {} elements with key 1.", dataMap.count(1)) << endl;
dataMap.erase(1);
cout << format("There are {} elements with key 1.", dataMap.count(1)) << endl;
```

输出结果如下：

```
There are 1 elements with key 1
There are 0 elements with key 1
```

6. 结点

所有有序和无序的关联容器都被称为基于结点的数据结构。从 C++17 开始，标准库以结点句柄(node handle)的形式提供对结点的直接访问。确切类型并未指定，但每个容器都有一个名为 node_type 的类型别名，它指定容器结点句柄的类型。结点句柄只能移动，是结点中存储的元素的所有者。它提供对键和值的读写访问。

可以基于给定的迭代器位置或键，从关联容器(作为结点句柄)中使用 extract()方法提取结点。从容器提取结点时，将会把它从容器中删除，因为返回的结点句柄是所提取元素的唯一拥有者。

C++提供了新的 insert()重载，以允许在容器中插入结点句柄。

使用 extract()提取结点句柄和使用 insert()插入结点句柄，可以有效地将数据从一个关联容器传递给另一个关联容器，而不需要执行任何复制或移动操作。甚至可以将结点从 map 移到 multimap，从 set 移到 multiset。继续上一节的示例，下面的代码片段将键为 1 的结点转到第 2 个 map：

```
map<int, Data> dataMap2;
auto extractedNode { dataMap.extract(1) };
dataMap2.insert(std::move(extractedNode));
```

可将最后两行合并为一行：

```
dataMap2.insert(dataMap.extract(1));
```

还有一个附加的操作 merge()，可以将所有结点从一个关联容器移到另一个关联容器。无法移动的结点将留在源容器中，因为它们可能会导致目标容器中的重复，而目标容器不允许重复。示例如下：

```
map<int, int> src { {1, 11}, {2, 22} };
map<int, int> dst { {2, 22}, {3, 33}, {4, 44}, {5, 55} };
dst.merge(src);
```

完成合并操作后，src 仍然包含一个元素{2, 22}，因为目标已经包含这个元素，所以无法移动。操作后，dst 包含{1, 11}、{2, 22}、{3, 33}、{4, 44}和{5, 55}。

7. map 示例：银行账号

通过 map 可实现一个简单的银行账号数据库。一种常用模式是使用类或结构体的一个字段作为保存在 map 中的键。在本例中，这个键就是账号。下面是简单的 BankAccount 类和 BankDB 类：

```
export class BankAccount final
{
    public:
        BankAccount(int accountNumber, std::string name)
            : m_accountNumber { accountNumber }, m_clientName { std::move(name) }{}

        void setAccountNumber(int accountNumber) {
            m_accountNumber = accountNumber; }
        int getAccountNumber() const { return m_accountNumber; }

        void setClientName(std::string name) { m_clientName = std::move(name); }
        const std::string& getClientName() const { return m_clientName; }
    private:
        int m_accountNumber;
        std::string m_clientName;
};

export class BankDB final
{
    public:
        // Adds account to the bank database. If an account exists already
        // with that number, the new account is not added. Returns true
        // if the account is added, false if it's not.
        bool addAccount(const BankAccount& account);

        // Removes the account accountNumber from the database.
        void deleteAccount(int accountNumber);

        // Returns a reference to the account represented
        // by its number or the client name.
        // Throws out_of_range if the account is not found.
        BankAccount& findAccount(int accountNumber);
        BankAccount& findAccount(std::string name);

        // Adds all the accounts from db to this database.
        // Deletes all the accounts from db.
        void mergeDatabase(BankDB& db);
    private:
        std::map<int, BankAccount> m_accounts;
};
```

下面是BankDB方法的实现，其中带有代码注释：

```
bool BankDB::addAccount(const BankAccount& account)
{
    // Do the actual insert, using the account number as the key
    auto res { m_accounts.emplace(account.getAccountNumber(), account) };
    // or: auto res { m_accounts.insert(
    //          pair { account.getAccountNumber(), account }) };

    // Return the bool field of the pair specifying success or failure
    return res.second;
}

void BankDB::deleteAccount(int accountNumber)
{
```

```
    m_accounts.erase(accountNumber);
}

BankAccount& BankDB::findAccount(int accountNumber)
{
    // Finding an element via its key can be done with find()
    auto it { m_accounts.find(accountNumber) };
    if (it == end(m_accounts)) {
        throw out_of_range("No account with that number.");
    }

    // Remember that iterators into maps refer to pairs of key/value
    return it->second;
}

BankAccount& BankDB::findAccount(std::string name)
{
    // Finding an element by a non-key attribute requires a linear
    // search through the elements. With C++17 structured bindings:
    for (auto& [accountNumber, account] : m_accounts) {
        if (account.getClientName() == name) {
            return account;  // found it!
        }
    }
    throw out_of_range("No account with that name.");
}

void BankDB::mergeDatabase(BankDB& db)
{
    // Use C++17 merge().
    m_accounts.merge(db.m_accounts);
    // Or: m_accounts.insert(begin(db.m_accounts), end(db.m_accounts));

    // Now clear the source database.
    db.m_accounts.clear();
}
```

可通过以下代码测试BankDB类:

```
BankDB db;
db.addAccount(BankAccount { 100, "Nicholas Solter" });
db.addAccount(BankAccount { 200, "Scott Kleper" });

try {
    auto& acct { db.findAccount(100) };
    cout << "Found account 100" << endl;
    acct.setClientName("Nicholas A Solter");

    auto& acct2 { db.findAccount("Scott Kleper") };
    cout << "Found account of Scott Kleper" << endl;

    auto& acct3 { db.findAccount(1000) };
} catch (const out_of_range& caughtException) {
    cout << "Unable to find account: " << caughtException.what() << endl;
}
```

输出结果如下所示：

```
Found account 100
Found account of Scott Kleper
Unable to find account: No account with that number.
```

18.4.3 multimap

multimap 是一种允许多个元素使用同一个键的 map。和 map 一样，multimap 支持统一初始化。multimap 的接口和 map 的接口几乎相同，区别在于：

- multimap 不提供 operator[]和 at()。它们的语义在多个元素可以使用同一个键的情况下没有意义。
- 在 multimap 上执行插入操作总是会成功。因此，添加单个元素的 multimap::insert()方法只返回迭代器而不返回 pair。
- map 支持 insert_or_assign()和 try_emplace()方法，而 multimap 不支持。

> **注意：**
> multimap 允许插入相同的键值对。如果要避免这种冗余，必须在插入新元素之前执行显式检查。

multimap 的最棘手之处是查找元素。不能使用 operator[]，因为并没有提供 operator[]。find()也不是非常有用，因为 find()返回的是指向具有给定键的任意一个元素的迭代器(未必是具有这个键的第一个元素)。

然而，multimap 将所有带同一个键的元素保存在一起，并提供方法以获得这个子范围的迭代器，这个子范围内的元素在容器中具有相同的键。lower_bound()和 upper_bound()方法分别返回匹配给定键的第一个元素和最后一个元素之后那个元素(one-past-the-last)的对应迭代器。如果没有元素匹配这个键，那么 lower_bound()和 upper_bound()返回的迭代器相等。

如果需要获得具有给定键的元素对应的迭代器，使用 equal_range()方法比依次调用 lower_bound()和 upper_bound()更高效。equal_range()方法返回一个包含两个迭代器的 pair，这两个 iterator 分别是 lower_bound()和 upper_bound()返回的迭代器。

> **注意：**
> map 中也有 lower_bound()、upper_bound()和 equal_range()方法，但由于 map 中不允许多个元素带有同一个键，因此在 map 中，这些方法的用处不大。

multimap 示例：好友列表

大部分在线聊天软件都允许用户有一个“好友列表”。聊天软件给好友列表中的用户赋予特殊权限，例如允许他们向用户发送未经请求的消息。

在线聊天软件实现好友列表的一种方式是将信息保存在 multimap 中。一个 multimap 可保存每个用户的好友列表。容器中的每一项保存用户的一个好友。键是用户，值是好友。例如，如果 Harry Potter 和 Ron Weasley 都出现在对方的好友列表中，那么应该有两项，一项将 Harry Potter 映射到 Ron Weasley，另一项将 Ron Weasley 映射到 Harry Potter。multimap 允许同一个键有多个值，因此同一个用户允许有多个好友。下面是 BuddyList 类的定义：

```
export class BuddyList final
{
   public:
```

```
      // Adds buddy as a friend of name.
      void addBuddy(const std::string& name, const std::string& buddy);
      // Removes buddy as a friend of name
      void removeBuddy(const std::string& name, const std::string& buddy);
      // Returns true if buddy is a friend of name, false otherwise.
      bool isBuddy(const std::string& name, const std::string& buddy) const;
      // Retrieves a list of all the friends of name.
      std::vector<std::string> getBuddies(const std::string& name) const;
   private:
      std::multimap<std::string, std::string> m_buddies;
};
```

下面是这个类的实现，其中包含代码注释。这个实现演示了 lower_bound()、upper_bound()和 equal_range()的用法：

```
void BuddyList::addBuddy(const string& name, const string& buddy)
{
   // Make sure this buddy isn't already there. We don't want
   // to insert an identical copy of the key/value pair.
   if (!isBuddy(name, buddy)) {
      m_buddies.insert({ name, buddy }); // Using initializer_list
   }
}

void BuddyList::removeBuddy(const string& name, const string& buddy)
{
   // Obtain the beginning and end of the range of elements with
   // key 'name'. Use both lower_bound() and upper_bound() to demonstrate
   // their use. Otherwise, it's more efficient to call equal_range().
   auto begin { m_buddies.lower_bound(name) };  // Start of the range
   auto end { m_buddies.upper_bound(name) };    // End of the range

   // Iterate through the elements with key 'name' looking
   // for a value 'buddy'. If there are no elements with key 'name',
   // begin equals end, so the loop body doesn't execute.
   for (auto iter { begin }; iter != end; ++iter) {
      if (iter->second == buddy) {
         // We found a match! Remove it from the map.
         m_buddies.erase(iter);
         break;
      }
   }
}

bool BuddyList::isBuddy(const string& name, const string& buddy) const
{
   // Obtain the beginning and end of the range of elements with
   // key 'name' using equal_range(), and C++17 structured bindings.
   auto [begin, end] { m_buddies.equal_range(name) };

   // Iterate through the elements with key 'name' looking
   // for a value 'buddy'.
   for (auto iter { begin }; iter != end; ++iter) {
      if (iter->second == buddy) {
         // We found a match!
         return true;
      }
```

```
   }
   // No matches
   return false;
}

vector<string> BuddyList::getBuddies(const string& name) const
{
   // Obtain the beginning and end of the range of elements with
   // key 'name' using equal_range(), and C++17 structured bindings.
   auto [begin, end] { m_buddies.equal_range(name) };

   // Create a vector with all names in the range (all buddies of name).
   vector<string> buddies;
   for (auto iter { begin }; iter != end; ++iter) {
      buddies.push_back(iter->second);
   }
   return buddies;
}
```

注意，removeBuddy()不能使用删除具有给定键的所有元素的那个 erase()版本，它只应删除具有指定键的一个元素，而不是删除具有指定键的所有元素。还要注意，getBuddies()不能在 vector 上通过 insert()向 equal_range()返回的范围插入元素，因为 multimap 迭代器引用的元素是键值对，而不是字符串。getBuddies()方法必须显式地遍历范围，将字符串从每一个键值 pair 中抽取出来，然后插入要返回的新 vector。

下面是对 BuddyList 的测试：

```
BuddyList buddies;
buddies.addBuddy("Harry Potter", "Ron Weasley");
buddies.addBuddy("Harry Potter", "Hermione Granger");
buddies.addBuddy("Harry Potter", "Hagrid");
buddies.addBuddy("Harry Potter", "Draco Malfoy");
// That's not right! Remove Draco.
buddies.removeBuddy("Harry Potter", "Draco Malfoy");

buddies.addBuddy("Hagrid", "Harry Potter");
buddies.addBuddy("Hagrid", "Ron Weasley");
buddies.addBuddy("Hagrid", "Hermione Granger");

auto harrysFriends { buddies.getBuddies("Harry Potter") };

cout << "Harry's friends: " << endl;
for (const auto& name : harrysFriends) {
   cout << "\t" << name << endl;
}
```

输出结果如下所示：

```
Harry's friends:
        Ron Weasley
        Hermione Granger
        Hagrid
```

18.4.4 set

set 容器定义在<set>头文件中，和 map 非常类似。区别在于 set 保存的不是键值对，在 set 中，值本身就是键。如果信息没有显式的键，且希望进行排序(不包含重复)以便快速地执行插入、查找和删除，就可以考虑使用 set 容器存储此类信息。

set 提供的接口几乎和 map 提供的接口完全相同，主要区别在于 set 没有提供 operator[]、insert_or_assign()和 try_emplace()。

不能修改 set 中元素的键/值，因为修改容器中的 set 元素会破坏顺序。

set 示例：访问控制列表

在计算机系统上实现基本安全控制的一种方法是使用访问控制列表。系统上的每个实体(如文件和设备)都有一个用户列表，列出了有权访问相应实体的用户。通常只有拥有特殊权限的用户才能在实体的访问权限列表中添加和删除用户。在系统内部，set 容器可以很好地表示访问控制列表。每个实体可以使用一个 set，其中包含所有允许访问这个实体的用户名。下面是这个简单访问控制列表的类定义：

```
export class AccessList final
{
    public:
        // Default constructor
        AccessList() = default;
        // Constructor to support uniform initialization.
        AccessList(std::initializer_list<std::string> users)
        {
            m_allowed.insert(begin(users), end(users));
        }
        // Adds the user to the permissions list.
        void addUser(std::string user)
        {
            m_allowed.emplace(user);
        }
        // Removes the user from the permissions list.
        void removeUser(std::string& user)
        {
            m_allowed.erase(string(user));
        }
        // Returns true if the user is in the permissions list.
        bool isAllowed(std::string& user) const
        {
            return (m_allowed.count(user) != 0);
        }
        // Returns a vector of all the users who have permissions.
        std::vector<std::string> getAllUsers() const
        {
            return { begin(m_allowed), end(m_allowed) };
        }
    private:
        std::set<std::string> m_allowed;
};
```

getAllUsers()这行的实现十分有趣，有必要分析一下。将这一行构建的 vector<string>返回给 vector 构造函数，return 的参数是 m_allowed 的 begin 和 end 迭代器。如有必要，可将其拆分为两行：

```
std::vector<std::string> users(begin(m_allowed), end(m_allowed));
return users;
```

下面是一个简单的测试程序：

```
AccessList fileX { "mgregoire", "baduser" };
fileX.addUser("pvw");
fileX.removeUser("baduser");

if (fileX.isAllowed("mgregoire")) {
   cout << "mgregoire has permissions" << endl;
}

if (fileX.isAllowed("baduser")) {
   cout << "baduser has permissions" << endl;
}

auto users { fileX.getAllUsers() };
for (const auto& user : users) {
   cout << user << "  ";
}
```

AccessList 类有一个构造函数使用 initializer_list 作为参数，这样就可以使用统一初始化语法，测试程序中 fileX 变量的初始化演示了这种用法。

程序的输出结果如下所示：

```
mgregoire has permissions
mgregoire  pvw
```

注意，m_allowed 数据成员需要的是 std::strings 的 set，而不是 string_views 的 set。将其更改为 string_views 的 set 将会引入悬空指针的问题。例如，假设有下面的代码：

```
AccessList fileX;
{
   string user { "someuser" };
   fileX.addUser(user);
}
```

这个代码片段创建了一个名为 user 的字符串，然后将其添加到 fileX 访问控制列表中。但是，字符串和对 addUser()的调用都在一组花括号中；也就是说，字符串的生存期比 fileX 短。在结束大括号处，字符串超出作用域将会被销毁。这将使 fileX 访问控制列表的 string_view 指向一个被破坏的字符串，即一个悬空指针！

18.4.5　multiset

multiset 和 set 的关系等同于 multimap 和 map 的关系。multiset 支持 set 的所有操作，但允许容器中同时保存多个互等的元素。这里没有提供 multiset 的示例，这是因为 multiset 与 set 和 multimap 实在太相似了。

18.5　无序关联容器/哈希表

标准库支持无序关联容器或哈希表。这种容器有 4 个：unordered_map、unordered_multimap、unordered_set 和 unordered_multiset。此前讨论的 map、multimap、set 和 multiset 容器会对元素进行排序，而这些新的无序版本不会对元素进行排序。

18.5.1　哈希函数

无序关联容器也称为哈希表，这是因为它们使用了哈希函数(hash function)。哈希表的实现通常会使用某种形式的数组，数组中的每个元素都称为桶(bucket)。每个桶都有一个特定的数值索引，例如 0、1、2 直到最后一个桶。哈希函数将键转换为哈希值，再转换为桶索引。与这个键关联的值在桶中存储。

哈希函数的结果未必是唯一的。两个或多个键哈希到同一个桶索引，就称为冲突(collision)。当使用不同的键得到相同的哈希值，或把不同的哈希值转换为同一桶索引时，就会发生冲突。可采用多种方法处理冲突，例如二次重哈希(quadratic re-hashing)和线性链(linear chaining)等方法。感兴趣的读者可参阅附录 B 中“算法和数据结构”部分列出的任意参考文献。标准库没有指定要求使用哪种冲突处理算法，但目前大部分实现都选择通过线性链解决冲突。使用线性链时，桶不直接包含与键关联的数据值，而包含一个指向链表的指针。这个链表包含特定桶中的所有数据值。图 18-1 展示了原理。

图 18-1 中有两个冲突。之所以出现第 1 个冲突，是因为对键“Marc G.”和“John D.”应用哈希函数后得到同一个哈希值，该哈希值被映射到桶索引 128。这个桶指向一个包含键“Marc G.”和“John D.”及其对应数据值的链表。第 2 个冲突由“Scott K.”和“Johan G.”的哈希值引起，它们被映射到相同的桶索引 129。

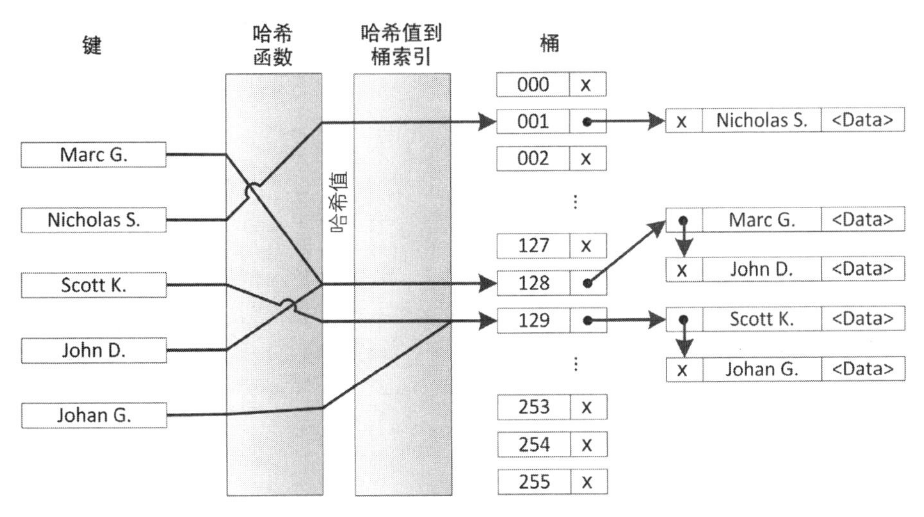

图 18-1　两个冲突

从图 18-1 中还可看出基于键的查找的工作原理以及查找的复杂度。查找过程包括调用一次哈希函数来计算哈希值，哈希值此后被转换为桶索引。一旦知道了桶索引，将在链表中通过一次或多次相等操作找到正确的键。从中还能看出，相比普通 map 的查找方式，这种查找方式要快得多，但查找速度完全取决于冲突次数。

哈希函数的选择非常重要。不产生冲突的哈希函数称为“完美哈希”。完美哈希的查找时间是常量；常规的哈希查找时间平均接近于 1，与元素数量无关。随着冲突数的增加，查找时间会增加，性能会降低。增加基本哈希表的大小，可以减少冲突，但需要考虑高速缓存的大小。

C++标准为指针和所有基本数据类型(例如 bool、char、int、float、double 等)提供了哈希函数，还为 error_code、error_condition、optional、variant、bitset、unique_ptr、shared_ptr、type_index、string、string_view、vector<bool>和 thread::id 提供了哈希函数。如果要使用的键类型没有可用的标准哈希函

数，就必须实现自己的哈希函数。即使键集是固定的、已知的，创建完美哈希也并不简单；需要进行深入的数学分析。纵然创建得不算完美，但性能较高，仍然充满挑战。由于篇幅所限，本书不会详细解释哈希函数的数学原理，只会列举一个十分简单的哈希函数示例。

下面的示例演示了如何编写自定义的哈希函数。代码定义了一个类 IntWrapper，它仅封装了一个整数。还提供了 operator==，因为这是在无效关联容器中使用键所必需的。

```
class IntWrapper
{
    public:
        IntWrapper(int i) : m_wrappedInt { i } {}
        int getValue() const { return m_wrappedInt; }
        bool operator==(const IntWrapper&) const = default;// = default since C++20
    private:
        int m_wrappedInt;
};
```

为给 IntWrapper 编写哈希函数，应该先给 IntWrapper 编写 std::hash 模板的特例。std::hash 模板在<functional>头文件中定义。这个特例需要实现函数调用运算符，计算并返回给定 IntWrapper 实例的哈希。对于本例，请求被简单地转发给整数的标准哈希函数：

```
namespace std
{
    template<> struct hash<IntWrapper>
    {
        size_t operator()(const IntWrapper& x) const {
            return std::hash<int>{}(x.getValue());
        }
    };
}
```

注意，一般不允许把任何内容放在 std 名称空间中，但 std 类模板的特例是这条规则的例外。函数调用运算符的实现只有一行代码，它为整数的标准哈希函数创建了一个实例 std::hash<int>{}，然后对该实例通过参数 f.getValue()执行函数调用运算符。注意，这个转发在本例中是有效的，因为 IntWrapper 只包含一个数据成员：一个整数。如果该类包含多个数据成员，就需要在计算哈希时考虑所有数据成员，但这些细节超出了本书的讨论范围。

18.5.2 unordered_map

unordered_map 容器在<unordered_map>头文件中定义，也是一个类模板，如下所示：

```
template <class Key,
          class T,
          class Hash = hash<Key>,
          class Pred = std::equal_to<Key>,
          class Alloc = std::allocator<std::pair<const Key, T>>>
    class unordered_map;
```

总共有 5 个模板参数：键类型、值类型、哈希类型、判等比较类型和分配器类型。通过后面 3 个参数可以分别自定义哈希函数、判等比较函数和分配器函数。通常可忽略这些参数，因为它们有默认值。最重要的参数是前两个参数。与 map 一样，可使用统一初始化机制来初始化 unordered_map，如下所示：

```
unordered_map<int, string> m {
```

```
    {1, "Item 1"},
    {2, "Item 2"},
    {3, "Item 3"},
    {4, "Item 4"}
};
// Using C++17 structured bindings.
for (const auto& [key, value] : m) {
    cout << format("{} = {}", key, value) << endl;
}

// Without structured bindings.
for (const auto& p : m) {
    cout << format("{} = {}", p.first, p.second) << endl;
}
```

表 18-4 总结了 map 和 unordered_map 之间的区别。

表 18-4　map 和 unordered_map 之间的区别

操作	map	unordered_map
at()	支持	支持
begin()	支持	支持
begin(n)	不支持	支持
bucket()	不支持	支持
bucket_count()	不支持	支持
bucket_size()	不支持	支持
cbegin()	支持	支持
cbegin(n)	不支持	支持
cend()	支持	支持
cend(n)	不支持	支持
clear()	支持	支持
C++20 contains()	支持	支持
count()	支持	支持
crbegin()	支持	不支持
crend()	支持	不支持
emplace()	支持	支持
emplace_hint()	支持	支持
empty()	支持	支持
end()	支持	支持
end(n)	不支持	支持
equal_range()	支持	支持
erase()	支持	支持
extract()	支持	支持
find()	支持	支持
insert()	支持	支持
insert_or_assign()	支持	支持

(续表)

操作	map	unordered_map
iterator/const_iterator	支持	支持
load_factor()	不支持	支持
local_iterator/const_local_iterator	不支持	支持
lower_bound()	支持	不支持
max_bucket_count()	不支持	支持
max_load_factor()	不支持	支持
max_size()	支持	支持
merge()	支持	支持
operator[]	支持	支持
rbegin()	支持	不支持
rehash()	不支持	支持
rend()	支持	不支持
reserve()	不支持	支持
reverse_iterator/const_reverse_iterator	支持	不支持
size()	支持	支持
swap()	支持	支持
try_emplace()	支持	支持
upper_bound()	支持	不支持

与普通的 map 一样，unordered_map 中的所有键都应该是唯一的。表 18-4 包含一些哈希专用方法。例如，load_factor()返回每一个桶的平均元素数，以反映冲突的次数。bucket_count()方法返回容器中桶的数目。还提供了 local_iterator 和 const_local_iterator，用于遍历单个桶中的元素，但不能用于遍历多个桶。bucket(key)方法返回包含指定键的桶索引，begin(n)返回引用索引为 n 的桶中第一个元素的 local_iterator，end(n)返回引用索引为 n 的桶中最后一个元素之后的那个元素(one-past-the-last)的 local_iterator。下面的示例将演示这些方法的用法。

unordered_map 示例：电话簿

下面的示例将使用 unordered_map 表示电话簿。使用人名表示键，电话号码则是与键关联的值。

```
void printMap(const auto& m)   // C++20 abbreviated function template
{
    for (auto& [key, value] : m) {
        cout << format("{} (Phone: {})", key, value) << endl;
    }
    cout << "-------" << endl;
}

int main()
{
    // Create a hash table.
    unordered_map<string, string> phoneBook {
        { "Marc G.", "123-456789" },
        { "Scott K.", "654-987321" } };
```

```
    printMap(phoneBook);

    // Add/remove some phone numbers.
    phoneBook.insert(make_pair("John D.", "321-987654"));
    phoneBook["Johan G."] = "963-258147";
    phoneBook["Freddy K."] = "999-256256";
    phoneBook.erase("Freddy K.");
    printMap(phoneBook);

    // Find the bucket index for a specific key.
    const size_t bucket { phoneBook.bucket("Marc G.") };
    cout << format("Marc G. is in bucket {} containing the following {} names:",
        bucket, phoneBook.bucket_size(bucket)) << endl;
    // Get begin and end iterators for the elements in this bucket.
    // 'auto' is used here. The compiler deduces the type of
    // both as unordered_map<string, string>::const_local_iterator
    auto localBegin { phoneBook.cbegin(bucket) };
    auto localEnd { phoneBook.cend(bucket) };
    for (auto iter { localBegin }; iter != localEnd; ++iter) {
        cout << format("\t{} (Phone: {})", iter->first, iter->second) << endl;
    }
    cout << "-------" << endl;

    // Print some statistics about the hash table
    cout << format("There are {} buckets.", phoneBook.bucket_count()) << endl;
    cout << format("Average number of elements in a bucket is {}.",
        phoneBook.load_factor()) << endl;
}
```

这段代码的可能输出结果如下所示。注意，在不同的系统上，输出可能不同，因为它取决于所用哈希函数和unordered_map自身的实现。

```
Scott K. (Phone: 654-987321)
Marc G. (Phone: 123-456789)
-------
Scott K. (Phone: 654-987321)
Marc G. (Phone: 123-456789)
Johan G. (Phone: 963-258147)
John D. (Phone: 321-987654)
-------
Marc G. is in bucket 1 which contains the following 2 elements:
        Scott K. (Phone: 654-987321)
        Marc G. (Phone: 123-456789)
-------
There are 8 buckets.
Average number of elements in a bucket is 0.5
```

18.5.3 unordered_multimap

unordered_multimap是允许多个元素带有同一个键的unordered_map。两者的接口几乎相同，区别在于：

- unordered_multimap没有提供operator[]运算符和at()，它们的语义在多个元素使用同一个键的情况下没有意义。

- 在 unordered_multimap 上执行插入操作总是会成功。因此，添加单个元素的 unordered_multimap::insert()方法只返回迭代器而非 pair。
- unordered_map 支持 insert_or_assign()和 try_emplace()方法，但是，unordered_multimap 不支持这两个方法。

> **注意：**
> unordered_multimap 允许插入相同的键值对。如果想要避免这种冗余，必须在插入新元素之前执行显式的检查。

根据之前对 multimap 的描述，不能使用 operator[]运算符在 unordered_multimap 中查找元素，因为没有提供这个运算符。find()虽然可供使用，但它返回的是引用具有给定键的任意一个元素的迭代器(未必是具有这个键的第 1 个元素)。相反，最好使用 equal_range()方法，它返回一个包含两个迭代器的 pair：一个引用匹配给定键的第 1 个元素，另一个引用匹配给定键的最后 1 个元素之后的那个元素(one-past- the-last)。equal_range()的用法和之前讨论 multimap 的 equal_range()完全一样，因此可以参考 multimap 的示例来了解 equal_range()的工作方式。

18.5.4 unordered_set/unordered_multiset

<unordered_set>头文件定义了 unordered_set 和 unordered_multiset，这两者分别类似于 set 和 multiset；区别在于它们不会对键进行排序，而且使用了哈希函数。unordered_set 和 unordered_map 的区别和之前讨论的 set 和 map 之间的区别类似，因此这里不再赘述。标准库参考资源完整总结了 unordered_set 和 unordered_multiset 操作。

18.6 其他容器

C++语言中还有其他一些在不同程度上与标准库合作的部分，包括标准 C 风格数组、string、流和 bitset。

18.6.1 标准 C 风格数组

回顾一下，普通指针也算是迭代器，因为它们支持所需的运算符。这一点并不是琐碎的小知识。它意味着可以把标准 C 风格数组看成标准库容器，只要把指向数组元素的指针当成迭代器即可。当然，标准 C 风格数组并没有提供 size()、empty()、insert()和 erase()这类方法，因此它们并非真正的标准库容器。不管怎么样，它们通过指针的方式支持迭代器，因此可以在第 20 章描述的算法和本章描述的一些方法中使用它们。

例如，可通过 vector 中接收任何容器迭代器范围的 insert()方法，将标准 C 风格数组中的所有元素复制到 vector 中。这个 insert()方法的原型如下所示：

```
template <class InputIterator> iterator insert(const_iterator position,
    InputIterator first, InputIterator last);
```

如果想用标准的 C 风格 int 数组作为数据来源，那么可以将 InputIterator 的模板化类型替换为 int*。下面是一个完整的示例：

```
const size_t count { 10 };
int values[count];     // standard C-style array
// Initialize each element of the array to the value of its index.
```

```
for (int i { 0 }; i < count; i++) { values[i] = i; }

// Insert the contents of the array at the end of a vector.
vector<int> vec;
vec.insert(end(vec), values, values + count);

// Print the contents of the vector.
for (const auto& i : vec) { cout << i << " "; }
```

注意，引用数组中第 1 个元素的迭代器是第 1 个元素的地址，也就是本例中的 values。数组名字本身可解释为第 1 个元素的地址。尾部的迭代器所引用的元素必须是最后一个元素之后的那个元素(one-past-the-last element)，因此地址是第 1 个元素加 count 的结果，即 values+count。

很容易使用 std::begin()或 std::cbegin()获得指向静态分配的 C 风格数组(不通过指针访问)中第 1 个元素的迭代器，使用 std::end()或 std::cend()获得此类数组中最后一个元素之后那个元素的迭代器。例如，前面示例中对 insert()的调用可以写为：

```
vec.insert(end(vec), cbegin(values), cend(values));
```

警告：

std::begin()和 std::end()等函数仅用于静态分配的 C 风格数组(不通过指针访问)。如果涉及指针或使用动态分配的 C 风格数组，则不可行。

18.6.2 string

可以将 string 看成字符的顺序容器。因此，C++中的 string 实际上是一个功能完备的顺序容器。string 中包含的 begin()和 end()方法返回 string 中的迭代器，还包含 insert()、push_back()、erase()、size()和 empty()方法，以及基本顺序容器包含的其他所有内容。string 非常接近于 vector，甚至还提供了 reserve()和 capacity()方法。

可以像使用 vector 那样将 string 作为标准库容器使用。示例如下：

```
string myString;
myString.insert(cend(myString), 'h');
myString.insert(cend(myString), 'e');
myString.push_back('l');
myString.push_back('l');
myString.push_back('o');

for (const auto& letter : myString) {
   cout << letter;
}
cout << endl;

for (auto it { cbegin(myString) }; it != cend(myString); ++it) {
   cout << *it;
}
cout << endl;
```

除了标准库顺序容器方法外，string 还提供了很多有用的方法和友元函数。string 接口实际上是一个很好的示例，它是第 6 章“设计可重用代码”中讨论的设计缺陷之一。string 类将在第 2 章详细讨论。

18.6.3 流

传统意义上，输入流和输出流并不是容器，因为它们并不保存元素。然而，可以把它们看成元素的序列，因而具有标准库容器的一些特性。C++流没有直接提供与标准库相关的任何方法，但是标准库提供了名为 istream_iterator 和 ostream_iterator 的特殊迭代器，用于“遍历”输入流和输出流。第 17 章将会介绍这些迭代器的用法。

18.6.4 bitset

bitset 是固定长度的位序列的抽象。一个位只能表示两个值——1 和 0，这两个值可以表示开/关和真/假等。bitset 还使用了设置(set)和清零(unset)两个术语。可将一个位从一个值切换(toggle)或翻转(flip)为另一个值。

bitset 并不是真正的标准库容器：bitset 的大小固定，没有对元素类型进行模板化，也不支持迭代。然而，这是一个有用的工具类，而且常和容器在一起，因此这里做一下简要介绍。标准库参考资源对 bitset 操作做了全面总结。

1. bitset 基础

bitset 定义在<bitset>头文件中，根据保存的位数进行模板化。默认构造函数将 bitset 的所有字段初始化为 0。另一个构造函数根据由 0 和 1 字符组成的字符串创建 bitset。

可通过 set()、reset()和 flip()方法改变单个位的值，通过重载的 operator[]运算符可以访问和设置单个字段的值。注意，对非 const 对象应用 operator[]会返回一个代理对象，可为这个代理对象赋予一个布尔值，调用 flip()或~取反。还可通过 test()方法访问单个字段。bitset 以包含 0 和 1 字符的字符串形式进行流式处理。此外，通过普通的插入和抽取运算符可以流式处理 bitset。

最后，通过普通的插入和抽取运算符可以流式处理 bitset。bitset 作为包含 0 和 1 字符的字符串进行流处理。

下面是一个简单的示例：

```
bitset<10> myBitset;

myBitset.set(3);
myBitset.set(6);
myBitset[8] = true;
myBitset[9] = myBitset[3];

if (myBitset.test(3)) {
   cout << "Bit 3 is set!"<< endl;
}
cout << myBitset << endl;
```

输出结果为：

```
Bit 3 is set!
1101001000
```

注意，所输出字符串的最左边字符表示最高位。这符合我们对二进制数表示方式的直观看法，表示 $2^0=1$ 的最低位出现在印刷表示方式的最右边。

2. 按位运算符

除基本的位操作外，bitset 还实现了所有按位运算符：&、|、^、~、<<、>>、&=、|=、^=、<<=和>>=。这些运算符的行为和操作真正的位序列相同。示例如下：

```
auto str1 { "0011001100" };
auto str2 { "0000111100" };
bitset<10> bitsOne { str1 };
bitset<10> bitsTwo { str2 };

auto bitsThree { bitsOne & bitsTwo };
cout << bitsThree << endl;
bitsThree <<= 4;
cout << bitsThree << endl;
```

这个程序的输出结果如下所示：

```
0000001100
0011000000
```

3. bitset 示例：表示有线电视频道

bitset 的一种可能应用是跟踪有线电视用户的频道。每个用户都有一组用 bitset 表示的频道，这个 bitset 与用户的订阅情况相关，设置的位表示用户实际订阅的频道。这个系统还可以支持频道“套餐”，套餐也表示为 bitset，通过 bitset 表示常用的频道组合。

下面的 CableCompany 类是这个模型的简单示例。这个类使用了两个 map，它们都是 string/bitset 的 map，保存了有线频道套餐和用户信息。

```
export class CableCompany final
{
   public:
      // Number of supported channels.
      static const size_t NumChannels { 10 };

      // Adds package with the channels specified as a bitset to the database.
      void addPackage(std::string_view packageName,
         const std::bitset<NumChannels>& channels);
      // Adds package with the channels specified as a string to the database.
      void addPackage(std::string_view packageName, std::string_view channels);
      // Removes the specified package from the database.
      void removePackage(std::string_view packageName);
      // Retrieves the channels of a given package.
      // Throws out_of_range if the package name is invalid.
      const std::bitset<NumChannels>& getPackage(
         std::string_view packageName) const;
      // Adds customer to database with initial channels found in package.
      // Throws out_of_range if the package name is invalid.
      // Throws invalid_argument if the customer is already known.
      void newCustomer(std::string_view name, std::string_view package);
      // Adds customer to database with given initial channels.
      // Throws invalid_argument if the customer is already known.
      void newCustomer(std::string_view name,
         const std::bitset<NumChannels>& channels);
      // Adds the channel to the customer's profile.
      // Throws invalid_argument if the customer is unknown.
      void addChannel(std::string_view name, int channel);
```

```
        // Removes the channel from the customer's profile.
        // Throws invalid_argument if the customer is unknown.
        void removeChannel(std::string_view name, int channel);
        // Adds the specified package to the customer's profile.
        // Throws out_of_range if the package name is invalid.
        // Throws invalid_argument if the customer is unknown.
        void addPackageToCustomer(std::string_view name,
           std::string_view package);
        // Removes the specified customer from the database.
        void deleteCustomer(std::string_view name);
        // Retrieves the channels to which a customer subscribes.
        // Throws invalid_argument if the customer is unknown.
        const std::bitset<NumChannels>& getCustomerChannels(
           std::string_view name) const;
    private:
        // Retrieves the channels for a customer. (non-const)
        // Throws invalid_argument if the customer is unknown.
        std::bitset<NumChannels>& getCustomerChannelsHelper(
           std::string_view name);

        using MapType = std::map<std::string, std::bitset<NumChannels>>;
        MapType m_packages, m_customers;
};
```

下面是上述方法的实现，其中包含代码注释：

```
void CableCompany::addPackage(string_view packageName,
    const bitset<NumChannels>& channels)
{
    m_packages.emplace(packageName, channels);
}

void CableCompany::addPackage(string_view packageName, string_view channels)
{
    addPackage(packageName, bitset<NumChannels> { channels.data() });
}

void CableCompany::removePackage(string_view packageName)
{
    m_packages.erase(packageName.data());
}

const bitset<CableCompany::NumChannels>& CableCompany::getPackage(
    string_view packageName) const
{
    // Get a reference to the specified package.
    if (auto it { m_packages.find(packageName.data()) }; it != end(m_packages)) {
        // Found package. Note that 'it' is a reference to a name/bitset pair.
        // The bitset is the second field.
        return it->second;
    }
    throw out_of_range { "Invalid package" };
}

void CableCompany::newCustomer(string_view name, string_view package)
{
    // Get the channels for the given package.
    auto& packageChannels { getPackage(package) };
    // Create the account with the bitset representing that package.
    newCustomer(name, packageChannels);
}

void CableCompany::newCustomer(string_view name,
```

```
    const bitset<NumChannels>& channels)
{
    // Add customer to the customers map.
    if (auto [iter, success] { m_customers.emplace(name, channels) }; !success) {
        // Customer was already in the database. Nothing changed.
        throw invalid_argument { "Duplicate customer" };
    }
}

void CableCompany::addChannel(string_view name, int channel)
{
    // Get the current channels for the customer.
    auto& customerChannels { getCustomerChannelsHelper(name) };
    // We found the customer; set the channel.
    customerChannels.set(channel);
}

void CableCompany::removeChannel(string_view name, int channel)
{
    // Get the current channels for the customer.
    auto& customerChannels { getCustomerChannelsHelper(name) };
    // We found this customer; remove the channel.
    customerChannels.reset(channel);
}

void CableCompany::addPackageToCustomer(string_view name, string_view package)
{
    // Get the channels for the given package.
    auto& packageChannels { getPackage(package) };
    // Get the current channels for the customer.
    auto& customerChannels { getCustomerChannelsHelper(name) };
    // Or-in the package to the customer's existing channels.
    customerChannels |= packageChannels;
}

void CableCompany::deleteCustomer(string_view name)
{
    m_customers.erase(name.data());
}

const bitset<CableCompany::NumChannels>& CableCompany::getCustomerChannels(
    string_view name) const
{
    // Find a reference to the customer.
    if (auto it { m_customers.find(name.data()) }; it != end(m_customers)) {
        // Found customer. Note that 'it' is a reference to a name/bitset pair.
        // The bitset is the second field.
        return it->second;
    }
    throw invalid_argument { "Unknown customer" };
}

bitset<CableCompany::NumChannels>& CableCompany::getCustomerChannelsHelper(
    string_view name)
{
    // Forward to const getCustomerChannels() to avoid code duplication.
    return const_cast<bitset<NumChannels>&>(
        as_const(*this).getCustomerChannels(name));
}
```

最后，下面这个简单程序演示了如何使用 CableCompany 类：

```
CableCompany myCC;
```

```
myCC.addPackage("basic",    "1111000000");
myCC.addPackage("premium", "1111111111");
myCC.addPackage("sports",  "0000100111");

myCC.newCustomer("Marc G.", "basic");
myCC.addPackageToCustomer("Marc G.", "sports");
cout << myCC.getCustomerChannels("Marc G.") << endl;
```

输出如下所示：

```
1111100111
```

18.7 本章小结

本章介绍了标准库容器，还列举了示例代码来演示这些容器的不同使用方式。希望读者能体会到vector、deque、list、forward_list、array、span、stack、queue、priority_queue、map、multimap、set、multiset、unordered_map、unordered_multimap、unordered_set、unordered_multiset、string 和 bitset 的强大之处。即使不能立即将这些容器用于自己的程序，也至少要知道有这些容器，以便在未来的项目中使用。

在下一步讨论标准库的泛型算法，并深入领略其真正的强大功能之前，首先必须要讨论函数指针、函数对象和 lambda 表达式。这些都是下一章的主题。

18.8 练习

通过完成以下习题，可以巩固本章中讨论的知识点。所有练习的答案都可扫描封底二维码下载。然而，如果你困在一个练习中，在网站上查看答案之前，请先重新阅读本章的内容，试着自己找到答案。

练习 18-1　这道练习是学习使用 vector。创建一个程序，该程序包含被称为 values 的整型 vector，使用数字 2 和 5 进行初始化。接下来，实现以下操作：

(1) 使用 insert()在 values 的正确位置插入数字 3 和 4。

(2) 创建使用 0 和 1 初始化的第 2 个整型 vector，然后将这个新 vector 的内容插入 values 的开头。

(3) 创建第 3 个整型 vector。反向遍历 values 的元素，并将它们插入第 3 个 vector 中。

(4) 使用基于范围的 for 循环打印第 3 个 vector 中的内容。

练习 18-2　使用练习 15-4 中 Person 类的实现。添加一个名为 phone_book 的新模块，定义 PhoneBook 类，该类将一个或多个电话号码存储为个人的字符串。提供向电话簿中添加和删除个人电话号码的方法。还提供了一种方法，该方法返回包含给定人员的所有电话号码的 vector。在 main()函数中测试具体的实现。在测试中，使用在练习 15-4 中开发的自用户定义的 person 字面量。

练习 18-3　在练习 15-1 中，编写了 AssociativeArray。修改该练习 main()中的测试代码，以便使用任意一个标准库容器。

练习 18-4　编写一个 average()函数(不是函数模板)，用于计算一系列 double 的平均值。确保它可以适用于来自 vector 或 array 的序列或子序列。在 main()函数中使用 vector 或 array 测试编写的代码。

附加练习　可以把 average()函数转换成函数模板吗？函数模板只能使用整数类型或浮点类型进行实例化。请问，这对 main()中的测试代码会有什么影响？

第19章 函数指针，函数对象，lambda 表达式

本章内容

- 如何使用函数指针
- 如何使用指向类方法的指针
- 如何使用多态函数封装
- 函数对象定义以及如何编写自己的函数对象
- lambda 表达式细节

C++中的函数被称为一级函数，因为函数可以像普通变量一样使用，例如将它们作为参数传递给其他函数，从其他函数返回它们，将它们赋值给变量。在这个上下文中经常出现的术语叫回调，它表示可以调用的东西，它可以是函数指针或任何行为类似于函数指针的东西，比如重载了 operator()的对象，或内联 lambda 表达式。重载 operator()的类称为函数对象，简称 functor。标准库提供了一组可用于创建回调对象和调整现有回调对象的类，这很方便。是时候仔细看看回调的概念了，因为下一章中解释的很多算法都接收这样的回调来定制行为。

19.1 函数指针

通常不考虑函数在内存中的位置，但每个函数实际上都位于一个特定的地址。在 C++中，可以将函数作为数据，就是说 C++具有一级函数，换句话说，可以拿到函数的地址并且像使用变量一样使用它们。

函数指针根据参数类型和兼容函数的返回类型进行类型划分，使用函数指针的一种方法是使用类型别名，类型别名允许将类型名称赋值给具有给定特征的函数族。举例，下面一行定义了一种名为 Matcher 的类型，它表示指向任何具有两个 int 形参并返回 bool 的函数的指针：

```
using Matcher = bool(*)(int, int);
```

下面的类型别名定义了一种名为 MatchHandler 的类型，用于接收一个 size_t 和两个 int 型作为参

数和没有返回值的函数。

```
using MatchHandler = void(*)(size_t, int, int);
```

既然定义了这些类型，可以编写一个接收两个回调(Matcher 和 MatchHandler)作为参数的函数。接收其他函数作为参数的函数，或返回函数的函数称为高阶函数。例如，下面的函数接收两个 int 型的 span，以及一个 Matcher 和一个 MatchHandler，它并行地遍历这个 span，并在两个 span 的对应元素上调用 Matcher。如果 Matcher 返回 true，MatchHandler 会被调用，第一个参数是匹配的位置，第二个和第三个参数是使得 Matcher 返回 true 的值。注意，即使 Matcher 和 MatchHandler 作为变量传入，它们也可以像普通函数一样被调用：

```
void findMatches(span<const int> values1, span<const int> values2,
   Matcher matcher, MatchHandler handler)
{
   if (values1.size() != values2.size()) { return; } // Must be same size.

   for (size_t i { 0 }; i < values1.size(); ++i) {
      if (matcher(values1[i], values2[i]) {
         handler(i, values1[i], values2[i]);
      }
   }
}
```

注意，这个实现要求两个 span 具有相同数量的元素。要调用 findMatches()函数，需要的是任何遵循已定义的 Matcher 类型的函数，即接收两个 int 型参数并返回 bool 类型的任何类型，以及一个遵循 MatchHandler 类型的函数。下面是一个可能为 Matcher 的示例，如果两个参数相等则返回 true。

```
bool intEqual(int item1, int item2) { return item1 == item2; }
```

下面是一个简单打印匹配的 MatchHandler 的示例：

```
void printMatch(size_t position, int value1, int value2)
{
   cout << format("Match found at position {}({}, {})",
      position, value1, value2) << endl;
}
```

intEqual()和 printMatch()函数可以作为参数传递给 findMatches()，如下：

```
vector values1 { 2, 5, 6, 9, 10, 1, 1 };
vector values2 { 4, 4, 2, 9, 0, 3, 1 };
cout << "Calling findMatches() using intEqual():" << endl;
findMatches(values1, values2, &intEqual, &printMatch);
```

回调函数通过获取它们的地址传递给 findMatches()。从技术上讲，&字符是可选的，如果省略它们而只传入函数名，编译器就会知道你想要的是获取它们的地址，输出如下：

```
Calling findMatches() using intEqual():
Match found at position 3 (9, 9)
Match found at position 6 (1, 1)
```

函数指针的好处在于，findMatches 是个泛型函数，它比较两个 vector 中的并行的值。正如前面示例中使用到的，它基于相等来比较值。但因为它接收一个函数指针，所以它可以根据其他条件比较值。例如，下面的函数也遵循了 Matcher 的定义：

```
bool bothOdd(int item1, int item2) { return item1 % 2 == 1 && item2 % 2 == 1; }
```

下面的代码片段展示了 bothOdd()也可以在 findMatches()的调用中使用：

```
cout << "Calling findMatches() using bothOdd():" << endl;
findMatches(values1, values2, bothOdd, printMatch);
```

输出如下：

```
Calling findMatches() using bothOdd():
Match found at position 3 (9, 9)
Match found at position 5 (1, 3)
Match found at position 6 (1, 1)
```

通过使用函数指针，可以基于作为参数传入的函数对单个函数 findMatches()进行定制，来适应不同的用途。

注意：
在本章的后面将提到 std::function，这是比旧式函数指针更被推荐的解决方案。

使用函数指针的一个常见用例是获取指向动态链接库中的函数的指针。下面的示例获取指向 Microsoft Windows 动态链接库(DLL)中的函数的指针，DLL 大体上是个由代码和数据组成的库，任何程序都可以使用它。一个特殊的 Windows DLL 示例是 Comdlg32 DLL，它提供了常见的对话框函数。关于 Windows DLL 的细节超出了这本平台不相关的 C++书籍的讨论范畴，但是它对 Windows 程序员来说非常重要，值得简要讨论，而且它是函数指针的一个很好的例子。

考虑一个 DLL(hardware.dll)，它有一个名为 Connect()的函数，只有在需要调用 Connect()时才会加载这个库，在运行时加载库是通过 Windows 的 LoadLibrary()函数实现的：

```
HMODULE lib { ::LoadLibrary("hardware.dll") };
```

调用的结果称为库句柄，如果出现错误，句柄为 NULL。在加载库中的函数之前，需要知道函数的原型。假设下面是 Connect()的原型，它返回一个整型并接收 3 个参数：布尔型、整型和 C 风格字符串：

```
int __stdcall Connect(bool b, int n, const char* p);
```

__stdcall 是一个 Microsoft 特定的指令，用于指定函数调用约定，规定如何将参数传递给函数以及如何清理函数。

可以使用类型别名定义函数指针的名称(ConnectFunction)，该函数具有要求的原型：

```
using ConnectFunction = int(__stdcall*)(bool, int, const char*);
```

成功加载库并且定义了函数指针的名称后，就可以得到一个指向库中函数的指针，如下所示：

```
ConnectFunction connect { (ConnectFunction)::GetProcAddress(lib, "Connect") };
```

如果失败，connect 会为 nullptr；如果成功，可以调用加载的函数：

```
connect(true, 3, "Hello world");
```

19.2　指向方法(和数据成员)的指针

如前一节所述，可以创建和使用指向独立函数的指针。也可以使用指向独立变量的指针，现在考虑指向类数据成员和方法的指针。在 C++中，拿到类数据成员和方法的地址来获得指向它们的指针是完全合法的，但是，没有对象就不能访问非静态数据成员或调用非静态方法。类数据成员和方法的全部意义在于它们以每个对象为基础存在，因此，当想要通过指针调用方法或者访问数据成员时，必须在对象的上下文中解引用该指针。下面是第1章介绍的Employee类的一个示例：

```
int (Employee::*methodPtr) () const { &Employee::getSalary };
Employee employee { "John", "Doe" };
cout << (employee.*methodPtr)() << endl;
```

不要为语法恐慌，第一行声明了一个名为methodPtr的变量，它的类型是指向Employee的一个非静态const方法的指针，该方法不接收任何参数并返回int型。同时，它初始化这个变量，使其指向Employee类的getSalary()方法。这种语法非常类似于声明一个简单的函数指针，除了在*methodPtr之前添加了Employee::。注意在本例中必须使用&。

第三行通过methodPtr指针调用了employee对象上的getSalary()方法，注意在employee.*methodPtr周围括号的使用，之所以需要括号，是因为operator()的优先级高于*。

如果有一个指向对象的指针，可以使用->*而不是.*，如下面的代码片段说明：

```
int (Employee::*methodPtr) () const { &Employee::getSalary };
Employee* employee { new Employee { "John", "Doe" } };
cout << (employee->*methodPtr)() << endl;
```

使用类型别名可以让methodPtr的定义更易阅读：

```
using PtrToGet = int (Employee::*) () const;
PtrToGet methodPtr { &Employee::getSalary };
Employee employee { "John", "Doe" };
cout << (employee.*methodPtr)() << endl;
```

最后，可以使用auto进一步简化：

```
auto methodPtr { &Employee::getSalary };
Employee employee { "John", "Doe" };
cout << (employee.*methodPtr)() << endl;
```

注意：
可以使用std::mem_fn()避免.*或->*语法，本章后面的函数对象上下文中将会解释这点。

指向方法和数据成员的指针通常不会出现在程序中，但重要的是要记住，如果没有对象，就不能解引用指向非静态方法和数据成员的指针。每隔一段时间，你可能想要尝试一些事情，比如将一个指向非静态方法的指针传递给需要函数指针的函数(比如qsort)，这是行不通的。

注意：
C++确实允许在不使用对象的情况下解引用指向静态数据成员和静态方法的指针。

std::function

在<functional>中定义的std::function函数模板是一个多态函数包装器，可以用来创建指向任何可调用对象的类型，如函数、函数对象或者lambda表达式，本章后面将会讨论后两项。std::function的实例可以用作函数指针，也可以用作函数实现回调的参数，可以存储、赋值、移动，当然也可以执行。函数模板的模板参数看起来和大多数模板参数有些不同，语法如下：

```
std::function<R(ArgTypes...)>
```

R 是函数的返回类型，ArgTypes 是函数参数类型的逗号分隔列表。

下面的示例演示了如何使用 std::function 实现函数指针，它创建一个指向函数 func()的函数指针 f1。一旦定义了 f1，就可以用它调用 func()：

```
void func(int num, string_view str)
{
   cout << format("func({}, {})", num, str) << endl;
}

int main()
{
   function<void(int, string_view)> f1 { func };
   f1(1, "test");
}
```

由于类模板参数推导，可以简化 f1 的创建，如下所示：

```
function f1 { func };
```

当然，在前面的实例中可以只使用 auto 关键字，这样就不需要指定 f1 的类型，下面对 f1 的定义同样有效，而且更短，但是编译器推导出来的 f1 类型是个函数指针，即 void(*f1)(int, string_view)，而不是 std::function：

```
auto f1 { func };
```

因为 std::function 行为像函数指针，它可以传递给接收回调的函数。前面的 findMatches()示例可以使用 std::function 重写，唯一需要更改的是下面两个类型别名：

```
// A type alias for a function accepting two integer values,
// returning true if both values are matching, false otherwise.
using Matcher = function<bool(int, int)>;

// A type alias for a function to handle a match. The first
// parameter is the position of the match,
// the second and third are the values that matched.
using MatchHandler = function<void(size_t, int, int)>;
```

这些类型的回调使许多标准库算法变得如此强大，标准库算法将在第 20 章“掌握标准库算法”中讨论。

然而从技术上讲，findMatches()不需要 std::function 参数来接收回调参数，相反，可以将 findMatches()转换为函数模板，唯一需要更改的是删除 Matcher 和 MatchHandler 类型别名，使其成为函数模板。高亮部分为变化：

```
template<typename Matcher, typename MatchHandler>
void findMatcher(span<const int> values1, span<const int> values2,
   Matcher matcher, MatchHandler handler)
{ /* ... */ }
```

findMatches() 的实现需要两个模板类型参数，即 Matcher 回调类型和 MatchHandler 回调类型，由于函数模板参数的推导，调用这个新版本与调用以前的版本效果是相同的。

使用 C++20 的简化函数模板语法，findMatches()函数模板可以这样写：

```
void findMatches(span<const int> values1, span<const int> values2,
   auto matcher, auto handler)
   { /* ... */ }
```

findMatches()函数模板或简化函数模板实际上是实现它的推荐方法，因此在所有这些例子中，看起来std::function并不是真正有用，然而当需要将回调存储为类的数据成员时，std::function真的很有用。这是本章最后练习的其中一个主题。

19.3 函数对象

可以重载类中的函数调用运算符，以便用类的对象代替函数指针。这些对象称为函数对象，或简称仿函数。使用函数对象而不是使用简单函数的好处是，函数对象可以在调用之间保持状态。

19.3.1 编写第一个函数对象

要使任何类成为函数对象，只需要重载函数调用运算符，下面是一个简单的函数对象示例：

```
class IsLargerThan
{
   public:
      explicit IsLargerThan(int value) : m_value { value } {}
      bool operator()(int value1, int value2) const {
         return value1 > m_value && value2 > m_value;
      }
   private:
      int m_value;
};

int main()
{
   vector values1 { 2, 500, 6, 9, 10, 101, 1 };
   vector values2 { 4, 5, 2, 9, 0, 300, 1 };
   findMatches(values1, values2, IsLargerThan { 100 }, printMatch);
}
```

注意，IsLargerThan类中的重载函数调用运算符标记为const，在本例中这并不是严格要求的，但是下一章会解释，对于大多数标准库算法，谓词的函数调用运算符必须是const。

19.3.2 标准库中的函数对象

下一章讨论的多数标准库算法，例如find_if()、accumulate()等，接收回调(函数指针和仿函数)作为参数来自定义算法的行为。C++在<functional>中提供了几个预定义的函数类，它们执行最常用的回调操作，本节会概述这些预定义仿函数。

<functional>中可能还包含像bind1st()、bind2nd()、mem_fun()、mem_fun_ref()和ptr_fun()这样的函数，这些函数在C++17标准中已经被正式移除，因此本书不再进一步讨论，应该尽量避免使用它们。

1. 算术函数对象

C++为5种二元算术运算符提供了仿函数类模板：plus、minus、multiplies、divides、modulus，此外还提供了一元运算符negate。这些类根据操作数的类型模板化，是实际运算符的包装器。它们接收模板类型的一或两个参数，执行运算并返回结果。下面是一个使用plus类模板的示例：

```
plus<int> myPlus;
int res { myPlus(4, 5) };
```

```
cout << res << endl;
```

这个示例当然很蠢，因为可以直接使用 operator+，没有理由使用 plus 类模板。算术函数对象的好处是可以将它们直接作为回调传递给其他函数，直接使用算术运算符不能这样。例如下面的代码片段定义了接收 Operation 作为参数的函数模板 accumulateData()。geometricMean()函数的实现调用了一个预定义的 multiplies 函数对象实例的 accumulateData()方法：

```
template <typename Iter, typename StartValue, typename Operation>
auto accumulateData(Iter begin, Iter end, StartValue startValue, Operation op)
{
    auto accumulated { startValue };
    for (Iter iter { begin }; iter != end; ++iter) {
        accumulated = op(accumulated, *iter);
    }
    return accumulated;
}

double geometricMean(span<const int> values)
{
    auto mult {accumulateData(cbegin(values), cend(values), 1, multiplies<int>{})};
    return pow(mult, 1.0 / values.size()); // pow() requires <cmath>
}
```

表达式 multiplies<int>()创建了 multiplies 仿函数类模板的新对象，用 int 类型来实例化。
其他算术函数对象的行为类似。

警告：
算术函数对象只是算术运算符的包装器，要在特定类型的对象上使用它们，必须确保这些类型实现了恰当的操作，例如 operator*或 operator+。

2. 透明运算符仿函数

C++支持透明运算符仿函数，允许你忽略模板类型参数。例如可以指定 multiplies<>()为 multiplies<void>()而不是 multiplies<int>()的缩写：

```
double geometricMeanTransparent(span<const int> values)
{
    auto mult { accumulateData(cbegin(values), cend(values), 1, multiplies<>{}) };
    return pow(mult, 1.0 / values.size());
}
```

这些透明运算符的一个重要特征是异构。也就是说，它们不仅比非透明运算符更简洁，而且具有真正的功能性优势。举例来说，下面的代码使用了透明运算符仿函数 multiplies<>{}，使用了 double 类型的 1.1 作为初始值，而 vector 中包含整数。accumulateData()计算的结果也是 double 型，结果会是 6.6。

```
vector<int> values { 1, 2, 3 };
double result {accumulateData(cbegin(values), cend(values), 1.1, multiplies<>{})};
```

如果这段代码使用了非透明运算符仿函数 multiplies<int>()，那么 accumulateData()计算的结果就会是 int 型，即结果是 6。当编译这段代码时，编译器会给出可能丢失数据的警告。

```
vector<int> values { 1, 2, 3 };
double result {
    accumulateData(cbegin(values), cend(values), 1.1, multiplies<int>{}) };
```

最后，使用透明运算符而不是非透明运算符可以提高性能，在下一节的示例中会讲到。

> **注意：**
> 推荐经常使用透明运算符仿函数。

3. 比较函数对象

除了算术函数对象类之外，所有标准比较运算符也可作为仿函数：equal_to、not_equal_to、less、greater、less_equal 和 greater_equal。第 18 章“标准库容器”中 less 作为 priority_queue 和关联容器中元素的默认比较运算，现在可以学习改变这个标准。下面是 priority_queue 使用默认比较运算符 std::less 的示例：

```
priority_queue<int> myQueue;
myQueue.push(3);
myQueue.push(4);
myQueue.push(2);
myQueue.push(1);
while (!myQueue.empty()) {
    cout << myQueue.top() << " ";
    myQueue.pop();
}
```

程序的输出如下：

```
4 3 2 1
```

如上所见，队列中的元素根据 less 比较运算按降序被移除，通过指定比较模板参数，可以将其更改为 greater。priority_queue 模板的定义如下：

```
template <class T, class Container = vector<T>, class Compare = less<T>>;
```

但是，Compare 类型参数是最后一个，意味着必须指定它，也必须指定容器类型。如果想使用一个通过 greater 进行升序排列的 priority_queue，需要将前面例子中的 priority_queue 的定义修改如下：

```
priority_queue<int, vector<int>, greater<>> myQueue;
```

输出如下：

```
1 2 3 4
```

注意 myQueue 使用透明运算符 greater<>定义。事实上，对于接收比较器类型的标准库容器来说，建议经常使用透明运算符，使用透明比较器相对于不透明运算符可以获得更好的性能。例如，如果 set<string>使用了不透明比较器，对于给定的字符串字面量执行查询会导致产生一次没有必要的拷贝，因为字符串实例必须从字符串字面量构造：

```
set<string> mySet;
auto i1 { mySet.find("Key") };      // string constructed, allocates memory!
//auto i2 { mySet.find("Key"sv) };  // Compilation error!
```

当使用透明比较器时，可以避免这种复制，这称为异构查找，这里有个示例：

```
set<string, less<>> mySet;
auto i1 { mySet.find("Key") };     // No string constructed, no memory allocated.
auto i2 { mySet.find("Key"sv) };   // No string constructed, no memory allocated.
```

C++20

C++20 增加了对无序关联容器的透明运算符的支持，比如 unordered_map 和 unordered_set。与有序关联容器使用透明运算符相比，对无序关联容器使用透明运算符更复杂一些。基本上，需要实现一个自定义哈希函数，包含一个定义为 void 的 is_transparent 类型别名。

```
class Hasher
{
    public:
        using is_transparent = void;
        size_t operator()(string_view sv) const { return hash<string_view>{}(sv); }
};
```

当使用自定义哈希时，需要指定透明的 equal_to<>仿函数作为键相等模板类型参数的类型，如下例：

```
unordered_set<string, Hasher, equal_to<>> mySet;
auto i1 { mySet.find("Key") };     // No string constructed, no memory allocated.
auto i2 { mySet.find("Key"sv) };   // No string constructed, no memory allocated.
```

4. 逻辑函数对象

对于 3 种逻辑运算，运算符!、&&、|| 提供了下面的函数对象类：logical_not、logical_and 和 logical_or。这些逻辑操作只处理值 true 和 false，位函数对象会在下一节介绍。

例如，逻辑仿函数可以用于实现 allTrue()函数，该函数检查容器中的所有布尔值标志是否为 true：

```
bool allTrue(const vector<bool>& flags)
{
    return accumulateData(begin(flags), end(flags), true, logical_and<>{});
}
```

类似地，logical_or 仿函数可以用来实现 anyTrue()函数，如果容器中至少有一个布尔值标志为 true，则返回 true：

```
bool allTrue(const vector<bool>& flags)
{
    return accumulateData(begin(flags), end(flags), true, logical_or<>{});
}
```

注意：

allTrue()和 anyTrue()函数只是作为示例给出，实际上，标准库提供了 std::all_of()和 std::any_of()算法(见第 20 章)，它们执行相同的操作，但是具有短路的优点(见第 1 章)，因此性能更好。

5. 位函数对象

C++具有与位操作运算符&、|、^和~相对应的函数对象 bit_and、bit_or、bit_xor 和 bit_not。例如，这些位仿函数可以和 transform()算法(在第 20 章讨论)一起使用，对容器中的所有元素执行位操作。

6. 适配器函数对象

当尝试使用标准提供的基本函数对象时，经常感觉就像是把一个方形的钉子放在一个圆形的洞里。如果想使用标准函数对象中的一个，但是签名却不完全符合需求，可以尝试使用适配器函数对象来纠正签名不匹配的问题。它们允许修改函数对象、函数指针和任何本质上可调用的对象。适配器提供了对组合功能少量的支持，也就是说，将功能组合在一起创建需要的确切行为。

绑定器

绑定器可用于将可调用对象的参数绑定到某些值。为此可以使用定义在<functional>中的std::bind()，它允许以灵活的方式绑定可调用对象的参数，可以将参数绑定到固定值，甚至可以不同的顺序重新排列参数。最后用一个例子来解释，假设一个函数 func()接收两个参数：

```
void func(int num, string_view str)
{
    cout << format("func({}, {})", num, str) << endl;
}
```

下面的代码演示了如何使用 bind()将 func()的第二个参数绑定到一个固定值 myString，结果存储在 f1()中。这里之所以使用 auto 关键字是因为 C++标准没有指定 bind()的返回类型，因此是特定于实现的。没有绑定到特定值的参数应指定为_1、_2、_3 等，这些在 std::placeholders 名称空间中定义。在 f1()的定义中，_1 指定了在调用 func()时 f1()的第一个参数需要放在哪里，结果 f1()可以只用一个整数参数来调用：

```
string myString { "abc" };
auto f1 { bind(func, placeholders::_1, myString) };
f1(16);
```

输出如下：

```
func(16, abc)
```

如下面的代码所示，bind()还可以用于重新排列参数。_2 指定在调用 func()时 f2()的第二个参数需要放在哪里，换句话说，f2()的绑定意味着 f2()的第一个参数将称为 func()的第二个参数，而 f2()的第二个参数将称为 func() 的第一个参数：

```
auto f2 { bind(func, placeholders::_2, placeholders::_1) };
f2("Test", 32);
```

输出如下所示：

```
func(32, Test)
```

正如第 18 章讨论，<functional>定义了 std::ref()和 cref()辅助函数模板，它们可用于绑定非 const 引用和 const 引用。举个例子，假设有下面的函数：

```
void increment(int& value) { ++value; }
```

如果这样调用这个函数，index 的值会变成 1：

```
int index { 0 };
increment(index);
```

如果使用 bind()像下面这样调用它，index 的值不会增加，因为生成的是 index 的拷贝，这个拷贝的引用被绑定到 increment()函数的第一个参数中：

```
auto incr { bind(increment, index) };
incr();
```

使用 std::ref()传递正确的引用就会正确地增加 index：

```
auto incr { bind(increment, ref(index)) };
incr();
```

绑定参数与重载函数结合使用有一个小问题，假定有下面两个重载函数，一个接收整型，另一个接收浮点型：

```
void overloaded(int num) {}
void overloaded(float f) {}
```

如果想在这些重载函数上使用 bind()，需要显式指定要绑定两个重载中的哪一个，下面代码将无法通过编译：

```
auto f3 { bind(overload, placeholders::_1) }; // ERROR
```

如果想绑定接收浮点参数的重载函数的形参，需要使用以下语法：

```
auto f4 { bind((void(*)(float))overloaded, placeholders::_1) }; // OK
```

bind()的另一个示例是使用前面定义过的 findMatches()，作为 MatchHandler 类的方法。例如假设有下面的 Handler 类：

```
class Handler
{
    public:
        void handleMatch(size_t position, int value1, int value2)
        {
            cout << format("Match found at position {} ({}, {})",
                position, value1, value2) << endl;
        }
};
```

如何传递 handleMatch()方法作为 findMatches()的最后一个参数？这里的问题在于方法总是在对象的上下文中被调用。从技术上讲，类的每个方法都有隐式的第一个参数，包含一个指向对象实例的指针，并且可以在方法体中以 this 名称访问。因此我们的 MatchHandler 类型只接收 3 个参数：一个 size_t 和两个 int，会导致签名不匹配问题，解决办法是绑定这个隐式的第一个参数，如下所示：

```
Handler handler;
findMatches(values1, values2, intEqual, bind(&Handler::handleMatch, &handler,
              placeholders::_1, placeholders::_2, placeholders::_3));
```

可以使用 bind()绑定标准函数对象的参数，例如可以将 greater_equal 的第二个参数绑定为经常与固定值进行比较：

```
auto greaterEqualTo100 { bind(greater_equal<>{}, placeholders::_1, 100) };
```

> **注意：**
> C++11 之前有 bind2nd()和 bind1st()，这两个在 C++17 标准中被移除。可以使用本章后面讨论的 lambda 表达式或者 bind()来代替。

否定器

not_fn()是所谓的 negator(否定器)，类似于 binder(绑定器)，但它补充了可调用对象的结果。例如，如果想使用 findMatches()查找不相等的值对时，可以像下面这样对 intEqual()的结果应用 not_fn()的 negator 适配器。

```
findMatches(values1, values2, not_fn(intEqual), printMatch);
```

not_fn()仿函数对作为参数的可调用对象的每次调用结果进行补充。使用仿函数和适配器可能变得复杂，建议使用 lambda 表达式(本章后面讨论)，而不是仿函数。相对于仿函数，lambda 表达式方便写出更易于阅读和理解的代码。

注意：

std::not_fn()适配器在C++17 中被引入，在C++17 前可以使用 std::not1()和 not2()适配器，然而 not1()和 not2()在 C++17 中被弃用并且在 C++20 中被移除，因此不再进一步讨论，应该避免使用它们。

调用成员函数

可能希望将指向类方法的指针当作算法的回调，例如，假设有以下算法，它从匹配特定条件的容器中输出字符串 s：

```
template <typename Matcher>
void printMatchingStrings(const vector<string>& strings, Matcher matcher)
{
    for (const auto& string : strings) {
        if (matcher(string)) { cout << string << " "; }
    }
}
```

通过 string 的 empty()方法，可以使用此算法打印所有的非空字符串 s，然而如果只是把指向 string::empty()的指针作为 printMatchingString()的第二个参数传递，算法就无法知道它接收到的是指向方法的指针，而不是普通的函数指针或仿函数。调用方法指针的代码和调用普通函数指针的代码不同，因为前者必须在对象的上下文中调用。

C++提供了名为 mem_fn()的转换函数，在将其传递给算法前，可以使用方法指针调用该函数，下面的示例演示了这一点，并将其与 not_fn()结合来反转 mem_fn()的结果，注意必须指定方法指针为 &string::empty。&string::部分不是可选的。

```
vector<string> values { "Hello", "", "", "World", "!" };
printMatchingStrings(values, not_fn(mem_fn(&string::empty)));
```

not_fn(mem_fn())生成一个函数对象，作为 printMatchingStrings()的回调函数。每次调用它时，会对其参数调用 empty()方法，并反转结果。

注意：

mem_fn()并不是实现所需行为的最直观方法，建议使用 lambda 表达式(下一节讨论)，以一种更具可读性的方式实现它。

19.4 lambda 表达式

编写函数或者仿函数类，给它一个和其他名称不冲突的命名，然后使用这个名称，这对于本质上简单的概念来说有相当大的开销。在这些情况下，使用 lambda 表达式表示所谓的匿名(未命名)函数非常方便，lambda 表达式允许编写匿名内联函数。它的语法更简单，可以使代码更紧凑更易于阅读，lambda 表达式更适合定义小点的回调内联传递给其他函数，而不是在其他地方定义一个完整的函数对象，并在其重载函数调用运算符中实现回调逻辑。这样所有的逻辑都保持在单独的位置上，容易理解和维护，lambda 表达式可以接收参数，可返回值，可模板化，可通过值或引用从其闭包范围内访问变量等，很灵活，但是首先一步步熟悉 lambda 表达式的语法。

19.4.1　语法

从一个简单的 lambda 表达式开始，下面的示例定义了一个 lambda 表达式，只将字符串写入控制台。lambda 表达式以称为 lambda 导入器的方括号[]开始，后面跟着包含 lambda 表达式主体的花括号{}，lambda 表达式被赋值给 auto 类型变量 basicLambda，第二行使用普通函数调用语法执行 lambda 表达式。

```
auto basicLambda { []{ cout << "Hello from Lambda" << endl; } };
basicLambda();
```

输出如下所示：

```
Hello from Lambda
```

编译器自动将任何 lambda 表达式转换为函数对象，也称为 lambda 闭包，它具有唯一的编译器生成的命名。在本例中，lamdba 表达式被转换成行为类似于下面函数对象的函数对象，注意函数调用运算符是一个 const 方法，返回类型是 auto，方便编译器根据方法体自动推导出返回类型。

```
class CompilerGeneratedName
{
   public:
       auto operator()() const { cout << "Hello from Lambda" << endl; }
};
```

编译器生成的 lambda 闭包名字可以是一些奇特的名字，例如__Lambda_17Za，无法知道这个名字，但幸运的是不需要知道它的名字。

lambda 表达式可以接收参数，参数在圆括号之间指定，多个参数用逗号分隔，就像普通函数一样，下面是一个名为 value 的参数的示例：

```
auto parametersLambda {
   [](int value){ cout << "The value is " << value << endl; } };
parametersLambda(42);
```

如果 lambda 表达式不接收任何参数，可以指定空括号或者直接省略括号。

在编译器为此 lambda 表达式生成的函数对象中，参数被简单地转换为重载函数调用运算符的参数：

```
class CompilerGeneratedName
{
   public:
       auto operator()(int value) const {
           cout << "The value is " << value << endl; }
};
```

lambda表达式可以返回值，返回类型在箭头后面指定，称为尾返回类型。下面的例子定义了 lambda 表达式，它接收两个参数并返回它们的和：

```
auto returningLambda { [](int a, int b) -> { return a + b; } };
int sum { returningLambda(11, 22) };
```

返回类型可以忽略，在这种情况下，编译器根据与函数返回类型推导相同的规则来推导 lambda 表达式的返回类型(见第 1 章)，在前面的示例中，返回类型可以省略，如下所示。

```
auto returningLambda { [](int a, int b){ return a + b; } };
int sum { returningLambda(11, 22) };
```

lambda 表达式的闭包行为如下：

```
class CompilerGeneratedName
{
   public:
      auto operator()(int a, int b) const { return a + b; }
};
```

返回类型推导会移除任何引用和 const 限定，例如，假设有下面的 Person 类：

```
class Person
{
   public:
      Person(std::string name) : m_name { std::move(name) } { }
      const std::string& getName() const { return m_name; }
   private:
      std::string m_name;
};
```

下面 lambda 表达式的返回类型会被推导为 string，因此会生成 person 的名字的拷贝，即使 getName() 返回的是 const string&：

```
[] (const Person& person) { return person.getName(); }
```

可以将尾返回类型与 decltype(auto)结合使用，使推导出来的类型与 getName()的返回类型匹配，即 const string&：

```
[] (const Person& person) -> decltype(auto) { return person.getName(); }
```

到目前为止，本节中的 lambda 表达式被称为无状态表达式，因为它们没有从闭包作用域捕获任何内容。lambda 表达式可以通过从闭包作用域捕获变量而具有状态，例如，下面的 lambda 表达式捕获变量数据，以便在其主体中使用。

```
double data { 1.23 };
auto capturingLambda { [data]{ cout << "Data = " << data << endl; } }
```

方括号部分称为 lambda 捕获块，捕获变量意味着该变量在 lambda 表达式主体中可用，指定一个空的捕获块[]，意味着不从闭包作用域中捕获任何变量，当向前面的示例一样在捕获块中写入变量的名称时，那就是通过值捕获该变量。

捕获的变量变为 lambda 闭包的数据成员，值捕获的变量被复制到仿函数的数据成员中，这些数据成员与捕获的变量具有相同的 const 属性。在前面的 capturingLambda 示例中，仿函数得到一个名为 data 的非 const 的数据成员，因为捕获的变量 data 是非 const，编译器生成的仿函数行为如下：

```
class CompilerGeneratedName
{
   public:
      CompilerGeneratedName(const double& d) : data { d } {}
      auto operator()() const { cout << "Data = " << data << endl; }
   private:
      double data;
};
```

在下例中，仿函数获得一个名为 data 的 const 数据成员，因为捕获的变量是 const。

```
const double data { 1.23 };
auto capturingLambda { [data]{ cout << "Data = " << data << endl; } };
```

如前所述，lambda 闭包有个重载的函数调用运算符，它被默认标记为 const。这意味着，即使在 lambda 表达式中按值捕获非 const 变量，lambda 表达式中也不能修改该拷贝。如果将 lambda 表达式指定为 mutable，可以将函数调用运算符标记为非 const，如下所示：

```
double data { 1.23 };
auto capturingLambda {
    [data] () mutable { data *= 2; cout << "Data = " << data << endl; } };
```

在这个例子中，非 const 变量 data 通过值捕获，因此仿函数获得一个非 const 数据成员，它是 data 的拷贝。由于 mutable 关键字，函数调用运算符被标记为非 const，因此 lambda 表达式主体可以修改 data 的拷贝。注意，如果指定了 mutable，那就必须为参数指定圆括号，即使它们是空的。

可以在变量的名称前面加一个&，表示通过引用捕获它，下面的示例通过引用捕获变量 data，这样 lambda 表达式可以在闭包作用域内直接修改 data：

```
double data { 1.23 };
auto capturingLambda { [&data]{ data *= 2; } }
```

当通过引用捕获变量时，必须确保引用在 lambda 表达式执行期间是合法的。

有两种方法从闭包作用域捕获所有变量，称为默认捕获：

- [=] 值捕获所有变量
- [&]引用捕获所有变量

> **注意：**
> 当使用默认捕获时，通过值(=)或引用(&)。只有那些在 lambda 表达式中真正使用的变量才会被捕获，未使用的变量不会被捕获。

通过可选的默认捕获指定一个捕获列表，可以选择性地决定捕获哪些变量以及如何捕获。以&为前缀的变量会通过引用捕获，没有前缀的变量会通过值捕获。如果存在，默认捕获应该是捕获列表中的第一个元素，并且是&或者=，下面是一些捕获块的示例：

- [&x] 只通过引用捕获 x，没有其他内容。
- [x] 只通过值捕获 x，没有其他内容。
- [=, &x, &y] 默认通过值捕获，除了变量 x 和 y 通过引用捕获。
- [&, x] 默认通过引用捕获，除了变量 x 通过值捕获。
- [&x, &x] 非法，因为标识符不能重复。
- [this] 捕获当前对象，在 lambda 表达式主体中，即使不使用 this->，也可以访问该对象，需要确保所指向的对象在 lambda 表达式最后一次执行时始终存活。
- [*this] 捕获当前对象的拷贝，这在执行 lambda 表达式且原始对象不再存活时非常有用。
- 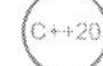[=, this] 按值捕获所有内容，并显式捕获 this 指针。在 C++20 之前，[=]会隐式捕获 this 指针，这个在 C++20 中已经被弃用，如果需要，需要显式捕获它。

下面是一些关于捕获块的注意事项：

- 如果默认指定了值捕获(=)或者引用捕获(&)，则不允许额外通过值或引用捕获特定的变量，例如[=, x]和[&, &x]都无效。
- 对象的数据成员不能被捕获，除非使用后面一节讨论的 lambda 捕获表达式。
- 当通过拷贝 this 指针[this]，或拷贝当前对象[*this]来捕获 this 时，lambda 表达式可以访问被捕获对象的所有公有、保护和私有数据成员和方法。

警告：

不建议使用默认捕获，即使默认捕获只捕获那些在 lambda 表达式主体中真正使用的变量。通过使用=默认捕获，可能会意外地导致高代价的拷贝。通过使用&默认捕获，可能意外地在闭包作用域中修改变量，建议明确指定想要捕获哪些变量以及捕获方式。

警告：

全局变量总是通过引用捕获，即便要求值捕获！例如，在下面的代码片段中，默认捕获用于按值捕获所有内容，然而，全局变量 global 是通过引用捕获的，在执行 lambda 后它的值被更改。

```
int global { 42 };
int main()
{
    auto lambda { [=] { global = 2; } };
    lambda();
    // global now has the value 2!
}
```

此外，不允许像下面这样显式捕获全局变量，这会导致编译错误：

```
auto labmda { [global] { global = 2; } };
```

即使没有这些问题，也不推荐使用全局变量。

lambda 表达式的完整语法如下：

```
[capture_block] <template_params> (parameters) mutable constexpr
    noexcept_specifier attributes
    -> return_type requires {body}
```

除了捕获块和主体，其他都是可选的。

- **捕获块**：也称为 lambda 导入器，可以指定如何从闭包作用域中捕获变量，并使其在 lambda 主体中可用。
- **模板参数(C++20)**：允许编写模板化 lambda 表达式，本章后面会讨论。
- **参数**：这是 lambda 表达式的参数列表，只有当不需要任何参数且不指定 mutable、constexpr、noexcept 说明符、属性、返回类型或可选条款时，才可以省略此列表，这个参数列表和普通函数的参数列表相似。
- **mutable**：将 lambda 表达式标记为 mutable，看前面的例子。
- **constexpr**：将 lambda 表达式标记为 constexpr，它就可以在编译期计算。即使省略，如果满足 constexpr 函数的约束，lambda 表达式也会隐式成为 constexpr。
- **noexcept 说明符**：可用于指定 noexcept 条款，类似于普通函数的 noexcept 条款。
- **属性**：可用于指定 lambda 表达式的属性，属性在第 1 章解释过。
- **返回类型**：返回值的类型。如果省略，编译器会根据与函数返回类型推导相同的规则推导 lambda 表达式的返回类型，见第 1 章。
- **可选条款(C++20)**：为 lambda 闭包的函数调用运算符添加模板类型约束，第 12 章“利用模板编写泛型代码”解释了如何指定这些约束。

注意：

对于不捕获任何内容的 lambda 表达式，编译器自动提供转换运算符，将 lambda 表达式转换为函数指针。例如，这样的 lambda 表达式可用于传递给接收函数指针作为参数之一的函数。

19.4.2 lambda 表达式作为参数

lambda 表达式可以通过两种方式作为参数传递给函数，一种是使用与 lambda 表达式签名匹配的 std::function 类型的函数参数，另一种是使用模板类型参数。

例如，lambda 表达式可以传递给本章签名的 findMatches()函数：

```
vector values1 { 2, 5, 6, 9, 10, 1, 1 };
vector values2 { 4, 4, 2, 9, 0, 3, 1 };
findMatches(values1, values2,
   [](int value1, int value2) { return value1 == value2; },
   printMatch);
```

19.4.3 泛型 lambda 表达式

可以为 lambda 表达式的参数使用自动类型推导，而不是显式地为它们指定具体类型。若要为参数指定自动类型推导，只需要简单地将类型指定为 auto，类型推导规则与模板参数推导规则相同。

下面的示例定义了名为 areEqual 的泛型 lambda 表达式，这个 lambda 表达式用作本章前面提到过的 findMatches()函数的回调：

```
// Define a generic lambda expression to find equal values.
auto areEqual { [](const auto& value1, const auto& value2) {
   return value1 == value2; } };
// Use the generic lambda expression in a call to findMatches().
vector values1 { 2, 5, 6, 9, 10, 1, 1 };
vector values2 { 4, 4, 2, 9, 0, 3, 1 };
findMatches(values1, values2, areEqual, printMatch);
```

编译器为泛型 lambda 表达式生成的仿函数行为如下：

```
class CompilerGeneratedName
{
   public:
      template <typename T1, typename T2>
      auto operator()(const T1& value1, const T2& value2) const
      { return value1 == value2; }
};
```

如果 findMatches()函数被更改为不仅支持整型区间，还支持其他类型，那么 areEqual 泛型表达式不需要做任何修改也可继续使用。

19.4.4 lambda 捕获表达式

lambda 捕获表达式允许使用任何类型的表达式初始化捕获变量，它可用于在 lambda 表达式中引入未从闭包作用域捕获的变量。例如，下面的代码创建一个 lambda 表达式，在这个 lambda 表达式中有两个可用变量：一个是 myCapture，使用 lambda 捕获表达式初始化为字符串"Pi: "，另一个是 pi，从闭包作用域中通过值捕获到。注意使用捕获初始化来初始化的非引用捕获变量(如 myCapture)是拷贝构造的，这意味着会移除 const 限定符。

```
double pi { 3.1415 };
auto myLambda { [myCapture = "Pi: ", pi]{ cout << myCapture << pi; } };
```

lambda 捕获变量可以用任何类型的表达式初始化，因此也可以用 std::move()来初始化。这对于不能复制、只能移动的对象(如 unique_ptr)来说非常重要。默认情况下，值捕获使用复制语义，因此不可能在 lambda 表达式中按值捕获 unique_ptr。使用 lambda 捕获表达式，可以通过移动来捕获它，如下例所示：

```
auto myPtr { make_unique<double>(3.1415) };
auto myLambda { [p = move(myPtr)]{ cout << *p; } };
```

允许，但不推荐捕获变量的名称与闭包作用域中的名称相同，上面的示例可以写成下面这样：

```
auto myPtr { make_unique<double>(3.1415) };
auto myLambda { [myPtr = move(myPtr)]{ cout << *myPtr; } };
```

19.4.5 模板化 lambda 表达式

C++20 支持模板化 lambda 表达式，这样更容易访问泛型 lambda 表达式参数的类型信息。例如，假设有一个 lambda 表达式，它要求 vector 作为参数，但是 vector 中的元素可以是任何类型，因此，它是使用 auto 作为参数的泛型 lambda 表达式。lambda 表达式的主体想要推导出 vector 中元素的类型。在 C++20 之前，这只能通过 decltype()和 std::decay_t 来实现，称为类型萃取，类型萃取会在第 26 章“高级模板”中解释，但是这些细节对于掌握模板化 lambda 表达式的好处并不重要。只知道 decay_t 移除了类型中的任何 const 和引用限定就足够了，下面是泛型 lambda 表达式：

```
auto lambda { [](const auto& values) {
    using V = decay_t<decltype(values)>; // The real type of the vector.
    using T = typename V::value_type;    // The type of the elements of the vector.
    T someValue { };
    T::some_static_function();
} };
```

可以像下面这样调用这个 lambda 表达式：

```
vector values { 1, 2, 100, 5, 6 };
lambda(values);
```

使用 decltype()和 decay_t 非常复杂，模板化 lambda 表达式更容易些。下面的 lambda 表达式强制其参数是 vector 类型，但仍为 vector 元素类型使用模板类型参数。

```
[] <typename T> (const vector<T>& values) {
    T someValue { };
    T::some_static_function();
}
```

模板化 lambda 表达式的另一个用法：如果想对泛型 lambda 表达式添加某种限制，例如，假设有下面的泛型 lambda 表达式：

```
[](const auto& value1, const auto& value2) { /* ... */ }
```

这个 lambda 表达式接收两个参数，编译器自动推导出每个参数的类型。因为两个参数的类型是分开推导的，所以 value1 和 value2 的类型可以不同。如果想要加以限制，希望两个参数具有相同的类型，可以将其转换为一个模板化 lambda 表达式：

```
[] <typename T>(const T& value1, const T& value2) { /* ... */ }
```

可以通过添加 requires 条款对模板类型设置约束，第 12 章讨论过这一点，这里有个示例：

```
[] <typename T>(const T& value1, const T& value2) requires integral<T> { /* ... */ }
```

19.4.6 lambda 表达式作为返回类型

通过使用本章前面讨论的 std::function，lambda 表达式可以从函数中返回，看下面的定义：

```
function<int(void)> multiplyBy2Lambda(int x)
{
    return [x]{ return 2 * x; };
}
```

该函数体创建一个 lambda 表达式，该表达式通过值捕获从闭包范围内捕获变量 x，并返回一个整数，该整数是传递给 multiplyBy2Lambda()的参数值的两倍。multiplyBy2Lambda()函数的返回类型是 function<int(void)>，这是不接收参数并返回整数的函数，函数体中定义的 lambda 表达式恰好与此原型匹配。变量 x 通过值捕获，因此在从函数返回 lambda 之前，x 值的一份拷贝会绑定到 lambda 表达式中的 x 上，函数的调用方法如下：

```
function<int(void)> fn { multiplyBy2Lambda(5) };
cout << fn() << endl;
```

auto 关键字更简单：

```
auto fn { multiplyBy2Lambda(5) };
cout << fn() << endl;
```

输出是 10。

函数返回类型推导(见第 1 章)允许更优雅地编写 multiplyBy2Lambda()函数，如下所示：

```
auto multiplyBy2Lambda(int x)
{
    return [x]{ return 2 * x; };
}
```

multiplyBy2Lambda()函数通过值[x]捕获变量 x，如下所示。假设函数重写为通过引用[&x]捕获变量，这没有效果。因为 lambda 表达式会在程序后面执行，不会在 multiplyBy2Lambda()函数的范围内，此时对 x 的引用不再有效。

```
auto multiplyBy2Lambda(int x)
{
    return [&x]{ return 2 * x; }; // BUG!
}
```

19.4.7 未计算上下文中的 lambda 表达式

C++20 允许在所谓的未计算上下文中使用 lambda 表达式。例如，传递给 decltype()的参数只在编译期使用且从不计算，因此，下面的语句在 C++17 及更早的版本中无效，但在 C++20 之后可以使用。

```
using LambdaType = decltype([](int a, int b) { return a + b; });
```

19.4.8 默认构造、拷贝和赋值

C++20 开始，可以默认构造、拷贝和赋值无状态 lambda 表达式，这里有个简单的示例：

```
auto lambda { [](int a, int b) { return a + b; } };   // A stateless lambda.
decltype(lambda) lambda2;                              // Default construction.
```

```
auto copy { lambda };                                    // Copy construction.
copy = lambda2;                                          // Copy assignment.
```

结合在未计算上下文中使用 lambda 表达式，下面的代码有效：

```
Using LambdaType = decltype([](int a, int b) { return a + b; }); // Unevaluated.

LambdaType getLambda()
{
   return LambdaType{}; // Default construction.
}
```

19.5 调用

定义在<functional>中的 std::invoke()，可用于调用任何带有一组参数的可调用对象。下面的示例使用了 3 次 invoke()，一次调用普通函数，一次调用 lambda 表达式，一次调用 string 实例上的成员函数。

```
void printMessage(string_view message) { cout << message << endl; }

int main()
{
   invoke(printMessage, "Hello invoke.");
   invoke([](const auto& msg) { cout << msg << endl; }, "Hello invoke.");
   string msg { "Hello invoke." };
   cout << invoke(&string::size, msg) << endl;
}
```

就其本身而言，invoke()没那么有用，因为可以直接调用函数或 lambda 表达式，但是在编写需要调用某个任意可调用对象的泛型模板代码时，它很有用。

19.6 本章小结

本章解释了回调的概念，回调是传递给其他函数来自定义它们行为的函数。回调可以是函数指针、函数对象或 lambda 表达式，相对于函数对象和适配器函数对象组合的操作，lambda 表达式可编译更可读的代码。记住，编写可读的代码与编写可工作的代码同等重要，即使 lambda 表达式比适配器函数对象长一些，lambda 表达式还是更具可读性，因此更易于维护。

现在已经熟练使用了回调，是时候深入了解标准库的真正强大之处，并讨论它的泛型算法了。

19.7 练习

通过完成下面的习题，可以巩固本章所讨论的知识点。所有习题的答案都可扫描封底二维码下载。然而如果你受困于某个习题，可以在看网站上的答案之前，先重新阅读本章的部分内容，尝试着自己找到答案。

练习 19-1 使用 lambda 表达式重写本章中的 IsLargerThan 函数对象示例，可以在源码归档文件的 c19_code\04_FunctionObjects\01_IsLargerThan.cpp 中找到该代码。

练习 19-2 使用 lambda 表达式重写 bind()示例，可以在源码归档文件的 c19_code\04_ FunctionObjects\07_bind.cpp 中找到该代码。

练习 19-3　使用 lambda 表达式重写绑定类方法 Handler::handleMatch()中的示例，可以在源码归档文件的 c19_code\04_FunctionObjects\10_FindMatchesWithMethodPointer.cpp 中找到该代码。

练习 19-4　第 18 章介绍的 std::erase_if()函数，用于从容器中删除某个谓词返回 true 的元素，现在已经了解了关于回调的所有内容，接下来编写一个小程序，创建整型 vector，然后使用 erase_if()从 vector 中删除所有奇数值，传递给 erase_if()的谓词应该接收单个值并返回一个布尔值。

练习 19-5　实现一个名为 Processor 的类，构造函数应该接收一个回调函数，这个回调函数接收一个整数并返回一个整数。将这个回调保存在类的数据成员中，接下来，为接收整数并返回整数的函数调用运算符添加重载，该实现只是简单地将工作转发给存储的回调中。用不同的回调测试你的类。

第20章 掌握标准库算法

本章内容

- 算法的概念
- 标准库算法详解

由第 18 章“标准库容器”可知，标准库提供了大量泛型数据结构。大部分库都只提供数据结构。标准库却包含了大量泛型算法，这些算法大部分(只有少部分例外)都可以应用于任何容器的元素。通过这些算法，可在容器中查找、排序和处理元素，并执行其他大量操作。算法之美在于算法不仅独立于底层元素的类型，而且独立于操作的容器的类型。算法仅使用迭代器接口执行操作，第 17 章“理解迭代器和范围库”会对此讨论。

第 16 章“C++标准库概述”给出了所有标准库算法的高级概述，但没有任何编码细节，现在介绍这些算法如何在实践中使用。

20.1 算法概述

算法的魔力在于，算法把迭代器作为中介操作容器，而不直接操作容器本身。这样，算法没有绑定至特定的容器实现。所有标准库算法都实现为函数模板的形式，其中模板类型参数一般都是迭代器类型。将迭代器本身指定为函数的参数。模板化的函数通常可通过函数参数推导出模板类型，因此通常情况下可以像调用普通函数(而非模板)那样调用算法。

迭代器参数通常都是迭代器范围。根据第 17 章的描述，对于大部分容器来说，迭代器范围都是半开区间，因此包含范围内的第一个元素，但不包括最后一个元素。尾迭代器实际上是最后一个元素之后(past-the-end)的标记。

算法对传递给它们的迭代器有一些要求。例如，copy_backward()需要双向迭代器，用于从最后一个元素开始，将元素从一个序列拷贝到另一个序列。类似地，stable_sort()需要随机访问迭代器，用于在原地对元素进行排序的同时保持重复元素的顺序。这意味着这种算法不能操作没有提供所需迭代器的容器。forward_list 容器只支持前向迭代器，不支持双向访问迭代器或随机访问迭代器，因此 copy_backward()和 stable_sort()不能用于 forward_list。

大部分算法都定义在<algorithm>中，一些数值算法定义在<numeric>中。它们都在 std 名称空间中。

从 C++20 开始，大多数算法都是 constexpr，这意味着它们可以用于 constexpr 函数的实现，请参考标准库指南以准确发现哪些算法是 constexpr。

理解算法的最好方法是首先分析一些示例。了解了其中几个算法的工作方式后，就很容易了解其他算法。本节详细描述 find()、find_if()和 accumulate()算法。接下来的章节会讨论具有代表性样本的每一类算法。

20.1.1 find()和 find_if()算法

find()在某个迭代器范围内查找特定元素。可将其用于任意容器类型的元素。这个算法返回所找到元素的迭代器；如果没有找到元素，则返回迭代器范围的尾迭代器。注意调用 find()时指定的范围不要求是容器中元素的完整范围，还可以是元素的子集。

> **警告：**
> 如果 find()没有找到元素，那么返回的迭代器等于函数调用中指定的尾迭代器，而不是底层容器的尾迭代器。

下面是一个 std::find()示例。注意这个示例假定用户正常操作，输入的是合法数值；这个程序不会对用户输入执行任何错误检查。第 13 章“揭秘 C++ I/O”讨论了如何对流式输入执行错误检查。

```
import <algorithm>;
import <vector>;
import <iostream>;
using namespace std;

int main()
{
    vector<int> myVector;
    while (true) {
        cout << "Enter a number to add (0 to stop): ";
        int number;
        cin >> number;
        if (number == 0) { break; }
        myVector.push_back(number);
    }

    while (true) {
        cout << "Enter a number to lookup (0 to stop): ";
        int number;
        cin >> number;
        if (number == 0) { break; }
        auto endIt = cend(myVector);
        auto it = find(cbegin(myVector), endIt, number);
        if (it == endIt) {
            cout << "Could not find " << number << endl;
        } else {
            cout << "Found " << *it << endl;
        }
    }
}
```

调用 find()时将 cbegin(myVector)和 endIt 作为参数，其中，endIt 定义为 cend(myVector)，因此搜索的是 vector 的所有元素。如果需要搜索一个子范围，可修改这两个迭代器。

下面是运行这个程序的示例输出：

```
Enter a number to add (0 to stop): 3
Enter a number to add (0 to stop): 4
Enter a number to add (0 to stop): 5
Enter a number to add (0 to stop): 6
Enter a number to add (0 to stop): 0
Enter a number to lookup (0 to stop): 5
Found 5
Enter a number to lookup (0 to stop): 8
Could not find 8
Enter a number to lookup (0 to stop): 0
```

使用 if 语句的初始化器(C++17)，可使用如下加粗语句来调用 find()并查找结果：

```
if (auto it { find(cbegin(myVector), endIt, number) }; it == endIt) {
   cout << "Could not find " << number << endl;
} else {
   cout << "Found " << *it << endl;
}
```

一些容器(例如 map 和 set)以类方法的方式提供自己的 find()版本，正如第 18 章讨论这些容器时的示例所示。

警告：
如果容器提供的方法具有与泛型算法同样的功能，那么应该使用相应的方法，那样速度更快。比如，泛型算法 find()的复杂度为线性时间，用于 map 迭代器时也是如此；而 map 中 find()方法的复杂度是对数时间。

find_if()和 find()类似，区别在于 find_if()接收谓词函数回调作为参数，谓词返回 true 或 false，而不是简单地匹配元素。find_if()算法对范围内的每个元素调用谓词，直到谓词返回 true；如果返回了 true，find_if()返回引用这个元素的迭代器。下面的程序从用户读入测试分数，检查是否存在"完美"分数。完美分数指的是大于或等于 100 的分数。这个程序与前一个例子中的程序相似。两个程序的区别已加粗显示。

```
bool perfectScore(int num) { return (num >= 100); }

int main()
{
   vector<int> myVector;
   while (true) {
      cout << "Enter a test score to add (0 to stop): ";
      int score;
      cin >> score;
      if (score == 0) { break; }
      myVector.push_back(score);
   }

   auto endIt { cend(myVector) };
   auto it { find_if(cbegin(myVector), endIt, perfectScore) };
   if (it == endIt) {
      cout << "No perfect scores" << endl;
   } else {
      cout << "Found a \"perfect\" score of " << *it << endl;
```

```
    }
    return 0;
}
```

这个程序传递指向 perfectScore()函数的指针，然后 find_if()算法对每个元素调用这个函数，直到其返回 true 为止。

下面这个示例与对 find_if()的调用相同，但是使用了 lambda 表达式，第 19 章“函数指针、函数对象和 lambda 表达式”讨论过。注意这个例子中没有 perfectScore()函数。

```
auto it { find_if(cbegin(myVector), endIt, [](int i){ return i >= 100; }) };
```

20.1.2 accumulate()算法

我们经常需要计算容器中所有元素的总和或其他算术值。accumulate()函数就提供了这种功能，该函数在<numeric>(而非<algorithm>)中定义。通过这个函数的最基本形式可计算指定范围内元素的总和。例如，下面的函数计算 span 中整数序列的算术平均值。将所有元素的总和除以元素数目，就得到算术平均值。

```
double arithmeticMean(const vector<int>& nums)
{
    double sum { accumulate(cbegin(nums), cend(nums), 0.0) };
    return sum / nums.size();
}
```

accumulate()算法接收的第三个参数是总和的初始值，在这个例子中为 0.0(加法计算的恒等值)，表示从 0.0 开始累加总和。

accumulate()的第二种重载允许调用者指定要执行的操作，而不是执行默认的加法操作。这个操作的形式是二元回调。假设需要计算几何平均数。如果一个序列中有 m 个数字，那么几何平均数就是 m 个数字连乘的 m 次方根。在这个例子中，调用 accumulate()计算乘积而不是总和。因此这个程序可以这样写：

```
int product(int value1, int value2) { return value1 * value2; }

double geometricMean(span<const int> values)
{
    int mult { accumulate(cbegin(values), cend(values), 1, product) };
    return pow(mult, 1.0 / values.size()); // pow() needs <cmath>
}
```

注意，将 product()函数作为回调传递给 accumulate()，而把累计的初始值设置为 1(乘法计算的恒等值)。

可以使用 lambda 表达式替代单独的 product()函数：

```
double geometricMean(span<const int> values)
{
    double mult { accumulate(cbegin(values), cend(values), 1,
        [](int value1, int value2) { return value1 * value2; }) };
    return pow(mult, 1.0 / values.size()); // pow() needs <cmath>
}
```

也可以使用第 19 章讨论的透明 multiply<>函数对象来实现 geometricMean()函数：

```
double geometricMean(span<const int> values)
{
    int mult { accumulate(cbegin(values), cend(values), 1, multiplies<>{}) };
    return pow(mult, 1.0 / values.size());
}
```

20.1.3　在算法中使用移动语义

与标准库容器一样，标准库算法也做了优化，以便在合适时使用移动语义。也就是说它们可以移动对象，而不是执行潜在昂贵的拷贝操作。这可极大地加速特定的算法，例如 remove()。因此，强烈建议在需要保存到容器中的自定义元素类中实现移动语义。通过实现移动构造函数和移动赋值运算符，任何类都可添加移动语义。正如第 18 章所讨论的，它们都被标记为 noexcept，否则它们不会被标准库容器和算法使用。有关如何向自定义类添加移动语义的详细信息，请参阅第 9 章“精通类和对象”中的“实现移动语义”一节。

20.1.4　算法回调

警告：

允许算法对给定回调(例如仿函数和 lambda 表达式)进行多次拷贝，并对不同的元素调用不同的拷贝。

回调可以有多个拷贝，这一事实对此类回调的副作用有很强的限制。基本上回调必须是无状态的，对于仿函数，意味着函数调用运算符必须是 const，因此不能编写这样的仿函数，其依赖于对象的任何内部状态在调用之间保持一致。类似于 lambda 表达式不能标记为 mutable。

也有些例外，generate()和 generate_n()算法可以接收有状态的回调，但即使这样也会生成回调的一份拷贝。最重要的是，它们不返回那个拷贝，所以一旦算法完成，就不能访问它对状态所做的改动。唯一的例外就是 for_each()，它将给定的谓词复制一次到 for_each()算法里，并在完成时返回该拷贝，可以通过返回值访问改动的状态。

为了避免回调被算法复制，可以使用 std::ref()辅助函数向算法传递回调引用。这确保了算法总是使用相同的回调。下面的代码片段基于本章前面的示例，但是使用了一个存储在名为 isPerfectScore 变量里的 lambda 表达式，lambda 表达式计算它被调用的频率并将其写到标准输出。isPerfectScore 被传递到 find_if()算法中，代码片段的最后一条语句额外显式调用了一次 isPerfectScore。

```
auto isPerfectScore { [tally = 0] (int i) mutable {
    cout << ++tally << endl; return i >= 100; } };

auto endIt { cend(myVector) };
auto it { find_if(cbegin(myVector), endIt, isPerfectScore) };
if (it != endIt) { cout << "Found a \"perfect\" score of " << *it << endl; }
isPerfectScore(1);
```

输出如下：

```
Enter a test score to add (0 to stop): 1
Enter a test score to add (0 to stop): 2
Enter a test score to add (0 to stop): 3
Enter a test score to add (0 to stop): 0
```

```
1
2
3
1
```

输出显示 find_if()算法调用 isPerfectScore 3 次，输出 1、2、3。最后一行对 isPerfectSocre 的显式调用发生在 isPerfectScore 的另一个实例上，因为它再次从 1 开始。

现在将 find_if()的调用改为下面这样：

```
auto it { find_if(cbegin(myVector), endIt, ref(isPerfectScore)) };
```

现在的输出会是 1、2、3、4，表示没有拷贝 isPerfectScore。

20.2 算法详解

第 16 章列出了所有可用的标准库算法，并分为不同的类别。大多数算法在<algorithm>中定义，但有几个算法位于<numeric>中。它们都在 std 名称空间中。

本章的目的不是提供所有可用算法的参考概述，相反这里只选择几个类别，并举例说明。知道如何使用它们后，就能顺利地使用其他算法了。标准库参考资源包含所有算法的总结，可参阅附录 B。

20.2.1 非修改序列算法

非修改序列算法是不修改它们所操作的元素序列的算法，它们包括在某个范围内搜索元素的函数、比较两个范围的函数以及许多工具算法。

1. 搜索算法

本章开头介绍了使用两个搜索算法(find()和 find_if())的示例。标准库提供了基本 find()算法的一些其他变种，这些算法对元素序列执行操作。第 16 章中的“搜索算法”部分描述了可供使用的不同搜索算法，还包含了算法的复杂度。

所有算法都使用默认的比较运算符 operator==和 operator<，还提供了重载版本，以允许指定比较回调。

下面是一些搜索算法的示例：

```
// The list of elements to be searched.
vector myVector { 5, 6, 9, 8, 8, 3 };
auto beginIter { cbegin(myVector) };
auto endIter { cend(myVector) };

// Find the first element that does not satisfy the given lambda expression.
auto it { find_if_not(beginIter, endIter, [](int i){ return i < 8; }) };
if (it != endIter) {
    cout << "First element not < 8 is " << *it << endl;
}

// Find the first pair of matching consecutive elements.
it = adjacent_find(beginIter, endIter);
if (it != endIter) {
    cout << "Found two consecutive equal elements with value " << *it << endl;
}

// Find the first of two values.
```

```
vector targets { 8, 9 };
it = find_first_of(beginIter, endIter, cbegin(targets), cend(targets));
if (it != endIter) {
    cout << "Found one of 8 or 9: " << *it << endl;
}

// Find the first subsequence.
vector sub { 8, 3 };
it = search(beginIter, endIter, cbegin(sub), cend(sub));
if (it != endIter) {
    cout << "Found subsequence {8,3}" << endl;
} else {
    cout << "Unable to find subsequence {8,3}" << endl;
}

// Find the last subsequence (which is the same as the first in this example).
auto it2 { find_end(beginIter, endIter, cbegin(sub), cend(sub)) };
if (it != it2) {
    cout << "Error: search and find_end found different subsequences "
        << "even though there is only one match." << endl;
}

// Find the first subsequence of two consecutive 8s.
it = search_n(beginIter, endIter, 2, 8);
if (it != endIter) {
    cout << "Found two consecutive 8s" << endl;
} else {
    cout << "Unable to find two consecutive 8s" << endl;
}
```

输出结果如下：

```
First element not < 8 is 9
Found two consecutive equal elements with value 8
Found one of 8 or 9: 9
Found subsequence {8,3}
Found two consecutive 8s
```

注意：
记住，一些容器中具有与泛型算法对等的方法。这种情况下，建议使用容器方法而非泛型算法，因为容器方法更高效。

2. 专用的搜索算法

从 C++17 开始，search()算法的一个可选参数允许指定要使用的搜索算法。有 3 个选项：default_searcher、boyer_moore_searcher 或 boyer_moore_horspool_searcher，它们都在<functional>中定义。后两个选项实现了知名的 Boyer-Moore 和 Boyer-Moore-Horspool 搜索算法。它们比默认搜索器更高效，可用于在一大块文本中查找子字符串。Boyer-Moore 搜索算法的复杂度如下，*N* 是在其中搜索的序列(haystack)的大小，*M* 是要查找的模式(needle)的大小。

- 如果未找到模式，最坏情况下的复杂度为 $O(N+M)$。
- 如果找到模式，最坏情况下的复杂度为 $O(N*M)$。

这些是理论上最坏情况下的复杂度。在实际中，这些专用搜索算法比 $O(N)$更好，比默认算法更快！因为它们可以跳过字符，而非查找 haystack 中的每个字符。它们还有一个有趣的特性，即 needle

越长，速度越快，因为那时可跳过 haystack 中的更多字符。Boyer-Moore 和 Boyer-Moore-Horspool 算法的区别在于，在初始化以及算法的每个循环迭代中，后者的固定开销较少；但是，后者在最坏情况下的复杂度明显高于前者的算法。因此，需要根据具体情况进行选择。

下面是一个使用 Boyer-Moore 搜索算法的例子：

```
string text { "This is the haystack to search a needle in." };
string toSearchFor { "needle" };
boyer_moore_searche searcher { cbegin(toSearchFor), cend(toSearchFor) };
auto result { search(cbegin(text), cend(text), searcher) };
if (result != cend(text)) {
    cout << "Found the needle." << endl;
} else {
    cout << "Needle not found." << endl;
}
```

3. 比较算法

可通过 4 种不同的方法比较整个范围内的元素：equal()、mismatch()、lexicographical_compare()和 lexicographical_compare_three_way() (C++20)。这些算法的好处是可比较不同容器内的范围。例如，可比较 vector 和 list 的内容。一般情况下，这些算法最适用于顺序容器。这些算法的工作方法是比较两个集合中对应位置的值。下面列出每个算法的工作方式。

- equal()：如果所有对应元素都相等，则返回 true。最初，equal()接收 3 个迭代器，分别是第一个范围的首尾迭代器，以及第二个范围的首迭代器。该版本要求两个范围的元素数目相同。从 C++14 开始，有了接收 4 个迭代器的重载版本，分别是第一个范围的首尾迭代器，以及第二个范围的首尾迭代器。该版本可处理不同大小的范围；为保险起见，建议始终使用四迭代器版本。
- mismatch()：返回多个迭代器，每个范围对应一个迭代器，表示范围内不匹配的对应元素。与 equal()一样，存在三迭代器版本和四迭代器版本。同样，为保险起见，建议使用四迭代器版本。
- lexicographical_compare()：在两个提供的范围内对具有相同位置的元素相互比较(按顺序)，如果第一个范围内的第一个不相等元素小于第二个范围内的对应元素，或如果第一个范围内的元素个数少于第二个范围，且第一个范围内的所有元素都等于第二个范围内对应的初始子序列，那么返回 true。名称 lexicographical_compare 来自这个算法对字符串比较规则的模仿，但对规则集进行了扩展，能够处理任意类型的对象。
- lexicographical_compare_three_way()：与 lexicographical_compare()类似，除了一点，它执行 C++20 的三路比较操作，并返回一个比较类别类型(strong_ordering、weak_ordered 或 partial_ordering，这在第 1 章讨论过)，而不是布尔类型。

注意：

如果要比较两个同类型容器的元素，可使用运算符 operator==和 operator<，而不是这些算法。这些算法可用于比较不同容器类型的元素序列、子范围和 C 风格数组等。

下面是使用这些算法的示例：

```
// Function template to populate a container of ints.
// The container must support push_back().
template<typename Container>
void populateContainer(Container& cont)
```

```
{
    while (true) {
        cout << "Enter a number (0 to quit): ";
        int value;
        cin >> value;
        if (value == 0) { break; }
        cont.push_back(value);
    }
}

int main()
{
    vector<int> myVector;
    list<int> myList;

    cout << "Populate the vector:" << endl;
    populateContainer(myVector);
    cout << "Populate the list:" << endl;
    populateContainer(myList);

    // Compare the two containers
    if (equal(cbegin(myVector), cend(myVector),
            cbegin(myList), cend(myList))) {
        cout << "The two containers have equal elements" << endl;
    } else {
        // If the containers were not equal, find out why not
        auto miss { mismatch(cbegin(myVector), cend(myVector),
                        cbegin(myList), cend(myList)) };
        cout << "The following initial elements are the same in "
            << "the vector and the list:" << endl;
        for (auto i { cbegin(myVector) }; i != miss.first; ++i) {
            cout << *i << '\t';
        }
        cout << endl;
    }

    // Now order them.
    if (lexicographical_compare(cbegin(myVector), cend(myVector),
                                cbegin(myList), cend(myList))) {
        cout << "The vector is lexicographically first." << endl;
    } else {
        cout << "The list is lexicographically first." << endl;
    }
}
```

下面是这个程序的示例运行结果:

```
Populate the vector:
Enter a number (0 to quit): 5
Enter a number (0 to quit): 6
Enter a number (0 to quit): 7
Enter a number (0 to quit): 0
Populate the list:
Enter a number (0 to quit): 5
Enter a number (0 to quit): 6
Enter a number (0 to quit): 9
Enter a number (0 to quit): 8
```

```
Enter a number (0 to quit): 0
The following initial elements are the same in the vector and the list:
5    6
The vector is lexicographically first.
```

4. 计数算法

非修改计数算法有 all_of()、any_of()、none_of()、count()和 count_if()。下面是前 3 个算法的示例：

```
// all_of()
vector vec2 { 1, 1, 1, 1 };
if (all_of(cbegin(vec2), cend(vec2), [](int i){ return i == 1; })) {
    cout << "All elements are == 1" << endl;
} else {
    cout << "Not all elements are == 1" << endl;
}

// any_of()
vector vec3 { 0, 0, 1, 0 };
if (any_of(cbegin(vec3), cend(vec3), [](int i){ return i == 1; })) {
    cout << "At least one element == 1" << endl;
} else {
    cout << "No elements are == 1" << endl;
}

// none_of()
vector vec4 { 0, 0, 0, 0 };
if (none_of(cbegin(vec4), cend(vec4), [](int i){ return i == 1; })) {
    cout << "All elements are != 1" << endl;
} else {
    cout << "Some elements are == 1" << endl;
}
```

输出如下：

```
All elements are == 1
At least one element == 1
All elements are != 1
```

下面的示例使用 count_if()算法计算 vector 中满足特定条件的元素个数。条件以 lambda 表达式的形式给出，该表达式从闭包作用域内按值捕获 value 变量：

```
vector values { 1, 2, 3, 4, 5, 6, 7, 8, 9 };
int value { 3 };
auto tally { count_if(cbegin(values), cend(values),
    [value](int i){ return i > value; }) };
cout << format("Found {} values > {}.", tally, value) << endl;
```

输出如下：

```
Found 6 values > 3
```

该示例可以扩展为通过引用捕获变量，下面的 lambda 表达式计算在闭包区域内通过递增变量来调用的个数，lambda 表达式通过引用捕获变量：

```
vector values { 1, 2, 3, 4, 5, 6, 7, 8, 9 };
int value { 3 };
int callCounter { 0 };
```

```
auto tally { count_if(cbegin(values), cend(values),
   [value, &callCounter](int i){ ++callCounter; return i > value; }) };
cout << "The lambda expression was called " << callCounter
     << " times." << endl;
cout << format("Found {} values > {}.", tally, value) << endl;
```

输出如下：

```
The lambda expression was called 9 times.
Found 6 values > 3
```

20.2.2 修改序列算法

标准库提供了多种修改序列算法，这些算法执行的任务包括：从一个范围向另一个范围复制元素、删除元素以及反转某个范围内元素的顺序。

一些修改算法涉及源范围和目标范围的概念。从源范围读取元素，然后在目标范围中进行修改，这种算法的一个示例是 copy()。

其他算法就地(in place)执行操作；也就是说，只需要一个范围，例如 generate()算法。

> **警告：**
> 修改算法不能将元素插入目标范围中，仅可重写/修改目标范围中已经存在的元素。第 17 章描述了如何使用迭代器适配器，在目标范围中真正插入元素。

> **注意：**
> map 和 multimap 的范围不能用作修改算法的目标范围。这些算法改写全部元素，而在 map 中，元素是键值对。map 和 multimap 将键标记为 const，因此不能为其赋值。set 和 multiset 也是如此。替换方案是使用插入迭代器，详见第 17 章。

16.2.18 节的“修改序列算法”部分列出了所有可用的修改算法，并给出了描述信息。本节列举其中不少算法的代码示例。如果理解了本节讲述的算法，就应能使用没有给出示例的其他算法。

1. 生成

generate()算法需要一个迭代器范围，它把该迭代器范围内的值替换为从函数返回的值，并作为第三个参数。下例结合 generate()算法和一个 lambda 表达式将 2、4、8、16 等值填充到 vector。

```
vector<int> vec(10);
int value { 1 };
generate(begin(vec), end(vec), [&value]{ value *= 2; return value; });
for (const auto& i : vec) { cout << i << " "; }
```

输出如下所示：

```
2 4 8 16 32 64 128 256 512 1024
```

2. 转换

transform()算法有多种重载，其中之一是对范围内的每个元素应用回调，期望回调生成一个新元素，并保存在指定的目标范围中。如果希望 transform()就地工作，那么源范围和目标范围可以是同一范围。其参数是源序列的首尾迭代器、目标序列的首迭代器以及回调。例如，下面的代码片段将 vector 中的每个元素增加 100，populateContainer()函数与本章前面定义的相同。

```
vector<int> myVector;
populateContainer(myVector);

cout << "The vector contains:" << endl;
for (const auto& i : myVector) { cout << i << " "; }
cout << endl;

transform(begin(myVector), end(myVector), begin(myVector),
    [](int i){ return i + 100;});

cout << "The vector contains:" << endl;
for (const auto& i : myVector) { cout << i << " "; }
```

transform()的另一种形式对范围内的元素对调用二元函数，需要将第一个范围的首尾迭代器、第二个范围的首迭代器以及目标范围的首迭代器作为参数。下例创建两个 vector，然后通过 transform()计算元素对的和，并将结果保存回第一个 vector：

```
vector<int> vec1, vec2;
cout << "Vector1:" << endl; populateContainer(vec1);
cout << "Vector2:" << endl; populateContainer(vec2);

if (vec2.size() < vec1.size())
{
    cout << "Vector2 should be at least the same size as vector1." << endl;
    return 1;
}

// Create a lambda to print the contents of a container
auto printContainer { [](const auto& container) {
    for (auto& i : container) { cout << i << " "; }
    cout << endl;
} };

cout << "Vector1: "; printContainer(vec1);
cout << "Vector2: "; printContainer(vec2);

transform(begin(vec1), end(vec1), begin(vec2), begin(vec1),
    [](int a, int b){return a + b;});

cout << "Vector1: "; printContainer(vec1);
cout << "Vector2: "; printContainer(vec2);
```

输出如下所示：

```
Vector1:
Enter a number (0 to quit): 1
Enter a number (0 to quit): 2
Enter a number (0 to quit): 0
Vector2:
Enter a number (0 to quit): 11
Enter a number (0 to quit): 22
Enter a number (0 to quit): 33
Enter a number (0 to quit): 0
Vector1: 1 2
Vector2: 11 22 33
Vector1: 12 24
Vector2: 11 22 33
```

注意：

transform()和其他修改算法通常返回一个引用目标范围内最后一个值后面那个位置(past-the-end)的迭代器。本书中的例子通常都忽略了返回值。

3. 拷贝

copy()算法可将一个范围内的元素复制到另一个范围，从这个范围内的第一个元素开始直到最后一个元素。源范围和目标范围必须不同，但在一定限制条件下可以重叠。限制条件如下：对于copy(b,e,d)，如果 d 在 b 之前，则可以重叠；但如果 d 处于[b,e)范围，则行为不确定。与所有修改算法类似，copy()不会向目标范围插入元素，只改写已有的元素。第 17 章将描述如何使用迭代器适配器，使用 copy()向容器或流插入元素。

下面举一个使用 copy()的简单例子，这个例子对 vector 应用 resize()方法，以确保目标容器中有足够空间。这个例子将 vec1 中的所有元素复制到 vec2：

```
vector<int> vec1, vec2;
populateContainer(vec1);
vec2.resize(size(vec1));
copy(cbegin(vec1), cend(vec1), begin(vec2));
for (const auto& i : vec2) { cout << i << " "; }
```

还有一个 copy_backward()算法，这个算法将源范围内的元素反向复制到目标范围。换句话说，这个算法从源范围的最后一个元素开始，将这个元素放在目标范围的最后一个位置，然后在每一次复制之后反向移动。分析 copy_backward()，源范围和目标范围必须是不同的，但在一定限制条件下可以重叠。限制条件如下：对于 copy_backward(b,e,d)，如果 d 在 e 之后，则能正确重叠；但如果 d 处于(b,e]范围，则行为不确定。前面的例子可按如下代码修改为使用 copy_backward()而不是 copy()。注意第三个参数应该指定 end(vec2)而不是 begin(vec2)，输出和 copy()的一致。

```
copy_backward(cbegin(vec1), cend(vec1), end(vec2));
```

在使用 copy_if()算法时，需要提供由两个迭代器指定的输入范围、由一个迭代器指定的输出范围以及一个谓词(函数或 lambda 表达式)。该算法将满足给定谓词的所有元素复制到目标范围。记住，复制不会创建或扩大容器，只是替换现有元素。因此，目标范围应当足够大，从而保存要复制的所有元素。当然，复制元素后，最好删除超出最后一个元素复制位置的空间。为便于达到这个目的，copy_if()返回了目标范围内最后一个复制的元素后面那个位置(one-past-the-last-copied element)的迭代器，以便确定需要从目标容器中删除的元素个数。下例演示了这个操作，这个例子只把偶数复制到 vec2：

```
vector<int> vec1, vec2;
populateContainer(vec1);
vec2.resize(size(vec1));
auto endIterator { copy_if(cbegin(vec1), cend(vec1),
        begin(vec2), [](int i){ return i % 2 == 0; }) };
vec2.erase(endIterator, end(vec2));
for (const auto& i : vec2) { cout << i << " "; }
```

copy_n()从源范围复制 *n* 个元素到目标范围。copy_n()的第一个参数是起始迭代器，第二个参数是指定要复制的元素个数，第三个参数是目标迭代器。copy_n()算法不执行任何边界检查，因此一定要确保起始迭代器递增 *n* 个要复制的元素后，不会超过集合的 end()，否则程序会产生未定义的行为。下面是一个例子：

```
vector<int> vec1, vec2;
```

```
populateContainer(vec1);
size_t tally { 0 };
cout << "Enter number of elements you want to copy: ";
cin >> tally;
tally = min(tally, size(vec1));
vec2.resize(tally);
copy_n(cbegin(vec1), tally, begin(vec2));
for (const auto& i : vec2) { cout << i << " "; }
```

4. 移动

有两个和移动相关的算法：move()和 move_backward()。它们都使用了第 9 章“掌握类和对象”讨论的移动语义。如果要在自定义类型元素的容器中使用这两个算法，那么需要在元素类中提供移动赋值运算符，请参阅下例。main()函数创建了一个带有 3 个 MyClass 对象的 vector，然后将这些元素从 vecSrc 移到 vecDst。注意这段代码包含两种不同的 move()用法。一种是，move()函数接收一个参数，将 lvalue 转换为 rvalue，在<utility>中定义；而另一种是，接收 3 个参数的 move()是标准库的 move()算法，这个算法在容器之间移动元素。有关移动赋值运算符的实现和 std::move()单参数版本的使用，请参阅第 9 章。

```
class MyClass
{
    public:
        MyClass() = default;
        MyClass(const MyClass& src) = default;
        MyClass(string str) : m_str { move(str) } {}
        virtual ~MyClass() = default;

        // Move assignment operator
        MyClass& operator=(MyClass&& rhs) noexcept {
            if (this == &rhs) { return *this; }
            m_str = move(rhs.m_str);
            cout << format("Move operator= (m_str={})", m_str) << endl;
            return *this;
        }

        void setString(string str) { m_str = move(str); }
        const string& getString() const { return m_str; }
    private:
        string m_str;
};

int main()
{
    vector<MyClass> vecSrc { MyClass { "a" }, MyClass { "b" }, MyClass { "c" }};
    vector<MyClass> vecDst(vecSrc.size());
    move(begin(vecSrc), end(vecSrc), begin(vecDst));
    for (const auto& c : vecDst) { cout << c.getString() << " "; }
}
```

输出如下所示：

```
Move operator= (m_str=a)
Move operator= (m_str=b)
Move operator= (m_str=c)
a b c
```

注意：

第 9 章解释过，在移动操作中，源对象将处于有效但不确定的状态。在前面的例子中，这意味着在执行移动操作后，不应该再使用 vecSrc 中的元素了，除非使它们重回确定状态；例如，在它们之上调用方法(不包含任何预置条件)，如 setString()。

move_backward()使用和 move()同样的移动机制，但按从最后一个元素向第一个元素的顺序移动。对于 move()和 move_backward()，在符合某些限制条件的情况下允许源范围和目标范围重叠。限制条件与 copy()和 copy_backward()的相同。

5. 替换

replace()和 replace_if()算法将一个范围内匹配某个值或满足某个谓词的元素替换为新的值。比如 replace_if()算法的第一个和第二个参数指定了容器中元素的范围。第三个参数是一个返回 true 或 false 的 lambda 表达式，如果它返回 true，那么容器中的对应值被替换为第四个参数指定的值；如果它返回 false，则保留原始值。

例如，假定要将容器中的所有奇数值替换为 0：

```
vector<int> vec;
populateContainer(vec);
replace_if(begin(vec), end(vec), [](int i){ return i % 2 != 0; }, 0);
for (const auto& i : vec) { cout << i << " "; }
```

replace()和 replace_if()也有名为 replace_copy()和 replace_copy_if()的变体，这些变体将结果复制到不同的目标范围。它们类似于 copy()，因为目标范围必须足够大，以容纳新元素。

C++20

6. 擦除

正如第 18 章介绍，C++20 对几乎所有标准库容器都支持 std::erase()和 std::erase_if()。官方将这些操作称为统一容器擦除，erase()函数删除容器中与给定值匹配的所有元素，而 erase_if()函数则删除与给定谓词匹配的所有元素。注意这些算法需要容器的引用，而不是迭代器范围。从 C++20 开始，这些函数是删除容器中元素的首选方法。

例如，下面的 removeEmptyStrings()函数删除字符串 vector 中的所有空元素，使用 erase_if()完成了所有操作，函数只使用简单的一行：

```
void removeEmptyStrings(vector<string>& strings)
{
    erase_if(strings, [](const string& str){ return str.empty(); });
}
int main()
{
    vector<string> myVector {"", "one", "two", "three", "four"};
    for (auto& str : myVector) { cout << "\"" << str << "\"  "; }
    cout << endl;
    removeEmptyStrings(myVector);
    for (auto& str : myVector) { cout << "\"" << str << "\"  "; }
    cout << endl;
}
```

输出如下：

```
""  "one"  ""  "two"  "three"  "four"
"one"  "two"  "three"  "four"
```

注意：

std::erase()不适用于有序和无序的关联容器，因为这些容器有 erase(key)方法，该方法性能更好，应该使用它。另一方面，erase_if()函数适用于所有容器。

7. 删除

如果编译器还不支持前一节讨论的 C++20 的 erase()和 erase_if()算法，那么不得不求助于其他方案。你可能想到的第一个解决方案是查看文档，确定容器是否有 erase()方法，然后迭代所有元素，并对每个满足条件的元素调用 erase()。vector 是包含 erase()方法的容器之一。然而，如果对 vector 容器应用 erase()，这个解决方案的效率非常低下，因为要保持 vector 在内存中的连续性，会涉及很多内存操作，因而得到二次(平方)复杂度；所谓二次复杂度，是指运行时间是输入大小的平方的函数，即 $O(n^2)$。这个解决方案还容易产生错误，因为必须非常小心地确保每次调用 erase()之后迭代器依然有效。例如，如下函数从 string vector 中删除空字符串，而未使用算法。注意，需要在 for 循环中精心操纵 iter：

```
void removeEmptyStringsWithoutAlgorithms(vector<string>& strings)
{
    for (auto iter { begin(strings) }; iter != end(strings); )
        if (iter->empty())
            iter = strings.erase(iter);
        else
            ++iter;
    }
}
```

注意：

二次(平方)复杂度意味着运行时间是输入大小的平方的函数，即 $O(n^2)$。

上面的解决方案效率低下，不建议使用。这个问题更好的解决方案是“删除-擦除法”(remove-erase-idiom)，下面讲解这种线性时间方法。

这种算法只能访问迭代器抽象，不能访问容器。因此删除算法不能真正地从底层容器中删除元素，而是将匹配给定值或谓词的元素替换为下一个不匹配给定值或谓词的元素。为此使用移动赋值。结果是将所有要保留的元素移动到范围的开头，因此范围分为两个集合：一个用于保存要保留的元素，另一个用于保存要删除的元素。返回的迭代器指向要删除的元素范围内的第一个元素。如果真的需要从容器中删除这些元素，必须先使用 remove()或 remove_if()算法，然后调用容器的 erase()方法，将从返回的迭代器开始到范围尾部的所有元素删除。这就是删除-擦除法。下面是使用这一风格的 removeEmptyStrings()函数的实现：

```
void removeEmptyStrings(vector<string>& strings)
{
    auto it { remove_if(begin(strings), end(strings),
        [](const string& str){ return str.empty(); }) };
    // Erase the removed elements.
    strings.erase(it, end(strings));
}
```

警告：

使用“删除-擦除法”时，切勿忘记 erase()的第二个参数！如果忘掉第二个参数，erase()将仅从容器中删除一个元素，即作为第一个参数传递的迭代器引用的元素。

remove()和 remove_if()的 remove_copy()和 remove_copy_if()变体不会改变源范围，而将所有未删除的元素复制到另一个目标范围。这些算法和 copy()类似，要求目标范围必须足够大，以便保存新元素。

注意：

remove()函数系列是稳定的，这些函数保持了容器中剩余元素的顺序，尽管这些算法将保留的元素向前移动了。

注意：

建议使用 C++20 中关于删除-擦除法的 std::erase_if()和 std::erase()算法，或者关联容器的 erase(key)方法，并明确手写循环。

8. 唯一化

unique()算法是特殊的 remove()，remove()能将所有重复的连续元素删除。list 容器提供了自己的具有同样语义的 unique()方法。通常情况下应该对有序序列使用 unique()，但 unique()也能用于无序序列。

unique()的基本形式是就地操作数据，还有一个名为 unique_copy()的版本，这个版本将结果复制到一个新的目标范围。

第 18 章的“list 示例：确定注册情况”部分展示了 list:unique()算法的一个示例，因此这里略去这个算法一般形式的例子。

9. 乱序

shuffle()以随机顺序重新安排某个范围内的元素，其复杂度为线性时间。它可用于实现洗牌等任务。shuffle()的参数是要乱序的范围的首尾迭代器，以及一个统一的随机数生成器对象，它指定如何生成随机数。下面是个示例(关于如何使用随机数生成器以及如何“设置种子”，详细信息会在第 23 章解释)：

```
vector values { 1, 2, 3, 4, 5, 6, 7, 8, 9, 10 };

random_device seeder;
const auto seed { seeeder.entropy() ? seeder() : time(nullptr) };
default_random_engine engine {
   static_cast<default_random_engine::result_type>(seed) };

for (int i { 0 }; i < 6; ++i) {
   shuffle(begin(values), end(values), engine);
   for (const auto& value : values) { cout << value << " "; }
   cout << endl;
}
```

可能的输出如下：

```
2 5 6 9 7 8 4 3 10 1
8 5 6 4 3 1 2 9 7 10
10 8 3 9 7 2 1 6 4 5
7 3 2 10 4 5 9 8 6 1
1 5 9 6 8 10 7 4 2 3
3 6 8 9 4 7 1 2 5 10
```

10. 抽样

sample()算法从给定的源范围返回 *n* 个随机选择的元素，并存储在目标范围。它需要 5 个参数：

- 要从中抽样的范围的首尾迭代器
- 目标范围的首迭代器，将随机选择的元素存储在目标范围
- 要选择的元素数量
- 随机数生成引擎

有关如何使用随机数生成引擎的详情，以及如何设置“种子”，请参阅第 23 章。下面是一个示例：

```
vector values { 1, 2, 3, 4, 5, 6, 7, 8, 9, 10 };
const size_t numberOfSamples { 5 };
vector<int> samples(numberOfSamples);

random_device seeder;
const auto seed { seeder.entropy() ? seeder() : time(nullptr) };
default_random_engine engine(
    static_cast<default_random_engine::result_type>(seed));

for (int i { 0 }; i < 6; ++i) {
    sample(cbegin(values), cend(values), begin(samples), numberOfSamples, engine);
    for (const auto& sample : samples) { cout << sample << " "; }
    cout << endl;
}
```

可能的输出如下：

```
1 2 5 8 10
1 2 4 5 7
5 6 8 9 10
2 3 4 6 7
2 5 7 8 10
1 2 5 6 7
```

11. 反转

reverse()算法反转某个范围内元素的顺序。将范围内的第一个元素和最后一个元素交换，将第二个元素和倒数第二个元素交换，以此类推。

reverse()最基本的形式是就地运行，要求两个参数：范围的首尾迭代器。还有一个名为 reverse_copy()的版本，这个版本将结果复制到新的目标范围，它需要 3 个参数：源范围的首尾迭代器以及目标范围的起始迭代器。目标范围必须足够大，以便保存新元素。

下面是使用 reverse()的示例：

```
vector<int> values;
populateContainer(values);
reverse(begin(values), end(values));
for (const auto& i : values) { cout << i << " "; }
```

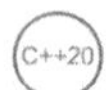

12. 移动元素

C++20 引入了 shift_left()和 shift_right()算法来移动给定范围内的元素，将它们移动到新位置。位于范围两端的元素会被删除，shift_left()返回指向新范围末尾的迭代器，而 shift_right()返回指向新范围开头的迭代器。下面是示例：

```
vector values { 11, 22, 33, 44, 55 };
for (const auto& value : values) { cout << value << " "; }
cout << endl;
// Shift elements to the left by 2 positions.
auto newEnd { shift_left(begin(values), end(values), 2) };
// Resize the vector to its proper size.
values.erase(newEnd, end(values));
for (const auto& value : values) { cout << value << " "; }
cout << endl;

// Shift elements to the right by 2 positions.
auto newBegin { shift_right(begin(values), end(values), 2) };
// Resize the vector to its proper size.
values.erase(begin(values), newBegin);
for (const auto& value : values) { cout << value << " "; }
cout << endl;
```

输出如下：

```
11 22 33 44 55
33 44 55
33
```

20.2.3　操作算法

此类算法只有两个：for_each()和 for_each_n()。for_each()对范围内的每个元素执行回调，for_each_n()对范围内的前 *n* 个元素执行回调。如果给定的迭代器类型是非 const，则回调可以修改范围内的元素。这里提到这两个算法，是因为可能会在已有的代码中遇到它们，但使用基于区间的 for 循环通常比使用这两个算法更简单、更容易理解。

1. for_each()

下面这个示例使用 lambda 表达式打印 map 中的元素：

```
map<int, int> myMap { { 4, 40 }, { 5, 50 }, { 6, 60 } };
for_each(cbegin(myMap), cend(myMap), [](const auto& p)
    { cout << p.first << "->" << p.second << endl; });
```

p 的类型是 const pair<int, int>&。输出如下所示：

```
4->40
5->50
6->60
```

下例说明如何使用 for_each()算法和 lambda 表达式，计算范围内元素的和与积。注意，lambda 表达式只显式捕获需要的变量，它按引用捕获变量，否则 lambda 表达式内对 sum 和 product 的修改无法在 lambda 表达式外可见：

```
vector<int> myVector;
populateContainer(myVector);

int sum { 0 };
int product { 1 };
for_each(cbegin(myVector), cend(myVector),
    [&sum, &product](int i){
        sum += i;
```

```
        product *= i;
    });
    cout << "The sum is " << sum << endl;
    cout << "The product is " << product << endl;
```

也可用一个仿函数编写该例，其中，可累加信息，在 for_each()处理完所有元素后检索信息。例如，可编写仿函数 SumAndProduct 同时跟踪，一次性计算元素的和以及运算的积。

```
class SumAndProduct
{
   public:
       void operator()(int value)
       {
          m_sum += value;
          m_product *= value;
       }
       int getSum() const { return m_sum; }
       int getProduct() const { return m_product; }
   private:
       int m_sum { 0 };
       int m_product { 1 };
};

int main()
{
   vector<int> myVector;
   populateContainer(myVector);

   SumAndProduct calculator;
   calculator = for_each(cbegin(myVector), cend(myVector), calculator);
   cout << "The sum is " << calculator.getSum() << endl;
   cout << "The product is " << calculator.getProduct() << endl;
}
```

你可能想要忽略 for_each()的返回值，但在调用完成后仍试图读取 calculator 的信息。然而，这样做不可行，因为 for_each()拷贝了仿函数，最终从调用返回这个副本。为获得正确的行为，必须捕获返回值。

关于 for_each()和下面讨论的 for_each_n()，最后需要指出的一点是，使用 lambda 或回调时，允许回调函数使用非 const 引用作为参数并对其进行修改。这样可以修改实际迭代器范围内的值。下面是示例：

```
vector values { 11, 22, 33, 44 };
// Double each element in the values vector.
for_each(begin(values), end(values), [](auto& value) { value *= 2; });
// Print all the elements of the values vector.
for_each(cbegin(values), cend(values),
   [](const auto& value) { cout << value << endl; });
```

2. for_each_n()

for_each_n()算法需要范围的起始迭代器、要迭代的元素数量以及函数回调。它返回的迭代器等于 begin + n。它通常不执行任何边界检查。下例只迭代 map 的前两个元素：

```
map<int, int> myMap { { 4, 40 }, { 5, 50 }, { 6, 60 } };
```

```
for_each_n(cbegin(myMap), 2, [](const auto& p)
   { cout << p.first << "->" << p.second << endl; });
```

20.2.4 分区算法

partition_copy()算法将来自某个来源的元素复制到两个不同的目标。为每个元素选择目标的依据是谓词的结果：true 或 false。partition_copy()的返回值是一对迭代器：指向第一个和第二个目标范围内最后一次拷贝的元素的迭代器。将这些返回的迭代器与 erase()结合使用，可删除两个目标范围内多余的元素，就像之前的 copy_if()示例那样。下例要求用户输入一些整数，然后将这些整数分区到两个目标 vector 中，一个保存偶数，另一个保存奇数。

```
vector<int> vec1, vecOdd, vecEven;
populateContainer(vec1);
vecOdd.resize(size(vec1));
vecEven.resize(size(vec1));

auto pairIters { partition_copy(cbegin(vec1), cend(vec1),
   begin(vecEven), begin(vecOdd),
   [](int i){ return i % 2 == 0; }) };

vecEven.erase(pairIters.first, end(vecEven));
vecOdd.erase(pairIters.second, end(vecOdd));

cout << "Even numbers: ";
for (const auto& i : vecEven) { cout << i << " "; }
cout << endl << "Odd numbers: ";
for (const auto& i : vecOdd) { cout << i << " "; }
```

输出如下所示：

```
Enter a number (0 to quit): 11
Enter a number (0 to quit): 22
Enter a number (0 to quit): 33
Enter a number (0 to quit): 44
Enter a number (0 to quit): 0
Even numbers: 22 44
Odd numbers: 11 33
```

partition()算法对序列排序，使谓词返回 true 的所有元素放在前面，使谓词返回 false 的所有元素放在后面，在每个分区中不保留元素最初的顺序。下例演示了如何把 vector 分为偶数在前、奇数在后的分区：

```
vector<int> values;
populateContainer(values);
partition(begin(values), end(values), [](int i){ return i % 2 == 0; });
cout << "Partitioned result: ";
for (const auto& i : values) { cout << i << " "; }
```

输出如下：

```
Enter a number (0 to quit): 55
Enter a number (0 to quit): 44
Enter a number (0 to quit): 33
Enter a number (0 to quit): 22
Enter a number (0 to quit): 11
```

```
Enter a number (0 to quit): 0
Partitioned result: 22 44 33 55 11
```

还有其他几个分区算法，参见第 16 章。

20.2.5 排序算法

标准库提供了一些不同的排序算法。排序算法重新排列容器中元素的顺序，使集合中的元素保持连续顺序。因此，排序算法只能应用于顺序集合。排序和有序关联容器无关，因为有序关联容器已经维护了元素的顺序。排序也和无序关联容器无关，因为无序关联容器就没有排序的概念。一些容器(例如 list 和 forward_list)提供了自己的排序方法，因为这些方法内部实现的效率比通用排序机制的效率要高。因此，通用的排序算法最适用于 vector、deque、array 和 C 风格数组。

sort()函数一般情况下在 $O(N \log N)$时间内对某个范围内的元素排序。将 sort()应用于一个范围之后，根据运算符 operator<，这个范围内的元素以非递减顺序排列(最低到最高)。如果不希望使用这个顺序，可以指定一个不同的比较回调，例如 greater。

sort()函数的一个名为 stable_sort()的变体能保持范围内相等元素的相对顺序。然而，由于这个算法需要维护范围内相等元素的相对顺序，因此这个算法比 sort()算法低效。

下面是使用了 greater<>比较器的 sort()算法的一个示例：

```
vector<int> values;
populateContainer(values);
sort(begin(values), end(values), greater<>());
```

还有 is_sorted()，如果给定的范围是有序的，is_sorted()就返回 true，而 is_sorted_until()返回给定范围内的一个迭代器，该迭代器之前的所有元素都是有序的。

nth_element()是个强大的选择算法，给定一个元素范围和一个指向该范围内的第 *n* 个元素的迭代器，该算法会重新排列该范围内的元素，这样如果整个范围都已排序，则第 *n* 个元素指向位置的元素就是那个元素。此外，它会重新排列所有元素，使第 *n* 个元素前面的所有元素都小于第 *n* 个新元素，而后面的所有元素都大于第 *n* 个新元素。这个算法的有趣之处在于它在线性时间 $O(n)$内完成这些工作，除了使用 nth_element()，还可以对整个范围进行排序然后检索感兴趣的元素，但这会导致线性对数复杂度 $O(n \log n)$。

这些听起来很复杂，来看看这个算法的实际应用，第一个示例是找到给定范围内第三大的元素，假设用户至少输出 3 个值。

```
vector<int> values;
populateContainer(values);
// Find the third largest value.
nth_element(begin(values), begin(values) + 2, end(values), greater<>{});
cout << "3rd largest value: " << value[2] << endl;
```

另一个示例是按顺序从一个范围中获取 5 个最大的元素，它假设用户至少输入 5 个值。

```
vector<int> values;
populateContainer(values);
// Get the 5 largest elements in sorted order.
nth_element(begin(values), begin(values) + 4, end(values), greater<>{});
// nth_element() has partitioned the elements, now sort the first subrange.
sort(begin(values), begin(values) + 5);
// And finally, output the sorted subrange.
for_each_n(begin(values), 5, [](const auto& element) { cout << element << " "; });
```

20.2.6 二分查找算法

有几个查找算法只用于有序序列或至少已分区的元素序列。这些算法有 binary_search()、lower_bound()、upper_bound()和 equal_range()。注意，关联容器(比如 map 和 set)具有应该使用的等效方法。用法示例参见第 18 章。

lower_bound()算法在有序范围内查找不小于(即大于或等于)给定值的第一个元素，经常用于发现在有序的 vector 中应将新值插入哪个位置，使 vector 依然有序。下面是一个示例：

```
vector<int> values;
populateContainer(values);

// Sort the container
sort(begin(values), end(values));

cout << "Sorted vector: ";
for (const auto& i : values) { cout << i << " "; }
cout << endl;

while (true) {
   int number;
   cout << "Enter a number to insert (0 to quit): ";
   cin >> number;
   if (number == 0) { break; }

   auto iter { lower_bound(begin(values), end(values), number) };
   values.insert(iter, number);

   cout << "New vector: ";
   for (const auto& i : values) { cout << i << " "; }
   cout << endl;
}
```

binary_search()算法以对数时间而不是线性时间搜索元素，需要指定范围的首尾迭代器、要搜索的值以及可选的比较回调。如果在指定范围内找到这个值，这个算法返回 true，否则返回 false。二分查找要求范围是有序的，首先比较范围的中间元素，根据中间元素是大于或者小于要查找的值，然后继续比较范围的左半部分或右半部分的中间元素，继续下去直到找到中间元素为止。基本数每次迭代范围都会减半，因此有对数复杂度。下面的例子演示了这个算法：

```
vector<int> values;
populateContainer(values);

// Sort the container
sort(begin(values), end(values));

while (true) {
   int num;
   cout << "Enter a number to find (0 to quit): ";
   cin >> number;
   if (number == 0) { break; }
   if (binary_search(cbegin(values), cend(values), number)) {
      cout << "That number is in the vector." << endl;
   } else {
      cout << "That number is not in the vector." << endl;
   }
}
```

20.2.7 集合算法

集合算法可用于任意有序范围。includes()算法实现了标准的子集判断功能，检查某个有序范围内的所有元素是否包含在另一个有序范围内，顺序任意。

set_union()、set_intersection()、set_difference()和 set_symmetric_difference()算法实现了这些操作的标准语义。在集合论中，并集得到的结果是两个集合中的所有元素。交集得到的结果是所有同时存在于两个集合中的元素。差集得到的结果是所有存在于第一个集合中，但是不存在于第二个集合中的元素。对称差集得到的结果是两个集合的“异或”：所有存在于其中一个集合中，但不同时存在于两个集合中的元素。

警告：
务必确保结果范围足够大，以保存操作的结果。对于 set_union()和 set_symmetric_difference()，结果大小的上限是两个输入范围的总和。对于 set_intersection()，结果大小的上限是两个输入范围的最小大小。对于 set_difference()，结果大小的上限是第一个输入范围的大小。

警告：
不能使用关联容器(包括 set)中的迭代器范围来保存结果，因为这些容器不允许修改键。

看一下这些集合算法的实际应用，首先 DumpRange()是一个辅助函数模板，将给定范围内的元素写入标准输出流。实现方式如下：

```
template<typename Iterator>
void DumpRange(string_view message, Iterator begin, Iterator end)
{
    cout << message;
    for_each(begin, end, [](const auto& element) { cout << element << " "; });
    cout << endl;
}
```

定义了辅助函数后，下面是 set 算法的使用示例：

```
vector<int> vec1, vec2, result;
cout << "Enter elements for set 1:" << endl;
populateContainer(vec1);
cout << "Enter elements for set 2:" << endl;
populateContainer(vec2);

// set algorithms work on sorted ranges
sort(begin(vec1), end(vec1));
sort(begin(vec2), end(vec2));

DumpRange("Set 1: ", cbegin(vec1), cend(vec1));
DumpRange("Set 2: ", cbegin(vec2), cend(vec2));

if (includes(cbegin(vec1), cend(vec1), cbegin(vec2), cend(vec2))) {
    cout << "The second set is a subset of the first." << endl;
}
if (includes(cbegin(vec2), cend(vec2), cbegin(vec1), cend(vec1))) {
    cout << "The first set is a subset of the second" << endl;
}
```

```
result.resize(size(vec1) + size(vec2));
auto newEnd { set_union(cbegin(vec1), cend(vec1), cbegin(vec2),
   cend(vec2), begin(result)) };
DumpRange("The union is: ", begin(result), newEnd);

newEnd = set_intersection(cbegin(vec1), cend(vec1), cbegin(vec2),
   cend(vec2), begin(result));
DumpRange("The intersection is: ", begin(result), newEnd);

newEnd = set_difference(cbegin(vec1), cend(vec1), cbegin(vec2),
   cend(vec2), begin(result));
DumpRange("The difference between set 1 and 2 is: ", begin(result), newEnd);

newEnd = set_symmetric_difference(cbegin(vec1), cend(vec1),
   cbegin(vec2), cend(vec2), begin(result));
DumpRange("The symmetric difference is: ", begin(result), newEnd);
```

下面是这个程序的运行示例：

```
Enter elements for set 1:
Enter a number (0 to quit): 5
Enter a number (0 to quit): 6
Enter a number (0 to quit): 7
Enter a number (0 to quit): 8
Enter a number (0 to quit): 0
Enter elements for set 2:
Enter a number (0 to quit): 8
Enter a number (0 to quit): 9
Enter a number (0 to quit): 10
Enter a number (0 to quit): 0
Set 1: 5 6 7 8
Set 2: 8 9 10
The union is: 5 6 7 8 9 10
The intersection is: 8
The difference between set 1 and set 2 is: 5 6 7
The symmetric difference is: 5 6 7 9 10
```

merge()算法可将两个排好序的范围归并在一起，并保持排好的顺序。结果是一个包含两个源范围内所有元素的有序范围。这个算法的复杂度为线性时间。这个算法需要以下参数：

- 第一个源范围的首尾迭代器
- 第二个源范围的首尾迭代器
- 目标范围的起始迭代器
- (可选)比较回调

如果没有 merge()，还可通过串联两个范围，然后对串联的结果应用 sort()，以达到同样的目的，但这样做的效率更低，复杂度为 $O(N \log N)$而不是 merge()的线性复杂度。

> **警告：**
> 一定要确保提供足够大的目标范围，以保存归并的结果。

下例演示了 merge()算法：

```
vector<int> vectorOne, vectorTwo, vectorMerged;
cout << "Enter values for first vector:" << endl;
```

```
populateContainer(vectorOne);
cout << "Enter values for second vector:" << endl;
populateContainer(vectorTwo);

// Sort both containers
sort(begin(vectorOne), end(vectorOne));
sort(begin(vectorTwo), end(vectorTwo));

// Make sure the destination vector is large enough to hold the values
// from both source vectors.
vectorMerged.resize(size(vectorOne) + size(vectorTwo));

merge(cbegin(vectorOne), cend(vectorOne),
      cbegin(vectorTwo), cend(vectorTwo), begin(vectorMerged));

DumpRange("Merged vector: ", cbegin(vectorMerged), cend(vectorMerged));
```

20.2.8 最小/最大算法

min()和 max()算法通过运算符 operator<或用户提供的二元谓词比较两个或多个任意类型的元素，分别返回一个引用较小或较大元素的 const 引用。minmax()算法返回一个包含两个或多个元素中最小值和最大值的 pair。这些算法不接收迭代器参数。

min_element()和 max_element()算法处理迭代器范围，并分别返回一个指向范围内最小或最大的迭代器。minmax_element()算法也用于迭代器范围，返回一对包含迭代器范围的对象，分别指向范围内最小和最大的元素。

下面的程序给出了一些示例：

```
int x { 4 }, y { 5 };
cout << format("x is {} and y is{}", x, y) << endl;
cout << "Max is " << max(x, y) << endl;
cout << "Min is " << min(x, y) << endl;

// Using max() and min() on more than two values
int x1 { 2 }, x2 { 9 }, x3 { 3 }, x4 { 12 };
cout << "Max of 4 elements is " << max({ x1, x2, x3, x4 }) << endl;
cout << "Min of 4 elements is " << min({ x1, x2, x3, x4 }) << endl;

// Using minmax()
auto p2 { minmax({ x1, x2, x3, x4 }) }; // p2 is of type pair<int, int>.
cout << format("Minmax of 4 elements is <{},{}>", p2.first, p2.second) << endl;

// Using minmax() + C++17 structured bindings
auto[min1, max1] { minmax({ x1, x2, x3, x4 }) };
cout << format("Minmax of 4 elements is <{},{}>", min1, max1) << endl;

// Using minmax_element() + C++17 structured bindings
vector values { 11, 33, 22 };
auto[min2, max2] { minmax_element(cbegin(values), cend(values)) };
cout << format("minmax_element() result: <{},{}>", *min2, *max2) << endl;
```

下面是这个程序的输出：

```
x is 4 and y is 5
Max is 5
```

```
Min is 4
Max of 4 elements is 12
Min of 4 elements is 2
Minmax of 4 elements is <2,12>
Minmax of 4 elements is <2,12>
minmax_element() result: <11,33>
```

注意：

你有时可能会遇到查找最大最小值的非标准宏。例如 GNU C Library(glibc)有宏 MIN()和 MAX()，Windows.h 头文件定义了宏 min()和 max()，因为它们是宏，所以可能对其参数进行二次求值；而 std::min()和 std::max()对每个参数正好进行一次求值。确保总是使用 C++版本的 std::min()和 std::max()。

当需要使用 std::min()和 std::max()时，这些 min()和 max()宏可能会干扰你。此时，可再加一对括号来禁用宏，如下所示：

```
auto maxValue = {(std::max)(1, 2)};
```

在 Windows 上，也可在添加 Windows.h 之前添加#define NOMINMAX，以禁用 Windows min()和 max()宏。

std::clamp()是一个小型辅助函数，在<algorithm>中定义，可用于确保值(v)在给定的最小值(lo)和最大值(hi)之间。如果 v < lo，它返回对 lo 的引用；如果 v > hi，它返回对 hi 的引用；否则返回对 v 的引用。下面是一个例子：

```
cout << clamp(-3, 1, 10) << endl;
cout << clamp(3, 1, 10) << endl;
cout << clamp(22, 1, 10) << endl;
```

输出如下所示：

```
1
3
10
```

20.2.9　并行算法

对于 60 多种标准库算法，C++支持并行执行它们以提高性能，示例包括 for_each()、all_of()、copy()、count_if()、find()、replace()、search()、sort()和 transform()等。

支持并行执行的算法包含选项，接收所谓的执行策略作为第一个参数。执行策略允许指定是否允许算法以并行方式或矢量方式执行。当编译器矢量化代码时，它会用一个所谓的矢量 CPU 指令替换多个 CPU 指令。矢量指令用一条硬件指令对多个数据执行一些操作，这些也称为单指令多数据(SIMD)指令。有四类标准执行策略，以及这些类型相对应的全局实例，它们全部定义在 std::execution 名称空间的<execution>中。如表 20-1 所示。

表 20-1　执行策略和全局实例

执行策略类型	全局实例	描述
sequenced_policy	seq	不允许算法并行执行
parallel_policy	par	允许算法并行执行
parallel_unsequenced_policy	par_unseq	允许算法并行执行和矢量化执行，还允许在线程之间迁移执行
unsequened_policy	unseq	允许矢量执行，但不允许并行执行

C++20

也可以给标准库实现添加其他执行策略。

看看如何为算法指定执行策略，下面是一个使用并行策略对 vector 内容排序的示例：

```
sort(execution::par, begin(myVector), end(myVector));
```

警告：

传递给并行算法的回调函数不允许抛出任何未捕获的异常，这样做会触发对 std::terminate()的调用来终止程序。

对算法使用 parallel_unsequenced_policy 或 unsequenced_policy 执行策略，以允许对回调进行交错函数调用，即不按顺序执行。这帮助编译器矢量化代码。然而，这也意味着会对函数回调施加诸多限制。例如，不能分配/释放内存、获取互斥以及使用非锁 std::atomic 等，见第 27 章“C++多线程编程”。对于其他标准策略，函数调用按顺序执行，但顺序无法确定。此类策略不会对函数调用操作施加限制。

并行算法未采取措施来避免数据争用和死锁，在并行执行算法时，由你来设法避免此类情况。第 27 章将讨论在多线程编程上下文中如何避免数据争用和死锁。

即便非并行版本的算法是 constexpr，但并行版本的算法不是。

与非并行版本相比，某些并行版本算法的返回类型可能略有不同。例如，for_each()的非并行版本返回所提供的回调，而并行版本不返回任何东西。有关并行和非并行重载的所有算法的完整概述，包括它们的参数和返回类型，请参考标准库指南。

注意：

当处理大型数据集或必须对数据集中的每个单独元素执行大量工作时，可使用并行算法版本来提高性能。

20.2.10 约束算法

C++20

大多数算法在 std::ranges 名称空间中都有所谓的受约束版本。这些算法也在<algorithm>中定义，但与 std 名称空间中的等价算法不同，受约束的版本使用概念约束它们的模板类型参数，concepts 参见第 12 章“用模板编写泛型代码”。这意味着，如果传递无效参数，通常会从编译器得到更好的错误消息。例如 sort()算法需要随机访问迭代器，将一对 std::list 迭代器作为参数传递给 sort()可能会导致编译器产生一堆神秘的错误。而使用受约束的 sort()算法，编译器会告诉传递的迭代器不是随机访问的。

这些约束算法的另一个好处是，它们可以处理作为起始和结束迭代器或范围的元素序列，此外它们还可以支持投影。范围和投影在第 17 章讨论。

例如，std::ranges::find()算法与 std::find()调用方式相同，即使用一对迭代器：

```
vector values {1, 2, 3};
auto result { ranges::find(cbegin(values), cend(values), 2) };
if (result != cend(values)) { cout << *result << endl; }
```

然而，如果想对容器中的所有元素都应用一种算法(这是常事)，总是必须指定 begin/end 迭代器来定义序列是相当乏味的。而有了范围的支持，就可以只使用单个参数指定一个范围，前面的 find()调用可以写的代码更具可读性且更不容易出错，如下所示：

```
auto result { ranges::find(values, 2) };
```

这些受约束的算法不支持并行执行，因此它们不接受并行执行策略作为参数。

20.2.11 数值处理算法

前面介绍了数值处理算法的一个示例：accumulate()。本节介绍其他几个数值算法的示例。

1. iota()

<numeric>定义的 iota()算法会生成指定范围内的序列值，从给定的值开始，并应用 operator++生成每个后续值。下面的例子展示了如何将这个新算法用于整数的 vector，不过要注意这个算法可用于任意实现了 operator++的元素类型：

```
vector<int> values(10);
iota(begin(values), end(values), 5);
for (auto& i : values) { cout << i << " "; }
```

输出如下所示：

```
5 6 7 8 9 10 11 12 13 14
```

2. reduce 算法

标准库有 4 种 reduce 算法：accumulate()、reduce()、inner_product()和 transform_reduce()，它们都定义在<numeric>中。accumulate()算法在本章前面已经讨论过。所有的 reduce 算法重复地应用一个运算符来组合给定范围的两个元素或两个给定的范围，直到只剩下一个值。这些算法也被称为累加、聚合、压缩、注入或折叠算法。

reduce

不支持并行执行的算法很少，std::accumulate()就是其中之一。相反，需要使用新引入的 std::reduce()算法，通过并行执行选项，计算广义和。

例如，以下两行同样是求和，但是 reduce()以并行和矢量化方式运行，因此速度更快，对于大型输入范围尤其如此：

```
double result1 = std::accumulate(cbegin(vec), cend(vec), 0.0);
double result2 = std::reduce(std::execution::par_unseq, cbegin(vec), cend(vec));
```

一般而言，accumulate()和 reduce()计算[x_0, x_n]范围内元素的和，初始值为 Init，并且给定了二元运算符Θ：

$$\text{Init}\ \Theta\ x_0\ \Theta\ x_1\ \Theta\ \ldots\ \Theta\ x_{n-1}$$

默认情况下，accumulate()的二元运算符是 operator+，reduce()的二元运算符是 std::plus。

inner_product

<numeric>中定义的 inner_product()算法计算两个序列的内积，例如，下面程序中的内积计算为(1*9)+(2*8)+(3*7)+(4*6)，输出是 70：

```
vector<int> v1 { 1, 2, 3, 4 };
vector<int> v2 { 9, 8, 7, 6 };
cout << inner_product(cbegin(v1), cend(v1), cbegin(v2), 0) << endl;
```

inner_product()需要两个二元运算符，默认情况下分别是 operator+和 operator*，inner_product()是另一个不支持并行执行的算法，如果需要并行执行，请使用 transform_reduce()，对此下面会讨论。

transform_reduce

transform_reduce()支持并行执行，可以在单个元素范围或两个范围内执行。在第一个版本中，它计算[x_0, x_n]范围内元素的和，初始值为 Init，并且给定了一元函数 f 以及二元运算符Θ：

$$\text{Init}\ \Theta\ f(x_0)\ \Theta\ f(x_1)\ \Theta\ \ldots\ \Theta\ f(x_{n-1})$$

当在两个范围上执行时，它的行为与 inner_product()相同，但默认情况下它分别使用二元运算符 std::plus 和 std::multiplies，而不是 operator+和 operator*。

3. 扫描算法

扫描算法也被称为前缀和、累积和或部分和算法。将这种算法应用于一个范围的结果是另一个包含源范围各元素和的范围。

有 5 个扫描算法：exclusive_scan()、inclusive_scan()/partial_sum()、transform_exclusive_scan()和 transform_ inclusive_scan()，它们全定义在<numeric>中。

表 20-2 中，针对[x_0, x_n]元素范围，由 exclusive_scan()和 inclusive_scan()/partial_sum()计算和[y_0, y_n]，初始值为 Init(partial_sum()为 0)，给定运算符Θ。

表 20-2 计算和[y_0, y_n]

exclusive_scan()	inclusive_scan()/partial_sum()
$y_0 = \text{Init}$	$y_0 = \text{Init}\ \Theta\ x_0$
$y_1 = \text{Init}\ \Theta\ x_0$	$y_1 = \text{Init}\ \Theta\ x_0\ \Theta\ x_1$
$y_2 = \text{Init}\ \Theta\ x_0\ \Theta\ x_1$	…
…	…
$y_{n-1} = \text{Init}\ \Theta\ x_0\ \Theta\ x_1\ \Theta \ldots \Theta\ x_{n-2}$	$y_{n-1} = \text{Init}\ \Theta\ x_0\ \Theta\ x_1\ \Theta \ldots \Theta\ x_{n-1}$

transform_exclusive_scan()和 transform_inclusive_scan()在计算广义和之前，都首先给元素应用一元函数，这类似于 transform_reduce()在执行前给元素应用一元函数。

注意，这些扫描算法除了 partial_sum()，其他可接收可选的执行策略，以并行地执行。这些扫描算法的计算顺序不确定，partial_sum()和 accumulate()的顺序是从左到右；正因为如此，partial_sum()和 accumulate()无法并行化！

20.3 本章小结

本章提供了一些标准库算法的代码示例。将这些算法与 lambda 表达式相结合可以编写优雅且易于理解的代码。和前面的章节一样，希望读者可以欣赏到标准库容器和算法的有用性和强大功能。

后续章节将讨论 C++标准库的其他功能。第 21 章讨论正则表达式，第 22 章解释了日期和时间的支持，第 23 章展示了如何生成随机数，第 24 章讲解一些可供使用的其他库工具。第 25 章讲解一些高级特性，比如分配器以及如何编写自己的与标准库兼容的算法和容器。

20.4 练习

通过完成下面的习题，可以巩固本章讨论的知识点。所有习题的答案都可扫描封底二维码下载。然而如果你受困于某个习题，可以在看网站上的答案之前，先重新阅读本章的部分内容，尝试着自己找到答案。

练习 20-1　使用最喜欢的标准库指南查找 fill()算法的参数。向用户请求一个数字，然后使用 fill()用给定的数字填充一个包含 10 个整数的 vector，再将 vector 的内容写到标准输出以进行验证。

练习 20-2　回顾第 16 章“排列算法”一节，并使用标准库指南找到它们的参数。编写一个程序，要求用户输入一些数字，然后使用其中一种排列算法打印出这些数字所有可能的排列。

练习 20-3　编写一个名为 trim()的函数，删除给定字符串开头和结尾的所有空格并返回结果。提示：检查字符 c 是否为空白字符，可以使用<cctype>中定义的 std::isspace(c)。如果 c 是一个空白字符，则返回非零值，否则返回 0。在 main()函数中使用几个字符串测试你的实现。

练习 20-4　使用一种算法创建一个包含数字 1 到 100 的 vector。然后使用一个算法，将所有偶数和奇数拷贝到偶数和奇数容器中，而不对这些容器进行任何空间预留，确保偶数按升序排列，奇数按降序排列，谨慎地为偶数和奇数容器选择类型。提示：或许第 17 章有些东西可以用到。

第21章 字符串的本地化与正则表达式

本章内容

- 如何本地化应用程序以适合全球用户使用
- 如何通过正则表达式实现强大的模式匹配

本章的前半部分讨论本地化，本地化现在越来越重要，它允许编写为全世界不同地区进行本地化的软件。

本章的后半部分介绍正则表达式库，通过这个库很容易对字符串执行模式匹配。通过这个库，不仅可搜索匹配特定模式的子字符串，还可验证、解析和转换字符串。正则表达式非常强大，建议使用正则表达式，而不要自己编写字符串处理代码。

21.1 本地化

在学习 C 或 C++编程时，为方便学习，将字符等同于字节，把所有字符当成美国标准信息交换代码(ASCII)字符集中的成员。ASCII 是一个 7 位的集合，通常保存在 8 位的 char 类型中。在现实中，富有经验的 C++程序员意识到，成功的程序应该世界通用。即使程序一开始没有考虑到国际用户，也不应该在日后不考虑本地化或软件对本地语言的支持。

> **注意：**
> 本章简要介绍本地化、不同字符编码以及字符串代码的可移植性。本书不详细讨论所有这些主题，无论要讲清楚其中的哪个主题，都需要一整本书。

21.1.1 宽字符

用字节表示字符的问题在于，并不是所有的语言(或字符集)都可以用 8 位(即 1 字节)来表示。C++有一种内建类型 wchar_t，可以保存宽字符(wide character)。带有非 ASCII(U.S.)字符的语言，例如日语和阿拉伯语，在 C++中可以用 wchar_t 表示。然而，C++标准并没有定义 wchar_t 的大小。一些编译器使用 16 位，而另一些编译器使用 32 位。为编写跨平台代码，将 wchar_t 假定为任何特定的数值都是不安全的。

如果软件可能会用在非西方字符集的环境中(注意：一定会有！)，那么应该从一开始就使用宽字符。在使用 wchar_t 时，需要在字符串和字符字面量的前面加上字母 L，以表示应该使用宽字符编码。例如，要将 wchar_t 字符初始化为字母 m，应该编写以下代码：

```
wchar_t myWideCharacter { L'm' };
```

大部分常用类型和类都有宽字符版本。宽字符版本的 string 类为 wstring。“前缀字母 w”模式也可以应用于流。wofstream 处理宽字符文件输出流，wifstream 处理宽字符文件输入流。读这些类名(woof-stream?whiff-stream?)有足够的理由让程序识别语言环境，流已在第 13 章中详细讨论。

cout、cin、cerr 和 clog 也有宽字节版本：wcout、wcin、wcerr 和 wclog。这些版本的使用和非宽字节版本的使用没有区别：

```
wcout << L"I am a wide-character string literal." << endl;
```

21.1.2　本地化字符串字面量

本地化的一个关键点在于不能在源代码中放置任何本机语言的字符串字面量，除非是面向开发人员的调试字符串。在 Microsoft Windows 应用程序中，通过将程序的所有字符串放在 STRINGTABLE 资源中达到了这个目的。其他大部分平台都提供了类似的功能。如果需要将应用程序翻译为其他语言，只要翻译那些资源即可，而不需要修改任何源代码。有一些工具可以帮助完成翻译过程。

为让源代码能本地化，不应该利用字符串字面量组成句子，即使单独的字面量也可以被本地化。例如：

```
size_t n { 5 };
wstring filename { L"file1.txt" };
wcout << L"Read " << n << L" bytes from " << filename << endl;
```

这条语句不能本地化为中文，因为中文的语序有所变化。中文的翻译如下(能否在标准输出控制台中正确地看到这些中文字符完全取决于系统配置)：

```
wcout << L"从" << filename << L"中读取" << n << L"个字节" << endl;
```

为能正确地本地化这个字符串，可采用下面的方式来实现：

```
cout << format(loadResource(IDS_TRANSFERRED), n, filename) << endl;
```

IDS_TRANSFERRED 是字符串资源表中一个条目的名称。对于英文版，IDS_TRANSFERRED 可定义为"Read {0} bytes from {1}"；对于中文版，这条资源可以定义为"从{1}中读取{0}个字节"。loadResource()函数用给定的名称加载字符串资源，format()用 *n* 的值替换{0}，用 filename 的值替换{1}。

21.1.3　非西方字符集

宽字符是很大的进步，因为宽字符增加了定义一个字符可用的空间。下一步是要解决如何利用这个空间的问题。在宽字符集中，和 ASCII 一样，字符用编号表示，现在称为码点。唯一的区别在于编号不能放在 8 个位中。字符到码点的映射要大得多，因为这个映射除了能够处理英语为母语的程序员所熟悉的字符外，还处理很多不同的字符集。

国际标准 ISO 10646 定义的 Universal Character Set (UCS)和 Unicode 都是标准化的字符集。这些字符集包含大约 10 万个抽象字符，每个字符都由一个无歧义的名字和一个码点标识。两个标准中都有带有同样编号的相同字符，并且都有可以使用的特定编码。例如，UTF-8 是 Unicode 编码的一个实例，其中 Unicode 字符编码为 1 到 4 个 8 位字节，UTF-16 将 Unicode 字符编码为一个或两个 16 位的值，UTF-32 将 Unicode 字符编码为正好 32 位。

不同应用程序可使用不同编码。遗憾的是，本章前面提到过，C++标准并没有定义宽字符 wchar_t 的大小。在 Windows 平台上为 16 位，在其他平台上可能为 32 位。在使用宽字符编写跨平台代码时，应该注意到这一点。为解决这个问题，可使用另外两个字符类型：char16_t 和 char32_t。下面的列表总结了支持的所有字符类型。

- char：存储 8 位。可用于保存 ASCII 字符，还可用作保存 UTF-8 编码的 Unicode 字符的基本构建块。使用 UTF-8 时，一个 Unicode 字符编码为 1 到 4 个 char。
- charx_t：存储至少 x 位，x 可以是 8(C++20)、16 或 32。这种类型可用作 UTF-x 编码的 Unicode 字符的基本构建块，最多用 4 个 char8_t、2 个 char16_t 或 1 个 char32_t 编码一个 Unicode 字符。
- wchar_t：保存一个宽字符，宽字符的大小和编码取决于编译器。

使用 charx_t 而不是 wchar_t 的好处在于：标准保证 charx_t 的最小大小，它们的大小和编译器无关，而 wchar_t 不能保证最小的大小。

使用字符串前缀可将字符串字面量转换为特定类型。下面列出所有支持的字符串前缀。

- u8：采用 UTF-8 编码的 char(C++20 中是 char8_t)字符串字面量。
- u：采用 UTF-16 编码的 char16_t 字符串字面量(C++20 保证)。
- U：采用 UTF-32 编码的 char32_t 字符串字面量(C++20 保证)。
- L：采用编译器相关编码的 wchar_t 字符串字面量。

所有这些字符串字面量都可与第 2 章介绍的原始字符串字面量前缀 R 结合使用。例如：

```
const char* s1 { u8R"(Raw UTF-8 encoded string literal)" };
const wchar_t* s2 { LR"(Raw wide string literal)" };
const char16_t* s3 { uR"(Raw char16_t string literal)" };
const char32_t* s4 { UR"(Raw char32_t string literal)" };
```

如果通过 u8 UTF-8 字符串字面量使用了 Unicode 编码，那么在非原始字符串字面量中可通过 \uABCD 符号插入指定的 Unicode 码点。例如，\u03C0 表示 pi 字符，\u00B2 表示字符^2，因此以下代码会打印出 πr^2：

```
const char* formula { u8"\u03C0 r\u00B2" };
```

与此类似，字符字面量也可具有前缀，以转换为特定类型。支持前缀 u8、u、U 和 L，一些例子有：u'a'、U'a'、L'a'和 u8'a'。

除 std::string 类外，目前还支持 wstring、u8string(C++20)、u16string 和 u32string。它们的定义如下：

- using string = basic_string<char>;
- using wstring = basic_string<wchar_t>;
- using u8string = basic_string<char8_t>;
- using u16string = basic_string<char16_t>;
- using u32string = basic_string<char32_t>;

类似地，标准库提供了 std::string_view、wstring_view、u8string_view(C++20)、u16string_view 和 u32string_view，这些都基于 basic_string_view。

多字节字符串使用与区域设置相关的编码，是由一个或多个字节组成的字符串，本章稍后将讨论区域设置。多字节字符串可以使用 Unicode 编码或任何其他类型的编码。下面的转换函数可在 char8_t/char16_t/char32_t 和多字节字符之间来回转换：(C++20)mbrtoc8()和 c8rtomb()、mbrtoc16()、 c16rtomb()、mbrtoc32()和 c32rtomb()。

遗憾的是，对 char8_t、char16_t 和 char32_t 的支持就这么多了。有一些转换类可供使用(参见 21.1.4 节)，但数量不多。例如，并没有支持这些字符类型的 cout 或 cin 版本，因此很难向控制台打印这种字符串，或从用户输入读入这种字符串。如果想要更多地使用这样的字符串，那么需要求助于第三方库。ICU(International Components for Unicode)是一个十分知名的库，可为应用程序提供 Unicode 和全球化支持。

21.1.4 locale 和 facet

不同国家间的数据表示中，字符集并不是唯一的不同之处。即使使用相似字符集的国家之间，例如英国和美国，也会存在数据表示的不同，例如日期和货币。

标准的 C++中，将一组特定的文化参数相关的数据组合起来的机制称为 locale。locale 中的独立组件，例如日期格式、时间格式和数字格式等称为 facet。U.S. English 是一个 locale 实例。显示日期时采用的格式是一个 facet 实例。有一些内建的 facet 是所有 locale 共用的。C++语言还提供了一种自定义和添加 facet 的方式。

有些第三方库可以更容易地处理 locale。boost 就是例子，它能使用 ICU 作为后端，支持排序和转换，将字符串转换为大写(不是一个字符一个字符地转换为大写)等等。

1. 使用 locale

使用 I/O 流时，根据特定的 locale 对数据进行格式化。locale 是可以关联到流的对象。locale 在<locale>中定义。locale 的名字和具体的实现相关。POSIX 标准将语言和区域分隔在两字母的段中，再加上可选的编码。例如，美国使用的英语语言 locale 为 en_US，而英国使用的英语语言 locale 为 en_GB。日本使用的日语再加上 Japanese Industrial Standard 编码的 locale 为 ja_JP.jis。

Windows 上的 locale 名称使用不同的格式。首选格式与 POSIX 格式十分类似，但用虚线替代下画线。次选格式是旧格式，方括号中内容可选，如下所示：

```
lang[_country_region[.code_page]]
```

表 21-1 列出了一些示例，首选 Windows 和旧 Windows 的 locale 格式。

表 21-1 Windows 和旧 Windows 的 locale 格式

语言	POSIX	Windows	Windows(旧式)
U.S. English	en_US	en-US	English_United States
Great Britain English	en_GB	en-GB	English_Great Britain

大部分操作系统都提供了一种根据用户的定义判断 locale 的机制。在 C++中，向 std::locale 对象的构造函数传入一个空的字符串，可以根据用户的环境创建 locale。一旦创建这个对象，就可以用它查询 locale，根据它做出一些程序的判断。下面的代码演示了如何在流上调用 imbue()方法，使用用户的 locale。结果就是所有发送到 wcout 的内容都会根据环境的格式化规则进行格式化。

```
wcout.imbue(locale { "" });
wcout << 32767 << endl;
```

这意味着如果系统 locale 为美式英语，那么输出数字 32767 时会显示为 32,767；如果系统 locale 为比利时荷兰语，那么同样的数字会显示为 32.767。

默认locale通常是经典locale，不是用户的locale。经典locale使用ANSI C风格的约定。经典C locale类似于U.S. English，但有一些细微区别。例如，在输出数字时不会带任何标点符号：

```
wcout.imbue(locale { "C" });
wcout << 32767 << endl;
```

这段代码的输出如下所示：

```
32767
```

以下代码手工设置了美式英语locale，因此数字32767会通过美式英语标点格式化，与系统locale无关：

```
wcout.imbue(locale { "en-US" }); // "en_US" for POSIX
wcout << 32767 << endl;
```

这段代码的输出如下所示：

```
32,767
```

可通过locale对象查询locale的信息。例如，下面的程序创建了一个匹配用户环境的locale。通过name()方法可得到描述这个locale的C++字符串。然后，通过find()方法在这个字符串中查找指定的子串。如果没有找到指定的子串，则返回string::npos。这段代码检查Windows标准和POSIX标准的名称。根据locale是否为美式英语，这段程序输出两条信息中的一条：

```
locale loc { "" };
if (loc.name().find("en_US") == string::npos &&
   loc.name().find("en-US") == string::npos) {
   wcout << L"Welcome non-US. English speaker!" << endl;
} else {
   wcout << L"Welcome US English speaker!" << endl;
}
```

注意：

如果要将数据写入一个文件，而程序将从这个文件读回数据，建议使用中性的C locale；否则，将很难解析。另外，在用户界面中显示数据时，建议根据用户locale设置数据格式。

2. 全局Locale

std::locale::global()函数用于在应用程序中用给定的语言环境替换全局C++语言环境。std::locale的默认构造函数返回这个全局locale的拷贝。请记住，使用locale的C++标准库对象，例如cout等流，在构造时存储了全局locale的拷贝。之后更改全局locale不会影响之前创建的对象，如果需要，可以在构造后使用imbue()方法更改locale。

下面是使用默认locale输出数字的示例，将全局locale改为美式英语，然后再次输出相同的数字：

```
void print()
{
   stringstream stream;
   stream << 32767;
   cout << stream.str() << endl;
}

int main()
{
   print();
```

```
    locale::global(locale { "en-US" }); // "en_US" for POSIX
    print();
}
```

输出如下：

```
32767
32,767
```

3. 字符分类

<locale>包含以下字符分类函数：std::isspace()、isblank()、iscntrl()、isupper()、islower()、isalpha()、isdigit()、ispunct()、isxdigit()、isalnum()、isprint()和 isgraph()。它们都接收两个参数：要分类的字符，以及用于分类的 locale。不同字符类的确切含义会在本章后面的正则表达式上下文中讨论，下面的 isupper()示例使用法语环境 locale：

```
bool result { isupper('É', locale { "fr-FR" }) }; // result = true
```

4. 字符转换

<locale>也定义了两个字符转换函数：std::toupper()和 tolower()。它们接收两个参数：要转换的字符，以及用于转换的 locale，示例如下：

```
auto upper { toupper('é', locale { "fr-FR" }) }; // É
```

5. 使用 facet

通过 std::use_facet()函数模板可获得特定 locale 中的某个特定 facet。模板类型参数指定要检索的 facet，而函数参数指定检索 facet 的 locale。例如，以下表达式通过 POSIX 标准的 locale 名称获得英式英语 locale 中的标准货币符号 facet：

```
use_facet<moneypunct<wchar_t>>(locale { "en_GB" });
```

注意，最内层的模板类型决定了要使用的字符类型。嵌套模板类的使用不合时宜，但不要管这些语法，其结果包含英国货币符号相关的所有信息。标准 facet 中的数据定义在<locale>中。表 21-2 列出了标准中定义的标准 facet 类别。可参阅标准库参考资源，以了解各个 facet 的详情。

表 21-2　标准 facet 类别

facet	描述
ctype	字符类别 facet
codecvt	转换 facet，见下节
collate	按字典顺序比较字符串
time_get	解析日期和时间
time_put	设置日期和时间格式
num_get	解析数字值
num_put	设置数字值的格式
numpunct	定义数字值的格式化参数
money_get	解析货币值
money_put	设置货币值的格式
moneypunct	定义货币值的格式化参数

下面的代码片段综合使用 locale 和 facet，输出了美式英语和英式英语中的货币符号。注意，根据环境配置，英国货币符号可能显示为问号或方框，或什么都不显示。如果环境能够处理这些符号，那么可得到英镑符号：

```
locale locUSEng { "en-US" };       // "en-US" For POSIX
locale locBritEng { "en-GB" };     // "en-GB" For POSIX

wstring dollars { use_facet<moneypunct<wchar_t>>(locUSEng).curr_symbol() };
wstring pounds { use_facet<moneypunct<wchar_t>>(locBritEng).curr_symbol() };

wcout << L"In the US, the currency symbol is " << dollars << endl;
wcout << L"In Great Britain, the currency symbol is " << pounds << endl;
```

21.1.5 转换

C++标准提供 codecvt 类模板，以帮助在不同编码之间转换。<locale>定义了如表 21-3 所示的 4 个编码转换类。

表 21-3　编码转换类

类	描述
codecvt<char,char,mbstate_t>	恒等转换，也就是无转换
codecvt<char16_t,char,mbstate_t> codecvt<char16_t,char8_t,mbstate_t>	UTF-16 和 UTF-8 之间的转换
codecvt<char32_t,char,mbstate_t> codecvt<char32_t,char8_t,mbstate_t>	UTF-32 和 UTF-8 之间的转换
codecvt<wchar_t,char,mbstate_t>	宽字符编码(取决于实现)与窄字符编码之间的转换

但是，这些 facet 使用起来相当复杂。例如，下面的代码片段将窄字符串转换为宽字符串：

```
auto& facet { use_facet<codecvt<wchar_t, char, mbstate_t>>(locale { "" }) };
string narrowString { "Hello" };
mbstate_t mb { };
wstring wideString(narrowString.size(), '\0');
const char* fromNext { nullptr };
wchar_t* toNext { nullptr };
facet.in(mb,
   narrowString.data(), narrowString.data() + narrowString.size(), fromNext,
   wideString.data(), wideString.data() + wideString.size(), toNext);
wideString.resize(toNext - wideString.data());
wcout << wideString << endl;
```

在 C++17 之前，<codecvt>中定义了以下 3 种代码转换：codecvt_utf8、codecvt_utf16 和 codecvt_utf8_utf16。可通过两种简便的转换接口使用它们：wstring_convert 和 wbuffer_convert。C++17 不赞成使用这 3 个转换(整个<codecvt>头文件)和这两个简便接口，因此本书不再讨论。C++标准委员会决定不再使用该功能，因为它不能正确地处理错误。结构有误的 Unicode 字符串会带来安全风险，实际上，它们已被用作危害系统安全的攻击矢量。另外，API 过于晦涩，难以理解。在 C++标准委员会提出恰当的、安全的、易用的功能来替换不赞成使用的功能前，建议使用第三方库(如 ICU)正确处理 Unicode 字符串。

21.2 正则表达式

正则表达式在<regex>中定义，是标准库中字符串相关的一个强大特性。正则表达式是一种用于字符串处理的微型语言。尽管一开始看上去比较复杂，但一旦了解这种语言，字符串的处理就会简单得多。正则表达式适用于一些与字符串相关的操作。

- **验证**：检查输入字符串是否格式正确。例如：输入字符串是不是格式正确的电话号码？
- **决策**：判断输入表示哪种字符串。例如：输入字符串表示 JPEG 文件名还是 PNG 文件名？
- **解析**：从输入字符串中提取信息。例如：从日期中提取出年月日。
- **转换**：搜索子字符串，并将子字符串替换为新的格式化的子字符串。例如：搜索所有的"C++20"，并替换为"C++"。
- **遍历**：搜索所有子字符串。例如：从输入字符串中提取所有电话号码。
- **符号化**：根据一组分隔符将字符串分解为多个子字符串。例如：根据空白字符、逗号和句号等将字符串分割为独立的单词。

当然，还可自己编写代码，对字符串执行上述任何操作，但是强烈建议使用正则表达式特性，因为编写正确且安全的代码来处理字符串并不容易。

在深入介绍正则表达式的细节之前，需要介绍一些重要的术语。下面的术语贯穿于后面的讨论。

- **模式(pattern)**：正则表达式实际上是通过字符串表示的模式。
- **匹配(match)**：判断给定的正则表达式和给定序列[first, last)中的所有字符是否匹配。
- **搜索(search)**：判断在给定序列[first, last)中是否存在匹配给定正则表达式的子字符串。
- **替换(replace)**：在给定序列中识别子字符串，然后将子字符串替换为从其他模式计算得到的新子字符串，其他模式称为替换模式(substitution pattern)。

有几种不同的正则表达式语法。C++包含对以下几种语法的支持。

- ECMAScript：基于 ECMAScript 标准的语法。ECMAScript 是符合 ECMA-262 标准的脚本语言。JavaScript、ActionScript 和 Jscript 等语言都使用 ECMAScript 语言标准。
- basic：基本的 POSIX 语法。
- extended：扩展的 POSIX 语法。
- awk：POSIX awk 实用工具使用的语法。
- grep：POSIX grep 实用工具使用的语法。
- egrep：POSIX grep 实用工具使用的语法，包含-E 参数。

如果已经了解了其中任何一种正则表达式语法，就可在 C++中立即使用这种语法，只需要告诉正则表达式库使用那种语法(syntax_option_type)。C++中的默认语法是 ECMAScript，21.2.1 节将详细讲解这种语法。这也是最强大的正则表达式语法，因此强烈建议使用 ECMAScript，而不要使用其他功能受限的语法。本书由于受篇幅限制，不再讲解其他正则表达式语法。

> **注意：**
> 如果是第一次听说正则表达式，那么只要学习默认的 ECMAScript 语法即可。

21.2.1 ECMAScript 语法

正则表达式模式是一个字符序列，这种模式表达了要匹配的内容。正则表达式中的任何字符都表示匹配自己，但以下特殊字符除外：

```
^ $ \ . * + ? ( ) [ ] { } |
```

下面将逐一讲解这些特殊字符。如果需要匹配这些特殊字符，那么需要通过\字符将其转义。例如：

```
\[ 或 \. 或 \* 或 \\
```

1. 锚点

特殊字符^和$称为锚点(anchor)。^字符匹配行终止符前面的位置，$字符匹配行终止符所在的位置。^和$默认还分别匹配字符串的开头和结尾位置，但可以禁用这种行为。

例如，^test$只匹配字符串 test，不匹配包含 test 和其他任何字符的字符串，例如 1test、test2 和 test abc 等。

2. 通配符

通配符(wildcard)可用于匹配除换行符外的任意字符。例如，正则表达式 a.c 可以匹配 abc 和 a5c，但不匹配 ab5c 和 ac。

3. 替代

|字符表示“或”的关系。例如，a|b 表示匹配 a 或 b。

4. 分组

圆括号()用于标记子表达式，子表达式也称为捕获组(capture group)。捕获组有以下用途：

- 捕获组可用于识别源字符串中单独的子序列，在结果中会返回每一个标记的子表达式(捕获组)。以如下正则表达式为例：(.)(ab|cd)(.)。其中有 3 个标记的子表达式。对字符串 1cd4 运行 regex_search()，执行这个正则表达式会得到含有 4 个条目的匹配结果。第一个条目是完整匹配 1cd4，接下来的 3 个条目是 3 个标记的子表达式。这 3 个条目为：1、cd 和 4。
- 捕获组可在匹配的过程中用于后向引用(back reference)的目的(后面解释)。
- 捕获组可在替换操作的过程中用于识别组件(后面解释)。

5. 重复

使用以下 4 个重复字符可重复匹配正则表达式中的部分模式：

- *匹配零次或多次之前的部分。例如：a*b 可匹配 b、ab、aab 和 aaaab 等字符串。
- +匹配一次或多次之前的部分。例如：a+b 可匹配 ab、aab 和 aaaab 等字符串，但不能匹配 b。
- ?匹配零次或一次之前的部分。例如：a?b 匹配 b 和 ab，不能匹配其他任何字符串。
- {...}表示区间重复。a{n}重复匹配 a 正好 n 次；a{n,}重复将 a 匹配 n 次或更多次；a{n,m}重复将 a 匹配 n 到 m 次，包含 n 次和 m 次。例如，^a{3,4}$可以匹配 aaa 和 aaaa，但不能匹配 a、aa 和 aaaaa 等字符串。

重复匹配字符称为贪婪匹配，因为这些字符可以找出最长匹配，但仍匹配正则表达式的其余部分。为进行非贪婪匹配，可在重复字符的后面加上一个?，例如*?、+?、??和{...}?。非贪婪匹配将其模式重复尽可能少的次数，但仍匹配正则表达式的其余部分。

例如，表 21-4 列出了贪婪匹配和非贪婪匹配的正则表达式，以及在输入序列 aaabbb 上运行它们后得到的子字符串。

表 21-4　正则表达式

正则表达式	匹配的子字符串
贪婪匹配：(a+)(ab)*(b+)	"aaa"　""　"bbb"
非贪婪匹配：(a+?)(ab)*(b+)	"aa"　"ab"　"bb"

6. 优先级

与数学公式一样，正则表达式中元素的优先级也很重要。正则表达式的优先级如下。

- **元素**：例如 a，是正则表达式最基本的构建块。
- **量词**：例如+、*、?和{...}，紧密绑定至左侧的元素，例如 b+。
- **串联**：例如 ab+c，在量词之后绑定。
- **替代符**：例如|，最后绑定。

例如正则表达式 ab+c|d，它匹配 abc、abbc 和 abbbc 等字符串，还能匹配 d。圆括号可以改变优先级顺序。例如，ab+(c|d)可以匹配 abc、abbc、abbbc、....、abd、abbd 和 abbbd 等字符串。不过，如果使用了圆括号，也意味着将圆括号内的内容标记为子表达式或捕获组。使用(?:...)，可以在避免创建新捕获组的情况下修改优先级。例如，ab+(?:c|d)和之前的 ab+(c|d)匹配的内容是一样的，但没有创建多余的捕获组。

7. 字符集合匹配

(a|b|c|...|z)这种表达式既冗长，又会引入捕获组，为了避免这种正则表达式，可以使用一种特殊的语法，指定一组字符或字符的范围。此外，还可以使用“否定”形式的匹配。在方括号之间指定字符集合，$[c_1c_2...c_n]$可以匹配字符 c_1，c_2，...，c_n 中的任意字符。例如，[abc]可以匹配 a、b 和 c 中的任意字符。如果第一个字符是^，那么表示“除了这些字符之外的任意字符”：

- ab[cde]匹配 abc、abd 和 abe。
- ab[^cde]匹配 abf 和 abp 等字符串，但不匹配 abc、abd 和 abe。

如果需要匹配^、[或]字符本身，需要转义这些字符，例如：[\[\^\]]匹配[，^或]。

如果想要指定所有字母，可编写下面这样的字符集合：[abcdefghijklmnopqrstuvwxyzABCDEFGHIJKLMNOPQRSTUVWXYZ]，但这种写法非常冗长，这样的模式出现多次的话，看上去会很不优雅，甚至有可能出现拼写错误或不小心漏掉一个字母。这个问题有两种解决方案。

一种方案是使用方括号内的范围描述，这允许使用[a-zA-Z]这样的表达方式，这种表达方式能识别 a 到 z 和 A 到 Z 范围内的所有字母。如果需要匹配连字符，则需要转义这个字符，例如[a-zA-Z\-]+匹配任意单词，包括带连字符的单词。

另一种方案是使用某种字符类(character class)。字符类表示特定类型的字符，表示方法为[:name:]，可使用什么字符类取决于 locale，但表 21-5 中的名称总是可以识别的。这些字符类的含义也取决于 locale。这个表假定使用标准的 C locale。

表 21-5 字符类别名称

字符类别名称	说明
digit	数字
d	同 digit
xdigit	数字和下列十六进制数字使用的字母：'a'、'b'、'c'、'd'、'e'、'f'、'A'、'B'、'C'、'D'、'E'、'F'
alpha	字母数字字符。对于 C locale，这些是所有的小写和大写字母
alnum	alpha 类和 digit 类的组合
w	同 alnum
lower	小写字母(假定适用于 locale)
upper	大写字母(假定适用于 locale)
blank	空白字符是在一行文本中用于分割单词的空格符，对于 C locale，就是' '或'\t'

(续表)

字符类别名称	说明
space	空白字符，对于 C locale，就是' '、'\t'、'\n'、'\r'、'\v'和'\f'
s	同 space
print	可打印字符。它们占用打印位置，例如在显示器上。与控制符(cntrl)相反，示例有小写字母、大写字母、数字、标点符号字符和空白字符
cntrl	控制符，与可打印字符(print)相反，不占用打印位置，例如在显示器上。对于 C locale，示例有换页符'\f'、换行符'\n'和回车符'\r'等
graph	带有图形表示的字符，包括除空格' '外的所有可打印字符(print)
punct	标点符号字符。对于 C locale，包括不是字母数字(alnum)的所有图形字符(graph)，例如'! '、'#'、'@'、'}'等

字符类用在字符集中，例如，英语中的[[:alpha:]]*等同于[a-zA-Z]*。

由于有些概念使用非常频繁，例如匹配数字，因此这些字符类有缩写模式。例如，[:digit:]和[:d:]等同于[0-9]。有些类甚至有更短的使用转义符号\的模式。例如，\d 表示[:digit:]。因此，通过以下任意模式可以识别一个或多个数字序列：

- [0-9]+
- [[:digit:]]+
- [[:d:]]+
- \d+

表 21-6 列出了字符类可用的转义符号。

表 21-6　转义符号

转义符号	等价于
\d	[[:d:]]
\D	[^[:d:]]
\s	[[:s:]]
\S	[^[:s:]]
\w	[_[:w:]]
\W	[^_[:w:]]

下面举一些示例：

- Test[5-8]匹配 Test5、Test6、Test7 和 Test8。
- [[:lower:]]匹配 a 和 b 等，但不匹配 A 和 B 等。
- [^[:lower:]]匹配除了小写字母(例如 a 和 b 等)之外的任意字符。
- [[:lower:]5-7]匹配任意小写字母，例如 a 和 b 等，还匹配数字 5、6 和 7。

8. 词边界

词边界(word boundary)的意思可能是：

- 单词的第一个字符，这个字符是单词字符之一，而且之前的字符不是单词字符。单词字符是字母、数字或者下画线，对于标准的 C locale，这等于[A-Za-z0-9_]。

- 单词的结尾字符，这是单词字符之后的非单词字符，之前的字符是单词字符。
- 如果源字符串的第一个字符在单词字符(即字母、数字或下画线)之后，则表示源字符串的开头位置。匹配源字符串的开头位置默认为启用，但也可以禁用(regex_constants::match_not_bow，bow 表示字母开头)。
- 如果源字符串的最后一个字符是单词字符之一，则表示源字符串的结束位置。匹配源字符串的结束位置默认为启用，但也可以禁用(regex_constants::match_not_eow，eow 表示字母结尾)。

通过\b 可匹配单词边界，通过\B 匹配除单词边界外的任何内容。

9. 后向引用

通过后向引用(back reference)可引用正则表达式本身的捕获组：\n 表示第 n 个捕获组，且 n>0。例如，正则表达式(\d+)-.*-\1 匹配以下格式的字符串：

- 在一个捕获组中(\d+)捕获的一个或多个数字
- 接下来是一个连字符-
- 接下来是 0 个或多个字符.*
- 接下来是另一个连字符-
- 接下来是第一个捕获组捕获到的相同数字\1

这个正则表达式能匹配 123-abc-123 和 1234-a-1234 等字符串，但不能匹配 123-abc-1234 和 123-abc-321 等字符串。

10. lookahead

正则表达式支持正向 lookahead(?=模式)和负向 lookahead(?!模式)。lookahead 后面的字符必须匹配(正向)或不匹配(负向)lookahead 模式，但这些字符还没有使用。

例如，a(?!b)模式包含一个负向 lookahead，以匹配后面不跟 b 的字母。a(?=b)模式包含一个正向 lookahead，以匹配后跟 b 的字母，但不使用 b，b 不是匹配的一部分。

下面是一个更复杂的示例。正则表达式匹配一个输入序列，该输入序列至少包含一个小写字母、至少一个大写字母、至少一个标点符号，并且至少 8 个字符长。例如，可使用下面这样的正则表达式来强制密码满足特定条件。

```
(?=.*[[:lower:]])(?=.*[[:upper:]])(?=.*[[:punct:]]).{8,}
```

在本章最后的练习中，可尝试使用这个密码验证正则表达式。

11. 正则表达式和原始字符串字面量

从前面的讨论可以看出，正则表达式经常使用很多应该在普通 C++字符串字面量中转义的特殊字符。例如，如果在正则表达式中写一个\d，这个\d 能匹配任何数字。然而，由于\是 C++中的一个特殊字符，因此需要在正则表达式的字符串字面量中将其转义为\\d，否则 C++编译器会试图将其解释为\d。如果需要正则表达式匹配单个反斜杠\，那么会更加麻烦。因为\是正则表达式语法本身的一个特殊字符，所以应该将其转义为\\；而\在 C++字符串字面量中也是一个特殊字符，因而还需要在 C++字符串字面量中进行转义，最终得到\\\\。

使用原始字符串字面量可使 C++源代码中的复杂正则表达式更容易阅读。第 2 章讲解了原始字符串字面量。例如以下正则表达式：

```
"( |\\n|\\r|\\\\)"
```

这个正则表达式搜索空格、换行符、回车符和反斜杠。从中可看出，这个正则表达式需要使用很多转义字符。使用原始字符串字面量，这个正则表达式可替换为以下更便于阅读的版本：

```
R"(( |\n|\r|\\))"
```

原始字符串字面量以 R"(开头，以)"结束。开头和结尾之间的所有内容都是正则表达式。当然，在最后还需要双反斜杠，因为反斜杠在正则表达式本身中需要转义。

12. 常用正则表达式

编写正确的正则表达式并不总是很简单。对于常见的模式，例如验证密码、电话号码、社会安全号码、IP 地址、邮件地址、信用卡号码和日期等，不需要这么做。如果使用最喜欢的搜索引擎在线搜索正则表达式，会找到几个具有预定义模式集合的网站，例如 regexr.com、regex101.com 和 regextester.com 等。这些网站中有一部分允许在线测试这些预定义的模式，甚至是自己的模式，因此可以在代码中使用它们之前轻松地验证它们是否正确。

以上就是对 ECMAScript 语法的简单介绍。下面开始讲解如何在 C++代码中真正使用正则表达式。

21.2.2 regex 库

正则表达式库的所有内容都在<regex>中和 std 名称空间中。正则表达式库中定义的基本模板类型包括如下几种。

- basic_regex：表示某个特定正则表达式的对象。
- match_results：匹配正则表达式的子字符串，包括所有的捕获组。它是 sub_match 的集合。
- sub_match：包含输入序列中一个迭代器对的对象，这些迭代器表示匹配的特定捕获组。迭代器对中的一个迭代器指向匹配的捕获组中的第一个字符，另一个迭代器指向匹配的捕获组中最后一个字符后面的那个字符。它的 str()方法把匹配的捕获组返回为字符串。

regex 库提供了 3 个关键算法：regex_match()、regex_search()和 regex_ replace()。所有这些算法都有不同的版本，不同的版本允许将源字符串指定为 STL 字符串、C 风格字符串或表示开始和结束的迭代器对。迭代器可以具有以下类型：

- const char*
- const wchar_t*
- string::const_iterator
- wstring::const_iterator

事实上，可使用任何具有双向迭代器行为的迭代器。第 17 章(理解迭代器和范围库)更深入地讨论了迭代器。

regex 库还定义了以下两类正则表达式迭代器，这两类正则表达式迭代器适合于查找源字符串中的所有模式。

- regex_iterator：遍历一个模式在源字符串中出现的所有位置。
- regex_token_iterator：遍历一个模式在源字符串中出现的所有捕获组。

为方便 regex 库的使用，C++标准定义了很多属于以上模板的类型别名，如下所示：

```
using regex  = basic_regex<char>;
using wregex = basic_regex<wchar_t>;

using csub_match  = sub_match<const char*>;
using wcsub_match = sub_match<const wchar_t*>;
using ssub_match  = sub_match<string::const_iterator>;
```

```
using wssub_match = sub_match<wstring::const_iterator>;

using cmatch  = match_results<const char*>;
using wcmatch = match_results<const wchar_t*>;
using smatch  = match_results<string::const_iterator>;
using wsmatch = match_results<wstring::const_iterator>;

using cregex_iterator  = regex_iterator<const char*>;
using wcregex_iterator = regex_iterator<const wchar_t*>;
using sregex_iterator  = regex_iterator<string::const_iterator>;
using wsregex_iterator = regex_iterator<wstring::const_iterator>;

using cregex_token_iterator  = regex_token_iterator<const char*>;
using wcregex_token_iterator = regex_token_iterator<const wchar_t*>;
using sregex_token_iterator  = regex_token_iterator<string::const_iterator>;
using wsregex_token_iterator = regex_token_iterator<wstring::const_iterator>;
```

下面将讲解 regex_match()、regex_search()和 regex_replace()算法以及 regex_iterator 和 regex_token_iterator 类。

21.2.3 regex_match()

regex_match()算法可用于比较给定的源字符串和正则表达式模式。如果正则表达式模式匹配整个源字符串，则返回 true，否则返回 false。这个算法很容易使用。regex_match()算法有 6 个版本，这些版本接收不同类型的参数。它们都使用如下形式：

```
template<...>
bool regex_match(InputSequence[, MatchResults], RegEx[, Flags]);
```

InputSequence 可以表示为：

- 源字符串的首尾迭代器
- std::string
- C 风格的字符串

可选的 MatchResults 参数是对 match_results 的引用，它接收匹配。如果 regex_match()返回 false，就只能调用 match_results::empty()或 match_results::size()，其余内容都未定义。如果 regex_match()返回 true，表示找到匹配，可以通过 match_results 对象查看匹配的具体内容。具体方法稍后用示例说明。

RegEx 参数是需要匹配的正则表达式。可选的 Flags 参数指定匹配算法的选项。大多数情况下，可使用默认选项。更多细节可参阅标准库参考资料，见附录 B。

regex_match()示例

假设要编写一个程序，要求用户输入采用以下格式的日期：年/月/日，其中年是 4 位数，月是 1 到 12 之间的数字(包括 1 和 12)，日是 1 到 31 之间的数字(包括 1 和 31)。通过正则表达式和 regex_match()算法可以验证用户的输入，如下所示：

```
regex r { "\\d{4}/(?:0?[1-9]|1[0-2])/(?:0?[1-9]|[1-2][0-9]|3[0-1])" };
while (true) {
   cout << "Enter a date (year/month/day) (q=quit): ";
   string str;
   if (!getline(cin, str) || str == "q") { break; }

   if (regex_match(str, r)) { cout << "  Valid date." << endl; }
```

```
    else { cout << "  Invalid date!" << endl; }
}
```

第一行创建了一个正则表达式，它由三部分组成，这三部分通过斜杠字符/隔开，分别表示年、月、日。下面解释这三部分。

- \\d{4}：这部分匹配任意 4 位数的组合，例如 1234 和 2010 等。
- (?:0?[1-9]|1[0-2])：正则表达式的这一部分包括在括号中，从而确保正确的优先级。这里不需要使用任何捕获组，因此使用了(?:...)。内部的表达式由|字符分隔的两部分组成。
    - 0?[1-9]：匹配 1 到 9 之间的任何数字(包括 1 和 9)，前面有一个可选的 0。例如，可以匹配 1、2、9、03 和 04 等。不匹配 0、10 和 11 等。
    - 1[0-2]：只能匹配 10、11 和 12，不能匹配除此之外的其他任何字符串。
- (?:0?[1-9]|[1-2][0-9]|3[0-1])：这一部分也包括在非捕获组中，由 3 个可选的部分组成。
    - 0?[1-9]：匹配 1 到 9 之间的任何数字(包括 1 和 9)，前面有一个可选的 0。例如，可以匹配 1、2、9、03 和 04 等。不匹配 0、10 和 11 等。
    - [1-2][0-9]：匹配 10 和 29 之间的任何数字(包括 10 和 29)，不能匹配除此之外的其他任何字符串。
    - 3[0-1]：只能匹配 30 和 31，不能匹配除此之外的其他任何字符串。

这个例子然后进入一个无限循环，要求用户输入一个日期。将接下来输入的每一个日期都传入 regex_match()算法。当 regex_match()返回 true 时，表示用户输入的日期匹配正则表达式的日期模式。

这个例子可稍做扩充，要求 regex_match()算法在结果对象中返回捕获到的子表达式。为理解这段代码，首先要理解捕获组的作用。通过指定 match_results 对象，例如调用 regex_match()时指定的 smatch，正则表达式匹配字符串时会将 match_results 对象中的元素填入。为提取这些子字符串，必须使用括号创建捕获组。

match_results 对象中的第一个元素[0]包含匹配整个模式的字符串。在使用 regex_match()且找到匹配时，这就是整个源序列。在使用 19.2.4 节讲解的 regex_search()时，这表示源序列中匹配正则表达式的一个子字符串。元素[1]是第一个捕获组匹配的子字符串，[2]是第二个捕获组匹配的子字符串，以此类推。为获得捕获组的字符串表示，可像下面的代码这样编写 m[i]或 m[i].str()。

如下代码将年、月、日提取到 3 个独立的整型变量中。修改后的例子中的正则表达式有一些微小变化。匹配年的第一部分被放在捕获组中，匹配月和日的部分现在也在捕获组中，而不在非捕获组中。调用 regex_match()时提供了 smatch 参数，现在这个参数会包含匹配的捕获组。下面是修改后的示例：

```
regex r { "(\\d{4})/(0?[1-9]|1[0-2])/(0?[1-9]|[1-2][0-9]|3[0-1])" };
while (true) {
    cout << "Enter a date (year/month/day) (q=quit): ";
    string str;
    if (!getline(cin, str) || str == "q") { break; }

    if (smatch m; regex_match(str, m, r)) {
        int year { stoi(m[1]) };
        int month { stoi(m[2]) };
        int day { stoi(m[3]) };
        cout << format("  Valid date: Year={}, month={}, day={}",
                year, month, day) << endl;
    } else {
        cout << "  Invalid date!" << endl;
    }
}
```

在这个例子中，smatch 结果对象中有 4 个元素。

- [0]：匹配整个正则表达式的字符串，在这个例子中就是完整的日期
- [1]：年
- [2]：月
- [3]：日

执行这个例子，可得到以下输出：

```
Enter a date (year/month/day) (q=quit): 2011/12/01
  Valid date: Year=2011, month=12, day=1
Enter a date (year/month/day) (q=quit): 11/12/01
  Invalid date!
```

注意：

这个日期匹配示例只检查日期是否由年(4 位数)、月(1~12)、日(1~31)组成，但没有对是否为闰年、月份中的天数是否正确等进行验证。如果需要执行这些验证，还必须编写代码，对 regex_match()提取出来的年、月、日进行验证。如果在代码中验证年、月、日，那么可以简化正则表达式：

```
regex r { "(\\d{4})/(\\d{1,2})/(\\d{1,2})" };
```

21.2.4 regex_search()

如果整个源字符串匹配正则表达式，那么前面介绍的 regex_match()算法返回 true，否则返回 false。如果要搜索匹配的子字符串，需要使用 regex_search()。regex_search()算法有 6 个不同版本。它们都具有如下形式：

```
template<...>
bool regex_search(InputSequence[, MatchResults], RegEx[, Flags]);
```

在输入字符串中找到匹配时，所有变体返回 true，否则返回 false；参数类似于 regex_match()的参数。

有两个版本的 regex_search()算法接收要处理的字符串的首尾迭代器。你可能想在循环中使用 regex_search()的这个版本，通过操作每个 regex_search()调用的首尾迭代器，找到源字符串中某个模式的所有实例。千万不要这样做！如果正则表达式中使用了锚点(^或$)和单词边界等，这样的程序会出问题。由于空匹配，这样会产生无限循环。根据本章后面讲解的内容，使用 regex_iterator 或 regex_token_iterator 在源字符串中提取出某个模式的所有实例。

警告：

绝对不要在循环中通过 regex_search()在源字符串中搜索一个模式的所有实例。要改用 regex_iterator 或 regex_token_iterator。

regex_search()示例

regex_search()算法可在输入序列中提取匹配的子字符串。下例从输入的代码行中提取代码注释。正则表达式搜索的子字符串以//开头，然后跟上一些可选的空白字符\\s*，之后是一个或多个在捕获组中捕获的字符(.+)。这个捕获组只能捕获注释子字符串。smatch 对象 m 将收到搜索结果。如果成功，m[1]包含找到的注释。可检查 m[1].first 和 m[1].second 迭代器，以确定注释在源字符串中的准确位置。

```
regex r("//\\s*(.+)$");
while (true) {
    cout << "Enter a string with optional code comments (q=quit): ";
    string str;
```

```
    if (!getline(cin, str) || str == "q") { break; }

    if (smatch m; regex_search(str, m, r))
        cout << format(" Found comment '{}'", m[1].str()) << endl;
    else
        cout << " No comment found!" << endl;
}
```

该程序的输出如下所示：

```
Enter a string (q=quit): std::string str;  // Our source string
 Found comment 'Our source string'
Enter a string (q=quit): int a;            // A comment with // in the middle
 Found comment 'A comment with             // in the middle'
Enter a string (q=quit): float f;          // A comment with a     (tab) character
 Found comment 'A comment with a     (tab) character'
```

match_results 对象还有 prefix()和 suffix()方法，这两个方法分别返回这个匹配之前和之后的字符串。

21.2.5 regex_iterator

根据前面的解释，绝对不要在循环中通过 regex_search()获得模式在源字符串中的所有实例。应改用 regex_iterator 或 regex_token_iterator。这两个迭代器和标准库容器的迭代器类似。

regex_iterator 示例

下面的例子要求用户输入源字符串，然后从源字符串中提取出所有的单词，最后将单词打印在引号之间。这个例子中的正则表达式为[\w]+，以搜索一个或多个单词字母。这个例子使用 std::string 作为来源，所以使用 sregex_iterator 作为迭代器。这里使用了标准的迭代器循环，但是在这个例子中，尾迭代器的处理和普通标准库容器的尾迭代器稍有不同。一般情况下，需要为某个特定的容器指定尾迭代器，但对于 regex_iterator，只有一个 end 迭代器。通过默认构造一个 regex_iterator，就可获得这个尾迭代器。

for 循环创建了一个首迭代器 iter，它接收源字符串的首尾迭代器以及正则表达式作为参数。每次找到匹配时调用循环体，在这个例子中是每个单词。sregex_iterator 遍历所有的匹配。通过解引用 sregex_iterator，可得到一个 smatch 对象。访问这个 smatch 对象的第一个元素[0]可得到匹配的子字符串：

```
regex reg { "[\\w]+" };
while (true) {
    cout << "Enter a string to split (q=quit): ";
    string str;
    if (!getline(cin, str) || str == "q") { break; }

    const sregex_iterator end;
    for (sregex_iterator iter { cbegin(str), cend(str), reg };
        iter != end; ++iter) {
        cout << format("\"{}\"", (*iter)[0].str()) << endl;
    }
}
```

这个程序的输出如下所示：

```
Enter a string to split (q=quit): This, is    a test.
```

```
"This"
"is"
"a"
"test"
```

从这个例子中可以看出，即使是简单的正则表达式，也能执行强大的字符串操作。

注意，regex_iterator 和 regex_token_iterator(下一节讨论)在内部都包含一个指向给定正则表达式的指针。它们都显式删除接收右值正则表达式的构造函数，防止使用临时 regex 对象构建它们。例如，下面的代码无法编译：

```
for (sregex_iterator iter { cbegin(str), cend(str), regex { "[\\w]+" } };
   iter != end; ++iter) { ... }
```

21.2.6 regex_token_iterator

21.2.5 节讲解了 regex_iterator，这个迭代器遍历每个匹配的模式。在循环的每次迭代中都得到一个 match_results 对象，通过这个对象可提取出捕获组捕获的那个匹配的子表达式。

regex_token_iterator 可用于在所有匹配的模式中自动遍历所有的或选中的捕获组。regex_token_iterator 有 4 个构造函数，格式如下：

```
regex_token_iterator(BidirectionalIterator a,
                     BidirectionalIterator b,
                     const regex_type& re
                     [, SubMatches
                     [, Flags]]);
```

所有构造函数都需要把首尾迭代器作为输入序列，还需要一个正则表达式。可选的 SubMatches 参数用于指定应迭代哪个捕获组。可以用 4 种方式指定 SubMatches：

- 一个整数，表示要迭代的捕获组的索引。
- 一个 vector，其中的整数表示要迭代的捕获组的索引。
- 带有捕获组索引的 initializer_list。
- 带有捕获组索引的 C 风格数组。

忽略 SubMatches 或把它指定为 0 时，获得的迭代器将遍历索引为 0 的所有捕获组，这些捕获组是匹配整个正则表达式的子字符串。可选的 Flags 参数指定匹配算法的选项。大多数情况下，可以使用默认选项。更多细节可参阅标准库参考资料。

regex_token_iterator 示例

可用 regex_token_iterator 重写前面的 regex_iterator 示例，如下所示。注意，与 regex_iterator 示例一样，在循环体中使用*iter->str()而非(*iter)[0].str()，因为使用 submatch 的默认值 0 时，记号迭代器会自动遍历索引为 0 的所有捕获组。这段代码的输出和 regex_iterator 示例完全一致：

```
regex reg { "[\\w]+" };
while (true) {
   cout << "Enter a string to split (q=quit): ";
   string str;
   if (!getline(cin, str) || str == "q") { break; }

   const sregex_token_iterator end;
   for (sregex_token_iterator iter { cbegin(str), cend(str), reg };
      iter != end; ++iter) {
```

```
        cout << format("\"{}\"", iter->str()) << endl;
    }
}
```

下面的示例要求用户输入一个日期，然后通过 regex_token_iterator 遍历第二个和第三个捕获组(月和日)，这是通过整数 vector 指定的。本章已经解释了用于日期的正则表达式。唯一的区别是添加了^和$锚点，以匹配整个源序列。前面的示例不需要它们，因为使用了 regex_match()，这会自动匹配整个输入字符串。

```
regex reg { "^(\\d{4})/(0?[1-9]|1[0-2])/(0?[1-9]|[1-2][0-9]|3[0-1])$" };
while (true) {
    cout << "Enter a date (year/month/day) (q=quit): ";
    string str;
    if (!getline(cin, str) || str == "q") { break; }

    vector<int> indices{ 2, 3 };
    const sregex_token_iterator end;
    for (sregex_token_iterator iter { cbegin(str), cend(str), reg, indices };
        iter != end; ++iter) {
        cout << format("\"{}\"", iter->str()) << endl;
    }
}
```

这段代码只打印合法日期的月和日。这个例子的输出如下所示：

```
Enter a date (year/month/day) (q=quit): 2011/1/13
"1"
"13"
Enter a date (year/month/day) (q=quit): 2011/1/32
Enter a date (year/month/day) (q=quit): 2011/12/5
"12"
"5"
```

regex_token_iterator 还可用于执行字段分解(field splitting)或标记化(tokenization)这样的任务。使用这种方法比使用 C 语言中的旧式 strtok()函数(之前没有进一步讨论)更加灵活和安全。标记化是在 regex_token_iterator 构造函数中通过将要遍历的捕获组索引指定为-1 触发的。在标记化模式中，迭代器会遍历源字符串中不匹配正则表达式的所有子字符串。下面的代码演示了这个过程，这段代码根据前后带有任意数量的空白字符的分隔符(,)和(;)对一个字符串进行标记化操作。

```
regex reg { R"(\s*[,;]\s*)" };
while (true) {
    cout << "Enter a string to split on ',' and ';' (q=quit): ";
    string str;
    if (!getline(cin, str) || str == "q") { break; }

    const sregex_token_iterator end;
    for (sregex_token_iterator iter { cbegin(str), cend(str), reg, -1 };
        iter != end; ++iter) {
        cout << format("\"{}\"", iter->str()) << endl;
    }
}
```

这个例子中的正则表达式被指定为源字符串字面量，搜索匹配以下内容的模式：

- 0 个或多个空白字符
- 后面跟着,或;字符

● 后面跟着 0 个或多个空白字符

输出如下所示：

```
Enter a string to split on ',' and ';' (q=quit): This is,  a; test string.
"This is"
"a"
"test string."
```

从输出可以看出，对字符串根据,和;进行了分割，而且,和;周围所有的空白字符都被删除了，因为标记化迭代器遍历所有不匹配正则表达式的子字符串，正则表达式匹配的是前后带有空白字符的,和;。

21.2.7 regex_replace()

regex_replace()算法要求输入一个正则表达式，以及一个用于替换匹配子字符串的格式化字符串。这个格式化字符串可通过表 21-7 中的转义序列，引用匹配子字符串中的部分内容。

表 21-7 转义序列

转义序列	替换为
$*n*	匹配第 *n* 个捕获组的字符串，例如$1 表示第一个捕获组，$2 表示第二个捕获组，以此类推；*n* 必须大于 0
$&	匹配整个正则表达式的字符串
$`	在输入序列中，在匹配正则表达式的子字符串左侧的部分
$′	在输入序列中，在匹配正则表达式的子字符串右侧的部分
$$	单个美元符号

regex_replace()算法有 6 个不同版本。这些版本之间的区别在于参数的类型。其中的 4 个版本使用如下格式：

```
string regex_replace(InputSequence, RegEx, FormatString[, Flags]);
```

这 4 个版本都在执行替换操作后返回得到的字符串。InputSequence 和 FormatString 可以是 std::string 或 C 风格的字符串。RegEx 参数是需要匹配的正则表达式。可选的 Flags 参数指定替换算法的选项。

regex_replace()算法的另外两个版本采用如下形式：

```
OutputIterator regex_replace(OutputIterator,
                             BidirectionalIterator first,
                             BidirectionalIterator last,
                             RegEx, FormatString[, Flags]);
```

这两个版本把得到的字符串写入给定的输出迭代器，并返回这个输出迭代器。输入序列给定为首尾迭代器。其他参数与 regex_replace()的另外 4 个版本相同。

regex_replace()示例

第一个例子的源 HTML 字符串是<body><h1>Header</h1><p>Some text</p></body>，正则表达式为<h1>(.*)</h1><p>(.*)</p>。表 21-8 展示了不同的转义序列以及替换后的文字。

表 21-8 转义序列和替换后的文字

转义序列	替换为
$1	Header
$2	Some text

(续表)

转义序列	替换为
$&	<h1>Header</h1><p>Some text</p>
$`	<body>
$′	</body>

下面的代码演示了 regex_replace()的使用：

```
const string str { "<body><h1>Header</h1><p>Some text</p></body>" };
regex r { "<h1>(.*)</h1><p>(.*)</p>" };

const string replacement { "H1=$1 and P=$2" };  // See above table
string result { regex_replace(str, r, replacement) };

cout << format("Original string: '{}'", str) << endl;
cout << format("New string     : '{}'", result)<< endl;
```

这个程序的输出如下所示：

```
Original string: '<body><h1>Header</h1><p>Some text</p></body>'
New string     : '<body>H1=Header and P=Some text</body>'
```

regex_replace()算法接收一系列改变行为的标志。表 21-9 列出了最重要的标志。

表 21-9　最重要的标志

标志	说明
format_default	默认操作是替换模式的所有实例，并将所有不匹配模式的内容复制到结果字符串
format_no_copy	默认操作是替换模式的所有实例，但是不将所有不匹配模式的内容复制到结果字符串
format_first_only	只替换模式的第一个实例

下例将此前的代码片段中的 regex_replace 调用改为使用 format_no_copy 标志：

```
string result { regex_replace(str, r, replacement,
   regex_constants::format_no_copy) };
```

输出如下所示。可将下列输出和前一个版本的输出进行比较。

```
Original string: '<body><h1>Header</h1><p>Some text</p></body>'
New string     : 'H1=Header and P=Some text'
```

另一个例子是接收一个输入字符串，然后将每个单词边界替换为一个换行符，使目标字符串在每一行只包含一个单词。下面的例子演示了这一点，但没有使用任何循环来处理给定的输入字符串。这段代码首先创建一个匹配单个单词的正则表达式。当发现匹配时，匹配字符串被替换为$1\n，其中$1 将被匹配的单词替代。还要注意，这里使用了 format_no_copy 标志以避免将空白字符和其他非单词字符从源字符串复制到输出。

```
regex reg { "([\\w]+)" };
const string replacement { "$1\n" };
while (true) {
   cout << "Enter a string to split over multiple lines (q=quit): ";
   string str;
   if (!getline(cin, str) || str == "q") { break; }

   cout << regex_replace(str, reg, replacement,
      regex_constants::format_no_copy) << endl;
}
```

这个程序的输出如下所示：

```
Enter a string to split over multiple lines (q=quit):   This is   a test.
This
is
a
test
```

21.3 本章小结

本章指明在编写代码时要考虑到本地化。任何经历过本地化的人都知道，如果提前规划好了(例如使用 Unicode 字符并注意使用 locale)，那么加入新的语言或 locale 支持会简单得多。

本章接下来讲解正则表达式库。理解了正则表达式的语法后，字符串操作会简单得多。通过正则表达式可轻松验证字符串、在输入字符串中搜索子字符串、对字符串执行查找替换操作等。强烈建议了解正则表达式，并开始使用正则表达式，而不是编写自己的字符串操作例程。正则表达式会让编程工作更简单。

21.4 练习

通过完成下面的习题，可以巩固本章所讨论的知识点。所有习题的答案都可扫描封底二维码下载。然而如果你受困于某个习题，可以在看网站上的答案之前，先重新阅读本章的部分内容，尝试着自己找到答案。

练习 21-1 使用适当的 facet 计算根据用户环境格式化数字的十进制分隔符，可能需要查看标准库指南来了解所选 facet 的确切方法。

练习 21-2 编写一个程序，要求用户输入美国格式的电话号码。例如：202-555-0108。使用正则表达式验证电话号码的格式，即 3 个数字后面跟着破折号，另外 3 个数字，另外一个破折号和最后 4 个数字。如果电话号码有效，打印这三部分到单独的行。例如前面的电话号码，结果一定是：

```
202
555
0108
```

练习 21-3 编写一个程序，向用户请求一段可以跨越多行并且包含//风格注释的源代码。可以使用一个哨兵字符，例如@，来表示输入的结束。可以使用带有'@'分隔符的 std::getline()从标准控制台读取多行文本。最后，使用正则表达式删除代码片段的所有行中的注释。确保代码在下面这行代码中正确工作：

```
string str; // A comment // Some more comments.
```

练习 21-4 本章前面的 Lookahead 小节提高过密码验证正则表达式。写一个程序来测试这个正则表达式。要求用户输入密码并进行验证。一旦验证通过，添加一个新的验证规则：密码也必须包含至少两个数字。

第22章 日期和时间工具

本章内容

- 编译期有理数的使用
- 时间的使用
- 日期和日历的使用
- 如何转换不同时区的时间点

本章讨论 C++标准库中的一些附加库功能，因为这些内容不适合放在其他章节。本章讨论 C++标准库提供的与时间相关的功能，统称为 chrono 库。它是用于处理时间和日期的类和函数的集合。这些库包含下列组件：

- 持续时间(Duration)
- 时钟(Clock)
- 时间点(Time point)
- 日期(Date)(C++20)
- 时区(Time zone)(C++20)

所有内容都在std::chrono名称空间中的<chrono>中定义。然而在开始讨论这些chrono库组件之前，先稍微跑题，看一下 C++中可用的编译期有理数(rational number)的支持，因为这在 chrono 库中被大量使用。

22.1 编译期有理数

可通过 ratio 库精确地表示任何可在编译期使用的有限有理数。所有内容都在<ratio>中定义，并且都在 std 名称空间中。有理数的分子和分母通过类型为 std::intmax_t 的编译期常量表示，这是一种有符号的整数类型，其最大宽度由编译器指定。由于这些有理数编译期的特性，它们在使用时看上去比较复杂，不同寻常。ratio 对象的定义方式和普通对象的定义方式不同，而且不能调用 ratio 对象的方法。需要使用类型别名。例如，下面这行代码定义了一个表示 1/60 的有理数编译期常量：

```
using r1 = ratio<1, 60>;
```

r1 有理数的分子(num)和分母(den)是编译期常量，可通过以下方式访问：

```
intmax_t num { r1::num };
intmax_t den { r1::den };
```

记住 ratio 是一个编译期常量，也就是说，分子和分母需要在编译时确定。下面的代码会产生编译错误：

```
intmax_t n { 1 };         // Numerator
intmax_t d { 60 };        // Denominator
using r1 = ratio<n, d>;   // Error
```

将 n 和 d 定义为常量就不会有编译错误了：

```
const intmax_t n { 1 };   // Numerator
const intmax_t d { 60 };  // Denominator
using r1 = ratio<n, d>;   // Ok
```

有理数总是标准化的。对于有理数 ratio<n, d>，计算最大公约数 gcd、分子 num 和分母 den 的定义如下：

- num = sign(n)*sign(d)*abs(n)/gcd
- den = abs(d)/gcd

ratio 库支持有理数的加法、减法、乘法和除法运算。由于所有这些操作都是在编译期进行的，因此不能使用标准的算术运算符，而应使用特定的模板和类型别名组合。可用的算术 ratio 模板包括 ratio_add、ratio_subtract、ratio_multiply 和 ratio_divide，分别执行加法、减法、乘法和除法。这些模板将结果计算为新的 ratio 类型。这种类型可通过名为 type 的内嵌类型别名访问。例如，下面的代码首先定义了两个 ratio 对象，一个表示 1/60，另一个表示 1/30。ratio_add 模板将两个有理数相加，得到的 result 有理数应该是化简之后的 1/20。

```
using r1 = ratio<1, 60>;
using r2 = ratio<1, 30>;
using result = ratio_add<r1, r2>::type;
```

C++标准还定义了一些 ratio 比较模板：ratio_equal、ratio_not_equal、ratio_less、ratio_less_equal、ratio_greater 和 ratio_greater_equal。与算术 ratio 模板一样，ratio 比较模板也是在编译期求值的。这些比较模板创建了一种新类型 std::bool_constant 来表示结果。bool_constant 也是 std::integral_constant，即 struct 模板，里面保存了一种类型和一个编译期常量值。例如，integral_constant<int, 15>保存了一个值为 15 的整型值。bool_constant 还是布尔类型的 integral_constant。例如，bool_constant<true>是 integral_constant<bool, true>，存储值为 true 的布尔值。ratio 比较模板的结果要么是 bool_constant<bool, true>，要么是 bool_constant<bool, false>。与 bool_constant 或 integral_constant 关联的值可通过 value 数据成员访问。下面的代码演示了 ratio_less 的使用：

```
using r1 = ratio<1, 60>;
using r2 = ratio<1, 30>;
using res = ratio_less<r2, r1>;
cout << res::value << endl;
```

下面的例子整合了所有内容。注意，由于 ratio 是编译期常量，因此不能编写像 cout << r1 这样的代码，而是需要获得分子和分母并分别进行打印。

```
// Define a compile-time rational number.
using r1 = ratio<1, 60>;
```

```
// Get numerator and denominator.
intmax_t num { r1::num };
intmax_t den { r1::den };
cout << format("1) r1 = {}/{}", num, den) << endl;

// Add two rational numbers.
using r2 = ratio<1, 30>;
cout << format("2) r2 = {}/{}", r2::num, r2::den) << endl;
using result = ratio_add<r1, r2>::type;
cout << format("3) sum = {}/{}" result::num, result::den) << endl;

// Compare two rational numbers.
using res = ratio_less<r2, r1>;
cout << format("4) r2 < r1: {}", res::value) << endl;
```

输出如下所示：

```
1) r1 = 1/60
2) r2 = 1/30
3) sum = 1/ 20
4) r2 < r1: false
```

为方便起见，ratio 库还提供了一些 SI(国际单位制)的类型别名，如下所示：

```
using yocto = ratio<1, 1'000'000'000'000'000'000'000'000>; // *
using zepto = ratio<1, 1'000'000'000'000'000'000'000>;     // *
using atto  = ratio<1, 1'000'000'000'000'000'000>;
using femto = ratio<1, 1'000'000'000'000'000>;
using pico  = ratio<1, 1'000'000'000'000>;
using nano  = ratio<1, 1'000'000'000>;
using micro = ratio<1, 1'000'000>;
using milli = ratio<1, 1'000>;
using centi = ratio<1, 100>;
using deci  = ratio<1, 10>;
using deca  = ratio<10, 1>;
using hecto = ratio<100, 1>;
using kilo  = ratio<1'000, 1>;
using mega  = ratio<1'000'000, 1>;
using giga  = ratio<1'000'000'000, 1>;
using tera  = ratio<1'000'000'000'000, 1>;
using peta  = ratio<1'000'000'000'000'000, 1>;
using exa   = ratio<1'000'000'000'000'000'000, 1>;
using zetta = ratio<1'000'000'000'000'000'000'000, 1>;     // *
using yotta = ratio<1'000'000'000'000'000'000'000'000, 1>; // *
```

只有在编译器能表示类型别名为 intmax_t 的常量分子和分母值时，才会定义结尾处标了星号的 SI 单位。本章后面讨论 duration 时会给出这些预定义 SI 单位的使用示例。

22.2 持续时间

持续时间(duration)表示的是两个时间点之间的间隔时间，通过模板化的 duration 类来表示。duration 类保存了滴答数和滴答周期(tick period)。滴答周期指的是两个滴答之间的秒数，是一个编译期 ratio 常量，也就是说可以是 1 秒的分数。duration 模板接收两个模板参数，定义如下所示：

```
template <class Rep, class Period = ratio<1>> class duration {...}
```

第一个模板参数 Rep 表示保存滴答数的变量类型，应该是一种算术类型，例如 long 和 double 等。第二个模板参数 Period 是表示滴答周期的有理数常量。如果不指定滴答周期，那么会使用默认值 ratio<1>，也就是说默认滴答周期为 1 秒。

duration 类提供了 3 个构造函数：一个是默认构造函数；另一个构造函数接收一个表示滴答数的值作为参数；第三个构造函数接收另一个 duration 作为参数。后者可用于将一个 duration 转换为另一个 duration，例如将分钟转换为秒。本节后面会列举一个示例。

duration 支持算术运算，例如+、-、*、/、%、++、--、+=、-=、*=、/=和%=，还支持比较运算符==和<=>。duration 类包含多个方法，如表 22-1 所示。

表 22-1 duration 类的方法

方法	说明
Rep count() const	以滴答数返回 duration 值，返回类型是 duration 模板中指定的类型参数
static duration zero()	返回持续时间值等于 0 的 duration
static duration min() static duration max()	返回 duration 模板指定的类型参数表示的最小值/最大值持续时间的 duration 值

库添加了用于持续时间的 floor()、round()和 abs()操作，行为与用于数值数据时类似。

下面看一下如何在实际代码中使用 duration。每一个滴答周期为 1 秒的 duration 定义如下所示：

```
duration<long> d1;
```

由于 ratio<1>是默认的滴答周期，因此这行代码等同于：

```
duration<long, ratio<1>> d1;
```

下面的代码指定了滴答周期为 1 分钟的 duration(滴答周期为 60 秒)：

```
duration<long, ratio<60>> d2;
```

下面的代码定义了每个滴答周期为 1/60 秒的 duration：

```
duration<double, ratio<1, 60>> d3;
```

根据本章前面的描述，<ratio>中定义了一些 SI 有理数常量。这些预定义的常量在定义滴答周期时非常方便。例如，下面这行代码定义了每个滴答周期为 1 毫秒的 duration：

```
duration<long long, milli> d4;
```

看下 duration 的应用，下面的例子展示了 duration 的几个方面。它展示了如何定义 duration，如何对 duration 执行算术操作，以及如何将一个 duration 转换为另一个滴答周期不同的 duration：

```
// Specify a duration where each tick is 60 seconds
duration<long, ratio<60>> d1 { 123 };
cout << d1.count() << endl;

// Specify a duration represented by a double with each tick
// equal to 1 second and assign the largest possible duration to it.
auto d2 { duration<double>::max() };
cout << d2.count() << endl;

// Define 2 durations
```

```
// For the first duration, each tick is 1 minute
// For the second duration, each tick is 1 second
duration<long, ratio<60>> d3 { 10 };  // = 10 minutes
duration<long, ratio<1>> d4 { 14 };   // = 14 seconds

// Compare both durations
if (d3 > d4){ cout << "d3 > d4" << endl; }
else { cout << "d3 <= d4" << endl; }

// Increment d4 with 1 resulting in 15 seconds
++d4;

// Multiply d4 by 2 resulting in 30 seconds
d4 *= 2;

// Add both durations and store as minutes
duration<double, ratio<60>> d5 { d3 + d4 };

// Add both durations and store as seconds
duration<long, ratio<1>> d6 { d3 + d4 };
cout << format("{} minutes + {} seconds = {} minutes or {} seconds",
    d3.count(), d4.count(), d5.count(), d6.count()) << endl;

// Create a duration of 30 seconds
duration<long> d7 { 30 };

// Convert the seconds of d7 to minutes
duration<double, ratio<60>> d8 { d7 };
cout << format("{} seconds = {} minutes", d7.count(), d8.count()) << endl;
```

输出如下所示：

```
123
1.79769e+308
d3 > d4
10 minutes + 30 seconds = 10.5 minutes or 630 seconds
30 seconds = 0.5 minutes
```

注意：
上面输出中的第二行表示类型 double 能表示的最大 duration。具体的值因编译器而异。

特别注意下面两行：

```
duration<double, ratio<60>> d5 { d3 + d4 };
duration<long, ratio<1>> d6 { d3 + d4 };
```

这两行都计算了 d3+d4，d3 以分钟为单位，d4 以秒为单位，但第一行将结果保存在表示分钟的浮点值中，第二行将结果保存在表示秒的整数中。分钟到秒的转换(或秒到分钟的转换)自动进行。

上例中的下面两行展示了如何在不同时间单位间进行显式转换：

```
duration<long> d7 { 30 };              // seconds
duration<double, ratio<60>> d8 { d7 };  // minutes
```

第一行定义了一个滴答周期为 30 秒的 duration。第二行将这 30 秒转换为 0.5 分钟。使用这个方向的转换可能会得到非整数值，因此要求使用浮点数类型表示的 duration；否则会得到一些很诡异的编译错误。例如，下面的代码不能成功编译，因为d8使用了long类型而不是浮点类型：

```
duration<long> d7 { 30 };                 // seconds
duration<long, ratio<60>> d8 { d7 };      // minutes   // Error!
```

但可以使用duration_cast()进行强制转换：

```
duration<long> d7 { 30 };                 // seconds
auto d8 { duration_cast<duration<long, ratio<60>>>(d7) }; // minutes
```

此处，d8的滴答周期为0分钟，因为整数除法用于将30秒转换为分钟数。

在另一个方向的转换中，如果源数据是整数类型，那么不要求转换至浮点类型。因为如果从整数值开始转换，那么得到的总是整数值。例如，下面的代码将10分钟转换为秒数，两者都用整数类型long表示：

```
duration<long, ratio<60>> d9 { 10 };     // minutes
duration<long> d10 { d9 };               // seconds
```

chrono库还提供了以下标准的duration类型，它们位于std::chrono名称空间中：

```
using nanoseconds  = duration<X 64 bits, nano>;
using microseconds = duration<X 55 bits, micro>;
using milliseconds = duration<X 45 bits, milli>;
using seconds      = duration<X 35 bits>;
using minutes      = duration<X 29 bits, ratio<60>>;
using hours        = duration<X 23 bits, ratio<3600>>;
```

C++20

C++20增加了下面的类型：

```
using days   = duration<X 25 bits, ratio_multiply<ratio<24>, hours::period>>;
using weeks  = duration<X 22 bits, ratio_multiply<ratio<7>, days::period>>;
using years  = duration<X 17 bits,
               ratio_multiply<ratio<146'097, 400>, days::period>>;
using months = duration<X 20 bits, ratio_divide<years::period, ratio<12>>>;
```

*X*的具体类型取决于编译器，但C++标准要求*X*的类型为至少指定大小的整数类型。上面列出的类型别名使用了本章前面描述的预定义的SI ratio 类型别名。使用这些预定义的类型，不是编写：

```
duration<long, ratio<60>> d9 { 10 };   // minutes
```

而是编写：

```
minutes d9 { 10 };                     // minutes
```

下面是一个讲解如何使用这些预定义duration的例子。这段代码首先定义了一个变量t，这个变量保存的是1小时+23分钟+45秒的结果。这里使用了auto关键字，让编译器自动推导出t的准确类型。第二行使用了预定义的seconds duration构造函数，将t的值转换为秒数，并将结果输出到控制台：

```
auto t { hours { 1 } + minutes { 23 } + seconds { 45 } };
cout << format("{} seconds", seconds { t }.count()) << endl;
```

由于C++标准要求预定义的duration使用整数类型，因此如果转换后得到非整数的值，那么会出现编译错误。尽管整数除法通常都会截断，但在使用通过ratio类型实现的duration时，编译器会将所有可能导致非零余数的计算声明为编译期错误。例如，下面的代码无法编译，因为转换90秒后得到的是1.5分钟：

```
seconds s { 90 };
minutes m { s };
```

下面的代码也无法成功编译，即使 60 秒刚好为 1 分钟也是如此。这段代码也会产生编译错误，因为从秒到分钟的转换可能会产生非整数值：

```
seconds s { 60 };
minutes m { s };
```

另一个方向的转换可正常完成，因为 minutes duration 是整数值，将它转换为 seconds 总能得到整数值：

```
minutes m { 2 };
seconds s { m };
```

可使用标准的用户自定义字面量 h、min、s、ms、us 和 ns 来创建 duration。从技术角度看，这些定义在 std::literals::chrono_literals 名称空间中，就像第 2 章中讨论的标准用户自定义字面量一样，chrono_literals 名称空间是内联名称空间。因此，可以使用下面任何一个 using 指令来使用 chrono 字面量：

```
using namespace std;
using namespace std::literals;
using namespace std::chrono_literals;
using namespace std::literals::chrono_literals;
```

此外，字面量在 std::chrono 名称空间中也可用，下面是示例：

```
using namespace std::chrono;
// ...
auto myDuration { 42min };    // 42 minutes
```

C++20 将 hh_mm_ss 类模板添加到 chrono 库中。它的构造函数接收 Duration 并将其分为小时、分钟、秒和子秒(subseconds)。它有 hours()、minutes()、seconds()和 subseconds()来检索数据，总是返回非负值。如果持续时间为负数，那么 is_negative()方法返回 true，否则返回 false。本章末尾的练习中会使用 hh_mm_ss 类模板。

22.3 时钟

clock 类由 time_point 和 duration 组成。time_point 类在 22.4 节详细讨论，不过理解 clock 的工作方式并不需要这些细节。但由于 time_point 本身依赖于 clock，因此应该首先详细了解 clock 的工作方式。

C++标准定义了一些 clock，其中 3 个最重要的是 system_clock、steady_clock 和 high_resolution_clock。第一个称为 system_clock，表示来自系统实时时钟的真实时间。第二个称为 steady_clock，是一个能保证其 time_point 绝不递减的时钟。system_clock 无法做出这种保证，因为系统时钟可以随时调整。第三个称为 high_resolution_clock，这个时钟的滴答周期达到了最小值。high_resolution_clock 可能就是 stead_clock 或 system_clock 的别名，具体取决于编译器。

> **注意：**
> C++20 增加了几个新的时钟：utc_clock、tai_clock、gps_clock 和 file_clock。这些是更高级的内容，本文不再进一步讨论。

每个 clock 都有一个静态的 now()方法，用于把当前时间用作 time_point。system_clock 定义了两个静态辅助函数，用于 time_point 和 C 风格的时间表示方法 time_t 之间的相互转换。第一个辅助函数为 to_time_t()，它将给定的 time_point 转换为 time_t；第二个为 from_time_t()，它执行相反的转换。time_t 类型在<ctime>头文件中定义。

下例展示了一个完整程序，它从系统获得当前时间，然后将这个时间以可供用户读取的格式输出到控制台。localtime()函数将 time_t 转换为用 tm 表示的本地时间，定义在<ctime>头文件中。C++的 put_time()流操作算子定义在<iomanip>中，详见第 13 章“揭秘 C++ I/O”的讨论。

```
// Get current time as a time_point
system_clock::time_point tpoint { system_clock::now() };
// Convert to a time_t
time_t tt { system_clock::to_time_t(tpoint) };
// Convert to local time
tm* t { localtime(&tt) };
// Write the time to the console
cout << put_time(t, "%H:%M:%S") << endl;
```

如果想要将时间转换为字符串，put_time 可与 std::stringstream 或 C 风格的 strftime()函数一起使用，这些定义在<ctime>中。使用 strftime()函数时，要求提供一个足够大的缓冲区，以容纳用户可读格式的给定时间。

```
// Convert to readable format
stringstream ss;
Ss << put_time(t, "%H:%M:%S");                    // t is a tm*
String stringTime { ss.str() };
cout << stringTime << endl;
// Or:
char buffer[80] {0};
strftime(buffer, sizeof(buffer), "%H:%M:%S", t); // t is a tm*
cout << buffer << endl;
```

> **注意：**
> 以上例子可能对 localtime()的调用给出与安全相关的错误或警告。在 Microsoft Visual C++中可使用安全版本的 localtime_s()。在 Linux 上，可使用 localtime_r()函数。

通过 high_resolution_clock 还可计算一段代码执行所消耗的时间。下面的代码片段给出了示例。变量 start 和 end 的实际类型为 system_clock::time_point，diff 的实际类型为 duration：

```
// Get the start time
auto start { high_resolution_clock::now() };
// Execute code that you want to time
double d { 0 };
for (int i { 0 }; i < 1'000'000; ++i) {
   d += sqrt(sin(i) * cos(i));
}
// Get the end time and calculate the difference
auto end { high_resolution_clock::now() };
auto diff { end - start };
// Convert the difference into milliseconds and output to the console
cout << duration<double, milli> { diff }.count() << "ms" << endl;
```

这个例子中的循环执行一些算术操作，例如 sqrt()、sin()和 cos()，确保循环不会太快结束。如果在系统上获得非常小的毫秒差值，那么这些值不会很准确，应该增加循环的迭代次数，使循环执行时间更长。小的计时值不会很准确，因为尽管定时器的精度为毫秒级，但在大多数操作系统上，这个定时器的更新频率不高，例如每 10 毫秒或 15 毫秒更新一次。这会导致一种称为门限错误(gating error)的现象，也就是说，任何持续时间小于 1 个定时器滴答的事件只花了 0 个时间单位，任何持续时间在 1 个和 2 个定时器滴答之间的事件花了 1 个时间单位。例如，在一个定时器更新频率为 15 毫秒的系统上，运行了 44 毫秒的循环看上去只花了 30 毫秒。当使用这类定时器确定计算所用的时间时，一定要确保整个计算消耗了大量的基本定时器滴答单位，这样误差才能最小化。

22.4 时间点

time_point 类表示的是时间中的某个时点，存储为相对于纪元(epoch)的 duration，表示开始时间。time_point 总是和特定的 clock 关联，纪元就是所关联 clock 的原点。例如，经典 UNIX/Linux 的时间纪元是 1970 年 1 月 1 日，duration 用秒来度量。Windows 的纪元是 1601 年 1 月 1 日，duration 用 100 纳秒作为单位来度量。其他操作系统还有不同的纪元日期和 duration 单位。

time_point 类包含 time_since_epoch()函数，它返回的 duration 表示所关联 clock 的纪元和保存的时间点之间的时间。

C++支持合理的 time_point 和 duration 算术运算。下面列出这些运算。tp 代表 time_point，d 代表 duration。

tp + d = tp	tp – d = tp
d + tp = tp	tp – tp = d
tp += d	tp –= d

C++不支持的操作示例是 tp+tp。

C++支持使用比较运算符==和<=>来比较两个时间点，提供了两个静态方法：min()和 max()，分别返回最小的时间点和最大的时间点。

time_point 类有 3 个构造函数。

- **time_point()**：构造一个 time_point，通过 duration::zero()进行初始化。得到的 time_point 表示所关联 clock 的纪元。
- **time_point(const duration& d)**：构造一个 time_point，通过给定的 duration 进行初始化。得到的 time_point 表示纪元+d。
- **template <class Duration2> time_point(const time_point<clock, Duration2>& t)**：构造一个 time_point，通过 t.time_since_epoch()进行初始化。

每个 time_point 都关联一个 clock。创建 time_point 时，指定 clock 作为模板参数：

```
time_point<steady_clock> tp1;
```

每个 clock 都知道各自的 time_point 类型，因此可编写以下代码：

```
steady_clock::time_point tp1;
```

下面的示例演示了 time_point 类：

```
// Create a time_point representing the epoch
// of the associated steady clock
time_point<steady_clock> tp1;
```

```
// Add 10 minutes to the time_point
tp1 += minutes { 10 };
// Store the duration between epoch and time_point
auto d1 { tp1.time_since_epoch() };
// Convert the duration to seconds and output to the console
duration<double> d2 { d1 };
cout << d2.count() << " seconds" << endl;
```

输出如下所示：

```
600 seconds
```

可通过隐式方法或显式方法转换 time_point，这与 duration 转换类似。下面是一个隐式转换示例，输出是 42000 ms。

```
time_point<steady_clock, seconds> tpSeconds { 42s };
// Convert seconds to milliseconds implicitly.
time_point<steady_clock, milliseconds> tpMilliseconds { tpSeconds };
cout << tpMilliseconds.time_since_epoch().count() << " ms" << endl;
```

如果隐式转换导致丢失数据，则需要使用 time_point_cast()进行显式转换，就像需要使用 duration_cast()进行显式 duration 转换。虽然开始时是 42424 ms，但本例输出 42000 ms。

```
time_point<steady_clock, milliseconds> tpMilliseconds { 42'424ms };
// Convert milliseconds to seconds explicitly.
time_point<steady_clock, seconds> tpSeconds {
            time_point_cast<seconds>(tpMilliseconds) };
// Or:
// auto tpSeconds { time_point_cast<seconds>(tpMilliseconds) };

// Convert seconds back to milliseconds and output the result.
milliseconds ms { tpSeconds.time_since_epoch() };
cout << ms.count() << " ms" << endl;
```

库为 time_point 增加了 floor()、ceil()和 round()操作，类似于处理数值数据。

C++20 22.5 日期

C++20 在标准库中增加了对日历日期的支持。目前只支持 Gregorian 日历，但如果需要，可以经常实现自己的日历，与<chrono>其余的功能交互，例如 Coptic 和 Julian 日历。

标准库提供了相当多的类和函数来处理日期(以及下一节要讨论的时区)。本文讨论了最重要的类和函数，可参考标准库以获得所有可用内容的完整概述。

引入表 22-2 所示的类来处理年、月、日和工作日，所有这些都在 std::chrono 中定义。

表 22-2 类

类	说明
year	表示年份，范围为[-32767, 32767]。year 有个名为 is_leap()的方法，如果给定的年份是闰年，则返回 true，否则返回 false。min()和 max()静态方法分别返回最小和最大年份
month	表示月份，范围为[1, 12]。此外还提供了 12 个用于 12 个月的命名常量，例如 std::chrono::January
day	表示天，范围为[1, 31]

(续表)

类	说明
weekday	表示一周中的一天，范围为[0, 6]，其中 0 表示周日。此外还有 6 个用于这 6 个工作日的命名常量，例如 std::chrono::Sunday
weekday_indexed	表示一个月的第一个、第二个、第三个、第四个和第五个工作日。可以很容易地从工作日构造，例如：Monday[2]表示一个月的第二个星期一
weekday_last	表示某个月的最后一个工作日
month_day	表示特定的月和日
month_day_last	表示特定月份的最后一天
month_weekday	表示特定月份的第 *n* 个工作日
month_weekday_last	表示特定月份的最后一个工作日
year_month	表示特定的年和月
year_month_day	表示特定的年月日
year_month_day_last	表示特定年份和月份的最后一天
year_month_weekday	表示特定年份和月份的第 *n* 个工作日
year_month_weekday_last	表示特定年份和月份的最后一个工作日

所有这些类都有一个名为 ok()的方法，如果给定的对象在有效范围内，该方法返回 true，否则返回 false。另外提供了两个新的标准用户定义字面量，std::literals::chrono_literals:y 用于创建年，d 用于创建天。可以使用运算符/以 3 个顺序 Y/M/D、M/D/Y、D/M/Y 指定年月日的完整日期。下面是一些创建日期的示例：

```
year y1 { 2020 };
auto y2 { 2020y };

month m1 { 6 };
auto m2 { June };

day d1 { 22 };
auto d2 { 22d };

// Create a date for 2020-06-22.
year_month_day fulldate1 { 2020y, June, 22d };
auto fulldate2 { 2020y / June / 22d };
auto fulldate3 { 22d / June / 2020y };

// Create a date for the 3rd Monday of June 2020.
year_month_day fulldate4 { Monday[3] / June / 2020 };

// Create a month_day for June 22 of an unspecified year.
auto june22 { June / 22d };
// Create a year_month_day for June 22, 2020.
auto june22_2020 { 2020y / june22 };

// Create a month_day_last for the last day of a June of an unspecified year.
auto lastDayOfAJune { June / last };
// Create a year_month_day_last for the last day of June for the year 2020.
auto lastDayOfJune2020 { 2020y / lastDayOfAJune };
```

```
// Create a year_month_weekday_last for the last Monday of June 2020.
auto lastMondayOfJune2020 { 2020y / June / Monday[last] };
```

sys_time 是 system_clock 中一个具有一定持续时间的 time_point 的新类型别名，它的定义如下：

```
template <typename Duration>
using sys_time = std::chrono::time_point<std::chrono::system_clock, Duration>;
```

基于 sys_time 类型别名，定义了两个额外的类型别名，来表示精度为秒的 sys_time 和精度为天的 sys_time：

```
using sys_seconds = sys_time<std::chrono::seconds>;
using sys_days = sys_time<std::chrono::days>;
```

例如，sys_days 表示自 system_clock 纪元以来的天数，因此，它是一个基于串行的类型，也就是说，它只包含一个数字(从纪元开始的天数)。另一方面，year_month_day 是基于字段的类型，它将年月日存储在单独的字段中。当对日期进行大量算术运算时，基于串行的类型比基于字段的类型具有更好的性能。

类似的类型别名用于处理本地时间：local_time、local_seconds 和 local_days。下一节将讨论时区。

如下所示，已创建表示今天的 sys_days。注意 floor()用于将 time_point 截短为精确的天数：

```
auto today = { floor<days>(system_clock::now()) };
```

sys_days 可用于将 year_month_day 转换为 time_point，例如：

```
system_clock::time_point t1 { sys_days { 2020y / June / 22d } };
```

反向转换，即将 time_point 转换为 year_month_day，可以使用 year_month_day 构造函数来完成。下面的代码片段给出了两个示例：

```
year_month_day yearmonthday { floor<days>(t1) };
year_month_day today2 { floor<days>(system_clock::now()) };
```

也可以构建一个完整的日期。这里有个示例：

```
// Full date with time: 2020-06-22 09:35:10 UTC.
auto t2 { sys_days { 2020y / June / 22d } + 9h + 35min + 10s };
```

可以使用日期进行算术运算。这里有个示例：

```
// Add 5 days to t2.
auto t3 { t2 + days { 5 } };
// Add 1 year to t3.
auto t4 { t3 + years { 1 } };
```

可以使用熟悉的插入运算符将日期写入流中：

```
cout << yearmonthday << endl;
```

如果日期无效，将其写入流也会发生错误。例如字符串"is not a valid date"被追加到无效 year_month_day 后面写入流中。

22.6 时区

C++20

为了方便使用时区，C++标准库包含了一份 IANA(Internet Assigned Numbers Authority)时区数据库

(www.iana.org/time-zones)的副本。可以通过调用 std::chrono::get_tzdb()来访问数据库，该方法返回对单个已有 std::chrono::tzdb 类型实例的 const 引用。该数据库通过名为 zones 的公有 vector 提供对所有已知时区的访问。这个 vector 中的每个条目都是一个 time_zone，它有名字，可以通过 name()访问，以及 to_sys()和 to_local()方法将本地时间转换为 sys_time，反之亦然。

举例，下面的片段列出了所有可用时区：

```
const auto& database { get_tzdb() };
for (const auto& timezone : database.zones) {
   cout << timezone.name() << endl;
}
```

std::chrono::locate_zone()函数可以用于根据名称检索 time_zone，如果在数据库中找不到请求的时区，则抛出 runtime_error 异常。current_zone()函数可用于获取当前时区。这里有个示例：

```
auto* brussels { locate_zone("Europe/Brussels") };
auto* gmt { locate_zone("GMT") };
auto* current { current_zone() };
```

time_zone 实例可用于在不同时区间转换时间，这里有一些示例：

```
// Convert the current system time to GMT.
gmt->to_local(system_clock::now());

// Construct a UTC time. (2020-06-22 09:35:10 UTC)
auto t { sys_days { 2020y / June / 22d } + 9h + 35min + 10s };
// Convert UTC time to Brussels' local time.
brussels->to_local(t);
```

zoned_time 类用于表示 time_zone 中的 time_point。例如，下面的代码片段在 Brussels 时区中构造了一个特定的时间，并将其转换为纽约时间：

```
// Construct a local time in the Brussels' time zone.
zoned_time<hours> brusselsTime{ brussels, local_days { 2020y / June / 22d } + 9h };
// Convert to New York time.
zoned_time<hours> newYorkTime { "America/New_York", brusselsTime };
```

22.7 本章小结

本章讨论了如何使用 ratio 模板来定义和处理编译期有理数。还学习了如何使用 C++标准库通过 chrono 提供的持续时间、时钟、时间点、日期和时区。

22.8 练习

通过完成下面的习题，可以巩固本章所讨论的知识点。所有习题的答案都可扫描封底二维码下载。然而如果你受困于某个习题中，可以在看网站上的答案之前，先重新阅读本章的部分内容，尝试着自己找到答案。

练习 22-1 创建一个持续时间 d1，精度为秒，初始化为 42 秒。创建第二个持续时间 d2，初始化为 1.5 分钟。计算 d1 和 d2 的和。结果写到标准输出，一次以秒表示，一次以分钟表示。

练习 22-2 让用户输入日期 yyyy-mm-dd，例如 2020-06-22。使用正则表达式(见第 21 章“字符串本地化和正则表达式”)提取年月日组件，最后使用 year_month_day 验证日期。

练习 22-3 编写一个 getNumberOfDaysBetweenDates()函数，计算两个给定日期之间的天数。在 main()函数中测试实现。

练习 22-4 编写一个打印出 2020 年 6 月 22 日星期几的程序。

练习 22-5 构造 UTC 时间。将此时间转换为日本东京的当地时间。进一步将得到的时间转换为纽约时间。最后将计算出的时间换算成 GMT 时间。验证原始 UTC 时间和最终 GMT 时间是否相等。提示：东京的时区标识符是 Asia/Tokyo，纽约的时区标识符是 America/New_York，GMT 的时区标识符是 GMT。

练习 22-6 编写一个 getDurationSinceMidnight()函数，返回从半夜到当前时间之间的持续时间。在<ctime>中定义的 mktime()函数在实现中可能很有用。它接收 tm*作为参数并返回 time_t。它基本上与 localtime()所做的相反。使用函数将半夜以来的秒数打印到标准输出控制台中。最后，使用 hh_mm_ss 类将函数返回的持续时间转换为小时、分钟和秒，并将结果打印到标准输出中。

第23章 随机数工具

本章内容

- 随机数引擎和引擎适配器的概念
- 如何生成随机数
- 如何改变随机数的分布

本章讨论如何在C++中生成随机数。在软件中生成好的随机数是个复杂的话题。本章不讨论生成实际随机数所涉及的复杂数学公式；然而它解释了如何使用标准库提供的功能生成随机数。

C++随机数生成库可以使用不同的算法和分布生成随机数。这个库由std名称空间中的<random>定义。它有三大组件：引擎、引擎适配器和分布。随机数引擎负责生成实际的随机数，并存储生成后续随机数的状态。分布决定了生成的随机数范围以及它们在该范围内的数学分布方式。随机数引擎适配器修改与之关联的随机数引擎的结果。

在深入研究这个C++随机数生成库之前，先简要解释旧的C风格随机数生成机制及其问题。

23.1 C风格随机数生成器

在C++11之前，生成随机数的唯一方法是使用C风格的srand()和rand()函数。srand()函数需要在应用程序中调用一次，这个函数初始化随机数生成器，也称为设置种子(seeding)。通常应该使用当前系统时间作为种子。

警告：
在基于软件的随机数生成器中，一定要使用高质量的种子。如果每次都用同一个种子初始化随机数生成器，那么每次生成的随机数序列都是一样的。这也是通常要采用当前系统时间作为种子的原因。

初始化随机数生成器后，通过rand()生成随机数。下例展示了如何使用srand()和rand()。定义在<ctime>中的time()函数，返回系统时间，通常编码为系统纪元后的秒数。纪元表示起始时间。

```
srand(static_cast<unsigned int>(time(nullptr)));
cout << rand() << endl;
```

可通过以下函数生成特定范围内的随机数：

```
int getRandom(int min, int max)
{
    return static_cast<int>(rand() % (max + 1UL - min)) + min;
}
```

旧式的C风格rand()函数生成的随机数在0到RAND_MAX之间，根据标准，RAND_MAX至少应该为32 767。不能生成大于RAND_MAX的随机数。在某些系统上，例如GCC，RAND_MAX是2 147 483 647，它等于一个有符号整数的最大值。这就是getRandom()中的公式将1UL(无符号长整型值)添加到max以防止算术溢出的原因。

此外，rand()的低位通常不是非常随机，也就是说，通过上面的getRandom()生成的随机数范围较小(例如1和6之间)，并且得到的随机性并不是非常好。

注意：
基于软件的随机数生成器永远都不可能生成真正的随机数，而是根据数学公式生成随机的效果，因此称为伪随机数生成器。

除了生成的随机数质量差之外，旧的srand()和rand()函数并没有提供太多的灵活性。例如不能改变生成的随机数的分布。总之，强烈建议不再使用srand()和rand()，而使用<random>中的类，接下来的章节会解释。

23.1.1 随机数引擎

C++随机数生成库的第一个组件是随机数引擎，它负责生成实际的随机数。如上所述，所有内容都在<random>中定义。

以下随机数引擎可供使用：

- random_device
- linear_congruential_engine
- mersenne_twister_engine
- subtract_with_carry_engine

random_device引擎不是基于软件的随机数生成器；这是一种特殊引擎，要求计算机连接能真正生成不确定随机数的硬件，例如通过物理原理生成。一种经典的机制是通过计算每个时间间隔内的alpha粒子数或类似的方法来测量放射性同位素的衰变，但还有很多其他类型的基于物理原理的生成器，包括测量反向偏压二极管“噪声”的方法(不必担心计算机内有放射源)。由于篇幅受限，本书不讲解这些机制的细节。

根据random_device的规范，如果计算机没有连接此类硬件设备，这个库可选用一种软件算法。算法的选择取决于库的设计者。

随机数生成器的质量由随机数的熵(entropy)决定。如果random_device类使用的是基于软件的伪随机数生成器，那么这个类的entropy()方法返回的值为0.0；如果使用硬件设备，则返回非零值。这个非零值是对硬件设备的熵的估计。

random_device引擎的使用非常简单：

```
random_device rnd;
cout << "Entropy: " << rnd.entropy() << endl;
cout << "Min value: " << rnd.min()
    << ", Max value: " << rnd.max() << endl;
```

```
cout << "Random number: " << rnd() << endl;
```

这个程序的输出如下所示：

```
Entropy: 32
Min value: 0, Max value: 4294967295
Random number: 3590924439
```

random_device 的速度通常比伪随机数引擎更慢。因此，如果需要生成大量的随机数，建议使用伪随机数引擎，使用 random_device 为随机数引擎生成种子。后面的生成随机数小节会具体阐述。

除 random_device 随机数引擎之外，还有 3 个伪随机数引擎，如下所示。

- **线性同余引擎(linear congruential engine)**：保存状态所需的内存量最少。状态是一个包含上一次生成的随机数的整数，如果尚未生成随机数，则保存的是初始种子。这个引擎的周期取决于算法的参数，最高可达 2^{64}，但是通常不会这么高。因此，如果需要使用高质量的随机数序列，那么不应该使用线性同余引擎。
- **梅森旋转(Mersenne twister)**：在这 3 个伪随机数引擎中，梅森旋转算法生成的随机数质量最高。梅森旋转算法的周期是所谓的梅森素数，它是一个比 2 的幂小于 1 的素数，这个周期比线性同余引擎的周期要长得多。梅森旋转算法保存状态所需的内存量也取决于算法参数，但是比线性同余引擎的整数状态高得多。例如，预定义的梅森旋转算法 mt19937 的周期为 $2^{19937}-1$，状态包含 625 个整数，约为 2.5KB。它是最快的随机数引擎之一。
- **带进位减法引擎(subtract with carry engine)**：要求保存大约 100 字节的状态。不过，这个随机数引擎生成的随机数质量不如梅森旋转算法。

这些随机数引擎的数学原理超出了本书的讨论范围，而且对随机数质量的定义需要一定的数学背景。如果要更深入地了解这个主题的内容，可以参阅附录 B 的“随机数”部分列出的参考文献。

random_device 随机数引擎易于使用，不需要任何参数。然而，创建这 3 个伪随机数生成器的实例时需要指定一些数学参数，这些参数可能会很复杂。参数的选择会极大地影响生成的随机数的质量。例如，mersenne_twister_engine 类的定义如下所示：

```
template<class UIntType, size_t w, size_t n, size_t m, size_t r,
        UIntType a, size_t u, UIntType d, size_t s,
        UIntType b, size_t t, UIntType c, size_t l, UIntType f>
   class mersenne_twister_engine {...}
```

这个定义需要 14 个参数。linear_congruential_engine 类和 subtract_with_carry_engine 类也需要一些这样的数学参数。因此，C++标准定义了一些预定义的随机数引擎，比如 mt19937 梅森旋转算法，定义如下：

```
using mt19937 = mersenne_twister_engine<uint_fast32_t, 32, 624, 397, 31,
   0x9908b0df, 11, 0xffffffff, 7, 0x9d2c5680, 15, 0xefc60000, 18,
   1812433253>;
```

除非理解梅森旋转算法的细节，否则会觉得这些参数都是魔幻数。一般情况下不需要修改任何参数，除非你是伪随机数生成器方面的数学专家。强烈建议使用这些预定义的类型别名，例如 mt19937。23.1.2 节将完整列出所有预定义的随机数引擎。

23.1.2 随机数引擎适配器

随机数引擎适配器修改相关联的随机数引擎生成的结果，关联的随机数引擎称为基引擎(base engine)。这是适配器模式(详见第 33 章)的一个实例。C++定义了以下 3 个适配器模板：

```
template<class Engine, size_t p, size_t r> class discard_block_engine {...}
template<class Engine, size_t w, class UIntType> class independent_bits_engine {...}
template<class Engine, size_t k> class shuffle_order_engine {...}
```

discard_block_engine 适配器丢弃基引擎生成的一些值，以生成随机数。这个适配器模板需要 3 个参数：要适配的引擎、块大小 p 以及使用的块大小 r。基引擎用于生成 p 个随机数。适配器丢弃其中 p-r 个数，返回剩下的 r 个数。

independent_bits_engine 适配器组合由基引擎生成的一些随机数，以生成具有给定位数 w 的随机数。

shuffle_order_engine 适配器生成的随机数和基引擎生成的随机数一致，但顺序不同。模板参数 k 是适配器使用的内部表格的大小。根据请求从表中随机选择一个随机数，然后用基引擎生成的一个新随机数替换。

这些适配器的具体工作原理与数学知识相关，超出了本书的讨论范围。和随机数引擎一样，C++标准中包含一些预定义的随机数引擎适配器。23.1.3 节列出了预定义的随机数引擎和引擎适配器。

23.1.3 预定义的随机数引擎和引擎适配器

如前所述，建议不要自行指定伪随机数引擎和引擎适配器的参数，而是使用那些标准的随机数引擎。C++定义了表 23-1 所示的预定义生成器，它们都定义在<random>中。它们都有复杂的模板参数；不过，即使不理解这些参数，也可以使用它们。

表 23-1 预定义生成器

预定义生成器	类模板
minstd_rand0	linear_congruential_engine
minstd_rand	linear_congruential_engine
mt19937	mersenne_twister_engine
mt19937_64	mersenne_twister_engine
ranlux24_base	linear_congruential_engine
ranlux48_base	subtract_with_carry_engine
ranlux24	discard_block_engine
ranlux48	discard_block_engine
knuth_b	shuffle_order_engine
default_random_engine	由实现定义

default_random_engine 与编译器相关。

23.1.4 节将列举一个使用这些预定义引擎的例子。

23.1.4 生成随机数

在生成随机数前，首先要创建一个引擎实例。如果使用一个基于软件的引擎，那么还需要定义分布。分布是一个描述数字在特定范围内分布方式的数学公式。创建引擎的推荐方式是使用前面讨论的预定义引擎。

下面的例子使用了名为 mt19937 的预定义的梅森旋转算法。这是一个基于软件的生成器。与旧式的 rand()生成器一样，基于软件的引擎也需要使用种子进行初始化。srand()的种子常常是当前时间。在现代 C++中，建议不使用任何基于时间的种子(random_device 不拥有熵)，而使用 random_device 生成种子：

```
random_device seeder;
const auto seed { seeder.entropy() ? seeder() : time(nullptr) };
mt19937 engine { static_cast<mt19937::result_type>(seed) };
```

接下来定义了分布。这个例子使用均匀整数分布，在范围 1~99 内分布。在这个例子中，均匀分布很容易使用：

```
uniform_int_distribution<int> distribution { 1, 99 };
```

定义了引擎和分布后，通过调用分布的函数调用运算符，并将引擎作为参数传入，就可以生成随机数了。在这个例子中写为 distribution(engine)：

```
cout << distribution(engine) << endl;
```

从这个例子可以看出，为通过基于软件的引擎生成随机数，总是需要指定引擎和分布。使用第 19 章介绍的定义在<functional>中的 std::bind()实用工具，可以避免在生成随机数时指定分布和引擎。下面的例子和前面的例子一样，使用 mt19937 引擎和均匀分布，但是这个例子通过 std::bind()将 engine 绑定至 distribution()的第一个参数，从而定义了 generator。通过这种方式，调用 generator()生成新的随机数时不需要提供任何参数。然后这个例子演示了如何结合使用 generator()和 generate()算法，为一个 10 个元素的 vector 填充随机数。第 20 章讨论了 generate()算法，这个算法在<algorithm>中定义。

```
auto generator { bind(distribution, engine) };

vector<int> values(10);
generate(begin(values), end(values), generator);

for (auto i : values) { cout << i << "  "; }
```

注意：

记住 generate()算法改写现有的元素，不会插入新的元素。这意味着首先需要将 vector 设置为足够大，以保存所需数目的元素，然后调用 generate()算法。前一个例子将 vector 的大小指定为构造函数的参数。

尽管不知道 generator 的具体类型是什么，但仍可将 generator 传入另一个需要使用生成器的函数。你有些选择：使用 std::function<int()>类型的参数，或者使用函数模板。上一个例子可改为在 fillVector()函数中生成随机数。下面是使用 std::function 的实现：

```
void fillVector(vector<int>& values, const std::function<int()>& generator)
{
   generate(begin(values), end(values), generator);
}
```

下面是函数模板版本：

```
template<typename T>
void fillVector(vector<int>& values, const T& generator)
{
   generate(begin(values), end(values), generator);
}
```

可以使用C++20中的简化函数模板语法进行简化：

```
void fillVector<vector<int>& values, const auto& generator)
{
    generate(begin(values), end(values), generator);
}
```

最后按如下方式使用该函数：

```
vector<int> values(10);
fillVector(values, generator);
```

23.1.5 随机数分布

分布是一个描述数字在特定范围内分布的数学公式。随机数生成器库带有的分布可与伪随机数引擎结合使用，从而定义生成的随机数的分布。这是一种压缩的表示形式。每个分布的第一行是类的名称和类模板参数(如果有的话)。接下来的行是这个分布的构造函数。每个分布只列出了一个构造函数，以帮助读者理解这个类。标准库参考资源(见附录B)列出了每个分布的所有构造函数和方法。

这些是可用的均匀分布：

```
template<class IntType = int> class uniform_int_distribution
    uniform_int_distribution(IntType a = 0,
                             IntType b = numeric_limits<IntType>::max());
template<class RealType = double> class uniform_real_distribution
    uniform_real_distribution(RealType a = 0.0, RealType b = 1.0);
```

这些是可用的伯努利分布(根据离散概率分布生成随机布尔值)：

```
class bernoulli_distribution
    bernoulli_distribution(double p = 0.5);
template<class IntType = int> class binomial_distribution
    binomial_distribution(IntType t = 1, double p = 0.5);
template<class IntType = int> class geometric_distribution
    geometric_distribution(double p = 0.5);
template<class IntType = int> class negative_binomial_distribution
    negative_binomial_distribution(IntType k = 1, double p = 0.5);
```

这些是可用的泊松分布(根据离散概率分布生成随机非负整数值)：

```
template<class IntType = int> class poisson_distribution
    poisson_distribution(double mean = 1.0);
template<class RealType = double> class exponential_distribution
    exponential_distribution(RealType lambda = 1.0);
template<class RealType = double> class gamma_distribution
    gamma_distribution(RealType alpha = 1.0, RealType beta = 1.0);
template<class RealType = double> class weibull_distribution
    weibull_distribution(RealType a = 1.0, RealType b = 1.0);
template<class RealType = double> class extreme_value_distribution
    extreme_value_distribution(RealType a = 0.0, RealType b = 1.0);
```

这些是可用的正态分布：

```
template<class RealType = double> class normal_distribution
    normal_distribution(RealType mean = 0.0, RealType stddev = 1.0);
template<class RealType = double> class lognormal_distribution
    lognormal_distribution(RealType m = 0.0, RealType s = 1.0);
template<class RealType = double> class chi_squared_distribution
    chi_squared_distribution(RealType n = 1);
```

```
template<class RealType = double> class cauchy_distribution
   cauchy_distribution(RealType a = 0.0, RealType b = 1.0);
template<class RealType = double> class fisher_f_distribution
   fisher_f_distribution(RealType m = 1, RealType n = 1);
template<class RealType = double> class student_t_distribution
   student_t_distribution(RealType n = 1);
```

这些是可用的采样分布：

```
template<class IntType = int> class discrete_distribution
   discrete_distribution(initializer_list<double> wl);
template<class RealType = double> class piecewise_constant_distribution
   template<class UnaryOperation>
      piecewise_constant_distribution(initializer_list<RealType> bl,
         UnaryOperation fw);
template<class RealType = double> class piecewise_linear_distribution
   template<class UnaryOperation>
      piecewise_linear_distribution(initializer_list<RealType> bl,
         UnaryOperation fw);
```

每个分布都需要一组参数。对这些数学参数的详细解释超出了本书的范围，本节剩余部分将列举一些例子来解释分布对生成的随机数造成的影响。

观察图形是理解分布的最简便方法。例如，下面的代码生成 100 万个介于 1 和 99 之间的随机数，然后跟踪在直方图中随机生成某个数字的次数。将结果保存在一个 map 中，这个 map 的键是介于 1 到 99 之间的数，与键关联的值是这个键被随机选择的次数。在循环之后，将结果写入一个逗号分隔值(CSV)文件，然后可在电子表格应用程序中打开这个文件。

```
const unsigned int Start { 1 };
const unsigned int End { 99 };
const unsigned int Iterations { 1'000'000 };

// Uniform Mersenne Twister
random_device seeder;
const auto seed { seeder.entropy() ? seeder() : time(nullptr) };
mt19937 engine { static_cast<mt19937::result_type>(seed) };
uniform_int_distribution<int> distribution { Start, End };
auto generator { bind(distribution, engine) };
map<int, int> histogram;
for (unsigned int i { 0 }; i < Iterations; ++i) {
   int randomNumber { generator() };
   // Search map for a key = randomNumber. If found, add 1 to the value associated
   // with that key. If not found, add the key to the map with value 1.
   ++(histogram[randomNumber]);
}

// Write to a CSV file
ofstream of { "res.csv" };
for (unsigned int i { Start }; i <= End; ++i) {
   of << i << "," << histogram[i] << endl;
}
```

结果数据可用于生成图形表示。生成的直方图如图 23-1 所示。

横轴表示所生成随机数的范围。通过图 23-1 可清晰地看出，1 到 99 之间的数字大约被随机选出 10 000 次，因此生成的这些随机数均匀地分布在整个范围内。

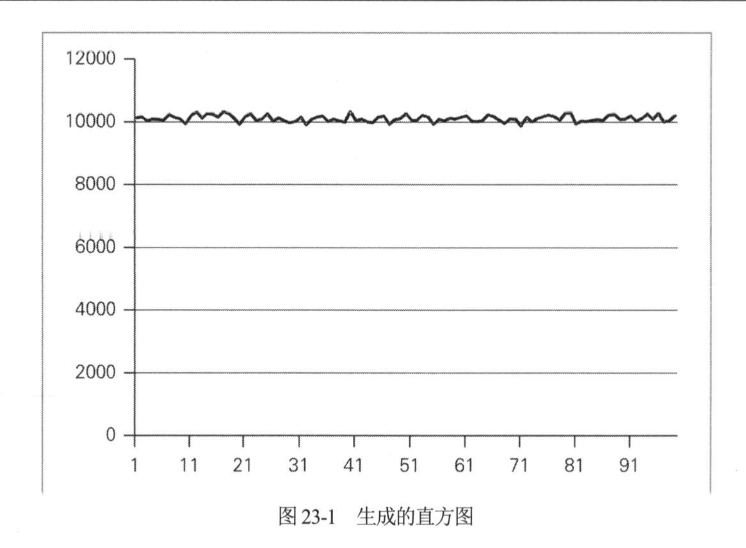

图 23-1 生成的直方图

这个例子可改为根据正态分布(而不是均匀分布)生成随机数。只需要在两个地方做微小修改。首先，将分布的创建修改为：

```
normal_distribution<double> distribution { 50, 10 };
```

由于正态分布使用的是 double 值而不是整数，因此需要修改 generator()的调用。

```
int randomNumber { static_cast<int>(generator()) };
```

图 23-2 展示了根据正态分布生成的随机数的图形表示。

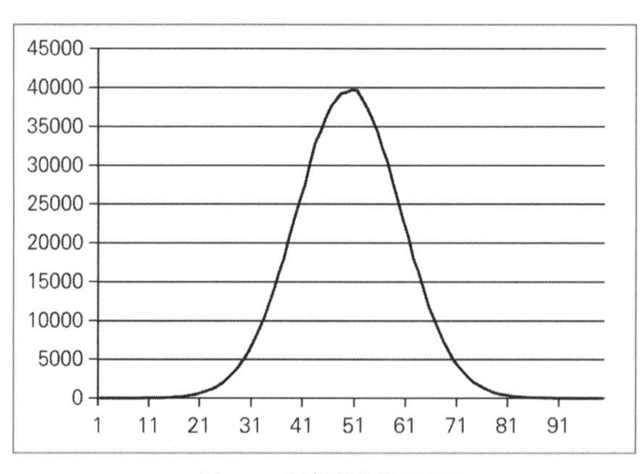

图 23-2 随机数的图形表示

图 23-2 清晰地指明生成的大部分随机数都位于范围的中间。在这个例子中，值 50 被随机选择出约 40 000 次，而值 20 和 80 则仅被随机选择出约 500 次。

23.2 本章小结

在本章中，学习了如何使用标准库提供的 C++随机数生成库来生成高质量的随机数。也看到了如何在给定范围内操作生成的数字的分布。

本书第III部分的第 24 章介绍了一些值得讨论的较小的标准库特性。

23.3 练习

通过完成下面的习题，可以巩固本章所讨论的知识点。所有习题的答案都可扫描封底二维码下载。然而如果你受困于某个习题，可以在看网站上的答案之前，先重新阅读本章的部分内容，尝试着自己找到答案。

练习 23-1 写一个循环询问是否应该扔骰子。如果是，使用均匀分布掷两次骰子，将这两个数字打印到控制台。如果否，停止程序。使用标准 mt19337 梅森旋转引擎。

练习 23-2 修改习题 23-1 的答案，使用 ranlux48 引擎代替梅森旋转。

练习 23-3 修改习题 23-1 的答案，替换 mt19937 梅森旋转引擎，使用 shuffle_order_engine 适配器调整。

练习 23-4 修改习题 23-1 的答案，替换使用均匀分布，使用负二项分布(negative_binomial_distribution)。

练习 23-5 使用本章前面的源代码生成直方图来绘制分布图，并对不同的分布进行试验。尝试在电子表格应用程序中绘制图表来查看分布的效果。代码可以在 c23_code\01_Random 目录中的源码存档中找到。可以使用 06_uniform_int_distribution.cpp 或者 07_normal_distribution.cpp 文件，这都取决于分布使用的是整数(int)还是双精度整数(double)。

第24章 其他库工具

本章内容

- 如何使用 variant 和 any 数据类型
- 元组的含义及用法

本章讨论 C++标准库提供的一些值得一看的附加库功能。它以另外两种词汇表类型 variant 和 any 开始讨论，它们补充了第 1 章中讨论的 optional 词汇表类型。本章最后讨论了元组(tuple)，它是 pair 的泛化。

24.1 variant

std::variant 在<variant>中定义，可用于保存给定类型集合的一个值。定义 variant 时，必须指定它可能包含的类型。例如，以下代码定义 variant 一次可以包含整数、字符串或浮点值：

```
variant<int, string, float> v;
```

variant 的模板类型参数必须是唯一的；例如，variant<int, int>无效。这里，默认构造的 variant 包含第一个类型(此处是 int)的默认构造值。要默认构造 variant，务必确保 variant 的第一个类型是默认可构造的。例如，下面的代码无法编译，因为 Foo 不是默认可构造的。

```
class Foo { public: Foo() = delete; Foo(int) {} };
class Bar { public: Bar() = delete; Bar(int) {} };
...
variant<Foo, Bar> v;
```

事实上，Foo 和 Bar 都不是默认可构造的。如果仍需要默认构造 variant，可使用 std::monostate(一个表现好的空替代)作为 variant 的第一个类型。

```
variant<monostate, Foo, Bar> v;
```

可使用赋值运算符，在 variant 中存储内容：

```
variant<int, string, float> v;
v = 12;
v = 12.5f;
v = "An std::string"s;
```

variant 在任何给定时间只能包含一个值。因此，对于这三个赋值语句，首先将整数 12 存储在 variant 中，然后将 variant 改为包含浮点值，最后将 variant 改为包含字符串。

可使用 index()方法来获取当前存储在 variant 中的值类型的索引(以 0 开始)。可以使用 std::holds_alternative()函数模板来确定 variant 当前是否包含特定类型的值：

```
cout << "Type index: " << v.index() << endl;
cout << "Contains an int: " << holds_alternative<int>(v) << endl;
```

输出如下所示：

```
Type index: 1
Contains an int: 0
```

使用 std::get<index>()或 get<T>()从 variant 检索值，其中 index 是想要检索类型的索引，T 是想要检索的类型。如果使用类型的索引，或使用与 variant 的当前值不匹配的类型，这些函数抛出 bad_variant_access 异常。

```
cout << get<string>(v) << endl;
try {
   cout << get<0>(v) << endl;
} catch (const bad_variant_access& ex) {
   cout << "Exception: " << ex.what() << endl;
}
```

输出如下：

```
An std::string
Exception: bad variant access
```

为避免异常，可使用 std::get_if<index>()或 get_if<T>()辅助函数。这些函数接收指向 variant 的指针，返回指向请求值的指针；如果遇到错误，则返回 nullptr。

```
string* theString { std::get_if<string>(&v) };
int* theInt { get_if<int>(&v) };
cout << "retrieved string: " << (theString ? *theString : "null") << endl;
cout << "retrieved int: " << (theInt ? *theInt : 0) << endl;
```

输出如下：

```
retrieved string: An std::string
retrieved int: 0
```

可使用 std::visit()辅助函数，将 visitor 模式应用于 variant。visitor 必须是可调用对象，可以接收可能存储在 variant 中的任何类型。假设以下类定义了多个重载的函数调用运算符，variant 中的每个可能类型对应一个。

```
class MyVisitor
{
   public:
      void operator()(int i) { cout << "int " << i << endl; }
```

```
        void operator()(const string& s) { cout << "string " << s << endl; }
        void operator()(float f) { cout << "float " << f << endl; }
};
```

可将其与 std::visit()一起使用，如下所示：

```
visit(MyVisitor{}, v);
```

这样就会根据 variant 中当前存储的值，调用适当的重载的函数调用运算符。这个示例的输出如下：

```
string An std::string
```

variant 不能存储数组，就像第 1 章介绍的 optional 一样，不能在 variant 中存储引用。可以存储指针、reference_wrapper<const T>或 reference_ wrapper<T>的实例，见第 18 章。

24.2 any

std::any 在<any>中定义，是一个可包含任意类型值的类。可以使用任意构造函数或 std::make_any()辅助函数创建实例。一旦构建，可确认 any 实例中是否包含值，以及所包含值的类型。要访问包含的值，需要使用 any_cast()，如果失败，会抛出 bad_any_cast 类型的异常。下面是一个示例：

```
any empty;
any anInt { 3 };
any aString { "An std::string."s };

cout << "empty.has_value = " << empty.has_value() << endl;
cout << "anInt.has_value = " << anInt.has_value() << endl << endl;

cout << "anInt wrapped type = " << anInt.type().name() << endl;
cout << "aString wrapped type = " << aString.type().name() << endl << endl;

int theInt { any_cast<int>(anInt) };
cout << theInt << endl;
try {
   int test { any_cast<int>(aString) };
   cout << test << endl;
} catch (const bad_any_cast& ex) {
   cout << "Exception: " << ex.what() << endl;
}
```

输出如下所示。注意，aString 的包装类型与编译器相关。

```
empty.has_value = 0
anInt.has_value = 1

anInt wrapped type = int
aString wrapped type = class std::basic_string<char,struct std::char_traits<char>,class
std::allocator<char> >

3
Exception: Bad any_cast
```

可将新值赋给 any 实例，甚至是不同类型的新值：

```
any something { 3 };           // Now it contains an integer.
something = "An std::string"s; // Now the same instance contains a string.
```

any 的实例可存储在标准库容器中。这样就可在单个容器中存放异构数据。这么做的唯一缺点在于，只能通过显式执行 any_cast 来检索特定值，如下所示：

```
vector<any> v;
v.push_back(42);
v.push_back("An std::string"s);

cout << any_cast<string>(v[1]) << endl;
```

与 optional 和 variant 一样，无法存储 any 实例的引用。可存储指针，也可存储 reference_wrapper<const T>或 reference_wrapper<T>的实例。

24.3 元组

第 1 章介绍的在<utility>中定义的 std::pair 类可保存两个值，每个值都有特定的类型。每个值的类型都应该在编译期确定。下面是一个简单的例子：

```
pair<int, string> p1 { 16, "Hello World" };
pair p2 { true, 0.123f }; // Using CTAD.
cout << format("p1 = ({}, {})", p1.first, p1.second) << endl;
cout << format("p2 = ({}, {})", p2.first, p2.second) << endl;
```

输出如下所示：

```
p1 = (16, Hello World)
p2 = (1, 0.123)
```

还有 std::tuple 类，这个类定义在<tuple>中。tuple(元组)是 pair 的泛化，允许存储任意数量的值，每个值都有自己特定的类型。和 pair 一样，tuple 的大小和值类型都是编译期确定的，都是固定的。

tuple 可通过 tuple 构造函数创建，需要指定模板类型和实际值。例如，下面的代码创建了一个 tuple，其第一个元素是一个整数，第二个元素是一个字符串，最后一个元素是一个布尔值：

```
using MyTuple = tuple<int, string, bool>;
MyTuple t1 { 16, "Test", true };
```

std::get<i>()从 tuple 中获得第 i 个元素，i 是从 0 开始的索引；因此<0>表示 tuple 的第一个元素，<1>表示 tuple 的第二个元素，以此类推。返回值的类型是 tuple 中那个索引位置的正确类型：

```
cout << format("t1 = ({}, {}, {})", get<0>(t1), get<1>(t1), get<2>(t1)) << endl;
// Outputs: t1 = (16, Test, 1)
```

可通过<typeinfo>中的 typeid()检查 get<i>()是否返回了正确的类型。下面这段代码的输出表明，get<1>(t1)返回的值确实是 std::string(如上所述，typeid().name()返回的确切字符串依赖于编译器)。

```
cout << "Type of get<1>(t1) = " << typeid(get<1>(t1)).name() << endl;
// Outputs: Type of get<1>(t1) = class std::basic_string<char,
//         struct std::char_traits<char>,class std::allocator<char>
```

可以使用 std::tuple_element 类模板在编译期根据元素的索引获取元素的类型。tuple_element 要求指定元组的类型(在本例中是 MyTuple)，而不是像 t1 那样的实际元组实例。下面是示例：

```
cout << "Type of element with index 2 = "
     << typeid(tuple_element<2, MyTuple>::type).name() << endl;
// Outputs: Type of element with index 2 = bool
```

也可根据类型使用 std::get<T>()从 tuple 中提取元素，其中 T 是要提取的元素(而不是索引)的类型。如果 tuple 有几个所需类型的元素，编译器会生成错误。例如，可从 t1 中提取字符串元素：

```
cout << "String = " << get<string>(t1) << endl;
// Outputs: String = Test
```

迭代 tuple 的值并不简单。无法编写简单循环或调用 get<i>(mytuple)等，因为 i 的值在编译期必须是已知的。一种可能的解决方案是使用模板元编程，详见第 26 章，其中举了一个打印 tuple 值的示例。

可通过 std::tuple_size 模板查询 tuple 的大小。和 tuple_element 一样，tuple_size 要求指定 tuple 的类型，而不是实际的 tuple 实例：

```
cout << "Tuple Size = " << tuple_size<MyTuple>::value << endl;
// Outputs: Tuple Size = 3
```

如果不知道准确的 tuple 类型，始终可以使用 decltype()来查询类型，如下所示：

```
cout << "Tuple Size = " << tuple_size<decltype(t1)>::value << endl;
// Outputs: Tuple Size = 3
```

通过模板参数推导(CTAD)，在构造 tuple 时，可忽略模板类型形参，让编译器根据传递给构造函数的实参类型自动进行推导。例如，下面定义同样的 t1 元组，它包含一个整数、一个字符串和一个布尔值。注意，必须指定"Test"s，以确保它是 std::string。

```
std::tuple t1 { 16, "Test"s, true };
```

因为类型的自动推导，不能通过&指定引用。如果需要通过构造函数的模板参数推导方式，生成一个包含引用或常量引用的 tuple，那么需要分别使用 ref()和 cref()。它们都在<functional>中定义。例如，下面的构造会生成一个类型为 tuple<int, double&,const double&, string&>的 tuple：

```
double d { 3.14 };
string str1 { "Test" };
std::tuple t2 { 16, ref(d), cref(d), ref(str1) };
```

为测试元组 t2 中的 double 引用，下面的代码首先将 double 变量的值写入控制台。然后调用 get<1>(t2)，这个函数实际上返回的是对 d 的引用，因为第二个 tuple(索引 1)元素使用了 ref(d)。第二行修改引用的变量的值，最后一行展示了 d 的值的确通过保存在 tuple 中的引用修改了。注意，第三行未能编译，因为 cref(d)用于第三个 tuple 元素，也就是说，它是 d 的常量引用。

```
cout << "d = " << d << endl;
get<1>(t2) *= 2;
//get<2>(t2) *= 2;    // ERROR because of cref().
cout << "d = " << d << endl;
// Outputs: d = 3.14
//          d = 6.28
```

如果不使用构造函数的模板参数推导方法，可以使用 std::make_tuple()工具函数创建一个 tuple。由于它是函数模板，它支持函数模板推导，因此允许通过仅指定实际值来创建元组。在编译期自动推导类型，例如：

```
auto t2 { std::make_tuple(16, ref(d), cref(d), ref(str1) };
```

24.3.1 分解元组

可采用两种方法，将一个元组分解为单独的元素：结构化绑定以及 std::tie()。

1. 结构化绑定

结构化绑定在 C++17 中可用，允许方便地将一个元组分解为多个变量。例如，下面的代码定义了一个 tuple，这个 tuple 包括一个整数、一个字符串和一个布尔值；此后，使用结构化绑定，将这个 tuple 分解为 3 个独立的变量：

```
tuple t1 { 16, "Test"s, true };
auto [i, str, b] { t1 };
cout << format("Decomposed: i = {}, str = \"{}\", b = {}", i, str, b) << endl;
```

还可以将元组分解为引用，允许通过引用修改元组的内容，这是示例：

```
auto& [i2, str2, b2] { t1 };
i2 *= 2;
str2 = "Hello World";
b2 = !b2;
```

使用结构化绑定，无法在分解元组时忽略特定元素。如果元组包含 3 个元素，则结构化绑定需要 3 个变量。如果想忽略元素，则必须使用 tie()。

2. tie()

如果在分解元组时不使用结构化绑定，可使用 std::tie()工具函数，它生成一个引用的 tuple。下例首先创建一个 tuple，这个 tuple 包含一个整数、一个字符串和一个布尔值；然后创建 3 个变量，即整型变量、字符串变量和布尔变量，将这些变量的值写入控制台。tie(i, str,b)调用会创建一个 tuple，其中包含对 i 的引用、对 str 的引用以及对 b 的引用。使用赋值运算符，将 tuple t1 赋给 tie()的结果。由于 tie()的结果是一个引用的 tuple，赋值实际上更改了 3 个独立变量中的值：

```
tuple t1 { 16, "Test", true };
int i { 0 };
string str;
bool b { false };
cout << format("Before: i = {}, str = \"{}\", b = {}", i, str, b) << endl;
tie(i, str, b) = t1;
cout << format("After: i = {}, str = \"{}\", b = {}", i, str, b) << endl;
```

结果如下：

```
Before: i = 0, str = "", b = 0
After:  i = 16, str = "Test", b = 1
```

有了 tie()，可忽略一些不想分解的元素。并非使用分解值的变量名，而使用特殊的 std::ignore 值。例如，t1 元组的 string 元素可以被忽略，用下面的语句替换前面的 tie()语句：

```
tie(i, ignore, b) = t1;
```

24.3.2 串联

通过 std::tuple_cat()可将两个 tuple 串联为一个。在下面的例子中，t3 的类型为 tuple<int, string, bool, double, string>：

```
tuple t1 { 16, "Test"s, true };
tuple t2 { 3.14, "string 2"s };
auto t3 { tuple_cat(t1, t2) };
```

24.3.3 比较

tuple 支持所有比较运算符。为了能使用这些比较运算符，tuple 中存储的元素类型也应该支持这些操作。例如：

```
tuple t1 { 123, "def" };
tuple t2 { 123, "abc" };
if (t1 < t2) {
    cout << "t1 < t2" << endl;
} else {
    cout << "t1 >= t2" << endl;
}
```

输出如下所示：

```
t1 >= t2
```

对于包含多个数据成员的自定义类型，tuple 比较可用于方便地实现这些类型的按词典比较运算符。例如，如下的类包含 3 个数据成员：

```
class Foo
{
    public:
        Foo(int i, string s, bool b) : m_int { i }, m_str { move(s) }, m_bool { b }
        {
        }
    private:
        int m_int;
        string m_str;
        bool m_bool;
};
```

正确实现该类的完整比较运算符集合并不简单。通过 std::tie()和 C++20 的三向比较运算符(operator<=>)，它就变成了简单的一行程序。下面是 Foo 类的运算符<=>方法的实现：

```
auto operator<=>(const Foo& rhs)
{
    return tie(m_int, m_str, m_bool) <=>
           tie(rhs.m_int, rhs.m_str, rhs.m_bool);
}
```

下面是一个使用示例：

```
Foo f1 { 42, "Hello", false };
Foo f2 { 42, "World", false };
cout << (f1 < f2) << endl; // Outputs 1
cout << (f2 > f1) << endl; // Outputs 1
```

24.3.4 make_from_tuple()

使用 std::make_from_tuple<T>()可构建一个 T 类型的对象，将给定 tuple 的元素作为参数传递给 T 的构造函数。例如，假设具有以下类：

```
class Foo
{
    public:
        Foo(string str, int i) : m_str { move(str) }, m_int { i } {}
    private:
        string m_str;
        int m_int;
};
```

可按如下方式使用 make_from_tuple()：

```
auto myTuple { "Hello world.", 42 };
auto foo { make_from_tuple<Foo>(myTuple) };
```

技术上讲，提供给 make_from_tuple()的实参未必是一个 tuple，但必须支持 std::get<>()和 tuple_size。std::array 和 pair 也满足这些要求。

在日常工作中，该函数并不实用，不过如果要编写使用模板的泛型代码，或进行模板元编程，那么这个函数可提供便利。

24.3.5 apply()

std::apply()调用给定的函数、lambda 表达式和函数对象等，将给定 tuple 的元素作为实参传递。下面是一个例子：

```
int add(int a, int b) { return a + b; }
...
cout << apply(add, tuple { 39, 3 }) << endl;
```

与 make_from_tuple()一样，在日常工作中，该函数并不实用；不过，如果要编写使用模板的泛型代码，或进行模板元编程，那么这个函数可提供便利。

24.4 本章小结

本章概述了 C++标准提供的其他功能。你在这一章学习了如何使用 variant 和 any 词汇表数据类型，它们是对 optional 词汇表类型的补充。你也学习了 tuple，它是 pair 的泛化。

本章是本书第 III 部分的总结。下一部分讨论一些更高级的主题，首先介绍如何通过自己的标准库兼容的算法和数据结构来定制和扩展 C++标准库提供的功能。

24.5 练习

通过完成下面的习题，可以巩固本章所讨论的知识点。所有习题的答案都可扫描封底二维码下载。然而如果你受困于某个习题，可以在看网站上的答案之前，先重新阅读本章的部分内容，尝试着自己找到答案。

练习 24-1 第 14 章解释了 C++中的错误处理，并解释了这里基本上有两个主要选项，要么使用错误码，要么使用异常。建议使用异常进行错误处理，但在本练习中，你将使用错误码。编写一个简单的 Error 类，它只存储单个消息，有一个构造函数来设置消息，有一个 getter 来获取消息。编写一个参数名为 fail 的 getData()函数。如果 fail 为 false，则函数返回数据的 vector，否则，返回 Error 的实例。不允许使用非 cosnt 输出参数的引用。在 main()函数中测试你的实现。

练习 24-2 大多数命令行应用程序接收命令行参数。在本书的大部分示例代码中，main 函数就是 main()。然而 main()也可以接收参数：main(int argc, char** argv)，其中 argc 是命令行参数的数量，argv 是一个字符串数组，每个参数对应一个字符串。本习题假设命令行参数的形式为 name=value。编写一个函数，它可以解析单个参数并返回一个包含参数名称和 variant 的 pair。如果 variant 的值可以被解析为布尔值，则作为布尔值。如果该值被解析为整数，则为整数，否则为字符串。要拆分 name=value 字符串，可以使用正则表达式(参见第 21 章)。要解析整数，可以使用第 2 章介绍的某个函数。在 main()函数中，循环所有命令行参数并解析它们，使用 holds_alternative()将解析后的结果输出到标准输出上。

练习 24-3 修改习题 24-2 的答案，不要使用 holds_alternative()，使用一个访问者将解析后的结果输出到标准输出上。

练习 24-4 修改习题 24-3 的答案，使用 tuple 替换 pair。

第IV部分

掌握 C++的高级特性

第25章 自定义和扩展标准库

本章内容

- 分配器的含义
- 如何通过编写自定义算法、容器和迭代器来扩展标准库

第 16 章、第 18 章和第 20 章中提到，标准库是功能强大的通用容器和算法的集合。你目前了解的信息应该足以满足大部分应用程序的需要。然而，前面的章节只介绍了库的基本功能。可根据需要的方式任意自定义和扩展标准库。例如，可编写自己的容器、算法和迭代器；甚至可指定容器使用自定义的内存分配方案。本章通过容器 directed_graph 的开发过程，讲解这些高级特性。

警告：

很少需要自定义和扩展标准库。如果对前面章节讲解的基本标准库容器和算法不甚明了，可跳过这一章。不过，如果想理解标准库，而不只满足于使用标准库，那么本章值得阅读。你应该很熟悉第 15 章讲解的运算符重载内容，由于这一章大量使用了模板，因此在继续阅读本章之前还应该熟悉第 12 章讲解的模板。

25.1 分配器

每个标准库容器都接收 Allocator 类型作为模板参数，大部分情况下默认值就足够了。例如，vector 模板的定义如下所示：

```
template <class T, class Allocator = allocator<T>> class vector;
```

容器构造函数还允许指定 Allocator 类型的对象。通过这些额外参数可自定义容器分配内存的方式。容器执行的每一次内存分配都是通过调用 Allocator 对象的 allocate()方法进行的。相反，每一次内存释放都是通过调用 Allocator 对象的 deallocate()方法进行的。标准库提供了一个默认的 Allocator 类，名为 allocator，定义在<memory>中，这个类通过对 operator new 和 operator delete 进行包装实现了这些方法。

请记住，allocate()只是分配了一个足够大的未初始化内存块，而没有调用任何对象构造函数。类似地，deallocate()只是释放内存块，而不调用任何析构函数。一旦分配了一块内存，就可以使用

placement new 运算符(见第 15 章)在特定位置上构造一个对象。下面的代码片段显示了一个示例。第 29 章将展示分配器用于实现对象池的更现实的用法。

```
class MyClass {};
int main()
{
    // Create an allocator to use.
    allocator<MyClass> alloc;
    // Allocate uninialized memory block for 1 instance of MyClass.
    auto* memory { alloc.allocate(1) };
    new(memory) MyClass{};
    // Destroy MyClass instance.
    destroy_at(memory);
    // Deallocate memory block.
    alloc.deallocate(memory, 1);
    memory = nullptr;
}
```

如果程序中的容器需要使用自定义的内存分配和释放方案，那么可编写自己的 Allocator 类。有几种原因需要使用自定义的分配器。例如，如果底层分配器的性能无法接受，但可构建替换的分配器。如果必须给操作系统特定的功能分配空间，例如共享内存段，那么通过自定义分配器允许在共享内存段内使用标准库容器。自定义分配器的使用很复杂，如果不小心，可能产生很多问题，因此不应该草率地使用自定义分配器。

任何提供了 allocate()、deallocate()和其他需要的方法和类型别名的类都可替换默认的 allocator 类。

C++17 引入了多态内存分配器的概念。对于指定为模板类型参数的容器的分配器，问题在于两个十分相似但具有不同分配器类型的容器区别很大。例如，具有不同分配器模板类型参数的两个 vector<int>容器是不同的，因此不能将其中一个赋给另一个。

std::pmr 名称空间的<memory_resource>中定义的多态内存分配器有助于解决这个问题。std::pmr::polymorphic_allocator 是适当的分配器类，因为它满足各种要求，如具有 allocate()和 deallocate()方法。polymorphic_allocator 的分配行为取决于构建期间的 memory_resource，而非取决于模板类型参数。因此，在分配和释放内存时，虽然具有相同的类型，但不同 polymorphic_allocator 的行为迥异。C++标准提供了一些内置的内存资源，可供初始化多态内存分配器：synchronized_pool_resource、unsynchronized_pool_resource 和 monotonic_buffer_resource。

然而，根据经验，这些自定义分配器和多态内存分配器相当高级，很少使用。因此本书略去了这些细节。要了解详情，请参阅附录B中列出的C++标准库的相关书籍。

25.2 扩展标准库

标准库包含很多有用的容器、算法和迭代器，可在应用程序中使用这些工具。然而，任何库都不可能包含所有潜在客户可能需要的所有工具。因此，库最好具有可扩展性：允许客户基于基本功能进行适配和添加功能，从而得到客户需要的准确功能。标准库本质上就是可扩展的，因为标准库的基础结构将数据和操作数据的算法分开了。提供符合标准库标准的迭代器，就可以自行编写能够用于标准库算法的容器。类似地，还可编写能操作标准容器迭代器的算法。注意不能把自己的容器和算法放在 std 名称空间中。

注意：

本书通常使用规范来命名函数和方法，没有任何下画线，除了第一个单词外，其他都大写，例如 getIndex()。然而本章讨论的是扩展标准库，因此它使用标准库使用的命名规范。意味着函数名和方法名都小写，单词之前用下画线分隔。例如 get_index()。类名也使用标准库命名规范。

25.2.1 扩展标准库的原因

准备用 C++编写算法或容器时，可遵循或不遵循标准库的约定。对于简单的容器和算法来说，可能不值得为遵循标准库规范而付出额外的努力。然而，对于打算重用的重要代码，这些努力是值得的。首先，代码更容易被其他 C++程序员理解，因为代码遵从构建良好的接口规范。其次，可将自己的容器和算法与标准库中的其他部分(算法或容器)结合使用，而不需要提供特别的修改版或适配器。最后，可强迫遵循开发稳固代码所需的严格规范。

25.2.2 编写标准库算法

第 16 章和第 20 章描述了标准库中的一组有用算法，但有时需要在自己的程序中使用新算法。这种情况下，编写和标准算法一样能操作标准库迭代器的算法并不难。

find_all()

假设需要在指定范围内找到满足某个谓词的所有元素，包括它们的位置。find()和 find_if()是最符合条件的备选算法，但这些算法返回的都是仅引用一个元素的迭代器。可使用 copy_if()找出所有满足谓词的元素，但会用所找到元素的副本填充输出。如果想要避免复制，可使用 copy_if()和 back_insert_iterator(第 17 章“理解迭代器和范围库”)到 vector<reference_wrapper<T>>中，但这不能给出所找到元素的位置。事实上，无法利用任何一种标准算法找到满足谓词的所有元素的迭代器，但可自行编写能提供这个功能的版本，称为 find_all()。

第一个任务是定义函数原型。可遵循 copy_if()采用的模型。这应该是一个带有 3 个类型参数的模板化函数：输入迭代器类型、输出迭代器类型和谓词类型。这个函数的参数为输入序列的首尾迭代器、输出序列的首迭代器以及谓词对象。与 copy_if()一样，该算法给输出序列返回一个迭代器，指向输出序列中存储的最后一个元素后面的那个元素。下面是算法原型：

```
template <typename InputIterator, typename OutputIterator, typename Predicate>
OutputIterator find_all(InputIterator first, InputIterator last,
                        OutputIterator dest, Predicate pred);
```

另一种可选方案是忽略输出迭代器，给输入序列返回一个迭代器，遍历输入序列中所有匹配的元素，但是这种方案要求编写自定义的迭代器类，见稍后的讨论。

下一项任务是编写算法的实现。find_all()算法遍历输入序列中的所有元素，给每个元素调用谓词，把匹配元素的迭代器存储在输出序列中。下面是算法的实现：

```
template <typename InputIterator, typename OutputIterator, typename Predicate>
OutputIterator find_all(InputIterator first, InputIterator last,
                        OutputIterator dest, Predicate pred)
{
    while (first != last) {
        if (pred(*first)) {
            *dest = *first;
            ++dest;
        }
```

```
        ++first;
    }
    return dest;
}
```

与 copy_if()类似，该算法也只覆盖输出序列中的已有元素，所以确保输出序列足够大，以存储结果，或者使用迭代适配器，例如下面代码中的 back_insert_iterator。找到引用所有匹配的元素后，代码计算找到的元素个数，即 matches 中迭代器的个数。然后，代码遍历结果，打印每个元素。

```
vector vec { 3, 4, 5, 4, 5, 6, 5, 8 };
vector<vector<int>::iterator> matches;

find_all(begin(vec), end(vec), back_inserter(matches),
    [](int i){ return i == 5; });

cout << format("Found {} matching elements: ", matches.size()) << endl;
for (const auto& it : matches) {
    cout << *it << " at position " << (it - cbegin(vec)) << endl;;
}
```

输出如下所示：

```
Found 3 matching elements:
5 at position 2
5 at position 4
5 at position 6
```

25.2.3 编写标准库容器

C++标准包含要把容器作为标准库容器应该满足的要求列表。此外，如果想要一个容器为顺序容器(例如 vector)、有序关联容器(例如 map)或无序关联容器(例如 unordered_map)，那么这个容器还必须满足额外的要求。

我们对编写自定义容器的建议是：首先编写遵循一般标准库规则的基本容器，例如编写类模板，不用太关心遵循标准库的细节。开发基本实现后，添加迭代器支持，以便它能配合标准库框架工作。接下来，添加方法和类型别名来满足所有基本的容器需求，最后满足任何附加的容器需求。本章采用这种方法开发有向图数据结构，也称为有向图。

基本的有向图

某些 C++标准库容器在其实现中肯定使用了图，但标准没有为用户提供任何类似图的数据结构。因此，实现自己的图听起来像是编写自己的标准库兼容容器的完美示例。

在开始编写任何代码之前，先看看有向图是什么类型的数据结构，以及如何在内存中表示它的数据。图 25-1 是一个有向图示例的可视化表示。基本上，有向图由一组节点(也成为顶点)组成，节点间由边连接。另外，每条边都有方向，由箭头表示，这就是它称为有向图的原因。

有多种方法可以在内存中存储这样的数据结构，如边表、邻接矩阵和邻接表。这个实现使用邻接表，节点存储在 vector 中，每个节点都有邻接表列出它的相邻节点。来看一个示例，假设有图 25-2 所示的有向图。

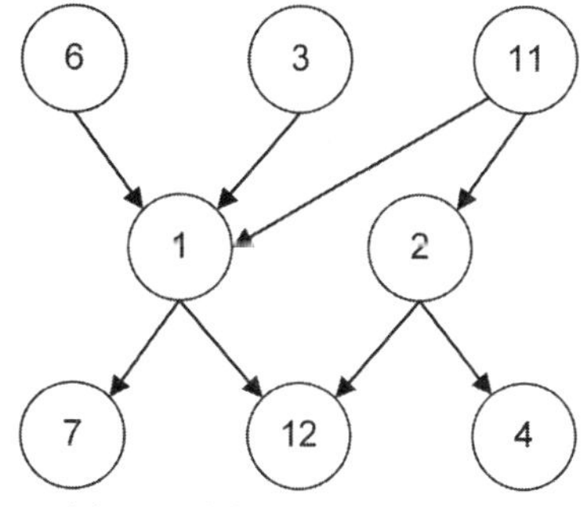

图 25-1 有向图示例的可视化表示

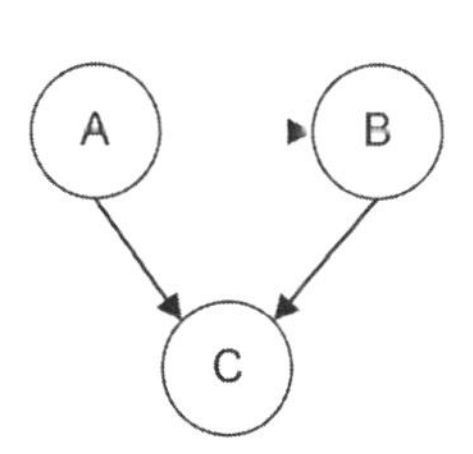

图 25-2 有向图

用邻接表表示图 25-2 会得到如表 25-1 所示的数据结构：

表 25-1 数据结构

节点	邻接表
A	B，C
B	C
C	

可以存储在 vector 中，vector 中的每个元素表示图表中的一行，也就是说，每个 vector 的元素代表一个节点及其对应的邻接表。我们先从一个基本的实现开始，不要太担心标准库的兼容性。第一部分实现了一个简单但功能齐全的 directed_graph。注意这可能不是有向图的最佳或性能最好的实现，但这不是本章的重点。重点是按照标准库的理念来完成数据结构的制作过程。

graph_node 类模板

directed_graph 的实现使用了节点的概念，所以要实现的第一部分代码就是表示图的单个节点的数据结构。一个节点有一个值和相邻节点的列表，存储这些相邻节点的索引集合。使用集合可以确保列表中不存储重复的相邻索引。该类具有构造函数，用于为给定值构造新 graph_node，具有 value()方法，用于检索节点值，并支持相等运算。该定义在 graph_node.cpp 中的 directed_graph:node 模块实现分区文件中，它在 details 的名称空间中，但并不是从该模块导出，因为 directed_graph 的用户不应该直接使用 graph_nodes 本身。directed_graph 类模板需要访问相邻节点的列表，因此它是 graph_node 的好友。下面是 graph_node 的接口，注意[[nodiscard]]属性的使用，在第 1 章中介绍过。

```
module directed_graph:node;
...
namespace details
{
   template <typename T>
   class graph_node
   {
       public:
           // Constructs a graph_node for the given value.
           graph_node(directed_graph<T>* graph, const T& t);
           graph_node(directed_graph<T>* graph, T&& t);

           // Returns a reference to the stored value.
           [[nodiscard]] T& value() noexcept;
```

```
        [[nodiscard]] const T& value() const noexcept;

        // C++20 defaulted operator==.
        bool operator==(const graph_node&) const = default;

    private:
        friend class directed_graph<T>;

        // A pointer to the graph this node is in.
        directed_graph<T>* m_graph;

        // Type alias for the container type used to store the adjacency list.
        using adjacency_list_type = std::set<size_t>;

        // Returns a reference to the adjacency list.
        [[nodiscard]] adjacency_list_type& get_adjacent_nodes_indices();
        [[nodiscard]] const adjacency_list_type&
            get_adjacent_nodes_indices() const;

        T m_data;
        adjacency_list_type m_adjacentNodeIndices;
    };
}
```

这些方法的实现很简单:

```
namespace details
{
    template <typename T>
    graph_node<T>::graph_node(directed_graph<T>* graph, const T& t)
        : m_graph { graph }, m_data { t } { }

    template <typename T>
    graph_node<T>::graph_node(directed_graph<T>* graph, T&& t)
        : m_graph { graph }, m_data { std::move(t) } { }

    template <typename T>
    T& graph_node<T>::value() noexcept { return m_data; }

    template <typename T>
    const T& graph_node<T>::value() const noexcept { return m_data; }

    template <typename T>
    typename graph_node<T>::adjacency_list_type&
        graph_node<T>::get_adjacent_nodes_indices()
    {
        return m_adjacentNodeIndices;
    }

    template <typename T>
    const typename graph_node<T>::adjacency_list_type&
        graph_node<T>::get_adjacent_nodes_indices() const
    {
        return m_adjacentNodeIndices;
    }
}
```

注意 m_graph 数据成员是一个指针。可以修改实现使其成为引用。还必须提供拷贝/移动构造函数和拷贝/移动赋值运算符的实现，因为一旦有了引用数据成员，编译器生成的运算符就会自动删除。

这个实现提供默认运算符==，它会自动默认运算符!=。这是 C++20 的一个特性，如果编译器不支持这一点，则必须为这两个运算符提供自己的实现，它们只是比较所有数据成员。

现在有了 graph_node 实现，再来看看 directed_graph 类本身。

directed_graph 接口

directed_graph 支持 3 种基本操作：插入、删除和查找；此外它是可交换的。它在 directed_graph 模块中定义，下面是 directed_graph 类模板的公共部分。

```
export module directed_graph;
...
export template <typename T>
class directed_graph
{
    public:
        // For insert to be successful, the value shall not be in the graph yet.
        // Returns true if a new node with given value has been added to
        // the graph, and false if there was already a node with the given value.
        bool insert(const T& node_value);
        bool insert(T&& node_value);

        // Returns true if the given node value was erased, false otherwise.
        bool erase(const T& node_value);

        // Returns true if the edge was successfully created, false otherwise.
        bool insert_edge(const T& from_node_value, const T& to_node_value);

        // Returns true if the given edge was erased, false otherwise.
        bool erase_edge(const T& from_node_value, const T& to_node_value);

        // Removes all nodes from the graph.
        void clear() noexcept;

        // Returns a reference to the node with given index.
        // No bounds checking is done.
        T& operator[](size_t index);
        const T& operator[](size_t index) const;

        // Two directed graphs are equal if they have the same nodes and edges.
        // The order in which the nodes and edges have been added does not
        // affect equality.
        bool operator==(const directed_graph& rhs) const;
        bool operator!=(const directed_graph& rhs) const;

        // Swaps all nodes between this graph and the given graph.
        void swap(directed_graph& other_graph) noexcept;

        // Returns the number of nodes in the graph.
        [[nodiscard]] size_t size() const noexcept;

        // Returns a set with the adjacent nodes of a given node.
        // If the given node does not exist, an empty set is returned.
        [[nodiscard]] std::set<T> get_adjacent_nodes_values(
```

```
            const T& node_value) const;
    private:
        // Implementation details not shown yet.
};
```

如你所见，值类型是一个模板类型参数，类似于标准库 vector 容器，接口看起来很简单。注意，该接口没有任何用户自定义的拷贝和移动构造函数、拷贝和移动赋值运算符以及析构函数，也就是说，该类遵循第 9 章讨论到的零规则。

现在来看公有方法的具体实现。

实现

在完成 directed graph 接口之后，需要选择实现模型。如前所述，此实现将有向图存储为节点列表，其中每个节点包含其值及其邻接节点索引集合。由于邻接节点列表包含到其他节点的索引，节点应该基于它们的索引进行访问。因此，vector 是存储节点的最合适容器。每个节点都表示为一个 graph_node 实例。因此，最终的数据结构是 graph_node 的 vector。下面是 directed_graph 类的第一个私有成员：

```
private:
    using nodes_container_type = std::vector<details::graph_node<T>>;
    nodes_container_type m_nodes;
```

搜索节点

graph 上的插入和删除操作需要代码来找到具有给定节点值的元素。因此有一个执行此任务的私有辅助方法是有帮助的。同时提供 const 和非 const 版本：

```
// Helper method to return an iterator to the given node, or the end iterator
// if the given node is not in the graph.
typename nodes_container_type::iterator findNode(const T& node_value);
typename nodes_container_type::const_iterator findNode(const T& node_value) const;
```

findNode()的非 const 版本的实现如下：

```
template <typename T>
typename directed_graph<T>::nodes_container_type::iterator
    directed_graph<T>::findNode(const T& node_value)
{
    return std::find_if(std::begin(m_nodes), std::end(m_nodes),
        [&node_value](const auto& node) { return node.value() == node_value; });
}
```

方法的主体并不太复杂。它使用标准库中的 find_if()算法(第 20 章)来搜索图中的所有节点，寻找值等于 node_value 参数的节点。如果在途中找到这样一个节点，则返回指向该节点的迭代器；否则返回一个 end 迭代器。

这个方法的函数头语法有些混乱，特别是 typename 关键字的使用。当使用依赖于模板参数的类型时，必须使用 typename 关键字。具体来说，类型 nodes_container_type::iterator 是 vector<details::graph_node<T>>::iterator，它依赖 T 模板参数。

该方法的 const 版本直接转到非 const 版本来避免代码重复：

```
template <typename T>
typename directed_graph<T>::nodes_container_type::const_iterator
    directed_graph<T>::findNode(const T& node_value) const
{
```

```
    return const_cast<directed_graph<T>*>(this)->findNode(node_value);
}
```

插入节点

insert()必须首先检查给定值的节点是否已经存在于图中。如果不存在，则可以为给定值创建一个新节点。公共接口提供了一个接收 const 引用的 insert()方法和一个接收右值引用的重载方法。前者的实现就是把工作转发到右值引用的重载版本中。对 emplace_back()的调用通过将指向 directed_graph 的指针和节点的值传递给 graph_node 构造函数来构造一个新的 graph_node：

```
template <typename T>
bool directed_graph<T>::insert(T&& node_value)
{
    auto iter { findNode(node_value) };
    if (iter != std::end(m_nodes)) {
        // Value is already in the graph, return false.
        return false;
    }
    m_nodes.emplace_back(this, std::move(node_value));
    // Value successfully added to the graph, return true.
    return true;
}

template <typename T>
bool directed_graph<T>::insert(const T& node_value)
{
    T copy { node_value };
    return insert(std::move(copy));
}
```

插入边

一旦将节点添加到图中，这些节点之间的边就可以构建成一个有向图。为此，提供了一个 insert_edge()方法，该方法需要两个参数：边的起始节点值和边应该指向的节点的值。该方法做的第一件事是在图中搜索起始节点和到达节点。如果在图中没有找到它们中的任何一个，该方法会返回 false。如果两者都找到，那么代码会通过调用私有辅助函数 get_index_of_node()来计算包含 to_node_value 节点的索引，最后将该索引添加到包含 from_node_value 节点的邻接表中。记得在第 18 章中，set 的 insert()方法返回 pair<iterator, bool>，其中布尔值表示是否插入成功，这就是在 return 语句中对 insert()的结果使用.second 的原因。

```
template <typename T>
bool directed_graph<T>::insert_edge(const T& from_node_value,
    const T& to_node_value)
{
    const auto from { findNode(from_node_value) };
    const auto to { findNode(to_node_value) };
    if (from == std::end(m_nodes) || to == std::end(m_nodes)) {
        return false;
    }
    const size_t to_index { get_index_of_node(to) };
    return from->get_adjacent_nodes_indices().insert(to_index).second;
}
```

get_index_of_node()辅助方法的实现如下：

```
template <typename T>
size_t directed_graph<T>::get_index_of_node(
    const typename nodes_container_type::const_iterator& node) const noexcept
{
    const auto index { std::distance(std::cbegin(m_nodes), node) };
    return static_cast<size_t>(index);
}
```

删除节点

erase()遵循与 insert()相同的模式：它首先通过调用 findNode()尝试查找给定的节点。如果节点存在，则将其从图中删除，否则什么也不做。从图中删除已有节点有两步：

(1) 将待删除节点从所有其他节点的邻接表中删除。

(2) 从节点列表中删除实际节点。

对于第(1)步，提供了一个私有辅助方法 remove_all_links_to()。该方法必须更新剩余的相邻节点索引，以考虑从图中删除一个节点。首先它计算 node_index，即给定节点在节点 vector 中的索引。然后它遍历所有节点的邻接表，从每个表中删除 node_index 并更新剩余的索引。一个棘手的部分是，邻接表是一个 set，而 set 不允许修改它的值。因此，第二步实现是将 set 转换成一个 vector，使用 for_each()算法更新所有需要更新的索引，最后清空 set 并插入更新后的索引。这可能不是性能最佳的实现，但是正如前面提到的，这不是本文讨论的重点。

```
template <typename T>
void directed_graph<T>::remove_all_links_to(
    typename nodes_container_type::const_iterator node_iter)
{
    const size_t node_index { get_index_of_node(node_iter) };

    // Iterate over all adjacency lists of all nodes.
    for (auto&& node : m_nodes) {
        auto& adjacencyIndices { node.get_adjacent_nodes_indices() };
        // First, remove references to the to-be-deleted node.
        adjacencyIndices.erase(node_index);
        // Second, modify all adjacency indices to account for removal of a node.
        std::vector<size_t> indices(std::begin(adjacencyIndices),
            std::end(adjacencyIndices));
        std::for_each(std::begin(indices), std::end(indices),
            [node_index](size_t& index) {
                if (index > node_index) { --index; }
            });
        adjacencyIndices.clear();
        adjacencyIndices.insert(std::begin(indices), std::end(indices));
    }
}
```

有了这个辅助方法，真正的 erase()方法的实现就会很简单：

```
template <typename T>
bool directed_graph<T>::erase(const T& node_value)
{
    auto iter { findNode(node_value) };
    if (iter == std::end(m_nodes)) {
        return false;
```

```
        }
        remove_all_links_to(iter);
        m_nodes.erase(iter);
        return true;
}
```

删除边

删除边的过程与添加边非常相似。如果没有找到 from 或 to 节点，则什么都不做，否则，值为 to_node_value 的节点的索引将从值为 from_node_value 的节点的邻接表中删除：

```
template <typename T>
bool directed_graph<T>::erase_edge(const T& from_node_value,
        const T& to_node_value)
{
        const auto from { findNode(from_node_value) };
        const auto to { findNode(to_node_value) };
        if (from == std::end(m_nodes) || to == std::end(m_nodes)) {
                return false; // nothing to erase
        }
        const size_t to_index { get_index_of_node(to) };
        from->get_adjacent_nodes_indices().erase(to_index);
        return true;
}
```

删除所有元素

clear()方法简单清空了整个图：

```
template <typename T>
void directed_graph<T>::clear() noexcept
{
        m_nodes.clear();
}
```

交换图

因为 directed_graph 只有一个数据成员，一个 vector 容器，所以交换两个 directed_graph 就意味着交换它们的单个数据成员：

```
template <typename T>
void directed_graph<T>::swap(directed_graph& other_graph) noexcept
{
        m_nodes.swap(other_graph.m_nodes);
}
```

还提供了下面独立导出的 swap()函数，它直接转发给了公有 swap()方法：

```
export template <typename T>
void swap(directed_graph<T>& first, directed_graph<T>& second)
{
        first.swap(second);
}
```

访问节点

directed_graph 的公有接口支持通过 operator[]的重载访问节点的索引。实现很简单，就像 vector

一样，重载的 operator[]不会对请求的索引进行任何边界检查：

```
template <typename T>
T& directed_graph<T>::operator[](size_t index)
{
    return m_nodes[index].value();
}

template <typename T>
const T& directed_graph<T>::operator[](size_t index) const
{
    return m_nodes[index].value();
}
```

比较图

当且仅当两个 directed_graph 包含相同的节点集合并且所有节点之间具有相同的边时，它们才相等。一个稍微复杂的事实是，这两个 directed_graph 可以通过以稍微不同顺序添加节点的方式来创建；因此，实现不能只是比较 m_nodes 数据成员，还需要做更多的工作。

代码首先检查两个 directed_graph 的大小。如果大小不同，两个图不能相同。如果大小相同，则代码将遍历其中一个图的所有节点。对于每个节点，它试图在另一个图中找到相同的节点。如果没有找到这样的节点，则图不相同。如果它确实找到了这样的节点，则使用 get_adjacent_values()辅助方法将相邻节点索引转换为相邻节点值，然后比较这些值是否相等。

```
template <typename T>
bool directed_graph<T>::operator==(const directed_graph& rhs) const
{
    if (m_nodes.size() != rhs.m_nodes.size()) { return false; }

    for (auto&& node : m_nodes) {
        const auto rhsNodeIter { rhs.findNode(node.value()) };
        if (rhsNodeIter == std::end(rhs.m_nodes)) { return false; }

        const auto adjacent_values_lhs {
            get_adjacent_nodes_values(node.get_adjacent_nodes_indices()) };
        const auto adjacent_values_rhs {rhs.get_adjacent_nodes_values(
            rhsNodeIter->get_adjacent_nodes_indices()) };
        if (adjacent_values_lhs != adjacent_values_rhs) { return false; }
    }
    return true;
}
template <typename T>
std::set<T> directed_graph<T>::get_adjacent_nodes_values(
    const typename details::graph_node<T>::adjacency_list_type& indices) const
{
    std::set<T> values;
    for (auto&& index : indices) { values.insert(m_nodes[index].value()); }
    return values;
}
```

运算符!=的实现直接转发给运算符==：

```
template <typename T>
bool directed_graph<T>::operator!=(const directed_graph& rhs) const
{
```

```
    return !(*this == rhs);
}
```

获取相邻节点

公共接口中提供了一个 get_adjacent_nodes_values()方法，接收 T 的 const 引用类型值 node_value 作为参数。它返回一个集合，集合中包含与给定节点相邻的节点的值。如果给定的节点不存在，则返回空集合。就像前面实现的那样，该实现使用 get_adjacent_nodes_values()重载接受索引列表：

```
template <typename T>
std::set<T> directed_graph<T>::get_adjacent_nodes_values(const T& node_value) const
{
    auto iter { findNode(node_value) };
    if (iter == std::end(m_nodes)) { return std::set<T>{}; }
    return get_adjacent_nodes_values(iter->get_adjacent_nodes_indices());
}
```

查询图的大小

最后，size()方法返回图中的节点数：

```
template <typename T>
size_t directed_graph<T>::size() const noexcept
{
    return m_nodes.size();
}
```

打印图

图可以用一种称为 DOT 的标准格式打印，这是一种图形描述语言。有一些可以理解 DOT 格式图的工具，它可以将图转换为图描述。为了更容易地测试 directed_graph 代码，可以使用下面的 to_dot()转换函数。下一节将给出一个使用它的示例。

```
// Returns a given graph in DOT format.
export template <typename T>
std::wstring to_dot(const directed_graph<T>& graph, std::wstring_view graph_name)
{
    std::wstringstream wss;
    wss << format(L"digraph {} {{", graph_name.data()) << std::endl;
    for (size_t index { 0 }; index < graph.size(); ++index) {
        const auto& node_value { graph[index] };
        const auto adjacent_nodes { graph.get_adjacent_nodes_values(node_value) };
        if (adjacent_nodes.empty()) {
            wss << node_value << std::endl;
        } else {
            for (auto&& node : adjacent_nodes) {
                wss << format(L"{} -> {}", node_value, node) << std::endl;
            }
        }
    }
    wss << "}" << std::endl;
    return wss.str();
}
```

使用基本的有向图

现在已经完成了一个基本有向图类的完整实现。现在是测试这个类的时候了，下面是一个演示基本 directed_graph 类模板的小程序：

```
directed_graph<int> graph;
// Insert some nodes and edges.
graph.insert(11);
graph.insert(22);
graph.insert(33);
graph.insert(44);
graph.insert(55);
graph.insert_edge(11, 33);
graph.insert_edge(22, 33);
graph.insert_edge(22, 44);
graph.insert_edge(22, 55);
graph.insert_edge(33, 44);
graph.insert_edge(44, 55);
wcout << to_dot(graph, L"Graph1");

// Remove an edge and a node.
graph.erase_edge(22, 44);
graph.erase(44);
wcout << to_dot(graph, L"Graph1");

// Print the size of the graph.
cout << "Size: " << graph.size() << endl;
```

输出如下：

```
digraph Graph1 {
   11 -> 33
   22 -> 33
   22 -> 44
   22 -> 55
   33 -> 44
   44 -> 55
   55
}
digraph Graph1 {
   11 -> 33
   22 -> 33
   22 -> 55
   33
   55
}
Size: 4
```

25.2.4 将 directed_graph 实现为标准库容器

在前几节实现的基本的 directed_graph 遵循标准库的精神，而不是标准库的字母。对于大多数目的，前面的实现已经足够好了。但是，如果想要在 directed_graph 上使用标准库算法，则需要多做一些工作。C++标准指定了数据结构作为标准库容器必须提供的方法和类型别名。

需要的类型别名

C++标准指定每个标准库容器都要有表 25-2 所示的 public 类型别名。

表 25-2　public 类型别名

类型名称	说明
value_type	容器中保存的元素类型
reference	容器中保存的元素类型的引用
const_reference	容器中保存的元素类型的 const 引用
iterator	遍历容器中元素的类型
const_iterator	另一个版本的 iterator，遍历容器中的 const 元素
size_type	表示容器中元素个数的类型，通常为 size_t(来自<cstddef>)
difference_type	表示用于容器的两个 iterator 间差值的类型，通常为 ptrdiff_t(来自<cstddef>)

下面是 directed_graph 实现这些类型别名的类模板定义，除了 iterator 和 const_iterator。后面将详细讲解迭代器的编写方式。

```
export template <typename T>
class directed_graph
{
    public:
        using value_type = T;
        using reference = value_type&;
        using const_reference = const value_type&;
        using size_type = size_t;
        using difference_type = ptrdiff_t;
        // Remainder of class definition omitted for brevity.
};
```

使用这些类型别名，可以稍微修改一些方法。下面是 operator[]的早期定义：

```
T& operator[](size_t index);
const T& operator[](size_t index) const;
```

使用新的类型别名，这些可以写成如下这样：

```
reference operator[](size_type index);
const_reference operator[](size_type index) const;
```

要求容器提供的方法

除类型别名外，每个容器必须提供表 25-3 所示的方法。

表 25-3　方法

方法	说明	最坏情况下的复杂度
默认构造函数	构造一个空的容器	常量时间复杂度
拷贝构造函数	执行容器的深度复制	线性时间复杂度
移动构造函数	执行移动构造操作	常量时间复杂度
拷贝赋值运算符	执行容器的深度复制	线性时间复杂度
移动赋值运算符	执行移动赋值操作	常量时间复杂度
析构函数	销毁动态分配的内存，对容器中剩余的所有元素调用析构函数	线性时间复杂度

(续表)

方法	说明	最坏情况下的复杂度

iterator begin();
const_iterator
begin() const;
	返回引用容器中第一个元素的迭代器	常量时间复杂度

iterator end();
const_iterator
end() const;
	返回引用容器中最后一个元素后面那个位置的迭代器	常量时间复杂度

const_iterator cbegin() const;	返回引用容器中第一个元素的 const 迭代器	常量时间复杂度
const_iterator cend() const;	返回引用容器中最后一个元素后面那个位置的 const 迭代器	常量时间复杂度
operator== operator!=	逐元素比较两个容器的比较运算符	线性时间复杂度
void swap(Container&) noexcept;	对作为参数传入这个方法的容器中的内容，以及在其中调用这个方法的对象的内容进行交换	常量时间复杂度
size_type size() const;	返回容器中元素的个数	常量时间复杂度
size_type max_size() const;	返回容器可以保存的最大元素数目	常量时间复杂度
bool empty() const;	返回容器是否包含任何元素	常量时间复杂度

如前所述，directed_graph 实现遵循零规则(参见第 9 章)；也就是说，它不需要显式的拷贝/移动构造函数、拷贝/移动赋值运算符或析构函数。

下面的代码片段展示了 size()、max_size()和 empty()方法的声明。关于迭代器相关的方法 begin()、end()、cbegin()和 cend()方法将在下一节介绍。

```
export template <typename T>
class directed_graph
{
    public:
        [[nodiscard]] size_type size() const noexcept;
        [[nodiscard]] size_type max_size() const noexcept;
        [[nodiscard]] bool empty() const noexcept;
        // Other methods omitted for brevity.
};
```

这三个方法的实现很简单，因为它们可以简单地转发到 m_nodes 容器中名称类似的方法。注意，size_type 是类模板中定义的类型别名之一。因为它是类模板的成员，所以实现中的这种返回类型必须用 typename directed_graph<T>完全限定。

```
template <typename T>
typename directed_graph<T>::size_type directed_graph<T>::size() const noexcept
{
    return m_nodes.size();
}

template <typename T>
typename directed_graph<T>::size_type directed_graph<T>::max_size() const noexcept
```

```
{
    return m_nodes.max_size();
}

template <typename T>
bool directed_graph<T>::empty() const noexcept
{
    return m_nodes.empty();
}
```

directed_graph 的当前实现使用 operator[]根据节点索引访问节点。这个运算符，就像 vector 中的 operator[]一样，不进行任何边界检查。传入一个越界的索引会使程序崩溃。像 vector 一样，directed_graph 可以使用 at()方法进行边界检查。如果传递的索引越界，则抛出 std::out_of_range 异常。以下是它们的定义：

```
reference at(size_type index);
const_reference at(size_type index) const;
```

实现只是转发到 m_nodes 的 vector：

```
template <typename T>
typename directed_graph<T>::reference
    directed_graph<T>::at(size_type index)
{
    return m_nodes.at(index).value();
}

template <typename T>
typename directed_graph<T>::const_reference
    directed_graph<T>::at(size_type index) const
{
    return m_nodes.at(index).value();
}
```

编写迭代器

容器最重要的要求是实现迭代器。为了能用于泛型算法，每个容器都必须提供一个能够访问容器中元素的迭代器。迭代器一般应该提供重载的 operator*和 operator->运算符，再加上其他一些取决于特定行为的操作。只要迭代器提供基本的迭代操作，就不会出现问题。

有关迭代器需要做的第一个决策是选择迭代器的类型：正向访问、双向访问或随机访问迭代器。双向迭代器支持似乎是 directed_graph 迭代器的一个很好选择。这意味着必须提供 operator++、operator--、operator==和 operator!=。另一种选择是为 directed_graph 实现随机访问迭代器，其中包括添加运算符+、-、+=、-=、<、>、<=、>=和[]。这可能是编写迭代器的很好练习。有关不同迭代器的具体要求，请参阅第 17 章。

第二个决策是如何对容器的元素排序。directed_graph 是无序的，因此执行有序迭代效率较低。相反，directed_graph 迭代器只能按照节点添加到图中的顺序来遍历节点。

第三个决策是选择迭代器的内部表示形式。这个实现通常和容器的内部实现紧密相关。迭代器的最主要作用是引用容器中的元素。对于 directed_graph，所有节点都存储在 m_node 的 vector 中，因此 directed_graph 迭代器可能是指向相关元素的 vector 迭代器的包装器。

一旦选择好实现方式，就必须为尾迭代器决定一致的表示方式。回顾一下，尾迭代器实际上应该是“越过最后一个元素”的标记，也就是对容器中最后一个元素的迭代器应用++运算符后得到的迭代器。directed_graph 迭代器可以使用 m_nodes 的 vector 的尾迭代器作为它的尾迭代器。

最后，容器需要提供 const 迭代器和非 const 迭代器。非 const 迭代器必须能转换为 const 迭代器。这个实现用派生的 directed_graph_iterator 定义了 const_directed_graph_iterator。

const_directed_graph_iterator 类模板

根据前面做出的决策，下面开始定义 const_directed_graph_iterator 类模板。首先要注意的是，每个 const_directed_graph_iterator 对象都是 directed_graph 类的某个实例的迭代器。为提供这种一对一映射，const_directed_graph_iterator 也必须是一个类模板，并把 directed_graph 类型作为模板参数，称为 DirectedGraph。

主要问题在于如何满足双向访问迭代器的要求。任何行为上像迭代器的对象都是迭代器。自定义的迭代器不需要是另一个类的子类去满足双向访问迭代器的要求。然而，如果想让迭代器能适用于泛型算法的函数，就必须指定 iterator_traits。第 17 章已经解释了 iterator_traits 是一个类模板，它为每种迭代器类型定义了 5 个类型别名：value_type、difference_type、iterator_category、pointer 和 reference。如有必要，iterator_traits 类模板可部分特例化以满足新的迭代器类型。另外，iterator_traits 类模板的默认实现从 iterator 类本身获取了 5 个类型别名。因此，可以简单地为迭代器直接定义这些类型别名。const_directed_graph_iterator 是一个双向访问迭代器，因此将 bidirectional_iterator_tag 指定为迭代器类别。其他合法的迭代器类别是 input_iterator_tag、output_iterator_tag、forward_iterator_tag 和 random_access_iterator_tag 和 contiguous_iterator_tag(C++20)。对于 const_directed_graph_iterator，元素类型(value_type)是 typename DirectedGraph::value_type。

注意：
在过去，建议从在<iterator>中定义的 std::iterator 类模板中派生自定义迭代器。这个类模板已弃用，不应该继续使用。

这里是 const_directed_graph_iterator 类模板定义：

```
template <typename DirectedGraph>
class const_directed_graph_iterator
{
    public:
        using value_type = typename DirectedGraph::value_type;
        using difference_type = ptrdiff_t;
        using iterator_category = std::bidirectional_iterator_tag;
        using pointer = const value_type*;
        using reference = const value_type&;
        using iterator_type =
            typename DirectedGraph::nodes_container_type::const_iterator;

        // Bidirectional iterators must supply a default constructor.
        // Using an iterator constructed with the default constructor
        // is undefined, so it doesn't matter how it's initialized.
        const_directed_graph_iterator() = default;

        // No transfer of ownership of graph.
        const_directed_graph_iterator(iterator_type it,
            const DirectedGraph* graph);

        reference operator*() const;

        // Return type must be something to which -> can be applied.
```

```
        // So, return a pointer.
        pointer operator->() const;
        const_directed_graph_iterator& operator++();
        const_directed_graph_iterator operator++(int);

        const_directed_graph_iterator& operator--();
        const_directed_graph_iterator operator--(int);

        // C++20 defaulted operator==.
        bool operator==(const const_directed_graph_iterator&) const = default;

    protected:
        friend class directed_graph<value_type>;

        iterator_type m_nodeIterator;
        const DirectedGraph* m_graph { nullptr };

        // Helper methods for operator++ and operator--
        void increment();
        void decrement();
};
```

如果感觉重载运算符的定义和实现难以理解，请参阅第 15 章关于运算符重载的详细内容。const_directed_graph_iterator 的实现不需要拷贝/移动构造函数和拷贝/移动赋值运算符，因为默认行为就正是我们想要的。该类也不需要显式析构函数，因为默认行为，即不删除 m_graph，正是我们想要的。因此，该类也遵循零规则。

const_directed_graph_iterator 方法实现

const_directed_graph_iterator 构造函数初始化了 2 个数据成员：

```
template <typename DirectedGraph>
const_directed_graph_iterator<DirectedGraph>::const_directed_graph_iterator(
    iterator_type it, const DirectedGraph* graph)
    : m_nodeIterator { it }, m_graph { graph } { }
```

默认构造函数的唯一目的是允许客户声明未初始化的 const_directed_graph_iterator 变量。通过默认构造函数构造的迭代器可以不引用任何值，而对这个迭代器进行任何操作都可以产生未定义的行为。

解除引用运算符的实现十分简洁，但也难以理解。第 15 章讲到 operator*和 operator->运算符是不对称的：

- operator*运算符返回的是对底层实际值的引用，在这个例子中即迭代器引用的元素。
- operator->运算符返回的是某个可以再次应用箭头运算符的对象。因此，返回的是指向元素的指针。编译器对这个指针应用->运算符，从而访问元素中的字段或方法。

```
// Return a reference to the actual element.
template <typename DirectedGraph>
typename const_directed_graph_iterator<DirectedGraph>::reference
    const_directed_graph_iterator<DirectedGraph>::operator*() const
{
    return m_nodeIterator->value();
}

// Return a pointer to the actual element, so the compiler can
```

```
// apply -> to it to access the actual desired field.
template <typename DirectedGraph>
typename const_directed_graph_iterator<DirectedGraph>::pointer
    const_directed_graph_iterator<DirectedGraph>::operator->() const
{
    return &(m_nodeIterator->value());
}
```

自增运算符的实现如下。它们将实际的自增操作延迟到 increment()辅助方法中。递减运算符并没有显示出来，因为它们是以类似的方式实现的。

```
// Defer the details to the increment() helper.
template <typename DirectedGraph>
const_directed_graph_iterator<DirectedGraph>&
    const_directed_graph_iterator<DirectedGraph>::operator++()
{
    increment();
    return *this;
}

// Defer the details to the increment() helper.
template <typename DirectedGraph>
const_directed_graph_iterator<DirectedGraph>
    const_directed_graph_iterator<DirectedGraph>::operator++(int)
{
    auto oldIt { *this };
    increment();
    return oldIt;
}
```

const_directed_graph_iterator 自增表示指向容器中的下一个元素，自减表示指向容器中的前一个元素。因为 directed_graph 实现使用 vector 存储它的节点，所以递增和递减都很容易。

```
// Behavior is undefined if m_nodeIterator already refers to the past-the-end
// element, or is otherwise invalid.
template <typename DirectedGraph>
void const_directed_graph_iterator<DirectedGraph>::increment()
{
    ++m_nodeIterator;
}

// Behavior is undefined if m_nodeIterator already refers to the first
// element, or is otherwise invalid.
template <typename DirectedGraph>
void const_directed_graph_iterator<DirectedGraph>::decrement()
{
    --m_nodeIterator;
}
```

并不要求迭代器比普通指针更安全，因此不需要对“递增已经是尾迭代器的迭代器”这类操作执行错误检查。

如果编译器还不支持显式默认的 operator==(C++20)，那可以为 operator==和 operator!提供自己的实现，如下所示，它们只是比较对象的两个数据成员：

```
template <typename DirectedGraph>
bool const_directed_graph_iterator<DirectedGraph>::operator==(
```

```
    const const_directed_graph_iterator<DirectedGraph>& rhs) const
{
    // All fields, including the directed_graph to which the iterators refer,
    // must be equal.
    return (m_graph == rhs.m_graph && m_nodeIterator == rhs.m_nodeIterator);
}

template <typename DirectedGraph>
bool const_directed_graph_iterator<DirectedGraph>::operator!=(
    const const_directed_graph_iterator<DirectedGraph>& rhs) const
{
    return !(*this == rhs);
}
```

注意，const_directed_graph_iterator 的 iterator_type 类型别名使用了 directed_graph 的私有 node_container_type 类型别名。因此，directed_graph 类模板必须声明 const_directed_graph_iterator 为友元：

```
export template <typename T>
class directed_graph
{
    // Other methods omitted for brevity.
    private:
        friend class const_directed_graph_iterator<directed_graph>;
};
```

directed_graph_iterator 类模板

directed_graph_iterator 类模板派生于 const_directed_graph_iterator，并且不需要重写 operator==、operator!=、increment()和 decrement()，因为基类版本就足够了。directed_graph_iterator 的定义如下。注释被省略，因为它们与基类中的注释相同。下面是与 const_iterator_graph_iterator 的主要区别：

- 指针、引用和 iterator_type 类型别名是非 const 类型。
- operator*和 operator>没有被标记为 const。
- operator++和 operator--的返回类型不同。

```
template <typename DirectedGraph>
class directed_graph_iterator : public const_directed_graph_iterator<DirectedGraph>
{
    public:
        using value_type = typename DirectedGraph::value_type;
        using difference_type = ptrdiff_t;
        using iterator_category = std::bidirectional_iterator_tag;
        using pointer = value_type*;
        using reference = value_type&;
        using iterator_type =
            typename DirectedGraph::nodes_container_type::iterator;

        directed_graph_iterator() = default;
        directed_graph_iterator(iterator_type it, const DirectedGraph* graph);

        reference operator*();
        pointer operator->();

        directed_graph_iterator& operator++();
        directed_graph_iterator operator++(int);
```

```
        directed_graph_iterator& operator--();
        directed_graph_iterator operator--(int);
};
```

directed_graph_iterator 方法的实现

directed_graph_iterator 方法的实现相当简单。构造函数仅调用基类模板构造函数，operator*和operator->使用 const_cast 返回非 const 类型，operator++和 operator--只使用基类模板的 increment()和decrement()，但返回 directed_graph_iterator 而不是 const_directed_graph_iterator。注意 C++的一个奇怪之处是，C++名称查找规则要求显式使用 this->或 const_directed_graph_iterator<DirectedGraph>::来引用基类模板中的数据成员和方法。

```
template <typename DirectedGraph>
directed_graph_iterator<DirectedGraph>::directed_graph_iterator(
    iterator_type it, const DirectedGraph* graph)
    : const_directed_graph_iterator<DirectedGraph> { it, graph } { }

// Return a reference to the actual element.
template <typename DirectedGraph>
typename directed_graph_iterator<DirectedGraph>::reference
    directed_graph_iterator<DirectedGraph>::operator*()
{
    return const_cast<reference>(this->m_nodeIterator->value());
}

// Return a pointer to the actual element, so the compiler can
// apply -> to it to access the actual desired field.
template <typename DirectedGraph>
typename directed_graph_iterator<DirectedGraph>::pointer
    directed_graph_iterator<DirectedGraph>::operator->()
{
    return const_cast<pointer>(&(this->m_nodeIterator->value()));
}

// Defer the details to the increment() helper in the base class.
template <typename DirectedGraph>
directed_graph_iterator<DirectedGraph>&
    directed_graph_iterator<DirectedGraph>::operator++()
{
    this->increment();
    return *this;
}

// Defer the details to the increment() helper in the base class.
template <typename DirectedGraph>
directed_graph_iterator<DirectedGraph>
    directed_graph_iterator<DirectedGraph>::operator++(int)
{
    auto oldIt { *this };
    this->increment();
    return oldIt;
}
// operator-- not shown as the implementation is analogous to operator++.
```

就像 const_directed_graph_iterator 一样，directed_graph 类模板必须声明 directed_graph_iterator 为友元。

迭代器类型别名和访问方法

directed_graph 提供迭代器支持的最后一部分内容是在 directed_graph 类模板中提供必要的类型别名，并编写 begin()、end()、cbegin()和 cend()方法。类型别名和方法原型如下所示：

```
export template <typename T>
class directed_graph
{
    public:
        // Other type aliases omitted for brevity.
        using iterator = const_directed_graph_iterator<directed_graph>;
        using const_iterator = const_directed_graph_iterator<directed_graph>;

        // Iterator methods.
        iterator begin() noexcept;
        iterator end() noexcept;
        const_iterator begin() const noexcept;
        const_iterator end() const noexcept;
        const_iterator cbegin() const noexcept;
        const_iterator cend() const noexcept;
        // Remainder of class definition omitted for brevity.
};
```

注意，iterator 和 const_iterator 都是 const_directed_graph_iterator 的类型别名，这意味着用户不能修改 directed_graph 迭代器引用的值。这遵循与 std::set 相同的原则，在 std::set 中也不可以修改元素。这是 directed_graph 当前实现的需求，因为它使用邻接表中的索引。如果将实现修改位允许对节点修改，则迭代器类型别名可以变为 directed_graph_iterator。

directed_graph 类模板将所有节点存储在一个简单的 vector 中。因此，begin()和 end()可以简单地将它们的工作转发给 vector 上同名的方法，并将这些结果包装在一个迭代器中，即 const_directed_graph_iterator 的类型别名：

```
template <typename T>
typename directed_graph<T>::iterator
    directed_graph<T>::begin() noexcept
{
    return iterator { std::begin(m_nodes), this };
}

template <typename T>
typename directed_graph<T>::iterator
    directed_graph<T>::end() noexcept
{
    return iterator { std::end(m_nodes), this };
}
```

begin()和 end()的 const 版本的实现使用了 Scott Meyers 的 const_cast()模式(参见第 9 章)来调用非 const 版本：

```
template <typename T>
typename directed_graph<T>::const_iterator
    directed_graph<T>::begin() const noexcept
{
```

```
    return const_cast<directed_graph*>(this)->begin();
}

template <typename T>
typename directed_graph<T>::const_iterator
    directed_graph<T>::end() const noexcept
{
    return const_cast<directed_graph*>(this)->end();
}
```

cbegin()和cend()方法将请求转发到begin()和end()的const版本：

```
template <typename T>
typename directed_graph<T>::const_iterator
    directed_graph<T>::cbegin() const noexcept { return begin(); }

template <typename T>
typename directed_graph<T>::const_iterator
    directed_graph<T>::cend() const noexcept { return end(); }
```

修改其他方法以使用迭代器

现在directed_graph支持迭代器，可以稍微修改其他方法来使用迭代器，以便它们遵循标准库的指导原则。先看看insert()方法，在前面的基本实现中，定义如下：

```
// For an insert to be successful, the value shall not be in the graph yet.
// Returns true if a new node with given value has been added to
// the graph, and false if there was already a node with the given value.
bool insert(const T& node_value);
bool insert(T&& node_value);
```

为了更接近标准库的精神，可以将它们修改为返回一个std::pair<iterator, bool>，其中如果元素被添加到图中，则布尔值为true；如果元素已经在图中，则为false。pair的迭代器指向新添加的元素或已经在图中的元素。

```
std::pair<iterator, bool> insert(const T& node_value);
std::pair<iterator, bool> insert(T&& node_value);
```

实现如下所示，与返回简单bool的版本相比较，变化部分会被加粗显示。

```
template <typename T>
std::pair<typename directed_graph<T>::iterator, bool>
    directed_graph<T>::insert(const T& node_value)
{
    T copy { node_value };
    return insert(std::move(copy));
}

template <typename T>
std::pair<typename directed_graph<T>::iterator, bool>
    directed_graph<T>::insert(T&& node_value)
{
    auto iter { findNode(node_value) };
    if (iter != std::end(m_nodes)) {
        // Value is already in the graph.
        return { iterator { iter, this }, false };
    }
```

```
        m_nodes.emplace_back(this, std::move(node_value));
        // Value successfully added to the graph.
        return { iterator { --std::end(m_nodes), this }, true };
    }
```

此外，还提供了接收迭代器提示的 insert()的重载。这个提示对 directed_graph 无用，但是提供它是为了与其他标准库容器对称，比如 std::set。该提示被忽略，它仅仅调用没有提示的 insert()版本。

```
template <typename T>
typename directed_graph<T>::iterator
    directed_graph<T>::insert(const_iterator hint, const T& node_value)
{
    // Ignore the hint, just forward to another insert().
    return insert(node_value).first;
}

template <typename T>
typename directed_graph<T>::iterator
    directed_graph<T>::insert(const_iterator hint, T&& node_value)
{
    // Ignore the hint, just forward to another insert().
    return insert(std::move(node_value)).first;
}
```

insert()的最后一个版本接收迭代器范围。这个版本是一个方法模板，因此它可以接收来自任何容器的迭代器范围，而不仅仅是其他 directed_graph 容器。实际实现使用 insert_iterator(第 17 章介绍过)。

```
template <typename T>
template <typename Iter>
void directed_graph<T>::insert(Iter first, Iter last)
{
    // Copy each element in the range by using an insert_iterator adapter.
    // Give begin() as a dummy position -- insert ignores it anyway.
    std::copy(first, last, std::insert_iterator { *this, begin() });
}
```

应该修改 erase()方法来使用迭代器。前面的定义有一个节点值作为参数，并返回一个 bool 值：

```
// Returns true if the given node value was erased, false otherwise.
bool erase(const T& node_value);
```

为了遵循标准库原则，directed_graph 被修改为提供两个 erase()方法：一个移除迭代器指向的节点，另一个移除给定迭代器范围的节点。两者都返回指向最后一个被移除节点之后的节点的迭代器：

```
// Returns an iterator to the element after the last deleted element.
iterator erase(const_iterator pos);
iterator erase(const_iterator first, const_iterator last);
```

这里是实现：

```
template <typename T>
typename directed_graph<T>::iterator
    directed_graph<T>::erase(const_iterator pos)
{
    if (pos.m_nodeIterator == std::end(m_nodes)) {
        return iterator { std::end(m_nodes), this };
    }
    remove_all_links_to(pos.m_nodeIterator);
```

```
        return iterator { m_nodes.erase(pos.m_nodeIterator), this };
    }

    template <typename T>
    typename directed_graph<T>::iterator
        directed_graph<T>::erase(const_iterator first, const_iterator last)
    {
        for (auto iter { first }; iter != last; ++iter) {
            if (iter.m_nodeIterator != std::end(m_nodes)) {
                remove_all_links_to(iter.m_nodeIterator);
            }
        }
        return iterator {
            m_nodes.erase(first.m_nodeIterator, last.m_nodeIterator), this };
    }
```

最后，可以实现以下两个公有 find()方法来返回迭代器。该实现留作本章最后的练习。

```
iterator find(const T& node_value);
const_iterator find(const T& node_value) const;
```

使用 directed_graph 迭代器

现在 directed_graph 支持迭代，下面可以像迭代任何标准库容器一样迭代 directed_graph 的元素了，并可将它的迭代器传给方法和函数。下面是一些示例：

```
// Try to insert a duplicate, and use structured bindings for the result.
auto [iter22, inserted] { graph.insert(22) };
if (!inserted) { std::cout << "Duplicate element.\n"; }

// Print nodes using a for loop and iterators.
for (auto iter { graph.cbegin() }; iter != graph.cend(); ++iter) {
    std::cout << *iter << " ";
}
std::cout << std::endl;

// Print nodes using a for loop and iterators retrieved with the non-member
// functions std::cbegin() and std::cend().
for (auto iter { std::cbegin(graph) }; iter != std::cend(graph); ++iter) {
    std::cout << *iter << " ";
}
std::cout << std::endl;

// Print nodes using a range-based for loop.
for (auto& node : graph) { std::cout << node << std::endl; }
std::cout << std::endl;

// Search a node using the std::find() Standard Library algorithm.
auto result { std::find(std::begin(graph), std::end(graph), 22) };
if (result != std::end(graph)) {
    std::cout << "Node 22 found." << std::endl;
} else {
    std::cout << "Node 22 NOT found." << std::endl;
}

// Count all nodes with values > 22.
auto count { std::count_if(std::begin(graph), std::end(graph),
```

```
    [](const auto& node) { return node > 22; }) };

// Use the iterator-based erase() method in combination with std::find().
graph.erase(std::find(std::begin(graph), std::end(graph), 44));
```

这段代码片段还表明，由于对迭代器的支持，标准库算法可以与 directed_graph 一起使用。但是由于 directed_graph 只支持 const 迭代器，因此只支持非修改的标准库算法，就像 std::set 一样。例如，下面使用 remove-erase 习惯用法的代码片段不能编译：

```
graph.erase(std::remove_if(std::begin(graph), std::end(graph),
    [](const auto& node) { return node > 22; }), std::end(graph));
```

添加反向迭代器的支持

如果容器提供了双向访问或随机访问迭代器，那么可认为这个容器是可反向的。可反向容器应该提供表 25-4 所示的两个额外的类型别名。

表 25-4 类型别名

类型名称	说明
reverse_iterator	反向遍历容器中元素的类型
const_reverse_iterator	另一个版本的 reverse_iterator，反向遍历容器中的 const 元素

此外，容器还应提供与 begin()和 end()对应的 rbegin()和 rend()；还应该提供 crbegin()和 crend()，这两个和 cbegin()与 cend()对应。

directed_graph 迭代器是双向的，这意味着它们应该支持反向迭代。下面的代码片段加粗了必要的改动。这两个新的类型别名使用标准库提供的 std::reverse_iterator 适配器，并在第 17 章描述，将 directed_graph 迭代器转换为反向迭代器。

```
export template <typename T>
class directed_graph
{
    public:
        // Other type aliases omitted for brevity.
        using reverse_iterator = std::reverse_iterator<iterator>;
        using const_reverse_iterator = std::reverse_iterator<const_iterator>;

        // Reverse iterator methods.
        reverse_iterator rbegin() noexcept;
        reverse_iterator rend() noexcept;
        const_reverse_iterator rbegin() const noexcept;
        const_reverse_iterator rend() const noexcept;
        const_reverse_iterator crbegin() const noexcept;
        const_reverse_iterator crend() const noexcept;
        // Remainder of class definition omitted for brevity.
};
```

反向迭代器方法的实现如下，注意 reverse_iterator 适配器的使用。

```
template <typename T>
typename directed_graph<T>::reverse_iterator
    directed_graph<T>::rbegin() noexcept { return reverse_iterator { end() }; }

template <typename T>
```

```
typename directed_graph<T>::reverse_iterator
    directed_graph<T>::rend() noexcept { return reverse_iterator { begin() }; }

template <typename T>
typename directed_graph<T>::const_reverse_iterator
    directed_graph<T>::rbegin() const noexcept
{ return const_reverse_iterator { end() }; }

template <typename T>
typename directed_graph<T>::const_reverse_iterator
    directed_graph<T>::rend() const noexcept
{ return const_reverse_iterator { begin() }; }

template <typename T>
typename directed_graph<T>::const_reverse_iterator
    directed_graph<T>::crbegin() const noexcept { return rbegin(); }

template <typename T>
typename directed_graph<T>::const_reverse_iterator
    directed_graph<T>::crend() const noexcept { return rend(); }
```

下面的代码片段展示了如何以倒序打印图中的所有节点：

```
for (auto iter { graph.rbegin() }; iter != graph.rend(); ++iter) {
    std::cout << *iter << " ";
}
```

迭代邻接节点

directed_graph 保留一个节点的 vector，其中每个节点包含节点的值和相邻节点的列表。改进 directed_graph 接口，以支持对给定节点的相邻节点进行迭代。首先要添加 const_adjacent_nodes_iterator 和 adjacent_nodes_iterator 类模板。它们遵循与 const_directed_graph_iterator 和 directed_graph_iterator 类模板相同的原则，因此不展示代码，可去源代码归档文件中查完整的代码。

下一步是向 directed_graph 接口添加新的类型别名和方法，以访问相邻节点迭代器：

```
export template <typename T>
class directed_graph
{
    public:
        // Other type aliases omitted for brevity.
        using iterator_adjacent_nodes = adjacent_nodes_iterator<directed_graph>;
        using const_iterator_adjacent_nodes =
            const_adjacent_nodes_iterator<directed_graph>;
        using reverse_iterator_adjacent_nodes =
            std::reverse_iterator<iterator_adjacent_nodes>;
        using const_reverse_iterator_adjacent_nodes =
            std::reverse_iterator<const_iterator_adjacent_nodes>;

        // Return iterators to the list of adjacent nodes for a given node.
        // Return a default constructed one as end iterator if value is not found.
        iterator_adjacent_nodes begin(const T& node_value) noexcept;
        iterator_adjacent_nodes end(const T& node_value) noexcept;
        const_iterator_adjacent_nodes begin(const T& node_value) const noexcept;
        const_iterator_adjacent_nodes end(const T& node_value) const noexcept;
        const_iterator_adjacent_nodes cbegin(const T& node_value) const noexcept;
```

```
        const_iterator_adjacent_nodes cend(const T& node_value) const noexcept;

        // Return reverse iterators to the list of adjacent nodes for a given node.
        // Return a default constructed one as end iterator if value is not found.
        reverse_iterator_adjacent_nodes rbegin(const T& node_value) noexcept;
        reverse_iterator_adjacent_nodes rend(const T& node_value) noexcept;
        const_reverse_iterator_adjacent_nodes rbegin(const T& node_value)
            const noexcept;
        const_reverse_iterator_adjacent_nodes rend(const T& node_value)
            const noexcept;
        const_reverse_iterator_adjacent_nodes crbegin(const T& node_value)
            const noexcept;
        const_reverse_iterator_adjacent_nodes crend(const T& node_value)
            const noexcept;
        // Remainder of class definition omitted for brevity.
};
```

下面是 begin(const T&)方法的实现：

```
template <typename T>
typename directed_graph<T>::iterator_adjacent_nodes
    directed_graph<T>::begin(const T& node_value) noexcept
{
    auto iter { findNode(node_value) };
    if (iter == std::end(m_nodes)) {
        // Return a default constructed end iterator.
        return iterator_adjacent_nodes {};
    }
    return iterator_adjacent_nodes {
        std::begin(iter->get_adjacent_nodes_indices()), this };
}
```

相邻节点迭代器相关的其他方法要么类似于 begin(const T&)的实现，要么转发它们的工作到其他方法。可去源代码归档文件中查完整的代码。

有了对这些相邻节点迭代器的支持，访问给定节点的所有相邻节点就很简单。下面是打印节点值为 22 的所有相邻节点的示例。记住，默认构造的相邻节点迭代器用作结束迭代器。

```
std::cout << "Adjacency list for node 22: ";

auto iterBegin { graph.cbegin(22) };
auto iterEnd { graph.cend(22) };

if (iterBegin == directed_graph<int>::const_iterator_adjacent_nodes{}) {
    std::cout << "Value 22 not found." << std::endl;
} else {
    for (auto iter { iterBegin }; iter != iterEnd; ++iter) {
        std::cout << *iter << " ";
    }
}
```

打印图

既然 directed_graph 支持节点及其相邻节点的迭代器，那么用于打印图的 to_dot()辅助函数模板可以改为使用迭代器：

```
export template <typename T>
std::wstring to_dot(const directed_graph<T>& graph, std::wstring_view graph_name)
```

```
{
    std::wstringstream wss;
    wss << format(L"digraph {} {{", graph_name.data()) << std::endl;
    for (auto&& node : graph) {
        const auto b { graph.cbegin(node) };
        const auto e { graph.cend(node) };
        if (b == e) {
            wss << node << std::endl;
        } else {
            for (auto iter { b }; iter != e; ++iter) {
                wss << format(L"{} -> {}", node, *iter) << std::endl;
            }
        }
    }
    wss << "}" << std::endl;
    return wss.str();
}
```

25.2.5　添加分配器支持

根据本章前面的描述，所有标准库容器都允许指定自定义的内存分配器。directed_graph 的实现也应该一样。这里介绍需要做哪些更改来支持自定义分配器。分配器支持将分两个阶段实现，首先是 native 版本，然后是适当的最终版本。

图节点的更改

需要修改的第一个类模板是 graph_node。需要做出以下改变：

- 第二个模板类型参数指定要使用的分配器类型。
- 两个新构造函数传给特定分配器。
- 拷贝/移动构造函数和拷贝/移动赋值运算符，因为默认值不适合使用自定义分配器。
- 需要修改构造函数，以便使用给定分配器来为节点进行分配。
- 需要析构函数来为使用给定分配器的节点释放内存。
- 需要一个数据成员来存储分配器。
- m_data 现在应该是一个指针而不是一个值。
- 运算符==不能再用默认的，所以需要使用运算符==和运算符!=的显式实现。

下面是 graph_node 类模板的定义，其中改动部分被加粗显示：

```
template <typename T , typename A = std::allocator<T> >
class graph_node
{
    public:
        // Constructs a graph_node for the given value.
        graph_node(directed_graph<T , A >* graph, const T& t);
        graph_node(directed_graph<T , A >* graph, T&& t);

        // Constructs a graph_node for the given value and with given allocator.
        graph_node(directed_graph<T, A>* graph, const T& t, const A& allocator);
        graph_node(directed_graph<T, A>* graph, T&& t, const A& allocator);

        ~graph_node();

        // Copy and move constructors.
```

```
        graph_node(const graph_node& src);
        graph_node(graph_node&& src) noexcept;

        // Copy and move assignment operators.
        graph_node& operator=(const graph_node& rhs);
        graph_node& operator=(graph_node&& rhs) noexcept;

        // Remainder of public part not shown, remains unchanged.
    private:
        friend class directed_graph<T , A >;

        // A pointer to the graph this node is in.
        directed_graph<T , A >* m_graph;
        // ... unchanged part omitted ...
        A m_allocator;
        T* m_data{ nullptr };
        adjacency_list_type m_adjacentNodeIndices;
};
```

接收分配器的构造函数通过调用 allocate()来使用该分配器为新节点分配足够的内存。这只分配了足够的内存来保存类型为 T 的实例，它不构造 T。T 的构造发生在 placement new 运算符中。正如第 15 章解释的一样，使用 placement new 运算符，可以在一个预先分配的内存块中构造一个对象。

```
template <typename T, typename A>
graph_node<T, A>::graph_node(directed_graph<T, A>* graph, const T& t,
    const A& allocator) : m_graph { graph }, m_allocator { allocator }
{
    m_data = m_allocator.allocate(1);
    new(m_data) T { t };
}

template <typename T, typename A>
graph_node<T, A>::graph_node(directed_graph<T, A>* graph, T&& t,
    const A& allocator) : m_graph { graph }, m_allocator { allocator }
{
    m_data = m_allocator.allocate(1);
    new(m_data) T { std::move(t) };
}
```

没有 allocator 参数的构造函数通过传入一个默认已构造的分配器，将其工作转发给带有 allocator 参数的构造函数：

```
template <typename T, typename A>
graph_node<T, A>::graph_node(directed_graph<T, A>* graph, const T& t)
    : graph_node<T, A> { graph, t, A{} } { }

template <typename T, typename A>
graph_node<T, A>::graph_node(directed_graph<T, A>* graph, T&& t)
    : graph_node<T, A> { graph, std::move(t), A{} } { }
```

析构函数显式地调用 T 的析构函数来销毁 T 实例，使用分配器释放内存块：

```
template <typename T, typename A>
graph_node<T, A>::~graph_node()
{
    if (m_data) {
        m_data->~T();
```

```
            m_allocator.deallocate(m_data, 1);
            m_data = nullptr;
        }
    }
```

拷贝/移动构造函数和拷贝/移动赋值运算符留给读者作为练习。可去源代码归档文件中查完整的代码。

最后，value()方法和运算符==必须解引用 m_data，因为它现在是一个指针。

有向图的更改

directed_graph 类模板定义需要添加以下内容：

- 第二个模板类型参数指定要使用的分配器类型。
- allocator_type 类型别名。
- 默认构造函数和接收要使用的特定分配器的构造函数。
- 需要一个数据成员来存储分配器。

这里是定义，改动部分被加粗显示：

```
export template <typename T , typename A = std::allocator<T> >
class directed_graph
{
    public:
        using allocator_type = A;

        directed_graph() noexcept(noexcept(A{})) = default;
        explicit directed_graph(const A& allocator) noexcept;
        // Remainder of public part not shown, remains unchanged.
    private:
        friend class details::graph_node<T , A >;

        using nodes_container_type = std::vector<details::graph_node<T , A >>;

        nodes_container_type m_nodes;
        A m_allocator;
        // ... unchanged part omitted ...
        [[nodiscard]] std::set<T , std::less<>, A > get_adjacent_nodes_values(
            const typename details::graph_node<T , A >::adjacency_list_type&
                indices) const;
};
```

默认构造函数是默认的，使用了稍微复杂的语法。基本上，这种语法将默认构造函数标记为 noexcept，但只有在分配器的默认构造函数为 noexcept 时才会如此。

所有的方法实现都需要使用 template<typename T, typename A>而不是 template<typename T>，以及<T, A>而不是<T>。

新的构造函数很简单：

```
template <typename T, typename A>
directed_graph<T, A>::directed_graph(const A& allocator) noexcept
    : m_nodes { allocator }, m_allocator { allocator } { }
```

在 insert(T&&)方法中对 emplace_back()的调用应该修改如下：

```
m_nodes.emplace_back(this, std::move(node_value) , m_allocator );
```

get_adjacent_nodes_values()方法中的 values 变量的定义应修改如下。但是，因为 allocator 是第三

个模板类型参数，所以必须显式地提到 std::less<>。

```
std::set<T , std::less<>, A > values (m_allocator) ;
```

swap()方法应该修改如下：

```
template <typename T, typename A>
void directed_graph<T, A>::swap(directed_graph& other_graph) noexcept
{
    using std::swap;
    m_nodes.swap(other_graph.m_nodes);
    swap(m_allocator, other_graph.m_allocator);
}
```

这些都是 directed_graph 类所需的改动。

异常安全

遗憾的是，上面的 naïve 版本有个问题。看下面的 graph_node 构造函数：

```
template <typename T, typename A>
graph_node<T, A>::graph_node(directed_graph<T, A>* graph, const T& t,
    const A& allocator) : m_graph { graph }, m_allocator { allocator }
{
    m_data = m_allocator.allocate(1);
    new(m_data) T { t };
}
```

这段代码有什么问题呢？这很难发现，但这段代码不是异常安全的。如果 m_data 被正确分配，但是 T 的构造函数抛出了一个异常，那么 graph_node 的析构函数将永远不会被调用，就会泄漏 m_data。

这个异常安全问题的一个可能解决方案是在基类中分配，在派生类中进行构造。基类 graph_node_allocator 只负责分配存储 T 的实例的内存。原始 graph_node 的 m_allocator 和 m_data 成员被推到这个新的基类中。这个基类不需要拷贝构造函数和拷贝/移动赋值运算符，因此将它们删除。下面是基类的整个代码。重要的地方被加粗显示：内存的分配和重新分配。还要注意在 move 构造函数中使用 std::exchange()来移动 m_data。

```
template <typename T, typename A = std::allocator<T>>
class graph_node_allocator
{
    protected:
        explicit graph_node_allocator(const A& allocator);

        // Copy and move constructors.
        graph_node_allocator(const graph_node_allocator&) = delete;
        graph_node_allocator(graph_node_allocator&& src) noexcept;

        // Copy and move assignment operators.
        graph_node_allocator& operator=(const graph_node_allocator&) = delete;
        graph_node_allocator& operator=(graph_node_allocator&&) noexcept = delete;

        ~graph_node_allocator();

        A m_allocator;
        T* m_data{ nullptr };
};
```

```
template <typename T, typename A>
graph_node_allocator<T, A>::graph_node_allocator(const A& allocator)
    : m_allocator { allocator }
{ m_data = m_allocator.allocate(1); }

template <typename T, typename A>
graph_node_allocator<T, A>::graph_node_allocator(graph_node_allocator&& src)
    noexcept
    : m_allocator { std::move(src.m_allocator) }
    , m_data { std::exchange(src.m_data, nullptr) } { }

template <typename T, typename A>
graph_node_allocator<T, A>::~graph_node_allocator()
{
    m_allocator.deallocate(m_data, 1);
    m_data = nullptr;
}
```

接下来，将 graph_node 类模板修改为从 graph_node_allocator 私有派生：

```
template <typename T, typename A = std::allocator<T>>
class graph_node : private graph_node_allocator<T, A> { /* ... */ };
```

除了这个变化，m_allocator 和 m_data 成员应该被删除，因为它们被移到了基类中。graph_node 的构造函数需要进行适配，以正确地调用基类中的构造函数。这里有个示例：

```
template <typename T, typename A>
graph_node<T, A>::graph_node(directed_graph<T, A>* graph, const T& t,
    const A& allocator)
    : m_graph { graph }, graph_node_allocator<T, A> { allocator }
{ new(this->m_data) T { t }; }
```

现在，假设在基类中分配成功，但是 graph_node 构造函数中调用的 T 构造函数抛出一个异常。有了这个新的实现，所有东西都会被很好地释放，因为 C++保证对每个完全构造的对象(在本例中是基类对象)调用析构函数。

对于接收 T&&的构造函数和拷贝/移动构造函数的实现也需要进行类似的更改，因此这里不进行展示。

最后还需要修改析构函数，因为释放自己发生在基类析构函数中。因此，graph_node 析构函数应该只销毁 m_data，而不是释放它：

```
template <typename T, typename A>
graph_node<T, A>::~graph_node()
{
    if (this->m_data) { this->m_data->~T(); }
}
```

25.2.6 改善 graph_node

根据本章前面描述，graph_node 的当前实现对 m_graph 数据成员使用了一个指针。这可以改为引用，但如前所述，这涉及添加拷贝/移动构造函数和拷贝/移动赋值运算符，因为当类中有引用数据成员时，这些编译器生成的版本会自动删除。不过好消息是：具有自定义分配器支持的 graph_node 已经有了拷贝/移动构造函数和拷贝/移动赋值运算符，这意味着切换到 m_graph 的引用并不需要做太多工作。下面是对 graph_node 接口的必要改动：

```
template <typename T, typename A = std::allocator<T>>
class graph_node : private graph_node_allocator<T, A>
{
    public:
        // Constructs a graph_node for the given value.
        graph_node( directed_graph<T, A>& graph , const T& t);
        graph_node( directed_graph<T, A>& graph , T&& t);

        // Constructs a graph_node for the given value and with given allocator.
        graph_node( directed_graph<T, A>& graph , const T& t, const A& allocator);
        graph_node( directed_graph<T, A>& graph , T&& t, const A& allocator);
        // Remainder of public part not shown, remains unchanged.
    private:
        // A reference to the graph this node is in.
        directed_graph<T, A>& m_graph;
        // ... unchanged part omitted ...
};
```

这 4 个构造函数、拷贝/移动构造函数和拷贝/移动赋值运算符的实现需要稍做更改，但这些改动很简单，因此在本文中没有详细说明。可在源代码归档文件中查看最终代码。

此外，在 directed_graph 类模板中有一个方法需要稍微修改。insert(T&&)方法之前包含以下代码行：

```
m_nodes.emplace_back(this, std::move(node_value), m_allocator);
```

需要替换为以下内容：

```
m_nodes.emplace_back(*this , std::move(node_value), m_allocator);
```

25.2.7 附加的标准库类似功能

可以向 directed_graph 类模板添加更多类似标准库的特性。首先像 vector 一样添加 assign()方法。接收迭代器范围的 assign()方法也是一个方法模板，就像本章前面讨论的基于迭代器的 insert()方法一样：

```
template <typename Iter>
void assign(Iter first, Iter last);

void assign(std::initializer_list<T> init);
```

这些函数允许将给定迭代器范围或 initializer_list(见第 1 章)中的所有元素赋值给有向图。赋值意味着清空当前图，并插入新的节点。尽管有点语法，但实现很简单：

```
template <typename T, typename A>
template <typename Iter>
void directed_graph<T, A>::assign(Iter first, Iter last)
{
    clear();
    for (auto iter { first }; iter != last; ++iter) { insert(*iter); }
}

template <typename T, typename A>
void directed_graph<T, A>::assign(std::initializer_list<T> init)
{
```

```
    assign(std::begin(init), std::end(init));
}
```

还提供了 insert()的 initializer_list 重载：

```
template <typename T, typename A>
void directed_graph<T, A>::insert(std::initializer_list<T> init)
{
    insert(std::begin(init), std::end(init));
}
```

有了 insert()的重载，可以按如下方式添加节点：

```
graph.insert({ 66, 77, 88 });
```

下一步，可以添加 initializer_list 构造函数和赋值运算符：

```
template <typename T, typename A>
directed_graph<T, A>::directed_graph(std::initializer_list<T> init,
    const A& allocator) : m_allocator { allocator }
{
    assign(std::begin(init), std::end(init));
}

template <typename T, typename A>
directed_graph<T, A>& directed_graph<T, A>::operator=(
    std::initializer_list<T> init)
{
    // Use a copy-and-swap-like algorithm to guarantee strong exception safety.
    // Do all the work in a temporary instance.
    directed_graph new_graph { init };
    swap(new_graph); // Commit the work with only non-throwing operations.
    return *this;
}
```

有了这些，就可以使用统一初始化来构造 directed_graph，如下所示：

```
directed_graph<int> graph { 11, 22, 33 };
```

而不是下面这样：

```
directed_graph<int> graph;
graph.insert(11);
graph.insert(22);
graph.insert(33);
```

可以给图如下赋值：

```
graph = { 66, 77, 88 };
```

由于 initializer_list 构造函数和类模板参数推导(CTAD)，甚至可以在构造 directed_graph 时去掉元素类型，就像 vector 一样：

```
directed_graph graph { 11, 22, 33 };
```

也可以添加接收元素迭代器范围的构造函数。这也是一个方法模板，类似于接收迭代器范围的 assign()方法。该实现只是将工作转发给 assign()：

```
template <typename T, typename A>
```

```
template <typename Iter>
directed_graph<T, A>::directed_graph(Iter first, Iter last, const A& allocator)
    : m_allocator { allocator }
{
    assign(first, last);
}
```

最后，可以添加接收节点值的 erase()的额外重载。类似于 std::set，它返回被删除的节点个数，对于 directed_graph，它总是 0 或 1。

```
template <typename T, typename A>
typename directed_graph<T, A>::size_type directed_graph<T, A>::erase(
    const T& node_value)
{
    const auto iter { findNode(node_value) };
    if (iter != std::end(m_nodes)) {
        remove_all_links_to(iter);
        m_nodes.erase(iter);
        return 1;
    }
    return 0;
}
```

emplace 操作

emplace 操作在适当的地方构造对象(在第 18 章讨论)。directed_graph 的 emplace 方法如下：

```
template <typename... Args>
std::pair<iterator, bool> emplace(Args&&... args);

template <typename... Args>
iterator emplace_hint(const_iterator hint, Args&&... args);
```

这些行里的...不是打字错误。这些就是所谓的可变函数模板，即具有可变数量的模板类型参数和可变数量的函数参数的函数模板。可变参数模板会在第 26 章“高级模板”中讨论。这个 directed_graph 的实现忽略了 emplace 操作。

25.2.8 进一步改善

可以对 directed_graph 类模板做些改进。这里有些：

- 由于在邻接表中使用节点索引，当前的实现不允许对节点进行更改。可以对代码进行改善来允许这样的修改。这样，directed_graph<T>::iterator 类型别名就可以变成一个 non-const 迭代器。
- 当前实现不检查图中的循环。通过添加这样的检查，图变成有向无环图。
- 可以改进代码来支持随机访问迭代器，而不是支持双向迭代器。
- 参见第 18 章，C++17 为标准库关联容器添加了节点相关的功能。directed_graph 类模板可以修改为包含 node_type 类型别名和 extract()等方法。

25.2.9 其他容器类型

directed_graph 类模板基本上是一个顺序容器，但由于图的本质，它确实从关联容器中实现了某些功能，比如 insert()方法的返回类型。

可以编写纯顺序容器、无序关联容器和有序关联容器。在这种情况下，需要遵循标准库强制要求的一组特定需求。比如在这里列出它们，更容易指出的是，deque 容器几乎完全遵循指定的顺序容器要求。唯一的区别是它提供了一个额外的 resize()方法(标准不要求)。有序关联容器的一个示例是 map，可以在其上建模自己的有序关联容器。unordered_map 是无序关联容器的一个示例。

25.3 本章小结

本章介绍了分配器的概念，它允许自定义如何为容器分配和释放内存。还展示了如何编写自己的算法来处理标准库容器的数据。最后，本章的主要部分展示了与标准库兼容的 directed_graph 容器的几乎完整的开发。由于其对迭代器的支持，directed_graph 与标准库算法兼容。

在阅读本章内容的过程中，应该理解开发容器所需的步骤。即使从来都没有编写过标准库算法或容器，也应该能更好地理解标准库的精髓和功能，并更好地运用这些知识。

这是有关标准库的最后一章。尽管本书提到了很多细节，但仍略去了很多特性。如果对这些内容感兴趣，可参阅附录 B 中的资源以找到更多信息。不要强迫自己使用这里讨论的所有特性。如果强迫自己在程序中使用不是真正需要的特性，只会让代码更加复杂。不过，我们鼓励你在必要之处考虑采用标准库中的特性。从容器开始，可能再使用几个算法，你将不知不觉地开始依赖标准库。

25.4 练习

通过完成下面的习题，可以巩固本章所讨论的知识点。所有习题的答案都可扫描封底二维码下载。然而如果你受困于某个习题，可以在看网站上的答案之前，先重新阅读本章的部分内容，尝试着自己找到答案。

练习 25-1　编写一个名为 transform_if()的算法，类似于第 20 章讨论的标准库中的 transform()。区别在于 transform_if()应该接收一个额外的谓词，并且它只转换谓词返回 true 的元素。其他元素保持不变。要测试你的算法，可创建一个整数的 vector 并将 vector 中的所有奇数值乘 2。

练习 25-2　编写一个名为 generate_fibonacci()的算法，它用斐波那契数列填充给定的范围。斐波那契数列从 0 和 1 开始，任何后面的值都是前面两个值的和。所以有：0，1，1，2，3，5，8，13，21，34，55，89 等。你的实现不允许包含任何手写的循环或者使用递归算法来实现。相反，应该使用标准库的 generate()算法来完成大部分工作。

练习 25-3　为 directed_graph 类模板实现 find(const T&)方法的 const 和非 const 重载版本。

练习 25-4　C++20 为所有关联容器添加了一个 contains()方法，如果给定的元素在容器中，则返回 true，否则返回 false。因为这对 directed_graph 也很有用，所以将 contains()的实现添加到 directed_graph 中。

第26章 高级模板

本章内容

- 不同类型的模板参数
- 如何使用局部特例化
- 如何编写递归模板
- 可变参数模板的含义
- 如何使用可变参数模板编写类型安全的可变参数的函数
- constexpr if 语句的含义
- 如何使用折叠表达式
- 模板元编程的含义和用法
- 可供使用的类型 trait

第 12 章讨论了类和函数模板中使用最广泛的功能。如果只是为了更好地了解标准库的工作方式或只是编写简单的类和函数模板，或者只是对模板的基础知识感兴趣，那么可以跳过本章。然而，如果对模板感兴趣，想释放模板的全部力量，那么请继续阅读本章，了解一些比较难懂但十分迷人的细节。

26.1 深入了解模板参数

实际上有 3 种模板参数：类型参数、非类型参数和 template template 参数(这里没有重复，确实就是这个名称)。第 12 章曾列举类型参数和非类型参数的例子，但没有见过 template template 参数。本章也有一些第 12 章没有涉及的有关类型参数和非类型参数的棘手问题。下面深入探讨这三类模板参数。

26.1.1 深入了解模板类型参数

模板的类型参数是模板的精髓。可声明任意数目的类型参数。例如，可给第 12 章的网格模板添加第二个类型参数，以表示这个网格构建于另一个模板化的类容器之上。标准库定义了几个模板化的容器类，包括 vector 和 deque。原始的网格类使用 vector 的 vector 存储网格的元素，Grid 类的用户可能想使用 deque 的 vector。通过另一个模板的类型参数，可以让用户指定底层容器是 vector 还是 deque。该实现使用容器的 resize()方法和容器的 value_type 类型别名。因此使用 concept 强制给定的容器支持这些。下面是带有额外模板参数的 concept 和类定义，加粗了变化部分：

```
template <typename Container>
concept ContainerType = requires(Container c)
{
    c.resize(1);
    typename Container::value_type;
};

export template <typename T, ContainerType Container>
class Grid
{
    public:
        explicit Grid(size_t width = DefaultWidth, size_t height = DefaultHeight);
        virtual ~Grid() = default;

        // Explicitly default a copy constructor and assignment operator.
        Grid(const Grid& src) = default;
        Grid& operator=(const Grid& rhs) = default;

        // Explicitly default a move constructor and assignment operator.
        Grid(Grid&& src) = default;
        Grid& operator=(Grid&& rhs) = default;

        typename Container::value_type& at(size_t x, size_t y);
        const typename Container::value_type& at(size_t x, size_t y) const;

        size_t getHeight() const { return m_height; }
        size_t getWidth() const { return m_width; }

        static const size_t DefaultWidth { 10 };
        static const size_t DefaultHeight { 10 };

    private:
        void verifyCoordinate(size_t x, size_t y) const;

        std::vector<Container> m_cells;
        size_t m_width { 0 }, m_height { 0 };
};
```

现在这个模板有两个参数：T 和 Container。因此，所有引用了 Grid<T>的地方现在都必须指定 Grid<T, Container>以表示两个模板参数。注意 m_cells 现在是 Container 的 vector，而不是 vector 的 vector。at()方法的返回类型是存储在给定容器类型中元素的类型。可以通过 typename Container::value_type 来访问这个类型。

下面是构造函数的定义：

```
template <typename T, ContainerType Container>
Grid<T, Container>::Grid(size_t width, size_t height)
    : m_width { width }, m_height { height }
{
    m_cells.resize(m_width);
    for (auto& column : m_cells) {
        column.resize(m_height);
```

```
    }
}
```

下面是其余方法的实现：

```
template <typename T, ContainerType Container>
void Grid<T, Container>::verifyCoordinate(size_t x, size_t y) const
{
    if (x >= m_width) {
        throw std::out_of_range {
            std::format("{} must be less than {}.", x, m_width) };
    }
    if (y >= m_height) {
        throw std::out_of_range {
            std::format("{} must be less than {}.", y, m_height) };
    }
}

template <typename T, ContainerType Container>
const typename Container::value_type&
    Grid<T, Container>::at(size_t x, size_t y) const
{
    verifyCoordinate(x, y);
    return m_cells[x][y];
}

template <typename T, ContainerType Container>
typename Container::value_type&
    Grid<T, Container>::at(size_t x, size_t y)
{
    return const_cast<typename Container::value_type&>(
    std::as_const(*this).at(x, y));
}
```

现在，可按以下方式实例化和使用Grid对象：

```
Grid<int, vector<optional<int>>> myIntVectorGrid;
Grid<int, deque<optional<int>>> myIntDequeGrid;

myIntVectorGrid.at(3, 4) = 5;
cout << myIntVectorGrid.at(3, 4).value_or(0) << endl;

myIntDequeGrid.at(1, 2) = 3;
cout << myIntDequeGrid.at(1, 2).value_or(0) << endl;

Grid<int, vector<optional<int>>> grid2 { myIntVectorGrid };
grid2 = myIntVectorGrid;
```

可尝试用double作为容器模板类型参数来实例化Grid类模板：

```
Grid<int, double> test; // WILL NOT COMPILE
```

此行代码无法成功编译，编译器会抱怨double类型不满足容器模板类型参数相关concept的约束。

与函数参数一样，可给模板参数指定默认值。例如，可能想表示Grid的默认容器是vector。这个模板类定义如下所示：

```
export template <typename T,
```

```
        ContainerType Container = std::vector<std::optional<T>>>
    class Grid
    {
        // Everything else is the same as before.
    };
```

可以使用第一个模板参数中的类型 T 作为第二个模板参数的默认值中 optional 模板的参数。C++语法要求不能在方法定义的模板标题行中重复默认值。现在有了这个默认参数后，实例化网格时，客户可指定或不指定底层容器。下面有一些示例：

```
Grid<int, deque<optional<int>>> myDequeGrid;
Grid<int, vector<optional<int>>> myVectorGrid;
Grid<int> myVectorGrid2 { myVectorGrid };
```

stack、queue 和 priority_queue 类模板都使用 Container 模板类型参数，包含默认值，并指定底层容器。

26.1.2　template template 参数介绍

26.1.1 节讨论的 Container 参数还存在一个问题。当实例化类模板时，这样编写代码：

```
Grid<int, vector<optional<int>>> myIntGrid;
```

请注意 int 类型的重复。必须在 vector 中同时为 Grid 和 vector 指定元素类型。如果编写了下面这样的代码，会怎样？

```
Grid<int, vector<optional<SpreadsheetCell>>> myIntGrid;
```

这不能很好地工作。如果能编写以下代码就好了，这样就不会出现此类错误：

```
Grid<int, vector> myIntGrid;
```

Grid 类应该能够判断出需要一个元素类型为 int 的 optional vector。不过编译器不会允许传递这样的参数给普通的类型参数，因为 vector 本身并不是类型，而是模板。

如果想要接收模板作为模板参数，那么必须使用一种特殊参数，称为 template template 参数。指定 template template 参数，有点像在普通函数中指定函数指针参数。函数指针的类型包括函数的返回类型和参数类型。同样，指定 template template 参数时，template template 参数的完整规范包括该模板的参数。

例如，vector 和 deque 等容器有一个模板参数列表，如下所示。E 参数是元素类型，Allocator 参数参见第 25 章“自定义和扩展标准库”。

```
template <typename E, typename Allocator = std::allocator<E>>
class vector { /* Vector definition */ };
```

要把这样的容器传递为 template template 参数，只能复制并粘贴类模板的声明(在本例中是 template <typename E, typename Allocator=std::allocator<E>> class vector)，用参数名(Container)替代类名(vector)，并把它用作另一个模板声明的 template template 参数(本例中的 Grid)，而不是简单的类型名。有了前面的模板规范，下面是接收一个容器模板作为第二个模板参数的 Grid 类的类模板定义：

```
export template <typename T,
    template <typename E, typename Allocator = std::allocator<E>> class Container
        = std::vector>
class Grid
{
```

```
    public:
        // Omitted code that is the same as before.
        std::optional<T>& at(size_t x, size_t y);
        const std::optional<T>& at(size_t x, size_t y) const;
        // Omitted code that is the same as before.
    private:
        void verifyCoordinate(size_t x, size_t y) const;

        std::vector<Container<std::optional<T>>> m_cells;
        size_t m_width { 0 }, m_height { 0 };
};
```

这里是怎么回事？第一个模板参数与以前一样：元素类型T。第二个模板参数现在本身就是容器的模板，如vector或deque。如前所述，这种“模板类型”必须接收两个参数：元素类型E和分配器类型。注意嵌套模板参数列表后面重复的单词class。这个参数在Grid模板中的名称是Container。默认值现为vector而不是vector<T>，因为Container是模板而不是实际类型。

template template参数更通用的语法规则是：

```
template <..., template <TemplateTypeParams> class ParameterName, ...>
```

注意：

从C++17开始，也可以用typename关键字替代class，如下所示：

```
template <..., template <Params> typename ParameterName, ...>
```

在代码中不要使用Container本身，而必须把Container<std::optional<T>>指定为容器类型。例如，现在m_cells的声明如下：

```
std::vector<Container<std::optional<T>>> m_cells;
```

不需要更改方法定义，但必须更改模板行，例如：

```
template <typename T,
  template <typename E, typename Allocator = std::allocator<E>> class Container>
void Grid<T, Container>::verifyCoordinate(size_t x, size_t y) const
{
    // Same implementation as before...
}
```

可以这样使用Grid模板：

```
Grid<int, vector> myGrid;
myGrid.at(1, 2) = 3;
cout << myGrid.at(1, 2).value_or(0) << endl;
Grid<int, vector> myGrid2 { myGrid };
Grid<int, deque> myDequeGrid;
```

上述C++语法有点令人费解，因为它试图获得最大的灵活性。尽量不要在这里陷入语法困境，记住主要概念：可向其他模板传入模板作为参数。

26.1.3 深入了解非类型模板参数

有时可能想让用户指定一个默认元素，用来初始化网格中的每个单元格。下面是实现这个目标的一种完全合理的方法，它使用零初始化语法 T{}，作为第二个模板参数的默认值：

```
export template <typename T, const T DEFAULT = T()>
class Grid
{
    // Identical as before.
};
```

这个定义是合法的。可使用第一个参数中的类型T作为第二个参数的类型，非类型参数可为const，就像函数参数一样。可使用 T 的初始值来初始化网格中的每个单元格：

```
template <typename T, const T DEFAULT>
Grid<T, DEFAULT>::Grid(size_t width, size_t height)
 : m_width { width }, m_height { height }
{
    m_cells.resize(m_width);
    for (auto& column : mCells) {
        column.resize(m_height);
        for (auto& element : column) {
            element = DEFAULT;
        }
    }
}
```

其他的方法定义保持不变，只是必须向模板行添加第二个模板参数，所有 Grid<T>实例要变为 Grid<T, DEFAULT>。完成这些修改后，可实例化一个 int 网格，并为所有元素设置初始值：

```
Grid<int> myIntGrid;        // Initial value is 0
Grid<int, 10> myIntGrid2;   // Initial value is 10
```

初始值可以是任何整数。但是，假设尝试创建一个 SpreasheetCell 网格：

```
SpreadsheetCell defaultCell;
Grid<SpreadsheetCell, defaultCell> mySpreadsheet; // WILL NOT COMPILE
```

这会导致编译错误，因为不能向非类型参数传递对象作为参数。

警告：

直到 C++20，非类型参数不能是对象，甚至不能是 double 和 float 值。非类型参数被限定为整型、枚举、指针和引用。C++20 稍微放宽了这些限制，允许浮点类型甚至某种类类型的非类型模板参数。然而，这样的类类型有很多限制，在本书中没有进一步讨论。可以说，SpreadsheetCell 类不遵守这些限制。

这个例子展示了模板类的一种奇怪行为：可正常用于一种类型，但另一种类型却会编译失败。

允许用户指定网格初始元素值的一种更详尽方式是使用 T 引用作为非类型模板参数。下面是新的类定义：

```
export template <typename T, const T& DEFAULT>
class Grid
{
    // Everything else is the same as the previous example.
};
```

现在可以为任何类型实例化这个类模板。然而，作为第二个模板参数传递的引用必须具有链接(外部链接或内部链接)。下面的示例使用内部链接的初始值声明了 int 和 SpreadsheetCell 网络：

```
namespace {
    int defaultInt { 11 };
    SpreadsheetCell defaultCell { 1.2 };
}

int main()
{
    Grid<int, defaultInt> myIntGrid;
    Grid<SpreadsheetCell, defaultCell> mySpreadsheet;
}
```

26.2 类模板部分特例化

第12章中const char*类的特例化被称为完整类模板特例化，因为它对Grid模板中的每个模板参数进行了特例化。在这个特例化中没有剩下任何模板参数。这并不是特例化类的唯一方式；还可编写部分特例化的类，这个类允许特例化部分模板参数，而不处理其他参数。例如，基本版本的Grid模板带有宽度和高度的非类型参数：

```
export template <typename T, size_t WIDTH, size_t HEIGHT>
class Grid
{
    public:
        Grid() = default;
        virtual ~Grid() = default;

        // Explicitly default a copy constructor and assignment operator.
        Grid(const Grid& src) = default;
        Grid& operator=(const Grid& rhs) = default;

        std::optional<T>& at(size_t x, size_t y);
        const std::optional<T>& at(size_t x, size_t y) const;

        size_t getHeight() const { return HEIGHT; }
        size_t getWidth() const { return WIDTH; }
    private:
        void verifyCoordinate(size_t x, size_t y) const;

        std::optional<T> m_cells[WIDTH][HEIGHT];
};
```

可采用这种方式为char* C风格字符串特例化这个类模板：

```
export template <size_t WIDTH, size_t HEIGHT>
class Grid<const char*, WIDTH, HEIGHT>
{
    public:
        Grid() = default;
        virtual ~Grid() = default;

        // Explicitly default a copy constructor and assignment operator.
        Grid(const Grid& src) = default;
        Grid& operator=(const Grid& rhs) = default;

        std::optional<std::string>& at(size_t x, size_t y);
```

```
        const std::optional<std::string>& at(size_t x, size_t y) const;

        size_t getHeight() const { return HEIGHT; }
        size_t getWidth() const { return WIDTH; }
    private:
        void verifyCoordinate(size_t x, size_t y) const;

        std::optional<std::string> m_cells[WIDTH][HEIGHT];
};
```

在这个例子中，没有特例化所有模板参数。因此，模板代码行如下所示：

```
export template <size_t WIDTH, size_t HEIGHT>
class Grid<const char*, WIDTH, HEIGHT>
```

注意，这个模板只有两个参数：WIDTH 和 HEIGHT。然而，这个 Grid 类带有 3 个参数：T、WIDTH 和 HEIGHT。因此，模板参数列表包含两个参数，而显式的 Grid<const char*, WIDTH, HEIGHT>包含 3 个参数。实例化模板时仍然必须指定 3 个参数。不能只通过高度和宽度实例化模板：

```
Grid<int, 2, 2> myIntGrid;              // Uses the original Grid
Grid<const char*, 2, 2> myStringGrid;   // Uses the partial specialization
Grid<2, 3> test;                        // DOES NOT COMPILE! No type specified.
```

上述语法的确很乱。更糟糕的是，在部分特例化中，与完整特例化不同，在每个方法定义的前面要包含模板代码行，如下所示：

```
template <size_t WIDTH, size_t HEIGHT>
const std::optional<std::string>&
    Grid<const char*, WIDTH, HEIGHT>::at(size_t x, size_t y) const
{
    verifyCoordinate(x, y);
    return m_cells[x][y];
}
```

需要这一带有两个参数的模板行，以表示这个方法针对这两个参数做了参数化处理。注意，需要表示完整类名时，都要使用 Grid<const char*, WIDTH, HEIGHT>。

前面的例子并没有表现出部分特例化的真正威力。可为可能的类型子集编写特例化的实现，而不需要为每种类型特例化。例如，可为所有的指针类型编写特例化的 Grid 类。这种特例化的拷贝构造函数和赋值运算符可对指针指向的对象执行深层复制，而不是保存网格中指针的浅层复制。

下面是类的定义，假设只用一个参数特例化最早版本的 Grid。在这个实现中，Grid 成为所提供指针的拥有者，因此它在需要时自动释放内存。需要拷贝构造函数和拷贝赋值运算符，像往常一样，拷贝赋值运算符使用第 9 章讨论的拷贝交换习惯用法，它需要 noexcept swap()方法。

```
export template <typename T>
class Grid<T*>
{
    public:
        explicit Grid(size_t width = DefaultWidth, size_t height = DefaultHeight);
        virtual ~Grid() = default;

        // Copy constructor and copy assignment operator.
        Grid(const Grid& src);
        Grid& operator=(const Grid& rhs);

        // Explicitly default a move constructor and assignment operator.
```

```
        Grid(Grid&& src) = default;
        Grid& operator=(Grid&& rhs) = default;

        void swap(Grid& other) noexcept;

        std::unique_ptr<T>& at(size_t x, size_t y);
        const std::unique_ptr<T>& at(size_t x, size_t y) const;

        size_t getHeight() const { return m_height; }
        size_t getWidth() const { return m_width; }

        static const size_t DefaultWidth { 10 };
        static const size_t DefaultHeight { 10 };
    private:
        void verifyCoordinate(size_t x, size_t y) const;

        std::vector<std::vector<std::unique_ptr<T>>> m_cells;
        size_t m_width { 0 }, m_height { 0 };
};
```

像往常一样，下面这两行代码是关键所在：

```
export template <typename T>
class Grid<T*>
```

上述语法表明这个类是 Grid 类模板对所有指针类型的特例化。只有 T 是指针类型的情况下才提供实现。请注意，如果像下面这样实例化网格：Grid<int*> myIntGrid，那么 T 实际上是 int 而非 int*。这不够直观，但遗憾的是，这种语法就是这样使用的。下面是一个示例：

```
Grid<int> myIntGrid;          // Uses the non-specialized grid.
Grid<int*> psGrid { 2, 2 };   // Uses the partial specialization for pointer types.

psGrid.at(0, 0) = make_unique<int>(1);
psGrid.at(0, 1) = make_unique<int>(2);
psGrid.at(1, 0) = make_unique<int>(3);

Grid<int*> psGrid2 { psGrid };
Grid<int*> psGrid3;
psGrid3 = psGrid2;

auto& element { psGrid2.at(1, 0) };
if (element) {
    cout << *element << endl;
    *element = 6;
}

cout << *psGrid.at(1, 0) << endl;   // psGrid is not modified.
cout << *psGrid2.at(1, 0) << endl;  // psGrid2 is modified.
```

输出如下：

```
3
3
6
```

方法的实现相当简单，但拷贝构造函数除外，拷贝构造函数使用各个元素的拷贝构造函数进行深层复制：

```
template <typename T>
Grid<T*>::Grid(const Grid& src)
    : Grid { src.m_width, src.m_height }
{
    // The ctor-initializer of this constructor delegates first to the
    // non-copy constructor to allocate the proper amount of memory.

    // The next step is to copy the data.
    for (size_t i { 0 }; i < m_width; i++) {
        for (size_t j { 0 }; j < m_height; j++) {
        // Make a deep copy of the element by using its copy constructor.
            if (src.m_cells[i][j]) {
                m_cells[i][j].reset(new T { *(src.m_cells[i][j]) });
            }
        }
    }
}
```

26.3 通过重载模拟函数部分特例化

C++标准不允许函数的模板部分特例化。相反，可用另一个模板重载函数。区别十分微妙。假设要编写一个特例化的 Find()函数模板(参见第 12 章)，这个特例化对指针解除引用，对指向的对象直接调用 operator==。实现此行为的正确方法是为 Find()方法编写第二个函数模板：

```
template <typename T>
size_t Find(T* value, T* const* arr, size_t size)
{
    for (size_t i { 0 }; i < size; i++) {
        if (*arr[i] == *value) {
            return i;  // Found it; return the index
        }
    }
    return NOT_FOUND;    // failed to find it; return NOT_FOUND
}
```

可在一个程序中定义原始的 Find()模板、针对指针类型的重载 Find()、针对 const char*的重载 Find()。编译器会根据推导规则选择合适的版本来调用。

注意：
在所有重载的版本之间，编译器总是选择“最具体的”函数版本。如果非模板化的版本与函数模板实例化等价，编译器更偏向非模板化的版本。

下面的代码调用了几次 Find()，里面的注释说明了调用的是哪个版本的 Find()：

```
size_t res { NOT_FOUND };

int myInt { 3 }, intArray[] { 1, 2, 3, 4 };
size_t sizeArray { size(intArray) };
res = Find(myInt, intArray, sizeArray);       // calls Find<int> by deduction
res = Find<int>(myInt, intArray, sizeArray); // calls Find<int> explicitly
```

```
double myDouble { 5.6 }, doubleArray[] { 1.2, 3.4, 5.7, 7.5 };
sizeArray = size(doubleArray);
// calls Find<double> by deduction
res = Find(myDouble, doubleArray, sizeArray);
// calls Find<double> explicitly
res = Find<double>(myDouble, doubleArray, sizeArray);

const char* word { "two" };
const char* words[] { "one", "two", "three", "four" };
sizeArray = size(words);

// calls Find<const char*> explicitly
res = Find<const char*>(word, words, sizeArray);
// calls overloaded Find for const char*s
res = Find(word, words, sizeArray);

int *intPointer { &myInt }, *pointerArray[] { &myInt, &myInt };
sizeArray = size(pointerArray);
// calls the overloaded Find for pointers
res = Find(intPointer, pointerArray, sizeArray);

SpreadsheetCell cell1 { 10 };
SpreadsheetCell cellArray[] { SpreadsheetCell { 4 }, SpreadsheetCell { 10 } };
sizeArray = size(cellArray);
// calls Find<SpreadsheetCell> by deduction
res = Find(cell1, cellArray, sizeArray);
// calls Find<SpreadsheetCell> explicitly
res = Find<SpreadsheetCell>(cell1, cellArray, sizeArray);

SpreadsheetCell *cellPointer { &cell1 };
SpreadsheetCell *cellPointerArray[] { &cell1, &cell1 };
sizeArray = size(cellPointerArray);
// Calls the overloaded Find for pointers
res = Find(cellPointer, cellPointerArray, sizeArray);
```

26.4 模板递归

C++模板提供的功能比本章前面和第 12 章介绍的简单类和函数模板强大得多。其中一项功能称为模板递归。模板递归类似于函数递归，意思是一个函数的定义是通过调用自身实现。这一节首先讲解模板递归的动机，然后讲述如何实现模板递归。

26.4.1 *N*维网格：初次尝试

前面的 Grid 模板示例到现在为止只支持两个维度，这限制了它的实用性。如果想编写三维井字游戏(Tic-Tac-Toe)或四维矩阵的数学程序，该怎么办？当然，可为每个维度写一个模板类或非模板类。然而，这会重复很多代码。另一种方法是只编写一个一维网格。然后，利用另一个网格作为元素类型实例化 Grid，可创建任意维度的网格。这种 Grid 元素类型本身可以用网格作为元素类型进行实例化，以此类推。下面是 OneDGrid 类模板的实现。这只是前面例子中 Grid 模板的一维版本，添加了 resize()方法，并用 operator[]替换 at()。与诸如 vector 的标准库容器类似，operator[]实现不执行边界检查。另外，在这个示例中，m_elements 存储 T 的实例而非 std::optional<T>的实例。

```
export template <typename T>
```

```
class OneDGrid
{
    public:
        explicit OneDGrid(size_t size = DefaultSize) { resize(size); }
        virtual ~OneDGrid() = default;

        T& operator[](size_t x) { return m_elements[x]; }
        const T& operator[](size_t x) const { return m_elements[x]; }

        void resize(size_t newSize) { m_elements.resize(newSize); }
        size_t getSize() const { return m_elements.size(); }

        static const size_t DefaultSize { 10 };
    private:
        std::vector<T> m_elements;
};
```

有了 OneDGrid 的这个实现，就可通过如下方式创建多维网格：

```
OneDGrid<int> singleDGrid;
OneDGrid<OneDGrid<int>> twoDGrid;
OneDGrid<OneDGrid<OneDGrid<int>>> threeDGrid;
singleDGrid[3] = 5;
twoDGrid[3][3] = 5;
threeDGrid[3][3][3] = 5;
```

此代码可正常工作，但声明代码看上去有点乱。下面对其加以改进。

26.4.2　真正的 *N* 维网格

可使用模板递归编写“真正的”*N* 维网格，因为网格的维度在本质上是递归的。从如下声明中可以看出：

```
OneDGrid<OneDGrid<OneDGrid<int>>> threeDGrid;
```

可将嵌套的每层 OneDGrid 想象为一个递归步骤，int 的 OneDGrid 是递归的基本情形。换句话说，三维网格是 int 一维网格的一维网格的一维网格。用户不需要自己进行递归，可以编写一个类模板来自动进行递归。然后，可创建如下 *N* 维网格：

```
NDGrid<int, 1> singleDGrid;
NDGrid<int, 2> twoDGrid;
NDGrid<int, 3> threeDGrid;
```

NDGrid 类模板需要元素类型和表示维度的整数作为参数。这里的关键问题在于，NDGrid 的元素类型不是模板参数列表中指定的元素类型，而是上一层递归的维度中指定的另一个 NDGrid。换句话说，三维网格是二维网格的矢量，二维网格是一维网格的各个矢量。

使用递归时，需要处理基本情形(base case)。可编写维度为 1 的部分特例化的 NDGrid，其中元素类型不是另一个 NDGrid，而是模板参数指定的元素类型。

下面是 NDGrid 模板定义和实现，突出显示了与前面 OneDGrid 的不同之处。模板递归实现最棘手的部分不是模板递归本身，而是网格中每个维度的正确大小。这个实现创建了 *N* 维网格，每个维度都一样大。为每个维度指定不同的大小要困难得多。然而，即使做了这样的简化，也仍然存在一个问题：用户应该有能力创建指定大小的数组，例如 20 或 50。因此，构造函数接收一个整数作为大小参数。然而，当动态重设子网格的 vector 时，不能将这个大小参数传递给子网格元素，因为 vector

使用默认的构造函数创建对象。因此，必须对 vector 的每个网格元素显式调用 resize()。注意 m_elements 是 NDGrid<T, N-1>的 vector，这是递归步骤。此外，operator[]返回类型的引用，同样是 NDGrid<T, N-1>，而不是 T。

```
export template <typename T, size_t N>
class NDGrid
{
    public:
        explicit NDGrid(size_t size = DefaultSize) { resize(size); }
        virtual ~NDGrid() = default;

        NDGrid<T, N-1>& operator[](size_t x) { return m_elements[x]; }
        const NDGrid<T, N-1>& operator[](size_t x) const { return m_elements[x]; }
        void resize(size_t newSize)
        {
            m_elements.resize(newSize);
            // Resizing the vector calls the 0-argument constructor for
            // the NDGrid<T, N-1> elements, which constructs
            // it with the default size. Thus, we must explicitly call
            // resize() on each of the elements to recursively resize all
            // nested Grid elements.
            for (auto& element : m_elements) {
                element.resize(newSize);
            }
        }

        size_t getSize() const { return m_elements.size(); }

        static const size_t DefaultSize { 10 };
    private:
        std::vector<NDGrid<T, N-1>> m_elements;
};
```

基本用例的模板定义是维度为 1 的部分特化，下面突出显示了定义和实现。请注意，必须重写很多代码，因为不能在特例化中继承任何实现。这里突出显示了与非特例化 NDGrid 之间的差异：

```
export template <typename T>
class NDGrid<T, 1>
{
    public:
        explicit NDGrid(size_t size = DefaultSize) { resize(size); }
        virtual ~NDGrid() = default;

        T& operator[](size_t x) { return m_elements[x]; }
        const T& operator[](size_t x) const { return m_elements[x]; }

        void resize(size_t newSize) { m_elements.resize(newSize); }
        size_t getSize() const { return m_elements.size(); }

        static const size_t DefaultSize { 10 };
    private:
        std::vector<T> m_elements;
};
```

至此，递归结束：元素类型是 T，而不是另外的模板实例化。

现在，可编写下面这样的代码：

```
NDGrid<int, 3> my3DGrid { 4 };
my3DGrid[2][1][2] = 5;
my3DGrid[1][1][1] = 5;
cout << my3DGrid[2][1][2] << endl;
```

26.5 可变参数模板

普通模板只可采取固定数量的模板参数。可变参数模板(variadic template)可接收可变数目的模板参数。例如，下面的代码定义了一个模板，它可以接收任何数目的模板参数，使用称为 Types 的参数包(parameter pack)：

```
template<typename... Types>
class MyVariadicTemplate { };
```

注意：
typename 之后的 3 个点并非错误。这是为可变参数模板定义参数包的语法。参数包可以接收可变数目的参数。在 3 个点的前后允许添加空格。

可用任何数量的类型实例化 MyVariadicTemplate，例如：

```
MyVariadicTemplate<int> instance1;
MyVariadicTemplate<string, double, list<int>> instance2;
```

甚至可用零个模板参数实例化 MyVariadicTemplate：

```
MyVariadicTemplate<> instance3;
```

为阻止用零个模板参数实例化可变参数模板，可以像下面这样编写模板：

```
template<typename T1, typename... Types>
class MyVariadicTemplate { };
```

有了这个定义后，试图通过零个模板参数实例化 MyVariadicTemplate 会导致编译错误。

不能直接遍历传给可变参数模板的不同参数。唯一方法是借助模板递归或折叠表达式的帮助。下面将展示这两种方法的示例。

26.5.1 类型安全的变长参数列表

可变参数模板允许创建类型安全的变长参数列表。下面的例子定义了一个可变参数模板 processValues()，它允许以类型安全的方式接收不同类型的可变数目的参数。函数 processValues()会处理变长参数列表中的每个值，对每个参数执行 handleValue()函数。这意味着必须对每种要处理的类型编写 handleValue()函数，例如下例中的 int、double 和 string：

```
void handleValue(int value) { cout << "Integer: " << value << endl; }
void handleValue(double value) { cout << "Double: " << value << endl; }
void handleValue(string_view value) { cout << "String: " << value << endl; }

void processValues() // Base case to stop recursion
{ /* Nothing to do in this base case.*/ }
```

```
template<typename T1, typename... Tn>
void processValues(T1 arg1, Tn... args)
{
   handleValue(arg1);
   processValues(args...);
}
```

在这个例子中，三点运算符“...”用了两次。这个运算符出现在3个地方，有两个不同的含义。首先，用在模板参数列表中typename的后面以及函数参数列表中类型Tn的后面。在这两种情况下，它都表示参数包。参数包可接收可变数目的参数。

“...”运算符的第二种用法是在函数体中参数名args的后面。这种情况下，它表示参数包扩展。这个运算符会解包/展开参数包，得到各个参数。它基本上提取出运算符左边的内容，为包中的每个模板参数重复该内容，并用逗号隔开。从前面的例子中取出以下行：

```
processValues(args...);
```

这一行将args参数包解包(或扩展)为不同的参数，通过逗号分隔参数，然后用这些展开的参数调用processValues()函数。模板总是需要至少一个模板参数：T1。通过args...递归调用processValues()的结果是：每次调用都会少一个模板参数。

由于processValues()函数的实现是递归的，因此需要采用一种方法停止递归。为此，实现一个processValues()函数，要求它接收零个参数。

可通过下面的代码测试processValues()可变参数模板：

```
processValues(1, 2, 3.56, "test", 1.1f);
```

这个例子生成的递归调用是：

```
processValues(1, 2, 3.56, "test", 1.1f);
  handleValue(1);
  processValues(2, 3.56, "test", 1.1f);
    handleValue(2);
    processValues(3.56, "test", 1.1f);
      handleValue(3.56);
      processValues("test", 1.1f);
        handleValue("test");
        processValues(1.1f);
          handleValue(1.1f);
          processValues();
```

重要的是要记住，这种变长参数列表是完全类型安全的。processValues()函数会根据实际类型自动调用正确的handleValue()重载版本。C++中也会像通常那样自动执行类型转换。例如，前面例子中1.1f的类型为float。processValues()函数会调用handleValue(double value)，因为从float到double的转换没有任何损失。然而，如果调用processValues()时带有某种类型的参数，而这种类型没有对应的handleValue()函数，编译器会产生错误。

前面的实现存在一个小问题。由于这是一个递归的实现，因此每次递归调用processValues()时都会复制参数。根据参数的类型，这种做法的代价可能会很高。你可能会认为，向processValues()函数传递引用而不使用按值传递方法，就可以避免这种复制问题。遗憾的是，这样也无法通过字面量调用processValues()了，因为不允许使用字面量引用，除非使用const引用。

为了在使用非const引用的同时也能使用字面量值，可使用转发引用(forwarding references)。以下实现使用了转发引用T&&，还使用std::forward()完美转发所有参数。“完美转发”意味着，如果把rvalue

传递给 processValues()，就将它作为 rvalue 引用转发；如果把 lvalue 或 lvalue 引用传递给 processValues()，就将它作为 lvalue 引用转发。

```
void processValues() // Base case to stop recursion
{ /* Nothing to do in this base case.*/ }

template<typename T1, typename... Tn>
void processValues(T1&& arg1, Tn&&... args)
{
   handleValue(std::forward<T1>(arg1));
   processValues(std::forward<Tn>(args)...);
}
```

有一行代码需要做进一步解释：

```
processValues(std::forward<Tn>(args)...);
```

“...”运算符用于解开参数包，它在参数包中的每个参数上使用 std::forward()，用逗号把它们隔开。例如，假设 args 是一个参数包，有 3 个参数(a1、a2 和 a3)，分别对应 3 种类型(A1、A2 和 A3)。扩展后的调用如下：

```
processValues(std::forward<A1>(a1),
              std::forward<A2>(a2),
              std::forward<A3>(a3));
```

在使用了参数包的函数体中，可通过以下方法获得参数包中参数的个数：

```
int numOfArguments { sizeof...(args) };
```

一个使用变长参数模板的实际例子是编写一个类似于 printf()版本的安全且类型安全的函数模板。这是实践变长参数模板的一次不错的练习。

注意：

只有当 T 作为函数或方法模板的一个模板参数时，T&&才是转发引用。如果一个类方法有个 T&&参数，但 T 是类的模板参数而不是方法本身的参数，那么 T&&就不是一个转发引用，而是右值引用。这是因为当编译器开始用一个 T&&参数处理那个方法时，类模板参数 T 已经被解析为一个具体类型，例如 T，那时方法参数已经被 int&&替换。

26.5.2 可变数目的混入类

参数包几乎可用在任何地方。例如，下面的代码使用一个参数包为 MyClass 类定义了可变数目的混入类。第 5 章讨论了混入类的概念。

```
class Mixin1
{
    public:
        Mixin1(int i) : m_value { i } {}
        virtual void mixin1Func() { cout << "Mixin1: " << m_value << endl; }
    private:
        int m_value;
};

class Mixin2
{
```

```
    public:
        Mixin2(int i) : m_value { i } {}
        virtual void mixin2Func() { cout << "Mixin2: " << m_value << endl; }
    private:
        int m_value;
};

template <typename... Mixins>
class MyClass : public Mixins...
{
    public:
        MyClass(const Mixins&... mixins) : Mixins { mixins }... {}
        virtual ~MyClass() = default;
};
```

上述代码首先定义了两个混入类 Mixin1 和 Mixin2。它们在这个例子中的定义非常简单。它们的构造函数接收一个整数，然后保存这个整数，这两个类有一个函数用于打印特定实例的信息。MyClass 可变参数模板使用参数包 typename... Mixins 接收可变数目的混入类。MyClass 继承所有的混入类，其构造函数接收同样数目的参数来初始化每一个继承的混入类。注意，扩展运算符(...)基本上接收运算符左边的内容，为参数包中的每个模板参数重复这些内容，并用逗号隔开。MyClass 可以这样使用：

```
MyClass<Mixin1, Mixin2> a { Mixin1 { 11 }, Mixin2 { 22 } };
a.mixin1Func();
a.mixin2Func();

MyClass<Mixin1> b { Mixin1 { 33 } };
b.mixin1Func();
//b.mixin2Func(); // Error: does not compile.

MyClass<> c;
//c.mixin1Func(); // Error: does not compile.
//c.mixin2Func(); // Error: does not compile.
```

试图对 b 调用 Mixin2Func()会产生编译错误，因为 b 并非继承自 Mixin2 类。这个程序的输出如下：

```
Mixin1: 11
Mixin2: 22
Mixin1: 33
```

26.5.3 折叠表达式

C++支持折叠表达式。这样一来，将可更容易地在可变参数模板中处理参数包。表 26-1 列出了支持的 4 种折叠类型。在该表中，Θ 可以是以下任意运算符：+、 -、 *、 /、%、^、&、|、<<、>>、+=、-=、*=、/=、%=、^=、&=、|=、<<=、>>=、=、==、!=、<、>、<=、>=、&&、||、,、.*、->*。

表 26-1 4 种折叠类型

名称	表达式	含义
一元右折叠	(pack Θ ...)	$pack_0 \Theta (... \Theta (pack_{n-1} \Theta pack_n))$
一元左折叠	(... Θ pack)	$((pack_0 \Theta pack_1) \Theta ...) \Theta pack_n$
二元右折叠	(pack Θ ... Θ Init)	$pack_0 \Theta (... \Theta (pack_{n-1} \Theta (pack_n \Theta Init)))$
二元左折叠	(Init Θ ... Θ pack)	$(((Init \Theta pack_0) \Theta pack_1) \Theta ...) \Theta pack_n$

下面分析一些示例。以递归方式定义前面的 processValues()函数模板，如下所示：

```
void processValues() { /* Nothing to do in this base case.*/ }

template<typename T1, typename... Tn>
void processValues(T1 arg1, Tn... args)
{
   handleValue(arg1);
   processValues(args...);
}
```

由于以递归方式定义，因此需要基本情形来停止递归。使用折叠表达式，利用一元右折叠，通过单个函数模板来实现。此时，不需要基本情形。

```
template<typename... Tn>
void processValues(const Tn&... args)
{
   (handleValue(args), ...);
}
```

基本上，函数体中的 3 个点触发折叠。扩展这一行，针对参数包中的每个参数调用 handleValue()，对 handleValue()的每个调用用逗号分隔。例如，假设 args 是包含 3 个参数(a1、a2 和 a3)的参数包。一元右折叠扩展后的形式如下：

```
(handleValue(a1), (handleValue(a2), handleValue(a3)));
```

下面是另一个示例。printValues()函数模板将所有实参写入控制台，实参之间用换行符分开。

```
template<typename... Values>
void printValues(const Values&... values)
{
   ((cout << values << endl), ...);
}
```

假设 values 是包含 3 个参数(v1、v2 和 v3)的参数包。一元右折叠扩展后的形式如下：

```
((cout << v1 << endl), ((cout << v2 << endl), (cout << v3 << endl)));
```

调用 printValues()时可使用任意数量的实参，如下所示：

```
printValues(1, "test", 2.34);
```

在这些示例中，将折叠与逗号运算符结合使用，但实际上，折叠可与任何类型的运算符结合使用。例如，以下代码定义了可变参数函数模板，使用二元左折叠计算传给它的所有值之和。二元左折叠始终需要一个 Init 值(参见表 26-1)。因此，sumValues()有两个模板类型参数：一个是普通参数，用于指定 Init 的类型；另一个是参数包，可接收 0 个或多个实参。

```
template<typename T, typename... Values>
double sumValues(const T& init, const Values&... values)
{
   return (init + ... + values);
}
```

假设 values 是包含 3 个参数(v1、v2 和 v3)的参数包。二元左折叠扩展后的形式如下：

```
return (((init + v1) + v2) + v3);
```

sumValues()函数模板的使用方式如下：

```
cout << sumValues(1, 2, 3.3) << endl;
cout << sumValues(1) << endl;
```

该函数模板至少需要一个参数，因此以下代码无法编译：

```
cout << sumValues() << endl;
```

sumValues()函数模板也可以按照一元左折叠定义，如下所示，这仍然需要在调用 sumValues()时提供至少一个参数。

```
template <typename... Values>
double sumValues(const Values&... values) { return (... + values); }
```

长度为零的参数包允许一元折叠，但只能和逻辑与(&&)、逻辑或(||)和逗号(,)运算符结合使用。例如：

```
template <typename... Values>
double allTrue(const Values&... values) { return (... && values); }

template <typename... Values>
double anyTrue(const Values&... values) { return (... || values); }

int main()
{
    cout << allTrue(1, 1, 0) << allTrue(1, 1) << allTrue() << endl; // 011
    cout << anyTrue(1, 1, 0) << anyTrue(0, 0) << anyTrue() << endl; // 100
}
```

26.6 模板元编程

本节讲解模板元编程。这是一个非常复杂的主题，有一些关于模板元编程的书讲解了所有细节。本书没有足够的篇幅来讲解模板元编程的所有细节。本节通过几个例子解释最重要的概念。

模板元编程的目标是在编译期而不是运行时执行一些计算。模板元编程基本上是基于另一种语言的一种小型编程语言。下面首先讨论一个简单示例，这个例子在编译期计算一个数的阶乘，并在运行时能将计算结果用作简单的常数。

26.6.1 编译期阶乘

下面的代码演示了在编译期如何计算一个数的阶乘。代码使用了本章前面介绍的模板递归，我们需要一个递归模板和用于停止递归的基本模板。根据数学定义，0 的阶乘是 1，所以用作基本情形：

```
template<unsigned char f>
class Factorial
{
   public:
       static const unsigned long long value = (f * Factorial<f - 1>::value);
};

template<>
class Factorial<0>
{
   public:
       static const unsigned long long value { 1 };
```

```
};

int main()
{
    cout << Factorial<6>::value << endl;
}
```

这将计算 6 的阶乘，数学表达为 6!，值为 1×2×3×4×5×6 或 720。

注意：
要记住，在编译期计算阶乘。在运行时，可通过::value 访问编译期计算出来的值，这不过是一个静态常量值。

上面这个具体示例在编译期计算一个数的阶乘，但未必需要使用模板元编程。可不使用模板，写成 C++20 的 consteval immediate 函数形式。不过，模板实现仍然是实现递归模板的优秀示例。

```
consteval unsigned long long factorial(unsigned char f)
{
    if (f == 0) { return 1; }
    else { return f * factorial(f - 1); }
}
```

可以像调用其他函数一样调用 factorial()，不同之处在于 consteval 函数保证在编译期执行。

26.6.2 循环展开

模板元编程的第二个例子是在编译期展开循环，而不是在运行时执行循环。注意循环展开(loop unrolling)应仅在需要时使用，因为编译器通常足够智能，会自动展开可以展开的循环。

这个例子再次使用了模板递归，因为需要在编译期在循环中完成一些事情。在每次递归中，Loop 类模板都会通过 i - 1 实例化自身。当到达 0 时，停止递归。

```
template <int i>
class Loop
{
    public:
        template <typename FuncType>
        static inline void run(FuncType func) {
            Loop<i - 1>::run(func);
            func(i);
        }
};

template <>
class Loop<0>
{
    public:
        template <typename FuncType>
        static inline void run(FuncType /* func */ ) { }
};
```

可以像下面这样使用 Loop 模板：

```
void doWork(int i) { cout << "doWork(" << i << ")" << endl; }

int main()
```

```
{
    Loop<3>::run(doWork);
}
```

这段代码将导致编译器展开循环，并连续 3 次调用 doWork()函数。这个程序的输出如下所示：

```
doWork(1)
doWork(2)
doWork(3)
```

26.6.3 打印元组

这个例子通过模板元编程来打印 std::tuple 中的各个元素。第 24 章“其他 C++工具”讲解了元组。元组允许存储任何数量的值，每个值都有各自的特定类型。元组有固定的大小和值类型，这些都是在编译期确定的。然而，元组没有提供任何内置的机制来遍历其元素。下面的示例演示如何通过模板元编程在编译期遍历元组中的元素。

与模板元编程中的大部分情况一样，这个例子也使用了模板递归。tuple_print 类模板接收两个模板参数：tuple 类型和初始化为元组大小的整数。然后在构造函数中递归地实例化自身，每一次调用都将大小减小。当大小变成 0 时，tuple_print 的一个部分特例化停止递归。main()函数演示了如何使用这个 tuple_print 类模板。

```
template <typename TupleType, int n>
class TuplePrint
{
    public:
        TuplePrint(const TupleType& t) {
            TuplePrint<TupleType, n - 1> tp { t };
            cout << get<n - 1>(t) << endl;
        }
};

template <typename TupleType>
class TuplePrint<TupleType, 0>
{
    public:
        TuplePrint(const TupleType&) { }
};

int main()
{
    using MyTuple = tuple<int, string, bool>;
    MyTuple t1 { 16, "Test", true };
    TuplePrint<MyTuple, tuple_size<MyTuple>::value> tp { t1 };
}
```

main()中的 TuplePrint 语句看起来有点复杂，因为它要求元组的确切类型和大小作为模板参数。引入自动推导模板参数的辅助函数模板可以简化这段代码。简化的实现如下所示：

```
template <typename TupleType, int n>
class TuplePrintHelper
{
    public:
        TuplePrintHelper(const TupleType& t) {
            TuplePrintHelper<TupleType, n - 1> tp { t };
            cout << get<n - 1>(t) << endl;
```

```
        }
};

template <typename TupleType>
class TuplePrintHelper<TupleType, 0>
{
    public:
        TuplePrintHelper(const TupleType&) { }
};

template <typename T>
void tuplePrint(const T& t)
{
    TuplePrintHelper<T, tuple_size<T>::value> tph { t };
}

int main()
{
    tuple t1 { 167, "Testing"s, false, 2.3 };
    tuplePrint(t1);
}
```

这里的第一个变化是将原来的 tuplePrint 类模板重命名为 tuplePrintHelper。然后，上述代码实现了一个名为 tuplePrint()的小函数模板，这个函数模板接收 tuple 类型作为模板类型参数，并接收对元组本身的引用作为函数参数。在该函数的主体中实例化 tuplePrintHelper 类模板。main()函数展示了如何使用这个简化的版本。不需要指定函数模板的参数，因为编译器可以根据提供的参数自动推断。

1. constexpr if

C++17 引入了 constexpr if。这些是在编译期(而非运行时)执行的 if 语句。如果 constexpr if 语句的分支从未到达，就不会进行编译。这可用于简化大量的模板元编程技术。例如，可按如下方式使用 constexpr if，简化前面的打印元组元素的代码。注意，不再需要模板递归基本情形，原因在于可通过 constexpr if 语句停止递归。

```
template <typename TupleType, int n>
class TuplePrintHelper
{
    public:
        TuplePrintHelper(const TupleType& t) {
            if constexpr (n > 1) {
                TuplePrintHelper<TupleType, n - 1> tp { t };
            }
            cout << get<n - 1>(t) << endl;
        }
};

template <typename T>
void tuplePrint(const T& t)
{
    TuplePrintHelper<T, tuple_size<T>::value> tph { t };
}
```

现在，甚至可丢弃类模板本身，替换为简单的函数模板 tuplePrintHelper()：

```
template <typename TupleType, int n>
void tuplePrintHelper(const TupleType& t) {
```

```
    if constexpr (n > 1) {
        tuplePrintHelper<TupleType, n - 1>(t);
    }
    cout << get<n - 1>(t) << endl;
}

template <typename T>
void tuplePrint(const T& t)
{
    tuplePrintHelper<T, tuple_size<T>::value>(t);
}
```

可对其进一步简化。将两个方法合为一个，如下所示：

```
template <typename TupleType, int n = tuple_size<TupleType>::value>
void tuplePrint(const TupleType& t) {
    if constexpr (n > 1) {
        tuplePrint<TupleType, n - 1>(t);
    }
    cout << get<n - 1>(t) << endl;
}
```

仍然像前面那样进行调用：

```
tuple t1 { 167, "Testing"s, false, 2.3 };
tuplePrint(t1);
```

2. 使用编译期整数序列和折叠

C++使用 std::integer_sequence(在<utility>中定义)支持编译期整数序列。模板元编程的一个常见用例是生成编译期索引序列，即 size_t 类型的整数序列。此处，可使用辅助用的 std::index_sequence。可使用 std::index_ sequence_for()，生成与给定的参数包等长的索引序列。

下面使用可变参数模板、编译期索引序列和折叠表达式，实现元组打印程序：

```
template <typename Tuple, size_t... Indices>
void tuplePrintHelper(const Tuple& t, index_sequence<Indices...>)
{
    ((cout << get<Indices>(t) << endl), ...);
}

template <typename... Args>
void tuplePrint(const tuple<Args...>& t)
{
    tuplePrintHelper(t, index_sequence_for<Args...>());
}
```

可按与前面相同的方式调用：

```
tuple t1 { 167, "Testing"s, false, 2.3 };
tuplePrint(t1);
```

调用时，tuplePrintHelper()函数模板中的一元右折叠表达式扩展为如下形式：

```
(((cout << get<0>(t) << endl),
 ((cout << get<1>(t) << endl),
 ((cout << get<2>(t) << endl),
  (cout << get<3>(t) << endl)))));
```

26.6.4　类型 trait

通过类型 trait 可在编译时根据类型做出决策。例如，可验证一个类型是否从另一个类型派生而来、是否可以转换为另一个类型、是否是整型等。C++标准提供了大量可供选择的类型 trait 类。所有与类型 trait 相关的功能都定义在<type_traits>中。类型 trait 分为几个不同类别。下面列出了每个类别的可用类型 trait 的一些例子。完整清单请参阅标准库参考资源(见附录 B)。

表 26-2　C++标准中的部分类型 trait

➤ 原始类型类别	➤ 复合类型类别
• is_void	• is_reference
• is_integral	• is_object
• is_floating_point	• is_scalar
• is_pointer	• ...
• is_function	➤ 类型关系
• ...	• is_same
➤ 类型属性	• is_base_of
• is_const	• is_convertible
• is_polymorphic	• is_invocable
• is_unsigned	• is_nothrow_invocable
• is_constructible	• ...
• is_copy_constructible	➤ const-volatile 修改
• is_move_constructible	• remove_const
• is_assignable	• add_const
• is_trivially_copyable	• ...
• is_swappable	➤ 符号修改
• is_nothrow_swappable	• make_signed
• has_virtual_destructor	• make_unsigned
• has_unique_object_representations	➤ 数组修改
• ...	• remove_extent
➤ 属性查询	• remove_all_extents
• alignment_of	➤ 逻辑运算符 trait
• rank	• conjuction
• extent	• disjunction
➤ 引用修改	• negation
• remove_reference	➤ 其他转换
• add_lvalue_reference	• enable_if
• add_rvalue_reference	• conditional
➤ 指针修改	• invoke_result
• remove_pointer	• type_identity*
• add_pointer	• remove_cvref*
➤ 常量评估上下文	• common_reference*
• is_constant_evaluated*	• ...

标有星号的类型 trait 在 C++20 及其之后版本中才可用。

类型 trait 是一个非常高级的 C++功能。表 26-2 只显示了 C++标准中的部分类型 trait，从这个列表中就可以看出，本书不可能解释类型 trait 的所有细节。下面只列举几个用例，展示如何使用类型 trait。

1. 使用类型类别

在给出使用类型 trait 的模板示例前，首先要了解一下诸如 is_integral 的类的工作方式。C++标准对 integral_constant 类的定义如下所示：

```
template <class T, T v>
struct integral_constant {
    static constexpr T value { v };
    using value_type = T;
    using type = integral_constant<T, v>;
    constexpr operator value_type() const noexcept { return value; }
    constexpr value_type operator()() const noexcept { return value; }
};
```

这也定义了 bool_constant、true_type 和 false_type 类型别名：

```
template <bool B>
using bool_constant = integral_constant<bool, B>;

using true_type = bool_constant<true>;
using false_type = bool_constant<false>;
```

这定义了两种类型：true_type 和 false_type。当调用 true_type::value 时，得到的值是 true；调用 false_type::value 时，得到的值是 false。还可调用 true_type::type，这将返回 true_type 类型。这同样适用于 false_type。像 is_integral 这样检查类型是否为整型和 is_class 这样检查类型是否为类类型的类，都继承自 true_type 或者 false_type。例如，is_integral 为类型 bool 特例化，如下所示：

```
template<> struct is_integral<bool> : public true_type { };
```

这样就可编写 is_integral<bool>::value，并返回 true。注意，不需要自己编写这些特例化，这些是标准库的一部分。

下面的代码演示了使用类型类别的最简单例子：

```
if (is_integral<int>::value) { cout << "int is integral" << endl; }
else { cout << "int is not integral" << endl; }

if (is_class<string>::value) { cout << "string is a class" << endl; }
else { cout << "string is not a class" << endl; }
```

输出如下：

```
int is integral
string is a class
```

对于每一个具有 value 成员的 trait，C++添加了一个变量模板，它与 trait 同名，后跟_v。不是编写 some_trait<T>::value，而是编写 some_trait_v<T>，例如 is_integral_v<T>和 is_const_v<T>等。下面用变量模板重写了前面的例子：

```
if (is_integral_v<int>) { cout << "int is integral" << endl; }
else { cout << "int is not integral" << endl; }
```

```
if (is_class_v<string>) { cout << "string is a class" << endl; }
else { cout << "string is not a class" << endl; }
```

当然，你可能永远都不会采用这种方式使用类型 trait。只有结合模板根据类型的某些属性生成代码时，类型 trait 才更有用。下面的模板示例演示了这一点。代码定义了函数模板 process_helper()的两个重载版本，这个函数模板接收一种类型作为模板参数。第一个参数是一个值，第二个参数是 true_type 或 false_type 的实例。process()函数模板接收一个参数，并调用 processHelper()函数：

```
template <typename T>
void processHelper(const T& t, true_type)
{
    cout << t << " is an integral type." << endl;
}

template <typename T>
void processHelper(const T& t, false_type)
{
    cout << t << " is a non-integral type." << endl;
}

template <typename T>
void process(const T& t)
{
    processHelper(t, typename is_integral<T>::type{});
}
```

processHelper()函数调用的第二个参数定义如下：

```
typename is_integral<T>::type{}
```

该参数使用 is_integral 判断 T 是否为整数类型。使用::type 访问结果 integral_constant 类型，可以是 true_type 或 false_type。processHelper()函数需要 true_type 或 false_type 的一个实例作为第二个参数，这也是::type 后面有{}的原因。注意，processHelper()函数的两个重载版本使用了类型为 true_type 或 false_type 的无名参数。因为在函数体的内部没有使用这些参数，所以这些参数是无名的。这些参数仅用于函数重载解析。

这些代码的测试如下：

```
process(123);
process(2.2);
process("Test"s);
```

这个例子的输出如下：

```
123 is an integral type.
2.2 is a non-integral type.
Test is a non-integral type.
```

前面的例子只使用单个函数模板来编写，但没有说明如何使用类型 trait，以基于类型选择不同的重载。

```
template <typename T>
void process(const T& t)
{
    if constexpr (is_integral_v<T>) {
        cout << t << " is an integral type." << endl;
```

```
    } else {
        cout << t << " is a non-integral type." << endl;
    }
}
```

2. 使用类型关系

有 3 种类型关系：is_same、is_base_of 和 is_convertible。下面将给出一个例子来展示如何使用 is_same。其余类型关系的工作原理类似。

下面的 same()函数模板通过 is_same 类型 trait 特性判断两个给定参数是否类型相同，然后输出相应的信息。

```
template <typename T1, typename T2>
void same(const T1& t1, const T2& t2)
{
    bool areTypesTheSame { is_same_v<T1, T2> };
    cout << format("'{}' and '{}' are {} types.", t1, t2,
        (areTypesTheSame ? "the same" : "different")) << endl;
}
int main()
{
    same(1, 32);
    same(1, 3.01);
    same(3.01, "Test"s);
}
```

输出如下所示：

```
'1' and '32' are the same types.
'1' and '3.01' are different types
'3.01' and 'Test' are different types
```

3. 使用条件类型 trait

第 18 章“标准库容器”解释了标准库辅助函数模板 std::move_if_noexcept()，它可以根据移动构造函数是否标记为 noexcept，来有条件地调用移动构造函数还是拷贝构造函数。标准库没有提供类似的辅助函数模板，根据移动赋值运算符是否标记为 noexcept，选择调用移动赋值运算符还是拷贝赋值运算符。现在已经了解了模板元编程和类型 trait，来看看如何实现自己的 move_assign_if_noexcept()。

记得在第 18 章中，如果移动构造函数标记为 noexcept，move_if_noexcept()只会将给定的引用转换为右值引用，否则将转换为 const 引用。move_assign_if_noexcept()需要做类似的事情，如果移动赋值运算符标记为 noexcept，则将给定的引用转换为右值引用，否则将转换为 const 引用。

std::conditional 类型 trait 可用于实现条件，而 is_nothrow_move_assignable 类型 trait 可用于判断某个类型是否有标记为 noexcept 的移动赋值运算符。条件类型 trait 有 3 个模板参数：一个布尔型，一个布尔型为 true 的类型以及一个布尔型为 false 的类型。下面是整个函数模板：

```
template <typename T>
constexpr conditional<is_nothrow_move_assignable_v<T>, T&&, const T&>::type
    move_assign_if_noexcept(T& t) noexcept
{
    return move(t);
}
```

C++标准为具有类型成员(比如 conditional)的 trait 定义了别名模板。它们与 trait 具有相同的名称，但是附加了_t。例如，与其这样：

```
conditional<is_nothrow_move_assignable_v<T>, T&&, const T&>::type
```

可以这样写：

```
conditional_t<is_nothrow_move_assignable_v<T>, T&&, const T&>
```

可以对 move_assign_if_noexcept()函数模板进行以下测试：

```
class MoveAssignable
{
    public:
        MoveAssignable& operator=(const MoveAssignable&) {
            cout << "copy assign" << endl; return *this; }
        MoveAssignable& operator=(MoveAssignable&&) {
            cout << "move assign" << endl; return *this; }
};

class MoveAssignableNoexcept
{
    public:
        MoveAssignableNoexcept& operator=(const MoveAssignableNoexcept&) {
            cout << "copy assign" << endl; return *this; }
        MoveAssignableNoexcept& operator=(MoveAssignableNoexcept&&) noexcept {
            cout << "move assign" << endl; return *this; }
};

int main()
{
    MoveAssignable a, b;
    a = move_assign_if_noexcept(b);
    MoveAssignableNoexcept c, d;
    c = move_assign_if_noexcept(d);
}
```

输出如下：

```
copy assign
move assign
```

4. 使用 enable_if

使用 enable_if 需要了解“替换失败不是错误”(Substitution Failure Is Not An Error，SFINAE)特性，这是 C++中一个复杂晦涩的特性。它规定，为一组给定的模板参数特化函数模板失败不会被视为编译错误。相反，这样的特化应该从函数重载集合中移除。下面仅讲解 SFINAE 的基础知识。

如果有一组重载函数，就可以使用 enable_if 根据某些类型特性有选择地禁用某些重载。enable_if 通常用于重载函数组的返回类型。enable_if 接收两个模板类型参数。第一个参数是布尔值，第二个参数是默认为 void 的类型。如果布尔值是 true，enable_if 类就有一种可使用::type 访问的嵌套类型，这种嵌套类型由第二个模板类型参数给定。如果布尔值是 false，就没有嵌套类型。

通过 enable_if，可将前面使用 same()函数模板的例子重写为一个重载的 checkType()函数模板。在这个版本中，checkType()函数根据给定值的类型是否相同，返回 true 或 false。如果不希望 checkType()返回任何内容，可删除 return 语句，可删除 enable_if 的第二个模板类型参数，或用 void 替换。

```
template <typename T1, typename T2>
enable_if_t<is_same_v<T1, T2>, bool>
```

```
    checkType(const T1& t1, const T2& t2)
{
    cout << format("'{}' and '{}' are the same types.", t1, t2) << endl;
    return true;
}

template <typename T1, typename T2>
enable_if_t<!is_same_v<T1, T2>, bool>
    checkType(const T1& t1, const T2& t2)
{
    cout << format("'{}' and '{}' are different types.", t1, t2) << endl;
    return false;
}

int main()
{
    checkType(1, 32);
    checkType(1, 3.01);
    checkType(3.01, "Test"s);
}
```

输出与前面的相同:

```
'1' and '32' are the same types.
'1' and '3.01' are different types.
'3.01' and 'Test' are different types.
```

上述代码定义了两个重载的checkType()，它们的返回类型都是enable_if的嵌套类型bool。首先，通过is_same_v检查两种类型是否相同，然后通过enable_if_t获得结果。当enable_if_t的第一个参数为true时，enable_if_t的类型就是bool；当第一个参数为false时，将不会有返回类型。这就是SFINAE发挥作用的地方。

当编译器开始编译main()函数的第一行时，它试图找到接收两个整型值的checkType()函数。编译器会在源代码中找到第一个重载的checkType()函数模板，并将T1和T2都设置为整数，以推断可使用这个模板的实例。然后，编译器会尝试确定返回类型。由于这两个参数是整数，因此是相同的类型，is_same_v<T1, T2>将返回true，这导致enable_if_t<true,bool>返回类型bool。这样实例化时一切都很好，编译器可使用该版本的check_type()。

然而，当编译器尝试编译main()函数的第二行时，编译器会再次尝试找到合适的checkType()函数。编译器从第一个checkType()开始，判断出可将T1设置为int类型，将T2设置为double类型。然后，编译器会尝试确定返回类型。这一次，T1和T2是不同的类型，这意味着is_same_v<T1, T2>将返回false。因此enable_if_t<false, bool>不表示类型，checkType()函数不会有返回类型。编译器会注意到这个错误，但由于SFINAE，还不会产生真正的编译错误。编译器将正常回溯，并试图找到另一个checkType()函数。这种情况下，第二个check_type()可以正常工作，因为!is_same_v<T1, T2>为true，此时enable_if_t<true,bool>返回类型bool。

如果希望在一组构造函数上使用enable_if，就不能将它用于返回类型，因为构造函数没有返回类型。此时可在带默认值的额外构造函数参数上使用enable_if。

建议慎用enable_if，仅在需要解析重载歧义时使用，即无法使用其他技术(例如特例化、concepts等)解析重载歧义时使用。例如，如果只希望在对模板使用了错误类型时编译失败，应使用第12章讨论的concepts，或者后面介绍的static_assert()，而不是SFINAE。当然，enable_if有合法的用例。一个例子是为类似于自定义矢量的类特例化复制函数，使用enable_if和is_trivially_copyable类型trait对普通的可复制类型执行按位复制(例如使用C函数memcpy())。

> **警告：**
> 依赖于SFINAE是一件很棘手和复杂的事情。如果有选择地使用SFINAE和enable_if禁用重载集中的错误重载，就会得到奇怪的编译错误，这些错误很难跟踪。

5. 使用constexpr if简化enable_if结构

从前面的示例可以看到，使用enable_if将十分复杂。某些情况下，C++17引入的constexpr if特性有助于极大地简化enable_if。

例如，假设有以下两个类：

```
class IsDoable
{
   public:
      void doit() const { cout << "IsDoable::doit()" << endl; }
};

class Derived : public IsDoable { };
```

可创建一个函数模板callDoit()。如果方法可用，它调用doit()方法；否则在控制台上打印错误消息。为此，可使用enable_if，检查给定类型是否从IsDoable派生。

```
template <typename T>
enable_if_t<is_base_of_v<IsDoable, T>, void> callDoit(const T& t)
{
     t.doit();
}

template <typename T>
enable_if_t<!is_base_of_v<IsDoable, T>, void> callDoit(const T&)
{
     cout << "Cannot call doit()!" << endl;
}
```

下面的代码对该实现进行测试：

```
Derived d;
callDoit(d);
callDoit(123);
```

输出如下：

```
IsDoable::doit()
Cannot call doit()!
```

使用constexpr if可极大地简化enable_if实现：

```
template<typename T>
void callDoit(const T& [[maybe_unused]] t)
{
   if constexpr(is_base_of_v<IsDoable, T>) {
      t.doit();
   } else {
      cout << "Cannot call doit()!" << endl;
   }
}
```

无法使用普通 if 语句做到这一点！使用普通 if 语句，两个分支都需要编译，而如果指定并非从 IsDoable 派生的类型 T，这将失败。此时，t.doit()一行无法编译。但是，使用 constexpr if 语句，如果提供了并非从 IsDoable 派生的类型，t.doit()一行甚至不会编译！

注意，这里使用了[[maybe_unused]]特性。如果给定类型 T 不是从 IsDoable 派生而来，t.doit()行就不会编译。因此，在 callDoit()的实例化中，不会使用参数 t。如果具有未使用的参数，大多数编译器会给出警告，甚至发生错误。该特性可阻止参数 t 的此类警告或错误。

不使用 is_base_of 类型 trait，也可使用 is_invocable trait，这个 trait 可用于确定在调用给定函数时是否可以使用一组给定的参数。下面是使用 is_invocable trait 的 callDoit()实现：

```
template<typename T>
void callDoit(const T& [[maybe_unused]] t)
{
    if constexpr(is_invocable_v<decltype(&IsDoable::doit), T>) {
        t.doit();
    } else {
        cout << "Cannot call doit()!" << endl;
    }
}
```

6. 逻辑运算符 trait

在 3 种逻辑运算符 trait：串联(conjunction)、分离(disjunction)与否定(negation)。以_v 结尾的可变模板也可供使用。这些 trait 接收可变数量的模板类型参数，可用于在类型 trait 上执行逻辑操作，如下所示。

```
cout << conjunction_v<is_integral<int>, is_integral<short>> << " ";
cout << conjunction_v<is_integral<int>, is_integral<double>> << " ";

cout << disjunction_v<is_integral<int>, is_integral<double>,
                      is_integral<short>> << " ";

cout << negation_v<is_integral<int>> << " ";
```

输出如下所示：

```
1 0 1 0
```

7. 静态断言

static_assert 允许在编译期对断言求值。断言需要是 true，如果断言是 false，编译器就会报错。static_assert 调用接收两个参数：编译期求值的表达式和字符串。当表达式计算为 false 时，编译器将给出包含指定字符串的错误提示。下例核实是否在使用 64 位编译器进行编译：

```
static_assert(sizeof(void*) == 8, "Requires 64-bit compilation.");
```

如果编译期使用 32 位编译器，指针是 4 个字符，编译器将给出错误提示，如下所示：

```
test.cpp(3): error C2338: Requires 64-bit compilation.
```

从 C++17 开始，字符串参数变为可选的，如下所示：

```
static_assert(sizeof(void*) == 8);
```

此时，如果表达式的计算结果是 false，将得到与编译器相关的错误消息。例如，Microsoft Visual C++会给出以下错误提示：

```
test.cpp(3): error C2607: static assertion failed
```

static_assert 可以和类型 trait 结合使用。示例如下：

```
template <typename T>
void foo(const T& t)
{
    static_assert(is_integral_v<T>, "T should be an integral type.");
}
```

然而，推荐使用 C++20 的 concepts 替代带有类型 traits 的 static_assert()。例如：

```
template <integral T>
void foo(const T& t) { }
```

或者使用 C++20 简化的函数模板语法：

```
void foo(const integral auto& t) { }
```

26.6.5 模板元编程结论

模板元编程是一个功能非常强大的工具，但也非常复杂。模板元编程有一个此前没有提到的问题，那就是由于一切都发生在编译期，因此不能通过调试器来定位问题。如果决定在代码中使用模板元编程，一定要编写适当的注释来准确解释代码的作用，以及解释为什么要这么做。如果没有为模板元编程的代码正确记录文档，那么别人可能很难理解这些代码，甚至自己都可能在未来无法理解这些代码。

26.7 本章小结

本章延续了第 12 章对模板的讨论。我们讲解了如何通过模板进行泛型编程，以及如何使用模板元编程执行编译期计算。希望读者能理解并喜欢这些特性的强大功能，知道怎样在自己的代码中应用这些概念。初次阅读时不用担心不能理解所有的语法或例子。第一次接触这些概念时，可能会感觉这些概念很难，在想要编写较复杂的模板时，会发现语法很棘手。真正编写模板类或函数时，可参考本章和第 12 章，找到合适的语法。

26.8 练习

通过完成下面的习题，可以巩固本章所讨论的知识点。所有习题的答案都可扫描封底二维码下载。然而如果你受困于某个习题，可以在看网站上的答案之前，先重新阅读本章的部分内容，尝试着自己找到答案。

练习 26-1　在习题 12-2 中，为 const char*的 key 和 value 编写了 KeyValuePair 类模板的全特化，将全特化改为偏特化，其中只有 value 是 const char*类型。

练习 26-2　在编译期使用模板递归计算斐波那契数列的第 n 个数字，斐波那契数列从 0 到 1 开始，任何后面的值都是前面两个值的和，所以有：0、1、1、2、3、5、8、13、21、34、55、89 等等。

练习 26-3　参考习题 26-2 的解决方案并对其修改，使计算仍在编译期进行，但不需要使用任何模板和函数递归。

练习 26-4　编写一个名为 push_back_values()的可变函数模板，接收 vector 的引用和可变数量的值。函数应该使用折叠表达式将可变数量的值放到给定的 vector 中。

第27章 C++多线程编程

本章内容

- 多线程编程的含义
- 如何启动多线程
- 如何取消线程
- 如何从线程检索结果
- 死锁和争用条件的含义，以及如何利用互斥避免它们
- 如何使用原子类型和原子操作
- 条件变量的含义
- 如何使用 semaphore、latch 和 barrier
- 如何为线程内通信使用 future 和 promise
- 线程池的含义
- 可恢复函数或协程的含义

在多处理器的计算机系统上，多线程编程非常重要，允许编写并行利用所有处理器的程序。系统可通过多种方式获得多个处理器单元。系统可有多个处理器芯片，每个芯片都是一个独立的 CPU(中央处理单元)，系统也可只有一个处理器芯片，但该芯片内部由多个独立的 CPU(也称为核心)组成。这些处理器称为多核处理器。系统也可是上述两种方式的组合。尽管具有多个处理器单元的系统已经存在了很长一段时间，然而，它们很少在消费系统中使用。今天，所有主要的 CPU 供应商都在销售多核处理器。如今，从服务器到 PC，甚至智能手机都在使用多核处理器。由于这种多核处理器的流行，编写多线程的应用程序变得越来越重要。专业的 C++程序员需要知道如何编写正确的多线程代码，以充分利用所有可用的处理器单元。多线程应用程序的编写曾经依赖平台和操作系统相关的 API。这使跨平台的多线程编程很困难。C++11 引入了一个标准的线程库，从而解决了这个问题。

多线程编程是一个复杂主题。本章讲解利用标准的线程库进行多线程编程，但由于篇幅受限，不可能涉及所有细节。市场上有一些关于多线程编程的专业图书。如果你对更深入的细节感兴趣，请参阅附录 B 的“多线程”部分列出的参考文献。

还可使用其他第三方 C++库，尽量编写平台独立的多线程程序，例如 pthreads 库和 boost::thread 库。然而，由于这些库不属于 C++标准的一部分，因此本书不予讨论。

27.1　多线程编程概述

通过多线程编程可并行地执行多个计算，这样可以充分利用当今大部分系统中的多个处理器单元。几十年前，CPU 市场竞争的是最高频率，对于单线程的应用程序来说主频非常重要。到 2005 年前后，由于电源管理和散热管理的问题，这种竞争已经停止。如今 CPU 市场竞争的是单个处理器芯片中的最多核心数目。在撰写本书时，双核和四核 CPU 已经非常普遍了，也有消息说要发布 12 核、16 核、18 核甚至更多核的处理器。

同样，看一下显卡中称为 GPU 的处理器，你会发现，它们是大规模并行处理器。今天，高端显卡已经拥有 4000 多个核心，这个数目还会高速增加。这些显卡不只用于游戏，还能执行计算密集型任务，例如图像和视频处理、蛋白质折叠(用于发现新的药物)和 SETI(Search for Extra-Terrestrial Intelligence，搜寻地外智慧生命)项目中的信号处理等。

C++ 98/03 不支持多线程编程，所以必须借助第三方库或目标操作系统中的多线程 API。自 C++11 开始，C++有了一个标准的多线程库，使编写跨平台的多线程应用程序变得更容易了。目前的 C++标准仅针对 CPU，不适用于 GPU，这种情形将来可能会改变。

有两个原因促使我们应该开始编写多线程代码。首先，假设有一个计算问题，可将它分解为可互相独立运行的小块，那么在多处理器单元上运行可获得巨大的性能提升。其次，可在正交轴上对计算任务模块化；例如在线程中执行长时间的计算，而不会阻塞 UI 线程，这样在后台进行长时间计算时，用户界面仍然可以响应。

图 27-1 展示了一个非常适合并行运行的例子。图像像素处理算法不需要相邻像素的信息。该算法可将图像分为四个部分。在单核处理器上，每个部分都顺序处理；在双核处理器上，两个部分可以并行处理；在四核处理器上，四个部分可以并行处理，性能随着核心的数目而线性伸缩。

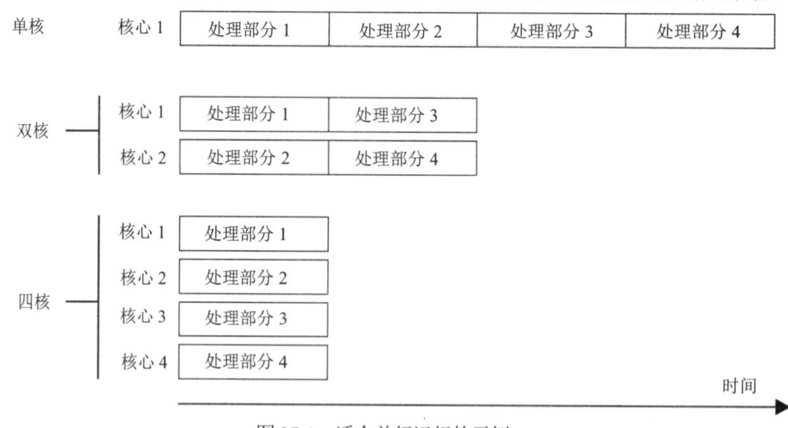

图 27-1　适合并行运行的示例

当然，并不总能将问题分解为可互相独立且并行执行的部分。但至少通常可将问题部分并行化，从而提升性能。多线程编程中的一个难点是将算法并行化，这个过程和算法的类型高度相关。其他困难之处是防止争用条件、死锁、撕裂和伪共享等。这些都可以使用原子或显式的同步机制来解决，参见本章后面的内容。

警告：

为避免这些多线程问题，应该设计程序，使多个线程不需要读写共享的内存位置。还可使用本章 27.3 节“原子操作库”中描述的原子操作，或使用 27.4 节“互斥”中描述的同步方法。

27.1.1　争用条件

当多个线程要访问任何种类的共享资源时，可能发生争用条件。共享内存上下文的争用条件称为“数据争用”。当多个线程访问共享的内存，且至少有一个线程写入共享的内存时，就会发生数据争用。例如，假设有一个共享变量，一个线程递增该变量的值，而另一个线程递减其值。递增和递减这个值，意味着需要从内存中获取当前值，递增或递减后再将结果保存回内存。在较旧的架构中，例如 PDP-11 和 VAX，这是通过一条原子的 INC 处理器指令完成的。在现代 x86 处理器中，INC 指令不再是原子的，这意味着在这个操作中，可执行其他指令，这可能导致代码获取错误值。

表 27-1 展示了递增线程在递减线程开始之前结束的结果，假设初始值是 1。

表 27-1　初始值是 1

线程 1(递增)	线程 2(递减)
加载值(值=1)	
递增值(值=2)	
存储值(值=2)	
	加载值(值=2)
	递减值(值=1)
	存储值(值=1)

存储在内存中的最终值是 1。当递减线程在递增线程开始之前完成时，最终值也是 1，如表 27-2 所示。

表 27-2　最终值是 1

线程 1(递增)	线程 2(递减)
	加载值(值=1)
	递减值(值=0)
	存储值(值= 0)
加载值(值=0)	
递增值(值=1)	
存储值(值=1)	

然而，当指令交错执行时，结果是不同的，如表 27-3 所示。

表 27-3　结果不同

线程 1(递增)	线程 2(递减)
加载值(值=1)	
递增值(值=2)	
	加载值(值=1)
	递减值(值=0)
存储值(值=2)	
	存储值(值=0)

这种情况下，最终结果是 0。换句话说，递增操作的结果丢失了。这是一个争用条件。

27.1.2 撕裂

撕裂(tearing)是数据争用的特例或结果。有两种撕裂类型：撕裂读和撕裂写。如果线程已将数据的一部分写入内存，但还有部分数据没有写入，此时读取数据的其他任何线程将看到不一致的数据，发生撕裂读。如果两个线程同时写入数据，其中一个线程可能写入数据的一部分，而另一个线程可能写入数据的另一部分，最终结果将不一致，发生撕裂写。

27.1.3 死锁

如果选择使用互斥等同步方法解决争用条件的问题，那么可能遇到多线程编程的另一个常见问题：死锁。死锁指的是两个线程因为等待访问另一个阻塞线程锁定的资源而造成无限阻塞，这也可扩展到超过两个线程的情形。例如，假设有两个线程想要访问某共享资源，它们必须拥有权限才能访问该资源。如果其中一个线程当前拥有访问该资源的权限，但由于其他一些原因而被无限期阻塞，那么此时，试图获取同一资源权限的另一个线程也将无限期阻塞。获得共享资源权限的一种机制是互斥对象，见稍后的讨论。例如，假设有两个线程和两种资源(由两个互斥对象 A 和 B 保护)。这两个线程获取这两种资源的权限，但它们以不同的顺序获得权限。表 27-4 以伪代码形式展示了这种现象。

表 27-4 伪代码形式

线程 1	线程 2
获取 A	获取 B
获取 B	获取 A
//...计算	//...计算
释放 B	释放 A
释放 A	释放 B

现在设想两个线程中的代码按如下顺序执行。

- 线程 1：获取 A
- 线程 2：获取 B
- 线程 1：获取 B(等待/阻塞，因为 B 被线程 2 持有)
- 线程 2：获取 A(等待/阻塞，因为 A 被线程 1 持有)

现在两个线程都在无限期地等待，这就是死锁情形。图 27-2 是这种死锁情形的图形表示。线程 1 拥有资源 A 的访问权限，并正在等待获取资源 B 的访问权限。线程 2 拥有资源 B 的访问权限，并且正在等待资源 A 的访问权限。在这种图形表示中，可以看到一个表示死锁情形的环。这两个线程将无限期地等待。

最好总是以相同的顺序获得权限，以避免这种死锁。也可在程序中包含打破这类死锁的机制。一种可行的方法是试图等待一定的时间，看看能否获得某个资源的权限。如果不能在某个时间间隔内获得这个权限，那么线程停止等待，并释放当前持有的其他锁。线程可能睡眠一小段时间，然后重新尝试获取需要的所有资源。这种方法也可能给其他线程获得必要的锁并继续执行的机会。这种方法是否可用在很大程度上取决于特定的死锁情形。

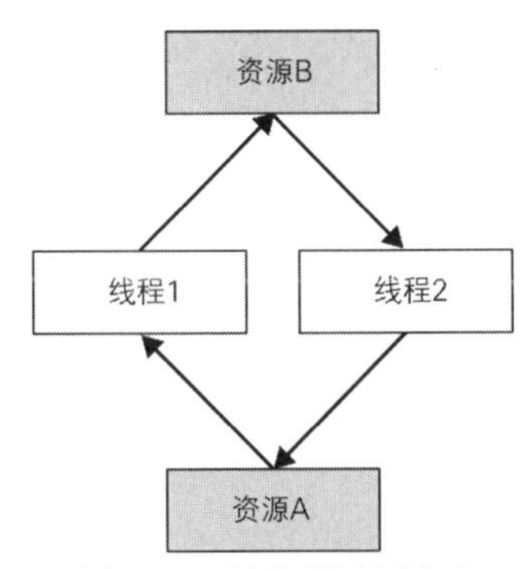

图 27-2 死锁情形的图形表示

不要使用前一段中描述的那种变通方法，而是应该尝试避免任何可能的死锁情形。如果需要获得由多个互斥对象保护的多个资源的权限，而非单独获取每个资源的权限，推荐使用 23.4 节描述的标准的 std::lock()或 std::try_lock()函数。这两个函数会通过一次调用获得或尝试获得多个资源的权限。

27.1.4 伪共享

大多数缓存都使用所谓的“缓存行(cache line)”。对于现代 CPU 而言，缓存行通常是 64 个字节。如果需要将一些内容写入缓存行，则需要锁定整行。如果代码结构设计不当，对于多线程代码而言，这会带来严重的性能问题。例如，假设有两个线程正在使用数据的两个不同部分，而那些数据共享一个缓存行，如果其中一个线程写入一些内容，那么将阻塞另一个线程，因为整个缓存行都被锁定。图 27-3 展示了这样的情况，两个线程在共享一个缓存行的同时写入两个不同的内存块。

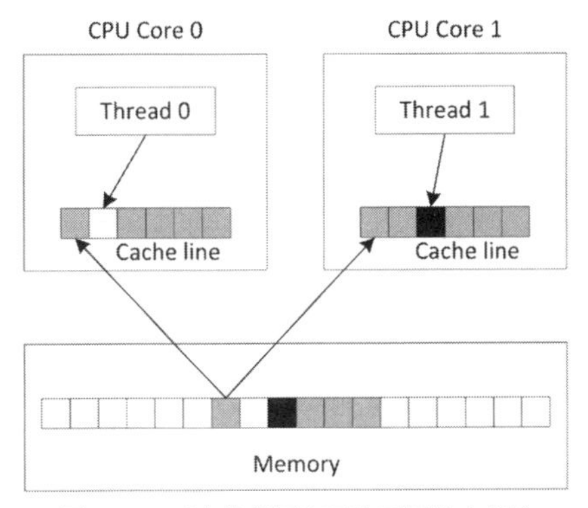

图 27-3 两个线程写入两个不同的内存块

可使用显式的内存对齐(memory alignment)方式优化数据结构，确保由多个线程处理的数据不共享任何缓存行。为了以便携方式做到这一点，C++17 引入了 hardware_destructive_interference_size 常量，该常量在<new>中定义，为避免共享缓存行，返回两个并发访问的对象之间的建议偏移量。可将这个值与 alignas 关键字结合使用，以合理地对齐数据。

27.2 线程

借助在<thread>中定义的 C++线程库，启动新的线程将变得非常容易。可通过多种方式指定新线程中需要执行的内容。可让新线程执行全局函数、函数对象的 operator()、lambda 表达式甚至某个类实例的成员函数。

27.2.1　通过函数指针创建线程

像 Windows 上的 CreateThread()、_beginthread()等函数，以及 pthreads 库中的 pthread_create()函数，都要求线程函数只有一个参数。另一方面，标准 C++的 std::thread 类使用的函数可以有任意数量的参数。

假设 counter()函数接收两个整数：第一个表示 ID，第二个表示这个函数要循环的迭代次数。函数体是一个循环，这个循环执行给定次数的迭代。在每次迭代中，向标准输出打印一条消息：

```
void counter(int id, int numIterations)
{
    for (int i { 0 }; i < numIterations; ++i) {
        cout << "Counter " << id << " has value " << i << endl;
    }
}
```

可通过 std::thread 启动执行此函数的多个线程。可创建线程 t1，使用参数 1 和 6 执行 counter()：

```
thread t1 { counter, 1, 6 };
```

thread 类的构造函数是一个可变参数模板，也就是说，可接收任意数目的参数。第 26 章详细讨论了可变参数模板。第一个参数是新线程要执行的函数的名称。当线程开始执行时，将随后可变数目的参数传递给这个函数。

如果一个线程对象表示系统当前或过去的某个活动线程，则认为它是可结合的(joinable)。即使这个线程执行完毕，该线程对象也依然处于可结合状态。默认构造的线程对象是不可结合的。在销毁一个可结合的线程对象前，必须调用其 join()或 detach()方法。对 join()的调用是阻塞调用，会一直等到线程完成工作为止。调用 detach()时，会将线程对象与底层 OS 线程分离。此时，OS 线程将继续独立运行。调用这两个方法时，都会导致线程变得不可结合。如果一个仍可结合的线程对象被销毁，析构函数会调用 std::terminate()，这会突然间终止所有线程以及应用程序本身。

下面的代码启动两个线程来执行 counter()函数。启动线程后，main()调用这两个线程的 join()方法。

```
thread t1 { counter, 1, 6 };
thread t2 { counter, 2, 4 };
t1.join();
t2.join();
```

这个示例的可能输出如下所示：

```
Counter 2 has value 0
Counter 1 has value 0
Counter 1 has value 1
Counter 1 has value 2
Counter 1 has value 3
Counter 1 has value 4
Counter 1 has value 5
Counter 2 has value 1
Counter 2 has value 2
Counter 2 has value 3
```

不同系统上的输出会有所不同，很可能每次运行的结果都不同。这是因为两个线程同时执行 counter()函数，所以输出取决于系统中处理核心的数量以及操作系统的线程调度。

默认情况下，从不同线程访问 cout 是线程安全的，没有任何数据争用，除非在第一个输出或输入操作之前调用了 cout.sync_with_stdio(false)。然而，即使没有数据争用，来自不同线程的输出仍然可以交错。这意味着，前面示例的输出可能会混合在一起：

```
Counter Counter 2 has value 0
1 has value 0
Counter 1 has value 1
Counter 1 has value 2
...
```

这个问题可通过本章后面讨论的同步方法加以纠正。

> **注意：**
> 线程函数的参数总是被复制到线程的某个内部存储中。通过<functional>中的 std::ref()或 cref()按引用传递参数。

27.2.2 通过函数对象创建线程

不使用函数指针，也可以使用函数对象在线程中执行。前面的小节使用函数指针技术，给线程传递信息的唯一方式是给函数传递参数。而使用函数对象，可向函数对象类添加成员变量，并可以采用任何方式初始化和使用这些变量。下例首先定义 Counter 类。这个类有两个成员变量：一个表示 ID，另一个表示循环迭代次数。这两个成员变量都通过类的构造函数进行初始化。为让 Counter 类成为函数对象，根据第 19 章的讨论，需要实现 operator()。operator()的实现和 counter()函数一样：

```
class Counter
{
    public:
        Counter(int id, int numIterations)
            : m_id { id }, m_numIterations { numIterations } { }

        void operator()() const
        {
            for (int i { 0 }; i < m_numIterations; ++i) {
                cout << "Counter " << m_id << " has value " << i << endl;
            }
        }
    private:
        int m_id;
        int m_numIterations;
};
```

下面的代码片段演示了通过函数对象初始化线程的两种方法。第一种方法使用了统一初始化语法。通过构造函数参数创建 Counter 类的一个实例，然后把这个实例放在花括号中，传递给 thread 类的构造函数。

第二种方法定义了 Counter 类的一个命名实例，并将它传递给 thread 类的构造函数。

```
// Using uniform initialization syntax.
thread t1 { Counter{ 1, 20 } };

// Using named variable.
Counter c { 2, 12 };
thread t2 { c };
```

```
    // Wait for threads to finish.
    t1.join();
    t2.join();
```

注意：

函数对象总是被复制到线程的某个内部存储中。如果要在函数对象的某个特定实例上执行operator()而非进行复制，那么应该使用<functional>中的 std::ref()或 cref()，通过引用传入该实例。

```
Counter c { 2, 12 };
thread t2 { ref(c) };
```

27.2.3 通过 lambda 创建线程

lambda 表达式能很好地用于标准 C++线程库。下例启动一个线程来执行给定的 lambda 表达式：

```
int main()
{
    int id { 1 };
    int numIterations { 5 };
    thread t1 { [id, numIterations] {
        for (int i { 0 }; i < numIterations; ++i) {
            cout << "Counter " << id << " has value " << i << endl;
        }
    } };
    t1.join();
}
```

27.2.4 通过成员函数创建线程

还可在线程中指定要执行的类的成员函数。下例定义了带有 process()方法的基类 Request。main()函数创建 Request 类的一个实例，并启动一个新的线程，这个线程执行 Request 实例 req 的 process()成员函数：

```
class Request
{
    public:
        Request(int id) : m_id { id } { }
        void process() { cout << "Processing request " << m_id << endl; }
    private:
        int m_id;
};

int main()
{
    Request req { 100 };
    thread t { &Request::process, &req };
    t.join();
}
```

通过这种技术，可在不同线程中执行某个对象中的方法。如果有其他线程访问同一个对象，那么需要确认这种访问是线程安全的，以避免争用条件。本章稍后讨论的互斥可用作实现线程安全的同步机制。

27.2.5 线程本地存储

C++标准支持线程本地存储的概念。通过关键字 thread_local，可将任何变量标记为线程本地数据，即每个线程都有这个变量的独立副本，而且这个变量能在线程的整个生命周期中持续存在。对于每个线程，该变量正好初始化一次。例如，在下面的代码中定义了两个全局变量；每个线程都共享唯一的 k 副本，而且每个线程都有自己的 n 副本：

```
int k;
thread_local int n;
```

下面的代码片段验证了这一点。threadFunction()将 k 和 n 的当前值输出到控制台，然后将它们都加 1。main()函数启动第一个线程，等待它完成，然后启动第二个线程。

```
void threadFunction(int id)
{
    cout << format("Thread {}: k={}, n={}\n", id, k, n);
    ++n;
    ++k;
}

int main()
{
    thread t1 { threadFunction, 1 }; t1.join();
    thread t2 { threadFunction, 2 }; t2.join();
}
```

从下面的输出可以清楚地看出，所有线程只共享一个 k 实例，而每个线程都有自己的 n 的拷贝。

```
Thread 1: k=0, n=0
Thread 2: k=1, n=0
```

注意，如果 thread_local 变量在函数作用域内声明，那么这个变量的行为和声明为静态变量是一致的，只不过每个线程都有自己独立的副本，而且不论这个函数在线程中调用多少次，每个线程仅初始化这个变量一次。

27.2.6 取消线程

C++标准没有包含在一个线程中取消另一个已运行线程的任何机制。一种解决方案是使用 C++20 的 jthread 类(27.2.7 节讨论)，如果不能选择这种，那么实现这一目标的最好方法是提供两个线程都支持的某种通信机制。最简单的机制是提供一个共享变量，目标线程定期检查这个变量，判断是否应该终止。其他线程可设置这个共享变量，间接指示线程关闭。这里必须注意，因为是由多个线程访问这个共享变量，其中至少有一个线程向共享变量写入内容。建议使用本章后面讨论的原子变量或条件变量。

C++20 27.2.7 自动 join 线程

如前所述，如果销毁了仍可以 joinable 的线程实例，C++运行时会调用 std::terminate()来终止应用程序。C++20 引入了 std::jthread，同样在<thread>中定义。jthread 实际上等同于 thread，除了：

- 在析构函数中自动 join。
- 支持所谓的协作式取消。

它被称为协作式取消，因为支持取消的线程需要定期检查它是否需要取消自己。在给出示例之前，需要引入两个关键类，它们都定义在<stop_token>中。

- **std::stop_token**：支持主动检查取消的请求。一个可取消线程需要定期在 stop_token 上调用 stop_requested()，以确定是否需要停止它的工作。stop_token 可以和 condition_variable_any 一起使用，这样线程在需要停止时就可以被唤醒。
- **std::stop_source**：用于请求线程取消执行。通过调用 stop_source 上的 request_stop()方法来完成。如果 stop_source 被用于请求取消，那么该停止请求对所有相关的 stop_source 和 stop_token 都可见。stop_requested()方法可以用来检查是否已经请求了停止。

看个示例。下面的代码创建一个 jthread 来执行给定的 lambda 表达式。传递给 jthread 的可调用对象可以有 stop_token 作为第一个参数。可调用对象的主题可以使用 stop_token 来确定它是否需要取消自己。

```
jthread job { [](stop_token token) {
    while (!token.stop_requested()) {
        //...
    }
} };
```

在另一个线程中，可以请求这个线程取消自己，如下所示：

```
job.request_stop();
```

要从 jthread 中直接访问 stop_token 和 stop_source，可以使用 get_stop_token()和 get_stop_source()方法。

27.2.8 从线程获得结果

如前面的例子所示，启动新线程十分容易。然而，大多数情况下，你可能更感兴趣的是线程产生的结果。例如，如果一个线程执行了一些数学计算，你肯定想在执行结束时从这个线程获得计算结果。一种方法是向线程传入指向结果变量的指针或引用，线程将结果保存在其中。另一种方法是将结果存储在函数对象的类成员变量中，线程执行结束后可获得结果值。使用 std::ref()，将函数对象按引用传递给 thread 构造函数时，这才能生效。

然而，还有一种更简单的方法可从线程获得结果：future。通过 future 也能更方便地处理线程中发生的错误。future 将在本章稍后讨论。

27.2.9 复制和重新抛出异常

整个异常机制在 C++中工作得很好，当然这仅限于单线程的情况。每个线程都可抛出自己的异常，但它们必须在自己的线程内捕获异常。如果一个线程抛出的异常不能在另一个线程中捕获，C++运行库将调用 std::terminate()，从而终止整个应用程序。从一个线程抛出的异常不能在另一个线程中捕获。当希望将异常处理机制和多线程编程结合在一起时，这会引入不少问题。

不使用标准线程库，就很难在线程间正常地处理异常，甚至根本办不到。标准线程库通过以下和异常相关的函数解决了这个问题。这些函数不仅可用于 std::exception，还可以用于所有类型的异常：int、string、自定义异常等。

- exception_ptr current_exception() noexcept;

这个函数在 catch 块中调用，返回一个 exception_ptr 对象，这个对象引用目前正在处理的异常或其副本。如果没有处理异常，则返回空的 exception_ptr 对象。只要存在引用异常对象的 exception_ptr

类型的对象，引用的异常对象就是可用的。exception_ptr 对象的类型是 NullablePointer，这意味着这个变量很容易通过简单的 if 语句来检查，详见后面的示例。

- [[noreturn]] void rethrow_exception(exception_ptr p);

这个函数重新抛出由 exception_ptr 参数引用的异常。未必在最开始生成引用异常的那个线程中重新抛出这个异常，因此这个特性特别适合于跨不同线程的异常处理。[[noreturn]]特性表示这个函数绝不会正常地返回。

- template<class E> exception_ptr make_exception_ptr(E e) noexcept;

这个函数创建一个引用给定异常对象副本的 exception_ptr 对象。这实际上是以下代码的简写形式：

```
try { throw e; }
catch(...) { return current_exception(); }
```

下面看一下如何通过这些函数实现不同线程间的异常处理。下面的代码定义了一个函数，这个函数完成一些事情并抛出异常。这个函数最终将运行在一个独立的线程中：

```
void doSomeWork()
{
    for (int i { 0 }; i < 5; ++i) {
        cout << i << endl;
    }
    cout << "Thread throwing a runtime_error exception..." << endl;
    throw runtime_error { "Exception from thread" };
}
```

下面的 threadFunc()函数将上述函数包装在一个 try/catch 块中，捕获 doSomeWork()可能抛出的所有异常。为 threadFunc()传入一个参数，其类型为 exception_ptr&。一旦捕获到异常，就通过 current_exception()函数获得正在处理的异常的引用，然后将引用赋给 exception_ptr 参数。之后，线程正常退出：

```
void threadFunc(exception_ptr& err)
{
    try {
        doSomeWork();
    } catch (...) {
        cout << "Thread caught exception, returning exception..." << endl;
        err = current_exception();
    }
}
```

以下 doWorkInThread()函数在主线程中调用，其职责是创建一个新的线程，并开始在这个线程中执行 threadFunc()函数。对类型为 exception_ptr 的对象的引用被作为参数传入 threadFunc()。一旦创建了线程，doWorkInThread()函数就使用 join()方法等待线程执行完毕，之后检查 error 对象。由于 exception_ptr 的类型为 NullablePointer，因此很容易通过 if 语句进行检查。如果是一个非空值，则在当前线程中重新抛出异常，在这个例子中，当前线程即主线程。在主线程中重新抛出异常，异常就从一个线程转移到另一个线程。

```
void doWorkInThread()
{
     exception_ptr error;
     // Launch thread.
     thread t { threadFunc, ref(error) };
```

```
    // Wait for thread to finish.
    t.join();
    // See if thread has thrown any exception.
    if (error) {
        cout << "Main thread received exception, rethrowing it..." << endl;
        rethrow_exception(error);
    } else {
        cout << "Main thread did not receive any exception." << endl;
    }
}
```

main()函数相当简单。它调用 doWorkInThread()，将这个调用包装在一个 try/catch 块中，捕获由 doWorkInThread()创建的任何线程抛出的异常：

```
int main()
{
    try {
        doWorkInThread();
    } catch (const exception& e) {
        cout << "Main function caught: '" << e.what() << "'" << endl;
    }
}
```

输出如下所示：

```
0
1
2
3
4
Thread throwing a runtime_error exception...
Thread caught exception, returning exception...
Main thread received exception, rethrowing it...
Main function caught: 'Exception from thread'
```

为让这个例子紧凑且更容易理解，main()函数通常使用 join()阻塞主线程，并等待线程完成。当然，在实际的应用程序中，你不想阻塞主线程。例如，在 GUI 应用程序中，阻塞主线程意味着 UI 失去响应。此时，可使用消息传递范型在线程之间通信。例如，可让前面的 threadFunc()函数给 UI 线程发送一条消息，消息的参数为 current_exception()结果的一份副本。但即使如此，如前所述，也需要确保在任何生成的线程上调用 join()或 detach()。

27.3 原子操作库

原子类型允许原子访问，这意味着不需要额外的同步机制就可执行并发的读写操作。没有原子操作，递增变量就不是线程安全的，因为编译器首先将值从内存加载到寄存器中，递增后再把结果保存回内存。另一个线程可能在这个递增操作的执行过程中接触到内存，导致数据争用。例如，下面的代码不是线程安全的，包含数据争用条件。这种争用条件在本章开头讨论过：

```
int counter { 0 };          // Global variable
...
++counter;                  // Executed in multiple threads
```

为使这个线程安全且不显式地使用任何同步机制，可使用 std::atomic 类型。下面是使用原子整数的相同代码：

```
atomic<int> counter { 0 } ; // Global variable
...
++counter;                  // Executed in multiple threads
```

这些原子类型都定义在<atomic>中。C++标准为所有基本类型定义了命名的整型原子类型，如表 27-5 所示。

表 27-5　命名的整型原子类型

命名的原子类型	等效的 std::atomic 类型
atomic_bool	atomic<bool>
atomic_char	atomic<char>
atomic_uchar	atomic<unsigned char>
atomic_int	atomic<int>
atomic_uint	atomic<unsigned int>
atomic_long	atomic<long>
atomic_ulong	atomic<unsigned long>
atomic_llong	atomic<long long>
atomic_ullong	atomic<unsigned long long>
atomic_wchar_t	atomic<wchar_t>
atomic_flag	(none)

可使用原子类型，而不显式使用任何同步机制。但在底层，某些类型的原子操作可能使用同步机制(如互斥对象)。如果目标硬件缺少以原子方式执行操作的指令，则可能发生这种情况。可在原子类型上使用 is_lock_free()方法来查询它是否支持无锁操作；所谓无锁操作，是指在运行时，底层没有显式的同步机制。

可将 std::atomic 类模板与所有类型一起使用，并非仅限于整数类型。例如，可创建 atomic<double>或 atomic<MyType>，但这要求 MyType 具有 is_trivially_copy 特点。底层可能需要显式的同步机制，具体取决于指定类型的大小。在下例中，Foo 和 Bar 具有 is_trivially_copy 特点，即 std::is_trivially_copyable_v 都等于 true。但 atomic<Foo>并非无锁操作，而 atomic<Bar>是无锁操作。

```
class Foo { private: int mArray[123]; };
class Bar { private: int mInt; };

int main()
{
    atomic<Foo> f;
    // Outputs: 1 0
    cout << is_trivially_copyable_v<Foo> << " " << f.is_lock_free() << endl;

    atomic<Bar> b;
    // Outputs: 1 1
    cout << is_trivially_copyable_v<Bar> << " " << b.is_lock_free() << endl;
}
```

在多线程中访问一段数据时，原子也可解决内存排序、编译器优化等问题。基本上，不使用原子或显式的同步机制，就不可能安全地在多线程中读写同一段数据。

注意：
内存序是访问内存的顺序。在没有任何原子和其他同步方法的情况下，只要不影响结果，编译器和硬件就可以重新对内存访问进行排序，这也称为 as-if 规则。在多线程环境中这可能会造成问题。

atomic_flag 是原子布尔值，C++标准保证了它总是无锁的。它与 atomic<bool>的区别在于它不提供加载和存储值的方法。本章后面的互斥部分给出了一个使用 atomic_flag 实现自旋锁的示例。

27.3.1 原子操作

C++标准定义了一些原子操作。本节描述其中一些操作。完整的清单请参阅标准库参考资源(见附录 B)。

下面是一个原子操作示例：

```
bool atomic<T>::compare_exchange_strong(T& expected, T desired);
```

这个操作以原子方式实现了以下逻辑，伪代码如下：

```
if (*this == expected) {
   *this = desired;
   return true;
} else {
   expected = *this;
   return false;
}
```

这个逻辑初看起来令人感到陌生，但这是编写无锁并发数据结构的关键组件。无锁并发数据结构允许不使用任何同步机制来操作数据。但实现此类数据结构是一个高级主题，超出了本书的讨论范围。

另一个例子是 atomic<T>::fetch_add()。这个操作获取该原子类型的当前值，将给定的递增值添加到这个原子值，然后返回未递增的原始值。例如：

```
atomic<int> value { 10 };
cout << "Value = " << value << endl;
int fetched { value.fetch_add(4) };
cout << "Fetched = " << fetched << endl;
cout << "Value = " << value << endl;
```

如果没有其他线程操作 fetched 和 value 变量的内容，那么输出如下：

```
Value = 10
Fetched = 10
Value = 14
```

整型原子类型支持以下原子操作：fetch_add()、fetch_sub()、fetch_ and()、fetch_or()、fetch_xor()、++、--、+=、-=、&=、^=和|=。原子指针类型支持 fetch_add()、fetch_sub()、++、--、+=和-=。

注意：
在 C++20 之前，对浮点类型使用 std::atomic，例如 atomic<float>和 atomic<double>提供了原子的读写操作，但没有提供原子的算术操作。C++20 为浮点原子类型添加了 fetch_add()和 fetch_sub()的支持。

大部分原子操作可接收一个额外参数，用于指定想要的内存顺序。例如：

```
T atomic<T>::fetch_add(T value, memory_order = memory_order_seq_cst);
```

可改变默认的 memory_order。C++标准提供了 memory_order_relaxed、memory_order_consume、memory_order_acquire、memory_order_release、memory_order_acq_rel 和 memory_order_seq_cst，这些都定义在 std 名称空间中。然而，很少有必要使用默认之外的顺序。尽管其他内存顺序可能会比默认顺序性能好，但根据一些标准，使用稍有不当，就有可能会再次引入争用条件或其他和线程相关的很难跟踪的问题。如果需要了解有关内存顺序的更多信息，请参阅附录 B 中关于多线程的参考文献。

C++20

27.3.2 原子智能指针

C++20 通过<memory>引入了对 atomic<std::shared_ptr<T>>的支持。在早期的 C++标准中不允许这样，因为 shared_ptr 不可拷贝。shared_ptr 中存储引用计数的控制块一直是线程安全的，这保证所指向的对象只被删除一次。然而，shared_ptr 中其他任何内容都不是线程安全的。如果在 shared_ptr 实例上调用非 const 方法(例如 reset())，那么在多个线程中同时使用同一个 shared_ptr 实例会导致数据竞争。另一方面，当在多个线程中使用同一个 atomic<shared_ptr<T>>示例时，即使调用非 const 的 shared_ptr 方法也是线程安全的。请注意，在 shared_ptr 所指的对象上调用非 const 方法仍然不是线程安全的，需要手动同步。

C++20

27.3.3 原子引用

C++20 也引入了 std::atomic_ref。即使使用相同的接口，它基本上与 std::atomic 相同，但它使用的是引用，而 atomic 总是拷贝提供给它的值。atomic_ref 实例本身的生命周期应该比它引用的对象短。atomic_ref 是可拷贝的，可以创建任意多个 atomic_ref 实例来引用同一个对象。如果 atomic_ref 实例引用某个对象，则不允许在没有经过其中一个 atomic_ref 实例的情况下接触该对象。atomic_ref<T>类模板可以与任何简单的可复制类型 T 一起使用，就像 std::atomic。此外，标准库还提供了以下内容：

- 指针类型的偏特化，支持 fetch_add()和 fetch_sub()
- 整数类型的全特化，支持 fetch_add()、fetch_sub()、fetch_and()、fetch_or()和 fetch_xor()
- 浮点类型的全特化，支持 fetch_add()和 fetch_sub()

下面的部分给出了一个如何使用 atomic_ref 的示例。

27.3.4 使用原子类型

本节解释为什么应该使用原子类型。假设有下面一个名为 increment()的函数，它在一个循环中递增一个通过引用参数传入的整数值。这段代码使用 std::this_thread::sleep_for()在每个循环中引入一小段延迟。sleep_for()的参数是 std::chrono::duration，参见第 22 章“日期和时间工具”。

```
void increment(int& counter)
{
    for (int i { 0 }; i < 100; ++i) {
        ++counter;
        this_thread::sleep_for(1ms);
    }
}
```

现在，想要并行运行多个线程，需要在共享变量 counter 上执行这个 increment()函数。如果不使用原子类型或任何线程同步机制，按原始方式实现这个程序，则会引入争用条件。下面的代码在加载了 10 个线程后，调用每个线程的 join()，等待所有线程执行完毕。

```
int main()
{
```

```
    int counter { 0 };
    vector<thread> threads;
    for (int i { 0 }; i < 10; ++i) {
        threads.push_back(thread { increment, ref(counter) });
    }

    for (auto& t : threads) {
        t.join();
    }
    cout << "Result = " << counter <<endl;
}
```

由于 increment()递增了这个整数 100 次，加载了 10 个线程，并且每个线程都在同一个共享变量 counter 上执行 increment()，因此期待的结果是 1000。如果执行这个程序几次，可能会得到以下输出，但值不同：

```
Result = 982
Result = 977
Result = 984
```

这段代码清楚地表现了数据争用行为。在这个例子中，可以使用原子类型解决该问题。下面的代码加粗显示了所做的修改：

```
import <atomic>;

void increment(atomic<int>& counter)
{
    for (int i { 0 }; i < 100; ++i) {
        ++counter;
        this_thread::sleep_for(1ms);
    }
}

int main()
{
    atomic<int> counter { 0 };
    vector<thread> threads;
    for (int i { 0 }; i < 10; ++i) {
        threads.push_back(thread { increment, ref(counter) });
    }
    // Remaining code omitted, same as before...
}
```

为这段代码添加了<atomic>，将共享计数器的类型从 int 变为 std::atomic<int>。运行这个改进后的版本，将永远得到结果 1000：

```
Result = 1000
Result = 1000
Result = 1000
```

不用在代码中显式地添加任何同步机制，就得到了线程安全且没有争用条件的程序，因为对原子类型执行++counter 操作会在原子事务中加载值、递增值并保存值，这个过程不会被打断。

通过 C++20 的 atomic_ref，可以像下面这样解决数据竞争问题：

```
void increment(int& counter)
{
```

```
    atomic_ref<int> atomicCounter { counter };
    for (int i { 0 }; i < 100; ++i) {
        ++atomicCounter;
        this_thread::sleep_for(1ms);
    }
}

int main()
{
    int counter { 0 };
    vector<thread> threads;
    for (int i { 0 }; i < 10; ++i) {
        threads.push_back(thread { increment, ref(counter) });
    }
    // Remaining code omitted, same as before...
}
```

但是，修改后的代码会引发一个新问题：性能问题。应试着最小化同步次数，包括原子操作和显式同步，因为这会降低性能。对于这个简单示例，推荐的最佳解决方案是让 increment()在一个本地变量中计算结果，并且在循环把它添加到 counter 引用之后再计算。注意仍需要使用原子类型，因为仍要在多线程中写入 counter：

```
void increment(atomic<int>& counter)
{
    int result { 0 };
    for (int i { 0 }; i < 100; ++i) {
        ++result;
        this_thread::sleep_for(1ms);
    }
    counter += result;
}
```

27.3.5 等待原子变量

C++20 在 std::atomic 和 atomic_ref 中添加了如表 27-6 所示的方法，用来有效地等待原子变量被修改。

表 27-6　方法

方法	描述
wait(oldValue)	阻塞线程，直到另一个线程调用 notify_one()或 notify_all()并且原子变量的值已经改变，即不等于 oldValue
notify_one()	唤醒一个阻塞在 wait()调用上的线程
notify_all()	唤醒所有阻塞在 wait()调用上的线程

下面是这些用法的一个示例：

```
atomic<int> value { 0 };

thread job { [&value] {
    cout << "Thread starts waiting." << endl;
    value.wait(0);
    cout << "Thread wakes up, value = " << value << endl;
} };
```

```
this_thread::sleep_for(2s);

cout << "Main thread is going to change value to 1." << endl;
value = 1;
value.notify_all();

job.join();
```

输出如下:

```
Thread starts waiting.
Main thread is going to change value to 1.
Thread wakes up, value = 1
```

27.4 互斥

如果编写的是多线程应用程序，那么必须分外留意操作顺序。如果线程读写共享数据，就可能发生问题。可采用许多方法来避免这个问题，例如绝不在线程之间共享数据。然而，如果不能避免数据共享，那么必须提供同步机制，使一次只有一个线程能更改数据。

布尔值和整数等标量经常使用上述原子操作来实现同步，但当数据更复杂且必须在多个线程中使用这些数据时，就必须提供显式的同步机制。

标准库支持互斥的形式包括互斥体(mutex)类和锁类。这些类都可以用来实现线程之间的同步，接下来讨论这些类。

27.4.1 互斥体类

互斥体(mutex，代表 mutual exclusion)的基本使用机制如下：

- 希望与其他线程共享内存读写的一个线程试图锁定互斥体对象。如果另一个线程正在持有这个锁，希望获得访问的线程将被阻塞，直到锁被释放，或直到超时。
- 一旦线程获得锁，这个线程就可随意使用共享的内存，因为这要假定希望使用共享数据的所有线程都正确获得了互斥体对象上的锁。
- 线程读写完共享的内存后，线程将锁释放，使其他线程有机会获得访问共享内存的锁。如果两个或多个线程正在等待锁，没有机制能保证哪个线程优先获得锁，并且继续访问数据。

C++标准提供了非定时的互斥体类和定时的互斥体类。有递归和非递归两种风格。在讨论这些选项之前，先看看自旋锁的概念。

1. 自旋锁

自旋锁是互斥锁的一种形式，其中线程使用忙碌循环(自旋)方式来尝试获取锁，执行工作，并释放锁。在旋转时，线程保持活跃，但不做任何有用的工作。即便如此，自旋锁在某些情况下还是很有用，因为它们完全可以在自己的代码中实现，不需要对操作系统进行任何昂贵的调用，也不会造成线程切换的任何开销。如下面的代码片段所示，自旋锁可以使用单个原子类型实现：atomic_flag。下面加粗了自旋相关的代码：

```
atomic_flag spinlock = ATOMIC_FLAG_INIT;          // Uniform initialization is not allowed.
static const size_t NumberOfThreads { 50 };
static const size_t LoopsPerThread { 100 };

void dowork(size_t threadNumber, vector<size_t>& data)
```

```
{
    for (size_t i { 0 }; i < LoopsPerThread; ++i) {
        while (spinlock.test_and_set()) { }    // Spins until lock is acquired.
        // Save to handle shared data...
        data.push_back(threadNumber);
        spinlock.clear();                      // Releases the acquired lock.
    }
}

int main()
{
    vector<size_t> data;
    vector<thread> threads;
    for (size_t i { 0 }; i < NumberOfThreads; ++i) {
        threads.push_back(thread { dowork, i, ref(data) });
    }
    for (auto& t : threads) {
        t.join();
    }
    cout << format("data contains {} elements, expected {}.\n", data.size(),
        NumberOfThreads * LoopsPerThread);
}
```

在这段代码中，每个线程都试图通过反复调用 atomic_flag 上的 test_and_set()来获取一个锁，直到成功。这是忙碌循环。

> **警告：**
> 由于自旋锁使用忙碌等待循环，因此只有在确定线程只会在短时间内锁定自旋锁时，才应该考虑使用这种方式。

现在看看标准库提供了哪些互斥锁类。

2. 非定时的互斥体类

标准库有 3 个非定时的互斥体类：std::mutex、recursive_mutex 和 shared_mutex。前两个类在<mutex>中定义，最后一个类在<shared_mutex>中定义。每个类都支持下列方法。

- lock()：调用线程将尝试获取锁，并阻塞直到获得锁。这个方法会无限期阻塞。如果希望设置线程阻塞的最长时间，应该使用定时的互斥体类。
- try_lock()：调用线程将尝试获取锁。如果当前锁被其他线程持有，这个调用会立即返回。如果成功获取锁，try_lock()返回 true，否则返回 false。
- unlock()：释放由调用线程持有的锁，使另一个线程能获取这个锁。

std::mutex 是一个标准的具有独占所有权语义的互斥体类。只能有一个线程拥有互斥体。如果另一个线程想获得互斥体的所有权，那么这个线程既可通过 lock()阻塞，也可通过 try_lock()尝试失败。已经拥有 std::mutex 所有权的线程不能在这个互斥体上再次调用 lock()和 try_lock()，否则可能导致死锁！

std::recursive_mutex 的行为几乎和 std::mutex 一致，区别在于已经获得递归互斥体所有权的线程允许在同一个互斥体上再次调用 lock()和 try_lock()。调用线程调用 unlock()方法的次数应该等于获得这个递归互斥体上锁的次数。

shared_mutex 支持“共享锁拥有权”的概念，这也称为 readerswriters 锁。线程可获取锁的独占所有权或共享所有权。独占所有权也称为写锁，仅当没有其他线程拥有独占或共享所有权时才能获得。

共享所有权也称读锁，如果其他线程都没有独占所有权，则可获得，但允许其他线程获取共享所有权。shared_mutex 类支持 lock()、try_lock()和 unlock()。这些方法获取和释放独占锁。另外，它们具有以下与共享所有权相关的方法：lock_shared()、try_lock_shared()和 unlock_shared()。这些方法与其他方法集合的工作方式相似，但尝试获取或释放共享所有权。

不允许已经在 shared_mutex 上拥有锁的线程在互斥体上获取第二个锁，否则会产生死锁！

在给出如何使用这些互斥锁类的示例之前，需要先讨论几个其他主题。示例会在 27.4.4 节讨论。

> **警告：**
> 不要在任何互斥体类上手工调用上述锁定和解锁方法。互斥锁是资源，与所有资源一样，它们几乎总是应使用 RAII(Resource Acquisition Is Initialization)范型获得，参见第 32 章“结合设计技术和框架”。C++标准定义了一些 RAII 锁定类，这些类会在 27.4.2 节讨论。使用它们对避免死锁很重要。锁对象离开作用域时，它们会自动释放互斥体，所以不需要手工调用 unlock()。

3. 定时的互斥体类

当对前面讨论过的任何互斥锁类调用 lock()时，该调用会阻塞，直到获得锁为止。另一方面，在那些互斥锁类上调用 try_lock()会尝试获取一个锁，但如果不成功就会立刻返回。还有一些定时互斥类，可以尝试获得锁，但在一段时间后放弃。

标准库提供了 3 个定时的互斥体类：std::timed_mutex、recursive_timed_mutex 和 shared_timed_mutex。前两个类在<mutex>中定义，最后一个类在<shared_mutex>中定义。它们都支持 lock()、try_lock()和 unlock()方法，shared_timed_mutex 还支持 lock_shared()、try_lock_shared()和 unlock_shared()。所有这些方法的行为与前面描述的类似。此外，它们还支持以下方法。

- try_lock_for(rel_time)：调用线程尝试在给定的相对时间内获得这个锁。如果不能获得这个锁，这个调用失败并返回 false。如果在超时之前获得了这个锁，这个调用成功并返回 true。将超时时间指定为 std::chrono::duration，见第 22 章的讨论。
- try_lock_until(abs_time)：调用线程将尝试获得这个锁，直到系统时间等于或超过指定的绝对时间。如果能在超时之前获得这个锁，调用返回 true。如果系统时间超过给定的绝对时间，将不再尝试获得锁，并返回 false。将绝对时间指定为 std::chrono::time_point，见第 22 章的讨论。

shared_timed_mutex 还支持 try_lock_shared_for()和 try_lock_shared_until()。

已经拥有 timed_mutex 或 shared_timed_mutex 所有权的线程不允许再次获得这个互斥体上的锁，否则可能导致死锁！

recursive_timed_mutex 的行为和 recursive_mutex 类似，允许一个线程多次获取锁。

27.4.2 锁

锁类是 RAII 类，可用于更方便地正确获得和释放互斥体上的锁；锁类的析构函数会自动释放所关联的互斥体。C++标准定义了 4 种类型的锁：std::lock_guard、unique_lock、shared_lock 和 scoped_lock。

1. lock_guard

lock_guard 在<mutex>中定义，有两个构造函数。

- explicit lock_guard(mutex_type& m);

接收一个互斥体引用的构造函数。这个构造函数尝试获得互斥体上的锁，并阻塞直到获得锁。第 8 章“精通类和对象”讨论了构造函数的 explicit 关键字。

- lock_guard(mutex_type& m, adopt_lock_t);

接收一个互斥体引用和一个 std::adopt_lock_t 实例的构造函数。C++提供了一个预定义的 adopt_lock_t 实例，名为 std::adopt_lock。该锁假定调用线程已经获得引用的互斥体上的锁，管理该锁，在销毁锁时自动释放互斥体。

2. unique_lock

std::unique_lock 定义在<mutex>中，是一类更复杂的锁，允许将获得锁的时间延迟到计算需要时，远在声明之后。使用 owns_lock()方法可以确定是否获得了锁。unique_lock 也有 bool 转换运算符，可用于检查是否获得了锁。使用这个转换运算符的例子在本章后面给出。unique_lock 有如下几个构造函数。

- explicit unique_lock(mutex_type& m);

接收一个互斥体引用的构造函数。这个构造函数尝试获得互斥体上的锁，并且阻塞直到获得锁。

- unique_lock(mutex_type& m, defer_lock_t) noexcept;

接收一个互斥体引用和一个 std::defer_lock_t 实例的构造函数。C++提供了一个预定义的 defer_lock_t 实例，名为 std::defer_lock。unique_lock 存储互斥体的引用，但不立即尝试获得锁，锁可以稍后获得。

- unique_lock(mutex_type& m, try_to_lock_t);

接收一个互斥体引用和一个 std::try_to_lock_t 实例的构造函数。C++提供了一个预定义的 try_to_lock_t 实例，名为 std::try_to_lock。这个锁尝试获得引用的互斥体上的锁，但即便未能获得也不阻塞；此时，会在稍后获取锁。

- unique_lock(mutex_type& m, adopt_lock_t);

接收一个互斥体引用和一个 std::adopt_lock_t 实例(如 std::adopt_lock)的构造函数。这个锁假定调用线程已经获得引用的互斥体上的锁。锁管理互斥体，并在销毁锁时自动释放互斥体。

- unique_lock(mutex_type& m, const chrono::time_point<Clock, Duration>& abs_time);

接收一个互斥体引用和一个绝对时间的构造函数。这个构造函数试图获取一个锁，直到系统时间超过给定的绝对时间。第 22 章讨论了 chrono 库。

- unique_lock(mutex_type& m, const chrono::duration<Rep, Period>& rel_time);

接收一个互斥体引用和一个相对时间的构造函数。这个构造函数试图获得一个互斥体上的锁，直到到达给定的相对超时时间。

unique_lock 类也有以下方法：lock()、try_lock()、try_lock_for()、try_lock_until()和 unlock()。这些方法的行为和前面介绍的定时的互斥体类中的方法一致。

3. shared_lock

shared_lock 类在<shared_mutex>中定义，它的构造函数和方法与 unique_lock 相同。区别是，shared_lock 类在底层的共享互斥体上调用与共享拥有权相关的方法。因此，shared_lock 的方法称为 lock()、try_lock()等，但在底层的共享互斥体上，它们称为 lock_shared()、try_lock_shared()等。因此，shared_lock 与 unique_lock 有相同的接口，可用作 unique_lock 的替代品，但获得的是共享锁，而不是独占锁。

4. 一次性获得多个锁

C++有两个泛型锁函数，可用于同时获得多个互斥体对象上的锁，而不会出现死锁。这两个泛型锁函数都在 std 名称空间中定义，都是可变参数模板函数。第 26 章讨论了可变参数模板函数。

第一个函数 lock()不按指定顺序锁定所有给定的互斥体对象，没有出现死锁的风险。如果其中一个互斥锁调用抛出异常，则在已经获得的所有锁上调用 unlock()。原型如下：

```
template <class L1, class L2, class... L3> void lock(L1&, L2&, L3&...);
```

try_lock()函数具有类似的原型，但它通过顺序调用每个给定互斥体对象的 try_lock()，试图获得所有互斥体对象上的锁。如果所有 try_lock()调用都成功，那么这个函数返回 -1。如果任何 try_lock()调用失败，那么对所有已经获得的锁调用 unlock()，返回值是在其上调用 try_lock()失败的互斥体的参数位置索引(从 0 开始计算)。

下例演示如何使用泛型函数 lock()。process()函数首先创建两个锁，每个互斥体一个锁，然后将一个 std::defer_lock_t 实例作为第二个参数传入，告诉 unique_lock 不要在构造期间获得锁。然后调用 std::lock()以获得这两个锁，而不会出现死锁：

```
mutex mut1;
mutex mut2;

void process()
{
    unique_lock lock1 { mut1, defer_lock };
    unique_lock lock2 { mut2, defer_lock };
    lock(lock1, lock2);
    // Locks acquired.
} // Locks automatically released.
```

5. scoped_lock

std::scoped_lock 在<mutex>中定义，与 lock_guard 类似，只是接收数量可变的互斥体。这样，就可极方便地获取多个锁。例如，可以使用 scoped_lock，编写刚才包含 process()函数的那个示例，如下所示：

```
mutex mut1;
mutex mut2;

void process()
{
   scoped_lock locks { mut1, mut2 };
   // Locks acquired
} // Locks automatically released
```

注意：

scoped_lock 不仅简化了获取多个锁的过程，因为不需要担心需要以正确的顺序获取它们，而且它的性能也比手动获取锁要好。

27.4.3 std::call_once

结合使用 std::call_once()和 std::once_flag 可确保某个函数或方法正好只调用一次，不论有多少个线程试图调用 call_once()(在同一 once_flag 上)都同样如此。只有一个 call_once()调用能真正调用给定的函数或方法。如果给定的函数不抛出任何异常，则这个调用称为有效的 call_once()调用。如果给定的函数抛出异常，异常将传回调用者，选择另一个调用者来执行此函数。某个特定的 once_flag 实例的有效调用在对同一个 once_flag 实例的其他所有 call_once()调用之前完成。在同一个 once_flag 实例上调用 call_once()的其他线程都会阻塞，直到有效调用结束。图 27-4 通过 3 个线程演示了这一点。线程 1 执行有效的 call_once()调用，线程 2 阻塞，直到这个有效调用完成，线程 3 不会阻塞，因为线程 1 的有效调用已经完成了。

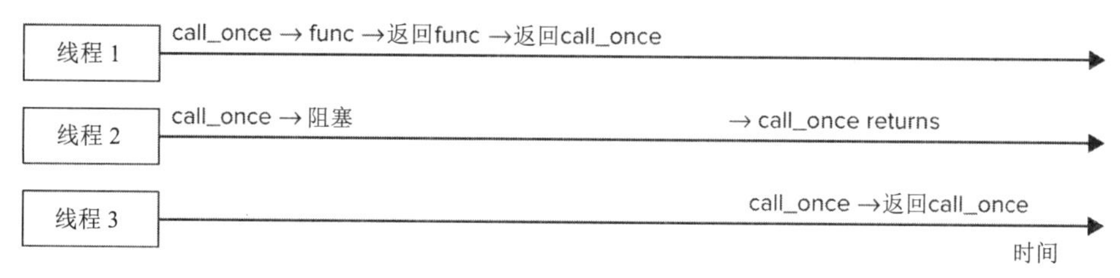

图 27-4 通过 3 个线程演示

下例演示了 call_once()的使用。这个例子运行使用某个共享资源的 processingFunction()，启动了 3 个线程。这些线程应调用 initializeSharedResources()一次。为此，每个线程用全局的 once_flag 调用 call_once()，结果是只有一个线程执行 initializeSharedResources()，且只执行一次。在调用 call_once()的过程中，其他线程被阻塞，直到 initializeSharedResources()返回：

```
once_flag g_onceFlag;

void initializeSharedResources()
{
    // ... Initialize shared resources to be used by multiple threads.
    cout << "Shared resources initialized." << endl;
}

void processingFunction()
{
    // Make sure the shared resources are initialized.
    call_once(g_onceFlag, initializeSharedResources);

    // ... Do some work, including using the shared resources
    cout << "Processing" << endl;
}

int main()
{
    // Launch 3 threads.
    vector<thread> threads { 3 };
    for (auto& t : threads) {
        t = thread { processingFunction };
    }
    // Join on all threads
    for (auto& t : threads) {
        t.join();
    }
}
```

这段代码的输出如下所示：

```
Shared resources initialized.
Processing
Processing
Processing
```

当然，在这个例子中，也可在启动线程之前，在 main()函数的开头调用 initializeSharedResources()，但那样就无法演示 call_once()的用法了。

27.4.4 互斥体对象的用法示例

下面列举几个例子，演示如何使用互斥体对象同步多个线程。

1. 以线程安全方式写入流

在本章前面有关线程的内容中，有一个例子使用了名为 Counter 的类。这个例子提到，C++中的流是不会出现争用条件的，但来自不同线程的输出仍会交错。这里有两个解决这个问题的方案：

- 使用 C++20 的同步流。
- 使用互斥对象以确保每次只有一个线程对流对象进行读写。

同步流

C++20 引入了 std::basic_osyncstream，并分别为 char 流和 wchar_t 流预定义了类型别名 osyncstream 和 wosyncstream，它们都在<syncstream>中定义。这些类名中的 O 表示输出。这些类保证所有通过它们完成的输出都将在同步流被销毁的那一刻出现在最终的输出流中。保证输出不会和其他线程的其他输出交错。

前面 Counter 类的函数调用运算符可以使用 osyncstream 来实现，以防止交错输出：

```
class Counter
{
    public:
        Counter(int id, int numIterations)
            : m_id { id }, m_numIterations { numIterations } { }

        void operator()() const
        {
            for (int i { 0 }; i < m_numIterations; ++i) {
                osyncstream { cout } << "Counter "
                    << m_id << " has value " << i << endl;
            }
        }
    private:
        int m_id;
        int m_numIterations;
};
```

或：

```
void operator()() const
{
    for (int i { 0 }; i < m_numIterations; ++i) {
        osyncstream syncedCout { cout };
        syncedCout << "Counter " << m_id << " has value " << i << endl;
    }
}
```

使用锁

如果不能使用同步流，可以使用以下代码段所示的互斥锁来同步 Counter 类中对 cout 的所有访问，为此添加了一个静态互斥对象。它应该是静态的，因为类的所有实例都应该使用同一个互斥对象实例。

lock_guard 用于在写入 cout 之前获取互斥锁。

```
class Counter
{
    public:
        Counter(int id, int numIterations)
            : m_id { id }, m_numIterations { numIterations } { }

        void operator()() const
        {
            for (int i { 0 }; i < m_numIterations; ++i) {
                lock_guard lock { ms_mutex };
                cout << "Counter " << m_id << " has value " << i << endl;
            }
        }
    private:
        int m_id;
        int m_numIterations;
        inline static mutex ms_mutex;
};
```

这段代码在 for 循环的每次迭代中创建了一个 lock_guard 实例。建议尽可能限制拥有锁的时间，否则阻塞其他线程的时间就会过长。例如，如果 lock_guard 实例在 for 循环之前创建一次，就基本上丢失了这段代码中的所有多线程特性，因为一个线程在其 for 循环的整个执行期间都拥有锁，所有其他线程都等待这个锁被释放。

2. 使用定时锁

下面的示例演示如何使用定时的互斥体。这与此前是同一个 Counter 类，但这一次结合 unique_lock 使用了 timed_mutex。将 200 毫秒的相对时间传给 unique_lock 构造函数，试图在 200 毫秒内获得一个锁。如果不能在这个时间间隔内获得这个锁，构造函数返回。之后，可检查这个锁是否已经获得，对这个 lock 变量应用 if 语句就可执行这种检查，因为 unique_lock 类定义了 bool 转换运算符。使用 chrono 库指定超时时间，第 22 章讨论了这个库。

```
class Counter
{
    public:
        Counter(int id, int numIterations)
            : m_id { id }, m_numIterations { numIterations } { }

        void operator()() const
        {
            for (int i { 0 }; i < m_numIterations; ++i) {
                unique_lock lock { ms_timedMutex, 200ms };
                if (lock) {
                    cout << "Counter " << m_id << " has value " << i << endl;
                } else {
                    // Lock not acquired in 200ms, skip output.
                }
            }
        }
    private:
        int m_id;
        int m_numIterations;
```

```
        inline static timed_mutex ms_timedMutex;
};
```

3. 双重检查锁定

双重检查锁定(double-checked locking)实际上是一种反模式，应避免使用！这里之所以介绍它，是因为你可能在现有代码库中遇到它。双重检查锁定模式旨在尝试避免使用互斥体对象。这是编写比使用互斥体对象更有效代码的一种半途而废的尝试。如果在后续示例中想要提高速度，真的可能出错，例如使用 relaxed atomic(本章不讨论)，用普通的 Boolean 替代 atomic<bool>等。该模式容易出现争用条件，很难更正。具有讽刺意味的是，使用 call_once()实际上更快，使用 magic static(如果可用)速度更快。将函数的本地静态实例称为 magic static。

> **警告：**
> 在新的代码中避免使用双重检查锁定模式，而使用其他机制，例如简单锁、原子变量、call_once()和 magic static 等。

> **注意：**
> 函数局部静态实例称为魔术静态。C++保证这样的局部静态实例以线程安全的方式初始化，因此不需要进行任何手动的线程同步。第 33 章“应用设计模式”给出了一个使用 magic static 的示例，其中讨论了单例模式。

例如，双重检查锁定可用于确保资源正好初始化一次。下例演示了如何实现这个功能。之所以称为双重检查锁定算法，是因为它检查 g_initialized 变量的值两次，一次在获得锁之前，另一次在获得锁之后。第一次检查 g_initialized 变量是为了防止获得不需要的锁。第二次检查用于确保没有其他线程在第一次 g_initialized 检查和获得锁之间执行初始化。

```
void initializeSharedResources()
{
    // ... Initialize shared resources to be used by multiple threads.
    cout << "Shared resources initialized." << endl;
}

atomic<bool> g_initialized { false };
mutex g_mutex;

void processingFunction()
{
    if (!g_initialized) {
        unique_lock lock { g_mutex };
        if (!g_initialized) {
            initializeSharedResources();
            g_initialized = true;
        }
    }
    cout << "OK" << endl;
}

int main()
{
    vector<thread> threads;
```

```
    for (int i { 0 }; i < 5; ++i) {
        threads.push_back(thread { processingFunction });
    }
    for (auto& t : threads) {
        t.join();
    }
}
```

输出清楚地表明，只有一个线程初始化了共享资源：

```
Shared resources initialized.
OK
OK
OK
OK
OK
```

> **注意：**
> 对于这个例子，建议使用 call_once()而不是双重检查锁定。

27.5 条件变量

条件变量允许一个线程阻塞，直到另一个线程设置某个条件或系统时间到达某个指定的时间。条件变量允许显式的线程间通信。如果熟悉 Win32 API 的多线程编程，就可将条件变量和 Windows 中的事件对象进行比较。

有两类条件变量，它们都定义在<condition_variable>中。

- **std::condition_variable**：只能等待 unique_lock<mutex>上的条件变量；根据 C++标准的描述，这个条件变量可在特定平台上达到最高效率。
- **std::condition_variable_any**：可等待任何对象的条件变量，包括自定义的锁类型。

condition_variable 类支持以下方法。

- notify_one();

唤醒等待这个条件变量的线程之一。这类似于 Windows 上的 auto-reset 事件。

- notify_all();

唤醒等待这个条件变量的所有线程。

- wait(unique_lock<mutex>& lk);

调用 wait()的线程应该已经获得 lk 上的锁。调用 wait()的效果是以原子方式调用 lk.unlock()并阻塞线程，等待通知。当线程被另一个线程中的 notify_one()或 notify_all()调用解除阻塞时，这个函数会再次调用 lk.lock()，可能会被这个锁阻塞，然后返回。

- wait_for(unique_lock<mutex>& lk, const chrono::duration<Rep, Period>& rel_time);

类似于此前的 wait()方法，区别在于这个线程会被 notify_one()或 notify_all()调用解除阻塞，也可能在给定超时时间到达后解除阻塞。

- wait_until(unique_lock<mutex>& lk, const chrono::time_point<Clock, Duration>& abs_time);

类似于此前的 wait()方法，区别在于这个线程会被 notify_one()或 notify_all()调用解除阻塞，也可能在系统时间超过给定的绝对时间时解除阻塞。

也有一些其他版本的 wait()、wait_for()和 wait_until()接收一个额外的谓词参数。例如，接收一个额外谓词的 wait()等同于：

```
while (!predicate())
    wait(lk);
```

condition_variable_any 类支持的方法和 condition_variable 类相同，区别在于 condition_variable_any 可接收任何类型的锁类，而不只是 unique_lock<mutex>。锁类应提供 lock()和 unlock()方法。

27.5.1 虚假唤醒

等待条件变量的线程可在另一个线程调用 notify_one()或 notify_all()时醒过来，或在系统时间超过给定时间时醒过来，也可能不合时宜地醒过来。这意味着，即使没有其他线程调用任何通知方法，线程也会醒过来。因此，当线程等待一个条件变量并醒过来时，就需要检查它是否因为获得通知而醒过来。一种检查方法是使用接收谓词参数的 wait()版本。

27.5.2 使用条件变量

条件变量可用于处理队列项的后台线程。可定义队列，在队列中插入要处理的项。后台线程等待队列中出现项。把一项插入队列中时，线程就醒过来，处理项，然后继续休眠，等待下一项。假设有以下队列：

```
queue<string> m_queue;
```

需要确保在任何时候只有一个线程修改这个队列。可通过互斥体实现这一点：

```
mutex m_mutex;
```

为了能在添加一项时通知后台线程，需要一个条件变量：

```
condition_variable m_condVar;
```

需要向队列中添加项的线程首先要获得这个互斥体上的锁，然后向队列中添加项，最后通知后台线程。无论当前是否拥有锁，都可以调用 notify_one()或 notify_all()，它们都会正常工作：

```
// Lock mutex and add entry to the queue.
unique_lock lock { m_mutex };
m_queue.push(entry);
// Notify condition variable to wake up thread.
m_condVar.notify_all();
```

后台线程在一个无限循环中等待通知。注意这里使用接收谓词参数的 wait()方法正确处理线程不合时宜地醒过来的情形。谓词检查队列中是否有队列项。对 wait()的调用返回时，就可以肯定队列中有队列项了。

```
unique_lock lock { m_mutex };
while (true) {
    // Wait for a notification.
    m_condVar.wait(lock, [this]{ return !m_queue.empty(); });
    // Condition variable is notified, so something is in the queue.
    // Process queue item...
}
```

第 27.7 节给出了一个完整示例，讲解了如何通过条件变量向其他线程发送通知。

C++标准还定义了辅助函数 std::notify_all_at_thread_exit(cond, lk)，其中 cond 是一个条件变量，lk

是一个 unique_lock<mutex>实例。调用这个函数的线程应该已经获得了锁 lk。当线程退出时，会自动执行以下代码：

```
lk.unlock();
cond.notify_all();
```

注意：

将锁 lk 保持锁定，直到该线程退出为止。因此，一定要确保这不会在代码中造成任何死锁，例如由于错误的锁顺序而产生的死锁。本章前面已经讨论了死锁。

27.6 latch

C++20

latch 是一次性使用的线程协调点。一旦给定数量的线程达到 latch 点时，所有线程都会解除阻塞并继续执行。基本上它是个计数器，在每个线程到达 latch 点时倒数。一旦计数器达到零，latch 将无限期保持在一个有信号的状态，所有阻塞线程都将解除阻塞，随后到达 latch 点的任何线程会立刻被允许继续执行。

latch 由 std::latch 实现，在<latch>中定义。构造函数接收需要到达 latch 点的所需线程数。到达 latch 点的线程可以调用 arrive_and_wait()，它递减 latch 计数器并阻塞，直到 latch 有信号为止。线程也可以通过调用 wait()在不减少计数器的情况下阻塞在 latch 点上。try_wait()方法可用于检查计数器是否达到零。最后，如果需要，还可以通过调用 count_down()来减少计数器，而不会阻塞。

下面演示了一个 latch 点的用例，其中一些数据需要加载到内存(I/O bound)中，然后在多个线程中并行处理这些数据。进一步假设线程在启动时和开始处理数据之前需要执行一些 CPU 绑定的初始化。通过先启动线程并让它们进行 CPU 绑定的初始化，并且并行加载数据(I/O bound)，性能得到了提高。代码用计数器 1 初始化一个 latch 对象，并启动 10 个线程，这些线程都进行一些初始化，然后阻塞 latch，直到 latch 计数器达到零。在启动 10 个线程之后，代码加载一些数据，例如从磁盘中。一旦加载了所有数据，latch 计数器将减为 0，这 10 个等待线程都将解除阻塞。

```
latch startLatch { 1 };
vector<jthread> threads;

for (int i { 0 }; i < 10; ++i) {
     threads.push_back(jthread { [&startLatch] {
          // Do some initialization... (CPU bound)

          // Wait until the latch counter reaches zero.
          startLatch.wait();

          // Process data...
     } });
}

// Load data... (I/O bound)

// Once all data has been loaded, decrement the latch counter
// which then reaches zero and unblocks all waiting threads.
startLatch.count_down();
```

27.7 barrier

barrier 是由一系列阶段组成的可重用线程协调机制。许多线程在 barrier 点阻塞。当给定数量的线程到达 barrier 时，将执行完成阶段的回调，解除所有阻塞线程的阻塞，重置线程计数器，并开始下一个阶段。在每个阶段中，可以调整下一阶段的预期线程数。barrier 对于在循环之间执行同步非常有用。例如，假设有很多线程并发执行，并在一个循环中执行一些计算。进一步假设一旦这些计算完成，需要在线程开始其循环的新迭代之前对结果进行一些处理。对于这种情况，设置 barrier 是完美的，所有的线程都会阻塞在 barrier 处。当它们全部到达时，完成阶段的回调将处理线程的结果，然后解除所有线程的阻塞，以开始它们的下一次迭代。

barrier 由 std::barrier 实现，在<barrier>中定义。barrier 最重要的方式是 arrive_and_wait()，它减少计数器，然后阻塞线程，直到当前阶段完成。有关其他可用方法的完整描述，请参阅标准库指南。

下面的代码片段演示了 barrier 的使用。它启动 4 个线程，在循环中连续执行某些操作。在每次迭代中，所有线程都是用 barrier 进行同步。

```
void completionFunction() noexcept { /* ... */ }

int main()
{
    const size_t numberOfThreads { 4 };
    barrier barrierPoint { numberOfThreads, completionFunction };
    vector<jthread> threads;

    for (int i { 0 }; i < numberOfThreads; ++i) {
        threads.push_back(jthread { [&barrierPoint] (stop_token token) {
            while (!token.stop_requested()) {
                // ... Do some calculations ...

                // Synchronize with other threads.
                barrierPoint.arrive_and_wait();
            }
        } });
    }
}
```

27.8 semaphore

semaphore(信号量)是轻量级同步原语，可用作其他同步机制(如 mutex、latch、barrier)的构建块。基本上一个 semaphore 由一个表示很多插槽的计数器组成。计数器在构造函数中初始化。如果获得了一个插槽，计数器将减少，而释放插槽将增加计数器。在<semaphore>中定义了两个 semaphore 类：std::counting_semaphore 和 binary_semaphore。前一种模型是非负资源计数。后者只有一个插槽，该槽要么是空的，要么不是空的，完全适合作为互斥的构建块。两者都提供了如表 27-7 所示的方法。

表 27-7 方法

方法	描述
acquire()	递减计数器。当计数器为零时阻塞，直到计数器再次递增
try_acquire()	尝试递减计数器，但如果计数器已经为零不会阻塞。如果计数器可以递减，则返回 true，否则返回 false

(续表)

方法	描述
try_acquire_for()	与 try_acquire 相同，但会在给定的时间段内尝试
try_acquire_until()	与 try_acquire 相同，但是会一直尝试直到系统到达给定时间
release()	计数器增加一个给定的数，并解除在 acquire 调用中线程的阻塞

计数 semaphore 允许精确地控制希望允许并发运行的线程数量。例如，下面的代码片段允许最多 4 个线程并行运行：

```
counting_semaphore semaphore { 4 };
vector<jthread> threads;
for (int i { 0 }; i < 10; ++i) {
     threads.push_back(jthread { [&semaphore] {
          semaphore.acquire();
          // ... Slot acquired ... (at most 4 threads concurrently)
          semaphore.release();
     } });
}
```

semaphore 的另一个用例是为线程而不是为条件变量实现通知机制。例如，可以在其构造函数中将 semaphore 的计数器初始化为 0，任何调用 acquire()的线程都会阻塞，直到其他线程对 semaphore 调用 release()。

27.9 future

根据本章前面的讨论，可通过 std::thread 启动一个线程，计算并得到一个结果，当线程结束执行时不容易取回计算的结果。与 std::thread 相关的另一个问题是处理像异常这样的错误。如果一个线程抛出一个异常，而这个异常没有被线程本身处理，C++运行时将调用 std::terminate()，这通常会终止整个应用程序。

可使用 future 更方便地获得线程的结果，并将异常转移到另一个线程中，然后另一个线程可以任意处置这个异常。当然，应该总是尝试在线程本身处理异常，不要让异常离开线程。

future 在 promise 中存储结果。可通过 future 获取 promise 中存储的结果。也就是说，promise 是结果的输入端；future 是输出端。一旦在同一线程或另一线程中运行的函数计算出希望返回的值，就把这个值放在 promise 中。然后可以通过 future 获取这个值。可将 future/promise 对想象为线程间传递结果的通信信道。

C++提供标准的 future 名为 std::future。可从 std::future 检索结果。T 是计算结果的类型。

```
future<T> myFuture { ... }; // Is discussed later.
T result { myFuture.get() };
```

调用 get()以取出结果，并保存在变量 result 中。如果另一个线程尚未计算完结果，对 get()的调用将阻塞，直到该结果值可用。只能在 future 上调用一次 get()。按照标准，第二次调用的行为是不确定的。

可首先通过向 future 询问结果是否可用的方式来避免阻塞：

```
if (myFuture.wait_for(0)) { // Value is available.
     T result { myFuture.get() };
} else { // Value is not yet available.
     ...
}
```

27.9.1 std::promise 和 std::future

C++提供了 std::promise 类，作为实现 promise 概念的一种方式。可在 promise 上调用 set_value()来存储结果，也可调用 set_exception()，在 promise 中存储异常。注意，只能在特定的 promise 上调用 set_value()或 set_exception()一次。如果多次调用它，将抛出 std::future_error 异常。

如果线程 A 启动另一个线程 B 以执行计算，则线程 A 可创建一个 std::promise，将其传给已启动的线程。注意，无法复制 promise，但可将其移到线程中！线程 B 使用 promise 存储结果。将 promise 移入线程 B 之前，线程 A 在创建的 promise 上调用 get_future()，这样，线程 B 完成后就能访问结果。下面是一个简单示例：

```
void doWork(promise<int> thePromise)
{
    // ... Do some work ...
    // And ultimately store the result in the promise.
    thePromise.set_value(42);
}

int main()
{
    // Create a promise to pass to the thread.
    promise<int> myPromise;

    // Get the future of the promise.
    auto theFuture { myPromise.get_future() };
    // Create a thread and move the promise into it.
    thread theThread { doWork, move(myPromise) };

    // Do some more work...

    // Get the result.
    int result { theFuture.get() };
    cout << "Result: " << result << endl;

    // Make sure to join the thread.
    theThread.join();
}
```

> **注意：**
> 这段代码只用于演示。这段代码在一个新的线程中启动计算，然后在 future 上调用 get()。这个线程会阻塞，直到结果计算完为止。这听起来像代价很高的函数调用。在实际应用程序中使用 future 模型时，可定期检查 future 中是否有可用的结果(通过此前描述的 wait_for())，或者使用条件变量等同步机制。当结果还不可用时，可做其他事情，而不是阻塞。

27.9.2 std::packaged_task

有了 std::packaged_task，将可以更方便地使用 promise，而不是像 27.6.1 节那样显式地使用 std::promise。下面的代码演示了这一点。它创建一个 packaged_task 来执行 calculateSum()。通过调用 get_future()，从 packaged_task 检索 future。启动一个线程，并将 packaged_task 移入其中。无法复制

packaged_task！启动线程后，在检索到的 future 上调用 get()来获得结果。在结果可用前，将一直阻塞。

calculateSum()不需要在任何类型的 promise 中显式存储任何数据。packaged_task 自动创建 promise，自动在 promise 中存储被调用函数(这里是 calculateSum())的结果，并自动在 promise 中存储函数抛出的任何异常。

```
int calculateSum(int a, int b) { return a + b; }

int main()
{
    // Create a packaged task to run calculateSum.
    packaged_task<int(int, int)> task { calculateSum };
    // Get the future for the result of the packaged task.
    auto theFuture { task.get_future() };
    // Create a thread, move the packaged task into it, and
    // execute the packaged task with the given arguments.
    thread theThread { move(task), 39, 3 };
    // Do some more work...

    // Get the result.
    int result { theFuture.get() };
    cout << result << endl;

    // Make sure to join the thread.
    theThread.join();
}
```

27.9.3 std::async

如果想让 C++运行时更多地控制是否创建一个线程以进行某种计算，可使用 std::async()。它接收一个将要执行的函数，并返回可用于检索结果的 future。async()可通过两种方法运行函数：

- 创建一个新的线程，异步运行提供的函数。
- 在返回的 future 上调用 get()方法时，在主调线程上同步地运行函数。

如果没有通过额外参数来调用 async()，C++运行时会根据一些因素(例如系统中处理器的数目)从两种方法中自动选择一种方法。也可指定策略参数，从而调整 C++运行时的行为。

- launch::async：强制 C++运行时在一个不同的线程上异步地执行函数。
- launch::deferred：强制 C++运行时在调用 get()时，在主调线程上同步地执行函数。
- launch::async | launch::deferred：允许 C++运行时进行选择(=默认行为)。

下例演示了 async()的用法：

```
int calculate() { return 123; }
int main()
{
    auto myFuture { async(calculate) };
    //auto myFuture { async(launch::async, calculate) };
    //auto myFuture { async(launch::deferred, calculate) };

    // Do some more work...

    // Get the result.
    int result { myFuture.get() };
    cout << result << endl;
}
```

从这个例子可看出，std::async()是以异步方式(在不同线程中)或同步方式(在同一线程中)执行一些计算并在随后获取结果的最简单方法之一。

警告：

调用 async()锁返回的 future 会在其析构函数中阻塞，直到结果可用为止。这意味着如果调用 async()时未捕获返回的 future，async()调用将真正成为阻塞调用！例如，以下代码行同步调用 calculate()：

```
async(calculate);
```

在这条语句中，async()创建和返回 future。未捕获这个 future，因此是临时 future。由于是临时的，因此将在该语句完成前调用其析构函数，在结果可用前，该析构函数将一直阻塞。

27.9.4 异常处理

使用 future 的一大优点是它们会自动在线程之间传递异常。在 future 上调用 get()时，要么返回计算结果，要么重新抛出与 future 关联的 promise 中存储的任何异常。使用 packaged_task 或 async()时，从已启动的函数抛出的任何异常将自动存储在 promise 中。如果将 std::promise 用作 promise，可调用 set_exception()以在其中存储异常。下面是一个使用 async()的示例：

```
int calculate()
{
    throw runtime_error { "Exception thrown from calculate()." };
}

int main()
{
    // Use the launch::async policy to force asynchronous execution.
    auto myFuture { async(launch::async, calculate) };

    // Do some more work...

    // Get the result.
    try {
        int result { myFuture.get() };
        cout << result << endl;
    } catch (const exception& ex) {
        cout << "Caught exception: " << ex.what() << endl;
    }
}
```

27.9.5 std::shared_future

std::future<T>只要求 T 可移动构建。在 future<T>上调用 get()时，结果将移出 future，并返回给你。这意味着只能在 future<T>上调用 get()一次。

如果要多次调用 get()，甚至从多个线程多次调用，则需要使用 std::shared_future<T>，此时，T 需要可复制构建。可使用 std::future::share()，或给 shared_future 构造函数传递 future，以创建 shared_future。注意，future 不可复制，因此需要将其移入 shared_future 构造函数。

shared_future 可用于同时唤醒多个线程。例如，下面的代码片段定义了两个 lambda 表达式，它们在不同的线程上异步地执行。每个 lambda 表达式首先将值设置为各自的 promise，以指示已经启动。接着在 signalFuture 调用 get()，这一直阻塞，直到可通过 future 获得参数为止；此后将继续执行。每个 lambda 表达式按引用捕获各自的 promise，按值捕获 signalFuture，因此这两个 lambda 表达式都有

signalFuture 的副本。主线程使用 async()，在不同线程上执行这两个 lambda 表达式，一直等到线程启动，然后设置 signalPromise 中的参数以唤醒这两个线程。

```
promise<void> thread1Started, thread2Started;

promise<int> signalPromise;
auto signalFuture { signalPromise.get_future().share() };
//shared_future<int> signalFuture { signalPromise.get_future() };

auto function1 { [&thread1Started, signalFuture] {
     thread1Started.set_value();
     // Wait until parameter is set.
     int parameter { signalFuture.get() };
     // ...
} };

auto function2 { [&thread2Started, signalFuture] {
     thread2Started.set_value();
     // Wait until parameter is set.
     int parameter { signalFuture.get() };
     // ...
} };

// Run both lambda expressions asynchronously.
// Remember to capture the future returned by async()!
auto result1 { async(launch::async, function1) };
auto result2 { async(launch::async, function2) };

// Wait until both threads have started.
thread1Started.get_future().wait();
thread2Started.get_future().wait();

// Both threads are now waiting for the parameter.
// Set the parameter to wake up both of them.
signalPromise.set_value(42);
```

27.10　示例：多线程的 Logger 类

本节演示如何使用线程、互斥体对象、锁和条件变量编写一个多线程的 Logger 类。这个类允许不同的线程向一个队列中添加日志消息。Logger 类本身会在另一个后台线程中处理这个队列，将日志信息串行地写入一个文件。这个类的设计经历了两次迭代，以说明编写多线程代码时可能遇到的问题。

C++标准没有线程安全的队列。很明显，必须通过一些同步机制保护对队列的访问，避免多个线程同时读写队列。这个示例使用互斥体对象和条件变量来提供同步。在此基础上，可以这样定义 Logger 类：

```
export class Logger
{
     public:
          // Starts a background thread writing log entries to a file.
          Logger();
          // Prevent copy construction and assignment.
          Logger(const Logger& src) = delete;
          Logger& operator=(const Logger& rhs) = delete;
```

```
        // Add log entry to the queue.
        void log(std::string entry);
    private:
        // The function running in the background thread.
        void processEntries();
        // Helper method to process a queue of entries.
        void processEntriesHelper(std::queue<std::string>& queue,
            std::ofstream& ofs) const;
        // Mutex and condition variable to protect access to the queue.
        std::mutex m_mutex;
        std::condition_variable m_condVar;
        std::queue<std::string> m_queue;
        // The background thread.
        std::thread m_thread;
};
```

实现如下。注意这个最初的设计存在几个问题，尝试运行这个程序时，它可能会行为异常甚至崩溃，在Logger类的下一次迭代中会讨论并解决这些问题。processEntries()方法中的while循环值得关注。它处理当前队列中的所有消息。当拥有锁时，它将当前队列的内容与栈上的一个局部空队列交换。在此之后，它释放锁，这样其他线程就不会再被阻塞，从而向现在为空的当前队列添加新条目。一旦释放锁，就会处理局部队列的所有条目。这里不再需要锁，因为其他线程不会碰到这个局部队列。

```
Logger::Logger()
{
    // Start background thread.
    m_thread = thread { &Logger::processEntries, this };
}

void Logger::log(string entry)
{
    // Lock mutex and add entry to the queue.
    unique_lock lock { m_mutex };
    m_queue.push(move(entry));
    // Notify condition variable to wake up thread.
    m_condVar.notify_all();
}

void Logger::processEntries()
{
    // Open log file.
    ofstream logFile { "log.txt" };
    if (logFile.fail()) {
        cerr << "Failed to open logfile." << endl;
        return;
    }

    // Create a lock for m_mutex, but do not yet acquire a lock on it.
    unique_lock lock { m_mutex, defer_lock };
    // Start processing loop.
    while (true) {
        lock.lock();

        // Wait for a notification.
        m_condVar.wait(lock);
```

```
            // Condition variable is notified, so something might be in the queue.

            // While we still have the lock, swap the contents of the current queue
            // with an empty local queue on the stack.
            queue<string> localQueue;
            localQueue.swap(m_queue);

            // Now that all entries have been moved from the current queue to the
            // local queue, we can release the lock so other threads are not blocked
            // while we process the entries.
            lock.unlock();

            // Process the entries in the local queue on the stack. This happens after
            // having released the lock, so other threads are not blocked anymore.
            processEntriesHelper(localQueue, logFile);
        }
}

void Logger::processEntriesHelper(queue<string>& queue, ofstream& ofs) const
{
    while (!queue.empty()) {
        ofs << queue.front() << endl;
        queue.pop();
    }
}
```

警告：

从这个相当简单的任务中可看到，正确编写多线程代码是十分困难的。令人遗憾的是，目前，C++标准不提供任何并发数据结构，至少目前是这样的。

Logger 类是一个演示基本构建块的示例。对于生产环境中的代码而言，建议使用恰当的第三方并发数据结构，不要自行编写。例如，开源的 Boost C++库(boost.org)实现了一个无锁队列，允许并发使用，不需要任何显式的同步。

可通过下面的测试代码测试这个 Logger 类，这段代码启动一些线程，所有线程都向同一个 Logger 实例记录一些信息：

```
void logSomeMessages(int id, Logger& logger)
{
    for (int i { 0 }; i < 10; ++i) {
        logger.log(format("Log entry {} from thread {}", i, id));
    }
}

int main()
{
    Logger logger;
    vector<thread> threads;
    // Create a few threads all working with the same Logger instance.
    for (int i { 0 }; i < 10; ++i) {
        threads.emplace_back(logSomeMessages, i, ref(logger));
    }
    // Wait for all threads to finish.
    for (auto& t : threads) {
        t.join();
```

```
    }
}
```

如果构建并运行这个原始的最初版本，你会发现应用程序突然终止。原因在于应用程序从未调用后台线程的 join()或 detach()。回顾本章前面的内容可知，thread 对象的析构函数仍是可结合的，即尚未调用 join()或 detach()，而调用 std::terminate()来停止运行线程和应用程序本身。这意味着，仍在队列中的消息未写入磁盘文件。当应用程序像这样终止时，甚至一些运行时库会报错或生成崩溃转储。需要添加一种机制来正常关闭后台线程，并在应用程序本身终止之前，等待后台线程完全关闭。这可通过向类中添加一个析构函数和一个布尔数据成员来解决。新的 Logger 类定义如下所示：

```
export class Logger
{
    public:
        // Gracefully shut down background thread.
        virtual ~Logger();
        // Other public members omitted for brevity.
    private:
        // Boolean telling the background thread to terminate.
        bool m_exit { false };
        // Other members omitted for brevity.
};
```

析构函数将 m_exit 设置为 true，唤醒后台线程，并等待直到后台线程被关闭。把 m_exit 设置为 true 之前，析构函数在 m_mutex 上获得一个锁。这是在使用 processEntries()防止争用条件和死锁。processEntries()可以放在其 while 循环的开头，即检查 m_exit 之后、调用 wait()之前。如果主线程此时调用 Logger 类的析构函数，而析构函数没有在 m_mutex 上获得一个锁，则析构函数在 processEntries()检查 m_exit 之后、等待条件变量之前，把 m_exit 设置为 true，并调用 notify_all()，因此 processEntries()看不到新值，也收不到通知。此时，应用程序处于死锁状态，因为析构函数在等待 join()调用，而后台线程在等待条件变量。注意析构函数可以在仍然持有锁或释放锁之后调用 notify_all()，但必须在 join()调用之前释放锁，这解释了使用花括号的额外代码块。

```
Logger::~Logger()
{
    {
        unique_lock lock { m_mutex };
        // Gracefully shut down the thread by setting m_exit to true.
        m_exit = true;
    }
    // Notify condition variable to wake up thread.
    m_condVar.notify_all();
    // Wait until thread is shut down. This should be outside the above code
    // block because the lock must be released before calling join()!
    m_thread.join();
}
```

processEntries()方法需要检查此布尔变量，当这个布尔变量为 true 时终止处理循环：

```
void Logger::processEntries()
{
    // Omitted for brevity.

    // Create a lock for m_mutex, but do not yet acquire a lock on it.
    unique_lock lock { m_mutex, defer_lock };
    // Start processing loop.
```

```
        while (true) {
            lock.lock();

            if (!m_exit) { // Only wait for notifications if we don't have to exit.
                m_condVar.wait(lock);
            } else {
                // We have to exit, process the remaining entries in the queue.
                processEntriesHelper(m_queue, logFile);
                break;
            }

            // Condition variable is notified, so something might be in the queue
            // and/or we need to shut down this thread.

            // Remaining code omitted, same as before.
        }
    }
```

注意不能只在外层 while 循环的条件中检查 m_exit，因为即使 m_exit 是 true，队列中也可能有需要写入的日志项。

可在多线程代码的特殊位置添加人为的延迟，以触发某个行为。注意添加这种延迟应仅用于测试，并且应从最终代码中删除。例如，要测试是否解决了析构函数带来的争用条件，可在主程序中删除对 log()的所有调用，使其几乎立即调用 Logger 类的析构函数，并添加如下延迟：

```
void Logger::processEntries()
{
    // Omitted for brevity.

    // Create a lock for m_mutex, but do not yet acquire a lock on it.
    unique_lock lock { m_mutex, defer_lock };
    // Start processing loop.
    while (true) {
        lock.lock();

        if (!m_exit) { // Only wait for notifications if we don't have to exit.
            this_thread::sleep_for(1000ms); // Needs import <chrono>;
            m_condVar.wait(lock);
        } else {
            // We have to exit, process the remaining entries in the queue.
            processEntriesHelper(m_queue, logFile);
            break;
        }
        // Remaining code omitted, same as before.
    }
}
```

27.11　线程池

如果不在程序的整个生命周期中动态地创建和删除线程，还可以创建可根据需要使用的线程池。这种技术通常用于需要在线程中处理某类事件的程序。在大多数环境中，线程的理想数目应该和处理器核心的数目相等。如果线程的数目多于处理器核心的数目，那么线程只有被挂起，从而允许其他线程运行，这样最终会增加开销。注意，尽管理想的线程数目和核心数目相等，但这种情况只适用于计算密集型线程，这种情况下线程不能由于其他原因阻塞，例如 I/O。当线程可以阻塞时，往往运行数目比核心数目更多的线程更合适。在此类情况下，确定最佳线程数难度较大，可能涉及测量系统正常负载条件下的吞吐量。

由于不是所有的处理都是等同的，因此线程池中的线程经常接收一个表示要执行的计算的函数对象或 lambda 表达式作为输入的一部分。

由于线程池中的所有线程都是预先存在的，因此操作系统调度这些线程并运行的效率大大高于操作系统创建线程并响应输入的效率。此外，线程池的使用允许管理创建的线程数，因此根据平台的不同，可以少至 1 个线程，也可以多达数千个线程。

有几个库实现了线程池，例如 Intel Threading Building Blocks(TBB)、Microsoft Parallel Patterns Library(PPL)等。建议给线程池使用这样的库，而不是编写自己的实现。如果的确希望自己实现线程池，可以使用与对象池类似的方式实现。第 29 章“编写高效 C++代码”将列举一个对象池的实现示例。

27.12 协程

协程是一个可以在执行过程中挂起并在稍后的时间点恢复的函数。任何函数体中包含以下任一项都是协程：

- **co_await**：在等待一个计算完成时挂起一个协程的执行。当计算完成后，继续执行。
- **co_return**：从协程返回。在此之后，协程无法恢复。
- **co_yield**：从协程返回一个值给调用者，并挂起协程，随后再次调用协程，在它被挂起的地方继续执行。

通常有两种类型的协程：有栈协程和无栈协程。有栈协程可以从嵌套调用内部的任何地方挂起。另一方面，无栈协程只能从顶层栈帧挂起。当无栈协程挂起时，只保存函数体中具有自动存储时间的变量和临时变量；不保存调用栈。因此，无栈协程的内存使用非常少，允许数百万甚至数十亿的协程同时运行。C++只支持无栈协程的变体。

协程可以使用同步编程风格来实现异步操作。用例包括以下内容：

- 生成器(Generators)
- 异步 I/O(Asynchronous I/O)
- 延迟计算(Lazy computations)
- 事件驱动程序(Event-driven applications)

C++20 标准只提供了协程构建块，也就是语言的补充。

C++20 标准库没有提供任何标准化的高级协程，比如生成器。有一些第三方库确实提供了这样的协程，比如 cppcoro。Microsoft Visual C++ 2019 还提供了一些更高层次的结构，比如一个实验性生成器。以下代码演示了 Visual C++ 2019 std::experimental::generator 协程的使用：

```
experimental::generator<int> getSequenceGenerator(
    int startValue, int numberOfValues)
{
    for (int i { startValue }; i < startValue + numberOfValues; ++i) {
        // Print the local time to standard out, see Chapter 22.
        time_t tt { system_clock::to_time_t(system_clock::now()) };
        tm t;
        localtime_s(&t, &tt);
        cout << put_time(&t, "%H:%M:%S") << ": ";
        // Yield a value to the caller, and suspend the coroutine.
        co_yield i;
```

```
        }
    }

    int main()
    {
        auto gen { getSequenceGenerator(10, 5) };
        for (const auto& value : gen) {
            cout << value << " (Press enter for next value)";
            cin.ignore();
        }
    }
```

运行程序会得到以下输出：

```
16:35:42: 10 (Press enter for next value)
```

按 Enter 键添加另一行：

```
16:35:42: 10 (Press enter for next value)
16:36:03: 11 (Press enter for next value)
```

再按 Enter 键会添加另一行：

```
16:35:42: 10 (Press enter for next value)
16:36:03: 11 (Press enter for next value)
16:36:21: 12 (Press enter for next value)
```

每次按 Enter 键时，生成器都会请求一个新值。这会导致协程继续执行，在 getSequenceGenerator() 中执行 for 循环的下一次迭代，输出本地时间，并返回下一个值。返回值通过 co_yield 完成，co_yield 返回值，然后挂起协程。在 main()函数中打印值本身，后面跟着要按下 Enter 键获取下一个值的问题。输出清楚地显示了协程被挂起并多次恢复。

但是，在这本书中，这几乎是关于协程的所有内容。自己编写协程，例如 experimental::generator，是相当复杂的，而且在本书中讨论过于高级。我只想提一下这个概念，以便你们知道它的存在，也许将来的 C++标准会引入标准化的协程。

27.13　线程设计和最佳实践

本节简要介绍几个有关多线程编程的最佳实践。

- **使用并行标准库算法**：标准库中包含大量算法。从 C++17 开始，有 60 多个算法支持并行执行。尽量使用这些并行算法，而非编写自己的多线程代码。可参阅第 20 章，以详细了解如何为算法指定并行选项。
- **终止应用程序前，确保所有 thread 对象都不是可结合的**：确保对所有 thread 对象都调用了 join() 或 detach()。仍可结合的 thread 析构函数将调用 std::terminate()，从而突然间终止所有线程和应用程序。C++20 引入了 jthread，它在析构函数中自动 join()。
- **最好的同步就是没有同步**：如果采用合理的方式设计不同的线程，让所有的线程在使用共享数据时只从共享数据读取，而不写入共享数据，或者只写入其他线程不会读取的部分，那么多线程编程就会变得简单很多。这种情况下不需要任何同步，也不会有争用条件或死锁的问题。
- **尝试使用单线程的所有权模式**：这意味着同一时间拥有 1 个数据块的线程数不多于 1。拥有数据意味着不允许其他任何线程读/写这些数据。当线程处理完数据时，数据可传递到另一个线程，那个线程目前拥有这些数据的唯一且完整的责任/拥有权。这种情况下，没必要进行同步。

- **在可能时使用原子类型和操作：**通过原子类型和原子操作更容易编写没有争用条件和死锁的代码，因为它们能自动处理同步。如果在多线程设计中不可能使用原子类型和操作，而且需要共享数据，那么需要使用同步机制(如互斥)来确保同步的正确性。
- **使用锁保护可变的共享数据：**如果需要多个线程可写入的可变共享数据，而且不能使用原子类型和操作，那么必须使用锁机制，以确保不同线程之间的读写是同步的。
- **尽快释放锁：**当需要通过锁保护共享数据时，务必尽快释放锁。当一个线程持有一个锁时，会使得其他线程阻塞等待这个锁，这可能会降低性能。
- **不要手动获取多个锁，应当改用 std::lock()或 std::try_lock()：**如果多个线程需要获取多个锁，那么所有线程都要以同样的顺序获得这些锁，以防止死锁。可通过泛型函数 std::lock()或 std::try_lock()获取多个锁。
- **使用支持多线程的分析器：**通过支持多线程的分析器找到多线程应用程序中的性能瓶颈，分析多个线程是否确实利用了系统中所有可用的处理能力。支持多线程的分析器的一个例子是某些 Visual Studio 版本中的 profiler。
- **使用 RAII 锁对象：**使用 lock_guard、unique_lock、shared_lock 或 scoped_lock RAII 类，在正确的时间自动释放锁。
- **了解调试器的多线程支持特性：**大部分调试器都提供对多线程应用程序调试的最基本支持。应该能得到应用程序中所有正在运行的线程列表，而且应该能切换到任意线程，查看线程的调用栈。例如，可通过这些特性检查死锁，因为可准确地看到每个线程正在做什么。
- **使用线程池，而不是动态创建和销毁大量线程：**动态地创建和销毁大量的线程会导致性能下降。这种情况下，最好使用线程池来重用现有的线程。
- **使用高级多线程库：**目前，C++标准仅提供用于编写多线程代码的基本构件。正确使用这些构件并非易事。尽可能使用高级多线程库，例如 Intel Threading Building Blocks(TBB)、Microsoft Parallel Patterns Library(PPL)等，而不是自己实现。多线程编程很难掌握，而且容易出错。另外，自己的实现不一定像预期那样正确工作。

27.14　本章小结

本章简要介绍了如何通过标准 C++线程库进行多线程编程。你学习了如何使用 std::thread 启动线程，以及 C++20 如何使用 std::jthread 更容易地编写可取消的线程。解释了如何通过原子类型和原子操作使用共享数据，而不是使用显式的同步机制。你学习了在不能使用这些原子类型和操作的情况下，如何使用互斥机制，确保需要读写访问共享数据的不同线程之间的正确同步。你了解了 C++20 的新的同步原语：semaphore、latch、barrier。你还学习了如何通过 promise 和 future 表示线程间的通信信道，通过 future 可更简单地从后台线程获得结果。本章最后介绍了多线程应用程序设计的一些最佳实践。

正如本书开头所述，本章试图涵盖标准 C++线程库提供的所有基本多线程构件，但由于篇幅受限，不能涉及多线程编程的所有细节。有很多书籍专门讨论多线程，请在附录 B 中查找参考文献。

27.15　练习

通过完成下面的习题，可以巩固本章所讨论的知识点。所有习题的答案都可扫描封底二维码下载。然而如果你受困于某个习题，可以在看网站上的答案之前，先重新阅读本章的部分内容，尝试着自己找到答案。

练习 27-1 编写一个每 3 秒发出一次蜂鸣声的程序。提示：可以通过在标注输出中写入\a 来让电脑发出蜂鸣的声音。

练习 27-2 修改练习 27-1 的解决方案，以便在用户按下 Enter 键时可以停止程序。

练习 27-3 修改练习 27-1 的解决方案，使蜂鸣声继续，直到用户按下 Enter 键。一旦按下 Enter 键，蜂鸣声应该暂停，直到用户再次按下 Enter 键。用户可以按自己的意愿暂停和恢复蜂鸣声。

练习 27-4 编写一个程序，可以并发计算多个斐波那契数列。例如，你的代码应该能够并行计算斐波那契数列中的第 4、9、14、17 个数字。斐波那契数列从 0 和 1 开始，任何后面的值都是前面两个值的和，所以有：0、1、1、2、3、5、8、13、21、34、55、89，等等。一旦所有结果都可用，将它们输出到标准输出。最后，使用标准库算法计算它们的总和。

第V部分

C++软件工程

第28章 充分利用软件工程方法

本章内容

- 以瀑布模型、生鱼片模型、螺旋模型和敏捷模型等为例讲解软件生命周期模型的含义
- 以 UP(Unified Process)、RUP(Rational Unified Process)、Scrum、XP(eXtreme Programming)和软件分流等为例讲解软件工程方法学
- 源代码控制的含义

第 28 章“充分利用软件工程方法”开启了本书的最后一部分，此部分与软件工程相关。主要介绍软件工程的方法、代码效率、测试、调试、设计技术、设计模式以及如何定位多个平台。

最初开始学习编程时，可能按照自己的进度做事情。只要乐意，可能会在最后一分钟完成所有事情，也可能会在实现的过程中彻底改变最初的设计。然而，在专业编程的世界中，程序员很少有这样的灵活性。即使最开明的工程管理人员也承认，一些过程是必要的。如今，了解软件工程的过程和了解如何编写代码同等重要。

本章分析软件工程的各种方法，但没有深入讲解任何一种方法——有大量关于软件工程过程的优秀书籍，而是广泛地覆盖不同类型的过程，以对比这些方法。我们尽量不提倡或阻止读者使用某些方法，而是希望通过权衡几种不同的方法，让读者构建适合自己和团队的过程。不论是独立完成项目的承包商，还是由几大洲数百名工程师组成的团队，理解软件开发中的不同方法对日常工作都是有帮助的。

本章最后讨论源代码控制解决方案，以便管理源代码并追溯源代码的历史。源代码控制解决方案是每家公司避免源代码维护噩梦的必备工具；即使对于由一人完成的项目，也强烈建议采用这种方案。

28.1 过程的必要性

软件开发的历史充满了失败项目的故事。从超过预算和销售不佳的消费类应用程序，到过分宣传令人感到天花乱坠的操作系统，看上去软件开发中的任何领域都逃不过这种趋势。

即使软件成功到了用户手中，bug 也可能无处不在，最终用户不得不经常升级和打补丁。有时软件不能完成预设的任务，有时不能按照用户期望的方式工作。所有这些问题都汇聚成软件的一条真理——写软件很难。

人们不禁要问，为什么软件工程出现故障的频率和其他类型的工程不同？汽车也有bug，但是汽车很少突然停下来，或因为缓冲区溢出要求重启(不过你可能会说，汽车上越来越多的组件都是软件驱动的)。电视机可能并不完美，但不需要为了看6频道而将电视升级到版本2.3。

是不是其他工程学科比软件工程更先进？市政工程师能否借鉴桥梁建筑的悠久历史构建可用的桥？化学工程师能不能因为大部分bug都已经在前几代中解决而成功合成某化合物？软件是不是太新了？还是因为软件是一门完全不同的学科，本质上就有产生bug、不可用结果和失败项目的特质？

软件看上去肯定有所不同。一方面，软件技术快速更新，使软件开发过程中产生了不确定性。即使项目中没有发生惊天动地的突破，软件工业的步伐也会导致问题。另一方面，软件往往需要迅速开发，因为软件市场的竞争异常激烈。

软件开发的进度也是不可预测的。准确的时间表几乎是不可能的，一个让人讨厌的bug可能需要几天甚至几周的时间才能修复。即使事情看上去在遵循时间表进行，产品定义变化(功能渐变)的普遍趋势也可能会给这个过程当头一棒。如果不加以控制，这种范围蔓延会导致软件膨胀。

软件是复杂的。没有简单准确的方法能证明程序是无bug的。如果需要进行多个版本的维护，有bug或凌乱的代码会对软件带来数年的影响。软件系统往往非常复杂，以至于员工流失时，没人愿意接手前任工程师留下来的凌乱代码。这将导致无休止的修补、乱改和变通方案。

当然，软件也要面对标准的业务风险。营销压力和错误的沟通也会出现。很多程序员都试图避开办公室斗争，但是开发团队和产品营销团队之间往往会发生一些矛盾。

所有这些影响软件工程产品的因素都表明需要某种过程。软件项目很大、很复杂而且步伐快。为避免失败，工程组必须采用能控制这种棘手过程的体系。

毫无疑问，可以开发出设计精当的软件，代码清晰，易于维护；但为达到这个目的，每个团队成员都需要持续努力，并遵循适当的软件开发过程和实践。

28.2　软件生命周期模型

软件中的复杂性并不是新事物。几十年前，人们就意识到需要一个形式化的过程。对软件生命周期建模的几种方法都试图给软件开发的混沌带来一些规则，这些方法根据从最初的想法到最终产品之间的各个步骤定义了软件过程。这些模型经过多年的完善，正指导当今的软件开发。

28.2.1　瀑布模型

经典的软件生命周期模型称为瀑布模型(Waterfall Model)。这种模型依据的思想是：软件几乎可以像遵循菜谱一样构建。有一组步骤，如果正确遵循这些步骤，将得到一份极好的巧克力蛋糕，在软件工程中就是得到程序。每个阶段都必须在下一阶段可以开始之前完成，如图28-1所示。可将这个过程比作瀑布，因为只能从上到下进入下一个阶段。

这个过程首先要进行正式的规划，包括收集详尽的需求列表。需求列表定义了产品的功能完整性。需求越具体，项目越有可能成功。接下来，进行软件设计和完整的规范设计。设计阶段和规划阶段一样，需要尽可能具体，才能尽量提高成功的机会。所有的设计决策都是在这个时候制定的，通常包括伪代码和特定子系统的定义。子系统的所有者制定出代码和外界交互的方式，然后整个团队都要遵循这个架构的规范。接下来实现这个设计。由于设计已经说明完整，因此代码必须严格地遵循设计要求，否则不同的代码块就无法整合在一起工作。最后4个阶段包括单元测试、子系统测试、整合测试和评估。

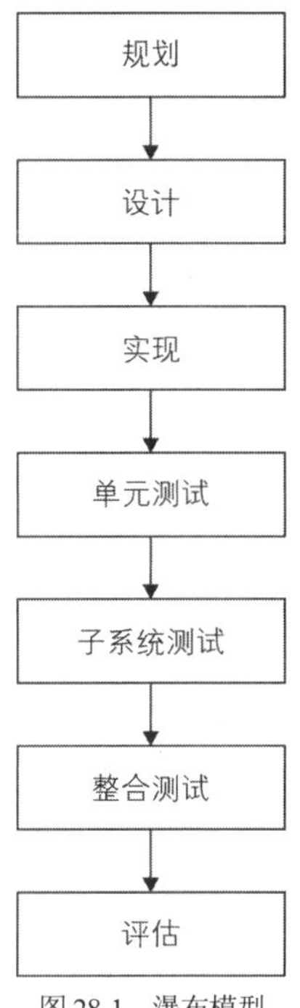

图 28-1　瀑布模型

瀑布模型的主要问题在于，在实践中，几乎不可能在完全不涉及下一个阶段的情况下完成前一个阶段。如果不写一点代码，设计很难完善。此外，如果这种模型不允许回到编码阶段，那么测试还有什么意义？

瀑布模型的各种变体采用不同的方式改进这个过程。例如，一些规划阶段包含“可行性分析”步骤，这个步骤在确定正式的需求之前通过实验进行可行性分析。

1. 瀑布模型的优点

瀑布模型的价值在于它的简单性。程序员或经理可能在之前的项目中就采取了这种方式，而没有对这种方式进行形式化或命名。瀑布模型背后的假设是：只要每个步骤都尽可能完整且准确地完成，后续步骤就会顺利进行。只要在第一步小心制定了所有需求，在第二步认真讨论了所有设计决策和问题，那么第三步中的实现只不过是将设计翻译为代码而已。

瀑布模型的简单性使基于这种体系的项目规划更有组织、更易于管理。每个项目都以同样的方式开始：详尽列出所有必需的功能。例如，采用这种方法的管理人员可以在每个设计阶段结束时，要求负责某个子系统的所有工程师以正式设计文档或可用子系统规范的方式提交他们的设计。管理人员得到的好处是，要求工程师在前期定义好需求和设计，将风险最小化。

从工程师的角度看，瀑布模型迫使在前期解决各种重大问题。所有工程师在编写可观数量的代码之前，都需要理解项目并设计好子系统。理想情况下，这意味着代码只需要编写一次，而不需要通过修改将代码整合在一起，或者重写不能整合的代码。

对于需求非常具体的小项目而言，瀑布模型可工作得很好。特别是对于咨询安排来说，瀑布模型具有可以在项目开始时指定具体指标的优势。将需求形式化可以帮助咨询师准确理解客户的需求，并迫使客户更加具体地说明项目的目标。

2. 瀑布模型的缺点

在许多组织中，以及几乎所有的现代软件工程教材中，瀑布模型都已失宠。批评者贬低其基本前提，即软件工程采取的是离散的线性步骤。虽然瀑布模型允许阶段重叠，但是不允许大步后退。在如今很多项目中，需求贯穿整个产品开发过程。通常情况下，潜在的客户会要求有利于销售的功能，或者为了应对竞争对手的产品而增加新功能。

> **注意：**
> 所有需求的前期规范使许多组织无法使用瀑布模型，因为这种模型不够动态。

另一个缺点是：由于尽早且形式化地做出决策，以努力降低风险，因此瀑布模型可能实际上隐藏了风险。例如，在设计阶段可能无法发现、遗忘或故意掩盖主要的设计问题；到集成测试时发现了不匹配问题，这时拯救这个项目已经为时已晚；出现严重的设计缺陷，但是根据瀑布模型，产品距离发布只有一步之遥。瀑布过程中的任何错误都可能导致过程结束时的失败。想要早期就发现既困难又罕见。

如果使用瀑布模型，那么经常需要从其他方法借鉴一些经验才能更灵活。

28.2.2 生鱼片模型

人们已经正式提出对瀑布模型的多种改进模型。其中一种改进模型称为生鱼片模型(Sashimi Model)。生鱼片模型的主要优点是引入了阶段之间重叠的概念。“生鱼片模型”得名于日本的鱼料理，在这种食物中，不同的鱼片相互重叠。尽量这种模型仍然强调严格的规划、设计、编码、测试过程，但相连的阶段可以部分重叠。图 28-2 是生鱼片模型的一个示例，演示了各个阶段的重叠。“重叠”允许两个阶段的活动同时发生。这是因为人们认识到，要真正完成一个阶段，通常必须分析下一阶段(至少是下一阶段的一部分)。

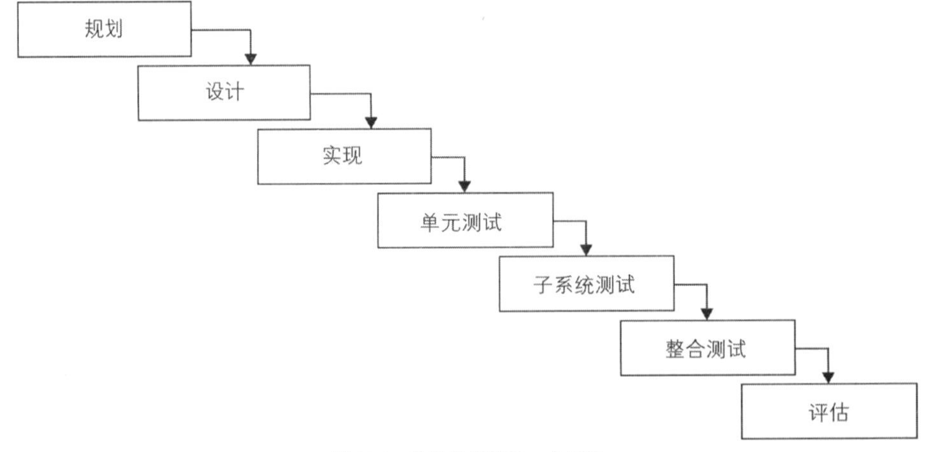

图 28-2　生鱼片模型的一个示例

28.2.3 螺旋类模型

螺旋模型(Spiral Model)在 1988 年由 Barry W. Boehm 提出为一种风险驱动的软件开发过程。还有其他螺旋模型，这些称为螺旋类模型。本节讨论的模型是迭代过程技术族的一部分。基本思想是：出错也没关系，因为在下一轮中会修复这个问题。螺旋类模型中的一次循环如图 28-3 所示。

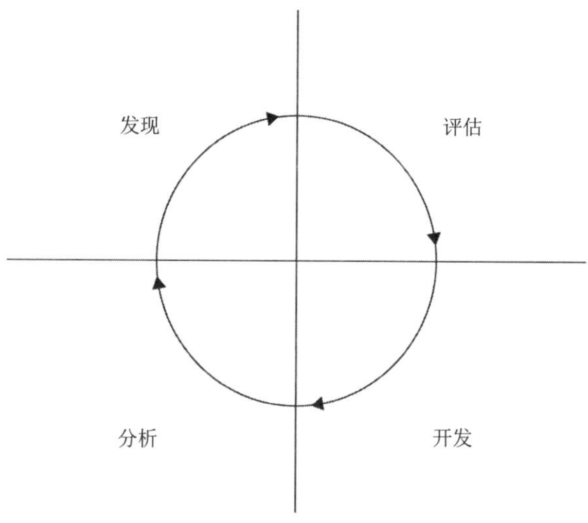

图 28-3　螺旋类模型中的一次循环

螺旋类模型中的阶段类似于瀑布模型中的步骤。在发现阶段构建需求，确定目标，确定替代方案(设计替代方案、购买第三方库等)，确定其他约束。在评估阶段，会考虑评估替代方案，分析风险，构建原型系统。在螺旋类模型中，特别重视评估阶段风险的评估和解决。被视为风险最高的任务在螺旋类模型的当前周期的这个阶段实现。开发阶段的任务是根据评估阶段确定的风险决定的。例如，如果评估揭示了一个可能无法实现的具有风险的算法，那么当前周期中开发阶段的主要任务就是对这个算法进行建模、构建和测试。第 4 个阶段预留给分析和规划。在当前周期结果的基础上，形成下一个周期的计划。

图 28-4 展示了某操作系统的开发螺旋中的 3 个周期。第一个周期产生了一个规划，其中包含产品的主要需求。第二个周期得到了展示用户体验的原型。第三个周期构建了一个被认定为高风险的组件。

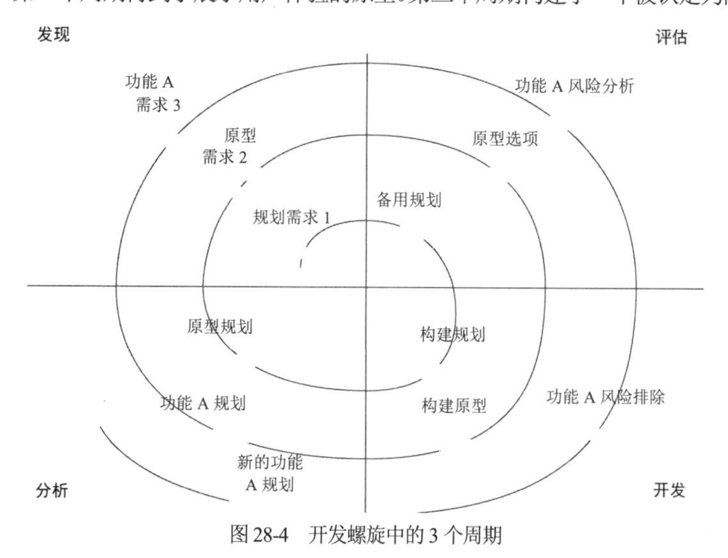

图 28-4　开发螺旋中的 3 个周期

1. 螺旋类模型的优点

螺旋类模型可看成迭代方法的应用，具有瀑布模型所能提供的优点。图 28-5 将螺旋类模型展示为已修改为允许迭代的瀑布模型。通过迭代循环解决了瀑布模型的主要缺点：隐藏的风险和线性开发路径。

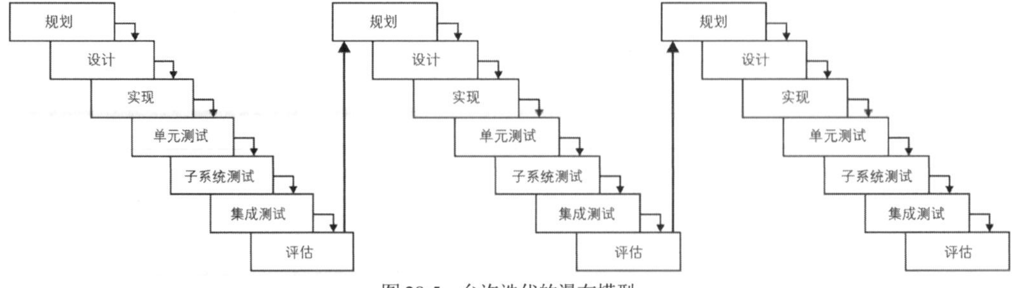

图 28-5 允许迭代的瀑布模型

首先，执行风险最大的任务是另一个好处。通过将风险提前，并承认新的情况可能随时出现，螺旋类模型避免了瀑布模型中隐藏的定时炸弹。当出现意想不到的问题时，可通过同样的 4 阶段方法解决，而过程中剩下的部分也通过这种方法完成。

其次，这种迭代方法还允许纳入测试人员的反馈。例如，产品的早期版本可在内部甚至外部发布供评估。例如，测试人员可报告某个功能丢失，或现有的功能不能按照预期的方式工作。螺旋类模型有内置的机制应对这种输入。

最后，通过每个周期后的反复分析和新设计的构建，消除了先设计再实现面临的实际困难。在每个周期中，更多关于系统的知识可以影响设计。

2. 螺旋类模型的缺点

螺旋类模型的主要缺点是，很难将每次迭代的范围界定得足够小，以获得真正的好处。在最糟糕的情况下，螺旋类模型可能因为迭代太长而退化为瀑布模型。遗憾的是，螺旋类模型只是对软件生命周期建模，不能规定一种方式来将项目分解为单周期的迭代，因为这种分解因项目而异。

其他可能的缺点是：每个周期重复这 4 个阶段的开销以及周期之间协调所面临的困难。从统筹角度看，可能很难在正确的时间召集所有的组员进行设计讨论。如果不同的团队同时开发产品中不同的部分，那么他们有可能在并行的周期中工作，而这些周期可能会不同步。例如，在开发操作系统期间，用户界面小组可能准备好开始窗口管理周期的发现阶段，但是核心操作系统小组可能仍处在内存子系统的开发阶段。

28.2.4 敏捷

为了消除瀑布模型的缺点，2001 年以敏捷软件开发宣言的形式推出了敏捷方法。

敏捷软件开发宣言

整个宣言全文如下(http://agilemanifesto.org/)：

我们一直在实践中探寻更好的软件开发方法，身体力行的同时也帮助他人。由此，我们建立了如下价值观：

- **个体和互动**高于流程和工具
- **可用的软件**高于详尽的文档
- **客户合作**高于合同谈判
- **响应变化**高于遵循计划

也就是说，尽管每一项的后者都有价值，但我们更重视前者的价值。

根据对这份宣言的理解，敏捷这个词只是一种高层次的描述。这份宣言表达的意思基本上是：让软件开发的过程灵活，使客户需求的变化很容易在开发过程中融入项目。Scrum 是其中一种最常用的敏捷软件开发方法。

28.3　软件工程方法论

软件生命周期模型提供了回答“下一步该怎么办？”这个问题的正式方式，但是很少能够回答接下来的一个问题：“如何做这件事情？”为了回答这个问题，人们开发了很多方法论，为专业的软件开发提供了经验法则。有关软件方法论的书籍和文章比比皆是，但只有很少几个软件开发方法论值得关注：UP、RUP、Scrum、极限编程和软件分流。

28.3.1　UP

UP(Unified Process，统一过程)是一种迭代和增量软件开发过程。UP 并非一成不变，它是一个框架，需要根据项目的特定需求进行定制。按照 UP，可将一个项目分为以下 4 个阶段。

- **起始阶段(Inception)**：该阶段通常很短暂。它包括可行性研究，编写业务案例，决定由内部开发还是交给第三方供应商，大致确定成本和时间线，定义范围。
- **细化阶段(Elaboration)**：把大多数需求都记录下来。消除风险因素，验证系统架构。为验证架构，将架构核心的最重要部分构建为可执行的交付品。这应当证实：开发的架构可以支持整个系统。
- **构建阶段(Construction)**：在细化阶段得到了可执行的架构交付品，该阶段将在此基础上满足所有要求。
- **交付阶段(Transition)**：将产品交付给客户。根据客户的反馈，在后续的交付迭代中进行处理。

将细化阶段、构建阶段和交付阶段分为多个时间固定的迭代，每个迭代都得到有形的结果。在每个迭代中，团队同时处理项目的多项工作：业务建模、需求、分析和设计、实现、测试、部署。在每个迭代中完成的每项工作的量是不同的。图 28-6 描述了这种迭代和重叠开发过程。在这个示例中，起始阶段有一个迭代，细化阶段有两个迭代，构建阶段有四个迭代，交付阶段有两个迭代。

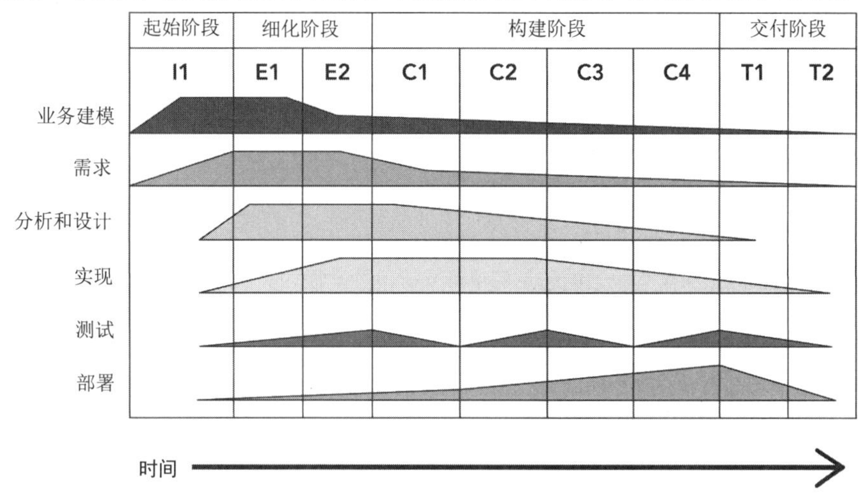

图 28-6　迭代和重叠开发过程

28.3.2 RUP

RUP(Rational Unified Process，Rational 统一过程)是统一过程(UP)的最著名改良之一，是管理软件开发过程的一种十分严格且规范的方法。RUP 最重要的特征在于，RUP 不仅是理论上的过程模型，这一点与螺旋模型和瀑布模型不一样。实际上，RUP 是软件产品，由 IBM 公司的 Rational Software 部门负责营销。把过程当成软件看待很吸引人，这有几个原因：

- 过程本身可以更新和完善，就像软件产品的定期更新。
- RUP 不仅提出了开发框架，还包含一组使用这个开发框架的软件工具。
- 作为产品，RUP 可部署在整个工程团队，使所有成员都使用完全相同的过程和工具。
- 与许多软件产品一样，RUP 可定制，以满足用户的需求。

1. RUP 作为产品

作为产品，RUP 采用的是软件应用程序套件的形式，在软件开发过程中指导开发人员。RUP 产品还提供了其他 Rational 产品的具体指导，例如 Rational Rose 可视化建模工具和 Rational ClearCase 配置管理工具。广泛的群件通信工具作为“思想的集市”的一部分，使开发人员可以共享知识。

RUP 背后的基本原则之一是：开发周期的每次迭代应该得到有形的结果。在 RUP 中，用户会创建很多设计、需求文档、报告和计划。RUP 软件提供了创建这些产物的可视化工具和开发工具。

2. RUP 作为过程

定义精确模型是 RUP 的核心原则。根据 RUP，模型能在软件开发过程中帮助解释复杂的结构和关系。在 RUP 中，模型通常以 UML(统一建模语言)格式描述。

RUP 将过程中的每个部分定义为独立的工作流。工作流表示过程中的每个步骤，表示的方式为：这个步骤的负责人、这个步骤要执行的任务、这些任务要产生的产物或结果，以及驱动任务的事件序列。几乎 RUP 的一切都是可定制的，但是 RUP 定义了一些核心的过程工作流。

核心的过程工作流和瀑布模型的阶段有一些相似之处，但每个都是可迭代的，而且定义更具体。业务建模工作流对业务流程建模，通常带有驱动软件需求的目标。需求工作流通过分析系统中的问题和遍历系统假设来创建需求定义。分析和设计工作流处理系统架构和子系统设计。实现工作流包括建模、编码和软件子系统的集成。测试工作流对软件质量测试的计划、实现和评估进行建模。部署工作流是整体规划、发布、支持和测试工作流的高层视图。配置管理工作流涉及从新的项目概念乃至迭代和最终产品的情况。最后，环境工作流通过创建和维护开发工具对工程组织提供支持。

3. 实践中的 RUP

RUP 主要面向大型组织，相比传统的生命周期模型具有一些优势。一旦团队掌握这个软件的用法，所有成员就在统一的平台上设计、交流和实现他们的想法。这个过程可以定制，以满足团队的需求，每个阶段都展示了大量有价值的记录每个开发阶段的产物。

对于某些组织来说，像 RUP 这样的产品的量级过重。采用不同开发环境或开发预算紧张的团队可能不想或无法标准化基于软件的开发系统。学习难度也可能是因素之一——不熟悉过程软件的工程师在跟上产品进度和已有代码库的同时，还要学习如何使用 RUP 软件。

28.3.3 Scrum

敏捷模型没有规定在现实世界中应该如何实现模型。这就是 Scrum 的用途所在，Scrum 详细定义了日常使用的方法。

Scrum 是迭代过程，是一种非常流行的管理软件开发项目的手段。在 Scrum 中，每个迭代称为 sprint 周期。sprint 周期是 Scrum 过程的核心部分。sprint 周期的长度应在项目开始时决定，通常是两到四个星期。在每个 sprint 周期结束时，目标是要有一个完全可用且经过测试的软件版本，这个软件版本要表示客户需求的一个子集。Scrum 认识到，客户会在开发过程中经常改变主意，因此允许将每个 sprint 周期的结果发布给客户，让客户有机会看到软件的迭代版本，并允许他们将潜在的问题反馈给开发团队。

1. 角色

Scrum 有 3 个角色。第一个角色是 Product Owner(PO)，起到客户和其他人之间桥梁的作用。PO 根据来自用户的描述编写高层次的用户故事，给每个用户故事设置优先级，然后把这些用户故事放在 Scrum 的产品需求总表中。事实上，团队中的每个成员都允许在产品需求总表中编写高层次的用户故事，但是 PO 决定哪些用户故事可以留下，哪些用户故事要删除。

第二个角色 Scrum Master(SM)负责保持过程运行，可以是团队的一部分，不过不是团队领导，因为在 Scrum 中团队自己领导自己。SM 是团队的联络人，使团队的其他成员可专注于他们的任务。SM 确保团队正确地遵循 Scrum 过程；例如，组织日常 Scrum 会议。SM 和 PO 应由两个不同的人担任。

在 Scrum 过程中，第三个角色就是团队本身。团队负责开发软件，应该保持精简，最好不多于 10 个成员。

2. 过程

Scrum 过程强制每日例会，称为 Daily Scrum 或 Standup。在会议上，所有团队成员和 Scrum Master 坐在一起。根据 Scrum 过程，这个会议应该每天在同一时间、同一地点召开，而且不能长于 15 分钟。在会议期间，所有团队成员回答 3 个问题：

- 自从上次 Daily Scrum 会议以来做了什么？
- 在这次 Daily Scrum 会议后打算做什么？
- 为达到目标而面临什么问题？

Scrum Master 应该注意到团队成员面临的问题，在 Daily Scrum 会议之后应该尝试解决这些问题。

在每个 sprint 周期开始前都有一场 Sprint Planning 会议，在这场会议上，团队成员必须决定在新的 sprint 周期中要实现什么产品特性。这些产品特性正式记录在 sprint 需求总表(backlog)中。这些产品特性从带有优先级的用户故事的产品需求总表中挑选出来，产品需求总表保存的是新特性的高层次需求。从产品需求总表中取出的用户故事被分解为更小的任务，每个任务都带有工作量估计，并放在 sprint 需求总表中。一旦 sprint 周期开始，sprint 需求总表就被冻结，在这个 sprint 周期中不能修改。Sprint Planning 会议的时长取决于 sprint 周期的长度，如果 sprint 为期两周，则 Sprint Planning 会议应当为 4 小时。Sprint Planning 会议通常分为两部分：PO 和团队讨论产品需求总表中项的优先级，而团队本身的会议讨论 sprint 需求总表的完善。

在 Scrum 团队中，经常会发现一个真正的公告板，上面有 3 列：To Do(计划事项)、In Progress(开发中)和 Done(完成)。sprint 周期中的每个任务都写在一张小纸片上，贴在正确的列中。在会议上并不把任务分配到人；相反，每个团队成员都可以从公告板上挑选一个 To Do 任务，然后把这个任务的纸片放在 In Progress 列中。当团队成员完成这一任务时，将纸片移到 Done 列中。这种方法使团队成员很容易了解工作的概况，了解哪些任务还需要完成、哪些任务正在进行、哪些任务已经完成。除真实的公告板外，还可使用软件解决方案提供虚拟的 Scrum 公告板。

To Do、In Progress 和 Done 这三列不是一成不变的。团队可以添加任何附加列来包含其他步骤。例如，Scrum 公告板可以包含以下列：

- To Do：为当前 sprint 计划的尚未开始的任务。
- In Progress：开发分支（参见本章后面“源代码控制”一节）中开发人员正在处理的任务。
- In Review：已经实现的任务，以及正在等待另一个团队成员审查的任务，也成为 code review。
- In Testing：已经实现过并且经过了代码评审，等待质量保证（QA）团队进行测试来获得批准的任务。
- In Integration：代码修改已经通过评审验证并得到 QA 批准的任务，开发分支的代码可以集成到主代码库中。
- Done：已经完全实现、评审、测试和集成的任务。

通常每天还会创建一幅 burn-down 图，在横轴上显示 sprint 周期的天数，在纵轴上显示剩下的开发小时数。这幅图可以快速概括讲展，还可以用于判断 sprint 周期内所有计划的任务是否都完成了。

完成一个 sprint 周期时，有两个会议要开：Sprint Review 和 Sprint Retrospective 会议。Sprint Review 会议的时长同样取决于 sprint 的长度；如果 sprint 为两周，则会议时长通常为两小时。在 Sprint Review 会议上，会向所有感兴趣的人演示 sprint 结果和当前的软件状态。该会议还包括对 sprint 结果的讨论，包括已经完成的任务、没有完成的任务以及原因。如果 sprint 为期两周，Sprint Retrospective 会议通常是 1.5 小时左右，允许团队思考前一个 sprint 周期的执行状况。例如，团队可指出过程中的缺点，并调整下一个 sprint 的过程。还要回答如下问题：“哪些进展顺利？”“哪些可以改进？”“要开始做什么，继续做什么，停止做什么？”。这称为持续改进，也就是说，在每个 sprint 后，都会分析和改进过程。

3. Scrum 的优点

Scrum 可弹性处理开发过程中遇到的不可预知的问题。当出现一个问题时，可以在后面的 sprint 中解决。团队参与项目的每一步。团队和 PO 讨论产品需求总表中的用户故事，并将用户故事转换为更小的任务，包含在 sprint 需求总表中。团队在 Scrum 任务公告板的帮助下自动将工作分配给成员。这个公告板便于快速看到团队成员的任务。最后，Daily Scrum 会议确保每个人都知道发生了什么。

对于付费用户的一个巨大好处是每个 sprint 后的 demo，demo 演示了项目的新迭代版本。客户可快速了解项目进展情况，对需求进行修改，对需求的修改通常可以融入未来的 sprint 中。

4. Scrum 的缺点

有些公司可能难以接受团队自己决定应该做什么。任务不是通过经理或团队管理者分配给团队成员的。所有成员都从 Scrum 任务公告板中挑选自己的任务。

Scrum Master(SM)是确保团队正常运作的关键人物。SM 对团队的信任非常重要。对团队成员控制过紧会导致 Scrum 过程失败。

Scrum 可能出现一个称为特性蠕动(feature creep)的问题。Scrum 允许在开发过程中向产品需求总表中添加新的用户故事。如果项目经理向产品需求总表中不断地添加新特性，则会出现危险的情况。这个问题最好的解决方法是：制定最终的发布日期，或最后一个 sprint 的终止日期。

28.3.4 极限编程

几年前，笔者的一位朋友下班回家告诉他的妻子，他们公司采取了一些极限编程(eExtreme Programming，XP)的方法，他的妻子开玩笑说“我希望你系上安全带。”尽管这个名字听上去有些做作，但极限编程实际上将现有最好的软件开发指导方针和新材料结合成了一种日益流行的方法。

XP 是 Kent Beck 在 *eXtreme Programming eXplained*(Addison-Wesley，1999)一书中宣传的方法，号称采用了优秀软件开发的最佳实践，并且表现出色。例如，大多数程序员都认可：测试很重要。在 XP 中，测试被认为非常重要，应该在编写代码之前编写测试。

1. XP 理论

极限编程方法由 12 条主要的指导原则组成，分为 4 类。这些原则体现在软件开发过程的各个阶段，对工程师的日常任务有直接影响。

1) 精细的反馈

XP 提供与编码、规划和测试相关的 4 条细粒度指导原则。

结对编程

XP 建议，所有生产代码都应该由两个人同时编写，这种方式称为结对编程。显然，只有一个人真正负责编码。另一个人审查同伴编写的代码，采取一种高层次的方法，思考诸如测试、必要的重构和项目的整体模型等问题。

例如，假设要编写应用程序中某个功能的用户界面，就可能会询问这个功能的原始作者，而原始作者就坐在你身边。他会说明这个功能的正确用法，警告任何需要注意的“陷阱”，并从更高的层次监督你的工作。即使无法从原始作者那里获得帮助，找团队中的另一个成员也是有帮助的。该理论认为：结对工作可以构建共享的知识，确保正确的设计，构建非正式的互相制约的系统。

计划策略

在瀑布模型中，只在过程开始时做一次计划。在螺旋模型中，计划是每个迭代的第一阶段。在 XP 下，计划不仅是步骤，而且是永无止境的任务。XP 团队从一个粗略的计划开始，捕获正在开发的产品的要点。在该过程的每个迭代中，有所谓的“计划策略”(planning game)会议。在整个开发过程中，计划根据需要不断地完善和修改。这个理论就是：条件在不断地变化，新的信息也在不断获取。计划过程包含两个主要部分：

- **版本计划**：与开发人员和客户相关，旨在确定未来的版本需要包含哪些要求。
- **迭代计划**：仅与开发人员相关，它规划开发人员的实际任务。

在 XP 下，对某个功能的估计总是由实现这个功能的人完成。这有助于避免实现人员被迫服从一张不真实的人造进度表的情况。最初的估计很粗糙，可能以周为单位安排特性。随着时间跨度的缩短，将能更精细地进行评估。功能被分解成不超过 5 天的任务。

不断测试

根据 *eXtreme Programming eXplained* 中的说法，“程序中任何不带自动化测试的功能等于不存在。”极限编程特别关心测试。XP 工程师的部分责任就是为代码编写单元测试。单元测试通常是一小块代码，以确保独立的功能正常工作。例如，基于文件的对象存储的独立单元测试可能包括 testSaveObject、testLoadObject 和 testDeleteObject。

XP 的单元测试更进一步，建议单元测试在实际代码之前编写。当然，测试不会通过，因为尚未编写代码。从理论上讲，如果测试是完善的，就应该知道什么时候代码才算完成，因为此时所有测试都能通过。这称为 TDD(Test Driven Development，测试驱动开发)，所以说这是“极限”。

有客户在现场

由于精明的 XP 工程团队会不断地完善产品计划，只构建当前有必要的功能，因此客户对这个过程的贡献非常有价值。尽管不可能说服客户总是停留在开发现场，但是工程师和最终用户之间有必要沟通的思想显然是非常有价值的。除了协助设计独立的功能外，客户还可根据他们的需要帮助区分任务的优先级。

2) 持续的过程

XP 倡导持续集成子系统，从而可及早检测到子系统之间的不匹配。还应当在必要时重构代码，追求构建和部署小型的增量版本。

不断整合

所有程序员都熟悉可怕的代码整合。当发现对对象存储的看法与其实际编写方式不匹配时，就需要执行这种任务。让子系统整合在一起时，问题就会暴露出来。XP 认识到这个问题，鼓励在开发时频繁地将代码整合进项目。

XP 提出了具体的整合方法。两个程序员(开发代码的一对搭档)坐在指定的“整合站”中，合并代码。在通过 100%的测试之前不把代码签入。通过这种单站的方式，可以避免冲突，整合过程被清晰地定义为签入前的一个步骤。

在个人层次上仍可使用类似的方法。工程师在将代码签入代码库之前，独立或结对运行测试。指定的计算机不停地运行自动化测试。当自动化测试失败时，团队会收到一封指出问题的电子邮件，电子邮件还列出了最近的签入。

必要时重构

大部分程序员不时地重构代码。重构是对现有能工作的代码重新设计的过程，目的是引入新的知识或采用代码编写以来发现的其他用法。重构很难进入传统的软件工程进度表，因为重构的结果不如实现新功能那么有形。然而，优秀的管理者应认识到重构对代码的长期可维护性非常重要。

重构的极端方式是在开发过程中，意识到有必要重构时就开始重构。XP 程序员已经学会识别准备好重构的代码的迹象，而不是在一个版本开始时判断产品中哪些已有的部分需要设计。虽然这种做法几乎肯定会导致不可预期和不定期的任务，但在适当时重构代码应该便于未来的开发。

构建小型发布

XP 的理论之一是：当软件项目试图一次完成太多时，会变得有风险、难以处理。XP 主张的是在接近 2 个月(而不是 18 个月)的时间窗口内发布较小的版本，而不是发布涉及核心变化和数页发布说明的大版本。通过这种短小的发布周期，只有最重要的功能才能进入产品。这迫使工程人员和市场人员在哪些功能才真正重要上达成一致。

3) 寻求共识

软件由团队开发。任何代码的拥有者都不是个人，而是整个团队。XP 提供了多条指导原则，使共享代码和想法成为可能。

共同的编码标准

由于集体所有制的指导原则和结对编程的实践，如果每个工程师都有自己的命名约定和缩进约定，那么在极限环境中编程会很困难。XP 并没有提倡任何特定的风格，但是给出了一条指导原则，如果看一段代码就能立即识别出这段代码的作者，那么小组可能需要更好地定义编码标准。

有关编码风格不同方法的其他信息，请参阅第 3 章“编码风格”。

共享代码

在很多传统的开发环境中，代码的所有权是严格定义的，通常是有保障的。笔者的一位朋友曾经工作过的公司里，经理明令禁止签入对团队其他成员编写的代码的修改。XP 采取完全相反的方法，声明代码由大家集体拥有。

集体所有权是有实际效果的，这有一些原因。从管理角度看，当某个工程师突然离职时，情况不是那么不利，因为还有其他人能理解那部分代码。从工程师的角度看，集体所有权构建了系统工作方式的统一视角。这有助于设计任务，并允许单个程序员随意修改，为整个项目带来价值。

关于集体所有权的一个要点是，没必要让每个程序员熟悉每行代码。项目是借助团队力量完成的，这更是一种心态，没有理由让任何人储藏知识。

简化设计

XP 专家的一句口头禅是“避免任意的通用性。”这违背了很多程序员的自然倾向。如果要完成的任务是设计基于文件的对象存储，可以采取以下路线：创建一个能解决所有基于文件的存储问题的完整解决方案。该设计可能很快演变为涵盖多语言和任何类型的对象。XP 认为，该设计应该倾向于通用性谱系的另一端。不要设计能获大奖、得到大家庆祝的理想对象存储，而是设计尽可能简单、能用的对象存储。必须清楚当前的需求，按照这些规范编写代码，以避免出现过于复杂的代码。

想要习惯设计的简单性可能很难。根据工作的类型，代码可能需要存在多年，由其他根本想不到的代码部分使用。根据第 6 章的讨论，构建可能在未来使用的功能的问题在于，不知道那些假想的用例是什么，无法创造出完全正确的优秀设计。相反，XP 认为，应该建立对当下有用的东西，把修改的机会留到以后。

有共同的隐喻

XP 使用术语隐喻(metaphor)，指明团队的所有成员(包括客户和经理)都应该对系统有共同的高层次看法。这不一定是对象如何通信或者 API 怎么编写的规范。相反，隐喻是系统组件的心理模型和命名模型。应当给每个组件指定一个描述性名称，这样，团队的每个成员只需要根据名称即可推断其功能。当讨论项目时，团队成员应使用隐喻来推进共享的词汇表。

4) 编程人员福利

很明显，开发人员的福利十分重要。因此，XP 的最后一条原则是关于“正常工作的小时数”的。

正常工作的小时数

XP 有一些工作小时数的说法。XP 的观点是，休息好的程序员才是开心的，才能保证生产效率。XP 提倡每周工作约 40 小时，连续两个星期加班会发出警告。

当然，不同的人需要不同的休息时间。不过，主要想法是，如果坐下来写代码时没有清醒的头脑，代码就很糟糕，会违反很多 XP 原则。

2. XP 的实践

XP 纯粹主义者声称，极限编程的 12 条原则是交织在一起的，因此如果遵循某些原则，而不遵循另一些原则，会极大地破坏这种方法论。例如，结对编程对测试是至关重要的，因为如果自己不知道如何测试某段代码，搭档可以提供帮助。此外，如果你劳累了一天，决定跳过测试，你的搭档将唤起罪恶感。

然而一些 XP 原则被证明是难以实现的。对于一些工程师来说，在编写代码之前就编写测试过于抽象。对于那些工程师，如果没有代码要测试，就不必真正编写测试代码，只需要设计测试就足够了。很多 XP 原则是严格定义的，但如果理解了背后的理论，那么应该可以设法让这些原则适用于项目的需要。

XP 的协作方面可能也有难度。结对编程有可以衡量的好处，但经理可能很难认为每天实际上只有一半的人在写代码是合理的。团队的一些成员甚至可能觉得这种密切合作不舒服，可能会觉得在有人看着的情况下很难输入代码。如果团队处于不同的物理位置，或成员倾向于定期远程办公，那么结对编程也有明显的困难。

对于一些组织，极限编程可能过于激进。XP 这类方法的速度很慢，对工程师有着正式政策的大公司可能会接受。然而，即使公司对 XP 的实现有阻力，只要理解了背后的理论，就能提升自己的工作效率。

28.3.5　软件分流

在 Edward Yourdon 的 *Death March*(Prentice Hall，1997)这本名字带有宿命论意味的书中，描述了软件中频繁发生的恐怖情况：落后于进度、人员紧缺、超过预算以及糟糕的设计。Yourdon 的理论是，当软件项目进入这种状态时，即使是最好的现代软件开发方法也不再适用。如本章所述，许多软件开发方法围绕着正规化的文档来构建，或采用以用户为中心的方式设计。在已经处于“死亡行军”模式的项目中，根本没有时间采用这些方法。

软件分流(software triage)背后的思想是：当项目已经处于糟糕的状态时，资源是紧缺的，时间是稀缺的，工程师是稀缺的，钱也可能是稀缺的。当项目已经远远落后于进度时，经理和开发人员要克服的主要心理障碍是：不可能在规定的时间内满足原来的需求了。任务就变为将剩下的功能组织为“必须有”“应该有”“可以有”的列表。

软件分流是一个艰巨而细致的过程。它往往需要一名经验丰富的老将作为“死亡行军”项目的领导，做出艰难的决定。对于工程师，最重要的一点是在一定条件下，可能有必要抛弃一些熟悉的过程(遗憾的是还包括一些已有的代码)，以按时完成项目。

28.4　构建自己的过程和方法

任何书籍或工程理论都不可能完全符合项目或组织的需求。建议尽可能多地学习各种方法，设计自己的过程。结合不同方法的概念可能比想象中容易。例如，RUP 选择性地支持一种类似 XP 的方法。下面是一些构建自己的软件工程方法的技巧。

28.4.1　对新思想采取开放态度

一些工程技术初看上去很疯狂，或者不可能有用。看看软件工程方法中的创新，作为改进既有过程的一种方式。在可能时尝试新事物。如果 XP 听起来很吸引人，但不确定 XP 能否在组织中工作，可慢慢引入 XP，看是否可行，每次采取几条原则，在实验性的小项目中试用。

28.4.2　提出新想法

工程团队很可能由背景不同的人员组成。他们可能是初创企业的老总、资深顾问、应届毕业生或博士。每个人对软件项目应该如何运作都有不同的经验和想法。有时，最好的过程往往是在各种不同的环境中不同实现方式的组合。

28.4.3　知道什么行得通、什么行不通

当项目结束时(更好的是在项目进行过程中，例如 Scrum 方法中的 Sprint Retrospective 会议)，把团队聚在一起评估这个过程。有时，直到整个团队停下来开始思考之后，才有人注意到某个重大问题。也许有的问题大家都知道，但是没人讨论。

考虑什么方法行不通，怎样才能修复这些问题。有些组织要求签入任何源代码之前进行正式的代码审查。如果代码审查非常漫长、乏味，没有人能很好地完成，那么应该以小组形式讨论代码审查技术。

还要考虑哪些方面进展良好，怎样扩展这些部分。例如，如果以小组可编辑的网站来维护功能任务的方式行得通，那么可以花一些时间把这个网站做得更好。

28.4.4　不要逃避

不论过程是经理强制要求的，还是团队自己定制而成的，它的存在都是有原因的。如果过程要求编写正式的设计文档，那么一定要编写这些文档。如果这个过程不够紧凑或过于复杂，看看能不能和经理讨论。不要逃避过程—— 它会回来继续困扰你的。

28.5　源代码控制

对所有源代码的管理对于任何公司，不论是大公司还是小公司，甚至个人开发者来说，都是非常重要的。例如在公司，将所有代码保存在每个开发人员的计算机上，而不是由源代码控制软件来管理，是非常不切合实际的。这将导致维护噩梦，因为不是每个人都永远有最新的代码。所有的源代码应该通过源代码控制软件管理。有 3 种源代码控制软件解决方案。

- **本地解决方案**：这类解决方案将所有源代码文件及其历史保存在本地计算机上，这种方式不适合团队使用。这是 20 世纪 70 年代和 80 年代的解决方案，不应该再使用。这里不做进一步讨论。
- **客户机/服务器解决方案**：这类解决方案被分解为客户端组件和服务器组件。对于个人开发者，客户端和服务器组件可在同一台计算机上运行，但是这种分离很容易将服务器组件转移到专用的物理服务器计算机上。
- **分布式解决方案**：这类解决方案比客户机/服务器解决方案更进一步。它没有存储所有内容的集中位置。每个开发人员都有所有文件(包含所有历史)的副本，使用对等方案来替代客户机/服务器方式。代码通过交换补丁在对等机之间同步。

客户机/服务器解决方案由两部分组成。第一部分是服务器软件，这是运行在中央服务器上的软件，负责跟踪所有的源代码文件及其历史。第二部分是客户端软件。客户端软件应该安装在每个开发人员的计算机上，负责与服务器软件通信，以获取最新版本的源文件、得到以前版本的源文件、将本地更改提交回服务器以及回滚更改到以前的版本等。

分布式解决方案不使用中心服务器。客户端软件使用对等协议，通过交换补丁与其他对等机同步。相同的操作，例如提交修改、回滚修改等，执行得很快，因为不涉及对中心服务器的网络访问。缺点是需要客户端的更多空间，因为需要存储所有文件，包括全部历史。

大部分源代码控制系统都有一些特殊术语，但遗憾的是，不是所有系统都使用同样的术语。下面列出一些常用术语。

- **分支(branch)**：源代码可以有多个分支，也就是说，不同版本的代码可以同步开发。例如，每个发布的版本都可以创建一个分支。在这些分支中，这些发布的版本可以实现 bug 修复，新功能可添加到主分支中。为发布的版本创建的 bug 修复也可以合并到主分支中。
- **签出(checkout)**：这是在开发人员的计算机上，根据中央服务器或对等机上指定版本的源代码创建本地副本的过程。
- **签入(checkin)、提交(commit)或合并(merge)**：开发人员要对本地的源代码副本进行修改。如果本机上一切工作正常，开发人员可将这些本地修改签入/提交/合并回中央服务器，或与对等机交换补丁。
- **冲突(conflict)**：当多个开发人员修改同一个源代码文件时，在提交这份源代码文件的过程中就可能会发生冲突。源代码控制软件往往会尝试自动解决这些冲突。如果无法解决，客户端软件会要求用户手动解决任何冲突。

- **标签(label 或 tag)**：任何时刻都可向所有文件或特定提交操作添加标签。这便于跳回源代码在那个时刻的版本。
- **存储库(repository)**：由源代码控制软件管理的文件集合，也包括历史，称为存储库。这也包括这些文件的元数据，例如提交的注释。
- **解决(resolve)冲突**：发生签入冲突时，用户只有首先解决冲突，才能继续签入代码。
- **修订(revision)或版本(version)**：版本指的是文件内容在特定时间点的快照。版本表示特定的点，代码可回到这个点，也可和这个点进行比较。
- **更新(update)或同步(sync)**：更新或同步的意思是将开发人员计算机上的本地副本和中央服务器或对等机上的版本进行同步。请注意，这可能需要合并，从而可能导致需要解决的冲突。
- **工作副本(working copy)**：工作副本是单个开发人员计算机上的本地副本。

有几个可用的源代码控制软件解决方案。其中一些是免费的，还有一些是商业性的。表 28-1 列出了一些可用的解决方案。

表 28-1 可用的解决方案

	免费/开源	商业
仅本地解决方案	SCCS、RCS	PVCS
客户机/服务器解决方案	CVS、Subversion	IBM Rational ClearCase、Azure DevOps Server、Perforce
分布式解决方案	Git、Mercurial、Bazaar	TeamWare、BitKeeper、Plastic SCM

注意：
以上列表并不完整，只是一组精选的解决方案，供你了解哪些解决方案是可用的。

本书没有具体建议使用哪种解决方案。现在大多数软件公司都有源代码控制解决方案，每个开发人员都应该采用。如果尚未采用，那么公司绝对应该投入一些时间研究可用的解决方案，选择适合自己的解决方案。至少，没有使用源代码控制系统，维护就会成为一场噩梦。即使是个人项目，推荐研究可行的解决方案。如果找到一个喜欢的解决方案，那么开发会简单得多。源代码控制系统会自动跟踪不同版本和更改的历史记录。如果做出的改进不能按照需要的方式工作，就很容易回到旧版本。

28.6 本章小结

本章介绍了软件开发过程的几个模型和方法论。肯定还有很多其他构建软件的方式，既有正式的也有非正式的。除了适用于团队的方法，正确的软件开发方法肯定不止一种。找到正确方法的最佳方式就是自己研究一番，学习不同的方法，和同事交流经验，并迭代改进自己的过程。记住，检验过程方法的唯一重要标准就是看这种方法对团队编写代码有多大帮助。

本章最后一部分简要介绍源代码控制的概念。这应该是任何软件公司(不论大公司还是小公司)不可分割的一部分，源代码控制甚至对个人在家做的项目也有帮助。有几个可用的源代码控制软件，因此建议尝试几个，看哪一个能满足自己的需要。

28.7 练习

通过完成下面的习题，可以巩固本章所讨论的知识点。所有习题的答案都可扫描封底二维码下载。然而如果你受困于某个习题，可以在看网站上的答案之前，先重新阅读本章的部分内容，尝试着自己找到答案。

练习 28-1 给出一些软件生命周期模型和软件工程方法的例子。

练习 28-2 XP 的持续集成听起来有点极端，近年来，一些公司在持续部署上有所进步。对持续部署做一些研究，然后找出它的含义。

练习 28-3 除了习题 28-2 的持续部署之外，还有持续交付。对持续交付做一些研究，将其与持续部署进行对比。

练习 28-4 研究快速应用开发(RAD)。它与本章内容有什么关系？

第29章 编写高效的 C++程序

本章内容

- "效率"和"性能"的意义
- 可以使用的语言层次的优化
- 设计高效程序时可遵循的设计原则
- 使用分析工具

不论应用程序属于哪个领域，程序的效率都很重要。如果产品在市场上和其他产品竞争，速度可以是一个重大的区别：在较慢和较快的程序中选择，你会选择哪一个？没有人会买一个需要两周时间才能启动的操作系统，除非这是唯一的选择。即使不打算出售产品，这些产品也会有用户。如果产品需要让用户浪费时间等待完成任务，用户会很不满意。

理解了专业 C++设计和编码的概念，掌握了 C++语言提供的一些更复杂工具后，现在应该在程序中考虑性能问题。编写高效的程序不仅要在设计层次深思熟虑，还涉及实现层次的细节。尽管本章处在本书的后半部分，但要记住，性能是程序生命周期一开始就要思考的问题。

29.1 性能和效率概述

在进一步研究细节之前，最好先定义本书使用的性能和效率这两个术语。程序的性能可能指几个方面，例如速度、内存使用、磁盘访问和网络使用。本章重点介绍速度性能。效率这个词用于程序时，指的是程序运行时不要做无用功。高效的程序能在给定条件下尽快完成其任务。如果应用程序领域本质上禁止快速执行，那么这个程序可有效率但是不快。

> **注意：**
> 高效(或高性能)的程序会尽快执行特定任务。

注意，本章名字"编写高效的 C++程序"指的是所编写程序的运行效率，而不是所编写程序的效率。也就是说，通过学习本章，要节省用户的时间，而不是开发人员自己的时间！

29.1.1 提升效率的两种方式

语言层次的效率涉及尽量高效地使用语言，例如将按值传递对象改为按引用传递。这种做法只能达到这一步。更重要的是设计层次的效率，包括选择高效的算法、避免不必要的步骤和计算、选择恰当的设计优化。优化已有的代码往往涉及用更好、更高效的算法或数据结构替代糟糕的算法或数据结构。

29.1.2 两种程序

如前所述，效率对于所有应用程序领域来说都很重要。此外，还有一小部分程序要求极高水平的效率，例如系统级软件、嵌入式系统、计算密集型应用以及实时游戏，而大多数程序都不要求这种效率。除非编写的是高性能的应用程序，否则没必要将C++代码的速度做到极致。这就是构建普通家用车和跑车之间的差别。每辆汽车都必须合理有效，但跑车对性能的要求极高。

29.1.3 C++是不是低效的语言

C 程序员经常抵制 C++在高性能应用程序中的使用。他们声称 C++语言本质上比 C 语言或类似的过程式语言低效，因为C++包含高层次的概念，如异常和虚函数。然而，这种说法是有问题的。

首先，不能忽略编译器的作用。在讨论语言的效率时，必须将语言的性能和编译器优化这种语言的效果分离。计算机执行的并不是 C 或 C++代码。编译器首先将代码转换成机器语言，并在这个过程中进行优化。这意味着，不能简单地运行 C 和 C++程序的基准测试并比较结果。这实际上比较的是编译器优化语言的效果，而不是语言本身。C++编译器可优化掉语言中很多高层次的结构，生成类似于C 语言生成的机器码。目前，研发投入更多集中于C++编译器而非 C 编译器，因此与C 代码相比，C++代码实际会得到更好的优化，运行速度可能更快。

然而，批评者仍然认为一些C++特性不能被优化掉。例如，根据第 10 章“发现派生技术”的解释，虚函数需要一个 vtable，在运行时需要添加一个间接层次，因而比普通的非虚函数调用慢。然而，如果仔细思考，会发现这种说法仍然难以令人信服。虚函数调用不只是函数调用，还要在运行时选择调用哪个函数。对应的非虚函数调用可能需要一个条件语句来选择调用的函数。如果不需要这些额外的语义，可以使用一个非虚函数。C++语言的一般设计原则是：“如果不使用某项功能，则不需要付出代价。”如果不使用虚函数，那么不会因为能够使用虚函数而损失性能。因此在 C++中，非虚函数调用在性能上等同于 C 语言中的函数调用。然而，由于虚函数调用的开销如此之小，因此建议对于所有非 final 类，将所有的类方法，包括析构函数(但不包括构造函数)设计为虚方法。

更重要的是，通过C++高层次的结构可编写更干净的程序，这些程序的设计层次更高效，更易于读取，更便于维护，能避免积累不必要的代码和死代码。

我们相信，如果选择C++语言而不是过程式的语言(如C 语言)，在开发、性能和维护上会有更好的结果。

还有其他更高级的面向对象语言，如 C#和 Java，二者都在虚拟机上运行。C++代码由 CPU 直接执行，不存在运行代码的虚拟机。C++离硬件更近，这意味着大多数情况下，它的速度快于 C#和 Java 等语言。

29.2 语言层次的效率

许多书籍、文章和程序员花费了大量时间，试图说服你对代码进行语言层次的优化。这些提示和技巧很重要，在某些情况下可加快程序的运行速度。然而，这些优化远不如整体设计和程序选择的算法重要。可以通过引用传递需要的所有数据，但如果写磁盘的次数比实际需要的次数多一倍，那么按引用传递不会让程序更快。这很容易陷入引用和指针的优化而忘记大局。

此外，一些语言层次的技巧可通过好的优化编译器自动进行。不应花费时间自己优化某个特定领域，除非分析器指明某个领域是瓶颈，如本章后面所述。

也就是说，使用某些语言级别的优化(如按引用传递)是良好的编码风格。

本书试图展示一种平衡策略。因此，这里只包含我们认为最有用的语言层次优化。这个列表是不完整的，但若要优化代码，该列表应提供一个很好的起点。然而，请务必阅读和实践本章后面描述的设计层次的效率建议。

警告：
谨慎使用语言级优化。建议先建立清晰、结构良好的设计和实现方案，再使用分析器，仅优化分析器标记为性能瓶颈的部分。

29.2.1　高效地操纵对象

C++在幕后做了很多工作，特别是和对象相关的工作。总是应该注意编写的代码对性能的影响。如果遵循一些简单的指导原则，代码将变得更有效率。注意这些原则仅与对象相关，与基本类型(例如 bool、int、float 等)无关。

1. 值传递还是引用传递

第 1 章和第 9 章讨论了何时使用值传递和引用传递的规则，这里有必要重申一次。

警告：
对于函数本身会拷贝的参数，最好使用值传递参数，但只有当参数的类型支持移动语义时这样。其他情况可使用 const 的引用参数。

对于按值传递的参数，必须记住一些事情。如果函数形参的类型是基类，而将派生类的对象作为实参按值传递，则会将派生对象切片，以符合基类类型。这导致信息丢失，详见第 10 章。按值传递还可能导致拷贝的成本，而引用传递可以避免这种成本。

然而，在某些情况下，值传递实际上是向函数传递参数的最佳方式。考虑如下表示“人”的 Person 类：

```
class Person
{
    public:
        Person() = default;
        Person(string firstName, string lastName, int age)
            : m_firstName { move(firstName) }, m_lastName { move(lastName) }
            , m_age { age } { }
        virtual ~Person() = default;
        const string& getFirstName() const { return m_firstName; }
        const string& getLastName() const { return m_lastName; }
        int getAge() const { return m_age; }

    private:
        string m_firstName, m_lastName;
        int m_age { 0 };
};
```

正如规则所建议的，Person 的构造函数按值接受 firstName 和 lastName，然后将它们分别移动到 m_firstName 和 m_lastName，因为无论如何都会对它们进行拷贝。见第 9 章对此的解释。

现在，看看下面的函数按值接收 Person 对象的函数：

```
void processPerson(Person p) { /* Process the person. */ }
```

可以像这样调用这个函数：

```
Person me { "Marc", "Gregoire", 42 };
processPerson(me);
```

像下面这样编写这个函数，看上去并未增加多少代码：

```
void processPerson(const Person& p) { /* Process the person. */ }
```

对函数的调用保持不变。然而，考虑一下在第一个版本的函数中按值传递会发生什么。为初始化 processPerson()的 p 参数，me 必须通过调用其拷贝构造函数进行复制。即使没有为 Person 类编写拷贝构造函数，编译器也会生成一个来复制每个数据成员。这看上去也没有那么糟：只有 3 个数据成员。然而，其中的两个成员是字符串，都是带有拷贝构造函数的对象。因此，也会调用它们的拷贝构造函数。通过引用接收 p 的 processPerson()版本没有这样的复制成本。因此，在这个例子中通过按引用传递，可以避免代码进入这个函数时进行的 3 次构造函数调用。

这个示例至此尚未完成。在第一个版本的 processPerson()中，p 是 processPerson()函数的一个局部变量，因此在该函数退出时必须销毁。销毁时需要调用 Person 类的析构函数，而析构函数会调用所有数据成员的析构函数。string 类有析构函数，因此退出这个函数时(如果按值传递)会调用 3 次析构函数。如果通过引用传递 Person 对象，则不需要执行任何这种调用。

注意：
如果函数必须修改对象，可通过非 cosnt 引用传递对象。如果函数不应该修改对象，可通过 const 引用传递，如前面的例子所示。有关引用和 const 的详细信息，请参阅第 1 章。

注意：
应避免通过指针传递，因为相对按引用传递，按指针传递相对过时，相当于倒退到 C 语言了，很少适合于 C++(除非在设计中传递 nullptr 有特殊意义)。

2. 按值返回还是按引用返回

可以通过从函数中按引用方式返回对象，以避免对象发生不必要的复制。但有时不可能通过引用返回对象，例如编写重载的 operator+和其他类似运算符时。永远都不要返回指向局部对象的引用或指针，局部对象会在函数退出时被销毁。

但是，按值返回对象通常很好。这是由于（命名的）返回值优化和移动语义，这两种方法都是按值优化返回对象，它们会在后面的章节讨论。

3. 通过引用捕获异常

如第 14 章“错误处理”所述，应该通过引用捕获异常，以避免分片和额外的复制。抛出异常的性能开销很大，因此任何提升效率的小事情都是有帮助的。

4. 使用移动语义

应该确保你的类支持移动语义，要么编译器生成的移动构造函数和移动赋值运算符，要么自己实现它们。根据“零规则”(见第 9 章)，设计类时，使编译器生成复制和移动构造函数以及复制和移动赋值运算符便足够了。如果编译器不能隐式定义这些类，那么在允许的情况下，可显式将它们设置为 default。如果这行不通，应当自行实现。对象有了移动语义后，许多操作都会更加高效，特别是与标准库容器和算法相结合时。

5. 避免创建临时对象

有些情况下，编译器会创建临时的无名对象。第 9 章介绍过，为一个类编写全局 operator+之后，可对这个类的对象和其他类型的对象进行加法运算，只要其他类型的对象可转换为这个类的对象即可。例如，第 9 章的 SpreadsheetCell 类定义，包含对算术运算符的支持，部分如下：

```
export class SpreadsheetCell
{
    public:
        // Other constructors omitted for brevity.
        SpreadsheetCell(double initialValue);
        // Remainder omitted for brevity.
};

export SpreadsheetCell operator+(const SpreadsheetCell& lhs,
     const SpreadsheetCell& rhs);
```

这个接收 double 值的构造函数允许编写下面这样的代码：

```
SpreadsheetCell myCell { 4 }, aThirdCell;
aThirdCell = myCell + 5.6;
aThirdCell = myCell + 4;
```

第二行通过参数 5.6 创建了一个临时 SpreadsheetCell 对象，然后将 myCell 和临时对象作为参数调用 operator+。把结果保存在 aThirdCell 中。第三行做了同样的事情，只不过 4 必须强制转换为 double 类型，才能调用 SpreadsheetCell 的 double 版构造函数。

这个例子中的重点是：编译器生成了代码，为两个加操作创建了一个额外的无名 SpreadsheetCell 对象。该对象必须调用其构造函数和析构函数进行构造和销毁。如果还感到怀疑，可在构造函数和析构函数中插入 cout 语句，观察输出。

一般情况下，每当代码需要在较大表达式中将一种类型的变量转换为另一种类型时，编译器都会构造临时对象。此规则主要适用于函数调用。例如，假设函数的原型如下：

```
void doSomething(const SpreadsheetCell& s);
```

可这样调用：

```
doSomething(5.56);
```

编译器会使用 double 版构造函数从 5.56 构造一个临时的 SpreadsheetCell 对象，然后把这个对象传入 doSomething()。注意，如果把 const 从 s 参数移除，那么再也不能通过常量调用 doSomething()，而是必须传入变量。

一般来说，应该避免迫使编译器构造临时对象的情况。尽管有时这是不可避免的，但是至少应该意识到这项“特性”的存在，这样才不会为实际性能和分析结果而感到惊讶。

编译器还会使用移动语义使临时对象的效率更高。这是要在类中添加移动语义的另一个原因。详见第 9 章。

6. 返回值优化

通过值返回对象的函数可能导致创建一个临时对象。继续 Person 示例，考虑下面的函数：

```
Person createPerson()
{
   Person newP { "Marc", "Gregoire", 42 };
   return newP;
}
```

假如像这样调用这个函数(假设 Person 类已经实现了 operator<<运算符)：

```
cout << createPerson();
```

即便这个调用没有将 createPerson()的结果保存在任何地方，也必须将结果保存在某个地方，才能传递给 operator<<。为生成这种行为的代码，编译器允许创建一个临时变量，以保存 createPerson()返回的 Person 对象。

即使这个函数的结果没有在任何地方使用，编译器也仍然可能会生成创建临时对象的代码。例如，考虑如下代码：

```
createPerson();
```

编译器可能生成代码，以创建一个临时对象来保存返回值，即使这个返回值没有使用也是如此。

不过，通常不必担心这个问题，因为编译器会在大多数情况下优化掉临时变量，以避免复制和移动。对于 createPerson()示例，这种优化称为 NRVO(Named Return Value Optimization，命名的返回值优化)，原因是返回语句返回命名的变量。如果返回语句的参数是未命名的临时值，该优化称为 RVO(Return Value Optimization，返回值优化)。通常不会为发布版本启用此类优化。NRVO 和 RVO 都省略拷贝，使编译器避免函数返回的对象进行拷贝和移动。这会导致零拷贝的值传递语义。要使 NRVO 生效，返回语句的参数必须是一个本地变量。例如，在下面的代码中，编译器不能执行 NRVO：

```
Person createPerson()
{
   Person person1;
   Person person2;
   return getRandomBool() ? person1 : person2;
}
```

根据 someCondition()的调用结果，将返回 person1 或 person2。因为这不是返回对象的形式，所以 NRVO 不适用，更糟糕的是，这个表达式是一个左值，因此它不会被当作一个右值表达式。这意味着 person1 或 person2 被拷贝。你可能想要修改这个问题，重写如下：

```
return someCondition() ? move(person1) : move(person2);
```

然而，通过这样做，编译器仍然不能应用(N)RVO，实际上强制它使用移动语义。如果对象不支持移动语义，编译器就会退回到拷贝操作。

避免拷贝和移动的推荐方法不是使用 std::move()，而是使用允许 NRVO 的下面代码：

```
if (someCondition()) {
     return person1;
} else {
     return person2;
}
```

如果 NRVO 和 RVO 不可用，将发生复制或移动。如果从函数返回的对象支持移动语义，就将其移出函数，而不是复制。

29.2.2 预分配内存

使用 C++标准库容器(第 18 章“标准库容器”中讨论)的一个重要好处是：它们自动处理内存管理。给容器添加元素时，容器会自动扩展。但有时，这会带来性能问题。例如，std::vector 容器在内存中连续存储元素。如果需要扩展，则需要分配新的内存块，然后将所有元素移动(或复制)到新的内存中。例如，如果在循环中使用 push_back()给 vector 添加数百万个元素，将严重地影响性能。

如果预先知道要在 vector 中添加的元素数量，或大致能够评估出来，就可以在开始添加元素前预分配足够的内存。vector 具有容量(capacity)和大小(size)，容量指不需要重新分配的情况下可添加的元素数量，大小指容器中的实际元素数量。可以预分配内存，使用 reserve()更改容量，使用 resize()重新设置 vector 的大小。详见第 18 章。

29.2.3 使用内联方法和函数

根据第 9 章的描述，内联(inline)方法或函数的代码可以直接插到被调用的地方，从而避免函数调用的开销。一方面，应将所有符合这种优化条件的函数和方法标记为 inline。但不要过度使用该功能，因为它实际上背离了基本设计原则；基本设计原则是将接口与实现分离，这样一来，不需要更改接口即可完善实现。仅考虑为常用的基本类使用该功能。另外记住，程序员的内联请求只是给编译器提供的建议，编译器有权拒绝这些建议。

另一方面，编译器会在优化过程中内联一些适当的函数和方法，即使这些函数没有用 inline 关键字标记，甚至即使这些函数在源文件(而非头文件)中实现也是如此。因此，应该阅读编译器文档，以免浪费大量精力判断哪些函数应该内联。例如，在 Visual C++中，这个特性成为链接时代码生成(LTCG)，并支持跨模块内联。GCC 编译器将其称为链接时间优化(LTO)。

29.3 设计层次的效率

程序中的设计决策对性能的影响比语言细节(例如按引用传递)对性能的影响大多了。例如，如果为应用程序中的基础任务选择了运行时间为 $O(n^2)$的算法，而不是运行时间为 $O(n)$的更简单算法，那么可能执行的操作数是实际需要的操作数的平方。举一个具体例子，某任务使用 $O(n^2)$算法执行 100 万次操作，而使用 $O(n)$算法只执行 1000 次操作。即使这个操作已经在语言层次做了优化，这个程序也需要执行 100 万次操作，而更好的算法只需要执行 1000 次操作，所以这个程序非常低效。应总是仔细选择算法。有关算法设计决策和大 O 表示法，请参阅本书第 II 部分，特别是第 4 章“设计专业的 C++程序”。

除算法选择外，设计层次的效率还包括一些具体的窍门。应尽量使用已有的数据结构和算法，例如 C++标准库、Boost 库或其他库，而不要自己编写它们，因为它们是由专家编写的。这些库一直在使用，当前也在大量使用，因此可以预计，大多数 bug 都已被发现和纠正。还应在设计中融入多线程，以便充分利用计算机的所有处理能力，详情参见第 27 章“C++多线程编程”。本节剩余部分讨论另外两个优化程序的设计技术：缓存和对象池。

29.3.1 尽可能多地缓存

缓存(cache)是指将数据项保存下来供以后使用，从而避免再次获取或重新计算它们。你可能熟悉计算机硬件领域中缓存的使用原理。现代计算机处理器内建了内存缓存，它在访问速度高于主内存的位置保存了最近访问和频繁访问的内存值。大部分被访问的内存位置在很短时间间隔内会访问多次，因此硬件层次的缓存可极大提升计算速度。

软件中的缓存遵循同样的方法。如果任务或计算特别慢，应该确保不会执行不必要的重复计算。第一次执行任务时将结果保存在内存中，使这些结果可用于未来的需求。下面是通常执行缓慢的任务清单。

- **磁盘访问**：在程序中应避免多次打开和读取同一个文件。如果内存可用，并且需要频繁访问这个文件，那么应将文件内容保存在内存中。
- **网络通信**：如果需要经由网络通信，那么程序会受网络负载的影响而行为不定。将网络访问当成文件访问处理，尽可能多地缓存静态信息。
- **数学计算**：如果需要在多个地方使用非常复杂的计算结果，那么执行这种计算一次并共享结果。但是，如果计算不是非常复杂，那么计算可能比从缓存中提取更快。如果需要确定这种情形，可使用分析器。
- **对象分配**：如果程序需要大量创建和使用短期对象，可以考虑使用本章后面讨论的对象池。
- **线程创建**：这个任务也很慢。可将线程“缓存”在线程池中，类似于在对象池中缓存对象。

常见的缓存问题是：保存的数据往往是底层信息的副本。在缓存的生命周期中，原始数据可能发生变化。例如，可能需要缓存配置文件中的值，这样就不必反复读取配置文件。但是，可能允许用户在程序运行时更改配置文件，这会使缓存版本的信息过期。这种情况下，需要“缓存失效”机制：当底层数据发生变化时，必须停止使用缓存的信息，或重新填写缓存。

缓存失效的技术之一是要求管理底层数据的实体通知“程序数据发生了变化”。可通过程序在管理器中注册回调的方式实现这一点。另外，程序还可轮询某些会触发自动重新填充缓存的事件。不论使用哪种具体的缓存失效技术，一定要在程序中使用缓存之前考虑好这些问题。

> **注意：**
> 始终要记住，维护缓存需要编码、内存和处理时间。在这之上，缓存可能是难以查找的bug来源。在分析器清晰地说明该领域是性能瓶颈时，应仅添加该领域的缓存。首先要编写干净、正确的代码，再分析它们，仅优化其中的一部分。

29.3.2 使用对象池

存在不同类型的对象池。本节讨论一种对象池，它一次分配一大块内存，此时，对象池就地创建多个较小对象。可将这些对象分发给客户，在客户完成时重用它们，这样就不必另外调用内存管理器为各个对象分配内存或解除内存分配。

以下对象池实现的亮点(将在基准测试中演示)是针对具有大数据成员的对象。对象池是不是特定用例的正确解决方案只能通过分析代码来判断。

1. 对象池的实现

下面提供对象池的一个类模板的实现，可在程序中使用这个类模板。该实现保留了一个由类型T的对象块组成的vector。此外，它还追踪着包含指向所有空闲对象指针的vector的对象。池通过acquireObject()方法分发对象。如果调用了acquireObject()，但是已经没有空闲对象，那么池将分配另一块对象。acquireObject()方法返回一个shared_ptr。

注意，此实现使用的是vector标准库容器，没有任何同步操作。因此，这个版本不是线程安全的。关于多线程编程的讨论请参见第27章。

下面是类的定义，通过注释讲解了细节部分。类模板对将要存储在池中的类型以及用于分配和释放内存块的分配器类型进行参数化。

```
// Provides an object pool that can be used with any class that provides a
// default constructor.
//
// acquireObject() returns an object from the list of free objects. If
// there are no more free objects, acquireObject() creates a new chunk
// of objects.
// The pool only grows: objects are never removed from the pool, until
// the pool is destroyed.
// acquireObject() returns an std::shared_ptr with a custom deleter that
// automatically puts the object back into the object pool when the
// shared_ptr is destroyed and its reference count reaches 0.
export
template <typename T, typename Allocator = std::allocator<T>>
class ObjectPool
{
    public:
        ObjectPool() = default;
        explicit ObjectPool(const Allocator& allocator);
        virtual ~ObjectPool();

        // Allow move construction and move assignment.
        ObjectPool(ObjectPool&& src) noexcept = default;
        ObjectPool& operator=(ObjectPool&& rhs) noexcept = default;

        // Prevent copy construction and copy assignment.
        ObjectPool(const ObjectPool& src) = delete;
        ObjectPool& operator=(const ObjectPool& rhs) = delete;

        // Reserves and returns an object from the pool. Arguments can be
        // provided which are perfectly forwarded to a constructor of T.
        template<typename... Args>
        std::shared_ptr<T> acquireObject(Args... args);

    private:
        // Contains chunks of memory in which instances of T will be created.
        // For each chunk, the pointer to its first object is stored.
        std::vector<T*> m_pool;
        // Contains pointers to all free instances of T that
        // are available in the pool.
        std::vector<T*> m_freeObjects;
        // The number of T instances that should fit in the first allocated chunk.
        static const size_t ms_initialChunkSize { 5 };
        // The number of T instances that should fit in a newly allocated chunk.
        // This value is doubled after each newly created chunk.
        size_t m_newChunkSize { ms_initialChunkSize };
        // Creates a new block of uninitialized memory, big enough to hold
        // m_newChunkSize instances of T.
        void addChunk();
        // The allocator to use for allocating and deallocating chunks.
        Allocator m_allocator;
};
```

使用这个对象池时，必须确保对象池自身的寿命超出对象池给出的所有对象的寿命。

构造函数很简单，只是将给定的分配器存储在一个数据成员中：

```
template <typename T, typename Allocator>
ObjectPool<T, Allocator>::ObjectPool(const Allocator& allocator)
    : m_allocator { allocator }
{
}
```

分配新块的 addChunk()方法实现如下。addChunk()的第一部分进行新块的实际分配工作。一个“块”只是一个未初始化的内存块，使用分配器分配，并且足够大来保存 T 的 m_newChunkSize 实例。添加对象块，实际上没有构造对象，也就是说，对象的构造函数没有被调用。当实例被分配时，acquireObject()就会完成。addChunk()的第二部分创建指向 T 的新实例的指针。它使用定义在<numeric>中的 iota()算法。要刷新内存，iota()用值填充由它的前两个参数给定的范围。这些值以第 3 个参数的值开始，并对后续的每个值加 1。因为使用的是 T*指针，所以对 T*指针加 1 就会跳到内存块中的下一个 T。最后，m_newChunkSize 的值增加了一倍，因此下一个添加的块大小是当前添加块的两倍。这样做是出于性能原因，并遵循 std::vector 的原则。下面是它的实现：

```
template <typename T, typename Allocator>
void ObjectPool<T, Allocator>::addChunk()
{
    std::cout << "Allocating new chunk..." << std::endl;

    // Allocate a new chunk of uninitialized memory big enough to hold
    // m_newChunkSize instances of T, and add the chunk to the pool.
    auto* firstNewObject { m_allocator.allocate(m_newChunkSize) };
    m_pool.push_back(firstNewObject);

    // Create pointers to each individual object in the new chunk
    // and store them in the list of free objects.
    auto oldFreeObjectsSize { m_freeObjects.size() };
    m_freeObjects.resize(oldFreeObjectsSize + m_newChunkSize);
    std::iota(begin(m_freeObjects) + oldFreeObjectsSize, end(m_freeObjects),
    firstNewObject);

    // Double the chunk size for next time.
    m_newChunkSize *= 2;
}
```

可变参数方法模板 acquireObject()从池中返回一个空闲对象，如果没有更多可用的空闲对象，则分配一个新的块。如前所述，添加一个新块只是分配了一个未初始化的内存块。在内存中正确的位置正确地构造 T 的实例是 acquireObject()的责任。这通过 placement new 运算符完成。传递给 acquireObject()的任何参数都被完美地转发到 T 的构造函数上。最后，T*指针被包装在 shared_ptr 中，并带有一个自定义删除器。这个删除器不会释放任何内存；相反，它使用 std::destroy_at()手动调用析构函数，然后将指针放回可调用对象列表中。

```
template <typename T, typename Allocator>
template <typename... Args>
std::shared_ptr<T> ObjectPool<T, Allocator>::acquireObject(Args... args)
{
    // If there are no free objects, allocate a new chunk.
    if (m_freeObjects.empty()) { addChunk(); }

    // Get a free object.
    T* object { m_freeObjects.back() };
```

```
    // Initialize, i.e. construct, an instance of T in an
    // uninitialized block of memory using placement new, and
    // perfectly forward any provided arguments to the constructor.
    new(object) T { std::forward<Args>(args)... };

    // Remove the object from the list of free objects.
    m_freeObjects.pop_back();

    // Wrap the initialized object and return it.
    return std::shared_ptr<T> { object, [this](T* object) {
        // Destroy object.
        std::destroy_at(object);
        // Put the object back in the list of free objects.
        m_freeObjects.push_back(object);
    } };
}
```

最后，池的析构函数必须使用给定的分配器来释放任何已分配的内存：

```
template <typename T, typename Allocator>
ObjectPool<T, Allocator>::~ObjectPool()
{
    // Note: this implementation assumes that all objects handed out by this
    // pool have been returned to the pool before the pool is destroyed.
    // The following statement asserts if that is not the case.
    assert(m_freeObjects.size() ==
    ms_initialChunkSize * (std::pow(2, m_pool.size()) - 1));

    // Deallocate all allocated memory.
    size_t chunkSize { ms_initialChunkSize };
    for (auto* chunk : m_pool) {
        m_allocator.deallocate(chunk, chunkSize);
        chunkSize *= 2;
    }
    m_pool.clear();
}
```

2. 使用对象池

考虑这样一个应用程序，它使用大量具有大的数据成员的短期对象，因此分配的代价很高。假设有个 ExpensiveObject 的类，定义如下所示：

```
class ExpensiveObject
{
    public:
        ExpensiveObject() { /* ... */ }
        virtual ~ExpensiveObject() = default;
        // Methods to populate the object with specific information.
        // Methods to retrieve the object data.
        // (not shown)
    private:
        // An expensive data member.
        array<double, 4 * 1024 * 1024> m_data;
        // Other data members (not shown)
};
```

不是在程序的生命周期中创建和删除大量此类对象，而是可以使用前面开发的对象池。可以使用 chrono 库(参见第 22 章“日期和时间工具”)对池进行基准测试，如下所示：

```
using MyPool = ObjectPool<ExpensiveObject>;

shared_ptr<ExpensiveObject> getExpensiveObject(MyPool& pool)
{
    // Obtain an ExpensiveObject object from the pool.
    auto object { pool.acquireObject() };
    // Populate the object. (not shown)
    return object;
}

void processExpensiveObject(ExpensiveObject* object) { /* ... */ }

int main()
{
    const size_t NumberOfIterations { 500'000 };

    cout << "Starting loop using pool..." << endl;
    MyPool requestPool;
    auto start1 { chrono::steady_clock::now() };
    for (size_t i { 0 }; i < NumberOfIterations; ++i) {
        auto object { getExpensiveObject(requestPool) };
        processExpensiveObject(object.get());
    }
    auto end1 { chrono::steady_clock::now() };
    auto diff1 { end1 - start1 };
    cout << format("{}ms\n", chrono::duration<double, milli>(diff1).count());


    cout << "Starting loop using new/delete..." << endl;
    auto start2 { chrono::steady_clock::now() };
    for (size_t i { 0 }; i < NumberOfIterations; ++i) {
        auto object { new ExpensiveObject{} };
        processExpensiveObject(object);
        delete object; object = nullptr;
    }
    auto end2 { chrono::steady_clock::now() };
    auto diff2 { end2 - start2 };
    cout << format("{}ms\n", chrono::duration<double, milli>(diff2).count());
}
```

main()函数包含一个池性能的小型基准测试。它在循环中请求 500 000 个对象，并乘以所需的时间。执行两次循环，一次使用我们的池，一次使用标准的 new/delete 运算符。在测试机器上的代码发布版本的结果如下：

```
Starting loop using pool...
Allocating new chunk...
54.526ms
Starting loop using new/delete...
9463.2393ms
```

在本例中，使用对象池大约要快 170 倍。但是请记住，这个对象池是为处理具有大数据成员的对象而定制。示例中使用的 ExpensiveObject 类就是这种情况，它包含一个 4MB 数组作为其数据成员之一。

29.4 剖析

最好在设计和编码时考虑效率问题，如果根据常识或基于经验的直观感觉，可避免编写明显低效的程序，就不应编写它们。但在设计和编码阶段也不要过于关注效率。最好一开始就建立清晰、结构良好的设计和实现方案，再使用分析器，仅优化分析器标记为“性能瓶颈”的部分。第 4 章介绍了“90/10”法则：大部分程序中 90%的运行时间都在执行 10%的代码。这意味着可能优化了 90%的代码，但程序运行时间只改进了 10%。显然，需要优化典型负载下程序中运行最多的部分。

因此，需要剖析程序，判断哪些部分的代码需要优化。有很多可用的剖析工具，可在程序运行时进行分析，并生成性能数据。大部分剖析工具都提供函数级别的分析功能，可分析程序中每个函数的运行时间(或占总执行时间的百分比)。在程序上运行剖析工具后，通常可立即判断出程序中的哪些部分需要优化。优化前后的剖析也有助于证明优化是否有效。

如果使用的是 Microsoft Visual C++ 2019，就有了一个强大的内建剖析器，详见本章后面的讨论。如果未使用 Visual C++，Microsoft 提供了 Community 版本(visualstudio.microsoft.com)，可供学生、开源开发人员和个人开发人员免费使用，以创建免费和付费的应用程序。对于人数不超 5 人的小公司，它也是免费的。另一个很好的剖析工具是来自 IBM 的 Rational PurifyPlus(www.almtoolbox.com/purify.php)。还有一些免费的较小剖析工具：Very Sleepy(www.codersnotes.com/sleepy)和 Luke Stackwalker(lukestackwalker.sourceforge.net)是 Windows 上流行的剖析器，Valgrind(valgrind.org)和 gprof(GNU profiler,source.org/binutils/doc/gprof)是 UNIX/Linux 系统上著名的剖析器，此外还有许多其他选择。本节演示两个剖析器：Linux 的 gprof，和 Visual C++ 2019 附带的剖析器。

29.4.1 使用 gprof 的剖析示例

最好通过一个真实的编码示例来展示剖析的强大功能。声明一下，初次尝试中的性能 bug 并不微妙。真正的效率问题可能更复杂，但一个足够长的能演示这些问题的程序对于本书来说过于冗长了。

假设你在美国社会安全局工作。美国社会安全局每年都会发布一个网站，让用户查询前一年新生儿名字的流行度。你的工作是编写一个后台程序，供用户查找名字。输入是一个包含所有新生儿名字的文件。显然，这个文件包含重复的名字。例如，在 2003 年男孩的名字文件中，Jacob 是最流行的，出现了 29 195 次。这个后台程序必须读取文件，构建一个内存数据库。用户可能请求使用给定名字的婴儿的绝对数量，或请求这个名字在所有婴儿中的使用排名。

1. 最初的设计尝试

这个后台程序的逻辑设计包含 NameDB 类，这个类包含以下公有方法：

```
export class NameDB
{
    public:
        // Reads list of baby names in nameFile to populate the database.
        // Throws invalid_argument if nameFile cannot be opened or read.
        NameDB(std::string_view nameFile);

        // Returns the rank of the name (1st, 2nd, etc).
        // Returns -1 if the name is not found.
        int getNameRank(std::string_view name) const;

        // Returns the number of babies with a given name.
        // Returns -1 if the name is not found.
```

```
        int getAbsoluteNumber(std::string_view name) const;

        // Private members not shown yet ...
};
```

困难的部分是选择合适的数据结构用于内存数据库。第一次尝试是使用包含名字/计数对的vector。vector中的每个条目保存一个名字，以及这个名字出现在原始数据文件中的次数。下面是使用这种设计的类的完整定义：

```
export class NameDB
{
    public:
        NameDB(std::string_view nameFile);
        int getNameRank(std::string_view name) const;
        int getAbsoluteNumber(std::string_view name) const;
    private:
        std::vector<std::pair<std::string, int>> m_names;

        // Helper methods
        bool nameExists(std::string_view name) const;
        void incrementNameCount(std::string_view name);
        void addNewName(std::string_view name);
};
```

注意这里使用了第18章讨论的标准库 vector 和 pair 类。pair 是一个实用工具类，它将两种不同类型的值组合在一起。

下面是构造函数和辅助方法 nameExists()、incrementNameCount()和 addNewName()的实现。nameExists()和 incrementNameCount()中的循环遍历 vector 中的所有元素。

```
// Reads the names from the file and populates the database.
// The database is a vector of name/count pairs, storing the
// number of times each name shows up in the raw data.
NameDB::NameDB(string_view nameFile)
{
    // Open the file and check for errors.
    ifstream inputFile { nameFile.data() };
    if (!inputFile) {
        throw invalid_argument { "Unable to open file" };
    }

    // Read the names one at a time.
    string name;
    while (inputFile >> name) {
        // Look up the name in the database so far.
        if (nameExists(name)) {
            // If the name exists in the database, just increment the count.
            incrementNameCount(name);
        } else {
            // If the name doesn't yet exist, add it with a count of 1.
            addNewName(name);
        }
    }
}

// Returns true if the name exists in the database, false otherwise.
```

```
bool NameDB::nameExists(string_view name) const
{
    // Iterate through the vector of names looking for the name.
    for (auto& entry : m_names) {
        if (entry.first == name) {
            return true;
        }
    }
    return false;
}

// Precondition: name exists in the vector of names.
// Postcondition: the count associated with name is incremented.
void NameDB::incrementNameCount(string_view name)
{
    for (auto& entry : m_names) {
        if (entry.first == name) {
            ++entry.second;
            return;
        }
    }
}

// Adds a new name to the database.
void NameDB::addNewName(string_view name)
{
    m_names.push_back(make_pair(name.data(), 1));
}
```

请注意，可使用诸如find_if()的算法来完成nameExists()和incrementNameCount()中的循环要完成的工作。这里显式地展示了循环以强调性能问题。

精明的读者可能已经注意到一些性能问题。如果有成千上万个名字怎么办？填充数据库时的大量线性搜索可能会拖慢速度。

为完成这个例子，下面给出两个公有方法的实现：

```
// Returns the rank of the name.
// First looks up the name to obtain the number of babies with that name.
// Then iterates through all the names, counting all the names with a higher
// count than the specified name. Returns that count as the rank.
int NameDB::getNameRank(string_view name) const
{
    // Make use of the getAbsoluteNumber() method.
    int num { getAbsoluteNumber(name) };

    // Check if we found the name.
    if (num == -1) {
        return -1;
    }

    // Now count all the names in the vector that have a
    // count higher than this one. If no name has a higher count,
    // this name is rank number 1. Every name with a higher count
    // decreases the rank of this name by 1.
    int rank { 1 };
    for (auto& entry : m_names) {
```

```
            if (entry.second > num) {
                ++rank;
            }
        }
        return rank;
    }

    // Returns the count associated with the given name.
    int NameDB::getAbsoluteNumber(string_view name) const
    {
        for (auto& entry : m_names) {
            if (entry.first == name) {
                return entry.second;
            }
        }
        return -1;
    }
```

2. 对初次设计尝试的剖析

为测试程序，需要 main()函数：

```
import name_db;
import <iostream>;
using namespace std;

int main()
{
    NameDB boys { "boys_long.txt" };
    cout << boys.getNameRank("Daniel") << endl;
    cout << boys.getNameRank("Jacob") << endl;
    cout << boys.getNameRank("William") << endl;
}
```

main()函数创建一个名为 boys 的 NameDB 数据库，要求这个数据库通过文件 boys_long.txt 填充自身，这个文件包含 500 500 个名字。

gprof 的使用有 3 个步骤：

(1) 在编译了 name_db 模块之后，应该用一个特殊标志编译程序，使它在运行程序时记录原始的执行信息。使用 GCC 作为编译器时，这个标志是-pg，例如：

```
> gcc -lstdc++ -std=c++2a -pg -fmodules-ts -o namedb NameDB.cpp NameDBTest.cpp
```

注意：

目前，GCC 还没有对 C++20 module 的标准支持，只有通过 modules-ts。一旦 GCC 完全支持 module，请检查它的文档来学习如何编译和使用 module。

另外，现在，必须指定-std=c++2a 来启用 C++20 特性。将来会变成-std=c++20，而-fmodules-ts 可能会变成-fmodules。检查文档。

(2) 接下来运行程序。这次运行应该在工作目录下生成 gmon.out 文件。运行程序时要有耐心，因为第一个版本的程序非常慢。

(3) 最后一步是运行 gprof 命令来分析 gmon.out 剖析信息，并生成一份(大致)可读的报告。gprof 输出至标准输出，因此需要将输出重定向到一个文件：

```
> gprof namedb gmon.out > gprof_analysis.out
```

现在，可分析数据。遗憾的是，输出文件有些晦涩难懂。需要花一些时间来学习如何解释它。gprof 提供了两组独立信息。第一组信息总结了执行程序中的每个函数所花费的时间。第二组信息更实用，总结了每个函数及其后代执行所用的时间，这组信息也称为调用图。下面是一些来自 gprof_analysis.out 文件的输出，输出已经过编辑，以方便阅读。请注意在不同的计算机上，数字会有所不同。

```
index   %time    self   children    called      name
[1]     100.0    0.00    14.06                  main [1]
                 0.00    14.00       1/1        NameDB::NameDB [2]
                 0.00     0.04       3/3        NameDB::getNameRank [25]
                 0.00     0.01       1/1         NameDB::~NameDB [28]
```

以下列表解释了上述各列。

- **index**：通过这个索引可在调用图中检索这一条目。
- **%time**：这个函数及其后代执行时间占程序总执行时间的百分比。
- **self**：函数本身执行的秒数。
- **children**：这个函数后代执行的秒数。
- **called**：这个函数调用的频率。
- **name**：函数的名称。如果函数名后跟一个放在方括号中的数字，那么这个数字表示调用图中的另一个索引。

上面的输出片段说明，main()及其后代的执行时间占程序总执行时间的 100%，共 14.06 秒。第二行显示，NameDB 构造函数消耗了这 14.06 秒中的 14.00 秒。因此可立即清楚地看出性能问题的出现位置。继续追查构造函数的哪一部分消耗了这么长时间，需要跳到调用图中索引为 2 的位置，因为这是最后一列中名字后面方括号中的索引。在某测试系统上，索引为 2 的调用如下所示：

```
[2] 99.6    0.00   14.00        1              NameDB::NameDB [2]
            1.20    6.14  500500/500500        NameDB::nameExists [3]
            1.24    5.24  499500/499500        NameDB::incrementNameCount [4]
            0.00    0.18    1000/1000          NameDB::addNewName [19]
            0.00    0.00       1/1             vector::vector [69]
```

NameDB::NameDB 下面的嵌套项表明了哪些后代消耗了最多的时间。在这里可看到，nameExists()花了 6.14 秒，incrementNameCount()花了 5.24 秒。请记住，这些时间是这些函数调用的时间总和。这些行的第 4 列显示了函数调用次数(nameExists()是 500 500 次，incrementNameCount()是 499 500 次)。没有其他函数会消耗这么长时间。

如果不进一步分析，你可能立即想到两件事：

(1) 花 14 秒时间向数据库填入约 500 000 个名字是很慢的。也许需要一种更好的数据结构。

(2) nameExists()和 incrementNameCount()几乎消耗相同的时间，调用次数也几乎相同。如果思考一下应用程序的领域，这应该是合理的：文本文件输入中的大部分名字都是重复的，因此大部分 nameExists()调用的后面都跟了一次 incrementNameCount()调用。如果再看一下代码，会发现这两个函数的代码几乎一致，应该可合并。此外，它们主要完成的事情是搜索 vector。最好使用一种排好序的数据结构以缩短搜索时间。

3. 第二次尝试

根据 gprof 输出观察到的情况，下面对这个程序重新设计。新的设计使用 map 替代 vector。第 18 章提到，标准库 map 保持项的顺序，提供 $O(\log n)$查找时间而不是 vector 的 $O(n)$查找时间。还可使用 std::unordered_map，它提供了 $O(1)$查找时间，再使用剖析器确定对于这个应用程序，它是否比 std::map 快。这留给读者作为练习。

这个新版本的程序还将 nameExists()和 incrementNameCount()合并为 nameExistsAndIncrement()。

下面是新的类定义：

```
export class NameDB
{
    public:
        NameDB(std::string_view nameFile);
        int getNameRank(std::string_view name) const;
        int getAbsoluteNumber(std::string_view name) const;
    private:
        std::map<std::string, int> m_names;
        bool nameExistsAndIncrement(std::string_view name);
        void addNewName(std::string_view name);
};
```

下面是新的方法实现：

```
// Reads the names from the file and populates the database.
// The database is a map associating names with their frequency.
NameDB::NameDB(string_view nameFile)
{
    // Open the file and check for errors.
    ifstream inputFile { nameFile.data() };
    if (!inputFile) {
        throw invalid_argument { "Unable to open file" };
    }

    // Read the names one at a time.
    string name;
    while (inputFile >> name) {
        // Look up the name in the database so far.
        if (!nameExistsAndIncrement(name)) {
            // If the name exists in the database, the
            // method incremented it, so we just continue.
            // We get here if it didn't exist, in which case
            // we add it with a count of 1.
            addNewName(name);
        }
    }
}

// Returns true if the name exists in the database, false
// otherwise. If it finds it, it increments it.
bool NameDB::nameExistsAndIncrement(string_view name)
{
    // Find the name in the map.
    auto res { m_names.find(name.data()) };
    if (res != end(m_names)) {
        ++res->second;
        return true;
    }
    return false;
}
```

```
// Adds a new name to the database.
void NameDB::addNewName(string_view name)
{
    m_names[name.data()] = 1;
}

int NameDB::getNameRank(string_view name) const
{
    // Implementation omitted, same as before.
}

// Returns the count associated with the given name.
int NameDB::getAbsoluteNumber(string_view name) const
{
    auto res { m_names.find(name.data()) };
    if (res != end(m_names)) {
        return res->second;
    }
    return -1;
}
```

4. 对第二次设计尝试的剖析

按照前面所示的相同步骤，可获取这个新版程序的 gprof 性能数据。这些数据相当令人鼓舞：

```
index %time  self  children    called         name
[1]   100.0  0.00   0.21                      main [1]
             0.02   0.18        1/1           NameDB::NameDB [2]
             0.00   0.01        1/1           NameDB::~NameDB [13]
             0.00   0.00        3/3           NameDB::getNameRank [28]
[2]    95.2  0.02   0.18        1             NameDB::NameDB [2]
             0.02   0.16   500500/500500      NameDB::nameExistsAndIncrement
[3]          0.00   0.00     1000/1000        NameDB::addNewName [24]
             0.00   0.00        1/1           map::map [87]
```

不同计算机上的输出会有所不同。甚至可能在输出中看不到 NameDB 方法的数据。由于第二次尝试的效率很高，导致计时太短，因此在输出中 map 方法的数据可能比 NameDB 方法的数据还要多。

在笔者的测试系统上，main()只需要 0.21 秒，速度提升了 67 倍。这个程序肯定还可做进一步改进。例如，目前构造函数执行一次查询，判断名字是否已经在 map 中，如果不在，则添加至 map。可使用以下单行代码，将这两个操作结合在一起：

```
++m_names[name];
```

如果名字已经在 map 中，该语句会递增 counter。如果还不在 map 中，该语句首先在 map 中添加一项，将给定名称作为该项的键，将值初始化为 0；此后递增值，得到的 counter 为 1。

为实现这个改进，可删除 nameExistsAndIncrement()和 addNewName()方法，按以下方式修改构造函数：

```
NameDB::NameDB(string_view nameFile)
{
    // Open the file and check for errors.
    ifstream inputFile { nameFile.data() };
    if (!inputFile) {
        throw invalid_argument { "Unable to open file" };
    }
```

```
        // Read the names one at a time.
        string name;
        while (inputFile >> name) {
            ++m_names[name];
        }
    }
```

getNewName()方法仍使用循环，遍历 map 中的所有元素。另一项改进是使用另一个数据结构，以避免 getNewName()中的线性迭代，这留给读者作为练习。

29.4.2 使用 Visual C++ 2019 的剖析示例

本节简单讨论 Visual C++ 2019 大多数版本自带的强大剖析器。VC++剖析器有一个完整的图形用户界面。我们没有特别推荐某种剖析器，但最好比较和体验一下 gprof 这种命令行剖析器和 VC++这种基于 GUI 的剖析器分别能提供哪些功能。

要开始在 Visual C++ 2019 中剖析应用程序，首先需要在 Visual Studio 中打开项目。这个例子采用前面那种低效设计尝试的 NameDB 代码。这里不再重复这段代码。在 Visual Studio 中打开这个项目后，单击 Analyze 菜单，然后选择 Performance Profiler，打开一个新的窗口。图 29-1 显示了这个窗口的截图。

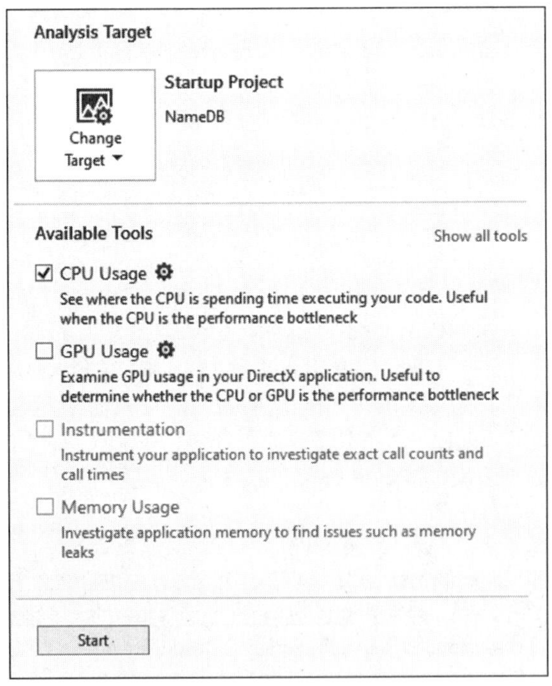

图 29-1 Analysis Target 窗口

根据 VC++版本的不同，有几种不同的剖析方法。下面解释其中的两种。

- **CPU 使用情况：**用较低的开销监测应用程序。这意味着，对应用程序的剖析不会对目标应用程序产生太大的性能影响。
- **Instrumentation：**为能准确计算函数调用的次数并为每个函数调用计时，这种工具会向应用程序添加额外的代码。然而，这种方法对应用程序具有更大的性能影响。推荐使用 CPU 使用率工具，以对应用程序的瓶颈有个初步认识。如果这种工具给不出足够的信息，则尝试 Instrumentation 工具。

对于这个剖析示例，只启用 CPU Usage 工具并单击 Start 按钮。会开始执行程序并剖析它的 CPU 使用情况。当程序执行完成后，Visual Studio 会自动打开剖析报告。图 29-2 显示了在第一次尝试剖析 NameDB 应用程序时这个报告的样子。

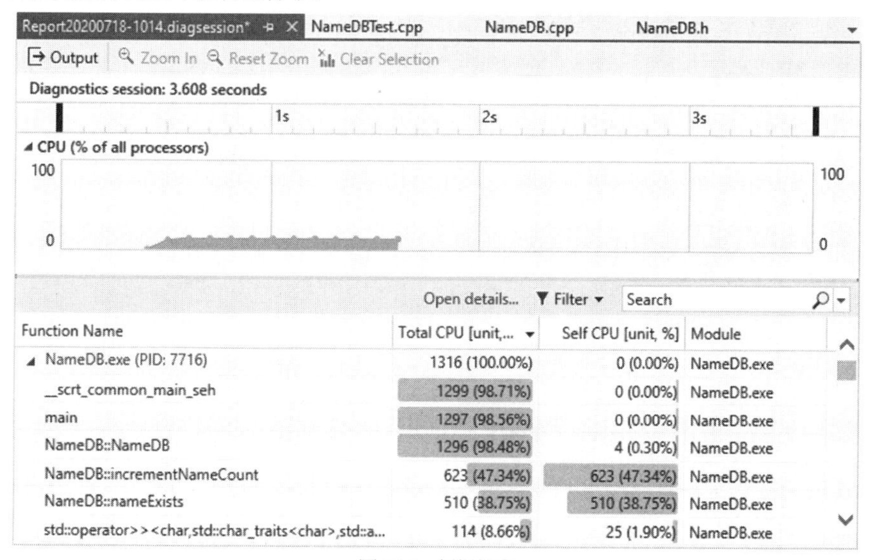

图 29-2　剖析报告

从这份报告中，马上可看到热点路径。就像 gprof 一样，展示了 NameDB 构造函数占据了程序的大量运行时间，incrementNameCount()和 nameExists()都占用几乎相同的时间。Visual Studio 的性能剖析报告是可交互的。例如，可单击 NameDB 构造函数，深入查看这个函数。这会得到这个函数的深入报告，如图 29-3 所示。

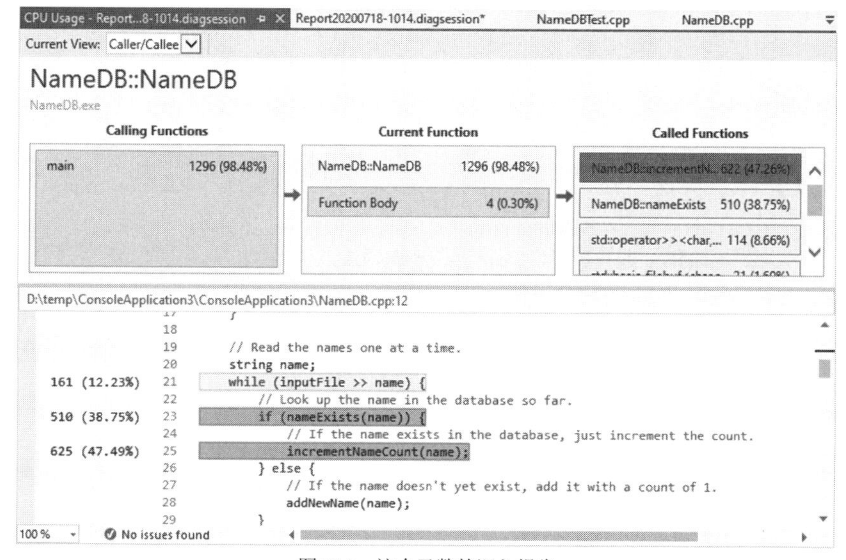

图 29-3　这个函数的深入报告

这份深入报告在顶端展示了图形分解，在底部展示了方法的实际代码。代码视图展示了那一行代码运行时间的百分比。运行时间最长的那行代码用阴影显示(见图 29-3)。

报告的顶部有一个下拉菜单，名为当前视图。从该下拉列表中选择 Call Tree 将显示代码中热路径的另一个视图。在 Call Tree 视图中，单击 Expand Hot Path 按钮，在代码中展开热路径，如图 29-4 所示。

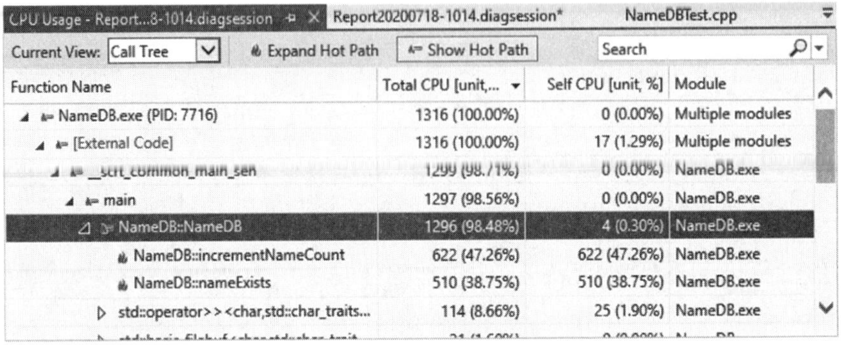

图 29-4　在代码中展开热路径

此外，在这个视图中可立即看到 main()正在调用耗时最长的 NameDB 构造函数。

29.5　本章小结

本章讨论了事关 C++程序效率和性能的关键因素，并提供了一些设计和编写更高效应用程序的技巧和技术。我们希望你认识到性能的重要性和剖析工具的强大功能。

你需要记住两件事：第一是在设计和编码时，不要过于关注性能。建议先构建正确、结构良好的设计和实现方案，再使用剖析器，仅优化剖析器标记为性能瓶颈的部分。

第二是设计层次的效率比语言层次的效率重要得多，例如不要使用复杂度很糟糕的算法或数据结构，而应使用更好的算法或数据结构。

29.6　练习

通过完成下面的习题，可以巩固本章所讨论的知识点。所有习题的答案都可扫描封底二维码下载。然而如果你受困于某个习题，可以在看网站上的答案之前，先重新阅读本章的部分内容，尝试着自己找到答案。

练习 29-1　在下面的代码片段中你可以发现哪些效率问题？

```
class Bar { };

class Foo
{
    public:
        explicit Foo(Bar b) {}
};

Foo getFoo(bool condition, Bar b1, Bar b2)
{
    return condition ? Foo { b1 } : Foo { b2 };
```

```
}

int main()
{
    Bar b1, b2;
    auto foo { getFoo(true, b1, b2) };
}
```

练习 29-2　本章中最需要记住的两件事是什么？

练习 29-3　修改 Profiling 部分的最终 NameDB 解决方案，使用 std::unordered_map 代替 map。分析更改前后的代码，并比较结果。

练习 29-4　从习题 29-3 的剖析结果来看，现在 NameDB 构造函数中的 operator>>似乎是瓶颈。你能修改实现来避免使用 operator>>吗？由于输入文件中的每一行都包含一个名字，也许逐行读取名字会更快？尝试这样修改你的实现，并比较更改前后的剖析结果。

第30章 熟练掌握测试技术

本章内容

- 软件质量控制的含义以及如何跟踪 bug
- 单元测试的含义
- 使用 Visual C++测试框架练习单元测试
- 模糊测试或模糊的含义
- 集成测试、系统测试和回归测试的含义

当程序员意识到测试是软件开发过程的一部分时，就意味着他的职业生涯已经跨过一个重要障碍。bug 并非偶然发生的，每个较大规模的项目中都存在 bug。一支良好的质量控制团队(Quality-Assurance，QA)是十分有价值的，但不能将测试的所有重担都压在 QA 上。程序员既负责编写可运行的代码，也负责测试代码的正确性。

测试分为白盒测试和黑盒测试两种。白盒测试中，测试者了解程序的内部原理；黑盒测试中，在测试程序功能时，不需要了解任何实现细节。在专业级项目中，这两类测试都十分重要。黑盒测试是最基本的方法，它通常建立用户行为的模型。例如，黑盒测试可分析诸如按钮的界面组件。如果测试者单击按钮，却未看到任何变化，则程序中明显存在 bug。

黑盒测试不能包罗一切。现代程序都很庞大，我们无法完全做到：模拟单击所有的按钮，提供每类输入，执行命令的所有组合。白盒测试是必需的，如果知道测试代码是在对象或子系统级别编写的，则更能方便地确保测试涵盖代码中的所有路径。这有助于确保测试范围。与黑盒测试相比，白盒测试更容易编写和自动完成。本章重点介绍白盒测试技巧，因为程序员可在开发期间使用这些技术。

本章首先简要讨论质量控制，包括查看和跟踪 bug 的一些方法。此后介绍单元测试，单元测试是最简单、最有用的测试类型。接着讲述单元测试的理论和实践，列举几个单元测试示例。之后介绍高级测试，包括集成测试、系统测试和回归测试。最后列出确保测试成功的一些提示。

30.1 质量控制

对于大型项目而言，即使到了功能完备的地步，也不能说已经完成。在主要开发阶段以及随后阶段，始终都有需要查找和修复的 bug。只有理解了质量控制以及 bug 的生命周期后，才能达到良好效果。

30.1.1　谁负责测试

软件开发组织具有多种不同的测试方法。在小公司中，可能并没有全职测试产品的团队，测试可能由单个开发人员负责；公司也可能要求所有员工伸出援手，在产品发布前测试产品的可靠性。在大公司中，由全职 QA 人员根据一系列标准对一个版本进行测试，确认是否合格。无论如何，测试的一些方面仍由开发人员负责。即使有些组织不要求开发人员参与正式测试，开发人员也仍需要知道在更大的 QA 过程中自己所扮演的角色。

30.1.2　bug 的生命周期

所有高素质的工程团队都认识到，在软件发布前后都存在 bug。可通过多种不同方式处理这些问题。图 30-1 以流程图的形式显示了正式的 bug 处理过程。在这个具体过程中，bug 总由 QA 团队的成员提出。bug 报告软件将通知发送给开发经理，开发经理设置 bug 的优先级，并将 bug 分派给相应的模块所有者。模块所有者可接收这个 bug，或解释相应的 bug 实际上属于另一个模块或认为这个 bug 是无效的，让开发经理将 bug 分派给其他人。

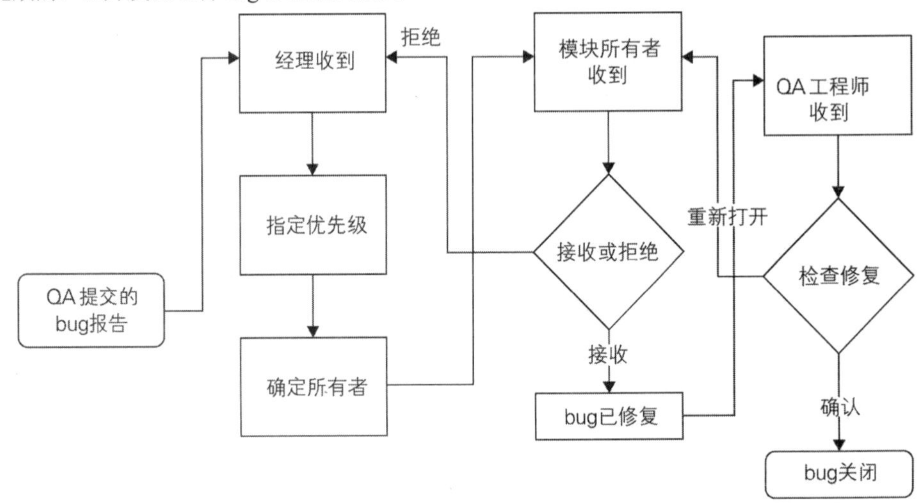

图 30-1　正式的 bug 处理过程

一旦找到bug的正确所有者，就进行修正，开发人员将 bug 标记为“已修复”。此时，QA 工程师如果确认 bug 不再存在，就将 bug 标记为“关闭”；如果 bug 依然存在，则再次打开相应的 bug。

图 30-2 显示了一种较不正规的处理方法。在这个工作流中，任何人都可以提交 bug，并指定初始优先级和模块。模块所有者接收 bug 报告，此后，可根据情况接收，或将其重新指定给另一个工程师或模块。在修复后，将 bug 标记为“已修复”。在测试阶段的末尾，所有开发人员和 QA 工程师会划分已修复的 bug，

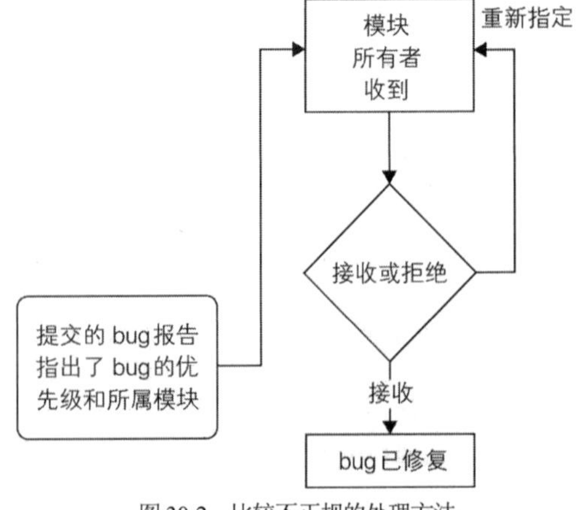

图 30-2　比较不正规的处理方法

确认每个 bug 不再存在于当前版本中。将所有 bug 标记为“关闭”时，就表明版本准备好了。

30.1.3　bug 跟踪工具

可通过多种方式跟踪软件 bug，从非正式的电子表格或电子邮件方案乃至昂贵的第三方 bug 跟踪软件。组织的相应解决方案取决于团队规模、软件的成熟度以及需要的 bug 修复正规程度。

还有很多免费的开源 bug 跟踪解决方案。一个流行的免费工具是 Bugzilla(bugzilla.org)，Bugzilla 由 Mozilla Web 浏览器的作者编写，已经积累了大量有用功能，甚至可与昂贵的 bug 跟踪软件包一决高下。它的功能十分丰富，下面列出其中一些：

- 可定制的 bug 设置，包括优先级、相关组件和状态等。
- 通过电子邮件告知新的 bug 报告，或告知现有报告的变化。
- 跟踪 bug 与重复 bug 的解决之间的依赖性。
- 报告和搜索工具。
- 用于提交和更新 bug 的基于 Web 的界面。

图 30-3 显示了输入 Bugzilla 项目中的 bug。这里，每一章都作为 Bugzilla 组件输入。bug 提交者可指定 bug 的严重程度。可添加汇总和描述信息，以便搜索 bug，或以报告格式将其列出。

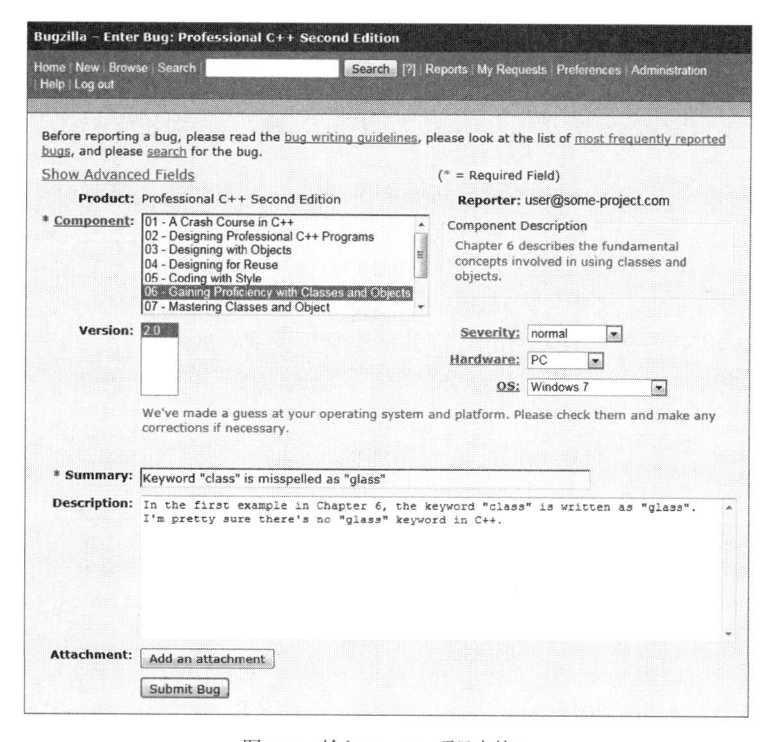

图 30-3　输入 Bugzilla 项目中的 bug

在专业软件开发环境中，诸如 Bugzilla 的 bug 跟踪工具是必备的组件。除了集中列出当前打开的 bug 外，bug 跟踪工具还列出了以前的 bug 以及修复的重要归档信息。例如，支持工程师可使用该工具来查看与客户报告的 bug 类似的问题。如果已经修复，支持人员可告知客户需要将软件更新到哪个版本，以及如何解决问题。

30.2 单元测试

查看 bug 的唯一方式是测试。在开发人员看来，最重要的测试类型是单元测试。单元测试是代码段，对类或子系统执行特定功能。这些是可编写的粒度最细的测试。理想情况下，代码可执行的每个低级任务都应当有对应的一个或多个单元测试。例如，假设正在编写一个执行加法和乘法计算的数学库。单元测试套件应当包含以下测试：

- 测试单个加法运算
- 测试大数字的加法运算
- 测试负数的加法运算
- 测试将 0 与一个数字相加
- 测试相加的交换性
- 测试单个乘法运算
- 测试大数字的乘法运算
- 测试负数的乘法运算
- 测试将 0 与一个数字相乘
- 测试相乘的交换性

编写良好的单元测试可从多个方面为你提供保护：

(1) 证实功能确实能够工作。只有通过一些代码来真正使用类，才能大体知道类的行为。

(2) 如果最新引入的更改造成破坏，单元测试可首先发出警告。这种用法称为“回归测试”，将在本章后面进行介绍。

(3) 在开发过程中使用时，将迫使开发人员从头修复问题。如果单元测试失败时无法签入，将不得不立即解决问题。

(4) 单元测试允许在其他代码就绪前尝试自己的代码。首次开始编程时，可以编写整个程序并首次运行该程序。采用这种方法时，专业程序规模过大，因此需要能独立地测试组件。

(5) 最后，单元测试提供了一个使用案例，这也是比较重要的。作为附带作用，单元测试为其他编程人员提供极佳的参考代码。如果一位同事需要使用你的数学库来了解如何执行矩阵乘法，你可以指导他完成适当的测试。

30.2.1 单元测试方法

使用单元测试几乎不会出错，除非未编写或编写不当。通常而言，测试数量越多，覆盖范围越大。覆盖范围越大，就越不可能漏掉 bug，使你在老板或客户面前出丑，尴尬地说：“我从未对其进行测试。”

可通过多种方式最高效地编写单元测试。第 28 章介绍的极限编程要求在编写代码前编写单元测试。首先编写测试以帮助你强化了解组件的要求，并提供可用于确定它何时完成的标准。但是，首先编写测试是一件棘手的事情，要求程序员付出努力。对于一些程序员而言，这不符合他们的编码风格。一种稍宽松的方法是在编码前设计测试，再在后来实现测试。这样，程序员仍必须了解模块的要求，但不必编写代码以使用不存在的类。

在有些团队中，具体子系统的作者不为自己的子系统编写单元测试。想法是这样的：如果为自己的代码编写测试，就可能下意识地回避已知的问题，只涵盖代码运行良好的部分。另外，如果自己刚编写了代码，就找到 bug，有时真让人高兴不起来，因此你可能三心二意。让一个开发人员为另一个开发人员的代码编写单元测试需要付出额外努力，也需要更多协调。不过，如果能完成此类协调，这种方法能提高测试效率。

为确保单元测试真正测试代码的正确部分，另一种方式是尽量增加代码覆盖范围。可以使用诸如 gcov(gcc.gnu.org/onlinedocs/gcc/Gcov.html)的代码覆盖工具来了解单元测试调用的代码的百分比。只有测试完一段代码所有可能的代码路径后，才能说这段代码经过了合理测试。

30.2.2　单元测试过程

为代码提供单元测试的过程从一开始就启动了，远在编写任何代码之前。在设计阶段考虑单元可测试性会影响软件设计决策。即使在编写代码前未确定编写单元测试的方法，至少也要在设计阶段花时间考虑一下要提供哪些类型的测试。这样，可将任务分解为良好定义的块，每个块都有自己的测试验证标准。例如，如果任务是编写数据库访问类，那么可以首先编写将数据插入数据库的功能。在使用单元测试套件对其进行全面测试后，可接着编写代码来支持更新、删除和选择，一边编写代码，一边测试每个片段。

下面的步骤是设计和实现单元测试的推荐方法。与任何编程方法一样，能产生最佳结果的过程就是最好的过程。建议尝试不同的单元测试使用方法，确定哪一个最合适。

1. 定义测试的粒度

编写单元测试需要耗费时间，这是无法回避的。软件开发人员的时间通常很紧。为赶在最终期限前完工，开发人员倾向于忽略编写单元测试，以便提高速度。遗憾的是，此时他们并未考虑全局。从长远看，忽略单元测试会引火烧身。在软件开发过程中，越早检测到 bug，成本越低。如果开发人员在单元测试期间找到 bug，则可以立即修复，这样其他任何人都不会再遇到这个 bug。但是，如果 bug 是由 QA 发现的，那么修复 bug 的代价更高。为处理 bug，需要额外的开发周期，需要进行 bug 管理，必须回头找开发团队进行修复，还要重新提供给 QA 来确认修复。如果在 QA 过程中漏掉一个 bug，在客户使用软件时这个 bug 依然存在，那么修复成本就更高了。

测试粒度指的是范围。如表 30-1 所示，使用单元测试时，起初只需要用几个测试函数来测试数据库，然后逐渐添加更多测试，确保一切如期工作。

表 30-1　测试粒度

大粒度测试	中等粒度测试	细粒度测试
testConnection()	testConnectionDropped()	testConnectionThroughHTTP()
testInsert()	testInsertBadData()	testConnectionLocal()
testUpdate()	testInsertStrings()	testConnectionErrorBadHost()
testDelete()	testInsertIntegers()	testConnectionErrorServerBusy()
testSelect()	testUpdateStrings()	testInsertWideCharacters()
	testUpdateIntegers()	testInsertLargeData()
	testDeleteNonexistentRow()	testInsertMalformed()
	testSelectComplicated()	testUpdateWideCharacters()
	testSelectMalformed()	testUpdateLargeData()
		testUpdateMalformed()
		testDeleteWithoutPermissions()
		testDeleteThenUpdate()
		testSelectNested()
		testSelectWideCharacters()
		testSelectLargeData()

可以看到，第 2 列比第 1 列更具体，第 3 列比第 2 列更具体。从大粒度测试到细粒度测试的移动过程中，开始考虑错误条件、不同的输入数据集以及操作模式。

当然，选择测试粒度时所做的初始决策并非一成不变。编写的数据库类可能只是概念验证，甚至不会用到。现在，很少有几个简单测试就能满足需要，始终可在后来不断增加。或者，用例可能在后来发生变化。例如，起初编写数据库类时，并未考虑国际字符。一旦添加此类功能，就应当用具体的目标单元测试进行测试。

将单元测试视为功能的实际实现的一部分。执行修改时，不要只是修改测试以使其继续工作。编写新测试，并对已有的进行重新评估。在发现和修复 bug 时，添加新的专门测试这些修复的单元测试。

注意：
单元测试是正在测试的子系统的一部分。在增强和完善子系统期间，同时增强和完善测试。

2. 构思单个测试

随着经验的积累，将可直观地感受到应将代码的哪些部分转换为单元测试。某些方法或输入看上去应当被测试。通过尝试，以及通过查看同组其他人编写的单元测试，可获得这种直觉。很容易就能看出哪位程序员是最好的单元测试人员。他们的测试编排有序，而且时常修改。

在通过直觉创建单元测试前，可构思要编写哪些测试，为此考虑以下问题：

(1) 编写的这段代码有什么作用？
(2) 通常采用什么方式调用每个方法？
(3) 调用者可能破坏方法的哪些前置条件？
(4) 可能以哪些方式误用每个方法？
(5) 预计将哪类数据作为输入？
(6) 预计不使用哪类数据作为输入？
(7) 什么是边缘情形或例外情形？

不必写入上述问题的正式答案(除非经理是本书或某些测试方法的狂热爱好者)，但思索这些问题有助于催生一些单元测试想法。数据库类的测试表包含测试函数，每个测试函数都是从这些问题推导而来的。

构思出要使用的一些测试后，考虑如何将它们组织成类别，即对测试进行分解。在数据库类示例中，可将测试分为以下几个类别：

- 基本测试
- 错误测试
- 本地化测试
- 错误输入测试
- 复杂的测试

将测试分为多个类别后，将更容易识别和完善。更容易确定代码的哪些部分经过良好测试，哪些部分还需要更多的单元测试。

警告：
编写大量简单的测试是很容易的，但不要忘记更复杂的情形！

3. 创建示例数据和结果

在编写单元测试时，最常掉进的陷阱是将测试与代码行为匹配，而非使用测试来验证代码。如果编写的单元测试用于在数据库中选择一段数据，则测试是失败的，这是代码的问题还是测试的问题？有人经常假设代码是正确的，并修改测试进行匹配。这种方法通常是错误的。

为避开这个陷阱，应当在尝试前理解测试的输入以及预期输出。但说易行难。例如，假设编写一些代码，使用具体密钥来加密任意的文本块。合理的单元测试将接收固定的文本字符串，并将其传递给加密模块。此后将分析结果，看一下加密过程是否正确。

编写这样的单元测试时，有人倾向于先用加密模块尝试行为，然后查看结果。如果看似合理，就编写测试来查看相应的值。这么做什么也证明不了，因为并未真正测试代码，所编写的测试只是确认代码会返回相同的值。编写测试通常需要做些实事，需要独立于加密模块来加密文本，这样才能获得精确结果。

> **警告：**
> 运行测试前，就要确定测试的正确输出。

4. 编写测试

测试的后台代码是不同的，具体取决于测试框架类型。本章后面讨论 Microsoft Visual C++测试框架。不管实际实现是什么，下列指导原则有助于确保测试的有效性：

- 确保每次测试只测试一点。这样，如果测试失败，将指向特定的功能片段。
- 测试中要力求具体。测试失败的原因是抛出了异常，还是返回了错误值？
- 在测试代码中广泛使用日志记录。如果有一天测试失败，必须分析发生了什么事情。
- 避免使测试依赖于更早的测试，避免使多个测试交错在一起。测试要尽量做到原子化和独立。
- 如果测试需要使用其他子系统，考虑编写这些子系统的存根或 mock 来模拟这些子系统。存根或 mock 实现与它 mock 的子系统相同的接口。它们可以用来代替任何具体的子系统实现。例如，如果单元测试需要一个数据库，但该数据库不是单元测试所测试的子系统，那么存根或 mock 可以实现数据库接口，并模拟真实的数据库。这样，运行单元测试不需要连接到实际数据库，并且实际数据库实现中的错误不会对这个特定的单元测试产生任何影响。
- 邀请代码审查者分析单元测试。在审查代码时，如果认为某处需要添加额外测试，则告诉其他工程师。

在本章后面将看到，单元测试通常很小，是简单的代码片段。大多数情况下，编写一个单元测试只需要几分钟的时间，效率极高。

5. 运行测试

编写完测试时，应当立即运行，以免生成的结果多得难以承受。看到屏幕上充满表明单元测试通过的内容，真令人感到欣慰。对于大多数程序员而言，可通过这些信息来确认代码是有用的、是正确的。

即使采用在编写代码前编写测试的方法，也应当在编写测试后立即运行一遍。这样，可自行确认测试在开始时是否会失败。一旦代码就绪，就有了实际数据，表示可以按预期完成工作。

并不能保证编写的每个测试都能在第一次就得到预期结果。从理论上讲，如果在编写代码前编写测试，所有测试都会失败。如果其中一个测试通过，要么是代码魔幻般地出现了，要么是测试存在问题。如果代码完成了，而测试失败了，将有两个可能：代码出错了，或测试出错了。

单元测试必须自动运行。可通过多种方式做到这一点。其中一种方式是使用专用系统，在每个连续集成构建后自动运行所有单元测试，或每晚至少运行一次。在单元测试失败时，此类系统必须发送电子邮件来通知开发人员。另一种方式是设置本地开发环境，每次编译代码时执行单元测试。为此，单元测试必须足够小、足够有效。如果单元测试运行时间较长，则应当将它们独立出来，由专用的测试系统进行测试。

30.2.3　实际中的单元测试

上面介绍了单元测试的理论知识，下面将真正编写一些测试。下例将继续使用第 29 章实现的对象池。简单回顾一下，对象池是一个类，可用于避免过多的对象创建操作。通过跟踪已经创建的对象，对象池可在需要某类对象的代码与已经分配的对象之间担当代理角色。

ObjectPool 类的接口如下所示，可参阅第 29 章以了解详情。

```
export
template <typename T, typename Allocator = std::allocator<T>>
class ObjectPool
{
    public:
        ObjectPool() = default;
        explicit ObjectPool(const Allocator& allocator);
        virtual ~ObjectPool();

        // Allow move construction and move assignment.
        ObjectPool(ObjectPool&& src) noexcept = default;
        ObjectPool& operator=(ObjectPool&& rhs) noexcept = default;

        // Prevent copy construction and copy assignment.
        ObjectPool(const ObjectPool& src) = delete;
        ObjectPool& operator=(const ObjectPool& rhs) = delete;

        // Reserves and returns an object from the pool. Arguments can be
        // provided which are perfectly forwarded to a constructor of T.
        template <typename... Args>
        std::shared_ptr<T> acquireObject(Args... args);
};
```

1. Visual C++测试框架简介

Visual C++内置了一个测试框架。使用单元测试框架的好处在于允许开发人员专注于编写测试，不需要耗费精力去设置测试、构建测试逻辑以及收集结果。下面针对 Visual C++ 2019 展开讨论。

注意：

除了 Visual C++，还有很多开源的单元测试框架可供使用。Google Test(https://github.com/google/googletest)和 Boost Test Library(http://www.boost.org/doc/libs/1_73_1/libs/test/)便是可用于 C++的框架。它们都包括对测试开发人员有用的很多实用工具，也包括用于控制结果的自动输出的选项。

开始使用 Visual C++测试框架时，必须创建一个测试项目。下面的步骤解释了如何测试 ObjectPool 类：

(1) 启动 Visual C++，创建一个新的项目，选择 Native Unit Test Project，单击 Next 按钮。

(2) 为项目指定名称后单击 Create 按钮。

(3) 向导将创建一个新的测试项目，其中包含名为<ProjectName>.cpp 的文件。在 Solution Explorer 中选择该文件并删除它，因为你要添加自己的文件。如果 Solution Explorer 停靠窗口不可见，请转到 View | Solution Explorer。

(4) 在 Solution Explorer 中右击项目并单击 Properties 按钮。进入 Configuration Properties | C/C++ | Precompiled Headers，将 Precompiled Header 选项设置为 Not Using Precompiled Headers，然后单击 OK 按钮。另外，在 Solution Explorer 中选择 pch.cpp 和 pch.h 文件并删除它们。使用预编译头文件是 Visual

C++改进构建时间的一个特性，但是这个测试项目没有使用它。

(5) 将名为 ObjectPoolTest.h 和 ObjectPoolTest.cpp 的空文件添加到测试项目中。

现在就可以开始给代码添加单元测试。

最常见的做法是将单元测试分为多个逻辑测试组，称为测试类(test class)。你将创建一个名为 ObjectPoolTest 的测试类。ObjectPoolTest.h 的基本代码起初如下所示：

```
#pragma once
#include <CppUnitTest.h>

TEST_CLASS(ObjectPoolTest)
{
   public:
};
```

上面的代码定义了测试类 ObjectPoolTest，但语法与标准 C++稍有不同，目的是使测试框架可自动发现所有测试。

如果在运行测试类中定义的测试前执行一些任务，或在运行测试后执行清理，那么可以实现如下加粗显示的初始化方法和清理方法：

```
TEST_CLASS(ObjectPoolTest)
{
   public:
      TEST_CLASS_INITIALIZE(setUp);
      TEST_CLASS_CLEANUP(tearDown);
};
```

由于 ObjectPool 的测试相对简单和独立，因此 setUp()和 tearDown()的空定义便足以满足需要；甚至可将它们完全删除。如果确实需要它们，ObjectPoolTest.cpp 源文件在开始阶段应如下所示：

```
#include "ObjectPoolTest.h"

void ObjectPoolTest::setUp() { }
void ObjectPoolTest::tearDown() { }
```

这是开始开发单元测试时需要的所有初始代码。

> **注意：**
> 在实际场景中，通常将要测试的代码和测试代码放在不同项目中。为保持简洁起见，这里没有这么做。

2. 编写第一个测试

这可能是你第一次接触 Visual C++测试框架或单元测试，因此第一个测试将非常简单。它测试 $0 < 1$ 的正确性。

单元测试只是测试类的一个方法。要创建一个简单测试，只需要将其声明添加到 ObjectPoolTest.h 文件中。

```
TEST_CLASS(ObjectPoolTest)
{
   public:
      TEST_CLASS_INITIALIZE(setUp);
      TEST_CLASS_CLEANUP(tearDown);
```

```
        TEST_METHOD(testSimple);  // Your first test!
};
```

这个测试的实现使用了 Assert::IsTrue()，Assert::IsTrue()在 Microsoft::VisualStudio::CppUnitTestFramework 名称空间中定义，可执行实际测试。Assert::IsTrue()验证给定的表达式是否返回 true。如果表达式返回 false，则测试失败。Assert 提供了更多的辅助函数，如 AreEqual()、IsNull()、Fail()、ExpectException 等。这里，测试生成 0 小于 1。下面是更新后的 ObjectPoolTest.cpp 文件：

```
#include "ObjectPoolTest.h"

using namespace Microsoft::VisualStudio::CppUnitTestFramework;

void ObjectPoolTest::setUp() { }
void ObjectPoolTest::tearDown() { }

void ObjectPoolTest::testSimple()
{
    Assert::IsTrue(0 < 1);
}
```

这就是全部。当然，大多数单元测试所做的工作都比这更有趣，不会只是一个简单的断言。你将看到，常见模式是执行一些计算，然后断言结果就是预期的值。使用 Visual C++测试框架，甚至不需要考虑异常情况，该框架会根据需要捕获和报告异常。

3. 构建和运行测试

要构建解决方案，可单击 Build | Build Solution，打开 Test Explorer(Test | Windows | Test Explorer)，如图 30-4 所示。

构建解决方案后，Test Explorer 将自动显示所有已发现的单元测试。这里，它显示 testSimple 单元测试。要运行测试，可单击窗口左上角的 Run All 链接。此后，Test Explorer 显示单元测试是否成功。此处的单个单元测试成功了，如图 30-5 所示。

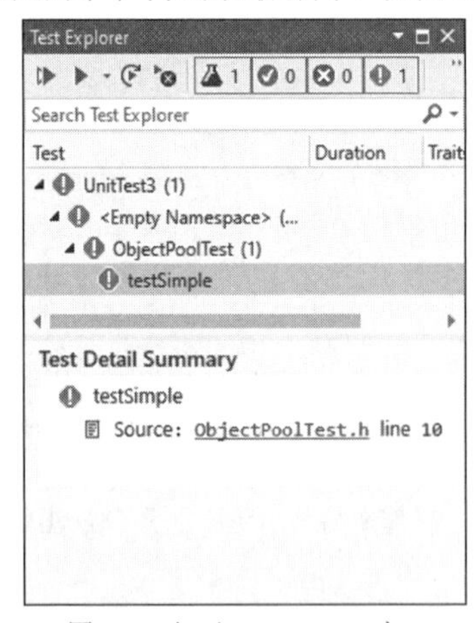

图 30-4 打开 Test Explorer 窗口

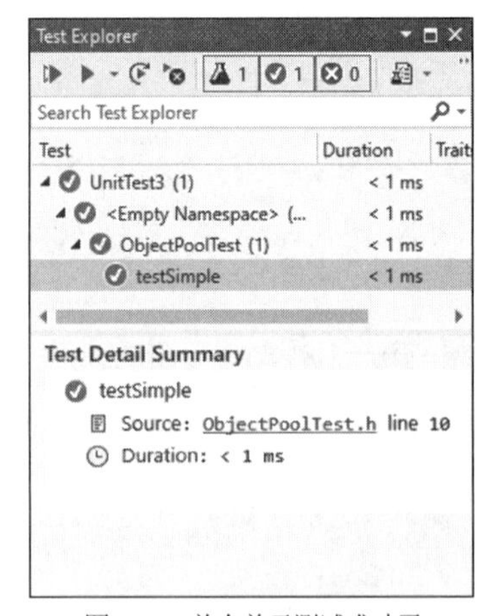

图 30-5 单个单元测试成功了

如果修改代码，将断言改成 1 < 0，测试将失败，Test Explorer 会报告这次失败，如图 30-6 所示。

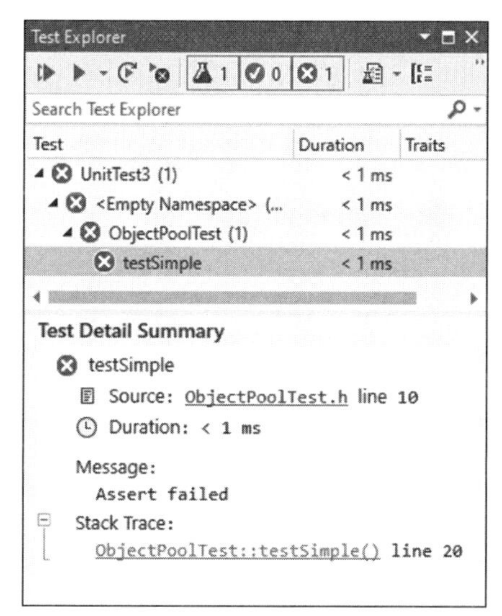

图 30-6 报告测试失败

Test Explorer 窗口的下半部分显示与所选单元测试相关的有用信息。如果单元测试失败，它会准确指出失败之处。在本例中，它指出断言失败了。在出现失败时，还捕获栈跟踪。可以单击栈跟踪中的超链接，直接跳转到出问题的行，这对调试而言十分有用。

4. 负面测试

可以编写负面测试(negative test)，即应当失败的测试。例如，可编写一个负面测试来测试某个方法抛出了预期的异常。Visual C++测试框架提供了 Assert::ExpectException()函数来处理预期的异常。例如，以下单元测试使用 ExpectException()执行一个 lambda 表达式，抛出 std::invalid_argument 异常。ExpectException()的模板类型参数指定了预期异常的类型。

```
void ObjectPoolTest::testException()
{
    Assert::ExpectException<std::invalid_argument>(
        []{throw std::invalid_argument("Error"); },
        L"Unknown exception caught.");
}
```

5. 添加真正的测试

上面设置了框架，并完成一个简单测试，现在分析 ObjectPool 类，并编写一些代码对其进行实际测试。下面的所有测试都将添加到 ObjectPoolTest.h 和 ObjectPoolTest.cpp，与前面的初始测试一样。

首先复制创建的 ObjectPoolTest.h 文件旁的 ObjectPool.cppm 模块接口文件，然后将其添加到项目中。

在编写测试前，需要一个与 ObjectPool 一起使用的辅助类。ObjectPool 创建某种类型的对象，并在接收到请求时将它们提供给调用者。一些测试需要检查目前检索到的对象与前面检索到的对象是否相同。为此，一种方法是创建一个串行对象池(即对象有一个单调递增的序列号)。下面的代码显示了用于定义这样一个类的 Serial.cppm 模块接口文件：

```
module;
#include <cstddef> // For size_t
```

```
export module serial;

export class Serial
{
    public:
        // A new object gets a next serial number.
        Serial() : m_serialNumber { ms_nextSerial++ } { }
        size_t getSerialNumber() const { return m_serialNumber; }
    private:
        static inline size_t ms_nextSerial { 0 }; // The first serial number is 0.
        size_t m_serialNumber;
};
```

此时进入测试环节！作为初始的完好性检查(sanity check)，可能需要一个创建对象池的测试。如果在创建期间抛出任何异常，Visual C++测试框架将报告错误。代码根据 AAA 原则编写：安排(Arrange)、行动(Act)、断言(Assert)；测试为了可以运行设置一切，然后执行一些工作，最后断言预期结果。这也通常称为 if-when-then 原则。建议在单元测试中添加注释，这些注释实际上以 IF、WHEN 和 THEN 开头，这样测试的 3 个阶段就很明显。

```
void ObjectPoolTest::testCreation()
{
    // IF nothing

    // WHEN creating an ObjectPool
    ObjectPool<Serial> myPool;

    // THEN no exception is thrown
}
```

切记在头文件中添加 TEST_METHOD(testCreation);语句。所有后续测试同样如此。还需要给 ObjectPoolTest.cpp 源文件添加 object_pool 和 serial 模块的导入声明。

```
import object_pool;
import serial;
```

第二个测试 testAcquire()用于测试特定的一段公共功能：ObjectPool 提供对象的能力。此时，需要断言的内容不多。为证实得到的 Serial 引用的有效性，测试断言序列号大于或等于 0：

```
void ObjectPoolTest::testAcquire()
{
    // IF an ObjectPool has been created for Serial objects
    ObjectPool<Serial> myPool;
    // WHEN acquiring an object
    auto serial { myPool.acquireObject() };
    // THEN we get a valid Serial object
    Assert::IsTrue(serial->getSerialNumber() >= 0);
}
```

下一个测试更有趣。ObjectPool 不应该将同一个 Serial 对象提供两次。该测试通过从对象池中检索对象编号，检查 ObjectPool 的独有性。把检索到的对象存储在一个 vector 中，确保在每个循环迭代后，不会自动释放到对象池中。如果对象池合理分发唯一对象，则它们的序列号都不应当重复。该实现使用标准库的 vector 和 set 容器；如果不熟悉这些容器，可参见第 18 章“标准库容器”。代码需要<memory>、<vector>和<set>。

```
void ObjectPoolTest::testExclusivity()
{
    // IF an ObjectPool has been created for Serial objects
    ObjectPool<Serial> myPool;
    // WHEN acquiring several objects from the pool
    const size_t numberOfObjectsToRetrieve { 10 };
    vector<shared_ptr<Serial>> retrievedSerials;
    set<size_t> seenSerialNumbers;

    for (size_t i { 0 }; i < numberOfObjectsToRetrieve; i++) {
        auto nextSerial { myPool.acquireObject() };

        // Add the retrieved Serial to the vector to keep it 'alive',
        // and add the serial number to the set.
        retrievedSerials.push_back(nextSerial);
        seenSerialNumbers.insert(nextSerial->getSerialNumber());
    }

    // THEN all retrieved serial numbers are different.
    Assert::AreEqual(numberOfObjectsToRetrieve, seenSerialNumbers.size());
}
```

到现在为止，最终的测试检查释放功能。一旦释放一个对象，ObjectPool 就可再次提供该对象。在回收所有已释放的对象前，对象池不应该创建额外对象。

该测试首先从对象池中检索 10 个 Serial 对象，将它们存储在 vector 中以保持活动状态，记录最后检索的 Serial 对象的序列号。一旦 10 个对象全部被检索，将所有对象返回对象池中。

该测试的第二阶段又从对象池中检索 10 个对象，将它们存储在 vector 中以保持活动状态。所有这些检索到的对象必须有一个原始指针，该指针在测试的第一阶段中就已经被看到。这验证对象是否被池正确重用。该实现使用<algorithm>中的 std::sort()算法。

```
void ObjectPoolTest::testRelease()
{
    // IF an ObjectPool has been created for Serial objects
    ObjectPool<Serial> myPool;
    // AND we acquired and released 10 objects from the pool, while
    //    remembering their raw pointers
    const size_t numberOfObjectsToRetrieve { 10 };
    // A vector to remember all raw pointers that have been handed out by the pool.
    vector<Serial*> retrievedSerialPointers;
    vector<shared_ptr<Serial>> retrievedSerials;
    for (size_t i { 0 }; i < numberOfObjectsToRetrieve; i++) {
        auto object { myPool.acquireObject() };
        retrievedSerialPointers.push_back(object.get());
        // Add the retrieved Serial to the vector to keep it 'alive'.
        retrievedSerials.push_back(object);
    }
    // Release all objects back to the pool.
    retrievedSerials.clear();

    // The above loop has created 10 Serial objects, with 10 different
    // addresses, and released all 10 Serial objects back to the pool.
    // WHEN again retrieving 10 objects from the pool, and
    //    remembering their raw pointers.
    vector<Serial*> newlyRetrievedSerialPointers;
```

```
    for (size_t i { 0 }; i < numberOfObjectsToRetrieve; i++) {
        auto object { myPool.acquireObject() };
        newlyRetrievedSerialPointers.push_back(object.get());
        // Add the retrieved Serial to the vector to keep it 'alive'.
        retrievedSerials.push_back(object);
    }
    // Release all objects back to the pool.
    retrievedSerials.clear();

    // THEN all addresses of the 10 newly acquired objects must have been
    //    seen already during the first loop of acquiring 10 objects.
    //    This makes sure objects are properly re-used by the pool.
    sort(begin(retrievedSerialPointers), end(retrievedSerialPointers));
    sort(begin(newlyRetrievedSerialPointers), end(newlyRetrievedSerialPointers));
    Assert::IsTrue(retrievedSerialPointers == newlyRetrievedSerialPointers);
}
```

如果添加所有这些测试并运行它们，Test Explorer 将如图 30-7 所示。当然，如果一个或多个测试失败，将不得不面对单元测试中的典型问题：是测试存在问题，还是代码存在问题？

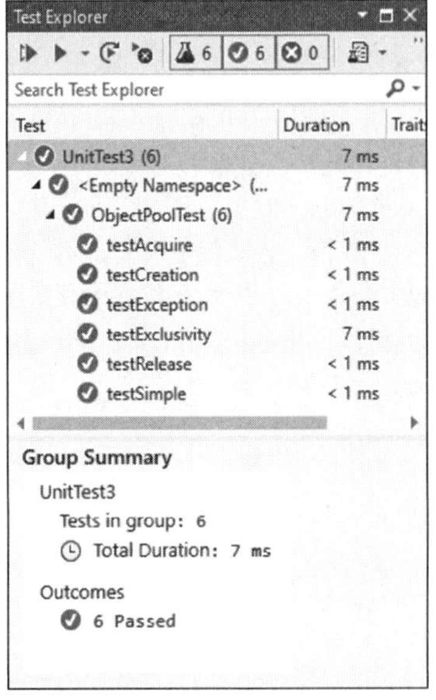

图 30-7　Test Explorer 窗口

6. 对测试进行调试

Visual C++测试框架允许方便地对失败的单元测试进行调试。Test Explorer 显示在单元测试失败时捕获的栈跟踪，并包含超链接，超链接直接指向存在问题的代码行。

但有时，有必要直接在调试器中运行单元测试，以便在运行时检测变量，一行一行地单步调试代码。为此，在单元测试的一些代码行中设置断点。然后在 Test Explore 中右击单元测试，单击 Debug 按钮。测试框架开始在调试器中运行所选的测试，在断点处中断。此后，可以根据自己的需要单步调试代码。

7. 更多的单元测试

利用刚才介绍的测试，你将很好地理解如何开始为实际代码编写专业级测试代码。不过，这只是冰山一角。上面的示例有助于思考应当为 ObjectPool 模板编写的其他测试。

例如，可以向 ObjectPool 添加一个 capacity()方法，该方法返回已经分发的对象数量和仍然可用的对象数量总和，而无序分配新的内存块。这类似于 vector 中的 capacity()方法，该方法返回不需要重新分配就可以存储在 vector 中的元素的总数。一旦拥有这个方法，可以引入一个测试，验证池的元素数量是否总是比前一次池增长时增长了两倍。

对于给定的代码片段，可编写的单元测试数量是没有穷尽的，这是单元测试的亮点。如果自己正在思考代码如何响应某种情形，那就是单元测试。如果子系统的特定方面似乎存在问题，则扩大特定领域的单元测试范围。即使只是想站在客户的角度分析类的工作情况，编写单元测试也是获得不同视角的极佳方式。

30.3　模糊测试

模糊测试，也称为 fuzzing，设计一个模糊器，模糊器可以自动生成程序或组件的随机输入数据，试图找到未处理的边缘情况。通常会提供一个配方，该配方指定如何构造输入数据，以便将其用作程序的输入。如果向程序提供了结构明显错误的输入，它的数据解析器很可能会立即拒绝。模糊器的工作就是试图生成没有明显结构错误的输入数据，这样就不会被程序立刻拒绝，它会在程序执行过程中进一步触发一些错误的逻辑。由于模糊器生成的是随机输入数据，它需要大量的资源来覆盖整个输入空间。一种选择是在云端运行这种模糊测试场景。有几个库可用于实现模糊测试，例如 libFuzzer(llvm.org/docs/LibFuzzer.html)和 honggfuzz(github.com/google/honggfuzz)。

30.4　高级测试

单元测试是抵御 bug 的第一道防线，是更大的测试过程的一部分。高级测试并非像单元测试那样关注较小焦点，而是重点关注产品的各个部分如何协同工作。在某种程度上，高级测试更难编写，因为更难确定需要编写哪些测试。只有在确认各个组件可一起工作后，才能生成程序是可工作的。

30.4.1　集成测试

集成测试的范围是组件结合区域。单元测试通常在单个类的级别上进行，而集成测试通常涉及两个类或更多类。集成测试擅长测试两个组件(往往由两个不同的编程人员所写)之间的交互。事实上，在编写集成测试期间，经常能发现设计中的重要不兼容之处。

1. 集成测试示例

并不存在有关应当编写哪些集成测试的硬性规则，这里将列举一些示例，这些示例有助于了解使用集成测试的时机。以下场景描述适于使用集成测试的情形，但并未涵盖每种可能的情形。与单元测试一样，随着练习时间的增加，直觉会告诉你哪些集成测试是有用的。

基于 JSON 的文件串行化器

假设项目包含一个持久化层，用于将某种类型的对象保存到磁盘中，并从磁盘读回对象。要序列化数据，常用方式是使用 JSON 格式来串行化数据；因此，添加一个位于文件 API 上的 JSON 转换层是一种合理的组件分解方式。可对这些组件进行彻底的单元测试。JSON 层可拥有单元测试，以确认可将不同类型的对象正确地转换为 JSON，并从 JSON 进行填充。文件 API 可拥有以下测试：从磁盘读取文件，将数据写入磁盘文件，以及更新和删除磁盘上的文件。

当这些模块开始共同工作时，集成测试将是适合的。至少要有一个集成测试，它通过JSON层将对象保存到磁盘，之后将对象读回，并与原对象进行比较。由于同时涵盖两个模块，因此它是一个基本的集成测试。

共享资源的读取和写入操作

假设程序包含一种由不同组件共享的数据结构。例如，股票交易程序可有购买和销售请求队列。与接收股票交易请求相关的组件可将订单添加到队列中，与执行股票交易相关的组件可从队列中删除订单。可针对队列类执行单元测试，但只有用使用队列类的实际组件对队列类进行测试后，才能确认一些假设是否有误。

良好的集成测试是将股票请求组件和股票交易组件用作队列类的客户端。可以编写一些示例订单，通过客户端组件确认它们可以成功地进入和离开队列。

与第三方库打包

集成测试未必总针对自己代码的集成点。有时会编写集成测试，以测试代码与第三方库之间的交互。例如，可能使用一个数据库连接库，与关系数据库系统进行交互。也可能围绕这个库构建一个面向对象的包装器，它附加支持连接缓存，或提供一个更友好的界面。这是一个需要测试的重要集成点，尽管包装器提供了更有用的数据库接口，但它也可能误用原始库。

换句话说，编写正确的包装器是一件好事，但编写引入bug的包装器只会招致灾难。

2. 集成测试方法

在实际编写集成测试时，集成测试和单元测试之间往往有一条明显的界线。如果修改单元测试，使其接触另一个组件，会瞬间变成集成测试吗？在某种意义上，答案是悬而未决的，原因在于，良好的测试就是良好的测试，与属于哪类测试无关。建议将集成测试和单元测试视为两种测试方法，没必要给每个单独测试贴上明确的分类标签。

在实现方面，集成测试经常使用单元测试框架编写，这使两种测试方法之间的界限变得更模糊。事实证明，单元测试框架允许更方便地编写“是/否”测试，并能提供有用的结果。从框架的角度看，无论测试是查看单个功能单元，还是查看两个组件的交互，都几乎没有什么区别。

但出于性能和编排原因，可能需要将单元测试与集成测试区分开来。例如，组织可能要求每个人必须在签入新代码前运行集成测试，但对运行无关的单元测试的要求则较为宽松。将这两类测试分开也将使结果变得更有价值。如果测试在JSON类测试中失败，则能明确推断bug存在于相应的类中，而非存在于类和文件API的交互中。

30.4.2 系统测试

系统测试在高于集成测试的级别操作。系统测试通盘分析程序。系统测试中会有虚拟用户，用来模拟使用程序的人。当然，必须为虚拟用户提供执行操作的脚本。其他系统测试依赖于脚本或一组固定的输入，也依赖于预期的输出。

与单元测试和集成测试类似，系统测试执行具体的测试，并预期具体的结果。经常使用系统测试来确保不同功能可结合在一起工作。

从理论上讲，完全经过系统测试的程序包含每项功能的每个测试。这种方法很快就会变得笨重不堪，但仍需要努力测试多项功能的组合。例如，图形程序的系统测试导入图像，旋转图像，应用模糊滤镜，转换为黑白图像，然后保存图像。系统测试会将保存的图像与包含预期结果的文件进行比较。

令人遗憾的是，关于系统测试的具体规则很少，因为系统测试高度依赖于实际应用程序。如果应用程序处理文件时不存在用户交互，那么系统测试的编写与单元测试和集成测试十分类似。对于图形程序而言，虚拟用户方式是最合适的。对于服务器应用程序而言，可能需要构建存根客户端来模拟网络流量。重点在于，实际测试的是程序的实际使用情况，而非程序某部分的实际使用情况。

30.4.3 回归测试

回归测试更多是测试概念而非具体测试类型。具体想法是：一旦一个功能可以工作，开发人员就倾向于将它放在一边，并假设它将继续工作。遗憾的是，新功能和其他代码更改通常会悄无声息地破坏以前可以正常工作的功能。

回归测试常用于功能的完好性检查，这些功能在一定程度上是完整的、可工作的。如果一项更改破坏了功能，编写得当的回归测试会阻止其通过。

如果公司安排了一支 QA 测试团队，回归测试可能采用手动测试形式。测试者扮演用户，经历一系列步骤，逐步测试在前一个版本中可以工作的每项功能。如果认真执行，这种方法是彻底的、准确的，但扩展性不是很好。

另一个极端是，也可构建一个完全自动化的系统，以虚拟用户的身份执行每项功能。此时，编写脚本是一项挑战，不过，可借助几款商业软件包和非商业软件包为各类应用程序较方便地编写脚本。

冒烟测试(smoke testing)位于这两个极端之间。有些测试只测试应当可工作的最重要功能的一个子集。具体想法是：如果某个功能受损，会立即表现出来。如果冒烟测试通过，其后应当执行多个严格的手动测试或自动化测试。“冒烟测试”术语由来已久，首先用于电子行业。在构建包含真空管、电阻器等不同元件的电路后，问题是“连线是否正确？”解决方案是“连接在一起后，通电，看一下是否会冒烟。”如果冒烟，则表明设计或连线有误。通过查看哪处冒烟了，可以确定错误。

一些 bug 简直是梦魇，它们不仅可怕，还经常发生。复发的 bug 令人感到沮丧，未能利用工程资源。即使由于某些原因，决定不编写一套回归测试，也应当针对修复的 bug 编写几个回归测试。

这样一来，可证明 bug 已经修复，可以设置警报，若 bug 返回(即修改被取消或未完成，或两个分支未正确合并到主开发分支)，将触发警报。如果之前已修复 bug 的回归测试失败了，修复也较为容易，因为回归测试可参照以前的 bug 编号，并描述第一次的修复方式。

30.5 用于成功测试的建议

作为一名软件工程师，在测试方面可能负责基本的单元测试，也可能负责完整管理自动化测试系统。测试角色和风格差别很大，下面是根据经验给出的提示，它们会在不同的测试场景提供帮助：

- 花一些时间来设计自动化测试系统。整日运行的系统将能快速检测故障。此类系统会在故障发生时自动给工程师发送电子邮件，或在房间中心位置发出提示音，从而增加问题的可见度。
- 不要忘记压力测试。对于数据库访问类而言，即使一整套单元测试都通过了，但若几十个线程同时使用，也可能无力支持。应当在实际面对的极端条件下测试产品。
- 模拟客户的系统，在不同的平台上进行测试。要在多个操作系统上进行测试，一种方法是使用虚拟环境，这样，可在同一台物理计算机上运行多个不同的操作系统。
- 编写一些测试时，可故意将一些错误注入系统中。例如，可编写一个测试，在读取文件时删除文件，或模拟网络操作期间的网络中断情形。
- bug 和测试密切相关。应当编写回归测试来证实 bug 修复的正确性。测试的注释可指出原始的 bug 编号。

- 不要删除正在失败的测试。如果同事正在费力处理一个 bug，却发现你删除了测试，他会来找你。

最重要的提示是要记住：测试是软件开发的一部分。如果同意这一观点，并在开始编码前接受这一观点，那么当功能开发完毕时，你不至于大惊失色；不过，仍然需要做更多工作来证明它是可以工作的。

30.6 本章小结

本章介绍基本的测试信息，所有专业程序员都需要了解这些信息。确切地讲，单元测试是提高代码质量的最简便有效的方式。更高级的测试覆盖用例、模块之间的同步以及回归保护。无论在测试过程中扮演什么角色，现在都能在各个级别充满信心地设计、创建和审查测试。

前面介绍了如何查找 bug，下面讨论如何修复 bug。因此，第 31 章"熟练掌握调试技术"将介绍有效调试的技术和策略。

30.7 练习

通过完成下面的习题，可以巩固本章所讨论的知识点。所有习题的答案都可扫描封底二维码下载。然而如果你受困于某个习题，可以在看网站上的答案之前，先重新阅读本章的部分内容，尝试自己找到答案。

练习 30-1 测试的 3 种类型是什么？

练习 30-2 列出你能想到的以下代码段的单元测试列表：

```
export class Foo
{
    public:
        // Constructs a Foo. Throws invalid_argument if a >= b.
        Foo(int a, int b) : m_a { a }, m_b { b }
        {
            if (a >= b) {
                throw std::invalid_argument { "a should be less than b." };
            }
        }

        int getA() const { return m_a; }
        int getB() const { return m_b; }
    private:
        int m_a, m_b;
};
```

练习 30-3 如果你正在使用 Visual C++，使用 Visual C++测试框架实现习题 30-2 中列出的单元测试。

练习 30-4 假设你写了一个计算数字阶乘的函数。n 的阶乘写成 n!，是 1 到 n 所有数字的乘积。例如，3!=1 x 2 x 3。你决定遵循本章给出的建议，为你的代码编写单元测试。运行代码来计算 5!，然后编写一个单元测试来验证。当要计算 5 的阶乘时，代码是否生成了计算出的数字。你如何看待这样的单元测试。

第31章 熟练掌握调试技术

本章内容

- 调试的基本定律和 bug 分类学
- 避免 bug 的技巧
- 如何为 bug 做好规划
- 不同的内存错误类型
- 如何通过调试器定位导致 bug 的代码

代码中肯定会有 bug。每个专业程序员都想编写没有 bug 的代码，但现实情况是，几乎没有软件工程师能成功做到这一点。计算机用户都知道，bug 是计算机软件中特有的。你编写的软件可能也不例外。因此，除非打算贿赂同事，让他们修复所有的 bug，否则不知道如何调试 C++代码，就不可能成为专业的 C++程序员。区别富有经验的程序员和新手的很重要因素之一往往是他们的调试技巧。

尽管调试的重要性显而易见，但调试往往在课程和书籍中很少引起足够重视。调试似乎是一类所有人都希望掌握的技能，但没人知道如何讲授这门技能。本章试图提供具体的指导方针和调试技术。

本章首先介绍调试的基本定律和 bug 分类学，之后讲解避免 bug 的技巧。为 bug 做好规划的技术包含错误日志、调试跟踪、断言和崩溃转储。然后讲述出现问题时调试的具体技巧，包括 bug 重现的技术、可重现 bug 的调试、不可重现 bug 的调试、内存错误的调试以及多线程程序的调试。本章最后举一个逐步调试的例子。

31.1 调试的基本定律

调试的第一原则是要对自己诚实，承认自己的程序一定会包含 bug。这种现实的评估可使自己投入最大努力，从一开始就防止 bug 进入程序，同时尽可能包含必要功能，使调试尽可能简单。

> **警告：**
> 调试的基本定律：在编写代码时要注意避免 bug，但要为 bug 的出现制订好规划。

31.2 bug 分类学

计算机程序中的 bug 是指不正确的运行时行为。这种不期望的行为既包含灾难性的 bug，也包含非灾难性的 bug。灾难性 bug 的例子包括程序死亡、数据损坏、操作系统故障或其他一些可怕的结果。灾难性的 bug 还可表现在软件或运行软件的计算机系统之外，例如医疗软件可能包含灾难性的 bug，导致病人接受过量的辐射。非灾难性的 bug 以轻微方式导致程序行为不正确，例如，Web 浏览器可能返回错误的网页，或电子表格程序可能错误地计算一列数据的标准偏差。这些也被称为逻辑错误(cosmetic bug)。

还有一类 bug 称为 cosmetic bug，这类 bug 发生时，有些地方看上去工作不正常，但别的方面工作正常。例如，用户界面上的一个按钮在不该启用时启用了，但单击时什么也不做。所有计算都完全正确，程序不会崩溃，但看起来不如预期那么“好”。

这种 bug 的底层原因或根本原因是程序中的错误导致这种不正确行为。调试程序的过程包括找出错误根源以及修复代码，以免这样的错误再次发生。

31.3 避免 bug

编写完全无 bug 的代码是不可能的，所以调试技巧很重要。然而，通过一些技巧可以帮助减少 bug 的数量。

- **从头到尾阅读本书：**仔细学习 C++语言，尤其是指针和内存管理。然后，将这本书推荐给朋友和同事，让他们也避免 bug。
- **编写代码之前做好设计：**一边编码一边设计容易导致令人费解的设计，这种设计更难理解、更容易出错，也更容易忽略可能的边缘情况和错误条件。
- **审查代码：**在专业软件开发中，请同事审查代码。有时从新视角可发现问题。
- **测试、测试、再测试：**全面测试代码，再让其他人测试代码，他们更可能找到你未想到的问题。
- **编写自动单元测试：**单元测试用于测试独立功能。应给所有已实现的特性编写单元测试。自动运行这些单元测试，作为继续集成配置的一部分，或在每次本地编译后自动运行单元测试。详见第 30 章“熟练掌握测试技术”。
- **预计错误条件，并恰当地处理它们：**特别是处理文件和网络错误时，要预计并处理错误。这些情况是会发生的。详见第 13 章“解密 C++I/O”和第 14 章“错误处理”。
- **使用智能指针避免内存泄漏：**智能指针在不再需要时，会自动释放资源。
- **不要忽略编译警告：**配置编译器，用较高的警告级别来编译。不要盲目地忽略警告。理想情况下，应在编译器中启用一个选项，将警告处理为错误。这将强制解决每个警告。在 GCC 中，可以将-Werror 传给编译器，来将所有警告视为错误。在 Visual C++中，打开项目的属性，进入 Configuration Properties/ C/C++ | General，启用“将警告视为错误”选项。
- **使用静态代码分析：**静态代码分析器会分析源代码，有助于指出代码中的问题。理想情况下，静态代码分析是在集成开发环境(IDE)输入代码时实时完成的，以便及早发现问题。还可以在构建过程中设置自动执行静态代码分析。在互联网上有很多不同的分析工具，包括免费的和商业的。
- **使用良好的编码风格：**尽力提高可读性和简洁性，使用有意义的名称，不要使用简写形式，添加代码注释(不仅仅是接口注释)，使用 override 关键字等，这将便于其他人理解你的代码。

31.4　为 bug 做好规划

程序应该包含一些特性，在不可避免的 bug 出现时能更容易地调试。本节介绍这些特性，并给出示例实现，可在需要时将这些实现融入自己的程序。

31.4.1　错误日志

想象这样的情景：你刚刚发布旗舰产品的新版本，首批用户反馈之一就是这个程序“停止工作”了。你尝试从用户处获得更多信息，最后发现这个程序在操作期间崩溃了。用户不太记得当时在做什么，或是否有任何错误消息。你打算如何解决这个问题？

现在设想同样的情形，但除了从用户获得的有限信息之外，还能检查用户计算机上的错误日志。在日志中，有一条来自程序的错误：“错误：无法打开 config.xml 文件”。查看生成该错误消息的地方附近的代码，发现从文件读取内容的代码行并未检查是否成功打开了文件。这就是产生 bug 的根源！

记录错误日志是将错误消息写入持久存储的过程，这样可在应用程序甚至计算机崩溃时查看错误消息。看过这个示例场景后，你可能仍然怀疑这一策略。如果程序遇到错误，难道程序的行为不能很明显地表现出来吗？如果有错误，难道用户注意不到吗？正如前面的例子所示，用户反馈并不总是准确或完整。此外，还有很多程序，例如操作系统内核和长期运行的后台程序，例如 UNIX 上的 inetd(internet service daemon)和 syslogd，都是没有交互地在计算机上无人值守地运行。这些程序与用户沟通的唯一途径就是错误日志。许多情况下，程序也可能希望自动从某些错误中恢复，并对用户隐藏错误。记录这些错误对改进程序的整体稳定性是很有价值的。

因此，当程序遇到问题时，应该记录错误。这样，如果用户报告 bug，就可以检查计算机上的日志文件，看看程序在遇到 bug 之前是否报告了错误。遗憾的是，错误日志和平台相关：C++不包含标准的日志机制。平台相关的日志机制包括 UNIX 上的 syslog 工具和 Windows 上的事件报告 API。应该查阅开发平台的文档，还有一些开源的跨平台日志框架的实现，下面是两个例子：

- http://log4cpp.sourceforge.net/上的 log4cpp
- http://www.boost.org/上的 Boost.Log

错误日志是要添加到程序的一项卓越特性，你可能希望在代码中每隔几行就记录错误消息，这样在任何 bug 发生时，都能跟踪到正在执行的代码路径。这类错误日志消息被恰当地称为“跟踪”。

然而，基于两个原因，不能将这些跟踪写入错误日志。首先，写入持久存储的速度很慢。即使在异步写日志的系统上，记录如此大量的信息也会降低程序的运行速度。其次，也是最重要的是，放在跟踪中的大部分信息都不适合让最终用户看到。这些信息只会迷惑用户，导致不必要的服务请求。尽管如此，在正确情形下跟踪仍是一项重要的调试技术。

下面是关于程序应该记录的错误类型的具体指导方针：

- 不可恢复的错误，例如无法分配内存或系统调用意外失败。
- 管理员可采取行动的错误，例如内存不足、数据文件格式有误、不能写入磁盘或者网络连接关闭。
- 意外错误，例如没有预计到的代码路径或变量取了意料之外的值。注意，代码应该能“预料”用户会输入非法数据，并正确地处理。意外错误在程序中表现为 bug。
- 潜在的安全漏洞，例如网络连接试图访问未经授权的地址，或太多的网络连接尝试(拒绝服务)。

记录警告或可恢复的错误也是有益的，这允许调查能否避免它们。

此外，大多数日志记录API允许指定日志级别或错误级别、一般错误、警告和信息。可在低于“错误”日志级别的日志级别记录无错误条件。例如，记录应用程序中重要的状态变化，或程序的启动和关闭。也可以考虑允许用户在运行时调整程序的日志级别，这样他们可以自行调整日志量。

31.4.2 调试跟踪

调试复杂问题时，公共的错误消息通常不会包含足够的信息。往往需要完整的跟踪代码路径或bug出现之前变量的值。除了基本信息，在调试跟踪中包含以下信息也会很有帮助：

- 如果是多线程程序，将会包含线程ID。
- 生成跟踪信息的函数名。
- 生成跟踪信息的代码所在源文件的名称。

可通过特殊的调试模式或环形缓冲区将这个跟踪添加到程序中。注意在多线程程序中，必须使跟踪日志是线程安全的。多线程编程参见第27章“C++多线程编程”。

> **注意：**
> 可以用文本格式写入跟踪文件，但这样做时，要留意日志信息过多的情况。不要通过日志文件遗漏智能属性。另一种做法是使用只有自己能读懂的格式写入文件。

1. 调试模式

添加调试跟踪的第一种技术是给程序提供调试模式。在调试模式下，程序将跟踪输出写入到标准错误或文件中，也可能在执行过程中进行额外检查。有几种方法可以向程序添加调试模式。注意，所有这些示例都以文本格式写入跟踪信息。

启动时调试模式

启动时调试模式允许根据一个命令行参数，让应用程序在调试模式或非调试模式下运行。这种方法会在发行版二进制文件中包含调试代码，而且允许在客户现场启用调试模式。但要求用户重新启动程序，才能运行调试模式，这可能会导致无法获得某些bug的有用信息。

下例是一个带有启动时调试模式的简单程序。这个程序没有做任何有用的事情，只是为了演示技术。

所有日志功能都放在Logger类中，这个类有两个静态数据成员：日志文件名和布尔值。其中布尔值表示是否启用日志功能。这个类包含一个静态的公共可变参数模板方法log()。可变参数模板参见第26章“高级模板”。注意，每次调用log()时，都会打开、写入并关闭文件。这可能降低一点性能，但能保证日志记录的正确性，后者是更重要的。

```
class Logger
{
    public:
        static void enableLogging(bool enable) { ms_loggingEnabled = enable; }
        static bool isLoggingEnabled() { return ms_loggingEnabled; }

        template<typename... Args>
        static void log(const Args&... args)
        {
            if (!ms_loggingEnabled) { return; }

            ofstream logfile { ms_debugFilename, ios_base::app };
            if (logfile.fail()) {
                cerr << "Unable to open debug file!" << endl;
                return;
```

```
            }
            // Use a C++17 unary right fold, see Chapter 26.
            ((logfile << args),...);
            logfile << endl;
        }
    private:
        static inline const string ms_debugFilename { "debugfile.out" };
        static inline bool ms_loggingEnabled { false };
};
```

下面的辅助宏用于简化记录日志。它使用了 C++标准定义的__func__，这个预定义的变量包含当前的函数名。

```
#define log(...) Logger::log(__func__, "(): ", __VA_ARGS__)
```

这个宏将代码中对 log()的每次调用都替换为对 Logger::log()方法的调用。这个宏自动将函数名作为第一个参数传递给 Logger::log()方法。例如，假设以如下方式调用这个宏：

```
log("The value is: ", value);
```

log()宏将这一行代码替换为：

```
Logger::log(__func__, "(): ", "The value is: ", value);
```

启动时调试模式需要解析命令行参数，确定是否应启动调试模式。但 C++没有解析命令行参数的标准库功能。这个程序使用简单的 isDebugSet()函数，在所有的命令行参数中检查调试标记，但解析所有命令行参数的函数应更加完善。

```
bool isDebugSet(int argc, char* argv[])
{
   for (int i { 0 }; i < argc; i++) {
      if (strcmp(argv[i], "-d") == 0) {
         return true;
      }
   }
   return false;
}
```

使用一些测试代码试验这个示例中的调试模式，其中定义了两个类 ComplicatedClass 和 UserCommand，这两个类都定义了 operator<<，以将它们的实例写入流，因为 Logger 类使用这个运算符将对象转存到日志文件中。

```
class ComplicatedClass { /* ... */ };
ostream& operator<<(ostream& ostr, const ComplicatedClass& src)
{
   ostr << "ComplicatedClass";
   return ostr;
}

class UserCommand { /* ... */ };
ostream& operator<<(ostream& ostr, const UserCommand& src)
{
   ostr << "UserCommand";
   return ostr;
}
```

下面是带有一些日志调用的测试代码：

```
UserCommand getNextCommand(ComplicatedClass* obj)
{
    UserCommand cmd;
    return cmd;
}

void processUserCommand(UserCommand& cmd)
{
    // Details omitted for brevity.
}

void trickyFunction(ComplicatedClass* obj)
{
    log("given argument: ", *obj);

    for (size_t i { 0 }; i < 100; ++i) {
        UserCommand cmd { getNextCommand(obj) };
        log("retrieved cmd ", i, ": ", cmd);

        try {
            processUserCommand(cmd);
        } catch (const exception& e) {
            log("exception from processUserCommand(): ", e.what());
        }
    }
}

int main(int argc, char* argv[])
{
    Logger::enableLogging(isDebugSet(argc, argv));

    if (Logger::isLoggingEnabled()) {
        // Print the command-line arguments to the trace.
        for (int i { 0 }; i < argc; i++) {
            log("Argument: ", argv[i]);
        }
    }

    ComplicatedClass obj;
    trickyFunction(&obj);

    // Rest of the function not shown.
}
```

运行这个应用程序的方法有两种：

```
> STDebug
> STDebug -d
```

只有在命令行中指定-d 参数，才会激活调试模式。

警告：

在 C++中应该尽可能地避免使用宏，因为宏很难调试。然而，为了达到记录日志的目的，使用简单的宏也是可以的，这种宏可以大大简化日志记录的代码。即使如此，有了 C++20 的 std::source_location 类，可以修改示例来避免使用宏。这是本章末尾中一个练习的主题。

编译期调试模式

可使用预处理器指令 DEBUG_MODE 和#ifdef，选择性地将调试代码编译到程序中，而不是通过命令行参数启用或禁用调试模式。为得到这个程序的调试版本，在编译期应该定义 DEBUG_MODE 符号。编译器应该允许在编译期间定义符号，详情请参阅编译器的文档。例如，GCC 允许通过命令行指定–Dsymbol；Visual C++允许通过 Visual Studio IDE 指定符号，或者通过 Visual C++命令行工具指定/D symbol。Visual C++自动为调试版本定义_DEBUG 符号。但该符号是 Visual C++特有的，因此，本节中的示例使用自定义符号 DEBUG_MODE。

这种方法的优点是，调试代码不会被编译到发行版的二进制文件中，因此不会增加发行版的大小。缺点是在测试或发现 bug 时，无法在客户现场进行调试。

在可下载的源代码包中，有一个示例实现放在 CTDebug.cpp 中。对于这个实现，有一点需要专门指出，即它包含 log()宏的以下定义：

```
#ifdef DEBUG_MODE
   #define log(...) Logger::log(__func__, "(): ", __VA_ARGS__)
#else
   #define log(...)
#endif
```

也就是说，如果未定义 DEBUG_MODE，则会将对 log()的所有调用替换为“空”，即 no-ops。

警告：

在 C++中应为使程序正确执行，有些代码必不可少；切不可将此类代码放入 log()调用中。例如，使用以下代码行就是自找麻烦：

```
log("Result: ", myFunctionCall());
```

若未定义 DEBUG_MODE，预处理器会用 no-ops 替换所有 log()调用，这意味着也会删除对 myFunctionCall()的调用。

运行时调试模式

提供调试模式的最灵活方式是允许运行时启用或禁用调试模式。提供这种特性的一种方法是提供一个动态控制调试模式的异步接口。在 GUI 程序中，这个接口可采取菜单命令的形式。在 CLI(命令行界面)程序中，这个接口可以是一条异步命令，用于对程序进行跨进程调用(例如使用套接字、信号或远程过程调用)。该接口也可采用用户界面中的菜单命令形式。C++没有提供标准方式来执行进程间通信或实现用户接口，因此这里不列举这种技术的例子。

2. 环形缓冲区

调试模式适用于调试可重现问题和运行测试。然而，bug 常出现在程序运行在非调试模式时，而当你或客户启用调试模式时，获得 bug 相关信息为时已晚。这个问题的解决方案之一是在任何时候都启用跟踪。通常只需要最近的跟踪来调试程序，因此只需要保存程序执行过程中任何一点最近的跟踪。提供这种限制的一种方法是小心地使用日志文件循环。

然而，由于性能原因，程序最好不要不停地将这些跟踪写入磁盘，而应将它们保存在内存中。然后，提供一种机制，在需要时将所有跟踪消息转存到标准错误或日志文件。

一种常见方法是使用环形缓冲区(circular buffer)保存固定数目的消息，或在固定大小的内存中保存消息。当缓冲区填满时，重新开始在缓冲区的开头写消息，并改写旧消息。这个循环可无限期重复。下面提供了环形缓冲区的一个实现，并说明如何在程序中使用它。

环形缓冲区接口

下面的 RingBuffer 类提供了一个简单的调试环形缓冲区。客户在构造函数中指定条目的数目，通过 addEntry()方法添加消息。一旦条目数量超过允许的数量，新条目就改写缓冲区中最老的条目。这个缓冲区还提供了一个选项，允许在向缓冲区添加条目时将条目打印出来。客户可在构造函数中指定输出流，也可用 setOutput()方法重置。最后，operator<<将整个缓存区输出到输出流。这个实现使用了可变参数模板方法，可变参数模板参见第 26 章。

```
export class RingBuffer
{
    public:
        // Constructs a ring buffer with space for numEntries.
        // Entries are written to *ostr as they are queued (optional).
        explicit RingBuffer(size_t numEntries = DefaultNumEntries,
            std::ostream* ostr = nullptr);
        virtual ~RingBuffer() = default;

        // Adds an entry to the ring buffer, possibly overwriting the
        // oldest entry in the buffer (if the buffer is full).
        template<typename... Args>
        void addEntry(const Args&... args)
        {
            std::ostringstream os;
            // Use a C++17 unary right fold, see Chapter 26.
            ((os << args), ...);
            addStringEntry(os.str());
        }

        // Streams the buffer entries, separated by newlines, to ostr.
        friend std::ostream& operator<<(std::ostream& ostr, RingBuffer& rb);

        // Streams entries as they are added to the given stream.
        // Specify nullptr to disable this feature.
        // Returns the old output stream.

        std::ostream* setOutput(std::ostream* newOstr);
    private:
        std::vector<std::string> m_entries;
        std::vector<std::string>::iterator m_next;

        std::ostream* m_ostr { nullptr };
        bool m_wrapped { false };

        static const size_t DefaultNumEntries { 500 };

        void addStringEntry(std::string&& entry);
};
```

环形缓冲区的实现

这个环形缓冲区的实现保存固定数目的字符串对象。这肯定不是最高效的解决方案。其他可能的解决方案是为缓冲区提供固定数目字节的内存。然而，如果不是要编写高性能的应用程序，这个实现应该够用了。

对于多线程程序，可在每个跟踪项中添加线程的 ID 和时间戳。当然，在多线程程序中使用之前，必须将环形缓冲区设置为线程安全的。多线程编程参见第 27 章。

实现代码如下：

```
// Initialize the vector to hold exactly numEntries. The vector size
// does not need to change during the lifetime of the object.
// Initialize the other members.
RingBuffer::RingBuffer(size_t numEntries, ostream* ostr)
     : m_entries { numEntries }, m_ostr { ostr }, m_wrapped { false }
{
     if (numEntries == 0) {
          throw invalid_argument { "Number of entries must be > 0." };
     }
     m_next = begin(m_entries);
}

// The addStringEntry algorithm is pretty simple: add the entry to the next
// free spot, then reset m_next to indicate the free spot after
// that. If m_next reaches the end of the vector, it starts over at 0.
//
// The buffer needs to know if the buffer has wrapped or not so
// that it knows whether to print the entries past m_next in operator<<.
void RingBuffer::addStringEntry(string&& entry)
{
     // If there is a valid ostream, write this entry to it.
     if (m_ostr) { *m_ostr << entry << endl; }

     // Move the entry to the next free spot and increment
     // m_next to point to the free spot after that.
     *m_next = move(entry);
     ++m_next;

     // Check if we've reached the end of the buffer. If so, we need to wrap.
     if (m_next == end(m_entries)) {
          m_next = begin(m_entries);
          m_wrapped = true;
     }
}

// Set the output stream.
ostream* RingBuffer::setOutput(ostream* newOstr)
{
     return exchange(m_ostr, newOstr);
}

// operator<< uses an ostream_iterator to "copy" entries directly
// from the vector to the output stream.
//
// operator<< must print the entries in order. If the buffer has wrapped,
// the earliest entry is one past the most recent entry, which is the entry
```

```
// indicated by m_next. So, first print from entry m_next to the end.
//

// Then (even if the buffer hasn't wrapped) print from beginning to m_next-1.
ostream& operator<<(ostream& ostr, RingBuffer& rb)
{
    if (rb.m_wrapped) {
        // If the buffer has wrapped, print the elements from
        // the earliest entry to the end.
        copy(rb.m_next, end(rb.m_entries), ostream_iterator<string>{ ostr, "\n" });
    }

    // Now, print up to the most recent entry.
    // Go up to m_next because the range is not inclusive on the right side.
    copy(begin(rb.m_entries), rb.m_next, ostream_iterator<string>{ ostr, "\n" });

    return ostr;
}
```

使用环形缓冲区

为使用环形缓冲区，可创建它的一个实例，然后开始向其中添加消息。想打印缓冲区时，通过operator<<将缓冲区打印到相应的 ostream。这里将前面的启动时调试模式程序修改为使用环形缓冲区。改动的代码都加粗显示了。ComplicatedClass 和 UserCommand 类的定义，getNextCommand()、processUserCommand()和 trickyFunction()函数没有列出，它们与前面相同：

```
RingBuffer debugBuffer;

#define log(...) debugBuffer.addEntry(__func__, "(): ", __VA_ARGS__)

int main(int argc, char* argv[])
{
    // Log the command-line arguments.
    for (int i { 0 }; i < argc; i++) {
        log("Argument: ", argv[i]);
    }

    ComplicatedClass obj;
    trickyFunction(&obj);

    // Print the current contents of the debug buffer to cout.
    cout << debugBuffer;
}
```

显示环形缓冲区的内容

将跟踪调试信息保存在内存中是一个良好的开端，但为了让这些信息有用，需要有一种方法来访问这些跟踪信息，以便进行调试。

程序应该提供一个“钩子”，表示应该打印信息。这个钩子可类似于运行时用于启用调试的接口。此外，如果程序遇到致命的错误导致退出，应在退出之前将环形缓冲区自动打印至日志文件。

另一种获得这些信息的方法是获得程序的一份内存转储文件。每个平台处理内存转储的方式不同，因此应该咨询相关的平台专家，或查阅相关的书籍。

31.4.3　断言

<cassert>头文件定义了 assert 宏。它接收一个布尔表达式，如果表达式求值为 false，则打印出一条错误消息并终止程序。如果表达式求值为 true，则什么也不做。

> **警告：**
> 一般应该避免任何可终止程序的库函数或宏，但 assert 宏是一个例外。如果触发了一个断言，则表示某个假设错误，或出现了灾难性的、不能恢复的错误，此时，唯一能做的就是终止应用程序，而不是继续运行。

断言可迫使程序在 bug 来源的确切点公开 bug。如果没有在这一点设置断言，那么程序可能会带着错误的值继续执行，因而 bug 可能在后面才显现出来。因此，断言允许尽早检测到 bug。

> **注意：**
> 标准 assert 宏的行为取决于 NDEBUG 预处理符号：如果没有定义该符号，则发生断言，否则忽略断言。编译器通常在编译发布版本时定义这个符号。如果要在发布版本中保留断言，就必须改变编译器的设置，或者编写自己的不受 NDEBUG 值影响的断言。

可在代码中任何需要“假设”变量处于某些状态的地方使用断言。例如，如果调用的库函数应该返回一个指针，并且声称绝对不会返回 nullptr，那么在函数调用之后抛出断言，以确保指针不是 nullptr。

注意，假设应该尽可能少。例如，如果正在编写一个库函数，不要断言参数的合法性。相反，要对参数进行检查，如果参数非法，返回错误代码或抛出异常。

作为规则，断言应只用于真正有问题的情形，因此在开发过程中遇到的断言绝不应忽略。如果在开发过程中遇到一个断言，应修复而不是禁用它。

来看几个关于如何使用 assert()的示例。下面的 process()函数，要求传递给它的 vector 中有 3 个元素：

```
void process(const vector<int>& coordinate)
{
    assert(coordinate.size() == 3);
    // ...
}
```

如果 process()函数中的 vector 有小于或大于 3 个元素，断言会失败，并生成如下类似的信息(确切的消息取决于所使用的编译器)：

```
Assertion failed: coordinate.size() == 3, file D:\test\test.cpp, line 12
```

如果想要一个自定义的错误消息，可以使用以下技巧，使用逗号运算符和一组额外的括号：

```
assert( ("A custom message...", coordinate.size() == 3 ) );
```

输出结果如下所示：

```
Assertion failed: ("A custom message...", coordinate.size() == 3), file D:\test\
test.cpp, line 106
```

如果在代码中，想要一个 assert 总是失败并给出错误消息，可以使用以下技巧：

```
assert(!"This should never happen.");
```

警告：

小心不要把使程序正确执行所需的任何代码放在断言中。例如，下面这行代码可能是自讨苦吃：

```
assert(myFunctionCall() != nullptr);
```

如果代码的发行版剥离了断言，那么对 myFunctionCall()的调用也会被剥离。

31.4.4 崩溃转储

确保程序创建崩溃转储，也称为内存转储、核心转储等。崩溃转储是一个转储文件，会在应用程序崩溃时创建。它包含以下信息：在崩溃时哪个线程正在运行、所有线程的调用栈等。创建这种转储的方式与平台相关，所以应查阅平台的文档，或使用第三方库。Breakpad(https://github.com/google/breakpad/)就是这样一个开源跨平台库，可用来写入和处理崩溃转储。

还要确保建立符号服务器和源代码服务器。符号服务器用于存储软件发布二进制版本的调试符号，这些符号在以后用于解释来自客户的崩溃转储。源代码服务器参见第 28 章“充分利用软件工程方法”，它存储源代码的所有修订。调试崩溃转储时，源代码服务器用于下载正确的源代码，以修订创建崩溃转储的软件。

分析崩溃转储的具体过程取决于平台和编译器，所以应查阅相关的文档。

就个人经验而论，崩溃转储的价值常比一千份 bug 报告更高。

31.5 调试技术

程序的调试可能会令人异常沮丧。然而，如果采用系统化的方法，则简单得多。尝试调试的第一步总是要重现 bug。根据能否重现 bug，后续采取的方法会有所不同。接下来讲解如何重现 bug，如何调试可重现的 bug，如何调试不可重现的 bug，以及如何调试退化。最后详细讲解内存错误和多线程程序的调试。最后几节展示了一个单步调试的示例。

31.5.1 重现 bug

如果可以一致地重现 bug，那么找到问题根源的过程就会简单得多。找到不可重现 bug 的根本原因是很困难的，但不是不可能。

要重现 bug，首先采用与 bug 第一次出现时类似的环境(硬件、操作系统等)和完全相同的输入来运行程序。一定要包含从程序启动时到出现 bug 时的所有输入。尝试重现 bug 的一个常见错误是只执行触发操作。这种技术可能无法重现 bug，因为 bug 可能是由整个操作序列产生的。

例如，如果请求某个网页时 Web 浏览器崩溃了，这可能是由那个特定请求的网络地址引发的内存损坏。另一方面，可能程序将所有请求都记录在一个队列中，这个队列只能容纳一百万个条目，而这个条目是第一百万零一个条目。此时，重新启动程序并发送一个请求肯定不会触发这个 bug。

有时不可能模拟导致这个 bug 的整个事件序列。也许报告这个 bug 的用户忘记自己采取了什么操作。还可能这个程序运行的时间太长，以至于无法模拟每个输入。这种情况下，尽你所能重现 bug。这需要一些猜测，可能非常费时，但此时做出的努力会节省之后调试过程的时间。下面是一些可以尝试的技巧：

- 在正确的环境中重复触发 bug 的操作，输入数量尽可能接近初始报告中的输入数量。
- 快速核查与 bug 相关的代码，也许会发现可能的根源，以指导如何重现该问题。

- 运行自动化测试，演练类似功能。自动化测试的一个好处是重现 bug。如果 bug 出现之前需要执行 24 小时的测试，那么最好让这些测试自己运行，而不是自己花 24 小时的时间等待重现 bug。
- 如果有必要的可用硬件资源，在不同的计算机上并发地运行带有细微变化的测试，这样可以节省时间。
- 运行压力测试，演练类似功能。如果程序是 Web 服务器，在处理某个请求时崩溃了，那么同时运行尽可能多的浏览器并发出这个请求。

能一致地重现 bug 时，应该尝试找出触发 bug 的最小序列。可从仅包含触发操作的最小序列开始，慢慢地扩大序列范围，以覆盖自从启动以来，直到 bug 被触发时的完整序列。这会得到重现 bug 的最简单高效的测试用例，简化寻找导致问题根源的过程，也更容易验证修复的 bug。

31.5.2　调试可重复的 bug

可一致高效地重现 bug 时，应开始在代码中找到导致 bug 的根源。此时的目标是找到触发这个问题的准确代码行。可采用两种不同的策略。

(1) **记录调试消息**：在程序中添加足够的调试消息并观察 bug 重现时的输出，应该能准确定位发生 bug 的那行代码。如果手边有调试器，通常不建议添加调试信息，因为这需要修改程序，而且这个过程可能会耗费时间。不过，如果已经根据前面的描述在程序中放置了调试信息，那么在调试模式下运行程序以重现 bug，也许可找到问题的根源。注意仅启用日志功能，有时 bug 会消失，因为启用日志功能可能会略微改变应用程序的计时。

(2) **使用调试器**：通过调试器可单步跟踪程序的执行，定点观察内存状态和变量的值。调试器往往是寻找 bug 问题根源的必备工具。当有权访问源代码时，可使用符号调试器：这种调试器可利用变量名、类名和代码中的其他符号。为使用符号调试器，必须通知编译器生成调试符号。为了解如何启用符号生成，可查看编译器文档。

本章最后的调试示例演示了这两种策略。

31.5.3　调试不可重现的 bug

修复不可重现的 bug 比修复可重现的 bug 困难得多。通常，能了解到的信息很少，必须进行大量猜测。不过，也有一些有帮助的策略：

(1) **尝试将不可重现的 bug 转换为可重现的 bug**。通过充分的猜测，通常可确定 bug 的大致位置。花一些时间尝试重现 bug。一旦有了可重现的 bug，就可以使用前面描述的技术找到 bug 的根源。

(2) **分析错误日志**。如果程序根据前面的描述带有生成错误日志的功能，那么这一点很容易实现。应该筛查这些信息，因为 bug 出现之前记录的任何错误都有可能会对 bug 本身有贡献。如果幸运(或者程序写得好)，程序会记录手头要处理的 bug 的准确原因。

(3) **获取和分析跟踪**。如果程序带有跟踪输出(例如之前描述的环形缓冲区)，那么这一点很容易实现。在发生 bug 时，可能获得一份跟踪的副本。通过这些跟踪，应该能找到代码中 bug 的正确位置。

(4) **如果有的话，检查崩溃/内存文件**。有些平台会在应用程序异常终止时生成内存转储文件。在 UNIX 和 Linux 上，这些内存转储文件称为核心文件(core file)。每个平台都提供了分析这些内存转储文件的工具。例如，这些工具可用来生成应用程序的栈跟踪信息，或查看应用程序崩溃之前内存中的内容。

(5) **检查代码**。遗憾的是，这往往是检查不可重现 bug 的根源的唯一策略。令人惊讶的是，这种策略往往奏效。检查代码时，甚至是检查自己编写的代码时，如果站在刚才发生的 bug 的视角，通常可以找到之前忽视的错误。不建议花很长时间盯着代码，而手工跟踪代码执行路径往往可以直接找到问题所在。

(6) **使用内存观察工具。**这类工具往往会警告一些未必导致程序行为异常的内存错误，但这些问题可能是手头 bug 的根源。

(7) **提交或更新 bug 报告。**即使不能马上发现 bug 的根源，如果再次遇到问题，bug 报告也会是描述前面做出的尝试的有用记录。

(8) **如果无法找到引起 bug 的根本原因，务必添加额外的日志记录或跟踪。**这样，bug 下次出现时，将有更大的机会找到原因。

一旦找到不可重现 bug 的根源，就应该创建可重现的测试用例，并将其转移至“可重现 bug”类别。重要的是在实际修复 bug 之前重现这个 bug。否则，如何才能测试 bug 是否修复？调试不可重现 bug 的一个常见错误是在代码中修复错误的问题。不能重现 bug，也不知道是否真正修复了这个 bug，因此几个月后当这个 bug 再次出现时，没有什么可惊讶的。

31.5.4 调试退化

如果一个特性包含退化 bug，就表示所使用的特性工作正确，但因为引入了 bug 而停止工作。

检测退化的一种有用的调试技术是查看相关文件的更改日志(change log)。如果知道特性仍能工作的时间，就查看该时间以后的所有更改日志。在这些日志中可能会注意到某些值得怀疑的地方，跟踪它们可能找到错误的根源。

另一种方法可节省调试退化的大量时间，即对软件的旧版本使用二叉树搜索方法，尝试确定软件何时开始出错。如果保留了旧版本的二进制文件，就可以使用它们，或者通过源代码服务器使用旧版本的源代码。一旦知道软件何时开始出错，就查看自那时起的更改日志。这种机制只能在可以重现 bug 的情况下使用。

31.5.5 调试内存问题

最具灾难性的错误(例如应用程序崩溃)都是由内存错误造成的。很多非灾难性的错误也是由内存错误引起的。一些内存 bug 是显而易见的：如果程序试图解除对 nullptr 指针的引用，那么默认的行为是终止程序。然而，几乎每个平台都提供了响应灾难性错误并采取补救措施的功能。在这里投入的工作量取决于这类故障恢复对最终用户的重要性。例如，文本编辑器需要尽最大可能保存修改后的缓冲区(可能使用“恢复”作为名称)，而对于其他程序而言，用户可能会觉得这种默认行为是可以勉强接受的。

有些内存错误更难发现。如果越出 C++中数组的结尾，程序可能不会在这一刻直接崩溃。然而，如果该数组在栈上，那么程序可能写入另一个变量或数组，修改的值要在程序运行一段时间之后才显现出来。另外，如果该数组在堆上，可能导致堆中的内存损坏，从而在尝试动态分配或释放更多内存时产生错误。

第 7 章“内存管理”从编写代码时应该避免的行为的角度介绍了一些常见的内存错误。本节将从出现 bug 的代码中找出问题的角度讨论内存错误。继续阅读本节内容之前，应该确保熟悉第 7 章讨论的内容。

> **警告：**
> 使用智能指针而不是普通指针可以避免以上大部分内存问题。

1. 内存错误的分类

为调试内存问题，应该熟悉可能发生的内存错误类型。下面介绍内存错误的分类。每种内存错误都包含一个演示错误的简短代码示例，并列出可能观察到的症状。注意，症状并不等同于 bug 本身：症状是由 bug 引起的可观察到的行为。

内存释放错误

表 31-1 总结了 5 种涉及释放内存的主要错误。

表 31-1　涉及释放内存的主要错误

错误类型	症状表现	示例

内存泄漏	随着时间的推移，进程的内存使用量增长
	随着时间的推移，进程速度变慢
	最终，由于内存不足，导致操作和系统调用失败
		void memoryLeak()
		{
		  int* p = new int[1000];
		  return; // BUG! Not freeing p.
		}

使用不匹配的分配和释放操作	通常不会立即引起程序崩溃
	在某些平台上可能会导致内存损坏，可能表现为程序在一段时间后崩溃
	某些不匹配也可能导致内存泄漏
		void mismatchedFree()
		{
		  int* p1 {
		  (int*)malloc(sizeof(int)) };
		  int* p2 { new int };
		  int* p3 { new int[1000] };
		  delete p1; // BUG! Should use free
		  delete[] p2; // BUG! Should use delete
		  free(p3); // BUG! Should use delete[]
		}

多次释放内存	如果某个位置的内存在两次 delete 调用之间被另行分配使用，就会导致程序崩溃	void doubleFree()
		{
		  int* p1 { new int[1000] };
		  delete[] p1;
		  int* p2 { new int[1000] };
		  delete[] p1; // BUG! freeing p1 twice
		}
		// BUG! leaking memory of P2

释放未分配的内存	通常会导致程序崩溃	void freeUnallocated()
		{
		  int* p { reinterpret_cast<int*>(10000) };
		  delete p; // BUG! p not a valid pointer.
		}

释放栈内存	从技术角度看，是释放未分配内存的特殊情况，通常会引起程序崩溃	void freeStack()
		{
		  int x;
		  int* p { &x };
		  delete p; // BUG! Freeing stack memory
		}

表 31-1 中提及的程序崩溃可能引起不同的症状，这取决于平台，例如段错误、总线错误或访问失败。

可以看出，有些内存释放错误不会立即导致程序终止。这些 bug 更微妙，会导致程序在运行一段时间之后出错。

内存访问错误

另一类的内存错误涉及实际的内存读写，如表 31-2 所示。

表 31-2 实际的内存读写错误

错误类型	症状表现	示例

访问无效内存	几乎总会导致程序立即崩溃	void accessInvalid()
		{
		    int* p { reinterpret_cast<int*>(10000) };
		    *p = 5; // BUG! p is not a valid pointer.
		}

访问已释放的内存	通常不会导致程序崩溃
	如果这段内存被另行分配使用，那么可能导致异常出现“奇怪”的值
		void accessFreed()
		{
		    int* p1 { new int };
		    delete p1;
		    int* p2 { new int };
		    *p1 = 5; // BUG! The memory pointed to
		             // by p1 has been freed.
		}

访问不同分配中的内存	不会导致程序崩溃
	可能导致出现“奇怪”的、有潜在危险的值
		void accessElsewhere()
		{
		    int x, y[10], z;
		    x = 0;
		    z = 0;
		    for (int i { 0 }; i <= 10; i++) {
		      y[i] = 5; // BUG for i==10! element 10
		                // is past end of array.
		    }
		}

读取未初始化的内存	不会导致程序崩溃，除非使用未初始化的值作为指针，并解除对指针的引用。即使这样，也不会总是导致程序崩溃	void readUninitialized()
		{
		    int* p;
		    cout << *p; // BUG! p is uninitialized
		}

内存访问错误并不总会让程序崩溃。相反，它们可能导致微妙错误，程序并不终止，而是产生错误的结果。错误的结果可以导致严重后果，例如使用计算机控制外部设备(例如机器手臂、X 光机、放射治疗仪和生命支撑系统等)时。

注意，这里讨论的内存释放错误和内存访问错误的症状是程序发行版的默认症状。调试版可能有不同的行为，在调试器中运行程序时，调试器可能在发生错误时进入代码。

2. 调试内存错误的技巧

每次运行程序时，内存相关的 bug 通常出现在略微不同的位置。这种情况通常表明堆内存损坏。堆内存损坏就像一颗定时炸弹，在试图分配、释放或使用堆内存时随时可能爆炸。所以，当遇到一个可重现但出现在略微不同的位置的 bug 时，可以怀疑是内存损坏。

如果怀疑是内存 bug，最好使用 C++的内存检查工具。调试器通常提供了选项，允许在运行程序时检查内存错误。例如，如果在 Microsoft Visual C++调试器中运行应用程序的调试版，它将捕获前面讨论的几乎所有错误类型。此外，还有一些优秀的第三方工具，例如来自 Rational Software(现在归 IBM 拥有)的 purify，以及 Linux 下的 valgrind(详见第 7 章的讨论)。Microsoft 还提供 Application Verifier(Windows10 SDK 的一部分，developer.microsoft.com/windows/downloads/windows-10-sdk)的免费下载链接，这个工具可在 Windows 环境中使用。这是一个运行时验证工具，可帮你找到微妙的编程错误，例如此前讨论的内存错误。这些调试器和工具在工作时插入自己的内存分配和释放例程，以检查任何与动态内存有关的误用，例如释放未分配的内存、解除对未分配内存的引用以及越过数组结尾写入等。

如果手头没有可用的内存检查工具，普通的调试策略也没有任何帮助，那么可借助代码检查的方法。首先，将范围缩小至包含 bug 的部分代码；接着，一般应查看所有裸指针。如果处理的是中等或优等质量的代码，大多数指针应已经包含在智能指针中。如果遇到裸指针，应仔细查看它们的用法，因为它们可能是错误的根源。下面是需要检查的具体项目。

与对象和类相关的错误

- 验证带有动态分配内存的类具有以下这种析构函数：能准确地释放对象中分配的内存，不多也不少。
- 确保类能够通过复制构造函数和赋值运算符正确处理复制和赋值，详见第 9 章“精通类和对象”的讨论。确保移动构造函数和移动赋值运算符把源对象中的指针正确设置为 nullptr，这样其析构函数才不会释放该内存。
- 检查可疑的类型转换。如果将对象的指针从一种类型转换为另一种类型，确保转换是合法的。在可能的情况下，使用 dynamic_cast。

> **警告：**
> 每当遇到使用普通指针处理资源所有权的情形时，强烈建议用智能指针替代普通指针，并按第 9 章讨论的“零规则”重构代码。这样，上面的项目符号列表中的第 1 类和第 2 类错误就不可能出现。

一般性内存错误

- 确保每个 new 调用都匹配一个 delete 调用，每个 new[]调用也要匹配一个 delete[]调用。同样，每个对 malloc、alloc 和 calloc 的调用都要匹配一个对 free 的调用。为避免多次释放内存或使用已释放的内存，建议释放内存后将指针设置为 nullptr。当然，最牢靠的办法是避免使用普通指针来处理资源的所有权，要使用智能指针。
- 检查缓冲区溢出。每次迭代访问数组或读写 C 风格的字符串时，验证没有越过数组或字符串的结尾访问内存。使用标准库容器和字符串通常可避免此类问题。
- 检查无效指针的解除引用。
- 在栈上声明指针时，确保总是在声明中初始化指针。例如，使用 T* p {nullptr}或 T* p {new T}，但是绝不要使用 T* p。重申一次，要尽量使用智能指针。
- 同样，确保总在类的初始化器或构造函数中初始化指针数据成员，既可以在构造函数中分配内存，也可将指针设置为 nullptr。不厌其烦地重申一次，要尽量使用智能指针。

31.5.6 调试多线程程序

C++包含一个线程库，里面提供了多线程和线程间同步的机制。这个线程库在第 27 章讨论过。多线程的C++程序很常见，因此考虑多线程程序调试时的特殊情况非常重要。多线程程序的bug往往因为操作系统调度中时序的不同而引起，很难重现。因此，调试多线程程序需要采用一套特殊技术。

(1) **使用调试器**：调试器很容易诊断某些多线程问题，例如死锁。出现死锁时，调试过程会进入调试器，检查不同的线程。在调试器中，可以看到哪些线程被阻塞，它们在哪行代码被阻塞。将这些信息与跟踪日志相比较，可以看出程序是如何进入死锁情形的，这足以解决死锁。

(2) **使用基于日志的调试**：调试多线程程序时，基于日志的调试有时在调试某些问题时比使用调试器更有效。在程序的临界区之前和之后，以及获得锁之前和释放锁之后添加日志语句。基于日志的调试对观察竞争条件极为有效，但添加日志语句会轻微改变运行时时序，这可能会隐藏bug。

(3) **插入强制休眠和上下文切换**：如果一致地重现问题有困难，或者对问题发生的根源有感觉，但是想要验证根源，可以让线程睡眠特定的时间，强制执行特定的线程调度行为。<thread>在std::this_thread名称空间中定义了可实现休眠的sleep_until()和sleep_for()函数。将睡眠时间分别指定为std::time_point或std::duration，两者都是第22章“日期和时间工具”讨论的chrono库的一部分。在释放锁之前休眠几秒，或者在对某个条件变量发出信号前休眠几秒，或在访问共享数据之前休眠几秒，可能表现出争用条件(如果不休眠，则可能无法检测到)。如果通过这种调试技术找到了问题的根源，那么必须修复这个问题，这样在移除了这些强制休眠和上下文切换之后，代码就能正常工作。这种把这些强制休眠和上下文切换留在程序中，进而“解决问题”的方法是错误的。

(4) **核查代码**：核查线程同步代码有助于解决争用条件。不可能反复尝试已发生的情形，直到看出该情形是如何发生的。在代码注释中记下这些“证据”是无害的。另外，请同事与自己一起调试，他可能会看到你忽略的东西。

31.5.7 调试示例：文章引用

本节给出一个有bug的程序，展示调试和修复问题所采取的步骤。

假设你是一支网页编写团队的成员，这个团队编写的网页允许用户搜索引用了某篇论文的文章。这类服务对于试图找出类似文章的作者来说非常有用。一旦他们找到一篇表示相关文章的论文，就可以查找所有引用了这篇论文的文章，从而找到其他相关的文章。

在这个项目中，你负责从文本文件中读取原始引用数据的代码。为简单起见，假设每篇论文中的引用信息都可以在论文本身的文件中找到。此外，假设每个文件的第一行都包含这篇论文的作者、标题和出版信息；第二行总是为空；所有后续的行都包含这篇文章引用的论文(每行一篇)。下面是计算机科学中一篇最重要论文的示例文件：

```
    Alan Turing, "On Computable Numbers, with an Application to the Entscheidungsproblem",
Proceedings of the London Mathematical Society, Series 2, Vol.42 (1936-37), 230-265.

    Gödel, "Über formal unentscheidbare Sätze der Principia Mathematica und verwandter Systeme,
I", Monatshefte Math. Phys., 38 (1931), 173-198.
    Alonzo Church. "An unsolvable problem of elementary number theory", American J. of Math.,
58 (1936), 345-363.
    Alonzo Church. "A note on the Entscheidungsproblem", J. of Symbolic Logic, 1 (1936), 40-41.
    E.W. Hobson, "Theory of functions of a real variable (2nd ed., 1921)", 87-88.
```

1. ArticleCitations 类的存在 bug 的实现

在设计程序的结构时，决定编写 ArticleCitations 类，这个类负责读取文件和保存信息。这个类将第一行中的文章信息保存在一个字符串中，将引用信息保存在 C 风格的字符串数组中。

> **警告：**
> 使用 C 风格数组的设计决定十分糟糕。最好选择一个标准库容器来保存引文信息。这里这么做是为了演示内存问题。这个实现还有其他显而易见的问题，例如使用 int 而不是 size_t，不使用第 9 章讨论的“复制和交换”惯用语法来实现赋值运算符。然而，为了演示存在 bug 的应用程序，这么做是恰当的。

在 article_citations 模块中定义 ArticleCitations 类：

```
export class ArticleCitations
{
    public:
        ArticleCitations(std::string_view filename);
        virtual ~ArticleCitations();
        ArticleCitations(const ArticleCitations& src);
        ArticleCitations& operator=(const ArticleCitations& rhs);

        const std::string& getArticle() const;
        int getNumCitations() const;
        const std::string& getCitation(int i) const;
    private:
        void readFile(std::string_view filename);
        void copy(const ArticleCitations& src);

        std::string m_article;
        std::string* m_citations;
        int m_numCitations;
};
```

实现代码如下所示。这个程序存在 bug！不要把这个程序用作参考实现或参考模式。

```
ArticleCitations::ArticleCitations(string_view filename)
{
    // All we have to do is read the file.
    readFile(filename);
}

ArticleCitations::ArticleCitations(const ArticleCitations& src)
{
    copy(src);
}

ArticleCitations& ArticleCitations::operator=(const ArticleCitations& rhs)
{
    // Check for self-assignment.
    if (this == &rhs) {
        return *this;
    }
    // Free the old memory.
    delete [] m_citations;
```

```
        // Copy the data.
        copy(rhs);
        return *this;
    }

    void ArticleCitations::copy(const ArticleCitations& src)
    {
        // Copy the article name, author, etc.
        m_article = src.m_article;
        // Copy the number of citations.
        m_numCitations = src.m_numCitations;
        // Allocate an array of the correct size.
        m_citations = new string[m_numCitations];
        // Copy each element of the array.
        for (int i { 0 }; i < m_numCitations; i++) {
            m_citations[i] = src.m_citations[i];
        }
    }

    ArticleCitations::~ArticleCitations()
    {
        delete [] m_citations;
    }

    void ArticleCitations::readFile(string_view filename)
    {
        // Open the file and check for failure.
        ifstream inputFile { filename.data() };
        if (inputFile.fail()) {
            throw invalid_argument { "Unable to open file" };
        }
        // Read the article author, title, etc. line.
        getline(inputFile, m_article);

        // Skip the whitespace before the citations start.
        inputFile >> ws;

        int count { 0 };
        // Save the current position so we can return to it.
        streampos citationsStart { inputFile.tellg() };
        // First count the number of citations.
        while (!inputFile.eof()) {
            // Skip whitespace before the next entry.
            inputFile >> ws;
            string temp;
            getline(inputFile, temp);
            if (!temp.empty()) {
                ++count;
            }
        }

        if (count != 0) {
            // Allocate an array of strings to store the citations.
            m_citations = new string[count];

            m_numCitations = count;
```

```
            // Seek back to the start of the citations.
            inputFile.seekg(citationsStart);
            // Read each citation and store it in the new array.
            for (count = 0; count < m_numCitations; ++count) {
                string temp;
                getline(inputFile, temp);
                if (!temp.empty()) {
                    m_citations[count] = temp;
                }
            }
        } else {
            m_numCitations = -1;
        }
}

const string& ArticleCitations::getArticle() const { return m_article; }

int ArticleCitations::getNumCitations() const { return m_numCitations; }

const string& ArticleCitations::getCitation(int i) const { return m_citations[i]; }
```

2. 测试 ArticleCitations 类

下面的程序要求用户输入一个文件名，通过这个文件名构造 ArticleCitations 实例，然后将这个实例通过值传入 processCitations()函数，这个函数打印出所有信息。

```
void processCitations(ArticleCitations cit)
{
    cout << cit.getArticle() << endl;
    for (int i { 0 }; i < cit.getNumCitations(); i++) {
        cout << cit.getCitation(i) << endl;
    }
}

int main()
{
    while (true) {
        cout << "Enter a file name (\"STOP\" to stop): ";
        string filename;
        cin >> filename;
        if (filename == "STOP") { break; }

        ArticleCitations cit { filename };
        processCitations(cit);
    }
}
```

现在决定通过 Alan Turing 的例子(保存在 paper1.txt 文件中)测试这个程序。输出结果如下：

```
Enter a file name ("STOP" to stop): paper1.txt
Alan Turing, "On Computable Numbers, with an Application to the Entscheidungsproblem",
Proceedings of the London Mathematical Society, Series 2, Vol.42 (1936-37), 230-265.
[ 4 empty lines omitted for brevity ]
Enter a file name ("STOP" to stop): STOP
```

这看起来不正确。应该打印出 4 条引文信息，而不是 4 个空行。

基于消息的调试

对于这个bug，尝试基于消息的调试；由于这是一个控制台示例，因此将消息打印至cout。在这个例子中，合理的做法是首先查看从文件中读取引文信息的函数。如果这个函数工作不正常，那么很明显这个对象不存在引文信息。可对readFile()做如下修改：

```
void ArticleCitations::readFile(string_view filename)
{
    // Code omitted for brevity.

    // First count the number of citations.
    cout << "readFile(): counting number of citations" << endl;
    while (!inputFile.eof()) {
        // Skip whitespace before the next entry.
        inputFile >> ws;
        string temp;
        getline(inputFile, temp);
        if (!temp.empty()) {
            cout << "Citation " << count << ": " << temp << endl;
            ++count;
        }
    }

    cout << "Found " << count << " citations" << endl;
    cout << "readFile(): reading citations" << endl;
    if (count != 0) {
        // Allocate an array of strings to store the citations.
        m_citations = new string[count];
        m_numCitations = count;
        // Seek back to the start of the citations.
        inputFile.seekg(citationsStart);
        // Read each citation and store it in the new array.
        for (count = 0; count < m_numCitations; ++count) {
            string temp;
            getline(inputFile, temp);
            if (!temp.empty()) {
                cout << temp << endl;
                m_citations[count] = temp;
            }
        }
    } else {
        m_numCitations = -1;
    }
    cout << "readFile(): finished" << endl;
}
```

在这个程序上运行相同的测试，可看到以下输出：

```
Enter a file name ("STOP" to stop): paper1.txt
readFile(): counting number of citations
Citation 0: Gödel, "Über formal unentscheidbare Sätze der Principia Mathematica und
verwandter Systeme, I", Monatshefte Math. Phys., 38 (1931), 173-198.
Citation 1: Alonzo Church. "An unsolvable problem of elementary number theory",
American J. of Math., 58 (1936), 345-363.
Citation 2: Alonzo Church. "A note on the Entscheidungsproblem", J. of Symbolic
Logic, 1 (1936), 40-41.
Citation 3: E.W. Hobson, "Theory of functions of a real variable (2nd ed.,
```

```
1921)", 87-88.
Found 4 citations
readFile(): reading citations
readFile(): finished
Alan Turing, "On Computable Numbers, with an Application to the Entscheidungsproblem",
Proceedings of the London Mathematical Society, Series 2, Vol.42 (1936-37), 230-265.
[ 4 empty lines omitted for brevity ]
Enter a file name ("STOP" to stop): STOP
```

从输出结果可以看出，为计算文件中的引文数目，程序第一次从文件中读取引文信息，这些信息读取正确。然而，第二次读取不正确。在 readFile(): reading citations 和 readFile(): finished 之间什么都没有输出。为什么？深入钻研这个问题的方法之一是添加一些调试代码，检查每次尝试读取一条引文信息后文件流的状态。

```
void printStreamState(const istream& inputStream)
{
    if (inputStream.good()) { cout << "stream state is good" << endl; }
    if (inputStream.bad()) { cout << "stream state is bad" << endl; }
    if (inputStream.fail()) { cout << "stream state is fail" << endl; }
    if (inputStream.eof()) { cout << "stream state is eof" << endl; }
}

void ArticleCitations::readFile(string_view filename)
{
    // Code omitted for brevity.

    // First count the number of citations.
    cout << "readFile(): counting number of citations" << endl;
    while (!inputFile.eof()) {
        // Skip whitespace before the next entry.
        inputFile >> ws;
        printStreamState(inputFile);
        string temp;
        getline(inputFile, temp);
        printStreamState(inputFile);
        if (!temp.empty()) {
            cout << "Citation " << count << ": " << temp << endl;
            ++count;
        }
    }

    cout << "Found " << count << " citations" << endl;
    cout << "readFile(): reading citations" << endl;
    if (count != 0) {
        // Allocate an array of strings to store the citations.
        m_citations = new string[count];
        m_numCitations = count;
        // Seek back to the start of the citations.
        inputFile.seekg(citationsStart);
        // Read each citation and store it in the new array.
        for (count = 0; count < m_numCitations; ++count) {
            string temp;
            getline(inputFile, temp);
            printStreamState(inputFile);
            if (!temp.empty()) {
                cout << temp << endl;
```

```
                    m_citations[count] = temp;
                }
            }
        } else {
            m_numCitations = -1;
        }
        cout << "readFile(): finished" << endl;
    }
```

再次运行这个程序时，可看到一些有趣的信息：

```
Enter a file name ("STOP" to stop): paper1.txt
readFile(): counting number of citations
stream state is good
stream state is good
Citation 0: Gödel, "Über formal unentscheidbare Sätze der Principia Mathematica und
verwandter Systeme, I", Monatshefte Math. Phys., 38 (1931), 173-198.
stream state is good
stream state is good
Citation 1: Alonzo Church. "An unsolvable problem of elementary number theory",
American J. of Math., 58 (1936), 345-363.
stream state is good
stream state is good
Citation 2: Alonzo Church. "A note on the Entscheidungsproblem", J. of Symbolic
Logic, 1 (1936), 40-41.
stream state is good
stream state is good
Citation 3: E.W. Hobson, "Theory of functions of a real variable (2nd ed.,
1921)", 87-88.
stream state is eof
stream state is fail
stream state is eof
Found 4 citations
readFile(): reading citations
stream state is fail
stream state is fail
stream state is fail
stream state is fail
readFile(): finished

Alan Turing, "On Computable Numbers, with an Application to the
Entscheidungsproblem", Proceedings of the London Mathematical Society, Series 2,
Vol.42 (1936-37), 230-265.
[ 4 empty lines omitted for brevity ]
Enter a file name ("STOP" to stop): STOP
```

第一次读取文件时，在读入最后一条引文信息前，流的状态看上去都是好的。由于 paper1.txt 文件的最后一行是空的，在读取最后一条引文信息后，多执行一次 while 循环。在最后的循环中，inputFile >> ws 读取最后一行的空白，导致流状态变为 eof。此后，代码仍尝试使用 getline()读取行，导致流状态变成 fail 和 eof。这是符合预期的行为。意料之外的行为是当第二次读取引文信息时，每次尝试读取一条引文信息之后流的状态都是 fail。初看上去不合理：这段代码在第二次读取文件之前，通过 seekg()将文件指针返回引文的头部。

根据第 13 章的介绍，在显式清除流的错误状态前，流会保留这些状态。seekg()不会自动清除 fail 状态。处于错误状态时，流无法正确读取数据，这也解释了第二次试图读取引文信息后，流的状态也是 fail 的原因。再仔细看一下方法代码，发现代码在到达文件结尾后没有调用 istream 的 clear()方法。如果修改这个方法，添加 clear()调用，那么代码能正确地读取引文。

下面是改正后的 readFile()方法，其中去掉了调试用的 cout 语句：

```
void ArticleCitations::readFile(string_view filename)
{
    // Code omitted for brevity.

    if (count != 0) {
        // Allocate an array of strings to store the citations.
        m_citations = new string[count];
        m_numCitations = count;
        // Clear the stream state.
        inputFile.clear();
        // Seek back to the start of the citations.
        inputFile.seekg(citationsStart);
        // Read each citation and store it in the new array.
        for (count = 0; count < m_numCitations; ++count) {
            string temp;
            getline(inputFile, temp);
            if (!temp.empty()) {
                m_citations[count] = temp;
            }
        }
    } else {
        m_numCitations = -1;
    }
}
```

在 paper1.txt 上运行相同的测试，现在可看到正确的 4 条引文。

在 Linux 上使用 GDB 调试器

现在 ArticleCitations 类似乎在引文文件上工作得很好，下面进一步测试一些特殊情况，从一个不带有引文信息的文件开始。这个文件的内容如下，保存在 paper2.txt 文件中：

```
Author with no citations
```

尝试针对这个文件运行程序时，可能崩溃(具体取决于 Linux 和编译器的版本)，如下所示：

```
Enter a file name ("STOP" to stop): paper2.txt
terminate called after throwing an instance of 'std::bad_alloc'
  what(): std::bad_alloc
Aborted (core dumped)
```

消息 core dumped 意味着程序崩溃了。这次要试用一下调试器。GNU 调试器是在 UNIX 和 Linux 平台上广泛使用的调试器。首先，编译程序时必须带有调试信息(在 g++上使用-g)。此后，可在 GDB 下启动程序。下面是通过调试器找到这个问题根源所在的示例会话。这个例子假设编译的可执行文件名为 buggyprogram。需要输入的文本用粗体显示：

```
> gdb buggyprogram
[ Start-up messages omitted for brevity ]
Reading symbols from /home/marc/c++/gdb/buggyprogram...done.
(gdb) run
Starting program: buggyprogram
Enter a file name ("STOP" to stop): paper2.txt
```

```
terminate called after throwing an instance of 'std::bad_alloc'
  what():  std::bad_alloc
Program received signal SIGABRT, Aborted.
0x00007ffff7535c39 in raise () from /lib64/libc.so.6
(gdb)
```

当程序崩溃时，调试器中断执行，并允许查看程序在中断时的状态。backtrace 或 bt 命令显示当前的栈跟踪。栈跟踪在顶部显示最后一个操作，即编号为#0 的帧。

```
(gdb) bt
#0  0x00007ffff7535c39 in raise () from /lib64/libc.so.6
#1  0x00007ffff7537348 in abort () from /lib64/libc.so.6
#2  0x00007ffff7b35f85 in __gnu_cxx::__verbose_terminate_handler() () from
/lib64/libstdc++.so.6
#3  0x00007ffff7b33ee6 in ?? () from /lib64/libstdc++.so.6
#4  0x00007ffff7b33f13 in std::terminate() () from /lib64/libstdc++.so.6
#5  0x00007ffff7b3413f in __cxa_throw () from /lib64/libstdc++.so.6
#6  0x00007ffff7b346cd in operator new(unsigned long) () from /lib64/libstdc++.so.6
#7  0x00007ffff7b34769 in operator new[](unsigned long) () from /lib64/libstdc++.so.6
#8  0x00000000004016ea in ArticleCitations::copy (this=0x7fffffffe090, src=...)
    at ArticleCitations.cpp:40
#9  0x00000000004015b5 in ArticleCitations::ArticleCitations (this=0x7fffffffe090,
src=...)
    at ArticleCitations.cpp:16
#10 0x0000000000401d0c in main () at ArticleCitationsTest.cpp:20
```

得到这样的栈跟踪，应该尝试从栈顶部开始寻找属于自己代码的第一个栈帧。在这个例子中，这是栈帧#8。从这个栈帧中，可看出 ArticleCitations 的 copy()方法中似乎存在某类问题。调用这个方法的原因是 main()函数调用 processCitations()时通过值传入参数，这会触发对拷贝构造函数的调用，而拷贝构造函数会调用 copy()。当然，在生产代码中应该传入 const 引用，不过这个存在 bug 的程序示例使用了按值传递。可通过 frame 命令让调试器切换到栈帧#8，frame 命令要求提供一个表示向上跳跃的帧索引作为参数：

```
(gdb) frame 8
#8  0x00000000004016ea in ArticleCitations::copy (this=0x7fffffffe090, src=...) at
ArticleCitations.cpp:40
40    m_citations = new string[m_numCitations];
```

这个输出显示是下面这行代码导致了问题：

```
M_citations = new string[m_numCitations];
```

现在，通过 list 命令显示在当前栈帧中出问题的那一行代码周围的代码：

```
(gdb) list
35    // Copy the article name, author, etc.
36    m_article = src.m_article;
37    // Copy the number of citations.
38    m_numCitations = src.m_numCitations;
39    // Allocate an array of the correct size.
40    m_citations = new string[m_numCitations];
41    // Copy each element of the array.
42    for (int i { 0 }; i < m_numCitations; i++) {
43        m_citations[i] = src.m_citations[i];
44    }
```

在 GDB 中，可通过 print 命令查看当前作用域内可用的值。为找到问题根源，可尝试打印一些变量。错误发生在 copy()方法内，因此检查 src 参数的值是一个良好开端：

```
(gdb) print src
$1 = (const ArticleCitations &) @0x7fffffffe060: {
 _vptr.ArticleCitations = 0x401fb0 <vtable for ArticleCitations+16>,
 m_article = "Author with no citations", m_citations = 0x7fffffffe080,
 m_numCitations = -1}
```

问题就在这里。这篇文章不应该有任何引用。为什么把 m_numCitations 设置为 - 1？在没有引文的情况下再看一下 readFile()中的代码。这种情况下，m_numCitations 被错误地设置为 - 1。修改它很容易，只需要在没有引文的情况下将 m_numCitations 初始化为 0，而不是设置为 - 1。另一个问题是，readFile()可在同一个 ArticleCitations 对象上调用多次，因此还需要释放以前分配的 m_citations 数组。

下面是修改后的代码：

```
void ArticleCitations::readFile(string_view filename)
{
    // Code omitted for brevity.

    delete [] m_citations; // Free previously allocated citations.
    m_citations = nullptr;
    m_numCitations = 0;
    if (count != 0) {
        // Allocate an array of strings to store the citations.
        m_citations = new string[count];
        m_numCitations = count;
        // Clear the stream state.
        inputFile.clear();
        // Seek back to the start of the citations.
        inputFile.seekg(citationsStart);

        // Code omitted for brevity.
    }
}
```

这个例子说明，bug 并不总是会立即显现出来，往往需要通过调试器并且有一些耐心才能显现出来。

使用 Visual C++ 2019 调试器

接下来描述与前面相同的调试过程，但使用 Visual C++ 2019 调试器而不是 GDB。

首先，需要创建一个项目。单击 Visual Studio 2019 欢迎屏幕中的 Create A New Project 按钮，或选择 File | New | Project。在 Create A New Project 对话框中，搜索带有 C++、Windows 和 Console 标签的控制台应用程序项目模板，然后单击 Next 按钮。输入 ArticleCitations 作为项目名字，选择一个保存项目的目录，然后单击 Create 按钮。项目创建后，可以在 Solution Explorer 中看到项目文件列表。如果此停靠窗口不可见，可选择 View | Solution Explorer。该项目会包含一个名为 ArticleCitations.cpp 的文件。在 Solution Explorer 中选择该文件并删除它，因为你会添加自己的文件。

现在让我们添加文件。在 Solution Explorer 中右击 ArticleCitations 项目，并选择 Add | Existing Item。将源码存档中的 06_ArticleCitations\06_VisualStudio 目录中的所有文件添加到项目中。Solution Explorer 应该类似于图 31-1。

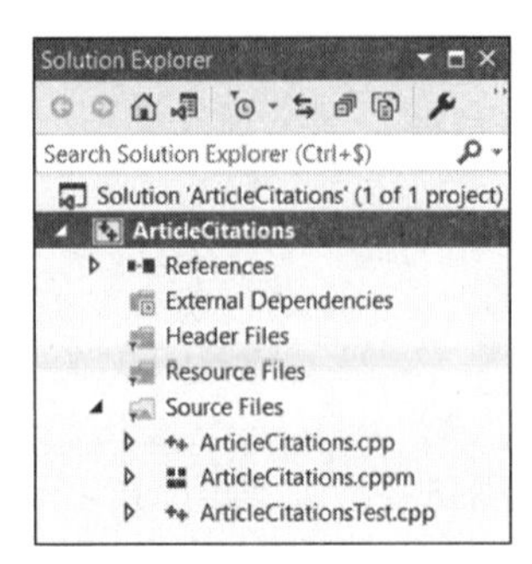

图 31-1　Solution Explorer 窗口

这个示例使用了 Visual C++2019 中未默认启用的 C++20 特性。要启用它们，在 Solution Explorer 窗口中右击 ArticleCitations 项目，然后单击 Properties。在 Properties 窗口中，选择 Configuration Properties | C/C++ | Language，将 C++语言标准选项设置为 ISO C++20 标准或 Preview-Features From The Latest C++ Working Draft，看哪个在你的 Visual C++版本中可用。(目前还没有 ISO C++20 标准选项，但它会出现在 Visual C++未来的更新中。)

确保配置设置为 Debug 而不是 Release，然后编译整个程序。选择 Build | Build Solution。然后将 paper1.txt 和 paper2.txt 测试文件复制到 ArticleCitations 项目目录中，该目录包含 ArticleCitations.vcxproj 文件。

单击 Debug | Start Debugging 运行程序，并首先指定 paper1.txt 文件来测试程序。它应该正确读取文件并将结果输出到控制台。然后测试 paper2.txt。调试器用类似于图 31-2 所示的消息中断执行。

```
// FUNCTION _Throw_bad_array_new_length
[[noreturn]] inline void _Throw_bad_array_new_length() {
    _THROW(bad_array_new_length{});
}

// CLASS nested_exception
class nested_exception { // wrap an
public:
    nested_exception() noexcept : _E

    nested_exception(const nested_ex
```

Exception Unhandled
Unhandled exception at 0x76A19AB2 in ArticleCitations.exe:
Microsoft C++ exception: std::bad_array_new_length at memory
Copy Details
Exception Settings

图 31-2　中断执行的消息

显示抛出了一个 std::bad_array_new_length 异常。但是，显示的代码不是你编写的代码。要找出导致异常的代码行，可以使用栈窗口(Debug | Windows | Call Stack)。在调用栈中，需要找到你所编写代码的第一行。如图 31-3 所示。

Call Stack

Name	Langu
KernelBase.dll!753a43d2()	Unk...
KernelBase.dll![Frames below may be incorrect and/or missing, no symbols loaded for KernelBase.dll]	Unk...
ucrtbased.dll!7c970f6c()	Unk...
ArticleCitations.exe!__scrt_throw_std_bad_array_new_length() Line 41	C++
ArticleCitations.exe!operator new(unsigned int size) Line 45	C++
ArticleCitations.exe!operator new[](unsigned int size) Line 28	C++
ArticleCitations.exe!ArticleCitations::copy(const ArticleCitations & src) Line 42	C++
ArticleCitations.exe!ArticleCitations::ArticleCitations(const ArticleCitations & src) Line 19	C++
ArticleCitations.exe!main() Line 25	C++
ArticleCitations.exe!invoke_main() Line 78	C++
ArticleCitations.exe!__scrt_common_main_seh() Line 288	C++
ArticleCitations.exe!__scrt_common_main() Line 331	C++
ArticleCitations.exe!mainCRTStartup() Line 17	C++
kernel32.dll!75f96359()	Unk...
ntdll.dll!77357c24()	Unk...
ntdll.dll!77357bf4()	Unk...

图 31-3　找到代码的第一行

就像使用 GDB 一样，可以看到问题出现在 copy()中。可以双击调用栈窗口中的这一行，来跳转到代码中的正确位置。

可以通过将鼠标悬停在变量的名称上来检查变量。如果把鼠标悬停在 src 上，会注意到 m_numCitations 是-1。原因和修复方法与 GDB 示例中的相同。

也可以使用 Debug | Windows | Autos 窗口，而不是将鼠标悬停在变量上检查它们的值，该窗口显示了变量列表。图 31-4 显示了这个列表，展开 src 变量来显示其数据成员。在这个窗口中，还可以看到 m_numCitations 是-1。

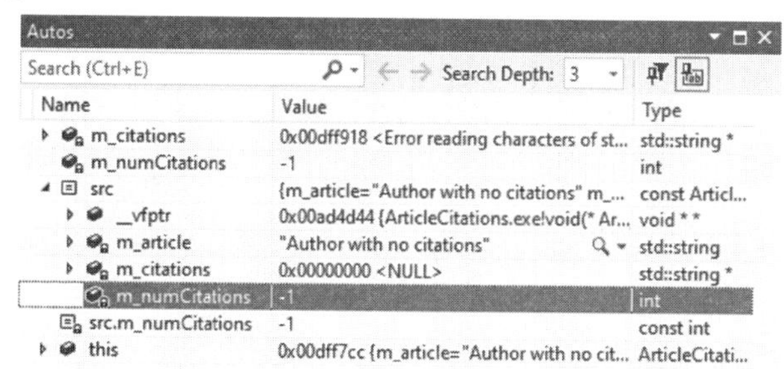

图 31-4　变量列表

31.5.8　从 ArticleCitations 示例中总结出的教训

你可能会看不上这个例子，觉得这个例子太小了，不能代表真正的调试。尽管这段有 bug 的代码并不长，但你编写的很多类并不会大太多，即使是在庞大的项目中也是如此。试想一下，假设将这个例子整合到项目的其他部分之前，没有完整地测试这个例子会怎么样。如果这些错误后来出现了，工程师将不得不耗费更多时间将问题的范围缩小，才能进行这里展示的调试过程。此外，这个例子展示的技术适用于所有类型的调试，包括大规模调试和小规模调试。

31.6　本章小结

本章最重要的概念是调试的基本定律：在编写代码时注意避免 bug，但要在代码中为 bug 做好规划。编程的现实情况是一定会出现 bug。如果为程序准备好了错误日志、调试跟踪和断言，那么实际调试过程会容易得多。

本章还介绍了用于调试 bug 的具体方法。实际调试时，最重要的规则是要重现问题。然后，可使用符号调试器、基于日志的调试追查问题根源。内存错误的调试特别困难，而且占据传统 C++代码中 bug 的绝大部分。本章描述了不同类别的内存 bug 及其症状，并展示了在程序中调试错误的例子。

调试技术很难掌握。大量实践调试技术，才能将 C++技能提高到专业级别。

31.7　练习

通过完成下面的习题，可以巩固本章所讨论的知识点。所有习题的答案都可扫描封底二维码下载。然而如果你受困于某个习题，可以在看网站上的答案之前，先重新阅读本章的部分内容，尝试着自己找到答案。

练习 31-1　调试的基本定律是什么？

练习 31-2 你能发现下面这段代码有什么问题吗?

```
import <iostream>;
using namespace std;

int* getData(int value) { return new int { value * 2 }; }

int main()
{
    int* data { getData(21) };
    cout << *data << endl;

    data = getData(42);
    cout << *data << endl;
}
```

练习 31-3 给定以下代码片段:

```
import <iostream>;
using namespace std;

int sum(int* values, int count)
{
    int total { 0 };
    for (int i { 0 }; i <= count; ++i) { total += values[i]; }
    return total;
}

int main()
{
    int values[] { 1, 2, 3 };
    int total { sum(values, size(values)) };
    cout << total << endl;
}
```

简单地计算一组值的和。对于值 1、2 和 3，期望值是 6。但是当在我的机器上运行代码的 Debug 版本时，结果是-858993454。怎么回事呢？使用符号调试器及单步执行模式来查明错误结果的根本原因。请参阅调试器的文档，了解如何单步调试代码的每一行。

练习 31-4 (高级)修改本章前面的 start-time 调试模式示例，使用 C++20 的 std::source_location 类(在第 14 章讨论)，来摆脱旧的 log()宏。这比听起来要棘手。问题是 Logger::log()是个可变参数函数模板，因此不能在可变参数包之后添加一个命名的 source_location 参数。窍门是使用一个辅助类，例如 Log。构造函数接受可变参数包和 source_location，并将工作转发给 Logger::log()。窍门的最后一部分是下面的推导，参见第 12 章“用模板编写泛型代码”：

```
template <typename... Ts>
log(Ts&&...) -> log<Ts...>;
```

第32章 使用设计技术和框架

本章内容

- 简述常用但包含容易忘记的语法的 C++语言功能
- RAII 的含义以及为什么它是一个强大的概念
- 双分派(double dispatch)技术的含义和用法
- 如何使用混入类
- 框架的含义
- MVC 范型

本书的一个重要主题是使用可重用的技术和模式。作为一名编程人员，每天都会反复面对一些类似的问题。利用各种方法，可通过为给定问题应用恰当的技术来节省时间。

在 C++中，设计技术是解决特定问题的标准方式。设计技术通常用于克服一些令人感到不快的功能或语言缺陷。其他时候，设计技术就是一段代码，可用在不同程序中以解决常见的 C++问题。

本章重点讲述设计技术，这是 C++惯用技术，它们未必是 C++固有的部分，但使用频繁。本章介绍 C++中包含容易忘记的语法的常用功能。大多数材料都在本书前面介绍过，但当忘记语法时，可将本章作为有用的参考工具。涵盖的主题如下：

- 从头创建类
- 通过派生方式扩展类
- 写 lambda 表达式
- 实现“复制和交换”惯用语法
- 抛出和捕获异常
- 写入文件
- 读取文件
- 定义模板类
- 约束类和函数模板参数

本章重点介绍 C++语言功能中的高级技术。这些技术是完成日常编程任务的较好方式，包含的主题如下：

- RAII(Resource Acquisition Is Initialization，资源获得即初始化)

- 双分派(double dispatch)技术
- 混入类

最后简要介绍框架，这是一种编码技术，可极大地简化大型应用程序的开发。

32.1　容易忘记的语法

第 1 章比较了 C 标准和 C++标准的大小。C 程序员往往能记住整个 C 语言的语法；关键字不多，语言功能也少，行为都经过良好定义。但对于 C++而言，情况并非如此。即使是 C++专家也需要不时参阅资料。因此，本节列举一个编码技术示例，这个示例可用于几乎所有的 C++程序。如果记着概念却忘了语法，可阅读以下内容进行复习。

32.1.1　编写类

不要忘了开头部分。下面是一个在 C++20 模块接口文件中定义的 Simple 类定义：

```
export module simple;

// A simple class that illustrates class definition syntax.
export class Simple
{
    public:
        Simple();                               // Constructor
        virtual ~Simple() = default;            // Defaulted virtual destructor

        // Disallow assignment and pass-by-value.
        Simple(const Simple& src) = delete;
        Simple& operator=(const Simple& rhs) = delete;

        // Explicitly default move constructor and move assignment operator.
        Simple(Simple&& src) noexcept = default;
        Simple& operator=(Simple&& rhs) noexcept = default;

        virtual void publicMethod();            // Public method
        int m_publicInteger;                    // Public data member

    protected:
        virtual void protectedMethod();         // Protected method
        int m_protectedInteger { 41 };          // Protected data member

    private:
        virtual void privateMethod();           // Private method
        int m_privateInteger { 42 };            // Private data member
        static const int Constant { 2 };        // Private constant
        static inline int ms_staticInt { 3 };   // Private static data member
};
```

注意：
这个类定义显示了一些可能但不推荐的编写方式。但在你自己的类定义中，应尽量避免使用 public 或 protected 数据成员。类应该封装它的数据，因此应使用 private 数据成员，并提供公共或受保护的 getter 和 setter 方法。

如第 10 章所述，通常，至少要将析构函数设置为 virtual，因为其他人可能想从这个类派生新类。也允许保留析构函数为非 virtual，但这只限于将类标记为 final，以防止其他类从其派生的情况。如果只想将析构函数设置为 virtual，但不需要析构函数中的任何代码，则可显式地设置为 default，如 Simple 类示例所示。

这个示例也说明，可显式地将特殊成员函数设置为 delete 或 default。将拷贝构造函数和拷贝赋值运算符设置为 delete，以防止赋值和按值传递，而将移动构造函数和移动赋值运算符显式设置为 default。

接下来的模块实现文件如下：

```
module simple;

Simple::Simple() : m_publicInteger { 40 }
{
    // Implementation of constructor
}

void Simple::publicMethod() { /* Implementation of public method */ }
void Simple::protectedMethod() { /* Implementation of protected method */ }
void Simple::privateMethod() { /* Implementation of private method */ }
```

注意：

如下一节所示，类方法定义也可以直接出现在模块接口文件中。你不需要将类拆分为模块接口文件和模块实现文件。

第 8 章“熟悉类和对象”和第 9 章“精通类和对象”提供了编写类的所有细节。

32.1.2 派生类

要从现有的类派生，可声明一个新类，这个类是另一个类的扩展类。下面是 DerivedSimple 类的定义，DerivedSimple 从 Simple 派生而来，定义在 derived_simple 模块中。

```
export module derived_simple;

export import simple;

// A class derived from the Simple class.
export class DerivedSimple : public Simple
{
    public:
    DerivedSimple() : Simple{}      // Constructor
    { /* Implementation of constructor */ }

    void publicMethod() override   // Overridden method
    {
        // Implementation of overridden method
        Simple::publicMethod();   // You can access base class implementations.
    }

    virtual void anotherMethod()   // New method
    { /* Implementation of new method */ }
};
```

可参阅第 10 章以了解继承技术的详情。

32.1.3 编写 lambda 表达式

lambda 表达式允许编写小型匿名内联函数。它们与 C++标准库算法结合起来尤其强大。下面的代码片段展示了一个示例。它使用 count_if()算法和 lambda 表达式来计算 vector 中偶数的数量。此外，lambda 表达式通过引用从闭包范围捕获 callCount 变量，来跟踪它被调用的次数。

```
vector values { 1, 2, 3, 4, 5, 6, 7, 8, 9 };
int callCount { 0 };
auto count { count_if(begin(values), end(values),
     [&callCount](int value) {
          ++callCount;
          return value % 2 == 0;
     })
};
cout << format("There are {} even elements in the vector.", count) << endl;
cout << format("Lambda was called {} times.", callCount) << endl;
```

第 19 章讨论了 lambda 表达式的细节。

32.1.4 使用“复制和交换”惯用语法

第 9 章详细讨论了“复制和交换”惯用语法。这种惯用语法可在对象上实现一些可能抛出异常的操作，提供强大的异常安全保证，即“要么成功，要么什么都不做”。

只需要创建对象的一个副本，修改这个副本(可以是复杂算法，可能抛出异常)。最后，当不再抛出异常时，使用不抛出异常的 swap()将这个副本与原始对象进行交换。赋值运算符是一个可使用“复制和交换”惯用语法的操作示例。赋值运算符首先制作原始对象的一个本地副本，此后仅使用不抛出异常的 swap()实现，将这个副本与当前对象进行交换。

下面是用于拷贝赋值运算符的“复制和交换”惯用语法的一个简单示例。该类定义了一个拷贝构造函数、一个拷贝赋值运算符以及一个标记为 noexcept 的 swap()方法。

```
export module copy_and_swap;

export class CopyAndSwap
{
     public:
          CopyAndSwap() = default;
          virtual ~CopyAndSwap();                        // Virtual destructor

          CopyAndSwap(const CopyAndSwap& src);           // Copy constructor
          CopyAndSwap& operator=(const CopyAndSwap& rhs); // Copy assignment operator

          void swap(CopyAndSwap& other) noexcept;        // noexcept swap() method

     private:
          // Private data members...
};
// Standalone noexcept swap() function
export void swap(CopyAndSwap& first, CopyAndSwap& second) noexcept;
```

实现代码如下所示：

```
CopyAndSwap::~CopyAndSwap() { /* Implementation of destructor. */ }

CopyAndSwap::CopyAndSwap(const CopyAndSwap& src)
{
    // This copy constructor can first delegate to a non-copy constructor
    // if any resource allocations have to be done. See the Spreadsheet
    // implementation in Chapter 9 for an example.
    // Make a copy of all data members...
}

void swap(CopyAndSwap& first, CopyAndSwap& second) noexcept
{
    first.swap(second);
}

void CopyAndSwap::swap(CopyAndSwap& other) noexcept
{
    using std::swap;                                    // Requires <utility>
    // Swap each data member, for example:
    // swap(m_data, other.m_data);
}

CopyAndSwap& CopyAndSwap::operator=(const CopyAndSwap& rhs)
{
    // Copy-and-swap idiom.
    auto copy { rhs };      // Do all the work in a temporary instance.
    swap(copy);             // Commit the work with only non-throwing operations.
    return *this;
}
```

详情参阅第 9 章。

32.1.5 抛出和捕获异常

如果所在的团队不使用异常(这么做是不对的!)，或习惯使用 Java 样式的异常，那么 C++语法可能已从你的记忆中消失。下面将帮助你复习，你将使用内置的异常类 std::runtime_error。在大多数大型程序中，你将编写自己的异常类：

```
import <stdexcept>;
import <iostream>;
using namespace std;
void throwIf(bool throwIt)
{
    if (throwIt) {
        throw runtime_error { "Here's my exception" };
    }
}
int main()
{
    try {
        throwIf(false);     // Doesn't throw.
        throwIf(true);      // Throws.
    } catch (const runtime_error& e) {
        cerr << "Caught exception: " << e.what() << endl;
```

```
        return 1;
    }
}
```

第 14 章“错误处理”已详细讨论异常。

32.1.6 写入文件

以下程序向文件输出消息，此后重新打开文件，并追加另一条消息。详见第 13 章“C++ I/O 揭秘”。

```
import <iostream>;
import <fstream>;

using namespace std;

int main()
{
    ofstream outputFile { "FileWrite.out" };
    if (outputFile.fail()) {
        cerr << "Unable to open file for writing." << endl;
        return 1;
    }
    outputFile << "Hello!" << endl;
    outputFile.close();

    ofstream appendFile { "FileWrite.out", ios_base::app };
    if (appendFile.fail()) {
        cerr << "Unable to open file for appending." << endl;
        return 2;
    }
    appendFile << "World!" << endl;
}
```

32.1.7 读取文件

有关文件输入的信息，详见第 13 章。下面的简单示例程序可帮助你了解文件读取的基本方式。它读取前一节中程序写入的文件，并每次输出一个标记：

```
import <iostream>;
import <fstream>;
import <string>;

using namespace std;

int main()
{
    ifstream inputFile { "FileWrite.out" };
    if (inputFile.fail()) {
        cerr << "Unable to open file for reading." << endl;
        return 1;
    }

    string nextToken;
    while (inputFile >> nextToken) {
        cout << "Token: " << nextToken << endl;
```

```
    }
}
```

32.1.8 写入类模板

模板语法可能会令人困惑。模板中最容易忘记的部分是：使用类模板的代码需要能够看到类模板的定义和方法实现。函数模板同样如此。实现这一点的一种技术是将类方法实现直接放在包含类模板定义的接口文件中。下面的示例对此进行了展示，实现了一个类模板，封装了对对象的引用并且包含了 getter。下面是模块接口文件：

```
export module simple_wrapper;

export template <typename T>
class SimpleWrapper
{
    public:
        SimpleWrapper(T& object) : m_object { object } { }
        T& get() { return m_object; }
    private:
        T& m_object;
};
```

该代码可以测试如下：

```
import simple_wrapper;
import <iostream>;
import <string>;

using namespace std;

int main()
{
    // Try wrapping an integer.
    int i { 7 };
    SimpleWrapper intWrapper { i }; // Using CTAD.
    // Or without class template argument deduction (CTAD).
    // SimpleWrapper<int> intWrapper { i };
    i = 2;
    cout << "wrapped value is " << intWrapper.get() << endl;

    // Try wrapping a string.
    string str { "test" };
    SimpleWrapper stringWrapper { str };
    str += "!";
    cout << "wrapped value is " << stringWrapper.get() << endl;
}
```

有关模板的细节，可参阅第 12 章和第 26 章。

C++20 32.1.9 约束模板参数

在 C++20 的 concept 中，可以对类模板和函数模板的模板参数添加约束。例如，下面的代码片段将前一节的 SimpleWrapper 类模板的模板类型参数 T 约束为浮点型或整型。为 T 指定不满足这些约束的类型将导致编译错误。

```
import <concepts>;

export template <typename T> requires std::floating_point<T> || std::integral<T>
class SimpleWrapper
{
    public:
        SimpleWrapper(T& object) : m_object { object } { }
        T& get() { return m_object; }
    private:
        T& m_object;
};
```

第 12 章介绍了 concept 的细节。

32.2 始终存在更好的方法

在你阅读这段文字时，全球数千名 C++程序员也许正在解决已经解决的问题。在位于圣何塞的办公室里，有人正在从头编写智能指针实现，该实现使用引用计数。地中海的小岛上，一位年轻程序员正在设计一种类层次结构，通过使用混入类获得极大好处。

作为一名专业的 C++程序员，不要将过多时间花在重新发明上，要将更多时间用于以新方式适应可重用概念。本节列举一些通用方法，可直接将这些方法应用于自己的程序中，或根据自己的需要进行定制。

32.2.1 RAII

RAII(Resource Acquisition Is Initialization，资源获得即初始化)是一个简单却十分强大的概念。它用于获得一些资源的所有权，并在 RAII 实例离开作用域时自动释放已获取的资源。这是在确定的时间点发生的。基本上，新 RAII 实例的构造函数获取特定资源的所有权，并使用资源初始化实例，因此得名 RAII。在销毁 RAII 实例时，析构函数自动释放所获取的资源。

下面的 RAII 类 File 安全地包装 C 风格的文件句柄(std::FILE)，并在 RAII 实例离开作用域时自动关闭文件。RAII 类也提供 get()、release()和 reset()方法，这些方法的行为类似于标准库类(如 std::unique_ptr)中的同名方法。RAII 类通常不允许拷贝构造和拷贝复制，因此，该实现删除这些成员。

```
#include <cstdio>

class File final
{
    public:
        explicit File(std::FILE* file) : m_file { file } { }
        ~File() { reset(); }

        // Prevent copy construction and copy assignment.
        File(const File& src) = delete;
        File& operator=(const File& rhs) = delete;

        // Allow move construction and move assignment.
        File(File&& src) noexcept = default;
        File& operator=(File&& rhs) noexcept = default;

        // get(), release(), and reset()
```

```
        std::FILE* get() const noexcept { return m_file; }

        [[nodiscard]] std::FILE* release() noexcept
        {
            std::FILE* file { m_file };
            m_file = nullptr;
            return file;
        }

        void reset(std::FILE* file = nullptr) noexcept
        {
            if (m_file) { fclose(m_file); }
            m_file = file;
        }

    private:
        std::FILE* m_file { nullptr };
};
```

用法如下：

```
File myFile { fopen("input.txt", "r")) };
```

myFile 实例一旦离开作用域，就会调用它的析构函数，并自动关闭文件。

使用 RAII 类有一个需要注意的重要缺陷。你可能无意中编写了一行代码，以为它在某个范围内正确地创建了一个 RAII 示例，但实际上却创建了一个临时对象。当这个代码完成时，对象会立刻被销毁。这个问题最好通过标准库中的 RAII 类 std::unique_lock(见第 27 章)来解释。unique_lock 的正确用法如下：

```
class Foo
{
    public:
        void setData()
        {
            unique_lock<mutex> lock(m_mutex);
            // ...
        }
    private:
        mutex m_mutex;
};
```

setData()方法使用 RAII 对象 unique_lock 构建一个本地 lock 对象，该对象锁定 m_mutex 数据成员，并在方法结束时自动解锁互斥体。

但由于不会在定义后直接使用 lock 变量，很容易犯以下错误：

```
unique_lock<mutex>(m_mutex);
```

在上述代码中，无意中忘了给 unique_lock 指定名称。这是可编译的，但行为不符合预期。它实际上将声明一个本地变量 m_mutex(隐藏 m_mutex 数据成员)，并调用 unique_lock 的默认构造函数对它进行初始化。结果，m_mutex 数据成员并未锁定！但如果警告级别设置得足够高，编译器会给出一个警告，大致是：

```
warning C4458: declaration of 'm_mutex' hides class member
```

如果使用如下所示的统一初始化语法，编译器不会生成警告，但它也不会做想要的事情。下面的语句为m_mutex创建了一个临时锁，但因为它是临时的，所以这个锁会在语句结束时被立刻释放。

```
unique_lock<mutex> { m_mutex };
```

此外，可能会在作为参数传递的名称中出现错误，例如：

```
unique_lock<mutex>(m);
```

这里忘记为锁指定一个名称，并且输入了错误的参数名。这段代码只是声明了一个名为m的局部变量，并用unique_lock的默认构造函数初始化它。编译器甚至不会生成警告，除非警告m是一个未引用的局部变量。但是在这种情况下，如果像下面这样使用统一的初始化语法，编译器就会报出一个错误，抱怨一个未声明的标识符m：

```
unique_lock<mutex> { m };
```

> **警告：**
> 确保经常命名你的RAII实例。此外，建议不要在一个RAII类中包含默认构造函数。这避免了这里讨论的一些问题。

32.2.2 双分派

双分派(double dispatch)技术用于给多态性概念添加附加维度。如第5章“面向对象设计”所述，多态性允许程序在运行时基于类型确定行为。例如，Animal类有move()方法。所有动物都能走动，但走动方式是不同的。为Animal类的每个派生类定义move()方法，这样，可在运行时为适当的动物调用或分派适当的方法，在编译期可不了解动物类型。第10章解释了如何使用虚方法实现这种运行时多态性。

但有时，方法的行为取决于两个对象(而不是一个对象)的运行时类型。例如，假设需要给Animal类添加一个方法，如果一种动物捕食另一种动物，将返回true，否则返回false。这个决策基于两个因素：作为捕食者的动物类型，以及作为被捕食者的动物类型。遗憾的是，C++没有提供相应的语言机制，以根据多个对象的运行时类型选择行为。虚方法本身不足以建立这种场景的模型，它们仅根据接收对象的运行时类型来确定方法或行为。

有些面向对象语言允许基于两个或多个对象的运行时类型，在运行时选择方法，它们将该功能称为多方法(multi-methods)。而在C++中，并没有支持多方法的核心语言功能，但可以使用双分派技术，从而创建针对多个对象的虚函数。

> **注意：**
> 双分派实际上是多分派的特例。所谓多分派，是指根据两个或多个对象的运行时类型来选择行为。在实践中，双分派可根据两个对象的运行时类型选择行为，这通常就能满足需要。

1. 第一次尝试：蛮力方式

要使方法的行为取决于两个不同对象的运行时类型，最直接的方法就是站在其中一个对象的立场上，使用一系列if/else构造来检查另一个对象的类型。例如，可在Animal的每个派生类中实现eats()方法，eats()方法将另一种动物作为参数。在基类中将eats()方法声明为纯虚函数：

```
class Animal
{
```

```
    public:
        virtual bool eats(const Animal& prey) const = 0;
};
```

每个派生类都实现 eats()方法，并基于参数类型返回适当的值。有几个派生类的 eats()实现如下所示。注意，Dinosaur 派生类未使用一系列 if/else 结构，因为在笔者(T-rex)看来，和任何食肉恐龙一样，什么都吃。

```
bool Bear::eats(const Animal& prey) const
{
    if (typeid(prey) == typeid(Bear)) {
        return false;
    } else if (typeid(prey) == typeid(Fish)) {
        return true;
    } else if (typeid(prey) == typeid(Dinosaur)) {
        return false;
    }
    return false;
}

bool Fish::eats(const Animal& prey) const
{
    if (typeid(prey) == typeid(Bear)) {
        return false;
    } else if (typeid(prey) == typeid(Fish)) {
        return true;
    } else if (typeid(prey) == typeid(Dinosaur)) {
        return false;
    }
    return false;
}

bool TRex::eats(const Animal& prey) const
{
    return true;
}
```

这种蛮力方式也可行，如果类的数量不多，这可能是最直接的方式。但出于以下几种原因，最好避免使用这种方式：

- OOP(Object-Oriented Programming，面向对象编程)纯粹主义者通常不赞成明确查询对象的类型，因为这种设计隐式地表明它不是合理的面向对象结构。
- 随着类型数量的增加，此类代码会变得杂乱不堪。
- 这种方式不强制要求派生类考虑新类型。例如，若添加了 Donkey 类，Bear 类会继续编译。让 Bear 捕食 Donkey 时，会返回 false；但每个人都知道熊吃驴子。熊会拒绝吃一头驴，因为没有其他 if 语句明确检查驴。

2. 第二次尝试：包含重载的单个多态

可尝试使用带有重载的多态，以绕过所有的 if/else 级联结构。不是给每个派生类都提供接收 Animal 引用的 eats()方法，为什么不考虑重载 Animal 的每个派生类的方法？基类定义如下所示：

```
class Animal
{
    public:
```

```
        virtual bool eats(const Bear&) const = 0;
        virtual bool eats(const Fish&) const = 0;
        virtual bool eats(const Dinosaur&) const = 0;
};
```

由于这些方法在基类中是纯虚方法，每个派生类都必须实现其他每种 Animal 类型的行为。例如，Bear 类包含的方法如下：

```
class Bear : public Animal
{
    public:
        bool eats(const Bear&) const override { return false; }
        bool eats(const Fish&) const override { return true; }
        bool eats(const Dinosaur&) const override { return false; }
};
```

这种方式初看起来是可行的，但只解决了一半问题。为了调用 Animal 的适当 eats()方法，编译器需要了解被捕食动物的编译期类型。如下调用将能够成功，因为捕食者和被捕食者的编译期类型都是已知的：

```
Bear myBear;
Fish myFish;
cout << myBear.eats(myFish) << endl;
```

遗憾的是，这种解决方案只在一个方向上具有多态性。可以通过 Animal 引用访问 myBear，此时将调用正确的方法：

```
Bear myBear;
Fish myFish;
Animal& animalRef { myBear };
cout << animalRef.eats(myFish) << endl;
```

但反过来却行不通。如果给 eats()方法传递 Animal 引用，将看到编译错误，因为没有接收 Animal 引用的 eats()方法。在编译期，编译器无法确定调用哪个版本。下例无法编译：

```
Bear myBear;
Fish myFish;
Animal& animalRef = myFish;
cout << myBear.eats(animalRef) << endl; // BUG! No method Bear::eats(Animal&)
```

由于编译器需要了解在编译期调用哪个重载的 eats()方法版本，因此这不是真正的多态解决方案。有时是行不通的，例如迭代 Animal 引用的数组，并将每一个传给 eats()方法的情形。

3. 第三次尝试：双分派

对于多类型问题，双分派技术是真正的多态解决方案。在 C++中，通过重写派生类中的方法来获得多态性。在运行时，基于对象的实际类型调用方法。前面的单个多态尝试不可行，因为它尝试使用多态来确定调用方法的哪个重载版本，而非使用它确定调用哪个类的方法。

首先重点分析单个派生类，可能是 Bear 类。该类需要一个具有以下声明的方法：

```
bool eats(const Animal& prey) const override;
```

双分派的关键在于基于参数上的方法调用来确定结果。假设 Animal 类有一个 eatenBy()方法，该方法将 Animal 引用作为参数。如果当前 Animal 会被传入的动物捕食，该方法返回 true。有了这个方法，eats()方法的定义变得十分简单：

```
bool Bear::eats(const Animal& prey) const
{
   return prey.eatenBy(*this);
}
```

初看起来，这个解决方案给单多态方法添加了另一个方法调用层。毕竟，每个派生类都必须为每个 Animal 派生类实现 eatenBy()版本。但有一个重要区别：多态发生了两次！当调用 eats()方法时，多态性确定是调用 Bear::eats()、Fish::eats()还是其他。当调用 eatenBy()方法时，多态性再次确定要调用哪个类的方法版本，调用 prey 对象的运行时类型的 eatenBy()。注意，*this 的运行时类型始终与编译期类型相同，这样，编译器可为实参(这里是 Bear)调用 eatenBy()的正确重载版本。

下面是使用双分派的 Animal 层次结构的类定义。前置声明是必需的，因为基类使用派生类的引用。注意，Animal 的派生类以相同的方式实现 eats()方法，但不能向上延伸到基类；如果尝试这么做，编译器不知道要调用 eatenBy()方法的哪个重载版本，因为*this 是 Animal 而非特定的派生类。根据对象的编译期类型(而非运行时类型)来确定方法重载方案。

```
// Forward declarations.
class Fish;
class Bear;
class TRex;

class Animal
{
     public:
          virtual bool eats(const Animal& prey) const = 0;

          virtual bool eatenBy(const Bear&) const = 0;
          virtual bool eatenBy(const Fish&) const = 0;
          virtual bool eatenBy(const TRex&) const = 0;
};
class Bear : public Animal
{
     public:
          bool eats(const Animal& prey) const override{ return prey.eatenBy(*this); }

          bool eatenBy(const Bear&) const override { return false; }
          bool eatenBy(const Fish&) const override { return false; }
          bool eatenBy(const TRex&) const override { return true; }
};

class Fish : public Animal
{
     public:
          bool eats(const Animal& prey) const override{ return prey.eatenBy(*this); }
          bool eatenBy(const Bear&) const override { return true; }
          bool eatenBy(const Fish&) const override { return true; }
          bool eatenBy(const TRex&) const override { return true; }
};

class TRex : public Animal
{
     public:
          bool eats(const Animal& prey) const override{ return prey.eatenBy(*this); }
```

```
        bool eatenBy(const Bear&) const override { return false; }
        bool eatenBy(const Fish&) const override { return false; }
        bool eatenBy(const TRex&) const override { return true; }
};
```

双分派技术需要练习一段时间才能用熟练，建议反复研究这里的代码。

32.2.3　混入类

第 5 章和第 6 章介绍了混入类的技术。他们会回答这个问题：类还能做什么？答案往往以 able 结尾。例如 Clickable、Drawable、Printable、Lovable 等。混入类是一种可以添加功能到一个类而不必提交一个完整的 is-a 关系的方式。在 C++中实现混入类有两种主要方式，它们会在下一节讨论：

(1) 使用多继承

(2) 使用类模板

1. 使用多继承

本节介绍如何使用多重继承技术设计、实现和使用混入类。

设计混入类

混入类包含可供其他类重用的实际代码。混入类往往实现一项良好定义的功能。例如，可能有一个 Playable 混入类，它混入了多种媒体对象。例如，该混入类可能包含与电脑声卡通信的大多数代码。通过混入类，媒体对象可自由地获得相应功能。

设计混入类时，需要考虑添加什么行为，以及行为属于对象层次结构还是属于单个类。使用前面的例子，如果所有媒体类都是可播放的，则基类应当从 Playable 类派生，而不是将 Playable 类混入所有派生类中。只有在某些媒体类是可播放的，并且这些媒体类分散在层次结构中时，才应当使用混入类。

如果类在一条轴上组织成层次结构，但它们还与另一条轴有相似之处，混入类将特别有用。例如，考虑一款在网格上玩的战争模拟游戏。每个网格点都可包含具有攻防能力和其他特性的 Item，有些项(如 Castle)是固定不动的。其他项(如 Knight 或 FloatingCastle)可在网格上移动。开始设计对象层次结构时，可能得到如图 32-1 所示的层次结构，根据项的攻防能力组织类。

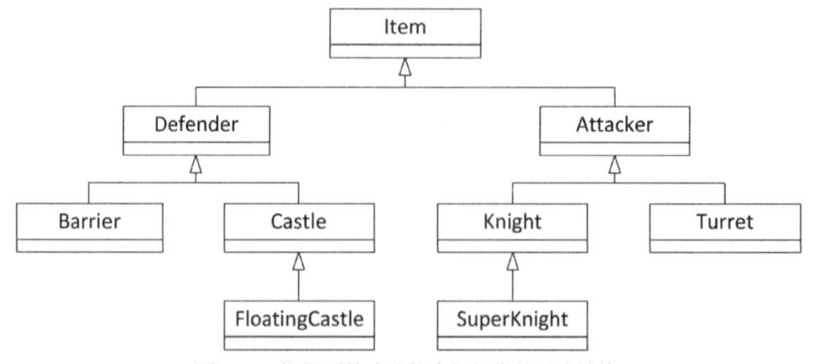

图 32-1　根据项的攻防能力组织类的层次结构

图 32-1 所示的层次结构忽略了某些类包含的移动功能。围绕移动构建层次结构将得到如图 32-2 所示的层次结构。

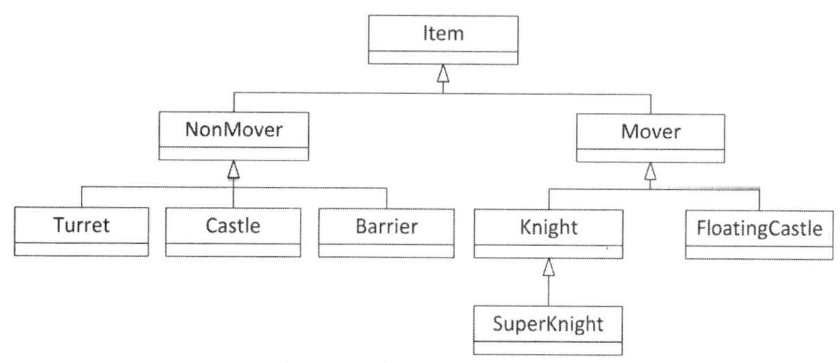

图 32-2　围绕移动构建的层次结构

当然，图 32-2 所示的设计对图 32-1 做了大刀阔斧般的改动，优秀的面向对象程序此时该怎么做？

对于这个问题有两个常用的解决方案。假设接受第一个基于攻防进行组织的层次结构，那么需要采用一些方式将移动性考虑在内。

一种方案是，虽然派生类只有一部分支持移动，但可给 Item 基类添加 move()方法。默认实现什么都不做。一部分派生类可以重写 move()，以真正更改它们在网格上的位置。

另一种方案是编写 Movable 混入类。可保留图 32-1 所示的优雅层次结构，但一部分可从 Movable 及其父类继承。图 32-3 显示了这种设计方式。

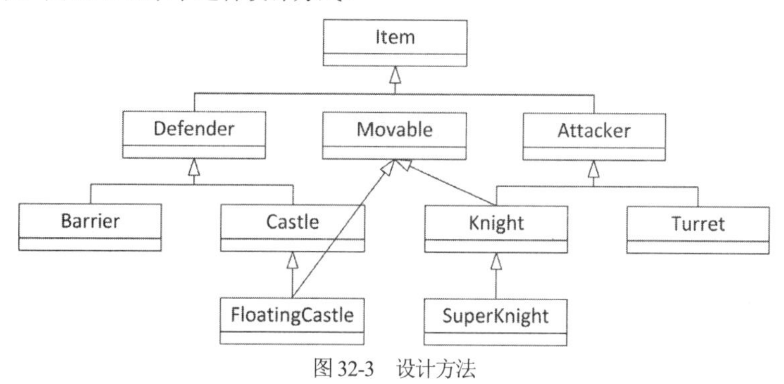

图 32-3　设计方法

实现混入类

编写混入类与编写普通的类没什么区别。实际上，编写混入类往往更简单。

使用前面的战争模拟游戏，Movable 混入类可能如下所示：

```
class Movable
{
   public:
      virtual void move() { /* Implementation to move an item... */ }
};
```

Movable 混入类实现实际代码，以便在网格上移动项。它还为可移动的项提供了类型。例如，可创建一组可移动项，而不必了解或关心它们所属的实际派生类。

使用混入类

使用混入类的代码的语法与多重继承相同。除了从主层次结构的父类派生外，还从混入类派生。

```
class FloatingCastle : public Castle, public Movable { /* ... */ };
```

这样，就将 Movable 混入类提供的功能成功混入 FloatingCastle 类。

现在有了一个类，它位于层次结构中最合理的位置，但仍与层次结构中其他位置的对象具有共性。

2. 使用类模板

在 C++中实现混入类的第二种方法是使用所谓奇怪的重复模板模式(CRTP)。

混入类本身是接收模板类型翻出并从该类型派生自己的类模板，这就是它被称为 recurring 的原因。

第 6 章解释了实现 SelfDrivable 混入类模板的机制，这个模板可以用来创建自动驾驶的汽车和卡车。现在你已经很熟悉类模板(第 12 章和第 26 章)，第 6 章中的 SelfDrivable 混入类示例应该不会再让你感到意外。混入类的定义如下：

```
template <typename T>
class SelfDrivable : public T { /* ... */ };
```

如果你有一个 Car 类和一个 Truck 类，可以很容易地定义一个自动驾驶的汽车和卡车，如下所示。

```
SelfDrivable<Car> selfDrivingCar;
SelfDrivable<Truck> selfDrivingTruck;
```

通过这种方式，可以将功能添加到现有的 Car 类和 Truck 类中，而不必修改这些类。

32.3 面向对象的框架

图形操作系统于 20 世纪 80 年代问世，那时，过程语言最常见，编写 GUI 应用程序时，通常会操纵复杂的数据结构，并将它们传给 OS 提供的函数。例如，要在窗口中绘制一个矩形，就必须用适当信息填充 Window 结构，然后将 Window 结构传递给 drawRect()函数。

随着 OOP(Object Oriented Programming，面向对象编程)日益流行，程序员开始探索将 OOP 范型应用于 GUI 开发。面向对象的框架应运而生。

大致来讲，框架是一组类，为一些底层功能提供面向对象的接口。在讨论框架时，程序员通常指用于开发普通应用程序的庞大类库。但实际上，框架可以表示任何规模的功能。如果编写了一组类，为应用程序提供数据库功能，就可以将这些类称为框架。

32.3.1 使用框架

框架的本质特征在于提供自己的一组技术和模式。通常需要对框架进行较长时间的学习才能开始使用框架，因为它们有自己的“心智模型”。在开始使用 MFC(Microsoft Foundation Class)等大型应用程序框架前，需要了解它们与外界的交互方式。

各个框架的抽象方式和实际实现大相径庭。许多框架建立在传统的过程 API 之上，这会对设计的各个方面产生影响。其他框架则一直采用面向对象的设计方式编写。一些框架的理念可能与 C++语言相悖。例如，框架可能有意识地回避多重继承概念。

开始使用新框架时，首先要确定框架的工作原理是什么？遵循什么设计原理？开发人员传达的理念是什么？框架广泛使用语言的哪些方面？这些都是至关重要的问题。如果未能理解框架的设计、模型或语言功能，可能很快将逾越框架的界限。

理解框架的设计后，将可以扩展框架。例如，如果框架缺少一项功能(如支持打印)，可沿袭框架模型，编写自己的打印类。这样，可保证应用程序模型的一致性，而且代码可供其他应用程序重用。

框架可能使用某些特定的数据类型。例如，MFC 框架使用 CString 数据类型表示字符串，而不使用标准库的 std::string 类。这并不意味着必须将整个代码库切换到框架提供的类型。相反，可在框架代码和其余代码的边界处转换数据类型。

32.3.2 MVC 范型

如前所述，框架采用的方法与面向对象的设计方法存在差异。一种常见范型是 MVC(Model-View-Controller，模型-视图-控制器)。这种范型的模型来源是：许多应用程序经常处理数据集合，有一个或多个数据视图，还会操纵数据。

在 MVC 中，将数据集合称为“模型”。在赛车模拟器中，模型将跟踪各种统计数据，如赛车的当前速度以及持续遭受的磨损。在实践中，模型通常采用类的形式，类有多个获取器和设置器。赛车模型的类定义可能如下所示：

```
class RaceCar
{
    public:
        RaceCar();
        virtual ~RaceCar() = default;

        virtual double getSpeed() const;
        virtual void setSpeed(double speed);

        virtual double getDamageLevel() const;
        virtual void setDamageLevel(double damage);
    private:
        double m_speed { 0.0 };
        double m_damageLevel { 0.0 };
};
```

视图是模型的特定可视化形式。例如，RaceCar 可能有两个视图。第一个视图是赛车的图形视图，第二个视图显示随时间推移的受损程度。要点在于，这两个视图都在同一数据上操作，它们以不同方式查看相同的信息。这是 MVC 范型的一个主要优点：将数据与显示分开后，可以更好地组织代码，方便地创建其他视图。

MVC 范型的最后一部分是控制器。控制器是一段代码，通过更改模型来响应一些事件。例如，当赛车模拟器的司机遇到混凝土护栏时，控制器会告诉模型大幅提高赛车的受损级别，并降低速度。控制器也可操纵视图。例如，当用户在用户界面上移动滚动条时，控制器会告诉视图滚动其内容。

MVC 的这三个组件以反馈循环的方式进行交互。控制器处理操作，从而调整模型和(或)视图。如果模型发生变化，它会通知视图进行相应的更新。图 32-4 显示了交互方式。

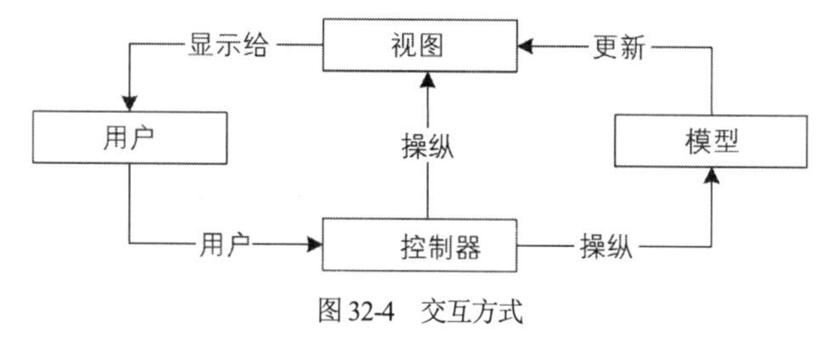

图 32-4 交互方式

MVC 范型得到很多主流框架的广泛支持。即使是有别于传统的应用程序(如 Web 应用程序)也在向 MVC 靠拢，因为它强制要求明确分离数据、数据的操纵以及显示。

MVC 设计模式已演变出多个不同变体，如MVP(Model-View-Presenter)、MVA(Model-View-Adapter)

和 MVVM(Model-View-ViewModel)等。

32.4 本章小结

在本章中，你学习了专业 C++程序员在日常项目中使用的常见技术。在从事软件开发的过程中，你一定会有自己的可重用类和库的集合。了解设计技术将为开发和使用设计模式打开一扇大门，设计模式是更高级的可重用结构。第 33 章“应用设计模式”将介绍多种设计模式的运用方式。

32.5 练习

通过完成下面的习题，可以巩固本章所讨论的知识点。所有习题的答案都可扫描封底二维码下载。然而如果你受困于某个习题，可以在看网站上的答案之前，先重新阅读本章的部分内容，尝试着自己找到答案。

练习 32-1 编写一个 RAII 类模板 Pointer，它可以存储指向任何类型对象的指针，并在 RAII 实例超出作用域时自动释放内存。提供 reset()和 release()方法以及重载 operator*。

练习 32-2 修改习题 32-1 中的类模板，以便构造函数的参数为 nullptr 时抛出异常。

练习 32-3 从习题 32-2 中拿到答案，并添加名为 assign()的模板方法，接收类型为 E 的参数，并将这个参数赋值给包裹的指针所指向的数据。向模板方法添加一个约束，确保类型 E 可转换为类型 T。

练习 32-4 编写一个 lambda 表达式，返回两个参数的和。lambda 表达式应该处理所有种类的数据类型，比如整型和浮点型。通过计算 11 与 22，1.1 与 2.2 的和来测试你的 lambda 表达式。

第33章 应用设计模式

本章内容

- 设计模式的含义及其与设计技术的区别
- 如何使用以下设计模式：
  - 依赖注入
  - 抽象工厂模式
  - 工厂方法模式
  - 适配器模式
  - 代理模式
  - 迭代器模式
  - 观察者模式
  - 装饰器模式
  - 责任链模式
  - 单例模式

设计模式是组织用于解决一般性问题的标准方法。与设计技术相比，设计模式的语言专用性弱一些。设计模式和设计技术之间的区别是模糊的，各类书籍给出的定义也不尽相同。本书将“设计技术”定义为C++语言的专用策略，将“设计模式”视为适用于任何面向对象语言的通用模式。例如C++、C#、Java或Smalltalk。实际上，如果熟悉C#或Java编程，你就会认识其中的很多模式。

注意，很多设计模式都有多个不同名称。设计模式本身的区别有时也是模糊的，不同来源对它们的描述和分类都稍有不同。事实上，你会发现，在不同的书籍和来源中，同一个名称指代的是不同的设计模式，甚至对于应将哪些设计方法归类为设计模式仍存在异议。本书使用的名称基本沿袭重要著作 *Design Patterns: Elements of Reusable Object-Oriented Software* (Addison-wesley Professional, 1994)，但也会在适当之处指出其他名称和变体。

设计模式是一个简单却强大的概念。一旦掌握程序中反复出现的面向对象的交互方式，通过选择适当的设计模式就能找到完美的解决方案。本章将详细描述几种设计模式，并提供示例实现。

设计的任何方面都会在程序员中引起争论，这是一件好事。不要将这些设计模式视为完成任何任务的唯一途径，可巧用这些方法和想法，并加以改进，形成新的设计模式。

33.1 依赖注入

依赖注入是支持依赖倒置原则(DIP)的一种方法。通过依赖注入，可以使用接口反转依赖关系。为某个提供的服务创建接口。如果组件需要一组服务，则将这些服务的接口注入组件中。依赖注入使单元测试变得更容易，因为可以轻松地模拟服务。本节讨论一个使用依赖注入实现的日志机制的示例。

33.1.1 示例：日志机制

依赖注入logger示例使用了名为ILogger的接口。任何想要使用log的代码都需要使用这个ILogger接口。随后，将该接口的实现注入能够使用日志功能的任何代码中。使用此模式，单元测试可以为ILogger 接口注入一个特殊的模拟实现，来验证是否记录了正确的信息。此外，可以轻松地交换具体的 logger，不需要修改任何客户端代码。

33.1.2 依赖注入 logger 的实现

该实现提供了具有以下特性的 Logger 类：

- 可以记录单个字符串。
- 每个日志消息都有一个关联的日志级别，该级别是日志消息的前缀。
- 可以将 logger 设置为仅记录某个级别日志的消息。
- 每个日志消息都会被刷到磁盘上，以便立即出现在文件中。

首先定义 ILogger 接口：

```
export class ILogger
{
    public:
        virtual ~ILogger() = default; // Virtual destructor.

        // Enumeration for the different log levels.
        enum class LogLevel {
            Error,
            Info,
            Debug
        };

        // Sets the log level.
        virtual void setLogLevel(LogLevel level) = 0;

        // Logs a single message at the given log level.
        virtual void log(std::string_view message, LogLevel logLevel) = 0;
};
```

接下来，Logger 类实现如下：

```
export class Logger : public ILogger
{
    public:
        explicit Logger(std::string_view logFilename);
        virtual ~Logger();
        void setLogLevel(LogLevel level) override;
        void log(std::string_view message, LogLevel logLevel) override;
    private:
```

```
        // Converts a log level to a human readable string.
        std::string_view getLogLevelString(LogLevel level) const;

        std::ofstream m_outputStream;
        LogLevel m_logLevel { LogLevel::Error };
};
```

Logger 类的实现相当简单。一旦打开日志文件，会把每个日志信息写入文件，并添加日志级别，然后将其刷新到磁盘中。方法实现如下：

```
Logger::Logger(string_view logFilename)
{
    m_outputStream.open(logFilename.data(), ios_base::app);
    if (!m_outputStream.good()) {
        throw runtime_error { "Unable to initialize the Logger!" };
    }
}

Logger::~Logger()
{
    m_outputStream << "Logger shutting down." << endl;
    m_outputStream.close();
}

void Logger::setLogLevel(LogLevel level)
{
    m_logLevel = level;
}

string_view Logger::getLogLevelString(LogLevel level) const
{
    switch (level) {
    case LogLevel::Error: return "ERROR";
    case LogLevel::Info: return "INFO";
    case LogLevel::Debug: return "DEBUG";
    }
    throw runtime_error { "Invalid log level." };
}

void Logger::log(string_view message, LogLevel logLevel)
{
    if (m_logLevel < logLevel) { return; }

    m_outputStream << format("{}: {}", getLogLevelString(logLevel), message)
        << endl;
}
```

33.1.3 使用依赖注入

假设有一个名为 Foo 的类，它想要使用日志功能。通过依赖注入模式，将具体的 ILogger 实例注入类中，例如通过构造函数：

```
class Foo
{
    public:
        explicit Foo(ILogger& logger) : m_logger { logger } { }
```

```
        void doSomething()
        {
            m_logger.log("Hello dependency injection!", ILogger::LogLevel::Info);
        }
    private:
        ILogger& m_logger;
};
```

如果创建了一个 Foo 实例，会注入一个具体的 ILogger：

```
Logger concreteLogger { "log.out" };
concreteLogger.setLogLevel(ILogger::LogLevel::Debug);

Foo f { concreteLogger };
f.doSomething();
```

33.2　抽象工厂模式

现实中的工厂会制造有形物品，如桌子或汽车。与此类似，面向对象编程领域中的工厂会构建对象。在程序中使用工厂时，想要创建特定对象的代码片段向工厂索要对象实例，而非调用自身的对象构造函数。例如，一个室内装潢程序可能有一个 FurnitureFactory 对象。当代码的一部分需要一件家具(如桌子)时，会调用 FurnitureFactory 对象的 createTable()方法，该方法将返回新的桌子。

乍一看，工厂似乎只会增加设计复杂度，没什么明显好处。这样一来，好像程序变得更复杂了。不必调用 FurnitureFactory 对象的 createTable()方法，我们可直接创建一个新的 Table 对象。然而使用工厂的一个好处是，可将类层次结构与工厂结合使用以构建对象，不必了解具体的类。工厂可与类层次结构并行运行(当然，并非一定要并行运行)。工厂也可创建任意数量的具体类型。

工厂的另一个好处是，不必在整个代码中直接创建各种对象，通过工厂可以在程序的不同部分为特定域创建相同类型的对象。

使用工厂的另一个原因是，创建对象需要工厂拥有的某些信息、状态和资源等，工厂的用户不应该知道这些。如果创建对象时，需要按正确顺序执行一系列复杂步骤，或者需要按正确的顺序将创建的所有对象链接到其他对象，也可以使用工厂。

工厂的主要好处在于实现了创建过程的抽象化。使用依赖注入时，可方便地在程序中替换不同的工厂。就像在创建对象时可使用多态性一样，工厂也可以使用多态性。

面向对象编程中有两种与工厂相关的模式：抽象工厂模式和工厂方法模式。本节讨论抽象工厂模式，下一节讨论工厂方法模式。

33.2.1　示例：模拟汽车工厂

想象一个能够生产汽车的工厂。工厂创建它所要求的汽车类型。首先，需要一个层次结构来表示多种类型的汽车。图 33-1 介绍了一个 ICar 接口，该接口使用虚方法检索有关特定汽车的信息。Toyota 和 Ford 汽车都派生自 ICar，最后，Ford 和 Toyota 都有一款轿车和一款 SUV。

继汽车层次结构后，需要一个工厂层次结构。抽象工厂只需要一个公开接口来创建品牌无关的轿车或 SUV，具体的工厂从具体的品牌构建具体的模型。层次结构如图 33-2 所示。

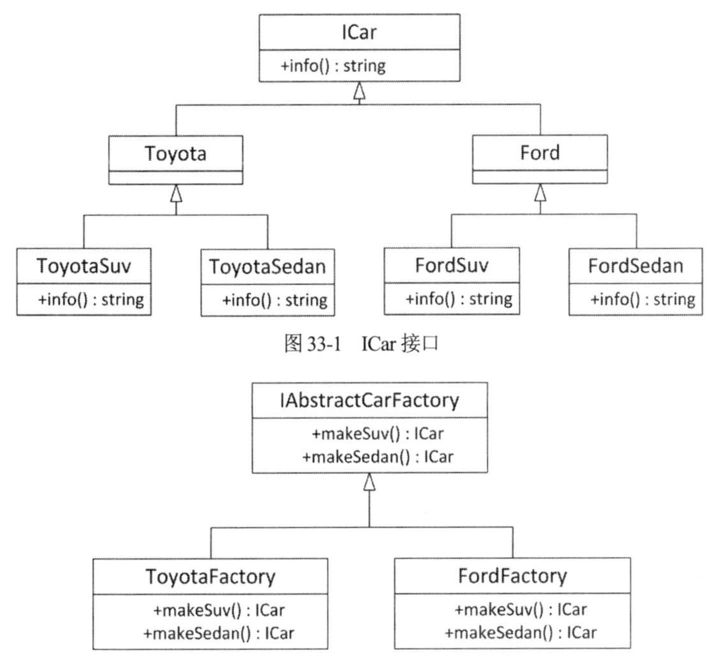

图 33-1　ICar 接口

图 33-2　层次结构

33.2.2　实现抽象工厂

汽车层次结构的实现很简单：

```
export class ICar
{
    public:
        virtual ~ICar() = default; // Always a virtual destructor!
        virtual std::string info() const = 0;
};

export class Ford : public ICar { };

export class FordSedan : public Ford
{
    public:
        std::string info() const override { return "Ford Sedan"; }
};

export class FordSuv : public Ford
{
    public:
        std::string info() const override { return "Ford Suv"; }
};

export class Toyota : public ICar { };

export class ToyotaSedan : public Toyota
{
```

```
    public:
        std::string info() const override { return "Toyota Sedan"; }
};

export class ToyotaSuv : public Toyota
{
    public:
        std::string info() const override { return "Toyota Suv"; }
};
```

接下来是 IAbstractCarFactory 接口。它只暴露了创建轿车或 SUV 的接口，不必知道任何具体工厂或汽车。

```
export class IAbstractCarFactory
{
    public:
        virtual ~IAbstractCarFactory() = default; // Always a virtual destructor!
        virtual std::unique_ptr<ICar> makeSuv() = 0;
        virtual std::unique_ptr<ICar> makeSedan() = 0;
};
```

最后有具体工厂，创建具体的汽车模型。这里只展示 Ford 的工厂，Toyota 工厂类似。

```
export class FordFactory : public IAbstractCarFactory
{
    public:
        std::unique_ptr<ICar> makeSuv() override {
            return std::make_unique<FordSuv>(); }
        std::unique_ptr<ICar> makeSedan() override {
            return std::make_unique<FordSedan>(); }
};
```

本例中使用的方法称为抽象工厂，因为创建的对象类型取决于正在使用的具体工厂。

33.2.3 使用抽象工厂

下面的示例展示了如何使用已实现的工厂。它有一个函数，可以接收一个抽象的汽车工厂，使用它制造一辆轿车和一辆 SUV，并打印每一辆已生产汽车的信息。这个函数不知道任何具体工厂或任何具体汽车；也就是说，它只使用接口。main()函数创建两个工厂，一个用于 Ford，一个用于 Toyota，然后要求 createSomeCars()函数使用这些工厂创建一些汽车。

```
void createSomeCars(IAbstractCarFactory& carFactory)
{
    auto sedan { carFactory.makeSedan() };
    auto suv { carFactory.makeSuv() };
    cout << format("Sedan: {}\n", sedan->info());
    cout << format("Suv: {}\n", suv->info());
}

int main()
{
    FordFactory fordFactory;
    ToyotaFactory toyotaFactory;
    createSomeCars(fordFactory);
    createSomeCars(toyotaFactory);
}
```

代码片段的输出如下：

```
Sedan: Ford Sedan
Suv: Ford Suv
Sedan: Toyota Sedan
Suv: Toyota Suv
```

33.3 工厂方法模式

第二种与工厂相关的模式称为工厂方法模式。通过这种模式，创建哪种对象完全由具体工厂决定。在前面的抽象工厂方法示例中，IAbstractCarFactory 有创建 SUV 或轿车的方法。使用工厂方法模式，只需要从工厂请求一辆汽车，具体的工厂决定具体要创建什么。看看另一个汽车工厂的模拟。

33.3.1 示例：模拟第二个汽车工厂

在现实世界中，当谈到驾驶小汽车时，无论是哪类小汽车，都可以驾驶。丰田(Toyota)或福特(Ford)汽车都可以，它们都可供驾驶。现在假设要买一辆小汽车，需要指定是买丰田还是福特汽车，是这样吗？未必总是如此，也可以说："我需要一辆小汽车。"你会得到一辆小汽车，具体型号取决于所在的位置。如果在丰田工厂附近，则很可能买到一辆丰田汽车。如果在福特工厂附近，则很可能买到一辆福特汽车。

同样的概念适用于 C++编程领域。第一个概念"一般小汽车都是可驾驶的"没什么新意，这是标准的多态性，见第 5 章"面向对象设计"的讨论。可编写一个抽象的 Car 类来定义 drive()虚方法。Toyota 和 Ford 可以实现这样的接口。

程序可驾驶 Car，不必了解它们到底是 Toyota 还是 Ford。但在标准的面向对象编程领域，在创建 Car 时，必须指定是 Toyota 还是 Ford。此时，需要调用 Toyota 或 Ford 的构造函数，不能只说："我需要一辆小汽车。"但假设还有汽车工厂的并行类层次结构。CarFactory 基类可以定义一个公有的非虚 requestCar()方法，该方法将工作转发到受保护的虚方法 createCar()中。ToyotaFactory 和 FordFactory 派生类重写 createCar()方法来构建 Toyota 或 Ford。ICar 和 CarFactory 的层次结构如图 33-3 所示。

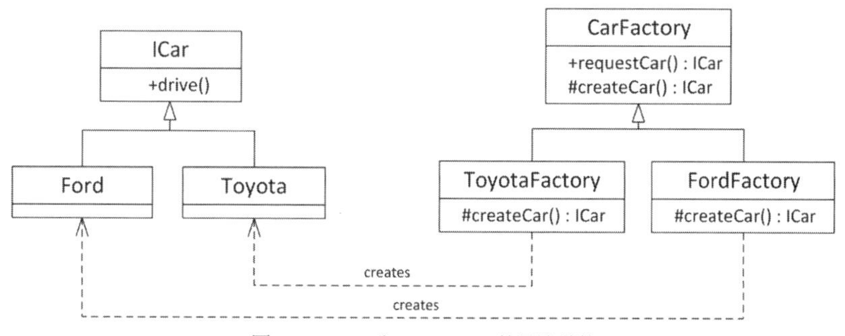

图 33-3 ICar 和 CarFactory 的层次结构

现在假设程序中有一个 CarFactory 对象。当程序中的代码(如汽车经销商)需要一辆新车时，会调用 CarFactory 对象的 requestCar()方法。代码会获得 Toyota 或 Ford，具体取决于汽车工厂是 ToyotaFactory 还是 FordFactory。图 33-4 显示了使用 ToyotaFactory 的汽车经销商程序中的对象。

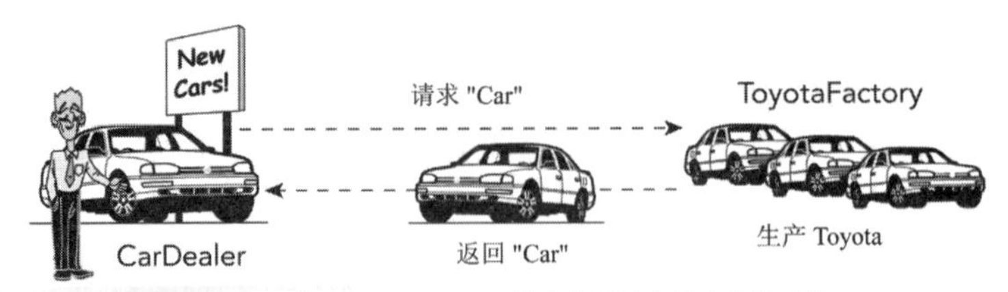

图 33-4 使用 ToyotaFactory 的汽车经销商程序中的对象

图 33-5 显示了相同的程序，但用 FordFactory 替代了 ToyotaFactory。注意，CarDealer 对象及其与工厂的关系保持不变。

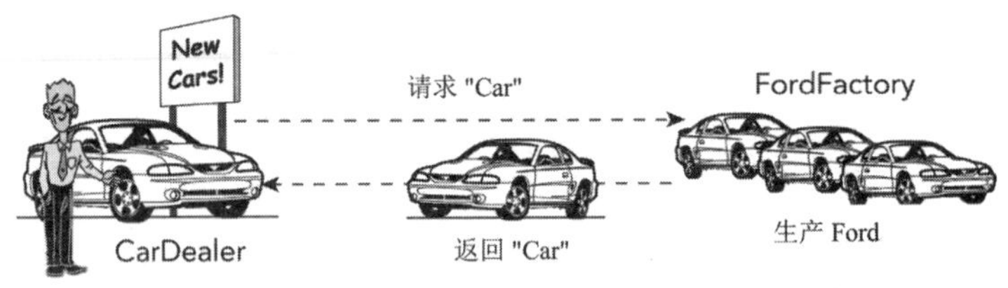

图 33-5 相同的程序

这个示例演示了为工厂使用多态性。当要求汽车工厂提供汽车时，可能并不知道是丰田工厂还是福特工厂，但无论是哪家工厂，都能提供用户可驾驶的汽车。使用该方法可得到易于扩展的程序；只需要更改工厂实例，程序就可以使用完全不同的对象和类集合。

33.3.2 实现工厂

使用工厂的一个原因是：想要创建的对象类型依赖于一些条件。例如，需要一辆汽车，但想将订单递交给迄今收到订单最少的工厂，你并不介意最终获得的型号是丰田还是福特。下面的实现显示了如何在 C++中编写此类工厂。

首先需要 Car 类的层次结构。为简单起见，此处的 Car 类只有一个抽象方法，该方法返回汽车的描述信息：

```
export class ICar
{
    public:
        virtual ~ICar() = default; // Always a virtual destructor!
        virtual std::string info() const = 0;
};

export class Ford : public ICar
{
    public:
        std::string info() const override { return "Ford"; }
};

export class Toyota : public ICar
{
    public:
        std::string info() const override { return "Toyota"; }
};
```

CarFactory 基类更有趣。每个工厂都跟踪所生产汽车的数量。调用公有方法 requestCar()时，对该工厂生产的汽车数量加 1，然后调用纯虚方法 createCar()，createCar()创建并返回新的汽车。目的是让各个工厂重写 createCar()以返回适当的汽车类型。CarFactory 本身实现了 requestCar()，requestCar()负责更新生产的汽车数量。CarFactory 还提供公有方法来查询每家工厂生成的汽车数量。

CarFactory 及其派生类的定义如下所示：

```
export class CarFactory
{
    public:
        virtual ~CarFactory() = default; // Always a virtual destructor!

        std::unique_ptr<ICar> requestCar()
        {
            // Increment the number of cars produced and return the new car.
            ++m_numberOfCarsProduced;
            return createCar();
        }

        size_t getNumberOfCarsProduced() const { return m_numberOfCarsProduced; }

    protected:
        virtual std::unique_ptr<ICar> createCar() = 0;
    private:
        size_t m_numberOfCarsProduced { 0 };
};

export class FordFactory : public CarFactory
{
    protected:
        std::unique_ptr<ICar> createCar() override {
            return std::make_unique<Ford>(); }
};

export class ToyotaFactory : public CarFactory
{
    protected:
        std::unique_ptr<ICar> createCar() override {
            return std::make_unique<Toyota>(); }
};
```

可以看到，派生类会简单地重写 createCar()，以返回它们生产的汽车类型。

注意：

工厂方法只是实现 virtual 构造函数的一种方式，以创建不同类型的对象。例如，requestCar()方法会根据调用的工厂对象创建 Toyota 和 Ford。

33.3.3 使用工厂

使用工厂的最简单方式是实例化它并调用适当的方法，如下所示：

```
ToyotaFactory myFactory;
auto myCar { myFactory.requestCar() };
cout << myCar->info() << endl;    // Outputs Toyota
```

一个更有趣的示例使用了 virtual 构造函数，在汽车生产数量最少的工厂生产汽车。为此，可创建新工厂 LeastBusyFactory，LeastBusyFactory 从 CarFactory 派生，其构造函数接收大量的其他 CarFactory 对象。与所有 CarFactory 类一样，LeastBusyFactory 重写 createCar()方法。它的实现从传给构造函数的一系列工厂中查找生产数量较少的工厂，并要求那个工厂生产汽车。下面是此类工厂的实现：

```
class LeastBusyFactory : public CarFactory
{
    public:
        // Constructs a LeastBusyFactory instance, taking ownership of
        // the given factories.
        explicit LeastBusyFactory(vector<unique_ptr<CarFactory>>&& factories);

    protected:
        unique_ptr<ICar> createCar() override;

    private:
        vector<unique_ptr<CarFactory>> m_factories;
};

LeastBusyFactory::LeastBusyFactory(vector<unique_ptr<CarFactory>>&& factories)
    : m_factories { move(factories) }
{
    if (m_factories.empty()) {
        throw runtime_error { "No factories provided." };
    }
}

unique_ptr<ICar> LeastBusyFactory::createCar()
{
    CarFactory* bestSoFar { m_factories[0].get() };

    for (auto& factory : m_factories) {
        if (factory->getNumberOfCarsProduced() <
            bestSoFar->getNumberOfCarsProduced()) {
            bestSoFar = factory.get();
        }
    }

    return bestSoFar->requestCar();
}
```

下面的代码生产 10 辆新汽车，由生产数量最少的工厂生产，哪种品牌都有可能。

```
vector<unique_ptr<CarFactory>> factories;

// Create 3 Ford factories and 1 Toyota factory.
factories.push_back(make_unique<FordFactory>());
factories.push_back(make_unique<FordFactory>());
factories.push_back(make_unique<FordFactory>());
factories.push_back(make_unique<ToyotaFactory>());

// To get more interesting results, preorder some cars.
factories[0]->requestCar();
factories[0]->requestCar();
factories[1]->requestCar();
factories[3]->requestCar();
```

```
// Create a factory that automatically selects the least busy
// factory from a list of given factories.
LeastBusyFactory leastBusyFactory { move(factories) };

// Build 10 cars from the least busy factory.
for (size_t i { 0 }; i < 10; i++) {
    auto theCar { leastBusyFactory.requestCar() };
    cout << theCar->info() << endl;
}
```

如果执行上述代码，程序将打印每辆汽车的生产商。

```
Ford
Ford
Ford
Toyota
Ford
Ford
Ford
Toyota
Ford
Ford
```

结果完全是可预测的，因为循环会依次迭代各个工厂。但是，如果有多个经销商请求提供汽车，每个工厂的当前状态就不好预测了。

33.3.4　工厂的其他类型

工厂也可以在单个类中实现，而不是在类层次中实现。在这种情况下，工厂的单个 create()方法接收一个类型或字符串参数，它从中决定创建哪个对象，而不是将该工作委托给具体的子类。

33.3.5　工厂的其他用法

抽象工厂模式的使用范围并非仅限于对现实工厂的建模。例如，考虑字处理程序，需要支持多种语言的文档，每个文档都使用一种语言。在字处理程序的许多方面，所选的文档语言需要不同的支持：文档中使用的字符集(是否需要重音字符)、拼写检查器、词库和文档显示方式等。可通过编写抽象基类 LanguageFactory，以及每种相关语言的具体工厂，如 EnglishLanguageFactory 和 FrenchLanguageFactory，使用工厂设计清晰的字处理程序。当用户为文档指定语言时，程序使用适当的 LanguageFactory 创建特定域语言的特定功能的实例。例如，调用工厂中的 createSpellchecker()方法来创建特定域语言的拼写检查器。然后，它用新构造的新语言拼写检查器来替换附加在文档中的上一种语言的当前拼写检查器。

工厂方法模式的另一种用法是作为 pimpl 习惯用法的替代，这在第 9 章“掌握类和对象”中讨论过。它在公共接口和所提供功能的具体实现之前提供了一堵墙。工厂方法模式的使用如下所示。首先，下面是暴露的公有方法：

```
// Public interface (to be included in the rest of the program,
// shared from a library, ...)
class Foo
{
    public:
        virtual ~Foo() = default;               // Always a virtual destructor!
        static unique_ptr<Foo> create();        // Factory method.
```

```
        // Public functionality...
        virtual void bar() = 0;
    protected:
        Foo() = default;                    // Protected default constructor.
};
```

接下来，实现是对外界隐藏的：

```
// Implementation
class FooImpl : public Foo
{
    public:
        void bar() override { /* ... */ }
};
unique_ptr<Foo> Foo::create()
{
    return make_unique<FooImpl>();
}
```

任何需要 Foo 实例的客户端代码都可以创建这样的实例：

```
auto fooInstance { Foo::create() };
```

33.4 适配器模式

有时，类给出的抽象不适合当前的设计，不能更改。在这种情况下，可以构建一个适配器或包装类。适配器提供其余代码使用的抽象，充当期望的抽象和实际底层代码之间的桥梁。有两个主要的用例：

- 通过重用一些已有的实现来实现某个接口。在这个用例中，适配器通常在幕后创建实现的实例。
- 允许通过新接口使用现有功能。在这个用例中，适配器通常在构造函数中接收底层对象的实例。

第 18 章"标准库容器"讨论了标准库如何使用适配器模式以其他容器(如 deque 和 list)的形式实现栈和队列等容器。

33.4.1 示例：适配 Logger 类

在这个适配器模式示例中，假设有一个基本的 Logger 类。类定义如下：

```
export class Logger
{
    public:
        enum class LogLevel {
            Error,
            Info,
            Debug
        };

        Logger();
        virtual ~Logger() = default; // Always a virtual destructor!
        void log(LogLevel level, const std::string& message);
    private:
```

```
        // Converts a log level to a human readable string.
        std::string_view getLogLevelString(LogLevel level) const;
};
```

Logger 类有一个构造函数，它向标准控制台输出一行文本；还有一个 log()方法，它将给定消息写到控制台，在消息前加日志级别。实现代码如下：

```
Logger::Logger()
{
    cout << "Logger constructor" << endl;
}

void Logger::log(LogLevel level, const string& message)
{
    cout << format("{}: {}", getLogLevelString(level), message) << endl;
}

string_view Logger::getLogLevelString(LogLevel level) const
{
    // See the Dependency Injection logger earlier in this chapter.
}
```

围绕这个基本 Logger 类编写包装类的一个原因是为了更改其接口。或许，你对日志级别不感兴趣，在调用 log()方法时只想使用一个参数，即实际消息。你也可能想要更改接口，使 log()方法接收 std::string_view(而非 std::string)参数。

33.4.2 实现适配器

要实现适配器，首先要为底层功能定义一个新的接口。这个新的接口称为 NewLoggerInterface，如下所示：

```
export class NewLoggerInterface
{
  public:
      virtual ~NewLoggerInterface() = default; // Always virtual destructor!
      virtual void log(std::string_view message) = 0;
};
```

该类是一个抽象类，它声明了想为新的 Logger 类使用的接口。该接口只定义了一个抽象方法 log()，它只接收一个 string_view 类型的实参。

下一步是编写实际的新 Logger 类 NewLoggerAdaptor，它实现了 NewLoggerInterface，使其具有你所设计的接口。该实现包装 Logger 实例，并且使用了组合方式。

```
export class NewLoggerAdapter : public INewLoggerInterface
{
    public:
        NewLoggerAdapter();
        void log(std::string_view message) override;
    private:
        Logger m_logger;
};
```

新 Logger 类的构造函数将一行内容写入标准输出，以跟踪调用了哪个构造函数。代码接着转发所包装的 Logger 实例的 log()方法调用，从而实现 NewLoggerInterface 的 log()方法。在这个调用中，将给定的 string_view 转换为字符串，将日志级别硬编码为 Info：

```
NewLoggerAdapter::NewLoggerAdapter()
{
    cout << "NewLoggerAdapter constructor" << endl;
}

void NewLoggerAdapter::log(string_view message)
{
    m_logger.log(Logger::LogLevel::Info, message.data());
}
```

33.4.3　使用适配器

由于适配器用于为底层功能提供更恰当的接口，它们的使用应当直接明了，用于特定目的。对于前面的实现，下面的代码段为日志功能使用新的简化接口：

```
NewLoggerAdaptor logger;
logger.log("Testing the logger.");
```

将生成如下输出：

```
Logger constructor
NewLoggerAdaptor constructor
INFO: Testing the logger.
```

33.5　代理模式

有几种模式能将类的抽象与底层表示分离，代理模式便是其中的一种。代理对象是实际对象的替代者。如果使用实际对象很费时，或无法使用，通常会使用代理对象。以文档编辑器为例。一个文档可能包含多个大对象(如图像)。不是在打开文档时加载所有这些图像，文档编辑器可以用图像代理替代所有图像。这些代理不会立即加载图像。仅当用户在文档中滚动并到达图像位置时，文档编辑器才会要求图像代理绘制自身。那时，代理会将工作委托给实际的图像类，由它们加载图像。

代理也可以用来屏蔽客户端的某些功能，同时确保客户端甚至不能使用强制转换来绕过屏蔽。

33.5.1　示例：隐藏网络连接问题

假设有一款网络游戏，Player 类表示 Internet 上参加游戏的玩家。Player 类包含 instant messaging(即时消息)等功能，此类功能需要网络连接。如果一个玩家的网络连接太慢或失去响应，表示那个玩家的 Player 对象将不能再收到即时消息。

由于不想将网络问题暴露给用户，有必要使用一个独立的类来隐藏 Player 对象的网络部分。PlayerProxy 对象将替代实际的 Player 对象。每个客户端始终将 PlayerProxy 类用作实际 Player 类的门卫，或当 Player 类不可用时替换为 PlayerProxy 类。网络故障期间，PlayerProxy 对象仍然显示玩家的姓名和最近状态，当原始 Player 对象不可用时将继续运行。因此，代理类隐藏了底层 Player 类的一些“令人不快”的语义。

33.5.2 实现代理

定义 IPlayer 接口时，首先要包含 Player 的公有接口。

```
class IPlayer
{
    public:
        virtual ~IPlayer() = default; // Always virtual destructor.
        virtual string getName() const = 0;
        // Sends an instant message to the player over the network and
        // returns the reply as a string.
        virtual string sendInstantMessage(string_view message) const = 0;
};
```

Player 类定义将如下所示。想象一下，sendInstantMessage()方法需要连接到网络才能正常工作，如果网络连接断开，则会引发异常。

```
class Player : public IPlayer
{
    public:
        string getName() const override;
        // Network connectivity is required.
        // Throws an exception if network connection is down.
        string sendInstantMessage(string_view message) const override;
};
```

PlayerProxy 也实现 IPlayer 接口，并包含另一个 IPlayer 实例(真正的 Player)：

```
class PlayerProxy : public IPlayer
{
    public:
        // Create a PlayerProxy, taking ownership of the given player.
        PlayerProxy(unique_ptr<IPlayer> player);
        string getName() const override;
        // Network connectivity is optional.
        string sendInstantMessage(string_view message) const override;
    private:
        unique_ptr<IPlayer> m_player;
};
```

构造函数对给定的 IPlayer 具有所有权：

```
PlayerProxy::PlayerProxy(unique_ptr<IPlayer> player)
    : m_player { move(player) }
{
}
```

getName()方法只是转发给底层的 player：

```
string PlayerProxy::getName() const { return m_player->getName(); }
```

PlayerProxy 的 sendInstantMessage()方法的实现检查网络连接情况，返回默认字符串或转发请求。这隐藏了一个事实，即当网络连接断开时，底层的 player 对象上的 sendInstantMessage()方法会引发异常。

```
string PlayerProxy::sendInstantMessage(string_view message) const
{
    if (hasNetworkConnectivity()) { return m_player->sendInstantMessage(message); }
    else { return "The player has gone offline."; }
}
```

33.5.3 使用代理

如果代码编写得当，其用法与其他任何对象无异。在 PlayerProxy 示例中，使用代理的代码完全没必要了解代理的存在。当玩家赢时，将调用以下函数，该函数可处理实际 Player 或 PlayerProxy。代码能以相同的方式处理两种情形，因为代理肯定会产生有效结果。

```
bool informWinner(const IPlayer& player)
{
    auto result { player.sendInstantMessage("You have won! Play again?") };
    if (result == "yes") {
        cout << player.getName() << " wants to play again." << endl;
        return true;
    } else {
        // The player said no, or is offline.
        cout << player.getName() << " does not want to play again." << endl;
        return false;
    }
}
```

33.6 迭代器模式

迭代器模式提供了一种机制，以将算法或操作与它们所操作的数据分开。基本上，迭代器允许算法导航数据结构，而不需要知道数据的实际结构。面向对象编程的基本原理是将对象数据和行为组合在一起，并在数据上执行操作。初看起来，迭代器模式与上述原理是对立的。从某种意义上讲，这种异议是有道理的，但迭代器模式并不提倡从对象删除基本行为。实际上，迭代器模式解决了两个常见问题：数据和行为的紧密耦合。

如果将数据和行为紧密耦合，第一个问题是排斥可用于不同对象(这些对象未必位于同一个类层次结构中)的通用算法。为编写通用算法，需要使用一些标准机制导航/访问数据结构的内容，而不需要了解具体结构。

第二个问题在于有时难以添加新的行为。至少需要访问数据对象的源代码。但是，如果相关的对象层次结构属于无法更改的第三方框架或库，该怎么办？如果不需要修改保存数据的类的原始对象层次结构，就能添加作用于数据的算法和操作，效果当然更好。

从概念上讲，迭代器提供了一种机制，使操作或算法按顺序访问元素的容器。iterator 一词来源于 iterate，意即“重复”，因为它们在序列中反复前移，以便到达新元素。在标准库中，通用算法使用迭代器来访问所操作容器的元素。通过定义标准的迭代器接口，标准库允许编写算法，在提供迭代器(具有适当接口)的任何容器上执行操作。甚至可以为单个数据结构提供几个不同的迭代器。这允许算法以不同的方式浏览数据，例如，树型数据结构的自顶向下和自底向上遍历。因此，迭代器允许编写泛型算法，它可以遍历数据结构的内容，而不需要了解该结构的任何信息。图 33-6 中，迭代器担当中央协调器，操作依赖于迭代器，数据对象提供迭代器。

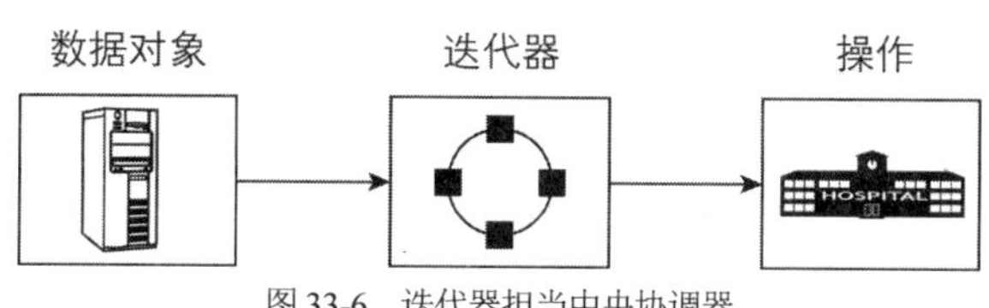

图 33-6　迭代器担当中央协调器

第 25 章“自定义和扩展标准库”列举了一个详细的示例，演示了如何为符合标准库要求的类实现迭代器，相应的迭代器可供通用标准库算法使用。

33.7　观察者模式

可利用观察者模式，使对象/观察者获得可观察对象（主题）的通知。具体的观察者被它们感兴趣的可观察对象注册。当可观察对象的状态发生变化时，它会通知所有注册的观察者。使用观察者模式的主要好处是它减少了耦合。可观察对象类不需要知道正在观察它的具体观察者类型。

33.7.1　示例：从主题中暴露事件

该示例由具有可变数量参数的通用目的事件组成。主题可以暴露特定的事件，例如当主题的数据被修改时引发的事件，当主题的数据被删除时引发的事件等。

33.7.2　实现观察者

首先，定义一个可变类型的类模板 Event。可变参数类模板将在第 26 章“高级模板”中讨论。这个类保存具有可变数量参数的函数的映射。提供重载的 operator+=，以函数的形式注册一个新的观察者，该函数在触发事件时会被通知。该运算符返回一个 EventHandle，随后可以传递给重载的 operator-=来注销该观察者。这个 EventHandle 只是一个随着每个注册观察者而增加的数字。最后，raise()方法通知所有注册的已经被触发的观察者事件。

```
using EventHandle = size_t;

template <typename... Args>
class Event
{
    public:
        virtual ~Event() = default; // Always a virtual destructor!

        // Adds an observer. Returns an EventHandle to unregister the observer.
        [[nodiscard]] EventHandle operator+=(function<void(Args...)> observer)
        {
            auto number { ++m_counter };
            m_observers[number] = observer;
            return number;
        }

        // Unregisters the observer pointed to by the given handle.
        Event& operator-=(EventHandle handle)
        {
            m_observers.erase(handle);
            return *this;
        }
```

```
        // Raise event: notifies all registered observers.
        void raise(Args... args)
        {
            for (auto& observer : m_observers) { (observer.second)(args...); }
        }
    private:
        size_t m_counter { 0 };
        map<EventHandle, function<void(Args...)>> m_observers;
};
```

任何想要在它的观察者上暴露事件的对象可以注册它们自己，只需要暴露 Event 可变类型类模板的实例即可。由于使用可变类型的类模板，可以使用任意数量的参数创建 Event 实例。这允许可观察对象向观察者传递任何有关信息。下面是一个示例：

```
class ObservableSubject
{
    public:
        auto& getEventDataModified() { return m_eventDataModified; }
        auto& getEventDataDeleted() { return m_eventDataDeleted; }

        void modifyData()
        {
            // ...
            getEventDataModified().raise(1, 2.3);
        }

        void deleteData()
        {
            // ...
            getEventDataDeleted().raise();
        }
    private:
        Event<int, double> m_eventDataModified;
        Event<> m_eventDataDeleted;
};
```

33.7.3 使用观察者

下面是一些测试代码，演示了如何使用观察者模式。假设有以下可以处理修改事件的独立全局函数 modified()：

```
void modified(int, double) { cout << "modified" << endl; }
```

假设也有一个能够处理修改事件的 Observer 类：

```
class Observer
{
    public:
        Observer(ObservableSubject& subject) : m_subject { subject }
        {
            m_subjectModifiedHandle = m_subject.getEventDataModified() +=
                [this](int i, double d) { onSubjectModified(i, d); };
        }
```

```
        virtual ~Observer()
        {
            m_subject.getEventDataModified() -= m_subjectModifiedHandle;
        }
    private:
        void onSubjectModified(int, double)
        {
            cout << "Observer::onSubjectModified()" << endl;
        }
        ObservableSubject& m_subject;
        EventHandle m_subjectModifiedHandle;
};
```

最后，可以构造 ObservableSubject 实例并注册一些观察者：

```
ObservableSubject subject;

auto handleModified { subject.getEventDataModified() += modified };
auto handleDeleted {
    subject.getEventDataDeleted() += [] { cout << "deleted" << endl; } };
Observer observer { subject };

subject.modifyData();
subject.deleteData();

cout << endl;

subject.getEventDataModified() -= handleModified;
subject.modifyData();
subject.deleteData();
```

输出如下所示：

```
modified
Observer::onSubjectModified()
deleted
Observer::onSubjectModified()
deleted
```

33.8 装饰器模式

顾名思义，装饰器模式装饰对象。我们经常将它称为包装器。装饰器模式用于在运行时添加或更改对象行为。装饰器很像派生类，但是可以动态地改变行为。折中之处是，与派生类相比，装饰器更改行为的方法更少，因为装饰器不能覆盖某些辅助方法。另一方面，装饰器的一个主要好处是，它们可以很容易地组合在一起，来精确地完成需要的任务，不必为每个组合都编写派生类。

例如，如果正在解析一个数据流，并且到达表示图像的数据处，可用 ImageStream 对象临时装饰流对象。ImageStream 构造函数将流对象作为参数，而且知道如何解析图像。解析完图像后，可继续使用原始对象解析流的其余部分。ImageStream 被用作装饰器，因为它给现有对象(流)添加了新功能(解析图像)。

33.8.1 示例：在网页中定义样式

网页是用简单的HTML(HyperText Markup Language，超文本标记语言)文本结构编写的。在HTML中，可使用样式标记设置文本的格式，比如使用<B>和</B>设置粗体，使用<I>和</I>设置斜体。下面的HTML代码行将消息显示为粗体：

```
<B>A party? For me? Thanks!</B>
```

下面的代码行将消息显示为粗体加斜体：

```
<I><B>A party? For me? Thanks!</B></I>
```

HTML中的段落包裹在<P>和</P>标签中。见示例：

```
<P>This is a paragraph.</P>
```

假设你正在编写一个HTML编辑应用程序。用户能输入一段文字，并应用一种或多种样式。可将每种段落确定为一个新的派生类，如图33-7所示。但那样的话，设计将十分笨拙，在添加新样式时，复杂度将快速增加。

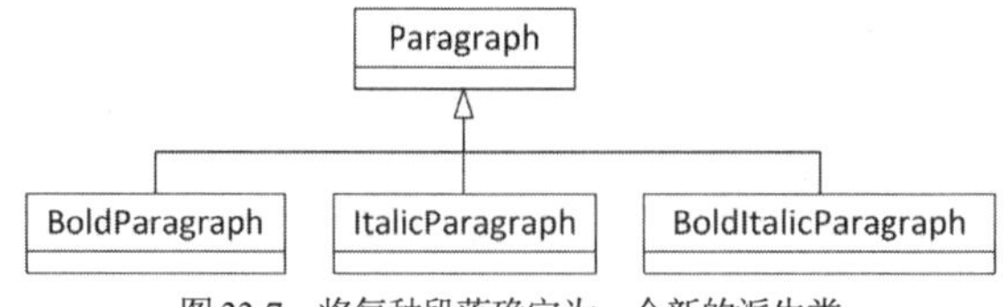

图33-7 将每种段落确定为一个新的派生类

另一种思路是：不将带样式的段落视为段落类型，而视为装饰段落，从而得到如图33-8所示的结果。其中，ItalicParagraph在BoldParagraph上操作，BoldParagraph又在Paragraph上操作。对象的递归装饰将样式嵌套在代码中，就像将它们嵌套在HTML中一样。

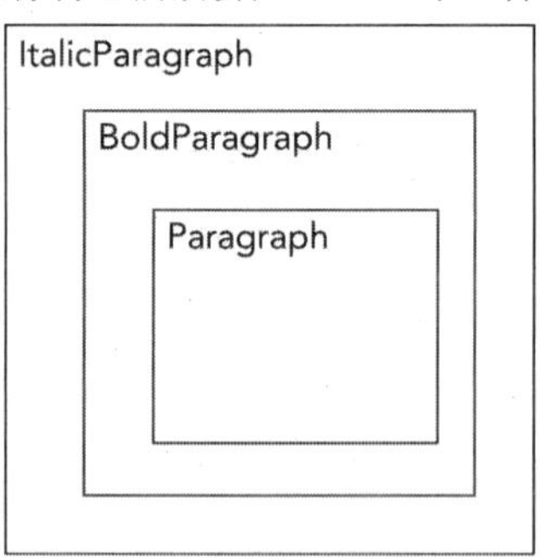

图33-8 视为装饰段落的结果

33.8.2 装饰器的实现

首先需要一个IParagraph接口：

```
class IParagraph
{
    public:
        virtual ~IParagraph() = default; // Always a virtual destructor!
        virtual std::string getHTML() const = 0;
};
```

用 Paragraph 类实现这个 IParagraph 接口：

```
class Paragraph : public IParagraph
{
    public:
        Paragraph(std::string text) : m_text { std::move(text) } {}
        std::string getHTML() const override { return "<P>" + m_text + "</P>"; }
    private:
        std::string m_text;
};
```

要使用一种或多种样式装饰 Paragraph，需要带样式的 IParagraph 类，每一个都从现有的 IParagraph 构建。这样，它们都可装饰 Paragraph 或带样式的 IParagraph。BoldParagraph 类从 IParagraph 派生，并实现 getHTML()。关键是因为只想将其用作装饰器，所以让它的单个公有非拷贝构造函数接收 IParagraph 的 const 引用。

```
class BoldParagraph : public IParagraph
{
    public:
        BoldParagraph(const IParagraph& paragraph) : m_wrapped { paragraph } {}
        std::string getHTML() const override {
        return "<B>" + m_wrapped.getHTML() + "</B>"; }
    private:
        const IParagraph& m_wrapped;
};
```

ItalicParagraph 类几乎是相同的：

```
class ItalicParagraph : public IParagraph
{
    public:
        ItalicParagraph(const IParagraph& paragraph) : m_wrapped { paragraph } {}

        std::string getHTML() const override {
            return "<I>" + m_wrapped.getHTML() + "</I>"; }
    private:
        const IParagraph& m_wrapped;
};
```

33.8.3 使用装饰器

在用户看来，装饰器模式极富吸引力，因为它应用起来十分方便，而且一旦应用，便是透明的。用户根本不必知道已经应用了装饰器。BoldParagraph 的行为与 Paragraph 类似。

下面的简单示例创建和输出段落，首先是粗体，然后是粗体加斜体：

```
Paragraph p { "A party? For me? Thanks!" };
// Bold
std::cout << BoldParagraph{p}.getHTML() << std::endl;
// Bold and Italic
std::cout << ItalicParagraph{BoldParagraph{p}}.getHTML() << std::endl;
```

输出如下所示：

```
<B><P>A party? For me? Thanks!</P></B>
<I><B><P>A party? For me? Thanks!</P></B></I>
```

33.9 责任链模式

在执行特定操作时，若想使多个对象参与进来，则可使用责任链。责任链最常用于事件处理。许多现代应用程序(特别是图形用户界面)都被设计为一系列事件和响应。例如，当用户单击 File 菜单，再选择 Open 时，就会发生 Open 事件。当用户将鼠标移到绘图程序的可绘制区域时，会持续生成 mouse move 事件。如果用户按下一个鼠标按键，将生成这个按键的 mouse down 事件；此后，程序开始注意到这个 mouse down 事件，允许用户绘制一些对象，并持续到 mouse up 事件发生为止。每个操作系统都有自己的命名和使用事件的方式，但总体想法是相同的：当事件发生时，会以某种方式与程序通信，程序接着采用适当行动。

如你所知，C++并没有用于图形编程的内置工具，也没有事件、事件传输或事件处理的概念。责任链是一种合理的事件处理方法，使不同对象有机会处理某些事件。

33.9.1 示例：事件处理

考虑一个绘图程序，它是一个带有窗口的应用程序，可以在窗口中绘制形状。用户可以在程序窗口的某个地方按下鼠标按钮。如果发生这种情况，程序应该确定用户是否单击了一个形状。如果是，则要求形状处理鼠标按钮向下事件。如果它决定不需要处理该事件，它就将该事件传递给窗口，窗口会接手该事件。如果窗口也对该事件不感兴趣，则将其转发给程序本身，程序本身是链中处理该事件的最终对象。这就是一个责任链，因为每个处理程序可处理事件，或将事件上传给链中的下一个处理程序。

33.9.2 实现责任链

假设所有可能的事件都在 enum class 中定义如下：

```
enum class Event {
     LeftMouseButtonDown,
     LeftMouseButtonUp,
     RightMouseButtonDown,
     RightMouseButtonUp
};
```

接下来，定义了下面的 Handler mixin 类：

```
class Handler
{
     public:
          virtual ~Handler() = default;
          explicit Handler(Handler* nextHandler) : m_nextHandler { nextHandler } { }
          virtual void handleMessage(Event message)
          {
               if (m_nextHandler) { m_nextHandler->handleMessage(message); }
          }
     private:
          Handler* m_nextHandler;
};
```

接下来，Application、Window 和 Shape 类是具体的处理程序，它们都派生自 Handler 类。在这个示例中，Application 只处理 RightMouseButtonDown 消息，Window 只处理 LeftMouseButtonUp 消息，Shape 只处理 LeftMouseButtonDown 消息。如果任何一个程序接收到它不知道的消息，它就调用链中的下一个处理程序。

```
class Application : public Handler
{
    public:
        explicit Application(Handler* nextHandler) : Handler { nextHandler } { }

        void handleMessage(Event message) override
        {
            cout << "Application::handleMessage()" << endl;
            if (message == Event::RightMouseButtonDown) {
                cout << " Handling message RightMouseButtonDown" << endl;
            } else { Handler::handleMessage(message); }
        }
};

class Window : public Handler
{
    public:
        explicit Window(Handler* nextHandler) : Handler { nextHandler } { }

        void handleMessage(Event message) override
        {
            cout << "Window::handleMessage()" << endl;
            if (message == Event::LeftMouseButtonUp) {
                cout << " Handling message LeftMouseButtonUp" << endl;
            } else { Handler::handleMessage(message); }
        }
};

class Shape : public Handler
{
    public:
        explicit Shape(Handler* nextHandler) : Handler { nextHandler } { }

        void handleMessage(Event message) override
        {
            cout << "Shape::handleMessage()" << endl;
            if (message == Event::LeftMouseButtonDown) {
                cout << " Handling message LeftMouseButtonDown" << endl;
            } else { Handler::handleMessage(message); }
        }
};
```

33.9.3 使用责任链

上一节中实现的责任链可以通过以下方法测试:

```
Application application { nullptr };
Window window { &application };
Shape shape { &window };

shape.handleMessage(Event::LeftMouseButtonDown);
cout << endl;

shape.handleMessage(Event::LeftMouseButtonUp);
```

```
cout << endl;

shape.handleMessage(Event::RightMouseButtonDown);
cout << endl;

shape.handleMessage(Event::RightMouseButtonUp);
```

输出如下：

```
Shape::handleMessage()
     Handling message LeftMouseButtonDown

Shape::handleMessage()
Window::handleMessage()
     Handling message LeftMouseButtonUp

Shape::handleMessage()
Window::handleMessage()
Application::handleMessage()
     Handling message RightMouseButtonDown

Shape::handleMessage()
Window::handleMessage()
Application::handleMessage()
```

当然，在真实的应用程序中，必须有一些其他类，将事件分派到正确对象上，例如，在正确的对象上调用 handleMessage()。由于任务因框架或平台而异，差别很大，下例将显示处理 mouse down 事件的伪代码，以此替代平台专用的 C++代码：

```
MouseLocation location { getMouseLocation() };
Shape* clickedShape { findShapeAtLocation(location) };
if (clickedShape) {
     clickedShape->handleMessage(Event::LeftMouseButtonDown);
} else {
     window.handleMessage(Event::LeftMouseButtonDown);
}
```

链式方法十分灵活，具有吸引人的面向对象层次结构。缺点在于程序员需要付出的努力较多。如果忘记从责任链的派生类向上到达基类，事件将丢失。更糟糕的是，如果到达错误的类，最终将出现无限循环。

33.10 单例模式

单例模式是最简单的设计模式。singleton 一词的普通意思是“一类”或“单个”，在编程中的含义与此类似。单例模式是一种策略，强制程序中只存在类的一个实例(正好一个)。为类应用单例模式将确保只创建类的一个对象。单例模式也指出，可从全局(即程序的任何位置)访问一个对象。程序员通常将遵循单例模式的类称为单例类。

如果程序要求某个类正好有一个实例，那么应当使用单例模式。

但必须知道，单例模式具有诸多缺点。如果有多个单例，往往在程序启动时难以确保按正确顺序初始化这些单例；在程序关闭期间，也很难确保在调用者需要单例时，单例仍然存在。此外，单例类引入了隐藏的依赖性，会导致紧耦合，使单元测试变得更复杂。例如，在单元测试中，可能想要为一个访问网络或数据库的单例对象编写一个模拟版本(见第 30 章“熟练掌握测试技术”)，但是考虑到典型的单例实现的特点，这很难办到。一种更合理的设计模式是本章前面讨论的依赖注入。使用依赖注入，可为提供的每个服务创建接口，将组件需要的接口注入组件。与典型的单例相比，依赖注入允许 mock(存根版本)，允许在后期更方便地引入多个实例，允许采用更复杂的方式(如使用工厂模式等)构建单个对象。不过，这里还是要讨论单例模式，因为仍会在遗留代码库中遇到它。

警告：
避免在新代码中使用单例模式，因为它有很多问题。选择其他模式，比如依赖注入。

33.10.1 日志记录机制

许多应用程序都有 Logger 类(日志记录器)，这个类负责将状态信息、调试数据以及错误写入中心位置。理想的 Logger 类具有以下特征：

- 任何时间都可用
- 易于使用
- 只有一个实例

单例模式可以用来完成这些需求。但是在新的代码中，建议避免引入新的单例。

33.10.2 实现单例

在 C++中，可通过两种基本方式实现单例。第一种方式是使用只有静态方法的类。这样的类不需要实例，可从任意位置访问。这种方式的问题在于缺少内置的构建和析构机制。但从技术角度看，全部使用静态方法的类不是真正的单例，而是静态类或 nothington(一个新术语)。术语“单例”是指类正好有一个实例。如果所有方法都是静态的，从未对类进行实例化，就不能称之为“单例”。本节后面将进一步讨论。

第二种方式是使用访问控制级别来控制类的实例的创建和访问。这是真正的单例，本章将通过一个简单的 Logger 类进一步讨论这种方式。提供与本章前面讨论的依赖注入 Logger 类似的特性。

要在 C++中构建真正的单例，可使用访问控制机制以及 static 关键字。真正的 Logger 对象在运行时是存在的，只允许类的一个对象被实例化。客户端始终可通过静态方法 instance()来访问相应的对象。Logger 类定义如下所示：

```
export class Logger final
{
    public:
        enum class LogLevel {
            Error,
            Info,
            Debug
        };

        // Sets the name of the log file.
        // Note: needs to be called before the first call to instance()!
        static void setLogFilename(std::string_view logFilename);

        // Returns a reference to the singleton Logger object.
        static Logger& instance();

        // Prevent copy/move construction.
        Logger(const Logger&) = delete;
        Logger(Logger&&) = delete;
```

```
        // Prevent copy/move assignment operations.
        Logger& operator=(const Logger&) = delete;
        Logger& operator=(Logger&&) = delete;

        // Sets the log level.
        void setLogLevel(LogLevel level);

        // Logs a single message at the given log level.
        void log(std::string_view message, LogLevel logLevel);
    private:
        // Private constructor and destructor.
        Logger();
        ~Logger();

        // Converts a log level to a human readable string.
        std::string_view getLogLevelString(LogLevel level) const;

        static std::string ms_logFilename;
        std::ofstream m_outputStream;
        LogLevel m_logLevel { LogLevel::Error };
};
```

该实现基于Scott Meyer的单例模式。这意味着，instance()方法包含Logger类的本地静态实例。C++确保以线程安全的方式初始化这个本地静态实例，这样，在这个单例模式的版本中，不需要手动执行任何线程同步。这些就是所谓的magic static。注意，只有初始化是线程安全的！如果多个线程准备调用Logger类的方法，那么也必须使Logger方法本身变得线程安全。第27章“C++多线程编程”详细讨论了如何使用同步机制使类变得线程安全。

Logger类的实现相当简单。一旦打开日志文件，就会写入每条日志消息，在消息的前面加上日志级别。创建和销毁instance()方法中的Logger类的静态实例时，会自动调用构造函数和析构函数。由于构造函数和析构函数是私有的，外部代码不能创建或删除Logger实例。

下面是setLogFilename()、instance()方法和构造函数的实现。其他方法的实现与本章前面的依赖注入Logger示例相同。

```
void Logger::setLogFilename(string_view logFilename)
{
    ms_logFilename = logFilename.data();
}

Logger& Logger::instance()
{
    static Logger instance; // Magic static.
    return instance;
}

Logger::Logger()
{
    m_outputStream.open(ms_logFileName, ios_base::app);
    if (!m_outputStream.good()) {
        throw runtime_error { "Unable to initialize the Logger!" };
    }
}
```

33.10.3 使用单例

可测试单例类 Logger，如下所示：

```
// Set the log filename before the first call to instance().
Logger::setLogFilename("log.out");
// Set log level to Debug.
Logger::instance().setLogLevel(Logger::LogLevel::Debug);
// Log some messages.
Logger::instance().log("test message", Logger::LogLevel::Debug);
// Set log level to Error.
Logger::instance().setLogLevel(Logger::LogLevel::Error);
// Now that the log level is set to Error, logging a Debug
// message will be ignored.
Logger::instance().log("A debug message", Logger::LogLevel::Debug);
```

执行后，log.out 文件包含的内容如下：

```
DEBUG: test message
Logger shutting down.
```

33.11 本章小结

本章介绍了使用设计模式将面向对象的概念组织成高级设计。维基百科对大量设计模式进行了讨论和分类(https://en.wikipedia.org/wiki/Software_design_pattern)。或许，这会使你投入全部时间用于查找可用于自己项目的特定设计模式。建议不要这样做，而是重点关注几个自己感兴趣的设计模式，并重点研究它们的开发方式，不要只是拘泥于分析类似设计模式的微小差别。引用一句谚语："教会我一种设计模式，我将在一天的编码中受益；教会我如何创建设计模式，我将在一生的编码中受益。"

33.12 练习

通过完成下面的习题，可以巩固本章所讨论的知识点。所有习题的答案都可扫描封底二维码下载。然而如果你受困于某个习题，可以在看网站上的答案之前，先重新阅读本章的部分内容，尝试自己找到答案。

本章练习的概念与其他章节有所不同。下面的练习简要地介绍了一些新模式，并要求你对这些模式进行研究，以更多地了解它们。

练习 33-1 虽然本章讨论了一些很好的模式，当然还有更多可用的模式。其中一种模式是命令模式。它将一个或多个操作封装在对象中。该模式的一个主要用例是实现可撤销的操作。使用附录 B 中与模式相关的参考资料来研究和学习命令模式，或者参考 Wikipedia 文章 en.wikipedia.org/wiki/Software_design_pattern 来研究。

练习 33-2 另一个常用的模式是策略模式。使用此模式可以定义一系列在运行时可互换的算法。研究策略模式做更多了解。

练习 33-3 使用原型模式，可以指定不同类型的对象。这些对象可以通过构造这些对象的原型实例来创建。这些原型实例通常注册在某种注册表中。然后客户端向注册中心请求特定类型对象的原型，并随后克隆原型以供进一步使用。研究原型模式做更多了解。

练习 33-4 中介模式用于控制一组对象之间的交互。它提倡不同子系统间的松散耦合。研究中介模式做更多了解。

第34章 开发跨平台和跨语言的应用程序

本章内容

- 如何编写能在多个平台上运行的代码
- 如何混合使用不同的编程语言

从理论上讲，可将已经编译的C++程序在各种计算平台上运行；已经对C++进行严格的定义，确保在一个平台上编写 C++程序与在另一个平台上编写 C++程序类似。虽然对 C++语言已经实施了标准化，但在实际中编写专业级别的C++程序时，平台差异问题终归会浮出水面。即使将开发范围限制在一个特定平台内，编译器的微小差异也会引出令人头痛的编程难题。本章分析在多平台和多编程语言环境中编程的复杂性。

本章第一部分分析 C++程序员遇到的与平台相关的问题。平台是构建开发系统和(或)运行时系统的所有细节的集合。例如，平台可以是：硬件是 Intel Core i7 处理器，操作系统是 Windows 10，编译器是 Microsoft Visual C++ 2019。平台也可以是：硬件是 PowerPC 处理器，操作系统是 Linux，编译器是 GCC 10.1。这两个平台都能编译和运行 C++程序，但它们之间差异明显。

本章第二部分介绍 C++如何与其他编程语言交互。尽管 C++是一门通用语言，但也不是适合完成所有工作的万能工具。可通过各种机制，将 C++与其他语言集成在一起，以更好地满足自己的需要。

34.1 跨平台开发

C++语言会遇到平台问题，原因是多方面的。C++是一门高级语言，C++标准并未指定某些低级细节。例如，C++标准并未定义内存中对象的布局，而留给编译器去处理。不同编译器可为对象使用不同的内存布局。C++面临的另一个挑战是：提供标准语言和标准库，却没有标准实现。C++编译器和库供应商对规范有不同解释，当从一个系统迁移到另一个系统时，会导致问题。最后，C++在语言所提供的标准中是有选择性的。尽管存在标准库，但程序经常需要并非由 C++语言或标准库提供的功能；功能通常来自第三方库或平台，而且差异很大。

34.1.1 架构问题

术语“架构”通常指运行程序的一个或一系列处理器。运行 Windows 或 Linux 的标准 PC 通常运行在 x86 或 x64 架构上，较旧的 Mac OS 版本通常运行在 PowerPC 架构上。作为一门高级语言，C++会向你隐藏这些架构之间的区别。例如，Core i7 处理器的一条指令可能与 6 条 PowerPC 指令执行相同的功能。作为一名 C++程序员，不需要了解这种差异，甚至不必知道存在这种差异。使用高级语言的一个优点在于由编译器负责将代码转换为处理器的本地汇编代码格式。

不过，处理器差异有时会上升到 C++代码级别。下面首先讨论整数大小，如果编写跨平台代码，这将十分重要。其他的不常遇到，除非要执行十分低级的工作；虽然如此，但仍然需要知道它们的存在。

1. 整数大小

C++标准并未定义整数类型的准确大小。C++标准仅指出：

> 有 5 种标准的有符号整数类型：signed char、short int、int、long int 和 long long int。在这个列表中，后一种类型占用的存储空间大于或等于前一种类型。

C++标准的确进一步说明了这些类型的大小，但从未给出确切大小。实际大小取决于编译器。因此，如果要编写跨平台代码，就不能盲目地依赖这些类型。本章末尾的习题之一要求再进一步研究这个问题。

除了这些标准的整数类型，C++标准还定义了多种明确指定了大小的类型，其中一些类型是可选的，这些都定义在<cstdint>头文件中。表 34-1 对此进行了概述。

表 34-1　C++标准定义的多种明确指定了大小的类型

类型	描述
int8_t int16_t int32_t int64_t	有符号整数，大小是 8、16、32 或 64 位。C++标准将这些类型定义为可选的，不过，大多数编译器都支持这些类型
int_fast8_t int_fast16_t int_fast32_t int_fast64_t	有符号整数，大小是 8、16、32 或 64 位。对于这些类型，编译器应当使用满足要求的最快的整数类型
int_least8_t int_least16_t int_least32_t int_least64_t	有符号整数，大小是 8、16、32 或 64 位。对于这些类型，编译器应当使用满足要求的最小整数类型
intmax_t	一种整数类型，大小是编译器支持的最大大小
intptr_t	一种整数类型，大小足以存储一个指针。C++标准将这种类型定义为可选的，不过，大多数编译器都支持这种类型

还有无符号的版本，如 uint8_t、uint_fast8_t 等。

> **注意：**
> 编写跨平台代码时，建议用<stdint>类型替代基本整数类型。

2. 二进制兼容性

你可能已经知道，为 Core i7 计算机编写和编译的程序不能在基于 PowerPC 的 Mac 上运行。这两个平台无法实现二进制兼容性，因为处理器支持的不是同一组指令。在编译 C++程序时，源代码将转换为计算机执行的二进制指令。二进制格式由平台(而非 C++语言)定义。

为支持不具备二进制兼容性的平台，一种解决方案是在每个目标平台上使用编译器分别构建每个版本。

另一种解决方案是交叉编译(cross-compiling)。如果为开发使用平台 X，但想使程序运行在平台 Y 和 Z 上，可在平台 X 上使用交叉编译器，为平台 Y 和 Z 生成二进制代码。

也可以使自己的程序成为开源程序。如果最终用户可得到源代码，则可在用户自己的系统上对源代码进行本地编译，针对本地计算机构建具有正确二进制格式的程序版本。如第 4 章“设计专业的 C++程序”所述，开源软件已经日益流行。一个主要原因是它们允许程序员协作开发软件，并增加可运行程序的平台数量。

3. 地址大小

当提到架构是 32 位时，通常是说地址大小是 32 位或 4 字节。通常而言，具有更大地址大小的系统可处理更多内存，在复杂系统上的运行速度更快。

由于指针是内存地址，自然与地址大小密切相关。许多程序员都认为，指针的大小始终是 4 字节，但这是错误的。例如，考虑以下代码片段，作用是输出指针的大小：

```
int *ptr { nullptr };
cout << "ptr size is " << sizeof(ptr) << " bytes" << endl;
```

如果在 32 位的 x86 系统上编译和运行程序，输出将如下所示：

```
ptr size is 4 bytes
```

如果在 64 位的编译器上编译，在 x64 系统上运行，输出将如下所示：

```
ptr size is 8 bytes
```

在程序员看来，上面显示的不同指针大小结果说明，不能认为指针就是 4 字节。更普遍的是，需要意识到，大多数大小都不是 C++标准预先确定的。C++标准只是说，short integer 占用的空间小于或等于 integer，integer 占用的空间小于或等于 long integer。

指针的大小未必与整数大小相同。例如，在 64 位平台上，指针是 64 位，但整数可能是 32 位。将 64 位指针强制转换为 32 位整数时，将丢失 32 个关键位！C++标准在<cstdint>中定义了 std::intptr_t 整数类型，它的大小至少足以存储一个指针。根据 C++标准，这种类型的定义是可选的，但几乎所有编译器都支持它。

警告：
不要认为指针一定是 32 位或 4 字节。除非使用 std::intptr_t，否则不要将指针强制转换为整数。

4. 字节顺序

所有现代计算机都以二进制形式存储数字，但同一个数字在两个平台上的表示形式可能不同。这听起来是矛盾的，但可以看到，可通过两种合理方法读取数字。

现代大多数计算机都是字节可寻址的，内存中的单个 slot 通常是一个字节。内存可寻址使这些计算机理想地用字节工作；内存中的每个字节都有一个唯一的内存地址。C++中的数字类型通常是多个字节。例如，short 是两字节。假设程序包含以下代码行：

```
short myShort { 513 };
```

数字 513 的二进制形式是 0000 0010 0000 0001。这个数字包含 16 位。由于 1 个字节有 8 位，因此计算机需要两个字节来存储该数字。由于每个内存地址包含 1 个字节，计算机需要将该数字分成多个字节。short 是两字节，该数字将被等分为两部分。数字的高部分放在高位字节，低部分放在低位字节。此处，高位字节是 0000 0010，低位字节是 0000 0001。

现在将数字分为“内存大小”部分。剩余的唯一问题是如何将它们存储在内存中。需要两个字节，但字节序是不确定的，事实上取决于相关系统的架构。

一种表示数字的方式是将高位字节首先放入内存，接着将低位字节放入内存。这种策略被称为大端序，因为数字的较大部分首先放入。PowerPC 和 SPARC 处理器使用大端序。其他一些处理器(如 x86)按相反顺序放置字节，首先将低序字节放入内存。这种策略被称为小端序，因为数字的较小部分首先放置。架构可能选择其中一种方式，通常取决于后向兼容性。令人好奇的是，术语“大端”和“小端”的出现时间早于现代计算机几百年。Jonathan Swift 于 18 世纪写的小说《格列佛游记》中，就怎样打破鸡蛋而分成了大端派与小端派。

无论特定架构使用哪种字节序，程序都可以继续使用数字值，不需要在意计算机使用的是大端序还是小端序。仅当在架构之间移动数据时才考虑字节序。例如，如果正在网络上发送二进制数据，那么需要考虑另一个系统的字节序。一种解决方案是使用标准网络字节序，即总是使用大端序。因此，在网络中发送数据前，将它们转换为大端序，当从网络上接收数据时，可将大端序转换为系统使用的字节序。

同样，如果正在将二进制数据写入文件，那么可能需要考虑：如果在使用反向字节序的系统中打开这个文件，会发生什么情况？

C++20 标准库引入了<bit>中定义的 std::endian 枚举类型，它可以用来确定当前系统是大端系统还是小端系统。下面的代码片段输出了系统的本地字节顺序：

```
switch (endian::native)
{
    case endian::little:
        cout << "Native ordering is little-endian." << endl;
        break;
    case endian::big:
        cout << "Native ordering is big-endian." << endl;
        break;
}
```

34.1.2 实现问题

在编写 C++编译器时，编写者尝试遵循 C++标准。但是，C++标准的长度超过 1000 页，包含刻板的论述、语言语法和示例。即使两个人都按这个标准实现编译器，也不大可能以相同的方式解读预先规定的信息中的每一部分，也无法顾及每种边缘情况。因此，编译器中存在 bug。

1. 编译器的处理和扩展

并不存在查找或避免编译器 bug 的简单方法。最好的做法是一直保持编译器的版本是最新的，也可能需要订阅编译器的邮件列表或新闻组。

如果怀疑自己遇到了编译器 bug，可以在网上简单地搜索自己看到的错误消息或条件，尝试找到变通方法或补丁。

众所周知，编译器存在的一个重要问题是难以跟上 C++标准最新添加或更新的语言功能。不过近几年，几个主流编译器的供应商已能较快地为最新功能添加支持。

需要了解的另一个问题是，编译器经常包含程序员注意不到的独特语言扩展。例如，VLA(Variable-Length stack-based Array，基于变长栈的数组)并非 C++语言的一部分，而是 C 语言的一部分。有些编译器既支持 C 标准，又支持 C++标准，允许在 C++代码中使用 VLA。g++就是这样一种编译器。在 g++编译器中，以下代码可以如期编译和运行：

```
int i { 4 };
char myStackArray[i];  // Not a standard language feature!
```

一些编译器扩展是有用的，但如果在某个时间点有机会切换编译器，可以看一下编译器是否有 strict 模式；在该模式下，会避免使用此类扩展。例如，若将-pedantic 标志传给 g++来编译上面的代码，将看到以下警告消息：

```
warning: ISO C++ forbids variable length array 'myStackArray' [-Wvla]
```

C++规范允许由编译器定义的某些类型的语言扩展，这是通过#pragma 机制实现的。#pragma 是一条预处理指令，其行为由实现定义。如果实现不理解该指令，则会忽略它。例如，一些编译器允许程序员使用#pragma 临时关闭编译器警告。

2. 库实现

编译器很可能包含 C++标准库的实现。由于标准库用 C++编写，因此并非必须使用与编译器打包在一起的实现。可以使用经过性能优化的第三方标准库，甚至可自行编写。

当然，标准库实现面临着与编译器编写者同样的问题：同一个 C++标准，不同的解读。另外，对某些实现可能进行了一些权衡，不符合需要。例如，一种实现是针对性能优化的，而另一种实现重点关注尽量减少为容器使用的内存。

在使用标准库实现或任何第三方库时，必须考虑设计者在开发期间所做的权衡。第 4 章详细讨论了使用库时涉及的问题。

3. 处理不同的实现

正如前面所讨论的，并不是所有编译器和标准库的实现行为都完全相同。这是在跨平台开发时需要牢记的一点。具体来说，作为开发人员，很可能使用单个工具链，即单个编译器和单个标准库实现。不太可能使用产品必须使用的其他工具链来验证所有代码的改动。然而，这个问题有一个解决方案：持续集成和自动化测试。

应该设置一个持续集成环境，自动在需要支持的所有工具链上对所有代码的改动进行构建。当在某个工具链上构建中断时，应该自动通知中断构建的开发人员。

然而，并不是所有的开发环境都使用相同的项目文件来描述所有的源文件、编译器开关等。如果需要支持多个环境，那么手动维护每个环境的独立项目文件会是一场维护噩梦。最好使用一个类型的项目文件或一组一组构建脚本，这些脚本可以自动转换为具体的项目文件或特定工具链的具体构建脚本。其中一种工具称为 cmake。cmake 配置文件中描述了源文件、编译器开关、链接库等集合，它们也支持脚本化。然后 cmake 工具自动生成项目文件，例如用于 Windows 上开发的 Visual C++，或用于 macOS 上开发的 Xcode。

一旦持续集成环境构建，就应该触发该构建的自动化测试。这应该在生成的可执行文件上运行一套测试脚本，以验证其正确的行为。同样，在这个过程中如果出现问题，应该自动通知开发人员。

34.1.3 平台专用功能

C++是卓越的通用语言，又添加了标准库，包含的功能十分丰富；对于业余程序员来说，甚至可以多年仅凭借 C++的内置功能来轻松地编写 C++代码。但是，专业程序员需要一些 C++未提供的工具。本节将列出一些由平台或第三方库(而非由 C++语言或 C++标准库)提供的重要功能。

- 图形用户界面：当今，运行在操作系统上的大多数商业程序都有图形用户界面，其中包含诸多元素，如可单击按钮、可移动窗口和级联菜单。与 C 语言类似，C++不存在这些元素的概念。要在 C++中编写图形应用程序，可使用平台专用的库来绘制窗口、接收鼠标输入以及执行其他图形任务。更好的选择是使用第三方库，如 wxWidgets(wxwidgets.org)、Qt(qt.io)和 Uno(platform.uno)。这些库为构建图形应用程序提供了抽象层。这些库经常支持许多不同的目标平台。
- 联网：Internet 已经改变了我们编写应用程序的方式。当今，大多数应用程序都通过 Web 检查更新，游戏会通过网络提供多玩家模式。C++尚未提供联网机制，但存在几个标准库。使用抽象的套接字(socket)来编写联网软件是最常用的方式。大多数平台都包含套接字实现，允许采用简单的面向过程的方式在网络上传输数据。一些平台支持基于流的网络系统，运行方式类似于 C++中的 I/O 流。还有可用的第三方网络库提供了网络抽象层。这些库通常支持多个不同的目标平台。IPv6 正日益流行。因此，不要选择仅支持 IPv4 的网络库，最好选择独立于 IP 版本的网络库。
- OS 事件和应用程序交互：在纯粹的 C++代码中，与周边的操作系统以及其他应用程序的交互极少。在没有平台扩展的标准 C++程序中，只会接触命令行参数。C++不直接支持诸如复制和粘贴的操作。可以使用平台提供的库，也可以使用支持多平台的第三方库。例如，wxWidgets 和 Qt 库都抽象了复制和粘贴操作，并且支持多个平台。
- 低级文件：第 13 章“C++ I/O 揭秘”解释了 C++中的标准 I/O，包括读写文件。许多操作系统都提供自己的文件 API，通常与 C++中的标准文件类兼容。这些库通常提供 OS 专用文件工具，如获取当前用户主目录的机制。
- 线程：C++03 及更早版本不直接支持在单个程序中执行并发线程。从 C++11 开始，标准库添加了线程支持库，如第 27 章“C++多线程编程”所述；C++17 已经添加了并行算法，如第 20 章“掌握标准库算法”所述。如果需要标准库以外更强大的线程功能，需要使用第三方库，如 Intel TBB(Threading Building Block)和 STE||AR Group HPX(High Performance ParalleX)等。

> **注意：**
> 如果正在进行跨平台开发，并且需要 C++语言或标准库未提供的功能，可尝试寻找提供所需功能的第三方跨平台库。如果开始使用平台专用的 API，跨平台应用程序会变得复杂很多，因为必须为支持的每个平台实现功能。

> **注意：**
> 在使用第三方库时，如果可能的话，将这些库作为源代码，并使用所需的工具链自动构建它们。

34.2 跨语言开发

对于某些类型的程序而言，C++并非完成工作的最佳工具。例如，如果 UNIX 程序需要与 shell 环境密切交互，则最好编写 shell 脚本而非 C++程序。如果程序执行繁重的文本处理，你可能决定使用 Perl 语言。如果需要大量的数据库交互，那么 C#或 Java 是更好的选择。C#结合 WPF 框架或 Uno 平台更适于编写现代图形用户界面应用程序。如果决定使用另一种语言，有时可能想要调用 C++代码，例如执行一些计算昂贵的操作。或者反过来，可能希望从 C++调用非 C++代码。幸运的是，可使用一些工具来取二者之长，将另一种语言的专长与 C++的强大功能和灵活性结合起来。

34.2.1 混用 C 和 C++

你已经知道，C++语言几乎就是 C 语言的超集。这意味着，几乎所有 C 程序都可在 C++中编译和运行。但有几处例外。一些例外与 C++不支持个别 C 功能有关；例如，C 支持 VLA(Variable-Length Array，变长数组)，而 C++不支持。其他例外通常与保留字相关。例如 C 语言中，术语 class 没有特殊含义，因此可将其用作变量名，如以下 C 代码所示：

```
int class = 1; // Compiles in C, not C++
printf("class is %d\n", class);
```

上述代码在 C 中能够编译和运行，但如果编译为 C++代码，就会生成错误。将 C 程序转换或移植到 C++程序时，也将遇到此类错误。幸运的是，修复方法通常十分简单。在本例中，只需要将变量重新命名为 classID，代码即可编译。你将遇到的其他错误类型可能是 C++不支持一些 C 功能，但通常很少见。

如果遇到用 C 语言编写的有用库或遗留代码，可以方便地将 C 代码嵌入 C++程序中。在本书中你已多次看到，函数和类可以一起工作。类方法可以调用函数，而函数也可以使用对象。

34.2.2 改变范型

将 C 和 C++结合使用的一处危险在于程序会失去面向对象属性。例如，如果面向对象的 Web 浏览器是用过程化网络库实现的，程序将混合这两种范型。考虑到此类应用程序中网络任务的重要性和数量，可能考虑给过程库添加面向对象的包装器。可为此使用一种典型的设计模式，名为 façade。

例如，假设在用 C++编写一个 Web 浏览器，但使用了 C 网络库，C 网络库包含以下代码中声明的函数。注意，为简单起见，已经省略了 HostHandle 和 ConnectionHandle 数据结构。

```
// netwrklib.h
#include "HostHandle.h"
#include "ConnectionHandle.h"

// Gets the host record for a particular Internet host given
// its hostname (i.e. www.host.com )
HostHandle* lookupHostByName(char* hostName);
// Frees the given HostHandle
void freeHostHandle(HostHandle* host);

// Connects to the given host
ConnectionHandle* connectToHost(HostHandle* host);
// Closes the given connection
void closeConnection(ConnectionHandle* connection);

// Retrieves a web page from an already-opened connection
char* retrieveWebPage(ConnectionHandle* connection, char* page);
// Frees the memory pointed to by page
void freeWebPage(char* page);
```

netwrklib.h 接口简单直观，但并非面向对象，使用这种库的 C++程序员很讨厌它。这个库并未组织到内聚类中，甚至达不到 const-correct 要求。当然，才华横溢的 C 程序员本可以编写一个更好的接口，但作为库用户，必须接受现实。可通过编写包装器来定制接口。

为库构建面向对象的包装器前，先分析一下，假如直接使用库会发生什么，由此理解其实际用法。在下面的程序中，使用 netwrklib 库检索网页 www.wrox.com/index.html：

```
HostHandle* myHost { lookupHostByName("www.wrox.com") };
ConnectionHandle* myConnection { connectToHost(myHost) };
char* result { retrieveWebPage(myConnection, "/index.html") };

cout << "The result is " << result << endl;

freeWebPage(result); result = nullptr;
closeConnection(myConnection); myConnection = nullptr;
freeHostHandle(myHost); myHost = nullptr;
```

要使库具有面向对象的特点，一种可能的方法是提供单个抽象，以识别链接、查找主机、连接到主机，然后检索网页。良好的面向对象的包装器会隐藏 HostHandle 和 ConnectionHandle 类型的不必要的复杂性。

下例遵循第 5 章“面向对象设计”和第 6 章“设计可重用代码”描述的设计原理：新类应当捕获该库的普通用法。上例显示了这一最常用的模式：首先查找主机，然后建立连接，最后检索网页。也可能从同一台主机检索后续页面，因此良好的设计也会考虑这种使用方式。

HostRecord 类首先包装查找主机的功能。这是一个 RAII 类。它的构造函数使用 lookupHostByName()执行查找，它的析构函数自动释放检索的 HostHandle。代码如下：

```
class HostRecord
{
    public:
        // Looks up the host record for the given host.
        explicit HostRecord(std::string_view host)
            : m_hostHandle { lookupHostByName(const_cast<char*>(host.data())) }
        { }

        // Frees the host record.
        virtual ~HostRecord() { if (m_hostHandle) freeHostHandle(m_hostHandle); }

        // Prevent copy construction and copy assignment.
        HostRecord(const HostRecord&) = delete;
        HostRecord& operator=(const HostRecord&) = delete;

        // Returns the underlying handle.
        HostHandle* get() const noexcept { return m_hostHandle; }

    private:
        HostHandle* m_hostHandle { nullptr };
};
```

由于 HostRecord 类处理 C++ string_view 而非 C 风格的字符串，因此使用 host 的 data()方法获取 const char*；netwrklib 达不到 const-correct 要求，因此执行 const_cast()进行弥补。

接下来实现 WebHost 类，该类使用 HostRecord 类。HostRecord 类创建与给定主机的连接，并且支持检索网页。WebHost 也是一个 RAII 类。在销毁 WebHost 对象时，它会自动关闭与主机的连接。代码如下：

```
class WebHost
{
    public:
        // Connects to the given host.
        explicit WebHost(std::string_view host);
        // Closes the connection to the host.
        virtual ~WebHost();
        // Prevent copy construction and copy assignment.
        WebHost(const WebHost&) = delete;
        WebHost& operator=(const WebHost&) = delete;
        // Obtains the given page from this host.
        std::string getPage(std::string_view page);
    private:
        ConnectionHandle* m_connection { nullptr };
};

WebHost::WebHost(std::string_view host)
{
    HostRecord hostRecord { host };
    if (hostRecord.get()) { m_connection = connectToHost(hostRecord.get()); }
}

WebHost::~WebHost()
{
    if (m_connection) { closeConnection(m_connection); }
}

std::string WebHost::getPage(std::string_view page)
{
    std::string resultAsString;
    if (m_connection) {
        char* result { retrieveWebPage(m_connection,
            const_cast<char*>(page.data())) };
        resultAsString = result;
        freeWebPage(result);
    }
    return resultAsString;
}
```

WebHost 类有效地封装主机行为，并提供有用功能，不包含多余的调用和数据结构。WebHost 的实现广泛使用了 netwrklib 库，不向用户公开其工作原理。WebHost 的构造函数使用指定主机的 HostRecord RAII 对象。使用最终的 HostRecord 设置与主机的连接，将 HostRecord 存储在 mConnection 数据成员中供未来使用。在构造函数结束时自动销毁 HostRecord RAII 对象。WebHost 析构函数关闭连接。getPage()方法使用 retrieveWebPage()检索网页，将其转换为 std::string，使用 freeWebPage()释放内存并返回 std::string。

WebHost 类使客户端程序员能够方便地处理一般情形：

```
WebHost myHost { "www.wrox.com" };
string result { myHost.getPage("/index.html") };
cout << "The result is " << result << endl;
```

注意：

精通网络技术的读者可能注意到，无限期地打开与主机的连接是一种不良做法，不符合 HTTP 规范。在生产质量的代码中不应该这样做。此处只是一个简化的示例。

可以看到，WebHost 类为 C 库提供了面向对象的包装器。通过提供抽象，可在不影响客户端代码的前提下更改底层实现并增加功能。这些功能可能包括：连接引用计数，按照 HTTP 规范在指定的时间过后自动关闭连接，在下次调用 getPage()时自动重新打开连接等。

在本章末尾的练习中，将进一步探索如何编写包装器。

34.2.3 链接 C 代码

上例假设已经拥有初始 C 代码。该例利用了如下事实：可以用 C++编译器成功地编译大多数 C 代码。即便只有已经编译的 C 代码(可能是库形式的代码)，也仍可在 C++程序中使用它们，但需要另外执行几个步骤。

在 C++程序中开始使用已经编译的 C 代码之前，首先需要了解“名称改编”这个概念。为实现函数重载，会对复杂的C++名称平台进行“扁平化”。例如，如果有一个 C++程序，则编写以下代码是合法的：

```
void myFunc(double);
void myFunc(int);
void myFunc(int, int);
```

这意味着链接器将看到 myFunc，但是不知道该调用哪种版本的 myFunc 函数。因此，所有 C++编译器执行名称改编操作，以生成合理的名称，如下所示：

```
myFunc_double
myFunc_int
myFunc_int_int
```

为避免与定义的其他名称发生冲突，生成的名称通常使用一些字符。对于链接器而言，这些字符是合法的；对于 C++源代码而言，这些字符是非法的。例如，Microsoft VC++生成如下名称：

```
?myFunc@@YAXN@Z
?myFunc@@YAXH@Z
?myFunc@@YAXHH@Z
```

编码十分复杂，而且是供应商专用的。C++标准未指定在给定的平台上如何实现函数重载，因此没有关于名称改编算法的标准。

C 语言不支持函数重载(编译器将报错，指出是重复定义)。因此，C 编译器生成的名称十分简单，例如_myFunc。

因此，如果用 C++编译器编译一个简单的程序，即便仅有一个 myFunc 名称实例，也仍会生成一个请求，要求链接到改编后的名称。但是当链接 C 库时，找不到所需的已改编名称，因此链接器将报错。因此，有必要告知 C++编译器不要改编相应的名称。为此，需要在头文件中使用 extern "language"限定，以告知客户端代码创建与指定语言兼容的名称；如果库源是 C++，还需要在定义站点使用这个限定，以告知库代码生成与指定语言兼容的名称。

extern "language"的语法如下：

```
extern "language" declaration1();
extern "language" declaration2();
```

也可能如下：

```
extern "language" {
   declaration1();
   declaration2();
}
```

C++标准指出，可使用任何语言规范；因此，从原理上讲，编译器可支持以下代码：

```
extern "C" myFunc(int i);
extern "Fortran" matrixInvert(Matrix* M);
extern "Pascal" someLegacySubroutine(int n);
extern "Ada" aimMissileDefense(double angle);
```

但实际上，许多编译器只支持 C。每个编译器供应商都会告知你所支持的语言指示符。

例如，在以下代码中，将 cFunction()的函数原型指定为外部 C 函数：

```
extern "C" {
   void cFunction(int i);
}

int main()
{
   cFunction(8); // Calls the C function.
}
```

在链接阶段，在附加的已编译二进制文件中提供 doCFunction()的实际定义。extern 关键字告知编译器：链接的代码是用 C 编译的。

使用 extern 的更常见模式是在头文件级别。例如，如果使用 C 语言编写的图形库，很可能带有供使用的.h 文件。可以编写另一个头文件，将原始文件打包到 extern 块中，以指定定义函数的整个头文件是用 C 编写的。包装器的.h 文件通常使用.hpp 名称，从而与 C 版本的头文件区分开：

```
// graphicslib.hpp
extern "C" {
   #include "graphicslib.h"
}
```

另一个常见模型是编写单个头文件，然后根据条件针对 C 或 C++对其进行编译。如果为 C++编译，C++编译器将预定义__cplusplus 符号。该符号不是为 C 编译定义的。因此，可以经常看到以下形式的头文件：

```
#ifdef __cplusplus
   extern "C" {
#endif
      declaration1();
      declaration2();
#ifdef __cplusplus
   } // matches extern "C"
#endif
```

这意味着 declaration1()和 declaration2()是 C 编译器编译的库中的函数。使用该技术，同一个头文件可同时用于 C 和 C++客户端。

无论在 C++程序中添加 C 代码，还是针对已编译的 C 库进行链接，都要记住，虽然 C++几乎是 C 的超集，但它们是不同的语言，具有不同的设计目标。通过改编 C 代码，将其用于 C++是十分常见的，但是，最好为过程化 C 代码提供面向对象的 C++包装器。

34.2.4　从C#调用C++代码

虽然这是一本C++书籍，但不能否认其他卓越语言，比如C#。通过使用C#的互操作服务，可以方便地从C#应用程序调用C++代码。假设正在使用C#开发诸如GUI的应用程序，但使用C++实现某些性能关键组件或计算昂贵组件。为实现互操作，需要用C++编写一个库，这个库可从C#调用。在Windows上，库将会是.DLL文件。以下C++示例定义了functionInDLL()函数，这个函数将编译为库。该函数接收一个Unicode字符串，并返回一个整数。这个实现将收到的字符串写入控制台，并将值42返回给调用者：

```
import <iostream>;

using namespace std;

extern "C"
{
    __declspec(dllexport) int functionInDLL(const wchar_t* p)
    {
        wcout << L"The following string was received by C++:\n '";
        wcout << p << L"'" << endl;
        return 42; // Return some value...
    }
}
```

记住，是实现库中的函数而非编写程序，因此不需要main()函数。编译代码的方式取决于环境。如果正在使用Microsoft Visual C++，那么需要定位项目属性，选择Dynamic Library(.dll)作为配置类型。注意，这个示例使用__declspec(dllexport)告知链接器：这个函数应当供库的客户端使用。这是Microsoft Visual C++的处理方式。其他链接器可能使用不同的机制来导出函数。

一旦有了库，就可以使用互操作服务，从C#调用该库。首先需要添加InteropServices名称空间：

```
using System.Runtime.InteropServices;
```

接下来定义函数原型，并告知C#从何处查找函数的实现。可使用下面的代码行，假设已经将该库编译为HelloCpp.dll：

```
[DllImport("HelloCpp.dll", CharSet = CharSet.Unicode)]
public static extern int functionInDLL(String s);
```

第一行告知C#：应当从HelloCpp.dll库导入该函数，而且应当使用Unicode字符串。第二部分指定函数的实际原型，这个函数接收一个字符串参数，并返回整数。以下代码是一个完整的示例，演示了如何从C#使用C++库：

```
using System;
using System.Runtime.InteropServices;

namespace HelloCSharp
{
    class Program
    {
        [DllImport("HelloCpp.dll", CharSet = CharSet.Unicode)]
        public static extern int functionInDLL(String s);

        static void Main(string[] args)
```

```
            {
                Console.WriteLine("Written by C#.");
                int result = functionInDLL("Some string from C#.");
                Console.WriteLine("C++ returned the value " + result);
            }
        }
}
```

输出如下所示：

```
Written by C#.
The following string was received by C++:
   'Some string from C#.'
C++ returned the value 42
```

有关上述 C#代码的详情超出了本书的讨论范围，只需要能从这个示例了解大概即可。

本节只讨论了如何从 C#中调用 C++函数，并没有提到如何从 C#中使用 C++类。下一节将介绍 C++/CLI 来弥补这一点。

34.2.5　C++/CLI 在 C++中使用 C#代码和在 C#中使用 C++代码

要在 C++中使用 C#代码，可以使用 C++/CLI。CLI 代表公共语言基础设施，是所有.NET 语言(例如 C#、Visual Basic .NET 等)的主干。C++/CLI 是微软在 2005 年创建的，是支持 CLI 的 C++版本。2005 年 12 月，C++/CLI 被标准化为 ECMA-标准。可以在 C++/CLI 中编写 C++程序，并获得使用支持 CLI 的任何其他语言(如 C#)编写的任何其他功能。但是请记住，C++/CLI 可能落后于最新的 C++标准，这意味着它不一定支持所有最新的 C++特性。详细讨论 C++/CLI 语言超出了这本纯 C++书籍的范围。只给出几个小例子。

假设在一个 C#库中有如下的 C#类：

```
namespace MyLibrary
{
    public class MyClass
    {
        public double DoubleIt(double value) { return value * 2.0; }
    }
}
```

如下所示，可以从 C++/CLI 代码中使用这个 C#库。重要的部分高亮显示。CLI 对象由内存垃圾收集器管理，当不再需要内存时，它会自动清理内存。因此，不能仅仅使用标准的 C++ new 运算符来创建托管对象，必须使用 gcnew，这是“grabage collect new”的缩写。不是将得到的指针存储在像 MyClass*这样的普通指针变量中，也不是存储在像 std::unique_ptr<MyClass>这样的智能指针中，必须使用所谓的句柄 MyClass^存储它，通常发音为“MyClass hat”。

```
#include <iostream>

using namespace System;
using namespace MyLibrary;

int main(array<System::String^>^ args)
{
    MyClass^ instance { gcnew MyClass() };
    auto result { instance->DoubleIt(1.2) };
    std::cout << result;
}
```

C++/CLI 也可以用于其他方向：可以编写所谓的托管 C++ ref 类，然后可以被任何其他 CLI 语言访问。下面是一个托管 C++ ref 类的简单示例：

```
#pragma once
using namespace System;

namespace MyCppLibrary
{
    public ref class MyCppRefClass
    {
        public:
            double TripleIt(double value) { return value * 3.0; }
    };
}
```

这个 C++/CLI 引用类可以在 C#中使用，如下所示：

```
using MyCppLibrary;

namespace MyLibrary
{
    public class MyClass
    {
        public double TripleIt(double value)
        {
            // Ask C++ to triple it.
            MyCppRefClass cppRefClass = new MyCppRefClass();
            return cppRefClass.TripleIt(value);
        }
    }
}
```

如你所见，这些并不复杂，但这些示例都使用基本数据类型，如 double。如果需要处理非基本数据类型(如 string、vector 等)，那就会更加复杂，因为需要开始在 C#和 C++/CLI 之间编组对象，反之亦然。然而，这里只是简单地介绍一下 C++/CLI。

34.2.6 在 Java 中使用 JNI 调用 C++代码

JNI(Java Native Interface，Java 本地接口)是 Java 语言的一部分，允许程序员访问用 Java 之外的语言编写的功能。JNI 允许程序员使用通过其他语言(如 C++)编写的库。如果 Java 程序员有性能关键或计算昂贵的代码段，或需要使用遗留代码，可以访问 C++库。也可以使用 JNI 在 C++程序中执行 Java 代码，但这种用法极少见。

由于这是一本 C++书籍，因此不介绍 Java 语言。如果你已经了解 Java，并且想在 Java 代码中嵌入 C++代码，那么建议阅读本节。

要开启 Java 跨语言开发之旅，首先看看 Java 程序。在下面这个示例中，使用了最简单的 Java 程序：

```
public class HelloCpp {
   public static void main(String[] args)
   {
      System.out.println("Hello from Java!");
   }
}
```

接下来需要声明一个用其他语言编写的 Java 方法。为此，使用 native 关键字并忽略实现：

```
// This will be implemented in C++.
public static native void callCpp();
```

C++代码最终会被编译为共享库，并动态加载到 Java 程序中。可在 Java 静态块中加载该库，这样，当 Java 程序开始执行时，将加载它。可为库指定任意名称，例如，在 Linux 系统上指定为 hellocpp.so，在 Windows 系统上指定为 hellocpp.dll。

```
static { System.loadLibrary("hellocpp"); }
```

最后，需要在 Java 程序中实际调用 C++代码。Java 方法 callCpp()用作尚未编写的 C++代码的占位符。下面是完整的 Java 程序：

```
public class HelloCpp
{
     static { System.loadLibrary("hellocpp"); }

     // This will be implemented in C++.
     public static native void callCpp();

     public static void main(String[] args)
     {
          System.out.println("Hello from Java!");
          callCpp();
     }
}
```

这是 Java 一方需要完成的所有工作。现在，只需要像往常一样编译 Java 程序：

```
javac HelloCpp.java
```

然后使用 javah 程序，为本地方法创建头文件：

```
javah HelloCpp
```

运行 javah 后，将看到 HelloCpp.h 文件，这是一个完备(但有些简陋)的 C/C++头文件。这个头文件中是 Java_HelloCpp_callCpp()函数的 C 函数定义。C++程序需要实现该函数。完整原型如下：

```
JNIEXPORT void JNICALL Java_HelloCpp_callCpp(JNIEnv*, jclass);
```

该函数的 C++实现可充分利用 C++语言。该例从 C++输出一些文本。首先，需要添加由 javah 创建的 jni.h 和 HelloCpp.h 文件。还需要添加想要使用的任何 C++头文件：

```
#include <jni.h>
#include "HelloCpp.h"
#include <iostream>
```

像往常一样编写 C++函数。函数的参数允许与 Java 环境以及称为本地代码的对象进行交互。这些超出了本例的讨论范围：

```
JNIEXPORT void JNICALL Java_HelloCpp_callCpp(JNIEnv*, jclass)
{
   std::cout << "Hello from C++!" << std::endl;
}
```

要根据环境，将该代码编译为库，很可能需要调整编译器的设置以包含 JNI 头文件。在 Linux 上使用 GCC 编译器，编译器命令如下所示：

```
g++ -shared -I/usr/java/jdk/include/ -I/usr/java/jdk/include/linux \
HelloCpp.cpp -o hellocpp.so
```

编译器的输出是 Java 程序使用的库。只要共享库在 Java 类路径的某个位置，就可以像往常一样执行 Java 程序：

```
java HelloCpp
```

你应当会看到以下结果：

```
Hello from Java!
Hello from C++!
```

当然，本例仅触及 JNI 的皮毛。也可以使用 JNI 与 OS 专用功能或硬件驱动程序进行交互。要全面了解 JNI 信息，可参阅相关的 Java 书籍。

34.2.7　从 C++代码调用脚本

最初的 UNIX OS 包含相当有限的 C 库，不支持某些常见操作。UNIX 程序员因此从应用程序启动 shell 脚本，以完成需要 API 或库支持的任务。脚本可以用 Perl 和 Python 语言编写，但也可以是 Shell 脚本，用于在 Bash 等 Shell 中运行。

今天，许多 UNIX 程序员仍坚持将脚本用作子例程调用方式。为了启用这些类型的互操作性，C++提供了在<cstdlib>头文件中定义的 std::system()函数。它只需要一个参数，表示要执行命令的字符串。示例如下：

```
system("python my_python_script.py"); // Launch a Python script.
system("perl my_perl_script.pl"); // Launch a Perl script.
system("my_shell_script.sh"); // Launch a Shell script.
```

然而，这种方式面临着重大风险。例如，如果脚本中存在错误，调用者可能获得详细的错误提示信息，也可能无法获得。system()调用的任务也异常繁重，因为必须创建整个过程来执行脚本。这样，最终会在应用程序中产生严重的性能瓶颈。

本书不再进一步讨论如何使用 system()启动脚本。总体而言，应当研究 C++库的功能，看一下是否有完成任务的更好方式。有一些独立于平台的包装器，用于包装大量平台专用的库，如 Boost Asio 提供可移植的网络和其他低级 I/O，包括套接字、计时器和串行端口等。如果需要使用文件系统，可以使用平台无关的<filesystem>API，该 API 从 C++17 开始就作为标准库的一部分，在第 13 章进行了讨论。诸如使用 system()、启动 Perl 脚本来处理文本数据的做法并非最佳选择。为满足处理字符串的需要，诸如 C++正则表达式库的技术是更好的选择，详见第 21 章“字符串的本地化与正则表达式”。

34.2.8　从脚本调用 C++代码

C++内置了与其他语言和环境进行交互的通用机制。前面已经多次见过这种用法，你或许并未注意到，main()函数的实参和返回值就属于这类情况。

C 和 C++的设计基于命令行接口。main()函数从命令行接收实参，并返回可由调用者解释的状态码。在脚本环境中，传给程序的实参以及程序返回的状态码是一种强大机制，允许与环境进行交互。

示例：对密码进行加密

假设系统允许写入用户看到的所有内容，并输入一个文件用于审计。这个文件只能由系统管理员读取，这样，如果某处出错，管理员可能确定谁是造错者。这个文件的摘要如下：

```
Login: bucky-bo
Password: feldspar

bucky-bo> mail
bucky-bo has no mail
bucky-bo> exit
```

尽管系统管理员可能希望记录所有用户活动，但也想遮盖每个人的密码，以防文件落入黑客手中。系统管理员决定编写一个脚本来解析日志文件，使用 C++进行实际加密。此后，该脚本调用 C++程序来执行加密。

以下脚本使用 Perl 语言，当然，其他大多数脚本都能完成这项任务。另外注意，当今，Perl 可使用库执行加密。但为了便于叙述，本例假设在 C++中完成加密。即便不了解 Perl，也仍可完成以下步骤。在这个示例中，最重要的 Perl 语法元素是`字符。`字符指示 Perl 脚本转向外部命令，这里，脚本将转向 C++程序 encryptString。

注意：

启动外部过程将产生大量性能开销，因为必须创建一个完备的新进程。如果需要调用一个外部进程，就不应该采用这种做法。但在这个密码加密示例中，这种做法是可行的，因为我们假设日志文件仅包含少数几个密码行。

这个脚本的策略是遍历 userlog.txt 文件的每一行，查找包含密码提示的行。脚本将内容写入一个新文件 userlog.out，这个新文件中包含的行与源文件完全相同，只是加密了所有密码。第一步是打开输入文件进行读取，并打开输出文件用于写入内容。此后，需要迭代文件中的所有行。将每一行依次放入$line 变量中。

```
open (INPUT, "userlog.txt") or die "Couldn't open input file!";
open (OUTPUT, ">userlog.out") or die "Couldn't open output file!";
while ($line = <INPUT>) {
```

接着，对照正则表达式检查当前行，看一下特定行是否包含 Password:提示符；如果包含，Perl 将密码存储在变量$1 中。

```
    if ($line =~ m/^Password: (.*)/) {
```

如果找到匹配，脚本会使用检测到的密码调用 encryptString 程序，获取密码的加密版本。将程序的输出保存在$result 变量中，将程序的结果状态码保存在$?变量中。如果出现问题，脚本会检查$?，然后立即退出。如果一切正常，会将密码行写入输出文件中。在输出文件中，用加密的密码替换原来的密码。

```
        $result = `./encryptString $1`;
        if ($? != 0) { exit(-1); }
        print OUTPUT "Password: $result\n";
    } else {
```

如果当前行不包含 Password:提示符，脚本会将这一行原样写入输出文件。在循环的最后，会关闭这两个文件，然后退出。

```
        print OUTPUT "$line";
    }
}
```

```
close (INPUT);
close (OUTPUT);
```

这几乎就是全部。需要的其他部分是实际的C++程序。本书不讨论如何实现加密算法。重要的部分是main()函数，因为它接收的实参是要加密的字符串。

实参包含在C风格字符串的argv数组中。在访问argv数组的元素前，始终应当检查argc参数。如果argc是1，则实参列表中有一个元素，可作为argv[0]访问。argv数组的第0个元素通常是程序名，因此，实参从argv[1]开始。

下面是C++程序的main()函数，用于加密输入字符串。注意，如果成功，则程序返回0；如果失败，则返回非0值，这是Linux中的标准。

```
int main(int argc, char* argv[])
{
    if (argc < 2) {
        cerr << "Usage: " << argv[0] << " string-to-be-encrypted" << endl;
        return -1;
    }
    cout << encrypt(argv[1]);
}
```

注意：

上述代码中实际上存在一个明显的安全漏洞。将准备加密的字符串作为命令行实参传给C++程序时，其他用户可通过进程表看到。可通过多种方式强化安全，例如，可通过标准输入将信息发送给C++程序。

从上面可以看到，可以方便地将C++程序嵌入脚本语言，可在自己的项目中取二者之长。可使用脚本语言与操作系统进行交互，并控制脚本流，同时使用诸如C++的传统语言完成繁重的任务。

注意：

该例只是演示如何结合使用Perl和C++。C++包含正则表达式库，允许方便地将这个Perl/C++解决方案转换为纯粹的C++解决方案。这个纯粹的C++解决方案的运行速度更快，因为不需要调用外部程序。有关正则表达式库的详情，请参阅第19章。

34.2.9 从C++调用汇编代码

与其他语言相比，C++是一门性能卓越的语言。但在极少数情况下，如果速度不是最重要的，可能想使用一些原始的汇编代码。编译器从源文件生成汇编代码，这些汇编代码的速度很快，几乎可用于所有目的。编译器和链接器(需要支持链接时代码生成功能)使用优化算法，使生成的汇编代码足够快。通过使用特殊的处理器指令集，如MMX、SSE和AVX，这些优化器的功能越来越强大。当今，已经很难自行编写出比编译器生成的代码性能更高的汇编代码，除非了解这些增强的指令集的所有细节。

但本例中，C++编译器可使用关键字asm，程序员可借此插入初始汇编代码。这个关键字是C++标准的一部分，但实现是由编译器定义的。在一些编译器中，可使用asm，在程序中从C++降级到汇编代码。有时，对asm关键字的支持取决于目标架构，有时编译器使用非标准关键字而不是asm关键字。

例如，Microsoft VC++ 2019不支持asm关键字。相反，它在32位模式下编译期支持__asm关键字，但在 64 位模式下编译期根本不支持内联汇编。

可在一些应用程序中使用汇编代码，但在大多数程序中，建议不要这样做，原因有以下几点：

- 一旦开始为平台添加原始汇编代码，代码将不再有可移植性。
- 大多数程序员都不了解汇编语言，他们无法修改或维护代码。
- 人们很难读懂汇编代码，程序的样式也会受到不良影响。
- 大多数情况下，根本没必要这么做。如果程序很慢，则查找算法问题或咨询其他一些性能建议，见第 29 章“编写高效的 C++程序”的讨论。

警告：

在应用程序中遇到性能问题时，使用分析器确定真正的热点，通过改进算法来加速！只有别无他法时才考虑使用汇编代码，即使使用，也要留意汇编代码的缺点。

在实践中，如果有一个计算昂贵的代码块，应该将其移至一个独立的 C++函数中。如果使用性能分析方式(见第 29 章)确定这个函数就是性能瓶颈，并且无法再编写更简短、更快速的代码，那么可尝试使用原始汇编代码来提高性能。

这种情况下，首先要声明函数 extern "C"，以便禁用 C++名称改编功能。此时，可用汇编代码编写一个独立模块，以更高效地执行函数。独立模块的好处在于既有 C++中独立于平台的“引用实现”，也有原始汇编代码中平台专用的高性能实现。使用 extern "C"意味着汇编代码可使用简单的命名约定(否则，必须对编译器的名称改编算法进行逆向工程)。此后，可链接 C++版本或汇编代码版本。

可用汇编代码编写这个模块，并通过汇编器来运行，而非使用 C++中的内联 asm 指令。在很多主流的符合 x86 标准的 64 位编译器(它们不支持内联的 asm 关键字)中尤其如此。

但是，只有当明显提高性能时，才应当使用原始汇编代码。性能至少提高一倍才值得这么做。提高 10 倍则很有必要这么做。提高 10%则不值得去做。

34.3 本章小结

从本章可了解到，C++是一门灵活的语言。有的语言与特定平台捆得太紧，有的语言过于高级和通用，而 C++正好介于它们之间。在开发 C++代码时，不要永远将自己完全禁锢在 C++语言中。可将 C++与其他技术一起使用；C++技术成熟，代码库稳定，可确保它在未来占据重要地位。

本书第 V 部分的主题包括软件工程方法、编写高效的 C++、测试和调试技术、设计技术和设计模式、跨平台和跨语言应用程序开发。这将帮助 C++程序员更为卓越，实现蜕变。通过认真思考设计，尝试不同的面向对象编程方法，选择性地为自己的代码库添加新技术，并练习测试和调试技术，你的 C++技能必将达到专业水准。

34.4 练习

通过完成下面的习题，可以巩固本章所讨论的知识点。所有习题的答案都可扫描封底二维码下载。然而如果你受困于某个习题，可以在看网站上的答案之前，先重新阅读本章的部分内容，尝试着自己找到答案。

练习 34-1 编写一个程序，输出所有标准 C++整数类型的大小。如果可能的话，尝试在不同平台上的不同编译器编译和执行它。

练习 34-2 本章介绍整数大端和小端编码的概念。还解释说，在网络上，建议总是使用大端编码，并在必要时进行转换。编写一个程序，可以在小端和大端编码之间从两个方向上转换 16 位无符号整数。要特别注意所使用的数据类型。编写一个 main()函数来测试你的函数。

额外练习 32 位整数可以做相同的事情吗？

练习 34-3 转换范例一节中结合 C 和 C++的网络示例有些抽象，在这个示例中，C 函数的实现被省略，因为它们需要 C 和 C++标准库都没有提供的网络代码。在这个练习中，我们看一个小得多的 C 库，你可能想在你的 C++代码中使用它。C 库基本由两个函数组成，一个是函数 reverseString()，它分配一个新的字符串，并使用给定源字符串的反转来初始化它。第二个函数 freeString()用于释放由 reverseString()分配的内存。下面是它们的声明和描述性注释：

```
/// <summary>
/// Allocates a new string and initializes it with the reverse of a given string.
/// </summary>
/// <param name="string">The source string to reverse.</param>
/// <returns>A newly allocated buffer filled with the reverse of the
/// given string.
/// The returned memory needs to be freed with freeString().</returns>
char* reverseString(char* string);

/// <summary>Frees the memory allocated for the given string.</summary>
/// <param name="string">The string to deallocate.</param>
void freeString(char* string);
```

你将如何在 C++代码中使用这个“库”？

练习 34-4 本章中所有关于混用 C 和 C++代码的示例都是关于从 C++调用 C 代码的。当然，如果只使用 C 所知道的数据类型，也可能出现相反的情况。在这个练习中，你将两个方向结合起来。编写一个名为 writeTextFromC(const char*)的 C 函数，调用一个名为 writeTextFromCpp(const char*)的 C++函数，该函数使用 cout 将给定的字符串打印到标准输出。为了测试代码，在 C++中编写 main()函数，调用 C 函数 writeTextFromC()。

第VI部分

附　　录

附录 A C++面试

读完本书后，就可以开始 C++生涯了，但雇主在开出高薪前，求职者需要展现自己的实力。各家公司的面试方法并不相同，但技术面试的很多方面都是可预见的。完整的面试会测试基本编码技能、调试技能、设计和风格技能以及解决问题的能力。求职者面对的问题集合相当庞大。本附录将介绍求职者可能面对的各种不同类型的问题，以及获得高薪 C++编程工作的最佳战术。

本附录回顾本书的各章，讨论每章中可能出现在面试场合中的问题，还讨论可能用来测试这些技能的问题类型，以及处理这些问题的最佳方法。

第 1 章：C++和标准库速成

技术面试包含一些基础性的 C++问题，以筛除对 C++语言知之甚少的求职者。这些问题可能会通过电话询问的形式提出，在面试前，开发人员或招聘人员先给求职者打电话，询问问题。这些问题也可能通过电子邮件询问或当面询问。在回答这些问题时，请记住，面试官只是想了解求职者是否真正学过并用过 C++。通常情况下，获得高分并不需要顾及每个细节。

要记住的内容

- 函数的用法
- 一致性初始化
- 模块的基本用法(C++20)
- 头文件的语法，包括为标准库头文件略去".h"
- 名称空间和嵌套名称空间的用法
- 语言基础知识，如循环语法，包括基于范围的 for 循环、条件运算符和变量等
- 三向比较运算符(C++20)
- 枚举类型
- 栈和堆之间的差异
- 动态分配的数组
- const 的使用
- 指针和引用的含义，以及二者的区别
- 引用在声明时必须绑定在变量上且不能改变

- 引用传递相对于值传递的优点
- auto 关键字
- 标准库容器(如 std::array 和 std::vector)的基本用法
- 结构化绑定
- 使用 std::pair 和 std::optional
- 类型别名和 typedef 的原理
- 属性背后的一般思想

问题类型

C++基础问题可能采取词汇测试的形式。面试官可能让求职者定义一些 C++术语，例如 auto 和 enum class。面试官期待的可能是教科书答案，而给出一些示例或额外的细节，通常可以获得加分。例如，在谈到 auto 关键字时，除了解释 auto 在定义变量时的作用，求职者还可以提到它在函数返回类型推导时的用法。

测试 C++基本能力的另一种问题形式是在面试官面前编写一段简短程序。面试官可能给求职者一个热身问题，如用 C++编写 Hello World 程序。面对这样一个看上去很简单的问题时，求职者一定要展示出了解名称空间，使用流而不是 printf()，以及知道应该导入哪些标准模块，以获得所有加分。

解释 const 的定义是 C++面试中的一个经典问题。根据对这个问题的回答，面试官心中会有一个对求职者能力评估的范围。例如，一般的候选人会回答 const 修饰变量时的用法，好的候选人还会加上 const 在成员方法和成员变量中的用法，出色的候选人会提到 const 和引用的结合，并给出 const 的引用传递的语义且说明在什么情况下这会比值传递更高效。

本章提到的某些主题会出现在寻找 bug 的题目中。要警惕引用的错误使用。例如，当一个类中包含引用类型的成员变量时：

```
class Gwenyth
{
   private:
      int& m_caversham;
};
```

因为 m_caversham 是一个引用，当类被构造时，它必须被绑定到某个变量上。为了做到这一点，求职者需要使用一个构造函数初始化器。类可以将要引用的变量作为构造函数的参数：

```
class Gwenyth
{
   public:
      Gwenyth(int& i) : m_caversham { i } { }
   private:
      int& m_caversham;
};
```

第 2 章和第 21 章：字符串、字符串视图、本地化与正则表达式

字符串非常重要，用于几乎每种应用程序。面试官很有可能至少问一个用 C++处理字符串的问题。

要记住的内容

- std::string 和 std::string_view 类
- 尽量使用 const string&或 string 而不是 string_view 作为函数的返回类型
- C++ std::string 类和 C 风格的字符串的区别，包括为什么要避免使用C 风格的字符串
- 字符串和数值类型(如整数和浮点数)的相互转换
- 使用 std::format()格式化字符串
- 原始字符串字面量
- 本地化的重要性
- Unicode 背后的思想
- locale 和 facet 的概念
- 正则表达式的含义

问题类型

面试官可能会要求求职者解释如何将两个字符串串联在一起，通过这个问题了解求职者是按照专业 C++程序员的方式思考还是按照 C 程序员的方式思考。如果遇到这样的问题，求职者应该解释 std::string 类，说明如何通过这个类串联两个字符串。另外值得一提的是，string 类能自动处理所有内存管理操作，并且要和 C 风格的字符串进行比较。

面试官可能不会专门询问有关本地化的问题，但求职者可在面试时使用 wchar_t 而不是 char，以展示自己对全球化的考虑。如果遇到关于本地化经验的问题，一定要提到从项目刚开始就考虑在世界范围内使用的重要性。

求职者可能会被问到有关 locale 和 facet 基本思想的问题。此时也许不需要解释具体语法，但是应该解释为什么通过 locale 和 facet 可根据特定语言的规则对文本和数字进行格式化。

求职者可能会遇到一个关于 Unicode 的问题，但这个问题很可能是要求解释 Unicode 的基本思想和概念，而不是解释实现细节。因此，应确保自己理解 Unicode 的高层概念，并可以解释 Unicode 在本地化上下文中的使用。求职者也应该知道编码 Unicode 字符的不同选择，例如 UTF-8 和 UTF-16，而不需要具体细节。

在第 21 章中可看到，正则表达式的语法非常难理解。面试官不太可能询问正则表达式的细节。然而，求职者应能解释正则表达式的概念，以及了解通过正则表达式能进行哪些类型的字符串操作。

第 3 章：编码风格

任何在专业领域编写过代码的人都有像在麦片盒背面学习 C++一样的同事。没有谁愿意和编写混乱代码的人一起工作，因此面试官有时会试图了解求职者的编码风格。

要记住的内容

- 风格很重要，即使是在没有和风格明显相关的面试中也是如此
- 编写良好的代码并不需要大量的注释
- 注释可用于传达元信息
- 分解是将代码分成较小片段的实践
- 重构是指重新编排代码的结构，例如清理以前编写的代码

- 命名是十分重要的技巧，要注意如何给变量和类等指定名称

问题类型

风格问题可能采取几种不同的形式。笔者的一位朋友曾被要求在白板上编写一个较复杂的算法。当他写下第一个变量名时，就被面试官打断说通过了面试。问题不在于算法本身，而在于命名变量的风格如何。更常见的情况是，求职者可能会被要求提交自己编写过的代码，或给出有关风格的意见。

当潜在的雇主要求提交代码时，求职者要小心。求职者可能不能合法地提交为前任雇主编写的代码，还必须找到一段能展示求职者技能的代码，但这段代码又不要求太多的背景知识。例如，不要向一家正在面试数据库管理职位的公司提交有关高速图像渲染的硕士论文。

如果雇主要求求职者编写一个具体程序，那么这是一次展示求职者在本书中学会的技能的绝佳机会。即使潜在的雇主没有要求编写具体程序，求职者也应该考虑写一个小程序专门提交给这家公司。不要选择某个已经写过的程序，而是从头开始编写一些和工作相关、能展示良好风格的代码。

此外，如果求职者有一些自己编写且能公开的文档(即非机密文档)，就可以用它们展示自己的沟通技能，这也能为求职者加分。求职者构建或维护的网站，向 CodeGuru、CodeProject 等网站提交的文章都很有用；这表明求职者不仅会编写代码，还懂得和其他人交流如何高效地使用代码。当然，有一本署有求职者大名的书籍也是一大利好。

如果正在给处于开发中的开源项目贡献代码(例如在 GitHub 上)，求职者将获得附加分。如果有自己主动维护的开源项目，效果将更好。可利用这个大好机会，展示自己的编码风格和沟通技巧。某些雇主会查看 GitHub 等网站上的个人简介。

第 4 章：设计专业的 C++程序

面试官还要确保求职者除了知道 C++语言外，还能熟练地应用这门语言。求职者可能不会遇到明显的设计问题，但优秀的面试官会通过各种技术将设计暗藏在其他问题中。

潜在的雇主还想知道求职者能否使用其他人编写的代码。如果求职者在简历上列出了具体的库，就要做好准备回答关于这些库的问题。如果没有列出具体的库，那么对库的重要性的一般性理解就足够了。

要记住的内容

- 设计带有主观色彩——准备在面试过程中为自己的设计决策辩护
- 在面试前回顾一下以前做过的设计的细节，以防面试时被要求举例说明
- 准备好可视化地勾勒出一种设计，包括类层次结构
- 准备好说出代码重用的好处
- 理解库的概念
- 从头开始构建和重用现有代码之间的权衡
- 大 O 表示法的基本知识，至少要记得 $O(n \log n)$比 $O(n^2)$好
- C++标准库中包含的功能
- 设计模式的高层次定义

问题类型

设计问题是面试官很难提问的问题——在面试场合中设计的任何程序可能都太简单，无法反映真

实的设计技能。设计问题可能采取更模糊的形式，例如“告诉我设计优秀程序应该采取哪些步骤”，或“解释一下抽象的原理”。这类问题也可以不那么明显。在讨论求职者之前的工作时，面试官可能会说“请解释一下那个项目的设计”。注意，在回答问题时，不要泄露前雇主的知识产权。

如果面试官询问关于某个库的问题，那么他关注的可能是这个库的高层次方面，而不是技术细节。例如，求职者可能需要从库设计的角度，解释标准库的优缺点分别是什么。最好的求职者会说标准库的优点在于广度和标准化，而主要缺点在于有时用法比较复杂。

求职者也可能会遇到一个初看上去和库无关的问题。例如，面试官可能会问求职者，如何创建一个应用程序，用于从网上下载 MP3 音乐，然后在本地计算机上播放。此问题没有明确涉及库，但需要用库解决；这个问题真正考察的是过程。

求职者应该首先讨论如何收集需求，做出初步原型。因为这个问题涉及两个具体技术，所以面试官想知道求职者会如何处理它们。这里要用到库。如果求职者告诉面试官，需要自行编写 Web 类和 MP3 播放代码，面试并不会失败，但面试官会质疑再造这些工具的时间和开销。

更好的答案应该是调查实现 Web 和 MP3 功能的现有库，看有没有适合这个项目的库。求职者可能需要说出自己打算使用的一些技术，例如 Linux 下获取 Web 内容的 libcurl 库，或 Windows 下播放音乐的 Windows Media 库。

提及一些提供免费库的网站，以及这些网站提供的某些内容也可能获得加分，例如提供 Windows 库的 www.codeguru.com 和 www.codeproject.com，提供独立于平台的 C++库的 www.boost.org 和 www.github.com。提及一些可用于开源软件的许可协议，如 GPL 许可协议、Boost 许可协议、Creative Commons 许可协议、CodeGuru 许可协议和 OpenBSD 许可协议等，可能会让求职者获得额外加分。

第 5 章：面向对象设计

面向对象的设计问题用于筛除只知道什么是引用的 C 程序员，选出真正会使用语言的面向对象特性的 C++程序员。面试官不会想当然地假设任何事情；即使求职者有多年的面向对象语言的使用经验，他们也仍希望找出求职者掌握面向对象方法论的证据。

要记住的内容

- 过程式范式和面向对象范式之间的差异
- 类和对象之间的差异
- 从组件、属性和行为方面描述类
- “是一个”关系和“有一个”关系
- 多重继承相关的权衡

问题类型

有关面向对象的设计问题通常有两种问法。求职者可能需要定义面向对象的概念，或者勾勒出面向对象的层次结构。前者非常简单。要记住，给出例子能获得加分。

如果要求求职者勾勒出面向对象的层次结构，面试官通常会给出一个简单的应用程序，例如纸牌游戏，让求职者为它设计类层次结构。面试官常提出有关游戏的设计问题，因为游戏是大多数人都已经熟悉的应用程序。相比数据库实现之类的问题，这类问题还能稍微缓解紧张的情绪。当然，求职者给出的类层次结构因所设计的游戏或应用程序而异。下面的几点需要考虑：

- 面试官希望了解求职者的思维过程。打开思路，头脑风暴，让面试官参与讨论，不要害怕推倒重来。
- 面试官可能假设求职者对这个应用程序很熟悉。如果求职者从来没有听说过二十一点(一种牌类游戏)，面试官却提出一个关于二十一点的问题，可以请面试官解释清楚这个问题或换个问题。
- 除非面试官要求求职者使用一种特定的格式描述层次结构，否则建议求职者描述类图时，采用继承树的形式，让每个类都带有方法和数据成员的大致列表。
- 求职者可能需要对自己的设计做辩护，或修改自己的设计，以满足新需求。求职者应尝试判断面试官是否真正看到自己设计中的缺陷，或者面试官只是想让求职者辩护，以便观察求职者的说服技巧。

第 6 章：设计可重用代码

面试官很少问关于设计可重用代码的问题。这种疏忽是很遗憾的，因为如果小组中有成员只能编写单一作用的代码，这对编程小组是不利的。偶尔，求职者也会发现一些公司精于代码重用，会在面试中提问关于代码重用的问题。这样的问题表明为这家公司工作是很好的。

要记住的内容

- 抽象的原则
- 子系统和类层次结构的创建
- 良好接口设计的一般规则，即只有公有方法的接口，不带有实现细节
- 何时使用模板，何时使用继承

问题类型

面试官可能会要求求职者解释抽象的原则与优点，并给出一些具体的例子。

有关重用的问题几乎肯定涉及求职者以前从事过的项目。例如，假设求职者曾在一家开发消费类和专业类视频编辑应用程序的公司工作过，那么面试官可能询问这两类应用程序之间如何共享代码。即使面试官没有明确地问有关代码重用的问题，求职者也可以涉及这方面的内容。当求职者描述过去的一些工作经历时，告诉面试官自己写的模块是否在其他项目中使用。即使在回答明显很简单的编码问题时，也一定要注意考虑和提到所涉及的接口。老生常谈，在回答问题时，不要泄露前雇主的知识产权。

第 7 章：内存管理

面试官一定会问求职者一些和内存管理相关的问题，包括求职者对智能指针的了解。除了智能指针，还有可能有一些更底层的问题。目的是考察 C++的面向对象特性是否让求职者对底层的实现细节太生疏。内存管理的问题可让求职者证明自己知道底层发生了什么。

要记住的内容

- 知道如何绘制栈和自由存储区的结构，这有助于了解幕后的工作原理

- 避免使用低级的内存分配和释放函数。在现代C++中，不应当调用new、delete、new[]、delete[]、malloc()和free()等，而是要使用智能指针
- 理解智能指针。默认情况下使用std::unique_ptr，使用shared_ptr共享所有权
- 使用std::make_unique()创建unique_ptr
- 使用std::make_shared()创建shared_ptr
- 永远都不要使用std::auto_ptr，自C++17之后它已被移除
- 如果确实需要使用低级的内存分配函数，可使用new、delete、new[]和delete[]，不要使用malloc()和free()
- 即使有一个指向对象的指针数组，也仍需要为每个指针分配和释放内存——数组分配语法不负责处理指针
- 了解存在一些探测内存分配问题的工具，例如Valgrind，可用于找出内存问题

问题类型

“查找bug”这种问题通常会包含内存问题，例如双重删除、new/delete/new[]/delete[]混用以及内存泄漏等。跟踪大量使用指针和数组的代码时，求职者应该在处理每一行代码时绘制和更新内存的状态。

考察求职者是否理解内存的另一个好方法是询问指针和数组的区别。此时，如果求职者不大清楚这两者之间的区别，就会被这个问题击倒。如果是这样，请再次浏览第7章讨论的内容。

在回答关于内存分配的问题时，最好总是提到智能指针的概念，以及智能指针自动清理内存或其他资源的优点。求职者肯定还要提到使用std::vector这样的标准库容器比使用C风格数组要好得多，因为标准库容器可自动处理内存管理。

第8章和第9章：熟练掌握类和对象、精通类和对象

有关类和对象的问题是没有边界的。一些面试官迷恋于语法，可能给求职者提供一些复杂的代码。其他一些面试官对实现细节不那么关心，而对设计技能更感兴趣。

要记住的内容

- 类定义的基本语法
- 方法和数据成员的访问说明符
- this指针的使用
- 名称解析的工作方式
- 对象的创建和析构，既包含栈上的对象，也包含自由存储区上的对象
- 编译器自动生成构造函数的情况
- 构造函数初始化器
- 拷贝构造函数和赋值运算符
- 委托构造函数
- mutable关键字
- 方法重载和默认参数
- const成员
- 友元类和友元方法

- 管理对象的动态分配内存
- 静态方法和数据成员
- 内联方法，事实上 inline 关键字只是编译器提示，编译器可以忽略这个提示
- 分离接口和类实现的关键思想，即接口应该只包含 public 方法，而且应该尽可能稳定；接口不应该包含任何数据成员或 private/protected 方法；因此，接口可保持稳定，而底层实现可随意变化
- 类内成员初始化器
- 显式默认和显式删除特殊成员函数
- 右值和左值的区别
- 右值引用
- 使用移动构造函数和移动赋值运算符的移动语义
- “复制和交互”惯用方法及其作用
- “零规则”和“5 规则”
- 类的三向比较运算符(C++20)

问题类型

诸如“mutable 关键字的含义是什么？”之类的问题是很好的电话筛选问题。面试官可能有一个C++术语的清单，根据求职者正确解释这些术语的数目，将求职者安排到面试过程的下一阶段。求职者可能不知道被问到的所有术语的意义，但要记住，其他求职者也面临同样的问题，这只是面试官采用的几个指标之一。

“查找 bug”这类问题在面试官和课程教员之类的人群中非常流行。求职者要面对一些无意义的代码，指出代码中的缺陷。面试官通过量化方法分析求职者，而这是为数不多的途径之一。一般情况下，求职者应该阅读每行代码，说出思考过程，大声说出自己的想法。bug 的类型可归为以下类别。

- **语法错误**——这比较少见，面试官知道，通过编译器可以找到这些编译期 bug。
- **内存问题**——这类问题包括内存泄漏和双重删除。
- **“你不应该这么做”的问题**——包括在技术上正确，但不建议这么做的事情。例如，不要使用 C 风格的字符数组，而是改用 std::string。
- **风格错误**——即使面试官不把这算作 bug，求职者也要指出糟糕的注释和变量名。

下面这个“查找 bug”问题演示了上述 bug 类型。

```
class Buggy
{
        Buggy(int param);
        ~Buggy();
        double fjord(double val);
        int fjord(double val);
    protected:
        void turtle(int i = 7, int j);
        int param;
        double* mGraphicDimension;
};

Buggy::Buggy(int param)
{
    param = param;
    mGraphicDimension = new double;
```

```
}

Buggy::~Buggy()
{
}

double Buggy::fjord(double val)
{
   return val * param;
}

int Buggy::fjord(double val)
{
   return (int)fjord(val);
}

void Buggy::turtle(int i, int j)
{
   cout << "i is " << i << ", j is " << j << endl;
}
```

仔细看一下代码，然后在下面修正过的版本中找答案：

```
#include <iostream>          // Streams are used in the implementation.
#include <memory>            // For std::unique_ptr.

class Buggy
{
   public:                   // These should most likely be public.
      Buggy(int param);

      // Recommended to make destructors virtual. Also, explicitly
      // default it, because this class doesn't need to do anything
      // in it.
      virtual ~Buggy() = default;

      // Disallow copy construction and copy assignment operator.
      Buggy(const Buggy& src) = delete;
      Buggy& operator=(const Buggy& rhs) = delete;

      // Explicitly default move constructor and move assignment op.
      Buggy(Buggy&& src) noexcept = default;
      Buggy& operator=(Buggy&& rhs) noexcept = default;

      // int version won't compile. Overloaded
      // methods cannot differ only in return type.
      double fjord(double val);

   private:                         // Use private by default.
      void turtle(int i, int j);    // Only last parameters can have defaults.
      int mParam;                                  // Data member naming.
      std::unique_ptr<double> mGraphicDimension;   // Use smart pointers!
};

Buggy::Buggy(int param)             // Prefer using ctor initializer
   : mParam(param)
   , mGraphicDimension(new double)
```

```
{
}

double Buggy::fjord(double val)
{
   return val * mParam;            // Changed data member name.
}

void Buggy::turtle(int i, int j)
{
   std::cout << "i is " << i << ", j is " << j << std::endl; // Namespaces.
}
```

求职者应该解释，最好避免使用普通指针表示所有权，而是改用智能指针。还应当解释为什么要将移动构造函数和移动赋值运算符显式设置为默认，为什么会酌情删除拷贝构造函数和拷贝赋值运算符。解释如果实现拷贝构造函数和拷贝赋值运算符，会对类产生什么影响。

第10章：揭秘继承技术

有关继承的问题在形式上通常和有关类的问题一致。面试官可能要求求职者实现一个类的层次结构，以表明求职者拥有足够的C++经验，不需要查书就可以编写派生类。

要记住的内容

- 派生一个类的语法
- 从派生类的角度看 private 和 protected 之间的区别
- 方法重写和 virtual
- 重写和重载的区别
- 析构函数应该为虚函数的原因
- 链式构造函数
- 向上转换和向下转换的来龙去脉
- C++中不同类型的转换
- 多态性的原则
- 纯虚方法和抽象基类
- 多重继承
- 运行时类型信息(RTTI)
- 继承构造函数
- 类的 final 关键字
- 方法的 override 关键字和 final 关键字

问题类型

很多继承问题的陷阱都与细节相关。求职者在编写基类时，不要忘记将方法标记为 virtual。如果将所有方法都标记为 virtual，要准备好证明这一决策。求职者应该能解释 virtual 的意义及其工作方式。另外，不要忘了在派生类的定义中，在父类名称的前面加上 public 关键字(例如，class Derived : public Base)。在面试时，不太可能要求求职者执行非 public 继承。

有关继承的更具挑战性的问题在于基类和派生类之间的关系。要确保了解不同访问级别的工作方式，以及 private 和 protected 之间的区别。提醒自己了解切片现象，即特定的转换类型会导致类丢失其派生类信息。

第 11 章：零碎的工作

本章讨论了 C++语言的几个特点，它们不适合任何其他章节。除了 static 关键字和模块的概念外，面试官在本章中不会问太多问题。

要记住的内容

- static 的多种用法
- 模块是什么，为什么使用它们比使用头文件更好（C++20）
- 预处理理宏的概念和缺点
- 为什么不应该使用 C 风格的变长参数列表

问题类型

要求求职者定义 static 是经典的 C++面试问题。因为这个关键字有多种用途，可以用来评价求职者知识的广度。肯定应该讨论 static 方法和 static 数据成员，并给出好的示例。如果还解释了 static 链接和函数中的 static 变量，求职者会得到额外的分数。

模块是使代码可重用并支持明确职责分离的完美方式。要确保知道如何使用模块以及如何编写基本模块。

第 12 章和第 26 章：利用模板编写泛型代码、高级模板

模板是 C++中最晦涩的部分，这是面试官用于区分 C++初学者和高手的好方法。尽管大部分面试官都会原谅求职者不记得一些高级的模板语法，但求职者起码应该了解基础知识。

要记住的内容

- 如何使用类或函数模板
- 如何编写基本的类或函数模板
- 缩写函数模板语法（C++20）
- 函数模板参数推导
- 类模板参数推导（CTAD）
- 模板别名，以及为什么模板别名比 typedef 更好
- 概念的思想及基本用法（C++20）
- 可变模板和折叠表达式的概念
- 元编程的思想
- 类型 trait 及其作用

问题类型

很多面试问题都从一个简单的问题开始，然后逐步增加难度。通常情况下，问题的复杂性可以不

断添加，他们只想看看求职者能走多远。例如，面试官在提问时，首先让求职者创建一个类，对固定数目的 int 值提供顺序访问功能。接下来，扩充这个类，以容纳任意数量的元素。然后，这个类需要处理任意数据类型，这里需要引入模板。从此开始，面试官可从很多不同的方向引申问题，例如要求求职者通过运算符重载提供类似数组访问的语法，或继续在模板方向深入，要求求职者为模板类型参数提供默认类型或提供类型限制。

模板更容易出现在另一个编码问题的解决方案中，而不是直接询问相关的问题。求职者应该温习基本知识，以防出现这些问题。然而，大部分面试官都知道模板语法的难度很高，在面试过程中要求编写复杂的模板代码是很残酷的。

面试官可能会问求职者一些关于元编程的高层次问题，看看求职者是否听说过这些概念。在解释概念时，求职者可给出一些小例子，例如编译期计算某数的阶乘。如果语法不完全正确，不必担心。只要解释代码本应完成的功能就好了。

第 13 章：C++ I/O 揭秘

如果求职者在应聘一个编写 GUI 应用程序的工作，就可能不会被问到太多关于 I/O 流的问题，因为 GUI 应用程序常使用其他 I/O 机制。然而，流会出现在其他的问题中，在面试官看来，作为标准 C++的一部分，这些问题对于求职者来说是公平的。

要记住的内容

- 流的定义
- 使用流的基本输入输出
- 操作算子的概念
- 流的类型(控制台、文件和字符串等)
- 错误处理技术
- 现有的标准文件系统 API

问题类型

I/O 可能出现在任何问题的上下文中。例如，面试官可能让求职者读取一个包含测试分数的文件，然后将数据放在 vector 中。这个问题测试基本 C++技能、基本的标准库以及基本 I/O。即使 I/O 只是求职者要解决的问题中的一小部分，也一定要检查是否存在错误。否则，面试官就可能给求职者本应完美的程序做出负面评论。

第 14 章：错误处理

一些公司有时会避免招聘应届毕业生或新手程序员来完成重要(以及高薪)的工作，因为他们假定，这些人编写不出产品级质量的代码。求职者可在面试时展示自己的错误处理技能，向面试官证明自己的代码不会轻易崩溃。

要记住的内容

- 异常的语法
- 将异常捕获为 const 引用

- 最好使用异常的层次结构，而不是几个通用的异常
- 当抛出异常时，栈展开的基本工作原理
- 如何处理构造函数和析构函数中的错误
- 智能指针有助于在抛出异常时避免内存泄漏
- std::source_location 类作为某些 C 风格预处理宏的替代品
- 绝不要在 C++中使用 C 函数 setjmp()和 longjmp()

问题类型

面试官会观察求职者如何报告和处理错误。当求职者被要求编写一段代码时，求职者一定要实现恰当的错误处理。此外，求职者可能需要给出抛出异常时栈展开工作方式的高层次概述，而不要求实现的细节。

当然，并非所有程序员都理解或欣赏异常。有些程序员可能因为性能原因，对异常存在完全无根据的偏见。如果面试官要求求职者不用异常实现某个功能，求职者就必须使用传统的 nullptr 检查和错误代码。这是求职者展示 nothrow new 知识的好机会。

std::source_location 类的知识以及它的重要使用情况会为求职者加分。

面试官可能会问这种形式的问题：“你是否会因为性能影响而拒绝使用异常？”求职者应该解释异常会带来性能损失的认知是误解。在现代编译器上，异常开销几乎为零。

第 15 章：C++运算符重载

在面试过程中，求职者可能要执行比简单运算符重载更复杂的操作，不过可能性也不是那么大。一些面试官喜欢准备一些高级问题，他们不指望有人能正确回答这些问题。运算符重载的异常复杂性使这方面的问题几乎不可能出现，因为很少有程序员能在不参考书的情况下写出正确的语法。这意味着在面试之前最好先复习一下。

要记住的内容

- 重载流运算符，因为这些是最常重载的运算符，概念也很独特
- 仿函数的概念和创建方法
- 方法运算符或全局函数之间的选择
- 一些运算符可按其他运算符的方式表达，比如 operator<=可写为对 operator>运算符的结果取反
- 可以定义自己的用户定义字面量，但不需要语法细节

问题类型

我们要面对现实——运算符重载问题(除了简单的之外)很难。任何要问这类问题的人都知道这一点，如果求职者回答正确，肯定会给对方留下深刻印象。不可能准确地预测求职者会遇到什么问题，但是运算符重载问题的数目是有限的。只要求职者阅读每个适合重载的运算符的例子，就能表现得好！

求职者除了要求实现重载运算符之外，还可能遇到有关运算符重载的高层次问题。“查找 bug”这类问题可能包含一个重载的运算符，这个运算符执行的操作在概念上是错误的。除了考虑语法之外，还要考虑运算符重载的用例和理论。

第 16～20 章和第 25 章：标准库

如前所述，标准库的某些方面很难使用。面试官很少要求求职者背诵标准库类的细节，除非求职者自称是一名标准库专家。如果求职者知道所面试的工作要使用大量标准库，就可能要在前一天编写一些标准库代码来温习一下。否则，回顾标准库的高层次设计和基本用法就足够了。

要记住的内容

- 不同类型的容器及其和迭代器的关系
- vector 的基本用法，vector 可能是最常用的标准库类
- span 类以及使用它的原因（C++20）
- 关联容器的使用，如 map
- 关联容器和无序关联容器(如 unordered_map)的区别
- <bit>提供的位操作（C++20）
- 如何使用函数指针、函数对象和 lambda 表达式
- 标准库算法的作用和一些内置算法
- lambda 表达式和标准库算法的结合使用
- 删除-擦除惯用方法
- 很多标准库算法都有并行执行选项
- 扩展标准库的方式(通常不必了解细节)
- range 库的表达能力（C++20）
- 关于标准库的看法

问题类型

如果面试官很固执地要问标准库的细节问题，就无法界定他们要问的问题的范围。不过如果求职者对语法没有什么把握，就应该在面试的过程中明确表示出来——“当然，在现实生活中，我会查阅《C++高级编程(第 5 版)》这本书，但我肯定它能够这样工作……”至少通过这种方式提醒面试官，应该不必考虑这些细节，只要求职者的基本思路正确即可。

关于标准库的高层次问题往往用来衡量求职者使用了多少标准库，而不必要求求职者回顾所有细节。例如，标准库的普通用户熟悉关联容器和非关联容器。稍微高级一些的用户能定义迭代器，描述迭代器操作容器的方式，阐述删除-擦除惯用方法，其他高层次的问题还包括询问求职者在标准库算法方面积累的经验，以及是否自定义过标准库。面试官还有可能考察求职者对 lambda 表达式的了解，以及它们与标准库算法的结合使用方法。

求职者可能还需要解释使用 C++20 range 库的好处。基本上，它允许编写描述你想做什么而不是如何做的代码。

第 22 章：日期和时间工具

C++标准库提供了 chrono 库，允许使用日期和时间。面试官不太可能询问有关此功能的详细问题，但他可能会评估求职者是否听说过标准库的这一部分。

要记住的内容

- 编译期有理数的使用
- 持续时间、时钟和时点的概念
- 日期和日历的概念（C++20）
- 在不同时区之间转换日期和时间的可能性（C++20）

问题类型

在这些主题中不要期待细节问题。不过，了解 C++17 的 std::optional、variant 和其他类肯定能够加分。可能要求解释 chrono 和随机数生成库的基本用法和概念，但不会涉及语法细节。如果面试官开始关注随机数，解释真随机数和伪随机数之间的差异非常重要，还应当说明随机数生成库会使用生成器和分布等概念。

面试官可能会解释一个涉及日期和时间的问题，并询问求职者如何解决，而不是询问任何关于 chrono 库的详细问题。如果求职者回答将实现自己的类来处理日期和时间，那么应该解释原因。更好的方法是回答将使用 chrono 库提供的功能。记住，代码的重用是一个重要的编程范式。

第 23 章：随机数工具

在软件中生成好的随机数是一个复杂的话题，面试官知道这一点。他们不会问任何关于它的语法细节，但是你需要知道<random>库的基础和概念，这是 C++标准库的一部分。

要记住的内容

- 使用<random>库，作为生成随机数的首选方法
- 随机数引擎、适配器和分布如何协同工作以生成随机数
- 种子的概念以及它为什么重要

问题类型

面试官可能会向求职者展示一段代码，该代码使用 C 函数 rand()和 srand()生成随机数，并要求求职者对代码进行评论。求职者应该解释这些 C 函数不再被推荐，以及为什么使用<random>提供的功能更好。

在与随机数相关的问题中，解释真随机数和伪随机数之间的差异很重要。如果求职者还提到可以使用 random_device 为伪随机数生成器生成真正的随机种子，将获得额外的分数。

第 24 章：其他库工具

该章介绍 C++标准库提供的值得一提的其他工具。面试官可能问到其中一些问题，以了解求职者的标准库知识的广度。

要记住的内容

- std::variant 和 std::any 数据类型，以及它们如何对 optional 进行补充

- std::pair 的泛化 std::tuple

问题类型

在这些主题中不要期待细节问题。不过，面试官可能会问到 variant、any 和 tuple 数据结构的使用场景。当解释 variant 和 any 时，求职者还可以将其与第 1 章中的 optional 类型对比。

第 27 章：C++多线程编程

随着多核处理器的发布，从服务器到 PC 都在使用多核处理器，多线程编程也变得越来越重要了。甚至智能手机也有多核处理器。面试官可能会问求职者几个多线程的问题。C++包含一个标准的线程库，因此最好了解这个线程库的工作方式。

要记住的内容

- 竞态条件和死锁，以及如何预防这些问题
- 通过 std::thread 产生线程
- std::jthread 提供的额外功能（C++20）
- 原子类型和原子操作
- 互斥的概念，包括不同互斥体和锁类的使用，提供线程间的同步
- 条件变量，以及如何通过条件变量给其他线程发信号
- 信号量、闭锁和栅栏的概念（C++20）
- future 和 promise 的含义
- 跨越线程的边界复制和重新抛出异常

问题类型

多线程编程是一个复杂的主题，所以不要期待有这方面的细节问题，除非求职者参加的是多线程编程岗位的面试。

面试官可能要求求职者解释多线程代码的不同类型问题，如竞态条件、死锁和撕裂。求职者还可能需要解释原子类型和原子操作的必要性，以及多线程编程的一般性概念。这是一个很宽泛的问题，可以让面试官了解求职者在多线程方面的知识情况。解释互斥对象、信号量、闭锁和栅栏的概念将为求职者赢得额外的分数。求职者也可提及，很多标准库算法都有用来提升性能的并行运行选项。

第 28 章：充分利用软件工程方法

如果求职者经历一家公司的面试后，发现面试官没有问任何与软件开发过程有关的问题，那么求职者肯定感到可疑——这可能意味着这家公司没有任何过程或对此根本不关心。或者，还有可能他们不想因为庞大的过程而把求职者吓跑。在任何开发过程中，源代码控制都是重要一环。

大多数情况下，求职者都有机会询问有关公司的问题。建议求职者将有关软件工程过程和源代码控制解决方案的问题当成标准问题。

要记住的内容

- 传统的生命周期模型
- 不同模型的权衡
- 极限编程的主要原则
- Scrum 是一种敏捷过程
- 过去用过的其他过程
- 源代码控制解决方案的原则

问题类型

求职者会被问到的最常见问题是描述前雇主使用的过程。在回答这个问题时，应该提到什么行之有效，什么失败了，但不要谴责任何特定的方法。求职者批评的某个方法可能正是面试官使用的方法。

现在，几乎每个求职者都将 Scrum/敏捷列为一项技能。如果面试官问及 Scrum，他很可能并不希望你只是背诵课本上的定义。相反，可说出你认为的几个 Scrum 有趣之处。解释每一处，并融入自己的想法。尝试让面试官参与对话，根据面试官给出的线索，沿着他感兴趣的方向进行。

如果求职者遇到有关源代码控制的问题，这可能是一个高层次的问题。求职者应该解释源代码控制解决方案的一般性原则，提到有商业的和免费的开源解决方案，并讲解前雇主如何使用源代码控制。

第 29 章：编写高效的 C++程序

有关效率的问题在面试中非常普遍，因为很多组织都面临着代码可量测性的问题，需要精通性能的程序员。

要记住的内容

- 语言层次的效率很重要，但作用有限，设计级别的选择更重要
- 避免使用复杂度不好的算法，例如平方算法
- 引用参数的效率更高，因为引用可避免复制
- 对象池有助于避免创建和销毁对象的开销
- 性能剖析对于判断哪些操作消耗了最长的运行时间极为重要，所以不要尝试优化不是性能瓶颈的代码

问题类型

通常情况下，面试官会用自己的产品作为例子引出效率的问题。有时面试官会描述一种旧式设计，以及他们见过的一些和性能相关的症状。求职者应该提出一种新设计来缓解这些问题。遗憾的是，这有一个主要问题——求职者拿出的解决方案和公司解决问题时采用的解决方案相同的概率有多大呢？由于这个概率很小，因此解释自己的设计时需要格外小心。求职者可能拿不出公司实际采用的解决方案，但答案仍然是正确的，甚至比公司使用的新设计还好。

其他类型的效率问题可能要求求职者调整 C++代码以提高性能，或迭代某种算法。例如，面试官可能给求职者一些带有多余复制或低效循环的代码。

面试官可能还会要求求职者给出性能剖析工具的高层次描述，以及这些工具的好处。

第 30 章：熟练掌握测试技术

潜在雇主十分看重过硬的测试能力。如果没有专职 QA 经验，你的简历很可能不会提到测试技能。你可能遇到与测试相关的面试问题。

要记住的内容

- 黑盒测试和白盒测试的区别
- 单元测试、集成测试、系统测试和回归测试的概念
- 更高级的测试技术
- 以前所处的测试环境和 QA 环境：哪些可行，哪些不可行

问题类型

面试官可能要求在面试期间编写一些测试，但期间展示的程序不大可能包含相关测试的深度信息。更可能会问一些概括性的测试问题。准备好描述上份工作如何完成测试，以及你自己的看法。重申一次，不要泄露机密信息。回答面试官有关测试的问题后，可以问一下对方公司如何执行测试。这样可启动一次有关测试的对话，使你更好地了解潜在的工作环境。

第 31 章：熟练掌握调试技术

公司要找的求职者既要能调试自己的代码，又能调试从未见过的代码。技术面试往往试图估计出求职者的调试能力。

要记住的内容

- 调试不是在出现 bug 时才开始，应该事先在代码中准备好调试，这样在 bug 出现时才能有备无患
- 日志和调试器是最好的工具
- 断言的用法
- bug 表现出来的症状可能看上去和真实的原因没有关系
- 对象图可以帮助调试，特别是在进行面试时

问题类型

在面试过程中，求职者可能需要面对模糊的调试问题。记住，调试过程是最重要的，面试官可能知道这一点。即使求职者在面试过程中没有找到 bug，也一定要让面试官知道自己为跟踪这个 bug 所采取的步骤。如果面试官给出一个函数，并说明这个函数在执行时会崩溃，那么能够提出找到这个 bug 的正确步骤的求职者的得分，可能和能立即找到这个 bug 的求职者的得分相同，甚至更高。

第 32 章：使用设计技术和框架

第 32 章讨论的每种技术都是很好的面试题。不要只是简单地重复在第 1 章学到的内容，建议在参加面试前浏览一下第 32 章的内容，确保自己真正理解每种技术。

如果正在寻找一份与 GUI 相关的工作，那么需要了解 MFC 和 Qt 等框架。

第 33 章：应用设计模式

在专业领域，设计模式是十分流行的(甚至有很多求职者将这些列为自己掌握的技能)，面试官可能要求解释一种设计模式，给出设计模式的用例，或实现一种设计模式。

要记住的内容

- 将设计模式用作可重用的面向对象设计概念
- 本书中介绍的设计模式以及你在工作中使用的其他设计模式
- 求职者和面试官可能为同一种设计模式使用不同的名称，有数百种设计模式经常使用不一致的名称

问题类型

有关设计模式的问题通常都很好回答，除非面试官希望你讲清楚每种设计模式的详情。幸运的是，大多数喜欢设计模式的面试官只会与你讨论它们，并征求你的意见。对于大多数设计模式而言，只需要通过读书或上网来理解概念，并不需要死记硬背。

第 34 章：开发跨平台和跨语言的应用程序

大多数程序员递交的简历都会列出自己了解的多门语言或技术，大多数大型应用程序都依赖于多门语言或技术。即使只谋求一个 C++职位，面试官也会问及其他语言的问题，特别是与 C++相关的问题。

要记住的内容

- 平台的差异(架构、整数大小等)
- 为完成一项任务，应当尽量尝试寻找跨平台库，而不是针对不同种类的平台自行实现功能
- C++与其他语言的交互

问题类型

最常见的跨语言问题是比较两种不同的语言。不能仅凭个人好恶，单纯强调某种语言的优缺点。面试官希望你能进行权衡，并做出适当决策。

面试官最可能在讨论你以前从事的工作时谈到跨平台问题。如果简历中提到以前写过在自定义硬件平台上运行的 C++应用程序，那么应当谈一下自己使用的编译器以及在那个平台上遇到的挑战。